Publication interrompue.
Le fascicule 28, dont
le dépôt n'a pas été
fait, est épuisé.

7.X.1927.

Broché.

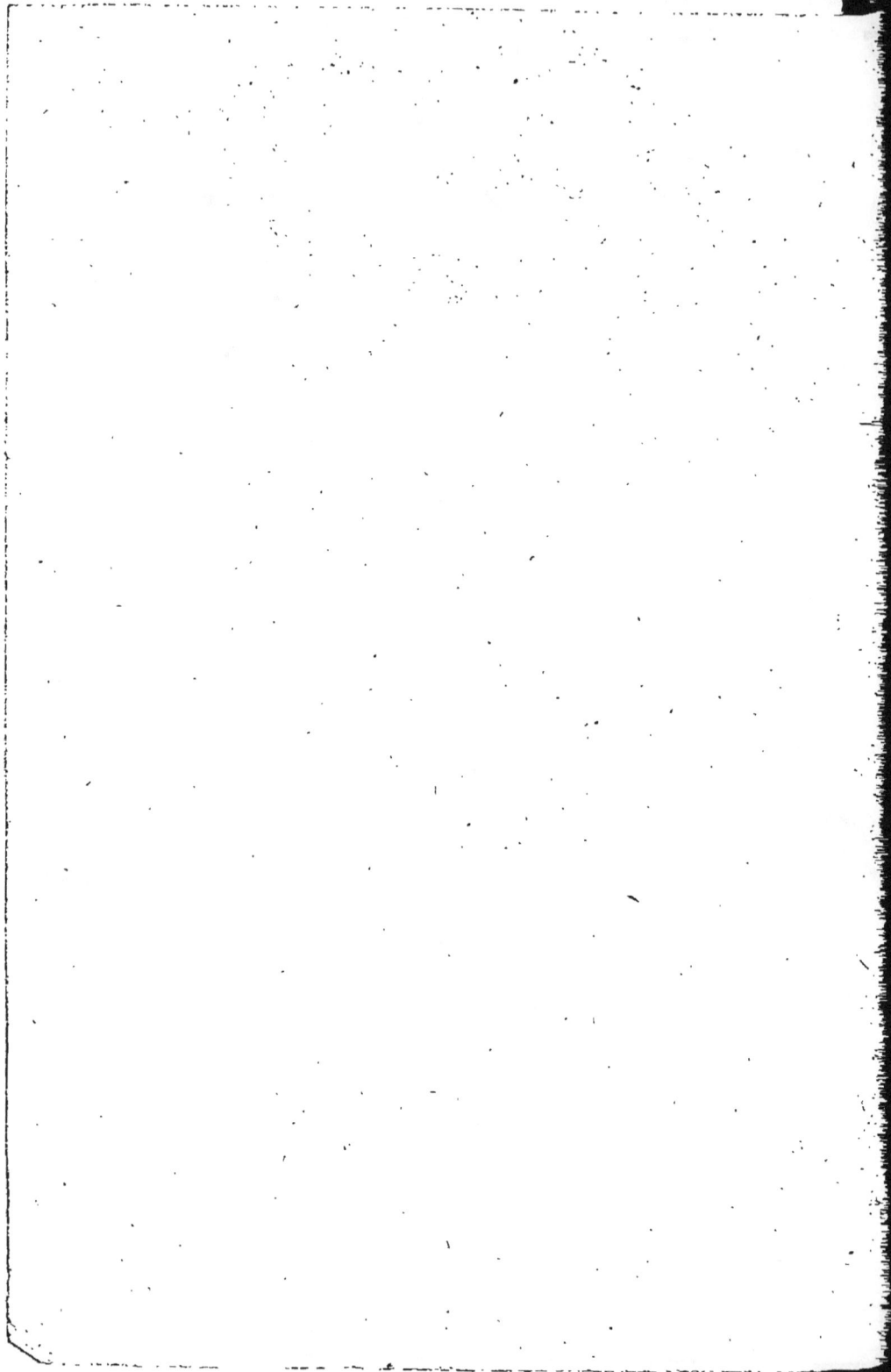

# DICTIONNAIRE

## DE

# PHYSIOLOGIE

### PAR

## CHARLES RICHET

PROFESSEUR DE PHYSIOLOGIE À LA FACULTÉ DE MÉDECINE DE PARIS

### AVEC LA COLLABORATION

#### DE

MM. E. ABELOUS (Toulouse) — ANDRÉ (Paris) — S. ARLOING (Lyon) — ATHANASIU (Bukarest) —
BARDIER (Toulouse) — BATTELLI (Genève) — R. DU BOIS-REYMOND (Berlin) — G. BONNIER (Paris) —
F. BOTTAZZI (Florence) — E. BOURQUELOT (Paris) — A. BRANCA (Paris) — ANDRÉ BROCA (Paris) —
J. CARVALLO (Paris) — A. CHASSEVANT (Paris) — CORIN (Liège) — CYON (Paris) — A. DASTRE (Paris) —
R. DUBOIS (Lyon) — W. ENGELMANN (Berlin) — G. FANO (Florence) — X. FRANCOTTE (Liège) —
L. FREDERICQ (Liège) — J. GAD (Leipzig) — J. GAUTRELET (Bordeaux) — GELLÉ (Paris) — E. GLEY (Paris) —
GOMEZ OCAÑA (Madrid) — L. GUINARD (Lyon) — J.-F. GUYON (Paris) — H. J. HAMBURGER (Groningen) —
M. HANRIOT (Paris) — HÉDON (Montpellier) — P. HÉGER (Bruxelles) — F. HEIM (Paris) —
P. HENRIJEAN (Liège) — HÉRICOURT (Paris) — F. HEYMANS (Gand) — J. IOTEYKO (Bruxelles) —
P. JANET (Paris) — H. KRONECKER (Berne) — LAHOUSSE (Gand) — LAMBERT (Nancy) — E. LAMBLING (Lille) —
P. LANGLOIS (Paris) — L. LAPICQUE (Paris) — LAUNOIS (Paris) — R. LÉPINE (Lyon) — CH. LIVON (Marseille) —
E. MACÉ (Nancy) — GR. MANCA (Padoue) — MANOUVRIER (Paris) — MARCHAL (Paris) —
M. MENDELSSOHN (Pétersbourg) — E. MEYER (Nancy) — MISLAWSKI (Kazan) — J.-P. MORAT (Lyon) —
A. MOSSO (Turin) — NEVEU-LEMAIRE (Lyon) — M. NICLOUX (Paris) — P. NOLF (Liège) —
J.-P. NUEL (Liège) — AUG. PERRET (Paris) — E. PFLUGER (Bonn) — A. PINARD (Paris) — F. PLATEAU (Gand) —
M. POMPILIAN (Paris) — G. POUCHET (Paris) — E. RETTERER (Paris) — J. ROUX (Paris) —
C. SCHÉPILOFF (Genève) — P. SÉBILEAU (Paris) — J. SOURY (Paris) — W. STIRLING (Manchester) —
TARCHANOFF (Pétersbourg) — TIGERSTEDT (Helsingfors) — TRIBOULET (Paris) — E. TROUESSART (Paris) —
H. DE VARIGNY (Paris) — N. VASCHIDE (Paris) — M. VERWORN (Göttingen) — E. VIDAL (Paris) —
G. WEISS (Paris) — E. WERTHEIMER (Lille)

## DEUXIÈME FASCICULE DU TOME IX

### AVEC GRAVURES DANS LE TEXTE

## PARIS

### LIBRAIRIE FÉLIX ALCAN

ANCIENNE LIBRAIRIE GERMER BAILLIÈRE ET Cⁱᵉ

108, BOULEVARD SAINT-GERMAIN, 108

# DICTIONNAIRE

## DE

# PHYSIOLOGIE

—

TOME IX

# DICTIONNAIRE
## DE
# PHYSIOLOGIE

PAR

## CHARLES RICHET

PROFESSEUR DE PHYSIOLOGIE A LA FACULTÉ DE MÉDECINE DE PARIS

AVEC LA COLLABORATION

DE

MM. E. ABELOUS (Toulouse) — ANDRÉ (Paris) — S. ARLOING (Lyon) — ATHANASIU (Bukarest)
BARDIER (Toulouse) — BATTELLI (Genève) — R. DU BOIS-REYMOND (Berlin) — G. BONNIER (Paris
F. BOTTAZZI (Florence) — E. BOURQUELOT (Paris) — A. BRANCA (Paris) — ANDRÉ BROCA (Paris)
J. CARVALLO (Paris) — A. CHASSEVANT (Paris) — CORIN (Liége) — CYON (Paris) — A. DASTRE (Paris)
R. DUBOIS (Lyon) — W. ENGELMANN (Berlin) — G. FANO (Florence) — X. FRANCOTTE (Liége)
L. FREDERICQ (Liége) — J. GAD (Leipzig) — J. GAUTRELET (Paris) — GELLÉ (Paris) — E. GLEY (Paris)
GOMEZ OCAÑA (Madrid) — L. GUINARD (Lyon) — J.-F. GUYON (Paris) — H. J. HAMBURGER (Groningen)
M. HANRIOT (Paris) — HÉDON (Montpellier) — P. HÉGER (Bruxelles) — F. HEIM (Paris)
P. HENRIJEAN (Liége) — J. HÉRICOURT (Paris) — F. HEYMANS (Gand) — J. IOTEYKO (Bruxelles)
P. JANET (Paris) — H. KRONECKER (Berne) — LAHOUSSE (Gand) — LAMBERT (Nancy) — E. LAMBLING (Lille)
P. LANGLOIS (Paris) — L. LAPICQUE (Paris) — LAUNOIS (Paris) — R. LÉPINE (Lyon) — CH. LIVON (Marseille)
E. MACÉ (Nancy) — GR. MANCA (Padoue) — MANOUVRIER (Paris) — MARCHAL (Paris)
M. MENDELSSOHN (Paris) — E. MEYER (Nancy) — MISLAWSKI (Kazan) — J.-P. MORAT (Lyon)
A. MOSSO (Turin) — NEVEU-LEMAIRE (Lyon) — M. NICLOUX (Paris) — P. NOLF (Liége)
J.-P. NUEL (Liége) — AUG. PERRET (Paris) — E. PFLUGER (Bonn) — A. PINARD (Paris) — F. PLATEAU (Gand)
M. POMPILIAN (Paris) — G. POUCHET (Paris) — E. RETTERER (Paris) — J. ROUX (Paris)
C. SCHÉPILOFF (Genève) — P. SÉBILEAU (Paris) — J. SOURY (Paris) — W. STIRLING (Manchester)
J. TARCHANOFF (Pétersbourg) — TIGERSTEDT (Helsingfors) — TRIBOULET (Paris) — E. TROUESSART (Paris)
H. DE VARIGNY (Paris) — M. VERWORN (Bonn) — E. VIDAL (Paris)
G. WEISS (Paris) — E. WERTHEIMER (Lille)

## TOME IX
### I-L
AVEC 136 GRAVURES DANS LE TEXTE

## PARIS
# LIBRAIRIE FÉLIX ALCAN
108, BOULEVARD SAINT-GERMAIN, 108

### 1913
Tous droits réservés.

culés et en particulier des Insectes, que celle-ci s'effectue, au contraire, très souvent dans un milieu neutre ou alcalin, et que cette digestion n'offre rien de comparable avec la digestion gastrique des Vertébrés, mais se rapproche beaucoup plus de la digestion pancréatique. Ce qui montre bien d'ailleurs le caractère accessoire de la réaction, c'est que les cæcums gastriques de la Blatte sécrètent un ferment qui digère la fibrine aussi bien en milieu acide qu'en milieu alcalin (KRÜKENBERG). Dans les cas où la réaction du ventricule chylifique est nettement acide, il ne peut même être question d'un acide libre analogue à celui de l'estomac des animaux supérieurs; jamais, en effet, un tel acide n'a pu être mis en évidence et l'acidité tient alors à la présence d'un sel acide tel qu'un phosphate (BIEDERMANN).

La sécrétion du ventricule chylifique ou suc gastro-intestinal a une fonction assez comparable à celle du suc pancréatique et elle agit à la fois sur les substances albuminoïdes, les substances amylacées et les graisses. Son action protéolytique, contrairement à ce qui avait été admis par KRÜKENBERG, n'est pas due à un mélange de trypsine et de pepsine ou à un ferment intermédiaire, mais uniquement à de la trypsine : elle transforme les albuminoïdes en peptones avec formation de tryptophane et de tyrosine, suivant tous les caractères de la digestion tryptique (BIEDERMANN). Le pouvoir amylolytique du suc gastro-intestinal, bien que nié par JOUSSET DE BELLESME, ne paraît pas douteux, au moins chez certains Insectes. D'après PLATEAU, on rencontrerait à ce point de vue des différences considérables suivant les groupes : chez les Scarabéiens, ce suc représenterait l'agent exclusif de la transformation des substances amylacées en glucose. Chez les Chenilles, le glucose se formerait aussi dans le ventricule chylifique. BIEDERMANN a également reconnu que le liquide qui remplit l'intestin moyen du Ver de farine (larve de *Tenebrio molitor*) à jeun, le pouvoir de transformer en sucre l'amidon et renferme en outre une invertine ; mais on peut objecter aux observations de ce dernier auteur que les propriétés amylolytiques et invertissantes qu'il signale peuvent tenir à des sécrétions venant de la partie antérieure du tube digestif et des glandes salivaires. En revanche, le suc gastro-intestinal a, chez la généralité des Insectes, un pouvoir lipolytique indiscutable, qui a été constaté par tous les auteurs ayant étudié la question (JOUSSET DE BELLESME, PLATEAU, BIEDERMANN, PORTA, etc.). Il dédouble les graisses neutres en acides gras et glycérine, et jouit d'un énergique pouvoir émulsif.

Le labferment a été signalé par SIEBER et METALNIKOW chez la chenille de la Teigne des ruches (*Galleria melonella*). Il coagule le lait en milieu alcalin.

On ne connaît que peu de chose sur la formation des ferments contenus à l'intérieur du suc gastro-intestinal. FRENZEL, BIEDERMANN, etc., ont signalé dans le noyau ou le cytoplasme des cellules épithéliales des inclusions diverses qui jouent peut-être un rôle dans la formation des ferments, bien que BIEDERMANN les regarde plutôt comme des substances de réserve. DUBOSCQ et LÉGER (1900-1902) ont également décrit dans les cellules du ventricule chylifique des Coléoptères et des Orthoptères des produits de sécrétion à la formation desquels le noyau prend une part importante : ce sont des boules mucinoïdes, tantôt hyalines, tantôt chargées de grains chromatiques et des « grains zymogènes ou prozymogènes » safranophiles et de nature purement chromatique. Les boules mucinoïdes, soit seules, soit avec les cellules dégénérées ou les parties des cellules qui les renferment, sont rejetées dans la lumière du tube digestif et disparaissent par une fonte générale dans le suc gastro-intestinal qu'elles contribuent à former.

Chez beaucoup d'Insectes les desquamations, très fréquentes et totales, que subit l'épithélium du ventricule chylifique, doivent jouer un très grand rôle dans la formation ou la libération des ferments digestifs (BIEDERMANN). PANTEL (1898, 133) a signalé chez les *Thrixion* des mouvements rythmiques de contraction et de dilatation des cellules épithéliales qui paraissent destinés à évacuer d'une façon intermittente les ferments.

*b) Absorption.* — La paroi du ventricule chylifique et celle des cæcums qui s'y déversent, sont le siège de l'absorption des produits solubles de la digestion. Les expériences de CUÉNOT (1895), complétant celles de VANGEL (1886), paraissent établir que, dans la plupart des cas, elles sont le siège exclusif de cette absorption, contrairement à l'opinion qui adjoint au ventricule chylifique d'autres parties du tube digestif pour l'accomplissement des fonctions absorbantes (voir jabot et intestin postérieur).

Si l'on fait ingérer à des Insectes des liquides colorés, le ventricule chylifique et ses cœcums restent seuls remplis de ces liquides, ce qui porte à penser que, — ceux-ci suivant la même route et stationnant dans les mêmes parties que les produits solubles, — c'est bien dans le ventricule chylifique et les cœcums que l'on doit placer le siège de l'absorption (expériences de Vangel sur l'Hydrophile, de Cuénot sur la Blatte, de Voinov sur les larves d'Odonates, de Pantel sur les larves de *Thrixion*). Le fait que les cœcums se montrent colorés d'une façon intense et sont remplis de liquide, indique que, s'il y a un courant de sortie qui amène dans le ventricule chylifique le suc sécrété dans ces diverticules, il y a ensuite un courant inverse qui amène dans ces derniers les produits solubles de la digestion. Mais Cuénot a donné une démonstration plus nette des phénomènes d'absorption de l'intestin moyen par l'expérience suivante. On nourrit des Blattes avec une bouillie de farine mélangée avec du lactate de fer; après 24 ou 48 heures, le fer a pénétré dans les cellules épithéliales de l'intestin moyen : si l'on dissèque alors la Blatte à sec (avec des instruments nickelés) et si l'on arrose la préparation avec du ferrocyanure de potassium, puis avec de l'acide chlorhydrique à 0,5 p. 100, on voit que le méso-intestin ou ventricule chylifique se colore en bleu, et la coloration se localise dans les cellules sécrétantes, tandis que les nids de cellules de remplacement qui alternent avec les groupes formés par les précédentes sont incolores. Ce sont donc les mêmes cellules qui servent à la fois à la sécrétion des ferments digestifs et à l'absorption; et ces cellules tapissent aussi bien les parois du ventricule chylifique que celles des cœcums ou follicules qui s'y déversent. L'absorption intestinale chez les Insectes, comme chez les Vertébrés, est loin d'ailleurs de consister dans de simples phénomènes osmotiques; mais l'épithélium est le siège de transformations chimiques importantes. A signaler, à ce point de vue, les curieux cristalloïdes de nature protéique (*Kernkrystalloïde* de Frenzel) qui se trouvent en si grand nombre dans les noyaux ou le cytoplasma des cellules épithéliales du ventricule chylifique chez le Ver de farine et qui ont été étudiés en détails par Biedermann, ainsi que les inclusions analogues trouvées par Mingazzini (1882) chez les Lamellicornes. D'après Vaney et Maignon (1906), le glycose lui-même, qui se trouve en abondance dans le tube digestif du Ver à soie et qui provient des feuilles ingérées, ne pénétrerait pas par simple osmose dans le sang, mais serait détruit au niveau de l'épithélium.

**Absorption des graisses.** — Le siège de l'absorption des graisses est aussi le méso-intestin. Si l'on fait ingérer de la graisse à des Blattes, on peut facilement, quelques jours après, constater sur les coupes, au moyen de l'acide osmique, la présence de la graisse dans les cellules du ventricule chylifique. Cette absorption se fait par les mêmes cellules qui sont déjà chargées de l'absorption des autres substances et des fonctions de sécrétion; il ne semble à ce point de vue exister aucune division du travail (Cuénot, Voinov). Tout porte à croire que, comme chez les Vertébrés, les graisses ne sont pas absorbées en nature et sous forme d'émulsion, mais que ce sont les produits de dédoublement qui sont absorbés, donnant lieu ensuite dans la cellule à une reconstitution par synthèse (observations et expériences de Biedermann).

### 3° Intestin postérieur.

Le rôle principal de l'intestin postérieur consiste à évacuer à l'extérieur les résidus de la digestion et les produits d'excrétion des tubes de Malpighi. On ne lui connaît aucune action définie sur les substances alimentaires et la digestion peut être considérée comme terminée dans le méso-intestin. Bien que le méso-intestin soit généralement regardé comme le siège exclusif de l'absorption, différents auteurs (Berlese, Frenzel, etc.) lui ont dénié cette fonction qu'ils considèrent comme incompatible avec le rôle manifestement sécréteur de cet épithélium et regardent l'intestin postérieur comme étant le siège principal de l'absorption. La présence d'une cuticule chitineuse, tapissant cette région du tube digestif, son rôle éliminateur et l'expérimentation physiologique ne sont pas d'une façon générale en faveur de cette manière de voir. — D'ailleurs, chez de nombreuses larves d'Hyménoptères, chez celles des Diptères pupipares, chez la larve du Fourmilion, le ventricule chylifique se termine en cul-de-sac et est indépendant de l'intestin postérieur. La fonction de ce dernier, qui reçoit les tubes de Malpighi, ne peut donc être alors qu'éliminatrice. On ne peut pourtant généraliser d'une façon absolue, et, dans différents cas, l'intestin postérieur paraît bien concourir à l'absorption (larve de *Ptychoptera contaminata*, d'après van Géhuchten, de *Thrixion*, d'après Pantel).

#### 4° Fonctions d'arrêt et moyens de défense de l'intestin.

L'épithélium de l'intestin moyen, qui ne présente pas de revêtement chitineux, est néanmoins protégé contre le contact direct de la masse alimentaire par des formations spéciales d'aspect cuticulaire, qui, tantôt correspondent aux plateaux détachés des cellules (Voïnov, 1898), tantôt sont sécrétées au niveau de la valvule cardiaque ou de la région antérieure du mésentéron et qui sont suspendues librement à son intérieur, sous forme d'un long cylindre ou d'un entonnoir emboîtés dans la lumière du tube digestif (*membrane péritrophique, Trichter*).

Chez les Insectes broyeurs, le tube formé par la membrane péritrophique se poursuit même à travers l'intestin postérieur jusque vers l'anus. Physiologiquement, il correspond à l'involucre muqueux qui entoure les aliments chez les Vertébrés. Cette membrane s'oppose dans beaucoup de cas au passage des microbes ou autres organismes parasites. Dans la flacherie du Ver à soie, elle prend une épaisseur 10 à 14 fois plus considérable qu'à l'état normal et elle se charge de microbes. Chez l'Abeille, elle s'oppose à la pénétration des grains de pollen dans les cryptes de la muqueuse (Frenzel). Enfin, d'après Berlese, elle joue un rôle important comme diaphragme dialyseur : à mesure que s'effectue le travail digestif chimique, les peptones ou autres produits solubles passent par dialyse au travers du diaphragme et se rassemblent dans l'espace annulaire qui le sépare de l'épithélium, tandis que les sucs digestifs suivent un trajet inverse et centripète.

La paroi de l'intestin moyen jouit d'ailleurs, à un degré plus ou moins grand suivant les espèces, de la faculté de faire un choix parmi les substances solubles renfermées dans le tube digestif, en arrêtant au passage un bon nombre de produits nuisibles. C'est ainsi que chez les Orthoptères, les matières colorantes ingérées (carminate, bleu de méthylène, vésuvine, etc.) séjournent longtemps à l'état dissous dans l'intestin moyen et ses diverticules, puis passent dans l'intestin terminal, sans qu'aucune trace ait été absorbée (Cuénot). En revanche, chez d'autres Insectes, telles que les larves de *Corethra*, les mêmes substances colorantes mélangées à la nourriture passent au travers de la paroi intestinale et sont éliminées du sang par les organes excréteurs (Kowalewsky, 1889). Chez le Ver à soie, parmi de nombreuses couleurs végétales ou d'aniline, la fuchsine est seule absorbée.

Un moyen de défense remarquable de l'intestin consiste encore dans les mues périodiques qu'il subit et qui peuvent intéresser non seulement les revêtements cuticulaires, mais encore l'épithélium total de l'intestin moyen. Chez l'Hydrophile et chez d'autres Insectes, tels que divers Lamellicornes, l'intestin moyen peut subir des mues très fréquentes (tous les 2 ou 3 jours), pendant lesquelles l'épithélium se détache et est remplacé par un autre de nouvelle formation (Bizozzero, 1893 ; Rengel, 1896). Des phénomènes analogues se produisent chez beaucoup d'Insectes, soit pendant le cours du développement, soit chez l'*imago*. Les cellules rejetées forment un long boyau appelé *corps jaune*. Rengel (1896), Léger et Dubosco (1902) ont montré que l'on pouvait y rencontrer de nombreuses Grégarines expulsées avec les cellules en dégénérescence. Küncker d'Herculais a observé chez les Acridiens un phénomène de défense analogue, mais qu'il attribue à une mue cuticulaire. Enfin il convient encore de citer comme moyen de défense de l'intestin, l'intervention des phagocytes qui peut s'effectuer dans les espaces conjonctifs séparant les replis falciformes de l'intestin (Cuénot, Léger et Dubosco).

#### 5° Processus digestifs adaptés à divers régimes alimentaires.

Dans le tube digestif des larves de Coléoptères xylophages, on rencontre une diastase, la *xylanase*, hydrolysant la xylane. Cette diastase peut être facilement mise en évidence en broyant des tubes digestifs de larves de *Phymatodes variabilis* avec un peu d'eau et de chloroforme et en mettant à l'étuve à 38° ce mélange avec 1 gramme de xylane. On obtient alors un liquide qui donne les réactions caractéristiques des pentoses (Seil-

LÈRE, 1905). La présence de cellulases digérant la cellulose paraît d'ailleurs répandue chez les Insectes.

La digestion des chenilles de la *Tineola biseliella* se nourrissant de laine, a été étudiée par Sɪᴛᴏᴡsᴋɪ. Il pense qu'elle est due à un ferment digestif du groupe de la trypsine qui déterminerait la dissolution de la kératine et transformerait cette substance en une albuminose; mais il n'est pas parvenu à l'isoler.

La digestion de la chenille de la Teigne des ruches (*Galleria melonella*), qui se nourrit de la cire des Abeilles a été étudiée par Mᴇᴛᴀʟɴɪᴋᴏғғ (1907); mais il n'a trouvé dans son intestin aucun ferment cérolytique; d'après lui, la cire serait seulement émulsionnée dans l'intestin et sa digestion n'aurait lieu que dans le sang par des ferments sécrétés par les amibocytes. La cire est nécessaire à la nutrition de ces Insectes; ils trouvent les autres éléments, azotés ou hydrocarbonés, indispensables à leur croissance et à leur entretien dans les nombreuses impuretés que les rayons des ruches renferment. La digestion se fait en milieu alcalin.

**Digestion extérieure des proies et d'aliments divers.** — Une digestion véritablement extérieure à l'Insecte, mais par projection des liquides digestifs à l'intérieur de la proie dont il fait sa nourriture, s'observe chez la larve du Dytique (fig. 4, C) (Nᴀɢᴇʟ, Pᴏʀᴛɪᴇʀ). Le liquide est injecté au moyen des grands crochets mandibulaires qui sont canaliculés et enfoncés dans la proie. Neutre ou faiblement alcalin, il a un pouvoir digestif tryptique des plus énergiques; tous les muscles et autres organes de la proie se trouvent, en quelques instants, liquéfiés et la larve de Dytique qui n'a plus qu'à se nourrir par succion laisse, comme reste de son repas, une simple dépouille cuticulaire vidée de toute substance nutritive. — Chez la larve du Dytique, la bouche est physiologiquement fermée et, bien qu'elle existe morphologiquement, elle reste close, ne livrant jamais passage aux aliments qui sont introduits dans le tube digestif. Les liquides alimentaires, pour se rendre dans ce dernier, doivent toujours traverser les canaux capillaires creusés dans les crochets mandibulaires et qui s'ouvrent à l'extérieur un peu en dedans de la pointe. Pᴏʀᴛɪᴇʀ a étudié, en détail, les curieux phénomènes de la digestion chez la larve du Dytique : Quelques instants après qu'une proie transparente, telle qu'une larve de Diptère aquatique, a été saisie par la larve du Dytique, on voit tout à coup un liquide noir envahir cette proie et se répandre autour de ses organes; la larve est alors comme frappée de stupeur; quelques contractions l'agitent, puis elle reste immobile, elle est morte. On voit ensuite rapidement ses tissus se modifier; le tissu adipeux en particulier fond littéralement, se résolvant en un liquide dans lequel nagent de fines granulations. Bientôt la larve du Dytique aspire le liquide qu'elle a injecté et un courant intense se dirigeant vers les crochets mandibulaires se produit. Peu après, la manœuvre précédente recommence et les organes de la proie sont ainsi solubilisés de proche en proche et passent à travers le canal capillaire des crochets. On peut faire digérer extérieurement à une larve de Dytique une proie artificielle consistant, par exemple, en du jaune d'œuf ou en un morceau de muscle enveloppé dans un sac de caoutchouc. La présence d'une membrane enveloppante étanche est indispensable pour que les phénomènes de la digestion s'accomplissent normalement.

La larve de Dytique vide avec une telle gloutonnerie les proies naturelles ou artificielles qui sont mises à sa disposition qu'elle peut augmenter de 60 p. 100 de son poids. Leur lourdeur les empêche alors de respirer à la surface, à l'aide de leurs appendices caudaux devenus insuffisants pour les maintenir, et elles peuvent, dans certains cas, se noyer. On constate pourtant dans ces conditions des vomissements asphyxiques qui tendent à les mettre à l'abri de ce péril : le liquide rejeté s'écoule alors par l'ouverture capillaire placée en dedans de la pointe des crochets, et, parfois, lorsque les crochets sont très écartés, un peu par la base, au niveau de leur insertion, mais jamais par la partie antérieure et médiane de la bouche. Ces vomissements asphyxiques constituent un véritable phénomène de défense; ils permettent à l'animal de s'alléger et de venir de nouveau flotter à la surface pour puiser l'air nécessaire à la respiration (Pᴏʀᴛɪᴇʀ).

Le lieu de production du liquide digestif, que Nᴀɢᴇʟ regardait comme salivaire, est le ventricule chylifique; d'après Pᴏʀᴛɪᴇʀ il s'emmagasine en dehors des périodes de la digestion dans un énorme cæcum situé sous la paroi dorsale du corps et qui débouche dans le segment postérieur du tube digestif; au moment de la capture d'une proie il est injecté dans l'intestin et conduit probablement par des contractions antipéristaltiques jusqu'aux crochets mandibulaires.

Les larves de Fourmilion et d'Hémérobe, qui présentent une disposition de la bouche et des crochets très conforme à celle des larves de Dytiques se nourrissent très probablement d'une façon semblable.

Les larves de Mouches déterminent la liquéfaction de la viande au milieu de laquelle elles se trouvent placées et hâtent sa décomposition. On a pensé que cette action était due au rejet par la larve d'une substance douée d'un pouvoir digestif s'exerçant à l'extérieur et analogue à la pepsine (voir : J.-H. Fabre, *Souvenirs entom.*, 10e série, 259). Le rôle des ferments sécrétés par l'Insecte paraît toutefois secondaire ou nul et Guyénot n'a obtenu aucune digestion d'albuminoïdes, d'amidon ou de graisse avec des extraits provenant de larves broyées de *Lucilia cæsar* ou d'organes digestifs isolés du même Insecte. Ce sont les microorganismes qui se chargent du travail de liquéfaction et de digestion. Les larves et les microbes vivent en symbiose : les larves, se nourrissant exclusivement par succion, ensemencent de tous côtés les microbes qui leur préparent leur bouillie alimentaire (Bogdanow, Guyénot).

Les chenilles xylophages (*Cossus ligniperda*) rejettent par la bouche une sécrétion qui exerce une action corrosive sur le bois et permet aux mandibules de l'attaquer plus facilement (Lyonnet, Henseval) et il en est vraisemblablement de même pour beaucoup de larves xylophages. Chez les Hémiptères phytophages, la salive est injectée d'une façon analogue dans les tissus des plantes : elle détermine souvent des effets toxiques (galles, troubles physiologiques); mais elle aurait en outre pour fonction de dissoudre au moyen d'une diastase les parois de cellulose des cellules végétales et peut-être de commencer la digestion des grains d'amidon qui y sont enfermés (Künckel, Bugnion).

## IX. — CIRCULATION.

**1° Physiologie de l'appareil circulatoire.** — Le cœur est représenté par un tube contractile, connu sous le nom de *vaisseau dorsal*, qui s'étend suivant la ligne dorsale et médiane du corps et baigne dans un sinus péricardique. Il est formé d'une série de *ventriculites* séparés les uns des autres par des étranglements et au nombre de 5 à 8 en moyenne (fig. 41 et 42). Ces ventriculites communiquent entre eux, au moyen d'orifices présentant des replis valvulaires dirigés d'arrière en avant; chacun d'eux communique d'autre part avec le sinus péricardique par deux orifices ou *ostioles* placés latéralement et pourvus de valvules infléchies de dehors en dedans. Ce cœur, formé de fibres musculaires striées annulaires comprises entre deux tuniques conjonctives, se termine en cul-de-sac à sa partie postérieure; il ne s'étend guère que sur la région abdominale et se prolonge dans le thorax et vers la tête en une aorte qui peut se bifurquer, mais s'ouvre, en tout cas, largement et sans fines ramifications dans les lacunes interorganiques de la région céphalique.

La contraction du cœur se fait suivant une onde qui se propage d'arrière en avant, et une nouvelle onde peut commencer à l'extrémité postérieure avant que la précédente ait encore atteint l'aorte.

Chaque ventriculite, au moment de la systole, chasse le sang dans celui qui se trouve placé immédiatement en avant et, au moment de la diastole, il reçoit le sang venant du sinus péricardique; l'afflux du sang pénétrant par les ostioles est toujours plus considérable dans la partie postérieure que dans la partie antérieure du vaisseau dorsal. Le sang s'écoule en avant par l'aorte pour se répandre dans le sinus neural ou ventral et dans la cavité périviscérale. Il y reçoit les produits absorbés ou élaborés par les organes digestifs qui sont déversés directement sans intermédiaire de lymphatiques dans la cavité du corps, puis il revient dans le sinus péricardique en traversant les perforations que présente son plancher (diaphragme péricardique). Si ces perforations manquent, le sang revient par la partie postérieure du sinus péricardique (Orthoptères, d'après Kowalevsky, 1894). Outre le cœur, il existe parfois chez les Insectes des ampoules pulsatiles placées à la base des parties du corps les plus effilées où la circulation serait sans leur présence difficile. On en rencontre à la base des antennes chez les Ephémères (Vayssière, 1882), chez les Lépidoptères (Burgess, 1881 et Selvatico, 1887), chez divers

Orthoptères (Pawlowa, 1895) et à la base des pattes chez les Hémiptères aquatiques (Behn, 1835 et Locy, 1884). Dans les ailes et autres appendices on peut voir souvent le sang s'écouler suivant des canaux bien tracés analogues à des vaisseaux sanguins (Carus, 1829). Le sang se dirige généralement alors en avant le long du côté antérieur et en arrière le long du côté postérieur de l'appendice; dans certains de ces canaux on voit parfois le sens du courant se renverser.

Divers muscles du corps viennent concourir d'une façon accessoire au mécanisme de la circulation. Graber attache une importance particulière, à ce point de vue, aux *muscles aliformes* du diaphragme péricardique (fig. 41). En redressant sa convexité dorsale (fig. 43, *ds*), le diaphragme péricardique ferait pression sur le sang placé en dessous et augmenterait au contraire l'espace du sinus péricardique sus-jacent. Le sang se trouverait alors naturellement appelé à combler ce dernier, en passant par les perforations du diaphragme et il arriverait ainsi au cœur au moment de la diastole. Ce mécanisme ne peut, en tout cas, être réalisé, chez les Orthoptères qui ont un diaphragme péricardique imperforé et dont le sinus péricardique ne peut communiquer qu'en avant et en arrière avec la cavité périyiscérale (Kowalewsky). Il semble d'ailleurs que, dans certains cas, conformément à l'ancienne opinion ayant eu cours avant les recherches de Graber, les muscles aliformes puissent concourir activement à la diastole (larve de *Thrixion* d'après Pantel, 1898, 160).

Enfin, les muscles transversaux de la partie ventrale du thorax, en rapprochant par leurs contractions les bords du sinus thoracique ventral, sont bien disposés pour déterminer un courant d'avant en arrière faisant passer le sang de la partie thoracique dans la partie abdominale (Popovici-Baznosanu, 1897). Les muscles abdominaux interviennent aussi forcément dans les mouvements circulatoires.

Malgré toutes ces particularités organiques, la circulation est fort imparfaite chez les Insectes et la différence souvent considérable que l'on peut constater entre la chaleur du thorax et celle de l'abdomen (Maurice Girard) indique suffisamment qu'il n'existe pas toujours chez eux de courant sanguin capable d'égaliser rapidement les températures dans les différentes parties du corps.

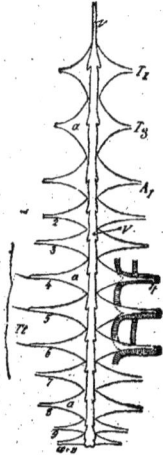

Fig. 41. — Vaisseau dorsal (*v*) et muscles aliformes de la Blatte (*Periplaneta orientalis*). *T*², *T*³, *A*¹, muscles aliformes fixés à la région tergale du mésothorax, du métathorax et du 1er segment abdominal; *a*, muscles aliformes des autres segments abdominaux (*Tt* 2, 3, etc); *t*, trachées. (D'après Miall et Denny.)

**Variations dans le rythme du cœur.** — Les contractions rythmiques du cœur qui, comme nous l'avons vu, se propagent d'arrière en avant, se succèdent d'une façon plus ou moins rapide suivant les phases évolutives et les conditions physiologiques de l'Insecte. D'après les observations de Newport sur le *Sphinx ligustri*, chez la larve, avant la première mue, le nombre moyen des pulsations est de 82 par minute, avant la deuxième mue de 89, avant la troisième de 63, avant la quatrième de 45, un peu avant la maturité de 39; leur nombre décroîtrait donc plutôt avec la croissance. Pendant les phases de repos correspondant aux mues, le nombre des pulsations est à peu près le même à chaque période et est environ de 30. Lorsque l'Insecte est à l'état de nymphe, il passe à 20, puis à 10, et, pendant la période d'hivernation, les battements cessent d'une façon presque complète. Après l'éclosion, chez l'Insecte parfait en pleine activité, le nombre des pulsations monte à 110 et 140; lorsqu'il passe à l'état de repos, il est de 40 à 50.

De nombreuses observations ont confirmé les déductions générales qui peuvent être tirées de celles de Newport et ont fait voir notamment qu'une élévation de la température, ainsi que le mouvement, accéléraient le rythme du cœur d'une façon considérable. Dogiel, dans ses études sur la larve de *Corethra plumicornis*, a recherché, en outre, quels étaient les autres agents susceptibles d'agir sur l'activité du cœur, et il a étudié à ce point de vue l'électricité et les poisons:

*Électricité.* — L'excitation par un courant induit de faible intensité, détermine une accélération des mouvements du cœur; mais, si l'on augmente l'intensité du courant, le cœur se ralentit ou s'arrête. Si l'on supprime l'excitation, les battements s'accélèrent à nouveau. Une forte excitation avec un courant induit provoque un arrêt durable du cœur en systole; si l'excitation est interrompue, les pulsations réapparaissent au bout d'un temps plus ou moins long, suivant la force de l'excitation; mais le rythme est troublé dans la régularité, la force et l'ordre de ses contractions. D'une façon générale, on peut donc dire qu'un courant induit faible accélère les battements du cœur et qu'un courant fort les ralentit ou les arrête.

*Poisons.* — Expérimentés en vapeurs ou en solutions aqueuses sur la larve de *Corethra*, ils ont donné des résultats qui peuvent être groupés de la façon suivante :

I. Ont une influence accélératrice :

Les excitations faibles provoquées par : *ammoniaque, éther éthylique, acide oxalique, acide phénique, nitrate de potasse, aconitine.*

II. Ont une influence ralentissante :

*a)* Les excitations fortes provoquées par les *substances énumérées ci-dessus* et, en outre, par la *vératrine et l'atropine.*

*b)* L'*alcool éthylique*, le *chloroforme*, l'*hydrate de chloral*, l'*oxyde de carbone*, l'*acide carbonique*, l'*acide sulfhydrique.*

III. Sont sans influence sur l'activité du cœur :

*a)* La *muscarine*, le *curare*, la *strychnine.*

*b)* Une excitation faible par l'*atropine.*

**Origine des mouvements du cœur, innervation.** — Le cœur paraît présenter un automatisme complet systolique et diastolique et cet automatisme est propre à toutes les parties du cœur (BRANDT). Les muscles aliformes qui s'étendent sur les côtés du cœur ne sont généralement pour rien dans les mouvements de diastole : on peut les sectionner sans arrêter les mouvements du cœur. Le cœur lui-même peut être sectionné en morceaux et chacun d'eux continue à se contracter (BRANDT). L'indépendance relative des différentes régions du cœur peut encore être montrée par l'électricité : (exp. de BRANDT et de WEBER : voir l'article **Cœur**, III, 298-299).

Il résulte de ce qui précède que le cœur doit avoir en lui-même la source de sa force motrice et qu'elle doit être disséminée sur toute sa longueur. On n'est pas arrivé néanmoins à y mettre en évidence l'existence de ganglions bien caractérisés.

L'absence d'un appareil modérateur paraît résulter non seulement de l'étude anatomique, mais de ce qui a été dit ci-dessus sur l'action des poisons. Il est, en effet, tout à fait remarquable que la muscarine, l'atropine et le curare, dont l'action sur l'appareil modérateur du cœur des Vertébrés est bien connue, restent chez les Insectes sans influence ou ne produisent qu'un ralentissement et que, par contre, l'aconitine, qui agit directement sur les centres moteurs et les muscles, exerce, à faible dose une action accélérante. Pourtant, chez le Criquet, une excitation mécanique du cerveau amène dans certains cas un arrêt complet du cœur, ce qui tendrait à prouver l'existence de filets nerveux modérateurs. Si l'action modératrice de ces fibres est généralement masquée dans les expériences, cela pourrait d'ailleurs résulter d'une excitation simultanée des modérateurs et des accélérateurs et de la prédominance de ces derniers. L'existence de nerfs accélérateurs émanant de la chaîne ventrale peut, en effet, d'après les expériences faites sur les Criquets (DOGIEL), être considérée comme un fait à peu près démontré.

Bien qu'ils ne portent pas d'une façon spéciale sur les Insectes, on consultera avec profit pour la physiologie du cœur des Arthropodes les importants travaux de CARLSON

FIG. 42. — Ventriculites du cœur.

*a*, communication d'un ventriculite avec le suivant; *b*, communication avec le sinus péricardique; *v*, valvules servant à la fois pour les deux ordres d'orifices : au moment de la systole le passage *a* s'ouvre et le passage *b* se ferme; au moment de la diastole, l'inverse se produit.

sur la physiologie du cœur des Invertébrés (*Arch. f. Entwicklungs. mech.*, XIX, 1900; *The American Journal of Physiology*, 1903-1908), et sa mise au point sur la question, dans *Ergebnisse der Physiol.*, 1909, 371-459. L'auteur a fait de très complètes expériences sur la Limule.

**2° Sang.** — Le fluide circulant des Insectes est plutôt comparable à la lymphe qu'au sang des Vertébrés. Il ne contient comme éléments figurés que des amibocytes, et, en raison de la disposition du système trachéen qui porte l'oxygène à tous les organes, son rôle ne consiste guère que dans le transport des substances plastiques destinées à la nutrition des différentes parties de l'organisme. Sa masse est très variable; les Orthoptères ont beaucoup de sang, tandis que les Lépidoptères, les Diptères et les Hyménoptères en ont généralement peu. Les larves contiennent beaucoup plus de sang proportionnellement à leur poids que les Insectes parfaits. Après quelques jours de diète, le sang peut être presque complètement résorbé. Sa coloration est variable, rose, rouge, brunâtre, jaune ou verte; il est parfois incolore ou à peine coloré. Au contact de l'air, le sang change de couleur et prend une coloration plus foncée ou noircit. Les substances colorantes du sang sont des albuminoïdes exclusivement dissous dans le plasma. Leur nature chimique est variable suivant les espèces, et ces différences entraînent les variétés de coloration que l'on observe dans le sang des Insectes. Chez la larve du Chironome le plasma est coloré par l'*hémoglobine* (ROLLETT, RAY LANKASTER); mais c'est là un fait tout à fait exceptionnel. Suivant la couleur, CUÉNOT a donné aux autres substances colorées du sang, les noms de : *hémoxantine*, *hémoprasine*, *hémophéine*, *hémopyrrine*, *hémocrocine*, etc. Malgré le changement de teinte qui se produit au contact de l'air et qui est dû à un phénomène d'oxydation (FREDERICQ), ces albuminoïdes ne fonctionnent pas comme pigments respiratoires ou n'ont, à ce point de vue, qu'un rôle très limité et inconstant. En effet, le sang de la larve d'*Oryctes*, qui a bruni à l'air, ne se décolore pas lorsqu'on le soumet au vide, et la combinaison qui s'est produite est stable et ne se décompose ni par les acides, ni par les alcalis (FREDERICQ). Pourtant, chez les chenilles de Bombyx, le sang contenant de l'hémoxanthine, qui noircit rapide-

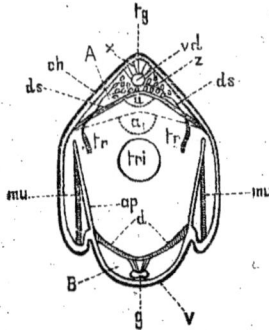

FIG. 43. — Coupe transversale schématique de l'abdomen d'un Acridien.

*tg*, région dorsale ; *V*, région ventrale; *A*, sinus sanguin dorsal (chambre dorsale); *x*, cellules péricardiques; *vd*, vaisseau dorsal (cœur) ; *ds*, diaphragme séparant le sinus dorsal de la cavité du corps; *a*, position du diaphragme pendant le rétrécissement du sinus; *a₁*, sa position pendant l'élargissement du sinus; *B*, sinus sanguin ventral (chambre ventrale); *d*, diaphragme séparant le sinus précédent de la cavité générale du corps; *g*, chaîne nerveuse; *ap*, apodèmes donnant insertion aux muscles (*mu*) qui servent à la dilatation de l'abdomen pendant la respiration; *tri*, intestin. (D'après GRABER.)

ment à l'air, peut être réduit par le sulfhydrate d'ammoniaque, et il reprend alors en partie sa teinte jaune primitive, pour noircir à nouveau lorsqu'on l'expose à l'air (CUÉNOT). Quoi qu'il en soit, il est certain que l'oxydation ne doit pas se faire *in vivo* d'une façon régulière et physiologique : car si l'on plonge des chenilles de *Bombyx rubi* dans une atmosphère de $CO^2$, d'autres dans de l'oxygène, et si l'on place enfin un troisième lot servant de témoin à l'air libre, dans les trois cas le sang conserve sa même couleur jaune verdâtre (CUÉNOT). Les divers albuminoïdes du sang servent donc surtout à la nutrition et proviennent, sans doute, des peptones de la digestion transformées par les amibocytes; ils ne jouent pas, d'une façon notable, de rôle oxydant comparable à celui de l'hémoglobine ou de l'hémocyanine.

Le changement de couleur du sang à l'air libre est dû à deux causes : 1° à l'oxydation de l'albuminoïde; 2° à la précipitation d'une substance granuleuse d'un noir verdâtre l'*uranidine*, qui se produit au moment où le sang sort de l'animal (CUÉNOT). Cette substance, confondue, sous le même nom d'*uranidine*, par KRÜKENBERG avec les albuminoïdes du sang, est identique à la *mélanine* de OTTO VON FÜRTH; elle n'existe que chez certains Insectes et détermine chez eux le noircissement des blessures. L'*uranidine* ou *mélanine* se forme d'après OTTO VON FÜRTH et SCHNEIDER par l'action oxydante d'une *tyrosinase* sur un chromogène appartenant à la série aromatique, mais distinct de la tyrosine. Chez les chenilles, le phénomène du noircissement du sang est surtout marqué aux approches de la nymphose. Il en est de même chez les Diptères et le brunissement des pupes de Mouches est dû aussi à l'action d'une tyrosinase sur un chromogène, mais qui se produit alors à l'intérieur même de l'animal sans que le sang soit répandu au dehors (DEWITZ).

Outre les albuminoïdes oxydables, le sang des Insectes renferme souvent de la fibrine. Il se coagule alors spontanément à l'air ; la coagulation est très accélérée par le battage ; elle est empêchée par la saturation avec du chlorure de sodium ou avec du sulfate de magnésie (FREDERICQ, KRÜKENBERG). Le caillot emprisonne les amibocytes et des granulations d'uranidine : il joue un rôle hémostatique, très développé surtout chez les Coléoptères vésicants, qui rejettent volontairement, comme procédé de défense, des gouttes de

sang chargées de cantharidine par les articulations tibio-tarsiennes. La fibrine étant très abondante dans le sang de ces animaux, il coule rarement plus d'une goutte de liquide, le coagulum fermant presque immédiatement la déchirure de l'articulation (CUÉNOT). D'après CUÉNOT, le fibrinogène joue le rôle d'une substance de réserve que l'animal utilise dans l'inanition avant les albuminoïdes du sérum.

Les lutéines sont fréquentes dans le sang des Insectes, surtout chez les chenilles (POULTON, KRÜKENBERG, CUÉNOT). Elles proviennent des lutéines renfermées dans les plantes qui les nourrissent. D'après POULTON, il s'agirait même souvent de xanthophylle.

En dehors des oxydases, le sang des Insectes peut aussi renfermer des réductases et il résulte des recherches de DEWITZ (1908) que l'extrait glycériné de chrysalides femelles a une action réductrice plus considérable sur l'eau oxygénée que l'extrait de chrysalides mâles. Ce n'est là, d'après lui, que l'expression particulière d'un phénomène général d'après lequel l'organisme femelle aurait un pouvoir réducteur plus considérable que l'organisme mâle.

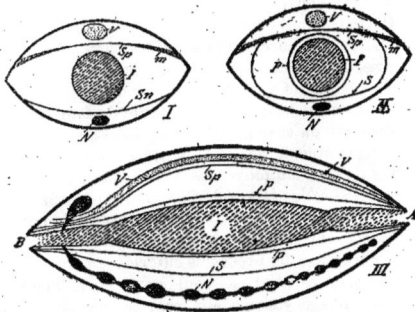

FIG. 44. — Schémas de la disposition des principaux diaphragmes limitant les sinus sanguins chez les Insectes.

I, coupe transversale d'après GRABER; II, coupe transversale du corps, d'après BERLESE; III, coupe longitudinale, d'après BERLESE. *v*, vaisseau dorsal ; *I*, intestin ; *N*, chaîne nerveuse ; *sp*, septum ou diaphragme péricardique ; *m*, muscles ; *sn*, diaphragme neural ; *s*, diaphragme péritonéal se continuant avec le diaphragme péricardique ; *p*, péritoine splanchnique. (Figures empruntées à BERLESE.)

**Éléments figurés. Amibocytes.** — Les amibocytes sont les principaux éléments figurés. Ils ne font guère défaut que chez les larves de Chironômes et de Cécidomyies. Dans le sang circulant, ils n'émettent que peu de pseudopodes et l'état amiboïde à pseudopodes multiples représente une forme de dégénérescence. Ils renferment souvent de fins granules réfringents, verdâtres, groupés autour du noyau, et que CUÉNOT suppose être des granules de ferment albuminogènes, présidant à la transformation des peptones de la digestion en albuminoïdes du plasma. Chez la larve du Chironôme où les amibocytes font défaut, le rôle albuminogène serait joué par une partie du corps adipeux colorée en vert, placée à la partie antérieure du corps et qui est bourrée de granules semblables à ceux des amibocytes ; cette partie représenterait physiologiquement les amibocytes eux-mêmes.

A une période avancée de leur évolution, les amibocytes, chez les larves notamment, jouent le rôle de cellules de réserve et renferment des globules albuminoïdes. Chez la chenille qui va se chrysaliser, tous les amibocytes sont ainsi transformés en magasins d'albuminoïdes (CUÉNOT).

La régénération des amibocytes s'effectue par mitose des jeunes éléments (DUBOSCQ,

Cuénot 1895, Brüntz); à l'état adulte ils ne présentent jamais de mitoses. Les mitoses diminuent jusqu'à zéro, quand l'animal jeûne depuis longtemps; elles augmentent quelques jours après les saignées.

La formation des amibocytes dans le sang n'exclut pas, chez certains Insectes du moins, la production parallèle de ces éléments dans des organes spéciaux dits *organes spléniques* (Voir plus loin).

Cuénot a étudié l'évolution des amibocytes chez le Grillon. Il distingue : 1° les formes jeunes et petites se multipliant par mitose; 2° les formes adultes et grandes seules capables de phagocytose ; 3° les amibocytes à grains acidophiles (correspondant peut-être aux éosinophiles des Vertébrés); 4° les amibocytes en voie de dégénérescence (pyknose et karyorhexie) destinés à être phagocytés, soit par les amibocytes du sang circulant, soit dans les organes phagocytaires. Les grains dits acidophiles sont souvent bactériformes, ils ne semblent guère exister que chez les Orthoptères et les Pseudo-Névroptères; leur réaction, suivant les types, peut varier jusqu'à l'amphophilie (Kollmann).

Outre les amibocytes, on peut encore trouver dans le sang, comme éléments figurés, des cellules du corps adipeux et des œnocytes qui ont été mis en liberté.

**Résistance à la saignée.** — Les Insectes adultes, surtout les Coléoptères et les chenilles, présentent une très grande résistance à la saignée. Ils peuvent continuer à vivre après avoir perdu la presque totalité de leur sang (Cuénot).

**Émission du sang au dehors.** — Les Coléoptères vésicants peuvent rejeter des gouttes de sang contenant de la cantharidine, au niveau de leurs articulations tibio-tarsiennes (Cuénot); c'est un moyen de défense dont on retrouve l'analogue chez les Coccinellides (Lutz) et chez les larves de Cimbicides (Cholodkovsky).

**3° Phagocytose.** — L'importance des phénomènes de phagocytose chez les Insectes est bien connue depuis les travaux de Kowalevsky, qui retrouva chez eux, au moment des métamorphoses, les processus antérieurement décrits par Metchnikoff chez d'autres Invertébrés. Mais ce n'est pas seulement au moment de la métamorphose qu'intervient la fonction phagocytaire : elle peut se manifester pendant toute l'existence de l'Insecte. D'une façon générale elle est leucocytaire.

*a)* **Phagocytose leucocytaire dans le sang circulant.** — Pour l'étudier, on peut, ainsi que Cuénot dans ses expériences sur les Orthoptères, injecter dans la cavité du corps des cultures bactériennes, du sang défibriné de Mammifère ou bien des poudres inertes (amidon de riz, carmin, encre de Chine), en suspension dans l'eau, à 1 p. 100.

Dans les premiers jours qui suivent l'injection, on constate une hypoglobulie, puis retour à l'état normal, si l'Insecte résiste. Les amibocytes disparus ainsi de la circulation ont englouti en quantités plus ou moins grandes les matières solides injectées, puis, comme s'ils étaient alourdis par cette surcharge, ils se sont arrêtés sur les parois des organes, s'accumulant surtout aux environs du cœur où les lacunes sont plus étroites que partout ailleurs (Cuénot). Au bout d'une dizaine de jours, toutes les particules étrangères sont ainsi fixées à demeure dans les tissus et encapsulées dans de petits kystes d'amibocytes. Les phagocytes des Orthoptères ont une réaction acide; ils digèrent activement les albuminoïdes et notamment les hématies du sang des Mammifères; ils sont, par contre, incapables de digérer les corps gras et l'amidon, qui restent intacts à leur intérieur, même après un temps très long.

Chez la chenille de la Teigne des ruches, qui se nourrit de cire, les amibocytes sécrètent au contraire, d'après Matalnikoff, un ferment cérolytique très comparable aux lipases et c'est à la présence de cette substance dans le sang que cet Insecte doit la faculté qu'il présente d'assimiler la cire, en même temps que son immunité remarquable contre la tuberculose. Les phénomènes phagocytaires consécutifs à l'inoculation de bacilles tuberculeux chez cette chenille ont été soigneusement étudiés par Matalnikoff. Aussitôt après l'injection, une partie des bacilles tuberculeux est rapidement englobée et détruite par les phagocytes. L'autre partie, la plus grande, est fixée à la périphérie des phagocytes, qui, sous l'influence de l'excitation, sécrètent sans doute un liquide visqueux et, en tout cas, s'agglutinent, puis se fusionnent en plasmodies polynucléaires volumineuses. Les bacilles, qui étaient à la périphérie des phagocytes, se trouvent ainsi incorporés dans le plasmode, et détruits à son intérieur. En même temps, vers ces foyers de destruction affluent d'autres leucocytes qui forment une capsule et parfois un tissu réticulé. Ainsi se trouve réalisées des formations très analogues aux tubercules, le plasmode central correspondant à la cellule géante. La destruction des bacilles se fait d'une façon très énergique, grâce à la présence d'un ferment cérolytique qui dissout l'enveloppe cireuse protectrice dont tous les bacilles tuberculeux sont naturellement entourés. Plus d'un exemple pourraient être cités d'ailleurs du rôle des phagocytes dans la lutte de l'organisme de l'Insecte contre les corps étrangers ou les parasites, KOWALEWSKY a depuis longtemps constaté que les bacilles du charbon peuvent être rapidement digérés par les cellules de l'organe phagocytaire des Acridiens. Les phagocytes interviennent aussi activement dans la lutte de l'hôte contre les Hyménoptères parasites et peuvent en enkystant leurs œufs ou leurs embryons déterminer leur régression (P. MARCHAL). La réaction de l'hôte, qu'elle soit phagocytaire ou d'une autre nature, se borne pourtant le plus souvent à neutraliser les effets nuisibles de la larve parasite de façon à rendre possible une symbiose temporaire entre les deux êtres [bourrelet inflammatoire des *Leptynia*, parasites des *Thrixion* (PANTEL, 1898, 69); galles animales internes des larves de Cécidomyies parasitées par Platygasters du genre *Trichacis* (P. MARCHAL, 1897 et 1906, pl. XIX, XX, fig. 47 et 51)].

*b) Organes phagocytaires et spléniques.* — Découverts par KOWALEWSKY, ils n'ont été signalés jusqu'ici que dans trois groupes d'Orthoptères (Grillons, Acridiens, Forficules) et chez les Thysanoures. Ils avoisinent toujours le cœur, mais ne doivent pas être confondus avec les cellules pericardiales, malgré leurs étroits rapports de voisinage. On les met nettement en évidence et on démontre en même temps leur fonction, en injectant dans l'Insecte vivant un mélange d'encre de Chine et de carminate d'ammoniaque. Au bout de quelque temps, on trouve les organes phagocytaires se détachant en noir sur le fond rose des cellules péricardiales.

Ils sont formés de cellules conjonctives analogues ou identiques à des amibocytes : c'est chez les Grillons qu'ils sont le mieux différenciés et, d'après SUSSLOFF (1906), ils n'existeraient même à proprement parler que chez eux; ils sont, chez ces insectes, disposés par paires, de chaque côté du cœur, dans les deux premiers segments abdominaux et présentent cette curieuse particularité de communiquer avec le cœur (*ostioles-cardiocœlomatiques* de KOWALEWSKY), de telle sorte que l'on pourrait les considérer comme des diverticules du cœur. Chez les Acridiens et les Forficules, il existe aussi, sur le septum péricardique, ou sur les fibres de soutien du cœur, des amas d'amibocytes bien délimités ayant une disposition segmentaire constante pour une espèce donnée, mais variable d'une espèce à l'autre et qui ont été considérés comme des organes phagocytaires (KOWALEWSKY, CUÉNOT). Il en est de même pour certains Thysanoures, dont le septum péricardique fonctionne comme un organe phagocytaire à cellules fusionnées en syncytium (PHILIPTSCHENKO, BRÜNTZ).

FIG. 45. — Organes phagocytaires de *Gryllotalpa vulgaris*. L'insecte, un jour après injection cœlomique d'encre de Chine et de carminate d'ammoniaque, a été ouvert par la face ventrale. Les organes phagocytaires, bourrés d'encre de Chine, sont d'un noir intense, les cellules péricardiques ont éliminé le carminate d'ammoniaque et sont représentées en noir plus clair. (D'après CUÉNOT.)

Chez tous les autres Orthoptères étudiés (Locustides, Mantides, etc.) il n'existe pas de véritables organes phagocytaires, mais de simples amas de phagocytes qui sont retenus, comme par les mailles d'un filtre, entre les cellules péricardiales, ou dans les étroits interstices du diaphragme péricardique.

A leur rôle phagocytaire les organes dont il vient d'être question joignent celui de producteurs de globules sanguins et ils fonctionnent comme de véritables rates (KOWALEWSKY, CUÉNOT, SUSSLOFF, KOLLMANN). Vers le centre se trouvent, chez les Grillons, des cellules jeunes, se multipliant par mitose, incapables de phagocytose et destinées à remplacer celles qui forment la plus grande masse de l'organe et qui ont absolument les mêmes propriétés que les amibocytes. Après une forte injection d'encre de Chine, il se produit, d'après SUSSLOFF, une hyperleucocytose (dans des conditions expérimentales sans doute différentes, Cuénot a observé l'inverse); l'organe phagocytaire, se comportant alors comme une véritable rate, augmente de volume. Une quinzaine de jours après l'injection, les phagocytes chargés d'encre de Chine se trouvent dans l'hypoderme qu'ils traversent, en détruisant plus ou moins les cellules; et les granulations excrétées sont ainsi évacuées sous la cuticule ou même incorporées à cette dernière, pour être éliminées complètement au moment de la mue. Au bout de deux mois, la rate s'est éclaircie d'une façon complète et les granulations ont été éliminées par les téguments.

*c*) **Phagocytose dans la métamorphose.** — La phagocytose prend une part importante, mais très inégale suivant les espèces, aux phénomènes d'histolyse des organes larvaires.

Elle domine surtout les métamorphoses à évolution rapide qui comportent des modifications importantes et profondes. C'est chez les Muscides, où elle a d'abord été mise en évidence par Kowalewsky et par Van Rees, qu'elle se présente avec les caractères les plus frappants. Les amibocytes, dans les premiers jours de la nymphose, détruisent, par phagocytose, les muscles larvaires (fig. 68, *k*, *p*, *s*); ils englobent leurs fragments ou *sarcolytes*, et se transforment alors en ces formations particulières qui ont été désignées depuis Weismann et Viallanes sous les noms de *Körnchenkugeln* ou *boules à noyaux* (*p*). Les sarcolytes englobés par les phagocytes sont enfermés dans des vacuoles intracellulaires, à l'intérieur desquelles la striation des sarcolytes disparaît progressivement, et ceux-ci prennent alors l'aspect de grains réfringents. Le faisceau entier est ainsi remplacé par un amas de *Körnchenkugeln*. Les glandes salivaires, le tissu adipeux, l'hypoderme et divers organes peuvent être aussi, à divers degrés, détruits par l'intervention phagocytaire. Les résultats obtenus sur ce point par Kowalewsky ne peuvent être infirmés par ceux de Berlese, qui refuse aux amibocytes le pouvoir digestif, et leur attribue un simple rôle vecteur; ils ont, d'ailleurs, été pleinement confirmés par Ch. Pérez qui a, en particulier, bien étudié la digestion intracellulaire des sarcolytes (1904) et par Mercier (1906).

L'existence de phénomènes semblables, bien que moins généralisés, a, en outre, été reconnue chez les Hyménoptères (Formicides) et leur extension à des tissus divers, notamment à une partie du tissu adipeux, a été établie pour divers Insectes, tels que Fourmis et Muscides (Ch. Pérez, 1902 et 1907; Mercier, 1906).

La question de savoir si les éléments sont attaqués par les phagocytes avant ou après dégénérescence a été très discutée. En réalité, suivant les espèces, suivant la nature et l'emplacement des organes, on peut trouver tous les intermédiaires entre une attaque très précoce des phagocytes portant sur des éléments d'apparence tout à fait saine, jusqu'à une intervention tardive, ne faisant que hâter la destruction d'éléments déjà dégénérés. Les muscles, chez les Muscides, sont attaqués avant toute altération constatable au microscope (Ch. Pérez, Mercier); au contraire, le tissu adipeux, chez ces mêmes Insectes, n'est attaqué qu'après le début de la dégénérescence (Henneguy, Vaney, Mercier).

La régression des tissus, sans englobement par des phagocytes, peut fréquemment se présenter (Karawaiew, Terre, Anglas, Berlese, Kellog, Vaney, Ch. Janet). On constate alors, généralement, que les amibocytes investissent les organes à détruire, s'accolent aux éléments et occasionnent leur dégénérescence en sécrétant des substances histolysantes. C'est à ce processus que Anglas a donné le nom de *lyocytose*, et il admet qu'il peut s'exercer non seulement par accolement, mais encore à distance. Outre les amibocytes, d'autres éléments, tels que les myoblastes, etc., pourraient y participer. Il s'agit, en somme, d'un phénomène de même ordre que la phagocytose, mais caractérisé par son action digestive extra-cellulaire.

## X. — RESPIRATION.

Les Insectes ont une respiration *trachéenne*. Les trachées débouchent à l'extérieur, sur les côtés du thorax et de l'abdomen, par des *stigmates* (fig. 46, *s*), et se ramifient à l'intérieur en de nombreux tubes capillaires qui portent l'air à tous les organes.

Malpighi, qui découvrit en 1669 les trachées des Insectes, démontra que, si l'on bouchait, à l'aide d'un corps gras, leurs orifices extérieurs ou stigmates, on déterminait l'asphyxie de l'animal.

Des dilatations vésiculeuses ou sacs aériens (fig. 47 $t$ $b$) se présentent sur le trajet des troncs trachéens chez beaucoup d'Insectes et prennent leur plus grand développement chez ceux qui doivent fournir un vol rapide et soutenu (Hyménoptères, Diptères, Acridiens migrateurs, etc.). Ces sacs aériens ont pour rôle d'emmagasiner une provision d'air suffisante pendant le vol et servent, en outre, à diminuer le poids spécifique de l'animal. Ils remplissent, d'ailleurs, d'une façon d'autant plus efficace cette dernière fonction, que l'air qui les gonfle doit s'échauffer fortement pendant le vol.

Chaque stigmate est pourvu d'un appareil obturateur variable (fig. 51), commandé par des muscles qui permettent à l'Insecte de l'ouvrir ou de le fermer à volonté. (Voir, pour ce mécanisme : Ch. Janet, *Études sur les Fourmis*, Note 16, 1897, p. 26, ainsi que les travaux de Portier.)

**1° Mouvements respiratoires.** — Nos connaissances sur les mouvements respiratoires des Hexapodes reposent sur les travaux fondamentaux de Rathke, de Plateau et de Langendorff. Ces deux derniers auteurs ont eu recours, dans leurs recherches, à la méthode graphique et à un procédé consistant à projeter sur un écran, au moyen d'une lanterne, la silhouette grossie de l'Insecte à étudier, puis à dessiner les deux contours correspondant à la phase d'expiration et à la phase d'inspiration.

Les principaux faits relatifs aux phénomènes mécaniques de la respiration que l'on peut enregistrer par ces deux méthodes ou par la simple observation de l'animal sont, d'après Plateau, les suivants :

1° Les mouvements respiratoires des Insectes sont localisés dans l'abdomen.

2° Les mouvements respiratoires consistent en diminutions et rétablissements alternatifs du diamètre vertical et, dans une plus faible mesure, du diamètre transversal de l'abdomen. La diminution des diamètres répond à l'expiration ; le retour de ces diamètres aux dimensions premières répond à l'inspiration (fig. 48).

Chez les Hyménoptères Porte-aiguillons et quelques autres Insectes (Phryganes, etc.), on constate, en outre, un raccourcissement de l'abdomen au moment de l'expiration, par suite de la rentrée des somites les uns dans les autres. Dans quelques types, par contre (Éristale, Syrphe, Coccinelle, Blatte, etc.), il y a allongement de l'abdomen au moment de l'expiration.

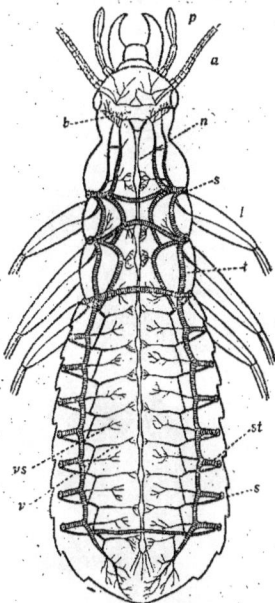

Fig. 46. — Appareil trachéen d'un Insecte (figure schématique).

*a*, antenne ; *b*, cerveau ; *n*, chaîne nerveuse ventrale ; *p*, palpe ; *s*, stigmate ; *st*, tronc stigmatique ; *t*, tronc trachéen principal ; *v*, rameaux ventraux ; *vs*, rameaux viscéraux. (D'après Kolbe.)

Pour produire la diminution du diamètre vertical, tantôt ce sont les arceaux tergaux qui sont seuls mobiles (fig. 49), ou qui présentent les plus grands mouvements d'abaissement et d'élévation alternatifs (Coléoptères, Hanneton se préparant à prendre son vol et, suivant l'expression populaire, « comptant ses écus ») ; tantôt, au contraire, ce sont les arceaux sternaux qui présentent les mouvements de plus grande amplitude (fig. 50) (Libellules, Acridiens, Diptères).

3° Chez la plupart des Insectes, l'expiration est seule active ; elle s'effectue au moyen de muscles expirateurs abdominaux, dont la disposition et le fonctionnement, variables suivant les types, ont été bien étudiés par Plateau. L'inspiration est presque toujours passive, et a lieu sous l'influence de l'élasticité des téguments et des parois trachéennes. Les Hyménoptères Porte-aiguillons, les Phryganes et les Acridiens ont pourtant des muscles aidant à l'inspiration (*mu*, fig. 43).

4° Comme corollaire de ce qui précède, et, contrairement à ce qui existe chez les

Vertébrés aériens, l'expiration est toujours plus rapide que l'inspiration et s'effectue même souvent d'une façon brusque.

5° Chez beaucoup d'Insectes, on constate des *pauses* de courte durée, qui se produisent après chaque mouvement inspiratoire, jamais en expiration; dans un grand nombre d'espèces, on constate, en outre, l'existence d'*arrêts* de plus longue durée, qui interrompent de temps à autre la série des mouvements respiratoires, et qui se produisent toujours aussi en inspiration.

6° Le nombre des mouvements respiratoires varie à un haut degré suivant l'activité musculaire de l'animal, et suivant la température.

**Mouvements de fermeture et d'ouverture des stigmates.** — La respiration peut se traduire à l'extérieur, non seulement par les mouvements respiratoires de l'abdomen, mais encore par ceux d'ouverture et d'occlusion des stigmates. Bien que ces mouvements stigmatiques ne soient pas liés d'une façon constante aux premiers, et que l'Insecte puisse respirer avec des stigmates restant béants, des mouvements rythmiques peuvent pourtant s'y manifester fréquemment. On les observe facilement pour les orifices stigmatiques du thorax, en tenant entre les doigts une Libellule ou un Acridien.

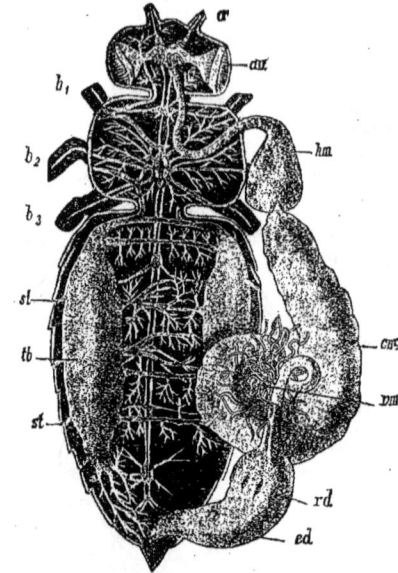

FIG. 47. — Organisation de l'Abeille.

*au*, œil à facettes; *a*, antenne; *b₁*, *b₂*, *b₃*, les 3 paires de pattes; *tb*, portion du tronc trachéen longitudinal renflé en vésicule aérienne; *st*, stigmates; *hm*, œsophago et jabot; *cm*, ventricule chylifique; *vm*, tubes de MALPIGHI; *rd*, glandes rectales; *cd*, intestin terminal. (D'après LEUCKHART); la chaîne nerveuse s'étend sur la ligne médiane et ventrale.

FOLSOM en a compté, dans ces conditions, de 30 à 90 par minute, suivant les individus, chez un Criquet du genre *Melanoplus*. D'après le même auteur, les stigmates thoraciques s'ouvrent presque en même temps que se produisent les mouvements d'expansion (inspirateurs) de l'abdomen; leur fermeture s'effectue, par contre, en même temps que les mouvements de contraction ou d'expiration. La question des relations qui existent entre les mouvements stigmatiques et les mouvements respiratoires abdominaux n'a pas été, toutefois, étudiée d'une façon complète. Il est probable que, lorsque les mouvements d'occlusion des stigmates se produisent d'une façon périodique, ils se font au début de l'expiration, de façon que la pression exercée sur les gros troncs trachéens ou les sacs aériens puisse lutter contre la résistance des fines ramifications trachéennes (LANDOIS). A ce moment l'air, au lieu d'être chassé à l'extérieur et véritablement expiré, serait donc au contraire forcé de pénétrer plus profondément dans les tissus (mécanisme analogue à celui réalisé chez un homme qui fait un effort d'expiration en maintenant sa bouche et ses narines fermées).

La fermeture des stigmates peut être produite en quelque sorte à volonté par l'Insecte, lorsqu'il veut échapper à l'action d'un milieu toxique. C'est ainsi que MILNE EDWARDS a constaté que les Charançons, plongés dans de l'air contenant une forte proportion d'acide sulfhydrique, fermaient leurs stigmates et pouvaient résister longtemps à l'action délétère de ce gaz; au contraire, des Charançons placés dans de l'air ne contenant qu'une petite quantité d'acide sulfhydrique continuent à respirer, et meurent empoisonnés au bout d'un temps assez court.

Lowne, dans sa monographie de la Mouche bleue, a exposé une théorie de la respiration des Insectes s'écartant beaucoup de l'opinion courante. D'après lui, chez la Mouche bleue, le second stigmate thoracique est exclusivement expirateur, l'air qui en sort contribuant au bourdonnement. Tous les autres stigmates sont, au contraire, inspirateurs. L'inspiration serait indépendante des mouvements des segments abdominaux et se ferait sous l'influence de dilatations et de contractions rythmiques se produisant au niveau de chambres vestibulaires placées entre les stigmates et les troncs trachéens correspondants. Ces chambres vestibulaires, pourvues à leur entrée et à leur sortie d'un appareil valvulaire s'ouvrant vers l'intérieur, agiraient ainsi comme des pompes puisant l'air à l'extérieur pour le forcer à l'intérieur du système trachéen. Il entrerait alors par les stigmates plus d'air qu'il n'en sortirait, et ainsi se trouverait expliqué ce fait que la pression existant à l'intérieur des trachées est notablement supérieure à la pression atmosphérique. Grâce à cet excès de pression, une bonne partie des gaz habituellement expirés par les autres animaux filtrerait chez les Insectes au travers des téguments.

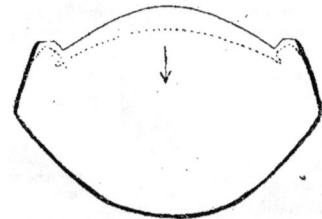

Fig. 48. — Coupe schématique de l'abdomen d'un Lépidoptère sphingide, pour montrer le rapprochement des arceaux tergaux et sternaux pendant l'expiration, en même temps que la membrane molle intermédiaire se déprime. (D'après Plateau.)

**Innervation.** — Les mouvements respiratoires abdominaux sont purement réflexes et sous la dépendance des ganglions abdominaux (Plateau), et non pas du ganglion métathoracique, comme Faivre l'admettait.

L'ablation des ganglions cérébroïdes a pour résultat habituel de ralentir les mouvements respiratoires ou de diminuer leur amplitude, mais ne trouble pas leur coordination (Plateau).

**2° Phénomènes chimiques de la respiration. Activité respiratoire.** — Le sang ne joue qu'un rôle restreint dans les échanges gazeux chez les Insectes, et c'est directement, entre les organes eux-mêmes et les ramifications trachéennes qui s'y rendent, que s'effectue la plus grande partie de ces échanges. Les trachées semblent se terminer, le plus souvent, par un réseau capillaire intercellulaire : c'est au niveau de ce réseau rempli de liquide, suivant les uns, d'air, suivant les autres (Wistinghausen, 1890; Holmgren, 1896), que se font les oxydations résultant de la respiration, et Johanny Martin (1893), en injectant de l'indigo blanc dans le corps de diverses larves d'Insectes, a pu constater que l'indigo était réduit, et passait à l'état d'indigo bleu uniquement autour du réseau des terminaisons trachéennes.

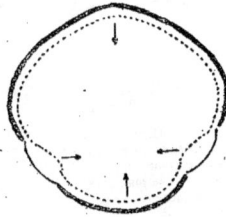

Fig. 49. — Coupe schématique de l'abdomen d'un Coléoptère scarabéide pour montrer les mouvements alternatifs d'abaissement et d'élévation des arceaux tergaux, pendant la respiration. (D'après Plateau.)

D'après M. von Linden, de nombreux pigments, par leurs combinaisons instables avec l'oxygène, joueraient un rôle important dans la respiration des tissus; mais il serait utile que ces faits fussent confirmés.

L'atmosphère interne des Insectes contient toujours beaucoup moins d'oxygène que l'air extérieur (5,6 à 15,6 0/0) et elle est d'autant plus riche en oxygène que l'activité vitale de l'animal est moindre, phénomène rappelant ce qui se produit pour les feuilles des végétaux (Peyron). A mesure que la température s'élève, l'oxygène libre diminue et, lorsqu'elle devient fort élevée, on ne rencontre plus guère que du $CO^2$ dans l'air intérieur de l'Insecte (Peyron). Il faut rapprocher de ce qui précède les résultats des recherches de Bütschli, tendant à démontrer que, à des températures relativement basses, une partie notable de l'oxygène inspiré est mise en réserve dans l'organisme, tandis qu'à des températures plus élevées tout l'oxygène est employé pour les combustions.

Le quotient respiratoire $\frac{CO^2}{O}$ est généralement, chez les Insectes, assez inférieur à l'unité. Variable suivant les phases de l'évolution, il a été trouvé par REGNAULT et REISET de 0,74 à 0,81 chez le Ver à soie à la fin de la croissance, tandis que chez la chrysalide, il n'était plus que de 0,64 (Voir plus loin le chapitre *Métamorphoses*).

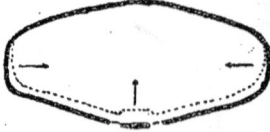

FIG. 50, — Coupe schématique de l'abdomen de la *Lucilia cæsar*, pour montrer les mouvements alternatifs d'élévation et d'abaissement des plaques sternales et des flancs pendant la respiration. (D'après PLATEAU.)

D'après les recherches récentes (1909) de M. PARHON, il est, chez les Abeilles, très voisin de l'unité et varie peu avec les saisons, circonstance qui s'explique par ce fait qu'elles brûlent constamment du glucose.

Pendant le jeûne la quantité de $CO^2$ éliminée diminue, et, chez la Blatte privée de nourriture depuis quelques jours, on peut constater une baisse soudaine et assez considérable dans la production de ce gaz (BÜTSCHLI).

L'exercice musculaire a une grande influence sur l'activité de la respiration : l'accélération des mouvements respiratoires qu'elle détermine l'atteste déjà et l'analyse des gaz expirés nous en donne une preuve nouvelle : d'après NEWPORT, un Bourdon, à l'état de repos, ne produisait que 0,30 0/0 de $CO^2$ en 24 heures, tandis que le même individu, s'agitant avec violence, en dégageait 0,34 dans l'espace d'une heure : l'activité respiratoire était donc devenue 27 fois plus grande chez l'animal passant de l'état de repos à l'état d'excitation.

L'intensité des échanges respiratoires est en rapport direct avec la température (TREVIRANUS, BÜTSCHLI, VERNON). C'est ainsi que, dans une expérience de BÜTSCHLI sur la Blatte, faite à une température de 32°, la quantité de $CO^2$ expirée fut dix-sept fois plus forte que dans une autre expérience faite à 3°. Cette dépendance de la température extérieure est même plus grande pour les Insectes que pour les autres animaux à sang froid (Vertébrés inférieurs, Escargots, Ver de terre) et chez eux l'élimination de $CO^2$ varie d'une façon complètement graduée à mesure que la température augmente ou diminue (VERNON).

La température à laquelle les Insectes, à égalité de poids, produisent une quantité de $CO^2$ correspondante à celle des animaux à sang chaud est notablement plus basse que celle de la température du corps de ces derniers animaux (BÜTSCHLI), et l'on peut dire que, à l'état de pleine activité vitale, l'Insecte est l'animal qui respire le plus énergiquement à égalité de poids de matière vivante. On serait tenté de conclure de tout ce qui précède et de l'ensemble des expériences faites sur la question que la respiration des Insectes a une énergie supérieure à celle des Mammifères ou des Oiseaux. Il n'en est rien pourtant ; car il faut tenir compte de la taille de l'animal considéré : on sait par exemple que, tandis qu'un Rat absorbe 1ᵍ400 à 1ᵍ500 d'oxygène par kilo d'animal à 0° et à 760ᵐᵐ Hg. (PACHON), l'Homme n'en absorbe que 0ᵍ300 (VIERORDT), dans des conditions semblables. La différence de taille existant entre les Insectes et les petits Mammifères étant en général très considérable, il y a donc lieu d'en tenir compte dans une large mesure et, pour avoir des données comparables, il faudrait rapporter la consommation de O ou l'élimination de $CO^2$ non pas à l'unité de poids (kilo d'animal), mais à l'unité de surface (mètre carré).

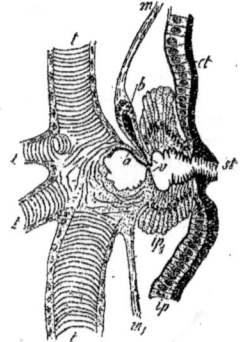

FIG. 51. — Coupe sagittale d'un stigmate du ver à soie (*Bombyx mori*), au 2ᵉ âge.

st, stigmate ; v, valvule de l'appareil de fermeture, placée en arrière de l'atrium stigmatique ; b, bras de levier, sur lequel agit le muscle m, au moment de l'ouverture, pour écarter le bord supérieur chitinisé ou archet (a) de la valvule précédente ; ip, épithélium des téguments (hypoderme) ; ip', épithélium de l'atrium stigmatique ; ct, cuticule ; t, trachées. (D'après VERSON et QUAJAT.)

Il est très difficile de savoir quels sont, chez les Insectes, les caractères de l'air qui, à un moment donné, est rejeté à l'extérieur, après avoir servi à la respiration des tissus, de comparer en un mot l'air expiré à l'air normal inspiré. Nous n'avons guère à ce sujet que les données de Lowne qui sont établies sur des bases bien fragiles et s'appuient surtout sur une théorie de la respiration n'ayant guère été jusqu'à présent admise que par lui-même. (Voir ci-dessus.)

D'après Lowne, qui considère l'expiration stigmatique des Insectes comme très réduite la totalité ou la presque totalité de l'oxygène inspiré par les stigmates, une fois entrée, ne sortirait plus et serait absorbée. En effet, chez le Hanneton, les 18 vestibules stigmatiques présentent chacun environ 120 contractions par minute. La capacité de ces 18 sacs réunis pouvant être approximativement évaluée à 8 centimètres cubes, il en résul-

terait que, en une heure, ils pourraient faire entrer 7 200 millimètres cubes d'air dans les trachées. Or on peut constater que, si l'on place un Hanneton dans un espace équivalant à 7 cen-timètres cubes d'air, au bout d'une heure, tout l'oxy-gène est épuisé. On peut en conclure, d'après Lowne, que l'air qui est entré par les stigmates a cédé presque tout son oxygène à l'Insecte. Cette rapide absorption de l'oxygène par les tissus ré-sulterait encore, fait remar-quer le même auteur, des données de Peyron, d'après lesquelles l'atmosphère in-terne des Insectes est beau-coup moins riche en oxygène que l'atmosphère externe, et elle s'expliquerait par la forte tension gazeuse (50 à 75$^{mm}$ Hg de plus que la pres-sion atmosphérique) existant à l'intérieur du système trachéen. La difficulté que l'on éprouve à expliquer le renouvellement de l'air dans les trachées les plus fines et l'élimination de $CO_2$ avec un appareil respiratoire con-struit comme celui des

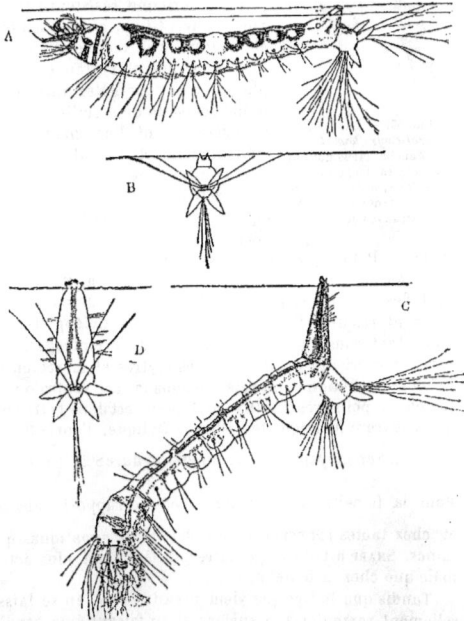

Fig. 52. — A, Larve d'Anopheles à moitié de sa croissance, placée hori-zontalement au-dessous de la surface de l'eau et faisant affleurer son court siphon stigmatique ; B, la même, vue par derrière. C, Larve de Culex, à moitié de sa croissance, suspendue obliquement au-dessous de la surface de l'eau par son long siphon stigmatique ; D, la même vue par derrière. (D'après Howard.)

Insectes (Voir Graham, 1833, J. Lubbock, 1860, et Landois), conduit Lowne à penser que cette élimination par les trachées est nulle ou de faible importance à côté de celle qui doit se faire par les téguments : on sait, en effet, par l'expérience (Peyron) que la tension du $CO_2$ dans le sang des Insectes est considérable, et ce fait permet d'expliquer la diffu-sion du $CO_2$ dans l'atmosphère par les téguments.

Quant à l'azote provenant de l'air inspiré, il serait, d'après Lowne, éliminé partielle-ment par diffusion au travers des téguments, partiellement par les stigmates postérieurs thoraciques, qui seuls joueraient un rôle expirateur.

Les conclusions de Lowne reposent sur des faits trop insuffisamment établis, pour qu'on puisse les admettre comme acquises à la science. Nous avons cru pourtant devoir les rappeler, parce qu'elles peuvent suggérer des recherches de contrôle ou des expé-riences nouvelles susceptibles de contribuer aux progrès de nos connaissances sur ce chapitre encore mal connu de la physiologie des Insectes.

3° **Résistance à l'asphyxie.** — La résistance à l'asphyxie par submersion est en général très grande, mais plus considérable encore chez les larves que chez les adultes. Le Hanneton par exemple peut être immergé dans l'eau plus de trois jours, tomber en état de mort apparente et revenir assez rapidement à la vie lorsqu'il est sorti de l'eau. Des chenilles peuvent rester dix-huit jours sous l'eau sans périr (LYONNET). Il est à peu près impossible de noyer des larves de Diptères.

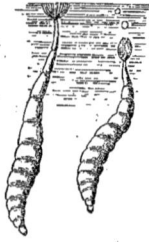

Fig. 53. — Larve du *Stratiomys Chamæleon.* A gauche, larve flottant et respirant à la surface de l'eau; à droite, larve descendante. (D'après SWAMMERDAM.)

Les Insectes peuvent aussi rester longtemps dans les gaz inertes sans périr. D'après PLATEAU, les Insectes aquatiques à respiration aérienne, résistent généralement moins à la submersion que les terrestres, ce qui semble dû à ce que, étant dans leur élément naturel, ils se donnent beaucoup plus de mouvement et font ainsi une plus grande dépense respiratoire. Au lieu d'employer l'eau pour déterminer l'asphyxie, si l'on fait usage d'un liquide capable de mouiller la chitine, la mort survient beaucoup plus rapidement. Une chenille dont on couvre d'huile d'olive les stigmates meurt en quatre ou cinq minutes et l'on peut constater que l'huile pénètre par capillarité dans les trachées malgré l'appareil d'occlusion (LAVERAN, B. B., LII, 42, 1900). Les Insectes aquatiques succombent moins facilement à l'asphyxie par les corps gras, et ont à ce point de vue divers mécanismes de défense (PORTIER, B. Biol., LXVI, 496, 1909).

4° **Respiration des Insectes aquatiques.** — a) *Respiration de l'air en nature.* — La plupart des Insectes vivant dans l'eau sont pourvus de stigmates et viennent respirer l'air à la surface. Les Coléoptères aquatiques emportent sous l'eau une provision d'air emmagasinée entre la partie postérieure du dessous des élytres et la région dorsale de l'abdomen (Dytique), ou retenue sous la face ventrale par un revêtement de poils très fins (Hydrophile) : c'est dans cette couche d'air que s'ouvrent les stigmates. Chez le Dytique, d'après SHARP, la prise d'air dure en moyenne 54″, l'immersion dure 8′20″ $\left(\text{rapport} = \dfrac{1}{9,30}\right)$

Pour la femelle de la même espèce le rapport s'abaisse à $\dfrac{1}{13,60}$

et, chez toutes les espèces de Coléoptères aquatiques qu'il a examinés, SHARP a trouvé que la respiration était plus active chez le mâle que chez la femelle.

Tandis que le Dytique vient prendre l'air, en se laissant naturellement remonter à la surface et en faisant émerger l'extrémité de son abdomen, l'Hydrophile vient se placer presque horizontalement à la surface de l'eau et se renverse légèrement sur le côté de façon à faire affleurer l'un des côtés du prothorax et de la tête. La fente qui sépare ces deux parties et en face de laquelle se trouve l'antenne, est utilisée par l'Insecte comme une sorte de bouche à l'aide de laquelle il vient boire l'air à la surface. Dans cette fente se trouve, en effet, une provision d'air emmagasinée et qui s'y trouve retenue par l'antenne curieusement adaptée. Au moment où l'Insecte se présente à la surface, l'antenne, en forme de palette velue, s'écarte et sort de l'eau, elle attire avec elle la vieille provision d'air vicié et rompt, au moment où elle sort, la fine membrane liquide et résistante qui sépare l'air emprisonné de l'air extérieur : la provision peut être ainsi renouvelée. Cette provision du reste n'est pas limitée à la fente séparant la tête du

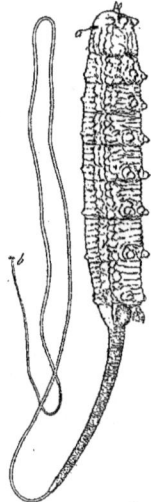

Fig. 54. — Larve d'*Eristale.* a, stigmate antérieur; b, stigmate postérieur. (D'après BERLESE.)

prothorax, mais se prolonge sur les côtés du corps et sous l'abdomen, où elle est retenue en plaques argentées par des poils nombreux. Il y a de plus une provision d'air sous les élytres comme chez le Dytique. On admet habituellement que toutes ces réserves sont en communication les unes avec les autres et se renouvellent d'avant en arrière, grâce au mécanisme de l'antenne agissant comme une sorte de palette articulée, les divers stigmates n'ayant plus alors qu'à puiser dans la provision ainsi rassemblée. Pourtant, d'après les recherches récentes de Brocher, les grands stigmates prothoracique sont seuls inspirateurs et l'air ne s'emmagasine sous les élytres qu'après avoir été inspiré par ces stigmates antérieurs, avoir traversé les sacs aériens et avoir enfin été expiré par les stigmates abdominaux débouchant sous les ailes; ces derniers n'auraient alors qu'une fonction expiratrice; quant à l'air emmagasiné sous les élytres et qui peut déborder ensuite latéralement et sur la face ventrale, il aurait surtout pour rôle de diminuer le poids spécifique de l'Insecte.

Parmi les Hémiptères, les Nèpes et les Ranâtres vont chercher l'air à l'aide d'un long tube, formé de deux gouttières accolées, qui termine l'abdomen et aboutit à une paire de stigmates placée à la partie postérieure[1]. Les larves de Culicides (fig. 52), de Stratiomes (fig. 53), etc., ont à la partie postérieure de leur corps un siphon respiratoire s'évasant en une collerette; pour respirer, elles le font affleurer à la surface et restent suspendues par la force de tension superficielle, alors même qu'elles sont plus lourdes que l'eau (Culex). Les larves d'Eristales (vers à queue de rat) ont un siphon très extensible en forme de queue exsertile qui permet à l'animal, vivant dans des eaux peu profondes, de venir chercher l'air à la surface, sans quitter la vase où il se trouve (fig. 54).

Portier a récemment attiré l'attention sur le mécanisme qui s'oppose à la pénétration de l'eau dans le système trachéen chez la généralité des Insectes aquatiques qui viennent respirer l'air en nature à la surface. Les stigmates sont fermés par occlusion gazeuse au moyen d'une bulle logée dans une *chambre préstigmatique*. Chez les chenilles aquatiques des *Hydrocampa*, qui ont une respiration purement stigmatique semblable à celle de toutes les chenilles, il n'existe pas de chambre préstigmatique proprement dite; mais le fourreau formé de deux morceaux de feuilles, dans lequel elles vivent, est intérieurement tapissé de soie qui ne se laisse pas mouiller par l'eau et est rempli d'air, de sorte que ce fourreau joue physiologiquement le rôle de la chambre préstigmatique; il en est de même pour l'espace rempli d'air qui existe chez le Dytique, l'Hydrophile, etc., entre la partie supérieure de l'abdomen et les élytres bombés.

Fig. 55. — Larve d'Ephémère (*Cloeopsis*) grossie, pour montrer les sept paires de lames branchiales *kt*; *Tk*, l'une des lames branchiales grossie et isolée.

Un bon nombre d'Insectes à respiration aérienne qui vivent au bord des eaux, sans être adaptés à la vie aquatique, peuvent rester immergés pendant une partie de leur existence. Plateau (1890) en a dressé une liste assez complète. Parmi ceux qui vivent au bord de la mer, l'un des plus remarquables est l'*Æpus Robini* qui emmagasine l'air

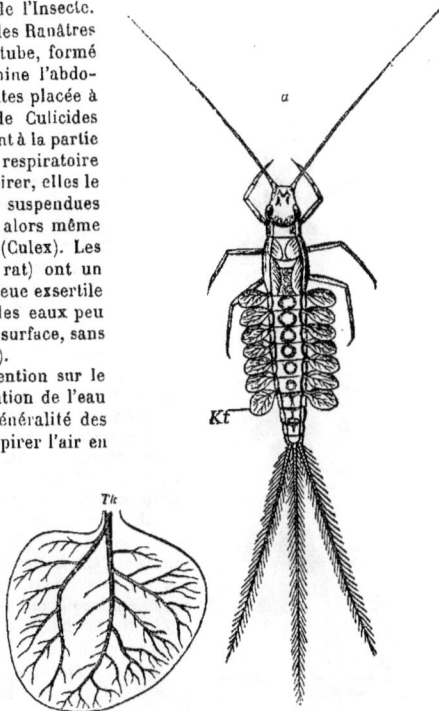

1. Cet air, après avoir traversé le corps, est évacué par des stigmates thoraciques dorsaux et va s'emmagasiner sous les ailes, qui retiennent ainsi une provision d'air pouvant être aspiré à nouveau par ces stigmates thoraciques. La Nèpe adulte peut rester beaucoup plus longtemps sous l'eau que la larve, qui, n'ayant pas d'ailes, ne peut faire de provision d'air (Brocher, 1908).

par le revêtement pileux de son corps et dans deux sacs aériens en rapport avec les stigmates postérieurs (MIALL, *Aquatic Insects*, 1895).

**C. Respiration de l'air dissous.** — Un certain nombre de larves aquatiques ont leurs stigmates complètement fermés (apneustiques) et ne peuvent respirer que l'air dissous dans l'eau. Cette respiration s'effectue soit uniformément par toute la surface cutanée (larves de *Chironomus*, de *Corethra*), soit en se localisant au niveau des *branchies trachéennes*. Le plus souvent les branchies sont externes et fixées sur les segments abdominaux; elles se présentent sous la forme d'expansions foliacées (la plupart des larves d'Ephémérides [fig. 55] et celles des Agrionides), d'appendices plumeux (larves de Gyrinides [fig. 56]),

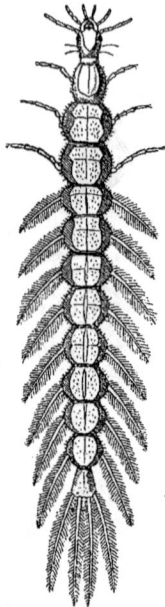

FIG. 56. — Larve de *Gyrinus marinus*. (D'après SCHIÖPTE.)

ou de filaments (larves de Sialis, de Phryganes et de certaines Éphémérides parmi les Névroptères, chenilles de *Paraponyx* parmi les Lépidoptères). Chez les larves d'Ephémères (fig. 55), les lamelles branchiales sont animées de mouvements réguliers et se déplacent souvent d'une façon simultanée et rythmée; chez les larves de Phryganes, les chenilles de *Paraponyx*, etc., les branchies ne présentent pas de mouvements actifs; mais l'abdomen est animé de mouvements ondulatoires et rythmés qui déterminent leur agitation et peuvent établir un courant d'eau dans l'enveloppe protectrice dont la larve se trouve entourée.

Dans d'autres cas, les branchies sont internes et renfermées dans la portion rectale dilatée du tube digestif (larves de Libellules [fig. 57]) et la respiration s'effectue alors au moyen de dilatations et de contractions alternatives qui font entrer ou sortir l'eau nécessaire pour la respiration (respiration rectale signalée d'abord par RÉAUMUR). Chez les larves de Prosopistomes, Éphémérides étudiées par VAYSSIÈRE, il y a une véritable chambre branchiale, physiologiquement comparable à celle des Crustacés décapodes.

Chez certaines larves de Coléoptères, enfin, (*Potamophilus*, *Macronychus*), il y a des aigrettes branchiales qui peuvent alternativement s'épanouir au dehors ou rentrer à l'intérieur d'une cavité pourvue d'un opercule et placée à la partie postérieure de l'abdomen (J. DUFOUR et J. PÉREZ, 1862).

Quelle que soit d'ailleurs leur disposition, les trachées se ramifient dans les branchies ou se continuent avec elles et leur lumière ne se trouve séparée de l'eau qui baigne l'organe que par une mince membrane tégumentaire. L'échange des gaz se fait entre les trachées et le milieu aquatique au travers des parois branchiales.

D'après DUTROCHET, les seules forces de l'osmose suffisent pour maintenir dans les trachées des branchies le milieu utile à la respiration, ce qui est bien invraisemblable.

PAUL BERT pense, au contraire, qu'il y a lieu de tenir compte d'une sécrétion d'oxygène analogue à celle qui s'opère dans la vessie natatoire des Poissons (Voir aussi MIALL, *Aquatic Insects*, p. 37-39).

Il convient de dire que les modes de respiration qui viennent d'être signalés ne sont pas toujours exclusifs, sans parler de la respiration tégumentaire générale qui peut accompagner les respirations branchiales : c'est ainsi que les larves de Potamophile et de Macronyche, malgré la présence de leurs aigrettes branchiales, ont, sur l'abdomen et le thorax, des stigmates fonctionnels (J. DUFOUR); chez certaines larves d'Agrions (Calopteryx) on trouve à la fois des feuillets branchiaux abdominaux externes et une poche rectale munie de branchies. H. DEWITZ a montré en outre que les larves d'Agrions ou de Libellules n'ont pas leurs stigmates thoraciques entièrement fermés pendant toute leur existence et qu'ils peuvent vers la fin de leur évolution les utiliser pour respirer l'air en nature. Enfin les larves de Libellules (Æschnes) peuvent dans certaines circonstances venir remplir leur poche rectale avec de l'air puisé à la surface. Ces phénomènes de respirations multiples permettent de comprendre comment PAUL BERT a pu conserver en vie des larves d'Agrion après leur avoir coupé complètement leurs feuillets branchiaux, et assister à la régénération de ces derniers, sans que les larves aient paru jusque-là souffrir de leur absence.

## XI. — CHALEUR ANIMALE[1].

Maurice Girard, à qui l'on doit les principales études sur cette question, estimait que les Insectes pouvaient représenter, au point de vue de la chaleur animale, un groupe spécial qu'il désignait sous le nom d'animaux à température mixte, groupe intermédiaire entre les animaux à température constante et ceux à température variable.

Toujours est-il que, chez la plupart des Insectes parfaits, la température peut s'élever beaucoup au-dessus de la température extérieure, et se maintenir longtemps à ce degré d'élévation; cela s'observe surtout d'une façon très marquée chez ceux qui sont pourvus d'ailes et en particulier chez les Abeilles. Les larves et les nymphes n'offrent, par contre, que de petits excès de chaleur propre.

La quantité de chaleur dégagée varie d'ailleurs beaucoup suivant les types que l'on considère et surtout suivant leurs degrés d'activité.

Il est facile de constater le dégagement de chaleur dans les agglomérations d'Insectes. Dans les ruches, au moment de l'excitation de l'essaimage, la chaleur se maintient à 32°. En hiver, après excitation des Abeilles, on peut constater un excès de 38° sur la température de l'air ambiant. A l'état d'activité normale et sans excitation préalable, en mai ou juin, on peut observer dans les ruches un excès

1. Cet article était déjà sous presse, lorsque nous avons eu connaissance des recherches toutes récentes de Mlle M. Parhon (*Les échanges nutritifs chez les Abeilles, Ann. Sc. Nat.*, 1909) qui viennent apporter une importante contribution à la question. Contrairement à ce qui a lieu pour les Insectes non sociaux, les Abeilles se rapprochent beaucoup des homéothermes. Toutefois elles ne sont homéothermes que si on ne sépare pas l'individu de la collectivité. La température de la ruche varie peu pendant les différentes saisons (moyenne de 32°,4 en hiver et de 33°,8 en été). Il en résulte que, pendant la belle saison, les Abeilles doivent produire en moyenne seulement 12° de chaleur pour maintenir constante la température de la ruche, tandis que, dans la mauvaise saison, elles doivent produire jusqu'à 40°. Parallèlement, on observe un accroissement considérable des échanges respiratoires pendant la période hivernale. Les Abeilles luttent donc contre le froid en augmentant les combustions. Elles luttent contre la chaleur en diminuant ces dernières et en éliminant une plus grande quantité d'eau par la surface respiratoire. — Les faits qui précèdent tendent à faire admettre chez les Abeilles l'existence d'un système nerveux thermo-régulateur ne fonctionnant que lorsqu'elles sont en société. Les nombreux résultats expérimentaux de l'auteur semblent en outre démontrer l'existence d'une curieuse adaptation saisonnière de ce système régulateur, adaptation qui se manifeste en ce que, *pour une même température*, de 20° par exemple, l'Insecte réagit en hiver au point de vue des échanges respiratoires d'une façon beaucoup plus vive qu'en été. On trouvera dans le mémoire de M. Parhon des renseignements très utiles sur la technique applicable aux recherches sur les échanges gazeux et nutritifs chez les Insectes ainsi que des figures représentant les appareils adoptés pour réaliser les expériences.

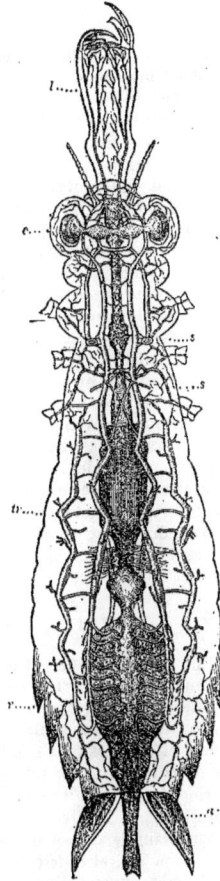

Fig. 57. — Appareil respiratoire d'une larve de Libellule.
*r*, rectum transformé en chambre branchiale, avec ramifications trachéennes; *s, s'*, stigmates thoraciques imperforés pendant la 1re partie de l'existence larvaire; *a*, les cinq appendices occluseurs de la chambre branchiale; *c*, cerveau et lobes optiques; *l*, lèvre inférieure transformée en appareil préhenseur; *tr*, troncs trachéens longitudinaux. (D'après Gazagnaire, figure empruntée à Künckel.)

de 15° sur l'air ambiant; dans les nids de Bourdons, un excès de 6° à 8°; dans les Guê-piers, de 14° à 15°; dans les Fourmilières, de 8° à 12° (Newport).

Un thermomètre plongé au milieu de Hannetons disposés dans un sac à claire-voie, marque un excès de 2° C. (Regnault). En opérant de même pour une boîte remplie d'asticots, M. Girard a constaté que la colonne de mercure s'élevait de 28° à 32°. Un tas de blé attaqué par les chenilles de l'Alucite (*Sitotroga cerealella*) passe de 10° à 20° (Herpin, 1838).

Il est beaucoup plus délicat de faire l'étude de la chaleur animale chez les Insectes isolés. M. Girard y est parvenu en employant : 1° le thermomètre différentiel de Leslie, modifié de façon à pouvoir loger l'Insecte en expérience dans l'une des boules; 2° les aiguilles ou les piles thermo-électriques; 3° un thermomètre à réservoir effilé permet-tant de prendre la température rectale chez les larves de grosse taille.

Il résulte des expériences de M. Girard, ainsi conduites, que, contrairement aux conclusions de Dutrochet, jamais les Insectes adultes, même dans les états de sommeil ou d'affaiblissement, ne présentent d'abaissement au-dessous de la température am-biante pour la surface de leur corps.

Pour les larves d'Insectes à métamorphoses complètes (chenilles à corps lisse), la surface du corps peut, par contre, s'abaisser au-dessous de la température de l'air.

Un fait très important aussi, c'est que, chez les Insectes adultes, surtout chez ceux qui présentent un vol puissant, des différences très grandes peuvent exister, au même moment et chez le même individu, entre la température du thorax et celle de l'abdo-men; le thorax rempli par les muscles alaires est, en effet, un puissant foyer calorifique, et il n'existe pas, chez les Insectes, une circulation suffisante pour permettre le réta-blissement rapide de l'équilibre entre les différentes parties du corps. Aussi, chez les Insectes doués de locomotion aérienne, la chaleur se concentre-t-elle dans le thorax en un foyer d'intensité proportionnelle à la puissance effective du vol : chez les Sphingides l'excès du thorax sur l'abdomen atteint 4 à 6°, parfois 8 à 10°. Chez les grands Bomby-cides, l'excès n'est plus que de 2 à 3°. Enfin chez la Sauterelle verte, la Courtilière, l'excès devient très faible ou nul.

## XII. — NUTRITION PROPREMENT DITE. RÉSERVES. ASSIMILATION.

Le corps adipeux est le siège principal des transformations chimiques subies par les matériaux apportés par le sang; c'est à son intérieur que s'accumulent les réserves qui seront utilisées ensuite suivant les demandes de l'organisme. Ses cellules (adipo-cytes, trophocytes de Berlese) (fig. 58, 59, 60) proviennent de cellules primitivement libres et mobiles tout à fait semblables à des leucocytes et jouent, au point de vue de la nutrition, un rôle très analogue à celui des cellules hépatiques. C'est pendant la période larvaire qu'il est le plus développé, emmagasinant alors toutes les réserves éner-gétiques (graisse, glycogène), ou plastiques (albuminoïdes solubles), qui seront mises en œuvre dans le travail de la métamorphose (Voir plus loin : *Physiologie des métamor-phoses*, p. 359, et article **Graisse**, xvii, 721). Le corps adipeux, jouant le rôle d'un vitellus post-embryonnaire (Künckel), s'épuise d'une façon plus ou moins complète pendant la nymphose. Chez les Insectes adultes qui ont une vie longue, il se maintient toutefois à un assez haut degré de développement et continue à être le siège d'actifs processus d'assimilation et de désassimilation. Chez les Insectes adultes qui ont une vie courte, tels que le *Bombyx mori*, le corps adipeux est au contraire fort réduit : les trois formes de réserves subsistent pourtant encore chez eux après l'éclosion, les mâles étant notable-ment plus riches en graisse et moins riches en glycogène que les femelles. Après l'accou-plement et la ponte, on assiste à une disparition rapide de ces substances de réserve, aussi bien pour les mâles que pour les femelles (Vaney et Maignon, 1906).

Pendant l'inanition on peut constater des modifications importantes des cellules adipeuses, qui sont d'ailleurs superposables à celles qui se produisent pendant la mé-tamorphose. Dans un cas comme dans l'autre, les réserves représentées par les sphé-niles albuminoïdes se dissolvent et disparaissent les premières, si bien que la cellule qui en est déjà dépourvue renferme encore une grande quantité de graisse (Expériences de Kollmann sur *l'inanition des Vers de farine*, 1909).

Chez la reine Fourmi, après la chute des ailes, les muscles vibrateurs des organes du vol subissent l'histolyse par suite d'une digestion cavitaire due à l'action des diastases du sang et les liquides nutritifs qui en résultent sont utilisés : 1° par les ovaires qui peuvent ainsi entrer immédiatement en fonction; 2° par les leucocytes qui immigrent dans les faisceaux musculaires en histolyse, pour y construire, sous forme de colonnettes d'adipocytes, un organe d'emmagasinement de réserves d'une grande importance pour l'adulte et à la présence duquel semble devoir être rapportée sa remarquable longévité (Ch. Janet, 1907).

En rapport avec le tissu adipeux se trouvent des cellules à caractères spéciaux connus sous le nom d'œnocytes (fig. 58 et 59, œn). Leurs fonctions sont assez problématiques. Leur origine ectodermique et leur aspect morphologique permettent de les assimiler à des glandes unicellulaires. Anglas (1900) et Ch. Janet (1907) les ont considérées comme des organes à sécrétion interne et la substance résultant de leur activité serait, d'après Ch. Janet, livrée par osmose aux adipocytes.

Outre le corps adipeux, l'épithélium de l'intestin moyen pourrait jouer, d'après quelques auteurs, un rôle dans l'emmagasinement des réserves (cristalloïdes de Frenzel et Biedermann). D'après Cuénot, l'intestin terminal de la Blatte aurait enfin pour fonction secondaire de servir de régulateur pour la consommation du fer, accumulant ce corps, lorsqu'il y en a un excès versé dans le cœlome et le restituant, lorsqu'il y a demande de l'organisme. Métalnikoff a, en effet, constaté que l'intestin terminal de la Blatte renferme une quantité notable de fer dans ses cellules; or ce fer ne provient pas d'un repas antérieur; mais il s'y trouve d'une façon normale et presque constante (Cuénot).

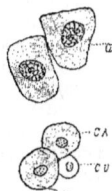

Fig. 58. — CA, cellules adipeuses; CU, cellules à urates; Œ, œnocytes; chez une larve de *Formica rufa* venant d'éclore. (D'après Ch. Pérez.

Mirande a signalé récemment un fait assez particulier concernant la nutrition des Insectes, mais dont la signification physiologique n'est pas encore précisée, c'est la sécrétion de glycose par les cellules épithéliales ou le protoplasme musculaire et son emmagasinement à l'intérieur du revêtement chitineux, sous la strate la plus superficielle de la cuticule. Il est très remarquable que ces dépôts de glycose sont surtout localisés au niveau des insertions musculaires. Si, par exemple, on laisse quelques instants dans de la liqueur de Fehling une larve d'Insecte entière, morte ou vivante, si l'on porte ensuite à ébullition, et si, après lavage, on isole le tégument, on constate

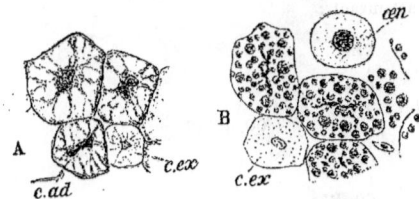

Fig. 59. — Tissu adipeux de *Vespa vulgaris*. A, tissu larvaire; B, tissu nymphal; c.ad, adipocyte; c.ex, cellule excrétrice (à urates); œn, œnocyte. (D'après Anglas.)

qu'il s'est formé dans la cuticule un précipité d'oxydule de cuivre : ce précipité dessine les mêmes figures toujours les mêmes pour une espèce donnée et est disposé en petites plaques régulièrement distribuées et correspondant aux insertions musculaires. L'analyse (technique détaillée par l'auteur) démontre que le corps réducteur, dont la présence est ainsi mise en évidence par la liqueur de Fehling, est du glycose (dextrose).

Ce corps n'existe pas dans la cuticule au moment de la nymphose et on ne le rencontre pas davantage dans les mues rejetées par l'Insecte; faits qui tendent à montrer qu'il est utilisé pendant ces périodes évolutives. Ainsi que le fait remarquer Mirande, il est vraisemblable que les Champignons nombreux qui peuvent parasiter les Insectes doivent utiliser ce glycose. Rappelons enfin que, d'après les recherches de M. von Linden (1904-1907), il existe chez les chrysalides de Lépidoptères, — et aussi chez les chenilles, mais d'une façon moins régulière et moins frappante, — un phénomène comparable à celui de la fonction chlorophyllienne des végétaux. Des chrysalides plongées dans de l'air mélangé d'acide carbonique à 8 p. 100 augmenteraient de poids, résultat fort remarquable, si on le met en regard de ce fait bien connu que les chrysalides dans l'air atmosphérique perdent toujours une partie considérable de leur poids. Cette augmentation de poids qui pourrait aller jusqu'à 25 p. 100 serait due à la fois à la fixation d'eau et à la fixation de carbone et d'azote, le carbone ayant une grande prépondérance.

L'assimilation du carbone et de l'azote est, d'après l'auteur, favorisée par l'influence de la lumière, et surtout de la lumière rouge, tandis que la lumière bleue favorise la respiration. A une température trop élevée, qui a pour résultat d'activer beaucoup les processus respiratoires, les phénomènes d'assimilation peuvent se trouver masqués. De même, c'est dans les périodes de la nymphose où la respiration présente la moindre intensité, que les processus d'assimilation se manifestent avec le plus de netteté. Une certaine humidité de l'air est également indispensable à la production du phénomène. D'après ce qui précède, la fonction assimilatrice, signalée par M. von Linden, présente des caractères qui la rapprochent beaucoup de la fonction chlorophyllienne des végétaux ; mais le rôle d'un pigment spécial intervenant dans son accomplissement n'a pas été mis en évidence. Différentes circonstances et notamment ce fait que le poids spécifique de la chrysalide diminue pendant que son poids absolu augmente, tendent à faire admettre que le carbone est employé pour contribuer à la formation de la graisse. Les résultats des recherches de M. von Linden présentent un caractère si inattendu et sont d'une telle portée au point de vue physiologique, qu'il faut souhaiter de nouvelles expériences sur cette importante question. Il suffit de dire que les recherches de contrôle qui ont été faites récemment par Brücke ont montré l'existence d'une cause d'erreur importante et donnent à penser que l'augmentation de poids constatée pour les chrysalides placées dans une atmosphère riche en $CO^2$ peut reconnaître d'autres origines que l'assimilation de cette substance.

Les larves de Mouche, dont la croissance exceptionnellement rapide implique une très grande puissance assimilatrice, constituent un sujet d'étude très favorable pour approfondir la question de la production de la graisse aux dépens des substances albuminoïdes. Elles ont donné lieu, à ce point de vue, aux importants travaux de Hofmann, de Weinland et de Bogdanow. Weinland, par de nombreuses expériences, variées de façons très diverses, a montré que les larves de la Mouche bleue formaient de la graisse et même des acides gras supérieurs non volatils aux dépens des substances albuminoïdes de la viande ; cette formation de la graisse se fait aussi bien dans la larve vivante qu'en présence d'une bouillie de larves écrasées ; elle est d'autant plus active qu'il existe moins de graisse préformée et elle se produit par un processus anoxybiotique. La réalisation du phénomène s'effectue par désamidation et par désagrégation carboxylique et peut s'exprimer par le schéma suivant :

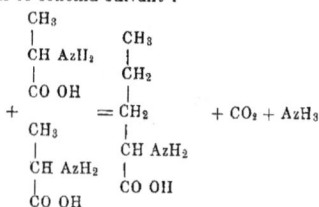

$$
\begin{array}{c}
CH_3 \\
| \\
CH\,AzH_2 \\
| \\
CO\,OH \\
+ \\
CH_3 \\
| \\
CH\,AzH_2 \\
| \\
CO\,OH
\end{array}
\quad = \quad
\begin{array}{c}
CH_3 \\
| \\
CH_2 \\
| \\
CH_2 \\
| \\
CH\,AzH_2 \\
| \\
CO\,OH
\end{array}
\quad + CO_2 + AzH_3
$$

Bogdanow a surtout insisté sur la nécessité de la présence de certaines bactéries pour que la croissance des larves de Mouches se poursuive normalement. L'une d'entre elles, liquéfiant la gélatine et déterminant la production d'ammoniaque, est à ce point de vue essentielle. Les bactéries agissent par les ferments qu'elles sécrètent et préparent la bouillie résultant de la décomposition de la viande que les larves absorbent exclusivement par succion. D'après Guyénot (1906), il y aurait là un phénomène de symbiose, et les larves ensemenceraient de tous côtés les microbes qui leur préparent leur bouillie alimentaire. D'autre part, Portier a démontré la digestion aseptique des larves de certains Microlépidoptères.

### XIII. — DÉSASSIMILATION ET EXCRÉTION.

Les organes par lesquels l'organisme des Insectes peut se débarrasser des produits d'usure et de désassimilation sont :

1° Les tubes de Malpighi ;

2° Le corps adipeux et les téguments ;

3° Les néphrocytes à carminate ;

4° Les reins labiaux (chez les Thysanoures).

**1° Tubes de Malpighi.** — Ce sont les principaux organes rénaux des Insectes. Ils consistent en de longs tubes grêles, plus ou moins nombreux suivant les genres, qui débouchent, d'une façon très générale, à l'origine de l'intestin postérieur près de sa jonction avec l'intestin moyen. Considérés autrefois comme des organes hépatiques, ils ont été ensuite regardés par de nombreux auteurs comme ayant une fonction mixte, à la fois hépatique et rénale (Meckel, Milne-Edwards, Leydig). Après les travaux de Siro-dot, Plateau, Schindler, Krukenberg, etc., on s'accorde aujourd'hui à les considérer comme ayant une fonction urinaire exclusive. Ils excrètent de l'acide urique en abondance, soit à l'état libre, soit à l'état d'urate d'ammoniaque, de soude, de potasse et de chaux ; cet acide urique se rencontre chez les différents Insectes, quel que soit leur régime, et aussi bien chez le Papillon que chez le Coléoptère carnassier. L'oxalate et le carbonate de chaux peuvent aussi être excrétés par les tubes de Malpighi ; bien que la leucine (Kölliker, 1857 ; Schindler, 1878), l'acide hippurique (J. Davy, 1854-56), la guanine (Dubois, 1886) et même l'urée (Ryvosch, 1882 ; Veneziani, 1903) aient été signalés comme produits accessoires de la désassimilation des Insectes, il n'existe pas d'observations suffisamment probantes, au sujet de la présence de ces différentes substances dans leurs organes excréteurs. [Pour les produits de désassimilation des Insectes, voir P. Marchal (1889).]

Les expériences de Schindler, de Kowalevsky et de Grandis ont montré que les tubes de Malpighi éliminaient l'indigocarmin injecté dans le cœlome et ont confirmé encore ainsi leur fonction rénale.

Chez le *Gryllotalpa vulgaris*, il y a deux sortes de tubes de Malpighi, les uns, jaunes, très nombreux ; les autres, plus rares, colorés en blanc par des concrétions ovoïdes d'acide urique et d'urates : seuls les tubes jaunes éliminent l'indigocarmin et la plupart des substances colorantes (Kowalevsky). Vaney a aussi constaté que, chez la larve d'*Eristalis*, sur les quatre tubes de Malpighi, les deux externes absorbaient seuls le bleu de méthylène, tandis que les deux internes étaient remplis de granules calcaires. D'après Valery Mayet (1896), chez le *Cerambyx velutinus*, quatre tubes sur six renferment du calcaire. Enfin Pantel (1898, p. 199) a reconnu aussi que, chez diverses larves de Diptères, deux tubes de Malpighi sur quatre présentaient une région très nettement différenciée (ampoule ou segment terminal) et spécialisée pour excréter le carbonate de chaux.

L'évacuation des produits excrémentitiels est facilitée par les mouvements vermiculaires très actifs que peuvent présenter les tubes de Malpighi et qui tiennent à la présence dans la paroi de fibres musculaires (Grandis, Marchal, Leger et Duboscq, 1899). La couleur jaune ou brune très fréquente pour les tubes de Malpighi est bien différente des pigments biliaires (Schindler). D'après Sironot, ce serait la même que celle de l'urine des Vertébrés ; pour Veneziani (1903), c'est une substance très voisine de l'urochrome à laquelle il donne le nom d'*entomurochrome*.

**2° Corps adipeux et téguments.** — Le corps adipeux fonctionne, à des degrés divers, chez les Insectes comme rein d'accumulation ; tantôt certaines de ses cellules sont spécialisées à cet effet (cellules uriques ou à urates), tantôt l'emmagasinement se fait indistinctement dans toute la masse du tissu adipeux. Chez les Orthoptères, il existe de grosses cellules, *cellules uriques* (fig. 58, cu ; 59, *c. ex.*), disséminées au milieu des cellules adipeuses. Leur volume, en même temps que la taille des concrétions uratiques qu'elles renferment, augmente, à mesure que l'animal avance en âge, et, chez les Blattes adultes, le corps adipeux n'est plus qu'un énorme amas d'urates, les cellules adipeuses vidées de leur contenu étant presque annihilées par le développement des cellules à concrétions (Cholodkovsky, Cuénot). Les urates ici sont fixés d'une façon définitive, ainsi que Fabre l'avait d'ailleurs déjà constaté chez les Éphippigères.

Chez la majorité des Insectes, le corps adipeux ne fonctionne comme rein d'accumulation que pendant la période larvaire : tel est le cas des Sphégiens, dont les larves présentent de grosses cellules uriques disséminées dans le corps adipeux et entièrement spécialisées dès ce début de la vie larvaire pour la fonction excrétrice (Fabre, Marchal).

Chez les chenilles, l'acide urique se localise dans le tissu cellulaire sous-cutané et n'existe pas dans le tissu adipeux périviscéral ; le pigment sous-dermique n'est souvent chez elles qu'un dépôt d'urates, et c'est à l'acide urique qu'elles doivent en partie leurs colorations (Sirodot, Fabre).

Chez divers Coléoptères et chez les Hyménoptères phytophages, les larves ne présentent en général de granulations uriques qu'à la fin de la période larvaire ou au moment de la nymphose, ou bien encore pendant l'abstinence et la torpeur hibernale. Pourtant les larves qui se nourrissent de pollen peuvent présenter des cellules à urates fonctionnant pendant toute leur évolution (Semichon).

Enfin, chez d'autres Insectes (Muscides), ce n'est que pendant la nymphose que le tissu adipeux se charge d'acide urique ou d'urates résultant du travail de destruction qui s'opère pendant cette période et les mêmes cellules du corps adipeux, cumulant les fonctions de réserves d'accumulation et d'excrétion, servent de rein transitoire jusqu'à ce que les tubes de Malpighi de l'imago soient suffisamment constitués pour remplir leur fonction (P. Marchal, Ch. Pérez).

Que les urates aient été accumulés dans le corps adipeux pendant la période larvaire ou la période nymphale, ils sont, chez les Insectes à métamorphoses complètes, rejetés en abondance par le tube digestif au moment de l'éclosion de l'imago, et forment en grande partie le *méconium*. Chez les Insectes à métamorphoses incomplètes, notamment chez les Orthoptères, ils peuvent être rejetés partiellement au moment des mues ; mais nous avons vu qu'ils pouvaient aussi persister en abondance chez l'adulte et continuer à s'emmagasiner dans le corps adipeux pendant toute l'existence.

Pour s'éliminer à l'extérieur au moment de la métamorphose, ces urates antérieurement accumulés dans le corps adipeux peuvent, ainsi que Fabre l'a montré, suivre des voies fort diverses. Les tubes de Malpighi ne sont pas alors les seuls organes capables de les éliminer. Chez les larves de Sphégiens le ventricule chylifique paraît même exclusivement chargé de cette fonction excrétrice : quelques jours après la nymphose, on voit en effet les granulations uriques diminuer et disparaître dans le tissu adipeux ; si l'on examine alors le tube digestif, on n'observe pas d'acide urique dans les tubes de Malpighi, mais on trouve le ventricule chylifique rempli d'une substance blanche entièrement composée de cet acide : or, à cette époque, le ventricule chylifique serait encore séparé par une cloison de l'intestin terminal qui reçoit les tubes de Malpighi (Fabre). Chez le Grillon, au moment de sa transformation en Insecte parfait, ce ne serait plus, d'après Fabre, le ventricule chylifique lui-même, mais les cæcums annexés à cet organe qui seraient remplis d'urates et qui viendraient en aide aux tubes de Malpighi dans leur fonction éliminatrice (non confirmé par Cuénot, 1895).

Le rôle fixateur du corps adipeux peut se manifester pour des produits de déchet autres que l'acide urique : tels, par exemple, les pigments qui le colorent chez différents Insectes ; Sitowski (1905) a, d'autre part, montré que, si l'on nourrit des chenilles de *Tinea biseliella* avec de la laine colorée par une solution alcoolique de Sudan III, le corps adipeux se colore en rouge intense au bout de quelques jours ; et ce sont les gouttes graisseuses qui prennent cette coloration. Les *néphrocytes* fixant le carminate d'ammoniaque, que nous étudierons dans le paragraphe suivant, et notamment les *néphrocytes épars*, peuvent être enfin considérés comme des cellules du corps adipeux spécialisées en vue de fonctions excrétrices particulières. Malgré les exemples qui précèdent, on peut dire que, d'une façon générale, le corps adipeux des Insectes n'excrète pas les substances colorantes ou pigments, contrairement à ce qui a lieu chez les Myriapodes (Kowalewsky, 1892).

Les téguments jouent un rôle souvent très analogue à celui du corps adipeux pour débarrasser l'organisme des produits de déchets. Chez les Lépidoptères, l'acide urique peut s'accumuler non seulement dans le tissu cellulaire sous-cutané des chenilles, mais encore dans les tissus épidermiques des Papillons ; et les ailes des Piérides doivent leur coloration blanche à cette substance, tandis que la coloration jaune, très fréquente aussi dans la même famille, est due à un corps fort voisin (Hopkins, 1889-94). Des faits analogues semblent se rencontrer chez les Orthoptères ; c'est ainsi que, d'après Fabre (1863), chez les Ephippigères à l'état adulte, non seulement l'acide urique s'accumule dans le tissu adipeux, mais les téguments eux-mêmes sont teints par les urates, et c'est à eux que la face inférieure de l'abdomen doit sa teinte d'un jaune crémeux (non confirmé par Cuénot, 1895). D'ailleurs, la fixation de tous les pigments dans les téguments peut être considérée comme un phénomène de dépuration de l'organisme.

(Pour les glandes tégumentaires au point de vue de leur rôle dans l'excrétion, voir le chapitre concernant les sécrétions spéciales.)

**3ᵉ Néphrocytes à carminate.** — Ils sont représentés par des cellules sans canaux excréteurs et jouissant de la propriété de fixer le carminate d'ammoniaque introduit dans l'organisme par injection physiologique. Les plus remarquables d'entre eux sont les *néphrocytes péricardiaux* ou *cellules péricardiales* (fig. 43, z, p. 328 et fig. 45, p. 331),

On donne ce nom à de grosses cellules plurinucléées, situées dans le sinus péricardique de chaque côté du cœur, qui sont généralement colorées et unies par des prolongements aux parois du cœur et au diaphragme sous-cardiaque. Considérées d'abord par Graber comme siège de l'hématose, à cause des nombreuses trachées qui s'y rendent, elles ont été ensuite confondues avec les organes phagocytaires. Les expériences de Grandis et de Kowalewsky (1890) ont montré qu'elles constituaient un organe d'excrétion acide, excrétant le carminate d'ammoniaque ou autres substances colorantes acides et correspondant physiologiquement aux glomérules de Malpighi du rein des Vertébrés, tandis que les tubes de Malpighi se comportent comme des organes excréteurs alcalins, excrétant le carmin d'indigo et correspondant physiologiquement aux *tubuli contorti*. Le protoplasma des cellules péricardiales renferme des boules jaunâtres ou brunâtres, qui doivent représenter les produits de désassimilation qu'elles fabriquent ; c'est sur ces boules que se fixe généralement le carminate d'ammoniaque injecté. Bien que les cellules péricardiales soient dépourvues de tout canal excréteur, on ne peut les considérer comme un rein d'accumulation ; car elles ont le même aspect chez les individus très jeunes ou adultes. Les produits de désassimilation qu'elles élaborent doivent donc être éliminés par un autre organe, vraisemblablement par les tubes de Malpighi, de même que l'urée fabriquée dans le foie chez les Vertébrés est éliminée par les tubes contournés du rein ; mais toute démonstration à ce sujet fait actuellement défaut (Cuénot, 1895).

Outre les néphrocytes péricardiaux, qui s'observent chez tous les Insectes, on rencontre parfois des *néphrocytes épars* disséminés dans la partie périphérique du tissu adipeux (larves d'Odonates, etc.), ou des *néphrocytes en guirlande* formant un cordon fixé à chaque glande salivaire (larves de Muscides) et qui jouent le même rôle que les cellules péricardiales (Kowalevsky, 1887, Bruntz, 1904). Susslov (1906) a aussi signalé chez le Grillon, entre les véritables cellules du tissu adipeux, des néphrocytes épars souvent réunis par groupes, qui ressemblent aux cellules péricardiales et qui excrètent le carminate d'ammoniaque et le saccharate de fer. Ces néphrocytes ne doivent pas être confondus avec les cellules à urates, qui n'excrètent pas les substances colorantes.

**4° Reins labiaux.** — On ne les a rencontrés que chez les Insectes inférieurs (Thysanoures) et les Myriapodes (Diplopodes). Ils sont comparables aux reins antennaires des Crustacés et débouchent par l'intermédiaire d'un canal excréteur à la base et au-dessus de la lèvre inférieure. Ils sont composés d'un *saccule* qui élimine le carmin ammoniacal, et d'un *labyrinthe* qui excrète le carmin d'indigo (Bruntz).

## XIV. — SÉCRÉTIONS SPÉCIALES.

En dehors des appareils d'excrétion proprement dite, représentés par les tubes de Malpighi et les organes précédemment mentionnés, il existe, chez les Insectes, de nombreuses glandes qui rejettent au dehors des produits destinés à être utilisés par l'animal d'une façon ou d'une autre, mais le plus souvent en vue de sa défense et de sa protection. Dans bien des cas, le rejet de ces substances débarrasse aussi le sang de produits de désassimilation nuisibles à l'organisme, et ces organes glandulaires peuvent être alors considérés comme participant aux fonctions générales d'excrétion.

On distingue parmi ces appareils sécréteurs :

1° Les glandes tégumentaires, qui tantôt produisent des substances destinées à la protection de l'individu ou à la construction du nid (cire, laque, soie), tantôt des substances odorantes ou venimeuses.

2° Les glandes appendiculaires qui comprennent : *a*) les glandes buccales débouchant à la base des appendices buccaux et dont les fonctions sont diverses, salivaires, séricigènes, nourricières (glandes pharyngiennes en chapelet de l'Abeille ouvrière regardées par Schiemenz comme donnant la gelée royale), défensives, etc. ; *b*) les glandes *anales* et *collétériques* qui peuvent être considérées comme annexées aux appendices des derniers segments du corps, c'est-à-dire aux cerques et à l'armure génitale : leurs fonctions sont défensives et venimeuses, ou bien encore en rapport avec la reproduction.

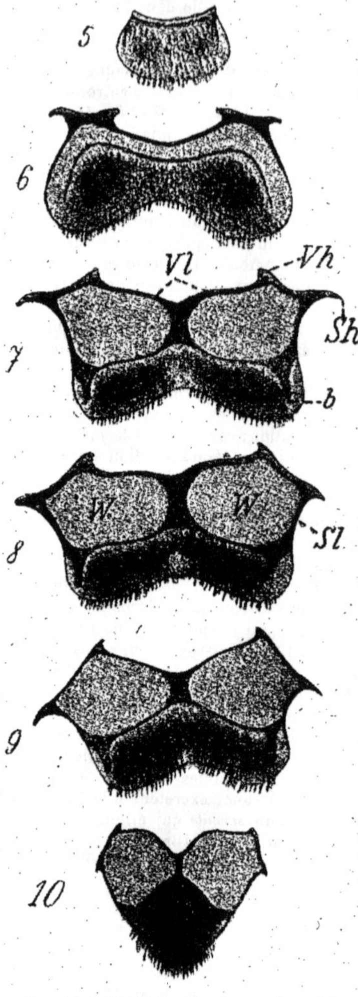

**1° Production de la cire et de la laque.** — *a*) Cire. — La cire est une substance adipoïde qui est sécrétée chez les Insectes par des cellules hypodermiques modifiées, généralement groupées de façon à constituer des *plaques cirières* (fig. 60, 61, 62). Chez l'Abeille, il y a quatre paires de plaques cirières (W) placées à la face ventrale des 3e, 4e, 5e et 6e segments abdominaux (4e, 5e, 6e et 7e, si l'on considère le segment médiaire comme le 1er abdominal) ; au niveau de ces plaques, la cuticule est très amincie, mais ne présente pas de canalicules apparents. D'après Dreyling, il y aurait des pores d'une extrême finesse, seulement visibles sur des coupes très minces et aux plus forts grossissements. La cire est donc éliminée par filtration et se solidifie à l'extérieur sous la forme d'une lamelle correspondant à la surface de la plaque cirière. L'Abeille n'aura qu'à la saisir avec ses pattes et à la porter à ses mandibules, pour l'employer à la construction de ses rayons. Parmi les Hyménoptères, les Bourdons, les Trigones et les Mélipones sécrètent aussi de la cire en abondance et d'une façon analogue.

Les Hémiptères Homoptères (fig. 63) comptent de nombreuses espèces produisant de la cire (Coccides, Aphides, Psyllides et Fulgorides). Chez ces Insectes, la cire est le plus souvent produite sous forme de longs filaments groupés en houppes d'apparence cotonneuse ; elle est évacuée au niveau de filières qui paraissent perforées, mais sont habituellement obturées par une cuticule filtrante (Berlese, Cholodkovsky, 1903). La production en est assez considérable chez certaines espèces pour qu'elle ait été utilisée dans le commerce (cires de Chine produites par un Coccide, *Ericerus pela*).

Fig. 60. — Parties ventrales des six segments abdominaux d'une Abeille ouvrière, pour montrer les plaques cirières (W) se trouvant sur les quatre dernières. (D'après Dreyling.)

Les expériences de F. Huber, ainsi que celles de J.-B. Dumas et de H. Milne-Edwards, ont montré que la cire est produite dans l'organisme de l'Abeille aux dépens des substances sucrées du miel.

Les cires produites par les diverses espèces d'Insectes ont une composition chimique assez différente. (Voir les nombreux renseignements sur la chimie des cires et la physiologie de leur production dans Otto von Fürth, *Vergleiche chemische Physiologie der niederen Tiere*, 1910, 404-419.)

*b*) **Laque.** — Elle est sécrétée par des glandes cutanées de diverses Cochenilles (fig. 64) et en particulier de *Tachardia lacca* (Gomme laque des Indes) et de *Gascardia madagascariensis* (laque de Madagascar). Les *Lecanium* en produisent aussi, mais en quantité insuffisante pour pouvoir être utilisée industriellement (Berlese) La laque est, en grande partie; formée de substances résineuses la plante, contrairement à ce que l'on croyait autrefois, ne prend aucune part directe à sa formation, et elle constitue un produit de sécrétion exclusif de l'Insecte. La gomme laque des *Tachardia* contient, outre les matières résineuses, une substance colorante très analogue à l'acide carminique et de la cire. Celle-ci provient de longs cordons filamenteux et aérifères, qui partent des stigmates de l'Insecte et aboutissent à l'air extérieur, en traversant l'épaisse carapace de gomme laque qui enveloppe la colonie

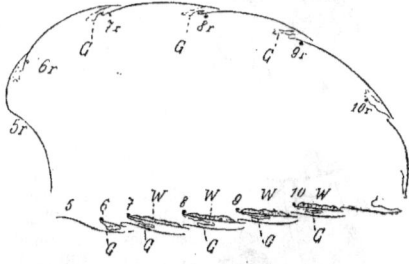

Fig. 61. — Coupe sagittale schématique de l'abdomen d'une Abeille ouvrière, pour montrer la disposition des plaques cirières W. (D'après Dreyling).

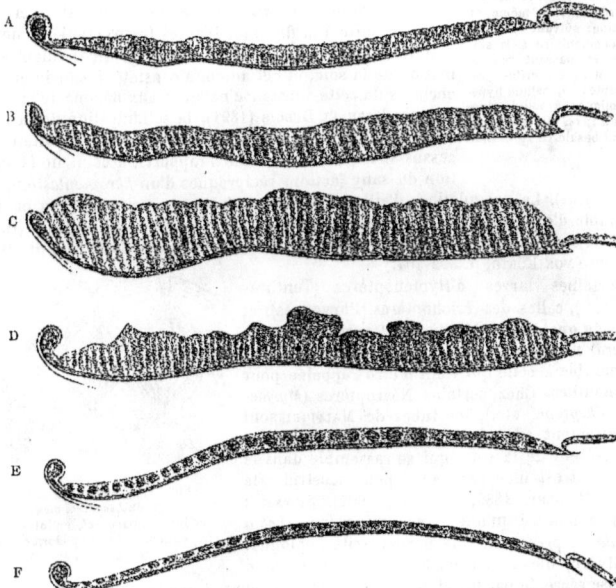

Fig. 62. — Coupe longitudinale d'une plaque cirière aux différents âges d'une Abeille : A, chez une ouvrière venant d'éclore ; B, chez une ouvrière âgée de quelques jours ; C, chez une ouvrière travaillant à construire et arrivée au maximum de la production cirière ; D, au commencement de la régression ; E, chez une butineuse ne construisant plus ; F, chez une vieille butineuse. (D'après Dreyling.)

des Cochenilles fixées sur la plante. Ces cordons cireux jouent le rôle de tubes respiratoires.

2° **Production de la soie.** — La soie est surtout produite par les chenilles de divers Lépidoptères appartenant à la famille des Bombycides, et notamment par celle du *Bombyx (Sericaria) mori* ou Ver à soie; elle est utilisée par ces chenilles pour la confection des cocons où elles opèrent leur métamorphose, ou pour construire des nids dans lesquels elles s'abritent en sociétés (Chenilles processionnaires, etc.).Les organes sécréteurs sont deux glandes buccales de même ordre que les glandes salivaires et qui sont connues sous le nom de glandes séricigènes (fig. 63). Elles consistent en deux tubes sécréteurs très allongés et contournés qui se réunissent en avant de la tête en un conduit commun, débouchant à la face inférieure de la lèvre inférieure sur un prolongement saillant, la trompe soyeuse ou filière. Chacun de ces tubes sécrète un fil formé d'un axe de soie proprement dite, ou fibroïne, $C^{30}H^{46}Az^{10}O^{12}$, et d'une enveloppe de substance glutineuse, le *grès*, composé surtout de séricine, $C^{30}H^{50}Az^{10}O^{16}$, souvent imprégnée d'un lipochrome. En arrivant à la filière, les deux fils s'accolent et se fusionnent par leur enveloppe de séricine pour former la *bave* qui constitue le fil long d'un kilomètre environ dont sera formé le cocon. La séricine, qui chimiquement diffère de la fibroïne par de l'eau et de l'oxygène en plus, est facilement soluble dans les alcalins et l'eau de savon, propriété qui permet de débarrasser la soie *grège* de son grès par l'opération du *décreusage* et de la transformer en *soie ouvrée* réduite à la fibroïne. D'après GILSON (1894), le noyau des cellules de la glande séricigène participe directement à la formation de la soie, et cet auteur a constaté, à son intérieur, des enclaves de cette substance naissant aux dépens de la nucléine. D'après RAPHAËL DUBOIS (1891), la solidification de la soie, qui se produit dès sa sortie de la trompe soyeuse, résulte d'un processus analogue, sous certains rapports, à celui de la coagulation du sang (actions réciproques d'un *fibroïnoplastique* et d'un

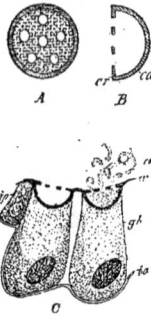

FIG. 63. — Glandes ciripares unicellulaires d'une Cochenille du groupe des Diaspites.

C, Coupe longitudinale de deux glandes; A, disque cuticulaire perforé, à la surface duquel la cire est excrétée; B, le même, en section, suivant un plan perpendiculaire à la surface et passant par un diamètre; *cr*, crible; *ca*, capsule; *ip*, cellule hypodermique; *gh*, cellule glandulaire; *ce*, cire; *ba*, membrane basale. (D'après BERLESE.)

*fibroïnogène*). La coagulation, d'ailleurs, ne se produit qu'autant qu'il y a eu fixation préalable d'oxygène; mais la substance fibroïnogène n'est pas une oxydase (R. DUBOIS 1899). (Pour toute la partie concernant la chimie physiologique de la soie des Bombyx, voir OTTO VON FÜRTH, p. 392-404.)

Certaines larves d'Hyménoptères (Tenthrèdes, etc.), celles des Trichoptères (Phryganes), et celles de quelques Coléoptères (*Donacia, Hæmonia, Hypera*) filent de la soie d'une façon tout à fait comparable à celle qui vient d'être rappelée pour les chenilles. Chez certains Névroptères (*Myrmeleon, Chrysopa*, etc.), les tubes de MALPIGHI sont curieusement adaptés à la fonction séricigène : ils sécrètent de la soie, qui se rassemble dans le rectum et est filée par l'anus pour construire le cocon (MEINERT, 1889, ANTHONY, 1902). SILVESTRI (1905) a montré qu'une larve de Carabide (*Lebia scapularis*) présentait une particularité analogue. Les Hydrophiles entourent leurs œufs d'une coque soyeuse sécrétée par les glandes annexées de l'appareil génital.

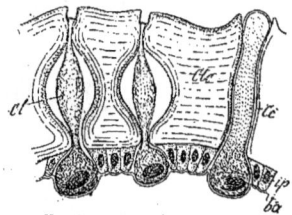

FIG. 64. — Coupe des téguments du *Lecanium oleæ*.

*cc*, cellule ciripare; *c'*, cellules laccipares; *ctc*, cuticule; *ip*, hypoderme; *ba*, membrane basale. (D'après BERLESE.)

Enfin beaucoup de Coccides sécrètent par des glandes tégumentaires des sécrétions soyeuses ou très analogues à la soie, qui ont été généralement confondues avec la cire; telles sont celles qui constituent les boucliers des Diaspides (BERLESE).

3° **Venins et sécrétions répulsives ou attractives.** — L'appareil vénénifique le mieux caractérisé se rencontre chez les Hyménoptères Porte-aiguillons et est annexé aux appendices de l'armure génitale de la femelle (reine ou ouvrière chez les H. sociaux). Chez les Abeilles et les Guêpes, il est composé de deux glandes distinctes (fig. 66). L'une, *glande acide*, sécrète de l'acide formique et se déverse dans un grand réservoir à venin, qui lui-même débouche à la base de l'aiguillon; l'autre, *glande alcaline*, ou glande de Dufour, s'ouvre également à la base de l'aiguillon. Le venin résulte du mélange des deux liquides sécrétés par les glandes acide et alcaline (Carlet). Il est toujours acide et est inoculé par les pièces qui composent l'aiguillon (2 *stylets* jouant dans un *gorgeret*), soit par la contractilité de la paroi musculaire du réservoir (Vespides), soit au moyen d'un jeu de pompe très spécial et sans contraction du réservoir (Abeille, d'après Carlet). L'union des deux sécrétions est nécessaire pour que le venin ait toutes ses propriétés physiologiques : chez les Sphégiens, qui paralysent leurs proies pour nourrir leurs larves et dont le venin a une action beaucoup moins douloureuse, la glande alcaline fait défaut (Carlet).

Le venin de l'Abeille, qui a été étudié surtout par Langer (1896-1899) et par Phisalix (1904), comprend de l'acide formique et une ou plusieurs bases organiques qui doivent être considérées comme les véritables substances toxiques.

D'après Phisalix, le venin inoculé par l'Abeille contient trois principes actifs distincts : 1° une substance phlogogène, déterminant les symptômes locaux (enflure, rigidité, etc.), qui est rapidement détruite à 100°; 2° un poison convulsivant, déterminant les premiers phénomènes généraux consécutifs à la piqûre et qui ne résiste pas à une température de 100° pendant plus d'une demi-heure; 3° un poison stupéfiant, dont les effets (somnolence, stupeur, troubles respiratoires) caractérisent la 3ᵉ phase de l'envenimation, et qui n'est complètement détruit qu'à 150°; seule cette substance stupéfiante peut, en faible quantité, filtrer à travers une bougie Berkefield très poreuse.

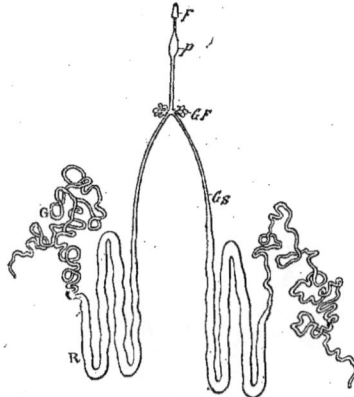

Fig. 65. — Glandes séricipares de la larve du *Bombyx mori*.

G, partie secrétant la fibroïne; R, partie, dite réservoir, où se forme le grès (séricine); Gs, canal excréteur; *p*, presse permettant à la chenille de filer ou d'arrêter la bave; GF, glandes accessoires de Filippi; F, filière ou trompe soyeuse. (D'après Blanc.)

Le poison stupéfiant et la substance phlogogène sont sécrétés par la glande acide; si l'on extrait, en effet, le liquide contenu dans le réservoir de la glande acide, qu'on le dessèche et qu'on en inocule au Moineau une solution dosée, l'Oiseau succombe avec les symptômes déterminés par le poison stupéfiant, ces symptômes succédant à une action locale très énergique. Le poison convulsivant provient vraisemblablement de la glande alcaline; mais l'expérience directe ne l'a pas encore démontré.

D'après Morgenroth et Carpi (1906), le venin a un pouvoir hémolytique, qui peut être augmenté environ cinq cents fois par l'action de la lécithine. Il doit cette propriété à la présence d'une substance qu'ils appellent *Prolecithide*.

(Pour la chimie et les propriétés physiologiques du venin de l'Abeille voir en outre Otto von Fürth, 343.)

Chez les Fourmis, le venin peut être inoculé par un aiguillon (*Myrmica*), ou bien, au contraire, l'aiguillon faisant défaut, le venin est simplement projeté avec force à l'extérieur (*Formica*).

Les Hyménoptères Porte-tarières (Ichneumonides, Tenthrèdes, etc.) ont souvent aussi des glandes à venin annexées à leur armure génitale; mais leurs produits, injectés en même temps que l'œuf dans la plante ou à l'intérieur de l'Insecte parasité, ont alors des propriétés différentes, destinées à favoriser le développement de l'œuf ou de la larve qui en provient (galles produites par les *Nematus*).

La salive de divers Insectes est venimeuse (Hémiptères, Culicides, Pulex). Chez les Culicides le venin est sécrété par le lobe médian de la glande salivaire (Macloskie, Packard). Il empêche la coagulation du sang.

Les glandes anales sont, pour certains Insectes, des appareils défensifs fort efficaces. Elles sont très développées chez les Carabides; dans les espèces du genre *Brachinus* (Bombardiers, Canonniers), le liquide corrosif qu'elles sécrètent est très volatil; arrivé à l'air libre à la pression de 760 millimètres, il se met à bouillir à partir d'une température de + 9° et il se condense en gouttelettes huileuses sur les objets froids : lorsque l'Insecte veut se défendre, le liquide des glandes, qui s'est accumulé dans un réservoir, est projeté par la contraction des fibres musculaires annulaires de ce dernier sur des peignes chitineux situés dans les pores de décharge placés de chaque côté de l'anus et qui fonctionnent comme des pulvérisateurs. Une brusque crépitation se produit et un petit nuage de vapeurs corrosives, entraînant en même temps les excréments pulvérisés, (Dierx, 1899), est dirigé par l'extrémité de l'abdomen du côté de l'agresseur. Les fumées produites, rougissant fortement le tournesol, répandent une odeur de gaz nitreux et le contact de la sécrétion donne la sensation d'une brûlure qui peut être vive et prolongée.

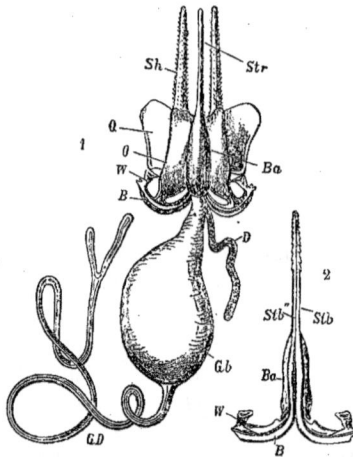

Fig. 66. — Appareil venimeux de l'Abeille.

1. — Appareil vu par la face dorsale ; GD, glande acide ; Gb, réservoir du venin ; D, glande alcaline ; Str, gorgeret en dessous duquel glissent dans une rainure les deux stylets ; Ba, base renflée du gorgeret renfermant le jeu de pompe qui détermine l'aspiration du venin ; B, racines ou supports du gorgeret et des stylets ; Sh, valves du fourreau de l'aiguillon ; W, O, G, leviers du gorgeret et des stylets.

2. — Aiguillon vu par la face ventrale ; B, racines du gorgeret et des stylets ; Ba, base renflée du gorgeret ; Stb', Stb", les deux stylets, glissant dans la rainure au-dessous du gorgeret. (Figures d'après Krœpelin.)

Le liquide des glandes anales dans le genre *Carabus* (Vinaigrier) est évacué sans explosion ; il a été étudié par Pelouze (1857) et contient de l'acide butyrique. (Voir Otto von Fürth, 363, pour l'étude chimique de ces sécrétions). Chez un Pausside (*Cerapterus quatuormaculatus* de Java), vivant dans les fourmilières, le liquide rejeté d'une façon analogue à celle des Brachinides renferme de l'iode libre et est très corrosif (Loman, 1887). Le *Mormolyce phyllodes* évacue une sécrétion qui serait assez corrosive pour paralyser les doigts pendant vingt-quatre heures.

Le liquide à odeur sulfhydrique, défensif, que les Dytiques rejettent sous forme de jet trouble en arrière de leur corps, n'est autre que le contenu de leur cæcum rectal, et la sécrétion graisseuse des glandes anales paraît destinée, chez cet Insecte, à enduire le corps (Dierx). [Voir dans Faivre (*Ann. Sc. nat.*, 1862, 342), une étude physiologique de ces glandes et une analyse par Berthelot de leur sécrétion.]

Des produits toxiques, ou exerçant une action protectrice, à cause de la forte odeur qu'ils dégagent, peuvent être sécrétés par des glandes tégumentaires spéciales de nombreux Insectes (glandes dorsales éversibles des Blattes et des Phasmides, glandes thoraciques des Hémiptères hétéroptères, sacs éversibles ou *osmétériums* de diverses chenilles, etc.). On trouvera une étude complète de ces appareils et de leurs fonctions dans Packard, p. 368-390. Notons seulement que, chez la chenille de *Cerura vinula*, il existe un appareil éversible prothoracique qui rejette de l'acide formique fortement concentré, 33 à 40 p. 100 (Poulton, 1887) et que les larves de certaines Chrysomèles (*Lina populi*) présentent des verrucosités dorsales qui rejettent un liquide dont l'odeur pénétrante est due à l'aldéhyde salicylique (Pelouze).

Les chenilles de *Bombycides* présentent fréquemment des propriétés urticantes. Elles sont dues généralement à des poils, à la base desquels s'ouvrent des glandes à venin unicellulaires, et qui se brisent avec facilité ; le venin se déverse à l'extérieur, soit par rupture de l'extrémité du poil, soit par des orifices spéciaux (LEYDIG, KELLER, PACKARD, CHOLODKOVSKY, IGENITSKY, HOLGREM). D'après BERLESE, il n'y a jamais interruption complète de la cuticule, ni de perforations réelles ; mais la sécrétion s'échappe par osmose au travers de la cuticule amincie, ainsi que cela se présente pour les glandes ciripares et laccipares. RÉAUMUR, GOOSSENS (1881), et plus récemment BEILLE (1896), ont fait connaître en détails le curieux mécanisme des organes urticants des chenilles des Bombycides et en particulier de la chenille du Bombyx processionnaire du Pin (*Cnethocampa pytiocampa*). Ces organes sont représentés par de grandes boutonnières ovalaires transversales, vivement colorées, situées sur la partie dorsale des segments et connues sous le nom de *miroirs*; si la chenille est excitée, les lèvres s'écartent et le miroir devient proéminent ; or sa surface est tapissée de poils urticants très petits qui se séparent avec la plus grande facilité et qui emportent dans leurs canalicules une petite quantité de venin sécrétée par la glande qui se trouvait à leur base ; en outre, d'autres grands poils barbelés existent sur les lèvres du miroir ; par suite des mouvements de la chenille, ces poils s'inclinent, et certains d'entre eux, agissant comme des leviers, pénètrent entre les petits poils du miroir et enlèvent en se relevant une quantité de ces flèches minuscules que le moindre souffle suffit alors à disperser[1].

La nature de la substance urticante reste encore mal connue. Les recherches de GOOSSENS et de FABRE semblent écarter, au moins pour les chenilles processionnaires, l'opinion d'après laquelle il s'agirait d'acide formique, et, d'après les réactions chimiques et physiologiques, il faut admettre que la substance active doit être voisine de la cantharidine.

FABRE a reconnu que cette substance, facilement séparable par l'éther, existe dans le sang de la Chenille processionnaire du Pin et peut être excrétée en quantité considérable par le tube digestif, puis être rejetée avec les excréments. C'est là, du reste, une propriété assez répandue chez les Insectes, et, en traitant par l'éther les produits d'excrétion rejetés par des types fort divers (*Cetonia, Tenthredo, Gryllus*, etc.), au moment de l'éclosion, FABRE a obtenu une substance irritante semblable. Le mal de bassine, dont sont atteintes parfois les magnanarelles ou les ouvrières qui manient les cocons pour la filature, a une origine semblable : la cause doit en être recherchée dans les excréments du Ver à soie. Ces constatations ont conduit FABRE à nier la réalité de glandes à venin déversant leur produit à l'intérieur des poils urticants ; et ces derniers, d'après lui, ne doivent leurs propriétés qu'à ce fait qu'ils sont extérieurement imprégnés de la substance irritante, qui est rejetée dans le nid avec les excréments des chenilles : seules, les chenilles pourvues de poils et vivant en société dans des nids jouiraient ainsi de la propriété de fixer cette substance sur leurs téguments et de devenir par elles-mêmes urticantes. Les poils à glandes venimeuses ont été pourtant décrits par trop de bons observateurs pour qu'on puisse nier leur existence. Aussi est-il très probable que la sécrétion par des glandes se déversant à l'intérieur de poils spéciaux et l'excrétion par le tube digestif doivent concourir pour déterminer les phénomènes d'urtication, l'un ou l'autre de ces deux processus dominant ou devenant exclusif suivant les espèces que l'on considère.

Récemment (1907), TYZZER a étudié l'action pathologique de la substance urticante produite par la chenille du *Liparis chrysorrhœa* et montré qu'elle a une action très énergique sur les globules rouges.

Outre les glandes tégumentaires à sécrétions toxiques ou répulsives, il existe, chez les Insectes, des glandes à propriétés attractives ou servant à la reconnaissance des individus entre eux. Les écailles modifiées et odorantes (androconies), que l'on trouve groupées en champs réguliers à la face supérieure des ailes chez les mâles de nombreux Lépidoptères et les organes à parfum divers (*Duftorgane*) qui se rencontrent dans les deux sexes donnent à ces Insectes leurs odeurs caractéristiques en rapport avec la reproduction. Chez l'Abeille, l'organe de NASSONOFF, placé entre les 5e et 6e tergites

---

1. D'après FABRE, ce sont les bords des boutonnières qui fournissent, en s'épilant, la poussière urticante ; ils agiraient comme des lèvres qui, bâillant et se refermant, ne cesseraient de moudre aux dépens de leurs barbiches.

abdominaux émet une odeur assez pénétrante qui, d'après SLADEN (1903), permet aux Abeilles de se reconnaître entre elles[1].

Les Insectes qui vivent en symphilie dans les fourmilières ou les termitières (Claviger, Loméchuse, Paussides) présentent des trichômes, des fossettes ou des pores cutanés produisant une sécrétion de nature éthérée, qui est absorbée par leurs hôtes et qui constitue pour ceux-ci un excitant agréable, en échange duquel ils donnent à leurs compagnons l'abri, la nourriture et même le transport, en cas de nécessité.

## XV. — REPRODUCTION.

Aucun chapitre de l'histoire des Insectes ne renferme un aussi grand nombre de données intéressant la biologie générale que celui de la reproduction. Mais à cause de son étendue et de la façon inséparable dont se trouvent associées dans cette question l'anatomie, la physiologie et l'embryogénie, il est impossible d'entrer ici dans les développements que comporterait cette étude. On trouvera d'ailleurs les principaux faits de la reproduction des Insectes, que nous ne pouvons traiter, dans les livres d'entomologie générale, principalement dans ceux de HENNEGUY et de BERLESE.

Les sexes sont normalement séparés, et les cas d'hermaphrodisme que l'on signale, notamment chez les Lépidoptères et les Hyménoptères, sont accidentels.

Les caractères sexuels secondaires sont souvent très marqués et il peut y avoir un dimorphisme sexuel complet (Bombycides et Géométrides divers, Coccides, Lampyres, etc.). La castration expérimentale des chenilles, ou même la transplantation des organes du sexe opposé à la place

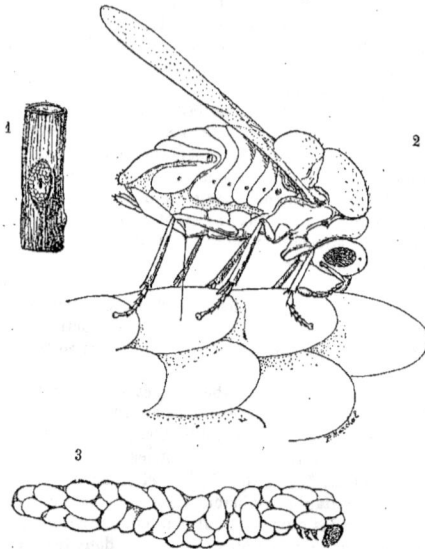

FIG. 67. — *Encyrtus (Ageniaspis) fuscicollis.*
1. L'Hyménoptère parasite sur une ponte d'Hyponomeute (Lépidoptère). Gr. nat.
2. Le même, grossi, piquant un œuf de l'Hyponomeute pour y introduire un de ses propres œufs. Les œufs du Papillon ne sont pas arrêtés dans leur développement, et ils donnent naissance à des chenilles, qui contiendront à leur intérieur une centaine de larves parasites d'Encyrtus, issues, par polyembryonie, d'un œuf unique.
3. Chenille d'Hyponomeute provenant d'un œuf piqué par l'Encyrtus et parvenue au terme de son évolution. Réduite à ses téguments durcis, elle contient à son intérieur une centaine de coques formées par les larves issues de l'œuf pondu par l'Encyrtus; chacune d'entre elles donnera naissance à un Encyrtus adulte.

des organes primitifs chez ces Insectes, n'a aucune influence modificatrice sur les caractères sexuels secondaires du Papillon (OUDEMANS, KELLOG, MEISENHEIMER).

Bien que la reproduction sexuée soit la règle, l'agamogénèse est néanmoins très fréquente chez les Insectes. On peut en distinguer trois modes, se manifestant à des phases diverses de l'ontogénèse : ce sont : la polyembryonie spécifique ou germinogonie, la pédogénèse et la parthénogénèse.

1° **Polyembryonie spécifique ou Germinogonie.** — Elle n'a été signalée jusqu'ici que chez quelques Hyménoptères parasites (PAUL MARCHAL, 1898 et 1904, SILVESTRI, 1906). Elle consiste en ce que l'œuf, dès le début de la segmentation, se dissocie en un nombre de germes évoluant chacun pour son compte en un individu distinct. Chez

1. NASSANOFF (1883) admettait que cet organe jouait un rôle dans la transpiration, et, d'après, ZOUBAREFF, il servirait à expulser rapidement, pendant le vol, l'eau qui se trouve en excès dans le nectar.

ˈun Chalcidien, par exemple, l'*Encyrtus* (*Ageniaspis*) *fuscicollis* (fig. 67), un seul œuf ·donne naissance à une chaîne formée d'une centaine d'embryons. Les Insectes pro-ˈvenant d'un même œuf sont de même sexe. Ce mode de reproduction ne se retrouve ·dans aucun autre groupe du règne animal ; il se rapproche beaucoup néanmoins de la ˈscission embryonnaire de certains Bryozoaires, et semble trouver sa principale explica-ˈtion dans les causes mécaniques ou physiques qui interviennent dans la blastotomie et ·la polyembryonie expérimentales.

2° **Pédogénèse**. — Elle a été appelée aussi *parthénogénèse larvaire* ou *progénèse par-·thénogénétique*, et n'a été signalée jusqu'ici que chez certains Diptères (larves des Céci-·domyes du genre *Miastor* et nymphes de *Chironomus Grimmi*). Chez les *Miastor metra-loas*, on peut observer plusieurs générations de larves, dont les ovaires arrivent à maturité d'une façon précoce et donnent naissance à de nouvelles larves qui, en gran-·dissant, finissent par remplir le corps de la larve-mère, et ne sont mises en liberté que par la destruction de cette dernière (NICOLAS WAGNER, 1862 ; MEINERT, 1864 ; PAGENS-TECHER, 1864 ; METCHNIKOFF, 1866). GRIMM, en 1870, reconnut que les nymphes de *Chiro-nomus Grimmi* pouvaient se reproduire au moyen d'œufs non fécondés. Les processus élémentaires de la pédogénèse peuvent se ramener à ceux de la parthénogénèse, matu-ration avec un seul globule polaire et sans réduction (KAHLE, 1908).

3° **Parthénogénèse**. — Elle se présente chez les Insectes parvenus à l'état parfait, et peut se manifester sous les formes suivantes :

| | | | |
|---|---|---|---|
| 1° Parthénogénèse thélytoque..... | } | Homoparthénogénèse (HENNEGUY) ou Isoparthénogé- | |
| 2° — arrhénotoque..... | } | nèse (HATSCHECK). | |
| 3° — cyclique régulière.. | } | Hétéroparthénogénèse (HENNEGUY). | |
| 4° — — irrégulière.. | } | | |
| 5° — accidentelle..... | | Tychoparthénogénèse (HENNEGUY). | |

L'*homoparthénogénèse thélytoque* (productrice de femelles) correspond à une par-thénogénèse normale et indéfinie. Beaucoup d'espèces que l'on pensait pouvoir ranger ·dans cette division doivent en être aujourd'hui retirées ; car l'observation a, en effet, démontré que des mâles, bien que fort rares, pouvaient néanmoins de temps à autre apparaître. Il semble bien pourtant que l'on puisse admettre qu'un certain nombre d'espèces de Tenthrèdes et de Cynipides se multiplient par parthénogénèse indéfinie. Il en est de même pour diverses espèces ou races de Chermes (*Chermes piceæ*). Par contre, le cas de l'Eumolpe de la vigne (*Bromius vitis*), parmi les Coléoptères, bien qu'on n'ait pas encore rencontré de mâles arrivés à maturité sexuelle, ne peut, suivant toute vraisemblance, être donné comme exemple de parthénogénèse exclusive.

Chez différentes espèces de Chermes et Phylloxéras, la génération bisexuée ne se présente que dans certaines conditions, et, à côté du cycle qui la renferme, on voit se constituer un cycle parthénogénétique exclusif et indéfini. La génération sexuée peut alors devenir accessoire et même rudimentaire (DREYFUS, CHOLODKOVSKY, NÜSSLIN, MARCHAL, BÖRNER, pour les Chermes ; nouvelles recherches de GRASSI, FOA, GRANDORI pour le Phylloxéra).

ˈL'*homoparthénogénèse arrhénotoque* se rencontre chez les Hyménoptères sociaux (Apides et Vespides), et consiste en ce que les œufs qui ont été pondus par la reine, sans être fécondés, donnent exclusivement des mâles. Un grand nombre de faits ten-dent en outre à prouver que tous les mâles d'une espèce sont issus d'œufs non fécondés ; la reine ayant la faculté de contracter ou de ne pas contracter son récep-tacle séminal peut ainsi réaliser à volonté la fécondation ou la non-fécondation de l'œuf qu'elle pond et déterminer le sexe de sa progéniture. Suivant le sexe, elle distribue ses œufs dans des catégories de cellules distinctes, où les larves qui en naissent sont l'objet de soins déterminés de la part des ouvrières : telle est la théorie de DZIERZON (voir **Abeille**), qui semble fondée sur des faits solidement établis : la théorie de DICKEL récemment proposée n'a aucune chance de la remplacer. Il est difficile pourtant d'affirmer que *tous* les mâles d'une ruche sont issus d'œufs non fécondés, et les expé-riences de croisements qui ont été faites pour trancher la question ont montré que, si l'on croisait une reine Abeille avec un mâle de race différente, une certaine propor-tion des mâles produits par cette reine pouvait présenter des caractères tendant à prouver leur nature hybride (Jean Pérez), à moins alors d'invoquer la télégonie (Sanson). Les expériences qui ont été faites à ce sujet ne sont pas d'ailleurs toujours concordantes.

Les ouvrières, qui sont habituellement stériles chez les Hyménoptères sociaux, peuvent dans certaines conditions pondre des œufs capables de se développer. Mais comme ces ouvrières ne sont jamais fécondées, elles ne donnent jamais naissance qu'à des mâles. La présence des ouvrières pondeuses est normale chez les Vespides (Siebold, 1871; Marchal, 1893) et chez les Bourdons (Huber, 1814; Hoffer, 1882).

Chez les Abeilles domestiques, les ouvrières pondeuses ne se rencontrent que d'une façon accidentelle dans les ruches orphelines.

Dans le genre Vespa, il suffit de supprimer la reine pour déterminer la fécondité des ouvrières. Si la fonction reproductrice de la reine est accidentellement supprimée, ce même résultat est obtenu, et la proportion des ouvrières fertiles peut alors s'élever à la moitié de la population, alors que le nid n'en contenait pas auparavant (P. Marchal). Cette fécondité s'explique par ce fait que les ouvrières, n'ayant plus de jeune couvain à nourrir, par suite de l'interruption de la fonction de la reine ou de sa disparition, résorbent les liquides nutritifs qu'elles auraient donnés aux larves ou les sécrétions adaptées à l'alimentation des jeunes. Sous l'influence de cette résorption, il se produit un retour au type primitif, et les ouvrières perdent le caractère négatif, mais fondamental, de leur différenciation, la stérilité. On peut donc considérer la *fonction de nourrice* comme un des facteurs déterminant de la stérilité chez les Hyménoptères (*castration nutriciale*, P. Marchal), et admettre que ce facteur a joué son rôle dans l'évolution à côté de la castration alimentaire de Herbert Spencer et de Émery.

Dans la *parthénogénèse cyclique régulière*, il y a *alternance* régulière d'une génération sexuée avec une génération parthénogénétique ou avec une série de générations parthénogénétiques se produisant toujours dans des conditions identiques. Nous nous bornerons à mentionner les cycles évolutifs des Cynipides, des Pucerons (Aphidés), des Chermes et des Phylloxéras, qui présentent des particularités biologiques ayant une portée capitale pour la biologie générale. (Voir le traité de Henneguy sur les Insectes, où sont analysés les travaux de Adler, Balbiani, Lichtenstein, Cholodkovsky, etc. Voir aussi les récents travaux de Börner, ainsi que ceux de Grassi, Foa, Grandori, etc.)

La *parthénogénèse cyclique irrégulière* est caractérisée par ce fait que les mâles, souvent très rares, n'apparaissent que d'une façon irrégulière après une série variable de générations parthénogénétiques. On l'observe chez les Psychides parmi les Lépidoptères (Siebold, 1856-1871). Chez les *Lecanium* parmi les Coccides (voir Newstead, 1902; Marchal, 1907), les Tenthrèdes, parmi les Hyménoptères (voir Cameron et van Rossum, 1905), les Phasmides, parmi les Orthoptères (Pantel, 1898; de Sinéty, 1901), les Otiorhynques parmi les Coléoptères (Szilantiew, 1905), on rencontre des espèces qui présentent des cas analogues. Le cas extrême de ce mode de reproduction peut être considéré comme la parthénogénèse thélytoque dans laquelle les mâles sont entièrement disparus.

La *tychoparthénogénèse* consiste en ce que, dans une espèce qui normalement se multiplie par reproduction sexuée, une femelle qui n'a pas été fécondée peut, dans certains cas, pondre des œufs susceptibles de se développer. Elle se rencontre assez fréquemment chez les Lépidoptères, notamment chez les Bombycides (*Liparis dispar*, *Porthesia sinilis*, *Bombyx quercus*, *Lasiocampa pini*, etc.). Elle a été signalée chez le *Bombyx mori;* mais, chez cet Insecte, d'une façon très générale, le développement s'arrête avant l'éclosion de la chenille. Tichomiroff (1886) a provoqué artificiellement le développement des œufs non fécondés de *Bombyx mori* par des excitants mécaniques. Chez les Coléoptères, la parthénogénèse accidentelle a été mentionnée chez *Gastrophysa raphani*. Chez les Tenthrèdes, parmi les Hyménoptères, chez les Phasmides, parmi les Orthoptères, chez les Coccides, parmi les Hémiptères, on peut rencontrer tous les degrés entre une parthénogénèse accidentelle et une parthénogénèse normale du type cyclique irrégulier. Chez la plupart des Phasmides, les mâles sont introuvables ou rares; chez l'un d'entre eux pourtant, le *Leptynia attenuata*, les mâles sont très nombreux; or les femelles de cette espèce peuvent néanmoins se reproduire par parthénogénèse et alors leur descendance est toujours femelle (thélitokie constante) (de Sinéty, 1900). Ce cas est exactement l'inverse de celui des Abeilles.

**Détermination du sexe.** — Le fait que tous les individus issus d'un même œuf dans le cas de *polyembryonie spécifique* sont de même sexe (P. MARCHAL, BUGNION), montre bien que le sexe est déterminé d'une façon très précoce avant ou après la fécondation. Les assertions de divers auteurs qui auraient déterminé le sexe en alimentant d'une façon variée ou plus ou moins copieuse des chenilles ou des larves de Mouches ont été d'ailleurs controuvées. Si l'on considère l'ensemble des faits connus relativement à la détermination du sexe chez les Insectes, on peut, avec LOEB, distinguer trois types différents suivant lesquels elle pourrait se produire.

1° Il y a deux sortes d'ovules : les uns donnent des mâles, les autres des femelles. C'est le cas bien connu des espèces qui présentent dans leur cycle évolutif une ou plusieurs générations parthénogénétiques, tels que les Cynipides, les Pucerons, les Chermes. Il peut se faire dans ce cas que les femelles parthénogénétiques sexupares se divisent en deux groupes, les unes pondant exclusivement des œufs de femelles, les autres exclusivement des œufs de mâles, et qu'il y ait une différence de taille très apparente entre les œufs des deux catégories (Phylloxéra).

2° Chez d'autres, il n'y a qu'une sorte d'ovule; mais il y a deux sortes de spermatozoïdes, dont l'une produirait des mâles, et l'autre des femelles. C'est le cas des Hémiptères Hétéroptères et de divers Orthoptères. L'existence de ces deux catégories de spermatozoïdes a été découverte par HENKING; et, fait capital, elles se distinguent l'une de l'autre par le caractère suivant : présence d'un chromosome de plus (dit *chromosome accessoire*) dans l'une des catégories et absence ou faible développement de ce chromosome accessoire dans l'autre catégorie (MONTGOMERY). Il est très remarquable que les deux catégories de spermatozoïdes existent en nombre égal chez le même mâle; la substance chromatique jouant d'autre part un rôle essentiel au point de vue de l'hérédité et les caractères sexuels étant les seuls qui se répartissent en deux groupes égaux et bien définis, MAC CLUNG a été ainsi conduit le premier à conclure que le chromosome accessoire est en rapport avec la détermination du sexe.

D'après les travaux de WILSON (*Science*, 1905), il y a des raisons pour croire que ce sont les œufs fécondés par les spermatozoïdes pourvus d'un chromosome accessoire qui produisent des femelles.

3° Le troisième type relatif à la détermination du sexe comprend les Insectes chez lesquels il semble n'y avoir qu'une seule espèce d'ovules et une seule espèce de spermatozoïdes : les ovules qui se développent parthénogénétiquement produisent l'un des deux sexes; ceux qui sont fécondés produisent l'autre (voir ci-dessus **Parthénogénèse**).

Il convient de faire observer que les trois divisions précédentes ne peuvent avoir pour but que de donner un groupement provisoire facilitant l'exposition des faits connus. Car il doit exister un grand nombre de termes de passage, et beaucoup d'Insectes ne pourraient évidemment prendre place d'une façon fixe et exclusive dans aucun des trois types précédemment décrits.

Rappelons enfin que chez certains Phasmes étudiés par DE SINÉTY (*Leptynia attenuata*), le spermatozoïde apparaît comme nécessaire pour déterminer l'œuf comme mâle, ce qui est exactement la contre-partie de ce qui se présente pour les Hyménoptères Porte-aiguillons (voir ci-dessus **Parthénogénèse**).

Pour Accouplement, Ponte, Viviparité, Spermatozoïdes, Œufs, Fécondation, voir HENNEGUY, *Les Insectes*, Paris (Masson), 1904, p. 262-305.

## XVI. — RÉGÉNÉRATION.

Le pouvoir de régénération des appendices est surtout très caractérisé chez les Aptérygotes et chez les Orthoptères, c'est-à-dire chez les Insectes les plus primitifs. Dans le premier groupe, les expériences de PRZIBRAM (1907) ont montré que cette faculté était particulièrement développée dans l'ordre le plus inférieur, c'est-à-dire chez les Thysanoures : même lorsqu'ils ont atteint la maturité sexuelle, ces Insectes peuvent en effet régénérer complètement leurs antennes et leurs filaments caudaux, la régénération ne pouvant d'ailleurs se faire qu'après une mue; les palpes et les pattes se régénèrent aussi facilement, mais à un moindre degré.

Parmi les cas les plus remarquables de régénération chez les Insectes, sont aussi ceux qui succèdent à l'autotomie des membres chez les larves ou les nymphes d'Orthoptères et qui ont été étudiés par BORDAGE : cette faculté régénératrice est surtout développée chez les Blattes; elle l'est à un moindre degré chez les Mantes et chez les Phasmes; elle paraît enfin faire défaut chez les Orthoptères sauteurs. Chez les Orthoptères, après autotomie, la régénération se présente avec les caractères suivants : 1° Il y a accélération dans la rapidité de croissance du membre en voie de régénération et, grâce à cette accélération qui ne se produit que pendant une période de temps correspondant à 3 ou 4 mues consécutives, les différences de longueur entre le membre régénéré et le membre correspondant demeuré en place, d'abord considérables, tendent à s'atténuer; 2° la régénération est *hypotypique*, et les tarses normalement pentamères deviennent tétramères après la régénération : un même membre régénéré trois fois, après trois ablations autotomiques successives se présentera par exemple constamment avec un tarse tétramère, fait qui semble impliquer que, si la régénération donne ici un tarse tétramère, ce n'est pas parce qu'elle est incapable de donner la forme plus complète et pentamère, mais plutôt parce qu'elle reproduit un état correspondant à un état ancestral.

Le processus de régénération, après résection expérimentale, existe chez les Orthoptères, mais est de beaucoup inférieur au processus de régénération après autotomie : la régénération ne se fait que si la résection est pratiquée dans certaines limites, par exemple, chez les Blattes, dans les limites comprises entre le tiers moyen du fémur et l'articulation du 3e et du 4e articles du tarse; elle se fait en outre bien plus lentement qu'après autotomie; enfin le membre régénéré après résection a ordinairement ses différentes parties moins bien proportionnées entre elles, la loi de corrélation de croissance étant souvent enfreinte, et les cas tératologiques étant assez fréquents; ces derniers mis à part, la tétramérie est encore ici la règle dans le tarse du membre régénéré. Pour les Orthoptères sauteurs, la régénération après résection expérimentale peut se faire pour les sections pratiquées dans la région tarsienne; pour les pattes antérieures et moyennes, elle peut en outre se faire pour les sections pratiquées au point d'articulation du fémur avec le trochanter, et, en ce cas, le tibia des membres antérieurs régénérés ne présente pas d'appareil tympanique; le nombre des articles du tarse est le même que dans le membre primitif.

Qu'il s'agisse de régénération après autotomie ou après résection expérimentale, ce processus est toujours entièrement sous la dépendance du phénomène de la mue, et il ne peut commencer qu'à partir du moment où l'hypoderme s'est rétracté en se séparant de la cuticule et de la production cicatricielle rigide et inextensible. Le nombre de jours qui est compris entre le moment de l'apparition de la couche hyaline sous-cuticulaire permettant la formation de la papille de régénération d'une part, et le moment de la mue proprement dite d'autre part est variable d'une famille à l'autre (maximum chez les Blattides). Plus ce nombre sera grand, plus aussi seront grandes les dimensions du membre de remplacement, lorsqu'il fera son apparition après sa libération de la dépouille exuviale (BORDAGE).

Les exemples de régénération chez les larves d'Insectes autres que les Orthoptères, après résections d'appendices, sont nombreux. Les larves et nymphes de divers Névroptères (Agrionides, etc.) peuvent régénérer très facilement leurs divers appendices sur toute leur longueur [P. BERT; CHILD et YOUNG, 1903; BORDAGE, 1905 (p. 411, note)].

La régénération des appendices a été observée chez les larves de Coléoptères (TORNIER, 1901) et de Lépidoptères : chez les chenilles (Ver à soie), les pattes larvaires ne se régénèrent que lorsqu'elles n'ont pas été totalement amputées; la régénération se termine alors toujours après la 2e mue qui suit l'opération (KELLOG). Les pattes régénérées de la chenille sont semblables aux pattes primitives. Une patte complètement supprimée chez la chenille peut être entièrement régénérée chez le Papillon, si l'opération est faite avant la 4e mue (VERSON). MEISENHEIMER a récemment obtenu la régénération des ailes chez le Papillon (*Ocneria dispar*), après avoir complètement extirpé les histoblastes de ces appendices chez la chenille; l'aile régénérée est semblable à l'aile normale, mais souvent beaucoup plus petite. WERBER (1905) a obtenu chez *Tenebrio molitor* la régénération de l'antenne et de l'œil après extirpation chez la larve.

Les données fournies par la régénération des appendices chez les Orthoptères.

étaient plutôt en faveur de l'opinion qui veut que la faculté régénératrice soit d'autant plus marquée que l'organe est plus exposé à des mutilations accidentelles (principe de LESSONA); mais les expériences ci-dessus mentionnées et portant sur les chenilles des Lépidoptères montrent qu'aucune loi dans ce sens ne peut être formulée à cet égard. Rien en effet ne peut être moins exposé à une mutilation que l'histoblaste de l'aile à l'intérieur d'une chenille.

## XVII. — PHYSIOLOGIE DES MÉTAMORPHOSES.

Chez les Insectes à métamorphoses complètes, il se produit à la fin de la vie larvaire et chez la nymphe ou chrysalide des modifications profondes de l'organisme qui se réalisent par l'histolyse de nombreux tissus larvaires et l'histogénèse des organes de l'adulte (*imago*) remplaçant les organes larvaires détruits.

Nous avons vu (p. 332) le rôle important que joue dans bien des cas la phagocytose leucocytaire dans la destruction des tissus larvaires. D'autre part, chez diverses familles, la phagocytose semble ne jouer qu'un rôle réduit ou presque nul. Il faut en conclure que, en dehors d'elle, il y a d'autres facteurs qui interviennent dans l'histolyse et que des diastases ou des toxines peuvent agir sur les éléments anatomiques, sans l'intervention de phagocytes englobants. BERLESE, qui nie, d'une façon bien trop absolue, le rôle de la phagocytose, a soutenu que le suc gastro-intestinal lui-même s'extravase dans la cavité générale au moment de la nymphose, apportant à la fois des matériaux nutritifs qui seront emmagasinés et élaborés dans les cellules adipeuses (*trophocytes*) et les diastases déterminant l'histolyse; mais cette théorie est d'une vérification bien difficile.

Quel que soit le processus — intervention des phagocytes, ou production des diastases indépendante de ces derniers — il doit avoir lui-même son déterminisme et bien des théories ont été mises en avant pour l'établir [théories de l'asphyxie (BATAILLON), de la crise génitale et du retentissement sur les leucocytes des sécrétions internes des gonades (CH. PÉREZ), de l'arrêt de fonctionnement (ANGLAS), etc.]. Nous n'avons pas ici à les examiner (Voir HENNEGUY, 675), mais seulement à rendre compte des connaissances encore fort imparfaites que nous possédons au sujet des principaux phénomènes physiologiques accompagnant l'histolyse et l'histogénèse.

La nymphe, ne prenant pas de nourriture, se nourrit et évolue aux dépens de ses propres tissus ou des réserves qui ont été accumulées pendant la vie larvaire; malgré son immobilité presque complète, la nymphe continue donc à respirer et à exhaler de la vapeur d'eau[1]; d'autre part, avant de se transformer, la larve rejette toutes les matières inutilisables contenues dans son tube digestif; enfin, elle peut, chez certaines espèces, filer une quantité de soie considérable, pour tisser un cocon : il n'est donc pas étonnant, pour ces différentes causes, que l'Insecte perde une grande partie de son poids en se transformant. D'après DANDOLO, le Ver à soie mûr, prêt à filer, pèse en moyenne 3gr,68; son cocon, avec la chrysalide qu'il contient, pèse le huitième jour 2gr18 et, sur ce poids, celui de la chrysalide entre pour 1gr,84. L'animal a donc perdu, pendant cette période, 1gr,84, c'est-à-dire la moitié de son poids primitif. Le poids continue à diminuer les jours suivants, mais dans de moindres proportions, et le poids des Papillons est en moyenne : pour les femelles, de 1gr,41; pour les mâles, de 0gr,80. Au point de vue de la physiologie des métamorphoses, la grande diminution de poids tenant au rejet des excréments par la larve et au filage du cocon n'a pas à fixer notre attention; mais il n'en est pas de même de celle qui se produit après le filage du cocon; elle ne peut être due en effet qu'à l'élimination de l'acide carbonique et de la vapeur d'eau.

VANEY et MAIGNON (1906) ont montré que les pertes de poids les plus grandes ont lieu au début et à la fin de la métamorphose; elles coïncident avec les périodes pendant lesquelles s'opèrent les transformations morphologiques les plus importantes, c'est-à-dire celles qui correspondent à la transformation de la larve en nymphe et à la transformation de la nymphe en imago; l'expérience a également établi que c'est pendant

1. Chez les chrysalides de Lépidoptères, les stigmates antérieurs restent seuls fonctionnels exp. de RÉAUMUR consistant à immerger partiellement les chrysalides dans l'huile).

ces périodes que l'intensité des échanges respiratoires atteint son maximum (LUCIANI et LO MONACO, 1893; DUBOIS et COUVREUR, 1901).

A la fin de la vie larvaire et pendant le filage du cocon, l'activité respiratoire est considérable, et le rapport $\dfrac{CO^2}{O}$ est voisin de l'unité, ce qui implique que la quantité d'oxygène absorbée équivaut à peu près à celle qui est éliminée à l'état de $CO^2$; la quantité de $CO^2$ éliminée diminue ensuite et, dès que la phase nymphale est commencée (5e jour après la montée pour le Ver à soie), l'amoindrissement dans l'élimination de $CO^2$ devient très notable, tandis que la consommation d'oxygène reste presque la même. Le quotient respiratoire $\dfrac{CO^2}{O}$ s'abaisse donc et tombe à 0,50 (P. BERT, BATAILLON, etc.). Cette phase de dépression correspond à la période de repos de la chrysalide. Vient ensuite une nouvelle phase ascendante pour l'exhalation de l'acide carbonique et le quotient respiratoire s'élève au-dessus de l'unité. Quelques jours avant l'éclosion du Papillon, une nouvelle dépression se manifeste et le quotient respiratoire tombe de

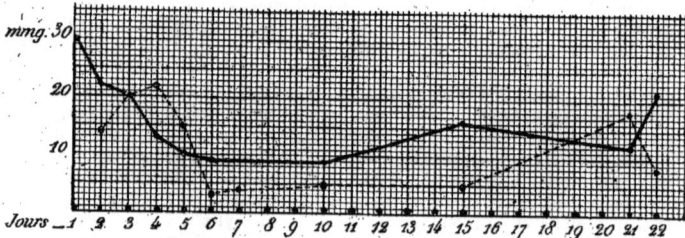

FIG. 68. — Courbes d'élimination et d'extraction de l'acide carbonique pendant la métamorphose chez le *Bombyx mori*, à partir de la montée du ver à soie (pour tisser son cocon), jusqu'à la fin de la vie chrysalidaire. La première courbe est représentée par un trait plein et continu; la seconde par un tracé pointillé. Les temps sont marqués en jours sur l'abscisse; pour la courbe d'élimination (trait plein et continu), la production pour trois individus pendant six heures est donnée en milligrammes par les ordonnées; pour la courbe d'extraction, les quantités obtenues pour trois individus sont également données en milligrammes par les ordonnées. (D'après BATAILLON.)

nouveau à un taux voisin de 0,50. Enfin, le jour de l'éclosion (21e jour), une ascension rapide se produit dans la courbe d'élimination du $CO^2$, et le quotient respiratoire devient très élevé, atteignant jusqu'à 1,50.

Pendant une bonne partie de la période chrysalidaire, le rapport $\dfrac{CO^2}{O}$ étant fortement inférieur à l'unité, que devient l'oxygène qui ne se retrouve pas dans le $CO^2$ expiré ? — Les expériences de BATAILLON ont démontré l'accumulation de l'acide carbonique chez la chrysalide. Ce savant a en effet extrait par le vide et la chaleur tout le gaz carbonique du corps de chrysalides prises à tous les jours de leur évolution, depuis le début du filage du cocon jusqu'à l'éclosion, et il a constaté que les courbes représentatives de ces mesures quotidiennes présentaient exactement l'allure inverse des courbes figurant les quantités de $CO^2$ éliminé (fig. 68). C'est sur ces faits qu'il a basé sa célèbre théorie asphyxique des métamorphoses. L'accumulation de $CO^2$ dans les tissus n'est pas suffisante toutefois pour que, en ajoutant l'oxygène combiné qu'il contient à l'oxygène combiné du $CO^2$ expiré, nous retrouvions le total de l'oxygène absorbé. Il est possible qu'une autre fraction soit éliminée à l'état de vapeur d'eau et qu'un reliquat se fixe aussi sur la graisse pour la transformer en sucre, soit directement, soit en passant par l'intermédiaire glycogène (TERRE, 1898).

Les faits qui précèdent étant établis pour le *Bombyx mori* par les expériences concordantes en leurs grandes lignes de différents auteurs (P. BERT, BATAILLON, LUCIANI et MONOCO, DUBOIS et COUVREUR) et les résultats généraux qu'ils comportent ayant été étendus par les recherches de TERRE (1898) à de nombreux Lépidoptères, aux Coléoptères et aux Hyménoptères, on peut admettre leur exactitude et leur généralité chez les Insectes à

métamorphoses complètes. Il y a lieu, d'autre part, de tenir compte de l'observation de
LEVRAT (1899), qui, en choisissant un Papillon à métamorphose lente, dont les cocons
passent l'hiver (*Antherea Pernyi*), a constaté qu'il suffisait de faire varier la température
pour obtenir immédiatement une variation de même sens dans la courbe de la respiration. Les deux courbes se correspondent d'une façon frappante et c'est seulement six
ou sept jours avant la sortie du Papillon (c'est-à-dire, dans le cas actuel, à partir du
moment où le Papillon est formé à l'intérieur du cocon), que la quantité de $CO_2$ éliminée augmente brusquement, ce surcroît de production étant indépendant de la température. La sensibilité à la température ambiante a donc son importance et les expérimentateurs doivent être mis en garde contre l'influence de cette cause perturbatrice.

LEVRAT a, par contre, montré que la lumière ou l'obscurité n'ont aucune influence
sur la respiration.

Les phénomènes respiratoires qui viennent d'être résumés ne sont qu'une des

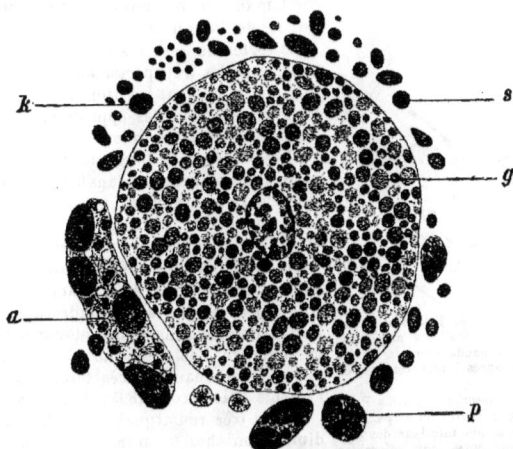

FIG. 69. — Cellule du corps adipeux d'une nymphe très avancée de la Mouche bleue (*Calliphora vomitoria*),
entourée d'éléments divers.

*g*, globules albuminoïdes ; *p*, phagocyte ayant ingéré des fragments musculaires, ou *Körnchenkugeln*; *k*, leucocyte ; *s*, sarcolyte ; *a*, tissu imaginal avec caryocytes. (D'après HENNEGUY.)

expressions des processus métaboliques de la métamorphose et, parallèlement à leur
étude, il convient de rechercher quelles sont les transformations et les variations subies
par les substances de réserves, qui fournissent la chaleur ou les éléments nécessaires
au travail de la métamorphose. (Pour tous les renseignements techniques concernant le
dosage de ces réserves et leur détermination par des réactifs appropriés à l'intérieur
des cellules chez les Insectes, voir le mémoire de VANEY et MAIGNON, 1906.)

La vie larvaire est, en quelque sorte, consacrée à amasser les réserves qui doivent
être utilisées pendant la phase nymphale. Ces réserves s'accumulent surtout dans le
corps adipeux dont les cellules fonctionnent à ce point de vue comme celles d'un foie
gigantesque et emmagasinent en même temps de la graisse, du glycogène et des
albuminoïdes solubles (fig. 69). CLAUDE BERNARD (1879) constata une telle abondance
de glycogène dans les larves de Mouches qu'il les compara à de véritables sacs à glycogène, et il remarqua, en outre, que cet hydrate de carbone était surtout emmagasiné
dans le corps adipeux. Pendant les premières phases de la vie larvaire, les cellules du
corps adipeux ne contiennent guère comme réserves que de la graisse; vers la fin de
l'évolution larvaire et pendant la nymphose les réserves albuminoïdes et les granulations de glycogène s'accumulent au contraire à leur intérieur[1].

1. Tous les Insectes ne se comportent pas de même à cet égard : chez les Fourmis notamment,
les matières albuminoïdes peuvent s'accumuler dans les cellules adipeuses, dès la naissance de la

BERLESE a suivi avec beaucoup de soin, par les méthodes de la technique microscopique, les processus métaboliques dont les cellules du corps adipeux sont le siège pendant la nymphose (Voir un compte rendu détaillé de cette étude dans HENNEGUY, p. 592; voir aussi dans ce Dictionnaire : Graisse, VII, 721). D'après l'auteur italien, pendant toute la période nymphale, les cellules adipeuses (fig. 69), devenues indépendantes et conservant leur individualité, absorbent des substances qu'elles élaborent et digèrent sous l'influence de granules zymogènes provenant du noyau, puis excrètent des peptones solubles qui servent à nourrir les tissus en voie de formation (fig. 70). En raison de ces fonctions importantes de nutrition, BERLESE désigne les cellules adipeuses sous le nom de *trophocytes*.

Bien que le corps adipeux soit le lieu d'élection pour l'accumulation des réserves, elles peuvent cependant se rencontrer, à la fin de la vie larvaire ou au début de la nymphose, dans d'autres parties de l'organisme. Les leucocytes renferment les trois sortes de réserves et, d'après BERLESE, ils sont chargés de les transporter aux tissus en voie de formation qui doivent les utiliser. Les muscles ne contiennent en quantités appréciables que des réserves de glycogène et de graisse.

Dès le début du filage du cocon, on constate une augmentation brusque dans la formation du glycogène (fig. 71). Le maximum est atteint au moment où s'effectue la nymphose ($1^{gr}$,60 pour 100 grammes de tissus) et alors la quantité accumulée est au moins double de celle que la chenille présente au début du filage (BATAILLON et COUVREUR, 1892; VANEY et MAIGNON, 1906). Aussitôt après, il y a une chute rapide, puis diminution lentement progressive et nouvelle chute rapide la veille de l'éclosion. Le glycogène n'existe plus alors qu'en quantité très faible dans le corps de l'Insecte (BATAILLON, 1893; VANEY et MAIGNON, 1906).

Il est très remarquable que la graisse subit une diminution chez la larve arrivée à maturité et qui se prépare à la nymphose, c'est-à-dire pendant la période où le glycogène augmente; et, lorsque celui-ci atteint son maximum, c'est-à-dire au moment où s'effectue la nymphose, la chute précipitée de la graisse s'arrête. On ne peut mettre cette disparition rapide sur le compte de la respiration; car il y a, pendant cette période, baisse dans la production de $CO^2$ produit par là chenille : il semble donc bien résulter des données précédentes que le glycogène a été produit aux dépens de la graisse (COUVREUR, 1895)[1].

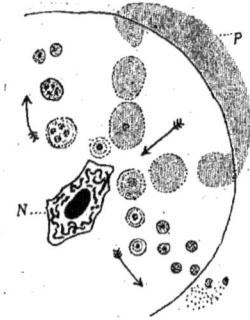

FIG. 70. — Schéma de l'élaboration par les trophocytes (cellules adipeuses) du plasma répandu dans la cavité générale, d'après l'interprétation de BERLESE.

Le trophocyte absorbe le plasma P répandu dans la cavité du corps. Il se forme ainsi à son intérieur des globules albuminoïdes non colorables qui se dirigent vers le noyau N (courant centripète), se modifient dans son voisinage et reviennent vers la périphérie (courant centrifuge) en se chargeant de granulations colorables (ferments dérivant du noyau); ils sont enfin rejetés à la périphérie sous forme de globules colorables et solubles, en ayant subi, sous l'influence des ferments nucléaires, la transformation en peptones. (Figure empruntée à Ch. PÉREZ.)

Pour être utilisé le glycogène est en totalité transformé en glucose pendant la métamorphose. CLAUDE BERNARD avait reconnu ce fait et constaté l'absence du glycose chez les larves de Mouche ainsi que sa présence chez les pupes. D'après BATAILLON et COUVREUR (1892), le glycose apparaît avant le maximum du glycogène chez le Ver à soie, vers la fin du filage, et le maximum de sa production est atteint 3 ou 4 jours avant l'éclosion du Papillon, pour diminuer ensuite jusqu'à l'éclosion. Les deux courbes du glycogène et du sucre empiètent donc sur l'autre (fig. 71). BATAILLON attribue la production considé-

_____

larve; chez les Lépidoptères ne tissant pas de cocons, ou ne donnant qu'une faible quantité de soie, ce dépôt se fait d'une façon notablement plus précoce que chez les Lépidoptères séricigènes (BERLESE).

1. D'après BORDAGE (*Rech. sur l'anatomie*, 1905, 431), le *phénomène de* BOUCHARD peut se présenter chez les Insectes (larves de Mantides) : il consiste, comme on le sait, en une augmentation passagère du poids du corps, sans apport alimentaire, et résulte de la fixation de l'oxygène sur la graisse qui se transforme en glycogène.

rable de sucre qui se produit pendant la métamorphose à l'accumulation du $CO^2$ dans le sang. Il s'agirait d'une hyperglycémie asphyxique.

D'après VANEY et MAIGNON (1906), par contre, il n'y aurait pas de relation fixe entre les deux courbes du glycogène et du glycose et la date d'apparition du glycose au cours de la nymphose serait très variable : elle pourrait concorder aussi bien avec le début qu'avec la fin de la chrysalidation, de telle sorte que la théorie de la glycémie asphyxique ne serait plus soutenable.

Outre la graisse et le glycogène, le corps adipeux contient comme réserves des matières albuminoïdes solubles. Du premier au second jour du coconnage, on constate un fort accroissement de ces albumines, puis, du 2ᵉ jour jusqu'au moment de la chrysalidation, la teneur en albumines solubles reste à peu près stationnaire, et, à partir de cette époque, la courbe subit une chute régulière et rapide jusqu'au moment de l'éclosion (VANEY et MAIGNON).

Les résultats les plus nets que l'on peut déduire de cette étude des réserves sont en

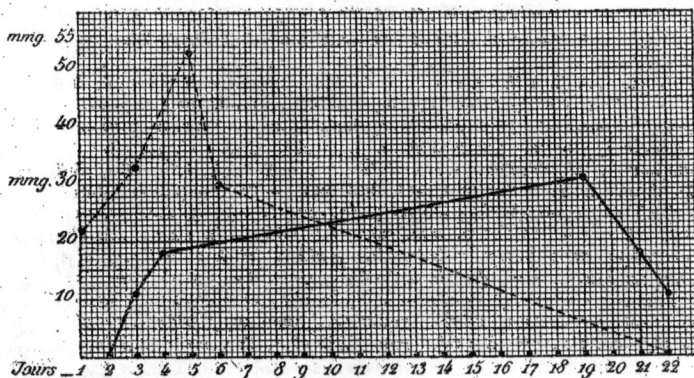

FIG. 71. — Évolution de la fonction glycogénique, de la montée du ver à soie jusqu'à la fin de la vie chrysalidaire (tracé pointillé, *glycogène*; tracé plein, *glycose*.) Les temps sont marqués en jours sur l'abscisse. Les quantités obtenues pour six individus sont données en milligrammes par les ordonnées. D'après BATAILLON.)

somme les suivants : chez le Ver à soie, à la fin de la vie larvaire, pendant le coconnage, il y a formation intense de glycogène et d'albumines solubles : la production de ces substances l'emporte donc alors sur leur consommation. Pour la graisse, la courbe, si l'on néglige quelques oscillations, va en s'abaissant dès le début du filage jusqu'à la fin de la nymphose, ce qui signifie que, pour cette substance, pendant toute la métamorphose, la destruction l'emporte sur la production (VANEY et MAIGNON).

**Oxydases.** — D'après DEWITZ, la coloration que présentent les pupes des Mouches au moment de la nymphose est due à la présence d'une oxydase analogue à la tyrosinase et agissant sur une substance chromogène qui se trouve dans le sang. Ces principes sont les mêmes que ceux qui existent dans le sang de la larve, et qui, au contact de l'air, déterminent le noircissement de la bouillie résultant de sa trituration. Les oxydases joueraient, d'après le même auteur, un rôle capital dans la métamorphose, et il a fait une série d'expériences, tendant à montrer que les mêmes facteurs qui retardent ou annulent la coloration de la pupe au début de sa formation, en neutralisant les effets de la tyrosinase, ont une influence identique sur la transformation de la larve en pupe.

**Assimilation du carbone de l'air.** — (Voir les paragraphes de cet article concernant les Pigments et la Nutrition, (p. 280 et 343.)

**Circulation.** — KUNCKEL D'HERCULAIS (1884) constata que chez les Diptères (Volucelle) les battements du cœur ne s'arrêtaient que pendant une très courte période correspondant au moment où cet organe subit des transformations histologiques.

BATAILLON (1893) a montré d'autre part le curieux phénomène de l'*inversion* de la circulation pendant la vie nymphale; elle se réalise successivement de la façon suivante: 1° Apparition, au deuxième jour du filage, d'une circulation inverse (d'avant en arrière) dans le vaisseau dorsal; 2° Prédominance graduelle de la circulation inverse; 3° Relèvement de la courbe de la circulation directe, vers la nymphose; 4° Circulation indifférente, c'est-à-dire que l'onde sanguine est chassée vers la tête et vers l'extrémité postérieure à partir du milieu du vaisseau dorsal, pendant les quelques heures qui précèdent et qui suivent la nymphose; 5° Circulation inverse pendant la vie nymphale; 6° Réapparition de la circulation normale à la veille de l'éclosion de l'Insecte adulte.

Ces troubles du rythme de la circulation sont, d'après BATAILLON, en rapport avec les phénomènes asphyxiques, qui, d'après lui, détermineraient la métamorphose et qui s'expriment d'autre part par l'accumulation du $CO_2$ dans les tissus.

### INDEX BIBLIOGRAPHIQUE[1]

#### I. — GÉNÉRALITÉS, LIVRES D'ENSEMBLE OU MONOGRAPHIES SUR L'ORGANISATION ET LA PHYSIOLOGIE DES INSECTES.

RÉAUMUR (DE). *Mémoires pour servir à l'histoire des Insectes.* 6 vol. in-4°, Paris, 1734-1742. — DUGÈS (A.). *Traité de physiologie comparée,* 3 vol. Paris, 1838-39. — LACOR-DAIRE (TH.). *Introduction à l'Entomologie,* Paris, 1838. — NEWPORT. *Insects. In Todd's Cyclopædia of Anatomy and Physiology,* II, London, 1839. — DUFOUR (L.). *Recherches anatomiques et physiologiques sur les Insectes (Ann. Sc. nat.,* 1834, 1835, 1852). — *Mém. d. sav. étr. Acad. Sc.,* 1833, 1841, 1846, 1851). — PLATEAU (F.). *Recherches physico-chimiques sur les Articulés aquatiques (Mém. cour. et Mém. d. sav. étr. de Belgique,* XXXVI, 1871 et *Bull. Acad. roy. Belg.,* (2), XXXIV, 1872). — WEISMANN (A.). *Studien zur Descendenztheorie,* I, *Ueber den Saison-Dimorphismus der Schmetterlinge;* II, *Die Entstehung der Zeichnung bei den Schmetterlings-Raupen.* Leipzig, 1876. — GRABER (V.). *Die Insekten.* München, 1877-1879. — JOUSSET DE BELLESME. *Travaux originaux de Physiologie comparée,* I, Paris 1878. — LOWNE (B.). *Anatomy, physiology, morphology and development of the Blow-fly,* 2 vol. London, 1889-91. — CHESHIRE (F. R.). *Physiology and anatomy of the Honey Bee and its Relations to flowering Plants.* London, 1881. — KÜNCKEL D'HERCULAIS. *Recherches sur l'organisation et le développement des Volucelles.* Paris, 1862. — EDWARDS (H: MILNE). *Leçons sur la physiologie et l'anatomie comparées de l'Homme et des Animaux,* 14 vol., Paris, 1882. — GIRARD (MAURICE). *Les Insectes. Traité élémentaire d'entomologie.* 3 vol. Paris, 1873-1885. — KÜNCKEL D'HERCULAIS. *Les Insectes, les Myriapodes, les Arachnides et les Crustacés (Édition française transformée de* BREHM's *Thierleben).* Paris, 1882-1883. — MIALL (L. C.) et DENNY (A.). *The structure and the life history of the Cockroach (Periplaneta orientalis).* London, 1886. — PLATEAU (F.). *Recherches expérimentales sur les Arthropodes (Mém. Acad. roy. Sc. Belgique,* (8), XLII, 1889). — BEAUREGARD (H.). *Les Insectes vésicants,* Paris, 1890. — COWAN (TH.-W.). *The Honeybee: its natural history, anatomy and physiology.* London, 1890. [Contient la bibliographie antérieure sur Physiologie de l'Abeille.]. — GRIFFITHS (A. B.) et JOHNSTONE (A.). *Physiology of Invertebrata,* 1892. — KOLBE (H. J.). *Einführung in die Kenntniss der Insekten.* Berlin, 1893. — MIALL (L.-C.). *The natural history of aquatic Insects.* London, 1895. — CUÉNOT (L.). *Études physiologiques sur les Orthoptères (Arch. de Biol.,* XIV, 293-333, 334-341, 1895). — VERSON (E.) et QUAJAT (E.). *Il Filugello e l'arte sericola.* Padova-Verona, 1896. — GADEAU DE KERVILLE, *Expériences physiologiques sur le Dyticus marginalis (Bull. Soc. Ent. Fr.,* 1897, 91-97 [Action de la chaleur et des chlorures; résistance à l'asphyxie]. — PANTEL (J.). *Thrixion Halidayanum Rond. Essai monographique.* (La Cellule, XV, 1898). — PACKARD (A.-S.). *Text book of Entomology,* 1 vol. in-8°, London, 1898. — SHARP (D.). *Insects* (dans *The Cambridge Natural History*) I et II, London, 1895 et 1899. — MIALL. *The structure and Life history of the Harlequin Fly (Chironomus).* Oxford, 1900. — STANDFUSS (A.). *Experimentelle zoologische Studien mit Lepidopteren (Ann. Soc. Ent. Fr.,* LXIX, 1900).

1. Les indications (incomplètes) de 1909 et 1910, postérieures à la rédaction de l'article, ont été ajoutées après l'impression des épreuves.

— Koschevnikov. *Materialen zur Naturgeschichte der Honigbiene* (Nachricht. d. k. Ges. der Freunde d. Naturwiss., Anthrop. und Ethnog., xcix, Moscou, 1900 (en russe). — Gal (J.). *Études sur les Vers-à-soie.* Nîmes. — Fürth (Otto von). *Vergleichende chemische Physiologie der niederen Tiere*, Jena. 1903. — Hommell. *Anatomie et Physiologie de l'Abeille domestique* (Micr. prépar., xii, p. 49-60, etc., 2 planches, 1904); — *Apiculture*, Paris, 1906. — Henneguy (F.). *Les Insectes* (Morphologie, Reproduction, Embryogénie), Paris, 1904. — Maillot (E.) et Lambert (F.). *Traité sur le Ver-à-soie du Mûrier*, Montpellier, 1906. — Folsom (J.-W.). *Entomology with special reference to its biological and economic aspects.* Philadelphia, 1906. — Janet (Ch.). *Études sur les Fourmis, les Guêpes et les Abeilles*, 3 séries depuis 1893. — Berlese (A.). *Gli Insetti.* Milano, 1906-1909. — Weippl (T.). *Beiträge zur Naturgeschichte der Honigbiene*, Berlin, 1909. — Roubaud (E.). *La Glossina palpalis* (Paris, juin, 1909). — Snodgrass (R. E.). *The anatomy of the Honey bee* (U. S. Dep. Agr., Bur. Entom., Tech. Ser., 18, Washington, 1910). — (Parmi les périodiques spéciaux, consulter : *Zeitschrift für wissenschaftliche Insecktenbiologie* (antérieurement : *Allgemeine Zeitschrift für Entomologie*, Berlin).

## II. — FONCTIONS TÉGUMENTAIRES.

**Rôle protecteur, Mues et fonctions diverses des Téguments.** — Bisson et Verson. *Cellule glandulare ipostigmatische nel Bombyx mori* (Publicazioni della Stazione zool. di Padova, 1891). — Krawkow (N.). *Ueber verschiedenartige Chitine* (Z. B., xi, 1893). — Künckel d'Herculais. *De la mue chez les Insectes, considérée comme moyen de défense...* (C. R. Ac. Sc., 6 mars 1899). — Holmgren (Nils.). *Ueber die morphologische Bedeutung des Chitins bei den Insekten* (Anat. Anz., xxi, 1903). — Plotnikow. *Ueber die Häutung...* (Zeitsch. f. wiss. Zool., lxxvi, 333-366, 1904). — Mirande (M.). *Sur la présence d'un corps réducteur dans le tégument chitineux des Arthropodes* (Arch. anat. micr., vii, 207-231, 1905); — *Sur une nouvelle fonction du tégument des Arthropodes considéré comme organe producteur de sucre* (ibid., 232-238). [Voir aussi : B. B., 1907, 2, 559.]

**Pigmentation.** — Sorby (H.-C.). *On the coloring matter of some Aphides* (Quart. Journ. Micr. Sc., new ser., xi, 352-361, 1871). — Leydig (Fr.). *Bemerkungen über Farben der Hautdecke und Nerven der Drüsen bei Insekten* (Arch. f. mikr. Anat., xii, 536-550, 1 pl., 1876). — Hagen (H.-A.). *On the color and pattern of Insects* (Proc. Americ. Acad. Arts and Sc., 234-267, 1882). — Krukenberg (C. Fr. W.). *Grundzüge einer vergleichenden Physiologie der Farbstoffe und der Farben*, Heidelberg, 1884. — Poulton (E. W.). *The essential nature of the colouring of phytophagous larvæ* (Proc. Roy. Soc., xxxviii, 269-315, 1884.85). — Mac Munn (C. A.). *Krukenberg's chromatological speculation* (Nature, xxxi, 1885). — Müller [Fritz] et Hagen (H.-A.). *The colour and pattern of Insects* (Kosmos, xiii, 406-469, 1886. — Slatter (J.-W.). *On the presence of Tannin in Insects and its influence on their colours* (Trans. Ent. Soc., III, 32-34, 1887). — Poulton (E.-W.). *An inquiry into the cause and extend of a special colour-relation between certain exposed Lepidopterous pupæ and the surfaces which immediately surround them* (Phil. Trans., clxxviii, 1887 et Proc. Roy. Soc., London, xlii, 1888). — Griffiths (A.-B.). *Recherches sur les couleurs de quelques Insectes* (C. R. Acad. Sc., Paris, cxv, 958-959, 1892). — Urech (F.). *Chemisch-analytische Untersuchungen an lebenden Raupen, Puppen, und Schmetterlingen und an ihren Sekreten* (Zool. Anz., xiii, 255, 272, 309, 334, 1890). — Poulton (E.-B.). *The colours of Animals* (Internat. Scientific Series, London, 1890). — Coste (F.-H.). *Contributions to the chemistry of Insect colours* (The Entomologist, xxiii, 1890; xxiv, 1891; Nature, xlv, 513-517, 541-542, 605, 1891). — Hopkins (F.-G.). *Uric acid derivatives functioning as pigments in Butterflies* (Proc. Chem. Soc., London, 117, 1889; et Nature, xiv, 197, 1891); — *Pigment in yellow Butterflies* (Nature, xlv, 197, 1891); — *The Pigments of the Lepidoptera* (Nature, xlv, 581, 1892). — Künckel d'Herculais (J.). *Le Criquet pèlerin et ses changements de coloration. Rôle des pigments...* (C. R. Ac. Sc., cxiv, 1892). — Beddard. *Animal coloration.* London, 1892. — Zopf (W.). *Carotinbildung und Carotinauscheidung bei gewissen Käfern* (Chrysomeliden und Coccinelliden). (Beiträge zur Physiol. und Morphol. niederer Organismen, 12-16, Leipzig, 1892). — Poulton (E.-B.). *The experimental proof that colours of certain Lepidopterous larvæ are largely due to modified plants pigments derived from food* (Proc. Roy. Soc., liv, 1393). — Urech (F.). *Beiträge zur Kenntniss* *der Farbe von Insekten-schuppen (Zeitsch. f. wiss. Zool.,* LVII, 306-384, 1894). [Voir aussi *Zool. Anz.,* xv, 281 et 299. 1892]. — PHISALIX (C.). *Recherches sur la matière pigmentaire rouge de Pyrrhocoris apterus (C. R. Ac. Sc.,* 1282-1283, 1894). — BECQUEREL (H.) et BRONGNIART (C.). *La matière verte des Phyllies, Orthoptères de la famille des Phasmides (C. R. Ac. Sc.,* CXVIII, 1894). — WIENER (O.). *Farbenphotographie durch Körperfarben und mechanische Farbenanpassung in der Natur (Ann. d. Physik und Chemie; neue Folge;* LV, 225; 1895). — FRIEDMANN (F.). *Uber die Pigmentbildung in den Schmetterlingsflügeln (Arch. f. mikr. Anat.,* LIV, 1899). — HOPKINS (F.-G.). *The pigments of the Pieridæ (Proc. Roy. Soc. London,* LVII, n° 340, 5-6, 1894 et *Phil. Trans. Roy. Soc.,* London, CLXXXVI, 661-682, 1896). — KÜNCKEL D'HERCULAIS. *Les grands Acridiens... et leur changement de couleur suivant les âges et les saisons... rôle physiologique des pigments (C. R. Ac. Sc.,* CXXXI, 958-960, 1900). — LINDEN M. VON). *Le dessin des ailes des Lépidoptères (Ann. Sc. nat., Zool.,* XIV, 1-190, 1902). [Voir aussi 6° *Congrès Zoolog.,* Berne, et plus loin dans cet index : *Physiol. des Métamorphoses*]. — TOWER (W.-L.). *Colours and Colour-patterns of Coleoptera (Decennial Pub. of Univ. of Chicago,* x, 33-70, 1903). — MANDOUL (H.). *Recherches sur la coloration tégumentaire (Ann. Sc. Nat.,* (8), Zool., XVIII, 225-464, 1903). — GESSARD (C.). *Sur la coloration de la Mouche dorée* (B. B., 285 et 320, 1904). — BIEDERMANN (W.). *Die Schillerfarben der Insekten und Vögel (Festschrift zum 70 Geburtstage von E. Hæckel,* 217-300, Iéna, 1904). — PHISALIX (C.). *Sur le changement de coloration des larves de Phyllodromia germanica* (B. B., 17-18, 1905). — PICTET (A.). *Influence de l'alimentation et de l'humidité sur la variation des Papillons (Mém. Soc. Phys. et hist. nat.,* Genève, XXXV, 45-127, 1905; voir aussi : *Bull. Soc. Lépid.,* Genève, 1905, 9-30). — PICARD (F.). *Sur les changements de coloration chez les mâles de quelques Libellules (Bull. Soc. Entom. de France,* 1906, 166-167). — GAUTIER (CL.). *Sur un prétendu caractère différentiel entre le pigment vert de la soie de Saturnia Yama-maï et les chlorophylles des feuilles de Chêne* (B.B., 419-420, 556-557, 1906). [Voir aussi *ibid.,* 696-677, 722-724.] — DUBOIS (R.), *Rectification à propos d'une note de M. Gautier* (B. B., LXI, 614-616, 1906). — PRZIBRAM (H.). *Grüne Farbstoffe bei Tieren (C. P.,* xx, n° 9, 1906). — *Aufzucht, Farbwechsel und Regeneration unserer europäischen Gottesanbederin (Arch. f. Entwicklungsmech.,* 1907). — VILLARD (J.). *Études de physiologie comparée sur le pigment chlorophyllien chez les végétaux et les animaux.* Lyon, 1907. — [Voir en outre pour la bibliographie des pigments chez les Insectes, OTTO VON FÜRTH, *Vergleich. chemische Physiol. d. niederen Tiere,* Iéna, 1903, 548-550; et, dans cet index, *la Physiologie des Métamorphoses.*]

## III. — INNERVATION.

DUJARDIN. *Sur le système nerveux des Insectes (Ann. Sc. nat.,* (3) XIV, 204, 1850). — YERSIN. *Recherches sur les fonctions du système nerveux dans les animaux articulés (Bull. Soc. Vaudoise Sc. Nat.,* v, 1856-1857). — FAIVRE (E.). *Du cerveau des Dytisques considéré dans ses rapports avec la locomotion (Ann. Sc. Nat. Zool.,* (4), VIII, 1857); — *Études sur les fonctions et les propriétés des nerfs craniens chez le Dytisque (C. R. Ac. Sc.,* XLV, 1857); — *Études sur la physiologie des nerfs craniens chez le Dytisque (Ann. Sc. nat. Zool.,* (4), IX, 1858); — *De l'influence du système nerveux sur la respiration des Dytisques (Ann. Sc. Nat. Zool.,* (4), XIII, 1859-1860); — *Recherches sur les propriétés et les fonctions des nerfs et des muscles de la vie organique chez un Insecte, le Dytiscus marginalis (C. R. Ac. Sc.,* LII, 1861 et *Ann. Sc. Nat. Zool.,* (4), XVII, 1861). — YERSIN. *Sur la neurophysiologie du Grillon (C. R. d. l. 145° Sess. d. Soc. suisse d. Sc. Nat.,* Lausanne, 1861); — *Mémoire sur la physiologie du Grillon champêtre (C. R. Ac. Sc.,* LIV, 1862). — FAIVRE (E.). *Recherches expérimentales sur la distinction de la sensibilité et de l'excitabilité dans les diverses parties du système nerveux d'un Insecte, le Dytiscus marginalis (Ann. Sc. Nat. Zool.,* I, 1864); — *Expériences sur le rôle du cerveau dans l'ingestion chez les Insectes et sur les fonctions du ganglion frontal* (B. B., (3), v, 1864). — BAUDELOT (E.). *De l'influence du système nerveux sur la respiration des Insectes (Rev. des Soc. sav.,* 1864). — *Contributions à la physiologie du système nerveux des Insectes (Revue des Sc. Nat.,* I, 269-280, 1872). — KRUKENBERG (C. FR. W.). *Vergleich. Toxicologische Untersuchungen als experimentelle Grundlage für eine Nerven und Muskel-Physiologie der Evertebreta (Vergleich. physiol. Stud. an den Küsten der Adria, I Abtheil.,* Heidelberg, 1880). — GUILLEBEAU (A.) et LUCHSINGER (B.). *Fortgesetzte Studien zu einer allgemeinen Physiologie der irritabeln Substanzen. Ein Beitrag* zur Kenntniss des Centralmarkes der Annulata Cuvieri (Arch. für ges. Physiol., XXVIII, 1882). — Dubois (R.). Application de la méthode graphique à l'étude des modifications imprimées à la marche par les lésions nerveuses expérimentales chez les Insectes (Bull. Biol., (8), I, 642, 1885). — Bidermann. Ueber den Ursprung und die Endigungsweise der Nerven in den Ganglion wirbelloser Tiere (Ienaische Zeitsch. f. Naturwiss., XXV, 1891). — Binet. Contribution à l'étude du système nerveux sous-intestinal des Insectes (Journ. Anat. et Physiol., XXX, 449-580, 1894). — Kenyon (F.-C.). The brain of the Bee (Journ. Compar. Neurology, VI, fasc. 3, 1896); — The meaning and structure of the socalled « Mushroom bodies » of the Hexapod brain (Americ. Natur., XXX, 643-650, 1896). — Bethe (Albr.). Vergleichende Untersuchungen über die Funktionen des Centralnervensystems der Arthropoden (Arch. f. ges. Physiol., LXVIII, 449, oct. 1897). — Steiner (J.). Die Funktionen des Centralnervensystems der wirbellosen Tiere (Sitzungsber. k. Akad. Wissensch. Berlin, 1890, I, 39-49; — Die Functionen des Centralnervensystems und ihre Phylogenese, III, Die Wirbellosen Tiere. Brunswick, 1898. — Pompilian (M.). Études de physiologie comparée sur l'automatisme en général et l'innervation centrale des Invertébrés (Travaux du labor. de physiol. de M. Ch. Richet, V, Paris, 1902, 345-372). — Bethe. Allgemeine Anatomie und Physiologie des Nervensystemes. Leipzig, 1903. — Philipson. L'autonomie et la centralisation dans le système nerveux des animaux. Bruxelles, 1905. — Polimanti (Osw.). Contributo alla fisiologia della larva del Baco da seta (Bombyx mori). Scansano, 1906. — Vigier. Sur l'existence réelle et le rôle des appendices piriformes des neurones, le neurone périoptique des Diptères (B. B., 30 mai 1908, 959).

## IIIa. — FONCTIONS MENTALES.

Huber (F.). Nouvelles observations sur les Abeilles. Édit. II, Paris et Genève, 1814 [1re Éd. 1792]. — Huber (P.). Recherches sur les mœurs des Fourmis indigènes. Paris et Genève, 1810; Éd. II, Paris, 1861. — Forel (A.). Les Fourmis de la Suisse, Zurich, 1874. — Büchner. La vie psychique des bêtes (Traduct. de Letourneau), Paris, 1881. — Hoffer (Ed.). Die Hummeln Steiermarks, Graz, 1882. — André (E.). Les Fourmis. Paris, Hachette, 1885. — Romanes (G.). Animal Intelligence, 1884. — Évolution mentale chez les animaux, Paris, 1884. — Marchal (P.). Étude sur l'instinct du Cerceris ornata (Arch. de Zool. exp., 1887); — Formation d'une espèce par le parasitisme (Sphecodes gibbus) (Rev. Sc., 1890, 99). — Ferton (Ch.). Notes pour servir à l'histoire de l'instinct des Pompilides (Actes Soc. Linn. Bordeaux, XLIV, 1891). — Marchal (P.). Observations sur l'Ammophila affinis (Arch. Zool. exp. 1892). — Pérez (J.). Notes zoologiques (Actes Soc. Linn. Bordeaux, 1904). — Janet (Ch.). Les Fourmis (Bull. Soc. [zool., France, XXI, 60-93, 1896). — Morgan (C. Lloyd). Habit and Instinct, 351 p., London and New-York, 1896. — Ferton (Ch.). Nouvelles observations sur l'instinct des Pompilides (Actes Soc. Linn. Bordeaux, 1897). — Soury (J.).La vie psychique des Fourmis et des Abeilles (Interméd. des Biologistes, 1898, 310-347). — Bethe (Alb.). Dürfen wir den Ameisen und Bienen psychische Qualitäten zuschreiben? (Arch. f. die ges. Physiol., LXX, 1898). — Peckham (G.-W.) et Peckham (E.-C.) On the Instincts and Habits of the Solitary Wasps (Wisconsin geol. and nat. Hist. Survey, no 2, 1898). — Bethe (Alb.). Noch einmal über die psychischen Qualitäten der Ameisen (Arch. f. die ges. Physiol., XXIX, 39, 1900). — Buttel-Reepen (H. von). Sind die Bienen Reflexmaschinen? Leipzig, 1900). — Id. (Biol. Centralbl. xx, 1900). — Bouvier (L.). Les habitudes des Bembex (monographie biologique, Année psychologique, 1900, 68 p., 1901). — Wasmann. Nervenphysiologie und Thierpsychologie (Biol. Centralbl. XXI, 1901). — Forel (A.). Sensations des Insectes. 5e partie (Rivista di Biol. gener., 1901). — — The psychical faculties of ants and some other Insects (Smithsonian Report for 1903, 587-599, Washington, 1904) [voir aussi 5e Congr. Intern. Berlin, 1901, 141-169]. — Buttel-Reepen (V.). Biologische und soziologische Momente aus den Insektenstaaten (6e Congrès internat. Zool. Berne, 1904, 462-478). — Pictet (A.). L'Instinct et le sommeil chez les Insectes (Arch. Sc. Phys. Nat., (4), XVII, 447-451, 1904). — Wasmann (E.). Instinkt und Intelligenz im Thierreich. 3e éd., 1905. — — Comparative Studies in the Psychology of Ants and of higher Animals. 200 p. Saint-Louis, London, Freiburg, 1905. — Piéron (H.). Contribution à l'étude du problème de la reconnaissance chez les Fourmis (6e Congrès intern. de Zool. Berne, 1904, 482-490, 1905). — Ferton (Ch.). Notes détachées sur l'instinct des Hyménoptères (Ann. Soc. Ent. Fr.,

1901, 1902, **1905**). — Bouvier (L.). *Nouvelles observations sur la nidification des Abeilles à l'air libre (Ann. Soc. Ent. Fr.,* LXXXV, 429-444, **1906**). — Forel (A.). *Mémoire du temps et association des souvenirs chez les Abeilles (C. R. Ass. Av. Sc. Congrès de Lyon,* **1906**). — Bonnier (G.). *Le socialisme chez les Abeilles (Bull. Inst. Psychol.,* **1907**, 397-426); — *Sur quelques exemples d'un raisonnement collectif chez les Abeilles (C. R. Ac. Sc.,* CXLV, 1380, **1907** et *Rev. Sc.,* 28 mars **1908**). — Maigre (E.). *La nature et la genèse des Instincts, d'après Weismann (Année psychol.,* XIII, **1907**). — Buttel-Reepen (H. von). *Zur Psychobiologie der Hummeln (Biol. Centralbl.,* XXVII, 579-587, 604-613); — *Psychobiologische und biologische Beobachtungen an Ameisen, Bienen und Wespen (Naturw. Wochenschr.,* n. 30, **1907**). — Strassen (O.). *Die neuere Tierpsychologie (Gesellsch. deutsch. Naturforsch. u. Aerzte,* **1907**, 1-38). — Wheeler (W.-M.). *Vestigial instincts in Insects and other animals (Americ. Journ. of Psychology,* XIX, 1-13, **1908**). — Fabre (J.-H.). *Souvenirs entomologiques (Séries 1-10,* **1879-1908**). — Washburn (Marg. Fl.). *The Animal Mind, a Text-book of comparative Psychology,* Macmillan, New-York, **1908**. — Wasmann. *Die psychischen Fähigkeiten der Ameisen,* Stuttgart, **1899**). 2ᵉ Edit., **1909**. — Piéron (H.). *Les problèmes actuels de l'Instinct (Bull. et Mém. de la Société d'Anthropologie de Paris. Conférence transformiste du 11 juin,* **1908**). — *L'immobilité protectrice (B. B.,* LXIV, 184, 211, **1908**). — Holmes (S. J.). *The instinct for feigning death (Popul. Sc. Monthly,* **1908**, 179). — Bohn (G.). *La naissance de l'intelligence,* Paris, **1909**.

## IIIᵇ. — COMPORTEMENT, TROPISMES, ORIENTATION.

Seitz (A.). *Allgemeine Biologie der Schmetterlinge (Zool. Jahrb. Abth. Syst.,* V, 281-343, **1890**). — Peckham. *On the Instincts and Habits of the solitary Wasps (Wisconsin geol. and nat. Hist. Survey, Bull.* n° 2, **1898**). [Étude sur la direction et l'orientation]. — Knuth (P.). *Handbuch der Blütenbiologie.* Leipzig, **1898**. [Rapports des fleurs et des Insectes]. — Wheeler (W.-M.). *Anemotropism and other Tropisms in Insects (Arch. Entw. Org.,* VIII, p. 373-381, **1899**). — Radl (E.). *Untersuchungen über die Lichtreactionen der Arthropoden (Arch. f. die ges. Physiol.,* LXXVVII, 418-466, **1901** et *Biol. Centralbl.,* XXI, 75-86, **1901**). — Kellog (V.). *Some Insect Reflexes (Science,* XVIII, 693-696). — Bouvier (L.). *Les habitudes des Bembex (monog. biolog.). (Année psychologique,* **1900**, 68, **1901**). — Marchal (P.). *Le retour au nid chez le Pompilus sericeus (B. B.,* LII, 1113-1115, **1901**). — Kathariner (L.). *Versuche über die Art der Orientirung bei der Honigbiene (Biol. Centralbl.,* XXIII, p. 646-660, **1903**). — Bouvier (L.). *Les Abeilles et les Fleurs (Rev. gén. Sc.,* **1904**, p. 331). — Carpenter (F.-W.). *The reactions of the Pomace-Fly (Drosophila ampelophila) to Light, Gravity and Mechanical stimulation (Americ. Nat.,* XXXIX, p. 157-171, **1905**). — Bohn. *Sur le phototropisme de l'Acanthia lectularia (B. B.,* LX, p. 520, **1906**); — *Adaptation des réactions phototropiques (ibid.,* LX, 584, **1906**); — *Observations sur les Papillons du rivage de la mer (Bull. Inst. gén. psychol.,* **1906**); — *Le vol des Papillons (Bull. Soc. Entom.,* **1907**, p. 12 et 25). — Folsom (J.-W.). *Entomology with special reference to its biological and economic aspect.* 485 p., Philadelphia, **1906** [avec Index bibliogr. sur « Insect behavior », p. 459]. — Mayer (A.) et Soule (C.). *Some reactions of caterpillars and Moths (Journ. Exp. Zool.,* III, p. 415-433, **1906**). — Kellogg (V.). *Some Silkworm Moth Reflexes (Biol. Bull.,* XII, p. 152, **1907**). — Herms (W.). *An ecological and experimental study of Sarcophagidæ with relation to lake beach debris (Journ. of Experiment. Zool.,* IV, 45-83, **1907**). — Roubaud. *Instincts, adaptation, résistance au milieu chez les Mouches des rivages maritimes (Bull. Inst. Gén. Psych.,* VII, 60-72, **1907**). — Barrow (W.-M.). *The reactions of the Pomace Fly, Drosophila ampelophila, to odorous substances (Journ. of exper. Zoology,* Cambridge, Mass; IV, 515-537, **1907**). — Uexkull (Y. von). *Studien über den Tonus. V. Die Libellen (Zeitsch. f. Biol.,* L, 168-202, **1907**). — Harper (E.-H.). *The behaviour of the phantom larvæ of Corethra plumicornis (Journ. of compar. Neur. and Psych.,* XVII, 433-455, **1907**). — Piéron (H.). *Du rôle du sens musculaire dans l'orientation de quelques espèces de Fourmis (Bull. Inst. Psychol.,* **1904**, 169-187); — *Contribution à l'étude du problème de la reconnaissance chez les Fourmis (C. R. Congrès intern. Zool.,* Berne, 482-490, **1904**); — *L'adaptation à la recherche du nid chez les Fourmis (B. B.,* LXII, 216, **1907**). — Turner (C. H.). *The homing of Ants, an experimental study of Ant behavior (Journal of compar. Neurol. and Psychol.,* XVII, 367-434, **1907**; — *Homing of burrowing Bees (Biolog. Bull.,* XV, 215, 247, **1908**). — Bonnier (G.). *Le sens de la direction chez les Abeilles (C. R. Ac. Sc.,* CXLVIII,

**1909**. — CORNETZ (V.). *Trajets de Fourmis et retours au nid* (*Mém. Inst. G. Psych.*, Paris, **1910**). — [Voir aux paragraphes *Sensations en général* et *Fonctions mentales* les travaux de FOREL (1901), FABRE, FERTON, LUBBOCK, BETHE, von BUTTEL-REEPEN, etc.].

## IV. — SENS.

**A. Sensations des Insectes en général.** — FOREL (A.). *Les Fourmis de la Suisse.* Genève, **1874**. — CHATIN (J.). *Les organes des sens dans la série animale.* Paris, **1879**. — LUBBOCK (J.). *Ants, bees and wasps.* London, **1882**, *et traduct. française* (*Biblioth. Sc. internat.*, Paris). — LEYDIG (F.). *Die Hautsinnesorgane der Arthropoden* (*Zool. Anz.*, **1886**, 284-291, 308-314). — PECKHAM (G. W.). *Some observations on the special senses of Wasps* (*Proceed. Nat. Hist. Soc. of Wisconsin*, **1887**). — WILL (F.) et FOREL (A.) *Sur les sensations des Insectes* (*Entom. Nachr.*, XIII, **1887**). — LUBBOCK (J.). *On the senses, instincts and intelligence of animals, with special reference to Insects.* London, 292 p., **1888**, *et Trad. française*, *Biblioth. Sc. intern.*, Paris, **1891**. — FOREL (A.). *Expériences et remarques critiques sur les sensations des Insectes* (*Recueil Zool. Suisse*, IV, **1886-1887**); *Appendice* (*ibid.*, IV, **1888**). — JOURDAN (E.). *Les sens chez les animaux inférieurs*, Paris, **1889**. — FOREL (A.). *Sensations des Insectes;* — *Critique des expériences faites de* **1887**, 3e, 4e et 5e *parties* (*Rivista di Biologia generale*, III, **1901**); — *The senses of Insects* [trad. par M. YEARSLEY], **1907**). — LO MONACO. *Studi sperimentali sul Bombyx mori* (*Archivio di Farmacol. speriment. e Scienze affini*, II, 6-7, **1903**). — BERLESE (A.). *Gli Insetti* (*fasc.*, 21-24, **1907**. [*nombreuses figures et Index bibliographique*]. — PLATEAU (F.). (Voir *Vision*). — ESCHERICH. *Bibliog. et analyse des travaux sur la biologie des Formicides* (*Zool. Centralb.*, XIII, 403, **1906**). — BONNIER (G.). *Sensations des Abeilles et des Fourmis* (*Rev. hebdom.*, mai **1909**).

**B. Étude des Sens.** — **1° Tact.** — PLATEAU (F.). *Expériences sur le rôle des palpes chez les Arthropodes maxillés*, I., *Palpes des Insectes broyeurs* (*Bull. Soc. Zool. France*, X, 67-90, **1885**, XI, **1886**). — (Voir : *Sensations en général* (LUBBOCK, FOREL, BERLESE, etc.)

**2° Audition et Sismesthésie.** — MAYER (A. MARSHALL.) *Researches in Acoustics;* N° 5, 3. *Experiments on the supposed auditory apparatus of the Culex mosquito* (*Americ. Journ. Sc. and Arts*, (3), VIII, 81-103, **1874**; *Americ. Natur.*, VIII, 577-592). — GRABER (V.) *Die chordotonale Sinnesorgane und das Gehör der Insekten.* (*Arch. f. mikrosk. Anat.*, XX, 506-640, **1882**; XXI, 65-145, **1883**). — BONNIER (P.) *L'audition chez les Invertébrés* (*Revue Sc.*, XLVI, 808, **1890**); — *Sur les fonctions otolithiques* (*B. B.*, 24 fév. **1893**). — WELD (L. ROY D.) *The sense of Hearing in Ants* (*Science*, V, 766-768, **1899**). — FIELD (A.) et PARKER (G.). *The reactions of Ants to material vibrations* (*Proc. Acad. Nat. Sc.*, Philadelphia, 672-679 **1904**). — RADL (E.). *Uber das Gehör der Insekten*, *Vorläuf. Mitth.* (*Biolog. Centralb.*, XXV, 1-5, **1905**). — LÉCAILLON (A.). *Sur l'organe de Graber de la larve de Tabanus quatuornatatus* Meig. (*C. R. Ass.* (7e session), Genève, **1905**, 130-131 fig.) — *Deuxième note sur l'organe de Graber.* (*C. R. Assoc. anat.* (8e session), Bordeaux, **1906**, p. 56-66.) (Voir aussi : LUBBOCK, JANET (CH.), FOREL, von BUTTEL REEPEN.)

**3° Sens statique, Fonctions des balanciers** (pour Orientation, voir III). — JOUSSET DE BELLESME. *Recherches expérimentales sur les fonctions des balanciers chez les Diptères*, Paris, **1878**. — WEINLAND (E.). *Ueber die Schwinger (Halteren) der Dipteren* (*Zeitschr. f. wiss. Zool.*, LI, 55-166, **1891**). — BINET (voir *Syst. nerv.*, **1894**). — BETHE (A.). *Ueber die Erhaltung des Gleichgewichts* (*Biol. Centralbl.*, XIV, 100, 107, 109, **1894**). — STAUFFACHER (H.). *Das statische Organ bei Chermes coccineus Ratz.* (*Allg. Zeits. Ent.*, IX, 361-374, **1904**). — STAUFFACHER (H.). *Zur Kenntniss des statischen Organs bei Phylloxera vastatrix* (*Zeitsch. wiss. Zool.*, LXXXII, 379-388, **1905**). — NOË (G.). *Contribuzione alla conoscenza del sensorio degli Insecti* (*Rend. R. Acc. Lincei*, 5a, XIV, 721-727, **1905**).

**4° Goût.** — KÜNCKEL D'HERCULAIS et GAZAGNAIRE. — *Du siège de la gustation chez les Insectes Diptères. Constitution anatomique et physiologique de l'épipharynx et de l'hypopharynx* (*C. R. Acad. de Paris*, XCV, 347-350, **1881**). — WILL (F.). *Das Geschmackorgan der Insekten* (*Zeitsch. f. wiss. Zool.*, XLII, **1885**). — GAZAGNAIRE (J.). *Du siège de la gustation chez les Insectes Coléoptères* (*C. R. Ac. Sc. Paris*, CII, 629-632, **1886**; et *Ann. Soc. Ent. Fr.* (6) Bull. 79-80, **1886**). — FOREL (A.). (*R. Zool. Suisse*, IV, **1886**, 215) [contient la bibliog.]. — PACKARD (A.-S.) *Note on the epipharynx and the epipharyngeal organs of taste in mandibulate Insects* (*Psyche*, V, **1889**).

5° **Odorat.** — NEWPORT (G.). *On the use of antennae of Insects* (Trans. Ent. Soc. London, II, 229-248, 1840). — ROBINEAU-DESVOIDY (A.-J.-B.). *Sur l'usage réel des antennes chez les Insectes* (Ann. Soc. Ent. France, XI, Bull., 23-27, 1842). — PERRIS (E). *Mémoire sur le siège de l'odorat dans les Articulés* (Ann. Sc. nat., (3), XIV, 159-178, 1850). — BALBIANI (E.-G.). *Notes sur les antennes servant aux Insectes pour la recherche des sexes* (Ann. Soc. Ent. Fr., (4), VI, Bull., 1866). — WOLF (O.-J.). *Das Riechorgan der Biene nebst einer Beschreibung des Respirationswerkes der Hymenopteren, des Sungrüssels und Geschmacksorganes der Blumenwespen* (Nov. Act. d. K. Leop.-Car. Akad. d. Naturfors., XXXVIII, 1876). — TROUVELOT (L.). *The use of the antennae in Insects* (Amer. Nat., XI, 1877). — HAUSER (G.). *Physiologische und histologische Untersuchungen über das Geruchsorgan der Insekten* (Zeitsch. f. wiss. Zool., XXXIV, 367-403, 3 pl., 1880). Traduct. française par GADEAU DE KERVILLE, Rouen, 1881. — PORTER (C. J.). *Experiments with the antennae of Insects* (Amer. Nat., XVII, 1883). — KRÆPELIN. *Ueber die Geruchsorgane der Gliederthiere* (Osterprogr. d. Realschule des Johanneums, Hamburg, 1883) [avec une bibliog., détaillée]. — GRABER (V.). *Vergleichende Grundversuche über die Wirkung und die Aufnahmestellen chemischer Reize bei den Tiere* (Biol. Centralb., V, 13, 1885). — PLATEAU (F.). *Une expérience sur la fonction des antennes chez la Blatte* (C. R. Soc. Ent. Belg., 1886, 118-122). — FOREL (A.). Loc. cit., 1886. [Bibliog. critique des trav. ant. et recherches orig.], 182-215. — GRABER (V.). *Neue Versuchen über die Functionen der Insektenfühler* (Biol. Centralb., VII, 13-19, 1887). — WASMANN (E.). *Die Fühler der Insekten* (Stimmen aus Maria-Laach. Freiburg i. B., 37, 1891). — NAGEL (W.). *Die niederen Sinne der Insekten*, 67 p., 19 fig. Tübingen, 1892. — NAGEL (W. A). *Vergleichende physiologische und anatomische Untersuchungen über den Geruchs und Gemackssinn und ihre Organe mit einleitenden Betrachtungen aus der allgemeinen vergleichenden Sinnesphysiologie*. Stuttgart, Nägele, 1894. — DUBOIS (R.). *Sur le rôle de l'olfaction dans les phénomènes d'accouplement chez les Papillons* (Ass. fr. p. l'Av. d. Sc., 1893). — GOLDSBOROUGH MAYER. *On the Mating-Instinct in Moths* (Psyche, fév. 1900 et Ann. and Mag. of Nat. Hist., fév. 1900). — FOREL (A.). *Die Eigenthümlichkeiten des Geruchssines bei den Insekten* (Verhandl. d. V Internation. Zool. Congreses zu Berlin, 1901, 806, 1902). — PLATEAU (F.). *L'ablation des antennes chez les Bourdons* (Ann. Soc. Ent. Belgique, XLVI, 1902). — FIELDE (AD.). *Power of recognition among Ants* (Biol. Bull. VII, p. 227-250, 1904); — *The progressive odor of Ants* (ibid., X, 1905). — PIÉRON. *Contribution à l'étude du problème de la reconnaissance chez les Fourmis* (C. R. 6° Cong. intern. Zool. Genève, 1905, 482-491). — BARROWS (W.-M.) *The reactions of the Pomace Fly* (Drosophila ampelophila, to odorous substances (Journ. of exp. Zool., IV, 516-537, 1907).

6° **Vision.** — MÜLLER (J.). *Zur vergleichenden Physiologie des Gesichtsinnes der Menschen und der Tiere*, 8 pl. Leipzig, 1826, 337-434. — *Bau der Augen bei den Insekten und Crustaceen* (Arch. f. Anat. und Physiol., 1829). — *Ueber die Augen des Maikäfers* (Meckel's Archiv f. Anat. und Physiol., 1829, 177-181; Ann. Sc. nat., (I), XVIII, 108-112, 1829). — GOTTSCHE (C. M.). *Beitrag zur Anatomie und Physiologie des Auges der Krebse und Fliege* (Müller's Archiv f. Anat. und Physiol., 1852, 483-492). — MURRAY (A). *On Insect vision and blind Insects* (Edinburg new Phil. Journ., new ser., VI, 120-138, 1857). — DOR (H.). *De la vision chez les Arthropodes* (Arch. Sc. Phys. et Nat. XII, 22, 1861). — BERT (P.). *Sur la question de savoir si tous les animaux voient les mêmes rayons lumineux que nous* (Arch. Physiol., II, 1869). — POUCHET (G.). *De l'influence de la lumière sur les larves de Diptères privées d'organes extérieurs de la vision* (Rev. Mag. Zool., sér. 2, XXIII, 110-117, 1872). — DEWAR (J.). *L'action physiologique de la lumière* (Revue Sc., (2), 5° année, 1875). — *The physiological action of Light* (Proceed of the Roy. Institution, VIII, n° 65, 137, 1876). — PLATEAU (F.). *L'instinct mis en défaut par les fleurs artificielles* (Assoc. fr. Av. d. Sc., Congrès de Clermond-Ferrand, 1876). — BERT (P.). *Influence de la lumière sur les êtres vivants* (Rev. Sc., (2), 7° année, n° 42, 981, 20 avril 1878). — GRENACHER. *Untersuchungen über das Sehorgan der Arthropoden*. Gottingen, 1879. — GROSS (W.). *Ueber den Farbensinn der Tiere, insbesondere der Insekten* (Isis, V. 292-294, 300-302, 308-309, 1880). — KRAMER. *Der Farbensinn der Bienen* (Schweiz. Bienenzeitung, N. F., III, 179-198, 1880). — CHATIN (J.). *Contributions expérimentales à l'étude de la chromatopsie chez les Batraciens, les Crustacés et les Insectes*, Paris, 1881). — GRABER (V.). *Fundamentalversuche über die Helligkeits- und Farbenempfindlichkeit augenloser und geblendeter Tiere* (Sitz.-Ber. Akad. Wiss. Wien, LXXXVII, 201-236, 1883). — LOWNE (B.). *On the compound vision and the morphology of the eye in Insects*

(*Trans. Lin. Soc.* London, **1884**). — GRABER (V.). *Grundlinien zur Erforschung des Hellig-keits- und Farbensinnes der Tiere.* Leipzig, 322, **1884**. — NOTTHAFT (J.). *Die physiologische Bedeutung des fazettierten Insektenauges* (*Kosmos*, XVIII, **1886**). — FOREL (A.). *Les Fourmis perçoivent-elles l'ultra-violet avec leurs yeux ou avec leur peau?* (*Arch. Sc. Phys. Nat.*, Genève, (3), XVI, 346-350, **1886**); — *La vision de l'ultra-violet par les Fourmis* (*Rev. Scient.*, Paris, XXXVIII, **1886**). — PLATEAU (F.). *Recherches expérimentales sur la vision chez les Insectes* (*Bull. Acad. Belgique*, (3), X, 231-250, **1885**; XIV, 407-448, **1887**; XV, 28-91, **1888**; *Mém. cour. et autres Mém. Acad. Belg.*, XLIII, 1-91, **1888**; *Bull. Acad. Belgique*, (3), XVI, 395-457, **1888**). — PLATEAU (F.). *Recherches expérimentales sur la vision chez les Arthropodes* (*Mém. cour. et autres Mém. Acad. Belg.*, XLIII, Bruxelles, **1889**). — DAHL (FR.). *Die Insekten können Formen unterscheiden* (*Zool. Anz.*, XII, 243-247, **1889**). — TIEBE. *Plateau's Versuche über die Fähigkeit der Insekten, Bewegungen wahrzunehmen* (*Biol. Centralbl.*, IX, **1889**). — STEFANOWSKA (M.). *La disposition du pigment dans les yeux des Arthropodes* (*Recueil Zool. Suisse*, **1890**). — FOCKE (W.) et LEMMERMANN. *Ueber das Sehvermögen der Insekten* (*Abhandl. d. Naturwiss. Ver. zu Bremen*, XI, **1890**. — *Naturwiss. Wochenschrift.* Réd. H. Potonié, V, **1890**). — EXNER (S.). *Die Physiologie der fazettierten Augen von Krebsen und Insekten.* 206 p., 7 pl., 24 fig., Wien, F. Deuticke, **1891**. — MALLOCK (A.). *Insect sight and the defining power of composite eyes* (*Proc. roy. Soc.* London, LV, 85-90, **1894**). — PLATEAU (F.). *Un filet empêche-t-il le passage des Insectes?* (*Bull. Acad. roy. Belgique*, 3e S., XXX, n. 9 et 10, **1895**). — *Comment les fleurs attirent les Insectes*, 5 parties (*Bull. Acad. roy. Belgique*, 3e S., XXX, **1895**, XXXII, **1896**; XXXIII, **1897**; XXXIV, **1897**). — *Nouvelles recherches sur les rapports entre les Insectes et les fleurs* (*Mém. Soc. Zool. Fr.*, XI, 339, **1898** et XII, 336, **1899**). *Vision de l'Anthidium manicatum* (*Ann. Soc. Ent. belg.*, XLIII, **1899**). — HESSE. *Untersuchungen über die Organe der Lichtempfindung bei niederen Tieren und von den Arthropoden Augen* (*Zeitsch. f. wiss. Zool.*, LXX, 347-473, **1901**). — PLATEAU (F.). *L'ablation des antennes chez les Bourdons et les appréciations d'Auguste Forel* (*Annales Soc. Entom. Belgique*, XLVI, 414-427, **1902**). — BOUVIER (L.). *Les Abeilles et les Fleurs* (*Rev. gén. Sc.*, **1904**). — KALT (E.). *Anatomie et physiologie comparées de l'appareil oculaire. Extrait de l'Encyclopédie française d'ophtalmologie* [41 pages sur la vision des Arthropodes avec figures]. — VIGIER (P.). *Sur la présence d'un appareil d'accommodation dans les yeux composés de certains Insectes* (*C. R. Ac. Sc.*, CXXXVIII, 775-777, **1904**). — PLATEAU (F.). *Note sur l'emploi d'une glace étamée...* (*Bull. Acad. roy. Belgique*, **1905**); — *Note sur l'emploi de récipients en verre...* (*ibid.*, **1906**); — *Les fleurs artificielles et les Insectes, nouvelles expériences et observations* (*Mémoires Acad. roy. Belgique*, 2e sér., I, **1906**); — *Le Macroglosse* (*Mém. Soc. entom. Belgique*, XII, **1906**). — SEILER (W.). *Beiträge zur Kenntnis der Ocellen der Ephemeriden* (*Zool. Jahrb. Anat.*, XXII, 1-40, **1905**). — XAMBEU (P.). *Organes visuels des Coléoptères cavernicoles* (*Bull. Soc. entom.*, **1906**, 205-206.) — SPITTA (E.-J.). *On some experiments relating to the compound eyes of Insects* (London, J. Microsc. Club, (2), IX, 263-268, **1906**). — GRÜTZNER (P.). *Ueber das Sehen der Insekten* (*Jahreshefte Ver. f. vaterl. Naturkunde in Würtemberg*, LXIII, 86, **1907**); — *Ein Schulmodell des facettierten Insecktenauges* (*Natur und Schule*, VI, 219, **1907**). — *Bau des Eulenauges und Theorie des Teleskopauges* (*Biolog. Centralbl.*, XXVII, 271-280 et 341-351, **1907**). — PLATEAU (F.). *Les Insectes et la couleur des fleurs* (*Année psycholog.*, XIII, **1907**). — COLE (L.-J.). *An experimental study of the image-forming powers of various types of eyes* (*Proced. Amer. Acad. of Arts and Scienc.*, XLII, 335-417, **1907**). — HESSE (R.). *Das Sehen der niederen Tiere*, 47 p., Iéna, **1908**. — VIGIER (P.). *Sur les terminaisons photoréceptrices dans les yeux composés des Muscides* (*C. R. Ac. Sc.* CXLV, p. 532, **1907**); — *Sur la réception de l'excitant lumineux dans les yeux composés des Insectes, en particulier chez les Muscides* (*ibid.*, 633, **1907**); — *Le neurône périoptique des Diptères* (*B. B*, LXVI, 959, **1908**). — *Sur les rapports des éléments photo-récepteurs de l'œil composé avec les ganglions optiques* (*B. B.*, LXVI, 693, **1909**). — BONNIER (G.). *L'accoutumance des Abeilles et la couleur des fleurs* (*C. R. Ac. Sc.*, CXLI, 988-994).

## V. — CONTRACTILITÉ, MOUVEMENT.

1° **Contractilité musculaire.** — WEBER (ED.). *Entdeckungen in der Lehre von der Muskel-contraction* (Müller's Arch. f. Anat. und Physiol., **1846**, 504). — FAIVRE (E.). *Recherches sur les propriétés et les fonctions des nerfs et des muscles de la vie organique chez le*

*Dytique* (*Ann. Sc. Nat. Zool.*, (4), XVII, **1861**). — WAGENER. *Uber einige Erscheinungen an den Muskeln lebendiger Corethra plumicornis Larven* (*Arch. f. mikr. Anat.*, x, **1874**). — FREDERICQ (L.). *Note sur la contraction des muscles striés de l'Hydrophile* (*Bull. Acad. roy. Belgique*, (2), XLI, 583 p., **1876**). — ENGELMANN. *Neue Untersuchungen über die mikrosk. Vorgänge bei der Muskelkontraktion* (*Arch. f. ges. Phys.*, XVIII, **1878**, et ibid., XXIII, P. 575, **1880**). — RICHET (CH.). *Physiologie des muscles et des nerfs*, Paris, **1882**. — VARIGNY (H. C. DE). *Recherches expérimentales sur la contraction musculaire chez les Invertébrés*, Paris, **1886**. — GAUBERT (P.). *Note sur le mouvement des membres chez les Arthropodes* (*Bull. Soc. Philomathique*, Paris, (7), II, **1890**). — MÜLLER (G. EL.). *Theorie der Muskelkontraction*, Leipzig, **1891**. — VOSSELER (J.). *Untersuchungen über glatte und unvolkommen quergestreifte Muskeln der Arthropoden*. Tübingen, **1891**. — ROLLET (A.). *Untersuchungen über Contraction und Doppelbrechung der quergestreiften Muskelfasern* (*Akad. Wiss. Wien.*, **1891**) [Voir aussi ibid., LIII, 1887 et *Arch. f. mik. Anat.*, XXXVII, **1891**]. — TOURNEUX (F.). *Note sur les modifications structurales que présentent les muscles jaunes du Dytique pendant la contraction* (*Journ. Anat. et Physiol.*, 573-581, **1892**). Voir aussi : *C. R. Soc. Biol.*, (9), V, 289. — PATRIZI (M. L.). *Sur la contraction des muscles striés et sur les mouvements du Bombyx mori* (*Arch: Ital. Biol.*, XIX, 177-194, **1892-93**). — LEFEUVRE (C. H.). *Étude myographique de la contraction musculaire chez l'Insecte* (*Thèse de Paris*, Paris, 1899-1900, n° 85). — MEIGS (E.). *The structure of the element of cross-striated muscle and the changes of form which it undergoes during contraction* (*Zeitsch. f. allgem. Physiol.*, VIII, 108, **1908**). — HURTHLE (K.). *Uber die Struktur der quergestreiften Muskelfasern von* Hydrophilus *im ruhenden und tätigen Zustand* (*A. g. P.*, CXXVI, **1909**).

2° **Force musculaire.** — PLATEAU (F.). *Sur la force musculaire des Insectes* (*Bull. Acad. roy. Belgique*, (2), XX, 732-757, **1865**; XXII, 283-308; **1866**). — PLATEAU (F.). *La force musculaire des Insectes* (*La Science pour tous*, **1880**, n° 43, 340; — *Die Natur*, XXIX, 661, **1880**); — *Recherches sur la force absolue des muscles des Invertébrés*, **1884** ; — DELBŒUF, *Nains et Géants. Étude comparative de la force des petits et des grands animaux*. Bruxelles, 1890 [Voir aussi : *Kosmos*, XIII, 58-62].

3° **Locomotion.** — *a et b. Locomotions terrestre et aquatique.* — CARLET (G.). *Sur la locomotion des Insectes et des Arachnides* (*C. R. Ac. Sc.* Paris, LXXXIX, 1124-1125, **1879**). — DAHL (F.). *Beiträge zur Kenntniss des Baues und der Funktionen der Insektenbeine* (*Arch. f. Naturgesch.*, I, 146-193, 3 pl., **1884**; et *Zool. Anz.* VI, 38-41, **1884**). — GRABER (V.) *Ueber die Mechanik des Insektenkörpers* (*Biolog. Centralbl.*, IV, 650-670, **1884**). — EMERY (C.). *Fortbewegung von Tieren an senkrechten und überhangenden glatten Flächen* (*Biol. Centralbl.*, IV, 438-443, **1884**). — DEWITZ (H). *Ueber die Fortbewegung der Thiere an senkrechten, glatten Flächen vermittelst eines Sekrets* (*A. g. P.*, XXXIII, 1440-481, 3 pl. et *Zool. Anz.*, VI, 400-405, **1884**). Voir aussi : *Zool. Anz.*, **1884**, 225-228 et 513-517. — DEWITZ (H.). *Weitere Mitteilungen über das Klettern der Insekten an glatten senkrechten Flächen* (*Zool. Anz.* VIII, 157-139, **1885**). — ROMBOUTS (J. E.). *De la faculté qu'ont les mouches de se mouvoir sur le verre et sur les autres corps polis* (*Arch. Museum Teyler*, Harlem, (2), IV, 16 p., **1883**, et *Zool. Anz.*, VI, 629-623, **1884**). — GRABER (V.). *Die ausseren mechanischen Werkzeuge der T.*, 2 Teil, *Wirbellose Tiere*, 175-182, 208-210, **1886**. — AMANS (P.). *Comparaison des organes de la locomotion aquatique* (*Ann. Sc. nat. Zool.*, (7), VI, **1888**). — CARLET (C.) *Sur le mode de locomotion des chenilles* (*C. R. Ac. Sc.* Paris, CVII, 131-134, **1888**); — *De la marche d'un Insecte rendu tétrapode par la suppression d'une paire de pattes* (ibid. 565-566). — DEMOOR (J.). *Recherches sur la marche des Insectes et des Arachnides* (*Arch. Biol.*, **1890**; Voir aussi : *C. R. Ac. Sc.* Paris, CXI, 839-840, **1890**. — BETHE (A.). *Ueber die Erhaltung des Gleichgewichts* (*Biol. Centralbl.*, XIV, 100, 107, 109, **1894**). — DIXON (H.). *The walking of some of the Arthropoda* (*Proc. R. Dublin Soc.*, VII, 574-578, **1892** et *Nature*, **1897**). — LÉCAILLON (A.). *Sur les rapports de la larve et de la nymphe du Cousin avec le milieu ambiant* (*Bull. Soc. phil.* Paris, (9), I, **1900**). Voir aussi : BINET (*Syst. nerv.* **1894**).

*c.* **Vol.** — CHABRIER (J.). *Essai sur le vol des Insectes* (*Mém. Mus. d'Hist. nat.*, VI, 410-476, **1820**; VII, 297-372, **1821**; VIII, **1822**). — LANDOIS (H.). *Ueber das Flugvermögen der Insekten* (*Natur und Offenbarung*, VI, 529-549, **1860**). — PETTIGREW (J. B.). *On the mechanical appliances by which flight is attained in the animal kingdom* (*Trans. Linn. Soc.*,

# INSECTES. 373

XXVI, (1), 197-277, 4 pl., **1868**). — *La locomotion chez les animaux, marche, natation et vol* (1 vol. in-8°, 2° édit. *Biblioth. sc. intern.*) — BAUDELOT (E.). *Du mécanisme suivant lequel s'effectue, chez les Coléoptères, le retrait des ailes inférieures sous les élytres au moment du passage à l'état de repos* (Bull. Soc. Sc. nat., Strasbourg, 1, 137-138, **1868**). — MAREY (E.). *Recherches sur le mécanisme du vol des Insectes* (Journal Anat. et Physiol., VI, 19-36, 337-348, 1869). — MAREY (E.). *Mémoire sur le vol des Insectes et des Oiseaux* (Ann. Sc. Nat., (5), XII, 1869 et (5), XV, 1872). — KRARUP-HANSEN (C. J. L.) *Beitrag zur einer Theorie des Fluges der Vogel, Insekten und Fledermause,* Kopenhagen u. Leipzig, 48 p. **1869**. — PETTIGREW (J.-B.). *On the physiology of wings* (Trans. roy. Soc. Edinburgh, XXVI, 321-446, **1871**); [Voir aussi : Tr. Linn. Soc., **1868**]. — PLATEAU (F.). *Recherches expérimentales sur la position du centre de gravité chez les Insectes* (Arch. d. Sc. phys. et nat., Genève, XLIII, 5-37, **1872**); [Voir aussi : Stettin Ent. Zeitsch., 1871, 33-42]. — PLATEAU (F.). *L'aile des Insectes* (Journ. de Zool., II, 126-137, 1873). — KÜNCKEL-D'HERCULAIS. *Considérations sur le mécanisme du vol chez les Insectes Lépidoptères et Hyménoptères* [rôle du frein et des hamuli] (B. B., 70, 1876). — MAREY (E.). *La machine animale. Locomotion terrestre et aérienne.* Paris, **1874**. — TATIN (V.). *Expériences physiologiques et synthétiques sur le mécanisme du vol* (École prat. d. hautes études. Physiol. expérim. Travaux du laborat. de Marey, 1876, 87-108 et 1877, 293-302). — JOUSSET DE BELLESME. *Recherches expérimentales sur les fonctions du balancier chez les Insectes Diptères,* Paris, **1878**. — *Sur une fonction de direction dans le vol des Insectes* (C. R. Ac. Sc. Paris, LXXXIX, 980-983, **1879**). — STRASSER (H.) *Mechanik des Fluges* (Arch. f. Anat. u. Entw., 1878). — GIRARD (M.). *Notes sur diverses expériences relatives à la fonction du vol chez les Insectes* (Ann. Soc. ent. Fr., (4), II, 154-162, 1880. — LENDENFELD (D. von). *Der Flug der Libellen* (Ak. W. LXXXIII, 289-376, 7 pl., **1881**). — AMANS (P.). *Comparaison des organes du vol dans la série animale. Des organes du vol chez les Insectes* (Ann. Sc. nat. Zool., (6), XIX, 1-222); — *Essai sur le vol des Insectes* (Rev. Sc. nat., Montpellier, [3], II, 469-490, **1883**, et III, 483-522, **1884**). — MOLEYRE (L.). *Recherches sur les organes du vol chez les Insectes Hémiptères* (C. R. Ac. Sc., XXCV, 349-352, **1882**). — ADOLPH (G.-E.). *Ueber Insektenflügel* (Nova Acta Leop. Carol. deutsch. Acad. d. Naturf., XLI, 1880); [Voir aussi : ibid., XLVI, 1883 et XLVII, 1884]. — MÜLLENHOFF (K.). *Die Ortsbewegungen der Tiere.* Berlin, 1885 (Voir aussi Pflüger's Archiv, **1884**). — POUJADE (G.). *Note sur les attitudes des Insectes pendant le vol* (Ann. Soc. Ent. France, (6), IV, 197-200, **1884**). — GRIFFINI. *Observations sur le vol de quelques Dytiscides* (A. i. B., XXV, 326-31, **1896**). — JANET (CH.). *Sur le mécanisme du vol chez les Insectes* (C. R. Ac. Sc., CXXVIII, 249, **1899**). — BULL (L.). *Mécanisme du mouvement de l'aile des Insectes* (C. R. Ac. Sc., CXXXVIII, 590-592, **1904**).

4° **Autotomie.** — FRÉDÉRICQ (L.). *Les mutilations spontanées ou l'autotomie* (Rev. Sci., XXXVIII, **1886**). — GIARD (A). *L'autotomie dans la série animale* (Rev. Sci. XXXIX, **1887**). — CONTEJEAN. *Sur l'autotomie chez la Sauterelle et le Lézard* (C. R. Ac. Sc., CXI, **1890**). — WERNER (F.). *Selbstverstümmelung bei Heuschrecken* (Zool. Anz., **1892**). — FRÉDÉRICQ (L.). *L'autotomie ou la mutilation active dans le règne animal* (Bull. Acad. roy. Belgique, XXVI, p. 758, **1893**). — LINDEN (M. VON). *Die Selbstverstümmelung bei Phryganeidenlarven* (Biol. Centralbl., XIII, 1893). — DASTRE. *La mutilation spontanée chez les animaux* (Revue des Deux Mondes, 1er janv. 1903, 217-228). — GLASER. *Autotomy, regeneration and natural selection* (Science, n. s., XX, 149, **1904**). — GODELMANN (R.). *Beitrag zur Kenntniss von Bacillus Rossii mit bes. Berucks. der Autotomie und Regeneration* (Archiv für Entwicke-lungsm., **1901**). — BORDAGE (E.). *Recherches anatomiques et biologiques sur l'anatomie et la régénération chez divers Arthropodes* (Bull. Sc. France et Bel., XXXIX, 307-454, **1905**). — PIÉRON (H.). *Le problème de l'autotomie* (Bull. Scient. Fr. et Belg. XLII, 185-246. **1908**) [contient bibliographie].

## VI. — PRODUCTION DES SONS.

GOUREAU. *Essai sur la stridulation des Insectes* (Ann. Soc. ent. Fr., VI, **1837**). — ABIGOT. *Stridulation du Sphinx Atropos* (Ann. Soc. Ent. Fr., **1843**, Bull., 50). — YERSIN (A.). *Mémoire sur la stridulation des Orthoptères* (Bull. Soc. Vaudoise Sc. nat., **1855**). — SCUDDER (S. H.). *Notes on the stridulation of Grasshoppers* (Proc. Boston Soc. Nat. Hist., XI, 306-313 et 316, 1868); — *The songs of the Grasshoppers* (Amer. Natur., II, 113-120, **1868**). — BAR.

Note controversive sur le sens de l'ouïe et sur l'organe de la voix chez les Insectes... Bruxelles, 1873. — LABOULBÈNE. Sur l'organe musical de la Chelonia pudica (Ann. Soc. Ent. Fr., (4), IX, 689, 1864). — Observations sur le bruit ou cri du Sphinx Atropos (Ann. Soc. Nat., (5), III, 1874). — LANDOIS. Thierstimmen. Freiburg in Br., 1874. — COBELLI (R.). Le stridulazioni dell' Acherontia atropos L. (Verh. Zool. Bot. Ges. Wien., LII, 372-574, 1902). — CARLET (G.). Mémoire sur l'appareil musical de la Cigale (Ann. Sc. Nat. Zool., (6), V, 1887). — SHARP (D.). On stridulation in Ants (Trans. Ent. Soc. London, 1893, part. 2, p. 199). — EMERY (C). Zirpende und springende Ameisen (Biol. Centralbl., XIII, 189, 1893). — WASMANN (E.) Lautäusserungen der Ameisen (Biol. Centralbl., XIII, 39, 1893). — JANET (CH.) Sur la production des sons chez les Fourmis (Ann. Soc. Ent. Fr., LXII, 159-168, 1893 et LXIII, 109-117, 1894). — JANET (CH.). Production de sons de stridulation par les Fourmis (Ann. Soc. Ent., Fr., LXIII, 691, 1895). — GAHAN (J. C.). Stridulating Organs in Coleoptera (Trans. Ent. London, 1900, 433). — HANDLIRSCH. Zur Kenntniss der Stridulations organe bei Rhynchoten (Annal. k. d. naturhist. Hofmuseums, XV, 2, p. 127-141, 1900). — — MORLEY (CL.). Field Notes on Stridulation (Entom. Month. Magaz., 1902, 249). — KREIDEL (A.) et REGEN (J.). Physiologische Untersuchungen über Thierstimmen. Mittheil. I : Stridulation von Gryllus campestris (Ak. W., 1905, 25 p.). — COUPIN (H.). Le Chant des Insectes (Revue Scient., (4), XVI, 782-786).

## VII. — PRODUCTION DE LA LUMIÈRE.

MACAIRE (J.). Sur la phosphorescence des Lampyres; Bibl. Univ. Genève (Ann. Chim. et Phys., XVII, 1821). — PETERS (W.). Ueber das Leuchten der Lampyris noctiluca (Müller's Archiv f. Anat., 229-233, 1841 et Ann. Sc. Nat., XVII, 255, 1841). — REICHE. Note sur les propriétés lumineuses du Pyrophorus nyctophanes (Ann. Soc. Ent., [2], II, Bull., 63-67, 1844). — MATTEUCCI, Leçons sur les phénomènes physiques des corps vivants, 1847, 166. — NEWPORT (C.). On the natural History of the Glow-worm (Proceed. Linn. Soc., I, 40, 1856). — SCHNETZLER et BLANCHET. De la production de la lumière chez les Lampyres (Arch. des Sciences phys., Genève, XXX, 223; XXXI, 213, 1855 et 1856). — PASTEUR. Sur la lumière émise par les Cucujos (C. R. Ac. Sc., LIX, 319, 1864). — JOUSSET DE BELLESME. Recherches expér. sur la phosphorescence du Lampyre (C. R. Ac. Sc., 16 fév. 1880). — WIELOWIEJSKY (H. R. von). Studien über die Lampyriden (Zeit. f. wiss. Zool., XXXVII, 354-488, 2 pl., 1882) [voir aussi : Zool. Anz. XII, 1889, 594-600]. — EMERY (C.). Untersuchungen über Luciola italica (Zeit. f. wiss. Zool., XL, 338-355, 1 pl., 1884) ; — La Luce della Luciola italica osservata col microscopio (Bull. Soc. Ent. Ital., XVII, 351-355, 1 pl., 1885). — DUBOIS (R.). Contribution à l'étude de la production de la lumière par les êtres vivants. Les Élatérides lumineux (Bull. Soc. Zool. Fr., XI, 1-275, 9 pl. 1886). — HEINEMANN (C.). Zur Anatomie and Physiologie der Leuchtorgane Mexikanischer Cucujos, Pyrophorus (Archiv f. mikroskop. Anat., XXVII, 296-383, 1886). — GADEAU DE KERVILLE (H.). Les Insectes phosphorescents, Rouen, 1884 ; — Les Animaux et les Végétaux lumineux. Paris, 1890. — SEAMAN. On the luminous organs of Insects (Proc. Ann. Soc. Micr. Washington, XIII, 133, 1892). — VERWORN (M.). Ein automatisches Centrum für die Lichtproduction bei Luciola italica (Centralbl. für Physiol., VI, 69, 1892). — DUBOIS (R.). Leçons de Physiologie générale et comparée. Paris, 1898. — BONGARDT (J.). Beiträge zur Kenntniss der Leuchtorgane einheimischer Lampyriden (Z. f. wiss. Zool., LXXV, 1-45, 1903).

## VIII. — DIGESTION ET ABSORPTION INTESTINALE.

DUFOUR (L.) Recherches anatomiques et physiologiques sur les Orthoptères, les Hyménoptères et les Névroptères (Mém. Acad. Sci. Paris, VII, 1841). — BOUCHARDAT (A.). De la digestion chez le Ver à soie (Rev. et Mag. Zool., (2), III, 34-40, 1851). — LACAZE DUTHIERS (H.) et RICHE (A.). Mémoire sur l'alimentation de quelques Insectes gallicoles et sur la production de la graisse (Ann. Sc. nat., (4), II, 81-105, 1854). — PLATEAU (F.). Recherches sur les phénomènes de la digestion des Insectes (Mém. Acad. roy. Belg. (2), XLI, 1re part., 124 p, 3 pl., 1873). — JOUSSET DE BELLESME. Recherches expérimentales sur la digestion des Insectes, et en particulier de la Blatte. 96 p., 3 pl. Paris, 1876. — PLATEAU (F.). Note sur les phénomènes de la digestion chez la Blatte américaine (Bull. Ac. roy. Belg., (2), XLI, n° 6, 1876).

— PLATEAU (F.). *Note additionnelle au mémoire sur les phénomènes de la digestion chez les Insectes* (*Bull. Acad. roy. Belg.*, (2)., XLIV, 713-733, 1877). — TURSINI (G. FR.). *Un primo passo nella ricerca dell assorbimento intestinale degli Artropodi* (*Rend. d. R. Acad. di Sci. fis. e mat. di Napoli*, XVI, 95-99, 1 pl., 1877). — SIMRÓTH (H.). *Einige Bemerkungen über die Verdauung der Kerfe* (*Zeitschr. f. d. gesam. Naturwiss.*, LXI, 826-831, 1878). — JOUSSET DE BELLESME. *Travaux originaux de physiologie comparée.* Paris, 1878. — KRUKENBERG (C.-FR.-W.). *Versuche zur vergleichenden Physiologie der Verdauung und vergleichende physiologische Beiträge zur Kenntniss der Verdauungsvorgänge* (*Untersuch. physiol. Inst. d. Univ. Heidelberg*, I, 4, 327, et II, 1, 1880). — FRENZEL (J.). *Ueber Bau und Thätigkeit des Verdauungskanals der Larve des Tenebrio molitor, mit Berücksichtigung anderer Arthropoden* *Ent. Zeit.*, 267-316, 1882; Inaug.-Diss. Göttingen, 1882). — SCHIEMENZ (P.). *Ueber das Herkommen des Futtersaftes und die Speicheldrüsen der Bienen nebst einem Anhänge über das Riechorgan* (*Zeitsch. f. wiss. Zool.*, XXXVIII, 71-135, 3 pl., 1883). — VANGEL (C.). *Beiträge zur Anatomie, Histologie und Physiologie des Verdauungsapparates des Wasserkäfers, Hydrophilus piceus* (*Termesz. Füzet.*, X. III, 126 (en hongrois) 190-288 (allemand), 1886). — FRENZEL (J.). *Einiges über den Mitteldarm der Insecten, zowie über Epithelregeneration* (*Arch. f. mikr. Anat.*, XXV, 229; XXVI, 287, 1886). — SCHŒNFELD. *Die physiologische Bedeutung des Magenmundes der Honigbiene* (*Archiv. f. Anat. u. Phys., Physiol. Abt.* 1886). — PLANTA (A. von). *Sur la pâtée nutritive des Abeilles* (*Z. p. C.*, XII, 327, 1888). — KOWALEWSKI (*Biolog. Centralbl.*, IX, 46, 1889). — MINGAZZINI (P.). *Ricerche sul canale digerente dei Lamellicorni fitofagi* (*Mittheil. Zool. St. zu Neapel*, IX, 1889). — BEAUREGARD (H.). *Les Insectes vésicants.* Chap. III : *Phénomènes digestifs*, 161-170, pl. 6-9. Paris, 1890. — GEHUCHTEN (A. van). *Recherches histologiques sur l'appareil digestif de la Ptychoptera contaminata, I part. Étude du revêtement épithélial et recherches sur la sécrétion* (*La Cellule*, VI, 183-291, 6 pl., 1890). — ADLERZ. *Om digestionssecretionen. hos Insecter och Myriopoder* (*Bih. K. Svenska Vet. Akad. Handl.*, XVI, 4, n° 2, 1890). — BRUYNE (DE). *De la phagocytose et de l'absorption de la graisse dans l'intestin* (*Ann. Soc. de méd. de Gand*, 1891). — VISARD (O.). *Contribuzioni allo studio del tubo digerente degli Arthropodi. Ricerche istologiche e fisiologiche sul tubo digerente degli Ortotteri* (*Atti della Soc. Toscana di Sc. nat. Pisa*, VII, 1894). — CUÉNOT (L.). *Études physiologiques sur les Orthoptères* (*Arch. Biol.*, XIV, 293-341, 2 pl., 1895.). — NAGEL (W.). *Ueber eiweissverdauenden Speichel bei Insektenlarven* (*Biol. Centralbl.*, XVI, 1896, 51-57 et 103-112) et *Journ. Roy. Microsc. Society*, 1896, 184. — URECH. *Résultats d'analyses chimiques de la nourriture et des excréments de la chenille de Vanessa urticæ* (*Soc. helvét. Sc. nat. Zürich*, III et V, 1896; — *Arch. Sc. phys. et nat.*, (4), II, 1896, 622). — BORDAS. *L'appareil digestif des Orthoptères. Études morphol., hist. et physiol. sur cet organe et son importance pour la classification des Orthoptères* (*Ann. Sc. nat. v.*, 1897). — VOINOV (D. N.). *Recherches physiologiques sur l'appareil digestif et le tissu adipeux des larves des Odonates* (*Bull. Soc. Sc. Bucarest*, VII, 472-493, 1898). — CUÉNOT (L.). *La région absorbante dans l'intestin de la Blatte* (*Arch. Zool. Exp.*, (3), VI, *Notes et Revues*, LXIV-LXIX, 1898). — NAZARI (A). *Ricerche..... sul processivo digestivo del Bombyx mori allo stato larvale* (*Ric. Labor. Anat. Roma*, VII, 1899, 75-85). — BIEDERMANN (W.). *Beiträge zur vergleichenden Physiologie der Verdauung. I. Die Verdauung der Larven von Tenebrio molitor* (*A. g. P.*, LXXII, 1898, 105-162). — GRANDIS et MUZIO. *Sur les processus d'assimilation du Callidium sanguineum* (*A. i. B.*, XXIX, 1898, 315-324). — BOGDANOW (E. A.). *Zur Biologie der Coprophagen* (*Zeitsch. f. Allg. Ent.*, 1900). — LÉGER et DUBOSCQ. *Notes biologiques sur les Grillons*, IV, *Sécrétion intestinale* (*Arch. Zool. exp. et gén. Notes et Revues*, n° 4, 1900); — *Les Grégarines et l'épithélium intestinal chez les Trachéates* (*Archives Parasitologie*, 1902, 377-473). — HÉDON (E.). *Article digestion* (*Dictionn. de Physiologie*, IV, 1900, 936-937). — PETRUNKEWITSCH. *Die Verdauungsorgane von Periplaneta orientalis und Blatta germanica. Histologische und Physiologische Studien* (*Zool. Jahrb. Morphol.*, XIII, 1900, 171-190; — *Zool. Anz*, XXII, 137-140). — GORKA (S.). *Beiträge zur Morphologie und Physiologie des Verdauungsapparates der Coleopteren* (*Allgem. Zeitsch. f. Entom.*, 1901, 339-341). — PORTA (A.). *La funzione pancreaticoepatica negli Insetti* (*Anat. Ann.*, XXIV, 97-111, 1903). — SIEBER (N.) et METALNIKOW (S.). *Ueber Ernährung und Verdauung der Bienenmotte* [*Galleria melonnella*] (*Pflüger's Arch. f. ges. Physiol.*, CII., 269-286, 1904). — SAWAMURA (S.). *Investigations on the digestive enzymes of Lepidoptera* (*Bull. Coll. Agric. Tokio*, IV, 337-347, 1904; *et extrait dans : Entomologist*, 1904, II). — SEILLIÈRE (G.).

*Sur une diastase hydrolysant la xylane dans le tube digestif de certaines larves de Coléoptères* (B. B., LVII, 940, 1905). — GUYÉNOT (E.). *Sur le mode de nutrition de quelques larves de Mouches* (B. B., LVIII, 634-635, 1906 et Bull. Sc. Fr. et Belgique, 6, I, 353-369, 1907). — CUÉNOT (L.). *Défense de l'organisme contr les parasites chez les Insectes* (C. R. Ac. Sc., CXIX, 806). — SITOWSKI (L.). *Biologische Beobachtungen über Motten* (Bull. Acad. Sc. Cracovie, 1905, 535-548. Zool. Centralbl., XIII, 1906, 92). — PORTIER (P.). *La vie dans la nature à l'abri des microbes* (B. B., LVIII, 605, 1905 ; — *Recherches physiologiques sur les Insectes aquatiques.* I. *Digestion de la larve du Dytique ;* II. *Digestion des larves de Dytique et d'Hydrophile* (B. B., LXVI, 343 et 379, 1909). — LHORISCH. *Der Vorgang der Cellulose und Hemicellulose beim Menschen...* (Zeitschr. f. exper. Path. und Therap., V, 3, 1909) [Observ. sur les chenilles].

## IX. — CIRCULATION, PHAGOCYTOSE.

1° **Physiologie de l'appareil circulatoire.** — CARUS (C. G.) *Entdeckung eines einfachen vom Herzen aus beschleunigten Blutkreislaufes in den Larven netzflugliger Insekten* (40 p. 3 pl., Leipzig, 1827). — *Fernere Untersuch. über Blutlauf in Kerfen* (Acta Acad. Leopold. Carol., XV, 1-18, 1 pl., 1831). — BEHN (W.). *Découverte d'une circulation de fluide nutritif dans les pattes de plusieurs Insectes Hémiptères* (Ann. Sc. nat., (2), IV, 1-12, 1835). — VERLOREN. *Mémoire sur la circulation dans les Insectes* (Mém. cour. et Mém. Sav. étr. Acad. r. Belgique, 1845-1846). — BLANCHARD (E.). *De la circulation dans les Insectes* (Ann. Sc. nat., (3), IX, 359-398, 5 pl. — DUFOUR (L.). *De la circulation du sang et de la nutrition chez les Insectes* (Act. Soc. Linn. de Bordeaux, XVII, liv. 4, 1851). — AGASSIZ (L.). *On the circulation of the fluids in Insects.* (Ann. Sc. nat. Zool., (3), XV, 358-362, 1854). — BRANDT. *Sur le cœur des Insectes...* (Bull. Acad. Sc. Saint-Pétersbourg, X, 552-561, 1866). — GRABER (V.). *Ueber den propulsatorischen Apparat der Insekten* (Arch. f. mikrosc. Anat., IX, 129-196, 3 pl. 1873); — *Ueber den pulsierenden Bauchsinus* (ibid., XII, 575-582, 1876); — *Die Insekten,* München, 1877-1879. — DOGIEL (J.). *Anatomie und Physiologie des Herzens der Larve von Corethra plumicornis* (Mém. Acad. imp. Saint-Pétersbourg, (7), XXIV, 37 p. 2 pl., 1877), (et séparément, Leipzig [Voss], 1877). — PLATEAU (F.). *Sur les mouvements et l'innervation de l'organe central de la circulation chez les Animaux articulés* (Bull. Acad. roy. de Belgique, (2), XLVI, 203-213, 1878). — KOWALEVSKI (A.). *Sur le cœur de quelques Orthoptères* (C. R. CXIX, 1894, et Arch. Zool. exp., (3), II). — CARLSON (A. J.). *Vergleichende Physiologie der Herznerven und der Herzganglien bei den Wirbellosen* (Ergebnisse der Physiol., VIII, 1909, 400-405).

2° **Sang.** (H.). LANDOIS (H.). *Beobachtungen über das Blut der Insekten* (Zeitsch. f. wiss. Zool., XIV, 55-70, 3 pl. 1863). — FREDERICQ (L.). *Sur le sang des Insectes* (Bull. Acad. roy. Belgique, 3, I, 487-490, 1881). — KRUKENBERG. *Weitere Beiträge zum Verständniss und zur Geschichte der Blutfarbstoffe bei den wirbellosen Tieren* (Vergl. Studien, 1 Reihe, 5 Abth., 49-57, 1881 ; Zur Kenntniss der Serumfarbstoffe (Sitz. d. Jenaischen Gesellsch. für Med. u. Naturwiss. 1885). — POULTON. *The essential nature of the colouring of the phytophagous larvæ* (Proc. Roy. Soc., XXXVIII, 294-296, 1885). — WIELOWIEJSKI (H. V.). *Ueber das Blutgewebe der Insekten* (Zeitsch. f. wiss. Zool. XLIII, 512-536, 1886). — DEWITZ (H.). *Die selbstandige Fortbewegung der Blutkörperchen der Gliedertiere* (Naturwiss. Rundschau, Braunschweig, IV, 221-222, 1889). — *Eigenthätige Schwimmbewegung der Blutkörperchen der Glidertiere* (Zool. Anz., XII, 457-464, 1889). — SCHÄFFER. *Beiträge zur Histologie der Insekten* (Zool. Jahrb. Abth. f. Anat., 1889). — CUÉNOT (L.). *Le sang du Meloé et le rôle de la cantharidine dans la biologie des Insectes vésicants* (Bull. Soc. Zool. France, XV, 1890) ; — *Études sur le sang et les organes lymphatiques dans la série animale* (Arch. Zool. exp. et gén., 1891). — KOWALEVSKI (A.). *Études expérimentales sur les glandes lymphatiques des Invertébrés* (Mélanges biol., Acad. imp. Saint-Pétersbourg, XIII, 1894, et Bull. Acad. Sc. Saint-Pétersbourg, 1895). — FREDERICQ (L.). *Note sur le sang et la respiration des Vers à soie* (Trav. du Laborat., V, 196-198, 1895). — LUTZ. *Ueber das Bluten der Coccinelliden* (Zool. Anz., XVIII, 244-255, 1895). — CUÉNOT. *Le rejet du sang comme moyen de défense chez les Insectes* (C. R. Ac. Sc., CXVIII, 875, 1894, et CXXII, 328, 1896); — *La Saignée réflexe et les moyens de défense de quelques Insectes* (Arch. Zool. exp., (3), IV, 1896). — CUÉNOT (L.). *Les globules sanguins et les organes lymphoïdes des Invertébrés* (Arch. Anat. micr., I, 1897) ; — *Études physiologiques sur les Orthoptères* (Arch. biol., XIV, 1895) [Voir aussi : Arch. Zool. exp. et gén., (3), IV, 1897, 655, 679-680]. — GRIFFITHS (A. B.). *On the blood of Invertebrata* (Proc.

*Roy. Soc. Edinburgh*, xviii, 291, xix, 123-126) [Voir aussi : *Physiology of Invertebrata*, 1892 ; *Respiratory proteids*, 1897.]. — CHOLODKOWSKY (N.). *Ueber das Bluten der Cimbiciden Larven* (Entomol. Miscell., vi, Horæ Soc. Ent. St-Petersburg. 352, 357, 1897). — — PORTIER (P.). *Les Oxydases dans la série animale* (Trav. du lab. de physiol. de la Sorbonne). Paris, 1897. — DUBOSCQ (O.). *Recherches sur les Chilopodes* (Arch. Zool. exp., vi, 1898) [Il est aussi question du Sang des Insectes]. — FÜRTH (O. V.) et SCHNEIDER (H.). *Ueber thierische Tyrosinasen und ihre Beziehungen zur Pigmentbildung* (Hofmeisters's Beitr. z. chem. Physiol., i, 229-242, 1901). — POZZI-ESCOT. *État actuel de nos connaissances sur les oxydases et les réductases.* Paris, 1902 ; — *Phénomènes de réductions dans les organismes.* Paris, 1906. — METALNIKOFF (S. J.). *Contribution à l'immunité de la mite des ruches d'Abeilles* (Galeria melonella) *vis-à-vis de l'infection tuberculeuse* (Arch. des Sc. biol., xii, nos 4 et 5, 1907). — *Contribution à l'étude de l'immunité contre l'infection tuberculeuse* (ibid., xiii, no 2, 1907). — DEWITZ (J.). *Die wasserstoffssuperoxydzersetzende Fähigkeit der männlichen Schmetterlingpuppen* (Centralbl. f. Physiol., xxii, 1908, 145-150). — KOLLMANN (M.). *Recherches sur les leucocytes et le tissu lymphoïde des Invertébrés* (Ann. Sc. Nat. Zool., (9), viii, 240, 1908).

3º **Phagocytose.** — METCHNIKOFF (E.). *Untersuchungen über die intrazelluläre Verdauung bei wirbellosen Tieren* (Arb. d. zool. Inst. Wien, 141-168, 2 pl., 1883). — KOWALEVSKI (A.). *Beiträge zur Kenntniss der nachembryonalen Entwicklung der Musciden* (Zeitsch. f. wiss. Zool., xlv, 1887). — REES (J. Van). *Beitr. zur Kenntniss der inneren Metamorphose von Musca vomitoria* (Zool. Jahrb., Abth. f. Anat., iii, 1888). — BATAILLON (E.). *Sur la phagocytose musculaire* (B. B., no 13, 1892). — CANTACUZÈNE (J.). *Revue sur la phagocytose* (Année biologique, 1896). — BRUYNE (DE). *Recherches au sujet de la phagocytose dans le développement des Invertébrés* (Arch. Biol., xv, 1898). — BERLESE (A.). *Considerazioni sulla fagocitose negli Insetti metabolici* (Zool. Anz., xxiii, 1900). — *Osservazioni* ......, (Riv. Pat. veg. Firenze, viii, ix et x, 1899, 1900, 1901, et Zool. Anz., xxiv, 515). — KELLOGG (V. L.). *Phagocytosis in the postembryonic development of the Diptera* (Americ. Nat., xxxv, 1901). — VANEY (C.). *Contribution à l'étude des larves et des métamorphoses des Diptères. Thèse de Lyon* (Ann. Univ. Lyon, (1), Sciences médic., 1902). — PÉREZ (CH.). *Contribution à l'étude des métamorphoses* (Bull. Scient. de France et Belgique, xxxvii, 195, 1903). [Voir aussi : C. R. Soc. Biol. lvi, 781 et 992, 1904 ; lxii, 909, 1907 ; et lxvi, 436, 1909]. — DAWYDOFF (C.). *Die phagozytären Organe der Insekten und deren morphologische Bedeutung* (Biol. Centralbl., xxiv, 431-440, 1904). (Voir aussi : Zool. Anz., xxvii, 589 et 707, 1904.) — ANGLAS (J.). *Observations sur les métamorphoses internes de la Guêpe et de l'Abeille* (Bull. sc. France et Belgique, xxxiv, 363, 1900) ; — *Les phénomènes des métamorphoses internes* (Coll. Scientia, Sér. biol., Naud. Paris, 1902) ; — *Nouvelles observations* (Arch. anat. micr. v, 1903) ; — *Les tissus de remplacement* (Rev. gén. Sciences, xv, 968 et 1031, 1904). — METCHNIKOFF (E.). *Les réactions phagocytaires* (Amsterdam Univ., 1904). — MERCIER (L.). *Les processus phagocytaires pendant la métamorphose des Batraciens anoures des Insectes* (Arch. de Zool. exp. et gén., (4), v, 1906, 1-151). — JANET (CH.). *Anatomie du Corselet et histolyse des muscles vibrateurs, après le vol nuptial, chez la reine de la Fourmi.* Limoges, 1907 et C. R. Ac. Sc. cxlii, cxliii, cxliv et cxlv, 1906 et 1907). — [Voir aussi : *Excrétion* (BRÜNTZ, SUSLOW, CUÉNOT, etc., *Physiol. des métamorphoses* et *Sang*].

## X. — RESPIRATION.

BONNET (CH.). *Recherches sur la respiration des chenilles.* (Mém. math. des Sav. étrangers, Paris, v, 276-303, 1768). — TREVIRANUS. *Versuche über das Atemholen der niederen Tiere* (Zeitsch. f. Physiol. von Tiedemann und Treviranus, iv, 1-39, 1832). — NEWPORT (G.). *On the respiration of Insects* (Phil. Trans. Roy. Soc., London, cxxvi, 529-566, 1836). — DUTROCHET (R. J. H.). *Du mécanisme de la respiration des Insectes* (Ann. Sc. nat., xxviii, 31-44, 1833, et Mém. Acad. de Paris, xiv, 81-93, 1838). — DUFOUR (L.). *Sur la respiration branchiale des larves des grandes Libellules, comparée à celle des Poissons* (C. R. Ac. Sc., xxvi, 301-302, 1848). — REGNAULT et REISET. *Recherches chimiques sur la respiration des animaux des diverses classes* (Ann. de Chimie et Physique, (3), xxvi, 483-490, 1849). — DUFOUR (L.). *De divers modes de respiration aquatique chez les Insectes* (C. R. Ac. Sc., xxix, 763-770, 1849). — COQUEREL (CH.). *Note pour servir à l'histoire de l'Æpus Robini* (Ann. Soc. Ent. Fr., (2), viii, 529-532, 1850). — DAVY (J.). *On the effects of certain agents on Insects*

INSECTES.

(*Transact. Ent. Soc. London*, **1851**, 195-212). — Dufour (L.). *Note sur le parasitisme (C-R. Ac. Sc.*, xxxiii, 135-139, **1854**). — Newport (G.). *On the formation and the use of the air sacs and dilated tracheæ in Insects* (*Trans. Linn. Soc. London*, xx, 419-423, **1851**). — Bassi (C.-A.). *Rapport relatif au passage des substances introduites dans le système trachéen* (*Ann. Sc. nat. Zool.*, (3), xv, **1851**). — Dufour (L.). *Études anatomiques et physiologiques et observations sur les larves de Libellules. Appareil respiratoire* (*Ann. Sc. nat. Zool.*, (3), xvii, 76-97, 3 pls., **1852**). — Barlow (W. F.). *Observations on the respiratory movements of Insects* (*Phil. Trans. Roy. Soc. London*, cxlv, 139-148, **1855**). — Faivre (E.). *De l'influence du système nerveux sur la respiration des Dytisques* (*Ann. Sc. nat. Zool.*, (4), xiii, **1859-1860**). — Rathke (H.). *Anatom. physiologische Untersuchungen über den Atmungsprozess der Insekten* (*Schrift. d. k. phys. Ges. Königsberg*, i, 99-138, 1 taf., **1860**). — Oustalet (E.). *Note sur la respiration chez les nymphes de Libellules* (*Ann. Sc. nat. Zool.*, (5), xi, 370-386, 3 pls. **1869**). — Bert (P.). *Leçons sur la physiologie comparée de la respiration*, 197 et 270-273, Paris, **1870**). — Plateau (F.). *Recherches physico-chimiques sur les Articulés aquatiques. Part. 1. Action des sels en dissolution dans l'eau. Influence de l'eau de mer sur les articulés aquatiques d'eau douce. Influence de l'eau douce sur les Crustacés marins* (*Mém. cour. et Mém. des sav. étrangers de Belgique*, xxxvi, 68, **1871**); — *Part. II. Résistance à l'asphyxie par submersion, action du froid, action de la chaleur, température maxima* (*Bull. Acad. Roy. Belg.*, (2), xxxiv, 271-281, **1872**). — Liebe (Otto). *Ueber die Respiration der Tracheaten, besonders über den Mechanismus derselben und über die Menge der ausgeatmeten Kohlensäure* (*Inaug. Diss. Chemnitz*, 28, **1872**). — Monnier. *Sur le rôle des organes respiratoires chez les larves aquatiques* (*C. R. Ac. Sc.*, lxxiv, 235, **1872**). — Müller (V.). *Ein Käfereudiometer* (*Poggendorff's Ann. d. Physik und Chemie*, **1872**, 452-459). — Detmer (W.). *Respiration der Larven von Tenebrio molitor* (*Landwirtsch. Versuchsstationen*, xv, 196-201, **1872**). — Bütschli (O.). *Ein Beitrag zur Kenntniss des Stoffwechsels, insbesondere die Respiration bei den Insekten* (*Reichert und Du Bois-Reymond's Archiv. f. Anatomie und Physiologie*, 348-361, **1874**). — Jolyet et Regnard. *Recherches physiologiques sur la respiration des animaux aquatiques*, 2e partie (*Arch. de physiol.*, (2), iv, **1877**). — Pott (R.). *Vergl. Untersuchungen über die Mengenverhältnisse der ausgeschiedenen Kohlensäure.....* (*Landwirtsch. Versuchsstat.*, xviii, 81-166, 1875). *Voir aussi analyse en anglais dans Psyche*, ii, **1878**). — Sharp (D.). *Observations on the respiratory action of the carnivorous water-beetles* (*Journ. Linn. Soc., London*, xiii, Zool., 161-183, **1878**). — Amans (P.). *Recherches anatomiques et physiologiques sur la larve de l'Æschna grandis* (*Rev. Sc. Nat. Montpellier*, (3), i, 63-74, **1881**). — Frédéricq (L.). *La respiration de l'oxygène dans la série animale* (*Rev. Scient.*, xxviii, 560, oct. **1881**). — Gratacap. *Vitality of Insects in Gases* (*Americ. Nat.*, xvi, 1019-1022, **1882**). — Vayssière (A.). *Recherches sur l'organisation des larves des Éphémérines* (*Ann. Sc. Nat. Zool.*, (6), xiii, 1-137, 11 pls., **1882**). — Macloskie (G.). *Pneumatic functions of Insects* (*Psyche*, iii, 375-378, **1883**). — Langendorff (O.). *Studien über die Innervation der Athembewegungen. 6. Das Atmungszentrum der Insekten* (*Arch. f. Anat. und Phys.*, Phys. Abteil., 80-87, **1883**). — Plateau (F.). *Recherches expérimentales sur les mouvements respiratoires des Insectes* (*Mém. Acad. Belg.*, xlv, 219, 7 pls., 56 fig., **1884**). — Bert (P.). *Sur la respiration du Bombyx du Mûrier à ses différents âges*, 528-530 et 531-532, **1885**. — Peyron (J.). *Sur l'atmosphère interne des Insectes comparée à celle des feuilles.* (*C. R. Ac. Sc. Paris*, cii, 1339-1341, **1886**). — Gréhant. *Nouvel appareil pour l'étude de la respiration des animaux et des végétaux aquatiques* (*B. B.*, **1886**, 421-424). [*Voir aussi pour technique :* Arloing (A. de P.), xviii, **1886**, 321-345) et Zuntz (*Arch. f. Anat. und Physiol.*, Suppl., 314)]. — Comstock (J. H.). *Note on respiration of aquatic bugs* (*Americ. Nat.*, xxi, 577-578, **1887**). — Verson (E.). *Il mecanismo di chiusura negli stimmati di Bombix mori* (*Atti Istit. Veneto. Sc.*, 9, **1887**). — Schmidt (E.). *Ueber Atmung der Larven und Puppen von Donacia crassipes* (*Berl. Ent. Zeitsch.*, xxxi, **1887**) [*voir :* Dewitz, ibid., xxxii, 5-6, **1888**]. — Regnard (P.). *Sur la qualité de l'air contenu dans les cocons de vers à soie* (*B. B.*, xl, 787-788, **1888**). — Luciani et Piutti *Sui fenomeni respiratori delle uova del Bombice del Gelso* (*Atti della R. Accad. dei Georgofili*, xi, **1888**, et A. i. B., ix, 319-358, **1888**). — Carlet (G.). *Note sur un nouveau mode de fermeture des trachées « fermeture operculaire » chez les Insectes* (*C. R.*, cvii, 755-757, **1888**). — Contéjean (C.). *Sur le mode de respiration du « Decticus verrucivorus* (*C. R.*, cxi, **1890**). — Plateau (F.). *Les Myriopodes marins et la résistance des Arthropodes à respira-*

*tion aérienne à la submersion (Journ. de l'Anat. et de la Physiol., XXVI, 236-269, 1890). —* DEWITZ (H.). *Einige Beobachtungen betreffend das geschlossene Tracheensystem bei Insek- nlarven (Zool. Anz., XIII, 500-525, 1890). —* DEVAUX (H.). *Asphyxie par submersion chez les animaux et les plantes (B. B., 9, III, 43, 1891). —* MARTIN (J.). *Sur la respiration des larves de Libellules (Bull. Soc. Philom., 8, IV, 122-124, 1892). —* LUCIANI ET LO MONACO. *Sur les phénomènes respiratoires de la chrysalide du Bombyx du Mûrier (Arch. ital. de Biol., XIX, 274-281, 1893). — — Sur les ph. resp. des larves du Ver à soie (Arch. ital. de Biol., XXIII, 424-433, 1895). —* FREDERICQ (L.). *Note sur le sang et la respiration des Vers à soie (Trav. du labor., IV, 196-198, 1895). —* VERNON. *The relation of the respiratory exchange of cold- blooded animals to temperature (J. P., XXI, 443-496, 1897). —* DU BOIS-REYMOND. *Ueber die Atmung von « Dytiscus marginalis » (Verh. d. Berl. Physiol. Ges., XXVII, mai 1898, et Arch. f. Anat. u. Physiol., physiol. Abth., 1898, 378-381). —* QUAJAT (E.). *Recherches sur les produits de la respiration des œufs du ver à soie (A. i. B., XXVII, 376-388, 1897. — Ibid., XXIX, 153-154, 1898). [Voir aussi : Ann. Accad. Agric. Torino, XLII, 1899, et le traité de* VERSON *et* QUAJAT, *Il Filugello]. —* LAUNOY (L.). *Modification des échanges respiratoires consécutifs à la piqûre d'un Hyménoptère chez les larves de Cétoine dorée (Bull. du Muséum, VI, 383, 1900). —* JANINCHEN (R.). *Wärmestarre und Winterschlaf bei Raupen (Borse, XVI, 1900). —* EWING (H. Z.). *The functions of the nervous system, with special regard to respiration, in Acrididæ (Kansas univ. Sc. Bull., II, n. 11, 305-349, 1904). —* GAL (J.). *Expériences sur les Vers à soie. 7ᵉ note (Bull. Soc. étud. Sc., nat. Nîmes, XXXIII, 87-97, 1906). —* ROLLER (L. W.). *Respiratory responses in the Grasshopper to variations in pressure (Kan. Univ. Sci. Bull., III, 211-221, 1906). —* GREENWOOD (M. J.). *The effects of rapid decompression on larvæ (Proc. Physiol. Society, J. Physiol., Cambridge, XXXV, 1906). [Voir aussi : Proc. of the Entom. Soc. London, 1906.] —* BROCHER (F.). *Recherches sur la respiration des Insectes aquatiques adultes (Bull. Soc. Zool. de Genève, 1908, 184-195). —* PORTIER (P.). *Recherches physiologiques sur les Insectes aquatiques. Études sur la respiration (B. B., LXVI, 422, 452, 496, 580, 1909).*

## XI. — CHALEUR ANIMALE.

NEWPORT (G.). *On the temperature of Insects and its connection with the functions of respiration and circulation in the class of invertebrated animals (Phil. Transact., 1837). —* LECOQ (H.). *De la transformation du mouvement en chaleur chez les animaux (C. R. Ac. Sc., LV, 191-192, 1862 [Sphinx convolvuli]). —* KANITZ (J.-G.). *Brutwärme und Temperatur im Bienenklumpen; — Die Wärmeproduktionskraft der Biene verglichen mit der anderer Tiere (Preusz. Bienen Zeitung, V, 1862). —* GIRARD (M.). *Des méthodes expérimentales pouvant servir à rechercher la chaleur propre des animaux articulés, et spécialement des Insectes. Paris, 1862. —* GIRARD (MAURICE). *Recherches sur la chaleur animale des Articulés (Ann. Soc. Ent. Fr., (4), 1, 1861; II, 1862; III, 1863). —* MÖBIUS (K.). *Einige allgemeine Bemerkungen über die Körperwärme der Bienen (Bienen-Zeitung, XIX, 1863). —* SCHŒNFELD. *Kleine Beiträge zur Bienenkunde, I Wärme (Bienen-Zeitung, Eichstadt, XVIII, 1862); — IV. Noch einmal Wärme (ibid., XIX, 1863); — V. Nachtrag (ibid.). —* SCHŒNFELD. *Die Muskelthä- tigkeit der Biene in Bezug auf Wärmeentwicklung (Bienen-Zeitung, XXII, 1866). —* SCHULZ (H.). *Ueber das Abhängigkeitsverhältniss zwischen Stoffwechsel und Körpertempe- ratur bei Amphibien und Insekten. Bonn, 1877. —* GIRARD (M.). *Études sur la chaleur libre dégagée par les Animaux invertébrés et spécialement les Insectes (Ann. Sc. nat. Zool., (5), XI, 1869). [Voir aussi : Traité d'Entomologie, 3 vol. Paris, 1873-1885]. —* GRABER (V.). *Termische Experimente an der Küchenschabe [Periplaneta orientalis] (A. g. P., XLII, 240- 258, 1887). —* RICHET (CH.). *La chaleur animale. Paris, Alcan, 307, 1889. —* PARHON (MARIE). *Sur les échanges nutritifs chez les Abeilles pendant les quatre saisons (Ann. Sc. Nat. Zool., (9), IX, 1-57, 17 fig., 1909).*

## XII. — NUTRITION PROPREMENT DITE, RÉSERVES, ASSIMILATION.

LACAZE-DUTHIERS et RICHE. Voir : VIII, Digestion, 1853.
BERNARD (CLAUDE). *De la matière glycogène chez les animaux dépourvus de foie (C. R. Soc. Biol., (3), I, 53, 1859). [Voir aussi : Leçons sur les phénomènes de la vie, 2, 106-116,*

Paris, 1879.] — FABRE (J.-H.). *Loc. cit.*, voir *Excrétion*, 1862. — LANDOIS (L.). *Ueber die Funktion des Fettkörpers* (*Zeitsch. f. wiss. Zool.*, XV, 371-372, 1865). — HOFMANN. *Der Übergang von Nahrungsfett in die Zellen des Thierkörpers* (*Z. B.*, VIII, 152, 1872). — GIARD (A ). *L'anhydrobiose ou ralentissement des phénomènes vitaux sous l'influence de la déshydratation progressive* [et notes sur les *Margarodes*] (*B. B.*, XLVI, 1894). — FRANK (OTTO). *Eine Methode, Fleisch von Fett zu befreien* (*Z. B.*, XXXV, 549, 1897). — LUCIANI et LO MONACO. *Accroissement progressif en poids et en azote du ver à soie.....* (*A. i. B.*, XXVII, 340-349, 1897). — GRANDIS et MUZIO. *Sur les processus d'assimilation du Callidium sanguineum* (*A. i. B.*, XXIX, 315-324, 1898). — KOSCHEVNIKOV. *Ueber die Fettkörper und die Œnocyten der Honigbiene* (*Apis mellifica*) (*Zool. Anzeig.*, XXIII, 1900). — SLOWTZOFF (B. J.). *Beiträge zur vergleichenden Physiologie des Hungerstoffwechsels. 4 Mitt. Der Hungerstoffwechsel von Hummeln Bombus terrestris* (*Beitr. chem. Physiol.*, VI, 170-174, 1904). — *Der Hungerstoffwechsel bei Libellen* (ibid., VI, 163-169, 1904). — WEINLAND (E.). *Über die Stoffumsetzungen während der Metamorphose der Fleischfliege* (*Z. B.*, 1905). — MIRANDE (M.). *Sur la présence d'un corps réducteur dans le tégument chitineux des Arthropodes* (*Arch. Anat. micr.*, VII, 207-231, 1905). — *Sur une nouvelle fonction du tégument des Arthropodes, considéré comme organe producteur de sucre* (*Arch. Anat. micr.*, VII, 232-238, 1905). (Voir aussi : *C. R. Ass. fr. Av. Sciences.* Cherbourg, 1905 et *B. B.*, 1907, 559.) — XAMBEU (P.). *Longévité des Insectes* (*Le Naturaliste*, XXVII, 279, 1905). — SEMICHON (L.). *La formation des réserves dans le corps adipeux des Mellifères solitaires* (*Bull. Mus.*, Paris, X, 555-557, 1905). — REGEN (J.). *Untersuchungen über den Winterschlaf der Larven von Gryllus campestris. Ein Beitrag zur Physiol. der Atmung und Pigmentbildung bei den Insekten* (*Zool. Anz.*, XXX, 131-135, 1906). — BOGDANOW (E.). *Ueber das Züchten der Larven der gewöhnlichen Fleischfliege (Calliphora vomitoria) in sterilisierten Nährmitteln* (*A. g. P.*, CXIII, 97-105, 1906). — LINDEN (M. VON). *Assimilation du carbone et de l'azote de l'air atmosphérique par les chrysalides et les chenilles chez les Lépidoptères. Résumé de la question par l'auteur d'après ses travaux antérieurs, contenant les indic. bibliog.* (*Zool. Centralbl.*, XIII, 694, 1906). — GUYÉNOT (E.). *Sur le mode de nutrition de quelques larves de Mouche* (*B. B.*, 1906). — WEINLAND (E.). *Über die Bildung von Fett aus eiweissartiger Substanz im Brei der Calliphoralarven* (*Zeitsch. f. Biol.*, LI, 1908, 197). — BRÜCKE (E. TH. VON). *Ueber die angebliche Mästung von Schmetterlings Puppen mit Kohlensäure* (*A. P.*, 1908, 431-444). — BOGDANOW (E.). *Zur Frage über Fettproduktion aus Eiweiss.* (*Journal für Landwirtschaft*, 1908); — *Über die Abhängigkeit des Wachstums der Fliegenlarven von Bakterien und Fermenten und über die Variabilität und Vererbung bei den Fleischfliegen* (*A. P.*, 1908, Suppl. 173-199). — PARHON (MARIE). *Échanges nutritifs chez les Abeilles* (*Ann. Sc. Nat.*, 1909).

## XIII. — DÉSASSIMILATION ET EXCRÉTION.

DUFOUR (J.). *Mémoire sur les vaisseaux biliaires ou le foie des Insectes* (*Ann. Sc. nat.*, (2), XIX, 145-182, 4 pl., 1848). — PÉLIGOT. *Études chimiques et physiologiques sur les Vers à soie* (*C. R.*, XXXIII, 491 et XXXIV, 278, 1851-1852). — DAVY (J.). *Some observations on the excrements of certain Insects and on the urinary excrement of Insects* (*Edinburgh New Phil. Journ.*, XL, 231-234, 335-340, 1846; XLV, 17-29, 1848); — *Some observations on the excrements of Insects* (*Trans. Ent. Soc.*, (2), III, 18-32, 1854). — FABRE (J.-H.). *Étude sur l'instinct et les métamorphoses des Sphégiens* (*Ann. Sc. Nat.*, (4), VI, 137-189, 1856). — BASCH (S.). *Untersuchungen über das chilopoietische und uropoietische System der Blatta orientalis* (*K. W.*, XXXVI, 1858). — SIRODOT (S.). *Recherches sur la sécrétion urinaire chez les Insectes* (*Ann. Sc. nat.*, (4), X, 1859). — FABRE (J.-H.). *Étude sur le rôle du tissu adipeux dans la sécrétion urinaire des Insectes* (*Ann. Sc. Nat.*, (4), XIX, 315, 1863). — HECKEL (E.). *Phénomènes de localisation dans les tissus animaux* (*C. R.*, 1874, p. 512 et *Journ. Anat. et Physiol.*, 1875, 553). — SCHINDLER. *Beiträge zur Kenntniss der Malpighischen Gefässen der Insekten* (*Zeit. f. wiss. Zool.*, XXX, 587-660, 1878). — HORVATH. *Die Excremente der gallenbewohnenden Aphiden* (*Wien. ent. Zeitsch.*, VI, 249, 1887). — MARCHAL (P.). *Contribution à l'étude de la désassimilation de l'azote. L'acide urique et la fonction rénale chez les Invertébrés* (*Mém. Soc. Zool. Fr.*, III, 42-57, 1899). — KOWALEWSKY (A.-O.). *Ein Beitrag zur Kenntniss der Exkretionsorgane* (*Biol. Centralbl.*, IX, 33-47, 65-76, 127-128, 1889-90). —

GRANDIS (V.). *Sulle modificazioni degli epitelli ghiandolari durante la secrezione* (*Atti Accad. Torino*, XXV, 765-789, 1890; et *A. i. B.*, XIV, 160-182, 1 pl., 1890). — BUSGEN (M.-J.). *Der Honigtau. Biol. Studien an Pflanzen u. Pflanzenlause* (*Iena. Zeitsch.*, XXV, 339-428, 1891). — MARCHAL (P.). *Sur la motilité des tubes de Malpighi* (*Bull. Soc. Ent. Fr.*, LXI, 1892). — KOWALEWSKY (A.-O.). *Sur les organes excréteurs chez les Arthropodes terrestres* (*Congrès internat. Zool.* 2e *Ses.* Moscou, I, 186-236, 4 pl., 1892) [*Myriapodes, Arachnides*]. — CUÉNOT (L.). *Études physiologiques sur les Orthoptères* (*Arch. biol.*, XIV, 1895). — MAYET (V.). *Une nouvelle fonction des tubes de Malpighi* (*C. R.*, CXXII, 541 et *Bull. Soc. Ent. Fr.*, 1896, 122-126). — MARCHAL (P.). *Remarques sur l'origine et la fonction des tubes de Malpighi* (*Bull. Soc. Entom. Fr.*, 257, 1896). — METALNIKOFF (C.-K.). *Organes excréteurs des Insectes* (*Bull. Acad. imp. Sc. Saint-Pétersbourg*, IV, 57-72, 1 pl., en russe, 1896). — DUBOSCQ (O.). *Recherches sur les Chilopodes* (*Arch. Zool. exp.*, VI, 625-637, 1898). — LÉGER (L.) et DUBOSCQ (O.). *Sur les tubes de Malpighi des Grillons* (*B. B.*, (11), I, 1899). — BRUNTZ (L.). *Contribution à l'étude de l'excrétion chez les Arthropodes* (*Arch. de Biolog.*, XX, 217, 1903); — *Les reins labiaux des Thysanoures* (*Arch. Zool. exp.*, II, notes et rev., 89, 1904). — VENEZIANI (A.). *Valore morfologico e fisiologico dei Tubi malpighiani* (*mecanismo dell' excrezione*) (*Redia*, II, 177-230, pls. 18-20, 1905). — SEMICHON (L.). *Signification physiologique des cellules à urates chez les Mellifères solitaires* (*C. R. Ac. Sc.* CXL, 1715-1717, 1905). — *Recherches morph. et biol. sur quelques Mellifères solitaires* (*Bull. Sc. Fr. et Belgique*, XL, p. 281-442, 1906). — SUSLOW. *La phagocytose, les organes excréteurs et le cœur de quelques Insectes ptérygotes* (*Trav. Soc. imp. des Nat. Saint-Pétersbourg*, XXXV, 77, 1906). — PHILIPTSCHENKO (J.). *Beiträge zur Kenntniss der Apterygoten. Uber die excretorischen und phagocytären Organe von Ctenolepisma lineata* (*Zeitsch. f. wiss. Zool.*, LXXXVIII, 99, 1907). — BRUNTZ (L.). *Nouvelles recherches sur l'excrétion et la phagocytose chez les Thysanoures* (*Arch. Zool. exp. et gén.*, (4), VIII, 471-488, 1908).

## XIV. — SÉCRÉTIONS SPÉCIALES.

**1° Cire et Laque.** — DUMAS et MILNE-EDWARDS. *Sur la composition de la cire des Abeilles* (*Ann. de Chimie et de Phys.*, (3), XIV, 400-408, 1845). Voir aussi *ibid.*, XIV, 236, et XVII, 531, 541. — TARGIONI-TOZZETTI (A.). *Sur la cire qu'on peut obtenir de la Cochenille du Figuier* (*Coccus caricæ*) (*C. R.*, LXV, 1867). — DE PLANTA-REICHENAU. *Sur les Abeilles et sur le miel* (*Arch. d. Sc. phys. et nat.*, Genève, (6), II, 1879, 334). — ERLENMEYER et DE PLANTA-REICHENAU. *Chemische Studien über die Thätigkeit der Bienen* (*Bienen Zeitung*, XXXIV, 1878, 181; XXXV, 1879 et 1880). — CARLET (G.). *La cire et ses organes sécréteurs* (*Le Naturaliste*, 1890, 149-151). — *Sur les organes sécréteurs et la sécrétion de la cire chez l'Abeille* (*C. R. Ac. Sc.*, CX, 361-363, 1890). — BUISINE (A. et P.). *La cire des Abeilles* (*Trav. et mém. fac. Lille*, 1891 et *Rev. Biol.*, Lille, III, 340, 353, 391). — GASCARD (A.). *Contribution à l'étude des gommes laques des Indes et de Madagascar* (*Thèses de Pharmacie*, Paris, 1893). — BEAUREGARD (H.). *Matière médicale zoologique*, Paris, 1901. [*Nombreux renseignements sur la cire et la laque des Cochenilles*]. — DREYLING (L.). *Die wachsbereitenden Organe bei den gesellig lebenden Bienen* (*Zool. Anz.*, XXVI, 710, 1903 et *Zool. Jahrb. Anat.*, XXII, 289-330, pls. 17-18, 1905). — BUGNION (E.) et POPOFF (N.). *Les glandes cirières de Flata marginella* (*Bull. Soc. Vaudoise, Sc. Nat.*, 1907, 549-563). — SUNDWIK (E.). *Uber das Psyllawachs* (*Zeitsch. f. physiol. Chem.*, LIV, 4, 255, 1908). Voir aussi : OTTO VON FÜRTH (1903) pour la partie chimique.

**2° Soie.** — BLANC (L.). *Étude sur la sécrétion de la soie et la structure du brin et de la bave dans le Bombyx mori*, 48 p., 4 pl. Lyon, 1889. — *La tête du Bombyx mori à l'état larvaire. Anatomie et physiologie* (*Trav. d. Lab. d'Études de la Soie*, 1889-1890, 180 p., 95 fig., Lyon, 1891). — GILSON (G.). *Recherches sur les cellules sécrétantes. La soie et les appareils séricigènes* (*La Cellule*, VI, 115-132, 3 pl. 1890; et X, 71-93, 1 pl. 1893). — GARMAN (H.). *Silk-spinning dipterous larvæ* (*Science*, XX, 213, 1893). — CONTE (A.) et LEVRAT (D.). *Recherches sur les matières colorantes des soies des Lépidoptères. — Coloration artificielle de la soie dans l'organisme du ver à soie.* Lyon, 1904 (et *C. R. Ac. Sc.*, 27 oct., 1902). — SILVESTRI (F.). *Contribuzione alla conoscenza della metamorfosi e dei costumi della Lebia scapularis Fourc. con descrizione dell' apparato sericipare della larve* (*Redia*, II, 68-84, pls. II-VII, 1905). Voir aussi les traités de sériciculture [VERSON et QUAJAT, Padova, 1896;

TICHOMIROFF (en russe), 1891; MAILLOT et LAMBERT, Montpellier, 1906]; et OTTO VON FÜRTH, *Vergl. chem. physiol. der nieder. Tiere*, 1903.

3° **Venins, Sécrétions répulsives et attractives.** — BONNET (C.). *Mémoire sur la grande chenille à queue fourchue du Saule, dans lequel on prouve que la liqueur que cette chenille fait jaillir est un véritable acide et un acide très actif* (*Mém. math. sav. étr.* Paris, II, 267-282, 1755) [Voir aussi : Œuvres complètes de BONNET, 1779, II, 17-24]. — DE GEER. *Observations sur la propriété singulière qu'ont les grandes chenilles à double queue du Saule de seringuer de la liqueur* (*Mém. Sav. étr.*, Paris, 1780). — RATZEBURG (J.). *Ueber entomologische Krankheiten* (*Stettin Ent. Zeit.*, VII, 35-41, 1846). — PELOUZE. *Sur la nature du liquide sécrété par la glande abdominale des Insectes du genre Carabe* (*C. R.*, XLIII, p. 123-125, 1856). — LABOULBÈNE (A.). *Note sur les caroncules thoraciques des Malachius* (*Ann. Soc. Ent. Fr.*, (3), VI, 521-528, 1858). — BERT (P.). *Venin d'Abeille Cyclope* [*Apis nolana*, (*Gazette médicale de Paris*, 1865, 771). — CANDÈZE (E.). *Les moyens d'attaque et de défense chez les Insectes* (*Bull. Acad. roy. Belgique*, (2), XXXVIII, 1874). — MÜLLER (FRITZ). *Die Duftschuppen der Schmetterlinge* (*Entom. Nachrichten*, IV, 1878). — FOREL (A.). *Der Giftapparat und die Analdrüsen der Ameisen* (*Zeitsch. f. wiss. Zoologie*, XXX, Suppl., 1878). — GOOSSENS (TH.). *Des chenilles urticantes* (*Ann. Soc. Ent. Fr.*, (6), I, 231-236, 1881). — WEBER (M.). *Ueber eine Cyanwasserstoffsäure bereitende Drüse* (*Arch. f. mikr. Anatomie*, XXI, 1882). — LOMAN (C.). *Sekretion freien Jods durch eine Drüse* (*Tijdschrift d. nederl. kund. Vereen.*, 2, I, 106-108, 1885-87). — PACKARD (A.-S.). *The fluid ejected by Notodontian caterpillars* (*Amer. Nat.*, XX, 1886). — GOOSSENS (TH.). *Des chenilles vésicantes* (*Ann. Soc. Ent. Fr.*, (6), VII, 461-464, 1886). — KELLER (C.). *Die brennenden Eigenschaften der Prozessionsraupen* (*Kosmos*, XIII, 1886). — POULTON (E.). *The secretion of pure aquous formic acid by Lepidopterous larvæ for the purpose of defense* (57th *Meeting Brit. Assoc. Adv. Sc.*, 765, 1887). — DENHAM (CH.-S.) *The acide secretion of Notodonta concinna* (*Insect Life*, I, 1888), [*Acide chlorhydrique*]. — CARLET (G.). *Mémoire sur le venin et l'aiguillon de l'Abeille* (*Ann. Sc. nat. Zool.*, (7), IX, 1-17, 1 pl., 1890). — POUCHET (G.). *De l'action du venin des Hyménoptères sur le lézard gris des murailles* (*C. R. Soc. Biol.*, 1890, 14). — LEYDIG (FR.). *Ueber Bombardierkäfer.* (*Biol. Centralbl.*, X, 1890). — CUÉNOT (L..). *Moyens de défense dans la série animale. Encyc. Sc. d. Aides Mém.*, 1 vol. Paris, 1892. — LATTER (O.). *The secretion of potassium hydroxide by Dicranura vinula* (*Trans. Ent. Soc. London*, XXXII, 1892). — PACKARD (A.-S.). *The eversible-repugnatorial scent glands of Insects* (*Journ. N. Y. Ent. Soc.*, III et IV, 1895). — BEILLE (L.). *Étude anatomique de l'appareil urticant des chenilles processionnaires du Pin maritime* (*B. B.*, 1896). — PHISALIX (G.). *Antagonisme entre le venin des Vespides et celui de la Vipère* (*B. B.*, 1897, 1031; *Bull. Muséum*, Paris, 1897; 318-320, et *C. R.*, CXXV, 977-979). — LATTER (O.). *The prothoracic gland of Dicranura vinula* (*Tr. Ent. Soc. London*, 1897, 113-125). — HENSEVAL (M.). *Les glandes à essence du Cossus ligniperda* (*La Cellule*, XII, 19-26, 27-29, 169-181, 183, 1897). — CUÉNOT (L.). *Sur la saignée réflexe et les moyens de défense de quelques Insectes* (*Arch. zool. exp. et gén.*, (3), IV, 1897). — JANET (CH.). *Système glandulaire tégumentaire de la Myrmica rubra.* Paris, 1898. — *Aiguillon de la Myrmica rubra. Appareil de fermeture de la glande à venin.* Paris (Carré et Naud), 1898. — PACKARD. *Text-Book of Entomology*, New-York, 1898 [contient bibliog. détaillée des glandes défensives ou répugnatoires, 384-390]. — FABRE (J.). *Un virus des Insectes* (*Ann. Sc. nat.*, (8), VI, 253-278, 1898, et *Souvenirs entomologiques*, VI, 378-418). — LANGER (J.). *Ueber das Gift der Honigbiene* (*Arch. für exp. Path. u. Pharm.*, XXXIII, 381-389, 1896). Voir aussi : *Sitzungsber. d. Naturw. med. Vereins Lotos, Prag*, 2, XIX, 291-310, 1899; — *Archives internat. de Pharmacodynamie et de Thérapie*, VI, fasc. 3 et 4, 1899; — *L'Apiculteur*, 1903 et *Congrès internat. d'Apiculture*, 1900. — FRANÇOIS (PH.). *Sur les glandes pygidiennes des Brachynides* (*Bull. Soc. Ent. Fr.*, 1899, 232-236). — DIERX (F.). *Sur la structure des glandes anales des Dytiscides et le prétendu rôle défensif de ces glandes* (*C. R.*, CXXVIII, 1126-1127, 1899); — *Recherches sur les glandes défensives des Carabides bombardiers* (*C. R.* CXXVIII, 622-624, 1899). — DIERX (F.). *Les glandes pygidiennes des Coléoptères* (*La Cellule*, XVI, 64, 1899 et XVIII, 255, 1901). — SLADEN (F.-W.). *A scent-producing organ in the abdomen of the Worker of Apis mellifica* (*Entom. month. Mag.*, 1902, 208-212 et *Feuille des Jeunes Nat.*, 1902-1903, 11). — PHISALIX (C.). *Recherches sur le venin d'Abeilles* (*C. R. Ac. Sc.*, CXXXIX, 326-329; *C. R. Soc. Biol.*, LVII, 198-201, 1904); — *Sur la présence de venin dans les œufs d'Abeilles* (*C. R. Ac. Sc.*, CXLI,

275-278; 1905). — Morgenroth et Carpi. *Uber ein Toxolecithid der Bienengiftes* (*Berliner klin. Wochenschrift*, 1906, n° 44). — Tyzzer (E.). *The pathology of the brown-tail-moth dermatitis* (*Journal of Experim. Medecine*, xvi, p. 43, 1907; résumé in *Centralbl. f. Physiol.*, xxi, 213, 1907).

4° Sécrétions attractives. — Packard. *Text-book of Entomology*, New-York, 1898 (contient bibliographie détaillée, 394-396]. — Freiling (H.-W.). *Duftorgane* (*Zeitsch. wiss. Zool.*, xcii, 1908).

## XV. — REPRODUCTION.

Leuckart (R.). *Sur l'arrhénotokie et la parthénogénèse des Abeilles et des autres Hyménoptères qui vivent en société* (*Bull. Acad. Roy. Belg.*, (2), xii, 1857). — — *Zur Kenntniss des Generationwechsels und der Parthenogenesis bei den Insecten* (*Frankfurt a. M.*, 1858). — Wagner (N.). *Beitrag zur Lehre von der Fortpflanzung der Insektenlarven* (*Zeitsch. f. wiss. Zool.*, xii, 1860). — Pagenstecher (Al.). *Die ungeschlechtliche Vermehrung der Fliegenlarven* (*Zeitsch. f. wiss. Zool.*, xiv, 737, 1864). — Leuckart (R.). *Die ungeschlechtliche Fortpflanzung der Cecidomyeenlarven* (*Arch. für Naturg.*, xxxi, 1, 1865). — Landois (H.). *Ueber das Gesetz der Entwicklung der Geschlechter bei den Insekten* (*Zeitsch. f. wiss. Zool.*, xvii, 1867). — Plateau (F.). *Études sur la parthénogénèse* (*Thèse inaug.*, Gand, 1868). — Balbiani (E. G.). *Sur le mécanisme de la fécondation chez les Lépidoptères* (*C. R.*, lxviii, 1869). — — *Mémoire sur la génération des Aphides* (*Ann. Sc. nat. Zool.*, (5), xi, xiv, xv, 1869-70-72). — Grimm (O.). *Die ungeschlechtliche Fortpflanzung einer Chironomus* (*Mém. Acad. imp. S. Pétersbourg*, (7), xv, 1870). — Siebold (C. Th. von). *Beiträge zur Parthenogenesis bei der Arthropoden* (Leipzig, 1871). — Régimbart (M.). *Recherches sur les organes copulateurs et les fonctions génitales dans le genre Dytiscus* (*Ann. Soc. Ent. Fr.*, (5), vii, 1877). — Pérez (J.). *Mémoire sur la ponte de l'Abeille reine et la théorie de Dzierzon* (*Ann. Sc. nat. Zool.*, (6), vii, 1878). — Sanson (A.). *La parthénogénèse chez les Abeilles* (*Ann. Sc. Nat.*, 1878). — Balbiani (E. G.). *La parthénogénèse* (*Journ. microg.*, ii, 1878). — Cameron (P.). *On Parthenogenesis in the Tenthredinidæ, and alternation of generations in the Cynipidæ* (*Entom. Monthl. Mag.*, xv, 1878-79). — Osborne (J. A.). *Parthénogénèse chez les Coléoptères* (*Nature*, xv et xxii, 1879-1880; *Entom. Month. Mag.*, xvii et xviii, 1880-1881; *Entom. Nachrichten*, viii, 1881). — Lichtenstein (J.). *Considérations nouvelles sur la génération des Pucerons* (Paris, 1878). [Voir aussi *Ann. Soc. ent. Fr.*, (5), ix, 1879; *ibid.*, x, 1879; *C. R.*, xc, 1880.] — Adler (H.). *Ueber den Generationswechsel der Eichen-Gallwespen* (*Zeitsch. f. wiss. Zool.*, xxxv, 2, 1881). — Balbiani (E. G.). *Le Phylloxéra du Chêne et le Phylloxéra de la Vigne* (Paris, 1884). — Tichomiroff (A.). *Die künstliche Parthenogenesis bei Insekten* (*Arch. f. Anat. u. Physiol.*, Phys. Abt., 1886). — Pérez (J.). *Des effets du parasitisme des Stylops sur les Apiaires du genre Andrena* [castration parasitaire] (*Actes de la Soc. Linnéenne de Bordeaux*, 1886). — Tichomiroff. *Nochmals über Parthenogenesis bei Bombyx mori* (*Zool. Anz.*, xi, 1888). — Giard (A.). *La castration parasitaire* (*Bull. scient. Nord et Belg.*, xix, 1888). [Voir aussi *C. R.*, cix, 1889.] — Verson (A.) *Ueber Parthenogenesis bei Bombyx mori* (*Zool. Anz.*, xi, 1888, et xiii, 1890). — Wasmann (E.). *Parthenogenesis bei Ameisen durch künstliche Temperaturverhältnisse* (*Biol. Centralbl.*, xi, 1, 1891). — Andregg (E.). *Generationswechsel bei Insekten* (*Bern. Mittheil.*, 1892). — Boas (J.). *Organe copulateur et accouplement du Hanneton* (*Oversigt over d. Kgl. vidensk. Selskabs Forhandl. i Aaret*, 1892, p. 239-261; Copenhague, 1893) [en français]. — Adler et Straton. *Alternating Generations*, 1894. — Künckel d'Herculais (J.). *Mécanisme physiologique de la ponte chez les Insectes Orthoptères de la famille des Acridides* (*C. R. Ac. Sc. Paris*, cxix, 244-247, 1894). — Emery (C.). *Le polymorphisme des Fourmis et la castration alimentaire* (3ᵉ Congrès intern. de Zoologie, Leyde, 1895, 395-410, 1896). — Marchal (P.). *La reproduction et l'évolution des Guêpes sociales* (*Arch. zool. exp.*, (3), iv, 1-100, 1896). — Cholodkowsky (N.). *Beiträge zu einer Monographie der Coniferen Läuse* (*Horæ Soc. ent., Rossicæ*, xxx et xxxi, 1896). — Grassi et Sandias. *The Constitution and Development of the Society of Termites* (*Quart. Journ. micr. Sc.*, xxxix, 245-322; xl, 1-75, 1896-1897). — Bolivar (J.). *La parthenogenesis en los Orthopteros* (*Actas de la Soc. española de Hist. nat.*, Madrid, 1897). — Marchal (P.). *La castration nutriciale chez les Hyménoptères sociaux* (*C. R. Soc. Biol.*, juin 1897). — Nussbaum (M.). *Zur Parthenogenese bei den Schmetter-*

*lingen* (*Arch. f. mik. Anat.*, LIII, 1898). — OUDEMANS (J. T.). *Falter aus castrirten Raupen, wie sie aussehen und wie sie benehmen* (*Zool. Jahrb. Spengel: Abth. Syst.*, XII, 1898). — MAR-CHAL (P.). *La dissociation de l'œuf en un grand nombre d'individus distincts et le cycle évolutif de l'*Encyrtus fuscicollis (*C. R.*, 1898). — BALBIANI (E. G.). *Sur les conditions de le sexualité chez les Pucerons* (*Interméd. Biol.*, I, 1898). — BERLESE (A.). *Fenomeni che accompagneno la fecondazione in tuluni Insetti* (*Rivist. Patol. veget.*, VI, 353-368, et VII, 1-18, 1898). — HENNEGUY (L. F.). *Les modes de reproduction des Insectes* (*Bull. Soc. philomath.*, (9), I, 1899). — CUÉNOT (J.). *La détermination du sexe chez les animaux* (*Bull. Sc. France et Belgique*, XXXII, 1899). — PAULKE (W.). *Zur Frage der parthenogenetischen Entstehung der Drohnen* (Apis Mellifica) (*Anat. Anz.*, XVI, 474, 1899). — GADEAU DE KERVILLE (II.). *L'accouplement des Coléoptères* (*Bull. Soc. Ent. Fr.*, 1900); — *des Hémip-tères* (*ibid.*, 1902); — *des Forficulidés* (*ibid.*, 1903 et 1905, et Rouen, 1907). — WEISSMANN (A.). *Ueber die Parthenogenese der Bienen* (*Anat. Anz.*, XXI, 1900). — SINÉTY (R. DE). *Recherches sur la biologie et l'anatomie des Phasmes* (*La Cellule*, XIX, 116-278, 1901) [Voir aussi *Bull. Soc. Ent. Fr.*, 1900, 195]. — PICTET (A.). *Influence des changements de nourriture sur les chenilles et sur la formation du sexe de leurs Papillons* (*Soc. Phys. Hist. Nat. Genève*, 1902). — HOLMGREN (N.). *Ueber vivipare Insekten* (*Zool. Jahrb., Abt. f. Syst. u. Biol.*, XIX, 421-468, 1903). — CASTLE. *Sex determination in bees and ants* (*Science*, XIX, 389, 1904) [Voir aussi *Discussion de* WHEELER, *ibid.*, 537]. — SCHRÖDER. *Eine Sammlung von Referaten neue-rer Arbeiten über die geschlechtsbestimmenden Ursachen* (*Allg. Zeitsch. f. Entom.*, IX, 110, 1904). — PETRUNKEWITSCH (A.). *Künstliche Parthenogence* (*Zool. Jahrb. Suppl.*, VII, *Fest-schrift Weismann*, 77-138, 1904). — *Natural and artificial Parthenogenesis* (*Americ. Natur.*, XXXIX, 65-76, 1905). — BÜTTEL-REEPEN. *Ueber den gegenwärtigen Stand der Kenntniss von den geschlechtsbestimmenden Ursachen bei der Honigbiene Präformation* (*Verh. deutsch. Zool. Ges.*, 1904, 48-77; — voir aussi *Zeitsch. Insektbiol.*, I, 441, 1905). — HEWITT (C.-G.). *The cytological aspect of Parthenogenesis in Insects* (*Mem. and proceed. of the Manchester lit. and philos. Society*, L, 1-40, 1906 [avec bibliogr.]. — MARCHAL (P.). *Recherches sur le développement des Hyménoptères parasites. I. La Polyembryonie spécifique ou germi-nogonie* (*Arch. Zool. exp.*, 1904, 257-335); II. *Les Platygasters* (*ibid.*, 1906, 485-639). — CASTLE, CARPENTER, CLARCK, MASE et BARROWS. *The Effects of Inbreeding, Cross-breeding and Selection upon the Fertility and Variability of Drosophila* (*Proc. Amer. Acad. Arts and Sc.*, XLI, 729-786, 1906). — SILVESTRI. *Contribuzioni alla conoscenza biologica degli Imenotteri parasiti*, I et II-IV, Portici, 1906-1908). — QUAJAT (E.). *Sulla parthenogenesi arti-ficiale della uova del bombice del gelso*. Padova, 1905 (*Zool. Zentralbl.*, 1906, 108). — *Sur la parthénogénèse artificielle des œufs du Bombyx du Mürier* (recherches expérimentales) (*Bull. Soc. Sc. Nat. Mâcon*, II, 218-229, 1906). — STEVENS (N. M.). *A comparative study of the heterochromosomes in certain species of Coleoptera, Hemiptera and Lepidoptera with especial reference to sex determination* (Washington, *Carnegie Institut. Public.* n° 36, part 2, 1906). — WHEELER (W. M.). *The Polymorphism af ants* (*Bull. Amer. Mus. Nat. Hist.*, XXIII, 1907; *Ann. Entom. Soc. America*, I, 1908). — PANTEL (J.) et de SINÉTY (R.). *Sur l'ap-parition de mâles et d'hermaphrodites dans les pontes parthénogénétiques des Phasmes* (*C. R. Ac. Sc.*, 1908). — BRESSLAU. *Ueber die Versuche zur Geschlechtsbest. der Honigbiene* (*Zool. Anz.*, 22 déc. 1908). — MEISENHEIMER (J.). *Ergebnisse einiger Versuchsreihen über Exstir-pation und Transplantation der Geschlechtsdrüsen bei Schmetterlingen* (*Zool. Anz.*, XXXII, 393, 1908). — MARCHAL (P.). *Contributions à l'étude des Chermes* (Paris, 1906-1909). — BÖRNER (C.). *Eine monogr. Studie über die Cherniden* (Berlin, 1908). — MORGAN (T.-H.). *Sex determination in Phylloxerans and Aphids* (*Journ. Exp. Zool.*, VII, 1909). — GRASSI et FOA. *Ricerche sui Fillosserini* (Roma, 1908-1909). — KAHLE (W.). *Die Pædogenesis der Cecidomyi-den* (*Zoologica*, fasc. 55, XXI, 1-80, 1908) [Résumé dans *Zool. Centralbl.*, 4 mai 1909, 256].

## XVI. — RÉGÉNÉRATION.

NEWPORT (G.). *On the reproduction of lost parts in Myriapoda and Insecta* (*Philosoph. Trans.*, 1844). — PEYERIMHOFF (P. DE). *Sur la régénération* (*Miscel. Entomol.*, 1897). — GIARD (A.). *Sur les régénérations hypotypiques* (*B. B.*, IV, 1897, 316). — TORNIER (G.). *Das Entstehen von Käfermissbildungen : Hyperantennie und Hypermelie* (*Arch. f. Entw. mech.*, IX, 1899-1900). — CRAMPTON (H. E.). *An experimental study upon Lepidoptera* (*Arch.*

*Entwick. Mech.*, IX, 293-318, 1900). — MORGAN (T. H.). *Regeneration* (8°, New-York, 315 p., 66 fig., 1901). — TORNIER. *Bein und Fühlerregeneration bei Käfern und ihre Beglei-erscheinungen (Zool. Anz.*, XXV, 634-648, 649-664, 5 fig., 1901). — SINÉTY (R. DE). *Recherches sur la biologie et l'anatomie des Phasmes (Th. Fac. Sc. de Paris, et La Cellule*, 1901). — GODELMANN (R.). *Beitrag zur Kenntnis von Bacillus Rossii mit besonderer Berücks. der Autotomie und Regeneration (Arch. f. Entw. Mech.*, XII, 265-301, 1901). — PRZIBRAM (H.). *Regeneration (Ergebnisse der Physiologie*, Wiesbaden, I, 43-119, 1902). — CHILD et YOUNG. *The regeneration of appendages in the Agrionidæ (Arch. f. Entw.-Mech.*, XV, 1903). — HIRSCHLER (F.). *Regeneration Studien an Lepidopterenpuppen (Anat. Anz.*, 1903-1904). — VERSON (E.). *Manifestazioni rigenerative nelle zampe toracali del B. Mori (Atti R. Ist. Veneto*, 41, 1904). — KELLOG (VERNON). *Regeneration in larval legs of Silkworms (J. Exp. Zool. Baltimore*, I, 593, 1904). — BORDAGE (E.). *Recherches anatomiques et biologiques sur l'autotomie et la régénération chez divers Arthropodes (Bull. Sc. France et Belgique*, XXXIX, 307-454, 1905, et *Th. Fac. Sc. Paris*, 1905). — OST (F.). *Zur Kenntnis der Regeneration der Extremitäten bei den Arthropoden (Arch. f. Entw.-Mech.*, XII, 289-324, 1906). — PRZIBRAM (H.). *Aufzucht, Farbwechsel und Regeneration unserer europäischen Gottesanbeterin (Arch. f. Entw.-Mech.*, 1907). — PRZIBRAM (H.) et WERBER (J.). *Regenerationsversuche allgemeiner Bedeutung bei Borstenschwänzen [Lepismatidæ] (Arch. f. Entwick. Mech.*, 615-631, 1907). — MEISENHEIMER. *Régénération des ailes chez les Papillons (Zool. Anz.*, XXXIII, 1908).

## XVII. — PHYSIOLOGIE DU DÉVELOPPEMENT ET DES MÉTAMORPHOSES.

REGNAULT et REISET. *Recherches chimiques sur la respiration des animaux (Ann. de Chim. et de Phys.*, (3), XXVI, 1849). — FABRE (J. H.). *Études sur l'instinct et les métamorphoses des Sphégiens (Ann. Sc., nat. Zool.*, (4), VI, 1856); — *Mémoire sur l'hypermétamorphose et les mœurs des Méloïdes (Ann. Sc. nat. Zool.*, (4), VII, 1857; IX, 1858); — *Étude sur le rôle du tissu adipeux... (Ann. Sc. nat. Zool.*, (4), XIX, 1863). — DUCLAUX (E.). *Sur la respiration et l'asphyxie des graines du Ver à soie (C. R. Ac. Sc.*, 1869) [Voir aussi *Ann. Scient. École Norm. Sup.*, VI, 1869]; — *Études physiologiques sur la graine de Ver à soie (Ann. de Chim. et de Phys.*, (4), IV, 1871) [Voir aussi *Actes et mém. 4° Congrès séricicole int. Montpellier*, 1874]. — — *De l'action physiologique qu'exercent sur les graines de Ver à soie des températures inférieures à zéro (C. R.*, LXXXIII, 1876). — KÜNCKEL D'HERCULAIS (J.). *Des mouvements du cœur chez les Insectes pendant la métamorphose (C. R.*, XCXI, 1884). — TICHOMIROFF. *Chemische Studien über die Entwicklung der Insecteneier (Z. p. C.*, 1885). — BERT (P.). *Sur la respiration du Bombyx mori à ses différents âges (B. B.*, 1885). — URECH (F.). *Chemisch-analytische Untersuchungen an lebenden Raupen und Schmetterlingen und an ihren Sekreten (Zool. Anz.*, XIII, 1890). — VERSON (E.). *Chemisch-analytische Untersuchungen an lebenden Puppen, Raupen und Schmetterlinge (Zool. Anz.*, XIII, 588-589, 1890) [Voir aussi son Traité : *Il Filugello*]. — KÜNCKEL D'HERCULAIS (J.). *Mécanisme physiologique de l'éclosion, des mues et de la métamorphose chez les Orthoptères (C. R.*, CX, 1890); — *Le Criquet pèlerin et ses changements de coloration. Rôle des pigments dans les phénomènes d'histolyse et d'histogénèse qui accompagnent la métamorphose (C. R.*, CXIV, 1892). — KOROTNEFF (A.). *Histolyse und Histogenese des Muskelgewebes bei der Metamorph. der Insekten (Biol. Centralbl.*, XII, 1892). — BATAILLON et COUVREUR. *La fonction glycogénique chez le Ver à soie pendant la métamorphose (B. B.*, 1892). — BATAILLON (E.). *Nouvelles recherches sur les mécanismes de l'évolution chez le Bombyx mori (Revue bourg. de l'Ens. sup.*, IV, n° 3, 1893). — *La métamorphose du Ver à soie et le déterminisme évolutif (Bull. Sc. France et Belgique*, XXV, 1893). — LUCIANI (L.) et LO MONACO (D.). Voir *Respiration*, 1893. — KÜNCKEL D'HERCULAIS. *Les Diptères parasites des Acridiens : les Bombycides. Hypnodic larvaire et métamorphose (C. R.*, CXVIII, 1894). — *Observations sur l'hypermétamorphose ou hypnodic chez les Cantharidiens (C. R.*, CXVIII, 360, 1894, et *Ann. Soc. Entom. Fr.*, LXIII, 136, 1894). — COUVREUR (E.). *Sur la transformation de la graisse en glycogène chez le Ver à soie pendant la métamorphose (B. B.*, 1895). — GIARD (A.). *L'anhydrobiose (B. B.*, XLVI, 1894) [Voir aussi *Notes sur les Margarodes*, ibid., 1894 et 1895]. — LEVRAT (D.). *Sur les phénomènes respiratoires de la chrysalide de l'Antheræa Pernyi (Rapport du Labor. d'Études de la Soie de Lyon*, IX,

1898). — Terre (L.). *Sur les troubles physiologiques qui accompagnent la métamorphose des Insectes holométaboliens* (B. B., 1898). — Lameere (A.). *La raison d'être des métamorphoses chez les Insectes* (Ann. Soc. Ent. Belg., XLIII, 1899). — Pérez (Ch.). *Sur la métamorphose des Insectes* (Bull. Soc. Ent. Fr., 27 déc. 1899). — Berlese (A.). *Osservazioni su fenomeni che avvegono durante la ninfosi degli Insetti metabolici* (Riv. di Patol. veg., VIII, X, XI, 1899-1900-1901). — Dewitz (J.). *Veränderung der Verpuppung bei Insektenlarven* (Archiv f. Entwicklungsmech., XI, 1901). — Bataillon (E.). *La théorie des métamorphoses de Ch. Pérez* (Bull. Soc. Ent. Fr., 14 fév. 1900); — *Le problème des métamorphoses* (ibid., mars 1900). — Terre (L.). *Histolyse et histogénèse du tissu musculaire chez l'Abeille* (B. B., 1899, 896) [Voir aussi ibid., LII, 91 et 160, 1900, et Bull. Soc. Ent. Fr., 1900, 62]. — Mesnil (F.). *Quelques remarques au sujet du déterminisme de la métamorphose* (B. B., 147, 1900). — Dubois (R.) et Couvreur (E.). *Études sur le Ver à soie pendant la période nymphale* (Ann. Soc. Linn. de Lyon, 1901). — Dewitz (J.). *Untersuchungen über die Verwandlung der Insektenlarven. Weitere Mittheil.* (A. P., 1902); — *Recherches expérimentales sur la métamorphose des Insectes. Sur l'action des enzymes (oxydases) dans la métamorphose des Insectes* (B. B., 44-47, 1902). — Sosnowski (J.). *Contribution à l'étude de la physiologie du développement des Mouches* (Bull. Ac. Cracovie, 1902, 568, 573). — Pérez (Ch.). *Contribution à l'étude des métamorphoses* (Bull. Sc. de la France et de la Belgique, XXXVII, 195-427, 1902). — Bogdanow (E.A.). *Generationen der Fliegen in veränderten Lebensbedingungen* (Zeitsch. f. allg. Ent., 1903). — Linden (Csse M. von). *Le dessin des ailes des Lépidoptères. Recherches sur son évolution* (Ann. Sc. nat. Zool., 8, XIV, 1902). — *Recherches sur la matière colorante des Vanesses* (ibid., 8, XX, 295-354, 1904); — *Einfluss des Stoffwechsels der Schmetterlingspuppe auf Flügelfärbung und Zeichnung des Falters. Ein Beitrag zur Physiologie der Varietäten-Bildung.* (Arch. Rassen, 1, 477-518, 1904). — *L'assimilation de CO² par les chrysalides* (B. B., 692, 1905); — *Comparaison avec les phénomènes d'assimilation chez les végétaux* (ibid., 694, 1905); — *Die Assimilationstätigkeit bei Puppen und Raupen von Schmetterlingen* (A. P., Suppl., 1906, 1-108, 2 pl. et 13 fig.); — *Résumé de la question par l'auteur* (Zool. Centralbl., XIII, 694, 1906). — *Die Ergebnisse der experimentellen Lepidopterologie* (Biol. Centralbl., XXIV, 1904, 615-634. [Contient une bibliogr. et une mise au point de la question.]) — Weinland (E.). *Über die Stoffumsetzungen während der Metamorphose der Fleischfliege* (Calliphora vomitoria). — *Ueber die Ausscheidung von Ammoniak durch die Larven von Calliphora und über eine Beziehung dieser Tatsache zu dem Entwicklungsstadium dieser Tiere* (Z. B., XLVII, 1905). — Vaney (C.) et Maignon (E.). *Variations subies par la glycose, le glycogène, la graisse et les albumines solubles au cours des métamorphoses du Ver à soie* (C. R., CXL, 1192-1195, 1280-1283, 1428, 1905). — Weinland. *Ueber den anaeroben (anoxybiotischen) Abschnitt der intermediären chemischen Prozesse in den Puppen von Calliphora* (Z. B., XLVIII, 1906; 87-140, LI, 197, 1908] — Bogdanow (E.). *Ueber die Abhängigkeit des Wachstums der Fliegenlarven von Bakterien und Fermenten...* (A. P., 1908, Suppl. Band, 173-200). — [Voir aussi : Phagocytose, Nutrition, Respiration.]

MARCHAL

## INTESTIN. — SOMMAIRE. — 1º ÉTUDE ANALYTIQUE DES PROCESSUS INTESTINAUX. — 2º ÉTUDE SYNTHÉTIQUE DES PROCESSUS INTESTINAUX — 3º ANATOMIE ET PHYSIOLOGIE COMPARÉES DE L'INTESTIN.

I. ÉTUDE ANALYTIQUE DES PROCESSUS INTESTINAUX.

1º Étude des sucs qui se déversent dans l'intestin grêle et de leurs actions sur les aliments.

A) Suc pancréatique. — Obtention. — Composition. — Ferments. — Historique. — a) Amylase. — La digestion amylolytique. — Conditions d'activité de l'amylase. — Les électrolytes, la réaction du milieu, la température, lois d'action de l'amylase. — b) La maltase. Conditions d'activité, lois d'action. — c) La lactase. — d) La trypsine. — *Inactivité protéolytique du suc pancréatique pur.* — *Activation du suc pancréatique.* 1º par le suc intestinal, la kinase de l'intestin, sa préparation, sa généralité d'action, son origine, sa nature, son mode d'action sur la trypsine. — 2º par les sels: action des divers sels, forme de l'activation par les sels. Parallèle entre l'activation par la kinase et par les sels. — *La digestion tryptique.* — Historique. — La digestion tryptique étudiée par les produits de désintégration de l'albumine. — Lois d'actions de la trypsine sur les polypeptides. — Les produits de la digestion tryptique. — *Action de la trypsine sur les diverses albumines.* — *Conditions d'action de la trypsine, la réaction du milieu.* — Influence sur la trypsine des électrolytes, de la chaleur, de diverses albumines, des ferments, des microbes, des antiseptiques. — *Mesure de l'activité tryptique.* — Tubes de METT, cubes d'albumine, digestion de la caséine. Conductibilité électrique. Viscosité. Réaction du biuret. Lois d'action. — *e*) **Le ferment lab.** — *f*) **La lipase.** — *Historique.* — Action de la lipase sur les graisses : émulsion et saponification, action réversible de la lipase. — Action de la lipase sur les divers éthers. — Conditions d'action de la lipase. Action du milieu, de la température, des électrolytes, de la bile. — *Dosage de la lipase.* — B) **Le suc intestinal.** — *Obtention du suc intestinal* : Les fistules intestinales. — Rendement des divers segments intestinaux. — Caractères chimiques du suc intestinal. — Innervation sécrétoire de l'intestin. — Ferments intestinaux. (Kinase : voir *suc pancréatique*). — 1° Amylase. — 2° Maltase. — 3° Invertine. — 4° Lactase. — 5° Raffinase. — 6° Tréhalase. — 7° Ferments des demi-celluloses. — 8° Lipase. — 9° Érepsine de COHNHEIM. — 10° Nucléase. — 11° Ferment lab. — 12° La mucinase. — 13° L'arginase. — C) **Bile** (voir *article* **Bile** *de ce Dictionnaire.* — D) **Microbes intestinaux.** — Moment d'apparition dans le tube digestif. — Répartition dans l'intestin. Quantités; variétés; digestions microbiennes. La vie sans microbes.

### 2° La résorption intestinale dans l'intestin grêle.

A) **L'Eau et les sels.** — Expériences sur la résorption de l'eau et des sels; les théories : la filtration, la diffusion et l'osmose, théorie physique mixte, l'activité spécifique des cellules intestinales. Voies d'absorption. — B) **Les substances solubles dans les corps gras.** — C) **Les Graisses.** — Théories de l'émulsion des graisses, de l'émulsion des acides gras, de la dissolution des graisses. Rôle primordial de la bile. — Phénomènes histologiques de la résorption des graisses; remaniements des graisses par l'intestin. Voies d'absorption. — D) **Les Albumines.** — Sous quelle forme le passage des substances azotées est-il possible dans le torrent circulatoire? Albumines naturelles, albumines et peptones, acides aminés. Sous quelles formes l'administration des albumines est-elle susceptible de maintenir l'équilibre azoté? Albumines naturelles, albumines et peptones, acides aminés. Sous quelle forme l'albumine passe-t-elle dans le torrent circulatoire? Albumines, albumosos et peptones, acides aminés. — E) **Les Hydrates de Carbone.** — Les monosaccharides seuls sont susceptibles d'être résorbés directement. Vitesse de résorption des divers hydrates de carbone. — F) **Les Gaz.** — G) **Substances diverses.**

### 3° Le gros intestin.

Sécrétions et ferments. — Résorption.

II. **ÉTUDE SYNTHÉTIQUE DES PROCESSUS INTESTINAUX.** — *Coordination de l'apport gastrique et de la résorption intestinale.* — Mécanisme complexe de cette coordination. Réflexes acide gastrique et duodénal, distension intestinale, etc. — Mouvement du chyme dans l'intestin. — *Coordination des activités des divers ferments intestinaux.* — Antagonisme d'action des divers ferments intestinaux. — *Coordinations des sécrétions intestinales et de l'arrivée du chyme dans l'intestin : a*) Suc *pancréatique,* théorie réflexe, théorie humorale. Sécrétine, préparation de la sécrétine, nature de la sécrétine, effets divers de l'injection de sécrétine. — *c*) Bile. — *d*) Suc intestinal. — Le système nerveux, la sécrétine, les sels, les agents divers. — *Adaptation des sécrétions digestives à l'alimentation.* — Suc pancréatique. Adaptation extemporanée, à longue échéance, chez les animaux et chez l'homme. — *Desquamation de l'intestin et arrivée du chyme.* — *Sécrétion et résorption des ferments.* — *La toxicité du contenu intestinal et le rôle protecteur de l'intestin.* — *La défense de l'organisme par l'intestin et le foie.* — *Coordination des fonctions d'excrétion de l'intestin et des reins.* — *L'alimentation entérique et parentérique.* — *Péristaltisme et sécrétions intestinales. Purgatifs.* — *Procédés indirects d'examen des sécrétions intestinales.* — *Augmentation des échanges pendant la digestion.* — *Innervation de l'intestin* (sécrétoire et vaso-motrice).

III. **ANATOMIE ET PHYSIOLOGIE COMPARÉES.** — Anatomie comparée. — *Définition de l'intestin.* — *Étude de la cellule absorbante.* — *Structure de l'intestin.* — **Physiologie comparée.** — *Variation de la forme de l'intestin et alimentation.* — *Variation des glandes annexielles de l'intestin et alimentation.* — *Variation des divers ferments dans la série animale.* — *Digestion cellulosique.* — *Voies d'absorption des graisses.* — *Respiration intestinale.*

Dans la physiologie de l'intestin nous envisagerons non seulement les processus qui ont leur siège dans les tuniques intestinales, mais également ceux qui se passent dans la lumière de l'intestin; les premiers n'étant la plupart du temps que la suite naturelle des seconds.

*Division du sujet.* — Comme les fonctions de l'intestin sont nombreuses et qu'elles entrent pour la plupart presque simultanément en jeu, comme d'autre part elles diffèrent notablement chez les divers animaux, il nous a paru convenable d'en diviser l'étude en trois chapitres distincts. Dans le premier nous étudierons isolément les divers processus intestinaux, dans le second nous exposerons la coordination de ces processus, et dans le troisième nous montrerons leurs variations dans la série animale.

## I. — ÉTUDE ANALYTIQUE DES PROCESSUS INTESTINAUX.

Chez les vertébrés supérieurs le tractus intestinal se divise nettement en deux segments : l'intestin grêle et le gros intestin; les différences anatomiques et physiologiques de ces segments sont tellement tranchées qu'il y a un grand intérêt à séparer complètement l'étude des fonctions de l'intestin grêle et du gros intestin.

### INTESTIN GRÊLE.

L'intestin grêle, dont nous aborderons tout d'abord l'étude, est le siège de deux phénomènes principaux : l'afflux de sucs digestifs qui vont modifier les aliments et la résorption intestinale qui portera sur les aliments ainsi modifiés : d'où une division toute naturelle de l'étude de l'intestin grêle en : 1° étude des propriétés des sucs intestinaux : 2° étude des processus de la résorption.

## I. — SUCS QUI SE DÉVERSENT DANS L'INTESTIN GRÊLE ET ACTION DE CES SUCS SUR LES ALIMENTS.

Les sucs que l'on rencontre dans l'intestin grêle proviennent du pancréas, du foie, de l'intestin et des microbes intestinaux.

### A. — SUC PANCRÉATIQUE

#### 1° Obtention du suc pancréatique.

a) **Par macération de la glande.** — Le moyen le plus usité autrefois pour obtenir du suc pancréatique consistait à faire macérer du pancréas, soit frais, soit extrait de l'animal depuis 24 heures et mis dans de l'eau salée, dans de l'eau chloroformée, ou dans de la glycérine. Cette technique, qui, en somme, ne donnait qu'un extrait pancréatique où le suc pancréatique était naturellement très mêlé d'impuretés, était employé autrefois en raison des difficultés que l'on éprouvait à obtenir du suc de fistules. Les progrès de la chirurgie moderne, qui ont permis de faire avec succès des fistules permanentes, et les acquisitions récentes sur le mécanisme de la sécrétion pancréatique, nous permettent aujourd'hui d'obtenir aisément du suc pur. Nous laisserons donc de côté la question des extraits pancréatiques qui sera traitée à l'article **Pancréas**, pour ne nous occuper désormais que du suc pur de fistule, qui seul nous intéresse au point de vue de la digestion intestinale.

b) **Par fistule pancréatique temporaire.** — Les anciens auteurs avaient tous signalé que, chez les animaux auxquels on pratiquait une fistule temporaire, surtout sans anesthésie préalable, la sécrétion pancréatique était très faible, l'animal fût-il opéré en pleine digestion (CLAUDE BERNARD).

Tout porte à croire que la sécrétion pancréatique est très sensible aux traumatismes opératoires. Mais nous connaissons aujourd'hui des excitants de la sécrétion qui rendent pratiquement sans inconvénients l'effet défavorable du traumatisme, de sorte que grâce à eux nous pouvons obtenir du suc par fistules extemporaires.

Le procédé le meilleur consiste à injecter dans les veines de l'animal, opéré sous l'anesthésie, de la sécrétine qui, comme nous le verrons ultérieurement, est de la macération intestinale acidifiée, bouillie, neutralisée et filtrée : par l'injection de sécrétine on obtient une sécrétion extrêmement abondante. Ce procédé est le plus employé dans les laboratoires.

Par l'application d'acide chlorhydrique dilué sur la muqueuse duodénale on obtient aussi, et par un processus analogue, comme nous le verrons, à celui de l'action de la sécrétine, une très belle sécrétion. Mais ce procédé est peu employé à cause de son incommodité relative.

Certaines substances enfin, comme la pilocarpine et les peptones, provoquent également la sécrétion pancréatique; mais cette sécrétion est relativement peu abondante.

Un chien de 32 kilogrammes qui a reçu à 15 minutes d'intervalles deux injections de 0$^{gr}$,015 de chlorhydrate de pilocarpine ne sécréta, dans une expérience de GLEY et CAMUS, que 17 centimètres cubes de suc, tandis que nous verrons au contraire que, grâce à la sécrétine, on peut obtenir sur un animal de même taille plusieurs centaines de centimètres cubes de suc. De plus le suc de pilocarpine n'a pas les caractères physiologiques du suc de sécrétine. Pour toutes ces raisons l'usage de la sécrétine a prévalu pour obtenir extemporairement du suc pancréatique.

e) **Par fistule permanente.** — Grâce aux progrès de la chirurgie on sait maintenant réaliser des fistules permanentes : la technique en sera décrite à l'article **Pancréas**. Qu'il nous suffise de savoir que les animaux fistulisés survivent très longtemps si l'on prend soin d'assécher les bords de la plaie avec une poudre absorbante et si on leur fait ingérer du bicarbonate de soude pour prévenir cette cachexie spéciale décrite par PAWLOW chez les chiens fistulisés qui perdent leur suc. On a ainsi des animaux qui se remettent rapidement du traumatisme opératoire et dont le pancréas sécrète régulièrement sous l'influence des repas (V. **Pancréas**).

## 2° Composition du suc pancréatique.

Les sucs pancréatiques physiologiques, tels qu'on les obtient par fistule permanente au cours des repas ou encore par fistule temporaire à la suite d'injection de sécrétine ou d'ingestion d'acide, ont sensiblement la même composition.

Le suc pancréatique est un liquide clair, transparent comme de l'eau, incolore et très fluide : sa composition moyenne est indiquée dans le tableau suivant :

|  | ZILWA. | SCHUM. (Homme). | GLÄSSNER. (Homme). | |
|---|---|---|---|---|
| Poids spécifique. . . . . . . . | » | 1,0098 | 1,0075 | 1,0076 |
| Point cryoscopique. . . . . . . | — 0,61 | » | — 0,46 | 0,51 |
| Résidu sec. . . . . . . . . . . | 1,5 p. 100 | 1,5 p. 100 | 1,3 p. 100 | |
| Albumine. . . . . . . . . . . | 0,6 — | 0,1 — | 0,17 | 0,13 p. 100 |
| Cendres. . . . . . . . . . . | 1,0 — | 0,85 — | 0,56 | 0,7 — |
| Substances solubles dans l'alcool. | » | 0,56 — | 0,31 | 0,42 — |
| Alcalinité en NaOH. . . . . . . | 0,49 — | 0,45 — | » | |

D'après DE ZILWA, une partie des albumines est constituée par des nucléoprotéides; NENCKI et SIEBER ont trouvé de la lécithine. Les cendres contiennent des chlorures, du fer, du soufre et du phosphore. La chaux existe à l'état de traces (POZERSKI).

Le sel le plus abondant semble être le carbonate de soude qui donne au suc pancréatique sa forte alcalinité potentielle.

Il faut savoir que la composition chimique du suc pancréatique varie sensiblement au cours de la sécrétion déterminée par des injections répétées de sécrétine et que le suc pancréatique de pilocarpine est plus riche en résidu sec : 7,4 p. 100 (GLEY), plus riche en chaux : 0,024 p. 100 (POZERSKI) et contient des leucocytes (DELEZENNE), etc.

Exemple :

|  | Suc de sécrétine | | Suc de pilocarpine. |
|---|---|---|---|
|  | début. | fin. | |
| Alcalinité en NaOH. . . . . . | 12,4 | 9 | 5,5 |
| Matières solides p. 100 . . . . . | 2,25 | 1,5 | 6,4 |
| Cendres. . . . . . . . . . . | 1 | 1 | 1,3 |

(D'après DE ZILWA.)

## 3° Ferments pancréatiques.

**Historique.** — L'histoire des ferments pancréatiques est du plus haut intérêt doctrinal. La découverte des trois principaux ferments du suc pancréatique, à savoir l'amylase, la trypsine, et la lipase, remonte à une époque comprise entre 1835 et 1855.

Ce fut G. VALENTIN qui découvrit en 1844 l'amylase par la transformation de l'amidon au contact d'extrait aqueux du pancréas; l'année suivante BOUCHARDAT et SANDRAS confirmaient cette constatation. On crut longtemps que le produit de la transformation de l'amidon par l'amylase pancréatique n'était que du glucose. Ce ne fut qu'à la suite des recherches d'O. Sullivan sur l'extrait de malt que R. Mering et Musculus constatèrent que le produit de la digestion pancréatique était surtout du maltose.

L'action du suc pancréatique sur les graisses est signalée en 1834 par Eberle qui constate que le suc pancréatique émulsionne les graisses. Vers 1849 Cl. Bernard montre de plus que le suc pancréatique saponifie les substances grasses et que, si l'on examine les chylifères d'un lapin en digestion, les chylifères ne sont blancs qu'à partir de l'abouchement des canaux pancréatiques dans l'intestin.

Par cette observation mémorable Cl. Bernard mettait en évidence le rôle du suc pancréatique, non seulement dans la digestion, mais aussi dans l'absorption des graisses.

Ultérieurement Dastre complète ces constatations primordiales par une autre observation également de premier ordre. Chez des chiens dont on abouche le cholédoque au-dessous du canal de Winsung les chylifères ne deviennent blancs qu'à partir du nouvel abouchement du cholédoque. Cette observation, complémentaire de celle de Cl. Bernard, montre le rôle considérable de la bile dans la digestion des graisses.

Le rôle du suc pancréatique sur les albumines est signalé par Purkinje et Pappenheim en 1836, puis par Cl. Bernard en 1856. Mais les produits de cette action ne sont bien étudiés que par Kühne à partir de 1867. Cet auteur crée pour le ferment protéolytique du pancréas le terme de trypsine et montre les différences profondes qui séparent la digestion tryptique de la digestion peptique; la digestion tryptique donne des acides aminés tandis que la digestion gastrique ne dépasse pas le stade peptone.

Après les travaux de Kühne, l'étude de la digestion tryptique se traîne péniblement dans des questions de détails jusqu'au jour où Fischer, puis Fischer et Abderhalden reprennent l'étude de la digestion tryptique pour ainsi dire à l'envers. Tout d'abord ils reconstituent des peptones de synthèse en combinant entre eux divers acides aminés; ces peptones de synthèse ou polypeptides sont dédoublés par la trypsine alors qu'ils restent inattaqués par la pepsine; mais ils ne sont pas tous dédoublés par la trypsine; le nombre des acides aminés qui forment le polypeptide, la structure stéréochimique des polypeptides, la situation de certains acides aminés dans le groupement polypeptide rendent le polypeptide attaquable ou non par la trypsine. Ces travaux ouvrent une voie nouvelle sur le mécanisme d'action de la trypsine, et apportent une contribution de premier ordre à la loi générale d'action des ferments.

Si nous envisageons maintenant non plus les phénomènes chimiques de la digestion pancréatique, mais les conditions d'activité des ferments du pancréas, nous assistons à un développement non moins intéressant de la question du suc pancréatique.

La première question soulevée dans cet ordre d'idées concerne l'état sous lequel sont sécrétés les ferments. C'est à propos du suc pancréatique et notamment de la trypsine qu'apparaît pour la première fois la question des prodiastases et des diastases. Heidenhain en 1875 avait constaté que l'extrait glycériné du pancréas frais n'avait qu'une faible activité protéolytique, tandis que l'extrait fait avec un pancréas extirpé depuis 24 heures était plus actif. D'où l'idée que le pancréas ne contenait qu'un ferment inactif ou zymogène qui, sorti des cellules sécrétantes, se transformait en ferment actif dans la lumière des canaux pancréatiques. Cette question de la transformation du zymogène en zymase reste ensuite pendante jusqu'au jour où Pawlow montre l'activation considérable de la trypsine pancréatique par le suc intestinal. Delezenne et Frouin parachèvent cette grande découverte en montrant que le pancréas ne sécrète même pas, comme le disait Pawlow, deux espèces de ferments, l'un actif, l'autre activable, mais un seul ferment toujours inactif et activé physiologiquement par le suc intestinal. L'activation de la trypsine avait donc un siège extra pancréatique, et non intra pancréatique, comme on l'avait admis jusqu'alors.

A un certain point de vue la découverte de l'activation de la trypsine par le suc intestinal détermina un léger recul dans les conceptions de l'activation de la trypsine. Heidenhain, pour des raisons reconnues d'ailleurs mauvaises, ne croyait pas à un mécanisme spécifique de l'activation du suc pancréatique. Or Pawlow avait émis cette hypothèse que le suc intestinal devait sa propriété activante à un ferment spécial qu'il appela kinase, et si l'on ne resta pas longtemps spécifiste quant à l'origine de cette kinase, on resta du moins quelque temps étroitement spécifiste sur la nécessité de ce ferment kinasique pour activer la trypsine.

C'est alors que, par des considérations purement théoriques déduite des réactions des colloïdes entre eux, LARGUIER DES BANCELS pensa qu'on pourrait activer la trypsine par certains sels et certains colloïdes et réalisa la première activation artificielle. DELEZENNE ne tarda pas à simplifier cette question en montrant que les sels suffisaient à activer la trypsine et que le calcium était doué à cet égard de l'activité la plus forte.

Cette découverte de l'activation d'un ferment par des sels eut sa répercussion dans l'étude d'un autre ferment assez délaissé : l'amylase pancréatique. Ce ferment était d'emblée sécrété sous sa forme active par le pancréas; il semblait donc qu'il n'y eût rien à en tirer au point de vue de l'étude de son activation. On savait, il est vrai, depuis O. SULLIVAN, que l'adjonction de certains sels dans le milieu accélérait ou retardait la digestion amylolytique; mais c'était là un fait banal signalé pour bien des ferments ; BIERRY, HENRI et GIAJA montrèrent que le suc pancréatique dialysé perdait toute activité amylolytique et la récupérait par adjonction de sels et notamment de chlorures.

La seule mention de ces quelques faits montre l'orientation toute nouvelle de l'étude des conditions d'activité des ferments.

L'étude des actions d'arrêt des ferments nous a apporté beaucoup moins de faits que l'étude des actions activatrices. La notion de la résistance des albumines naturelles à la digestion tryptique, signalée en passant par CLAUDE BERNARD, s'est augmentée par les travaux de FERMI d'un fait nouveau, à savoir que les albumines naturelles empêchaient l'action de la trypsine vis-à-vis d'une albumine cuite. Attribuée d'abord à un antiferment, cette action est aujourd'hui considérée comme un phénomène physico-chimique d'adsorption. Mais nous n'en savons pas davantage; la question s'est pour ainsi dire butée à l'impossibilité où nous sommes de disloquer cette combinaison d'adsorption.

1° **Amylase.** — L'amylase du suc pancréatique ressemble beaucoup à toutes les amylases que nous connaissons; comme toutes les amylases, elle a la propriété de transformer l'amidon et le glycogène en maltose. L'étude des phénomènes chimiques de la digestion amylolytique ayant déjà été faite à l'article **Ferments**, nous renvoyons le lecteur à cet article pour cette question.

L'amylase du suc pancréatique est directement active, en ce sens qu'elle transforme l'amidon sans l'aide d'une substance adjuvante, comme nous le verrons pour la trypsine. En raison des conditions dans lesquelles s'opère la digestion intestinale, il est important de connaître les conditions d'action de l'amylase. Beaucoup de renseignements que nous donnerons sur cette question sont empruntés à des expériences faites avec les amylases salivaires ou végétales, mais par des expériences de liaison nous savons que les conditions d'action de toutes ces amylases sont les mêmes. Il n'y a donc pas d'inconvénient à recourir à ces sources d'informations diverses.

*a) Influence des électrolytes.*

La présence d'électrolytes est absolument indispensable pour que l'activité amylolytique puisse se manifester. HENRI, BIERRY et GIAJA ont vu que le suc pancréatique, dialysé jusqu'à ce que la conductivité électrique fût voisine de celle d'une eau distillée ordinaire, perd tout pouvoir amylolytique. D'après ces auteurs ce pouvoir lui est à nouveau restitué si le ferment est additionné d'électrolytes, parmi lesquels les plus efficaces sont les chlorures, les bromures, puis les iodures, quel qu'en soit le métal, à la condition naturellement qu'il ne s'agisse pas d'un métal lourd ; les sulfates, les oxalates, les carbonates et les phosphates au contraire sont sans effets. Les expériences qui montrent le rôle des électrolytes sur l'activation de l'amylase sont particulièrement intéressantes en ce qu'elles révèlent que l'action des électrolytes est fonction de leur radical acide et que ce radical acide doit être monovalent pour être efficace.

La présence d'électrolytes en quantité suffisante dans le milieu est, de plus, nécessaire pour donner à l'amylase son maximum d'activité; c'est ce qu'avaient déjà vu COOLE SYDNEY, GRÜTZNER et WACHSMANN. COOLE SYDNEY avait constaté que la salive dialysée incomplètement devenait moins active. GRÜTZNER et WACHSMANN qui étudièrent l'activation maxima de l'amylase par les sels ont établi l'activité maxima avec les divers sels à diverses concentrations.

Des recherches de ces divers auteurs il résulte que l'activité de l'amylase, qui est à peu près nulle dans un milieu dépourvu d'électrolytes (amylase dialysée, amidon dialysé, eau distillée) acquiert rapidement une activité maxima lorsque la teneur du sel dans le milieu est d'environ 1 p. 1000 à NaCl, mais à la condition que le milieu *soit convenablement* acidifié. La question des électrolytes, importante au point de vue théorique, ne soulève donc pratiquement aucune difficulté par le dosage de l'amylase.

*b. Réaction du milieu.*

La réaction optimum des milieux pour la digestion amylolytique est une réaction très légèrement acide, et il n'est pas indifférent d'autre part que l'acidité soit réalisée par tel ou tel acide. La question de réaction du milieu, contrairement à la question des électrolytes, est pour le dosage pratique de l'amylase d'une importance *capitale*.

L'influence de la nature de l'acide étant la mieux connue nous l'exposons d'abord. P. Grützner, qui a fait à cet égard des études précises, range les acides au point de vue de leurs propriétés activantes dans l'ordre suivant : HCl; $C^2H^3OOH$; $SO^4H^2$. Le graphique ci-joint montrera mieux que toute explication l'allure de ces activations.

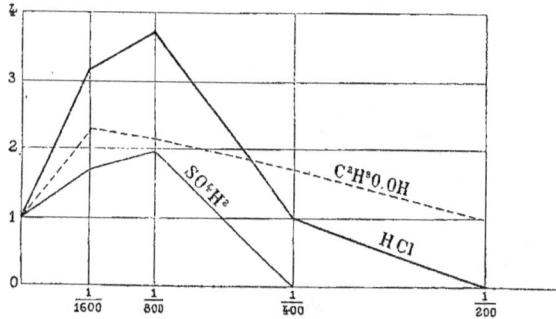

Fig. 72. — Activation de l'amylase par les acides, d'après Grützner (A. *g. P.*, xci, 1902, 195).

Le degré d'acidité qui active au mieux l'amylase a fait l'objet de nombreuses discussions. Il semble que les malentendus qui règnent encore sur ce point reconnaissaient deux causes différentes.

Tout d'abord, beaucoup d'auteurs ont opéré sur de la salive ou du suc pancréatique naturel. Or il va de soi que l'acide ajouté à ces sucs va d'abord neutraliser l'alcali de ces sucs et que l'acidité restante en sera d'autant diminuée. Pour éviter cette cause d'erreur il faut opérer sur des sucs dialysés, comme l'a fait Coole Sydney. D'après cet auteur, dont les expériences doivent donc faire foi pour la raison que nous venons de dire, l'activité de l'amylase a son optimum dans un milieu où l'acidité exprimée en HCl est environ de 0,01 p. 100 : une acidité de 0,02 p. 100 arrête déjà l'activité amylolytique. Encore ces valeurs ne doivent-elles pas être considérées comme absolues, car l'amidon absorbe un peu d'acide.

En second lieu — et c'est là une lacune qu'on trouve dans toute les expériences, — la concentration en ferment du milieu a une influence *énorme* sur l'activabilité du ferment par l'acidité. L'amidon est activement digéré par du suc pancréatique pur dont l'alcalinité en $CO^3Na^2$ est de 1/10 normale. Or si, au lieu d'opérer avec du suc pancréatique pur, nous opérons avec du suc pancréatique dilué mille fois, toute digestion cesse absolument dans un milieu dont l'alcalinité est la même, l'activité ne se manifeste plus que dans le milieu ayant l'acidité mentionnée par Coole Sydney, et il est bon d'ajouter qu'elle y est encore considérable.

Par conséquent dire que l'activité de l'amylase est à son optimum dans un milieu d'acidité donné n'a de signification que si la concentration du ferment est connue.

Ce dernier fait semble général pour tous les ferments : pepsine, trypsine, etc., mais il est particulièrement facile de le mettre en évidence à propos de l'amylase. Il peut se généraliser en ces termes : *la réaction du milieu n'a d'importance qu'en fonction de la concentration du ferment.*

Au point de vue pratique, il faut remarquer que l'activité de l'amylase par l'acide suit une courbe avec un plateau assez étendu où l'activité reste maxima malgré des variations d'acidité assez marquée. Par exemple, si la digestion est opérée sans acide et que l'activité égale 1, l'activité sera 20 avec une acidification du milieu de 0,012 p. 100 HCl, elle sera de 19 avec une acidification de 0,024 et de 6 pour une acidification de 0,036 p. 100. Il y a donc un plateau aux environs de l'acidité 0,018 p. 100, et, pratiquement, pour doser l'amylase dans les conditions d'activité maxima, il ne sera pas nécessaire de faire des digestions dans des milieux d'acidité progressivement croissante, il suffira de choisir d'emblée une acidité de 0,018 p. 100 en HCl pour être assuré qu'on est dans la zone d'activité optima.

*c) Action de la température.* — L'amylase pancréatique perd rapidement son activité à 65°. D'après BIERRY, elle conserve très longtemps son activité à 37°, si le suc pancréatique n'a pas été modifié par des manipulations.

Par contre, le suc pancréatique acidifié, puis neutralisé, perd son activité en vingt-quatre heures, à la température de 40°; il ne reste plus capable de transformer l'amidon en dextrines, et ne peut plus pousser l'hydrolyse jusqu'au stade maltose. Enfin, le suc pancréatique légèrement acidifié, dont l'amylase est ainsi activée au maximum, perd en quelques heures, à 40°, définitivement toute activité (BIERRY).

*d) Lois d'action de l'amylase.* 1° *La quantité de ferment étant constante, la concentration initiale de l'amidon est variable.* — V. HENRI et, ultérieurement, M. PHILOCHE ont montré que la quantité d'amidon hydrolisé est d'autant plus forte que la concentration initiale de l'amidon est plus grande, *tant que la concentration de l'amidon ne dépasse pas 3 p. 100*; à partir de cette concentration, la quantité de sucre n'augmente pas. Voici un exemple tiré de l'étude de M. PHILOCHE [1].

La diastase employée est la diastase absolue de MERCK, en concentration à 1 p. 50 000.

| Concentration de l'amidon. p. 100. | Amidon transformé en maltose au bout de 60'. |
|---|---|
| 1 | 0,240 |
| 1 1/2 | 0,300 |
| 2 | 0,338 |
| 2 1/2 | 0,397 |
| 3 | 0,397 |

2° *La quantité d'amidon étant fixe, la concentration du ferment varie.* — Dans l'unité de temps, la quantité de sucre formée est proportionnelle à la quantité de diastase pour des concentrations de diastase très faibles (en pratique, pour des concentrations en ferments, qui hydrolysent une proportion inférieure à 10 p. 100 de l'amidon dans la première heure de la digestion).

Exemple tiré du travail de M. PHILOCHE [1].

La concentration en amidon égale 2 p. 100.

| Titre de la diastase. | Amidon transformé en maltose en 24 heures. | Rapport de la quantité de maltose formée et de la concentration du milieu en ferments |
|---|---|---|
| 1 — 1 000 000 | 0,08 | 0,8 |
| 1 — 800 000 | 0,12 | 1,0 |
| 1 — 500 000 | 0,20 | 1,0 |
| 1 — 200 000 | 0,50 | 1,0 |

Pour des concentrations de ferments supérieures, le « rendement » du ferment décroît rapidement avec la concentration du ferment.

1. Toutes les digestions étaient effectuées à 39°.

Exemple tiré du travail de M. Philoche.
Amidon, 2 p. 100.

| Concentration du ferment. | Proportion d'amidon transformé en maltose en 30'. p. 100 d'empois. | Rapport de la maltose formée et de l'amylase. |
|---|---|---|
| 1 — 25 000 | 0,26 | 0,65 |
| 1 — 50 000 | 0,18 | 0,95 |
| 1 — 75 000 | 0,14 | 1,05 |

3° *Les concentrations d'amidon et de ferments étant identiques dans toutes les expériences, on considère la quantité de sucre formé après des temps de digestion variables.* — La quantité d'amidon hydrolysée dans l'unité de temps décroît très rapidement à mesure que l'on s'éloigne du début de la digestion, lorsque la concentration du ferment est telle qu'il y a plus de 10 p. 100 d'amidon hydrolysé dans la première heure.

Exemple tiré du travail de M. Philoche.
Concentration de la diastase à 1 p. 50 000 :

| Amidon 3 p. 100. Durée de la digestion. | Maltose formée. p. 100 d'empois. |
|---|---|
| 3' | 0,24 |
| 12' | 0,33 |
| 19' | 0,42 |
| 27' | 0,48 |
| 40' | 0,54 |

4° *Action comparée de l'amylase sur l'amidon et le glycogène.* — M. Philoche a montré que cette action diffère par deux faits principaux :

1° L'amylase hydrolyse beaucoup plus difficilement le glycogène que l'amidon; toutes choses étant égales d'ailleurs.

Une hydrolyse du glycogène au taux de 0,70 p. 100 en 92 minutes n'est obtenue qu'avec une concentration de diastase de 1 p. 1 300, tandis qu'une hydrolyse de l'amidon de 0,74 p. 100 en 90 minutes est obtenue avec une concentration de ferment à 1 p. 25 000, c'est-à-dire dix-neuf fois plus faible ;

2° L'hydrolyse du glycogène s'arrête rapidement et presque complètement lorsqu'une notable partie du glycogène est transformée, et alors même que la concentration en diastase est considérable : au contraire, la digestion de l'amidon se fait complètement même avec des concentrations de diastase relativement faibles.

Voici, à titre comparatif, deux digestions où le glycogène et l'amidon ont même concentration, mais où la diastase est à 1 p. 50 pour la digestion du glycogène, et à 1 p. 25 000 pour la digestion de l'amidon.

| Glycogène 2 p. 100. Temps. | Diastase 1 : 50. Glycogène transformé. |
|---|---|
| 30' | 1,25 |
| 170' | 1,33 |
| 26 heures. | 1,80 |

| Amidon 2 p. 100. Temps. | Diastase 1 : 25 000. Amidon transformé. |
|---|---|
| 345' | 1,80 |
| 540' | 1,98 |

*Comparaison des lois d'action des diverses amylases.* — Les lois d'action sont identiques, d'après M. Philoche, pour la diastase absolue de Merck, et la diastase Taka ; d'après des expériences, il est vrai, incomplètes, il semble que ces lois se retrouvent dans l'action des autres amylases des sucs salivaire, pancréatique et intestinal. L'amylase du suc pancréatique présente donc des lois d'action analogues à celle des autres amylases.

*Concentration relative en amylase du suc pancréatique et des autres sucs digestifs.* — Les expériences instituées aux fins d'élucider cette question consistent toutes à mesurer la quantité de sucre qui réduit la liqueur de Fehling dans des digestions comparatives d'amidon par le suc gastrique, le suc intestinal, le suc salivaire, le sérum, l'urine, etc. Ils n'expriment donc pas seulement l'activité amylolytique, mais bien l'activité amylomaltolytique des sucs ; car, dans tous ces liquides, la maltase coexiste avec l'amylase. Sous réserve de cette cause d'erreur, d'ailleurs minime, l'activité hydrolysante de ces diverses humeurs, en prenant comme étalon une salive moyenne d'homme sain, est, d'après nos expériences, la suivante :

$$
\begin{array}{ll}
\text{Salive.} & 1,00 \\
\text{Suc intestinal.} & 0,10 \\
\text{Suc pancréatique} & 50,00 \\
\text{Sérum} & 0,01 \\
\text{Urine.} & 0,01
\end{array}
$$

D'où il ressort que l'activité amylolytique du suc pancréatique est au moins cinq fois plus forte que l'humeur qui vient immédiatement après lui comme concentration en amylase, c'est-à-dire la salive.

*Action spécifique de l'amylase pancréatique.* — Nous savons que l'amylase dédouble l'amidon et le glycogène, et nous avons vu que l'amylase végétale est beaucoup moins active sur le glycogène que sur l'amidon. M. Philoche a constaté que l'amylase du suc pancréatique se distinguait de l'amylase végétale par une activité beaucoup plus marquée que celle de l'amylase végétale vis-à-vis du glycogène.

Exemple : Suc pancréatique frais, 4 cmc. p. 100.

| Durée. | Amidon 2 p. 100. Quantité de maltose. | Glycogène 2 p. 100. Quantité de maltose. |
|---|---|---|
| 60' | 1,40 | 0,84 |
| 90' | 1,48 | 0,90 |

**2° Maltase.** — Des expériences anciennes de V. Mering et Musculus avaient montré que l'extrait de pancréas était susceptible de transformer l'amidon en glucose. Ces extraits contenaient donc une maltase. La maltase a été surtout étudiée par Bourquelot, qui a montré que ce ferment était très répandu dans l'organisme, plus abondant dans l'extrait intestinal que dans l'extrait pancréatique, et qu'il devait exister dans le sang.

Contrairement à ce que nous avons constaté pour l'amylase, la maltase pancréatique semble très peu active dans le suc pancréatique pur. Mais Bierry et Terroine ont montré que, pour donner au suc pancréatique une activité maltolytique marquée, il suffisait de l'acidifier légèrement.

*a) Lois d'action de l'amylase.* — Ainsi que le fait remarquer Victor Henri, l'intérêt essentiel de l'étude comparée des fermentations maltolytiques et amylolytiques réside en ce fait que l'amylase agit sur des colloïdes (amidon et dextrine, glycogène), tandis que la maltase hydrolyse des cristalloïdes (maltose).

On pouvait donc se demander si les lois d'action des deux ferments ne seraient pas différentes, puisque les deux ferments n'agissent pas dans le même milieu : l'amylase agissant en milieu colloïdal, et la maltase dans une solution vraie. Les faits essentiels concernant les lois d'action de la maltase sont empruntés encore au travail de M. Philoche.

1° *La quantité de ferment étant constante, la concentration initiale du maltose varie.* — Les faits sont à peu près identiques à ceux que nous avons relatés pour l'amidon dans la digestion amylolytique.

Pour des concentrations variant entre 0 et 2 p. 100 de maltose, la quantité de glucose augmente avec la concentration initiale du maltose.

Entre des concentrations comprises de 2 à 8 p. 100 de maltose, la quantité de glucose formée ne varie presque plus.

Expérience de M. Philoche. Maltose Taka, 1 p. 500.

| Durée. | Maltose 2 p. 100. | 4 p. 100. | 6 p. 100. | 8 p. 100. |
|---|---|---|---|---|
| 50' | 0,36 | 0,39 | 0,39 | 0,40 |
| 112' | 0,85 | 0,80 | 0,89 | 0,96 |

*La quantité de maltose étant constante, la quantité de ferment est variable.*

M. Philoche conclut de ces expériences que la vitesse de la réaction est proportionnelle à la quantité de ferment. Voici un extrait de ces expériences :

| Durée. | Maltase 1/1000. | 1/500 | 1/100. |
|---|---|---|---|
| | | Maltose hydrolysée. | |
| 10 heures | 0,07 | 0,22 | 0,76 |

Voici, en effet, trois résultats assez homogènes. Les quantités de glucose formées sont de 1, 3, 10 correspondant à des concentrations de ferments égales à 1, 2, 10, variant dans de larges limites.

Mais remarquons immédiatement que dans toutes ces digestions l'hydrolyse est lente. Nous sommes donc dans le cas de concentrations faibles de ferments que nous avons vues pour l'amylase déterminer des digestions proportionnelles à la concentration du ferment.

*Les concentrations de maltase étant constantes, on considère la quantité de glucose formée en fonction du temps.*

Voici une expérience de M. Philoché :

| Maltose 6 p. 100. Durée. heures. | Maltase à 1 p. 100. Maltose hydrolysée. |
|---|---|
| 1 | 0,09 |
| 2 | 0,19 |
| 3 | 0,30 |
| 4 | 0,37 |
| 6 | 0,54 |
| 8 | 0,71 |
| 10 | 0,76 |

L'expérience montre une proportionnalité directe très remarquable entre la quantité de glucose formée et les temps de digestion durant les huit premières heures de la digestion.

Cette proportionnalité est le fait de deux facteurs : le premier, c'est que la concentration du ferment est relativement faible, puisqu'elle hydrolyse moins du dixième de la maltose en 1 heure, le deuxième c'est que, ainsi que Philoche l'a montré directement, les produits de dédoublement de la maltose, à savoir la glucose, sont peu empêchants vis-à-vis de la maltase.

*Activité relative de la maltase pancréatique et de la maltase des autres tissus.* — Contrairement à ce que nous avons vu à propos de l'amylase, à savoir que l'amylase pancréatique est incomparablement plus active que l'amylase de tous les autres tissus, la maltase pancréatique est moins active que la maltase de beaucoup d'autres tissus.

Shore et Tebb ont trouvé la maltase la plus active dans l'intestin grêle du porc. Ce fait a été confirmé par Bourquelot. Hamburger, de son côté, trouve que la maltase du sang est plus active que celle de la sécrétion pancréatique.

3º **Lactase**. — La découverte de la lactase est récente ; elle fut trouvée en 1889 par Beyerinck dans le *Saccharomyces Kéfir*. Dastre, qui le premier a étudié la lactose dans le règne animal, n'en constate pas la présence dans le suc pancréatique. On admit, d'après les conclusions de cet auteur, confirmées par les travaux de V. Fischer et Wibbel, et Portier, que le suc pancréatique ne contient pas de lactase, jusqu'à ce que Weinland annonçât que le pancréas des animaux nourris au lait renfermait un ferment susceptible de dédoubler la lactose. D'après ce dernier auteur, le pancréas, qui normalement ne sécrète pas de lactase, « s'adapterait » à une alimentation lactée en produisant de la lactase.

Bierry et Gruy-Salazar reproduisent l'expérience de Weinland ; mais ne constatent aucune formation de lactase pancréatique. Ils montrent que les procédés employés par Weinland pour identifier les produits d'hydrolyse de la lactose sont inexacts.

A. Plimmers à son tour, en recherchant le galactose par une technique précise, constate que le pancréas ne forme pas de lactase chez les animaux nourris au lait.

D'où il semble résulter que, dans aucun cas, ni normalement, ni exceptionnellement le pancréas ne sécrète de lactase.

4° **Trypsine.** — La trypsine est un ferment qui dédouble les albuminoïdes. Il se distingue du ferment protéolytique de l'estomac en ce qu'il dédouble rapidement les albumines jusqu'au stade des acides aminés, tandis que la pepsine ne dépasse pas le stade des peptones ; d'autre part, la réaction optima du milieu dans laquelle s'opère la digestion tryptique diffère aussi très nettement de la réaction optima du milieu où s'opère la digestion peptique. Selon les concentrations de pepsine, la digestion peptique s'effectue au mieux dans des concentrations de HCl allant de 2 à 6 p. 1000. Or il n'est pas d'éventualités possibles dans lesquelles on ait pu constater une digestion tryptique s'effectuant dans un milieu où la concentration de HCl dépasse 0,5 p. 100. Dans le même ordre d'idées la digestion peptique est à peu près nulle en un milieu où HCl est à 0,5 p. 1000 tandis que la digestion tryptique est très active en milieu neutre.

La trypsine peut donc être définie comme un ferment protéolytique agissant dans un milieu voisin de la neutralité et dédoublant rapidement les albumines jusqu'aux stades acides aminés.

### 1° Inactivité protéolytique du suc pancréatique pur.

La question de l'inactivité primitive de la trypsine pancréatique fut soulevée en 1876 par Heidenhain à propos de la constatation suivante. De l'extrait de pancréas frais n'a pas d'activité protéolytique ; l'extrait de pancréas extirpé depuis 24 heures de l'organisme en possède au contraire une considérable. Le pancréas contient donc un ferment qui ne devient actif que secondairement, à la suite d'une modification intrinsèque de la glande. Il est évident que les phénomènes, d'ailleurs inconnus, qui s'accomplissent dans cette transformation de la glande extirpée de l'animal et abandonnée à l'air ne pouvaient être invoqués pour expliquer l'activation physiologique de la trypsine. Schiff et Herzen émirent alors l'hypothèse que c'était à la rate qu'était dévolu ce pouvoir activant. D'après ces auteurs, la rate lançait dans la circulation des produits qui au niveau du pancréas transformaient le zymogène en zymase. Entre autres démonstrations de cette hypothèse, Schiff et Herzen signalaient que l'extrait frais de pancréas additionné d'extrait de rate était légèrement plus protéolytique que l'extrait frais de pancréas seul. L'activation exercée ainsi par l'extrait de rate était faible, et ne convainquit personne ; mais néanmoins elle inspira à certains auteurs l'idée d'isoler *in vivo* cette action hypothétique de la rate. Carvallo et Pachon se proposèrent dans ce but de rechercher ce que devenait la digestion des albumines, lorsque sur des animaux agastres, c'est-à-dire privés de leur digestion peptique, on venait à supprimer la rate.

La question en était là, lorsque les nouvelles découvertes de Pawlow et de ses élèves vinrent montrer que l'activation du suc pancréatique se faisait en dehors du pancréas par le suc intestinal. Dès lors, la remarque de Heidenhain, tout en restant intéressante comme fait, perdait beaucoup de son intérêt au point de vue physiologique proprement dit et l'hypothèse de Schiff-Herzen devait être abandonnée, quoiqu'il ne soit pas impossible, comme nous le verrons ultérieurement, que son opportunité puisse être à nouveau envisagée, mais dans un tout autre ordre d'idées, que celui qu'avaient développé ces auteurs.

Les découvertes par lesquelles Pawlow modifia nos conceptions sur l'activation de la trypsine découlent entièrement de la nouvelle technique qu'apporta ce physiologiste dans l'étude des ferments pancréatiques. Au lieu d'utiliser des extraits pancréatiques, Pawlow utilisa du suc de fistule, et l'expérience ne tarda pas à lui démontrer que ces deux produits étaient d'activités bien différentes.

Dans une première série d'expériences, Pawlow et Chepovalnikoff constatèrent que le suc de fistule était à peu près inactif. Mais bientôt après ils ne tardèrent pas à établir que ce suc inactif devenait extrêmement actif après son mélange avec du suc intestinal.

Pawlow désigna du terme d'*entérokinase* la substance activante du suc intestinal, et la considéra comme étant « un ferment de ferment ». Par ces résultats il ne pouvait plus faire de doute que le suc intestinal était l'activant physiologique du suc pancréatique.

Mais, si, d'après Pawlow, le suc pancréatique était peu actif, il n'était cependant pas complètement inactif, et, dans l'opinion de cet auteur, le pancréas sécrétait le ferment sous deux états différents : un zymogène et une zymase.

La démonstration que le pancréas ne sécrète qu'un zymogène pur, pour employer l'expression conventionnelle, fut faite en 1902 par Delezenne et Frouin.

La technique de Pawlow, qui constituait un perfectionnement considérable dans l'étude de la trypsine, n'était point parfaite. L'auteur recueillait le suc dans un entonnoir en le laissant couler sur l'orifice de la fistule qui était constituée par une rondelle de duodénum.

Étant donnée l'extrème activité du suc intestinal, il était admissible que la sécrétion de cette rondelle duodénale vînt modifier les qualités du suc pancréatique en se mêlant à lui. C'est ce que démontrèrent nettement Delezenne et Frouin en constatant que le suc prélevé au moyen d'une canule introduite dans le canal de Wirsung était absolument inactif sur les cubes d'albumine, tandis que ce même suc, recueilli selon la technique de Pawlow, était légèrement actif.

Ces auteurs montrèrent de plus que l'inactivité du suc pancréatique recueilli au moyen d'une canule restait complète au cours des repas les plus divers, contrairement à l'opinion de Pawlow qui avait essayé d'établir, sur les faibles variations d'activité immédiate de la trypsine, une théorie de l'adaptation du suc à la qualité des aliments. Enfin ils virent encore que le suc de sécrétine était aussi inactif que le suc provoqué par un repas d'épreuve. On conçoit toute l'importance pratique de cette dernière remarque pour la commodité de l'étude physiologique de la trypsine.

De ce qu'un suc de sécrétine ou de repas d'épreuve soit inactif, s'il est recueilli au moyen d'une canule et surtout si l'on a soin de rejeter les premières gouttes qui s'écoulent, il ne s'ensuit nullement que les sucs obtenus par d'autres procédés soient également inactifs. Gley et Camus, qui ont fait du suc de pilocarpine et de peptone une étude particulière, ont signalé que ces sucs sont toujours actifs, quelque soin que l'on apporte à leur récolte. Faut-il expliquer cette activation intrapancréatique du suc par la présence de leucocytes dans le suc (Delezenne) ou la surabondance de sels de chaux signalés dans ces sucs par Pozerski? C'est là une question qui aura sa place naturelle dans l'étude du mécanisme de l'activation de la trypsine. Mais on conçoit, sans insister davantage, que l'activité immédiate du suc de pilocarpine ne saurait entamer la doctrine de l'inactivité absolue du suc pancréatique physiologique bien établie d'abord par Delezenne et Frouin sur les chiens, puis confirmée par de nombreux auteurs chez le même animal et étendue aujourd'hui à d'autres animaux, notamment aux bovidés par Delezenne et Frouin, et à l'homme par Hamburger et Glæssner.

### 2° Activation du suc pancréatique.

L'activation physiologique du suc pancréatique, qui paraît se faire essentiellement par le suc intestinal, peut cependant reconnaître un second mécanisme, à savoir : une activation par les sels. Tout porte à admettre que cette dernière activation doit aussi se produire physiologiquement, quoique son importance soit certainement moins grande que celle de l'activation par le suc intestinal. Ce genre d'activation spécial présente le très grand intérêt de nous offrir un nouveau moyen d'étude de l'activation du suc pancréatique. Il est donc légitime de lui accorder une place assez importante, et d'étudier, après l'activation par le suc intestinal, l'activation par les sels.

#### α) *Activation par le suc intestinal : entérokinase.*

*Obtention de la kinase.* — La substance activante du suc intestinal, entérokinase de Pawlow, peut être obtenue par différents procédés.

On peut utiliser comme liquide kinasique le suc intestinal lui-même obtenu par une fistule intestinale (procédé primitif de Pawlow).

On peut encore utiliser une macération aqueuse de muqueuse intestinale en ayant soin d'ajouter un antiseptique au liquide de macération pour éviter la putréfaction.

Enfin, pour conserver de la kinase, on peut précipiter par l'alcool l'extrait aqueux de muqueuse; le précipité contient la majeure partie de la kinase. Ou bien encore, pour obtenir des produits plus actifs, on peut extraire la kinase par les nucléoprotéides de la muqueuse intestinale avec le procédé de Stassano et Billon, qui est le suivant. Une macération aqueuse de muqueuse intestinale faite dans de l'eau additionnée de 2 à 3 p. 100 de carbonate de soude (pour dissoudre les nucléoprotéides) et de 1 à 2 p. 100 de chloroforme, est neutralisée au bout de vingt-quatre heures par de l'acide acétique, les nucléoalbumines seules précipitent en entraînant à peu près toute la kinase. On évite ainsi de mêler la kinase aux globulines, et le produit est extrêmement actif. Desséché, il se conserve bien. Pour activer le suc pancréatique, il suffit de triturer une très petite quantité de cette poudre avec le suc pancréatique.

*Généralité d'action et origine de la kinase.* — La kinase semble être une substance activante très répandue dans le règne animal. Delezenne a trouvé de la kinase chez tous les vertébrés qu'il lui a été donné d'étudier à cet égard : ce fait a été confirmé, notamment pour l'homme, par Glessner, Hamburger, etc.

La kinase ne semble pas avoir de spécificité, en ce sens que la kinase de n'importe quel animal est susceptible d'activer le suc pancréatique de n'importe quel autre animal.

*La distribution de la kinase dans l'intestin paraît avoir des limites précises.* — Chepowalnikoff, dont les observations ont été confirmées par Delezenne et Frouin, a vu que, si le suc duodéno-jejunal était très activant, le suc iléal par contre était dénué de toute activité.

L'origine de la kinase a fait l'objet de nombreux travaux de la part de Delezenne et de ses collaborateurs, de Bayliss et Starling, et de Gley et Camus.

Pour Delezenne la kinase a son origine dans les leucocytes de l'intestin. L'idée de cette hypothèse lui fut suggérée par les constatations suivantes :

Au cours d'études sur le suc pancréatique chez les reptiles, les batraciens et les poissons, Delezenne, vu l'impossibilité d'obtenir du suc pancréatique pur chez les animaux, s'était servi de macérations pancréatiques : les unes faites dans de l'eau chloroformée, les autres dans de l'eau fluorurée à 2 p. 100. En comparant l'activité tryptique immédiate de ces deux extraits, l'auteur avait constaté ce fait singulier que l'extrait chloroformique était actif, tandis que l'extrait fluoruré était inactif et ne devenait actif que par addition de kinase.

Étant donné que le chloroforme est leucolytique et le fluorure leucofixateur, Delezenne se demanda si l'activité de l'extrait chloroformique n'était pas due à la destruction des leucocytes et l'inactivité de l'extrait fluoruré à leur intégrité.

En faveur de cette hypothèse, Delezenne relate successivement les constatations suivantes. Les plaques de Peyer sont les parties les plus riches en kinase de la muqueuse intestinale, et l'extrait de ganglions est lui-même activant. En provoquant dans une région quelconque de l'organisme un abcès aseptique par injection de térébenthine, d'albumine, de gluten caséine, etc., on obtient un pus très kinasant, que l'abcès soit développé sous la peau, dans la plèvre ou dans le péritoine. Enfin Delezenne, ayant remarqué que l'injection de pilocarpine détermine une émission abondante de leucocytes dans l'urine, constate que cette urine riche en leucocytes est kinasante, qu'elle perd toute activité si on centrifuge rapidement les globules blancs et que l'activité kinasique reste dans les leucocytes.

Il n'est pas sans intérêt d'ajouter ici qu'au cours de l'injection de sécrétine qui provoque une abondante sécrétion intestinale riche en kinase, le duodénum est le siège d'une infiltration leucocytaire considérable avec prédominance d'éosinophiles. L'activité de la rate semble très exaltée dans ce processus, et Simon, Aubertin et Ambard ont même signalé une transformation myéloïde de la rate avec éosinophilie chez des chiens sacrifiés après avoir reçu plusieurs injections de sécrétine.

Il y a là un fait qui s'accorde bien avec l'hypothèse de Delezenne, et qui est peut-être de nature à réhabiliter aussi, dans une certaine mesure, l'hypothèse de Schiff-Herzen touchant le rôle de la rate. Il se pourrait que la leucocytose intestinale à type éosinophile eût sa source principale dans le dépôt leucocytaire de la rate. Dans cette mesure seule, l'hypothèse de Schiff-Herzen serait exacte, mais elle resterait fausse dans ses autres parties, à savoir que la rate est indispensable pour activer le suc pancréatique. Frouin a démontré directement, d'ailleurs, que des animaux dératés sécrètent une kinase active. Par conséquent, si la rate intervient dans l'activation du suc pancréatique, son rôle est facilement suppléé par d'autres organes ; si ce rôle de la rate consiste à déterminer dans le duodénum une certaine leucocytose, ce phénomène est aisément réalisé par le reste de l'appareil hématopoiétique.

L'hypothèse de l'origine leucocytaire de la kinase a été confirmée par Stassano et Billon, qui ont activé du suc pancréatique par des leucocytes d'un abcès provoqué dans le péritoine d'un cobaye par une injection d'émulsion de lécithine.

Par contre Bayliss et Starling ne sont pas partisans de l'origine leucocytaire de la kinase. Gley et Camus ne purent activer du suc pancréatique avec le culot de centrifugation de la lymphe, à raison de un demi-centimètre de culot pour un centimètre cube de suc, alors même qu'ils avaient préalablement lavé les leucocytes dans de l'eau salée physiologique pour les débarrasser du plasma, qui, on le sait, annihile l'effet de la kinase.

Évidente pour Delezenne, Stassano et Billon, l'origine leucocytaire de la kinase est donc rejetée par Bayliss et Starling, Gley et Camus qui pensent que la kinase est un produit des glandes intestinales.

En dehors des leucocytes ou des glandes intestinales, la kinase peut-elle avoir encore une autre origine ?

La source de kinase la mieux identifiée à cet égard est la flore bactérienne de l'intestin. Le suc pancréatique inactif envahi par les microbes devient actif, et cette activation peut être produite par simple adjonction au suc pancréatique des diastases microbiennes filtrées sur bougie (Delezenne). Breton a confirmé ce fait pour le coli bacille.

Ces diverses kinases n'épuisent pas la liste des kinases actuellement connues, mais celles que nous citerons maintenant n'ont plus qu'un intérêt théorique, et non plus un intérêt pratique au point de vue de la digestion.

C'est ainsi que le venin de serpent bothrops et le venin de cobra activent nettement la trypsine (Delezenne) et que certains champignons basidiomycètes contiennent aussi une kinase active (Delezenne et Mouton).

*Nature de la kinase.* — Pour Pawlow, la kinase était un ferment. Cette opinion fut généralement adoptée, parce que la kinase agit à de très faibles doses comme un ferment, se détruit comme la plupart des ferments par un chauffage de courte durée à 75°, et enfin parce qu'elle ne dialyse pas. Il convient d'ajouter encore que cette croyance en la nature fermentaire de la kinase fut surtout fortifiée parce que tout d'abord on ne connaissait pas, pour activer le suc pancréatique, d'autres procédés que celui d'y ajouter un extrait organique.

En 1902, Larguier des Bancels s'éleva contre l'hypothèse de la nature fermentaire de la kinase au nom de ce fait que la kinase préparée d'une certaine façon n'est plus détruite par la chaleur. La technique de L. des Bancels était la suivante ; un mètre de la portion supérieure de l'intestin grêle est fendu, lavé, et mis à digérer à 40° dans 100 cc. d'eau toluénée pendant vingt-quatre heures. La macération est ensuite filtrée sur du coton de verre ou du papier, puis bouillie et filtrée à nouveau.

Le filtrat, quoique ayant subi l'ébullition, reste activant.

Ultérieurement Bierry et Henri confirmèrent le fait, et virent même que la kinase résistait à un chauffage de 120° pendant vingt minutes.

Après la constatation de pareils faits, retrouvés d'ailleurs plusieurs fois par les auteurs précités, il semble difficile de soutenir encore que la kinase ne résiste pas à la chaleur : la seule question qui reste à élucider est de rechercher pourquoi, avant Larguier des Bancels, les auteurs avaient tous admis la thermolabilité de la kinase.

Si nous examinons le protocole d'expériences de Delezenne, qui se rapproche beaucoup de celui de Larguier des Bancels, un seul point attire notre attention. Delezenne relate que sa macération aqueuse est généralement acide et que, pour cette raison, il la neutralise après l'avoir fait bouillir, tandis que LARGUIER DES BANCELS signale que ses macérations sont neutres ou légèrement alcalines. Nous ne saurions faire état de ces seules remarques pour trancher le débat, mais nous ferons remarquer cependant que dans les milieux acides les nucléoprotéides se précipitent en entraînant la kinase (STASSANO), tandis qu'en milieu neutre ou légèrement alcalin, les nucléoprotéides se maintiennent en suspension ; peut-être y a-t-il dans cette simple nuance de technique la raison des différences dans les résultats obtenus.

Depuis les expériences que nous venons de relater, il n'en a pas été fait d'autres concernant la nature de la kinase, mais il convient d'ajouter que l'opinion qu'on avait sur la nature fermentaire de la kinase, déjà ébranlée par les travaux de L. DES BANCELS, ne tarda pas à l'être encore une seconde fois par le contre-coup de la découverte de l'activation artificielle par les sels.

Actuellement, on tend donc à rejeter l'hypothèse primitive de PAWLOW, à savoir que la kinase est un ferment, mais sans qu'on puisse dire si la kinase est une substance protéique thermostabile, un mélange de sels ou encore un complexe de protéiques et de sels.

*Mode d'action de la kinase sur le suc pancréatique.* — Ajoutée au suc pancréatique, la kinase active instantanément la trypsine inactive (DELEZENNE).

L'activation maxima de la trypsine se produit avec des quantités infinitésimales de kinase : 1 de kinase p. 10000 du suc pancréatique (DELEZENNE). Mais, quelque minime que soit la quantité de kinase suffisante pour activer la trypsine, il est aisé, par des dilutions appropriées de kinase, de déterminer des activations croissantes de la trypsine par adjonction de quantités croissantes de kinase. C'est ainsi que DASTRE et STASSANO ont montré qu'il faut une dose minima de kinase pour que l'activité tryptique se manifeste (seuil de l'activation) et qu'avec des doses croissantes de kinase la trypsine devient toujours plus active jusqu'à ce que, pour une quantité donnée de kinase, la trypsine acquière une activité qu'elle ne dépassera plus, quelle que soit la quantité de kinase ajoutée (plateau de l'activation).

La kinase mordance-t-elle l'albumine à attaquer, ou transforme-t-elle le zymogène en zymase? DELEZENNE a constaté que la fibrine mise au contact de la kinase se fixe assez fortement pour que, même après lavage prolongé à l'eau, cette fibrine soit rapidement digérée par du suc pancréatique inactif. C'est là le seul fait actuellement connu qu'on puisse introduire dans ce débat, sur lequel nous aurons d'ailleurs à revenir à propos de l'activation par les sels.

### β) Activation par les sels.

En 1905, LARGUIER DES BANCELS, en se fondant d'une part sur l'hypothèse que l'activation du suc pancréatique par la kinase devait être un phénomène de mordançage et d'autre part sur des réactions déjà connues entre les colloïdes et les sels, montre qu'on pouvait activer très fortement le suc pancréatique par adjonction au suc de certaines couleurs d'aniline et de certains sels. En laissant de côté la faible activation du suc pancréatique par additions de petites quantités d'acide, signalée en 1876 par HEIDENHAIN, on peut dire que ce fut la première expérience réalisant une activation de la trypsine autrement que par des extraits organiques. Le protocole des expériences de LARGUIER DES BANCELS est le suivant. Des cubes d'ovalbumine coagulée par ébullition sont plongés 24 heures dans du bleu de toluidine en solution aqueuse à 0,002 p. 100. Ces cubes sont lavés à l'eau distillée, puis plongés dans les mélanges suivants à 39° pendant 18 heures. Les résultats obtenus sont indiqués en face des mélanges.

| | | | |
|---|---|---|---|
| Cubes colorés + 2 cmc. suc pancréat. + 8 gttes d'azotate de baryum saturé. | | | Digestion complète. |
| — | — | 8 gttes de sulfate d'ammonium sat. | Pas de digestion. |
| — | — | 8 gttes d'azotate de magnésium sat. | Digestion complète. |
| — | — | 8 — — de calcium sat. | Digestion complète. |
| | Mêmes expériences avec des cubes non colorés. | | Pas de digestion. |

L. DES BANCELS conclut de ses expériences que l'activation artificielle exigeait : 1° certains sels, les sels de métaux bivalents se montrant à cet égard à peu près tous d'égale activité et 2° une coloration par certains colorants (bleu de toluidine, rouge de Magdala).

La même année, DELEZENNE reprend l'étude de l'activation artificielle dans une vue d'esprit différente.

Ayant vu que les macérations fluorurées de pancréas sont immédiatement inactives par opposition aux macérations chloroformiques, DELEZENNE se demande si le fluorure ne joue pas dans ce phénomène un rôle analogue à celui qu'il joue vis-à-vis des sels de calcium dans la coagulation du sang. Il pense que le fluorure précipite dans la macération pancréatique les sels de chaux à l'état insoluble et par conséquent que l'addition de sels solubles de calcium doit théoriquement activer la trypsine inactive.

Voici les expériences par lesquelles DELEZENNE montre l'influence des sels de calcium.

| | | | | cmc. | |
|---|---|---|---|---|---|
| Suc pancréatique 2 cmc. + H²O. . | | | . . . . . . | 0,5 | Digestion nulle. |
| — | — | + CaCl² à 20 p. 100. . | | 0,5 | — complète. |
| — | — | — | . . | 0,4 | — complète. |
| — | — | — | . . | 0,3 | — complète. |
| — | — | — | . . | 0,2 | — complète. |
| — | — | — | . . | 0,1 | — à demi-digérée. |
| — | — | — | . . | 0,05 | — nulle. |

Notons que dans ces expériences les volumes du liquide digestif sont égalisés par addition d'eau distillée en quantité suffisante pour 2 cc. 1/2. Les cubes d'albumine du poids de $0^{gr}$,2 sont examinés après 14 heures de digestion.

A la suite de ces premières expériences, DELEZENNE aborde toute une série de problèmes sur l'activité par les sels que nous exposerons séparément sans suivre l'ordre chronologique des publications : rôle de la valence du métal, activité considérable de Ca.

Dans l'activation très nette du suc pancréatique par CaCl², DELEZENNE montre que l'ion Ca joue le rôle essentiel, puisque CaCl², CaI², Ca (AzO³)² et l'acétate de Ca donnent des résultats analogues.

Mais les métaux sont-ils équivalents comme activants du seul fait de leur valence? DELEZENNE constate que, si l'on substitue au CaCl² du StrCl², du BaCl² ou du MgCl², on n'observe jamais, quelle que soit d'ailleurs la dose ajoutée, de digestion dans l'espace de 12 à 14 heures, alors qu'avec CaCl² la digestion est complète dans le même temps. Mais, lorsque l'expérience est prolongée un temps beaucoup plus considérable, on observe cependant quelquefois une digestion tardive et partielle.

ZUNZ, qui confirme l'action activante des sels de Ca, concède une certaine propriété activante aux sels de Mg, Ba, Li, Str.

*Quantités de sel de Ca nécessaires pour activer la trypsine.* — Dans les expériences de DELEZENNE, nous avons vu que l'activation optima était réalisée lorsque à un volume de 2 cc. 1/2 de suc pancréatique on ajoutait de 0,4 à 0,2 cc. d'une solution de CaCl² à 20 p. 100, c'est-à-dire quand la concentration en CaCl² du milieu était de 6 à 9 p. 1000. En commentant ces expériences, l'auteur fait remarquer qu'une grande partie de ce CaCl² doit être perdue pour l'activation; car, au contact des carbonates et des phosphates qui se trouvent en grandes quantités dans le suc pancréatique, CaCl² forme des phosphates et des carbonates de chaux insolubles. La quantité de CaCl² apportée au suc entier doit donc représenter plus que la quantité de CaCl² qui intervient efficacement dans l'activation.

Pour élucider ce point, DELEZENNE pratique dorénavant ses expériences sur du suc dialysé aseptique dans des sacs en collodion en présence de NaCl à 8,3 p. 1000 et à 10° ou 15°. L'expérience lui montre qu'en 48 heures on obtient ainsi un suc neutre à la phtaléine et ne donnant plus de précipités salins par addition de CaCl²; par conséquent débarrassé de la plus grande partie de ses carbonates et de ses phosphates. Il n'est pas utile de pratiquer la dialyse plus longtemps, parce qu'à partir de 48 heures de dialyse la majeure partie des sels qu'on veut extraire est éliminée et parce qu'au delà d'une dialyse de 48 heures la trypsine se détruit très sensiblement : elle est beaucoup moins résistante que l'amylase, par exemple.

Avec ce suc dialysé DELEZENNE réalise les expériences suivantes :

| | | | | | Digestion après 12 heures. |
|---|---|---|---|---|---|
| Suc pancr. 2 cmc. + H²O0,5 | . . . . . . . . . . . . | | | | Nulle. |
| — | — | + CaCl². . . | 0gr,002 | | Complète. |
| — | — | — . . . | 0gr,001 | | — |
| — | — | — . . . | 0gr,0005 | | — |
| — | — | — . . . | 0gr,0004 | | 2/3 digéré. |
| — | — | — . . . | 0gr,0003 | | 0 |

Par conséquent l'activation du suc pancréatique dialysé semble déjà maximale lorsque CaCl² se trouve dans ce suc à la concentration de 1/5000, c'est à-dire en concentration 30 ou 40 fois plus faible que lorsque le CaCl² est ajouté directement au suc pancréatique complet.

D'après cette expérience, DELEZENNE conclut que, s'il fallait ajouter beaucoup de CaCl² au suc complet, c'est qu'une partie de CaCl² entrait dans des réactions chimiques sans relation directe avec l'activation du suc et que cette dernière n'exige que des traces de Ca.

Dans le même ordre d'idée DELEZENNE montre encore qu'on peut économiser beaucoup de CaCl², si, avant d'ajouter du CaCl² au suc pancréatique entier, on lui ajoute des sels d'autres métaux bivalents : Str, Ba par exemple. Ces sels sont incapables par eux-mêmes d'activer le suc; mais ils rendent le suc sensible à des traces de CaCl².

Il résulte donc des expériences de DELEZENNE que des quantités très petites de CaCl² ne dépassant pas le quinze millième sont suffisantes pour activer la trypsine lorsque cette action de CaCl² n'est pas gênée par la présence dans le milieu de sels qui précipitent le Ca.

*Mode d'action des sels de Ca dans l'activation de la trypsine.* — DELEZENNE a montré que l'activation de la trypsine par Ca n'est pas immédiate. Si l'on ajoute un cube d'albumine à du suc additionné de Ca immédiatement après que Ca a été ajouté au suc pancréatique, la digestion du cube d'albumine exige de 12 à 14 heures; mais, si l'on n'ajoute le cube d'albumine qu'après que le mélange suc pancréatique et CaCl² a été porté à l'étuve pendant 4 heures, la digestion du cube d'albumine n'exigera plus que 3 ou 4 heures. Il y a donc un temps perdu assez long, de plusieurs heures, pour l'activation du suc pancréatique par Ca.

DELEZENNE a vu encore que, si l'on opère sur des cubes d'albumine dialysée, il n'est pas indifférent de plonger le cube d'albumine dans un mélange préalablement fait de suc pancréatique et CaCl² ou de mettre d'abord au contact le cube d'albumine avec Ca et ensuite d'ajouter le suc pancréatique.

Dans le second cas l'absorption de Ca par l'albumine pourra distraire du milieu une certaine quantité du sel propre à activer la trypsine et par suite restreindre son activation. Une fois effectuée par Ca l'activation de la trypsine ne peut être défaite ni par dialyse prolongée, ni par addition de fluorures ou d'oxalates (DELEZENNE).

*Parallèle entre l'activation par les sels et par la kinase.* — L'activation par la kinase est immédiate, tandis que l'activation par Ca exige de 4 à 5 heures. Le suc pancréatique filtré sur collodion est encore activable par la kinase : il ne l'est plus par les sels de chaux. Ces faits découverts par DELEZENNE ont amené cet auteur à considérer l'activation du suc pancréatique de la manière suivante.

Le suc pancréatique contient une trypsine et une substance X. Dans l'activation par la kinase, le rôle de la substance X est nul : c'est ce qui fait qu'on peut activer du suc filtré, quoique le filtre retienne cette substance X. Dans l'activation par les sels. cette substance X est indispensable, c'est pourquoi le suc filtré n'est pas activé par les sels. Au contact des sels, cette substance X se transforme en kinase. Dès lors on s'explique qu'une fois que le suc pancréatique a été activé par la kinase ou par les sels, ses propriétés restent identiques dans les deux cas.

### 3° Phénomènes chimiques de la digestion tryptique.

1° *Historique.* — Trois noms dominent l'histoire de cette question : ce sont ceux de CORVISART, KÜHNE et FISCHER. Mais il n'est que juste de placer entre les noms de KÜHNE et de Fischer celui du chimiste Schützenberger, qui, en effectuant l'hydrolyse des albuminoïdes, en étudia les éléments constitutifs et prépara ainsi la voie où devaient s'engager Fischer et son école dans l'étude des polypeptides.

L'action du suc pancréatique sur l'albumine a été reconnue beaucoup plus tardivement que celle du suc gastrique. Ce n'est qu'en 1836 que Purkinje et Pappenheim signalent l'action dissolvante de ce suc sur les protéides, Claude Bernard en 1856 reconnaît à son tour cette puissance protéolytique, mais admet qu'elle n'entre en activité qu'avec le concours des sels biliaires.

C'est à Corvisart en 1857 que nous devons les premières notions précises et détaillées sur l'action protéolytique du suc pancréatique. Cet auteur montre que l'extrait de pancréas digère les albumines dans des milieux voisins de la neutralité, que la partie active de l'extrait est précipitable par l'alcool et susceptible d'être redissoute ultérieurement dans l'eau; qu'enfin les protéides ne sont pas seulement solubilisés, mais convertis en produits analogues à ceux du suc gastrique.

Kühne en 1877 apporte ensuite une série de contributions importantes à cette question. Comme la digestion tryptique ne peut se faire qu'en milieux voisins de la neutralité, favorables par conséquent à la putréfaction, beaucoup d'auteurs avaient prétendu que la digestion dite pancréatique n'était qu'une putréfaction. Kühne ajoute au milieu de l'acide salicylique, il constate qu'il n'y a plus alors de putréfaction, et que néanmoins la digestion s'opère parfaitement. Il met ainsi hors de doute que l'action du suc pancréatique sur les albumines est due, non à la putréfaction, comme on l'avait objecté à Corvisart, mais à une fermentation. Il indique encore une technique permettant de préparer un ferment protéolytique extrêmement actif et donne à ce ferment le nom qui lui est resté de « trypsine ». Comparant enfin l'action de la trypsine et celle du suc gastrique, Kühne découvre que l'action de la trypsine va plus loin que celle du suc gastrique; le suc gastrique ne donne comme derniers termes de dédoublement que des peptones, la trypsine donne des substances cristallines dont la quantité s'accroît d'autant plus que les peptones disparaissent du milieu.

Vers la même époque, Schützenberger, traitant les albumines par la vapeur d'eau surchauffée et l'hydrate de baryte, etc., montre que par des agents physiques ou chimiques on peut scinder la molécule albumine en acides aminés, c'est-à-dire en éléments identiques à ceux que libère la digestion tryptique. Ces recherches opérées dans des conditions très diverses sur un grand nombre d'albumines permettaient de faire un parallèle intéressant entre un clivage chimique et un clivage fermentatif. Mais un de leurs résultats les plus pratiques fut de permettre de préparer aisément en quantités appréciables des acides aminés utilisables pour des recherches physiologiques.

Ce fut cet avantage que mirent à profit Fischer et Abderhalden. Au point de vue chimique ils établissent d'abord la possibilité de reconstituer des groupements d'acides aminés, qu'ils appellent polypeptides, par l'union d'acides aminés simples. Au point de vue physiologique ils étudient l'action de la trypsine sur ces composés dont ils réalisent des types de plus en plus complexes, à tel point que certains d'entre eux méritent vraiment le nom de peptones. L'étude de la digestion tryptique faite jusqu'alors par l'observation des produits de dégradation successive des albumines est reprise ainsi par Fischer et Abderhalden, pour ainsi dire à rebours, en abordant les composés azotés de complexité croissante. L'importance de leurs travaux est telle qu'on peut dire qu'ils résument toutes nos acquisitions modernes dans le domaine chimique de la digestion des albumines.

2° *La digestion tryptique étudiée par les produits de désagrégation de l'albumine.*

Si nous plaçons un cube d'ovalbumine coagulé dans du suc pancréatique activé et chauffé à environ 37°, nous constatons que l'albumine se solubilise. Cette solubilisation, déjà très nette après 4 à 5 heures, se poursuit régulièrement de la périphérie au centre. Les arêtes des cubes d'albumine deviennent translucides et s'émoussent, le noyau opaque d'albumine du cube diminue progressivement de volume, et finalement en 10 ou 15 heures tout le cube est solubilisé.

L'albumine s'est transformée en albumoses, peptones et acides aminés. Si nous poussons plus loin la digestion en prolongeant l'action de la trypsine, la quantité d'albumoses et de peptones diminuera progressivement, tandis que la quantité des acides

aminés s'accroîtra : finalement il ne restera que des acides aminés et une faible quantité de peptones qu'en raison de leur résistance à l'action de la trypsine on appelle selon
la désignation de Kühne : antipeptones; par symétrie on appellera encore amphopeptones les peptones primitives dont une partie a été résolue en acides amidés et dont
l'autre partie aura donné les antipeptones.

Ces processus peuvent donc se schématiser de la façon suivante :

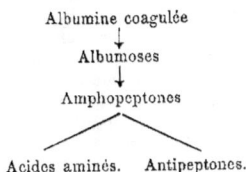

Albumine coagulée
↓
Albumoses
↓
Amphopeptones

Acides aminés.    Antipeptones.

Une discussion s'est élevée sur la nature des antipeptones de Kühne.

Kühne, nous venons de le dire, désignait du terme d'antipeptone les restes d'albuminoïdes non hydrolysables par la trypsine. D'après Siegfried il n'y a pas de restes d'albuminoïdes non hydrolysables, mais seulement des parties d'albumines plus résistantes
que d'autres à l'hydrolyse tryptique. Une digestion très prolongée finit par hydrolyser
les « antipeptones » de Kühne, auxquelles il ne convient plus dès lors d'accorder la
signification absolue de Kühne.

Siegfried s'est efforcé d'analyser chimiquement les antipeptones; nous verrons tout
à l'heure comment par l'hydrolyse chimique on est arrivé à trouver la constitution
complexe de ces antipeptones, dont Siegfried a donné la composition globale.

3° *La digestion tryptique étudiée sur les polypeptides de synthèse.*

Cette étude est entièrement l'œuvre de Fischer, Abderhalden et de leurs élèves.

L'hypothèse principale qui a guidé Fischer et Abderhalden dans leurs recherches sur
la digestion tryptique est que l'albumine est formée de chaînons d'acides aminés résolus
en tronçons de simplicité croissante par la trypsine. Si donc l'on pouvait, en partant
d'acides aminés simples, réaliser synthétiquement des groupements de complexité
croissante d'acides aminés et essayer au fur et à mesure de leur réalisation l'action de
la trypsine à leur égard, on pourrait suivre pas à pas la digestion tryptique en quelque
sorte à rebours, sans cesser de rester dans le domaine des processus nettement définis.
Le premier travail qui s'imposait donc dans cet ordre de recherches était de combiner
ensemble les acides aminés qu'on trouve en plus grande abondance aux termes de la
digestion. Fischer a montré que cette synthèse était relativement facile.

On combine par exemple aisément une molécule de glycocolle à une autre molécule
de glycocolle avec perte d'une molécule d'eau : le produit de

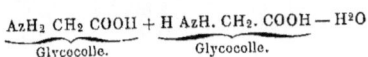

$$\underbrace{AzH_2\ CH_2\ COOH}_{\text{Glycocolle.}} + \underbrace{H\ AzH.\ CH_2.\ COOH}_{\text{Glycocolle.}} - H^2O$$

donnera :

$$AzH^2CH_2\ CO.\ AzH\ CH_2\ COOH$$

composé aminé qui dans la nomenclature de Fischer s'appellera la glycilglycine.

Le polypeptide ainsi formé n'a pas d'isomère chimique, puisque les molécules aminées génératrices sont identiques, mais, si l'on substitue à une molécule de glycocolle
une molécule d'un acide aminé différent, l'alanine par exemple, la réaction pourra
engendrer deux isomères de structure.

Le premier dans lequel l'amide dérivera du résidu ammoniacal de l'alanine.

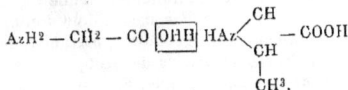

$$AzH^2 - CH^2 - CO\ \boxed{OHH}\ HAz{\overset{\displaystyle CH}{\underset{\displaystyle CH}{\big\langle}}} - COOH$$
$$\overset{|}{CH^3}.$$

Le second dans lequel l'amide dérivera du résidu ammoniacal du glycocolle.

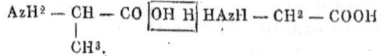

$$AzH^2 - CH - CO \boxed{OH \quad H} HAzH - CH^2 - COOH$$
$$| \quad CH^3.$$

Dans l'union de deux acides aminés différents il n'est plus sans importance de savoir lequel de ces acides perdra OH ou H, c'est-à-dire lequel de ces acides fonctionnera pour ainsi dire comme base ou comme acide, puisque les éléments aminés sont différents. Dans l'exemple donné plus haut on appellera alanine-glycine la combinaison où le glycocolle perdra OH. Et inversement glycine-alanine la combinaison où l'alanine perdra OH. En d'autres termes la première mention dans le produit de synthèse sera donnée au corps perdant H et la seconde à celui qui perd OH.

D'une façon tout analogue, on peut encore réaliser l'union de molécules d'acides aminés, identiques ou différents, plus nombreux; et FISCHER a pu opérer ainsi la soudure de six, sept et même plus de molécules d'acides aminés.

Au point de vue de la digestion tryptique, ces synthèses d'acides aminés ont des propriétés bien intéressantes. Beaucoup d'acides aminés sont insolubles dans l'eau : en se combinant, beaucoup d'acides aminés forment des produits solubles. Les acides aminés ne présentent pas la réaction du biuret, mais les combinaisons d'acides aminés présenteront presque toujours la réaction du biuret, dès que quatre molécules d'acides entreront en combinaison. Enfin ces complexes d'acides aminés, formés synthétiquement, sont attaquables par le suc pancréatique et réversibles ainsi en leurs éléments constituants primitifs, tandis qu'aucun d'eux n'est attaqué par la pepsine.

FISCHER a donc pensé que ces complexes d'acides aminés pourraient bien être les stades précurseurs des acides aminés dans la digestion tryptique. Solubles comme les peptones, donnant comme eux la réaction du biuret, désagrégés comme eux par la trypsine en acides aminés, ces complexes forment vraisemblablement, d'après cet auteur, une partie des substances appelées peptones et par analogie, en attendant qu'on puisse établir que ce soit par identité de nature, FISCHER a désigné ces amides très condensés « polypeptides ». Le peptide est un di, tri, tétra ou hepta peptide selon qu'il est formé de 2, 3, 4 ou 7 acides aminés, et, pour en spécifier la nature, il suffira de le désigner des termes de ses composants selon les règles indiquées plus haut.

S'il est très vraisemblable, comme tendent à le prouver toutes les expériences de FISCHER et d'ABDERHALDEN, que les peptones sont des polypeptides, on peut se demander si les albumoses ne seraient pas elles-mêmes des polypeptides plus complexes encore que les peptones et si la molécule d'albumine n'est pas finalement un polypeptide de dimensions extrêmes. S'il en est ainsi, la digestion tryptique se simplifie immédiatement, et, en adoptant l'hypothèse de FISCHER et d'ABDERHALDEN, le schéma que nous avions donné précédemment de la digestion tryptique peut se transformer en ce nouveau schéma :

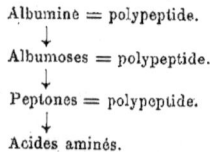

Albumine = polypeptide.

↓

Albumoses = polypeptide.

↓

Peptones = polypeptide.

↓

Acides aminés.

La trypsine est donc un ferment qui aurait pour caractéristique essentielle de désagréger rapidement les polypeptides en leur constituants aminés les plus simples.

Si nous analysons maintenant exactement les produits de la digestion tryptique à mesure que se fait la désagrégation des polypeptides, il est deux faits qui semblent indiquer que cette désagrégation ne se fait nullement d'une façon brutale à la façon de la dislocation d'un édifice que l'on jetterait à bas et dont toutes les pièces faiblement soudées entre elles se sépareraient au contact du sol, mais bien au contraire d'une façon méthodique, par la mise en liberté successive de groupements déterminés. C'est ainsi que, dans la digestion de l'édestine par exemple, FISCHER et ABDERHALDEN constatent que de toute la tyrosine contenue dans l'albumine, il en apparaît les proportions suivantes pour 100 dans le milieu tryptique :

| 1er jour. | 2e jour. | 3e jour. | 8e jour. |
|---|---|---|---|
| 78,4 p. 100 | 97,6 p. 100 | 97,6 p. 100 | 100 p. 100 |

Le tryptophane et la cystine sont mis en liberté avec une vitesse analogue.

Les autres acides aminés n'apparaissent que plus tardivement. Voici par exemple les proportions d'acide glutaminique :

| 1er jour. | 2e jour. | 3e jour. | 8e jour. | 10e jour. |
|---|---|---|---|---|
| 4,3 p. 100 | 7,4 p. 100 | 10,9 p. 100 | 31,1 p. 100 | 60,2 p. 100 |

Et l'on pourrait citer des vitesses comparables pour l'alanine, la leucine, l'acide aminovalérianique et l'acide aspartique.

La dislocation de l'albumine semble donc se faire aux points de moindre résistance au niveau desquels vont se détacher successivement les divers acides aminés.

Le second phénomène important dans cette dislocation de l'albumine est que, même dans les digestions tryptiques avancées, elle ne sera jamais complète ; il restera toujours une masse appréciable de substances, présentant plus ou moins la réaction du biuret, mais qui ne sont pas un mélange d'acides aminés simples : c'est ce résidu de peptones que KUHNE a appelé antipeptones.

Les antipeptones, malgré leur résistance à la trypsine, sont des polypeptides : par l'hydrolyse par $SO^4H^2$, ils donnent des acides aminés. Mais ce sont des polypeptides de constitution différente des polypeptides jusqu'ici hydrolysés par la trypsine.

En hydrolysant les antipeptones par les acides, on trouve en effet, à côté des acides aminés déjà obtenus par la digestion tryptique, de très grandes quantités de tyrosine et de phénylalanine que l'on ne trouve jamais dans la digestion tryptique (ABDERHALDEN).

Il y a donc des variétés de polypeptides qui subissent difficilement l'action hydrolysante de la trypsine, et nous avons à nous demander à quelles propriétés ces polypeptides doivent cette résistance particulière.

Nous devons encore à FISCHER une étude détaillée de ce problème, qu'il a abordé par sa méthode habituelle : à savoir la reconstitution de polypeptides de synthèse et l'étude individuelle de la digestion tryptique de ces divers polypeptides.

Les résultats de ces recherches ont été tout à fait remarquables.

En constatant dans la digestion de l'albumine ordinaire la dislocation totale de presque tous les polypeptides, on s'attendait, en effet, à retrouver pour la trypsine une action hydrolysante sur tous les polypeptides de synthèse.

Il n'en est rien en réalité.

Une des premières conditions requises pour qu'un polypeptide soit hydrolysable par la trypsine, c'est que sa constitution stéréochimique ait une forme donnée. Cette condition est des plus intéressantes, parce qu'elle rattache l'activité des ferments trypiques à l'activité de bien d'autres ferments protéolytiques et aussi des ferments des hydrates de carbone.

Si nous examinons la constitution des acides aminés, nous voyons que tous en dehors du glycocolle possèdent au moins un atome de carbone asymétrique. Selon la théorie de LE BEL et VAN T'HOFF on peut donc prévoir, et l'expérience le démontre, que tous ces acides aminés agissent sur la lumière polarisée, et par suite peuvent se présenter sous deux formes : une forme lévogyre et une forme dextrogyre. C'est ainsi que, pour nous limiter à la leucine et à l'alanine, nous connaissons une leucine $l$ et une leucine $d$, une alanine $l$ et une alanine $d$. Supposons que nous formions avec ces quatre corps des racémiques, nous voyons immédiatement que nous pourrons obtenir deux racémiques : le premier, $d$ alanyl $d$ leucine + $l$ alanyl $l$ leucine ; le second, $d$ alanyl $l$ leucine + $l$ alanyl $d$ leucine.

Si maintenant nous faisons agir du suc pancréatique sur chacun de ces racémiques, nous constatons que le second seul est partiellement hydrolysé, en donnant $d$ alanine et $l$ leucine et que le premier ne l'est pas. Dans la digestion de l'albumine, c'est d'ailleurs aussi $d$ alanine et $l$ leucine que nous obtenons.

Or les deux racémiques ne diffèrent que par leur groupement stéréochimique : c'est donc que ce groupement influe sur l'attaque possible du suc pancréatique.

Ce fait est général et FISCHER a pu constater que l'hydrolyse n'est que partielle pour tous les racémiques suivants : alanyl-glycine, alanyl-alanine, leucyl-isosérine, analyl-glycine, etc.

A côté de la structure stéréochimique, la structure élémentaire des corps intervient également. C'est ainsi que l'alanyl-glycine est hydrolysée tandis que la glycin-alanine ne l'est pas. Or ces deux corps ne diffèrent entre eux qu'en ce que dans le premier l'alanine fonctionne comme base, tandis que dans le second ce rôle est dévolu au glycocolle. L'on remarque même que certains acides aminés favorisent l'hydrolyse d'une façon générale, quel que soit l'autre acide aminé auquel ils sont liés, à la condition qu'ils jouent le rôle d'acide ou de base.

C'est ainsi que l'alanine favorise l'hydrolyse lorsqu'elle perd OH dans la formation du peptide, qu'au contraire la tyrosine et l'isoséine favorisent l'hydrolyse quand elles perdent H dans leurs combinaisons.

Enfin, la complexité du peptide joue un rôle des plus nets. C'est ainsi que dans les chaînons glyciniques, on n'observe aucune hydrolyse dans la glycilglycine, la diglycilglycine et la triglycilglycine tandis que l'hydrolyse commence avec la tétraglycilglycine. De même la leucinglycine n'est pas attaquée tandis que l'hydrolyse se produit pour la leucinglycilglycine.

La résistance de certains peptides au cours d'une digestion d'albumine par la trypsine, loin de paraître un fait anormal, s'explique donc par ces diverses considérations de la façon la plus simple, et l'on peut dire au contraire que, si quelque chose paraît étonnant dans la digestion tryptique d'une albumine, c'est que la trypsine, impuissante à ouvrir tant de chaînons synthétiquement formés, soit au contraire apte à scinder la plupart des chaînons préexistant dans l'albumine naturelle.

La trypsine apparaît donc comme une clef susceptible d'ouvrir un grand nombre de serrures, mais à condition qu'elles aient un type déterminé.

Tel est en général le mécanisme de l'hydrolyse tryptique.

#### 4° Résultats de la digestion tryptique.

Pour ne pas compliquer l'exposé précédent, nous ne sommes entrés dans aucun des détails concernant les produits de l'hydrolyse tryptique, nous les avons seulement cités à mesure que leur mention devenait nécessaire pour l'intelligence des processus tryptiques.

Il nous importe cependant de préciser la nature de ces produits de la digestion. C'est en effet à partir de ces produits élémentaires, qu'après la digestion tryptique recommence dans l'organisme un processus de synthèse inverse du précédent et qui reconstruit la molécule albumine.

Nous devons donc connaître au moins approximativement les principaux éléments en lesquels s'est désagrégée la molécule albuminoïde dans l'intestin.

Nous avons vu plus haut que les produits ultimes de la digestion étaient des antipeptones et des acides aminés.

Nous avons vu encore que les antipeptones étaient des polypeptides hydrolysables par $SO_4H_2$ en acides aminés alanine, leucine, proline et phénylalanine.

Il nous reste donc à passer en revue les principaux acides aminés de la digestion tryptique.

*On sait qu'on appelle acides aminés des corps formés par la combinaison d'un acide et de l'ammoniaque. Cette combinaison se fait avec perte d'un atome d'H emprunté à l'un des groupements $CH^3$ ou $CH^2$ de l'acide et perte d'un second atome d'H emprunté à l'ammoniaque.*

On distingue les acides aminés en monoaminés dans lesquels n'entre qu'une molécule d'Az H³ et diaminés dans lesquels on trouve deux molécules d'AzH³.

En dehors du premier acide monoaminé, le glycocolle, tous les autres acides aminés possèdent au moins un carbone asymétrique et sont optiquement actifs, d'où l'activité optique de la molécule albumine tout entière.

Les acides aminés que l'on trouve aux termes de la digestion tryptique peuvent se grouper en trois classes : des acides de la série grasse, des acides de la série aromatique, et des acides de série hétérocyclique.

### 1° Acides aminés de la série grasse.

α **Acides monoaminomonocarbonique.** — *Glycocolle.* Le glycocolle répond à la constitution suivante : $CH^3$ COOH (acide acétique) $+$ $AzH^3$ $-$ 2H $=$ $CH^2$ $AzH^2$ COOH. Un des caractères intéressants de cette substance, c'est sa combinaison possible avec l'acide benzoïque pour donner l'acide hippurique.

*Alanine.* — C'est un acide α aminopropionique $CH^3CH^2$ COOH (acide propionique $+$ $AzH^3$ $-$ 2H $=$ $CH^3$ $\overset{*}{CH}$ $AzH^2$ COOH $+$. (L'astérisque qui marque le C signifie que ce C est asymétrique). L'alanine des albumines est dextrogyre.

*Acide aminobutyrique.* — Dérivé de l'acide butyrique, homologue immédiatement supérieur de l'acide propionique. On n'en trouve que des traces dans la digestion tryptique ; pour certains auteurs, sa présence est même douteuse.

*Acide aminovalérianique.* — L'acide aminovalérianique, qu'on trouve dans la digestion des albumines, ne provient pas d'un acide valérianique linéaire, mais d'un acide isovalérianique.

$$\genfrac{}{}{0pt}{}{CH_3}{CH_3}\!\!>\!CH. CH\ AzH^2COOH$$

Il est dextrogyre.

*La leucine* est un acide amino-isocaproïque.

$$\genfrac{}{}{0pt}{}{CH_3}{CH_3}\!\!>\!CH. CH_2\ CH\ AzH^2COOH.$$

On reconnaît aisément la leucine dans la digestion tryptique à l'aspect caractéristique de ses cristaux agglomérés en petites boules blanchâtres.

b) **Acides monoaminoxymonocarboniques.** — Le seul représentant contenu dans la digestion des albumines de cette série d'acides aminés est *la sérine*, qui est un acide amino propionique où un H du groupement $CH^3$ est remplacé par un OH ; il répond donc à la formule $CH_2OH$ $CHAzH^2COOH$. En comparant la formule de la sérine à celle de l'alanine, on voit que cette formule n'en diffère que par la substitution d'un OH à un H. La sérine est intéressante par ses relations avec la cystine urinaire, qui répond à la formule de la sérine, où le groupement OH serait remplacé par S ; soit $(CH_2\ S\ CHAzH^2\ COOH)^2$, et par ses relations avec la taurine $CH_2\ AzH_2\ CH_2\ SO_2OH$.

c) **Acides monoaminodicarboniques.** — Ces acides dérivent d'acides bibasiques, contrairement aux acides précédents, dérivant d'acides monobasiques.

*L'acide aspartique* COOH $CH_2$ CH $AzH^2$ COOH dérive de l'acide succinique COOH $CH^2CH^2$ COOH. C'est donc un acide monamino-succinique.

*Acide glutamique.* — $COOHCH_2$ $CH_2$ $CHAz$ $H^2$ COOH n'est que le dérivé de l'homologue supérieur de l'acide succinique.

d) **Acides diamino-monocarboniques.** — *La lysine* est un acide 1-5 diamino-caproïque $CH^2$ $-$ $AzH_2$ $-$ $CH_2$ $-$ $CH_2$ $-$ $CH_2$ $-$ $CHAzH_2$ COOH. Cette substance est intéressante par ses rapports avec la cadavérine (pentaméthylène diamine) $CH_2AzH^2$ $(CH_2)^3$ $CHAzH^2$, qui prend naissance dans la putréfaction de la lysine.

*L'acide diamino-acétique* $\genfrac{}{}{0pt}{}{AzH_2}{AzH_2}\!\!>\!CHCOOH$ est intéressant par ses rapports possibles avec l'allantoïne, qu'on pourrait considérer comme un anhydride diamino-acétique combiné à deux molécules d'acide cyanique.

$$\begin{array}{l}AzH - COAzH\\ \qquad\;>\!CHCO\\ AzH - COAzH\end{array}$$

*L'ornithine*, acide 1-4 diamino-valérianique $CH^2AzH^2$ $-$ $CH^2$ $-$ $CH^2$ $-$ $CHAzH^2$ $-$ COOH, n'a pas été trouvé dans les produits de dédoublement *in vitro* de l'albumine, mais il nous intéresse à un double titre. Cet acide aminé se retrouve en abondance dans l'urine des oiseaux, combiné à l'acide benzoïque : le benzoate d'ornithine est, chez les oiseaux, l'équivalent du benzoate de glycocolle chez les mammifères. D'autre part, on trouve dans les produits de dédoublement *in vitro* de l'albumine un corps assez abondant, l'*arginine*, qui semble être un composé de l'ornithine et de la cyanamide $CAz\ AzH^2$; sa synthèse, du moins, a pu être réalisée ainsi; de sorte que l'arginine répondrait à la formule $CH^2AzH^2CH_2\ CH_2CHAzH^2$. $CAz\ AzH^2\ COOH$.

L'arginine, découverte par E. SCHULTZ et STEIGER, a la propriété de s'hydrolyser en donnant de l'urée et de l'ornithine, soit par l'action de l'hydrate de baryum à l'ébullition (SCHULTZ), soit par l'action d'une enzyme intestinale, découverte par KOSSEL et DAKIN, l'arginase.

L'arginine acquiert, de ce fait, une importance considérable, puisqu'elle est actuellement le seul produit de dédoublement de l'albumine dont nous puissions suivre *in vitro* la transformation en urée.

L'ornithine, enfin, sous l'action de la putréfaction, donne de la putrescine = tétra-méthylènediamine (ELLINGER) $CH^2AzH^2 — CH^2 — CH^2\ CH^2AzH^2 + CO^2$.

### 2° Acides aminés de la série aromatique.

*Phénylalanine.* — $C_6H_5 — CH^2\ CH\ AzH^2COOH$ n'est pas un produit direct de la digestion tryptique, mais un des corps constituant les antipeptones.

*La tyrosine* est un acide oxyphénylaminopropionique $C_6H^5OH_2 — CH_2\ CHAzH^2\ COOH$. Nous avons vu que la tyrosine apparaît très vite dans les digestions tryptiques. La tyrosine additionnée d'azotate de mercure dans l'acide nitreux se colore en rose, puis en rouge brique. Cette réaction, dite de MILLON, peut être obtenue déjà directement avec les albumines, et l'on pense que la réaction de MILLON avec les albumines est liée au groupement tyrosine inclus dans la molécule albumine.

La tyrosine mise en liberté est oxydée par un ferment trouvé par BERTRAND dans certains champignons : la tyrosinase. Sous cette influence, la tyrosine se colore en brun noirâtre.

### 3° Série hétérocyclique.

α *Pyroline*, ou acide α pyrolidincarbonique, ne se trouve qu'en petites quantités dans les digestions tryptiques, mais forme la majeure partie des antipeptones.

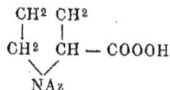

$$\begin{array}{c} CH^2\ CH^2 \\ |\quad\ \ | \\ CH^2\quad CH — COOOH \\ \diagdown\diagup \\ NAz \end{array}$$

*Tryptophane.* — La constitution chimique de ce corps n'est pas encore certaine, on admet, avec ELLINGER, qu'il répondrait à la constitution suivante, et serait ainsi un acide indolamino-propionique.

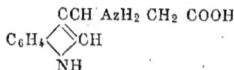

$$C_6H_4 \underset{NH}{\overset{CCH\ AzH_2\ CH_2\ COOH}{\diamondsuit}} CH$$

Le tryptophane est intéressant par ses relations chimiques avec l'indol, le scatol, l'acide scatol carbonique et l'acide scatolacétique, substances qui sont obtenues par l'action des bactéries de la putréfaction sur le tryptophane (HOPKINS et COLE) (Voy. **Indol**).

Le scatol, ou méthylindol, répond à la constitution :

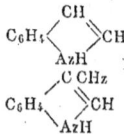

$$C_6H_4 \underset{AzH}{\overset{CH}{\diagdown}} CH$$

$$C_6H_4 \underset{AzH}{\overset{C\ CH_2}{\diagdown}} CH$$

Le tryptophane présente une réaction intéressante.

Acidifié par l'acide acétique, le tryptophane donne, avec l'eau chlorée ou bromée, une coloration violette.

3° *Glycosamines.* — Lorsque l'on traite certaines albumines, notamment les mucines, mais aussi l'ovalbumine, la sérine albumine, etc., par des acides et la chaleur, on obtient (FREDERICH MÜLLER, PAVY) une substance ayant les réactions des hydrates de carbone, et notamment une action réductrice sur la liqueur de FEHLING, et la propriété de former des osazones identiques aux glucosazones. Ces substances ne sont pas des hydrates de carbone, mais des glycosamines (F. MÜLLER), répondant sans doute à la formule :

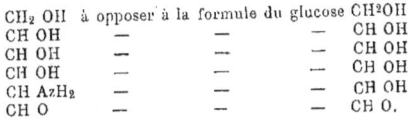

$$
\begin{array}{lll}
CH_2\,OH & \text{à opposer à la formule du glucose} & CH^2OH \\
CH\,OH & - \qquad - \qquad - & CH\,OH \\
CH\,OH & - \qquad - \qquad - & CH\,OH \\
CH\,OH & - \qquad - \qquad - & CH\,OH \\
CH\,AzH_2 & - \qquad - \qquad - & CH\,OH \\
CH\,O & - \qquad - \qquad - & CH\,O.
\end{array}
$$

Bien que les glycosamines puissent ainsi être obtenues en très grande abondance par l'hydrolyse chimique de certains albuminoïdes jusqu'à 37 p. 100, il est à noter que la digestion tryptique est absolument incapable de les mettre en liberté. (NEUBERG et MILCHNER.)

### 5° Action de la trypsine sur les albumines diverses.

1° *Résistance des albumines naturelles à l'hydrolyse tryptique.* — L'action de la trypsine sur les albuminoïdes peut être prévue, en général, d'après la constitution des albuminoïdes mis en présence de la trypsine. Les albuminoïdes seront désagrégés dans la mesure où ils seront constitués par des acides aminés.

C'est ainsi que l'ovalbumine, la myosine, la fibrine, l'édestine, qui sont presque totalement composées d'acides aminés, seront à peu près complètement hydrolysées par la trypsine.

Les nucléo-protéides, au contraire, ne seront que partiellement hydrolysées, l'acide nucléinique résistant à la digestion de la trypsine.

Mais, si la trypsine est susceptible de désagréger la plupart des albumines, il est une condition très générale qui facilite énormément cette hydrolyse : c'est une modification physique préalable des albumines naturelles. De toutes les expériences qui ont été faites sur la digestion tryptique, résulte cette loi : *qu'une albumine naturelle est peu ou pas attaquée par la trypsine, tandis que cette même albumine coagulée par la chaleur, acidifiée, puis neutralisée, précipitée par la dialyse, ou soumise préalablement à l'action du suc gastrique, est, au contraire, activement digérée.*

Cette constatation a été faite pour la première fois par CLAUDE BERNARD. « Lorsque, dit-il dans ses *Leçons de Physiologie expérimentale*, II, 333, on met en contact du suc pancréatique avec de la viande crue, celle-ci se ramollit considérablement, mais bientôt la putréfaction s'en empare. Il en est de même pour l'albumine et la caséine crue, qui bientôt se décomposent et se pourrissent quand on les met en contact avec le suc pancréatique. Mais, si cette action est essayée sur les mêmes matières après qu'elles ont été cuites ou digérées par le suc gastrique, le résultat est tout différent, et il y a dissolution rapide. »

De même, on a constaté que la chondrine et l'élastine ne sont pas attaquées par la trypsine ; l'attaque devient, au contraire, très énergique, si ces substances ont été transformées, par ébullition, en gélatine.

Ultérieurement, FERMI a consacré encore des travaux importants aux conditions d'attaque des albumines par la trypsine, et il a montré que les albumines du sérum sanguin échappaient à son hydrolyse.

On conçoit toute l'importance de ces faits qui mettent en lumière le rôle préparant du suc gastrique dans les digestions des albumines chez les animaux qui ingèrent la viande crue, et la nécessité de donner des albumines cuites aux animaux agastres ou aux individus apeptiques.

2° *Hydrolyse des diverses albumines.* — Les diverses albumines n'ont pas la même constitution chimique. Voici, d'après FISCHER et ABDERHALDEN, les produits d'hydrolyse par les agents chimiques des diverses albumines.

| | Gélatine. | Caséine. | Sérum alb. | Sérum glob. |
|---|---|---|---|---|
| Glycocolle. . . . . . . . | 16,5 | » | » | 3,5 |
| Alanine . . . . . . . . . | 0,8 | 0,9 | 2,7 | 2,2 |
| Acide aminovalérianique. . | 1,0 | 1,0 | » | » |
| Pyroline. . . . . . . . . | 5,2 | 3,1 | 1,0 | 2,8 |
| Leucine.. . . . . . . . | 2,1 | 10,5 | 20,0 | 18,7 |
| Phénylalanine . . . . . . | 0,4 | 3,2 | 3,1 | 3,8 |
| Acide glutamique . . . . . | 0,88 | 11,0 | 7,7 | 8,5 |
| — aspartique. . . . . . | 0,56 | 1,2 | 3,1 | 2,5 |
| Cystine.. . . . . . . . . | 0,0 | 0,06 | 2,3 | 0,7 |
| Sérine. . . . . . . . . . | 0,4 | 0,23 | 0,6 | » |
| Tyrosine. . . . . . . . . | » | 4,5 | 2,1 | 2,5 |
| Tryptophane. . . . . . . . | » | » | » | » |
| Lysine . . , . . . . . . . | 2,75 | 5,8 | » | » |
| Arginine . . . . . . . . | 7,65 | 4,8 | » | » |
| Histidine.. . . . . . . . | 0,40 | 2,6 | » | » |

Il serait intéressant de pouvoir faire un parallèle entre les produits de l'hydrolyse chimique et ceux de l'hydrolyse fermentaire. Malheureusement, les documents nous manquent. Il semble, en tous cas, que le parallélisme soit loin d'être rigoureux, et nous savons, notamment, que la gélatine qui, à l'hydrolyse chimique, donne beaucoup de glycocolle et de leucine, n'en donne que très peu à l'hydrolyse tryptique (KÜHNE et EWALD).

### 6° Conditions d'action de la trypsine.

α *Réaction du milieu.* — La trypsine a son maximum d'activité en milieu alcalin (1,2 p. 1 000 de CO³Na², d'après VERNON). Voici, d'après VERNON, l'activation de la trypsine par les alcalis (expériences faites avec de l'extrait de pancréas).

| Milieu où agit le ferment. | Heures nécessaires pour digérer $x$ p. 100 de peptones. | | |
|---|---|---|---|
| | 20 p. 100. | 30 p. 100. | 40 p. 100. |
| Eau. | 1,7 | 5,5 | 14,6 |
| 0,05 p. 100 CO³Na² | 1,4 | 3,4 | 10,1 |
| 0,1 | 1,0 | 2,4 | 8,3 |
| 0,2 | 0,7 | 1,9 | 5,6 |
| 0,4 | 0,5 | 1,6 | 3,8 |
| 0,8 | » | 0,8 | 1,7 |
| 1,2 | » | 0,4 | 1,4 |
| 2,0 | » | 0,5 | 1,7 |

Dès que le milieu présente soit une acidité, soit une alcalinité notable, par exemple 1 p. 100 en HCl, ou 1 p. 100 en NaOH, la trypsine est rapidement détruite.

β) *Rôle des électrolytes.* — Une des principales raisons qui font que les résultats que nous possédons sur le rôle des électrolytes sont très contradictoires en apparence, c'est que le rôle des électrolytes est différent sur du suc déjà actif et sur du suc inactif. Sur du suc déjà actif, le rôle des électrolytes est indécis, exactement comme pour la pepsine active en milieu chlorhydrique. Les électrolytes activent tous, en général, jusqu'à une certaine concentration, et, au delà de cette concentration, retardent. Sur du suc inactif, certains électrolytes peuvent éveiller une activité absolument latente, et d'autres électrolytes peuvent, en s'opposant à l'action des premiers, enchaîner cette activité qui tendrait à se manifester sous l'influence des premiers.

Une première distinction entre les expériences s'impose donc, et il faut mettre à part celles qui ont été faites sur du suc actif. Les résultats des deux genres d'expériences ne sont ni à rapprocher, ni à opposer : ce sont deux genres d'expériences complètement différents.

Une distinction analogue très importante, quoique non fondamentale, s'impose entre les expériences faites sur du suc dialysé, et sur du suc non dialysé. La dialyse sensibilise des phénomènes que la présence des sels contenus dans le suc pancréatique normal émousse. L'antagonisme d'action des divers sels, bien connu depuis les expériences de Lœb et d'Overton dans les phénomènes des activités cellulaires, est identique dans les phénomènes de l'activité tryptique.

Enfin il convient de distinguer les effets des sels selon les concentrations employées, et l'adjonction de colloïdes.

L'accord n'étant pas, actuellement, complet sur le terrain des faits eux-mêmes, il serait prématuré de proposer une description générale du rôle des électrolytes; et le plus qu'on puisse faire est de grouper les expériences similaires réalisées dans les mêmes conditions. Ce serait certainement rendre le problème confus, que de vouloir concilier des résultats très différents dans des conditions différentes.

1° *Rôle des électrolytes sur du suc déjà actif.* — Ce rôle a été étudié surtout par Podolinski, Fermi et Pernossi. Ils constatent que la plupart des sels neutres activent la digestion tryptique.

2° *Rôle des électrolytes sur du suc inactif. Rôle des sels de métaux bivalents.* — a) Expériences de Larguier des Bancels.

Les cubes d'albumines sont préalablement plongés dans des substances tinctoriales, les solutions de sels employés sont saturées. Ces expériences montrent l'activation d'un suc absolument inactif au moyen de substances non retirées de l'organisme, par conséquent sans diastases.

Ayant déjà exposé ces expériences, nous ne rappellerons que les conclusions que nous aurons à rapprocher des expériences faites dans des conditions différentes.

1° Les sels de métaux bivalents activent; les sels de métaux monovalents n'activent pas;

2° Les sels de métaux bivalents activent sensiblement de la même façon aux mêmes doses;

3° Les sels de métaux bivalents ne se montrent activants que par rapport à des cubes d'albumine préalablement colorés par du rouge de Magdala, bleu de toluidine, etc., et n'activent pas par rapport à des acides d'albumines simplement coagulées.

b) Expériences de Delezenne. — Les cubes d'albumine sont employés directement. Delezenne constate :

1° Qu'on peut activer par des sels;

2° Contrairement à Larguier, il conclut que les sels de calcium activent nettement plus que les autres sels de métaux bivalents;

3° Que la coloration des cubes n'est nullement indispensable pour que l'activation par les sels se produise.

c) Les expériences de Delezenne, en ce qui concerne l'activation par les sels de calcium, sont confirmées par Zuntz dans une étude très détaillée : cet auteur insiste sur ce fait, comme l'avait d'ailleurs noté expressément Delezenne, que, pour bien étudier l'activation de la trypsine par les sels, il faut opérer sur du suc dialysé.

3° *Rôle des sels de métaux monovalents.* — Delezenne a montré que les sels de K, en particulier, sont nettement empêchants.

A deux centimètres cubes de suc pancréatique dialysé (voir plus haut la raison de cette dialyse), l'auteur ajoute 0gr,001 de CaCl2, c'est-à-dire la quantité juste suffisante de Ca pour activer, et constate que, dans ces conditions, le mélange digère activement. A des mêmes quantités de suc pancréatique dialysé, il a ajouté respectivement des quantités égales à 0,005, 0,004, 0,003, etc., jusqu'à 0,001, de KCl, puis des cubes d'albumine. Une heure après, il ajoute 0,001 de CaCl2. Il constate qu'il n'y a pas de digestion après douze heures dans les tubes contenant de 0,005 à 0,001 de KCl, que la digestion commence pour 0,001 KCl, et ne devient complète qu'à partir de 0,0003 KCl.

Il y a donc une action empêchante très nette par de petites doses de KCl. Cette action empêchante n'est, d'ailleurs, pas absolue, et là où il n'y a pas eu la digestion habituelle avec CaCl2 en douze heures, il peut y avoir digestion malgré KCl en vingt-quatre ou trente-six heures. L'ordre dans lequel on doit accomplir les divers temps de cette expérience pour obtenir ces résultats est très important, et doit rester celui qui a été indiqué dans ces expériences.

4° *Sels de métaux lourds.* — La plupart des sels de métaux lourds arrêtent la digestion tryptique (Chittenden et Cummins).

γ) *Action de la chaleur.* — La chaleur a sur la digestion tryptique une influence complexe; elle hâte la digestion, tout en provoquant la destruction du ferment (Vernon). Pour des températures au-dessous de 45°, l'action accélératrice prédomine nettement sur l'action destructive; pour des températures au delà de 45°, l'inverse se produit. Comme la destruction du ferment est fonction du temps, cette destruction sera d'autant plus notable que la digestion sera plus prolongée, ce qui revient, en fait, à dire que l'on poussera moins loin une digestion faite au delà de 45° qu'une digestion au-dessous de 45°, quoique, au début, les digestions aillent plus vite à une température supérieure à 45° qu'à une température inférieure à 45°, comme en témoignent les graphiques obtenus par Vernon.

La trypsine desséchée résiste à 160° (Salkowski). On ne sait pas à quelle température se détruit la trypsine non activée. La trypsine activée se détruit rapidement et spontanément vers une température de 35°.

δ) *Ferments.* — La pepsine, en milieu acide, détruit rapidement la trypsine (May, Langley). D'après Iscovesco, cette destruction ne serait due ni à l'action de l'acide, ni à l'action digestive de la pepsine en milieu acide. En effet, la pepsine dialysée garde le pouvoir d'abolir l'action de la trypsine. Pour Iscovesco, la pepsine mélangée à la trypsine formerait un complexe irréversible même par l'alcalinisation ultérieure du milieu, complexe où la trypsine perdrait toutes ses propriétés.

ε) *Microbes.* — L'action destructive des microbes sur la trypsine est démontrée par ce fait que du suc pancréatique non aseptique perd rapidement ses propriétés tryptiques, mais les perd moins rapidement après addition de toluène et de chloroforme. On pense que l'action du froid sur la conservation de la trypsine s'explique également par un ralentissement de la pullulation des germes sous l'influence du refroidissement.

Il est probable, d'après ce que nous savons de l'action si variée des microbes sur les albumines, que les divers microbes doivent altérer très diversement la trypsine. Nous ne connaissons rien sur ce fait, qui doit être cependant très important pour la digestion intestinale, étant donné l'abondance de la flore bactérienne de l'intestin.

ζ) *Albumines.* — Nous avons signalé plus haut que, si la plupart des albumines subissaient l'action de la trypsine, beaucoup d'entre elles n'étaient cependant activement digérées que si elles étaient coagulées ou modifiées d'une façon quelconque. Fermi a signalé que non seulement les albumines liquides résistent à l'action tryptique, mais encore qu'elles garantissent contre l'action de la trypsine une albumine coagulée.

Ce fait, établi par Fermi en 1894, et par Gley en 1897, pour le sérum, a été retrouvé en 1903, par Delezenne pour l'ovalbumine, et par de Klug pour la mucine naturelle, en 1907. Il paraît très général pour toutes les albumines naturelles.

En ce qui concerne l'action empêchante de l'ovalbumine, Gompel et Henri ont montré que l'ovalbumine liquide, tout en empêchant la digestion d'un cube de blanc d'œuf cuit, subissait elle-même une digestion appréciable. D'où il résulterait que le ferment formerait avec l'albumine liquide un complexe où le ferment serait immobilisé, et que, la digestion de l'albumine liquide étant toujours notablement plus lente que celle de l'albumine cuite, celle-ci se trouve ainsi longtemps protégée contre l'action de la trypsine.

Au point de vue absolu, l'action empêchante du sérum paraît à poids égaux plus énergique et plus durable que celle de l'ovalbumine.

Ces actions empêchantes sont connues sous le nom d'actions antitryptiques. Ce terme consacré par l'usage évoque l'idée d'une action fermentaire s'exerçant dans le sens inverse d'un autre ferment. Henri, qui a donné de l'action empêchante de l'ovalbumine l'explication que nous venons de citer, estime que dans l'espèce il y aurait avantage à remplacer par le terme de substance empêchante le terme d'antitrypsine, employé tout d'abord par les auteurs dans le sens de « ferment d'activité opposé ».

D'une façon générale, les albumines liquides perdent rapidement leur action empêchante par un chauffage à 56°. En ce qui concerne le sérum on a pensé que l'action empêchante était dévolue à l'albumine et non à la globuline. Il est à remarquer que pour préparer la globuline on précipite la globuline par dilution. Cette manipulation est largement suffisante pour modifier l'état physique de la globuline et expliquer la perte de ses capacités empêchantes.

En somme les albumines liquides doivent leurs propriétés empêchantes à des qualités physiques qui sont très facilement altérées et, d'une manière universelle, par toute une série de manipulations des plus simples.

On compare aujourd'hui l'action antitryptique des albumines naturelles à des phénomènes d'adsorption. Dans cet ordre d'idées le noir animal est un antitryptique remarquable. Il immobilise le ferment, et, après un certain temps de contact entre le noir animal et le ferment, on ne peut plus remettre en liberté le ferment (HÉDON).

η) *Antiseptiques.* — L'action des antiseptiques a été bien étudiée par VERNON. D'après cet auteur les antiseptiques exerceraient une action destructive sur la trypsine. Mais cette action est lente. Elle est pour cette raison d'autant plus marquée que la digestion dure plus longtemps. Elle est d'autre part très inégale pour les divers antiseptiques.

Le tableau suivant est tout à fait explicite à ces divers points de vue.

| Antiseptiques. | Heures nécessaires pour digérer x p. 100 de peptones. | | | |
|---|---|---|---|---|
| | 20 p. 100. | 30 p. 100. | 40 p. 100. | 50 p. 100. |
| Toluol.. | 1,0 | 3,5 | 9,2 | 17,5 |
| Chloroforme | 1,0 | 3,0 | 11,5 | 26,0 |
| 1 p. 100 de Na Fl. | 1,0 | 4,0 | 26 | 42,0 |

θ) *Conservation de la trypsine.* — Le suc pancréatique de fistule inactif recueilli aseptiquement garde plusieurs mois sa propriété de digérer activement l'albumine : il suffit au moment voulu d'y ajouter de la kinase (BAYLISS et STARLING).

Ce même suc activé par la kinase (l'ensemble du mélange, suc pancréatique et kinase, étant préparé stérilement) perd rapidement son activité même à la température du laboratoire (VERNON, DASTRE et STASSANO, BAYLISS et STARLING).

Voici, d'après VERNON, la vitesse de l'auto-destruction de la trypsine. Les expériences sont faites sur de l'extrait pancréatique alcalinisé à 0,4 p. 100 de carbonate de soude et à 38°.

| Durée de séjour du ferment à 38°. heures. | Activité tryptique. |
|---|---|
| » | 135 |
| 1 | 53,1 |
| 2 3/4 | 30,3 |
| 9 1/4 | 17,3 |
| 24 | 9,8 |

L'auteur ne dit pas s'il a ajouté du toluol à l'extrait afin d'éviter la destruction du ferment par putréfaction, mais il n'en ressort pas moins qu'en une heure 60 p. 100 du ferment a disparu; or en une heure la putréfaction ne saurait être déjà sensiblement engagée.

Le suc pancréatique activé qui perd rapidement son activité tryptique garde son activité beaucoup plus longtemps lorsqu'il est additionné d'albumines et de peptones (WOHLGEMUTH). Il semble que le suc pancréatique activé en l'absence de molécules à attaquer tourne son activité contre lui-même. Il en résulte ce fait qu'un suc pancréatique activé et additionné de peptones paraît manifester une action tryptique plus forte que le suc pur, fait qu'il ne faudrait pas prendre pour une activation de la trypsine par les peptones, mais seulement comme le résultat d'une action protectrice de la peptone (BAYLISS et STARLING). Les acides aminés (WOHLGEMUTH) et la bile protègent également la trypsine activée contre une auto-destruction.

## 7° Procédés pour mesurer l'activité tryptique.

Une digestion d'albumine susceptible de s'opérer en milieu neutre ou alcalin peut être considérée a priori comme de nature tryptique. La mesure quantitative de l'activité tryptique est encore actuellement une opération très délicate.

1° Précautions générales à observer :

Que les procédés utilisés pour mesurer l'activité tryptique soient longs (12 heures) ou rapides (1/2 heure), il convient toujours de se défier de l'intervention des microbes qui peuvent détruire le ferment (cas des digestions prolongées où les microbes superposent leur action à celle de la trypsine : cas du procédé à la gélatine pratiqué avec une trypsine très riche en microbes comme le contenu intestinal).

Selon les cas on peut employer comme antiseptiques le chloroforme et le toluène et mieux encore ces deux antiseptiques à la fois : le chloroforme, grâce à sa densité, va au fond des tubes d'essai : le toluène, très léger, surnage, et la digestion se fait ainsi entre deux antiseptiques. Le fluorure de sodium à 2 p. 1000 est encore un très bon antiseptique. On se rappellera que le fluorure de sodium du commerce est très acide.

Il va sans dire, que si on le peut, il vaut mieux opérer aseptiquement.

La qualité de la réaction du milieu est à préciser exactement; il semble que la digestion optima se réalise avec une alcalinité de 1 1/2 p. 1000 évaluée en $CO^3Na^2$ (VERNON, SCHIERBECK). Il faut savoir pourtant que la réaction optima n'est pas exactement connue, et que pour des déterminations précises il sera bon de faire au préalable des digestions en série avec des alcalinités diverses pour fixer laquelle de ces alcalinités convient le mieux.

2º Procédés divers :

*Tube de Mette.* — Méthode employée par PAWLOW pour la trypsine; cette méthode donne des résultats analogues à ceux qu'elle donne avec la pepsine. La longueur de la colonne d'albumine solubilisée est à peu près proportionnelle à la racine carrée de la concentration de la trypsine. (Loi de SCHUTZ-BORRISSOW.)

Cette méthode n'est utilisable que pour des milieux tryptiques fluides et homogènes ; une trop grande viscosité gêne les échanges de substance dans la lumière étroite du tube de METTE, l'inhomogénéité du liquide tryptique peut perturber complètement ces échanges, dont la régularité est indispensable pour l'obtention des résultats exacts. Enfin cette méthode n'est pratique que pour des solutions concentrées de trypsine, car déjà, avec du suc pancréatique pur, on ne peut faire de mesures certaines avant une durée d'action de 6 heures environ.

*Procédé des cubes d'albumine.* — Des cubes d'albumine coagulés, réguliers et de dimensions égales sont immergés dans les divers milieux tryptiques à essayer. Après un temps déterminé on apprécie directement à la vue le degré de digestion des cubes d'albumine. C'est un procédé simple, souvent employé pour comparer divers produits tryptiques entre eux : on peut établir le degré de la digestion des cubes après la digestion en pesant les cubes, mais sans que les résultats gagnent sensiblement en précision. On peut fixer objectivement les résultats obtenus par la photographie, comme l'ont proposé GLEY et CAMUS. La loi de SCHUTZ-BORRISSOW s'applique encore à ces digestions. Comme pour la méthode de METTE, ce procédé n'est pratique que pour une trypsine assez concentrée, pour du suc pancréatique qui ne soit pas dilué de plus de 1 à 10 par exemple.

*Procédé de la conductivité électrique.* — Inauguré par OKER BLUM, 1902, V. HENRI et LARGUIER DES BANCELS, ce procédé a été surtout étudié par BAYLISS, 1907.

La méthode est fondée sur ce fait qu'une albumine telle que la gélatine, par exemple, augmente de conductivité sous l'influence de l'hydrolyse tryptique. Pour observer des variations aussi grandes que possible de conductivité, il faut partir naturellement d'un mélange gélatine-trypsine aussi peu chargé d'électrolytes que possible : il est bon d'employer de la gélatine dialysée. Pour que les variations de conductivité soient rapides, il faut employer un ferment concentré. BAYLISS ajoute 5 cc. d'une solution de pancréatine à 2 p. 100 à 40 cc. de gélatine à 5 p. 100.

Ce procédé est commode parce qu'une mesure de conductivité se prend aisément et qu'on peut mener de front plusieurs digestions. Il faut se rappeler que la température augmente la conductivité de 10 p. 100 par degré centigrade; donc on opérera avec un thermostat parfaitement réglé. Cette méthode est rapide; dans les conditions précitées, BAYLISS constate que la résistance passe de 333 ohms à 290,4 ohms en 20 minutes. BAYLISS pense que l'augmentation de conductivité est tout d'abord due à la mise en liberté des sels absorbés par la gélatine et ultérieurement à l'apparition de certains acides aminés comme les acides aspartiques, glutamiques, et la lysine. Ultérieurement la résistance décroît beaucoup plus lentement. (Voir au paragraphe suivant les résultats.)

*Procédé pour l'étude de la viscosité.* — La gélatine au contact de la trypsine perd rapidement son pouvoir de se gélifier à froid (FERMI) : c'est une réaction commode pour reconnaître la présence d'un ferment tryptique dans un milieu. Cette modification de la gélatine s'accompagne d'une diminution progressive de la viscosité qui peut servir de mesure pour la rapidité de la digestion. Étudiée également par BAYLISS, la viscosité d'un mélange gélatine-trypsine décroît d'abord rapidement, puis lentement. Les changements de viscosité marchent au début beaucoup plus vite que les changements de conductivité, mais ils ne tardent pas à devenir insignifiants, alors que les changements de conductivité restent encore notables : le tableau suivant emprunté au travail de BAYLISS fait bien saisir cette différence.

| Durée en minutes. | Viscosité en secondes. | Conductivité. |
|---|---|---|
| » | 183 (?) | 333 |
| 4 | » | 325,5 |
| 8 | 160 | » |
| 12 | » | 308,2 |
| 16 | 137 | » |
| 20 | » | 298,4 |
| 30 | 165 | 286,4 |
| 45 | 105 | 273,4 |
| 342 | 77 | 195,0 |
| 541 | 76 | 184,9 |
| 711 | 74 | 180,4 |

Cette méthode est rapide comme celle de la résistance électrique : elle a sur la précédente l'avantage de permettre de mesurer des dilutions de ferments beaucoup plus petites.

C'est incontestablement la plus sensible de toutes les méthodes, car elle permet de doser nettement la trypsine à des dilutions correspondant à du suc pancréatique dilué mille fois et même plus.

*En pratique*, on utilisera la méthode de la façon suivante. Opérer dans un thermostat à 40° environ exactement réglé au dixième du degré : la viscosité variant de 10 p. 100 par degré. Préparer une provision de gélatine à 4 p. 100 ou 5 p. 100, filtrée d'abord, ensuite neutralisée au tournesol, et alcalinisée avec du carbonate de soude[1]. 2° Mélanger 20 cc. de cette gélatine à 1 cc. d'eau et mesurer la viscosité du mélange. Cette viscosité servira de repère. 3° Mélanger 20 cc. de gélatine avec 1 cc. de la solution tryptique chauffée quelques minutes au voisinage de 100° de manière à détruire la trypsine; s'assurer que la viscosité de ce nouveau mélange est identique à 1 p. 100 près à la viscosité du mélange gélatine et eau. Il en est généralement ainsi, d'abord parce que la viscosité du liquide tryptique pur est très faible comparée à celle de la gélatine, et ensuite parce que l'expérience démontrant que le liquide tryptique pur étant presque toujours (surtout s'il s'agit de suc pancréatique ou de liquide intestinal) beaucoup trop actif pour commencer directement les expériences avec ce liquide, il faut commencer par diluer ce liquide : on se rapproche ainsi forcément très vite de la viscosité de l'eau. Dans ces conditions on pourra considérer tous les mélanges de gélatine et de liquide tryptique progressivement dilués comme identiques à la viscosité du mélange gélatine et eau. — 4° Ceci étant acquis, on met dans le viscosimètre 20 cc. de gélatine, on laisse l'équilibre de la température se réaliser; on ajoute 1 cc. du liquide tryptique et on note le temps; on fait une mesure de viscosité au bout de 20 minutes. Pour que cette mesure ait une valeur, il faut que la diminution de viscosité éprouvée par le mélange ne dépasse pas le cinquième de la viscosité initiale; que de 100″, par exemple, elle ne tombe pas au-dessus de 80″. Soit, par exemple un pareil résultat obtenu par un mélange 20 cc. gélatiné + 1 cc. de suc pancréatique dilué au centième, il sera facile, si l'on opère sur un milieu tryptique inconnu, d'arriver rapidement par des dilutions successives à atteindre une dilution de ferment qui donne à peu près cette diminution de viscosité dans le même temps, puis à intra ou extrapoler avec peu d'erreur.

1. En pratique, il convient d'alcaliniser à la réaction optima pour l'activité de la trypsine. Cette réaction sera recherchée empiriquement.

Cette méthode exige naturellement que le milieu tryptique ne contienne pas de corps étrangers qui pourraient embarrasser le capillaire du viscosimètre.

Le point délicat dans cette méthode est de connaître la viscosité initiale du mélange gélatine-trypsine. Cette viscosité initiale ne peut être calculée directement, parce que déjà pendant le temps nécessaire à la mesure initiale la viscosité varie du fait que la digestion commence immédiatement; d'autre part, et pour la même raison, il n'y a pas de seconde mesure de contrôle possible pour la détermination de la viscosité initiale.

C'est pour cette raison que, supposant que le mélange : trypsine chauffée + gélatine a la même viscosité que trypsine gélatine, nous avons pris arbitrairement comme viscosité initiale celle de : trypsine chauffée + gélatine. Il va sans dire que cette viscosité initiale doit être calculée à nouveau pour chaque série d'expériences : la qualité de la gélatine, la nature de l'eau ajoutée et la quantité de carbonate de soude sont autant de facteurs qui influent considérablement sur la viscosité de la gélatine.

Cette méthode est donc d'une application très délicate. Quoique précise, rapide, elle ne saurait être appliquée qu'exceptionnellement et par des expérimentateurs rompus avec les méthodes de recherches physiques.

*Procédé de la réaction du biuret.* — La digestion tryptique transforme les albumines en substances abiurétiques. Une solution de peptone soumise à l'influence de la trypsine présentera donc une réaction biurétique progressivement décroissante, et on peut supposer qu'il existe des rapports entre la concentration du ferment, la durée de la digestion et l'intensité de la réaction biurétique. Le procédé de mesure de la trypsine de VERNON est basé sur ces considérations. L'exposé qui va suivre sera le résumé des travaux de cet auteur. La méthode consiste à comparer l'intensité de la réaction biurétique d'une solution de peptone partiellement digérée avec l'intensité de la réaction biurétique d'une même solution de peptone non digérée. Cette comparaison se fait avec un colorimètre ordinaire. Dans les deux tubes du colorimètre on met des quantités convenables de lessive de soude et de sulfate de cuivre; dans l'un on ajoute un volume déterminé de la solution de peptone non digérée. Dans l'autre tube on ajoute de la solution de peptone digérée jusqu'à ce que la réaction biurétique soit égale à celle du premier tube. Supposons que dans le second tube on ait dû ajouter deux fois autant de la solution de peptone digérée que dans le premier, nous saurons que la solution de peptone digérée contenait deux fois moins de substances biurétiques que la première, autrement dit que 50 p. 100 de la peptone additionnée de trypsine aura été transformée en produits abiurétiques. Avec un peu d'habitude on saisit au colorimètre des différences de teinte de 1 p. 100, et par conséquent on obtient une approximation du même ordre de grandeur.

En pratique, VERNON opère de la façon suivante. Dans chaque tube il verse 18 cc. de soude à 4 p. 100 et 2 cc. d'une solution 1/100 N de sulfate de cuivre. Dans le tube étalon il ajoute 0,40 cc. d'une solution à 2,5 p. 100 de peptone de WITTE. La peptone soumise à la digestion tryptique est additionnée d'une quantité constante de carbonate de soude et portée à une dilution de 2,5 p. 100.

Il faut savoir que le développement de la réaction du biuret n'est pas immédiat. L'intensité de la réaction est de 93 p. 100 du maximum après une minute, elle n'atteint le maximum qu'en 8 minutes.

Les résultats obtenus sont les suivants :

| Quantités de ferments. | Heures nécessaires pour digérer $x$ p. 100 de la peptone. | | | |
|---|---|---|---|---|
| | 20 p. 100. | 30 p. 100. | 40 p. 100. | 50 p. 100. |
| 8 | 0,7 | 1,9 | 4,2 | 7,4 |
| 4 | 1,4 | 3,4 | 7,4 | 13,4 |
| 2 | 2,8 | 6,8 | 13,8 | 27,0 |
| 1 | 6,6 | 15,7 | 33 | » |
| 0,5 | 13,8 | 33 | » | » |

Il n'est pas sans intérêt de remarquer que la loi d'activité de la trypsine calculée d'après ces résultats est toute différente de celle qui résulte de l'étude des tubes de METTE.

*Méthode de Sörensen.* — Sörensen a indiqué une méthode qui permet de doser la quantité d'acides aminés libérés au cours de la digestion des molécules protéiques (*Enzymstudien-Biochemische Zeitschrift*, VII, 1907, 45-101).

1. *Principes de la méthode.* — Les molécules albuminoïdes sont formées de peptides soudés les uns aux autres; les peptides eux-mêmes sont composés d'acides aminés. Par hydrolyse, les acides aminés, reliés les uns aux autres sous forme d'anhydrides, sont mis en liberté. Si donc l'on peut mesurer la quantité de groupements carbonyles mis en liberté, on aura de ce fait une mesure de l'hydrolyse. Mais, tandis qu'avec les acides on peut doser les groupements COOH par leur neutralisation en présence d'un indicateur, on ne peut faire de même avec les amino-acides. Ceux-ci ont en effet une fonction acide et une fonction basique, toutes deux faibles, et leurs solutions sont neutres (par neutralisation intra-moléculaire).

Mais, depuis les travaux de H. Schiff (1899-1902), on sait qu'en ajoutant de l'aldéhyde formique à une solution neutre d'un acide aminé, le caractère acide de ce composé se manifeste immédiatement, la fonction NH² étant immédiatement immobilisée par formation d'un composé méthylé.

Un acide aminé peut dès lors être dosé par une base en présence de phénolphtaléine comme indicateur, tout comme un acide minéral.

Considérons, par exemple, l'alanine : la réaction est la suivante :

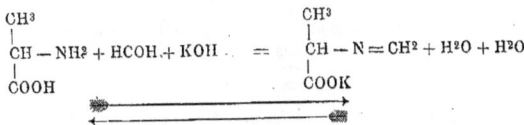

$$
\begin{array}{ccc}
CH^3 & & CH^3 \\
| & & | \\
CH - NH^2 + HCOH + KOH & = & CH - N = CH^2 + H^2O + H^2O \\
| & & | \\
COOH & & COOK
\end{array}
$$

Notons immédiatement que cette réaction est une réaction réciproque, qui aboutit à un état d'équilibre dépendant des quantités de toutes les substances en présence. Il faut donc tenir compte de la concentration en hydroxylions au moment où se produit le virage de l'indicateur.

Il est facile de comprendre qu'une diminution de la quantité d'eau, ou une augmentation de la quantité de formol, peut déplacer l'équilibre de gauche à droite ; le même effet sera obtenu si l'on ajoute de la potasse.

Or on sait, comme l'ont montré les recherches de Salm et de Friedenthal, que les différents indicateurs virent pour des concentrations en hydroxylions — ou en hydroyemons — très variables. Mais il est possible, par le choix d'un indicateur approprié, d'avoir un virage qui se fasse pour une concentration donnée en ions H. La titration de l'alanine par exemple, en présence de phénolphtaléine devra être faite par exemple avec la solution $\frac{N}{5}$ de baryte jusqu'à virage rouge foncé très net, la concentration en ions H étant alors $n \times 10^{-9,0}$ à $n \times 10^{-9,1}$.

Sörensen a employé comme indicateur la thymolphtaléine, qui vire pour une concentration en ions H inférieure à celle du virage de la phénolphtaléine.

Le titrage avec la thymolphtaléine se fait comme avec la phénolphtaléine. Si l'on dose des prises de 20 cc. on fait une solution de contrôle avec 20 cc. d'eau, et une certaine quantité d'un mélange de formol, alcool et thymolphtaléine. On ajoute peu à peu de la baryte $\frac{n}{5}$ jusqu'à couleur bleue opalescente (concentrations en ions H $n \times 10^{-9,4}$). Deux gouttes de plus donnent une coloration bleue nette, deux gouttes encore donnent une coloration bleue forte (concentration en ions H $= n \times 10^{-9,7}$). La solution à doser est titrée jusqu'à apparition de cette couleur. S'il a fallu employer $10^{cc}$,2 de baryte $\frac{n}{5}$ et pour la solution témoin $0^{cc}$,3, la quantité de baryte $\frac{n}{5}$ nécessaire à la neutralisation du dérivé méthylé de l'amino-acide sera par suite de $9^{cc}$,9.

Pratiquement, le mélange formol-phénolphtaléine, ou formol-alcool-thymolphtaléine employé, doit être neutralisé avant l'emploi, pour éviter l'emploi d'une grande quantité de baryte ou de soude titrée dans le dosage sur la solution témoin. Le formol du commerce est en effet toujours acide. Ces deux indicateurs donnent des résultats aussi bons que n'importe quelle méthode titrimétrique.

Les dosages sont faits sur des prises de 20, 10 ou 5 c. c., avec une solution $\frac{N}{5}$ de baryte ou de soude; il y a en effet à discuter (voir Sörensen) les influences perturbatrices du volume du liquide à titrer, de la concentration en formol — on en prendra toujours un excès — du titre de la solution alcaline employée au dosage, etc.

Il faut employer *la soude* quand il y a beaucoup de phénylalanine dans les produits de dédoublement.

La méthode ne donne que des résultats peu sûrs avec la proline et la tyrosine, pour des raisons qu'on trouvera exposées dans le mémoire original. De même pour la guanidine, l'arginine, et les acides diaminés.

Mode opératoire : 1° Méthode à la phénolphtaléine.

*a*, Solution de 0 gr. 5 de phénolphtaléine dans 50 centimètres cubes alcool + 50 centimètres cubes eau.

*b*, Mélange formolé : 50 centimètres cubes formol à 40 p. 100 + 1 centimètre cube du mélange de phénolphtaléine + Ba (OH) $\frac{2N}{5}$ jusqu'à couleur rose pour neutraliser le formol.

La solution de contrôle est une prise de 20 centimètres cubes d'eau distillée bouillie, à laquelle on ajoute 10 centimètres cubes du mélange formolé et 5 centimètres cubes de baryte. On fait ensuite la titration « en retour » avec HCl $\frac{N}{5}$.

Pour faire cette opération, on ajoute peu à peu HCl jusqu'à ce que la solution prenne un ton rose faible; on ajoute alors 1 goutte de baryte et la solution de contrôle prend alors une teinte rouge nette.

Une prise de 20 centimètres cubes de la liqueur à titrer, + 10 centimètres cubes du mélange formolé, est alors titrée jusqu'à coloration rouge nette.

La titration avec la *thymolphtaléine* se fait d'une façon analogue. On a facilement des dosages donnant 95 à 99 p. 100 de la quantité calculée.

Cette méthode a permis à Henriques et Hansen de suivre la digestion de mélanges de polypeptides. Elle permet également de suivre la digestion tryptique des albuminoïdes naturels, et aussi de doser l'acide urique comme un acide monobasique.

D'autre part comme, au cours de l'hydrolyse, à chaque groupement carbonyle mis en liberté correspond un groupement aminé, on peut exprimer les chiffres trouvés en milligrammes d'azote, ce qui est très pratique. En multipliant le nombre de centimètres cubes de baryte $\frac{N}{5}$ employés par 2,8, on a la quantité d'azote aminé mis en liberté en milligrammes.

### 5° Lipase.

1° *Historique*. — La lipase du suc pancréatique a été découverte en 1834 par Eberlé, qui constata que ce suc émulsionne les graisses.

Mais le mérite d'avoir mis en valeur l'importance et le mode d'action de ce ferment revient à Claude Bernard.

En constatant que chez le lapin qui a reçu un repas de lait, les chylifères ne deviennent blancs qu'au-dessus du segment intestinal où le canal pancréatique se déverse dans l'intestin, Claude Bernard établit le rôle du suc pancréatique dans l'absorption des graisses. D'autre part, il montre que le suc pancréatique émulsionne et saponifie les graisses *in vitro*. Il constate en effet que de l'huile agitée avec du suc pancréatique ne tarde pas à former des émulsions stables et qu'un mélange d'huile et de suc pancréatique primitivement neutre ou alcalin devient acide ; qu'un mélange de beurre et de suc pancréatique répand bientôt l'odeur caractéristique de l'acide butyrique. A la demande de Claude Bernard, Berthelot montre que le suc pancréatique dédouble les graisses en acides gras et glycérine.

Ces expériences furent ultérieurement confirmées et controuvées par une série d'auteurs. Ces variations d'opinion sur le ferment des graisses du pancréas n'offrent plus grand intérêt aujourd'hui. Elles s'expliquent parfaitement par ce fait que les préparations pancréatiques dans lesquelles les divers auteurs recherchaient le ferment des graisses avaient subi des manipulations très différentes, dont beaucoup ne pouvaient que détruire la lipase.

Une objection plus grave qui fut faite à l'existence du ferment lipasique était que son action était peut-être due à des germes contenus dans le milieu digestif. GREEN leva cette objection, comme KUHNE la leva en ce qui concerne la trypsine, en montrant que les extraits cyanurés de pancréas digèrent les graisses comme les extraits ordinaires.

Enfin, au point de vue historique, une des acquisitions les plus importantes dans la question de la lipase est l'activation considérable de ce ferment par la bile. Le fait a été mis en évidence par DASTRE, qui, en abouchant le cholédoque au-dessous du canal de WIRSUNG chez le chien, fait cette constatation inverse et complémentaire de celle de CLAUDE BERNARD : à savoir que les chylifères ne deviennent blancs qu'au-dessous du point où l'intestin reçoit la bile.

2° *Action de la lipase. Émulsion et saponification.* — La lipase pancréatique est immédiatement active dans le suc pancréatique pur de fistule, conformément à ce que nous avons vu pour l'amylase, et contrairement à ce qui a lieu pour la trypsine.

L'action du suc pancréatique est double : elle émulsionne et saponifie les graisses.

L'action émulsionnante de la lipase est elle-même une action complexe. Le suc pancréatique est très alcalin et contient vraisemblablement une forte proportion de carbonate de soude. Or nous savons que des graisses neutres, même à froid, s'émulsionnent, très partiellement il est vrai, au contact de solutions faibles d'alcalins ; cette émulsion est due à la saponification très légère que subit la graisse neutre au contact des alcalins (opinion classique) ; d'autre part les savons alcalins ont, comme on sait, la propriété de stabiliser les émulsions de graisses neutres et, par conséquent, déjà les sels alcalins du suc pancréatique sont susceptibles d'émulsionner les graisses neutres.

Il est absolument certain que le suc pancréatique ne doit pas uniquement à ses sels alcalins sa propriété d'émulsionner les graisses. Les sels alcalins, dans la proportion où ils sont contenus dans le suc pancréatique, ne sauraient provoquer qu'une émulsion faible et lente ; mais un second élément intervient pour amplifier ce processus ; cet élément, c'est la lipase elle-même.

Lorsqu'on met au contact de l'huile neutre et du suc pancréatique, on constate que le milieu devient acide malgré la présence des sels alcalins du suc pancréatique. Il s'est donc développé une acidité supérieure à celle qui suffit à neutraliser les sels. Il a été démontré déjà par BERTHELOT que cette acidité était due aux acides gras, et on peut, par des procédés que nous indiquerons, constater très aisément ce phénomène. Il s'ensuit que des acides gras se développent au cours de la digestion lipasique et qu'il se forme de nouvelles quantités de savons alcalins jouissant, comme nous l'avons déjà dit, du pouvoir d'émulsionner les graisses.

L'action émulsionnante du suc pancréatique est donc en définitive, surtout et avant tout, une conséquence de son action saponifiante (opinion classique).

L'action saponifiante de la lipase peut être mise en évidence par la simple constatation de l'acidification progressive du milieu digestif.

Préparons une huile neutre de la façon suivante : de l'huile de coton est additionnée d'une solution de carbonate de soude, puis d'éther. Le mélange est fortement agité, puis laissé quelques instants au repos. L'éther dissoudra les graisses neutres ; les acides gras de l'huile formeront avec l'alcali des savons qui se dissoudront dans l'eau. L'éther décanté ne contiendra que de la graisse neutre (HAMMARSTEN). Si nous additionnons cette graisse neutre de suc pancréatique, nous ferons, en raison de l'alcalinité du suc pancréatique, un mélange alcalin. Portons alors le tout à l'étuve, et nous constaterons que le mélange alcalin devient progressivement plus acide.

Nous pourrons séparer ces acides des graisses neutres par les procédés que nous venons déjà d'indiquer ; mais nous pourrons très simplement encore doser la quantité d'acides formés, défalcation faite de la très petite quantité d'acides gras engagés dans la formation des savons, par la soude et la phénolphtaléine. (Voir plus loin le dosage.) Nous constatons ainsi la formation progressive d'acides gras.

La saponification d'une graisse par la lipase n'est donc pas une saponification vraie, en ce sens que la lipase ne forme pas des savons.

La lipase dédouble simplement les graisses en acides gras et en glycérine. Les deux constituants de la graisse restent en liberté dans le milieu, et, s'il y a un peu de savon formé, c'est le résultat non de l'action du ferment, mais de la présence dans le milieu de quelques sels d'alcalis.

3° *Action réversible de la lipase*. — La saponification par la lipase est un processus réversible dans certaines conditions, c'est-à-dire que la lipase est susceptible de reformer des éthers ou des graisses par la synthèse d'acides gras et de glycérine. KASTLE et LŒWENHARDT ont constaté la formation de butyrate d'éthyle par synthèse d'acide butyrique et d'alcool éthylique en présence de lipase.

D'après POTTEVIN la lipase reforme de l'oléine aux dépens de l'acide oléique et de la glycérine.

HANRIOT a observé que, si en milieu neutre la lipase du sang dédouble la monobutyrine, elle reforme au contraire de la monobutyrine en milieu légèrement acide. HERZOG a calculé que la saponification du butyrate d'éthyle mettait en liberté 1,2 calories pour 100 grammes de substance; c'est donc une réaction très faiblement exothermique, la réaction inverse de synthèse sera donc très faiblement endothermique. Il y a là certainement une condition chimique qui facilite l'action réversible de la lipase.

DIETZ a étudié la synthèse de divers éthers et montré que, si on étudie simultanément l'hydrolyse et la synthèse d'un même éther, on arrive toujours à un même état d'équilibre, c'est-à-dire que, si on fait un mélange de lipase et d'éther et un mélange de lipase et d'acide gras et alcool en mêmes quantités que celles qui sont contenues dans *a* d'éther, on aboutit, soit dans le processus hydrolytique soit dans le processus synthétique, au même état d'équilibre entre les quantités d'éther, d'acide et d'alcool.

Il est à noter expressément que toutes ces expériences ont été faites avec des extraits pancréatiques et non du suc pancréatique.

4° *Substances hydrolysées par la lipase*. — La lipase hydrolyse toutes les graisses et d'une façon générale un grand nombre des corps à fonction éther simple ou multiple; mais cette action est inégale selon les substances considérées.

1° D'après l'opinion classique, les graisses seraient d'autant plus rapidement dédoublées que leur point de fusion est plus bas. MOREL et TERROINE se sont élevés contre cette manière de voir. Ils ont vu que, si l'on prend la série des triglycérides d'acides gras saturés allant ainsi de la triacétine à la tristéarine, la digestibilité à 40° par le suc pancréatique seul augmente jusqu'à la trilaurine puis baisse et devient nulle avec la tristéarine. Le tableau suivant montre des digestions faites avec des quantités de suc constantes et des quantités équimoléculaires de graisses.

| Point de fusion. | Nature des corps. | Quantités d'acides dosés en cmc. NaOH $\frac{n}{20}$ |
|---|---|---|
| Liquide la températ. ord. | Triacétine. | 5,2 |
| » | Tributyrine. | 7,5 |
| » | Tricaproïne. | 6,7 |
| » | Tricapryline | 10,6 |
| » | Tricaprinine | 13,8 |
| 46°,4 | Trilaurine | 16,5 |
| 55°,0 | Trimyristine | 10,2 |
| 63°,0 | Tripalmitine | 1,5 |
| 71° | Tristéarine. | 0,9 |

(MOREL et TERROINE, *B. B.*, 24 juillet 1909, 272.)

Par conséquent la digestibilité est indépendante du point de fusion des graisses.

2° Au cours du dédoublement d'un triglycéride il se forme indépendamment des produits terminaux (acide gras et glycérine) le di et le monoglycéride correspondants (LEWKOWITSCH). MOREL et TERROINE ont montré que ces corps étaient de plus en plus résistants à l'hydrolyse du suc pancréatique, soit pur, soit additionné des sels biliaires.

Par conséquent on hydrolyse plus aisément un tri qu'un di, et un di qu'un mono-glycéride.

Exemple : quantités égales de suc pancréatique + bile + quantités isoacides d'éther. (Digestion *aseptique*.)

| Durée de la digestion. | Acides mesurés en cmc. NaOH $\frac{N}{20}$ | | |
|---|---|---|---|
| | Monoacétine. | Diacétine. | Triacétine. |
| 20' | 0,1 | 0,5 | 0,7 |
| 45' | 0,2 | 0,9 | 1,5 |
| 1ʰ,45' | 0,3 | 1,5 | 3,4 |
| 188 heures. | 0,8 | 4,6 | 11,0 |

(TERROINE, *Bioch. Zeitsch.*, XXIII, 1910, 410.)

Le lecteur remarquera la résistance extrême du monoglycéride comparée au diglycéride et surtout au triglycéride et notera qu'il ne s'agit pas seulement pour ces divers glycérides d'une différence de vitesse d'hydrolyse; mais encore d'une différence d'état final.

SLOWTZOF montre que la lipase pancréatique ne libère pas la choline et que la légère séparation de choline constatée est due à l'alcalinité des sucs digestifs.

3° Les graisses où l'acide gras n'est pas saturé sont plus hydrolysables que celles où l'acide gras est saturé : c'est ainsi que la trioléine est incomparablement plus sensible à l'action de la lipase que la tristéarine (TERROINE).

La lipase ne saponifie pas seulement les graisses proprement dites, c'est-à-dire les éthers de la glycérine, mais également les éthers d'alcools variés, comme le butyrate d'éthyle, l'acétate d'éthyle, l'acétate d'amyle, le glycol diacétique, etc.

Enfin on rattache à l'action lipasique le dédoublement d'éthers dérivés d'acides aromatiques, tels que le salicylate d'amyle, le salol, etc. (NENCKI, DAKIN).

Un problème très intéressant dans l'histoire de l'activité lipasique est l'effet de la lipase sur la lécithine. On sait qu'il s'agit là d'un savon glycéro-phosphorique à base de choline. La lipase dédouble-t-elle la lécithine ? STASSANO et BILLON, en expérimentant sur une émulsion de lécithine fraîche dans du suc pancréatique kinasé, ne constatent aucune hydrolyse.

Ils trouvent par contre que la lécithine vieillie est attaquée rapidement. PAUL MAYER, puis SCHOUMOFF-SIMANOWSKI et SIEBER admettent que la lipase attaque la lécithine.

KALABOUKOFF et TERROINE montrent que, mise à digérer aseptiquement avec du suc pancréatique même additionné de sels biliaires, la lécithine fraîche et neutre ne libère presque pas d'acide gras, et ils supposent que la très faible quantité d'acide gras libéré est due au dédoublement de la petite quantité de graisses entraînées au cours de la préparation de la lécithine. (La lécithine se digère d'autant moins qu'on la purifie davantage.)

4° *Lois d'action de la lipase.* — DUCLAUX, en calculant les chiffres des expériences de HANRIOT et CAMUS faites sur la monobutyrine, estime que la lipase obéit aux lois ordinaires des ferments, c'est-à-dire que pendant le début de la digestion les produits d'hydrolyse sont proportionnels à la quantité du ferment, puis que bientôt leur augmentation suit une courbe logarithmique. Cette conclusion est conforme aux expériences de TERROINE.

D'après ENGEL et KANITZ, l'action de la lipase obéit à la loi de SCHÜTZ-BORRISSOW.

L'étude de la loi d'action de la lipase est des plus difficiles lorsqu'on l'étudie sur une graisse insoluble dans l'eau, ce qui est le cas de presque toutes les graisses.

La finesse de l'émulsion, le progrès de l'émulsion, à mesure que la digestion s'opère, modifient la vitesse d'action de la lipase.

Le résultat de l'activité du ferment est donc complexe. C'est pour cette raison que HANRIOT opérait sur la monobutyrine, qui est soluble dans l'eau. (V. **Lipases**.)

Ce procédé élude une des difficultés du problème, mais il faut savoir que dans les conditions physiologiques la lipase rencontre beaucoup de graisses insolubles.

5° *Actions favorisantes ou empêchantes sur la lipase.*

a) *Température.* — Nos documents sur cette question sont peu nombreux.

D'après HANRIOT et CAMUS, dont les expériences sont faites sur la monobutyrine et la lipase du sang, la température influence la lipase dans la mesure suivante. Les chiffres mis en regard de la température indiquent la proportion d'acide formé comparée à la quantité d'acide formée à la température optima.

| Température. | |
|---|---|
| 0 | 16 |
| 20 | 25 |
| 25 | 37 |
| 37 | 50 |
| 40 | 62 |
| 50 | 83 |
| 60 | 100 |
| 70 | 83 |

Ces résultats sont différents de ceux trouvés par Slosse et Limlosch (*Arch. internat. de Physiol.*, 1909) et Terroine (*Bioch. Zeits.*, 1910). Les premiers auteurs ont opéré sur le suc pancréatique de secrétine en présence de jaune d'œuf. D'après eux, il n'y a pas d'optimum net, mais une zone optimum aux environs de 35°-45°. Terroine a étudié plus complètement cette question et mis en évidence les faits suivants :

1° L'hydrolyse des corps gras est encore très nette à 0°, et presque nulle à 54°.

2° La vitesse d'hydrolyse de corps, tels que la trioléine, insolubles dans l'eau est à peine plus influencée par la température que celle de corps complètement solubles dans l'eau, tels que la triacétine. Ces faits tendent à démontrer que la vitesse d'action diastasique serait uniquement une vitesse de réaction chimique et non pas la résultante d'une vitesse de réaction et d'une vitesse de diffusion.

3° La lipase est très fragile au chauffage. Portée seule à 45° pendant 10' (suc pancréatique pur non kinasé), elle devient beaucoup moins active.

4° Enfin la lipase est encore plus fragile à la température, si elle est additionnée de sels biliaires.

b) *Acides et bases.* — La lipase du sang préfère les milieux alcalins, comme en témoignent nettement les expériences d'Hanriot.

| Carbonate de soude en grammes par litre du mélange graisse et lipase. | 0,0 | 0,2 | 0,4 | 0,8 | 1,0 | 1,5 | 2,0 |
|---|---|---|---|---|---|---|---|
| Activité de la lipase. | 22 | 33 | 44 | 46 | 52 | 74 | 86 |

Terroine (*loc. cit.*), a montré que du suc pancréatique pur neutralisé peut agir en milieux neutres ou faiblement acides ou alcalins, mais que son milieu optimum très net est NaOH $\frac{n}{150}$. Exemple :

| NaOH du milieu. | Acides titrés mesurés en NaOH $\frac{n}{10}$. |
|---|---|
| 0 | 8,5 |
| N/300 | 36,5 |
| N/150 | 75,7 |
| N/100 | 57,0 |
| N/75 | 6,5 |
| N/60 | 0,0 |

La nature chimique est sans importance (Terroine) : l'activation est sensiblement identique, si l'on prend NaOH, $CO_3Na_2$ AzH$^4$OH, dont le coefficient de dissociation, par conséquent l'alcalinité actuelle, est cependant très différent.

*Électrolytes.* — Pottevin admet que les alcalins accélèrent : Lœwenhardt et Pearce, que NaFl retarde nettement et intensément, Magnus, que le sulfate de manganèse accélère. Terroine constate que la série halogénée Cl, Br, I, Fl, accélère à certaines doses et retarde à d'autres ; la concentration optimale diminue régulièrement avec le poids atomique de l'anion : elle est optimale pour NaCl à $\frac{n}{15}$. Les sels alcalins accélèrent moins.

c) *Antiseptiques.* — Les antiseptiques qui dissolvent les graisses, comme le chloroforme et le toluène, protègent bien la lipase contre la destruction microbienne. Mais ils ne peuvent être utilisés au cours de digestions lipasiques, car en dissolvant les graisses ils compliquent les conditions expérimentales.

Le fluorure de sodium arrête l'action lipasique à des doses faibles (Lœwenhardt).

d) *Bile*. — La bile, dont nous verrons ultérieurement le rôle primordial dans la résorption des graisses (Dastre), possède encore dans la digestion des graisses une fonction spéciale : c'est celle d'activer considérablement l'action lipasique.

Bien que l'action directe de la bile soit connue depuis les travaux de Marcet qui avait longuement insisté sur l'action émulsionnante de la bile, l'action activante de la bile sur la lipase n'a été démontrée pour la première fois que par Nencki et Rachford.

Cette action activante de la bile est considérable.

En voici un exemple, d'après O. v. Fürth :

2 cmc. steapsine + 20 cmc. huile.
Activité lipasique sans bile + 5 cmc. bile.
8,7        26,2
2,9        27,6

L'activation par la bile n'est pas due à un ferment biliaire : le chauffage de la bile ne lui fait pas perdre sa propriété activante.

Dans ces conditions, il y avait lieu de se demander auquel des constituants de la bile était dévolue l'action accélératrice.

Hewlett avait annoncé que l'action activante de la bile était due à la lécithine, et de fait, en lisant ses expériences, on voit que les activations qu'il obtient par la lécithine sont des plus nettes, de 1 à 4 et plus; mais v. Fürth et Schütz, Kalaboukoff et Terroine n'ont pas retrouvé d'action activatrice sensible.

Si la lécithine semble sans action sur la lipase, les sels biliaires par contre jouissent d'un pouvoir activant indéniable vis-à-vis de ce ferment, comme l'ont démontré v. Fürth et Schütz (*loc. cit.*). L'ordre de grandeur de cette activation est indiqué par les expériences suivantes empruntées à Magnus :

| | Quantité d'hydrate de baryte nécessaire pour neutraliser. |
|---|---|
| Digestion pendant 10' à 37°,40. | |
| 5 cmc. huile + 0,5 cmc. suc pancréatique + 0,1 cmc. H¹O . . . . . . | 6 |
| 5 cmc. huile + 0,5 cmc. suc pancréatique + 0,1 solution de glycocholate de soude à 25 p. 100 = . . . . . . . . . . . . . . . . . . . . | 11 |

Cette activation de la lipase par les sels biliaires est générale vis-à-vis de toutes les graisses et de tous les éthers hydrolysés par la lipase (Hewlet, Strecker, Martin et Williams).

Lœwenhardt et Souder ont montré que l'activation de la lipase par les sels biliaires était variable selon le suc pancréatique et selon les graisses considérées.

Quand on opère dans des conditions identiques avec du suc pancréatique provenant de divers chiens, l'activation par les sels biliaires peut varier énormément, de 1 à 5 : il y a donc des sucs peu activables et d'autres très activables.

Les éthers dont le poids moléculaire est faible, comme l'hydrate d'éthyle, l'acétate d'éthyle, sont dédoublés avec le maximum de vitesse avec des quantités minimes de sels biliaires : 0,1 p. 100. Pour avoir son plein effet dans la digestion de l'huile d'olive, l'addition de sels biliaires au milieu doit être faite au contraire dans la proportion de 2,4 p. 100 (Lœwenhardt et Souder).

Terroine estime qu'il n'y a pas lieu de distinguer entre les éthers et les tryglycérides au point de vue de l'activation des sels biliaires retirés de la bile de bœuf, que le mode de cette activation est entièrement sous la dépendance de la nature du radical acide et que le radical alcool n'intervient en rien. C'est ainsi que l'activation par les sels biliaires présente un maximum (dont il réserve l'interprétation) pour des concentrations identiques de sels biliaires, avec la triacétine, les acétates de méthyle, d'éthyle, de propyle, d'isobutyle, etc. Dans le cas considéré, la concentration biliaire optimum est d'environ 0,225 p. 100. D'autre part, s'il n'existe pas d'optimum pour l'hydrolyse des huiles, l'activation croît continuellement, mais en s'atténuant, jusqu'à des concentrations en sels biliaires de 50 p. 100. En outre l'optimum dans le cas d'acides gras inférieurs n'est qu'un optimum apparent, et, si l'on continue les concentrations, on voit que la courbe d'activation se relève pour atteindre une sorte de plateau, comme pour la trioléine.

En réalité le prétendu optimum dans le cas des acides inférieurs doit être rapporté à une précipitation du suc pancréatique par l'acide gras inférieur très dissocié en présence des sels biliaires, et, comme il s'agit d'un précipité colloïdal, ce précipité est soluble dans un excès du corps précipitant; les huiles ne donnant pas naissance à des acides précipitant le suc pancréatique, le phénomène ne s'observe pas pour les huiles.

Comment les sels biliaires agissent-ils?

L'idée dominante sur le rôle de l'action activante des sels biliaires vis-à-vis de la lipase, est que la bile favorisant l'émulsion de la graisse, comme l'avait déjà signalé ainsi Marcet, réalise pour la lipase une grande surface d'action.

Si l'on mélange de l'huile, de l'eau et du suc pancréatique, on constate que ces liquides ne sont pas miscibles. Si on les agite fortement, on a une émulsion, mais très instable. Si, au contraire, on ajoute de la bile au mélange, l'émulsion est immédiatement beaucoup plus stable.

Cette simple expérience met hors de doute que la bile augmente la surface d'action de la lipase vis-à-vis de l'huile, et tout ce que nous savons du rôle des surfaces dans les digestions (digestion beaucoup plus rapide d'un cube d'albumine coupé en tranches que d'un cube d'albumine de même dimension et entier, etc.) nous porte à croire que l'un des rôles de la bile est un rôle physique.

Cette hypothèse semble confirmée par toute une série d'expériences exécutées par Terroine, et où l'auteur constate que toutes les substances qui favorisent et stabilisent les émulsions activent également la lipase, telles les solutions de gomme, de sirop, de sucre et de glycérine, etc.

Mais il est certain qu'à ce mode d'action ne se borne pas le rôle activant de la bile.

Nous avons vu, en effet, que la bile reste activante vis-à-vis de la lipase agissant sur des éthers parfaitement solubles dans l'eau.

D'après Terroine, les sels biliaires n'agissent pas seulement en augmentant l'émulsionnabilité ou la solubilité, puisque le pouvoir accélérant s'observe également sur les cubes de graisses solides, sur les graisses parfaitement émulsionnées (digestion pratiquée à l'agitateur) et sur les corps en solution parfaite.

Donath avait émis l'hypothèse d'une action directe sur le ferment. Terroine apporte en faveur d'elle le fait que sur le suc pancréatique laissé en contact avec les sels biliaires on voit le pouvoir lipolytique augmenter puis disparaître.

Il semble donc en résumé que la bile ait une double action dans la digestion lipasique : une première, physique, favorisant l'émulsion; une seconde, probablement chimique, hâtant l'hydrolyse. Pour Terroine, la seconde est beaucoup plus importante que la première.

*6° Dosage de la lipase.* — Le procédé usuel pour doser la lipase consiste à mélanger du suc pancréatique et de la graisse et à doser au départ et à la fin de la digestion l'acidité du mélange en milieu alcoolique par la soude et la phénolphtaléine.

Si au départ la liqueur, comme c'est le cas en général, est alcaline, on ajoute à l'acidité terminale une acidité équivalente à l'alcalinité du début.

Le dosage de la lipase est difficile, ou plutôt la signification d'un dosage de lipase est toujours d'interprétation délicate.

On a fait beaucoup d'expériences avec la monobutyrine, parce que ce corps peut être obtenu pur, qu'il est soluble dans l'eau et très impressionnable (?) à la lipase. On a objecté au choix de cette substance que la monobutyrine était trop impressionnable, non pas à la lipase seulement, mais à bien d'autres agents, si bien que spontanément, comme l'avait d'ailleurs déjà indiqué Berthelot, elle s'hydrolyse et qu'on peut se demander alors si ce qu'on mesure par une acidification de la monobutyrine est bien uniquement une action lipasique (Arthus). Il est certain que, si l'on a affaire à une action lipasique faible, comme celle du sérum, on sera bien obligé d'employer la monobutyrine faute de mieux, mais que du moment que la lipase pancréatique est active sur des substances qui donnent plus de sécurité, il sera bon d'éviter la monobutyrine.

En dehors de la monobutyrine, beaucoup de substances s'offrent à notre choix. Notre préférence peut, en dehors de la facilité d'hydrolyse de la substance, être guidée par une considération importante; opérerons-nous en milieu homogèile ou en milieu hété-rogène? Si nous voulons opérer en milieu homogène, nous pourrons faire choix de l'acétate de méthyle et de la triacétine.

Le dosage se simplifie de ce fait que l'agitation momentanée que l'on doit imprimer toujours aux milieux hétérogènes devient inutile et que par conséquent un coefficient d'erreur personnel disparaît. Mais on pourra objecter aux dosages en milieux homogènes qu'ils ne nous renseignent pas sur la digestion habituelle des graisses, qui est une digestion de graisses insolubles dans l'eau et constitue par conséquent un milieu hétérogène.

Si nous voulons opérer en milieu hétérogène, plusieurs considérations sont à noter.

Les substances dont nous pourrons faire choix sont soit des huiles naturelles, soit des graisses purifiées, trioléine, tripalmitine. Les huiles naturelles sont des mélanges complexes, non seulement de graisses, mais d'acides gras, de cholestérine, etc.

De ce fait les expériences faites par un observateur ne seront valables que si elles sont faites avec le même échantillon d'huile, car les huiles de même origine varient de composition selon leur provenance et leur préparation. Opérer sur une graisse purifiée vaudrait donc mieux en principe, mais peut-être non en pratique, car les graisses dites pures le sont rarement, et sont d'ailleurs très coûteuses.

Quelque graisse que l'on emploie, il convient de la débarrasser au préalable de ses acides gras : c'est la moindre cause d'erreur qu'on doive éviter. A cette fin on mélange l'huile et de la lessive de soude et de l'éther. On laisse reposer le mélange, et on décante la partie aqueuse. La graisse dissoute dans l'éther est à nouveau agitée avec de l'eau, puis décantée. Dans cette manipulation les acides gras sont saponifiés par la soude, les savons se dissolvent dans l'eau et sont soustraits par décantage; un nouveau lavage à l'eau finit d'enlever les derniers restes de savon.

La digestion peut se faire plus simplement en ajoutant du suc pancréatique à l'huile. Mais, pour que la digestion soit active, il faut agiter le mélange, sans quoi le suc pancréatique se sépare de l'huile, et l'hydrolyse qui ne se fait qu'à la surface de contact reste très lente. Une agitation répétée au moins au début, tant que l'émulsion n'est pas stable, active la digestion. Il est certain que, pour que l'influence accélératrice de cette agitation reste constante dans toutes les expériences, il faudra agiter tous les milieux d'une façon identique. Il y a là un tour de main à acquérir, si l'on ne veut pas recourir à un procédé mécanique.

La digestion avec le suc pancréatique pur ne nous donne qu'un des aspects de la digestion lipasique. Physiologiquement la digestion lipasique est une digestion lipasique activée par la bile.

Les mêmes expériences que les précédentes sont donc à répéter, mais après addition de bile ou plus simplement de sels biliaires. Comme l'action activante varie avec la quantité de sels biliaires employée, il convient de fixer exactement et arbitrairement la proportion de sels biliaires qu'on adoptera toujours (TERROINE).

Il est difficile d'arrêter la digestion à un moment précis par des moyens qui ne gêneront pas ultérieurement le dosage de l'acidité. Il ne faut naturellement pas songer à l'addition d'acides ni de bases; on peut à la rigueur porter les milieux à la température de l'eau bouillante. En pratique on tourne la difficulté en effectuant une digestion lente (deux heures), de sorte que l'erreur due au temps que nécessite le dosage sans arrêter la diges-tion se trouve très réduite.

Le dosage de l'acidité produite se fait de la façon suivante : une quantité déterminée du milieu digestif bien homogénéisé par agitation préalable est mélangé à une quantité égale d'alcool absolu, le tout additionné de phénolphtaléine, et l'acidité dosée avec une liqueur de soude.

L'avantage de doser dans l'alcool est d'homogénéiser le mélange et de rendre le virage plus net et d'empêcher la dissociation des savons. Il faut savoir que l'acidité trouvée en milieu alcoolique n'est pas la même que celle qu'on trouve en milieu aqueux (KANITZ).

Il va sans dire que l'acidité par laquelle on exprimera l'action lipasique sera non pas l'acidité constatée au moment du dosage, mais cette acidité augmentée d'une aci-dité équivalente à l'alcalinité du mélange du début de la digestion, car l'acide formé est non pas seulement celui que nous trouvons en liberté dans le milieu, mais aussi celui qui a saturé les alcalis du mélange pour former des savons.

Les lois d'action de la lipase sont, comme nous l'avons vu, encore imprécisées. Dans le doute où nous sommes et en raison de ce que nous connaissons des lois d'action des ferments en général, il est prudent de mesurer la lipase par des hydrolyses qui n'ont pas dédoublé plus du dixième de l'huile.

## B. — SUC INTESTINAL.

Le suc intestinal est sécrété par de nombreuses glandes répandues dans tout le trajet de l'intestin : ce sont les glandes de BRUNNER et les glandes de LIEBERKUHN. Accessoirement interviennent dans la sécrétion des cellules caliciformes disséminées dans toute la muqueuse intestinale. La structure de ces éléments sécréteurs et les modifications des glandes au cours de la sécrétion seront étudiées au chapitre : « *Anatomie, histologie et physiologie comparées* ».

1° *Procédés d'obtention du suc intestinal.* — On peut se faire une idée des propriétés du suc intestinal, en prenant des extraits de muqueuse intestinale. Ce procédé est rapide, facile, mais sujet à de graves objections. L'on n'a pas *a priori* le droit d'affirmer que les extraits de muqueuse intestinale, qui impliquent le broiement des cellules de l'intestin, jouissent des mêmes propriétés que la sécrétion pure de l'intestin.

Le suc intestinal pur s'obtient en abouchant à la peau une anse d'intestin et en rétablissant le trajet du reste de l'intestin, comme l'a réalisé pour la première fois THIRY.

Dans la technique de cet auteur, on coupe entre deux sections une anse d'intestin en respectant le vaisseau du mésentère, une des extrémités de l'anse isolée est abouchée à la peau, après avoir un peu rétréci son calibre pour éviter l'éversion de la muqueuse, l'autre extrémité est obturée et abandonnée dans l'abdomen.

VELLA a modifié la technique de THIRY en abouchant les deux extrémités de l'anse isolée à la peau : méthode de « THIRY-VELLA ». Enfin récemment ZUNZ a proposé des fistules dans lesquelles une des extrémités de l'anse intestinale est fixée à la peau du dos, tandis que l'autre est abouchée dans la région moyenne de l'abdomen. Lorsque le chien est dans son attitude habituelle debout sur ses quatre pattes, l'anse fistulisée est pour ainsi dire suspendue verticalement par son embouchure dorsale.

Les fistules à deux orifices ont sur les fistules à un orifice l'avantage de pouvoir être lavées plus commodément au moyen d'un courant de liquide poussé d'un orifice à l'autre.

En dehors des accidents prévus de péritonite, comme il en survient dans toute opération abdominale, le seul inconvénient à redouter à la suite de l'établissement des fistules est l'éversion de la muqueuse. D'après M. FROUIN, l'éversion de la muqueuse est fatale avec tous les procédés, même celui de ZUNZ, lorsque, pour aboucher les segments intestinaux à la peau, on modifie leur situation physiologique dans l'abdomen. D'après FROUIN, la condition essentielle de réussite de ces fistules consiste à faire les orifices cutanés juste au niveau des points de projection des extrémités de l'anse intestinale sur la paroi de l'abdomen. Pour éviter l'infection il faut faire en sorte qu'on n'ait pas à fixer les anses intestinales dans la grande plaie médiane qui a été pratiquée pour ouvrir l'abdomen de l'animal (FROUIN).

Le suc d'intestin ne ronge pas la plaie, l'ouverture de la fistule est facilement maintenue perméable par le passage d'un drain élastique.

2° *Caractères du suc intestinal.* — Le suc intestinal a été étudié par ROHMANN, PREGL, THIRY, LEUBE, QUINCKE, HAMBURGER et HEKMA, etc. Le suc intestinal de fistule, non centrifugé, présente la composition suivante d'après HAMBURGER et HEKMA :

| | |
|---|---|
| Eau. . . . . . . . . . | 98,93 |
| Résidu sec. . . . . . | 1,07 |
| Δ. . . . . . . . . . . | 0,62 |
| Na₂CO₃. . . . . . . | 0,24 |
| ClNa. . . . . . . . | 0,58 |
| Réaction . . . . . . | Faiblement alcaline. |

Le suc intestinal, prélevé sans précautions particulières, contient une albumine assez difficilement coagulable, considérée généralement comme de la mucine, beaucoup de cellules intestinales, des leucocytes et des bactéries.

3° *Sécrétion des différents segments de l'intestin grêle.* — Sous l'influence d'excitations diverses on constate que la sécrétion est quantitativement très différente dans les divers segments de l'intestin grêle, qu'elle est maxima pour la partie initiale et va ensuite en diminuant progressivement jusqu'à la valvule iléo-cœcale. Charrin et Levaditi en 1899 avaient signalé ce fait en étudiant chez des lapins la quantité d'eau sécrétée, sous l'influence des toxines, par des anses intestinales liées. Ils avaient trouvé comme sécrétion, 1,3 pour l'anse duodénale, 0,6 pour une anse située au milieu de l'intestin grêle et 0,1 pour une anse voisine de la valvule de Bauhin. Frouin a repris systématiquement l'étude de ce problème au moyen de fistules permanentes chez le chien et bien établi la constance de ces phénomènes.

Il est à noter que les auteurs qui ont étudié la sécrétion intestinale ont rarement indiqué le siège de leurs fistules. Il semble qu'on doive attribuer la diversité de leurs résultats à la diversité des anses intestinales qu'ils ont utilisées.

4° *Innervation sécrétoire.* — L'innervation sécrétoire de l'intestin est inconnue.

L'excitation des vagues ne détermine aucune sécrétion (Thiry).

L'énervation d'une anse intestinale isolée s'accompagne d'une sécrétion abondante, mais temporaire, d'environ vingt-quatre heures (Moreau).

L'extirpation des ganglions cœliaques donne un phénomène analogue (Budge).

S'agit-il dans ces dernières expériences d'une véritable sécrétion active ou d'une transsudation passive comparable à celle qu'on produit dans une circulation artificielle d'une anse intestinale extirpée de l'organisme? Nous n'en savons rien.

5° *Ferments intestinaux.* — On a signalé dans le suc intestinal beaucoup de ferments: un ferment protéolytique qui digère en milieu alcalin la fibrine crue, mais non l'albumine coagulée (Thiry, Leube); un ferment inversif (Vella et d'autres auteurs); un ferment amylolytique faible (Shiff, Eichhorst, etc., etc.). Mais il convient de dire que l'existence dans le suc intestinal de ces mêmes ferments a été niée par d'autres auteurs; que d'une façon générale l'activité de ces ferments, lorsqu'elle a été constatée, semble des plus variables d'une expérience à l'autre; tandis qu'au contraire si, *au lieu d'étudier les ferments intestinaux sur du suc intestinal, on l'étudie sur de l'extrait intestinal, on constate que leur présence y est constante, que leur activité y est toujours beaucoup plus énergique.*

Nous devons donc nous demander si le suc intestinal contient vraiment les ferments qu'on y a signalés ou si les ferments que nous y trouvons ne sont pas le produit des cellules intestinales désagrégées que l'on trouve toujours dans le suc intestinal de fistule.

Cette dernière hypothèse se trouve déjà impliquée dans les recherches de Bidder et Schmidt qui remontent à 1851; ces auteurs, qui savaient combien l'action amylolytique du suc est faible, montrent combien au contraire la digestion de l'empois d'amidon porté au sein d'une anse intestinale isolée est rapide; l'activité amylolytique de l'intestin était donc avant tout manifeste quand il y avait contact direct de l'empois d'amidon avec la muqueuse intestinale. Les recherches ultérieures ont confirmé ces faits. Mais la démonstration directe du rôle des éléments histologiques dans l'activité du suc intestinal n'a été donnée que tout récemment par Bierry et Frouin. Ces auteurs constatent que le suc intestinal de chien recueilli dans un tube plongé dans de la glace et centrifugé rapidement de manière à séparer les éléments cellulaires avant qu'ils ne soient altérés, n'a pas d'action amylolytique: le culot cellulaire jouit au contraire d'une forte activité amylolytique. Ils constatent encore le même fait pour l'invertine et la tréhalase. Ajoutons enfin que deux ferments intestinaux récemment découverts, l'érepsine et l'arginase, n'ont pu jusqu'ici être mis en évidence que dans les macérations intestinales [1].

Il est donc démontré que plusieurs ferments intestinaux ne sont pas directement mis en liberté dans le suc intestinal et que quelques ferments même ne peuvent être mis en évidence que par la destruction de la muqueuse de l'intestin. Pour la correction de l'exposé nous devrions donc décrire successivement les ferments du suc intestinal et les ferments de la muqueuse intestinale. Malheureusement, pour plusieurs ferments, cette distinction ne peut encore être fermement établie. Aussi, pour simplifier l'exposé

---

1. Il est évident qu'étant donnée l'abondance des cellules intestinales dans le suc de fistule recueilli sans précaution particulière et examiné sans centrifugation préalable il y aurait lieu de reprendre l'étude du suc intestinal en tenant compte de ces causes d'erreur dont beaucoup ont été signalées par Frouin et Bierry.

qui va suivre, étudierons-nous les ferments de la muqueuse intestinale en notant seulement, chemin faisant, dans quelle mesure nous savons que ces ferments sont mis en
liberté dans l'intestin et dans quelle mesure nous sommes autorisés à croire que leur
activité reste physiologiquement intra-cellulaire.

   *a.* **Ferments dédoublant les hydrates de carbone.** — α. *L'amylase* existe dans la muqueuse
intestinale (Schiff, 1857, etc.). L'activité des extraits intestinaux est faible, de l'opinion
de tous les auteurs.

   Le suc entérique même chargé de cellules intestinales désagrégées n'a également
qu'une activité amylotique assez faible. Bierry et Frouin ont montré que l'activité
amylolytique du suc entérique est due entièrement aux cellules intestinales désagrégées ;
le suc recueilli dans des tubes glacés et centrifugé est inactif.

   β. *Maltase.* — La maltase a été signalée en 1880 par Brown et Héron dans l'intestin
grêle du porc, puis en 1883 par Bourquelot dans l'intestin grêle du lapin : depuis cette
époque ce ferment a été étudié par Tebb, Pautz, Vogel, Davenière, Portier, Pozerski, etc.,
et enfin Bierry et Frouin.

   De l'ensemble de ces recherches, il résulte que la maltase intestinale est très active,
beaucoup plus active que celle du suc pancréatique.

   D'après Bierry et Frouin, la maltase intestinale a son optimum d'activité dans les
milieux alcalins, contrairement à la maltase pancréatique qui est à peu près inactive en
milieu alcalin. Fait vraiment singulier, mais dont il n'est donné aucune explication.

   D'après les mêmes auteurs, la maltase s'extérioriserait rapidement des cellules intestinales, car le suc de fistule recueilli après lavage de l'anse intestinale est actif même
après centrifugation rapide.

   6° *Invertine.* — L'aptitude de l'extrait intestinal à dédoubler la saccharose en glucose
et lévulose a été signalée par Paschutin en 1871, et par Cl. Bernard en 1877.

   Les recherches de Bierry et Frouin établissent que l'invertine diffuse lentement dans
le suc intestinal et n'y apparaît que lorsque les cellules de la muqueuse sont altérées.

   L'invertine a été l'objet de plusieurs travaux d'ensemble importants, dont trois
surtout méritent d'être signalés, car on y trouve analysées avec détail, soit des propriétés spéciales de l'invertine, soit des conditions générales de l'action des diastases
étudiées sur l'invertine.

   L'invertine est un ferment qui se prête bien à l'étude des vitesses de réaction, car
une simple inspection polarimétrique du milieu digestif indique les progrès de la digestion. Pour cette raison, les lois d'action des diastases sur les *substances solubles* ont été
surtout établies d'après les expériences sur l'invertine.

   *Action des diastases.* — Les travaux de Henri sur ce sujet et les discussions auxquelles
ils ont donné lieu, ont déjà été exposés dans l'article **Ferments** de ce Dictionnaire : nous
n'y insisterons donc pas davantage.

   Les deux autres travaux importants sur l'invertine sont ceux de O'Sullivan et
Thompson et ceux de Cole Sydney sur le rôle des acides et des électrolytes.

   En ce qui concerne l'action activante des acides, O'Sullivan et Thompson signalent ce
fait capital, qui semble avoir été ensuite complètement oublié par beaucoup d'auteurs : à
savoir que les concentrations d'acides nécessaires pour produire l'activation maximale
de l'invertine sont fonction de la concentration du ferment (à rapprocher de ce que
nous avons déjà signalé pour l'amylase). Voici, données en regard l'une de l'autre, les
concentrations relatives de ferments et les concentrations d'acides activant au maximum
dans des expériences faites à 15°,5.

| Invertine. | $SO^4H^2$ |
|---|---|
| 1,5 | $526/n$ |
| 4,5 | $263/n$ |
| 15 | $158/n$ |

   D'autre part, O'Sullivan et Thompson remarquent que la concentration de l'acide a
besoin pour activer au maximum d'être d'autant moins grande que la température du
milieu est plus élevée. Il est difficile d'expliquer ce fait par une dissociation plus grande
de l'acide à une température plus élevée, car pratiquement la dissociation de l'acide
est déjà à peu près complète pour les solutions très diluées qu'emploient les auteurs

Nous devons à Coole Sydney des expériences de la plus haute importance sur l'action activante de l'acide chlorhydrique sur l'invertine : la valeur de ces expériences résulte de ce que l'auteur a opéré avec du ferment dialysé et que par suite l'acidité du milieu est presque exactement l'acidité théorique signalée par lui, et enfin parce qu'il a fait le départ exact de l'action propre de l'acide sur le sucre de canne. Voici un extrait de ces expériences.

| Concentration de l'acide HCl. | A. Pourcentage de l'inversion par l'acide seul. | B. Inversion par l'acide et le ferment. | Différence entre A et B. |
|---|---|---|---|
| 0 | 0 | 5,29 | 5,29 |
| 1 : 9 000 Normal. | 0 | 10,94 | 10,94 |
| 1 : 4 500 | 0,15 | 12,50 | 12,35 |
| 1 : 3 000 | 0,30 | 25,33 | 25,03 |
| 1 : 2 250 | 0,70 | 34,22 | 33,52 |
| 1 : 1 500 | 1,60 | 62,35 | |
| 1 : 1 125 | 2,57 | 76,92 | 74,35 |
| 1 : 900 | 3,9 | 84,93 | 81,03 |
| 1 : 750 | 5,5 | 57,73 | 52,23 |
| 1 : 643 | 7,1 | 51,26 | 44,16 |
| 1 : 562 | 9,02 | 36,69 | 27,67 |
| 1 : 450 | 13,0 | 29,64 | 16,64 |
| 1 : 360 | 19,4 | 32,21 | 12,81 |
| 1 : 300 | 28,3 | 28,58 | 0,28 |
| 1 : 257 | 36,8 | 36,79 | 0 |
| 1 : 225 | 44,7 | 44,71 | 0 |

Dans ces expériences la concentration initiale du sucre est de 21 p. 100 ; les expériences sont faites à 38° et durent 22 heures. Le ferment *est bien dialysé et très dilué.*

C'est également à Coole Sydney que nous devons les notions les plus précises sur l'action des sels.

Voici deux séries de ses expériences :

| SELS. | POURCENTAGE DE L'INVERSION. | | SELS. | POURCENTAGE DE L'INVERSION. | |
|---|---|---|---|---|---|
| | En 24 h. | En 48 h. | | En 24 h. | En 48 h. |
| I. Concentration du sucre : 22,5 p. 100 ; des sels : $\frac{N}{4,5}$ T° 35°. | | | | | |
| Pas de sels . . . . . . | 46,2 | 69,3 | Sulfate d'ammoniaque.. | 49,1 | 71,1 |
| Chlorure de sodium. . . . | 34,9 | 55,4 | Sulfate de magnésium . . | 40,7 | 63,0 |
| Chlorure de baryum. . . . | 30,0 | 35,0 | Oxalate de potasse. . . . | 41,6 | 61,6 |
| Azotate de potasse.. . . . | 34,3 | 52,8 | Tartrate iodo-potassique . | 26,5 | 46,1 |
| Formiate de soude.. . . . | 26,0 | 44,1 | Tartrate d'ammoniaque. . | 46,4 | 75,1 |
| Formiate de magnésium. . | 18,4 | 26,2 | Citrate de soude. . . . | 25,4 | 45,5 |
| Acétate de soude. . . . . | 15,1 | 21,4 | | | |
| II. Concentration du sucre : 24,4 p. 100 ; des sels : $\frac{N}{9}$ T° 40°. | | | | | |
| Pas de sels . . . . . . . | 20,0 | 26,2 | Sulfate d'ammoniaque . . | 41,2 | 58,6 |
| Chlorure de sodium. . . . | 11,6 | 12,4 | Sulfate de magnésium . . | 9,5 | 10,4 |
| Chlorure d'ammonium . . | 37,3 | 53,7 | Tartrate iodo-potassique. | 10,6 | 12,0 |
| Chlorure de baryum. . . . | 10,6 | 11,4 | Tartrate d'ammoniaque. . | 63,6 | 79,6 |
| Sulfate de potasse . . . . | 10,1 | 10,8 | | | |

Si nous nous rappelons que des expériences analogues pour l'amylase (voir *suc pancréatique*) ont montré que les sels activaient l'amylase par leurs anions, que le rôle des cations y était insensible, enfin que, parmi les anions, les types monovalents jouissaient de l'action activante la plus prononcée, on voit que l'invertine ne subit pas du tout les mêmes influences que l'amylase.

Pour l'invertine les cations ont une action retardante souvent très marquée. C'est ainsi que, si nous prenons la série des chlorures, nous voyons que le baryum et le sodium retardent beaucoup, tandis que l'ammonium active plutôt. Il en est de même pour les sulfates : la potasse et le magnésium retardent beaucoup, tandis que l'ammonium accélère.

La différence de l'action activante des anions par contre n'est pas très sensible pour les types monovalents et divalents. Le chlorure d'ammonium n'accélère pas beaucoup plus que le sulfate d'ammonium, le chlorure de sodium ne retarde pas beaucoup moins que le sulfate de potassium.

Il n'est pas sans intérêt de signaler que, pour sensibiliser cette action des sels, il faut chercher par tâtonnement la concentration de ferment, la concentration de sels et la température convenable. L'action si nette des sels dans l'expérience II est beaucoup moins évidente dans l'expérience I où la concentration de l'invertine est très forte et la concentration des sels double de celle qui existe dans l'expérience II. *Ces faits rentrent dans cette loi générale que, pour des concentrations élevées de ferment, le ferment prend une activité propre de moins en moins sensible aux actions activantes comme aux actions retardantes : il devient indépendant du milieu.*

*Lactase.* — La lactase fut recherchée pour la première fois en 1890 par DASTRE, mais sans que l'auteur obtînt de résultats précis.

En 1895, PAUTZ et VOGEL constatent que la macération d'intestin du nouveau-né dédouble la lactose; ces résultats sont confirmés en ce qui concerne le bœuf et le cheval par FISCHER et WIEBEL. P. PORTIER en 1898 signale ce fait nouveau que la lactase, qui est abondante chez les mammifères tout jeunes, devient de moins en moins abondante à mesure que l'animal vieillit.

BIERRY et GRUV SALAZAR en 1904 constatent que le milieu d'activité optimum de la lactase est un milieu un peu acide et que la lactase comme l'amylase est un ferment qui diffuse moyennement vite des cellules intestinales.

*Raffinase.* — Ce ferment a été très peu étudié chez les animaux. Il résulte cependant des recherches de PAUTZ et VOGEL, FISCHER et WIEBEL que la raffinase n'existe ni chez le chien ni chez le cheval. BIERRY et GIAJA l'ont signalée dans le suc gastro-intestinal de *Ibelia Pomatia.*

*Tréhalase.* — La tréhalase a été signalée dans l'intestin du lapin par BOURQUELOT et GLEY, retrouvée par FISCHER et WIEBEL dans l'intestin du bœuf; BIERRY et FROUIN constatent que la tréhalase n'apparaît dans le suc intestinal qu'après désintégration des cellules de la muqueuse de l'intestin.

*Inulinase.* — L'inuline peut être dédoublée activement par un ferment soluble découvert par GREEN dans les tubercules de l'artichaut de Jérusalem et dénommé par cet auteur inulase. D'après les recherches de BIERRY et PORTIER et de RICHAUD, l'inulase n'existe pas dans le tube digestif des animaux. c'est l'acide chlorhydrique de l'estomac qui hydrolyse l'inuline.

*b. Ferments des hémi-cellulases.* — *F. des hexosanes.* — Les animaux supérieurs n'ont pas de ferments susceptibles d'hydrolyser les mannogalactanes du caroubier et du salep (Mme et M. GATIN), ni la mannogalactane de la luzerne (BIERRY et GIAJA). BIERRY et GIAJA trouvent dans le suc intestinal de l'escargot un suc qui hydrolyse la mannogalactane de la luzerne.

*F. des xylases.* — Ce ferment n'a été retrouvé que chez des mollusques par SEILLIÈRE et PASCAULT. Il est difficile de localiser la production de ce ferment.

*c. Ferments des graisses.* — La lipase intestinale n'a qu'une activité très faible (PAWLOW, BIERRY, FROUIN, etc.).

*d. Ferments des albuminoïdes.* — D'anciennes recherches de LEUBE il résulterait que le suc entérique pourrait solubiliser la fibrine crue. Cette action protéolytique ne s'observerait qu'avec le suc intestinal. Par contre, de toutes les recherches ultérieures il ressort que ni le suc ni la macération intestinale n'agit sur l'albumine coagulée, ni en milieu acide ni en milieu alcalin. Nous sommes donc portés à conclure que l'intestin ne contient aucun ferment pouvant être rangé soit dans la classe des ferments peptiques, soit dans la classe des ferments tryptiques.

*Érepsine.* — En 1901, COHNHEIM signale dans la muqueuse intestinale un ferment susceptible de transformer les albumoses et les peptones en acides aminés, mais incapable d'hydrolyser les albumines naturelles sauf la caséine, la protamine et l'histone. Il désigna du terme d'érepsine ce ferment qui, comme nous venons de le voir, est distinct par ses propriétés de la pepsine et de la trypsine.

Pour isoler ce ferment, COHNHEIM recommande la technique suivante : deux parties d'une macération aqueuse de muqueuse intestinale sont additionnées d'une partie de solution concentrée de sulfate d'ammoniaque. Le précipité mis à dialyser se redissout progressivement et le liquide ainsi obtenu est riche en érepsine.

L'érepsine a été retrouvée chez l'homme par HAMBURGER et HEKMA, chez le chien par SALASKIN, et par toute une série d'autres auteurs chez divers animaux.

L'érepsine ne peut être assimilée à la trypsine pour deux raisons. La première, que nous avons déjà donnée, c'est que l'érepsine n'attaque pas les albumines proprement dites, comme le fait la trypsine (COHNHEIM) : ce qui est confirmé par les auteurs précités. La seconde raison, c'est que l'érepsine transforme complètement l'albumine en produits abiurétiques, tandis que la trypsine, même après un temps de digestion très long, laisse des produits biurétiques inattaqués (FOA).

Mais l'érepsine n'est pas un ferment spécial de la muqueuse intestinale : elle a été retrouvée dans le tissu pancréatique par VERNON et dans des proportions variables dans les macérations des autres tissus.

KUTSCHER et SEEMANN, par des objections assez difficiles à interpréter, se refusent à classer l'érepsine de COHNHEIM parmi les ferments intestinaux : ils considèrent que c'est un ferment cellulaire général que COHNHEIM met en liberté par autolyse de l'intestin.

COHNHEIM s'efforce de réfuter, pour des raisons également obscures, l'objection que lui adressent KUTSCHER et SEEMANN que des processus d'autolyse interviennent dans la préparation de l'érepsine.

La question de l'érepsine est relativement simple, et peut se présenter de la façon suivante :

L'extrait intestinal a des propriétés que la trypsine n'a pas (digestion des antipeptones), et n'a pas certaines propriétés que possède la trypsine (digestion de l'albumine coagulée, par exemple). L'extrait intestinal a donc des propriétés différentes de celles de la trypsine.

Ce n'est pas un ferment spécifique de l'intestin, cela est évident, puisqu'on le retrouve dans de nombreux viscères, mais il en est de même de la maltase, de l'amylase, et de bien d'autres ferments, ce qui n'empêche pas que les auteurs parlent de la maltase et de l'amylase au chapitre des ferments instestinaux.

L'érepsine ne se retrouve que peu ou pas dans le suc intestinal pur. Elle ne peut être mise en évidence que par des macérations ; or la macération comporte l'autolyse des cellules. Mais il en est de même pour l'amylase et la tréhalase, et ceci ne nous empêche pas de considérer ces ferments comme des ferments intestinaux.

L'érepsine est donc un ferment endocellulaire.

Y a-t-il des raisons particulières de penser que ce ferment endocellulaire se comporte dans la digestion différemment des autres ferments endocellulaires que nous venons d'examiner? Tout le débat sur la dignité qu'il convient d'attribuer à l'érepsine comme ferment intestinal se réduit à cette question.

Cette question n'est pas actuellement résolue.

*Ferment lab.* — D'après BAGINSKI, l'intestin sécréterait un lab ferment. PLUMIER, en injectant du lait dans une anse intestinale isolée, constate que le lait qui ressort est coagulé, et conclut, lui aussi, à l'existence d'un ferment lab intestinal.

*Mucinase.* — ROGER a découvert dans l'intestin un ferment qui coagule la mucine et qu'il a dénommé pour cette raison mucinase. Les faits concernant ce ferment seront empruntés aux publications de cet auteur. La muqueuse intestinale de lapin ou de chien est épuisée par la glycérine, l'extrait glycériné est traité par l'alcool, et le précipité redissous dans l'eau. Si l'on ajoute à quelques centimètres cubes de mucine de 0,5 à 2 centimètres cubes d'extrait glycériné d'intestin, le mélange ne tarde pas à se troubler, et à présenter un précipité grumeleux.

La bile empêche l'action de ce ferment. L'action des substances empêchantes de la bile n'est pas détruite par le chauffage ; les substances empêchantes sont détruites par l'alcool. RIVA et NEPPER ont retrouvé la mucinase dans les selles de l'homme.

*Arginase.* — KOSSEL et DAKIN, 1905, ont extrait de la muqueuse intestinale un ferment qui dédouble l'arginine en ornithine et urée. Mais ils ont montré encore que ce ferment est beaucoup plus abondant dans le foie, dans le rein, le thymus et les lymphatiques.

L'arginase soulève les mêmes problèmes que l'érepsine, au point de vue du rang qu'il faut lui assigner parmi les ferments intestinaux. Son intérêt, au point de vue du métabolisme général, sera développé dans l'article **Urée**.

**Microbes.** — Des variétés nombreuses de microbes sont les hôtes normaux de l'intestin. Leur activité dans les processus digestifs fait donc partie de la physiologie normale de l'intestin.

Étant donné le rôle considérable des microbes dans la pathologie intestinale de l'homme, il s'ensuit que la microbiologie intestinale a été étudiée surtout chez l'homme.

1° *Moment d'apparition des microbes dans l'intestin.* — A la naissance, l'intestin est stérile. Il est contaminé, en moyenne, de quatre à vingt heures après la naissance, d'après ESCHERICH et TISSIER. La contamination se fait, en général, en même temps par l'ingestion d'aliments non stériles, et par une infection ascendante à point de départ anal ;

2° *Répartition dans l'intestin.* — D'après GILBERT et DOMINICI, qui ont fait porter leurs études sur le chien, le nombre des microbes s'accroît progressivement, depuis l'origine de l'intestin jusqu'au niveau du cæcum ; à partir de ce niveau, le nombre des bactéries diminue légèrement ;

3° *Quantités.* — On a étudié la quantité des bactéries par trois méthodes différentes :

a) Ensemencement des fèces diluées sur plaques de PETRI. Ce procédé ne donne que des résultats médiocres, parce qu'un grand nombre de bactéries sont déjà mortes lorsqu'elles sont rejetées dans les fèces. KLEIN et HEILSTRÖM estiment que les fèces ne renferment pas plus de 4,5 à 10,6 p. 100 de bactéries vivantes.

b) Numération directe des bactéries dans une quantité connue de fèces diluées à titre connu, et étalées sur une surface de grandeur connue. Cette technique a été établie par EBERLE, et perfectionnée par HEILSTRÖM et KLEIN. Les auteurs conseillent de faire d'abord une dilution de 4 milligrammes de fèces dans 10 centimètres cubes d'eau, et de mélanger, à parties égales, la suspension de fèces avec une solution de violet de gentiane. On sèche le liquide coloré, et on monte au baume sans laver.

c) Pesée des bactéries. Cette méthode a été instituée par STRASSBURGER, et appliquée ensuite par LESCHZINER, SCHITTENHELM et TOLLENS. Une quantité connue de fèces est triturée d'une façon intime avec de l'eau. Le tout est centrifugé, les matières fécales, en raison de leur densité, se déposent dans le culot des tubes ; les microbes, dont le poids spécifique est voisin de celui de l'eau, restent en suspension. Après deux ou trois lavages, on se débarrasse totalement des matières fécales. La suspension aqueuse de microbes est additionnée d'alcool, le milieu étant moins dense que les microbes, ceux-ci se déposent à leur tour lors d'une nouvelle centrifugation.

Les nombres totaux des bactéries de l'intestin de l'adulte obtenus par ces diverses méthodes ont été les suivants : par la culture (GILBERT et DOMINICI) 15 milliards (résultat naturellement trop faible pour les raisons sus-indiquées) ; par la numération (KLEIN) 8,8 billions ; par la pesée (STRASSBURGER) (calcul approximatif) 128 billions.

Le nombre des bactéries de l'intestin est donc énorme. En poids, STRASSBURGER évalue la masse des bactéries comme équivalente, en moyenne, au tiers de la masse fécale totale. Cette proportion paraît vraiment considérable ! La technique de STRASSBURGER est-elle bien irréprochable ?

4° *Variétés.* — Les variétés de microbes intestinaux sont extrêmement nombreuses ; il est bon, pour cette raison, de cultiver les fèces sur des milieux très variés, et de ne jamais omettre de faire des cultures anaérobies, en même temps que des cultures aérobies.

Les principales variétés qui se rencontrent d'une façon constante, d'après BIENSTOCK, ESCHERICH, TISSIER, etc., sont les suivantes :

a) Aérobies : *B. coli communis. B. lactis aerogenes. B. duodenalis, B. proteus vulgaris. B. liquefaciens, Enterococcus* (THIERCELIN).

*b)* Anaérobies : *B. bifidus communis* (TISSIER). *B. amylobacter. B. de la gangrène gazeuse. B. putrificus, streptocoques divers,* etc.

5° *Digestion microbienne.* — Les divers microbes que nous venons d'énumérer ne sont qu'une faible partie des nombreuses variétés microbiennes isolées dans l'intestin. Cette flore nombreuse et variée est susceptible d'attaquer tous les aliments qui passent dans le tube digestif. Une des caractéristiques de la digestion microbienne est de pousser la digestion des aliments beaucoup plus loin que ne le font les sucs animaux, et de donner naissance à certains corps qui, quoique de constitution encore complexe, ne se retrouvent jamais dans la digestion animale.

C'est ainsi que les microbes poussent la digestion des albumines jusqu'au stade acide acétique, isobutyrique, valérianique, mettent en liberté de l'hydrogène sulfuré, de l'anhydride carbonique, etc., tandis que nous avons vu que la digestion tryptique ne dépasse pas le stade des acides aminés, et ne donne jamais naissance à un dégagement gazeux. De même, la digestion microbienne donne naissance à de l'indol, du scatol, de la phénylanaline, qui, bien que n'étant pas des produits ultimes de désagrégation, ne se trouvent cependant pas dans la digestion tryptique. De même, les microbes opèrent sur les graisses et les hydrates de carbone des digestions très différentes de celles que nous avons vues à propos de la digestion par les sucs intestinaux.

α) *Digestion des albumines.* — La digestion microbienne des albumines s'appelle communément putréfaction, en raison de l'odeur en général repoussante des produits de cette digestion. Les nombreux produits de cette digestion microbienne ont fait l'objet de travaux importants de la part de NENCKI, BAUMANN, BRIEGER, H. et F. SALKOWSKI, A. GAUTIER, etc. On peut sérier de la manière suivante les produits de la putréfaction.

*a)* Les acides monoaminés de la série grasse donnent naissance, dans la putréfaction, à de l'ammoniaque et à des acides gras : acétique, propionique, butyrique, valérianique, caproïque et carbonique.

*b)* Les acides diaminés donnent naissance, par mise en liberté d'une molécule de $CO^2$, à des produits très odorants et assez toxiques.

L'ornithine $CH^2AzH^2(CH)^2 CHAzH^2. COOH$ donne $CH^2AzH^2(CH^2)^2 CH^2Az^2$ (tétraméthylèndiamine ou putrescine + $CO^2$.

La lysine $CH^2 A_3H^2(CH^2)^3 CHA_0H^2 COOH$ donnera $CH^2A_3H^2(CH^2)^3 CH^2A_3H^2 + CO^2$ pentaméthylèndiamine ou cadavérine.

*c)* Un acide aminé de la série aromatique, qu'on ne retrouve jamais dans les digestions tryptiques, apparaît dans la putréfaction : c'est la phénylalanine.

*d)* Les acides aminés de la série aromatique présentent, au cours de la putréfaction, des dédoublements de plus en plus considérables.

La tyrosine, acide oxyphénylaminopropionique $C_6H_4 OH CH^2 CHAz COOH$ donnera successivement l'acide oxyphénylpropionique $C_6H_4OH CH^2 CH_2COOH + AzH^3$, le p crésol $C_6H_4 OH CH_3$, et le phénol $C_6 H_5 OH$.

L'alanine, qui est un acide phénylaminopropionique donnera elle-même, finalement aussi, du crésol et du phénol.

D'après THIERFELDER et NÜTTAL, l'acide paroxyphénylpropionique serait un produit susceptible d'être mis en liberté par la trypsine ; par contre, le crésol et le phénol ne peuvent être mis en liberté que par les diastases microbiennes.

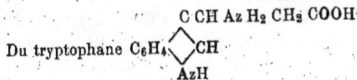

$$\text{Du tryptophane } C_6H_4 \diamondsuit \begin{matrix} C\ CH\ Az\ H_2\ CH_2\ COOH \\ CH \\ AzH \end{matrix}$$

dérivent :

$$\text{l'indol } C_6 H_4 \diamondsuit \begin{matrix} CH \\ CH \\ AzH \end{matrix}$$

$$\text{et le scatol } C_6 H_4 \diamondsuit \begin{matrix} C\ CHz \\ CH \\ AzH \end{matrix}$$

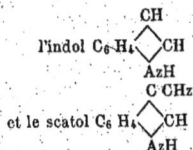

(ou méthylindol).

ε) Les composés soufrés de l'albumine donneraient, par dédoublement, des mercaptans, dont l'odeur est extrêmement forte, et de l'hydrogène sulfuré.

Tels sont les principaux produits de la putréfaction des albumines.

β) *Hydrates de carbone.* — Les produits de la digestion microbienne des hydrates de carbone sont : l'acide lactique, paralactique, succinique, formique, de l'hydrogène, de l'anhydride carbonique, du gaz des marais, etc. (Le rôle des microbes dans la digestion de la cellulose sera étudié au chapitre de la *Physiologie comparée.*)

δ) *Graisses.* — Les produits de la digestion des graisses par les microbes sont peu connus.

ε) *Mécanisme de la digestion microbienne des albumines.* — Au point de vue physiologique, ce sont la digestion microbienne des albumines et celle des hydrates de carbone qui sont les plus importantes : celle des albumines est intéressante, parce qu'elle développe des produits toxiques qu'on retrouve dans l'urine; celle des hydrates de carbone, parce qu'elle semble jouer, comme nous le verrons plus tard, en physiologie comparée, un rôle normal et prépondérant dans la digestion générale des herbivores. Pour cette dernière raison, nous n'envisagerons ici que la digestion des albumines.

Dans l'innombrable flore intestinale, il y a des microbes susceptibles d'actions diastasiques très variées. Nous devons à TISSIER et MARTELLY quelques notions intéressantes sur ce point. Ces auteurs divisent, à propos de la putréfaction, les microbes en deux catégories :

1° Les ferments mixtes, qui attaquent à la fois et les hydrates de carbone et les albumines; tels sont : le *B. perfringens, B. bifermentans, Staphylococcus albus,* etc.

2° Les microbes à ferments protéolytiques purs, qui n'attaquent que les albumines; tels sont le *B. putrificus,* le *B. putridus gracilis,* le Diplococcus magnus.

Si, maintenant, nous considérons l'action protéolytique des microbes, nous voyons qu'elle se manifeste d'une manière très variable, selon le microbe considéré.

Une étude particulièrement approfondie de ces faits a été poursuivie par BIENSTOCK, dont les résultats ont été étendus et confirmés par RETTGER. Les résultats de leurs recherches sont les suivants :

1° Il y a des bacilles doués d'une forte activité protéolytique sans pouvoir putréfiant marqué, c'est-à-dire susceptibles d'attaquer l'albumine comme un ferment animal, mais sans donner naissance aux produits proprement dits de la putréfaction. Tels sont : *B. aerogenes capsulatus et B. enteridis sporogenes;*

2° Il y a des bacilles à la fois protéolytiques et putréfiants, par exemple : *B. œdemati maligni* et *B. anthracis symptomatici;*

3° Il y a des bacilles peu protéolytiques et très putréfiants, comme le *B. putrificus.*

Si nous essayons, maintenant, d'approfondir l'action des bacilles putréfiants proprement dits, nous constatons trois faits importants.

Tout d'abord, la plupart des bacilles putréfiants sont anaérobies, comme l'avait signalé déjà BIENSTOCK.

Ensuite, les bacilles putréfiants ne donnent pas toujours des produits caractéristiques de la putréfaction; c'est ainsi que *B. putrificus* ne donne pas d'indol (BIENSTOCK et RETTGER), qui apparaît, au contraire, par adjonction du *Bacillus lactis aerogenes.*

Enfin, la putréfaction ne donne naissance à toute la gamme des produits signalés plus haut que si, à côté des aérobies, se trouvent des anaérobies. Le fait peut être expliqué, par exemple, d'après NENCKI, HOPKINS et COLE, à propos de la formation de l'indol et du scatol. Le tryptophane donne, par perte de $H^2$, naissance à de l'acide scatolacétique (processus exigeant des anaérobies), mais la transformation de l'acide scatolacétique en scatol et indol se fait par perte de $O^2$ (processus exigeant des aérobies).

Une putréfaction est donc une hydrolyse très complexe, où il faut plusieurs microbes, d'abord, parce que les microbes qui sont protéolytiques, souvent, ne sont pas putréfiants; ensuite, parce que les microbes anaérobies, qui peuvent intervenir à certains moments de l'hydrolyse, sont inefficaces dans des processus ultérieurs, qui exigent un processus aérobie. C'est ce qui nous explique qu'une albumine ensemencée avec un seul microbe ne subit qu'une putréfaction beaucoup moins rapide, et beaucoup moins complète qu'une albumine ensemencée avec des ferments mixtes.

ζ) *Causes qui limitent la putréfaction physiologique.* — Étant donné que l'intestin contient normalement toute la flore microbienne nécessaire à la putréfaction. et reçoit constamment des albumines susceptibles d'être attaqués par ces microbes, on s'est demandé pourquoi la putréfaction intestinale se limite, en somme, à un processus peu important comparé à la protéolyse par les ferments animaux.

Il y a, de ce fait, deux raisons. La première, c'est que, selon une loi physiologique générale, tout produit d'hydrolyse susceptible d'être résorbé est rapidement résorbé, et ne s'accumule pas dans l'intestin. Nous verrons, à propos de la résorption des albumines, qu'on ne trouve jamais que de très faibles quantités d'acides aminés dans l'intestin. Or, comme l'activité des microbes commence surtout à se faire sentir énergiquement sur des produits déjà dégradés de l'albumine, il en résulte que, physiologiquement, les processus normaux de la résorption coupent les vivres aux microbes. En accord avec ce phénomène, on a constaté, en effet, qu'un des seuls moyens que l'on possède d'augmenter la putréfaction intestinale est de provoquer une occlusion de l'intestin qui empêche la résorption de s'accomplir normalement.

La seconde raison qui limite encore la putréfaction intestinale est l'antagonisme manifeste entre les microbes qui attaquent les albumines et les microbes qui attaquent les hydrates de carbone. C'est une loi fondamentale que, dans les milieux riches en hydrates de carbone, la putréfaction est toujours limitée. L'étude des produits contenus dans les divers segments de l'intestin illustre d'une façon très nette cette loi.

Nous verrons que la digestion et la résorption des hydrates de carbone se réalise complètement dans l'intestin grêle; et, du moins pour des hydrates de carbone comme le sucre, le lactose, l'amidon, il ne passe que des quantités insignifiantes d'hydrates de carbone dans le gros intestin. Schématiquement, nous pouvons donc dire qu'il y a des hydrates de carbone dans l'intestin grêle, et qu'il n'y en a plus dans le gros intestin. Or, quand on étudie le contenu intestinal, on constate qu'il n'y a pas de putréfaction dans l'intestin grêle, et que celle-ci ne commence que dans le gros intestin. Dans l'intestin grêle, on trouve beaucoup de produits dérivés des hydrates de carbone, et des graisses. Acides lactique, acétique, paralactique (Macfayden, Nencki et Sieber); de l'acide succinique (Jakowski), des acides formique, et butyrique (A. Schmidt), de l'alcool (Jakowski), mais pas de produits dérivant des albumines; traces de $H^2S$ (Macfayden); traces de phénols et d'oxyacides, pas de scatol ni d'indol (Baumann).

Dans le gros intestin abondent au contraire les acides acétique, isobutyrique, valérianique, caproïque, du phénol, de l'indol, du scatol (Brieger), de l'ammoniaque Brauneck), de l'acide scatolcarbonique (Salkowski), de l'acide oxyphénylacétique (Baumann), du méthylmercaptan (Nencki et Sieber, de la cadavérine et de la putrescine (Brieger), etc.

La putréfaction, phénomène localisé au gros intestin est donc empêchée dans le petit intestin par la présence d'hydrates de carbone dans cette partie du tube digestif.

Deux raisons ont été proposées pour expliquer que la putréfaction est atténuée dans les milieux qui, outre des albumines, contiennent des hydrates de carbone. La première invoquée par Bienstock est qu'il y a antagonisme entre les bacilles qui attaquent les hydrates de carbone et ceux qui attaquent les albumines. La seconde proposée par Tissier et Martelly est que les bacilles des hydrates de carbone développent des réactions de milieu défavorables au développement des microbes putréfiants.

Si l'on étudie le sort d'un lait cru abandonné à lui-même, on constate, comme l'a fait Bienstock, qu'il s'acidifie, mais ne se putréfie pas. Dans les mêmes milieux atmosphériques, le lait cuit et reposé à l'air se putréfie. Or ces deux laits, du fait de l'expérience, sont exposés à la même contamination. S'il en est un qui puisse être moins contaminé, c'est le lait cuit. Or, fait remarquable, c'est justement celui-là qui se putréfie. Bienstock pense que, si le lait cuit se putréfie, c'est que la cuisson a tué des bacilles lactiques, qui, eux sont absents des poussières de l'atmosphère, et que, par conséquent, la putréfaction du lait cuit est liée à la destruction des bacilles lactiques comme la non-putréfaction du lait cru était liée au développement des bacilles lactiques. Beaucoup d'auteurs ont adopté cette manière de voir, et jusque ici l'accord est assez général sur les faits et leur interprétation. Le désaccord commence sur le point de savoir si les bacilles lactiques gênent directement le développement des bacilles putréfiants par « concurrence vitale », ou s'ils interviennent autrement.

6° *Sort des produits de la putréfaction intestinale*. — Les produits de la putréfaction sont en majeure partie résorbés par l'intestin. En ce qui concerne l'indol, Ellinger a constaté que 50 p. 100 du produit ingéré passe dans les urines. Baumann, qui a fait une étude remarquable des produits de la putréfaction, a montré que nombre des produits de la putréfaction s'éliminent dans les urines en combinaison avec l'acide sulfurique ou avec l'acide glycuronique. Nous renvoyons le lecteur pour l'exposé de cette question d'une part à l'article « Urine » de ce dictionnaire, et aux traités de médecine pour le parti diagnostic qu'on a tiré, en pathologie, de la présence des produits de la putréfaction intestinale dans l'urine.

## II. — RÉSORPTION INTESTINALE.

La résorption intestinale est l'acte digestif par lequel les aliments transformés ou non au cours de leur passage dans le tractus gastro-intestinal vont pénétrer dans la paroi de l'intestin pour passer ensuite dans le torrent circulatoire.

Toute une catégorie de substances échappent à la résorption, comme les fibres végétales, les fibres conjonctives non digérées, les pépins de fruits, etc. Ces substances sont éliminées dans les matières fécales.

Les substances susceptibles d'être résorbées peuvent se diviser en plusieurs catégories : l'eau, les sels, divers liquides comme l'alcool, la glycérine, les hydrates de carbone, les substances azotées et les graisses.

Les phénomènes de la résorption sont de complexité inégale pour les diverses substances. L'eau et les sels, l'alcool et la glycérine par exemple, sont absorbés en nature par l'intestin, et, de l'intestin passent sans modification dans le torrent circulatoire. Pour les hydrates de carbone, il est probable que certains d'entres eux, comme la saccharose et la maltose, subissent dans l'intimité même de l'intestin une véritable digestion (inversion du saccharose, dédoublement du maltose en glucose) avant de passer dans le torrent circulatoire et que, par conséquent, la résorption s'accompagne d'une digestion intra-cellulaire. Pour les substances azotées la résorption, d'après beaucoup d'auteurs, s'accompagnerait même d'une reconstitution au sein de l'intestin de la molécule albuminoïde. Enfin, pour les graisses, se posent les mêmes problèmes avec en plus celui de savoir sous quel état les graisses sont susceptibles d'être résorbées.

### 1° Résorption de l'eau et des sels.

La résorption de l'eau et des sels par l'intestin est, comme la sécrétion de l'eau et des sels par le rein, une question étudiée avec prédilection par les physiologistes, moins peut-être pour préciser les conditions de résorption de ces substances que pour trouver dans les expériences des arguments permettant de discuter du mécanisme de la résorption.

La résorption de l'eau et la résorption des sels sont deux questions inséparables. L'intestin ne résorbe pas à sec; si l'on dépose des sels anhydres dans l'intestin, celui-ci sécrète d'abord de l'eau, et ce sont ces sels dilués dans l'eau qui sont ensuite résorbés. De même l'intestin ne résorbe pas de l'eau pure : si l'on dépose de l'eau distillée dans l'intestin, celui-ci ne tarde pas à sécréter des sels, et rapidement l'eau distillée est remplacée par une solution saline.

Ces faits mêmes nous indiquent l'intérêt de considérer comment s'effectuera la résorption lorsqu'on met l'intestin en présence de liquides très pauvres en sels, puis en présence de solutions salines de concentration croissante? En pratique, on n'a guère étudié les cas extrêmes de l'eau distillée et des sels anhydres; car ces substances altèrent l'une et l'autre la muqueuse intestinale. En général on fait choix de solutions hypotoniques, isotoniques et hypertoniques, car l'intérêt de la question est moins d'établir l'ordre de grandeur absolu que le sens même des phénomènes.

*Exposé des faits.* — 1° *Résorption de* NaCl *à des concentrations variables.* Exp. de
Heidenhain sur NaCl.

| | Solution introduite dans une anse intestinale isolée. | | | | Solution retrouvée. | | |
|---|---|---|---|---|---|---|---|
| | Quantité de solution. cmc. | Pourcentage en NaCl. | Quantité totale de NaCl. gr. | Durée de la résorption. min. | Quantité de solution cmc. | Pourcentage en NaCl. | Quantité totale de NaCl. gr. |
| I. . . | 120 | 0,3 | 0,36 | 15 | 18 | 0,60 | 0,108 |
| II. . . | 120 | 0,5 | 0,6 | 15 | 35 | 0,66 | 0,23 |
| III. . . | 117 | 1,0 | 1,17 | 15 | 75 | 0,90 | 0,67 |
| IV. . . | 120 | 1,46 | 1,75 | 15 | 109 | 1,20 | 1,31 |

Cette expérience montre que les solutions inférieures en concentration à 0,9 p. 100 se concentrent dans l'intestin et que les solutions supérieures à 0,9 p. 100 se diluent, qu'en somme, *quel que soit le titre initial des solutions introduites dans l'intestin, celui-ci tend toujours à ramener des solutions à l'isotonie avec le plasma sanguin.* Mais il découle aussi de cette même expérience que le retour à l'isotonie du liquide intestinal n'est pas la condition nécessaire pour sa résorption.

En effet, l'eau salée peut traverser l'intestin en concentration très hypotonique, car la concentration de 0,60 que nous trouvons à la fin de l'expérience I est la concentration maximum qui ait pu se produire au cours de l'expérience. En effet, l'intestin s'efforçant toujours de ramener son contenu à l'isotonie et de l'y maintenir quand il s'y trouve à cette concentration, on ne saurait admettre que dans l'expérience I la concentration ait pu devenir supérieure momentanément à 0,6 pour revenir ensuite à ce taux. Par conséquent, il devient évident que l'eau salée a pu être absorbée directement à des concentrations hypotoniques. Dans l'expérience IV nous pouvons affirmer pour des raisons de même ordre que la concentration finale de 1,20 p. 100 est la concentration minima qui ait existé au cours de l'expérience. Or, à la fin de cette expérience, le liquide a été déjà résorbé partiellement. Par conséquent l'intestin est susceptible de résorber des liquides hypertoniques de même qu'il est susceptible de résorber des liquides hypotoniques.

Enfin, au point de vue des vitesses d'absorption, il importe de remarquer que les solutions hypotoniques sont plus vite résorbées que les solutions isotoniques, qu'elles-mêmes sont plus vite résorbées que les solutions hypertoniques.

La constatation de ces différents faits nous permet en plus de faire une nouvelle remarque. La résorption des solutions hypertoniques et des solutions hypotoniques ne consiste pas en un passage en bloc des solutions en cause.

La résorption des solutions hypotoniques va se faire avec une augmentation progressive de la concentration du liquide intestinal, et la résorption des solutions hypertoniques va de pair avec une diminution de la concentration. Pour expliquer ces phénomènes, on peut faire deux hypothèses. Tout d'abord on peut penser que pour la résorption des solutions hypotoniques la résorption de l'eau va plus vite que celle du sel, et que pour la résorption des solutions hypertoniques la résorption du sel va plus vite que celle de l'eau : d'où nivellement des tonicités des liquides résiduels dans l'intestin.

Mais on peut admettre aussi que dans la résorption des solutions hypotoniques, du sel venant du plasma sanguin passe dans l'intestin en même temps que de l'eau va vers le sang, et pour les solutions hypertoniques on peut admettre qu'en même temps que le sel de la solution est déversé dans le plasma, celui-ci abandonne de l'eau à l'intestin : par ce mécanisme un nivellement de tonicités du liquide intestinal est également possible.

L'expérience précitée ne peut résoudre ce problème. Le principal électrolyte en jeu est NaCl, et on ne peut, par conséquent, distinguer le NaCl qui reste de la solution primitive de celui qui provient du plasma. C'est pourquoi il est intéressant de comparer par rapport à des solutions de NaCl la façon dont se comportent des solutions d'autres cristalloïdes.

2° *Résorption de solutions de cristalloïdes autres que* NaCl.

Voici des expériences de Cohnheim faites avec des solutions de glucose à 5,5 p. 100 c'est-à-dire à peu près isotoniques au plasma sanguin.

| Quantité de solution de glucose à 5 p. 100 introduite. cmc. | Durée de la résorption. min. | Quantité de liquide retrouvé. | Composition du liquide intestinal au bout de ce temps. | |
|---|---|---|---|---|
| | | | Glucose. p. 100. | NaCl. p. 100. |
| 50 | 25 | 37 | 4,2 | 0,16 |
| 50 | 35 | 30 | 4,2 | 0,17 |
| 50 | 25 | 38 | 4,1 | 0,25 |
| 50 | 35 | 52 | 3,7 | 0,27 |

Il convient d'ajouter que des résultats analogues sont obtenus avec les autres cristalloïdes par exemple du sulfate de soude, de l'urée, etc.

Ce type d'expériences nous montre qu'au cours des résorptions de solutions de cristalloïdes autres que NaCl, il se fait à travers l'intestin un double mouvement de substances, le cristalloïde en solution va vers le plasma sanguin et du NaCl du sang va du plasma sanguin vers l'intestin.

Ces expériences ne permettent pas de conclure que, dans les premières expériences citées, NaCl affluait du plasma sanguin vers l'intestin (dans le cas des solutions hypotoniques) mais elles rendent cette hypothèse vraisemblable.

Ces expériences nous montrent enfin un fait nouveau : c'est que, si au cours de la résorption des solutions de tonicités diverses, la résorption s'accompagne d'un nivellement des tonicités qui se rapprochent de celle du plasma ; cette tendance au nivellement des tonicités n'est pas le seul facteur qui préside aux modifications du liquide contenu dans l'intestin. Nous voyons en effet que, lors même qu'on emploie des solutions isotoniques de glucose, d'urée et de sulfate de soude, du NaCl du plasma sanguin ne tarde pas à se déverser dans le liquide intestinal.

*La résorption intestinale s'accompagne donc d'une modification du liquide intestinal, telle que sa composition chimique, au moins en ce qui concerne NaCl, tend, elle aussi, à se rapprocher de la composition chimique du plasma.*

3° *Comparaison entre la résorption des divers électrolytes.*

| Substance. | Introduite. | | Durée de la résorption. | Substance restante. | |
|---|---|---|---|---|---|
| | cmc. | Δ | min. | cmc. | Δ |
| NaCl. . . . . . . | 50 | 0,696 | 25 | 26 | 0,583 |
| Glucose. . . . . | 50 | 0,698 | 25 | 39 | 0,610 |
| MgSO⁴. . . . . . | 50 | 0,678 | 25 | 72 | 0,654 |
| Formiate de Na. . | 35 | 0,601 | 20 | 25 | 0,626 |
| Valérianate de Na. | 35 | 0,610 | 20 | 13,5 | 0,590 |

Ces quelques expériences, empruntées à Höber, montrent que la vitesse de résorption des divers sels est très inégale. Des nombreuses recherches qui ont eu pour but de préciser les vitesses relatives de résorption des divers sels, il résulte les faits suivants.

α) Sels inorganiques. La vitesse de résorption croît de gauche à droite dans *tous les tableaux*.

1° Résorption des anions (Höber).

Fl, HPO₄, SO₄, NO₃, I, Br, Cl.

2° Résorption des cations (Höber).

Ba, Mg, Ca Na, K.

β) Sels organiques de soude (Wallace et Cushny).

| Oxalates. | Caprylates. | Œnanthylates. | Formiates. |
|---|---|---|---|
| | Malonates. | Lactates. | Acétates. |
| | Succinates. | Salicylates. | Propionates. |
| | Tartrates. | Phtalates. | Butyrates. |
| | Citrates. | | Valérianates. |
| | Malates. | | Capronates. |

*Exposé des théories.*

Avec une connaissance si incomplète de la résorption de l'eau et des sels, on pourrait s'attendre à ce que les théories qu'on en a proposées fussent discrètes; elles sont au contraire exubérantes. C'est que pour tous les phénomènes de résorption ou de sécrétion qui ont paru simples parce que les cellules n'y fabriquaient rien, les théories ont toujours opéré hardiment devant les faits. Mais c'est qu'aussi les théories qui incarnent souvent assez peu les phénomènes incarnent toujours l'esprit des savants qui les étudient et que ceux-ci ont toujours à défendre quelques intérêts vitalistes, néo-vitalistes, iatro-mécaniciens ou physico-chimistes. Pour la résorption il y a eu et il y a encore des écoles.

Mais il faut ajouter que ces théories par ailleurs sont respectables, car elles ont suscité des expériences nouvelles et poussé à la critique des expériences anciennes.

A ce double titre elles méritent quelque considération.

Les théories de la résorption des sels se divisent en deux catégories : les théories physico-chimiques, qui raisonnent des épithéliums intestinaux comme de membranes sans doute complexes, mais dépourvues d'initiatives, et les théories vitalistes qui conçoivent les épithéliums intestinaux comme ayant une initiative et usant des forces physico-chimiques quand celles-ci s'exercent dans un sens convenable, mais luttant et triomphant contre elles lorsqu'elles sont de sens opposé.

*a) Rôle de la filtration.* — On appelle filtration le passage d'un liquide à travers une membrane sous l'influence d'une pression exercée à la surface de ce liquide. Si la filtration joue un rôle nécessaire dans la résorption, il s'ensuivra qu'il ne pourra y avoir résorption que si la pression du liquide intestinal est supérieure à la pression extérieure, qui, dans l'espèce, est représentée par la pression des capillaires veineux.

HAMBURGER, qui s'est surtout attaché à subordonner la résorption à une filtration, a pensé avoir donné de sa théorie une démonstration péremptoire par les expériences suivantes : dans une anse intestinale de chien il introduit un cylindre perforé d'aluminium destiné à maintenir la lumière de l'intestin béante, et, dans cette anse ainsi préparée, il introduit du liquide : il constate que la résorption est nulle. Si, au contraire, il introduit dans l'anse intestinale du liquide sous pression, il constate, par exemple, qu'avec une pression de 3 centimètres d'eau, une résorption de 10 centimètres cubes s'opère en 26 minutes, et qu'avec une pression de 8 centimètres elle s'opère en 18 minutes. HAMBURGER en conclut qu'avec une pression intra-intestinale nulle la résorption intestinale est nulle et qu'avec une pression intra-intestinale progressivement croissante la résorption croit progressivement.

La deuxième conclusion de HAMBURGER est exacte et ne souffre pas d'objection; il résulte évidemment de ses expériences qu'une pression intra-intestinale favorise la résorption. Mais sa première conclusion est abusive. Lorsque dans l'expérience avec le tube d'aluminium il ne constate pas de résorption, la pression intra-intestinale est certes égale à 0, mais la pression extra-intestinale des capillaires est positive; il s'ensuit que la résorption ne peut pas se faire sous une pression négative égale à la pression des capillaires veineux; mais il ne s'ensuit nullement que la résorption ne puisse se faire qu'avec une pression intra-intestinale positive, telle que l'exige la filtration, par définition même.

REID a montré directement l'erreur de cette conclusion de HAMBURGER. Une anse intestinale est sortie de l'abdomen et remplie de liquide. Durant la résorption, la pression intra-intestinale est de 4 à 6 millim. Hg, la pression des veines mésentériques est de 13,5 à 18,4 millim. Hg. Or, dans cette expérience, il y a eu résorption, malgré une pression intra-intestinale négative.

Il est donc possible, d'après HAMBURGER, qu'avec une pression négative trop grande, la résorption ne puisse pas avoir lieu; mais il est certain, d'après REID, que la résorption peut avoir lieu même malgré une certaine pression négative.

S'il y a filtration dans la résorption, celle-ci ne peut donc être due seulement à la pression du liquide contenu dans la lumière de l'intestin.

Dès 1851, BRÜCKE avait cependant émis une théorie beaucoup plus subtile de la filtration. Cet auteur, qui avait découvert la musculature des villosités, leur assigna aussi un rôle dans la résorption. D'après lui, les muscles des villosités dilateraient les chylifères en se relâchant, et ils les comprimeraient en se contractant. Les chylifères,. munis de leur appareil musculaire compressif, joueraient en d'autres termes le rôle de petites pompes aspirantes et foulantes. Cette hypothèse ne rencontra pas grand crédit, mais pour la rejeter, il fallait des raisons démonstratives. SPÉE montra que, contrairement à l'opinion de BRÜCKE, le relâchement des muscles des villosités comprimaient les chylifères, et *vice versa*: l'hypothèse de BRÜCKE était retournée, mais non renversée, lorsque bientôt de nouveaux travaux montrèrent que, pour la plupart des substances, la résorption se faisait par voie veineuse, et non par voie lymphatique; mais ce que les villosités faisaient pour les lymphatiques, ne pouvaient-elles pas le faire également pour les capillaires veineux? l'hypothèse de BRÜCKE était maintenant déplacée, mais non pas abolie.

L'argument décisif contre cette hypothèse tenace ne semble avoir été donnée que dernièrement par O. COHNHEIM. On sait que les Holothuries ont un intestin dépourvu de villosités et qui baigne intérieurement et extérieurement dans l'eau de mer. Si l'on prend un intestin d'Holothurie plein d'eau de mer et qu'on l'immerge dans ce même liquide, on constate que l'eau de mer est résorbée. Il peut donc y avoir résorption sans le concours des villosités; l'hypothèse de BRÜCKE est donc insoutenable, au moins dans un cas particulier; par extension, on en conclut qu'elle est également sans valeur pour tous les autres cas où l'intestin est pourvu de villosités.

En définitive, on admet aujourd'hui en général que la résorption est favorisée par les mêmes causes que celles qui favorisent la filtration, mais qu'elle ne saurait être identifiée à cette dernière.

b) *Rôle de la diffusion et de l'osmose*. — La diffusion consiste dans le phénomène suivant. Étant donnés deux liquides miscibles différents et en contact l'un avec l'autre, soit directement, soit par l'intermédiaire d'une membrane ordinaire, les deux liquides se pénétreront réciproquement, de telle sorte que, finalement, les deux masses liquides auront une composition homogène et identique. La diffusion se fera avec une rapidité très variable, selon la nature des liquides en présence, la membrane qui sépare les liquides, leur température, etc.

Mais ces derniers facteurs ne modifient que l'intensité du phénomène, sans altérer le résultat final.

Comme celui-ci seul nous importe, cette définition succincte de la diffusion nous suffit.

L'osmose consiste dans le phénomène suivant. Étant donnés deux liquides miscibles de concentration différente, séparés par une membrane dite hémiperméable, en ce qu'elle permet le passage de l'eau, mais non pas le passage des substances qui y sont dissoutes, de l'eau de la solution la moins concentrée passera à travers la membrane vers la solution la plus concentrée, jusqu'à ce que la pression manométrique du liquide le plus concentré soit *équivalente* à la différence de concentration des deux liquides en présence. Les phénomènes osmotiques varieront en intensité et en rapidité, selon la nature des liquides en présence, des membranes qui les séparent, de la température des liquides. Mais ces derniers facteurs ne modifient que l'intensité du phénomène, sans altérer le résultat final. Comme celui-ci seul nous importe, cette description succincte de l'osmose nous suffit.

La diffusion joue-t-elle un rôle dans la résorption, ou plutôt les phénomènes de la résorption ont-ils une allure qui rappelle la diffusion? Dans certains cas, oui. Prenons l'exemple d'une anse intestinale sortie de l'abdomen, de manière que la pression intérieure du viscère soit inférieure à celle des capillaires, et qu'on ne puisse faire intervenir la filtration; si nous avons empli cette anse intestinale d'une solution à 4 p. 100 de glucose, et si nous étudions son contenu après une ou deux heures, nous constatons que le volume du liquide et sa concentration en glucose ont diminué. Le plasma sanguin contient peu de glucose, environ 0,5 p. 100; s'il y a eu diffusion, nous comprenons que le sucre passe du liquide intestinal le plus concentré vers le plasma qui est le moins concentré. Mais toute la question est de savoir maintenant si cette conclusion tirée de l'analogie des phénomènes est légitime. Si les cellules de l'intestin travaillent véritablement au cours de l'absorption, nous risquons de porter au compte de la diffusion un phénomène qui est dû au travail cellulaire. L'expérience précédente ne nous tire pas de ce doute, et tous les auteurs qui ont traité cette question l'ont tellement senti qu'ils se sont efforcés d'établir une relation directe entre la vitesse de la résorption et la vitesse des diffusions des mêmes substances étudiées *in vitro* sur la membrane intestinale et *in vivo* sur des membranes inertes. Il est évident que si, dans ces deux séries parallèles d'expériences, la vitesse de résorption et celle de diffusion restaient parallèles, le rôle de la diffusion dans l'absorption s'en trouverait singulièrement fortifié.

Nous avons donné précédemment un tableau comparatif de la résorption des divers anions et des divers cations. Ce tableau où la résorption croît pour les diverses substances de gauche à droite est le suivant : Fl $HPO_4$ $SO_4$ $NO_4$ I Br Cl — Ba Mg Ca Na K; pour les mêmes éléments, la vitesse de diffusion étudiée sur les membranes est la suivante : $HPO_4$ $SO_4$ Fl $NO_3$ I Br Cl — Mg Ca Ba Na K. Ces deux tableaux ne concordent pas. La vitesse de diffusion n'est donc pas parallèle à celle de la résorption. C'est là le fait. Mais, sur les déductions à en tirer, les auteurs divergent.

Les auteurs partisans de la diffusion répondent à l'argument tiré de cette non-concordance des tableaux de résorption et de diffusion que, si la diffusion et la résorption ne sont pas parallèles pour toutes les substances, c'est qu'il *faut compter avec un phénomène indépendant de la diffusion, à savoir la nocivité de certains éléments pour les cellules,* nocivité qui est bien connue pour Fl et Ba, par exemple. Cette nocivité trouble l'allure des résorptions dues à la diffusion; mais, ce facteur de trouble éliminé, le parallélisme reste satisfaisant.

Il est possible que cet argument soit juste, mais il est certain que, provisoirement au moins, l'usage qui en est fait à cette fin est arbitraire, bien qu'encore insuffisant. Des expériences récentes, très nombreuses, ont montré que non seulement Fl et Ba étaient nocifs pour les cellules, mais encore que tous les électrolytes leur étaient nuisibles si le milieu où baignent les cellules ne contient qu'un de ces électrolytes. Le vrai milieu vital pour les cellules est un liquide complexe. C'est la lymphe, et mieux encore une lymphe particulière pour chaque animal. Par conséquent, toute expérience faite avec une solution simple devrait être corrigée par un facteur — inconnu — de toxicité.

Le rôle de la diffusion ne peut donc être établi sur les recherches précédentes. Or il existe un cas particulier où l'on peut au contraire démontrer directement que la résorption peut avoir lieu sans l'intervention de la diffusion.

Reprenons le premier exemple dont nous avons fait usage pour l'étude de la diffusion, à savoir l'exemple d'une anse intestinale sans pression intérieure, remplie d'une solution à 4 p. 100 de glucose. Si nous examinons après un délai suffisant la cavité intestinale, nous la trouvons vide. Or, d'après les lois de la diffusion, l'intestin devrait toujours contenir une certaine quantité de liquide avec une concentration en glucose identique à celle du plasma : ce n'est pas le cas. Par conséquent la conclusion générale qui s'impose est la suivante : le rôle de la diffusion dans la résorption est possible, mais non pas démontré; à elle seule la diffusion n'explique pas la résorption.

L'osmose est, nous l'avons vu, un phénomène en vertu duquel le volume d'un liquide séparé par une membrane hémiperméable d'un autre liquide, augmente quand ce liquide est à une concentration supérieure à celle du second liquide. Lorsque dans une anse intestinale nous injectons une solution saline hypertonique, le volume de ce liquide augmente momentanément avant de décroître. Il se passe donc dans cette expérience un phénomène qui a l'allure d'un phénomène osmotique.

Est-ce un phénomène osmotique? tous les auteurs l'admettent, tout en sachant que le phénomène observé dans l'anse intestinale est peut-être impliqué dans un phénomène de sécrétion simple. Il est possible, par exemple, que le sel introduit dans l'intestin jouisse d'un pouvoir excito-sécrétoire véritable, et nous savons même que certains de ces sels, comme le sulfate de magnésie, les sels de baryum, etc., font sécréter l'intestin, alors même qu'ils sont introduits dans le torrent circulatoire directement; qu'en d'autres termes on peut purger, non pas seulement en faisant ingérer des sels, mais en les injectant dans les veines.

De ce que des phénomènes semblables aux phénomènes osmotiques se passent dans l'intestin il ne s'ensuit donc pas nécessairement qu'ils soient de nature osmotique.

Il va sans dire maintenant que l'osmose, si elle existe, ne peut jouer qu'un rôle infime dans les phénomènes observés au cours de la résorption. Car en dehors du cas particulier de l'augmentation de volume d'un liquide primitivement hypertonique contenu dans l'intestin, tous les faits de résorption intestinale vont à l'encontre, ou sont indépendants des éventualités que feraient prévoir les lois de l'osmose.

c) *Rôles associés de la filtration, de la diffusion et de l'osmose.* — La résorption qu'aucun de ces facteurs physiques n'est susceptible d'expliquer à lui seul est-elle explicable par l'action synergique de ces trois facteurs? C'est sous cette formule que se pose essentiellement la conception purement physique de la résorption intestinale. Les débats nombreux auxquels elle a donné lieu sont venus le plus souvent du choix défectueux des exemples faits par les auteurs. Or il semble qu'un seul exemple bien choisi suffise à mettre les choses au point. Supposons encore qu'une anse intestinale soit remplie d'une solution isotonique au plasma et qu'une pression toujours inférieure à la pression capillaire règne dans la cavité intestinale : nous savons qu'après un délai suffisant l'intestin sera vide. Dans cette expérience l'osmose n'intervient pas, puisque le liquide intérieur de l'intestin et le plasma sont, au départ isotonique; la filtration n'intervient pas davantage, puisque la pression du liquide intestinal est maintenue nulle par un artifice expérimental; le dernier facteur qui puisse intervenir est la diffusion; or, nous savons que dans ces conditions expérimentales son effet direct est de maintenir dans la cavité intestinale une certaine quantité de liquide de concentration égale à celle du plasma.

L'ensemble des trois facteurs : osmose, diffusion, filtration, n'explique donc pas la résorption.

Est-il certain que l'avenir ne pourra pas tirer de ces facteurs d'autres effets que ceux que nous en connaissons actuellement, qu'en supposant que l'intestin soit une membrane polarisée uniquement perméable aux sels dans un sens déterminé, qu'en assignant sa juste valeur à ce phénomène toujours passé sous silence en physiologie à savoir que la concentration d'une substance est très différente au sein du liquide et au contact des membranes, etc., est-il certain que les recherches ultérieures ne nous apporteront pas une théorie physique satisfaisante de la résorption? Rien ne nous permet de le nier par avance.

## 2° Résorption des substances solubles dans les lipoïdes
### (sauf les graisses proprement dites)

On appelle lipoïdes un groupe de substances qui, sans former une famille chimiquement définie, sont cependant en général des substances grasses combinées ou non à des hydrates de carbone et à des albumines tels que la lécithine, le protagon, la cérébrine, etc.; à ce groupe on a l'habitude de joindre la cholestérine qui est un alcool. Le trait commun de ces substances est de se dissoudre dans beaucoup des solvants des graisses tels que l'alcool, le benzol, l'éther, le chloroforme, etc. Nous savons aujourd'hui qu'il y a des lipoïdes dans toutes les cellules de l'organisme.

On sait, d'autre part, que lorsqu'on étudie l'action de solutions de substances diverses à des concentrations différentes sur les globules rouges il y a toute une catégorie de substances qui pénètrent rapidement dans les globules rouges contrairement à la plupart des substances salines pour lesquelles les globules rouges sont imperméables. — Parmi ces substances qui pénètrent aisément dans les globules rouges on retrouve tous les solvants des graisses. Overton a proposé d'expliquer ce fait en admettant que les solvants des graisses pénètrent les globules rouges en se dissolvant dans les lipoïdes qui forment une partie importante de la masse des globules rouges.

Or, lorsqu'on étudie comparativement la vitesse de la résorption dans l'intestin des substances solubles dans les lipoïdes et des sels divers, on note un fait analogue. A diffusibilité égale les solvants des lipoïdes sont beaucoup plus vite résorbés que les sels.

Overton a proposé de ces faits une explication analogue à celle qu'il avait donnée à propos de la pénétration des diverses substances dans les globules rouges et pensé que la résorption exceptionnellement rapide des solvants des lipoïdes est due à ce que ces substances se dissolvent dans les lipoïdes qui forment une partie importante de la masse des cellules intestinales.

De même que pour les sels on a tenté de classer leur vitesse de résorption d'après leur vitesse de diffusion, de même on a tenté de classer la vitesse de résorption des solvants des lipoïdes d'après le coefficient de solubilité de ces substances dans l'huile et l'eau et l'on a pu établir dans cet ordre d'idées que plus ce coefficient s. huile/s. eau était fort c'est-à-dire que plus la substance mise au contact d'un mélange d'huile et d'eau se dissolvait en proportion considérable dans l'huile, plus la vitesse de résorption était grande et que, par conséquent, on devait d'une façon générale trouver pour les solvants des lipoïdes des vitesses de résorption en rapport avec le coefficient solub. huile/solub. eau.

Mais de même que la tentative de classer la vitesse de résorption des sels en fonction de leur diffusibilité s'était heurtée à cette difficulté que certains sels exercent sur les cellules intestinales une véritable action toxique qui trouble par elle-même la résorption, de même la tentative de classer la vitesse de résorption des solvants des lipoïdes en fonction de leur coefficient de solubilité huile/eau s'est heurtée à une autre difficulté inhérente à l'action de certains lipoïdes sur les cellules intestinales, à savoir leur action narcotique. D'après une loi établie par OVERTON lui-même, tout bon solvant des lipoïdes est un narcotique et si l'on admet que la narcose diminue l'activité cellulaire on conçoit qu'un bon solvant des lipoïdes peut être aussi une substance très lentement résorbable.

C'est ce qui ressort très nettement des recherches exécutées sous la direction de HÖBER par son élève KATZENELLENBOGEN.

Voici tout d'abord des exemples d'absorption de polyalcools sans action narcotique (KATZENELLENBOGEN) qui montrent qu'il y a un rapport entre leur vitesse de résorption et le degré de leur solubilité dans les lipoïdes.

| SUBSTANCE INTRODUITE. | VOLUME INTRODUIT. | Δ | DURÉE de la RÉSORPTION. | RESTE. | Δ | NaCl en p. 100. |
|---|---|---|---|---|---|---|
| | cmc. | | minutes. | cmc. | | |
| 4,38 p. 100 mannite + 0,4 p. 100 NaCl. | 30 | 0,707 | 15 | 19 | 0,687 | 0,365 |
| 3,04 — érythrite + 0,4 — | 30 | 0,722 | 15 | 17 | 0,668 | 0,402 |
| 2,34 — glycérine + 0,4 — | 30 | 0,731 | 15 | 13 | 0,649 | 0,516 |

La solubilité dans les lipoïdes est plus grande pour la glycérine que pour l'érythrite, et plus grande pour l'érythrite que pour la mannite. Les résultats de l'expérience sont donc conformes à la théorie.

Voici d'autre part des exemples de résorption de substances solubles dans les lipoïdes (mais dont l'une est narcotique : la dichlorhydrine) qui montrent l'absence de parallélisme entre la vitesse de résorption de la substance narcotique et sa solubilité dans les lipoïdes (KATZENELLENBOGEN).

| SUBSTANCE. | INTRODUIT. | Δ | DURÉE DE RÉSORPTION | RESTE. | Δ | NaCl. | SOLUBILITÉ $\frac{huile}{eau}$ |
|---|---|---|---|---|---|---|---|
| | cmc. | | min. | cmc. | | | |
| 2,25 p. 100 glycérine + 0,4 p. 100 NaCl. : . . | 30 | 0,716 | 10 | 14 | 0,699 | 0,397 | $\frac{faible}{\infty}$ |
| 2,69 p. 100 monochlorhydrine + 0,4 p. 100 NaCl. | 30 | 0,711 | 10 | 12 | 0,628 | 0,517 | $\frac{10}{\infty}$ |
| 3,17 p. 100 dichlorhydrine + 0,4 p. 100 NaCl. | 30 | 0,715 | 10 | 17 | 0,639 | 0,481 | $\frac{\infty}{11}$ |

La conclusion à tirer de ces recherches sur la résorption des substances solubles dans les lipoïdes est donc qu'il semble y avoir un certain rapport entre la solubilité dans les lipoïdes et la vitesse de résorption, sous réserve de l'action perturbatrice des propriétés narcotiques de certaines de ces lipoïdes.

La question de la résorption des substances solubles dans les lipoïdes est une question importante dans la résorption intestinale, car elle concerne un très grand nombre de substances à savoir : les alcools en général, les éthers, les acétones, certains aldéhydes (chloral), certains hydrocarbures (tels que la benzine, le xylol, etc.) les alcaloïdes, etc.

En partant de ce fait que les solvants des lipoïdes semblent absorbés plus vite que les sels, malgré leur moindre diffusibilité, Höber a essayé de déduire une théorie générale de la résorption des solvants des lipoïdes et de la résorption des sels.

Cet auteur admet que les solvants des lipoïdes passent à travers les cellules intestinales en se dissolvant dans les cellules mêmes, tandis que les sels passeraient entre les cellules.

La première partie de cette hypothèse semble facile à démontrer. Si on introduit dans une anse intestinale une substance colorante soluble dans les lipoïdes telle que le rouge neutre et qu'on examine peu de temps après au microscope une partie de l'épithélium, on constate que les granulations cellulaires sont fortement imprégnées par le colorant. C'est donc, pour l'exemple particulier de ce colorant au moins, la preuve directe qu'une substance soluble dans les lipoïdes est susceptible de passer au sein des cellules.

Si maintenant on imprègne les cellules ainsi colorées avec du molybdate d'ammoniaque, on constate, d'après Höber, les phénomènes suivants : les granulations cellulaires se décolorent, et peu à peu la périphérie des cellules devient fortement colorée : l'explication du phénomène serait que le molybdate d'ammoniaque est incapable de pénétrer dans les cellules et précipiterait le colorant à mesure que celui-ci sortirait des cellules. Höber conclut de ces phénomènes que si le molybdate d'ammoniaque ne peut pénétrer dans les cellules comme semble le démontrer son expérience, les sels en général ne peuvent pas davantage pénétrer dans les cellules et que, par conséquent, la résorption des sels est intercellulaire par opposition à celle des solvants des lipoïdes qui est intra-cellulaire; pour fortifier cette conclusion, qui, basée sur l'exemple seul du molybdate d'ammoniaque serait faible, il invoque encore des faits analogues constatés avec le picrate d'ammoniaque, le chlorure de platine, le platinochlorure de potasse, le tannin. Il y a malheureusement à invoquer contre les arguments de Höber qu'ils reposent sur des phénomènes obtenus avec des sels dont la résorption est très mal étudiée, et qui, pour certains d'entre eux, est très lente. On peut se demander notamment si les sels de platine qui précipitent énergiquement les albumines n'altèrent pas les cellules intestinales et pour cette simple raison ne deviennent pas incapables au travers d'elles.

### 3° Résorption des graisses.

Les graisses occupent parmi les substances que résorbe l'intestin une situation spéciale.

L'eau et les sels, toute une série de substances solubles dans les lipoïdes, sont comme nous l'avons vu, directement résorbables par l'intestin; quelques-unes de ces substances doivent cette propriété à la facilité extrême avec laquelle elles se dissolvent dans les lipoïdes des cellules; les autres à leur solubilité propre dans l'eau.

Les graisses neutres par contre étant insolubles dans l'eau ne peuvent, pour cette raison, être résorbées comme les sels. Les graisses neutres, il est vrai, sont des solvants des lipoïdes et, par analogie avec ce que nous avons vu pour les solvants des lipoïdes, on pourrait se demander si les graisses ne pourraient pas être résorbées à la façon de l'éther et de l'alcool par exemple. Mais l'expérience démontre qu'il n'en est rien. De l'huile enfermée dans une anse intestinale isolée ne se résorbe qu'avec une lenteur extrême, bien différente de la vitesse avec laquelle elle est résorbée dans le tube intestinal pourvu de ses sécrétions biliaires et pancréatiques. L'assimilation des graisses neutres aux solvants des lipoïdes n'est donc pas possible en ce qui concerne la résorption.

Par quel processus spécial la graisse est-elle donc résorbée?

La résorption de la graisse a donné lieu à un long débat qui a commencé vers 1871 et qui n'est pas encore clos entièrement à l'heure qu'il est. Avec toutes sortes de variantes la question agitée dans ce débat a toujours porté sur le point de savoir si la graisse était résorbée sous forme d'émulsion ou si elle était résorbée à l'état dissous sous forme d'acides gras ou de savons.

L'exposé successif de ces deux théories nous permettra de relater la plupart des travaux importants exécutés sur la résorption des graisses et de dégager ensuite les conceptions actuelles que l'on tend à se faire sur cette question.

α) **Théorie de l'émulsion.** — La théorie de l'émulsion a revêtu deux formes principales : a) la théorie de l'émulsion des graisses neutres; b) la théorie de l'émulsion des acides gras.

a) *Théorie de l'émulsion des graisses neutres.* — La première de ces théories, la plus ancienne en date soutenue d'abord par Brücke admettait les processus suivants : au cours de la digestion intestinale, une petite quantité de graisse est saponifiée et la graisse neutre mélangée aux savons et à la bile est susceptible de s'émulsionner très finement : tous ces faits sont faciles à vérifier *in vitro;* aussi de l'opinion unanime des auteurs ils doivent avoir lieu *in vivo;* et dès lors l'hypothèse étayée sur ces faits devient que la fine émulsion de graisse est directement résorbée par l'intestin.

Cette hypothèse s'est heurtée immédiatement à cette grave objection que l'intestin est absolument incapable d'absorber des substances complètement insolubles dans l'eau alors même qu'elles sont à l'état de granules très fins, comme le noir animal, la poudre de carmin. Le passage d'une émulsion de graisses dans l'intestin constituerait donc un phénomène exceptionnel.

Nous ne parlerons pas ici des tentatives faites par quelques auteurs pour essayer de justifier cette exception en décrivant dans les cellules intestinales des mouvements amiboïdes susceptibles d'absorber mécaniquement les particules grasses de l'émulsion. Ces descriptions furent des erreurs promptement reconnues.

L'effort sérieux fait pour expliquer l'absorption de l'émulsion a surtout consisté à essayer d'établir que l'absorption se faisait, non pas à travers les cellules intestinales, mais en dehors d'elles par des leucocytes migrateurs qui abondent dans les tuniques intestinales et dont la polyphagie pour des corpuscules figurés est incontestable. Zawarykin a été le principal défenseur de cette théorie.

Que les leucocytes puissent participer dans une certaine mesure à la résorption des graisses cela semble probable. Au cours d'une digestion active de graisse Schaefer signale que l'on trouve dans les chylifères afférents de l'intestin des cellules contenant de petites granulations réfringentes solubles dans l'éther et colorables en noir par l'acide osmique. Il serait naturellement important de savoir si cette graisse retrouvée dans les leucocytes a été puisée directement dans le canal intestinal ou puisée dans les cellules mêmes de l'intestin. Cette question n'ayant pas été résolue, le rôle des leucocytes reste lui-même énigmatique.

Par contre, ce qui est établi d'une façon positive c'est que l'absorption leucocytaire, si elle existe, ne constitue qu'un très faible processus d'absorption. Lorsque d'après Schaefer on sacrifie un animal en pleine digestion de graisse et qu'on examine les cellules intestinales, on constate que celles-ci sont pleines de globules réfringents; ces globules n'existent pas dans le plateau des cellules mais apparaissent à peu de distance de celui-ci et sont nombreux et volumineux autour du noyau de la cellule. Ces constatations ont été confirmées par Altmann et Krehl et depuis lors par un grand nombre d'auteurs.

A en juger par la constance de ce phénomène et son importance, il est hors de doute que l'absorption intracellulaire des graisses constitue un processus normal et prédominant; et du moment que même pour les partisans de la théorie de l'émulsion, ces cellules intestinales sont incapables d'absorber une émulsion de graisse, la théorie de l'émulsion simple devient dès lors insoutenable.

2° *Théorie de l'émulsion des acides gras.* — Dès 1879, I. Munk a entrepris une série considérable de travaux pour démontrer que la résorption des graisses comportait: 1° une saponification préalable; 2° une absorption d'acides gras émulsionnés.

Il y a donc dans la théorie de Munk deux hypothèses que nous devons considérer distinctement. La résorption des graisses est-elle précédée d'une saponification? Beaucoup de faits importants peuvent être invoqués à l'appui de cette hypothèse.

Au cours d'une digestion intestinale avancée des graisses, on trouve dans l'intestin toujours plus d'acides gras que de graisses neutres, ainsi qu'il résulte des travaux de Munk, de Nencki et de Pflüger. Lorsqu'on trouble la résorption des graisses par la suppression du flux biliaire (mais en conservant le flux pancréatique), les acides gras prédominent sur les graisses neutres dans les fèces (Dastre). Nous avons donc des raisons décisives de croire que les sucs intestinaux saponifient les graisses *in vivo* de la même façon qu'ils les saponifient *in vitro*.

D'autre part, il est aisé de montrer que la résorption des acides gras est très active. C'est à cette démonstration que I. Munk a consacré de nombreux travaux, et cet auteur a même pu constater que la résorption d'acides gras s'accompagnait d'une apparition de graisses neutres abondantes dans le canal thoracique.

Enfin, I. Munk, par un choix habile de certaines graisses, a pu démontrer que la saponification précédait obligatoirement la résorption de ces graisses.

En effet, nourrissant des chiens avec du palmitate d'éthyle, de l'oléate d'amyle, du palmitate d'éthyle et de l'oléate d'éthyle, Munk et Frank constatent que ces éthers sont résorbés, mais que dans le canal thoracique on ne retrouve que de la trioléine et de la tripalmitine. La résorption de ces graisses a donc débuté obligatoirement par une saponification.

D'autre part, dans une expérience, en quelque sorte inverse et complémentaire, Cohnstein a constaté que la lanoline, graisse facilement émulsionnable même dans l'eau, mais très difficilement saponifiable, n'est pas résorbée.

Conformément à ces faits, la plupart des auteurs admettent que la saponification des graisses est un premier temps très important de leur résorption. S'ensuit-il que la saponification soit absolument indispensable pour la résorption de toutes les graisses? C'est ici que commencent les divergences de vues. Munk défend la théorie de la saponification totale, mais d'autres auteurs estiment qu'une certaine quantité de graisses peuvent être résorbées sans avoir été préalablement saponifiées.

Hofbauer et Exner, par exemple, donnent à des animaux des colorants solubles dans les graisses, ces colorants teignent le protoplasma des cellules intestinales, ils en concluent que celles-ci contiennent de la graisse neutre. Mais Pfluger leur a objecté que les colorants qu'ils considèrent comme solubles seulement dans les graisses, l'Alcanaroth et le Lackroth A, par exemple, le sont également dans leurs acides gras, par conséquent, leur démonstration pèche par sa base. Il convient, d'ailleurs, d'ajouter que, même si cette critique n'était pas justifiée, l'expérience de Hofbauer et d'Exner n'en aurait pas plus de valeur. On pourrait, en effet, objecter que dans la cellule intestinale s'opère une synthèse des graisses et que rien n'empêche, par conséquent, la glycérine et les acides gras de se rencontrer dans la cellule. Dans un autre ordre d'idées Levin Cunningham, Rosenberg, Lombroso ont relaté que chez des chiens dépancréatisés ou à canal pancréatique lié, la résorption des graisses surtout émulsionnées peut encore être très importante et, comme le pancréas sécrète le ferment saponifiant le plus puissant de l'organisme, il s'ensuivrait, d'après eux, que les graisses peuvent être résorbées sans saponification. Malheureusement, cette argumentation se heurte à l'objection tirée de l'existence d'une lipase intestinale, etc., sans compter que la résorption des graisses est souvent troublée chez ces animaux.

La première proposition de la théorie de Munk, à savoir que la résorption des graisses comporte tout d'abord une saponification, est donc basée sur des faits nombreux et tous concordants : on conçoit qu'elle soit acceptée aujourd'hui par la majorité des auteurs.

La seconde proposition de la théorie de Munk, à savoir que les graisses sont résorbées sous forme d'une émulsion d'acides gras, a soulevé beaucoup plus de critiques. L'objection fondamentale qu'on a faite à Munk est la suivante : si l'intestin est incapable de résorber une émulsion de graisses, pourquoi serait-il capable de résorber une émulsion d'acides gras? Dans les deux cas, il s'agit d'une résorption de substances seulement émulsionnées ; si pour repousser l'hypothèse d'une résorption d'émulsion de graisses on invoque l'incapacité générale de l'intestin d'absorber une émulsion quelle qu'elle soit, cet argument doit donc rester valable encore contre l'absorption d'une émulsion d'acides gras ; car les acides gras ne sont pas beaucoup plus solubles que les graisses neutres dans les lipoïdes cellulaires.

b) *Théorie de la dissolution des substances grasses.* — Jusqu'ici il reste acquis que la saponification précède la résorption des graisses ; il est possible que cette saponification suffise à permettre la résorption des produits de dédoublement des graisses, mais nous ne pouvons l'affirmer ; nous devons donc chercher encore si d'autres processus n'interviennent dans la résorption des graisses. L'un des plus importants qu'on invoque est la solubilisation des produits de dédoublement des graisses neutres.

A priori deux hypothèses sont possibles : 1° les graisses sont résorbées sous forme de savons solubles ; 2° les graisses sont résorbées sous forme d'acides gras dissous dans les éléments du chyme intestinal.

On ne saurait a priori faire d'objection à l'absorption d'acides gras sous forme de savons ; mais pourtant, comme l'a soutenu MUNK, il est difficile d'admettre que tous les acides gras soient résorbés sous forme de savons. Les acides gras, résultant par exemple de 200 grammes de graisse, exigent pour former des savons environ 40 grammes de carbonate de soude, c'est-à-dire beaucoup plus de carbonate de soude que n'en contient tout l'organisme d'un chien de 25 kilogrammes qui peut ingérer et résorber ces 200 grammes de graisses. Il faudrait donc admettre que les carbonates exécutent dans l'organisme un mouvement de va-et-vient extrêmement rapide ; qu'après s'être combinés aux acides gras et avoir pénétré dans les cellules intestinales sous forme de savons, ces carbonates sont remis immédiatement en liberté. On peut, a priori, admettre cette mise en liberté de carbonate, d'autant plus que les acides gras ne passent pas sous forme de savons dans le canal thoracique, mais sous forme de graisse neutre ; néanmoins, cette rétrogradation des carbonates vers la lumière intestinale cadre mal — en fait — avec ce que nous savons du passage des sels dans l'intestin, passage qui est rapide dans le sens de la lumière de l'intestin vers les capillaires, mais très lent dans le sens des capillaires vers la lumière de l'intestin.

Il est donc possible que les acides gras soient résorbés dans une certaine proportion sous forme de savons, mais il est difficile de concevoir que ce processus réalise la majeure partie de la résorption.

Nous sommes donc amenés à considérer le mode de résorption des acides gras sous forme d'acides gras dissous. Les acides gras ne sont pas solubles dans l'eau ; si les acides gras sont résorbés à l'état dissous, c'est donc que le milieu intestinal contient des substances capables de dissoudre les acides gras. ALTMANN, qui, l'un des premiers, admit la résorption des graisses sous forme d'acides gras, émit l'idée que les acides gras étaient solubilisés par la bile. Mais la solubilité des acides gras dans la bile ne fut vraiment bien étudiée que par MOORE et ROCKWOOD. Les conclusions de ces auteurs sont les suivantes : l'acide palmitique et l'acide stéarique sont pratiquement insolubles dans la bile, tandis que l'acide oléique s'y dissout dans la proportion de 4 p. 100. La solubilité des acides gras dans la bile est due surtout aux acides biliaires.

PFLÜGER a complété ces notions en montrant que l'adjonction d'un peu d'alcali à la bile porte la solubilité des acides gras dans la bile à 19 p. 100.

Pour les auteurs qui considèrent que les acides gras pénètrent dans l'intestin, grâce à leur solubilité dans la bile, le rôle de la bile peut être envisagé de deux manières différentes : 1° Dans la première manière, la bile tenant les acides gras en solution pénètre dans la cellule intestinale ; elle abandonne ensuite cette cellule pour se rendre par le réseau porte vers le foie du foie la bile est à nouveau déversée dans l'intestin, où elle devient susceptible de dissoudre une nouvelle quantité d'acides gras.

2° Dans la seconde manière, la bile ne pénètre pas dans l'intestin, elle ne fait que présenter sous une forme soluble les acides gras à la cellule intestinale. Celle-ci absorbe directement et électivement l'acide gras, et la bile qui avait dissous cet acide est libérée au sein même de la lumière intestinale et devient immédiatement disponible pour un nouveau travail. Ces deux conceptions diffèrent, en somme, en ceci, que dans la première théorie, la séparation de la bile et de l'acide gras se fait au sein même de la cellule intestinale qui absorberait le mélange entier, tandis que, dans la seconde théorie, la séparation de la bile et de l'acide se ferait au niveau du plateau de la cellule intestinale qui n'absorberait que l'acide gras.

Il est impossible de donner des arguments précis en faveur de l'une ou de l'autre de ces théories.

De l'ensemble de ces considérations résulterait donc que la résorption des graisses se fait en majeure partie sous forme d'acides gras solubilisés dans la bile, et en petite partie sous forme de savons directement solubles dans l'élément aqueux du suc intestinal. La résorption de la glycérine ne donne lieu à aucune considération spéciale ; car elle passe isolément dans l'intestin, comme nous l'avons déjà signalé plus haut.

Il nous reste donc, pour avoir une idée complète de la résorption des graisses, à envisager le travail de la cellule intestinale sur les acides gras résorbés, la forme sous laquelle la graisse passe dans le torrent circulatoire et les voies par lesquelles la graisse passe de l'intestin dans l'organisme.

α) *Travail exécuté par la cellule intestinale sur les graisses*. — L'étude histologique des cellules intestinales d'un animal sacrifié au cours d'une digestion de graisse est le seul procédé qui nous renseigne sur le travail des cellules intestinales. Nous avons déjà signalé les résultats objectifs acquis par cette étude et qui sont les suivants : le protoplasma cellulaire est rempli de granulations réfringentes, colorables par l'acide osmique ou le rouge d'alcana : ces granulations, très petites dans le voisinage du plateau cellulaire, augmentent de volume à mesure que l'on considère des régions plus proches du noyau. Jamais on ne peut mettre ces granulations en évidence dans le plateau intestinal.

Quelles déductions pouvons-nous tirer de ces résultats objectifs? Tout d'abord, rappelons que l'acide osmique ou le rouge d'alcana, ou tout autre colorant susceptible d'imprégner les granulations que nous trouvons dans la cellule, colorent aussi bien les graisses neutres que les acides gras. Par les colorants, nous sommes donc dans l'impossibilité de distinguer les granulations d'acides gras des granulations de graisses neutres.

Remarquons ensuite que le plateau des cellules intestinales est le lieu de passage obligé des substances grasses qui passent de la lumière intestinale dans le protoplasma cellulaire : il s'ensuit que ce plateau doit contenir au moins momentanément des substances grasses; or jamais les substances grasses n'ont pu être mises en évidence dans les plateaux cellulaires; il y a donc là un fait curieux et tout à fait inexpliqué.

Enfin, les substances grasses se trouvant dans le protoplasma à l'état de granulations, il en résulte que les graisses ne sont pas solubles dans le milieu protoplasmique; on en a conclu que les graisses qui pénètrent à l'état dissous dans la cellule abandonnent celle-ci à l'état d'émulsion.

Les faits suivants concernent les réactions intimes qui se passent au sein de la cellule intestinale. Munk a montré que, lorsqu'on nourrit des animaux avec des acides gras, ce sont des graisses neutres qu'on recueille dans le canal thoracique, il en est de même, si on nourrit les animaux avec des acides gras et de la glycérine ; Franck a constaté que, si l'on introduit dans l'intestin du palmitate d'éthyle, on recueille dans le canal thoracique du palmitate de glycérine. Au passage à travers l'intestin correspond donc un travail de synthèse par lequel l'acide gras se combine avec la glycérine; ce travail de synthèse ne peut vraisemblablement pas s'accomplir dans les chylifères, il s'accomplit donc dans les cellules intestinales elles-mêmes.

Par conséquent, du fait que l'intestin absorbe des acides gras et qu'il excrète des graisses neutres, nous sommes obligés de conclure que la cellule intestinale est douée d'une activité de synthèse vis-à-vis des substances grasses. Plusieurs auteurs, Ewald, Hamburger, Moore, Frank et Ritter, etc., ont essayé de reproduire *in vitro* la synthèse des graisses au moyen d'acides gras et de glycérine mis en présence de cellules intestinales, mais leurs essais sont restés infructueux.

*Voies d'absorption des graisses*. — Zawilski a établi que les graisses sont absorbées par les chylifères, sinon en totalité, du moins en majeure partie.

D'après cet auteur, si l'on recueille dans le canal thoracique la lymphe émise après un repas de graisse, on retrouve dans cette lymphe 60 p. 100 des graisses ingérées. Il est probable que le canal thoracique en reçoit encore davantage ; la résorption totale de la graisse est très lente ; ZAWILSKI signale lui-même que, vingt et une heures après l'absorption de 150 grammes de graisses, on retrouve encore 16 grammes de graisse non résorbée dans la lumière d'un tube digestif ; il faut ajouter à ce fait que, lorsque l'on examine histologiquement les cellules intestinales d'un animal qui a fait un grand repas de graisses entre des repas ne comportant pas de graisses, les cellules intestinales présentent pendant deux ou trois jours de nombreuses granulations graisseuses. La résorption totale des graisses étant très lente et la cueillette de la lymphe étant forcément très limitée, il ne faut donc pas penser, au cours d'une expérience de courte durée, retrouver dans la lymphe toute la graisse ingérée.

Pour savoir si, normalement, la graisse ne peut pas être absorbée par le système porte, HEIDENHAIN a comparé la teneur en graisse du système porte et d'une artère (la carotide). L'expérience n'a montré aucune différence dans la composition du sang de la veine porte et de l'artère. Mais ce résultat n'est pas à porter à l'actif d'une absorption exclusivement lymphatique. L'expérience de HEIDENHAIN vise un phénomène infime, s'il existe. Une résorption de 150 grammes de graisse dure douze heures au moins : la quantité de graisse qu'on pourrait retrouver dans le sang de la veine porte, au cas même où toutes la graisse passerait par la veine porte, ne peut donc être qu'impondérable. Admettons qu'il passe chez un chien de 15 kilogrammes seulement 500 grammes de sang par minute dans la veine porte ; en douze heures, il en passerait $500 \times 60 \times 12$ soit 360 litres et en admettant une résorption régulière de graisse, on trouverait par litre de sang un excès de graisse égal à : 150 gr. : 360 = 0,04 centigrammes en admettant que toute la graisse passât par la veine porte. *A priori* de pareilles recherches ne peuvent être que négatives.

Par conséquent si dans les expériences de ZAWILSKI, où l'on voit qu'en un temps moindre que celui que dure la résorption totale des graisses on recueille déjà 60 p. 100 de graisses ingérées, il en résulte bien que la majeure partie de la graisse passe par les chylifères.

*Vitesse d'absorption des diverses graisses.* — MUNK a montré ce fait général que les graisses sont d'autant plus vite et plus complètement résorbées que leur point de fusibilité est plus bas, et *vice versa*. C'est ainsi que la stéarine, la graisse de mouton sont moins vite et moins complètement résorbées que la graisse d'oie, celle de porc et l'huile d'olive, etc.

#### 4° Résorption des albumines.

Au cours d'une digestion normale nous trouvons dans l'intestin des albumines, des albumoses, des peptones et des acides aminés, comme l'ont établi de très minutieuses recherches, et, en particulier, celles de SCHMIDT MUHLHEIM, ELLENBERGER et HOFMEISTER, EWALD et GULMICH, ZUNZ, REACH, KUTSCHER et SEEMANN.

*A priori*, connaissant la tendance des ferments pancréatiques à hydrolyser progressivement les albumines, on peut penser que, normalement, l'albumine, les albumoses et les peptones qui existent dans l'intestin ne sont que les matériaux aux dépens desquels se forment les acides aminés, et que la résorption ne porte que sur ces dernières substances. Mais rien n'empêche d'admettre également *a priori* que l'intestin résorbe simultanément les albumines, les peptones et les acides aminés, et même l'albumine native, lorsque l'intestin en contient.

L'examen du contenu intestinal au cours d'une digestion ordinaire ne nous permet pas de nous prononcer entre ces deux hypothèses. Et il faut une analyse plus précise des faits pour établir sous quelle forme les albumines sont résorbées.

La résorption des albumines comprend deux questions distinctes : sous quelle forme les albumines pénètrent-elles dans la muqueuse intestinale, et sous quelle forme d'albumine abandonne-t-elle l'intestin pour passer dans le torrent circulatoire ?

1° *Sous quelle forme l'albumine pénètre-t-elle dans l'intestin ?* — La première question, qui a trait à la forme sous laquelle les albumines pénètrent dans la muqueuse intestinale, a été étudiée dans des sortes d'expériences qui se contrôlent pour ainsi dire mutuellement. Dans la première série d'expériences on porte au contact de l'intestin des albumines plus ou moins transformées, et l'on s'efforce de constater si la résorption a lieu et si elle a lieu sans modification intercurrente entre le moment où l'albumine est mise en contact de l'intestin et le moment où elle passe dans celui-ci. Ces expériences nous indiquent seulement sous quelle forme l'albumine peut être résorbée; elles ne permettent pas de conclure que les phénomènes constatés dans ces conditions plus ou moins artificielles aient lieu normalement.

Pour qu'on puisse formuler cette dernière conclusion, il faut au moins que la résorption ainsi constatée soit compatible avec la survie prolongée et le maintien en équilibre azoté de l'animal; alors seulement nous pourrons penser que la résorption envisagée représente un processus normal.

a *Sous quelle forme la résorption de l'albumine est-elle possible?*

α) *Albumine native.* Les albumines naturelles, et en particulier l'albumine du sérum sanguin, l'ovalbumine et d'autres encore sans doute sont directement résorbables par l'intestin comme l'ont prouvé depuis longtemps les expériences deVoit et Bauer, Heidenhain, Friedlander et Waymouth Reid. Ces expériences consistent à isoler et laver une anse intestinale, à y introduire une quantité connue d'albumine naturelle et à mesurer après un délai donné la quantité d'albumine disparue. On admet que la disparition de cette albumine correspond à une résorption en nature de l'albumine introduite dans l'anse intestinale pour les raisons suivantes. Les albumines naturelles ne sont que très lentement digérées par le suc pancréatique, et dans le cas particulier cette légère digestion est rendue impossible par le fait même qu'en lavant l'anse intestinale on en a retiré tout le suc pancréatique qui pouvait l'imprégner. D'autre part le ferment protéolytique, décrit récemment par Cohnheim sous le nom d'érepsine, dédouble bien les albumoses et les peptones, mais reste sans action vis-à-vis de l'albumine naturelle. On ne conçoit donc pas que la résorption de l'albumine puisse être précédée d'un phénomène de digestion. Enfin il convient d'ajouter que cette résorption de l'albumine est un gros phénomène, puisqu'en cinquante minutes Heidenhain constate une résorption de 6 gr. 18 de sérum albumine. On ne saurait donc objecter une erreur de technique.

Il est donc vraisemblable que, dans des conditions déterminées, l'albumine naturelle puisse être résorbée directement.

β *Albumoses et peptones.* — Le plus souvent les expériences faites dans le but de constater l'absorption des premiers produits d'hydrolyse de l'albumine ont porté simultanément sur les albumoses et les peptones. Ludwig et Salvioli ont pu constater dans les conditions précédemment indiquées une absorption très notable d'albumoses et de peptones. Mais, contrairement aux expériences précédentes, celles-ci ne nous permettent pas de conclure à une résorption directe des albumoses et des peptones. Le ferment éreptique de Cohnheim serait, d'après cet auteur et d'autres encore, susceptible de dédoubler rapidement les albumoses et les peptones, et, par suite, on peut penser qu'au moment où ces substances pénètrent dans l'intestin elles y subissent une nouvelle hydrolyse.

Par conséquent on peut dire que les albumoses et les peptones mises dans l'intestin en disparaissent assez rapidement, mais sans qu'on puisse ajouter que cette disparition ne soit pas précédée d'une hydrolyse.

γ *Acides aminés.* — En nourrissant des animaux avec les produits abiurétiques d'une digestion tryptique, on constate une augmentation de l'urée urinaire (Henriques-Abderhalden). C'est donc la preuve que les acides aminés sont résorbés.

b *Sous quelle forme l'albumine résorbée est-elle susceptible d'entretenir l'équilibre azoté?*

Cette question est très importante à élucider; car seules les expériences qu'elle a suscitées nous permettent d'apprécier dans quelles mesures les diverses modalités de la résorption de l'albumine que nous venons d'envisager répondent à des processus physiologiques possibles.

α *Albumine en nature.* — La résorption de l'albumine en nature, qui est possible, ne répond pas à un processus de résorption normale. Il y a longtemps que l'on savait par les expériences de Cl. Bernard que l'ovalbumine naturelle introduite directement dans le corps était éliminée en grande partie par les urines. L'albuminurie, qui est très notable lorsque l'injection d'albumine est faite dans une veine périphérique, peut être, il est vrai, très réduite si l'injection est poussée dans un rameau de la veine porte, mais elle n'en reparaît pas moins, pour peu que la quantité d'albumine introduite dans la veine porte soit considérable. C'est là ce qui a lieu sans doute chez les individus qui ingèrent de grandes quantités d'albumine crue.

Le fait a depuis été constaté plusieurs fois à nouveau. Ascoli, Vigano et Hamburger, en opérant sur des sujets néphrétiques, ont pu voir que l'ingestion d'albumine crue détermine chez ces sujets non seulement une augmentation de l'albumine urinaire, mais encore l'apparition de la réaction précipitante du sérum, caractéristique de l'injection d'albumine crue dans les veines.

Il n'est pas sans intérêt de se demander comment cette résorption de l'albumine crue est possible chez l'homme où l'albumine traverse le tube digestif dans toute son étendue et doit certainement rencontrer des sucs protéolytiques. On donne généralement l'explication suivante de ce phénomène. Les albumines crues résistent énergiquement à l'action de la trypsine. Si ces albumines ne sont pas attaquées préalablement par la pepsine, ce qui est possible normalement, — car l'albumine crue ne provoque qu'une faible sécrétion peptique, — et ce qui est encore davantage possible chez les néphrétiques dont la sécrétion gastrique est souvent tarie, ces albumines arrivent dans l'intestin sans avoir subi de modifications; dès lors leur digestion tryptique est compromise et une partie notable de leur masse sera résorbée directement.

L'injection directe d'albumine dans l'organisme provoquant des troubles très graves, et la résorption directe de l'albumine, chaque fois qu'on peut la provoquer chez l'homme déterminant également des désordres importants, il s'ensuit que la résorption de l'albumine en nature ne doit pas être un processus physiologique.

Ajoutons que cette résorption doit être d'autant moins fréquente que les albumines que nous ingérons d'ordinaire sont ou bien cuites par la chaleur, ou bien coagulées par des préparations culinaires diverses et que ces simples modifications des albumines naturelles rendent celles-ci immédiatement très attaquables par le suc pancréatique et rendent ainsi la résorption directe impossible.

β *Albumoses et peptones.* — La résorption de l'albumine à partir du stade albumoses et peptones est parfaitement compatible avec la vie, sous réserve naturellement de la question qui n'est pas encore résolue et qui est de savoir si au passage dans l'intestin ces substances ne subissent pas des modifications profondes.

En effet les expériences d'Ellinger et de Lesser, sans parler d'autres expériences faites dans des conditions moins précises, montrent que l'ingestion d'albumoses et de peptones peuvent au point de vue de l'équilibre azoté remplacer parfaitement les albumines naturelles. Cette constatation est très importante; car elle prouverait que les premiers produits d'hydrolyse contiennent ce qu'il y a d'essentiel au point de vue nutritif.

γ *Acides aminés.* — Dans ces derniers temps Fischer et Abderhalden ont fait de nombreuses recherches sur l'utilisation des acides aminés administrés soit par le tube digestif soit par voie sous-cutanée. Ils ont constaté que ces acides aminés étaient en général transformés en urée; mais étant donnée la difficulté de se procurer en grande quantité des acides aminés purs, ils n'ont pu chercher à réaliser l'équilibre azoté par la seule administration d'acides aminés.

Cette question a été résolue d'une autre façon par des expériences qui ont consisté à administrer aux animaux les produits d'une digestion tryptique poussée jusqu'au stade abiurétique, ou bien les produits d'hydrolyse chimique d'une albumine par les acides poussée jusqu'à ce même stade de dédoublement.

En général la plupart des auteurs ont constaté que l'équilibre azoté était maintenu par l'ingestion des produits abiurétiques de la digestion tryptique (Löwi, Henriquez et Hansen). Abderhalden et Rona ont fait vivre des souris et des chiens avec de la caséine digérée par la trypsine. Cohnheim a pu maintenir 5 jours en équilibre azoté un chien nourri avec les produits abiurétiques d'ovalbumine et de chair musculaire. Par contre, Lesser a obtenu des échecs en nourrissant des animaux avec les produits de digestion de la fibrine.

En opposition avec ces résultats il est intéressant de noter que les produits d'hydrolyse obtenue chimiquement par l'action des acides sont absolument inaptes à maintenir l'équilibre azoté, quoique ces produits d'hydrolyse soient résorbés (HENRIQUEZ et HANSEN, ABDERHALDEN et RONA). La raison de cette antithèse n'a pu être élucidée jusqu'ici ; on sait que les produits de l'hydrolyse par les acides diffèrent de ceux qui viennent des ferments, car dans l'hydrolyse par la trypsine on ne trouve pas de tryptophane ni de lysine ; mais on n'est pas arrivé à préciser les différences d'hydrolyse auxquelles sont imputables les différences observées dans les phénomènes de nutrition.

L'expérience d'ABDERHALDEN et de RONA est particulièrement nette à cet égard. Un chien est mis en équilibre azoté avec un régime contenant 33,3 de viande, de la graisse et des hydrates de carbone. Dans une première expérience la viande est remplacée par les produits d'une digestion pancréatique de viande : on donne à l'animal une quantité de ces produits équivalant en azote à la viande du régime précédent (2 gr. d'azote) : l'animal se maintient en équilibre azoté.

Dans une seconde expérience l'azote est donné sous forme de produits d'hydrolyse de la viande par l'acide sulfurique. Les produits d'hydrolyse sont résorbés et éliminés, comme les produits de la digestion tryptique, en majeure partie par les urines ; mais l'animal n'est plus en équilibre azoté, et par une expérience de contrôle on constate que l'azote donné sous cette forme n'épargne en rien l'albumine de son corps. Il élimine $0^{gr},44$ d'azote tiré de son organisme, c'est-à-dire à peu près autant que s'il était au jeûne azoté ($0^{gr},53$).

*Expérience avec de la caséine digérée par de la pancréatine.*

| Durée de l'exp. | Azote. Ingéré par jour. | Éliminé par jour. Urines. gr. | Fèces. | Bilan. | Poids. | Régime constant dans les deux périodes de l'observation. |
|---|---|---|---|---|---|---|
| 9 jours. | 2 gr. | 1,84 En moy. | 0,24 En moy. | — 0,08 » » » » | 2,740 2,840 » » » | 33,3 gr. de viande. 25,8 gr. de graisse. 50 gr. d'empois d'amidon. 10 gr. de sucre de canne. 5 gr. de glucose. |
| 16 jours. | 2 gr. | 1,45 | 0,36 | + 0,19 | 3,910 le 16e jour. | 23,5 de caséine digérée par la trypsine jusqu'à disparition du prurit + graisse, amidon, etc., comme plus haut. |

*Expérience avec de la caséine hydrolysée par de l'acide sulfurique à 25 p. 100.*

| 10 jours. | 2 gr. | 2,31 | 0,17 | — 0,48 | » | 20 gr. de caséine hydrolysée par $SO^4H^2$ + graisse, etc., voir plus haut. |
|---|---|---|---|---|---|---|

*Le même animal reçoit la même nourriture, mais sans substance azotée.*

| 4 jours. | 0 gr. | 0,50 | 0,03 | — 0,53 | 2,900 | |
|---|---|---|---|---|---|---|

c) *Sous quelle forme l'albumine ingérée passe-t-elle de l'intestin dans le torrent circulatoire ?*

α *Albumines.* — Nous avons vu que l'albumine naturelle est résorbable, que l'albumine directement introduite dans les veines ou le tissu cellulaire provoque de l'albuminurie et la réaction précipitante du sérum ; étant donné d'autre part que chez les individus chez qui on a pu soupçonner une résorption directe d'albumine naturelle on a trouvé de l'albuminurie et la réaction précipitante de sérum (ASCOLI, etc.) il s'ensuit qu'*a priori* nous devons penser que chez ces individus l'albumine pour produire ces désordres doit passer en nature de l'intestin dans le torrent circulatoire. Une deuxième raison, déjà indiquée également plus haut, plaide encore en faveur de cette hypothèse : à savoir que dans l'intestin il n'existe pas de ferment protéolytique susceptible d'hydrolyser l'albumine naturelle, que le suc pancréatique est peu actif sur cette albumine et que par conséquent l'albumine naturelle peut, dans ces conditions, échapper à toute hydrolyse.

L'albumine résorbée par l'intestin peut donc passer dans le torrent circulatoire; *mais ce n'est pas un processus physiologique.*

β *Albumoses et peptones.* — D'après l'opinion classique le passage direct des albumoses et des peptones dans le torrent circulatoire est bien improbable, parce que ces substances sont toxiques : elles abaissent énormément la pression artérielle, provoquant l'incoagulabilité du sang, déterminent de la narcose, etc., phénomènes dont aucun n'est observé après la résorption intestinale de peptones et d'albumines; mais à cet argument on a fait deux objections. En premier lieu, que peut-être les albumoses et les peptones ne sont pas toxiques par elles-mêmes, mais uniquement à cause de leurs impuretés. C'est ce qui paraît résulter des recherches de FIQUET, PICK et SPIRO. FIQUET en particulier a pu injecter, plusieurs jours consécutifs, à des lapins 2gr,50 d'albumoses par kilog. et par jour, 2gr,27 de peptones par kilog. et par jour, sans observer ni amaigrissement, ni aucun malaise ; plusieurs de ces expériences ont duré de 8 à 20 jours.

Ultérieurement l'innocuité des albumoses et des peptones a été, il est vrai, contestée par UNDERHILL et NOLF.

La seconde objection est tirée de ce fait que les albumoses et les peptones, si leur toxicité existait, ne devraient cette toxicité qu'à leur passage immédiat dans le torrent circulatoire, mais la perdraient après leur passage dans le foie. Les expériences récentes de CONTEJEAN, DELEZENNE, etc., ne sont cependant pas en faveur de cette hypothèse, car elles montrent que l'injection dans la veine porte de produits impurs reste toxique pour l'animal.

Là deuxième raison pour laquelle on n'admet pas que les albumoses et les peptones soient susceptibles de passer en nature dans l'organisme est tirée de ce fait que l'on ne retrouve pas ces substances dans la circulation. A cet égard nous avons les expériences de LUDWIG et SALVIOLI, qui sont particulièrement probantes. Ces auteurs isolent une anse intestinale dans laquelle ils introduisent un gramme d'un mélange d'albumoses et de peptones; l'anse intestinale est irriguée par une quantité limitée de sang défibriné qui repasse constamment dans ce même territoire intestinal. Au bout de quatre heures ils constatent que 0,50 centigrammes des protéoses et des peptones ont disparu dans l'intestin et qu'on n'en trouve aucune trace dans le sang.

Deux objections sont possibles à l'interprétation de ces résultats. Les protéoses ont pu être détruites dans le sang, ou bien les protéoses sont restées dans les cellules de l'intestin.

D'après NEUMEISTER les albumoses et les peptones ne seraient pas détruites dans le torrent circulatoire. En faisant une circulation artificielle avec du sang peptoné à travers le foie, cet auteur constate que la peptone ne disparaît pas du sang; en injectant de la peptone dans la veine mésentérique d'un animal entier, il constate que la peptone est rejetée dans l'urine; SHORE confirme ces résultats. Par conséquent les peptones si elles avaient passé dans le sang, dans l'expérience de LUDWIG et SALVIOLI, n'auraient pu en disparaître.

Or, d'autre part, il faut bien croire que les albumines et les peptones ont passé, après une modification quelconque, dans le sang, puisque des faits irrécusables nous prouvent que ces substances suffisent à maintenir l'équilibre azoté.

Les peptones ont donc nécessairement subi une transformation dans leur traversée intestinale. Cette transformation est-elle régressive, c'est-à-dire comporte-t-elle une réfection synthétique du type albumine? ou est-elle progressive? c'est-à-dire comporte-t-elle une dégradation plus marquée encore vers le type acides aminés.

Jusqu'à ces dernières années on avait pensé que les peptones et les albumoses se reconstituaient au sein de la muqueuse intestinale en albumine. C'était l'opinion soutenue par HOFMEISTER, SALVIOLI, HEIDENHAIN, SHORE et NEUMEISTER. Puisque, après l'absorption de peptones, on ne trouvait pas de peptones dans le sang et qu'on n'en retrouvait même pas dans l'intestin, ces auteurs en inféraient que l'intestin avait reformé de l'albumine par synthèse.

COHNHEIM, après avoir découvert dans l'intestin l'érepsine, ferment susceptible d'hydrolyser les peptones et les albumoses, s'est élevé contre cette conception. A son avis il est beaucoup plus rationnel d'admettre que, si l'on ne retrouve de peptones ni dans le sang ni dans l'intestin, c'est que les peptones ont été dissociées en acides aminés.

Cette hypothèse n'a pu encore être vérifiée directement ; mais elle a en sa faveur des arguments indirects. FISCHER et ABDERHALDEN ayant, en effet, démontré qu'un très grand nombre d'acides aminés peuvent être directement injectés dans le torrent circulatoire sans causer de désordre et tout en étant utilisés par l'organisme.

δ *Acides aminés.* — Aucune preuve directe n'a été apportée du passage des acides aminés dans le torrent circulatoire.

Il est rendu seulement vraisemblable par les constatations récentes de COHNHEIM, de FISCHER et ABDERHALDEN, et il cadre bien avec l'hypothèse que nous exposerons ultérieurement d'une édification locale et spécifique des différentes albumines au niveau des divers organes, au moyen des mêmes matériaux mais diversement utilisés.

Ce point de vue est évidemment le plus intéressant dans toute cette question de la résorption des albumines ; mais il est aussi le plus récent, et par cela même le plus pauvre des documents. Il ne peut donc être qu'indiqué ici pour marquer l'orientation nouvelle que prend ce chapitre de physiologie intestinale.

d) *Voies de résorption des albuminoïdes.* — D'après SCHMIDT-MÜHLHEIM et MUNK, la résorption n'a pas lieu par le canal thoracique ; ce fait négatif est nettement en faveur d'un erésorption par voie sanguine.

## 5° **Résorption des hydrates de carbone.**

Nous avons vu, à propos de la digestion des hydrates de carbone, que ceux-ci pouvaient se classer pratiquement en mono et polysaccharides et que, tandis que les monosaccharides n'étaient pas attaqués par les sucs digestifs, la plupart des polysaccharides étaient au contraire rapidement hydrolysés par ces mêmes sucs.

La résorption des hydrates de carbone se superpose pour ainsi dire à ce fait général, en ce sens que tous les monosaccharides sont susceptibles d'être résorbés directement, tandis que les polysaccharides ne sont résorbés que dans la mesure où ils sont hydrolysés jusqu'au terme monosaccharide.

Cette loi générale des conditions de résorption des hydrates de carbone, établie par CL. BERNARD, DASTRE, BOURQUELOT, vérifiée et amplifiée par un grand nombre d'auteurs, repose essentiellement sur les constatations suivantes : les polysaccharides injectés dans les veines sont rejetés en nature dans les urines ; les monosaccharides injectés dans les veines ne sont pas rejetés par les urines, mais emmagasinés pour former du glycogène : *donc la résorption des polysaccharides est nécessairement précédée d'une hydrolyse, la résorption directe des monosaccharides seule est possible.*

Le fait original qui fit entrevoir cette loi est l'expérience de CL. BERNARD sur le saccharose. Le saccharose injecté dans les veines de l'animal est rejeté immédiatement par les urines, alors que l'animal peut en ingérer cependant de grandes quantités sans présenter de saccharosurie. DASTRE fait ensuite une constatation analogue pour le lactose, etc. Ce fait général comporte une seule exception importante en faveur du maltose. Ce sucre, après injection intra-veineuse, n'est que partiellement rejeté par l'urine ; cet anomalie s'expliquerait par ce fait que le sang contient une maltose active susceptible d'hydrolyser le maltose.

Inversement les monosaccharides injectés dans les veines ne reparaissent pas dans les urines, mais à la condition toutefois que la vitesse d'injection ne soit pas trop grande, car, si, à un moment donné, la teneur du sang en glucose, par exemple, dépasse 3 p. 1 000, l'organisme se trouve hors d'état de maîtriser de pareilles quantités de sucre, et le sucre passe dans les urines (CL. BERNARD).

VOIR a indiqué le sort de divers sucres injectés dans les veines. Ses expériences établissent que les monosaccharides sont directement utilisables par l'organisme, tandis que les polysaccharides ne le sont pas.

En concordance avec ces faits, nous avons déjà vu que l'intestin ne possède aucun ferment hydrolysant les monosaccharides, tandis que tous les ferments intestinaux n'agissent que sur les polysaccharides. On s'explique donc que les monosaccharides, qui peuvent être utilisés directement, soient aussi résorbés directement, et que les polysaccharides, qui ne peuvent être utilisés directement, soient par contre hydrolysés dans l'intestin. Dans les rares cas où cette harmonie entre les activités de l'intestin et les capacités fonctionnelles de l'organisme n'existe pas, le sucre n'est pas résorbé. C'est ce qui a lieu, par exemple, pour le lactose chez certains animaux. Il existe des animaux chez lesquels la lactase est très peu abondante : chez ces animaux le lactose ne peut être dédoublé, c'est le cas du chien adulte par exemple : on constate alors que le lactose ingéré est simplement rejeté dans les matières fécales.

L'étude de la vitesse de résorption des hydrates de carbone, faite en tenant compte tout d'abord de ces conditions de résorption, montre que la résorption est d'autant plus lente que : 1° les stades que franchit l'hydrate de carbone avant d'arriver au terme de monosaccharide sont plus nombreux : c'est ainsi que le saccharose, le lactose et le maltose sont moins vite résorbés que le glucose et le galactose (HÖBER, WEINLAND, HÉDON, etc.), et 2° que la vitesse avec laquelle se fait l'hydrolyse des polysaccharides préalable à la résorption est plus lente : c'est ce qui explique sans doute pourquoi la vitesse de résorption va progressivement en décroissant pour le saccharose, le maltose et le lactose.

En second lieu la vitesse de résorption du polysaccharide est nécessairement encore fonction de la vitesse de la résorption du monosaccharide, qui doit finalement être résorbé. C'est ainsi que, d'après NAGANO, la vitesse de résorption diminue progressivement pour les monosaccharides du premier au dernier terme suivants : d galactose, d glucose, d lévulose, d mannose, l xylose, l arabinose.

La vitesse de résorption des sucres est sensiblement du même ordre de grandeur que celle des sels, lorsque l'on compare de petites quantités de sucre et de sels. Mais la différence essentielle entre les deux substances réside en ce que, tandis que la résorption des sels ne peut porter sur de grandes quantités de substances sans provoquer une diarrhée qui, alors, trouble la résorption (par exemple, 40 gr. de NaCl, 30 gr. de $SO_4Na_2$, etc.), pour l'homme la résorption du sucre peut porter sur des quantités énormes sans troubles intestinaux (glucose correspondant à 500 gr. d'amidon, par exemple, pris en un repas).

On admet que le processus de résorption des sucres est identique à celui des sels.

Il est prouvé par de nombreuses expériences, dont les premières sont dues à CLAUDE BERNARD, que les veines constituent la voie de résorption des sucres. Vu les quantités considérables de sucre résorbables dans l'unité de temps, cet auteur a pu constater que la teneur du sang de la veine porte en glucose, qui est normalement de 0,50 à 1 p. 100, peut monter jusqu'à 3 p. 100, à la suite d'une ingestion abondante de glucose. Cette constatation suffit amplement à démontrer que le sucre pénètre surtout dans l'organisme par la voie portale.

### 6° Résorption des gaz.

Les gaz contenus dans l'intestin dépendent de l'alimentation, comme le prouve l'observation de RUGE, qui a déterminé la quantité et la qualité des gaz émis chez l'homme par le rectum.

| Gaz. | Lait. | Régime végétarien. | Régime carné. |
|---|---|---|---|
| Oxygène | » | » | » |
| Azote | 36,71 | 18,96 | 64,41 |
| Hydrogène | 54,23 | 4,03 | 0,69 |
| Méthane | » | 55,94 | 26,45 |
| Anhydride carbonique | 9,06 | 21,05 | 8,45 |
| Hydrogène sulfuré | » | Traces. | » |

Les gaz émis par l'intestin du cheval contiennent, d'après ZUNTZ, 22 p. 100 de $CO_2$ 59 p. 100 de $CH_4$ et 2,5 p. 100 de $H_2$.

La distribution de ces gaz dans les différentes parties de l'intestin a été étudiée par Tappeiner sur le corps d'un supplicié peu de temps après sa mort.

| Gaz. | Estomac. | Iléon. | Côlon. | Rectum. |
|---|---|---|---|---|
| Oxygène | 9,19 | } 67,71 | » | » |
| Azote | 74,26 | | 7,46 | 62,76 |
| Hydrogène | 0,08 | 3,89 | 0,46 | » |
| Méthane | 0,16 | » | 0,06 | 0,90 |
| Anhydride carbonique | 16,31 | 28,40 | 91,92 | 36,40 |

L'origine de ces gaz est diverse. L'oxygène et l'azote proviennent de l'air ingéré, l'hydrogène, le méthane et l'anhydride carbonique proviennent des fermentations intestinales. Parmi ces fermentations, celles qui sont réalisées par les sucs digestifs ne dégagent aucun gaz, celles qui sont réalisées par les microbes, surtout aux dépens des hydrates de carbone, dégagent des gaz abondants (voir *Digestion des hydrates de carbone par les microbes*).

L'intestin est susceptible de résorber de grandes quantités de gaz. Claude Bernard a signalé que l'hydrogène sulfuré injecté par le rectum est éliminé par les poumons.

L'oxygène est activement résorbé par la muqueuse intestinale intacte, et transformé presque immédiatement en anhydride carbonique, d'après Boycott.

Si, en effet, on introduit de l'air dans l'intestin du lapin, on constate peu de temps après un changement, considérable de l'atmosphère intestinale; ce changement se produit également même si l'expérience a été faite sur un animal dont les vaisseaux mésentériques ont été liés; mais il est, au contraire, très atténué si, les vaisseaux restant libres, la muqueuse intestinale a été détruite par une solution de HgCl² par exemple.

| Air. | Introduit. | Après 3 h. 45. | Id. mais après destruction de la muqueuse par HgCl². |
|---|---|---|---|
| O. | 20,93 | 0,36 | 9,97 |
| CO² | 0,03 | 7,91 | 7,56 |
| Az. | 79,04 | 94,42 | 84 » |

L'anhydride carbonique, grâce à sa grande diffusibilité, passe très rapidement à travers la muqueuse intestinale, même dans un intestin altéré. L'azote n'est que lentement résorbé. La résorption de l'oxygène est fonction de l'activité cellulaire.

L'échange des gaz au niveau des capillaires est proportionnel à l'activité des cellules intestinales et des mouvements intestinaux, comme pour tout autre organe.

L'échange des gaz à travers la muqueuse intestinale est assez important pour contribuer, au moins chez certains animaux, à la respiration générale.

Paul Bert a signalé qu'un chat nouveau-né survit vingt et une minutes à la ligature de la trachée, lorsqu'on lui injecte de l'air dans l'intestin; tandis qu'un chat témoin succombe en treize minutes, si on ne lui injecte pas d'air. On admet que les plongeurs avalent beaucoup d'air pur, pour pouvoir rester plus longtemps sans respirer.

Ces phénomènes de respiration intestinale, qui sont si peu marqués chez les mammifères, prennent, au contraire, une importance considérable chez certains vertébrés inférieurs. Déjà, en 1814, Trevisanus avait signalé que *Cobitis fossilis* avale constamment de l'air, et qu'il le rend par l'anus. L'air émis par l'anus de *Cobitis fossilis* contient 87,18 d'azote, 12,03 d'oxygène et 0,80 d'anhydride carbonique, d'après Baumert. L'intestin du *Cobitis fossilis* a été étudié par Leydig et Calugareanu, qui ont montré que les cellules épithéliales présentaient un étalement en plateau au-dessus de capillaires extrêmement serrés comme ceux d'une muqueuse pulmonaire. Jobert rapporte que *Callichtys asper*, poisson brésilien, meurt si on l'empêche d'avaler de l'air à la surface de l'eau.

### 7° Résorption de substances diverses.

**Lécithine.** — Les lécithines sont activement résorbées, sans que nous sachions, d'ailleurs, sous quelle forme; la digestion des lécithines, comme nous l'avons vu, étant obscure.

**Acides nucléiniques.** — Les acides nucléiniques sont activement absorbés, sans que nous sachions, d'ailleurs, à quel état.

**Métaux lourds.** — Les sels de métaux lourds précipitent les ferments, si bien qu'à forte dose ils arrêtent la digestion et déterminent des troubles digestifs : sels mercuriaux, sels de fer, etc. Pris à petites doses, ils n'empêchent pas la digestion et sont résorbés. Le fait est indiscutable pour le mercure, il est plus difficile à établir pour les sels de fer.

Dans les discussions qui se sont établies sur l'absorption du fer (voir article **Fer**, *Dict. de Phys.*), nous rappellerons que les auteurs ne semblent pas toujours avoir eu grand soin de ventiler la question, qui, avant d'être étudiée, doit être l'objet des considérations préliminaires suivantes :

Tout d'abord, comme beaucoup d'auteurs l'ont fait, il ne faut pas confondre résorption et rétention ; la seule voie importante d'excrétion du fer est l'intestin, fait connu depuis longtemps, et plus particulièrement le gros intestin, comme l'ont démontré récemment Quincke et Hochhaus, Hofmann, Abderhalden et Külbo. Toute étude sur l'absorption du fer va donc être compliquée par l'excrétion du fer.

Si donc on trouve que l'excrétion du fer est égale à son ingestion, cela ne prouve rien, car deux hypothèses sont possibles : où le fer n'a pas été résorbé du tout, ou bien il a été excrété après avoir été résorbé. Dans les deux cas, le résultat final et apparent sera le même.

Toutes les expériences démontrent qu'en général le fer absorbé n'est retenu que peu de temps dans l'organisme, et que bientôt l'équilibre s'établit entre les apports et les excrétions. Ces expériences nous indiquent que l'organisme ne peut se charger que de peu de fer, mais ne prouvent pas qu'il ne puisse en résorber que peu.

Les seules expériences valables sont celles qui sont faites sur des sujets anémiés qui ont besoin de fer pour réparer leur sang, car ceux-là seront susceptibles, *a priori*, de retenir du fer dans la mesure où l'intestin le résorbera ; les expériences réalisées dans ces conditions ne sont que du type clinique, c'est-à-dire n'ont pas comporté de dosage de fer ; elles nous donnent cependant cette indication intéressante, que l'anémié à qui on donne du fer répare plus vite son sang que s'il était tenu au régime ordinaire.

Les questions intéressantes dans la résorption du fer concernent les formes assimilables du fer et l'état sous lequel le fer est absorbé. En raison des faits précités, les expériences sur les formes assimilables du fer n'ont rien donné de précis. Tout ce que nous savons, c'est que le fer est assimilable sous toutes ses formes : formes dissimulées (hémoglobine, végétaux, etc.) ; formes salines (protoxalate, protochlorure, etc.,) mais sans que nous puissions établir des différences entre l'assimilabilité de ces diverses combinaisons du fer.

L'état auquel se trouve le fer à son passage dans l'intestin semble être un état inorganique, car Quincke et Hochhaus, Hofmann et Abderhalden ont pu le colorer aisément par les réactifs ordinaires du fer, dans les cellules de l'épithélium intestinal.

**Les ferments.** — Dans les matières fécales normales, nous ne trouvons que très peu de ferments comparés à la masse de ferments mis en œuvre au cours de la digestion intestinale. Nous avons vu antérieurement qu'une partie de ces ferments peuvent se détruire : 1° spontanément : cas de la trypsine activée chauffée à 37° ; 2° mutuellement : cas de l'amylase très vite détruite par la trypsine active ; 3° par l'action des microbes : cas de tous les ferments. La destruction intra-intestinale explique-t-elle entièrement la disparition des ferments dans les fèces, ou une partie de ces ferments est-elle résorbée par l'intestin ? Nous l'ignorons. L'amylase sanguine ne varie guère après les repas ; cela ne prouve rien, la circulation renouvelle si vite le sang dans les vaisseaux, qu'il se peut très bien que les variations réelles de l'amylase soient inappréciables. La recherche de l'amylase, pour donner peut-être un résultat, devrait être faite dans la veine porte ; cette recherche n'a pas été faite. La lipase sanguine est trop mal connue pour qu'on puisse la doser comparativement. La trypsine, ou bien n'existe pas dans le sang à l'état de zymase, ou bien se trouve inactivée par l'albumine du plasma ; en tout cas, le sang ne jouit d'aucun pouvoir tryptique, et artificiellement nous ne pouvons y en faire aucun.

La résorption des ferments, qui ne peut être déduite des variations des ferments du sang après le repas, a été induite de l'apparition de la trypsine et de l'amylase dans les urines après les repas. Malheureusement, en ce qui concerne la trypsine, l'identité de la trypsine urinaire n'a été établie que par des digestions de la fibrine, qui se digère sous l'influence de bien des facteurs autres que la trypsine ou la pepsine. Nous connaissons, d'autre part, par les travaux de DASTRE, une digestion saline de la fibrine, et le fait que les sels s'éliminent en assez grande abondance après le repas cadrerait assez bien avec ces digestions tryptiques. Pour l'apparition de l'amylase, les résultats sont au contraire plus nets.

Une autre preuve, il est vrai bien lointaine et bien indirecte, qu'à chaque digestion tous les ferments ne doivent pas être perdus pour l'organisme, c'est que, si l'on fait une fistule gastrique à un chien et qu'on laisse le suc gastrique se perdre pendant un certain temps, on voit que la sécrétion gastrique s'appauvrit en ferment: elle s'enrichit, au contraire, comme l'a montré FROUIN, jusqu'à son taux primitif, si le suc gastrique est réinjecté dans l'intestin. FROUIN a montré les mêmes faits pour le suc intestinal.


## GROS INTESTIN.


Tandis que l'anatomie et la physiologie de l'intestin grêle est assez uniforme chez tous les vertébrés, le gros intestin présente des variétés anatomiques et fonctionnelles très importantes. Ce chapitre d'anatomie et de physiologie comparées sera développé, comme il convient, en un chapitre spécial; nous n'en exposerons ici que les points essentiels à l'intelligence de la physiologie générale du gros intestin.

a) **Sécrétions et ferments.** — On ne connaît pas de ferments sécrétés par le gros intestin; les ferments qu'on y trouve sont ou bien des ferments venus de l'intestin grêle, ou bien des ferments bactériens. C'est ce qui résulte des travaux de PAWLOW, MIURA, GROBER, HEMMETER et HEILE.

La sécrétion du gros intestin est également mal connue; les fistules d'anses intestinales isolées ne donnent que très peu de liquide.

La sécrétion de mucus observée chez l'homme dans l'entérite muco-membraneuse est un fait pathologique.

b) **Résorption.** — La substance pour laquelle le gros intestin présente la résorption la plus manifeste est l'eau. D'après MACFAYDEN, NENCKI et SIEBER qui ont étudié le débit des fistules cœcales chez l'homme, il arrive environ 500 centimètres cubes d'eau dans le gros intestin. Or l'étude des fèces démontrant que l'eau rejetée par l'anus ne dépasse pas 100 centimètres cubes : c'est donc une résorption de 400 centimètres cubes d'eau qui s'accomplit journellement dans le gros intestin de l'homme.

Il va sans dire que cette résorption correspond à une alimentation mixte, qu'elle est beaucoup moindre pour une alimentation carnée, et que, si d'autre part on considère les herbivores dont le gros intestin atteint un développement énorme et est toujours rempli de chyme, la résorption devient au contraire considérable.

La capacité du gros intestin de résorber des aliments proprement dits a été étudiée bien des fois par LEUBE, SCHONBORN, EWALD, etc. Ces auteurs ont démontré que le gros intestin résorbe des albumines, des graisses et des hydrates de carbone, des sels divers et des substances médicamenteuses. Par contre les auteurs diffèrent sur la question de vitesse de résorption de ces diverses substances.

La plupart de leurs expériences ne sont pas probantes, car une cause d'erreur dans ces expériences, reconnue assez récemment, a fait attribuer uniquement au gros intestin une résorption qui ressortit aussi à l'intestin grêle. GRÜTZNER a signalé que des particules en suspension dans l'eau introduite par le rectum franchissent aisément la valvule de BAUHIN. CANNON a confirmé cette constatation en suivant à l'écran radioscopique la marche de lavements alimentaires mêlés de sous-nitrate de bismuth. En donnant à des chats des lavements composés d'œuf, d'amidon et de sous-nitrate de bismuth, il vit naître des mouvements antipéristaltiques du côlon, qui forçaient la valvule de

BAUHIN, et le liquide alimentaire après avoir pénétré dans l'iléon y déterminait des contractions péristaltiques comme du chyme ordinaire. Mais il existe d'autres expériences de CZERNY, LATSCHENBERGER et HEILE qui ne prêtent pas aux mêmes critiques. Les observations de ces auteurs ont porté sur des gros intestins séparés du reste du tractus intestinal. Or par ces expériences il est nettement établi que le gros intestin résorbe activement. HEILE constate que l'homme et le chien ne résorbent guère plus de 5 gr. 9 de glucose à l'heure. Les sels sont mieux résorbés. L'eau est résorbée à raison de 80 centimètres cubes par heure. CZERNY et LATSCHENBERGER constatent que les albumines, les graisses et l'empois d'amidon ne commencent à être résorbés qu'au bout de plusieurs heures et concluent qu'une hydrolyse bactérienne est nécessaire pour préparer la résorption de ces substances.

Enfin des observations indirectes prouvent encore que la résorption par le gros intestin, qui est possible d'après les expériences précédentes, est un phénomène physiologique normal au cours de certaines alimentations.

Lorsque l'alimentation ne comporte que des substances rapidement assimilables, œuf, viande cuite, panade, etc., on ne trouve plus de chyme résorbable au niveau de la valvule iléo-cæcale; mais, lorsque l'alimentation comporte des grains d'amidon volumineux et de la cellulose qui hâtent la progression du chyme, les fistules iléo-cæcales rendent un liquide qui, d'après MACFAYDEN, NENCKI et SIEBER, contiennent encore de 0,45 à 0,8 p. 100 d'albumine coagulable, des peptones et de 0,3 à 4,75 de sucre. Or, comme les fèces de l'individu normal sont complètement dépourvues de chyme résorbable, il s'ensuit nécessairement que ces résidus alimentaires seront résorbés par le gros intestin.

La forme sous laquelle les diverses substances sont résorbées par le gros intestin n'est pas encore bien précisée. En ce qui concerne l'albumine crue on a prétendu que la résorption pouvait avoir lieu directement sans digestion préalable, parce qu'à la suite de lavements d'ovalbumine on voyait apparaître assez souvent de l'albuminurie. Ces expériences, en contradiction avec celles de CZERNY, sont d'autant plus suspectes qu'elles n'ont pas porté sur un gros intestin isolé du reste de l'intestin grêle et que par conséquent elles n'excluent pas un reflux de l'albumine par la valvule de BAUHIN. Pour les graisses HAMBURGER a vu que le gros intestin résorbe assez activement les acides gras et comme ces acides sont très toxiques il en conclut que le gros intestin réalise la synthèse des graisses neutres. Certains poisons enfin, comme le curare, qui ne sont pas détruits par la pepsine, restent néanmoins inoffensifs quand ils sont ingérés par la bouche : administrés en lavements, ils sont toxiques, comme l'a signalé Cl. BERNARD. La différence de ces résultats doit-elle s'expliquer par une action d'arrêt du foie dans le cas d'une ingestion de curare? nous l'ignorons.

## COÖRDINATION DES PROCESSUS INTESTINAUX.

Nous venons d'analyser les principaux facteurs de la digestion intestinale.

État donné que pendant la digestion intestinale il existe un apport continuel de chyme gastrique, une sécrétion très prolongée des sucs intestinaux et une résorption continue du chyme intestinal, il s'ensuit a priori que les principaux actes de la digestion qui s'accomplissent simultanément doivent s'influencer mutuellement :

Nous devons donc nous demander comment est établie l'harmonie entre les divers processus intestinaux, et c'est à cette étude qu'est réservé ce chapitre de coordination.

1° *Coordination entre l'apport gastrique et la résorption du chyme dans l'intestin.*

Si l'on sacrifie des animaux 1, 2, 3, etc. heures après des repas identiques, on constate les faits suivants:

*Nourriture des animaux, 200 grammes de viande cuite de cheval maigre et sans tendons.*

| | | | | | | |
|---|---|---|---|---|---|---|
| Poids des chiens . . . . . . . | 8,7 | 8,95 | 7,2 | 8,3 | 7,75 | 7,35 |
| Heure du sacrifice après le repas. | 1 h. | 2 h. | 4 h. | 6 h. | 9 h. | 12 h. |
| Albumine dissoute dans l'estomac. | 2,262 | 1,795 | 2,086 | 2,096 | 1,810 | 0,049 |
| Peptones[1] . . . . . . . . . . | 3,087 | 3,653 | 3,312 | 2,912 | 3,422 | 0,083 |
| Albumine non digérée . . . . . | 50,389 | 24,494 | 25,928 | 17,833 | 7,077 | 0,120 |
| Albumine dissoute dans l'intestin. | 0,482 | 0,137 | 0,436 | 1,917 | 0,438 | 0,202 |
| Peptones. . . . . . . . . . . | 0,512 | 0,311 | 0,498 | 1,352 | 1,222 | 0,820 |
| Contenu insoluble de l'intestin. . | 1,914 | 1,611 | 1,912 | 2,743 | 1,840 | 1,936 |
| Total. . . . . . . | 58,746 | 32,531 | 34,622 | 27,853 | 15,329 | 3,210 |
| Albumine ingérée. . . . . . . | 61,150 | 51,011 | 65,817 | 64,000 | 62,013 | 61,705 |
| —     résorbée. . . . . . . | 2,404 | 18,480 | 31,195 | 36,147 | 46,684 | 58,495 |

SCHMIDT-MUHLHEIM (*Arch. für Phys.*, 1879).

| HEURES. | CONTENU DE L'ESTOMAC en substance fraîche. | RÉSIDU SEC DE L'ESTOMAC p. 100. | CONTENU DE L'INTESTIN en substance fraîche. | RÉSIDU SEC DE L'INTESTIN p. 100. | POIDS DES FÈCES. |
|---|---|---|---|---|---|
| *Viande : 20 grammes par kilogramme d'animal. — Résidu sec de la viande : 25,8 p. 100.* | | | | | |
| 3,10 | 15,2 | 17,4 | 4,10 | » | 0,70 |
| 3,40 | 16,6 | » | 4,10 | » | 0,48 |
| 4,40 | 11,3 | 17,3 | 3,90 | 21,0 | 1,10 |
| 5,40 | 12,5 | 15,6 | 4,48 | 18,8 | 0,94 |
| 6,40 | 6,2 | » | 4,81 | » | 0,63 |
| 7,40 | 1,7 | » | 3 | » | 1,30 |
| *Lait : 25 cent. cubes par kilogramme d'animal. — Résidu sec du lait : 11,7 p. 100.* | | | | | |
| 3,0 | 3,48 | 15,0 | 4,47 | » | 2,78 |
| 4,10 | 4,4 | » | 2,39 | » | 1,89 |
| 5,10 | 1,37 | » | » | » | 1,84 |
| 6,0 | 1,45 | 15,6 | 2,95 | » | 1,97 |
| 6,50 | 1,06 | 8,8 | 5,50 | 17,2 | 2,50 |
| *Riz : 2 grammes + viande : 5 grammes, par kilogramme d'animal, avec eau, 520 grammes.* | | | | | |
| 5,0 | 1,93 | » | » | » | 1,44 |
| 6,10 | 2,00 | 15,2 | 3,09 | » | 1,79 |
| *Amidon : 5 grammes + sucre : 2 grammes, par kilogramme d'animal.* | | | | | |
| 3,15 | 7,57 | 14,1 | 3,82 | » | 2,32 |
| 4,20 | 11,30 | 8,1 | 3,47 | » | 3,56 |

AMBARD et BINET, *B. B.*, 15 fév. 1908.

On voit donc que chez le chien :

1° L'évacuation gastrique est progressive pour les divers aliments, elle est seulement plus rapide pour le riz et l'amidon que pour la viande, et plus rapide encore pour le lait que pour le riz et l'amidon. Ces faits ayant déjà été signalés à l'article Estomac, nous les rappelons seulement pour l'intelligence des faits suivants.

2° Au point de vue de la topographie du chyme dans l'intestin, nous constatons : qu'avec la viande l'intestin grêle garde la majeure partie du chyme, il y a peu de déchets ali-

1. Toutes les substances sont évaluées en albumine = (15,6 p. 100 Az).

mentaires, les fèces sont peu abondantes; avec le riz, l'amidon et le lait au contraire, le tableau est tout différent. Après le repas de lait, on trouve un chyme jaune très fluide, aussi bien dans le gros intestin que dans l'intestin grêle : d'ailleurs souvent le chien émet déjà, trois ou quatre heures après le repas, un peu de diarrhée. Ce fait appelle immédiatement une remarque importante. Le lait est en général un aliment purgatif pour le chien : cet animal n'a pas de lactase : le lactose du lait est par suite lentement résorbé, et, pour cette raison, le contenu du gros intestin est toujours très hydraté. On ne saurait donc conclure de la digestion du lait par le chien à une digestion identique du lait par d'autres animaux pourvus de lactase. Et le seul point à retenir de ceci est l'importance considérable que peut présenter indirectement l'absence d'un ferment sur le transit même des aliments dans l'intestin.

En ce qui concerne le riz et l'amidon sucré, le tableau est également très particulier : dès la troisième heure l'intestin est entièrement rempli de chyme, le gros intestin aussi bien que l'intestin grêle : ce chyme est d'un beau jaune et de consistance assez ferme, surtout dans le gros intestin. Nous voyons ici l'influence des résidus alimentaires sur la rapidité de la traversée digestive. Le riz et l'amidon sont moins complètement résorbés que la viande, du moins par le chien ; et il en résulte que les matières fécales sont plus abondantes et plus précoces.

3° Un point très intéressant dans les phénomènes du transit intestinal est la quantité de chyme contenu dans l'intestin aux divers temps de la digestion. Si nous jetons un coup d'œil sur le second tableau donné plus haut, nous voyons que par kilogramme d'animal le poids de chyme intestinal frais est constant pour la viande entre 3 h. 10 et 6 h. 40 : ce poids oscille entre 3gr, 90 et 5gr, 81 avec une moyenne de 4gr, 10 à 4gr, 30; pour le lait le poids de chyme frais est un peu variable et cela ne doit pas nous surprendre, connaissant les particularités de la digestion du lait chez le chien ; avec le riz sucré la moyenne est d'environ 3gr, 60, en somme peu éloignée de celle de la viande. D'autre part le résidu sec de ce chyme est assez constant : pour la viande il est de 21,0 à 18,8 p. 100, pour le lait de 17,2.

En laissant de côté les petits écarts dans l'ensemble de ces résultats, il s'ensuit donc *qu'aux divers moments de la digestion la quantité de chyme intestinal est constante.*

Si nous négligeons l'évacuation dans le gros intestin des déchets alimentaires qui n'est pas considérable chez les omnivores, et même encore chez les carnivores, nous nous trouvons immédiatement en présence de deux processus dont l'action doit être coordonnée pour aboutir au maintien de la constance du chyme intestinal durant la digestion : ce sont l'évacuation pylorique et la résorption intestinale.

La résorption intestinale a déjà été étudiée en détail précédemment, il nous reste donc à examiner par quel mécanisme est réglé l'apport du chyme gastrique qui doit incessamment combler les déficits du chyme intestinal créé par la résorption de l'intestin.

De très nombreux auteurs ont étudié le passage du chyme gastrique dans le duodénum par des fistules duodénales. Ce sont Cannon, Tappeiner, Hirsch, v. Mering, Moritz, Serdjukow, Dastre, Pawlow, Lintwarew, Boldireff, Otto, Tobler, Grützner et Carnot. Plus récemment on a fait usage de l'examen radioscopique pour suivre le passage d'un chyme bismuthé dans l'intestin (Cannon, Roux et Balthazard, Sicard, Carvallo, etc. La méthode des fistules duodénales est surtout commode pour expérimenter sur le rôle de l'intestin dans l'activité pylorique. La fistule duodénale permet d'examiner quantitativement et qualitativement le chyme issu du pylore et permet surtout d'expérimenter l'effet des substances diverses portées au contact du duodénum.

De l'ensemble des recherches il résulte tout d'abord que le pylore est sensible :

1° *A des réflexes chimiques du duodénum.* Hirsch et surtout Pawlow ont montré que l'eau, les sels neutres et les alcalis portés au contact du duodénum, font entr'ouvrir le pylore, tandis qu'au contraire les acides ferment énergiquement le sphincter pylorique. En injectant dans le duodénum alternativement de la soude ou de l'acide chlorhydrique, on peut à volonté arrêter ou solliciter l'évacuation gastrique : le temps de latence du réflexe est d'environ 15 secondes. Les expériences de Tobler sont à cet égard des plus instructives ; elles montrent que, si chez un chien en pleine digestion on prélève le chyme gastrique pour en injecter une partie dans le duodénum, le chyme gastrique fait fermer le pylore. Par cette expérience il devient donc hors de doute que l'acidité du chyme gastrique règle lui-même l'ouverture du pylore par un réflexe à point de départ duodénal.

Il y a donc deux réflexes acides qui ferment le pylore : un réflexe gastrique (voir **Estomac**) et un réflexe duodénal.

Les réflexes acides et alcalins ne sont pas les seuls réflexes chimiques du duodénum. Pawlow a montré que l'huile, portée au contact du duodénum, détermine aussi l'occlusion du pylore. Nous avions déjà appris (**Estomac**) que l'huile au contact de l'estomac retarde par un réflexe gastrique l'ouverture du pylore, ces deux réflexes duodénaux et gastriques (pour la graisse) sont donc synergiques, comme ils sont synergiques pour les acides. Mais, en ce qui concerne l'effet de l'huile sur le duodénum, Pawlow et Boldireff ont montré de plus ce phénomène particulier que l'huile portée dans le duodénum fait refluer dans l'estomac le chyme intestinal. Quand on injecte de l'huile dans le duodénum, on ne tarde pas à retrouver dans l'estomac de l'huile, de la bile et du suc pancréatique. D'après Boldireff, il semblerait même que l'huile qui passerait de l'estomac dans le duodénum serait susceptible de déterminer un reflux du contenu duodénal dans l'estomac, si bien que d'après cet auteur on pourrait utiliser ce flux même pour retirer du suc pancréatique de l'estomac après un repas de graisse.

2° *A des réflexes mécaniques du duodénum.* V. Mering avait institué pour démontrer ce phénomène des expériences où il dilatait le duodénum par des injections de lait. On a objecté à cet auteur que le lait peut être par lui-même un constricteur pylorique par réflexe chimique. Aussi est-il intéressant de signaler les résultats de Tobler qui provoquait l'occlusion du pylore en dilatant le duodénum par un ballon de caoutchouc.

3° *A de très nombreux réflexes très délicats la plupart d'origine gastrique* (et que pour cette raison nous ne ferons que mentionner ici) :

*a)* **Influence de la fluidité du chyme.** — La fluidité du chyme gastrique (Tobler, Cannon) a pour conséquence de permettre le passage rapide des liquides, eau, chyme gastrique liquide, et de s'opposer à l'évacuation de toute particule de volume appréciable. Quand on examine le contenu duodénal, on est d'ailleurs tout de suite frappé de l'homogénéité et de la fluidité du chyme intestinal qui contraste souvent d'une manière si tranchée avec l'aspect du chyme gastrique.

*b)* **Rôle de la concentration moléculaire du chyme inhomogène.** — Les liquides les plus rapidement évacués sont les liquides isotoniques (Otto, Carnot et Chassevant) et d'ailleurs l'estomac tend toujours à ramener son contenu à l'isotonie (Winter-Carnot).

*c)* **Rôle de la température du chyme.** — Müller a constaté que la température de 38° est la plus favorable à l'évacuation du chyme gastrique : les liquides plus froids ou plus chauds passent plus lentement.

Il suffit d'envisager l'ensemble des réflexes que nous venons de décrire pour se rendre compte de la complexité du jeu du sphincter pylorique dont l'ouverture règle l'admission du chyme dans l'intestin. Mais la complexité du jeu du sphincter pylorique n'est pas encore épuisée par ces nombreux réflexes. Ces réflexes brutaux sont pour ainsi dire assouplis par toute une série de causes secondes.

Le réflexe acide du duodénum est très atténué par l'alcalinité du suc pancréatique et de la bile qui neutralise le chyme gastrique à mesure qu'il apparaît dans le duodénum. Le réflexe acide de l'estomac lui-même peut être atténué par un processus analogue : chez les hyperchlorhydriques la fin de la digestion gastrique est continuellement compliquée d'un reflux de bile et de suc pancréatique vers l'estomac où ces sucs alcalins neutralisent partiellement le chyme gastrique avant même qu'il ne s'engage dans le pylore.

C'est là un premier mode d'atténuation des réflexes acides.

Il en est un second qui n'est pas moins important, c'est l'atténuation du réflexe acide par résorption de l'acide dans le duodénum lui-même. Si on lie les canaux pancréatiques d'un chien et qu'on le sacrifie après un repas de viande, on constate que l'évacuation gastrique de la viande n'a subi qu'un retard peu appréciable et, fait beaucoup plus important encore, le contenu duodénal n'est guère plus acide que celui d'un animal intact (Ambard). Il faut donc nécessairement que l'acide ait été résorbé.

Tels sont les très nombreux processus qui règlent l'évacuation pylorique, et il est indéniable que ceux qui sont liés à la résorption intestinale jouent un rôle considérable dans l'admission du chyme gastrique dans l'intestin.

C'est à l'ensemble de ces réflexes qu'il faut rapporter ce phénomène primordial : *à tout moment de la digestion la teneur en chyme de l'intestin est constante.*

### 2° Progression du chyme dans l'intestin.

La progression du chyme dans l'intestin a été étudiée par trois méthodes différentes. La première consiste à sacrifier les animaux après un repas d'épreuve et à constater quelle est dans l'intestin ouvert la région atteinte par le chyme intestinal, à un moment donné. La seconde consiste à noter le temps à partir duquel le chyme arrive au niveau d'une fistule après un repas d'épreuve. La troisième recourt à l'examen radioscopique pour évaluer la longueur d'intestin rempli par un chyme bismuthé.

Ces trois méthodes donnent des résultats concordants et nous montrent que : 1° la vitesse de progression du chyme dépend de la qualité des aliments. C'est le chyme de viande qui progresse le plus lentement. KUTSCHER et SEEMANN, en sacrifiant des chiens après des repas de viande, constatent que, chez un animal qui a ingéré 500 grammes de viande, le chyme ne dépasse pas le milieu de l'intestin grêle six heures après le repas. HEILÉ, VON MACFAYDEN, NENCKI et SIEBER, HONIGMAN et SCHMIDT constatent que l'arrivée du chyme au niveau des fistules iléo-cæcales, tant chez le chien que chez l'homme, se fait avec la plus grande lenteur pour le chyme de viande, plus rapidement pour un chyme de repas mixte et avec la vitesse maxima pour un chyme de pain, de riz, etc.

CANNON a étudié aux rayons X les longueurs d'intestin occupées par les chymes différents. En ce progrès du chyme dans la lumière intestinale deux faits intéressants sont à noter.

1° La portion initiale de l'intestin, surtout chez les carnivores et les omnivores (chien), est animée au cours de la digestion de mouvements pendulaires et péristaltiques d'une énergie bien supérieure à celle des segments consécutifs de l'intestin grêle. Même chez les animaux à digestion lente, ce fait est très net, et CARVALLO (congrès d'Heidelberg, 1907) a montré qu'il y a dans le premier segment de l'intestin de la grenouille une espèce de bataille au cours de laquelle les mouvements de brassage et de va-et-vient du chyme sont si énergiques qu'il semblerait que le duodénum cherche constamment à faire refluer vers l'estomac le chyme qui en est arrivé (constatation cinémato-radiographique). Il suffit d'ailleurs de constater chez le chien le calibre considérable du duodénum par rapport à celui des autres segments de l'intestin, le renforcement manifeste de la musculature de ce premier segment intestinal, l'espèce de sphincter qui délimite la portion terminale du duodénum, pour comprendre que le duodénum est pour ainsi dire constitué en vue d'une activité triturante bien plus considérable que tous les autres segments de l'intestin. Il y a en somme après la digestion gastrique une véritable digestion duodénale, distincte de la digestion intestinale du jéjunum et de l'iléon.

2° L'examen du chyme bismuthé à l'écran fluorescent montre que le chyme n'occupe pas d'une façon continue le trajet intestinal (CANNON), le chyme y est segmenté, et cette segmentation se remanie d'une façon rythmique. A mesure que la digestion progresse, les intervalles vides entre les segments de chyme semblent augmenter, et ainsi s'explique que le chyme progresse vers le gros intestin, quoique la longueur totale de la colonne de chyme n'augmente pas sensiblement et même diminue (CANNON).

*Résorption de chyme dans les divers segments intestinaux.*

Les divers segments de l'intestin absorbent inégalement les divers aliments. D'après les expériences de RÖHMANN, il ressort que les segments initiaux absorbent plus que les segments terminaux.

Résorption de divers segments terminaux d'après RÖHMANN (en une heure) :

| | | | Amidon. | Peptone. | Sucre de canne. | Glucose D. |
|---|---|---|---|---|---|---|
| Segments de 0m,20 pris à 117 du pylore et à 150 du cæcum. | | | 1,00 | 1,77 | 1,80 | 2,70 |
| — 0m,11 — 164 — | | 48 — | 0,15 | 0,13 | 0,25 | 1,70 |
| — 0m,30 — » — | | 35 — | 0,47 | 1,44 | 1,89 | 2,83 |

### 3° *Constitution du chyme dans les divers segments intestinaux.*

Le fait que l'absorption des produits de la digestion se fait sur tout le parcours de l'intestin et avec une intensité maxima dans les portions initiales nous explique ce fait constaté par tous les auteurs que le chyme à son arrivée au niveau du cæcum est presque épuisé au point de vue de ses substances résorbables; qu'il contient très peu de graisses; 4 à 6 p. 100, des traces de peptones et d'acides amidés, peu ou pas de sucres résorbables (NENCKI et SIEBER, SCHMIDT, etc.). Mieux encore : il ressort de diverses expériences qu'au cours de la digestion il n'y a à aucun moment accumulation de substances résorbables dans aucun segment de l'intestin. Dès que par la digestion une substance est devenue résorbable, elle est résorbée, et on n'en trouve jamais que très peu à l'état de liberté dans la lumière intestinale (SCHMIDT-MUHLHEIM, RÖHMANN). Le fait est surtout net pour l'amidon. Bien que cette substance soit activement digérée dans l'intestin, on n'y trouve jamais que des traces de sucre réducteur.

Ainsi s'explique que les aliments complètement résorbables ne s'avancent que peu et lentement dans la lumière intestinale : leurs produits d'hydrolyse sont résorbés avant même qu'ils aient eu le temps de progresser. Ainsi s'explique aussi que les aliments riches en déchets non résorbables, pain, légumes, etc., donnent au contraire un chyme qui va vite et loin. Par extension on comprendra que chez les herbivores l'intestin soit constamment empli, et que la digestion intestinale y soit aussi différente que chez les carnivores et les omnivores.

Ces faits sont aujourd'hui bien acquis, et, pour donner une idée exacte de leur ordre de grandeur, nous nous bornerons à citer des expériences récentes tirées d'un des nombreux travaux que LONDON a consacrés récemment à cette question (*Zeit. f. p. Chem.*, XLVI, 209).

### 1° *Fistule duodénale.*

| Durée des expériences. | Substance ingérée 200 gr. d'ovalbumine cuite | | Volume du chyme recueilli par la fistule. cmc. | Albumines non digérées. gr. | Albumoses et peptones. gr. | Azote retrouvé. | Azote résorbé. |
|---|---|---|---|---|---|---|---|
| | Albumine sèche. gr. | Azote. gr. | | | | | |
| 5ʰ,40 | 25,92 | 3,656 | 569 | 10,72 | 9,50 | 2,046 | 0,610 |

### 2° *Fistule jéjunale à 1 m. du pylore.*

| | | | | | | | |
|---|---|---|---|---|---|---|---|
| 6ʰ,30 | 25,62 | 3,657 | 282 | 8,1 | 11,6 | 2,893 | 0,763 |

### 3° *Fistule iléale.*

| | | | | | | | |
|---|---|---|---|---|---|---|---|
| 10 heures | 25,45 | 3,643 | 60 | 0,3 | Néant | Traces correspondantes à l'azote des sucs gastrique, biliaire et pancréatique. | Totalité. |

### 4° *Coordination des activités des divers ferments dans la digestion intestinale.*

La digestion intestinale proprement dite est le résultat de l'action coordonnée de très nombreux ferments qui ne peuvent agir que dans des conditions tout à fait déterminées.

Parmi les dispositions qui favorisent la digestion intestinale nous devons indiquer surtout.

1° *La multiplicité des sources des ferments intestinaux*, qui est le premier fait remarquable à signaler; car il nous permet de comprendre comment, une ou plusieurs de ces sources venant à se tarir, des suppléances peuvent se produire, et la digestion ne subir qu'un trouble souvent peu appréciable.

*a*) Ferments des albumines. La pepsine mise à part, les ferments protéolytiques que rencontrent les albumines dans le tube digestif sont successivement le suc pancréatique, les diastases microbiennes, et l'érepsine.

*b*) Ferments des graisses; la lipase gastrique peu active étant mise à part, la graisse sera digérée dans l'intestin par le suc pancréatique, la lipase intestinale et les lipases microbiennes.

*c*) Ferments des hydrates de carbone, en dehors de l'amylo-maltase salivaire très active, de l'amylo-maltase gastrique très faible, les hydrates de carbone vont rencontrer dans l'intestin de puissants ferments qui vont agir sur les hydrates de carbone condensés et sur les polysaccharides : ce sont l'amylo-maltase pancréatique, la cellulase microbienne, la saccharase, la lactase et la maltase intestinale, etc.

A cette multiplicité des ferments intestinaux, il faut joindre l'activation de certains de ces ferments par des liquides, qui, eux aussi, ne proviennent pas des glandes qui

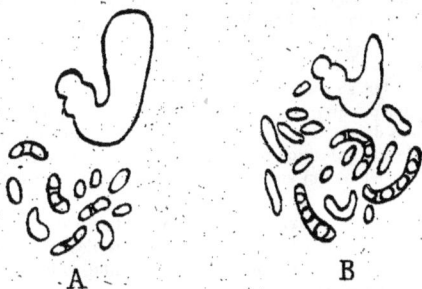

FIG. 73.

Ombres du contenu gastrique et du contenu intestinal chez des chats deux heures après un repas de viande de bœuf sans graisse A et de riz bouilli B. Chaque repas se compose de 25 centimètres cubes d'une pâtée bismuthée. Remarquer la brièveté de la longueur totale des ombres intestinales de A comparée à celle de B (d'après CANNON, *Amer. Journ. Phys.*, XII, 1905, 389).

ont sécrété ces ferments : notamment l'activation de la trypsine du suc pancréatique par la kinase intestinale, et l'activation des lipases par la bile.

2° *La superposition dans l'action de ces divers ferments, qui existe surtout pour les albumines, et, dans une certaine mesure, pour les hydrates de carbone.*

*a*) Pour les albumines ; nous savons que la pepsine n'hydrolyse les albumines que jusqu'aux stades albumines et peptones ; or la trypsine pousse cette action jusqu'au stade acide aminé ; l'érepsine, comme la trypsine, donne aisément des acides aminés ; mais elle ne peut entreprendre que les peptones et les albumoses. Enfin les diastases microbiennes complètent l'activité initiale de la trypsine.

*b*) Pour les hydrates de carbone il est remarquable que les ferments qui doivent agir sur les hydrates de carbone très condensés et dans l'eau insolubles, sont tous des ferments déversés dans la lumière du tube intestinal : amylase pancréatique, cellulase microbienne (des herbivores), xylanases, arabinases (des mollusques), tandis que les ferments susceptibles d'agir sur les hydrates de carbone solubles sont surtout des diastases intra-intestinales : saccharase, lactase, maltases intestinales...

Il est donc indéniable par ces quelques exemples qu'il y a un rapport évident entre la topographie des ferments et les types d'hydrolyses à effectuer et leur succession.

3° *La suppléance des ferments les uns par les autres,* qui est enfin le corollaire naturel de ce que nous venons de dire de la multiplicité des divers types de ferments et de leur origine diverse. Au point de vue pratique il importe de voir comment cette suppléance, possible *a priori,* se réalise en fait par la suppression successive des divers segments du tube digestif.

*a*) **Suppression de l'estomac.** — Ce sujet a été traité dans l'article **Estomac** : nous n'en rappellerons donc ici que l'essentiel.

Les documents sur ce point sont nets et abondants.

Expérimentalement l'ablation totale de l'estomac a été réalisée par Czerny et Kaiser en 1876 ; l'animal opéré survit, et Ludwig et Ogata en examinèrent le chimisme digestif quelques années après.

Carvallo et Pachon en 1893. Filippi en 1894 et Frouin en 1902 répètent encore avec succès cette expérience.

Sur l'homme l'ablation totale de l'estomac a été réalisée plusieurs fois : par Schlatter en 1897 sur une femme dont le chimisme est d'abord étudié par Wroblenski et ensuite par Hofmann ; par Brooks Brigham en 1898. Nombreuses sont encore les gastrectomies humaines, mais non étudiées au point de vue des échanges.

Enfin il convient de dire que la clinique réalise avec une fréquence extrême la suppression du chimisme gastrique. Les apeptiques complets sont extrêmement nombreux, et cette apepsie pathologique rentre absolument dans le cadre des suppressions du chimisme gastrique.

Carvallo et Pachon signalent chez un de leurs animaux une suppression presque complète de la faim ; mais ce phénomène, à s'en rapporter aux autres observations de gastrectomies, soit chez l'animal, soit chez l'homme, semble exceptionnel.

Au point de vue de l'état général on ne constate absolument rien de particulier. Après gastrectomie les sujets se portent très bien, ne diminuent pas de poids et survivent si longtemps qu'il est bien difficile de dire si la gastrectomie raccourcit l'existence. Au point de vue du chimisme général, il est impossible de constater aucun phénomène spécial en ce qui concerne la digestion des graisses et des hydrates de carbone.

C'est uniquement en ce qui concerne les albumines qu'une petite modification est à noter.

Contrairement à Ogata, Carvallo et Pachon signalent que la digestion des viandes cuites est parfaite, mais que celle des viandes crues l'est moins : on trouve dans les selles des fibres conjonctives et quelques fibres musculaires intactes. Roux confirme ces faits chez les sujets gastrectomisés, mais apeptiques, et Filippi sur des chiens gastrectomisés. C'est là, semble-t-il, une des conséquences de ce fait signalé par Claude Bernard que le suc pancréatique digère vite la viande cuite et lentement la viande crue. Mais on voit combien le contrôle expérimental est ici intéressant, car, d'après les expériences de Claude Bernard, on aurait pu penser que les gastrectomisés ne devaient digérer qu'à peine la viande crue, tandis qu'en fait cette digestion de la viande crue est simplement un peu diminuée. L'écart des expériences in vitro et in vivo, est-elle explicable par ce fait que le suc pancréatique, vierge de toute manipulation, est plus actif que le suc employé in vitro, qu'il est aidé dans ses processus d'attaque par d'autres sécrétions intestinales ? Nous l'ignorons.

Enfin, une autre question qui a attiré l'attention dans l'étude des gastrectomisés, est la putréfaction intestinale. Le suc gastrique est un antiputride : la suppression du suc gastrique ne permet-elle pas la putréfaction ? D'après Hofmann et Deganello, les sulfo-éthers de l'urine n'augmentent pas après gastrectomie ; ils en concluent que la putréfaction intestinale n'augmente pas.

On peut d'ailleurs, sans trop s'avancer, dire que ce résultat était à prévoir ; car, à son entrée dans le duodénum, le suc gastrique est neutralisé et perd son pouvoir antiputride. La clinique humaine d'ailleurs montre que les apeptiques complets n'ont pas de putréfactions intestinales.

Par contre, et c'est là une question soulevée par Carvallo et Pachon, il semble que la gastrectomie favorise les putréfactions intestinales après ingestion de viande pourrie. C'est là un fait qui n'est pas en contradiction avec le fait précédent, mais qui en est tout différent. On sait que les chiens tolèrent très bien la viande pourrie (Ch. Richet) ; et, de plus, on a constaté que le suc gastrique stérilise rapidement les viandes pourries. On peut concevoir, d'après Carvallo et Pachon, que, l'estomac étant supprimé, la viande pourrie entre directement, sans être stérilisée, dans le duodénum, et surprenne alors l'intestin par une flore qui n'y pénètre pas normalement.

A un de leurs animaux agastres, Carvallo et Pachon donnent de la viande pourrie : l'animal succombe le lendemain ; à l'autopsie macroscopique, on ne constate rien de spécial ; mais l'examen histologique des organes, fait par Charrin, montre une septicémie généralisée.

En somme, au point de vue du chimisme, les ferments intestinaux suppléent largement aux ferments gastriques, sauf en ce qui concerne la digestion de la viande crue, qui est moins intégralement digérée sans estomac; mais, au point de vue de la défense contre les microbes, l'intestin n'est plus en sûreté après suppression de l'estomac.

*b) Suppression de la sécrétion externe du pancréas.* — La plus grande confusion règne sur cette question. Les raisons en sont les suivantes : les auteurs, très souvent, désignent indifféremment par les mêmes expressions des choses différentes : suppression de la sécrétion externe du pancréas par déversement à la peau du suc pancréatique, oblitération des canaux pancréatiques avec atrophie de la glande, cachexie pancréatique par suppression presque totale du pancréas (sans glycosurie); souvent ils ne distinguent pas entre les effets immédiats et les effets à longue échéance de leurs opérations et enfin, il faut bien le dire, leurs conclusions sont parfois en contradiction avec les protocoles d'expériences. La question, en réalité, n'est pas simple, par la raison qu'il est difficile de supprimer l'afflux du suc pancréatique dans l'intestin : 1° sans atrophier la glande, si l'on recourt à l'oblitération des canaux; 2° sans cachectiser l'animal par perte d'alcalins (PAWLOW) et d'autres principes encore utiles au métabolisme général, si l'on abouche les canaux pancréatiques à la peau.

Pour exposer cette question, il nous a paru oiseux de citer toutes les expériences réalisées.

Nous ferons choix de quelques expériences avec des protocoles solides qui, seules, permettent la discussion.

*a) Expériences extemporaires.* — Dans ces expériences on se contente d'examiner dans les quelques jours, 1 à 7 jours, qui suivent l'opération, les troubles intestinaux et généraux. L'expérience consiste à lier tous les canaux pancréatiques, ou à les sectionner entre deux ligatures en chaîne, ou à oblitérer les canaux par des injections diverses; dans ce dernier cas surtout, si l'on injecte, comme le faisait CLAUDE BERNARD, du beurre ou de l'huile, on détermine rapidement l'atrophie du pancréas, « la glande apparaît comme un arbre dépouillé de ses feuilles »; l'arbre et les branches sont les canaux : les feuilles tombées sont les acini disparus.  •

Ces expériences donnent deux résultats : 1° un trouble de la résorption intestinale et 2° une cachexie suraiguë temporaire.

Le trouble de la résorption intestinale porte sur tous les aliments, mais il est le plus manifeste pour les graisses. CLAUDE BERNARD, qui fut l'initiateur de ces recherches sur le rôle de la sécrétion externe du pancréas, voit que « les matières grasses se retrouvent dans les excréments telles qu'elles ont été ingérées et qu'elles sont rejetées au dehors comme des matières réfractaires à la digestion » et déjà il attirait l'attention des pathologistes sur cette constatation très simple comme étant de nature à leur permettre de diagnostiquer l'insuffisance pancréatique. Dans quelle mesure ils ont abusé de ce conseil, il est à peine besoin de le dire.

Il y a donc, avant tout, trouble de la résorption des graisses : c'est ce qui avait frappé CLAUDE BERNARD. Mais il y a aussi trouble de l'assimilation des hydrates de carbone et des albuminoïdes : c'est ce que des observations ultérieures ont confirmé; nous reviendrons sur ce point à propos des autres types d'expériences.

La cachexie suraiguë de l'animal est des plus remarquables. L'animal, quoique n'assimilant pas, devient azoturique, polyurique (mais non glycosurique, cela va sans dire) et maigrit considérablement, beaucoup plus qu'un animal soumis au jeûne.

Ces faits n'ont pas été admis sans discussion, et même ils furent niés complètement par les adversaires de CL. BERNARD. La discussion fut close cependant assez vite, du jour où CLAUDE BERNARD put convaincre ses critiques de n'avoir lié qu'un canal pancréatique; les faits précités ne se déroulant qu'après la ligature des deux canaux du pancréas.

*b) Expériences prolongées.* — 1° On oblitère les canaux pancréatiques.

Dès qu'on veut oblitérer les canaux pancréatiques d'une manière permanente, les difficultés commencent. Tout d'abord une oblitération incorrecte peut permettre la néoformation des canaux anciens. CL. BERNARD avait bien vu cet écueil de l'expérience, lorsqu'il disait que lier les canaux ne suffit pas, parce qu'autour de la ligature se fait une gaine inflammatoire qui rétablira la continuité des deux segments du canal, dès que la ligature sera éliminée; on croira alors avoir oblitéré le canal, et, en réalité, la sécrétion aura bientôt retrouvé son cours normal sans la moindre gêne; c'est pourquoi Cl. Bernard recommande de détruire le pancréas et utilise ce procédé si remarquable de l'injection intracanaliculaire de graisse, qui réduit le pancréas à l'état d'un arbre sans feuille, c'est-à-dire de canaux sans acini. Mais, lorsque Cl. Bernard préconisait cette technique radicale, la sécrétion interne du pancréas était inconnue : il abolissait sans le savoir deux sécrétions à la fois. La découverte de V. Mering et Minkowski n'autorisait plus une pareille opération, et il fallut en revenir à l'oblitération pure et simple des canaux.

Pour qu'elle soit réelle et permanente, on a fait entre deux ligatures la section de tous les canaux, ou encore on résèque la partie juxta-duodénale du pancréas. On se met ainsi à peu près à l'abri d'une néoformation intempestive des canaux, mais on n'évite pas tout à fait l'atrophie de la glande et la ruine progressive de la sécrétion interne. Une oblitération permanente des canaux entraîne fatalement l'atrophie glandulaire (Laguesse), mais celle-ci heureusement est lente, et ainsi un certain temps d'observation sera donné à l'expérimentateur pour étudier les conséquences simples d'un *non déversement du suc pancréatique* par ses voies normales dans l'intestin. Des expériences innombrables ont été faites selon ce procédé.

Elles ont tout d'abord paru confirmer les expériences extemporanées.

Au bout de 4 ou 5 jours l'animal opéré cessait, il est vrai, d'être azoturique et reprenait du poids, mais ses digestions restaient mauvaises et les troubles d'assimilation des graisses étaient encore manifestes (Dastre, Abelmann, Minkowski, Hédon). On s'efforça d'étudier ces troubles avec précision, et, tout d'abord, on remarqua que les graisses bien émulsionnées étaient assez bien résorbées; tandis que les graisses non émulsionnées l'étaient beaucoup moins bien. Pour ces dernières, Dastre signale un déchet de 28 p. 100 en moyenne.

Pour les hydrates de carbone et les albumines, on signalait des déchets à peu près équivalents. Enfin on nota une accélération notable de la traversée digestive, bien explicable par l'augmentation de la masse des résidus alimentaires.

Mais les expériences qui, au début, semblaient si nettes, chose singulière, changeaient d'allure à mesure qu'elles se prolongeaient. Le chien cachectique reprenait du poids; son assimilation, d'abord mauvaise, redevenait bonne.

C'est à Rosenberg que nous devons les documents les plus précis sur cette partie de la question. Cet auteur sectionne les canaux pancréatiques entre deux ligatures et laisse l'animal se remettre. Voici une première expérience. L'opération est faite le 28 mai 1895. Poids du chien : 19 kil. 650. Graisse ingérée : graisse de porc fondue.

| Dates. | Utilisation des aliments. | | | Poids du chien. |
|---|---|---|---|---|
| | Az. | graisse. | Hydrates de carbone. | |
| | gr. | gr. | gr. | kgr. |
| 14 juin. | 82,85 0/0 | 93,51 0/0 | 94,77 0/0 | » |
| 20 — | 83 | 90,10 | 96,75 | » |
| 30 — | 80,50 | 85,22 | » | » |
| 17 novembre. | 67 | 88 | 85 | 18,330 |
| 24 janvier. | 67 | 73 | » | 14,600 |

A l'autopsie : pancréas totalement sclérosé.
Autre expérience. Injection d'acide dans les canaux pancréatiques.

| Utilisation des aliments. | | | |
|---|---|---|---|
| Az. | Graisse. | Hydrates de carbone. | Poids du chien. |
| 77 | 95,6 | 94,9 | 18,100 |
| 86 | 97 | 96,1 | » |
| 88 | 97,4 | 91 | » |
| 95 | 97,4 | » | » |

Ablation du pancréas, sauf un nodule parasplénique.

| | | | |
|---|---|---|---|
| 50,1 | 38,31 | 63,33 | 17,200 |
| 35,97 | 49,56 | 49,33 | » |
| 33,08 | 38,16 | 55,92 | 13,200 |

*A. g. P.*, 1898, 371.

La signification que comportent les expériences de Rosenberg dépend d'une seule question. L'auteur a-t-il, oui ou non, correctement séparé le duodénum du pancréas? a-t-il réellement empêché la sécrétion pancréatique de se déverser dans l'intestin?

Rosenberg l'affirme et il en donne comme raisons : 1° le soin avec lequel il a exécuté ses opérations, ligature et section des canaux, injection oblitérante des canaux, vérification, parfois au cours de l'opération, de la permanence de la séparation du pancréas d'avec le duodénum, vérification à l'autopsie que le pancréas était sclérosé (ce qui est la conséquence d'une oblitération canaliculaire).

S'il en est bien ainsi, il s'ensuit que, d'après Rosenberg :

1° Il n'y a pas de troubles notables de la résorption après qu'on a empêché le suc pancréatique de se déverser dans l'intestin, ou plus exactement que ces troubles, qui apparaissent immédiatement après l'opération, disparaissent rapidement.

2° Les troubles de la résorption apparaissent tardivement.

Pour Rosenberg ces expériences montrent que la résorption n'est pas troublée par un obstacle mis à un flux direct de la sécrétion pancréatique, mais par la suppression de la glande. C'est quand la glande s'atrophie ou lorsqu'on l'extirpe en presque totalité que la résorption est troublée.

S'ensuit-il que la sécrétion externe est inutile à la digestion? Rosenberg ne le croit pas; il pense bien plutôt que la sécrétion externe, trouvant un obstacle à son cours naturel après oblitération des canaux pancréatiques, gagne l'intestin par voie sanguine ; et si, après disparition de la glande, la dyspepsie et la cachexie apparaissent, c'est qu'alors il n'y a plus de sécrétion externe.

En d'autres termes, ce qui cause la dyspepsie dans les opérations sur le pancréas, c'est la suppression pure et simple de la glande, et non l'obstacle mis sur les voies naturelles d'écoulement du suc.

Il n'est pas sans intérêt de rapporter qu'Hédon (*A. de P.*, 1892) avait déjà signalé pour la cachexie pancréatique un fait du même ordre, lorsqu'il montrait qu'une large ablation du pancréas cause de la cachexie sans glycosurie.

Les expériences de Rosenberg furent confirmées par plusieurs auteurs, notamment par O. Hess (*A. g. P.*, 1907, cxviii, 1536) et U. Lombroso. Ce dernier auteur qui a consacré à la question de nombreux travaux, ne diffère de l'opinion de Rosenberg que sur l'interprétation pathogénique des troubles observés à la suite de l'atrophie ou de la résection du pancréas. Rosenberg pense que le déficit pancréatique intervient en réduisant la sécrétion externe. U. Lombroso pense que c'est en réduisant la sécrétion interne. Et pour justifier son opinion, il a institué d'autres expériences dans lesquelles il abouchait les canaux pancréatiques à la peau.

3° On abouche les canaux pancréatiques à la peau.

Depuis Pawlow plusieurs auteurs ont pratiqué des fistules pancréatiques permanentes, mais uniquement dans le but d'obtenir du suc de fistule et nullement dans le but de déverser tout le suc pancréatique au dehors de l'organisme; pour cette raison ils n'ont pas lié le canal accessoire. Ces opérations permettent donc encore un certain déversement de suc pancréatique dans l'intestin.

U. Lombroso (1908) a lié le canal accessoire et abouché le canal principal à la peau. En outre, à cette opération U. Lombroso a cru bon d'ajouter une résection très large de la partie libre et du corps du pancréas.

L'ablation du pancréas pratiquée ainsi montre que dans 2 cas sur 2 il y a une glycosurie marquée, quoique transitoire.

Dans ces expériences la dyspepsie reste marquée au cours de toute l'observation et les animaux maigrissent. Lorsque l'animal lèche la fistule, la dyspepsie reste identique à celle qu'on constate lorsqu'il ne se lèche pas.

U. Lombroso conclut contre Rosenberg que ce n'est donc pas la suppression de la sécrétion externe qui importe, mais bien celle de la sécrétion interne; car; si la sécrétion externe importait, la dyspepsie devrait s'atténuer lorsque le chien se lèche sa fistule.

Mais Lombroso ne nous dit pas ce que débitent les fistules de ses animaux. Et en admettant qu'elles débitent, est-il sûr que le suc pancréatique qui a passé par l'estomac a gardé ses propriétés diastasiques?

Cette dernière hypothèse, après ce que nous avons dit de la fragilité du suc pancréatique en milieu acide à 38° et en présence de pepsine, nous semble inadmissible, et par conséquent l'expérience de Lombroso ne nous paraît permettre aucune conclusion.

La question en est donc actuellement au point où l'a laissée Rosenberg. Un obstacle au flux normal de la sécrétion pancréatique ne provoque pas de dyspepsie. Est-ce grâce à un retour par voie sanguine de cette sécrétion vers l'intestin ou par adaptation des glandes intestinales? nous l'ignorons.

Le déficit pancréatique produit la dyspepsie. Est-ce par la réduction de la sécrétion externe ou par réduction de la sécrétion interne? nous l'ignorons.

c) **Suppression du flux biliaire.** — (Voir l'article **Bile** de ce Dictionnaire.) Nous rappelons seulement que la suppression du flux biliaire fait tomber la résorption des graisses à 62 p. 100 (Dastre), c'est-à-dire à un taux beaucoup plus bas qu'avec la seule suppression du flux pancréatique. Le rôle de la bile dans la résorption des graisses est donc de toute première importance; les graisses éliminées dans les selles contiennent une très grande proportion d'acides gras (Dastre).

La suppression du flux biliaire a été considérée encore comme préjudiciable à l'asepsie intestinale. Cette supposition a été déjà combattue dans l'article **Bile**; depuis le moment où cet article a été publié, de nouveaux faits sont venus corroborer le mal fondé de cette supposition. Schmidt notamment a constaté que le poids absolu quotidien des microbes rejetés dans les fèces n'augmente pas après suppression du flux biliaire.

d) **Suppression de la bile et du suc pancréatique.** — En plus des troubles signalés plus haut pour la suppression seule du suc pancréatique, il faut signaler l'augmentation considérable de l'inutilisation des graisses qui peut atteindre de 50 à 80 p. 100.

e) **La digestion sans microbes.** — Pasteur en 1885 avait émis cette hypothèse que la vie sans microbes était impossible, parce que les microbes devaient jouer dans la digestion un rôle auquel ne pouvaient suppléer les ferments animaux.

En 1886 Nencki s'élève contre cette hypothèse, mais au nom de raisons théoriques.

La question ne fut abordée au point de vue expérimental qu'en 1895 par Nuttal et Thierfelder. Ces auteurs installent dans une cage aseptique des cobayes à terme prélevés in utero. Ils les nourrissent d'abord au lait, puis avec du cake stérilisé. Les cobayes ainsi élevés augmentent moins vite de poids que les cobayes témoins. L'ensemencement de leurs fèces montre que leur intestin est stérile. Les auteurs signalent que la cellulose ingérée est intégralement rendue par les fèces et que l'urine ne contient ni phénol, ni indol, ni krésol, ni pyrocatéchine.

La vie sans microbes est donc possible. Mais est-elle favorisée ou au contraire gênée par la stérilité intestinale? c'est ce que nous ne savons pas. Les expériences du type de celles de Nuttal et Thierfelder sont malaisées à poursuivre longtemps, et elles nécessitent, pour donner toute sécurité au point de vue de l'asepsie, des conditions qui limitent le choix des nourritures. En voulant donner aux animaux une nourriture aseptique, ces auteurs ont dû leur donner une nourriture assez particulière dont il est difficile de dire si elle était bien favorable au développement; mais ils ne pouvaient faire autrement. Leurs cobayes aseptiques ne digérant pas la cellulose auraient sans doute très mal utilisé les légumes crus.

L'expérience eût été certainement plus intéressante sur des carnivores, dont il n'eût pas été nécessaire de changer pour les besoins de l'expérience aussi complètement le type de nourriture. L'expérience n'a pu être réalisée pour des raisons d'ordre pratique.

5° *Antagonisme des conditions d'action des divers ferments intestinaux.*

1°) Les divers ferments intestinaux n'ont pas leur activité optima dans un milieu de réaction identique.

Les ferments des hydrates de carbone ont leur activité optima en milieu légèrement acide : les ferments tryptiques et lipasique en milieu légèrement alcalin. La réaction de l'intestin est presque neutre ou est très légèrement acide.

Le retour vers la neutralité du chyme dans l'intestin est assuré par la résorption intestinale de l'acide, par l'action neutralisante de la bile, et surtout du suc pancréatique, en raison de la forte teneur de ce dernier en carbonates alcalins; le suc entérique intervient aussi dans une certaine mesure, mais certainement beaucoup plus faible.

Avec quelle exactitude cette réaction favorable est elle réalisée dans l'intestin? Cette question a fait l'objet de multiples controverses, dues à ce que les auteurs employaien arbitrairement des réactifs différents pour juger de l'alcalinité ou de l'acidité du milieu intestinal.

En recherchant les réactions des divers segments de l'intestin, le lithmus, le méthylorange et la phénolphtaléine, on constate en effet les réactions suivantes :

α Tout l'intestin donne une réaction alcaline au méthyl-orange.

б Dans son premier tiers l'intestin grêle donne une réaction acide et dans le reste de son étendue une réaction alcaline au lithmus.

γ Tout l'intestin donne une réaction acide à la phénolphtaléine.

Comme le méthyl-orange ne réagit qu'en présence d'acides minéraux, l'absence de réaction de l'intestin au méthyl-orange prouve qu'il n'y a pas d'acides minéraux dans l'intestin.

Comme le lithmus ne réagit que pour des quantités assez fortes d'acides organiques, la réaction du lithmus dans le premier tiers de l'intestin prouve la présence d'acides organiques en forte quantité dans ce segment de l'intestin.

Comme la phénolphtaléine réagit à des traces d'acides organiques, la réaction acide de la phénolphtaléine dans tout l'intestin prouve que dans les deux tiers inférieurs de l'intestin, où la réaction du lithmus est absente, il y a cependant des traces d'acides organiques (MOORE et ROCKWOOD).

Cette réaction intestinale est-elle optima pour l'action de tous les ferments intestinaux? La question ne sera résolue d'une façon précise que le jour où l'on étudiera comparativement par des méthodes précises la réaction optima pour l'action des divers ferments et la réaction du chyme intestinal. Provisoirement nous ne pouvons nous permettre qu'une conclusion approximative; à savoir que la réaction du chyme *est voisine* de ce que nous devons considérer comme la réaction optima pour tous les ferments intestinaux.

b° *Certains ferments contenus dans l'intestin se détruisent les uns les autres ou se détruisent spontanément lorsqu'ils se trouvent dans des conditions de milieu favorisant leur activité.*

1° *Action de la pepsine sur la trypsine.* — On sait que, à une température de 37°, la pepsine est rapidement détruite en milieu alcalin ou neutre et que de même la trypsine est détruite en milieu acide. D'autre part Iscovesco a montré que la pepsine dialysée, donc inactive, mélangée à de la trypsine dialysée, forme un complexe qui restera inactif, soit en milieu acide, soit en milieu neutre ou légèrement alcalin, c'est-à-dire que les activités tryptique et peptique sont abolies dans la formation du complexe. Doit-on admettre en raison de ces faits une *destruction* de la pepsine à la sortie du pylore? Nous l'ignorons; mais en tous cas, si cette destruction existe, elle n'est que partielle : si elle était totale en effet, l'individu devrait se comporter comme un animal à fistule gastrique, qui, ainsi que l'a montré FROUIN, devient progressivement apeptique si on laisse perdre son suc, et qui au contraire reconquiert la sécrétion gastrique si son suc lui est injecté dans l'intestin.

2° *Auto-destruction de la trypsine active et de l'amylase.* — Un fait très remarquable, bien connu pour la trypsine et l'amylase, vrai sans doute, mais mal étudié pour le autres ferments, est la destruction spontanée de ces ferments lorsqu'ils se trouvent dans des conditions favorables à leur activité. C'est ainsi que le suc pancréatique pur se conserve assez longtemps à 37° sans perdre beaucoup de son activité. Or le même suc kinasé et porté à 37° perd rapidement son activité. D'autre part, l'amylase du suc pancréatique non neutralisé garde son activité à 37° sans faiblir pendant plusieurs heures. Or cette même amylase disparaît vite quand elle est placée dans des conditions d'activité maxima par neutralisation du suc pancréatique, qui, on le sait, est très alcalin, perd son activité.

Il y a donc un antagonisme entre les conditions d'activité et la conservation des ferments intestinaux. *Un ferment actif ne se conserve pas.*

La contre-partie de cette loi générale est qu'un *ferment actif mis en présence de substances à digérer se conserve* et pour bien des ferments cette conservation est même très durable. Il n'est pas sans intérêt d'ajouter qu'au début de l'étude des ferments cette perte d'activité, en présence de substances à digérer, avait tellement frappé les auteurs, que la capacité des ferments pour digérer des quantités infinies de substances, sans perdre de leur activité avait été donnée comme une de leurs caractéristiques dynamiques.

La conservation des ferments intestinaux est donc liée essentiellement à la présence dans l'intestin de substances à dédoubler. Plus récemment on a encore pu constater que même les produits ultimes de l'hydrolyse sont, eux aussi, capables d'exercer une puissante action protectrice vis-à-vis des ferments intestinaux : c'est ainsi que non seulement les albumines et les peptones protègent la trypsine contre son auto-destruction, mais qu'encore le glycocolle, l'alanine, la leucine, jouissent de ce pouvoir à un haut degré (WOHLGEMUTH).

3° *Destruction de l'amylase par la trypsine activée.* — La trypsine activée par la kinase qui s'auto-digère assez rapidement a de plus la propriété de détruire assez rapidement l'amylase. Du suc pancréatique kinasé porté à 37° perd en une heure presque toute son activité amylolytique.

On conçoit que, si des facteurs antagonistes de cette action tryptique sur l'amylase n'intervenaient pas, toute digestion amylolytique serait à peu près impossible, ou du moins qu'il en résulterait une spoliation d'amylase considérable. Ces antagonistes existent et sont très nombreux. Ce sont les albumines à tous leurs états de transformation, depuis les albumines naturelles crues, les peptones, les albumoses jusqu'aux acides aminés ; ce sont d'autre part les acides biliaires.

Grâce à ces substances, une digestion tryptique et une digestion amylolytique sont possibles simultanément dans le même milieu : la trypsine produit rapidement l'auto-destruction de la trypsine.

Il semble que la trypsine jouisse d'une activité destructive analogue vis-à-vis des autres ferments intestinaux, notamment de la lipase, et qu'elle n'est empêchée de les détruire que par un mécanisme analogue au mécanisme précité.

4° *Action des microbes sur les ferments.* — Tous les ferments qui agissent en milieu neutre ont des ennemis communs : les microbes. Ceux-ci détruisent rapidement la plupart des ferments à 37°. Nous ignorons quelles espèces de microbes détruisent le plus chaque espèce de ferments.

Cette lacune est regrettable ; car il est vraisemblable que bien des dyspepsies ne sont que la conséquence d'une modification de la flore intestinale qui détruit les ferments, et qu'il y a pour la digestion intestinale de *bons et de mauvais microbes.*

Par contre, dans le cas particulier de la digestion des hydrates de carbone, comme la cellulose, qui ne peut être attaquée uniquement que par les microbes, les diastases bactériennes viennent certainement en aide aux diastases saccharifiantes.

6° *Coordination de la sécrétion des sucs servant à la digestion intestinale avec le passage des aliments dans l'intestin.*

### A. — SUC PANCRÉATIQUE.

C'est une notion déjà anciennement établie qu'il y a une corrélation entre la pénétration des aliments et le déversement des sucs digestifs dans l'intestin. Mais l'étude précise de cette corrélation n'a pu être menée à bien qu'au jour où l'on a su réaliser des fistules permanentes (voir plus haut la technique pour obtenir du suc pancréatique), c'est-à-dire en 1879-1880.

Les animaux de choix sur lesquels on peut étudier le mécanisme de la sécrétion pancréatique sont les omnivores et les carnivores chez lesquels la digestion intestinale est discontinue : chez ces animaux, le chien en particulier, — et le fait a été aussi plusieurs fois vérifié aussi chez des hommes porteurs de fistules pancréatiques, — la sécrétion pancréatique s'arrête complètement quelques heures après l'ingestion des aliments, et ne reprend qu'à la suite d'un nouveau repas; chez les herbivores au contraire où la digestion intestinale est continue, la sécrétion pancréatique est également continue : elle persiste, quoique atténuée, chez le lapin au jeûne depuis 48 heures (HENRY et WOLHEIM). Chez le bœuf COLIN a fait une constatation analogue.

La sécrétion étant intermittente chez les animaux qui digèrent vite et continue chez les animaux dont l'estomac et l'intestin contiennent toujours des aliments : nul doute qu'il y ait donc un rapport direct entre la sécrétion pancréatique et la digestion gastro-intestinale.

C'est à HEIDENHAIN et à PAWLOW que nous devons la plupart des observations sur la corrélation entre le passage du chyme gastrique dans l'intestin et la sécrétion pancréatique.

En étudiant la sécrétion pancréatique consécutive à un repas de viande chez le chien, HEIDENHAIN avait constaté que la sécrétion pancréatique commence peu de temps après l'ingestion et se poursuit pendant 5 à 7 heures.

Des expériences analogues ensuite réalisées par PAWLOW et ses élèves ont confirmé ces résultats dans ces grandes lignes. Dans ses publications on trouvera les courbes de sécrétion pancréatique qu'il a construites d'après un grand nombre d'expériences sur des chiens ayant ingéré des repas de viande, de pain et de lait.

Mais il convient d'ajouter immédiatement que ces expériences n'ont qu'une valeur relative. Le suc pancréatique étant perdu par la fistule à mesure qu'il est sécrété, la digestion intestinale est de ce fait profondément modifiée. Il est donc probable que dans les expériences de PAWLOW la quantité de suc pancréatique excrétée est plus grande que la quantité qui serait sécrétée par un animal intact, et que la durée de la sécrétion est sans doute aussi très allongée.

*Par quel mécanisme l'alimentation provoque-t-elle la sécrétion pancréatique ?*

L'étude de ce problème a passé par trois phases successives. Tout d'abord, depuis son origine jusqu'aux expériences de PAWLOW (1894), on s'est surtout occupé du rôle du système nerveux. De 1894 jusqu'à 1902 l'attention s'est surtout concentrée sur le rôle des divers excitants intestinaux de la sécrétion pancréatique. Enfin en 1902 BAYLISS et STARLING font connaître une substance très importante, d'origine intestinale, qui en injection intra-veineuse provoque une abondante sécrétion pancréatique, et que pour cette raison ils ont appelé *sécrétine*.

a) *Rôle du système nerveux*. — La première période de l'étude du mécanisme de la sécrétion pancréatique n'a été, selon l'opinion de HEIDENHAIN, fertile qu'en erreurs.

On a constaté que l'excitation des vagues provoquait une légère sécrétion pancréatique : mais cette sécrétion est inconstante; souvent une excitation trop forte arrête complètement une sécrétion provoquée par une excitation plus faible : l'excitation d'un vague arrête la sécrétion provoquée par l'excitation d'un autre vague (METTE et KUDRE-WETZKI).

PAWLOW, qui a voulu éclaircir toutes ces contradictions, a montré que, pour réussir l'expérience de la sécrétion par l'excitation par les vagues, il fallait préparer le chien d'avance ; sectionner d'abord un vague au cou; et, quatre jours après, quand les fibres inhibitrices du cœur avaient perdu leur excitabilité, l'excitation du bout périphérique provoquait régulièrement une légère sécrétion pancréatique.

Les splanchniques contiendraient également, d'après les mêmes auteurs, des fibres sécrétoires, mais leur action est certainement moins importante que celle des pneumogastriques.

On admet encore que l'excitation des vagues et des splanchniques provoque *directement* la sécrétion pancréatique; car, si l'on isole l'estomac du duodénum, cette sécrétion ne s'en produit pas moins; elle ne saurait donc être provoquée par le passage du suc gastrique dans le duodénum (PAWLOW).

Les nerfs du pancréas dont nous venons de constater *l'activité sécrétoire* possible jouent-ils réellement un rôle dans la sécrétion pancréatique physiologique ?

L'excitation directe de ces nerfs ne produit qu'une faible sécrétion : mais c'est que peut-être l'électricité est un mauvais excitant de ces nerfs; on a donc cherché à mettre en évidence le rôle de ces nerfs en s'adressant à d'autres excitants. Comme pour les glandes salivaires de l'estomac, PAWLOW a cherché si la vue seule de l'aliment pouvait exciter la sécrétion pancréatique. Les résultats ont été presque négatifs. La sécrétion psychique, si elle existe, est faible, et l'excitant normal de la sécrétion pancréatique, même à son début, est certainement tout autre qu'une excitation d'origine nerveuse.

b) *Rôle des excitants du duodénum. Sécrétine.* — En comparant avec BECKER le rôle sécréteur comparé des sels acalins et de l'eau chargée d'acide carbonique, PAWLOW avait été frappé de ce fait qu'alors que les sels alcalins et les sels neutres ne provoquent qu'une sécrétion faible ou presque nulle, l'acide carbonique provoquait au contraire une sécrétion intense du pancréas. Ce fut le fait qui l'engagea à étudier l'action d'un acide. qui arrive normalement au contact du duodénum au cours de la digestion ; à savoir l'acide chlorhydrique.

Dès lors la physiologie de la sécrétion pancréatique entra dans une voie nouvelle.

Avec ses élèves DOLYNSKI et POPIELSKI, PAWLOW constate les faits suivants :

L'ingestion d'acide chlorhydrique détermine une sécrétion pancréatique intense et régulière chez tous les animaux en expériences.

Un chien, auquel on fait ingérer 250 centimètres cubes d'une solution d'HCl égale en acidité à celle du suc gastrique, sécrète les quantités de suc suivantes notées toutes les cinq minutes.

| | |
|---|---|
| 6 | 0,4 |
| 9,5 | 3,4 |
| 9,5 | 5,4 |
| 9,5 | 2,4 |
| 8,5 | 0,6 |
| 7 | 1,0 |
| 8 | 0,2 |
| 7,5 | 0,8 |
| 7,5 | 0,4 |
| 7 | 0,0 |
| 2 | 0,2 |
| 0,5 | 0 |
| 1re heure 82,5 cmc. | 2e heure 14,8 cmc. |

La sécrétion pancréatique peut être provoquée par le contact direct de l'acide au niveau du duodénum, et elle n'est pas provoquée au contraire par le contact de l'acide avec le gros intestin. Il y a, dans une certaine mesure, proportionnalité entre la quantité d'acide ingérée et la quantité de suc pancréatique sécrétée. Une sécrétion pancréatique provoquée par la présence d'acide au niveau du duodénum est arrêtée en cinq minutes par la neutralisation de l'acide. Tous les faits observés avec l'acide chlorhydrique peuvent être observés également avec les acides phosphorique, citrique, lactique et acétique.

Du moment que le chyme gastrique, déversé dans le duodénum, est constamment acide et que le contact du duodénum avec un acide provoque rapidement et régulièrement une sécrétion pancréatique presque proportionnelle à la quantité d'acide en contact avec l'intestin, *il devenait évident que le contact du duodénum avec l'acide de l'estomac constituait une cause physiologique importante de la sécrétion du pancréas ;* c'est ce que PAWLOW exprime en disant que l'acide est l'excitant spécifique du pancréas.

Une première cause de la sécrétion du pancréas était ainsi mise hors de discussion, et, comme le dit PAWLOW, un trait d'union intéressant se trouvait établi entre la sécrétion gastrique et la sécrétion pancréatique : c'était l'acide résidu d'une digestion gastrique finissante, instigateur d'une digestion pancréatique commençante.

Mais il était de toute évidence que ce trait d'union ne pouvait être le seul qui reliât les deux digestions : l'expérience avait prouvé depuis longtemps que des hommes et des animaux agastres digéraient « parfaitement »; chez eux le pancréas devait nécessairement fonctionner, et nécessairement aussi sans l'excitant de l'acide gastrique. Quelles étaient donc dans l'alimentation les autres substances susceptibles de provoquer la sécrétion pancréatique? La découverte fondamentale du rôle de l'acide orientait immédiatement les recherches dans une voie déterminée. Sous peine d'attribuer aux aliments un rôle qu'ils n'avaient en réalité nullement, il fallait d'une part que ces aliments ne fussent pas acides par eux-mêmes, ni qu'au cours de l'expérience du suc gastrique acide ne fût porté au contact du duodénum.

En se conformant à ces conditions expérimentales, PAWLOW a constaté, parmi les aliments proprement dits, qu'aucune substance, si ce n'est la graisse, n'avait le pouvoir de provoquer la sécrétion pancréatique.

La graisse agissait-elle en tant que graisse neutre ou bien par un peu d'acide gras saponifié au contact des sucs intestinaux? D'après PAWLOW, au cours d'une sécrétion pancréatique provoquée par la graisse, le contenu duodénal reste parfaitement neutre. La graisse agit donc autrement que l'acide, selon cet auteur.

Parmi les autres substances susceptibles de déterminer encore, mais à un moindre degré, la sécrétion pancréatique, il faut citer l'éther, le chloral, l'alcool et l'essence de moutarde.

Cette notion du rôle des excitants duodénaux sur la sécrétion pancréatique ouvrait un champ nouveau pour l'étude du mécanisme de la sécrétion pancréatique.

PAWLOW avait admis presque sans discussion que le rôle de l'acide était de provoquer un réflexe à point de départ duodénal et à aboutissement pancréatique. Si la théorie était exacte, on devait aisément trouver les voies de ce réflexe viscéro-viscéral.

Contrairement à toute attente, les expériences faites pour retrouver les voies de ce réflexe furent toutes infructueuses. WERTHEIMER et LEPAGE et POPIELSKI constatèrent que ni la section des pneumogastriques et des sympathiques, ni la destruction de la moelle, des ganglions et des plexus cœliaque et mésentériques n'empêchait l'acide chlorhydrique introduit dans une anse intestinale de déterminer une abondante sécrétion pancréatique; pour que de telles destructions nerveuses restassent sans effet, il fallait donc que le réflexe se propageât par des voies extrêmement complexes.

Il devenait dès lors difficile d'admettre que l'acide provoquât la sécrétion pancréatique par un réflexe, ou bien, si ce réflexe existait, il se doublait nécessairement d'une action humorale.

BAYLISS et STARLING eurent alors l'idée de rechercher quel serait l'effet sur la sécrétion pancréatique d'un extrait de muqueuse intestinale macérée dans de l'acide. Ils constatèrent que l'injection veineuse de l'extrait intestinal obtenu dans ces conditions jouissait, contrairement à un extrait intestinal ordinaire, de la propriété remarquable de provoquer une sécrétion pancréatique intense. Comme, d'autre part, il était établi que l'injection directe d'acide est inefficace, il devenait évident qu'il y avait dans l'intestin une substance qui, transformée ou simplement entraînée par l'acide dans les macérations, jouissait de ce pouvoir sécréteur; c'est cette substance que BAYLISS et STARLING appelèrent *sécrétine*.

Dès lors le rôle de l'acide devenait le suivant pour BAYLISS et STARLING. Sur l'animal vivant l'acide, au contact du duodénum, met en liberté la sécrétine qui passe à mesure de sa production dans le torrent circulatoire et provoque la sécrétion pancréatique, comme le fait une injection intraveineuse de sécrétine. Mais on conçoit que cette hypothèse ne pouvait devenir une certitude que du jour où l'on aurait mis en évidence l'apparition, dans le sang circulant, d'une substance excito-sécrétoire à la suite du contact d'une anse intestinale avec l'acide. Trois auteurs ne tardèrent pas à apporter cette démonstration : WERTHEIMER, recueillant le sang veineux qui vient d'une anse intestinale contenant de l'acide et injectant ce sang à un autre chien, provoque la sécrétion du pancréas. ENRIQUEZ et HALLION, en transfusant de carotide à jugulaire le sang d'un chien A ayant reçu dans son intestin de l'acide chlorhydrique, provoquent chez un chien B une belle sécrétion pancréatique.

La théorie de Bayliss et Starling se trouvait ainsi complètement vérifiée : normalement l'acide provoque la sécrétion pancréatique par un processus humoral.

Fallait-il abandonner complètement l'idée de toute intervention réflexe ? Wertheimer ne le pense pas. Isolant une anse intestinale dont la sécrétion lymphatique et le sang veineux sont déversés en dehors de la circulation de l'animal, cet auteur constate que le contact d'HCl avec cette anse intestinale provoque encore la sécrétion pancréatique. Dans ces conditions l'action excitante n'a pu arriver au pancréas que par l'intermédiaire du système nerveux : il ne peut s'agir, d'après l'auteur, que d'une action réflexe. Fleig a confirmé ces résultats.

*Nature de la sécrétine.* — Nous devons encore à Bayliss et Starling la plupart des renseignements que nous possédons sur la sécrétine.

Pour préparer la sécrétine, ces auteurs conseillent la technique suivante. Le premier cinquième de la muqueuse intestinale, haché grossièrement, est mis à macérer dans trois fois son volume d'une solution d'HCl $\frac{n}{10}$. Au bout de 24 heures environ la masse est portée à l'ébullition pendant 2 à 3 minutes, filtrée, neutralisée exactement, et refiltrée. On a ainsi un liquide opalescent très actif et susceptible d'être injecté directement; mais la sécrétine est instable et ne peut être conservée plus d'une journée.

La sécrétine ainsi obtenue est extrêmement active. Sur un chien légèrement morphinisé ou chloroformisé, l'injection de sécrétine est suivie d'une sécrétion pancréatique au bout d'environ six à dix secondes. La sécrétion a une durée qui est dans une certaine mesure proportionnelle à la quantité de sécrétine injectée, elle dure environ dix minutes pour une injection de 10 centimètres cubes. Chaque nouvelle injection de sécrétine provoque une nouvelle sécrétion d'à peu près même valeur. On peut ainsi en l'espace de cinq à six heures recueillir aisément 200 à 300 centimètres cubes de suc pancréatique. Au lieu d'injections intermittentes on peut aussi procéder par injection continue, la sécrétion reste dans ce cas continue. Mais la sécrétion totale semble un peu moins abondante que pour des injections discontinues.

La sécrétine « n'est pas un ferment, puisqu'elle supporte sans se détruire la température de l'ébullition ». Ce n'est ni un sel ni un mélange de sels ; car la sécrétine dialyse peu ou pas ; ou, si c'est un sel, c'est un sel adsorbé par une substance non dialysable. C'est une substance soluble dans l'alcool, et cette solubilité permet de faire les hypothèses suivantes : la sécrétine est, ou bien un lipoïde, ou une albumine soluble dans l'alcool par adsortion d'un lipoïde ou un lipoïde soluble dans l'alcool malgré une adsorption d'albumine; mais en tout cas sa solubilité dans l'alcool est probablement liée à la présence d'un lipoïde. A cet égard il est très remarquable que toutes les substances autres que les acides, et susceptibles d'extraire la sécrétine du duodénum, sont des solvants des lipoïdes : l'alcool, l'éther, le chloral, les savons. L'action des graisses sur la sécrétion pancréatique, qui au premier abord semblait si différente de celle de l'acide, pourrait donc se ramener au même mécanisme. Les graisses partiellement saponifiées par la bile agiraient par leurs savons (Fleig).

Les deux principaux travaux sur la composition de la sécrétine sont ceux de Desgrez et d'Otto von Furth. Ces deux auteurs arrivent à cette même conclusion que la choline doit être une des parties actives de la sécrétine.

Desgrez, en se fondant sur le fait que la pilocarpine et la choline renferment un groupement commun de triméthylamine Az (CH³)³, s'est demandé si la choline ne provoquerait pas la sécrétion pancréatique comme la pilocarpine. Sur des chiens chloralisés Desgrez constate que la choline provoque les sécrétions du pancréas, de la salive, et augmente celle du rein.

Otto von Furth, dans une série d'expériences faites sur le lapin et le chien, constate, comme Desgrez, que la choline jouit de la propriété de faire sécréter activement le pancréas. Voici une expérience sur un chien de 7 kilogrammes. L'auteur y étudie comparativement l'action de la choline et de la sécrétine, et l'influence de l'atropine sur ces deux substances excito-sécrétoires.

| Temps. | Injection. | Sécrétion pancréatique. |
|---|---|---|
| 11ʰ,24 | 2 cmc. choline (MERCK). | |
| | 0,1 p. 100 = 0,002 gr. | |
| 11ʰ,25-11ʰ,35 | | 44 gouttes |
| 11ʰ,35 | 1 cmc. choline. | |
| | 0,1 p. 100 = 0,001 gr. | |
| 11ʰ,36-11ʰ,43 | | 25 — |
| 11ʰ,43 | 1/2 cmc. choline 0,1 p. 100 = 0,0005 gr. | |
| 11ʰ,43-11ʰ,52 | » | 11 — |
| 11ʰ,52 | 3 cmc. sécrétine. | |
| 11ʰ,52-12ʰ,2 | » | 31 — |
| 12ʰ,2 | 5 cmc. | |
| 12ʰ,2-12ʰ,12 | » | 65 — |
| 12ʰ,12 | Atropine 0,01 | |
| 12ʰ,12-12ʰ,22 | » | 15 — |
| 12ʰ,22 | Choline 2 mcc. 0,1 p. 100 = 0,002 gr. | |
| 12ʰ,22-12ʰ,25 | » | 0 — |
| 12ʰ,25 | 5 cmc. sécrétine. | |
| 12ʰ.25-12ʰ,36 | » | 33 — |

Dans cette expérience on voit que la choline jouit de la propriété de faire sécréter très activement le pancréas.

La choline est-elle la substance active de la sécrétine ? Il existe de la choline dans la sécrétine et O. von FURTH estime la quantité de choline contenue dans un litre de sécrétine comme supérieure à 0,1 décigramme. Étant donné que 1 milligramme de choline provoque déjà une sécrétion notable (25 gouttes) de suc pancréatique, il s'ensuit que la choline peut jouer un rôle important dans l'action de la sécrétine.

Mais d'autre part il est impossible de réduire la sécrétine à une simple émulsion de choline : *l'atropine, qui n'empêche pas l'action de la sécrétine, arrête complètement l'action de la choline.*

La sécrétine contient donc de la choline, substance nettement excito-sécrétoire, mais contient nécessairement encore d'autres substances actives.

D'après BAYLISS et STARLING l'intestin ne contient pas de la sécrétine en nature, mais une *prosécrétine* transformée en sécrétine par l'acide.

Cette opinion a été contestée. DELEZENNE et POZERSKI ont montré que des solutions concentrées de sels neutres extrayaient la sécrétine comme l'acide. Pour ces auteurs la sécrétine existerait en nature dans l'intestin : mais elle serait facilement destructible par des ferments de la muqueuse intestinale, l'acide n'aurait d'autre rôle que d'inhiber l'action des ferments, comme le font également les solutions concentrées de sels neutres.

*Distribution de la sécrétine.* — La sécrétine existe dans le quart supérieur de l'intestin grêle de tous les vertébrés chez lesquels on l'a recherchée, singe, chat, chien, lapin, ou tortue, saumon, chien de mer, etc., animaux nouveau-nés (chat et homme). La sécrétine préparée avec l'intestin d'un animal d'une espèce provoque la sécrétion chez des animaux d'autres espèces (BAYLISS et STARLING).

*Mode d'action de la sécrétine sur le pancréas.* — La sécrétine agit-elle directement sur les cellules pancréatiques ou par l'intermédiaire du système nerveux pancréatique? Nous l'ignorons; on sait seulement que l'atropine n'empêche pas l'action de la sécrétine.

*Comparaison entre le pouvoir sécréteur de la sécrétine et des autres substances susceptibles d'agir sur le pancréas.* — On a recherché l'action d'un grand nombre de substances sur la sécrétion du pancréas. L'action des sels, des peptones, des extraits d'organes préparés dans les mêmes conditions que la sécrétine de la pilocarpine, etc.

Beaucoup de ces substances, et notamment les peptones, les extraits d'organes et la pilocarpine provoquent une sécrétion pancréatique; mais, fait capital, cette sécrétion est toujours extrêmement faible comparée à la sécrétion due à la sécrétine et le plus souvent les injections successives perdent rapidement leur efficacité.

Il est à peine besoin de faire remarquer que la pénétration dans le sang vivant de ces substances ne saurait représenter un processus normal physiologique, et qu'il y a donc bien lieu de considérer avec BAYLISS et STARLING la sécrétine comme l'agent spécifique de la sécrétion pancréatique.

*Effets divers de l'injection de sécrétine.* — a) **Système nerveux.** — Sur un animal même

légèrement endormi au chloroforme, toute injection de sécrétine provoque presque instantanément des mouvements respiratoires exagérés, une agitation générale marquée,
et quelques sourds grognements. La sécrétine apparaît donc comme un irritant général

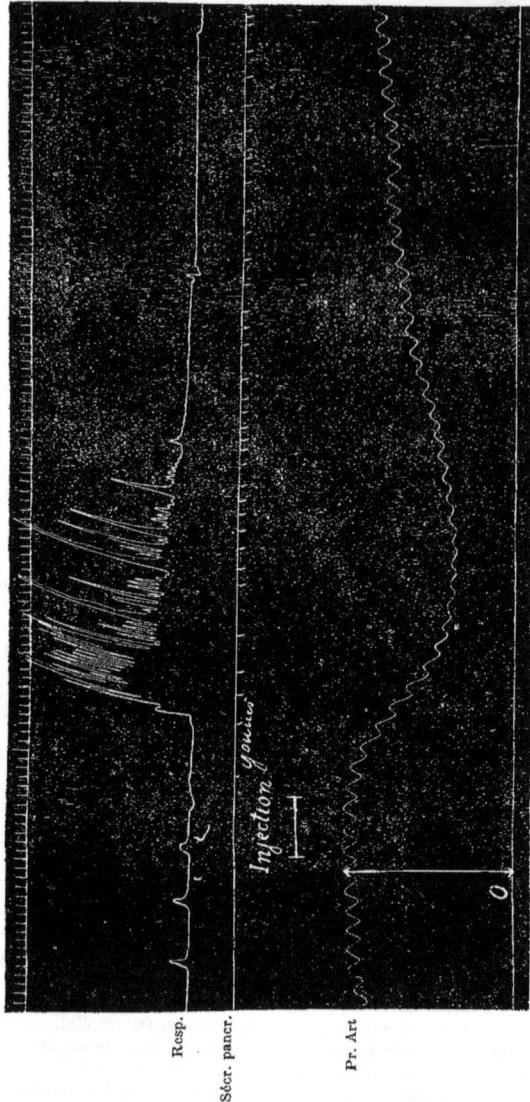

Fig. 74.

Ce graphique, composé par la superposition de plusieurs graphiques empruntés à FALLOISE, est destiné à montrer l'effet d'une injection de sécrétine sur la respiration, la circulation et la sécrétion pancréatique.

du système nerveux, et peut-être son premier effet est-il douloureux (DASTRE, FAL-
LOISE). Ces effets sur le système nerveux sont-ils inhérents à l'action de la sécrétine
elle-même ou d'une impureté entraînée dans la préparation?

Ils sont certainement dus aux impuretés; car HCl appliqué sur l'intestin ne provoque pas de dyspnée (FALLOISE).

*b*) **Pression sanguine.** — Toute injection de sécrétine amène une chute momentanée

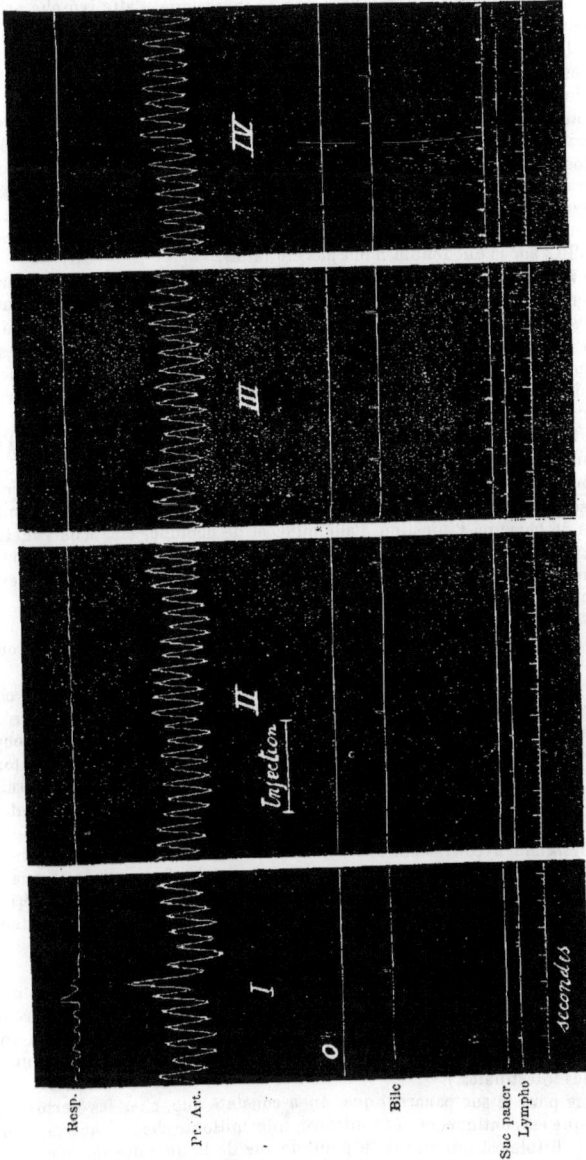

Fig. 75.

Effet de l'injection de 50 centimètres cubes d'une solution de HCl à 4 p. 100 dans le duodénum.

I, avant l'injection : II, pendant ; III, 4 minutes après ; IV, 7 minutes après. (Fallorse, *Bull. Ac. Roy. des Sciences de Belgique*, 1902, n° 12.)
Ce graphique montre que, lorsque la sécrétine est mise en jeu par application de HCl sur l'intestin, on n'observe ni la dyspnée ni la chute de pression
que produit l'injection de sécrétine.

et très accentuée de la pression sanguine. Mais par purification de la sécrétine on obtient une substance sans effet sur la pression sanguine. D'ailleurs, la sécrétion pancréatique provoquée par simple contact d'HCl avec l'intestin n'amène pas la chute de la tension artérielle.

*c*) **Écoulement de la lymphe.** — « L'injection de sécrétine provoque un accroissement considérable du débit de la lymphe du canal thoracique. Cette lymphe provient exclusivement du foie. Cette action, comme celle qu'on constate sur la respiration et la pression artérielle, n'est pas due à la sécrétine, mais à des impuretés, car : 1° la sécrétine purifiée n'est pas lymphagogue ; 2° l'application d'HCl sur l'intestin, tout en provoquant la sécrétion pancréatique, reste sans effet sur le débit lymphatique (FALLOISE). »

*c'*) **Action sur les leucocytes.** — L'injection de sécrétine provoque une leucocytose considérable à type éosinophilique dans l'intestin grêle et surtout le duodénum. Cette leucocytose est fugace (SIMON). L'injection répétée de sécrétine provoque une leucocytose durable à type éosinophilique du duodénum (SIMON) et une réaction myéloïde éosinophile interne de la rate (SIMON, AUBERTIN et AMBARD). Ces réactions sont-elles dues à la sécrétine ou à ses impuretés ? Nous l'ignorons, car des expériences comparatives d'application d'HCl sur le duodénum n'ont pas été faites.

*d*) **Sécrétion intestinale.** — L'injection de sécrétine est accompagnée d'une sécrétion intestinale intense (DELEZENNE et FROUIN). Le suc contient des ferments intestinaux et de la kinase. Cette sécrétion s'accompagne d'une vaso-dilatation intense, si bien qu'à l'autopsie d'un animal tué immédiatement après une abondante injection de sécrétine, la muqueuse est rouge et tuméfiée. La vaso-dilatation peut aller jusqu'à l'hémorrhagie. Les chiens s'immunisent en quelques jours contre cet effet de la sécrétine. (SIMON, AUBERTIN et AMBARD).

*e*) **Sécrétion biliaire.** — VICTOR HENRI, PORTIER, FALLOISE et HALLION ont vu que l'injection de sécrétine provoquait une sécrétion marquée de la bile.

*f*) **Mouvement de l'intestin.** — Bien des substances provoquent des mouvements de l'intestin ; l'injection intra-veineuse de certains sels à hautes doses comme les sulfates alcalins, les sels de baryum, l'injection d'albumine et de peptone, etc. Mais l'effet de la sécrétine est à cet égard tout à fait remarquable. Comme l'ont signalé ENRIQUEZ et HALLION, à la dose de 1 cent. cube l'injection de sécrétine détermine des mouvements intestinaux rapides, généralisés et susceptibles de durer une demi-heure et plus.

*g*) **Métabolisme des albumines.** (Chapitre qui sera développé ultérieurement.)

Si nous résumons maintenant nos connaissances sur la sécrétine, nous nous trouvons en présence des faits suivants :

Dans la portion initiale de l'intestin, la première qui sera en contact avec le chyme gastrique, se trouve une substance éminemment capable de provoquer, lors de sa résorption, la sécrétion pancréatique, la sécrétion biliaire, la sécrétion intestinale, la leucocytose intestinale. Cette substance polyvalente, dite sécrétine, est mise en liberté dans le torrent circulatoire par le contact de la première portion de l'intestin avec des acides et des graisses, et accessoirement encore avec beaucoup de substances contenues dans l'alimentation.

La sécrétine est donc le véritable trait d'union entre la digestion gastrique et la digestion intestinale. En désignant avec STARLING du terme d'*hormone* (dont nous étendrons un peu le sens) cette catégorie de substances capables d'effets multiples harmonisés en vue de la réalisation d'un phénomène complexe, il est hors de doute que la sécrétine est véritablement une hormone digestive, et la plus remarquable que nous connaissions présentement.

## B. — SUC INTESTINAL.

Pour étudier les conditions de la sécrétine intestinale, on isole une ou plusieurs anses intestinales qu'on attache à la peau, soit par l'une soit par leurs deux extrémités. La continuité du reste de l'intestin étant rétablie par des sutures, on a ainsi un animal susceptible d'être conservé longtemps dans de bonnes conditions. (Voir plus haut, technique des fistules intestinales.)

De même que pour le suc pancréatique, on a constaté que, chez les herbivores, la sécrétion entérique est continue, et, au contraire, intermittente chez les autres animaux.

Le siège de la fistule est important au point de vue de la quantité du suc recueilli. FROUIN a montré chez le chien et chez la vache, que la sécrétion, qui est maxima au niveau du duodénum, va en décroissant jusqu'à la terminaison de l'iléon où elle est extrêmement faible.

On sait depuis les observations de Moreau que la section des nerfs d'une anse intestinale amène rapidement dans cette anse un afflux considérable de liquide que l'on a comparé à la sécrétion paralytique de la sous-maxillaire. Au bout de 24 heures, cette sécrétion diminue considérablement. Budge et Lamansky obtinrent des résultats analogues par la destruction des ganglions cœliaques et des plexus mésentériques. Par contre, toute excitation nerveuse est impuissante à provoquer une sécrétion appréciable.

Il semble cependant que le système nerveux joue certainement un rôle actif dans la sécrétion intestinale. Une excitation locale, même mécanique, de la muqueuse de l'intestin provoque une sécrétion très nette; mais, comme le fait remarquer Frouin, l'effet reste tout à fait localisé à l'anse excitée, les anses voisines restent pendant ce temps inactives.

Si le rôle du système nerveux dans la sécrétion intestinale est obscur, le rôle des agents humoraux est par contre très nettement connu, et on peut le résumer en ces termes : la sécrétion intestinale répond à tous les agents qui sont efficaces vis-à-vis de la sécrétion pancréatique et à d'autres agents encore qui restent sans effet sur la sécrétion pancréatique.

La sécrétion entérique est, en effet, provoquée comme la sécrétion pancréatique par l'introduction dans une anse intestinale d'acides, de savons, de chloral ou d'eau éthérée; elle est aussi provoquée directement par l'injection de sécrétine. Il y a lieu de croire qu'il s'agit dans tous ces cas d'un processus humoral, car, dans le cas des acides, les anses qui ne sont pas en contact avec l'acide sécrètent (alors que ces mêmes anses restent inactives lorsqu'on excite mécaniquement une anse isolée). (Frouin.)

Ce processus est-il le seul susceptible de provoquer la sécrétion intestinale? L'introduction dans une anse intestinale d'amidon, de sucre, de peptone et de divers sels en solution concentrée provoque également une sécrétion souvent considérable de cette anse; mais jusqu'à quel point peut-on assimiler ces différents agents sécrétoires, il est difficile de le dire.

Dans le même ordre d'idées, nous connaissons certains sels comme le sulfate de soude, le chlorure de baryum, sels qui sont purgatifs de quelque façon qu'ils soient introduits dans l'organisme (ingestion ou injection), mais à la condition que la quantité introduite soit suffisante, et qui ont au plus haut degré la propriété de déterminer une abondante sécrétion intestinale sans provoquer de sécrétion pancréatique appréciable. Ces sels provoquent-ils une transsudation banale ou une sécrétion avec des ferments?

Du liquide peut donc apparaître dans l'intestin sous l'influence d'excitants multiples. Il est prouvé que la sécrétion entérique, provoquée par les mêmes excitants que ceux qui provoquent la sécrétion pancréatique, est une véritable sécrétion avec ferments. Il est douteux que les autres excitants inefficaces vis-à-vis de la sécrétion pancréatique, mais efficaces à faire apparaître du liquide dans l'intestin, provoquent, eux aussi, une véritable sécrétion fermentaire.

### C. — BILE.

La sécrétion de la bile a été étudiée à l'article Bile. Pour le détail de cette sécrétion, nous renvoyons le lecteur à cet article. Pour les faits généraux, nous rappellerons seulement pour mémoire que : comme les sécrétions pancréatique et intestinale, la sécrétion biliaire est continue chez les herbivores et intermittente chez les autres animaux, et que le rôle du système nerveux, obscur pour les deux premières sécrétions, est tout à fait inconnu pour cette dernière.

Les causes directes de la sécrétion les plus certaines sont le contact de graisses et d'albumines au niveau du duodénum.

Le rôle de l'acide serait nul pour Pawlow et Starling, efficace au contraire pour Falloise et Frouin. De même Bayliss et Starling nient l'action de la sécrétine sur la sécrétion biliaire que signalent au contraire Henri et Portier, Enriquez et Hallion (loco citato). Ces résultats si contradictoires seraient-ils explicables par ce fait qu'on n'a pas toujours distingué la sécrétion hépatique et l'expulsion de la bile préformée dans la vésicule? L'innervation qui préside à l'expulsion de la bile vésiculaire et à la sécrétion de la bile hépatique est, on le sait, distincte, et il est possible que les causes qui provoquent l'une soient inefficaces sur l'autre.

*Nous pouvons maintenant résumer le mécanisme général de la sécrétion des glandes annexes de l'intestin et des glandes intestinales.*

La sécrétine, comme on le voit, est une substance excito-sécrétoire d'une importance primordiale, et son intervention donne à la digestion intestinale un tour tout particulier.

La digestion générale qui débute par la salivation, commence par un acte purement réflexe : c'est la vue ou le contact des aliments avec la muqueuse linguale qui provoque la sécrétion salivaire. La digestion gastrique, elle, n'est plus qu'*amorcée* par un réflexe, la vue des aliments provoque une sécrétion gastrique en général peu abondante, mais la petite quantité de suc psychique déversée dans l'estomac suffit à commencer la digestion gastrique dont les produits en pénétrant dans le torrent circulatoire vont à leur tour provoquer, par un mécanisme humoral, une sécrétion secondaire de l'estomac.

La digestion intestinale s'effectue entièrement par un processus humoral ; le chyme acide de l'estomac, parvenu au contact du duodénum, libère la *sécrétine*, et aussitôt se déroulent des phénomènes multiples, d'une coordination admirable. Plus il arrive de chyme gastrique dans l'intestin et plus il se forme de sécrétine, laquelle par voie humorale fait sécréter le pancréas, le foie et l'intestin ; elle provoque des mouvements intestinaux intenses dans le duodénum et dans le reste de l'intestin, et enfin dans tout l'organisme elle détermine encore une désintégration générale des albuminoïdes cellulaires qui, ainsi que nous le verrons, précède chronologiquement l'intégration des substances azotées qui vont pénétrer dans l'intestin : le catabolisme précédant l'anabolisme.

La sécrétine provoque et harmonise donc une série de fonctions diverses de la digestion. Plus on l'étudie, plus on constate la généralité de son action, et l'on se demande même quel est le phénomène en rapport avec la digestion intestinale qui ne lui soit pas subordonné.

La connaissance de l'action de cette substance remarquable explique donc non seulement les processus isolés restés jusqu'à ces derniers temps si mystérieux, mais aussi leur coopération harmonieuse. La découverte de la sécrétine passe donc à bon droit pour l'une des plus importantes de la physiologie contemporaine.

### 7° *Adaptation de la quantité des divers ferments à l'alimentation.*

Le fait très remarquable de l'adaptation des sécrétions salivaire et gastrique à la qualité des aliments a porté PAWLOW à rechercher si une pareille adaptation n'existerait pas pour les glandes intestinales. Comme pour les premières glandes, il s'est efforcé de dégager cette adaptation au cours d'expériences extemporanées et au cours d'expériences comportant une alimentation spéciale prolongée pendant plusieurs mois. Il va sans dire que les phénomènes d'adaptation n'ont pu être étudiés que pour la sécrétion pancréatique. L'étude de la sécrétion biliaire est entravée par de trop grandes difficultés pour se prêter à de pareilles expériences et l'étude du suc entérique est trop peu avancée pour qu'il soit permis d'entreprendre des recherches si délicates.

a) *Adaptation immédiate.* — L'expérience, telle que l'a réalisée PAWLOW, consiste à établir chez le chien une fistule pancréatique permanente et à lui donner des repas d'épreuve divers. Les résultats de ces expériences sont les suivantes.

| ALIMENTS. | Quantité du suc. | FERMENT DE L'ALBUMINE. | | FERMENT DE L'AMIDON. | | FERMENT DES GRAISSES. | |
|---|---|---|---|---|---|---|---|
| | | Concentration du suc. | Unités de ferments. | Concentration du suc. | Unités de ferments. | Concentration du suc. | Unités de ferments. |
| | cmc. | | | | | | |
| 600 cmc. lait... | 48 | 22,6 | 1 085 | 9,0 | 432 | 90,3 | 4 344 |
| 250 gr. pain... | 451 | 13,1 | 1 978 | 10,6 | 1 601 | 5,3 | 800 |
| 100 gr. viande... | 144 | 10,6 | 1 502 | 4,5 | 684 | 25,0 | 3 600 |

De ces expériences PAWLOW conclut à une véritable adaptation extemporanée de la sécrétion à la qualité de l'aliment; le lait, qui contient comme substance intéressant la digestion pancréatique plus de graisse que les autres aliments, provoque l'émission du maximum de lipase; le pain, qui contient le plus d'amidon, provoque la sécrétion du maximum d'amylase; la viande, qui contient le plus d'albumine, devrait dans cet ordre d'idées faire sécréter le plus de trypsine; si elle se montre à cet égard inférieure au pain, cela tient, d'après PAWLOW, à des phénomènes de digestion gastriques.

Mais l'adaptation que PAWLOW proclame au nom de ces expériences ne serait-elle pas le fait d'une simple coïncidence? C'est ce que les auteurs qui se sont occupés ultérieurement de l'adaptation des ferments intestinaux se sont demandé.

PAWLOW lui-même n'a-t-il pas démontré que l'acide est l'excitant par excellence du pancréas? La quantité d'acide sécrété par l'estomac va donc à elle seule créer une perturbation considérable dans l'adaptation; car on sait que la quantité de suc pancréatique émis sous l'influence de l'acide est proportionnelle à la quantité d'acide qui passe par le duodénum. Si l'aliment intervient dans l'adaptation, ce ne peut donc être que pour remanier l'activité fondamentale du pancréas suscitée par l'acide.

D'autre part, et c'est là l'objection principale faite aux expériences de PAWLOW, la sécrétion pancréatique d'un chien qui perd son suc par une fistule n'est pas nécessairement la même que celle d'un chien normal qui déverse son suc dans son intestin. Pour faire une digestion pancréatique, il faut avant tout du suc pancréatique, et parler de l'adaptation d'une sécrétion pancréatique pour une alimentation qui n'entre même pas en contact avec le suc pancréatique, c'est exactement comme si l'on parlait d'une adaptation de la sécrétion gastrique à une alimentation qui, entrée par la bouche, irait se perdre par une fistule œsophagienne sans entrer dans l'estomac.

Pour que les expériences de PAWLOW fussent valables, il eût fallu que le suc pancréatique fût réinjecté dans l'intestin à mesure qu'il était sécrété. Actuellement toute la conclusion que nous pouvons tirer des expériences de PAWLOW est que des aliments divers, qui sont digérés sans le secours du pancréas, comportent des sécrétions pancréatiques qualitatives et quantitatives différentes, mais sans que ce fait ait de rapports avec une adaptation quelconque.

**Adaptation à longue échéance.** — PAWLOW a fait pour l'adaptation à longue échéance des expériences analogues à celles qu'il avait faites pour étudier l'adaptation extemporanée. Chez des chiens nourris au lait et au pain, il constate que le ferment trypsique diminue et que le ferment amylolytique augmente, etc.

L'objection de principe faite aux expériences précédentes est malheureusement toujours valable. Puisque la digestion pancréatique est supprimée chez ces animaux, il ne devrait plus être question d'adaptation de la digestion pancréatique.

Une autre objection d'ordre technique et touchant le dosage des ferments a été faite à PAWLOW par DELEZENNE et FROUIN.

PAWLOW dose les ferments pancréatiques recueillis au moyen d'un entonnoir sans éviter leur contact avec la muqueuse intestinale qui entoure l'orifice du canal pancréatique, il dose donc un ferment activé au point de vue trypsique. Cette activation est-elle maxima ou au moins est-elle régulière?

Les expériences de PAWLOW étaient donc à reprendre en opérant sur des animaux dont le suc était recueilli par une canule de manière à obtenir du suc inactif au point de vue tryptique et en activant ensuite ce suc au maximum pour doser la trypsine. FROUIN, en se plaçant dans ces conditions, constate que la concentration en trypsine du suc pancréatique de chiens soumis, l'un pendant 2 mois au régime de la viande, et l'autre pendant 1 mois au régime de pain, est sensiblement égale. Mais il fait remarquer que le suc de viande exige pour être activé au maximum beaucoup moins de kinase que ne l'exige le suc de pain. Ce fait expliquerait peut-être tous les faits d'adaptation de PAWLOW.

D'autre part on connaît l'action destructrice de la trypsine activée vis-à-vis de la lipase et de l'amylase; ce que PAWLOW dose parmi ces derniers ferments n'est donc pas toute la lipase ni toute l'amylase sécrétée par le pancréas, mais des restes de ces ferments échappés à la destruction de la trypsine.

*Observations sur l'homme.* — Nous venons de voir que la technique proposée par

Pawlow pour mesurer l'adaptation de la sécrétion pancréatique est inacceptable.

Le suc, à mesure qu'il est sécrété, se perd par la fistule; il n'y a pas de digestion pancréatique intra-intestinale. La technique proposée par Pawlow pour le suc pancréatique ne ressemble en rien à sa technique, si satisfaisante, de l'établissement d'un *petit estomac* pour la sécrétion gastrique.

La technique idéale pour étudier l'adaptation de la sécrétion pancréatique serait la méthode du petit pancréas.

Cette opération, que l'expérimentation n'a pu réaliser jusqu'ici, la clinique nous l'offre de temps à autre toute faite sous forme de fistules pancréatiques consécutives aux opérations chirurgicales. Chez les malades porteurs de ce genre de fistules une partie du suc pancréatique se déverse dans l'intestin par les voies ordinaires, une autre partie se déverse hors de l'organisme par la fistule. Quel que soit le rapport entre les masses pancréatiques dont les sécrétions se trouvent ainsi diverger, il est légitime de penser que les sécrétions de ces deux masses resteront parallèles au cours de la digestion, comme il en est du petit estomac et du grand estomac. Schumm (*Z. p. C.*, xxxvi, 293, 1902). Glœssner (*Ibid.*, xl, 465, 1904), Ellinger et Cohn (*Ibid.*, xlv, 28, 1905), Wohlgemuth (*Bioch. Zeitsch.*, ii, 264, 350, 1906, iv, 27, 1907) ont eu l'occasion d'étudier dans ces conditions « l'adaptation pancréatique ». Nous emprunterons à un travail de Glœssner un de ces types d'observations.

Le suc de fistule est recueilli dans chaque expérience pendant 12 heures consécutives, mais des échantillons du suc sont étudiés d'heure en heure.

Les chiffres indiquant l'activité des ferments sont rapportés à des étalons arbitraires, mais fixes.

| Régime. | Quantité du suc en 12 heures. | | Activité des ferments. |
|---|---|---|---|
| Mixte. . . . . . . . . | 155 | Trypsine. . | 8 |
| | | Amylase. . | 1,6 |
| | | Lipase. . . | 4 |
| Viande. . . . . . . . . | 148,5 | Trypsine. . | 9,5 |
| | | Amylase. . | 2 |
| | | Lipase. . . | 5,5 |
| Hydrate de carbone. . . . | 56,5 | Trypsine. . | » |
| | | Amylase. . | » |
| | | Lipase. . . | » |
| Graisse. . . . . . . . . | 133,5 | Trypsine. . | 12 |
| | | Amylase. . | 2 |
| | | Lipase. . . | 5,5 |

Ces expériences montrent que la teneur du suc pancréatique en ses différents ferments est à peu près invariable, quel que soit le régime, constatation en contradiction formelle avec celle de Pawlow.

Il est donc difficile d'admettre avec ce physiologiste que le pancréas soit une glande aussi intelligente qu'il le dit : le pancréas sécrète plus ou moins; mais, quand il sécrète, c'est toujours à peu près le même suc.

En ce qui concerne le suc intestinal, Frouin constate que chez le chien la quantité du suc intestinal et la concentration du suc en kinase est invariable au cours des divers régimes de pain, de lait et de viande.

En résumé nous ne connaissons aucune expérience d'une adaptation ni immédiate ni tardive des glandes intestinales à l'alimentation. Les expériences faites correctement parlent bien plutôt en faveur d'une immutabilité de la forme et de la quantité des sécrétions.

### 8° *Sécrétion et résorption des ferments.*

Les glandes digestives sont susceptibles de sécréter de grandes quantités de ferments alors même que ces ferments ne sont pas récupérés par l'organisme; la preuve en est fournie par la possibilité de recueillir quotidiennement des sucs gastrique, pancréatique et intestinal chez des animaux qui perdent ces sucs depuis quelques mois. Mais les ressources des glandes ont des limites, et il arrive bientôt un moment où, chez des animaux qui perdent quotidiennement leurs sucs digestifs, la production de ces sucs baisse progressivement.

On s'est demandé si, chez les animaux intacts, la capacité des glandes pour sécréter des quantités constantes de ferments n'était pas due à ce que les ferments étaient résorbés par le tube digestif lui-même pour resservir aux sécrétions ultérieures. Vu l'impossibilité de suivre les ferments dans l'appareil circulatoire, FROUIN a recherché si l'ingestion de suc digestif ne relevait pas la sécrétion tarie à la suite de sa déperdition prolongée.

Le fait est très net pour l'estomac.

Chez un animal à estomac séquestré et perdant tout son suc gastrique, la sécrétion était tombée un moment donné à 367 cm. par jour avec une acidité de 2$^{gr}$,3 en HCl. En remplaçant le NaCl de l'alimentation par une égale quantité de NaCl contenu dans 750 grammes de suc gastrique, la quantité de suc s'est élevée à 520 cm. avec une acidité de 3,45.

Un semblable phénomène se manifeste pour la sécrétion intestinale.

Les variations de sécrétion d'une anse intestinale déversant au dehors sa sécrétion sont les suivantes, d'après FROUIN. Pendant les 20 premiers jours suivant l'opération, la quantité de suc par jour est de 45 cm.; du 20$^e$ au 48$^e$, 32 cm.; du 48$^e$ au 78$^e$, 22,5 cm.; du 78$^e$ au 108$^e$, 16 cm.; vers le 120$^e$ jour, 8 cm.

Or à ce moment si, à cet animal dont la sécrétion intestinale est très réduite, on fait ingérer en une seule fois du suc intestinal en grande quantité, la sécrétion se relève immédiatement pour plusieurs jours. Chez un chien qui sécrétait 4 cm. en 17 heures, l'ingestion de 50 cm. de suc intestinal relève la sécrétion à 12 cm. 6 le premier jour, 11,2, 9,3 et 8,4 les jours suivants (FROUIN).

Il y a donc une corrélation évidente entre la résorption du suc intestinal et sa sécrétion.

Dans le même ordre d'idées LŒPER et FICAI ont signalé un abaissement brusque du taux de l'amylase sanguine à la suite de diarrhée. D'après ces auteurs l'amylase sanguine serait en partie d'origine pancréatique, et la perte d'une notable partie d'amylase pancréatique priverait le sang d'une de ses sources importantes de ferment.

La résorption directe des ferments par l'intestin, qui jusqu'ici n'a pu être prouvée directement, semble donc cependant très probable.

### 9° Desquamation intestinale et passage du chyme.

L'arrivée du chyme dans l'intestin provoque une desquamation épithéliale que signalent tous les physiologistes. Cette desquamation se produit (cobaye, lapin, chien), dès que le bol alimentaire passe de l'estomac dans le duodénum, c'est-à-dire à un moment variable avec le genre d'alimentation, très rapidement avec un repas d'albuminoïdes ou de lait, plus lentement au bout de cinq à six heures avec de la graisse. « La desquamation est précédée d'une vascularisation intense de la muqueuse; elle est si abondante que l'intestin semble recouvert d'un enduit pultacé. De plus elle se produit par segment et coïncide avec l'arrivée du chyme dans un de ces segments. Mais dès que la cellule est tombée elle est emportée avec le chyme et dans sa progression elle subit une série de modifications. Comme chemin faisant elle rencontre de nouvelles cellules qui tombent au moment de l'arrivée des aliments, on a toujours sous les yeux en un point quelconque diverses cellules, en état différent de dégénération. Un simple frottis, fait avec le contenu de l'intestin en ayant soin de ne pas racler la muqueuse, montre une quantité considérable de cellules, 4 à 500, pour une anse de platine. Les cellules sont agglutinées, rangées en palissade ou bien isolées. Elles sont surtout du type cylindrique, les cellules à mucus étant relativement peu abondantes... » (RAMOND.)

### 10° Toxicité du contenu intestinal et défense de l'organisme par l'intestin.

La plupart des produits de la digestion in vitro des albumines, introduits directement dans le torrent circulatoire, provoquent des accidents plus ou moins graves : ce fait est depuis longtemps connu pour les premiers produits de la digestion, tels que les albumoses et les peptones, et il a été établi récemment pour certains polypeptides obtenus par voie synthétique par la méthode de FISCHER.

Il s'ensuit nécessairement que le contenu intestinal injecté dans le torrent circulatoire doit déterminer des accidents toxiques.

L'expérience démontre en plus qu'à poids égal le contenu de l'intestin grêle est plus toxique que le contenu du gros intestin (ROGER). On en a conclu que l'intestin grêle, ayant résorbé les produits de la digestion, l'innocuité relative des matières fécales était due à la disparition des produits de la digestion.

La toxicité du contenu intestinal reconnaît-elle encore d'autres causes que la présence des produits de la digestion protéolytique?

On a incriminé la présence des sucs digestifs, et notamment du suc pancréatique. CYBULSKI et TARCHANOFF, en injectant de l'extrait pancréatique dans le torrent circulatoire des animaux, ont constaté des accidents graves pouvant aller jusqu'à la mort pour des quantités suffisantes d'extrait.

ROGER a objecté à ces auteurs qu'une injection d'extrait pancréatique ne saurait permettre de conclure vis-à-vis des effets d'une injection de suc pur. D'ailleurs BIERRY (Communication orale, 1905) a vu qu'une injection de suc pancréatique pur est sans effet sur les fonctions générales de l'organisme. Il est donc pour le moins douteux que la présence des sucs intestinaux dans l'intestin ajoute à la toxicité du liquide intestinal.

Enfin on a prétendu que les produits de la digestion des albumines par les microbes sont plus toxiques que les produits de la digestion naturelle des albumines par les sucs animaux.

Il existe donc une toxicité certaine du contenu intestinal due aux produits de métabolisme des albuminoïdes.

D'autre part, l'hydrolyse des corps gras produit aussi des substances qui, injectées dans le torrent circulatoire, se montrent toxiques : ce sont les acides gras et les savons.

Du moment que la digestion normale n'est pas suivie d'une intoxication, c'est donc que l'intestin opère sur les produits de la digestion des modifications qui leur enlèvent leur toxicité.

Pour les savons et les acides gras cette transformation est à peu près précisée aujourd'hui; la muqueuse intestinale ressocie les acides gras à la glycérine et forme des graisses neutres inoffensives pour l'organisme.

Pour les produits de la digestion des albumines, le travail accompli par l'intestin, nous l'avons déjà vu, ne nous est pas connu.

L'activité défensive de l'intestin contre les intoxications auxquelles pourrait donner lieu la pénétration en nature des produits de la digestion, dans le système circulatoire, est parfois mise en défaut.

C'est lorsque la digestion, au lieu de s'accomplir selon des processus normaux (pour les vertébrés en général par les sucs digestifs et pour les herbivores par les microbes ordinaires de la digestion cellulosique), se fait selon des processus anormaux. Dans ce dernier cas, il s'agit toujours d'une hydrolyse microbienne, laquelle est surtout redoutable lorsqu'elle porte sur les albuminoïdes.

La digestion pathologique des albumines ou de leurs dérivés immédiats par les microbes, appelée encore putréfaction intestinale, met en liberté des produits contre lesquels l'intestin est sans défense. Il se produit alors, selon la conception de BOUCHARD, une auto-intoxication intestinale.

Par auto-intoxication intestinale, il faut donc entendre quelque chose de très précis. Cette intoxication n'est pas due à la résorption de poisons préformés (intoxication banale par des conserves avariées (botulisme), intoxication par des poisons divers (HgCl$^2$ KI, etc.) mais à la résorption de poisons nés dans la lumière même de l'intestin aux dépens de l'aliment dont les produits d'hydrolyse normale ne seraient pas toxiques.

Ainsi conçue, l'auto-intoxication intestinale joue un rôle considérable en pathologie. Nous ne saurions la décrire ici sans sortir de notre domaine. Sans compter que d'ailleurs les phénomènes auxquels elle donne lieu ne sont guère susceptibles ni d'une description précise, ni de mesure.

Nous nous bornerons simplement à en donner un exemple observé par nous sur les chiens soumis à l'alimentation carnée.

Le chien, comme on le sait, supporte mal une alimentation purement carnée. Mais, quand on examine de près pourquoi il la supporte mal, on constate entre autres choses ce qui suit :

Le chien tolère pendant longtemps, au moins six semaines à deux mois (peut-être plus, nous n'avons pas poursuivi l'expérience plus longtemps), la viande maigre de cheval à raison de 40 grammes de viande par jour et par kilog. Son poids baisse fort peu au cours de ce régime ; ses urines offrent ce caractère, sur lequel nous avons insisté, d'offrir une concentration urique qui est *constante et maxima*. Mais vient-on à donner à ce même animal 60 grammes de viande par jour au lieu de 40 grammes, souvent on constate alors que les selles deviennent plus molles et que la *concentration urinaire baisse*. Le fait remarquable est alors celui-ci ; c'est que, si l'on remet l'animal à un régime de 40 grammes, la concentration urinaire restera encore temporairement abaissée. Comme nous avons démontré qu'une chute de la concentration urinaire est toujours fonction de néphrite, il est ainsi prouvé directement que l'animal qui, nourri très longtemps avec 40 grammes de viande, ne fait pas de néphrite, fait au contraire des lésions rénales persistantes dès qu'on l'aura soumis à un régime plus abondant pendant un nombre de jours suffisants, à un régime de 60 grammes de viande.

Tout porte à croire que la néphrite est bien la conséquence d'une auto-intoxication intestinale ; car l'excès d'urée à éliminer ne produit aucune lésion rénale (nous l'avons montré directement pour des doses énormes d'urée ingérées).

N'est-il pas curieux de pouvoir créer pour ainsi dire à volonté une auto-intoxication intestinale par simple passage d'un régime de 40 grammes à un régime de 60 grammes de viande ?

Il est à peine besoin de dire l'importance d'un pareil phénomène pour l'étude de l'équilibre azoté chez le chien. Le chien néphritique devient urémique, et dès lors un régime modéré de viande le fera maigrir par urémie, l'équilibre azoté deviendra de plus en plus difficile à maintenir chez lui avec le régime de la viande, à mesure qu'il deviendra plus néphrétique.

Nous avons choisi la néphrite comme réactif de l'auto-intoxication intestinale, simplement parce que la concentration urinaire en donne une mesure commode et exacte ; mais on conçoit que les réactions de l'organisme à cette intoxication doivent être générales.

L'auto-intoxication est donc certainement un phénomène pathologique considérable. Toute une partie de la diététique humaine n'a d'autre but que de la combattre. (Remplacement des albumines animales par des albumines végétales, usage des bacilles lactiques et d'une alimentation riche en hydrates de carbone, pour lutter contre les mauvais microbes, etc. METCHNIKOFF, H. TISSIER, etc.).

### 11° Synergie fonctionnelle de l'intestin et d'autres viscères.

**1° Foie et intestin.** — En matière de coordination viscérale, le couple foie-intestin est le type le plus intéressant des associations viscérales. Le foie reçoit à peu près la totalité du sang provenant de l'intestin et l'on peut se demander quels services les deux organes se rendent mutuellement au cours de leurs relations directes et permanentes.

Le foie vient au secours de l'intestin par un processus constant, et qui consiste à fixer momentanément des quantités considérables de substances élaborées par l'intestin.

On sait en effet que le foie jouit d'un pouvoir d'emmagasinement puissant. Le gros foie des gros mangeurs a des raisons d'être physiologiques. Le foie emmagasine à peu près tout le glucose résorbé qu'il transforme en glycogène. Le foie emmagasine aussi une notable partie de la graisse et des albumines ingérées, ainsi qu'il résulte des récentes expériences de PFLÜGER.

Grâce à cette fonction d'emmagasinement, le foie contribue à accélérer la résorption en maintenant le sang dans un état constant d'aptitude à recevoir de nouvelles substances résorbées : le foie maintient constant l'équilibre chimique du sang, malgré l'intensité des apports intestinaux.

En ce qui concerne les substances toxiques, on sait d'autre part que le foie, comme l'a montré CL. BERNARD, jouit d'un pouvoir d'arrêt et dans certains cas d'un pouvoir de destruction très net. L'albumine injectée par les veines périphériques passe dans l'urine ;

injectée par la veine porte elle est retenue et utilisée. Dans la défense de l'organisme contre l'intoxication par voie digestive le foie rend inoffensifs beaucoup de poisons organiques. Il constitue la *seconde couverture* de l'organisme.

2° *Reins et intestin.* — Une relation évidente existe entre ces deux organes dans leur fonction commune d'excrétion. Au rein appartient l'excrétion des substances solubles dans l'eau : à l'intestin appartient, comme on le sait (voir *Fèces*), l'excrétion des substances insolubles. L'expérience suivante démontre élégamment cette solidarité excrémentitielle. — Le calcium est excrété de l'organisme en majeure partie sous des formes insolubles, phosphate, carbonate et sulfate de chaux ; conformément à ce que nous disions plus haut, la chaux sera surtout excrétée par l'intestin. Dans l'urine des herbivores, qui est alcaline et dissout mal les sels de chaux, on n'en trouve, d'après VOIT, que 3 à 6 p. 100 de la masse totale ; chez les carnivores, dont les urines sont acides, on en trouve jusqu'à 27 p. 100. Vient-on, comme l'a fait RÜDEL, à donner aux animaux des acides ou des sels acides susceptibles de former des sels solubles de chaux (chlorure ou phosphate acide), immédiatement la quantité de calcium urinaire augmente et la quantité de calcium intestinal diminue. Il ne faudrait pas, il est vrai, considérer comme une mesure absolue de ce phénomène la quantité de calcium rendue par les fèces, car le calcium intestinal est en partie du calcium non résorbé, et la formation de sels solubles de calcium favorise sa résorption, s'il favorise aussi son élimination urinaire.

Des faits du même ordre existent pour le magnésium et le phosphore.

Enfin dans certains cas pathologiques, comme l'a montré WIDAL, le rein devenant imperméable aux chlorures, une diarrhée chlorurée abondante vient au secours de l'insuffisance rénale.

Ainsi se trouve largement établie une coordination des fonctions réno-intestinales. Mais, comme pour les relations hépato-intestinales, cette coordination est limitée, et le cas le plus net de cette dysharmonie fonctionnelle est encore donné par l'échange des chlorures dans l'insuffisance rénale. Normalement le rein de l'homme peut éliminer jusqu'à 60 gr., 80 gr., et même plus, de NaCl par jour ; dans les cas de néphrite cette activité éliminatrice tombe couramment à 4 et 5 grammes ; l'organisme se trouve alors encombré de chlorures, et des œdèmes se forment ; or, fait remarquable, l'intestin reste capable néanmoins d'absorber encore des quantités considérables de sel et l'on voit parfois l'individu mourir de cette résorption de sel avant que l'intestin ait perdu la faculté de le résorber.

Fonctions rénales et fonctions intestinales sont donc dans une large mesure coordonnées.

*Excrétion quotidienne comparée des sels par un homme adulte.*

| Dans les urines. | Normalement. gr. | Dans les fèces. | Normalement gr. |
|---|---|---|---|
| NaCl 95 à 98 p. 100. . . . | 10,0 | 5 à 2 p. 100. | 0,03 |
| Baryum, très peu (disparaît en 24 heures). | | | |
| | | Surtout dans les fèces : excrétion très prolongée 20 jours et plus après injection de 0,134 à chien de 12 kilog. (MENDEL et SICKER.) | |
| Strontium (id.). . . . . . | » | Id. (MENDEL.) | » |
| Rubidium surtout par les urines . . . . . . . . . | » | Peu par les fèces. (MENDEL.) | » |
| Oxyde de calcium. . . . . | 0,30 | (D'après FLEITMANN.) | 1,05 |
| — de potassium. . . . | 2,50 | » | 1,0 |
| — de soude. . . . . . . | » | » | 0,04 |
| — de fer. . . . . . . | traces. | » | 0,209 |
| Acide phosphorique. . . . | 2,50 | » | 1,50 |
| — sulfurique. . . . . | 2,0 | » | 0,056 |
| Silice. . . . . . . . . . . | » | » | 0,07 |
| Sable . . . . . . . . . . | » | » | 0,45 |
| Oxyde de magnésium. . . | 0,250 | » | 0,6 |
| Thorium. . . . . . . . . | » | Non résorbés par l'intestin, et, si injectés dans les veines, s'éliminant entièrement par les urines. (SOLTMANN et BROWN.) | |
| Aluminium. . . . . . . . | » | | » |

*12° Alimentation parentérale.*

Les aliments introduits directement dans l'organisme sans passer par le tube digestif peuvent être assimilés.

Nous avons vu, en ce qui concerne les hydrates de carbone solubles dans l'eau, que l'assimilation parentérale requiert deux conditions : 1° l'hydrate de carbone doit être un monosaccharide ; 2° la vitesse d'introduction doit être telle qu'à aucun moment la quantité de monosaccharide ne dépasse 3 p. 100 dans le sang. Les polysaccharides solubles, sauf le maltose qui est dédoublé sans doute par la maltase du sang, sont à peu près complètement éliminés par les urines. Le sort des polysaccharides insolubles est peu connu : on sait seulement que l'amidon, injecté dans les veines, est utilisé par l'organisme : qu'il s'accumule tout d'abord dans le foie et en disparaît ensuite peu à peu, sans doute par transformation en glycogène.

Le sort des graisses introduites par voie intrapéritonéale n'a rien qui doive nous arrêter. Les graisses ainsi introduites sont d'autant plus vite résorbées qu'elles ont été introduites à un état d'émulsion plus fine. Leur assimilation est liée à un état physique et nullement à la nécessité d'une digestion préalable.

Il en va tout autrement des albumines. L'état sous lequel les albumines sont résorbées par l'intestin n'est pas complètement connu. Le sort des albumines introduites par voie parentérale est dès lors instructif.

Nous avons vu préalablement au chapitre *Résorption* que normalement les albumines n'étaient pas résorbées en nature. Cette opinion, qui est celle de la majorité des physiologistes, est surtout déduite des phénomènes cachectiques consécutifs aux injections d'albumine, et de l'albuminurie.

Comparant l'alimentation entérique à l'alimentation parentérale, nous ne nous préoccuperons plus des arguments que peuvent fournir les accidents observés à telle ou telle théorie de la résorption des albumines, mais seulement de l'utilisation que peut faire l'organisme de l'albumine qui y est directement introduite.

Les albumines utilisées dans cet ordre d'expériences ont été les sérums sanguins et l'ovalbumine ; la voie d'introduction, le péritoine ; l'utilisation de l'albumine a été calculée d'après les différences des quantités d'albumine introduites dans le péritoine et de celles qu'ont éliminées les urines.

Les expériences les plus nombreuses ont été faites avec l'ovalbumine, parce que les sérums sont en général mal tolérés. Nous ne nous occuperons ici que des résultats obtenus avec l'ovalbumine.

Alors même que la quantité d'albumine introduite en une seule fois est considérable, la quantité d'albumine retrouvée dans les urines reste inférieure à la quantité d'albumine introduite dans le péritoine. Les résultats qui vont suivre sont tirés d'un travail de Cramer (*J. P.*, 1908, xxxvii, 2). Le lecteur y trouvera citée la partie essentielle de la bibliographie de cette question. Les expériences sont faites sur des lapins du poids de 1850 à 2000 gr. L'albumine est injectée en une seule fois.

```
                                          gr.
Lapin I. Albumine injectée. . . . . . . . . .   0,904
   —        —    excrétée les 2 premiers jours. .  0,2115
   —        —         —    les 2 jours suivants. .  0.1240    Albumine retrouvée.  0gr,5683
Lapin II. Albumine injectée. . . . . . . . . .  1,3560
   —        —    excrétée les 2 premiers jours.  0,7428
   —        —         —    les 2 jours suivants. .  0,1100    Albumine retrouvée.  0gr,5032
```

La quantité d'albumine éliminée par les urines diminue à la suite d'injections multipliées, mais pas très régulièrement.

La cause qui influe le plus nettement sur les variations des albumines excrétées est l'état de jeûne ou l'état de digestion. L'élimination chez un animal en digestion est en moyenne trois fois plus faible que chez un animal soumis au jeûne depuis 24 heures.

D'après Cramer, la leucocytose digestive favoriserait la résorption parentérale du blanc d'œuf et expliquerait les résultats précédents.

*13° Sécrétion intestinale et péristaltisme.*

**Les purgatifs.** — L'action générale des purgatifs est trop mal connue pour que nous puissions actuellement tenter leur systématisation générale. Nous nous contenterons de diviser les purgatifs en trois groupes : 1er groupe : substances organiques actives à faibles doses en injections intra-veineuses ou sous-cutanées ; 2e groupe : substances organiques actives lorsqu'elles sont administrées par le tube digestif ; 3e groupe : purgatifs salins.

## I. — Purgatifs organiques agissant à distance.

Le premier groupe comprend des substances telles que l'apocodéine, l'apomorphine, etc. Leur mécanisme d'action est peu élucidé, et ne se prête pas à une étude d'ensemble : nous renvoyons le lecteur aux traités de pharmacologie pour les détails concernant ces substances.

## II. — Purgatifs organiques agissant « in loco ».

Le second groupe contient de très nombreuses substances organiques fréquemment utilisées en thérapeutique : plusieurs auteurs se sont efforcés de systématiser leurs propriétés. Nous résumerons, d'après les travaux de Brissemoret, les faits connus sur les propriétés de ces substances. L'activité purgative de ces substances peut être rattachée aux fonctions chimiques suivantes :

1° A la fonction alcool, mais à la condition qu'elle soit accumulée dans la même molécule, exemple : glycérine, mannite. Des résultats fournis par la clinique il résulte que les sucres contenant une fonction aldéhyde libre, glucose, lactose, possèdent une action purgative supérieure à celle des sucres non réducteurs (saccharose). L'irritation intestinale produite par ces substances ne dépasse pas une simple hyperhémie avec exagération de la sécrétion intestinale (anciens laxatifs). Enfin la fonction éther exagère l'action élémentaire des composants : les glucosides de ces sucres sont plus actifs que leurs générateurs, exemple : mannitoses (dans la manne), lactose (dans le petit-lait), raffinose (dans la mélasse) ;

2° A la fonction acide dans la série acyclique, mais surtout lorsqu'elle est associée à la fonction alcool, exemple : acide ricinoléique, acide jalapinolique ; mais leur éthérification (olides ou lactones) exagère surtout leur action irritante (vaso-dilatation, leucocytose). Exemple : résine de croton, picropodophylline, glycosides des convolvulacées, glycoside de la gentiane fraîche ;

3° A la fonction cétone et à l'état de quinones. Des trois quinones fondamentales, naphtoquinone, benzoquinone et anthraquinone, et non pas seulement de l'anthraquinone, comme il était admis avant les recherches de Brissemoret, dérivent des phénols utilisables comme purgatifs :

| | |
|---|---|
| Dérivés de la benzoquinone. . . . | Acide embelianique.<br>Perezone. |
| — de la naphtoquinone. . . | Juglone.<br>Naphtazarine. |
| — de l'anthraquinone. . . . | Xanthopurpurine.<br>Anthragallol.<br>Purpurine.<br>Flavopurpurine.<br>Anthrapurpurine.<br>Bordeaux d'alizarine.<br>Acétate d'anthrapurpurine. |

Les propriétés exonérantes de ces oxyanthraquinones ont été indiquées par Vieth ; mais, en ne considérant que les résultats peu concluants de ses recherches, il nous est impossible d'établir si les oxyanthraquinones, regardées par lui comme inactives (alizarine, quinizarine, cyanine, rufigallol), sont dépourvues réellement de toute action sur l'intestin. Or il a été établi expérimentalement que les anthraquinones agissent essentiellement sur le péristaltisme intestinal.

PADERI avait autrefois montré l'influence excitante qu'exerce l'alizarine sur les fibres lisses, et BRISSEMORET a, d'autre part, constaté expérimentalement que le rufigallol exagérait modérément le péristaltisme intestinal : aussi est-il moins surprenant que ne le pensent ZERNICK et EBSTEIN de voir l'éther hexaméthylique du rufigallol (ZERNICK) d'une part, les éthers acétylpentaméthylique et diacétyltétraméthylique de la même oxyquinone (EBSTEIN) d'autre part, provoquer l'exonération intestinale, alors que le rufigallol, l'hexaphénol, d'où dérivent ces éthers, ne possèdent pas la même propriété. La fonction éther, en effet, exagère une au moins des actions élémentaires de l'un de ses générateurs : le rufigallol excite le péristaltisme intestinal; mais il l'excite modérément ; il ne purge pas (EBSTEIN) : ses éthers précités excitent également le péristaltisme intestinal, mais ils l'excitent plus énergiquement, et ils peuvent provoquer l'exonération intestinale sans modifier la consistance des selles (EBSTEIN, ZERNICK).

Dioxyméthylanthraquinone. Chrysophanol.
Trioxyméthylanthraquinone. { Émodine.
{ Émodine et *isomères.*
*b)* A l'état de quinonoïdes.
Ourine (acide rosolique).
Phénolphtaléine.
Styrogallol.
Phénolphtaléine (FLEIG). Elle n'agit que sur la sécrétion.
*c)* Cétones non sériés.
Élatérine.
Acide cambogique.
Cétrarine.
Iridine.
Bixine.

4° *La fonction imine quinonique.* — BRISSEMORET a montré qu'en utilisant à la place de quinones des imines quinoniques, c'est-à-dire des corps dans lesquels le radical = AzH bivalent remplace le radical = C = O également bivalent, les propriétés purgatives des premières étaient reproduites par les secondes; il a vérifié le fait avec l'indophénol, la résorufine, le chlorure de diméthylaminophénol β oxynaphtoxazine.

L'étude physiologique de ces corps lui a permis également de saisir le mécanisme de leur action. Leur action purgative a pour origine la propriété qu'ils possèdent de fournir par réduction des leucodérivés qui régénèrent par oxydation le corps primitif.

Il a constaté de plus, en s'appuyant sur l'action de l'indigo et des plantes à indigo, et de la phénosafranine, que d'autres corps possédant ces propriétés oxydantes réductrices pouvaient être utilisés comme purgatifs.

L'histoire de tous ces dérivés montre combien est étroite l'analogie qui existe entre leurs propriétés physiologiques et l'ensemble des propriétés physico-chimiques qui permettent de caractériser leurs fonctions (BRISSEMORET).

Les substances que nous venons de classer jouissent de propriétés purgatives, sans qu'il y ait besoin pour faire apparaître leurs propriétés de les éthérifier. Les glucosides formés aux dépens des corps rentrant dans les catégories précédentes jouiront eux-mêmes de propriétés purgatives:

1° Glucosides proprement dits. Nous les avons énumérés dans la classe des alcools polyvalents.

2° Glucosides d'alcools acides ou d'olides (énumérés plus haut).

3° Glucosides cétoniques ou quinones : ce sont surtout les glucosides anthracéniques, c'est-à-dire dérivés du chrysophanol et des autres anthraquinones.

4° Divers glucosides de constitution mal élucidée, probablement des glucosides d'acides alcools ou de cétones.

Linine.
Bryonine.
Colocynthine.
Gratioline.
Leptandrine.
Évonymine.
Cuscutine.

A côté de ces glucosides il en est d'autres formés aux dépens d'éléments irritants, mais diffusibles ou instables, et ne purgeant pas, mais que leur fixation à l'état de glucosides permet d'amener au contact de la paroi intestinale et qui purgent.

| Ne purgent pas. | Purgent. |
|---|---|
| Acide cyanhydrique. | Glucosides de cyanals (donnant du nitrile formique en se décomposant). |
| | Semences de prunier, fleur de pêcher, fruit de sorbier, fleur de prunellier. |
| Essence de moutarde. | Glucosides donnant des sénévols en se dédoublant. |
| | Myronate de potasse (moutarde noire). |
| | Sinalbine (moutarde blanche). |
| | Glucotropéoléine (fruit de grande capucine). |
| | Glucosides indoxyliques donnant de l'indigotine ou de l'indirubine en se décomposant : |
| | *Indigofera aspatoloïdes.* |
| | *Tephrosia tinctoria.* |
| Indigo (sauf à grosses doses). | — *apollinea.* |
| | *Polygonum chinense.* |
| | *Isatis tinctoria.* |

### III. — Purgatifs salins.

L'action des purgatifs salins, quoique beaucoup étudiée, est encore très obscure en bien des points. Cette obscurité tient à des fautes de technique, fréquentes dans les expériences sur les purgatifs, et à des lacunes non moins fréquentes dans les observations.

Il est courant de désigner, sous le nom de purgation, un simple péristaltisme exagéré de l'intestin (dans la plupart des expériences de MAC CALLUM) aussi bien qu'une exagération du péristaltisme qui accompagne une exagération de la sécrétion (purgation au sens habituel du mot). L'entente n'est pas faite sur ce point de langage, d'où les désillusions fréquentes qu'on éprouve en lisant certains mémoires sur les purgatifs.

Au point de vue technique il y a un fait que l'on passe généralement sous silence, c'est que l'état antérieur du sujet est très important pour déterminer la réaction qu'il présentera au purgatif; à cet égard la surcharge en NaCl de l'organisme joue un rôle prépondérant; l'homme soumis au régime hypo-chloruré réagira peu vis-à-vis d'un même purgatif, qui provoquerait chez lui un effet diarrhéique considérable, s'il était soumis antérieurement à un régime ordinaire (AMBARD). Or il paraît très nettement que, dans les expériences relatées par les divers auteurs, la question du régime préalable n'entre pas en considération. Il en est exactement de même pour l'ingestion d'eau préalable à la purgation (MATT. HAY. *Journ of Phys.*, 1882). Il en est encore de même pour l'ingestion d'eau après l'ingestion du purgatif, comme le savent tous les cliniciens.

En ce qui concerne la diarrhée de la purgation, les auteurs confondent continuellement la diarrhée immédiate et la diarrhée tardive; or il semble pourtant qu'une distinction entre les deux diarrhées s'impose. Il existe des diarrhées qui succèdent rapidement à l'ingestion des sels purgatifs : dans ces diarrhées on retrouve le sel ingéré, mais il existe au moins aussi fréquemment des diarrhées tardives, précédées ou non de diarrhées immédiates, où l'on ne retrouve plus le sel purgatif ingéré. Il n'est en aucune façon évident que le mécanisme de ces deux diarrhées soit identique.

En raison de ces lacunes dans l'étude des purgatifs, il est impossible de donner à l'exposé des travaux qui y ont été consacrés l'importance que pourraient comporter leur nombre et leurs variétés, et nous nous contenterons d'indiquer successivement les divers points qui semblent acquis dans ce chapitre.

1° Tout sel, quel que soit son mode d'introduction dans l'organisme, purge lorsque son élimination par le rein n'est pas assez rapide pour ramener l'équilibre des humeurs. C'est ainsi que NaCl injecté dans le tissu cellulaire chez le chien à la dose de 0,70 centigrammes par kilogramme purge l'animal si l'injection est répétée *2 ou 3 jours de suite*. A cet égard il semble d'ailleurs que les autres cristalloïdes se comportent de même : par exemple l'urée injectée à la dose de 3 à 4 grammes par kilogramme purge l'animal dans les mêmes conditions (AMBARD).

2° Tout sel, ingéré en assez grande quantité pour que sa résorption complète et rapide dans l'intestin soit impossible, purge. On admet que le mécanisme de ce phénomène réside en ce fait que les solutions hypertoniques attirent l'eau dans l'intestin par un phénomène d'osmose (CARNOT et AMET, LŒPER et FICAÏ) : d'où la diarrhée. A cet égard il semble que les autres cristalloïdes agissent de même, et l'on connaît l'action purgative du lactose chez le chien : le lactose, étant très lentement dédoublé et par suite mal résorbé par l'animal, attirerait l'eau dans l'intestin par un phénomène osmotique.

3° Il existe au point de vue de l'activité purgative parmi les sels une hiérarchie très nette et qui permet de classer comme sel le plus actif le chlorure de baryum, ensuite, et fort loin après lui, le sulfate de soude, puis le sulfate de magnésie, le chlorure de sodium, etc. Cette hiérarchie est mal expliquée. On a pu admettre que, si le sulfate de soude était plus actif que NaCl, c'est que sa résorption intestinale était plus lente ; c'est un fait certainement très net que SO⁴ Na² se résorbe à concentration et à quantité égales beaucoup plus lentement que NaCl. Mais cette raison n'explique pas qu'en injection intraveineuse cette même différence d'action persiste, et d'autre part qu'avec le sulfate de soude la diarrhée devient rapidement une diarrhée chlorurée qui n'a rien d'osmotique. Des expériences déjà anciennes de ROSENBACH, confirmées par MAC CALLUM, semblant indiquer que SO⁴Mg a une action directe sur l'activité péristaltique et sécrétoire de l'intestin, indépendante de toute action osmotique et c'est ainsi que MAC CALLUM explique l'effet de SO⁴ Na² qui se manifeste aussi bien lorsque ce sel est injecté et arrivé à l'intestin par voie sanguine que lorsque ce sel est ingéré et arrive à l'intestin directement au niveau de sa surface absorbante. Cette diversité d'action de SO⁴ Na² et de NaCl semble expliquer aussi l'action de Ba Cl², qui est purgatif à très faible dose en injection aussi bien qu'en ingestion.

4° Il y a un antagonisme au point de vue du péristaltisme intestinal entre les sels de calcium et les autres sels (fait à rapprocher de bien d'autres connus déjà sur le calcium et les autres sels). L'application locale des divers sels de Mg évoque un péristaltisme énergique qu'une application ultérieure de CaCl² arrête rapidement ; ces mêmes effets antagonistes peuvent être obtenus par injections intra-veineuses des sels (MAC CALLUM) ;

5° Il y a un antagonisme entre les effets sécrétoires des divers sels et des sels de Ca, démontrable dans les mêmes conditions que précédemment. La plupart des sels étant excito-sécrétoires, les sels de Ca sont inhibito-sécrétoires (MAC CALLUM) ;

6° Des solutions d'un seul sel sont, en général, toxiques et, par suite, si la sécrétion et le péristaltisme intestinal provoqués par un de ces sels s'arrêtent, l'adjonction d'une très petite quantité de sel de Ca à ces sels peut suspendre leur action toxique et faire réapparaître leur action excito-motrice et excito-sécrétoire (MAC CALLUM).

Nous ne saurions dans cet article entrer dans plus de détails sur l'action des purgatifs salins. En dehors des faits généraux que nous venons de relater, bien des faits particuliers sont encore mal connus, et, comme les conditions expérimentales où les auteurs les ont observés n'ont pas été précisées, leur relation sommaire trahirait souvent la pensée de l'auteur, et leur critique serait souvent malaisée. Pour le lecteur que la question intéresse particulièrement, il est indispensable de recourir aux textes originaux et de lire les protocoles d'expérience un par un.

### 14° Procédés indirects pour étudier le fonctionnement des glandes qui déversent leur sécrétion dans l'intestin.

Il y a deux procédés généraux pour étudier le fonctionnement intestinal : 1° le procédé qui consiste à juger l'action intestinale par les résidus alimentaires ; 2° le procédé qui consiste à déterminer, grâce à un péristaltisme provoqué, l'issue des ferments intestinaux dans les fèces.

Le premier procédé, dont il existe de nombreuses variantes, ne donne que des résultats complexes. L'utilisation des aliments par le tube digestif tient à la fois de leur digestion et de leur résorption ; il faut donc faire le départ de ces deux facteurs, ce qui est souvent impossible. Sous réserve de ces causes d'erreur, l'indication la plus utile tirée de l'examen des fèces concerne l'utilisation des graisses. Normalement celles-ci varie de 90 à 95 p. 100 chez le sujet normal ; elle tombe à 50 ou 70 p. 100 en cas de rétention biliaire et à peu près aussi à ce même taux en cas de suppression du flux pancréatique ; elle n'est plus enfin que de 10 ou 5 p. 100 en cas de suppression concomitante des flux biliaire et pancréatique. La présence d'acides gras dans les fèces, en grande quantité, indique un défaut de résorption surtout lié au déficit biliaire ; la prépondérance des graisses neutres est liée à un déficit de la saponification pancréatique ; en cas de déficit pancréatique et biliaire, il y a surtout abondance de graisses neutres. L'examen des graisses fécales, institué surtout pour juger de l'activité pancréatique, exige des repas d'épreuves où les graisses soient en quantité connue et de nature déterminée. Les constatations ne sont valables que s'il n'y a pas de troubles de résorption. Cette méthode ne saurait permettre d'apprécier une simple variation de la sécrétion pancréatique. Les constatations ne comportent que deux significations : la sécrétion pancréatique est abolie ou bien la sécrétion pancréatique n'est pas abolie, mais elle laisse toutes latitudes aux erreurs provenant des troubles de la résorption.

Pour le détail de ce procédé et des procédés similaires, nous renvoyons les lecteurs aux travaux d'ensemble de Fr. Müller, au traité coprologique de Schmidt et Ph. Strassburger, au traité de A. Gaultier, au chapitre de séméiologie pancréatique de Carnot, dans le traité de médecine de Gilbert et à la revue générale de Lépine (1908) dans la Semaine médicale.

2° *Procédés par la récolte des ferments dans les fèces.* Il nous est impossible de donner ici une description utile de ce procédé. Nous renvoyons le lecteur à la communication de Ambard, Binet et Stodel (B. B., 16 fév. 1907) et à l'article de Enriquez, Ambard et Binet (*Semaine médicale*, 13 janv. 1909).

Nous signalerons seulement que ce procédé est fondé sur le dosage de l'amylase fécale obtenue par purgation ; que par la purgation on obtient normalement des quantités considérables d'amylase (équivalentes à celles de 300 à 400 cm. de salive très actives) et que l'erreur d'interprétation qui est liée à la résorption variable des ferments est corrigée par un coefficient tiré de cette remarque qu'il y a simultanéité entre la résorption des ferments et celle des aliments. La difficulté d'obtenir des diarrhées régulières rend les résultats de cette exploration assez variables. Mais ce genre d'exploration est logique et susceptible de perfectionnements.

15° *Augmentation des échanges respiratoires et éliminations uréiques pendant la digestion.*

V. Mering et Zuntz, Voit, Lœvy et tous les auteurs qui ont étudié les échanges respiratoires au cours de la digestion ont signalé que les échanges augmentaient beaucoup après l'ingestion d'albumines et notablement encore après ingestion de graisse et d'hydrates de carbone (Lœvy). La première hypothèse qui s'est présentée, à l'esprit des physiologistes qui ont constaté ces faits, était que le travail de la digestion exigeait de l'énergie et que l'augmentation des échanges respiratoires mesurait justement l'énergie dépensée par la sécrétion des glandes et le travail des muscles du tube digestif.

Mais cette hypothèse parut ensuite peu satisfaisante ; car le travail exigé par la digestion serait formidable.

Laulanié a calculé directement que chez un chien l'ingestion de 1 kilogr. de viande augmente l'absorption d'O² de 60 litres. Voici à cet égard un protocole d'expériences.

| Chien de 15 kilogr. | Consommation horaire de O². | | |
|---|---|---|---|
| | 3 heures après le repas. litres. | 12 heures après le repas. litres. | 24 heures après le repas. litres. |
| Chien au jeûne. . . . . | 5,005 | 5,005 | 5,005 |
| 400 grammes de viande. | 6,549 | 5,994 | 4,591 |
| 800 — — . | 6,549 | 6,881 | 6,882 |
| 1 200 — — . | 8,960 | 9,744 | 6,496 |
| 1 600 — — . | 9,675 | 11,137 | 8,100 |
| 2 000 — — . | 11,544 | 12,432 | 10,434 |

Si l'augmentation des combustions respiratoires était due au travail digestif, il faudrait, d'après le calcul de LAULANIÉ, 117300 kilogrammètres pour digérer 1 kilogr. de viande.

Il y a donc autre chose que la manifestation d'un travail simple dans l'augmentation des échanges respiratoires après le repas.

Beaucoup d'auteurs ont constaté, et notamment O. FRANK et TROMMSDORFF, au cours de l'alimentation, et spécialement de l'alimentation carnée, que l'élimination de l'urée augmente comme les échanges respiratoires avec un maximum qui se trouve correspondre entre la 8e heure et la 11e et demie après le repas, chez le chien qui ingère 68 grammes de viande crue par kilogramme d'animal.

Plus récemment RIAZANTSEFF signale, en 1896, que l'urée urinaire augmente notablement chez les chiens à qui il donne un *repas fictif*, c'est-à-dire chez des animaux où les aliments ressortent par une fistule œsophagienne, sans passer par l'estomac.

SCHEPSKY, en 1900, en comparant les excrétions uréiques consécutives à divers repas, constate que les quantités d'urée sont sensiblement proportionnelles aux quantités d'HCl, sécrétées au cours des divers repas.

Enfin HONORÉ et NOLF, en 1905, étudiant comparativement la résorption des peptones additionnées et non additionnées d'HCl et l'excrétion uréique, constatent que d'une part, la résorption des peptones est de rapidité sensiblement égale dans les deux cas, et que, dans les expériences où la peptone a été acidifiée, l'excrétion uréique est toujours plus considérable que dans les expériences où la peptone n'a pas été acidifiée.

Voici un exemple d'une expérience faite sur un chien auquel les auteurs injectent dans l'intestin (après ligature du pylore) 50 cmc. d'une solution de peptone à 20 p. 100 par kilogramme d'animal.

| | Peptones non acidifiées. | Peptones acidifiées. |
|---|---|---|
| | Élimination azotée après | |
| la 1re heure. | 0,182 | 0,185 |
| 2e — | 0,293 | 0,495 |
| 3e — | } 0,548 | 0,585 |
| 4e — | | 0,518 |
| 5e — | } 1,150 | 0,595 |
| 6e — | | 0,618 |
| Total. . . . . | 2,093 | 2,994 |

Étant donné que, dans toutes ces expériences, on note que l'action de l'acide sur l'intestin influe considérablement sur l'élimination uréique, que, notamment dans les expériences de RIAZANTSEFF, cette action de l'acide peut seule entrer en jeu (puisque le repas est fictif), il est évident que l'excrétion uréique au cours des repas reconnaît une autre cause que l'absorption d'azote, et il s'ensuit encore que le contact de l'acide sur l'intestin détermine indirectement une combustion des albumines des tissus.

Ces faits nous amènent donc immédiatement à cette conclusion qu'au cours des repas une partie de l'augmentation des échanges respiratoires est due au métabolisme des albumines de l'organisme. Dans quelle mesure ce métabolisme explique-t-il l'augmentation des échanges? Il serait probablement facile de le déterminer en ce qui concerne les albumines, en calculant simplement le nombre de calories dégagées par la combustion des albumines correspondant à l'azote éliminé par le simple contact de l'acide avec l'intestin. Comment devrait-on interpréter ce fait curieux que l'acide au contact de l'intestin augmente à distance les combustions intra-organiques? Peut-être, à notre avis, en supposant que la sécrétine libérée par l'acide au contact de l'intestin hâte le métabolisme des albumines du corps en y libérant des ferments endocellulaires, comme au contact du pancréas elle libère des ferments qui s'écouleront par les canaux pancréatiques.

Dans cette augmentation des échanges au cours de la digestion, il y a donc deux faits à distinguer : 1° l'activité déployée par les muscles intestinaux et l'énergie dépensée par les glandes, qui expliquent une partie de l'augmentation des échanges respiratoires ; 2° une augmentation du métabolisme organique provoqué à distance (par un processus, sans doute, humoral) qui expliquerait l'excès des échanges respiratoires, par rapport à ceux qui sont imputables à l'activité digestive, et qui expliquerait encore l'élimination uréique indépendante de la résorption des albumines et pouvant se constater sans aucune résorption intestinale.

## INNERVATION INTESTINALE ET PANCRÉATIQUE.

1º **Innervation sécrétoire de l'intestin.** — L'innervation sécrétoire de l'intestin est « mal connue ». Par là on veut dire, généralement que nous ne pouvons pas provoquer, par les excitations des nerfs de l'intestin, des sécrétions comme on en détermine pour les glandes salivaires. Mais cette incapacité où nous sommes de provoquer une sécrétion intestinale par excitation nerveuse vient-elle de ce que nous ne *savons* pas exciter les nerfs sécrétoires de l'intestin, ou de ce fait que, *les nerfs sécrétoires de l'intestin ne sont que peu actifs?* C'est là une question que nous n'avons pas le droit de trancher, faute de preuves en faveur de l'une ou de l'autre de ces hypothèses.

Contrairement à ce que nous connaissons de l'estomac, et pareillement à ce que nous savons du pancréas, *il n'existe pas de sécrétion intestinale psychique.*

L'excitation directe des nerfs de l'intestin n'a donné que des résultats négatifs. Thiry, en excitant le vague, ne constate aucune sécrétion ; les excitations du plexus cœliaque restent également inefficaces.

C'est en portant des excitations directement au contact de la muqueuse de l'intestin, qu'on obtient seulement des résultats très nets. (Nous ne devons, naturellement, pas parler ici des excitants chimiques : solutions salines, alcools, graisses, etc., qui, eux aussi, sont très efficaces, mais dont l'effet semble dû, d'après nos notions actuelles sur la sécrétion entérique, à un processus humoral : ces substances chimiques libérant une sécrétine faisant sécréter l'intestin.) Thiry et Quincke ont constaté que le simple contact d'une éponge ou encore la dilatation de l'intestin par un ballon de caoutchouc font sécréter l'intestin. Les excitations électriques sont encore plus efficaces que les excitations mécaniques. Tous ces excitants mécaniques ou électriques de la sécrétion intestinale ne déterminent qu'une sécrétion locale, c'est-à-dire une sécrétion limitée au niveau de la partie de la muqueuse excitée (Pawlow, Frouin), bien différente, par conséquent, de la sécrétion consécutive à l'injection de sécrétine qui détermine une sécrétion généralisée (Frouin).

Un autre procédé pour provoquer la sécrétion intestinale par un processus nerveux est l'énervation d'une anse intestinale.

Budge, après extirpation des plexus cœliaque et mésentérique, obtint une augmentation du péristaltisme et une hypersécrétion de l'intestin. Lamansky vit, sous cette influence, les sécrétions de l'intestin grêle du lapin devenir très abondantes, et les matières prendre l'aspect diarrhéique.

Mais c'est surtout Moreau qui étudia cette sécrétion par énervation de l'intestin. En isolant des anses intestinales entre deux ligatures et en énervant ces anses, il montra que, très rapidement, ces anses se remplissent d'un liquide incolore et alcalin.

Cette sécrétion « paralytique » était-elle une véritable sécrétion, ou n'était-elle qu'une transsudation paralytique? D'après Kühne, Landois, Vulpian, Teklenburg, Wertheimer, etc., il s'agirait d'une transsudation résultant de la dilatation paralytique des vaisseaux de l'intestin, qui succède à la destruction des vasomoteurs. Pour Moreau, Hanau, Lafayette Mendel, il s'agirait, au contraire, d'une véritable sécrétion de suc intestinal.

Les derniers auteurs fondent leur opinion sur ce que le suc paralytique a la constitution physique du suc d'aliment (voir suc intestinal) (Lafayette Mendel) et ses propriétés digestives ; il est actif sur l'amidon, le sucre de canne, la maltose (Mendel et Wertheimer) : il contient de l'entérokinase (Wertheimer). D'autres auteurs n'ont pas retrouvé de ferments dans le suc intestinal, et Wertheimer lui-même, malgré les constatations qu'il fait sur l'amylase et sur l'entérokinase dans le suc paralytique, pense que la transsudation peut suffire à entraîner des ferments, sans que, pour cela, on ait le droit de parler de sécrétion proprement dite.

Récemment, Falloise a repris l'étude du suc paralytique. Il rappelle l'importance qu'il y a d'énerver complètement l'anse, sans quoi l'expérience échoue : en dix-huit heures, une anse de 40 centimètres de chien donne jusqu'à 200 centimètres cubes de suc intestinal. Le suc recueilli par Falloise congèle à 0º,56, son alcalinité est de 0,20 p. 100 en CO$^3$Na$^2$; il présente une faible réaction du biuret, une faible réaction xanthoprotéique; il se trouble par l'ébullition et l'acidification; il ne contient pas de fibrinogène, il contient de l'amylase, de la maltase, de la saccharase, de l'entérokinase et de l'érepsine. En raison de la présence de ces divers ferments et de l'absence d'érepsine, FALLOISE conclut qu'il ne s'agit pas d'un transsudat, mais d'une sécrétion.

**Innervation vaso-motrice de l'intestin.** — Jusqu'aux travaux de FRANÇOIS-FRANCK et HALLION, on savait que les vaso-constricteurs mésentériques fournis par le sympathique se groupent dans les splanchniques, mais leur répartition entre les rameaux communicants restait peu connue. HALLION et FRANCK ont établi le passage de ces vasomoteurs de la moelle dans la chaîne par les rameaux thoraciques, à partir du cinquième nerf dorsal; l'excitation centrifuge de ces rameaux provoque une diminution de volume des réseaux mésentériques. Les vasodilatateurs mésentériques associés à des vasoconstricteurs se trouvent dans les onzième, douzième et treizième communicants dorsaux, et premier et deuxième lombaires. De même, ces auteurs ont retrouvé des vasomoteurs intestinaux dans les pneumogastriques.

L'excitation des nerfs de sensibilité générale provoque la vasoconstriction de l'intestin grêle, et la vasodilatation du côlon, en même temps que le resserrement de la rate, du foie et du rein. L'excitation des filets afférents du pneumogastrique provoque la vasodilatation intestinale et rénale. L'asphyxie provoque la vasodilatation de la peau et des muscles (DASTRE et MORAT), et la vasoconstriction de l'intestin. L'excitation du nerf de LUDWIG CYON détermine de la vasoconstriction périphérique et de la vasodilatation intestinale. La digestion s'accompagne d'une vasodilatation intestinale et d'une vasoconstriction périphérique (PAWLOW).

Les vasomoteurs de l'intestin sont donc en activité presque constante. Vu le territoire sanguin considérable qu'ils commandent, il en résulte que, malgré les « balancements circulatoires » où ils sont toujours engagés pour chaque manifestation de leur activité, leurs effets constricteurs s'accompagnent presque toujours d'une élévation de la pression du sang dans les artères, et, inversement, leurs effets dilatateurs déterminent une chute de la pression sanguine.

L'observation *de visu* de la surface libre de la muqueuse intestinale, l'examen direct des variations de calibre des vaisseaux mésentériques ont montré, dès le début des études sur l'appareil vasomoteur, à CLAUDE BERNARD, BUDGE, VULPIAN, plus tard, à MOREAU, SAMUEL, etc., que les nerfs splanchniques agissent sur les vaisseaux de l'intestin à la façon du sympathique cervical sur les vaisseaux de l'oreille. Leur section, au niveau du tronc splanchnique, dans le plexus cœliaque ou sur le trajet des artères mésentériques, provoque, à la suite d'une courte vaso-constriction initiale due à l'irritation mécanique, une dilatation paralytique, suivie d'une congestion intense, d'augmentation des pulsations, d'œdème de la muqueuse, d'exsudation intestinale; réciproquement, l'excitation centrifuge des mêmes nerfs produit le resserrement des artères mésentériques, la suppression des pulsations artérielles, la pâleur de la muqueuse intestinale.

La conséquence des variations du calibre des vaisseaux intestinaux est une modification considérable de la pression artérielle générale. Toute vasoconstriction intestinale s'accompagne d'une élévation de pression, et toute vasodilatation, d'un abaissement de pression (BÉZOLD, HENSEN, von BASCH, FRANÇOIS FRANCK et HALLION).

**Rôle des nerfs de l'intestin dans les sécrétions biliaire et pancréatique.** — A l'article **Bile**, la question des connexions nerveuses hépato-intestinales ayant été traitée, il nous reste à envisager ici la question des connexions pancréato-intestinales. Pendant longtemps, on avait admis que l'intestin était le point de départ d'un réflexe mettant en jeu la sécrétion pancréatique, et nous avons vu que PAWLOW avait cru parachever l'explication de ce processus en démontrant que le réflexe pancréatico-intestinal était un réflexe chimique. Ce sont surtout les acides et, accessoirement, les graisses, et l'alcool qui, au contact de l'intestin, déterminaient le réflexe excito-sécrétoire du pancréas.

Si un pareil réflexe intestino-pancréatique existe, il doit avoir un circuit avec un ou plusieurs centres. La question des centres fut la première envisagée. Le centre ne pouvait être le bulbe : après la section des vagues et des sympathiques dans le thorax, l'excitation duodénale par l'acide restait efficace (POPIELSKI); il ne pouvait être non plus le plexus cœliaque, la sécrétion pancréatique persistant après l'extirpation de ce plexus (anciennes observations de CLAUDE BERNARD).

Le problème en était là, lorsque WERTHEIMER et LEPAGE, voulant établir le trajet du réflexe, en commençant par supprimer toute connexion nerveuse entre l'intestin et les centres ganglionnaires abdominaux et les centres rachidiens, instituèrent l'expérience suivante. Sur des chiens, ils énervent les artères cœliaque et mésentérique supérieure; ils sectionnent le pylore et injectent de l'acide dans le duodénum. Malgré la destruction de toute connexion nerveuse duodénale avec les centres nerveux, la sécrétion ne s'en établit pas moins. WERTHEIMER et LEPAGE en concluent que le réflexe a un arc très court, allant, par un chemin encore indéterminé, de l'intestin au pancréas, avec, comme centre réflexe, des ganglions pancréatiques.

La découverte de la sécrétine devait expliquer très simplement ce résultat si surprenant, en montrant que l'acide provoque la sécrétion pancréatique par un mécanisme humoral. L'expérience de WERTHEIMER et LEPAGE devenait ainsi une contreépreuve anticipée, de l'hypothèse de processus humoraux développés par l'acide au contact du duodénum. De ce que le réflexe de PAWLOW, difficile à concilier avec l'expérience de WERTHEIMER et LEPAGE, devait s'humilier, pour faire place à un processus humoral bien d'accord, au contraire, avec la découverte de ces auteurs. S'ensuit-il qu'on doive dénier à la muqueuse intestinale toute activité réflexe dans la sécrétion pancréatique? L'intérêt de cette question a singulièrement rétrogradé depuis la découverte de la sécrétine; mais WERTHEIMER et LEPAGE, tout en admettant que leurs expériences peuvent s'interpréter différemment qu'ils ne l'ont fait tout d'abord, pensent que la théorie réflexe de PAWLOW ne doit pas être abandonnée complètement. Si, disent-ils, on lie le canal thoracique et si on fait déverser au dehors le sang veineux d'une anse intestinale, dans laquelle on injecte de l'acide, on constate que la sécrétion pancréatique ne s'en produit pas moins; or, dans cette expérience, ce ne peut pas être la sécrétine qui intervient; car, à mesure qu'elle se produit, elle se déverse hors de l'organisme avec le sang veineux; il y aurait donc là une preuve du rôle du système nerveux dans la sécrétion pancréatique.

Malgré cette dernière réserve, l'accord n'en est pas moins pratiquement fait sur le degré d'importance des réflexes intestino-pancréatiques. Par les expériences de BAYLISS et STARLING, d'ENRIQUEZ et d'HALLION, que nous avons exposées précédemment, et par celles de WERTHEIMER et LEPAGE, que nous venons de citer, et que les auteurs ont complétées encore ultérieurement, il est acquis que les réflexes intestinaux ne jouent qu'un rôle secondaire dans la sécrétion pancréatique.

                                                                              AMBARD.


## ANATOMIE ET HISTOLOGIE COMPARÉES.


**Définition.** — Comment doit-on comprendre l'intestin en anatomie comparée? Cette question est assez délicate, et, à notre avis, elle a été mal comprise jusqu'ici. En effet, on a coutume de désigner sous ce nom, chez tous les animaux, vertébrés ou invertébrés, la partie du tube intestinal qui s'étend entre l'estomac et l'anus. Cette dénomination qui a été faite pour les Vertébrés et qui chez eux est parfaitement correcte cesse de l'être quand on s'adresse aux Invertébrés. Outre qu'il faut souvent forcer un peu son imagination pour reconnaître dans une légère dilatation ampullaire du tube digestif un estomac, elle ne tient compte ni de la physiologie, ni de l'embryologie.

Examinons en effet les fonctions et la structure du tube digestif chez les Vertébrés; nous avons d'abord l'œsophage, qui ne joue d'autre rôle dans l'alimentation que de conduire les aliments dans la partie digestive, c'est-à-dire l'estomac; après l'estomac, commence anatomiquement l'intestin, mais au point de vue physiologique la première partie, le duodénum n'est pas encore la partie uniquement absorbante: nous pourrions presque dire qu'elle fait plus partie de l'estomac que de l'intestin, si l'on considère que l'intestin est physiologiquement la partie absorbante du tube digestif. Le duodénum reçoit en effet plusieurs glandes; dans sa paroi sont disséminées les glandes de BRUNNER (que nous étudierons plus loin) et les deux glandes les plus importantes de la digestion, le foie et le pancréas, viennent y déverser leurs sécrétions. La seconde partie, la plus longue, s'étend depuis le duodénum jusqu'au gros intestin dans lequel elle s'abouche par la valvule iléo-cœcale. C'est ce que l'on appelle le jéjuno-iléon ; cette partie est dépourvue de glandes, en dehors des cryptes que nous étudierons plus loin et qui portent le nom de glandes de LIEBERKÜHN, c'est la partie de l'intestin qui absorbe ; si l'on ne se plaçait qu'au point de vue histologique et physiologique, c'est la seule partie qui mériterait sans restriction le nom d'intestin. La troisième partie est ce que l'on appelle le gros intestin ; c'est un tube évacuateur, bien que, dans sa première partie, il absorbe encore les liquides ; le bol fécal y arrive à l'état semi-liquide, s'épaissit et y séjourne plus ou moins longtemps à l'état solide. Ces trois parties de l'intestin dérivent toutes du même feuillet du blastoderme, de l'*endoderme*.

Examinons maintenant les organes digestifs d'un Crustacé Malacostracé, la Langouste, par exemple ; nous trouvons une première poche armée de plaques et de dents chitineuses destinées au broyage des aliments, et désignée sous le nom d'estomac ; à cette poche fait suite un tube absolument rectiligne qui s'étend jusqu'à l'anus ; c'est ce tube que les zoologistes ont désigné sous le nom d'intestin. Or, si nous étudions cet intestin au microscope, nous trouvons que sa structure, pas plus que celle de l'estomac d'ailleurs, ne rappelle en rien la structure des organes correspondants chez les Vertébrés. C'est un conduit recouvert de plaques de chitine et dont la structure est analogue à celle de la peau. La partie réellement active est un très petit cæcum médian, le cæcum dorsal, dont les cellules sont semblables à celles de l'intestin des Vertébrés. De plus, l'embryologie nous apprend que l'estomac et l'intestin sont d'origine ectodermique, tandis que seul le cæcum dorsal est d'origine endodermique, Étant donnée la très faible surface présentée par le cæcum dorsal, on peut se demander alors où se font la digestion et l'absorption. SAINT-HILAIRE, CUÉNOT, GUIEYSSE ont montré que ces travaux s'effectuaient dans un organe qui, vu sa forme extérieure, avait été pris pour une glande et désigné d'abord sous le nom de foie, puis sous celui d'hépato-pancréas. Cet organe est constitué par une infinité de cæcums qui forment par leur ensemble deux grosses masses symétriques de chaque côté de l'estomac, et qui s'ouvrent dans l'estomac par l'intermédiaire de deux larges canaux, aussi larges que l'intestin. CUÉNOT a montré que c'était dans cet organe que se faisaient la digestion, l'absorption (sauf celles des graisses qui se feraient dans le cæcum dorsal) et d'autres actes tels que l'élimination des poisons, etc. GUIEYSSE en a étudié les cellules et a montré qu'elles étaient absolument construites sur le type de la cellule absorbante que nous étudierons plus loin, que c'était une vraie cellule intestinale ; aussi ce dernier auteur a-t-il proposé d'appeler cet organe *organe entérique* au lieu d'hépato-pancréas.

Cette disposition ou des dispositions approchantes se retrouvent chez nombre d'Invertébrés ; c'est chez les Crustacés Décapodes qu'elle est le plus marquée, mais, lorsque le tube digestif sera mieux étudié au point de vue histologique et physiologique, nous sommes persuadés que les fonctions de l'intestin des Vertébrés ne se trouveront pas toujours dans ce que l'on appelle intestin chez les Invertébrés. Pour la glande pylorique des Tuniciers, par exemple, DELAGE et HÉROUARD s'expriment ainsi : « Il existe un organe annexe très constant et très caractéristique du Tunicier, c'est la glande pylorique décrite chez certaines formes sous le nom d'organe hyalin. C'est une glande en tubes ramifiés qui part du pylore et qui répand ses ramifications sur l'intestin. Les extrémités des tubes sont parfaitement closes, mais son épithélium, peu épais, non cilié, n'a pas bien nettement le caractère d'un épithélium glandulaire. Il n'est donc pas absolument certain que ce soit là une glande digestive, et il reste permis de supposer que ce pourrait être un appareil absorbant. »

CUÉNOT a montré aussi que l'absorption se faisait chez les Céphalopodes dans l'hépato-pancréas et cet auteur pense que : « Chez tous les Invertébrés pourvus d'un foie ou d'un organe analogue, les produits solubles ou dialysables de la digestion passent par son épithélium ; la graisse seule est parfois absorbée à une autre place, » ce serait dans le cæcum spiral pour les Céphalopodes, dans le cæcum dorsal pour les Crustacés. Cette question est encore peu étudiée, mais nous n'hésitons pas à dire, comme CUÉNOT, que partout où l'on trouve, greffés sur le tube intestinal, des chambres et des cæcums dont les cellules sont du type intestinal tel que nous l'étudierons plus loin, on se trouve en présence de cæcums entériques faisant partie intégrante de l'intestin et en remplissant les fonctions principales. Il doit en être ainsi par exemple pour ces diverticules métamériquement disposés qu'on voit chez les Annélides Polychètes tels que l'Aphrodite, surtout si on les compare à ceux largement ouverts de l'intestin des Hirudinées; il en serait de même pour le diverticule hépatique de l'Amphioxus, etc.

On voit donc combien il est difficile de comprendre exactement ce qu'est l'intestin. Si l'on se base sur la disposition anatomique, on pourra être en désaccord avec l'histologie, la physiologie et l'embryologie. Si, au contraire, on se base sur la structure, les fonctions et le développement, on serait amené à désigner sous le nom d'intestin des organes qui ont un tout autre aspect anatomique. A notre avis, ces noms d'intestin, d'estomac, de foie, de pancréas devraient être supprimés de l'anatomie descriptive des Invertébrés; il serait préférable de désigner le tout sous le nom général de tube digestif et les parties par leurs fonctions, partie digestive, absorbante, glandulaire. De cette manière, il n'y aurait pas de malentendu.

Donc nous considérons l'intestin comme la partie absorbante du tube digestif suivie de la partie évacuatrice[1]. C'est bien là le rôle de l'intestin chez les Vertébrés, car la première partie, le duodénum, bien qu'ayant surtout un rôle digestif, absorbe aussi; le gros intestin absorbe peu. Ce qui fait en réalité l'intestin, ce qui aurait dû servir pour le déterminer, si les études histologiques avaient été aussi vieilles que les études anatomiques, c'est sa cellule épithéliale. Cette cellule est presque caractéristique, et, bien que variant légèrement suivant les animaux examinés, les différentes formes se reconnaissent toujours par un certain nombre de caractères qui leur donnent à toutes un même air de famille. La forme de ces cellules se fixe chez des animaux assez inférieurs et l'on pourrait dire que, depuis le ver de terre jusqu'à l'homme, on a presque affaire à la même cellule. Chez des animaux plus inférieurs les formes sont quelque peu différentes, mais, ainsi que nous le verrons, elles ne sont que peu éloignées du type commun.

**Étude de la cellule absorbante.** — Considérée chez la plupart des animaux, la cellule épithéliale de l'intestin se présente sous la forme d'une cellule cylindrique assez longue, contenant un beau noyau et recouverte d'un plateau cilié. C'est ainsi que nous la trouvons chez les Vertébrés, chez les Mollusques où elle existe également dans l'hépato-pancréas; uniquement dans cet organe chez certains Crustacés, dans l'hépato-pancréas et l'intestin chez d'autres, dans l'intestin des Insectes, des Vers, etc. Le plus souvent les cellules sont disposées sur une seule rangée. Entre ces éléments, on trouve généralement un autre genre de cellules, les cellules caliciformes, cellules qui sécrètent du mucus et qui ont probablement une grande importance, mais on comprend facilement que leur rôle est secondaire. La cellule noble de l'intestin est la cellule à plateau cilié.

La cellule intestinale doit être considérée comme une véritable cellule de sécrétion, mais elle diffère des cellules sécrétrices banales en ce que le sens de la sécrétion y est différent. Examinons, en effet, son fonctionnement; elle puise les matières alimentaires dans le bol intestinal, mais elle ne les livre au courant sanguin qu'après les avoir remaniées et, finalement, elle les sécrète dans le sang et les chylifères comme la cellule d'une glande vasculaire sanguine; aussi trouve-t-on, dans cette cellule, des différenciations semblables à celles que l'on rencontre dans toutes les cellules glandulaires, des plastes, des filaments d'ergastoplasme, des mitochondries. Mais, de plus, il est probable que, dans beaucoup de cas, elles font aussi une sécrétion externe; chez les

---

1. A ce rôle, qui est la raison d'être de l'intestin, s'ajoutent parfois des rôles secondaires. Ainsi dans beaucoup de cas (Actinies, Coralliaires) la cavité intestinale sert de poche incubatrice; les embryons s'y développent. Chez les Cyclops, le tube digestif est animé d'un mouvement rythmique qui fait circuler de l'eau : c'est ainsi que l'animal absorbe de l'oxygène et respire; de plus, à l'intérieur, ce mouvement produit un brassage de l'eau qui supplée le cœur. Les larves de libellules lancent un jet d'eau par l'anus qui les pousse en avant et les fait progresser. Enfin certaines glandes anales peuvent se développer considérablement et fournir un liquide qui est un moyen de défense de l'animal; tel est le cas du Bombardier (*Brachinus crepitans*, Coléoptère qui lance un liquide infect lorsqu'il est attaqué; tel est le cas aussi de la poche du noir de Gastéropodes.

Mammifères, la muqueuse est creusée de cryptes, les glandes de LIEBERKÜHN, dont les cellules contiennent des grains spéciaux, les grains de PANETH, les cellules ciliées ne contenant pas de granulations, il semble là que le travail se soit divisé, mais chez d'autres animaux, les cellules sont souvent bourrées de grains. C'est ce que l'on observe dans les cellules hépato-pancréatiques des Crustacés et des Mollusques et dans l'intestin de nombreux Invertébrés.

Lorsque le protoplasma n'est pas encombré de grains, de vacuoles, de boules graisseuses, il se présente sous un aspect assez homogène, souvent finement strié dans le sens de la cellule; cette striation, qui parfois, comme chez les Crustacés, devient très marquée, s'étend entre le noyau et le plateau. Au-dessous du noyau, le protoplasma est, le plus souvent, compact.

Le noyau n'offre rien de particulier; il présente parfois un gros nucléole nucléinien. Ce nucléole, qui est surtout bien développé chez les Crustacés, donne naissance dans le protoplasma, par excrétion d'une partie de sa substance, à une sorte de boule, le parasome, ou pyrénosome (VIGIER, LAUNOIS, GUIEYSSE); cette boule vient se placer sous le plateau, et GUIEYSSE pense que, dans ces cellules très longues, sa présence est nécessaire

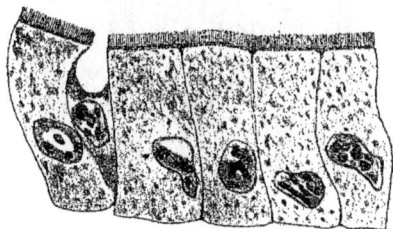

FIG. 76.
Cellules épithéliales de l'intestin chez les Mammifères. (D'après BRANCA).

sous le plateau, comme celle du noyau est nécessaire à la base; le pyrénosome en serait une émanation et remplirait probablement le même rôle.

Dès que la cellule absorbante est bien individualisée, elle se recouvre toujours d'un pinceau de cils. Ceux-ci se présentent avec des aspects très divers; tandis que chez les Vertébrés, les Crustacés, etc., ces cils sont très courts et serrés les uns contre les autres, réunis même par une substance homogène, chez des animaux plus inférieurs (Vers de terre, Distomes, etc.), ils sont longs et séparés. L'explication de ces formations a donné lieu à des interprétations très diverses; c'est ainsi que, pour ce qui est de l'intestin des Vertébrés, étant donnée la difficulté de bien voir les cils séparés les uns des autres, on a décrit longtemps ce plateau comme étant formé d'une substance homogène percée de pores très fins; cette opinion, qui était celle de RANVIER et par laquelle on avait cru pouvoir expliquer assez facilement l'absorption, est maintenant totalement abandonnée devant la netteté des images obtenues à l'aide de meilleures fixations et de coupes plus fines. D'autre part, chez un très grand nombre d'Invertébrés, on a décrit souvent les cellules intestinales comme étant recouvertes par des cils vibratiles; ces cellules sont effectivement recouvertes de longs cils très fins; mais ces cils sont-ils réellement vibratiles? d'accord avec PRENANT, qui a étudié à ce point de vue les cellules intestinales de la Douve du foie, il nous paraît difficile d'accorder à un épithélium intestinal des cils vibratiles, et, comme lui, nous dirons que l'on ne peut qualifier de cils vibratiles que les appendices que l'on voit se mouvoir rapidement.

Ces plateaux striés, brosses ou cils, quel que soit l'état sous lequel ils se présentent, sont des formations absolument identiques, ne différant que par leurs dimensions et la présence en plus ou moins grande abondance de substance intermédiaire. Ils ont de très grands rapports de structure avec les cils vibratiles, et présentent à peu près la même disposition : ils sont implantés sur la cellule par l'intermédiaire d'un grain très fin; l'ensemble de ces grains, placés tous exactement au même niveau, prend l'apparence d'une ligne continue, et ce n'est qu'avec de très forts grossissements, et seulement dans quelques cas, que l'on peut arriver à décomposer cette ligne en ses éléments. Sur les coupes, on voit de chaque côté de cette ligne, un gros point; c'est la ligne de séparation des cellules, ligne qui forme sur des préparations vues à plat des traits hexagonaux délimitant les cellules; c'est ce que l'on appelle le *cadre cellulaire* ou *Kittleisten*. Au-dessous, se trouve une zone mince de protoplasma homogène finement grenu; puis

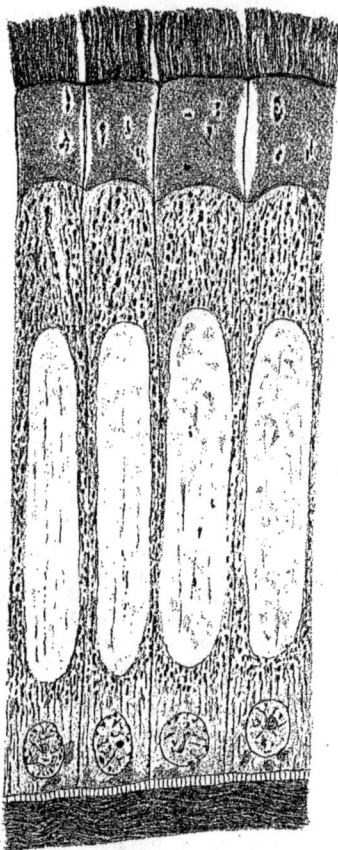

Fig. 77.
Cellules intestinales d'*Ascaris megalocephala*. (D'après Prenant).

une bande sombre sous-basale, dans laquelle arrive tout un système de fibrilles fines qui ont été étudiées, chez les Vertébrés, par Heidenhain et que cet auteur a considérées comme des tonofibrilles; elles forment un cône tordu en un demi-tour de spire, dont la base correspond à la bande sombre et dont la pointe vient sur l'un des côtés du noyau et le dépasse légèrement. Chez les Crustacés, dans l'hépato-pancréas, ces fibrilles sont, sur quelques cellules, fortes et épaisses; après la coloration à l'hématoxyline au fer, les cellules qui les contiennent aussi développées tranchent par leur aspect noir sur les cellules voisines.

Pour terminer cette étude de la cellule absorbante, nous dirons encore que l'on a signalé dans la zone apicale des canalicules de HOLMGREN et des filaments ergasto-plasmiques, acidophiles, contournés en anse.

Les cellules sont très intimement unies entre elles dans toute leur partie supérieure, mais à partir de la zone moyenne, elles sont plus ou moins écartées et réunies par des ponts intercellulaires. Il y a ainsi entre elles des espaces qui, comme nous le verrons en étudiant le mécanisme de l'absorption, servent de chemin aux matières absorbées.

Comme nous l'avons dit plus haut, ces éléments ne sont pas les seuls que l'on observe dans l'épithélium intestinal; entre les cellules précédentes, en plus ou moins grande quantité, suivant l'animal observé et la région de l'intestin que l'on étudie, se voient des cellules en forme de verre à pied, dites cellules caliciformes. Ces éléments peuvent être considérés comme des glandes unicellulaires; leur produit de sécrétion est du mucus. Leur forme, comme nous venons de le dire, est celle d'un verre à pied; le pied

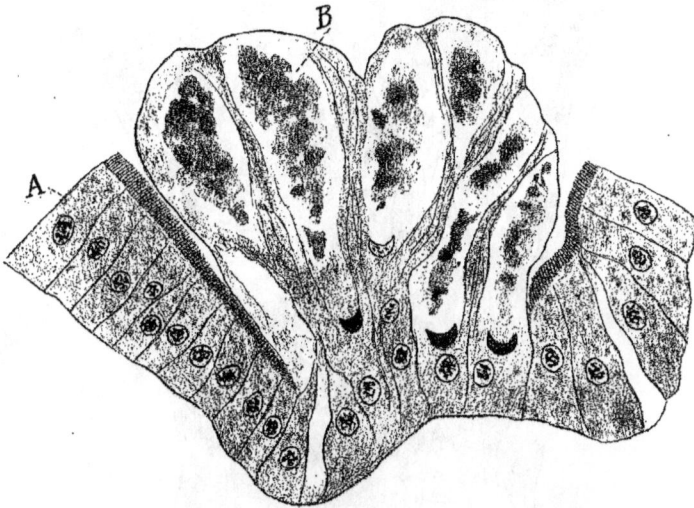

FIG. 78.
Cellules de l'hépato-pancréas d'un Crustacé (*Galathea strigosa*). (D'après GUIEYSSE).
*A*, Cellules à plateau strié du type intestinal; *B*, Cellules à grandes vacuoles.

est formé de protoplasma contenant un noyau, généralement plus petit et plus sombre que le noyau des cellules à plateau. Le gobelet qui surmonte le pied est parcouru par de fines travées protoplasmiques et rempli de mucus; le mucus est facilement recon-naissable par les réactions appropriées; il déborde parfois la cellule, et forme au-dessus d'elle une sorte de bouchon.

Nous verrons plus loin, en étudiant l'intestin des Vertébrés, que, chez ces animaux, il y a encore des cellules lymphatiques interposées entre les cellules épithéliales.

La muqueuse intestinale présente ce fait assez général d'augmenter sa surface d'ab-sorption dans d'énormes proportions, au moyen de plis (valvules conniventes chez les Mammifères, valvule spirale de certains Poissons, etc.), et de saillies ou villosités. Pour montrer combien la surface est ainsi augmentée, nous citerons ces calculs de SAPPEY : « La muqueuse de l'intestin grêle, dont la longueur est de 8 mètres chez l'homme lors-qu'elle n'est pas déplissée, et de 13 mètres, lorsque ses valvules conniventes sont dédou-blées, s'élèverait à 26 mètres, si nous pouvions étaler ses villosités comme nous étalons ses valvules conniventes. En multipliant cette longueur par la circonférence moyenne de l'intestin grêle, qui est de 8 centimètres, on reconnaît que la surface libre de la tunique muqueuse équivaut à plus de 20 000 centimètres carrés, et que son étendue superficielle, par conséquent, est plus grande que celle de l'enveloppe cutanée. » Ce fait est à peu près général : que ce soit par des valvules conniventes ou spiralées, par des villosités, par des plissements divers, la muqueuse intestinale est toujours beaucoup plus grande que l'enveloppe extérieure qui la contient.

La muqueuse de l'intestin repose sur un chorion rempli le plus souvent de cellules lymphatiques ; elle est doublée d'un système plus ou moins compliqué de fibres musculaires lisses, sauf chez les Arthropodes, où les fibres lisses sont à peu près inconnues et où la plupart des fibres musculaires y compris celles de l'intestin sont striées. Enfin l'intestin est recouvert par une séreuse chez les animaux qui présentent une cavité générale ou cœlome.

**Anatomie comparée de l'intestin.** — La disposition de l'intestin varie suivant les animaux dans d'assez larges proportions ; de plus, comme nous l'avons déjà dit, la sur-

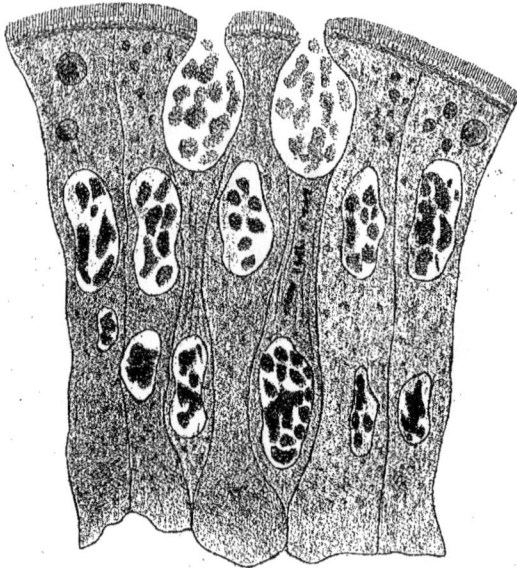

Fig. 79.
Cellules intestinales de la Salamandre (*Salamandra maculosa*). (D'après PRENANT).

face absorbante ne correspond pas toujours à ce que l'on appelle l'intestin. Nous allons donc passer en revue la disposition et la structure du tube digestif chez les animaux en commençant par les plus inférieurs et en terminant par les Mammifères et l'homme, que nous étudierons un peu plus en détail. Nous laisserons de côté dans ce chapitre les Protozoaires, car, chez ces animaux, il n'y a pas de tube digestif, mais, dans le chapitre de l'absorption, nous les étudierons, on touche là, en effet, grossièrement, si je puis m'exprimer ainsi, au phénomène de l'absorption réduit à sa plus simple expression.

Dès que le blastoderme s'est développé en gastrula, l'intestin existe ; sa paroi est formée par le feuillet interne, l'endoderme, et la cavité interne prend les noms d'*intestin primitif, gaster, progaster, entéron, archentéron, cœlentéron* ; cet intestin primitif s'ouvre à l'extérieur par le *protostome* ou *blastopore*. C'est la disposition que l'on observe chez les Cœlentérés ; chez ces animaux, la cavité intestinale est la cavité du corps, plus ou moins compliquée et cloisonnée, mais ne communiquant avec l'extérieur que par une seule ouverture, parfois plus ou moins cloisonnée. Chez l'Hydre d'eau douce, *Hydra viridis*, nous n'avons affaire qu'à une cavité en doigt de gant dont les parois sont recouvertes par de hautes cellules ; ces éléments renferment des grains qui témoignent de leurs fonctions sécrétoires[1]. On voit que ce n'est là qu'un véritable intestin primitif, un *cœlenteron*, et ce mot, rapproché du nom de l'embranchement, est des plus suggestifs. Cependant, déjà chez ces êtres, nous voyons apparaître ces plissements de la muqueuse dont nous avons parlé plus haut, et qui iront en s'accentuant de plus en plus dans l'échelle des êtres. Chez les *Coralliaires*, les *Actinies*, etc., la cavité présente en effet des replis en nombre déterminé ; il y en a 6 ou un multiple de 6 chez les *Hexactiniaires*, huit ou un multiple de huit chez les *Octactiniaires*.

Dans toute cette grande famille des Cœlentérés, malgré la diversité des individus, l'intestin reste toujours une large cavité centrale ; il ne varie que par quelques dispositifs secondaires, ainsi chez les *Méduses* (*Rhizostomes*), la cavité communique avec l'extérieur par un grand nombre de petits orifices périphériques. Chez les *Siphonophores*, la fonction nourricière est dévolue à quelques bourgeons de la colonie, les *gastrozoïdes*, qui sont de petits tubes courts, munis d'une ouverture buccale ; cette ouverture ne présente jamais de couronne de tentacules, mais à sa base existe un long filament préhensile.

L'endoderme revêt toute la cavité gastrique, et les canaux intérieurs des tentacules. Il est formé de plusieurs sortes de cellules : des cellules épithélio-musculaires, qui se composent d'une cellule prismatique dont la base s'étale en fibres lisses, fusiformes ; de cellules glandulaires, contenant des granulations nombreuses, ces deux espèces de cellules portent un ou plusieurs flagellums ; des nématoblastes ou cellules urticantes ; et enfin des cellules interstitielles, petites cellules placées entre les autres, qui n'atteignent pas la surface et qui seraient des éléments de remplacement.

Chez les *Échinodermes*, nous voyons apparaître un véritable intestin, dont les cellules sont ciliées et bourrées de granulations : il existe le plus souvent une ouverture buccale et une ouverture anale, sauf chez les *Ophiurides*, les *Euryales* et quelques *Astéries*. Chez ces animaux, nous avons encore affaire à un cœlentéron ; mais, chez les *Oursins*, c'est un véritable tube digestif, régulier, bien calibré, divisé (un peu arbitrairement) en œsophage, estomac, intestin et rectum. Chez les *Astéries*, c'est une poche courte et large, mais prolongée dans chaque bras par de longs culs-de-sac multilobés. A propos de cet animal, je signalerai ce fait curieux qu'il n'ingère pas les aliments dont il se nourrit, mais qu'il évagine son tube digestif contre eux, les digère ainsi et les absorbe à l'extérieur. Chez les *Holothuries*, c'est un long tube replié représentant environ trois fois la longueur de l'animal et sur lequel, chez certaines espèces, s'abouchent près de l'anus des cæcums, des tubes acineux appelés les *organes de Cuvier*.

A partir de cet embranchement, sauf chez quelques Vers, le tube digestif sera toujours ouvert à deux extrémités ; on y voit apparaître des régions glandulaires, qui s'isolent en glandes annexes ; d'abord ouvertes largement dans sa cavité, ces glandes s'isolent ensuite et ne communiqueront plus avec l'intestin que par d'étroits canaux excréteurs. C'est de cette façon que se forment le pancréas et le foie qui, chez les *Vertébrés*, sont complètement séparés de l'intestin. Ainsi, chez les *Balanoglosses*, l'intestin est droit, et présente vers son milieu une région dite hépatique, où s'abouchent de courts diverticules sacciformes. Le tube digestif est divisé en bouche, pharynx, estomac et intestin ; la muqueuse de l'estomac qui correspond à la région hépatique est jaune verdâtre ; elle est formée de grandes cellules ciliées contenant des granulations ; dans l'intestin, la muqueuse est plissée.

Chez les *Bryozoaires*, l'intestin très court fait suite à un large estomac et à un œsophage ; l'épithélium est bas et incolore dans l'œsophage et l'intestin ; dans l'estomac, les cellules sont très élevées, chargées de granulations allant du jaune au rouge et au brun ; c'est un épithélium glandulaire, mais capable aussi d'absorber ; il est partout cilié, mais les cils sont rares dans le cul-de-sac stomacal.

1. A propos de cet animal je rappellerai qu'à la suite des expériences de TREMBLEY, savant du XVIII° siècle, on avait prétendu que les cellules de la cavité intestinale étaient si peu différenciées de celles de la peau, qu'on pouvait retourner l'animal sur lui-même et que, de cette manière, les cellules de l'extérieur, devenant intestinales, absorbaient les matières alimentaires et les digéraient ; l'animal n'aurait pas été troublé par cette opération. Des expériences mieux conduites ont montré que cette adaptation ne se fait pas et que, si les cellules ne peuvent se remettre en place, l'animal meurt rapidement.

Parmi les Vers parasites, un très grand nombre d'entre eux sont totalement dépourvus d'appareils digestifs ; ce sont les *Cestodes* qui, vivant au contact du bol alimentaire
de leur hôte, absorbent la nourriture par leur épithélium ectodermique ; nous voyons
que, dans ce cas, l'ectoderme peut remplacer l'endoderme ; chez d'autres vers parasites,
tels que les *Trématodes*, l'intestin existe, mais nous revenons au type primitif, au *cœlenteron :* il n'y a pas d'anus ; la bouche conduit dans un pharynx musculeux, puis dans un
œsophage plus ou moins allongé qui se continue avec un tube digestif bifurqué, fréquemment ramifié. Les branches sont terminées en cul-de-sac et tapissées d'épithélium ;
la paroi contient souvent des fibres musculaires et est contractile. Bien que les *Turbellariés* ne soient pas parasites, leur tube digestif est construit sur le même plan et ne présente pas d'anus. Chez les *Némertes* le tube digestif est droit et muni d'un anus, en
avant il se prolonge par une trompe protractile. Chez les *Nématodes* parasites, à l'œsophage fait suite un large canal digestif terminé par un anus situé sur la face ventrale,
non loin de l'extrémité postérieure ; chez certains de ces animaux, les cellules sont
remarquablement grandes et belles, nous en avons donné un exemple (fig. 77) en
figurant les cellules intestinales d'*Ascaris megalocephala*. Dans la portion terminale
de l'intestin, qui constitue un rectum plus ou moins distinct, on trouve des fibres
musculaires à la face externe de la paroi. Chez les *Rotifères* les organes digestifs sont
très simples ; l'orifice buccal conduit dans un pharynx large, armé de mâchoires,
auquel fait suite un vaste intestin stomacal à grosses cellules ciliées. A l'entrée de cette
partie du tube digestif s'abouchent deux glandes (salivaires ou pancréatiques) ; l'intestin
stomacal se continue par un intestin grêle et un intestin terminal qui débouche sur la
face dorsale de la partie antérieure du corps. Chez quelques-uns (*Ascamorpha* et
*Asplanchna*) ces parties manquent, le tube digestif se termine en un cul-de-sac.

Chez les *Géphyriens*, le tube digestif est généralement très long, beaucoup plus
long que le corps ; il décrit de nombreuses circonvolutions, s'enroule sur lui-même et
revient s'ouvrir par un anus, ordinairement dorsal, très rapproché de l'extrémité antérieure du corps.

Chez les *Annélides*, l'intestin est intéressant en ce que sa surface d'absorption n'est
pas augmentée par sa grande longueur comme chez les animaux précédents, mais bien
par une série de diverticules correspondant à peu près aux métamères. Chez les *Hirudinés*
par exemple, l'intestin, situé dans l'axe longitudinal du corps, est parfois divisé par des
étranglements en nombre égal aux anneaux, ou bien présente un nombre plus ou moins
considérable de cæcums pairs et aboutit dans un rectum court, parfois également
pourvu de dilatations, qui débouche au pôle postérieur près de la ventouse. Chez les
*Chétopodes*, la disposition est la même ; ainsi chez un *Polychète, Aphrodite aculeata*, la
disposition en cæcums latéraux est poussée au plus haut point : chaque cæcum, assez
large, communique avec l'intestin par un canal relativement étroit ; toutes ces parties
sont recouvertes de hautes cellules ciliées bourrées de granulations. Chez les *Lumbricus*
(*Oligochètes*), l'intestin présente, suivant le milieu de sa face dorsale, un repli ou
*typhlosolis ;* c'est une invagination tubuleuse assez comparable à une valvule en spirale.

Dans le vaste embranchement des Arthropodes, nous trouvons des dispositions très
variées et qui s'écartent considérablement de la forme commune de l'intestin. Nous avons
déjà mentionné plus haut ce qu'il fallait admettre pour l'intestin chez les *Crustacés
malacostracés* ; pour ces animaux, c'est par l'étude de la cellule que l'on a pu arriver à
localiser l'organe où se fait l'absorption. Nous prendrons comme type la Langouste :
chez cet animal, un très court œsophage conduit dans un assez large estomac dont les
parois épaisses sont recouvertes de plaques de chitine. Un long intestin rectiligne part
de l'estomac, parcourt l'abdomen et va s'ouvrir à l'anus ; cet intestin est très musculeux
et présente un nombre constant de colonnes (douze) à sa surface intérieure ; dans ces
colonnes se trouvent des fibres striées longitudinales et une couche transversale entoure
toute sa circonférence. Il est revêtu d'une rangée de cellules simples recouvertes d'une
épaisse couche de chitine. A l'union de l'estomac et de l'intestin se trouve un petit
cæcum, le cæcum dorsal, dont les cellules sont du type intestinal absolument caractéristique, éléments longs à beaux noyaux recouverts d'un plateau en brosse. Au même
endroit, latéralement, viennent s'aboucher deux canaux qui conduisent dans un vaste
organe double, l'hépato-pancréas, *l'organe entérique* de GUIEYSSE. La structure de cet

organe prouve surabondamment son rôle intestinal. Il se compose d'une infinité de
tubes qui se divisent dichotomiquement et finalement se terminent en cæcums. La
lumière de ces tubes est irrégulièrement festonnée, non par la formation de piliers
valvulaires, mais par des différences régulières de taille des éléments qui les recouvrent
intérieurement. Ces éléments sont des cellules intestinales absolument typiques semblables à celles du cæcum dorsal. Entre elles se trouvent d'autres éléments qui semblent
fort différents, mais qui, par leur développement, se rapportent facilement au même
type. Ce sont des cellules qui sont généralement disposées en groupe et qui ont leur
extrémité distale transformée en une immense vacuole recouverte par le plateau strié

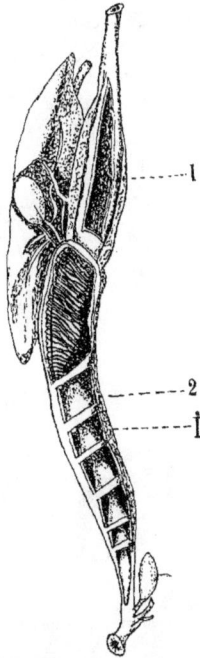

Fig. 80. — Tube digestif de *Protoptorus annectens.* (D'après Wiedersheim).
I, tube digestif ouvert pour montrer la valvule spirale ; 1, estomac ; 2, intestin.

et remplie d'une matière plus ou moins coagulée. Nous verrons au chapitre de l'absorption le rôle que Guieysse a cru pouvoir attribuer à ces cellules.

Cette disposition de l'intestin et de l'organe entérique est poussée au point extrême
chez les *Langoustes, Homards, Crabes, Maïas,* etc.; elle est moins prononcée chez les
*Crevettes* où l'intestin est recouvert de cellules intestinales sur une grande longueur.
Chez les *Stomatopodes,* l'intestin est aussi absorbant, l'hépato-pancréas, composé des
mêmes éléments que chez les Décapodes s'étend en longueur sur les deux côtés de
l'intestin. Chez les *Isopodes,* l'intestin est absorbant, l'hépato-pancréas est formé de
deux ou trois paires de tubes ; les cellules sont ici de taille colossale.

Chez les *Entomostracés,* la structure est beaucoup moins compliquée ; le tube digestif
est le plus souvent un tube simple, sans circonvolution ; mais, chez des *Copépodes*
nageurs, Guieysse a observé que des cellules à grandes vacuoles se rencontrent en
nombre plus ou moins considérable dans la région moyenne, qui s'élargit souvent en
une poche assez large.

Chez les *Arachnides*, le tube digestif est droit, mais présente de longs cæcums ; cette disposition est particulièrement remarquable dans le groupe des *Pantopodes* où les cæcums vont jusqu'au bout des pattes. Il y a le plus souvent un volumineux hépato-pancréas. Chez les *Scorpions*, cet hépato-pancréas est situé comme chez les Crustacés, mais communique avec l'intestin par un grand nombre de canaux.

Chez les *Insectes*, à l'œsophage et au jabot (intestin antérieur) succède un intestin droit ou flexueux dont la structure est variable et répond au mode d'alimentation. Il se compose d'abord d'une poche, le ventricule chylifique ou intestin moyen qui reçoit souvent un grand nombre de glandes digestives ; ensuite vient l'intestin postérieur divisé lui-même en iléum et rectum. A la limite du ventricule chylifique et de l'intestin terminal

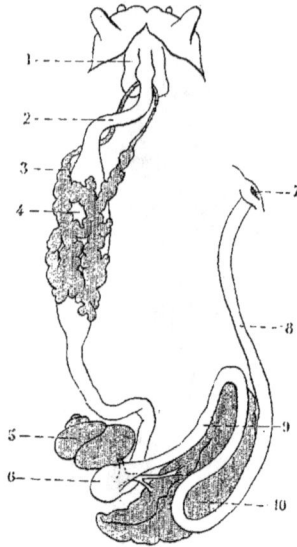

Fig. 81.

Escargot. — 1, pharynx ; 2, œsophage ; 3, glandes salivaires ; 4, estomac ; 5, lobe du foie ; 6, intestin ; 7, anus ; 8, intestin terminal ; 9, intestin moyen ; 10, lobe du foie.

s'abouchent des tubes filiformes appelés tubes de Malpighi ; ces tubes seraient des organes urinaires.

L'intestin antérieur et l'intestin postérieur sont d'origine ectodermique et recouverts d'une couche de chitine. Seul l'intestin moyen a un rôle digestif ; son épithélium est formé de cellules hautes recouvertes d'un plateau ; ces cellules, disposées en groupe, sont séparées par des amas d'éléments plus petits ; d'après Batch et Frenzel, ces dernières seraient glandulaires ; les grandes serviraient seules à l'absorption.

De même que chez les Crustacés, l'intestin des *Mollusques* est presque toujours accompagné d'un volumineux hépato-pancréas, et, au moins pour les *Céphalopodes*, on sait, depuis les travaux de Cuénot, que c'est dans cet organe que se fait l'absorption. Chez tous les animaux de cet ordre, le tube digestif proprement dit est recouvert de cellules à cils vibratiles, mais les cellules hépato-pancréatiques sont recouvertes d'un plateau strié. Elles ont de très grandes ressemblances avec les cellules hépato-pancréatiques des Crustacés ; comme chez ces animaux, on y trouve des cellules à grandes vacuoles et des cellules bourrées de granulations.

On distingue toujours, chez les Mollusques, trois régions nettement séparées : l'intestin buccal, l'intestin moyen et l'intestin terminal ; c'est à l'intestin moyen que se trouve annexé l'hépato-pancréas. Chez quelques-uns, l'hépato-pancréas n'est pour ainsi dire pas séparé du tube digestif, par exemple chez le *Dentale (Scaphopode)*, l'intestin moyen forme une anse où vient s'aboucher directement un hépato-pancréas volumineux dont les nombreux lobes sont groupés en deux masses paires. Chez d'autres, les *Éolidiens (Opistobranches)*, il n'y a que des diverticules hépatiques qui pénètrent jusque dans les papilles du corps; cet animal offre ce phénomène curieux de présenter dans cette région des nématocystes analogues à ceux des Cœlentérés. Longtemps on a cru qu'il s'agissait de formations semblables, mais Cuénot a montré nettement que sont les nématocystes des polypes dont l'animal fait sa nourriture qui entrent dans les diverticules hépatiques et sont phagocytés sans être déchargés par les cellules; il se pourrait même que l'animal puisse encore s'en servir comme moyen de défense.

Chez les *Céphalopodes*, à l'union des canaux et de l'intestin, on observe un cæcum

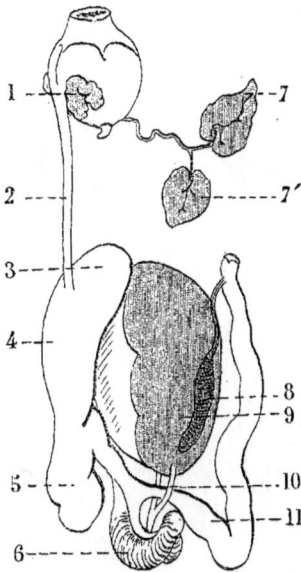

Fig. 82.

Poulpe. — 1, glandes salivaires supérieures; 2, œsophage; 3, cæcum supérieur; 4, jabot; 5, estomac; 6, cæcum spiral; 7, 7′, glandes salivaires inférieures; 8, pancréas; 9, foie (hépato-pancréatiques); 10, intestin.

souvent enroulé sur lui-même, le cæcum spiral; c'est là, d'après Cuénot, que se ferait l'absorption des graisses.

Chez quelques Gastéropodes parasites, le tube digestif disparaît par atrophie. Chez *Entocolax*, la disparition est totale; chez *Entocoucha*, il en reste encore quelques vestiges.

Nous en aurons terminé avec les Invertébrés en étudiant le tube digestif des *Prochordés*, les *Tuniciers* et l'*Amphioxus* qui sont, on le sait, le trait d'union entre les Invertébrés et les Vertébrés. Chez les *Tuniciers* l'œsophage s'ouvre dans un estomac ovoïde, court, d'où part un intestin cylindrique formant une anse. Dans l'œsophage et l'intestin, l'épithélium est cilié, dans l'estomac il est, en partie cilié, en partie glandulaire. De plus, il existe un organe formé de tubes ramifiés qui se répandent sur l'intestin; nous avons montré plus haut que Delage et Hérouard pensent que cet organe pourrait être un appareil absorbant.

Chez l'*Amphioxus*, le tube digestif est droit; il débute par un énorme pharynx ou estomac qui donne accès dans un vaste cæcum hépatique et se continue par un intestin de même longueur. Les cellules de l'estomac et du cæcum hépatique sont remplies de granulations verdâtres ; celles de l'intestin sont hautes et minces, elles sont munies d'un cil vibratile et ne contiennent pas de granulations.

Nous arrivons maintenant aux Vertébrés. Là, il n'y a plus aucune hésitation possible pour reconnaître dans l'intestin l'organe unique de l'absorption ; le foie et le pancréas en sont complètement séparés et ne communiquent plus avec lui que par d'étroits canaux qui déversent la bile et le suc pancréatique ; l'intestin est nettement séparé aussi de l'estomac, et, si sa première partie, le duodénum, est encore un organe où les aliments subissent l'action de sucs digestifs, tout le reste travaille à l'absorption, puis à l'évacuation du bol fécal.

Chez les *Poissons*, l'intestin est encore assez court ; parfois, il est droit ; d'autres fois,

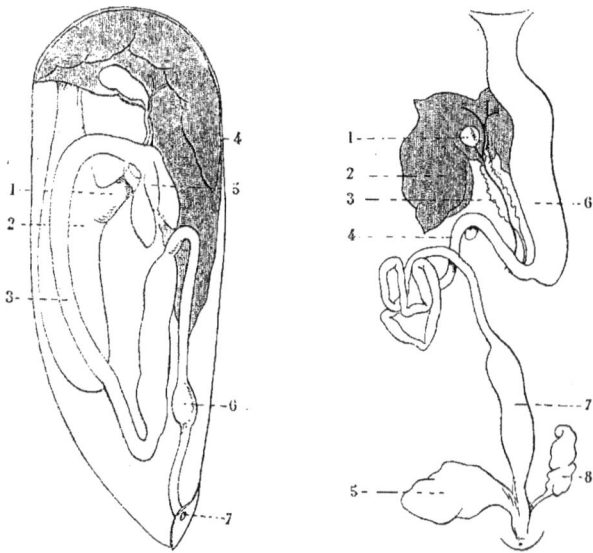

Fig. 83.
Perche. — 1, pyloro; 2, estomac; 3, intestin grêle ; 4, foie; 5, appendice pylorique; 6, ampoule rectale; 7, anus.

Fig. 84.
Grenouille. — 1, vésicule bilaire; 2, foie; 3, pancréas; 4, intestin grêle; 5, vessie; 6, estomac; 7, rectum; 7, oviducte.

il ne décrit que de simples courbures ; mais dans d'autres cas aussi, il forme de véritables circonvolutions ; il est séparé de l'estomac par un pylore très musculeux dans l'intérieur duquel se trouve une valvule ; immédiatement au-dessous de cette valvule, on trouve fréquemment des appendices terminés en cul-de-sac, en nombre variable, les *appendices pyloriques*. Ces organes, tantôt simples, tantôt ramifiés, ne semblent jouer d'autre rôle que d'augmenter la surface absorbante. La surface interne de l'intestin est parcourue par des plis longitudinaux ; on y observe rarement de véritables villosités comme celles des Vertébrés supérieurs, mais, chez les Sélaciens, les Ganoïdes et les Dipnoïques, on remarque la présence d'une formation très curieuse destinée à augmenter la surface d'absorption ; c'est un repli longitudinal contourné en spirale, sorte de vis d'ARCHIMÈDE, la valvule spirale ; le bol alimentaire est forcé de parcourir ses tours de spire et, de cette façon, son cheminement à travers l'intestin est très long. Le rectum ne se différencie pas partout nettement ; quand il existe, il est court ; chez les Sélaciens, il est pourvu d'un appendice cæcal, et s'ouvre avec les conduits génitaux dans un cloaque ; chez les autres Poissons, l'anus est isolé. La structure est maintenant celle que nous trouvons chez tous les Vertébrés : une muqueuse recouverte de cellules à plateau en brosse et de cellules caliciformes, reposant sur un derme de tissu conjonctif réticulé ; une musculeuse et une séreuse.

Chez les *Amphibiens*, l'intestin présente des circonvolutions ; il y a toujours un intestin grêle et un gros intestin ; ce dernier débouche dans le cloaque avec la vessie et les conduits génitaux. Chez les *Reptiles*, la disposition est la même ; l'intestin grêle n'offre en général que peu de circonvolutions ; il est plus ou moins court suivant que la nourriture est plus ou moins animale ; chez les *Tortues terrestres*, seulement, qui vivent de matières végétales, la longueur dépasse de six à huit fois celle du corps. Le gros in-

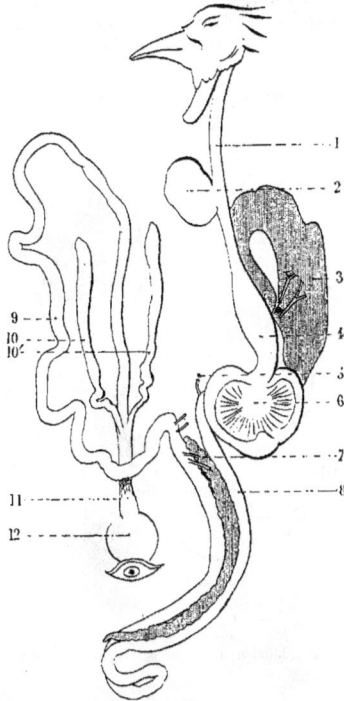

Fig. 85.

Poule. — 1, estomac ; 2, jabot ; 3, foie ; 4, estomac ; 5, cholédoque ; 6, gésier ; 7, pancréas ; 8, duodénum ; 9, intestin grêle ; 10 et 10', cæcums ; 11, rectum ; 12, cloaque.

testin, très large, présente dans la règle une valvule annulaire, parfois aussi un cæcum et aboutit à un cloaque.

Chez les *Oiseaux*, l'intestin grêle débute par un duodénum séparé du pylore par une valvule : chez quelques *Échassiers* et quelques *Palmipèdes*, cette portion forme une sorte d'estomac accessoire, l'intestin grêle entoure par sa première circonvolution le pancréas dont les canaux excréteurs, ainsi que ceux du foie (au nombre de deux généralement), débouchent dans cette région. A partir de ce point, il ne décrit que des sinuosités peu prononcées et se continue avec le gros intestin dont il est séparé par une valvule annulaire ; à ce point s'abouchent deux longs cæcums. L'intestin grêle atteint à peu près deux à trois fois la longueur du corps ; quant au gros intestin, il reste toujours très court, excepté chez l'*Autruche*, et se termine dans le cloaque. En ce point, il offre un repli annulaire qui représente un sphincter. Un sac glandulaire allongé, appelé *Bourse de Fabricius*, s'ouvre dans la paroi postérieure du cloaque.

Chez les *Mammifères,* l'intestin grêle comprend le duodénum assez court (12 travers de doigt, chez l'homme, HÉROPHILE) et le jéjuno-iléon ; il s'abouche au gros intestin, plus ou moins long, sur le côté, par la valvule iléo-cæcale ; au-dessous de cette valvule se trouve une poche plus ou moins grande, le cæcum ; le gros intestin prolonge le cæcum sans limites précises et prend le nom de côlon (chez l'homme trois portions, ascendante, transverse et descendante) et se termine par le rectum qui s'ouvre à l'anus.

Sur le cæcum se greffe, chez l'homme, un autre petit cæcum, l'appendice iléo-cæcal, qui en est une partie atrophiée, ainsi qu'on peut s'en rendre compte par le développement. La grandeur du cæcum est en rapport avec l'alimentation ; chez les Herbivores, il est énorme ; chez les Carnivores, il est absolument rudimentaire. Chez l'Homme et les Singes anthropoïdes, le cæcum est de moyenne taille ; pendant la période embryonnaire, il ne présente pas d'appendice et il est relativement long, mais le développement se fait

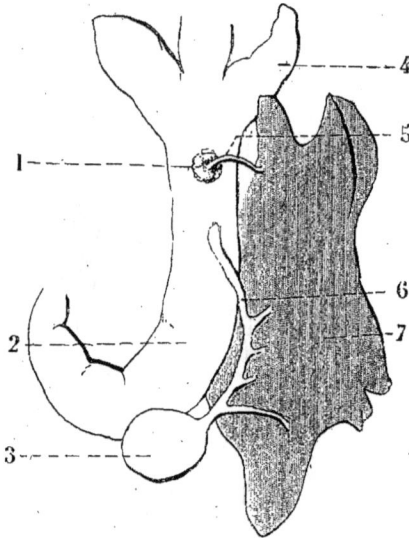

FIG. 86. — Turbot.
1, pancréas ; 2, duodénum ; 3, vésicule biliaire ; 4, cæcum pylorique ; 5, canal hépatique ; 6, cholédoque ; 7, foie.

inégalement et tandis que la partie supérieure se développe suivant le calibre du reste du gros intestin, la partie inférieure subit un arrêt de développement, se rétrécit et ne forme plus qu'un petit tube cylindrique qui est l'appendice.

Le duodénum se distingue de l'intestin grêle par une assez grande fixité et par son calibre un peu supérieur ; cette disposition est très caractérisée chez certains Mammifères, où le duodénum présente près du pylore une dilatation en forme de poche qui ressemble à un véritable estomac accessoire (*Marsouin, Chameau, Lama*). Le calibre du reste de l'intestin est à peu près constant.

La longueur de l'intestin grêle est en général supérieure à la longueur du gros intestin ; mais cette longueur est elle-même subordonnée au genre d'alimentation de l'animal. Les *Carnivores* ont un intestin très court ; comparée à la longueur du corps de l'animal, cette longueur est de trois pour le *Lion*, de cinq pour le *Loup* ; l'intestin des *Herbivores* est au contraire très long, il est par exemple de dix pour le *Cheval*, de dix-huit chez la *Chèvre* et de vingt-huit pour le *Mouton* ; l'Homme a un intestin de longueur intermédiaire, de six à sept, qui correspond bien à son genre de nourriture mixte.

On voit par ce tableau que chez les Herbivores, Solipèdes ou Ruminants, le tube digestif a une capacité énorme par rapport à celui des Omnivores et des Carnivores.

L'énorme masse des aliments ingérés par les Herbivores, la durée de temps qu'exige la digestion de ces aliments expliquent assez la capacité considérable du tube digestif de ces animaux.

*Structure de l'intestin.* — Étant donné l'intérêt tout particulier que présente l'intestin chez l'Homme, c'est chez ce type de Mammifère que nous étudierons sa structure histologique.

Examinée par sa face interne, la surface intestinale présente une couleur gris rosé, rougeâtre pendant la digestion, souvent colorée en brun par la bile. Comme toujours elle augmente sa surface par un grand nombre de replis transversaux qui occupent les

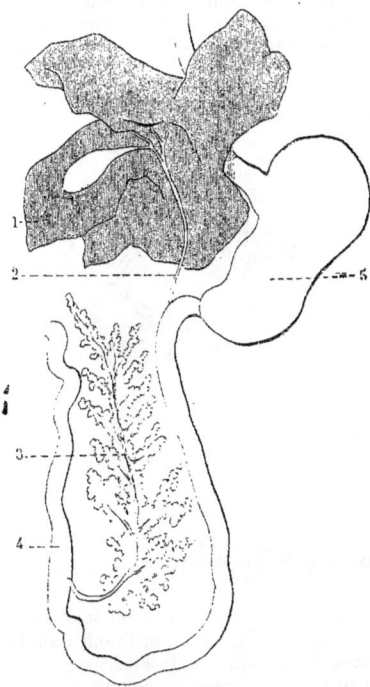

Fig. 87.
Lapin. — 1. Foie; 2, cholédoque ; 3, pancréas ; 4, duodénum ; 5, estomac.

trois quarts ou plus de la muqueuse intestinale, nous avons donné plus haut les calculs de Sappey à ce sujet : ce sont les valvules conniventes, décrites par Fallope et Kerkring. La portion initiale du duodénum n'en présente pas : elles commencent à apparaître dans la portion descendante. Elles cessent à 60 ou 80 mm. de la valvule iléo-cæcale ; leur hauteur est de 6 à 8 mm. De place en place se trouvent des plages unies qui correspondent aux plaques de Peyer, organes lymphoïdes dont nous étudierons plus loin la structure ; ces plaques sont tantôt lisses, tantôt gaufrées ou plissées. Elles sont formées par la réunion de petits grains lymphoïdes, les follicules clos (follicules agminés) : mais un peu partout on observe aussi de ces petits grains solitaires formant de petites saillies arrondies du volume d'une tête d'épingle.

À la loupe, la surface intestinale présente un aspect velouté qui est dû à la présence, en quantité considérable, d'une foule de petites saillies : ce sont les villosités : elles s'étendent depuis la valvule pylorique jusqu'à la valvule iléo-cæcale. Sappey en a décrit deux types : les villosités lamelleuses ou aplaties et les villosités cylindriques ou digi-tiformes ; les premières existent seules sur le duodénum, les secondes prédominent sur tout le reste. D'après Bujard et Fusari, la forme des villosités serait en rapport avec l'alimentation de l'animal ; très variables chez l'homme, elles affectent la forme de crêtes chez les herbivores et elles sont cylindroïdes chez les carnivores.

Entre elles se voient une infinité de petits trous ; ce sont les ouvertures des glandes de Lieberkühn.

Examiné en coupe, au microscope, l'intestin se divise en quatre couches : ce sont, en allant du dedans au dehors, la muqueuse, la tunique sous-muqueuse ou celluleuse, la tunique musculeuse et la tunique séreuse.

1° *Muqueuse.* — La muqueuse est limitée dans la profondeur par une couche de fibres musculaires lisses, la *muscularis mucosæ.* : elle est formée par un chorion conjonctif re-couvert par l'épithélium absorbant. Cet épithélium est constitué par une rangée des cellules à plateau dont nous avons donné la description au début de cet article ; les

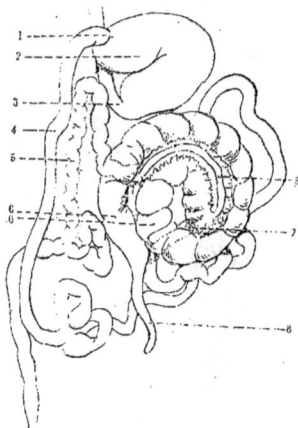

Fig. 88.

Lapin. — 1, pylore ; 2, estomac ; 3, cardia ; 4, duodénum ; 5, 5, colon ; 6, 6′, cæcum ; 7, intestin ; 8, appendice.

cellules sont entremêlées de cellules caliciformes qui occupent principalement le som-met des villosités. Dans l'intervalle des villosités, l'épithélium plonge en doigt de gant dans le chorion et forme les glandes de Lieberkühn. Celles-ci ne manquent dans aucune région de l'intestin ; leur longueur est de 0ᵐᵐ,25 à 0ᵐᵐ,5, dans l'intestin, et atteint 5 à 7 mm. dans le gros intestin ; généralement simples, elles sont assez souvent bifurquées et même trifurquées. Leur interprétation a donné lieu à des discussions. Bizzozero n'en faisait point des glandes, mais de simples cryptes formant une couche génératrice ; on y voit toujours effectivement un certain nombre de cellules en karyo-kinèse. Mais Paneth, en y observant des cellules claires, bourrées de grains, dépourvues de plateau (cellules de Paneth), montra que ce sont bien réellement des cryptes glan-dulaires. Il convient toutefois de remarquer que, si les glandes de Lieberkühn existent chez tous les Mammifères, les grains sont plus ou moins constants ; ils manquent tota-lement chez les carnivores, et, chez l'homme, il n'y en a pas dans le duodénum, ni dans le gros intestin.

Le chorion de la muqueuse forme les villosités, s'insinue entre les glandes de Lie-berkühn et s'épaissit au-dessous d'elle en un *stratum compactum* ; il est constitué par du tissu conjonctif réticulé, extrêmement riche en cellules lymphoïdes ; parmi ces cellules, les unes sont mobiles et s'avancent jusque dans l'épithélium, où on les voit même péné-trer dans l'intérieur des cellules ; ce sont des éléments à noyau contourné avec une mince lame de protoplasma hyalin ; les autres sont fixes et travaillent sur place (Re-

NAULT) ; ces dernières sont de deux sortes : des *macrocytes* dont le protoplasma est rempli de granulations brillantes, analogues aux grains zymogènes, et des *cellules rouges*, semblables aux cellules rouges de la moelle, à noyau bourgeonnant et contourné en boudin ; ce sont des éléments phagocyteurs et destructeurs des globules rouges : on les rencontre principalement dans les villosités.

Dans les villosités, on constate la présence de nombreuses fibres musculaires lisses, les muscles de BRÜCKE. Ces fibres proviennent directement de la *muscularis mucosæ* dont

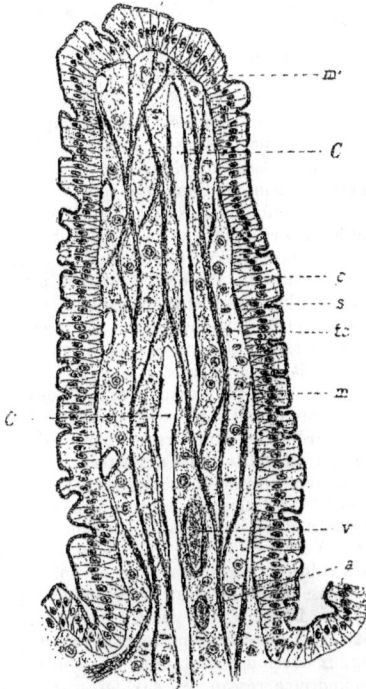

FIG. 89. — Coupe sagittale d'une villosité cylindroïde de l'intestin grêle du chien. (D'après RENAULT).
c. chylifère central ; *a*, artère de la villosité ; *v*, veine efférente ; *c*, épithélium de revêtement et ses plissements déterminés par l'action des muscles de BRÜCKE ; *s*, sillons ;répondant aux plis ; *tc*, tissu conjonctif du stroma de la villosité ; *m*, muscles lisses de BRÜCKE ; *m'*. insertions des muscles de BRÜCKE sous l'épithélium.

elles sont des émanations. Nous étudierons plus loin la disposition des vaisseaux et des lymphatiques.

L'épithélium est séparé du chorion par une très mince membrane vitrée qui est doublée par de grandes cellules rameuses : d'après WEIGL, elle serait composée de deux couches, une pellicule formée par les cellules épithéliales et une couche de fibrilles conjonctives renfermant des noyaux.

Les follicules clos et les plaques de PEYER sont constitués exactement de la même façon ; c'est-à-dire qu'une plaque de PEYER représente un grand nombre de follicules clos réunis (agminés). Le follicule clos est un nodule lymphoïde, piriforme, entouré par une capsule conjonctive plus ou moins différenciée. Il est formé de deux parties : une zone corticale sombre, où les éléments sont tassés les uns sur les autres, et une zone centrale plus claire et moins dense. C'est un feutrage de tissu conjonctif réticulé, renfermant dans ses mailles un grand nombre de globules blancs de différentes espèces. La zone centrale renferme toujours un grand nombre d'éléments en karyokinèse : aussi

FLEMMING et ses élèves la désignent sous le nom de couche germinative. Le follicule clos possède une circulation spéciale ; il est entouré par un système de vaisseaux réticulés envoyant dans sa profondeur des capillaires qui convergent vers le centre ; il y a de même un réseau lymphatique propre, souvent développé en un véritable sinus entourant le follicule.

Le chorion de la muqueuse est limité, comme nous l'avons dit plus haut, par la *muscularis mucosæ* ; c'est une couche musculaire formée par deux assises de fibres musculaires lisses ; l'une, interne, est circulaire ; l'autre, externe, est longitudinale. Cette couche musculaire est interrompue par les follicules clos qui la traversent et pénètrent dans la tunique celluleuse.

2° *Tunique celluleuse.* — La tunique celluleuse est constituée par un feutrage de fibres conjonctives qui s'entre-croisent dans tous les sens ; on y constate la présence d'une certaine quantité de fibres élastiques.

3° *Tunique musculeuse.* — La tunique musculeuse se compose de deux plans de fibres musculaires lisses ; le plan superficiel est assez mince, les fibres sont placées longitudinalement ; le plan profond est beaucoup plus fort et épais : il est formé par des fibres circulaires. Ces deux systèmes sont continus dans toute la longueur de l'intestin.

4° *Tunique séreuse.* — La tunique séreuse est le feuillet viscéral du péritoine ; elle est formée par un endothélium reposant sur une charpente conjonctive.

L'intestin est très abondamment irrigué par le sang ; les artères, naissant de diverses sources (*voir les traités d'anatomie*), abordent l'intestin par le bord mésentérique ; elles cheminent d'abord entre la séreuse et la musculeuse. Puis, passant à travers cette couche, elles arrivent à la couche sous-muqueuse ; là, elles se divisent en branches rayonnantes formant des sortes d'étoiles qui se rendent aux follicules clos, aux glandes de LIEBERKÜHN et aux villosités. Dans la villosité elles donnent une artère centrale qui se dirige dans l'axe, et se résout en un réseau de capillaires à mailles étroites ; l'endothélium de ce réseau présente ce fait intéressant que ses cellules ne sont pas séparées les unes des autres : elles gardent les caractères embryonnaires. Les capillaires se réunissent dans deux veines qui suivent le trajet des artères.

Les lymphatiques présentent un intérêt spécial, car ici leur lymphe est particulière : c'est le chyle absorbé par les cellules ; ils portent pour cette raison le nom de *chylifères*. Ils prennent naissance dans les villosités lamelleuses, sous le réseau capillaire par des extrémités closes à formes variées, bourgeons ampullaires, doigts de gant, pointes effilées ; dans les villosités digitiformes, on ne voit qu'un large chylifère central ; ces chylifères se disposent en un réseau sous-muqueux qui reçoit aussi les lymphatiques des follicules clos. De ce réseau partent deux ordres de vaisseaux : les uns vont rejoindre un réseau situé entre les deux couches musculaires ; les autres se jettent dans un réseau sous-séreux développé surtout au bord mésentérique de l'intestin ; les premiers vont aussi rejoindre ce réseau ; les chylifères qui se forment à ce niveau se répandent dans le mésentère, et après avoir traversé les ganglions mésentériques aboutissent aux groupes ganglionnaires préaortiques ; de là, le chyle gagne la *Citerne de* PECQUET, le canal thoracique et la veine sous-clavière gauche.

Les nerfs proviennent du plexus solaire. Ils se résolvent sous le péritoine en un réseau, le réseau sous-péritonéal ; de là les fibres traversent la couche des fibres longitudinales, et, entre elle et la couche transversale, se disposent en un plexus, le plexus d'AUERBACH, qui innerve les fibres lisses. Ce plexus est riche en cellules ganglionnaires multipolaires ; chaque nœud est un ganglion. Un certain nombre de rameaux traversent la couche circulaire et forment dans la couche sous-muqueuse un deuxième plexus, le plexus de MEISSNER ; les nerfs issus de ce plexus se rendent aux fibres de la *muscularis mucosæ*, s'étalent en réseau autour des glandes de LIEBERKÜHN et iraient constituer dans la villosité un réseau sous-basal à mailles très fines.

Telle est la structure du jéjuno-iléon chez l'homme : le duodénum en diffère légèrement par la présence de glandes spéciales, les glandes de BRUNNER. Ces glandes s'étendent entre le pylore et l'ouverture des canaux cholédoque et pancréatique (ampoule de VATER). Elles sont analogues aux glandes pyloriques et l'on pourrait englober ces deux groupes sous la même dénomination de glandes gastro-duodénales. Ce sont des glandes tubuleuses ramifiées. Chez l'homme, on peut les diviser en deux espèces : l'une est intra-muqueuse ou interne, l'autre traverse la *muscularis mucosæ* et est extra-muqueuse ou externe ; leur constitution est d'ailleurs la même. Ce sont des glandes séro-mucipares ; leur épithélium est formé de cellules claires dont le pied est replié ; le noyau est excavé en forme de cupule, comme celui des cellules glandulaires des tubes sécréteurs pyloriques.

Le gros intestin diffère de l'intestin grêle par l'absence de villosités ; les glandes de LIEBERKÜHN sont grandes, et souvent bi- et trifurquées, mais elles ne semblent pas avoir de rôle glandulaire, car on n'y voit pas de cellules de PANETH, et, jusqu'au fond, les cellules sont des cellules à plateau entremêlées de cellules caliciformes ; celles-ci sont très nombreuses dans le gros intestin.

La musculature est aussi quelque peu différente, les fibres longitudinales se disposent en trois bandes séparées au lieu de former une couche continue.

L'appendice iléo-cœcal est un véritable organe lymphoïde, les mailles de son réseau conjonctif sont gorgées de globules blancs. Il est principalement actif pendant la période de croissance, plus tard il s'atrophie, et il est très fréquent de rencontrer des appendices dont la lumière est oblitérée.

\* \* \*

**Histo-physiologie de l'intestin.** — L'intestin, et principalement sa cellule épithéliale, étant le siège de l'absorption, a été l'objet de très nombreuses recherches pour arriver à connaître le mécanisme de ce phénomène. Malheureusement, il est difficile de suivre les aliments absorbés, et, si l'on a pu, grâce à leur réaction spéciale par l'acide osmique, se rendre compte de quelques points de l'absorption des graisses, nous ne savons à peu près rien sur l'absorption des albuminoïdes et des hydrocarbonés.

Tout au début de l'échelle animale, l'absorption se fait en nature, c'est-à-dire que la cellule saisit le corps alimentaire dans le protoplasma et le digère dans une vacuole formée à son contact ; mais très rapidement il n'en est plus ainsi. Probablement, dès que l'on arrive à la cellule ciliée, l'aliment est transformé à l'extérieur et ce sont des solutions et des émulsions que la cellule absorbe.

Cette première période de l'absorption peut très bien se suivre chez les *Protozoaires*. Chez l'*Amibe*, on voit l'animal se déplacer au moyen de ses pseudopodes ; si, sur sa route, se trouve un corps alimentaire, un pseudopode l'englobe ; il se forme alors autour de lui une petite vacuole, qui, d'après LE DANTEC, renferme un liquide acide ; là il est digéré et disparaît peu à peu. Si une partie n'en est pas assimilable, comme, par exemple, un test de Diatomée, elle est peu à peu repoussée de côté par déplacement de l'animal et rejetée bientôt au dehors. Chez ces animaux toute partie de la cellule est capable de prendre des aliments ; chez beaucoup d'*Infusoires*, il y a un perfectionnement notable par le fait d'une bouche permanente, un enfoncement dans la paroi entouré d'une couronne de cils vibratiles, le péristome ; on voit très bien les bactéries dont ces animaux font leur nourriture pénétrer ainsi dans le protoplasma ; il se forme autour d'elles comme précédemment une petite vacuole qui pénètre de plus en plus dans la profondeur de l'Infusoire, puis disparaît ; pendant que cette vacuole s'enfonce, il s'en forme d'autres, et l'on peut suivre ainsi les progrès de la digestion.

Même chez des animaux pluricellulaires, ce procédé d'absorption existe ; c'est ainsi que METCHNIKOFF, CHAPEAUX, MESNIL, SALENSKY, etc., ont montré que, chez les *Actinies*, les substances alimentaires sont englobées par les cellules des filaments mésentériques et digérés dans la cellule même ; chez les *Turbellariés*, le processus serait semblable.

Toutefois ce phénomène est rare, et, comme nous le disions, les aliments sont absorbés après l'action des sucs digestifs à l'état de solutions ou d'émulsions.

Au cours des études sur l'absorption, la question du siège de ce phénomène s'est posée pour savoir quels éléments en étaient chargés. Nous ne reprendrons pas toutes les anciennes théories : on a admis d'abord que l'épithélium n'avait pas de fonctions et tombait au moment de l'absorption pour laisser le passage aux matières alimentaires qui auraient passé simplement par endosmose. On a admis aussi que les leucocytes étaient les agents principaux de l'absorption ; leur nombre augmente en effet considérablement pendant la digestion, ainsi que DE LUCA l'a montré pour les *Mastzellen*,

HEIDENHAIN, pour les éosinophiles; mais, si leur nombre augmente, il n'est cependant pas suffisant pour expliquer l'absorption ainsi que le fait remarquer GRUENHAGEN. Le rôle de l'absorption est donc reconnu maintenant comme étant uniquement dévolu aux cellules épithéliales à plateau strié, et ces cellules, ainsi que nous l'avons dit plus haut, doivent être considérées comme de véritables cellules glandulaires qui prennent les matériaux de leur sécrétion dans le bol alimentaire, et dont les produits sont déversés dans le tissu adénoïde de la villosité, et de là dans les capillaires sanguins et le chylifère central. On a reconnu depuis longtemps, en effet, que la muqueuse intestinale n'agit pas comme un simple filtre, mais que les matériaux absorbés subissent des transformations physiques et chimiques, la graisse se présente en émulsion plus fine dans le chylifère central, les peptones, transformées en acides aminés avant d'être absorbées, se retrouvent dans le sang sous forme d'albumines différentes. Il y a donc, comme l'ont dit MANGAZZINI et d'autres auteurs, une véritable sécrétion interne de la cellule qui puise dans le milieu extérieur les matériaux nécessaires à cette sécrétion et les excrète ensuite dans les espaces réticulés du tissu de la villosité; son protoplasme agit comme celui d'une cellule sécrétante.

On doit donc diviser l'absorption en deux parties : 1° le passage des matières alimentaires à travers l'épithélium jusque dans les mailles du tissu adénoïde; 2° le passage à travers le tissu adénoïde dans les capillaires et le chylifère central.

Dans la première partie, il y aurait à étudier la prise des matières alimentaires par les cellules épithéliales, dans leur extrémité apicale et la zone sus-nucléaire; puis la répartition de ces substances à la base; malheureusement, si maintenant tous les auteurs sont d'accord sur ces points, il n'en est pas de même pour expliquer le mécanisme de l'absorption et de l'excrétion, et nous nous trouvons en présence de multiples contradictions. Ainsi BÉGUIN trouve que les éléments en pleine absorption sont moins hauts que les éléments à l'état de jeûne, le protoplasma est clair et forme une bande compacte sous le plateau; il y a moins de leucocytes entre les cellules. Ces constatations sont en contradiction complète avec ce que disent presque tous les autres auteurs. GRUENHAGEN, PFLÜGER, MANGAZZINI, DRAGO, OPPEL, REUTER, etc. ont trouvé, au contraire, pendant l'absorption, un épithélium formé de cellules plus élevées dont les limites inférieures se confondaient. GRUENHAGEN avait décrit, entre le pied des cellules et le tissu réticulé, un réseau formant un système de canaux remplis par la matière excrétée, système connu sous le nom de canaux de GRUENHAGEN. Mais la plupart des auteurs précités, tout en reconnaissant que les pieds des cellules gonflés par le produit excrété sont plus ou moins réunis les uns aux autres, pensent que les canaux de GRUENHAGEN sont des produits artificiels.

D'après MANGAZZINI, l'albumine se différencie entre les cellules et le processus ressemble à la sécrétion salivaire; il ne peut réussir à colorer les *plastes*, qui sont le substratum de cette sécrétion et que l'on peut observer, comme nous le verrons plus loin, dans l'absorption des graisses, il n'a pu colorer que le réseau protoplasmique qui enserre les produits sécrétés à la base des cellules. DE LUCA contredit la plupart des résultats obtenus par MANGAZZINI et par d'autres auteurs; pour lui, les espaces clairs observés entre le pied des cellules et le réseau conjonctif, espaces que HEIDENHAIN pensait être produits par l'action mécanique d'un liquide exprimé du stroma de la villosité par la contraction des fibres musculaires, sont produits par l'action des liquides fixateurs. DE LUCA considère que l'aspect des cellules est le même à l'état de jeûne ou à l'état d'absorption.

Les graisses, grâce à leur réaction spéciale par l'acide osmique ou à des colorations électives par le Soudan (PFLÜGER), ont pu être mieux suivies que les albuminoïdes. Lorsque l'on examine (WILL, KREHL, EWALD, NICOLAS) les cellules intestinales d'un animal nourri d'aliments gras, après les avoir fixées par un liquide osmiqué, on observe que les éléments sont bourrés de boules noircies par l'acide osmique; mais — et c'est là un point qui a attiré le plus l'attention des auteurs qui se sont occupés de cette question, — il n'y a jamais de graisse dans le plateau strié, ni dans la couche protoplasmique claire immédiatement sous-jacente. L'explication la plus généralement admise de ce phénomène, c'est que la graisse a pu être dédoublée en acides ou savons gras et glycérine par un ferment, la lipase ou stéapsine, traverser ainsi à l'état de solution le plateau

et la zone sous-basale et être reconstituée dans la cellule. Cette reconstitution s'effec-
tuerait dans le protoplasma au contact de petits grains, les *plastes*, analogues aux bio-
blastes d'ALTMANN. Ce sont de petits grains qui se colorent fortement en rouge par la
fuchsine après fixation spéciale par l'acide osmique et le bichromate de potasse; on
les trouve dans la plupart des cellules à sécrétion active, telles que les cellules pancréatiques, salivaires, etc. Au début de l'absorption de la graisse par les cellules
intestinales, ou, au contraire, à la fin, lorsqu'il n'y a plus beaucoup de graisse et que
les détails sont de nouveau bien visibles, on se rend compte que les gouttes de graisse
sont en rapport très précis avec les plastes et sont élaborées à leur contact; la graisse
forme autour d'eux des croissants ou des anneaux complets (NICOLAS).

Après avoir été ainsi remaniée et élaborée de nouveau, la graisse quitte peu à peu
la cellule par un procédé dont on ignore le mécanisme; elle se répand ensuite dans les
espaces intercellulaires, où, ainsi que MANGAZZINI l'a décrit, elle forme des nappes et
enveloppe les cellules comme d'un manteau jusqu'à la hauteur du noyau. Le contenu
de ces espaces se déverse ensuite dans les mailles du tissu adénoïde où il doit subir de
nouvelles transformations avant de parvenir dans le chylifère central. Il semblerait
alors que l'action des leucocytes entre ici largement en jeu, soit pour produire des
ferments qui dédoublent de nouveau la graisse, soit pour l'incorporer directement et
l'emmener ainsi dans le chilifère. C'est là l'opinion de DE LUCA qui voit, pendant l'absorption, les *Mastzellen* en couche presque continue se placer au-dessous des cellules.

Nous n'avons aucun renseignement sur la façon dont les sucres sont absorbés et
versés ensuite dans les espaces adénoïdes. DE WAELE a pensé que le sucre pouvait être
décelé dans les cellules sous forme de boules.

D'après quelques auteurs (HEIDENHAIN, VERNONI, etc.), les fibres musculaires de la
villosité joueraient un grand rôle dans la seconde partie de l'absorption, celle de
l'excrétion, en se contractant et en chassant ainsi les produits excrétés mécaniquement,
comme une pompe, dans le chylifère central et dans les capillaires. D'après DE LUCA,
les contractions observées ainsi ne sont dues qu'à l'action des réactifs et ne sont pas
réelles.

On voit donc combien ces observations sont contradictoires. Tout ce que nous pouvons dire actuellement, c'est que la cellule épithéliale est bien l'agent de l'absorption,
et qu'elle agit à la manière d'une cellule glandulaire, prenant par sa partie apicale les
matériaux nécessaires à sa sécrétion, et les excrétant dans les mailles du tissu adénoïde
où les cellules lymphatiques interviennent sans doute.

Pour les Invertébrés, nous n'avons que peu de renseignements; nous dirons toutefois quelques mots sur les observations que GUIEYSSE a faites de l'hépato-pancréas
des Crustacés. Nous avons vu précédemment que, dans cet organe, à côté des cellules
du type banal, on observe des groupes de cellules dont le sommet s'est développé en
une immense vacuole. Les auteurs qui s'étaient occupés de cette question, WEBER,
FRENZEL, etc., avaient admis que ces éléments étaient des éléments sécréteurs et les
désignaient sous le nom de *Fermentenzellen* ou cellules à ferment. Se basant sur un
certain nombre d'arguments, dans le détail desquels nous n'avons pas à entrer ici (position du noyau, aspect de la cellule, disposition de plateau, etc.), et d'expériences (alimentation colorée), GUIEYSSE a pensé que « la cellule à grande vacuole absorbe et met
en réserve des substances alimentaires incomplètement assimilables, les remanie par
une sécrétion spéciale, les absorbe lentement et en rejette les déchets accompagnés de
substances de désassimilation telles que les pigments ». Cette accumulation expliquerait
les longs jeûnes que peuvent subir ces animaux; ROBERT BALL a, en effet, pu conserver
pendant deux ans une écrevisse qui ne reçut comme nourriture pendant tout ce temps
qu'une cinquantaine de vers.

Il en est peut-être de même chez les Mollusques, ainsi que nous l'avons signalé plus
haut, et CUÉNOT a retrouvé des substances colorées dans des cellules à grandes vacuoles.

*
* *

Nous voyons donc par tout ce qui précède que, si l'on examine l'ensemble des
animaux, l'intestin est bien loin d'être établi toujours sur le même modèle; tubulaire

dans la plupart des cas, il affecte dans d'autres cas des formes en cœcums ramifiés que pendant longtemps on a pris pour des glandes annexes; l'étude de ces organes au microscope en a montré le rôle véritable. Donc, nous ne devrons plus dire que l'intestin est uniquement ce tube plus ou moins flexueux qui s'étend de la bouche à l'anus, mais que c'est aussi tout l'ensemble des diverticules annexes dont l'épithélium de revêtement est formé de cellules plus ou moins cylindriques, mais toujours recouvertes d'un plateau en brosse. C'est là, dans l'immense majorité des cas, la forme de la cellule absorbante, et c'est elle qui localise l'intestin si l'on doit désigner sous ce nom la partie du tube digestif qui est spécialement chargée de l'absorption.

A. GUIEYSSE-PELLISSIER.

### PHYSIOLOGIE COMPARÉE

**I. Variations de forme de l'intestin dans la série des animaux.** — Ce chapitre, qui est l'un des plus importants au point de vue de l'anatomie générale, n'est pas moins instructif au point de vue de la physiologie comparée.

**A) Rapport de la longueur de l'intestin et du genre d'alimentation chez les divers animaux.** — La loi la plus générale qui semble régir le développement de l'intestin est que la longueur de l'intestin est toujours en rapport avec l'alimentation de l'animal. Dans l'alimentation, c'est moins la quantité que la qualité qui importe; la longueur de l'intestin est d'autant plus grande que l'alimentation est plus riche en cellulose.

Comparé à la taille de l'animal, l'intestin total a une longueur minima chez les carnivores, maxima chez les herbivores et intermédiaire chez les omnivores. Voici, d'après COLIN, un tableau comparatif de la longueur en mètres et de la capacité en litres du tube digestif de quelques mammifères : on verra quelle longueur peut atteindre l'intestin chez certains herbivores.

| | Estomac. | Intestin grêle. | Cæcum. | Côlons. |
|---|---|---|---|---|
| Cheval. . . . . | » | 22$^m$,44 | 1$^m$,00 | 6$^m$,47 |
| | 17$^{lit}$,96 | 63$^{lit}$,82 | 33$^{lit}$,54 | 96$^{lit}$,02 |
| Bœuf. . . . . | » | 46$^m$,00 | 0$^m$,88 | 10$^m$,18 |
| | 252$^{lit}$,50 | 66$^{lit}$,00 | 9$^{lit}$,90 | 28$^{lit}$,00 |
| Mouton. . . . . | » | 26$^m$,20 | 0$^m$,36 | 6$^m$,17 |
| | 29$^{lit}$,60 | 9$^{lit}$,00 | 1$^{lit}$,00 | 4$^{lit}$,60 |
| Porc. . . . . | » | 18$^m$,29 | 0$^m$,23 | 4$^m$,99 |
| | 8$^{lit}$,00 | 9$^{lit}$,20 | 1$^{lit}$,55 | 8$^{lit}$,70 |
| Chien. . . . . | » | 4$^m$,14 | 0$^m$,08 | 0$^m$,60 |
| | 4$^{lit}$,33 | 1$^{lit}$,62 | 0$^{lit}$,09 | 0$^{lit}$,91 |
| Chat. . . . . | » | 1$^m$,72 | » | 0$^m$,35 |
| | 0$^{lit}$,341 | 0$^{lit}$,114 | » | 0$^{lit}$,124 |

Chez les oiseaux, les différences ne sont pas moins remarquables; chez les oiseaux carnivores la longueur de l'intestin est de 1,8 de la longueur du corps, chez les herbivores il est de 8 fois cette longueur.

Le développement des divers segments de l'intestin est également en rapport avec la nature de l'alimentation. Chez les carnivores, le gros intestin est court : chez les herbivores, il prend de très grandes dimensions, et de plus, le cæcum qui, chez les carnivores, ne présente aucun développement, atteint chez les herbivores une longueur et une capacité considérables. Ces rapports entre la longueur et la nature de l'alimentation se conçoivent d'une manière très simple. La digestion cellulosique est une digestion qui ne peut s'effectuer que lentement, sans compter que les herbivores, pour obtenir leur quantité de calories nécessaires, sont obligés d'absorber un gros volume d'aliment. La digestion de la viande est, au contraire, une digestion rapide, sans compter que la viande, dégageant un grand nombre de calories utiles sous un faible volume, les carnivores ne sont pas obligés de digérer une grande quantité d'aliments. Comme, d'autre part, la digestion cellulosique s'opère surtout dans l'intestin et que celle de la viande se réalise surtout dans l'estomac, il résulte pour ces deux sortes de raisons concordantes que nécessairement l'intestin doit être volumineux chez l'herbivore et peut être très petit chez le carnivore.

**B) Variations de la longueur de l'intestin chez le même animal selon l'aliment qu'il reçoit.** — La loi précédente qui découle des faits statiques a pu être l'objet d'une véritable démonstration qui a consisté à faire varier la longueur de l'intestin chez des êtres omnivores, en leur donnant des alimentations variées.

L'une de ces démonstrations les plus intéressantes est due à BABACK, dont les recherches ont porté sur les larves de grenouilles.

Chez des larves nourries le même temps, les unes avec de la viande, les autres avec des herbes, la longueur de l'intestin est chez les premières de 4,4 (longueurs du corps) et chez les autres de 7,0.

BABACK ne pense pas cependant que la présence de la cellulose dans l'aliment soit seule en cause dans cette variation du développement de l'intestin des larves de grenouilles. C'est ainsi qu'en nourrissant les larves avec diverses albumines, il constate que les longueurs d'intestin varient avec la nature de l'albumine ingérée,

| | | |
|---|---|---|
| Albumine de grenouille. | . . . . . . | 6,6 |
| — de poisson.. | . . . . . . . | 6,6 |
| — de moule. | . . . . . . | 5,9 |
| — d'écrevisse | . . . . . . . | 7,6 |
| — végétale. | . . . . . . . . | 8,3 |

Les travaux de YUNG confirment ceux de BABACK sur l'influence de la nature de l'alimentation dans le développement de l'intestin.

**C) Plissements et diverticules de l'intestin.** — Chez beaucoup d'animaux, surtout chez les invertébrés, l'intestin est un tube régulier : aussi bien extérieurement qu'intérieurement, les assises des cellules intestinales ne présentent aucune saillie. Mais, chez le plus grand nombre des animaux, il est constant que la surface de l'intestin présente des diverticules ou des plissements et souvent les uns et les autres.

Les *plissements* sont de deux ordres, ou très petits et acuminés, ce sont des *villosités ;* ou beaucoup plus étendus et généralement lamelliformes, ce sont des *valvules*. Il est certain que l'existence des villosités et des valvules a pour conséquence de faciliter la résorption en augmentant beaucoup la surface intérieure de l'intestin.

Selon les animaux, villosités et valvules ont un aspect différent : nous n'avons pas à en parler ici, ces replis de la muqueuse rappelant presque toujours beaucoup ceux de l'homme (voir *Anatomie comparée*).

Chez certains poissons, par contre, les Sélaciens par exemple, les plissements ont une disposition qui est tout à fait curieuse et qui mérite de nous arrêter. L'intestin qui commence par un étroit canal (*détroit pylorique*) se renfle considérablement à peu de distance du pylore et présente une largeur considérable par rapport à sa longueur, du moins comparativement à ce que nous voyons chez les mammifères, les oiseaux et les batraciens, par exemple [1]. Cet intestin large et court est cloisonné jusqu'à peu de distance de son orifice anal par un repli hélicoïdal qui décrit plusieurs tours de spire ; ce repli muqueux est, en raison de sa forme, désigné du nom de *valvule spirale*. Il est composé de cellules épithéliales soutenues par du tissu conjonctif parcouru par des vaisseaux, et ne contient aucune fibre musculaire.

Il est encore évident que ce cloisonnement très serré de l'intestin a pour conséquence d'augmenter la surface d'absorption de l'intestin relativement si court chez ces animaux. Mais l'expérience démontre aussi que la valvule spirale a certainement encore un autre usage, qui est de ralentir le cours du chyme dans l'intestin. Si on presse, dit CH. RICHET, l'intestin du *Scyllium catulus* ou de l'*Acanthias vulgaris* en pleine digestion, de manière à purger le contenu intestinal, on constate qu'on ne fait sourdre le chyme que très lentement et petit à petit (voir fig. 80, p. 509).

1. Longueurs respectives des diverses parties du tube digestif.

| | | |
|---|---|---|
| Estomac. | . . . . . . . . . . | 5 |
| Détroit pylorique. | . . . . . . . | 3 |
| Intestin total. | . . . . . . . . . | 10 (CH. RICHET). |

*Des diverticules* de l'intestin s'observent fréquemment chez la plupart des animaux.

Chez les invertébrés, où la distinction entre gros et petit intestin est impossible, nous verrons qu'il existe souvent un diverticule formé de tubes ramifiés dont l'ensemble forme un organe volumineux appelé hépato-pancréas : nous décrirons ultérieurement cet organe et dirons dans quelle mesure on peut le considérer comme un simple diverticule de l'intestin, ou un diverticule remanié et différencié méritant plutôt le nom de glande annexielle que de diverticule intestinal (fig. 81, p. 510 et 82, p. 511). Mais il

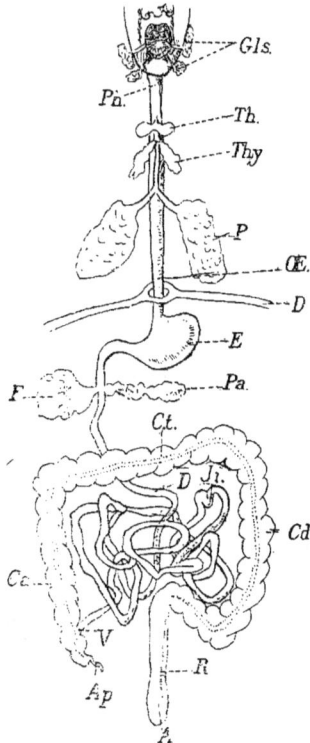

Fig. 90. — Schéma du tube digestif de l'homme (d'après WIDERSHEIM).
*A*, anus ; *Ca*, côlon ascendant ; *Cd*, côlon descendant ; *Ct*, côlon transverse ; *D*, duodénum ; *Ji*, jéjuno-iléon ; *Jls*, glandes salivaires ; *Th*, thyroïde, *Thy*, thymus ; *P*, poumon ; *Œ*, œsophage ; *D*, diaphragme ; *E*, estomac ; *Pa*, pancréas ; *F*, foie ; *Ph*, pharynx ; *V*, valvule iléo-cæcale ; *Ap*, appendice ; *R*, rectum.

existe encore, et très fréquemment, échelonnés tout le long de l'intestin, des diverticules nombreux, souvent très profonds et généralement symétriques.

Chez les vertébrés, une distinction entre les diverticules du petit intestin et du gros intestin s'impose.

Le petit intestin ne présente guère de diverticules que chez les poissons. Ces diverticules naissent à la partie supérieure de l'intestin et sont décrits sous le nom d'*appendices pyloriques ;* leur nombre et leur taille sont des plus variables, en général, en raison inverse l'un de l'autre : le *Polypterus* n'en possède qu'un, et le maquereau en possède jusqu'à 191 (WIDERSHEIM) (fig. 83, p. 512).

Le gros intestin présente à sa naissance même un diverticule très important qui est le cæcum. De peu de développement chez les carnivores, le cæcum présente un développement considérable chez les herbivores (voir plus haut : *Développement général du tube digestif*).

Chez les oiseaux, il y a deux appendices cœcaux, longs et renflés à leur extrémité.

**II. Variations des glandes annexielles du tube intestinal.** — Les variations de la morphologie des glandes annexielles de l'intestin dans la série animale sont considérables. Les variations de la morphologie du foie ont été étudiées à cet article, nous ne nous occuperons donc ici que des variations de celle du pancréas.

Le pancréas des vertébrés supérieurs ne donne lieu à aucune considération spéciale, sinon que ses canaux sont, selon les espèces, en nombre très variable, et que leur abouchement par rapport à celui des canaux biliaires est également variable. Les abouchements des canaux pancréatiques et biliaires sont souvent indépendants et rapprochés (ex. : homme, singe, chien, etc.); parfois, ils sont confondus, ou plutôt quelques petits canaux pancréatiques viennent déboucher directement dans le cholédoque

Fig. 91

Sangsue. — 1, orifice buccal; 2, pharynx; 3, estomac; 4, diaphragmes gastriques; 5, cœcums; 6, rectum.

(chèvre, mouton et bœuf). Lorsque les abouchements des deux espèces de canaux sont distants l'un de l'autre (ex : autruche, lapin, etc.), on constate, selon une sorte de loi établie par Claude Bernard, que ce sont toujours les canaux pancréatiques qui débouchent le plus loin du pylore. Faut-il voir dans cette disposition anatomique constante l'effet d'une sorte de protection préétablie du suc pancréatique contre l'attaque du suc gastrique, la bile neutralisant tout d'abord l'effet tryptolytique du suc gastrique? Nous ne pouvons formuler à cet égard qu'une hypothèse.

Le pancréas, qui est très volumineux chez les mammifères et les oiseaux, devient rapidement plus petit chez les reptiles et les batraciens, et presque insignifiant, chez les poissons sélaciens : chez les poissons téléostéens, il se réduit à des glandules diffuses.

Chez les invertébrés l'existence du pancréas devient hypothétique : chez beaucoup d'entre eux, au lieu de foie et de pancréas on trouve une sorte de glande volumineuse, à cellules ressemblant beaucoup à celles de l'intestin, communiquant avec l'intestin ou avec un diverticule de celui-ci par de grands canaux. L'histologie ne permet pas d'identifier ces glandes avec celles que nous connaissons chez les vertébrés supérieurs. Mais, étant donné qu'elles apparaissent pour ainsi dire aux lieu et place du foie et du pancréas, étant donné qu'il résulte de certaines recherches que ces glandes contiennent des ferments actifs comparables à ceux du pancréas, l'usage a prévalu d'appeler ces glandes *hépato-pancréas.*

Nous renverrons le lecteur aux traités spéciaux d'anatomie comparée pour la description des diverses formes de l'hépato-pancréas considéré dans la série des invertébrés.

Ici nous ne donnerons que le schéma de cet organe chez les crustacés, et nous exposerons le rôle qu'on attribue à l'hépato-pancréas en général.

Si nous examinons le tube digestif d'une langouste, nous constatons ce fait singulier que sa surface libre est entièrement recouverte d'une membrane chitineuse, sauf dans sa partie moyenne où débouchent les canaux d'une glande volumineuse. Déjà cette particularité du tube digestif nous indique que l'absorption ne saurait se faire

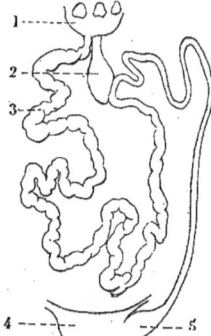

Fig. 92.

Actinie. — Canal ambulacraire;
2, vésicule de Poli; 3, intestin;
4, cloaque; 5, rectum.

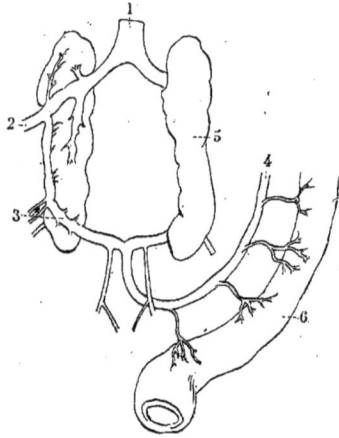

Fig. 93.

Système de Jacobson chez le coq russe.
1. Veine cave inférieure; 2, 3, veines crurales;
4, veine communicante allant à la veine porte;
5, rein; 6, rectum (d'après Claude Bernard).

chez la langouste comme chez les animaux à cellules intestinales libres; et en fait jamais on n'a pu saisir de processus d'absorption dans l'intestin chitineux.

L'intestin moyen seul est susceptible de résorber. Mais, si nous faisons passer une coupe au milieu des glandes volumineuses qui l'environnent et qui constituent l'hépato-pancréas, nous voyons que la surface intestinale se continue sans transition avec la surface interne de ces glandes. Tout d'abord la muqueuse intestinale se continue par des canaux volumineux dont l'épithélium est identique à celui de l'intestin; ces canaux se bifurquent, et ce n'est qu'au niveau de leur cul-de-sac que les cellules prennent un type particulier (voir *Histologie*).

D'après une opinion déjà ancienne de Geoffroy Saint-Hilaire, confirmée récemment surtout par les travaux de Cuénot et de Guieysse, l'hépato-pancréas est tout d'abord un organe d'absorption. « Après digestion de viandes colorées, on constate que les cæcums hépatiques sont remplis d'un liquide renfermant en dissolution la matière colorante sans aucune particule solide... C'est donc au travers du foie que passent dans le sang les produits nutritifs dont la matière colorante reproduit fidèlement la route. »

Cuénot pense que les graisses passent au contraire par l'intestin moyen. Telle n'est pas l'opinion de Guieysse, qui constate qu'après ingestion d'aliments gras les cellules de l'hépato-pancréas se colorent intensément par l'acide osmique.

L'hépato-pancréas est aussi un organe sécréteur. Le suc qu'on retire du tube digestif de la langouste en provient presque totalement, et en tout cas ne saurait provenir de l'estomac, dont la surface est, nous l'avons vu, entièrement chitineuse."

La réaction du suc d'hépato-pancréas est acide, d'après Hoppe-Seyler et Krukenberg. Ce suc digère la fibrine ; comme cette digestion se fait en milieu acide et est entravée en milieu alcalin, Krukenberg la porte au compte d'une pepsine et non d'une trypsine. Le suc digère aussi les graisses : enfin il contient de très nombreux ferments d'hydrates de carbone. Étant donnée l'origine et la couleur brunâtre de ce suc, on a recherché à identifier ses pigments. Hoppe-Seyler a montré qu'il ne contient ni acide biliaire ni sels biliaires. Enfin on sait que le suc d'hépato-pancréas, injecté à des animaux, rend leur sang incoagulable.

Telle est, en résumé, la physiologie de l'hépato-pancréas, glande à ferments multiples, au sein de laquelle s'opère la digestion et qui est aussi un organe de résorption.

Les très nombreux travaux qui ont été consacrés à l'étude de cette glande, et pour lesquelles nous renverrons le lecteur à l'ouvrage de O. v. Furth et au mémoire de Guieysse (voir *Bibliographie*) n'ont fait qu'étendre à l'hépato-pancréas des divers invertébrés les notions d'ensemble que nous venons d'exposer.

**III. Variations des espèces de ferments dans la série animale.** — Les variations des espèces de ferments dans la série animale sont encore mal connues, quoiqu'elles aient été l'objet de travaux importants.

L'étude comparée des ferments dans l'échelle des êtres peut être envisagée à un triple point de vue : 1° Variétés des ferments chez les divers animaux ; 2° Activité comparée de ces ferments ; 3° Température à laquelle ces ferments agissent avec une activité optima.

1° **Variétés des ferments chez les divers animaux.** — Au point de vue de la nomenclature des ferments, il règne une certaine obscurité qui tient à ce que certains auteurs ont une tendance à donner à des ferments, dont l'identité est douteuse, des dénominations semblables, qui laisseraient entendre qu'il y a des séries de ferments identiques chez les divers animaux. D'autres auteurs plus prudents regrettent ces dénominations, surtout quand il s'agit d'invertébrés, et se contentent de désigner les ferments du nom générique de ferment suivi de la substance spéciale sur laquelle elle agit, par exemple ils diront qu'*Helix pomatia* possède des ferments qui agissent sur l'amygdaline, la coniférine, l'esculine, etc., sans chercher à établir si chez *Helix pomatia* un seul ferment agit sur ces trois substances, ou si pour chacune de ces substances il y a un ferment spécial. Nous adopterons, surtout pour les ferments des hydrates de carbone, cette nomenclature prudente.

a) **Ferments protéolytiques.** — Il est facile d'identifier chez la plupart des vertébrés un ferment peptique dans l'estomac et un ferment tryptique dans l'intestin. Chez tous ces animaux on trouve en effet dans l'estomac un ferment qui agit en milieu acide et que pour cette raison on appelle pepsine, et dans l'intestin un ferment qui agit en milieu neutre et que pour cette raison on doit appeler trypsine.

Au point de vue de la physiologie comparée, il serait intéressant de rechercher le balancement qui doit exister entre l'activité relative de ces deux ferments selon la nourriture des animaux considérés, et selon leur classe. L'étude de la physiologie comparée de la digestion est encore trop peu avancée pour nous permettre des considérations précises sur cette question, et à cet égard les seuls faits vraiment significatifs que nous puissions produire sans trop nous aventurer dans un téléologisme téméraire, sont tirés de la digestion comparée des mammifères herbivores et des poissons carnivores. On peut affirmer que chez les mammifères herbivores la digestion peptique est très réduite : leur suc gastrique est peu acide et d'activité faible (voir **Estomac**). Leur digestion tryptique doit au contraire l'emporter sur la digestion gastrique, tout d'abord parce que la protéolyse ne peut commencer chez ces animaux que lorsque la digestion microbienne a digéré les enveloppes cellulosiques où sont les albumines végétales, et ensuite parce que chez ces animaux le pancréas est volumineux et le suc pancréatique actif. Chez les poissons carnivores, au contraire, on peut affirmer que la digestion gastrique doit être prépondérante vis-à-vis de la digestion pancréatique. En général le pancréas de ces animaux est petit. L'estomac, qui est au contraire de grande capacité, reçoit souvent des proies volumineuses, qui ont été avalées sans être mâchées. Or, quand le chyme gastrique pénètre dans l'intestin par le long *détroit pylorique*, ce chyme est à l'état de pulpe fine (CH. RICHET). L'estomac a donc accompli nécessairement un travail considérable. Or CH. RICHET, qui a fait une étude particulière de la digestion gastrique chez les poissons cartilagineux, a constaté que chez des animaux de l'espèce *Scyllium catulus*, et *Acanthias vulgaris* on trouve jusqu'à 450 grammes de liquide gastrique pour des animaux pesant à jeun 7 kilogrammes. D'autre part le même auteur a montré que l'acidité de ce liquide atteignait un taux de 15 p. 1 000 d'HCl, et que son activité peptique était en rapport avec son acidité. Il est donc indéniable que, même si chez ces poissons la digestion intestinale est douée d'une certaine activité, la digestion peptique n'en reste pas moins prépondérante dans l'ensemble des phénomènes digestifs.

Chez les invertébrés l'étude comparée des digestions tryptiques se complique de ce fait qu'il est souvent impossible de recueillir isolément du suc gastrique et du suc intestinal; le plus souvent le suc intestinal reflue dans l'estomac. L'étude de la digestion protéolytique chez ces animaux se réduit alors à rechercher si les albumines sont digérées en milieu acide ou en milieu alcalin. Selon les espèces on constate que le liquide digestif n'agit que dans l'un ou l'autre de ces milieux, et pour les mêmes espèces les résultats des divers auteurs sont parfois contradictoires. L'exposé de toutes ces investigations de détails est fort complet dans le livre d'O. VON FURTH. Il nous paraît inutile d'énumérer ici dans quelles conditions de milieu la protéolyse s'accomplit chez les divers animaux invertébrés, et nous ne retiendrons que ce seul fait que chez les invertébrés on retrouve toujours du ferment protéolytique agissant tantôt en milieu acide, tant en milieu neutre et même alcalin.

Les ferments protéolytiques existent donc chez tous les animaux; mais leur différenciation en trypsine et pepsine n'est nettement accusée que chez les vertébrés.

b) **Lipase.** — Nous serons bref sur la lipase. Des nombreuses recherches faites sur ce ferment dans les diverses espèces il résulte que la lipase est un ferment qui ne manque chez aucun animal. Parfois certains auteurs signalent son absence chez telle ou telle espèce, mais presque toujours des travaux de contrôle démontrent que c'est à tort que cette absence a été envisagée pour ces espèces.

c) **Ferments des hydrates de carbone.** — 1° *Lactase*. La lactase est un ferment qui a été étudié dans les diverses classes animales, et ces études ont amené à des conclusions précises et intéressantes.

A ne considérer que les vertébrés supérieurs, on est immédiatement frappé de voir que la présence de la lactase dans l'intestin semble en rapport étroit avec l'alimentation normale des animaux considérés. C'est ainsi que la lactase a été retrouvée chez la plupart des mammifères jeunes, tandis qu'elle est absente chez les oiseaux. C'est ainsi que chez les mammifères eux-mêmes elle diminue d'abondance à mesure que l'animal devient adulte, pour disparaître même chez l'animal vieux.

Lactase de l'intestin grêle.

| | |
|---|---|
| Jeunes chiens. . . . . . . . | Abondante. |
| Chiens adultes. . . . . . . | Peu abondante. |
| —     vieux. . . . . . . . | Absente. |
| Veau. . . . . . . . . . . | Abondante. |
| Porc adulte. . . . . . . . | Absente. |
| Lapin adulte . . . . . . . | Peu abondante. |
| Oiseaux. . . . . . . . . . | Absente.     (PORTIER, S. B. B., 1898). |

Par conséquent, pour les vertébrés supérieurs, la lactase manque chez les oiseaux. Présente chez les jeunes mammifères, elle devient de moins en moins abondante à mesure qu'ils prennent de l'âge et disparaît chez les adultes. On ne peut s'empêcher de reconnaître dans ces circonstances soit une harmonie préétablie, soit une adaptation, selon la conception téléologique que l'on se fait de la nature des choses.

Mais, phénomène curieux, lorsque l'on étudie ensuite les invertébrés, on rencontre souvent (BIERRY et GIAJA) à nouveau des ferments très puissants qui digèrent le lactose. Est-ce la lactase des mammifères ou est-ce un autre ferment dont l'action s'étend sur divers sucres parmi lesquels le lactose? nous l'ignorons. Mais le fait est à retenir, si on ne veut pas se faire des mécanismes d'adaptation une idée inexacte. On a constaté (BIERRY) et GIAJA) un ferment agissant puissamment sur le lactose chez *Helix pomatia*, *Helix aspera*, *Helix hortensis*, chez les Planorbes, chez l'Aplysie, chez *Astacus fluviatis*, chez *Homarus vulgaris*, etc. Par contre ce ferment manque chez *Palinurus vulgaris*, *Carcinus mœnas*, *Platycarcinus pagurus*. Chez les invertébrés il est impossible de reconnaître une concomitance logique entre la présence de la lactase et la nature de l'alimentation : l'harmonie préétablie semble en défaut.

On a cru pendant quelque temps (WEINLAND, BAINBRIDGE) que par une alimentation spéciale on pouvait faire apparaître de la lactase dans le pancréas des mammifères, qui n'en contient pas normalement. Comme nous l'avons vu plus haut, BIERRY et GIAJA SALAZAR ont montré que cette affirmation était erronée.

Les autres ferments des hydrates de carbone (amylase, maltase, saccharase), que nous avons signalés chez les mammifères existent sans exception, semble-t-il, dans toute la série animale (voir OTTO VON FURTU pour les Invertébrés).

Un ferment très remarquable et qui est totalement absent chez les vertébrés se retrouve chez les vertébrés inférieurs, c'est la cellulase. BIEDERMANN et MORITZ ont vu que le suc de l'escargot agit sur les épaisses membranes cellulaires de l'endo-sperme des dattes, sur les membranes celluleuses des légumineuses. SEILLIÈRE a retrouvé ce ferment chez l'escargot et a vu notamment que le suc de cet animal hydrolyse la xylane : il a fait la même constatation pour un coléoptère : *Phymatode variabilis* L. La présence de ces cellulases chez les invertébrés est intéressante. Elle nous explique comment ces animaux peuvent se nourrir en partie de cellulose et nous montre que contrairement à ce qui a lieu chez les vertébrés la digestion de la cellulose peut se faire par des sucs animaux sans l'intervention des microbes.

De nombreux ferments d'hydrate de carbone, dont beaucoup sont inconnus chez les vertébrés, se retrouvent encore chez les invertébrés en dehors de la cellulase. (BIERRY et GIAJA). Ces ferments agissent (*Helix pomatia*) sur la raffinose, la gentianose, la stachyose, l'acide lactobionique, l'acide maltobionique, la lactosazone, la maltosazone, l'amygdaline, la salicine, la phlorizine, la gentiopicrine, l'arbutine, la coniférine, la manno-galactane (de luzerne), la populine et l'hélicine, etc.

Le schéma général de la répartition des ferments dans la série des animaux pourrait donc se formuler de la manière suivante.

1° Ferments des graisses = constants.

2° Ferments des albumines = constants. *a*) Chez les vertébrés deux sortes de ferments : l'un (pepsine) agissant en milieu acide, l'autre (trypsine) agissant en milieu neutre. *b*) Chez les invertébrés, une seule espèce de ferment (?), agissant selon les espèces en milieu acide ou en milieu neutre et qu'on est convenu de qualifier pour ces raisons tantôt de pepsine, tantôt de trypsine.

3° Ferments des hydrates de carbone. *a*) Un ferment très remarquable est la lactase, en ce que chez les vertébrés sa présence semble coïncider avec une alimentation lactée, mais qui se retrouve aussi chez les invertébrés (sous réserve de savoir si ces deux ferments sont identiques); *b*) Les autres ferments des hydrates de carbone forment deux groupes : le premier, composé de l'amylase, de la maltase, de la saccharase, de la tréhalase qui se rencontrent chez tous les animaux; le second, composé de ferments agissant sur la raffinose, la stachyose, la cellulose, etc., qui compte des représentants de plus en plus nombreux à mesure qu'on descend dans l'échelle des êtres.

*Ainsi, quand on parcourt la distribution générale des ferments chez les divers animaux, on ne peut se défendre de cette impression, que les ferments qui sont en somme peu nombreux chez les animaux supérieurs, deviennent de plus en plus nombreux chez les animaux inférieurs, établissant ainsi une sorte de transition naturelle entre les vertébrés supérieurs dont les sucs ne digèrent qu'un nombre restreint de substances et les microbes dont les ferments innombrables peuvent attaquer à peu près toutes les substances organiques.*

Nous venons d'étudier les variétés de ferments au point de vue des aliments qui peuvent être digérés. Pour que cette étude fût complète il y aurait lieu de comparer les conditions d'action de chacun de ces ferments dans la série animale. Lorsqu'en effet on considère que les animaux à températures variables comme les poissons exécutent des digestions très importantes à des températures de 10° ou 12°, on doit se demander immédiatement comment les ferments de ces animaux peuvent agir encore à cette température quand nous savons que les ferments des vertébrés supérieurs ne manifestent alors qu'une activité presque nulle.

Ce problème soulève immédiatement la question suivante : les ferments des animaux à température variable ont-ils leur optimum d'activité à une température différente de celle des ferments des animaux à température constante, ou bien n'agissent-ils encore à basse température que parce qu'ils sont très concentrés ? Ce problème n'a été abordé que par KNAUTHE pour l'amylase de la carpe. L'activité du ferment en fonction de la température serait la suivante, d'après cet auteur :

| Température. | Activité en unités arbitraires. |
|---|---|
| 14° | 285 |
| 22° | 635 |
| 23° | 833 |
| 24°. | 435 |

D'après KNAUTHE, l'optimum pour l'amylase de la carpe serait 23°, très différent par conséquent de l'optimum des amylases des vertébrés qui est aux environs de 45°. Il est malheureusement impossible d'accepter sans réserve de pareils résultats, qui, pris en eux-mêmes, sont en désaccord avec tout ce que nous connaissons sur les lois des ferments. Un ferment qui diminue de 50 p. 100 d'activité pour une différence de température de 1 degré centigrade est un ferment trop invraisemblable et par là même suspect.

On peut donc dire que nous ne connaissons rien sur les conditions d'action des ferments chez les animaux inférieurs.

d) **De la digestion de la cellulose et des hydrates de carbone voisins.** — Il n'existe pas à proprement parler une cellulose, mais bien des celluloses. Ces substances étant insolubles dans la plupart des liquides, leur purification est très difficile.

Pratiquement, et au point de vue physiologique, nous pouvons grouper les celluloses dans les catégories suivantes, d'après la nature des sucres fournis à l'hydrolyse par les acides.

| | | Produit d'hydrolyse : | |
|---|---|---|---|
| Hexosanes. | 1° Cellulose typique. | | Glycose. |
| | 2° Mannane. | | Mannose (substance isomère du glycose). |
| | 3° Galactanes. | | Galactose. |
| | 4° Lévulanes. | | Lévulose. |
| Pentosanes. | 1° Xylane. | | Xylose. |
| | 2° Arabanes. | | Arabinose. |

Quant aux substances qu'on a appelées *hémi-celluloses*, ce sont des substances plus facilement hydrosables que la cellulose typique et constituées par un mélange d'hexosanes diverses. Ce terme a toujours été vague et varie de sens, selon les auteurs.

α *Digestion des Hexosanes.*

La digestion de la cellulose se fait d'une manière différente chez les invertébrés et chez les vertébrés. Chez les invertébrés la digestion de la cellulose est opérée par les sucs digestifs de l'animal et selon des processus qui rappellent ceux de l'hydrolyse par les acides; les hexosanes par exemple sont transformés en hexoses, les pentosanes en pentoses, etc. Chez les vertébrés la digestion de la cellulose est opérée par les ferments des bactéries, hôtes du tubes digestif; le processus de la digestion aboutit à la formation de substances diverses parmi lesquelles on connaît des gaz et des acides variés. Les deux types de digestion sont donc à considérer distinctement.

I. **Digestion de la cellulose chez les invertébrés.** — La digestion de la cellulose par certains invertébrés est un fait admis depuis longtemps. Et on conçoit que cette idée se soit pour ainsi dire imposée aux premiers observateurs qui constatèrent que les animaux tels que les escargots, certains vers, les coléoptères, se nourrissaient exclusivement des feuilles ou des parties ligneuses des plantes. Mais on conçoit également qu'une constatation de cette sorte ne pouvait valoir pour une démonstration de la digestion de la cellulose. La démonstration ne pouvait en être établie que par la constatation de la digestion de la cellulose opérée *in vitro* par les sucs digestifs, ou la constatation d'un bilan alimentaire positif.

L'action des sucs digestifs de certains invertébrés sur la cellulose n'a été observée qu'assez récemment par BIEDERMANN et MORITZ. Mais c'est à SEILLIÈRE (1905) que nous devons de savoir que l'action des sucs digestifs sur les celluloses est indépendante de toute action bactérienne et que les produits de la digestion des celluloses *sont des sucres.*

Les recherches de SEILLIÈRE ont porté sur le suc digestif d'*Helix pomatia*, de *Phymatodes variabilis*, de plusieurs Limax (mollusques) et sur de nombreuses espèces de mollusques herbivores, etc. Le suc digestif de ces animaux additionné de chloroforme et d'autres antiseptiques organiques (toluène, thymol, etc.) transforme activement des hexosanes et des pentosanes en hexoses et pentoses en 24 heures à 38°. Étant donné que cette digestion se fait en présence d'antiseptiques, l'intervention des bactéries ne saurait être mise en cause.

Nous devons à SEILLIÈRE les connaissances suivantes sur la digestion de la cellulose par les ferments des invertébrés.

Beaucoup de celluloses, celles des organes tendres des plantes, des légumes, des herbes, sont très aisément attaquées par les sucs digestifs des invertébrés.

Par contre, quelques celluloses, notamment celle du coton, ne sont pas directement attaquées. Pour ces celluloses les divers traitements qu'on leur a fait subir modifient énormément la digestibilité. C'est ainsi que le coton, s'il n'est pas directement hydrolysable par les ferments animaux, est au contraire activement digéré après les traitements suivants : dissolution de la cellulose dans le liquide de SCHWEITZER (oxyde de cuivre ammoniacal) puis addition d'un acide quelconque; traitement par le chlorure de zinc concentré et lavage à l'eau; traitement par la soude et la potasse à 25 p. 100 jusqu'à gonflement des fibres et lavage à l'eau et à l'acide azotique à 1 p. 100.

Cette dernière méthode est la méthode de choix par sa généralité, en ce sens qu'elle s'applique à toutes les sortes de celluloses étudiées jusqu'à présent.

La cellulose ainsi modifiée est très rapidement digérée : c'est ainsi que 1 gramme de coton traité par NaOH fournit 497 milligrammes de glucose en 24 heures.

Les produits de la digestion de la cellulose typique sont du glucose — ce glucose a été caractérisé par son osazone.

SEILLIÈRE s'est demandé si l'hydrolyse diastasique de la cellulose ne comptait pas un terme intermédiaire, un biose, comme par exemple, au cours de la digestion de l'amidon par le suc pancréatique on trouve un terme maltose entre les stades amidon, dextrine d'une part et glucose d'autre part. Dans ce cas le terme intermédiaire pourrait être le *cellobiose* (SKRAUP, 1901) ou *cellose* — biose isomère du maltose — obtenue dans l'hydrolyse ménagée de la cellulose par l'anhydride acétique additionné d'acide sulfurique.

Jusqu'ici les recherches sur l'hydrolyse fermentaire n'ont pas permis d'isoler de biose intermédiaire.

Ceci ne prouve pas que ce biose ne se forme pas, et il est possible, d'après SEILLIÈRE, qu'il soit hydrolysé presque aussitôt que formé, comme il arrive pour la digestion de l'amidon en présence d'un mélange d'amylase et de maltase, dans lequel on n'obtient que du glucose sans pouvoir mettre en évidence le maltose.

Un fait curieux signalé encore par SEILLIÈRE est que la cellulose rendue très attaquable par action de NaOH redevient beaucoup moins attaquable quand ce produit a été desséché dans le vide.

Tout récemment LOHRISCH a recherché la quantité de cellulose assimilée par certains invertébrés : en général il constate que l'assimilation des celluloses et des hémi-celluloses porte sur environ 50 p. 100 des substances absorbées (diverses chenilles).

A ces quelques notions se bornent nos connaissances actuelles sur la digestion de la cellulose par les sucs animaux chez les Invertébrés.

**II. Digestion de la cellulose chez les Vertébrés.** — Chez les animaux vertébrés, la digestion de la cellulose s'opère d'une façon toute différente. Quoique cette digestion de la cellulose soit un phénomène très important, comme nous le verrons dans la suite, pour la nutrition de toute une catégorie d'animaux, il est très remarquable de constater que cette digestion cellulosique est, pour ainsi dire, un fait accidentel : elle est due, en effet, entièrement à l'intervention de certains microbes, hôtes du tube digestif; si bien qu'on ne conçoit même pas l'existence possible des herbivores sans l'assistance des microbes. La vie sans microbes, que PASTEUR jugeait impossible d'une façon générale, est probablement possible pour les carnivores et les omnivores, mais a priori elle paraît impossible pour les herbivores.

La majorité des physiologistes ont pensé tout d'abord que les vertébrés n'assimilaient pas la cellulose, et que, dans les tissus des plantes ingérées, les vertébrés n'utilisaient que les albumines, les graisses et les divers hydrates de carbone susceptibles d'être hydrolysés par les ferments des glandes digestives, HAUBNER, en 1854, démontre que les herbivores assimilent vraiment la cellulose; mais ce n'est qu'à partir de 1884 que nos notions sur la digestion cellulosique se précisent, grâce aux travaux de KNIERIEM, TAPPEINER, ZUNTZ, etc.

1° *La digestion cellulosique est due aux bactéries du tube digestif.* — Ce fait fondamental est admis aujourd'hui pour deux raisons. La première est qu'on ne connaît aucun ferment animal, chez les herbivores, susceptible d'attaquer la cellulose. Il y a longtemps que la remarque en a été faite : sa justesse a été vérifiée par tous les auteurs qui ont repris la question. Aussi ne citerons-nous qu'à titre d'exemple les résultats récents de LOHRISCH, 1909.

|  | Cellulose mise au contact. | Cellulose retrouvée après 48 heures de digestion à 37° |
|---|---|---|
|  | gr. | gr. |
| Suc pancréatique de porc + toluol . . . . . . . . . . . . . | 0,415 | 0,449 |
| Extrait alcalin de pancréas de porc + toluol . . . . . . . . | 0,480 | 0,501 |
| Suc pancréatique de porc + suc intestinal de porc àà + toluol. | 0,239 | 0,245 |

Ces résultats montrent que le suc pancréatique n'a pas la moindre action sur la cellulose, pas plus que le suc pancréatique additionné de suc intestinal.

Il était naturel de penser alors que les microbes étaient les agents actifs de la digestion cellulosique. Il semble bien que cette hypothèse ait été acceptée d'emblée sans discussion et, pour ainsi dire, par élimination; ce ne fut, en effet, qu'assez longtemps après qu'on l'eut admis qu'on s'occupa d'en apporter une démonstration directe.

Les faits positifs qui témoignent le plus nettement en faveur de l'intervention des microbes dans la digestion cellulosique, consistent en ceci : qu'une digestion cellulosique active est presque constamment entravée par la présence des antiseptiques. Comme, d'une façon générale, on a toujours constaté que les antiseptiques n'entravent que peu l'action des ferments solubles, on en a conclu qu'une digestion entravée par des antiseptiques est une digestion microbienne. Voici des expériences de LOHRISCH qui confirment cette proposition. Du liquide cæcal de cheval est additionné de cellulose avec ou sans antiseptique et porté à l'étuve : on recherche la quantité de cellulose digérée.

|  | Durée de la digestion. heures. | Cellulose digérée. p. 100. |
|---|---|---|
| Liquide cæcal + cellulose . . . . . . . . . . . . | 19 1/2 | 17,9 |
| 50 cmc. + 15 cmc. d'acide phénique à 2 p. 100. . | 69 1/4 | 0 |
| 50 cmc. + 5 cmc. de toluol . . . . . . . . . . . | 72 1/2 | 0 |
| 50 cmc. + thymol en excès . . . . . . . . . . . | 70 | 0 |

Une autre démonstration peut-être encore plus directe du rôle des microbes a été apportée par LOHRISCH, qui constate qu'une simple filtration sur papier épais prive le liquide cæcal de toutes ses propriétés digestives. Comme il est sans exemple qu'une simple filtration sur papier arrête les « ferments solubles », il s'ensuit que l'élément actif retenu par le filtre doit être la masse microbienne.

Ainsi donc, absence de tout ferment animal susceptible de digérer la cellulose, et arrêt de la digestion cellulosique par les antiseptiques, ou par filtration des liquides intestinaux, telles sont les deux raisons qui permettent d'affirmer que, chez les vertébrés, la digestion cellulosique est microbienne.

Pour posséder une connaissance complète de cette digestion microbienne, il resterait à connaître : 1° les bactéries en cause, et 2° les conditions de développement de ces bactéries. Sur ces points, nos connaissances sont fort restreintes.

Avec Van Tieghem (1879), on admet que le principal agent de la digestion cellulosique est le *Bacillus amylobacter*. Mais nous ignorons si d'autres microbes ne lui sont pas associés dans cette œuvre.

Au point de vue des conditions d'action des microbes cellulolytiques, deux faits seuls ont bien été établis par Lohrisch. Le liquide intestinal bouilli, qui a perdu sa propriété de digérer la cellulose (Hofmeister), ne la récupère pas après ensemencement avec de petites quantités de liquide intestinal frais; ce fait est très important, car il montre que les bacilles cellulolytiques sont assez délicats pour ne plus pouvoir se développer sur un milieu favorable dénaturé par une simple ébullition. D'autre part, Lohrisch a vu encore qu'en présence de l'air, et à une température de 38°, les microbes cellulolytiques meurent rapidement dans le suc intestinal. Un suc intestinal abandonné à lui-même devient complètement inactif au bout de 9 jours.

2° *Produits de la digestion.* — Les produits de la digestion cellulosique sont qualitativement les mêmes; que la digestion s'accomplisse *in vivo* ou qu'elle s'accomplisse *in vitro* (Tappeiner) : ce sont principalement $CO_2$, $CH_4$, de l'acide acétique et de l'acide butyrique, accessoirement de l'acide formique et de l'acide propionique.

L'examen quantitatif des produits de la digestion, étudiée *in vivo*, ne donne que des résultats irréguliers. Selon qu'on examine le contenu de l'estomac, celui de l'intestin grêle ou celui du cæcum, on trouve des proportions variables de $CO_2$ et $CH_4$ (Tappeiner). Ces faits s'expliquent aisément si l'on se rappelle que la muqueuse de l'estomac et celle de l'intestin résorbent les gaz avec des vitesses très inégales. Malgré ces causes d'erreur, une analogie très nette se retrouve cependant dans les processus de la digestion *in vivo* et dans ceux de la digestion *in vitro*, lorsque celle-ci est très active.

|  | Gaz de la panse du cheval | Gaz développés *in vitro*, (Tappeiner). |
|---|---|---|
| $CO_2$ | 75,47 | 55,19 |
| $CH_4$ | 23,27 | 37,08 |

Mais il n'en reste pas moins que seule l'étude de la digestion *in vitro* nous permet de connaître quantitativement les produits de la digestion. D'après Henneberg et Stohmann, 100 grammes de cellulose donnent naissance à :

33gr,5 de $CO_2$
4gr,7 de $CH_4$
33gr,6 d'acide acétique
33gr,6 d'acide butyrique.

3° *Sort des produits de la digestion cellulosique.* — Les gaz volatils $CO_2$ et $CH_4$ de la digestion sont éliminés par les herbivores en nature. D'après Zuntz, $CH_4$ est presque totalement éliminé par le rectum, tandis que $CO_2$, qui est très rapidement résorbé par l'intestin, est éliminé en très grande partie par la voie pulmonaire. Étant donné enfin qu'on ne trouve dans les urines que des traces d'acide butyrique et d'acide acétique, et que ces urines sont très riches en carbonates, il est extrêmement probable que les acides butyrique et acétique sont brûlés dans l'organisme en donnant des carbonates alcalins.

Ces divers faits permettent plusieurs conclusions importantes.

L'élimination abondante par le poumon du $CO_2$ provenant de la fermentation intestinale, tend à augmenter le quotient respiratoire d'une façon très notable. D'après les travaux de Zuntz, on peut voir que, chez le bœuf, environ le quart de l'acide carbonique expiré provient de la fermentation intestinale.

Mais, inversement, la combustion de l'acide butyrique et de l'acide acétique tend à diminuer notablement le quotient respiratoire (Mallèvre). Chez des lapins auxquels on injecte de l'acétate de soude, on constate, en effet, que le quotient respiratoire (Q. R.) tombe de 1,04 à 0,71 et de 0,86 à 0,69 ; ce qui est aisé à comprendre si l'on se représente la combustion de l'acétate de soude selon la formule la plus probable.

$$C^2H^3O^2Na + 2O^2 = CO^2 + H^2O + CO^3NaH$$

d'où on a

$$\frac{CO^2}{2O^2} = 0,5.$$

Par conséquent, étant donné que chez l'animal, en même temps qu'il se produit une élimination de $CO^2$ qui tend à augmenter le Q.R., il se fait une combustion d'acide gras qui tend à diminuer le Q.R, il s'ensuit que les deux causes de perturbations s'annulent presque, et que le Q.R. des herbivores est à peu près comparable à celui qui existerait, si la cellulose était digérée directement dans l'intimité des tissus et, par suite, très comparable au quotient qu'on trouverait chez un animal absorbant une nourriture très riche en hydrates de carbone ordinaires.

L'élimination en nature de $CH^4$ est intéressante, car elle nous est un indice de l'activité de la fermentation microbienne. De la quantité $CH^4$ éliminée, nous pouvons conclure directement à la quantité de cellulose hydrolysée, selon les processus exposés plus haut. Des travaux de Zuntz, il semble résulter qu'on peut conclure de l'élimination de $CH^4$ à une hydrolyse exclusivement bactérienne de la cellulose digérée. Ainsi se trouve écartée une hypothèse possible de la digestion cellulosique, à savoir que la digestion *in vivo* serait *entreprise* par les bactéries et *continuée* par les ferments animaux.

De ces mêmes constatations, on peut calculer les calories utilisées par l'organisme dans la digestion cellulosique.

100 gr. de cellulose = 414.600 calories.

Les produits de la digestion de 100 grammes de cellulose donnent :

| gr. | | Calories. |
|---|---|---|
| 33,5 $CO^2$.. | | » |
| 4,7 $CH^4$ | $= 13^{cal},344 \times 47 =$ | 62,717 (perdues, puisque $CH^4$ éliminé en nature). |
| 33,6 acide butyrique | $= 3^{cal},5 \times 33,6 =$ | 147,76 |
| 33,6 — acétique | $= 5^{cal},6 \times 33,6 =$ | 189,73 |
| Chaleur de fermentation | $=$ | 44,37 |
| Calories utilisées.. | | 355,86 |

La fermentation microbienne n'est donc pas un processus de digestion très onéreux pour l'organisme, puisqu'elle ne prive l'organisme que du septième $\frac{414,6}{62,7}$ des calories alimentaires.

4° *Utilisation des diverses celluloses par les divers animaux.* — Chez le même animal, les diverses celluloses sont très diversement utilisées; en général, les celluloses des tissus jeunes et tendres sont beaucoup mieux utilisées que les celluloses des tissus adultes lignifiés, sans qu'il nous soit possible actuellement de préciser davantage et de traduire, en un langage chimique, cette vague opposition. Le lapin, par exemple, assimile, d'après Knieriem :

| | |
|---|---|
| Coques de noix pilées | 5,03 |
| Fibres de lin | 5,40 |
| Foin | 52,47 |
| Papier | 54,49 |
| Carottes | 65,30 |
| Feuilles de chou | 77,90 |

Les divers animaux utilisent la cellulose d'une manière très inégale.

KNIERIEM a fait, à cet égard, des recherches chez l'homme, les oiseaux carnivores, les chiens, et les lapins.

a) *Hommes* :

| Jours. | Régime. | Cellulose des fèces. |
|---|---|---|
| 1 | Bière, viande, fromage, café, lait. . . . . . . . . . . . . . | 0,138 |
| 2 | — — . . . . . . . . . . . . . | 0,0013 |
| 3 | — — . . . . . . . . . . . . . | 0,0177 |
| 4 | — — . . . . . . . . . . . . . | 0,001 |
| 5 | Id + 371 gr. de *Scorzonera hispanica* [1] = 3ᵍʳ,3675 de cellulose. | 1,283 |
| 6 | Régime antérieur. . . . . . . . . . . . . . . . . . . . | 1,064 |
| 7 | — . . . . . . . . . . . . . . . . . . . . | 0,744 |
| 8 | — . . . . . . . . . . . . . . . . . . . . | 0,044 |

D'où utilisation de la cellulose = 4,4 p. 100

Chez l'homme, la digestion de la cellulose est donc minime.

b) *Chiens et oiseaux carnivores :* KNIERIEM la trouve à peu près nulle.

c) *Animaux herbivores :* Chez les herbivores, lapin, cheval, bœuf, etc., l'utilisation de la cellulose est considérable et varie selon les celluloses de 50 à 80 p. 100 en moyenne.

5° *Siège de la digestion de la cellulose.* — De l'opinion de TAPPEINER et de ZUNTZ, la digestion de la cellulose serait loin d'être également active dans tout le tractus digestif. Elle aurait son maximum d'intensité dans l'estomac et le cæcum, et serait très faible dans l'intestin grêle. Cette opinion est basée sur ces faits que l'on trouve peu de gaz dans l'intestin grêle, alors qu'on en trouve beaucoup dans l'estomac et le cæcum, et que le liquide de l'intestin grêle ne jouit que d'un pouvoir cellulolytique très faible tandis que celui de l'estomac et du cæcum digère la cellulose avec activité.

6° *Influence de la digestion de la cellulose sur la digestion des autres aliments.* — Nous avons déjà vu que l'*ingestion* de la cellulose accélère le transit intestinal chez tous les animaux, et que cette accélération du transit a pour conséquence une petite diminution dans l'utilisation des divers aliments : hydrates de carbone, graisses et albumines. La *digestion* de la cellulose, par contre, qui n'est véritablement importante que chez les herbivores, a aussi une conséquence importante ; c'est qu'elle entrave la digestion des hydrates de carbone par les sucs digestifs animaux ; TAPPEINER constate que, si des herbivores ont ingéré de l'amidon, cet amidon subit une fermentation bactérienne. Il semble donc que, chez les herbivores, la digestion des hydrates de carbone soit unifiée selon un même type, qui est l'hydrolyse par les bactéries. Le retentissement de la digestion cellulosique sur la digestion des albumines et des graisses est peu connu.

7° *Importance de la cellulose dans l'alimentation des herbivores.* — Étant donné que les $\frac{6}{7}$ des calories disponibles de la cellulose sont utilisés par l'organisme des herbivores, que 50 p. 100 au moins de la cellulose est digérée, et que l'alimentation des herbivores consiste, en grande partie, en cellulose, on conçoit que la cellulose soit un aliment très important pour les herbivores.

L'expérience démontre, en plus, que la cellulose est encore un aliment indispensable (KNIERIEM).

« Le 30 septembre 1878, on met un lapin dans une cage dont le fond est un treillis métallique à mailles de 3 millimètres. Les matières fécales se rassemblent sur ce treillis, tandis que les urines passent au travers pour se collecter dans un vase. L'animal recevait par jour 150 centimètres cubes de lait et 5 grammes de sucre... Dès le 11 octobre, les matières ne sont plus expulsées sous forme de billes, mais sous une forme liquide ou molle. Le 1ᵉʳ décembre, l'animal est trouvé mort dans sa cage. Le poids de l'animal était alors de 822 grammes, c'est-à-dire 69 p. 100 de son poids primitif ; la mort ne pouvait donc être imputée à l'inanition. A l'autopsie, on constate que, dans l'estomac, il n'y a que du mucus, et que la région pylorique est enflammée ; l'intestin grêle est rempli de mucus, fortement enflammé dans toute sa longueur ; il en est de même du cæcum. Ce dernier, de plus, est rempli de matières de la consistance d'une

1. Légume vendu souvent comme salsifis.

## Ferments des hydrates de carbone dans la série animale.

| ESPÈCES D'HYDRATES DE CARBONE. | | FERMENTS HYDROLYSANTS. | PRODUITS D'HYDROLYSE. | ORIGINE DES HYDRATES DE CARBONE ENVISAGÉS. |
|---|---|---|---|---|
| *Monosaccharides.* Aucun de ces sucres n'est hydrolysé par des ferments animaux. Ces sucres d'ailleurs directement assimilables ne sont attaqués quo[i] par les ferments microbiens. | Bioses | | | Peu abondants dans le règne végétal et animal. |
| | Trioses | | | |
| | Tétroses | | | |
| | Pentoses { Arabinose. / Xylose. | | | Combinés aux nucléo-protéides et provenant surtout de l'hydrolyse des pentosanes végétales. |
| | Hexoses { Glucose *d.* / Lévulose *l.* / Galactose. / Mannose. | | | Fruits, miel, sang, urine des diabétiques. / Prod. du dédoublem[en]t du lactose, des gommes, etc. / Produit de dédoublement des albumens cornés, des graisses. |
| | Sorbose. / Talose, etc. | | | Sucre artificiel. / Obtenus synthétiquement. |
| | Heptoses | | | |
| *Disaccharides.* | Saccharose. | Invertine (intestin, microbes). | Glucose + lévulose. | Canne à sucre, betterave. |
| | Lactose. | Lactase. | Galactose + glucose. | Lait (inconnu dans règne végétal). |
| | Maltose. | Maltase (intestin, pancréas). | Glucose + glucose. | Produits d'hydrolyse de l'amidon, du glycogène. |
| | Isomaltose. | — | Glucose + glucose. | Produit de synthèse de 2 molécules de glucose (?). |
| | Tréhalose. | Tréhalase (intestin). | Glucose + glucose. | Manne d'Orient, coque du tréhala, champignons. |
| | Mélibiose. | Invertébrés[1]. | Galactose + glucose. | |
| *Trisaccharides.* | Rhamninose. | Rhamninorhamnase (escargot). | 2 rhamnoses + galactose. | |
| | Raffinose. | Raffinase (invertébrés). | Lévulose + glucose + galactose. | Betterave, coton, orge, blé. |
| | Gentianose. | Gentianase (invertébrés). | Lévulose + 2 glucose. | |
| | Manninotriose. | Invertébrés. | 2 galactose + glucose. | |
| *Tétrasaccharides.* | Stachyose. | Invertébrés. | Mannotriose + lévulose. | |
| | Xylanes. | Invertébrés. | Xylose. | |
| | Arabanes. | Ferment inconnu. | Arabinose. | Gommes du cerisier. |
| *Polysaccharides.* | Cellulose. | Invertébrés et microbes. | Glucose. — Par les sucs animaux. Par les microbes : $CO^2$... 33,5 / H... traces / $CH^4$... 4,7 / Ac. butyrique. — acétique. } 33,6 | Fibres des végétaux, enveloppes cellulaires. |
| | Mannanes. | Invertébrés. | Mannose. | Albumens cornés, etc., gommes. |
| | Galactanes. | Invertébrés. | Galactose. | Produits d'hydrolyse de l'amidon. |
| | Dextrines. | Dextrinase (intestin, pancréas). | Maltose. | Produit purement animal. |
| | Glycogène. | Amylase. | Dextrines. | Produit répandu dans la plupart des végétaux. |
| | Amidon. | — | Dextrines. | Topinambours, etc. |
| | Inuline. | Inulase (invertébrés). | Lévulines. | |

1. Parmi les invertébrés, c'est surtout l'Escargot qui a servi à la recherche de ces ferments. — Pour les autres invertébrés voir le texte.

masse vitrifiée et fortement adhérentes aux parois et aux plis du cæcum. Si l'on compare le contenu d'un intestin de lapin nourri normalement à ce tableau, la différence est frappante; la masse cæcale est mobile, elle s'échappe par une simple pression du cæcum, et ainsi se trouve maintenue une libre communication entre l'estomac et le rectum qui n'existe plus au cours de l'alimentation dépourvue de cellulose. L'absence de cellulose, en diminuant le péristaltisme et en permettant cette accumulation cæcale, a donc causé la mort de l'animal. »

L'expérience mémorable de Knieriem est du plus haut intérêt; elle nous montre le sort final d'un animal dont on modifie complètement l'alimentation naturelle. Mais l'interprétation que Knieriem donne de son expérience est certainement incomplète.

Pour Knieriem le lapin soumis au régime lacté meurt de constipation.

Les acquisitions récentes de la physiologie nous permettent d'ajouter que le lapin a dû pâtir encore : 1° d'un excès d'urée dans le sang — dû au régime hyperazoté du lait. — Le lapin tolère mal des introductions considérables d'urée (Heilner, Z. B., 1909). 2° de l'introduction d'une albumine étrangère à son alimentation habituelle. 3° de formation de substances toxiques au cours de sa dyspepsie intestinale pouvant causer de graves néphrites. C'est ce qui a lieu même chez le chien au cours d'un régime azoté abondant (Ambard), etc.

Nous devons donc être aujourd'hui très réservés sur l'interprétation de l'expérience de Knieriem.

### β Digestion des Pentosanes.

**Xylanes.** — On ne connaît de xylanase animale que chez les invertébrés herbivores où elle est fort répandue. Dans les séries de mollusques et de crustacés il est remarquable de constater que la xylanase est toujours présente chez les formes herbivores, alors que des formes voisines, mais carnivores, en sont dépourvues (Seillière). On la trouve chez les mollusques herbivores (y compris les bivalves), les crustacés herbivores, les larves d'insectes xylophages, chez certains coléoptères adultes.

Les sucs de ces animaux transforment le xylane en xylose caractérisé (Seillière) par ses réactions colorées, par son osazone et dans certain cas par la formation de xylono bromure de cadmium.

Les sucs ont une activité extrême; en quelques heures la saccharification est totale. Les expériences de Seillière ont toujours porté sur de la xylane préparée à partir de la sciure de peuplier. Chez les vertébrés il n'existe pas de xylanases animales. Par contre les microbes ont une activité très nette sur la xylane.

Les constatations suivantes sont empruntées textuellement à Seillière.

Les animaux, lapins et cobayes nourris de foin vert et de pain, étaient sacrifiés et le contenu du gros intestin délayé aussitôt dans cinq volumes d'eau chloroformée, puis centrifugé; on décantait ensuite la partie liquide. Ce liquide, de réaction légèrement alcaline, fut additionné de xylane dans la proportion de 5 p. 100, et d'un excès de chloroforme. Après quarante-huit heures de séjour à l'étuve, on a précipité par deux volumes d'alcool à 98°, filtré, évaporé l'alcool et déféqué au sous-acétate de plomb et $H^2S$.

Le liquide ainsi obtenu donnait avec intensité les réactions des pentoses avec la phloroglucine et l'orcine; la phénylhydrazine a fourni une osazone fusible à 160-162°, dont les propriétés concordaient bien avec celles de la xylosazone.

Des digestions témoins, faites avec les mêmes liquides diastasiques chauffés, n'ont donné lieu à aucune production de pentose.

En acidifiant très légèrement par l'acide acétique, l'action de la diastase paraît s'accélérer; mais ce sont là des conditions qui ne sont guère réalisées in vivo, le contenu intestinal du lapin et du cobaye étant normalement alcalin.

Les sécrétions digestives des herbivores ne renferment pas de xylanase, celle rencontrée dans le côlon devait être d'origine microbienne. L'essai suivant nous paraît confirmer cette vue : le contenu intestinal, délayé dans deux volumes d'eau, est chauffé à 100°, de manière à détruire les diastases et la plupart des microbes. Après refroidissement, on a ensemencé avec une petite quantité de contenu cæcal non chauffé, en suspension dans l'eau. Le tout étant mélangé, on a prélevé une portion du magma qui a été saturé de chloroforme pour empêcher le développement des microbes. Cette portion a servi à faire avec de la xylane une digestion analogue à celles qu'on a mentionnées plus haut; il n'y a pas eu d'hydrolyse appréciable.

La partie ensemencée étant maintenue trois jours à 37°, les microbes ont repris possession de la masse, et avec eux a reparu la xylanase : une digestion analogue aux précédentes a permis de constater une hydrolyse des plus nettes de la xylane [1].

**V. Voies d'absorption des graisses chez les divers animaux.** — « La proposition que nous venons d'émettre, à savoir que les matières grasses sont absorbées par les vaisseaux lymphatiques de l'intestin qui prennent le nom de vaisseaux chylifères, paraît souffrir des exceptions quand on examine l'absorption des matières grasses dans les autres classes d'animaux vertébrés, les oiseaux, les reptiles et les poissons. On voit, en effet, que dans ces animaux les vaisseaux lymphatiques de l'intestin qui sont, du reste, assez peu nombreux chez les oiseaux, ne renferment jamais, pendant la digestion, des matières grasses émulsionnées; de sorte que les vaisseaux chylifères n'ont pas, chez ces trois classes de vertébrés, les mêmes usages à remplir que chez les mammifères. Cependant, on ne peut pas admettre que l'absorption de la graisse n'a pas lieu chez ces animaux; seulement, on reconnaît que cette absorption s'effectue au moyen d'un autre système vasculaire, c'est-à-dire de la veine porte. Nous avons dit que la graisse absorbée par l'intestin ne devait pas traverser le foie. Cependant, chez les oiseaux, si la graisse était absorbée par la veine porte, elle devrait incessamment passer à travers le système capillaire hépatique avant d'arriver au cœur. Or il existe, chez tous les animaux où les lymphatiques ne sont pas destinés à l'absorption de la graisse, des communications très larges entre le système de la veine porte et le système de la veine cave; de telle façon que les matières grasses absorbées peuvent passer de la veine porte directement dans la veine cave, sans traverser le tissu capillaire du foie. Les vaisseaux de communication entre la veine porte et la veine cave constituent ce qu'on appelle le système veineux de JACOBSON, qui existe dans les trois classes d'animaux vertébrés, autres que les mammifères (fig. 93, p. 526). C'est grâce à cette disposition que la graisse peut arriver dans le système circulatoire général, sans traverser les capillaires du foie dans lesquels elle s'arrêterait, ainsi que l'ont prouvé les recherches physiologiques de MAGENDIE et les recherches chimiques de LEHMANN. (CL. BERNARD : Leçons de phys. exper., II.)

D'ailleurs, CLAUDE BERNARD pense que les oiseaux ont une faculté absorbante pour les graisses beaucoup plus faible que les mammifères. « J'ai souvent donné à des oiseaux de la graisse en assez forte proportion dans les aliments, et j'ai également constaté (comme BOUSSINGAULT) que, dans les excréments, on en rencontrait une grande proportion : ce qui n'a pas lieu en semblable circonstance pour les mammifères. »

A ces considérations de CL. BERNARD, sur l'absorption des graisses, se borne toute la documentation sur cette question des voies d'absorption des graisses chez les divers animaux.

**VI. Respiration intestinale.** — L'intestin est susceptible d'absorber des gaz en très grandes quantités. De l'acide carbonique injecté dans le rectum en disparaît très rapidement et s'élimine par le poumon (CH. RICHET). Quelques instants après l'injection d'eau oxygénée dans le rectum, on constate que le sang veineux des vaisseaux mésentériques devient rutilant. En général, la muqueuse intestinale n'a cependant qu'un rôle insignifiant dans les échanges respiratoires, et ce n'est que chez quelques poissons que ce rôle est très accusé.

Déjà, en 1814, TREVIRANUS avait signalé que Cobitis fossilis avale constamment de l'air qu'il rend par l'anus. BAUMERT a fait l'analyse des gaz émis par l'anus, et constaté une proportion de 87,18 d'Az, 12,03 d'O et 0,79 de $CO_2$. L'intestin de Cobitis fossilis a été étudié par LEYDIG et surtout par CALOGAREANU, dans le mémoire duquel on trouvera de très belles reproductions de coupes de l'intestin. Ces coupes montrent qu'il

[1]. Ces essais ont été faits sur le lapin et le cobaye. C'est le contenu intestinal du cobaye qui s'est montré, en général, le plus favorable au développement des microbes.

y a une véritable adaptation histologique de la muqueuse intestinale à sa nouvelle fonction respiratoire. Une grande partie des cellules sont effilées dans leur partie profonde et s'étalent largement dans leur partie libre au-dessus des capillaires, rappelant ainsi la disposition anatomique du poumon.

JOBERT rapporte que *Callicthys asper*, poisson brésilien, succombe si on l'empêche d'avaler de l'air à la surface des eaux.

AMBARD.

## BIBLIOGRAPHIE.

### I. — SUCS INTESTINAUX ET ACTION DE CES SUCS.

#### SUC PANCRÉATIQUE.

**Composition du suc pancréatique.** — GLÄSSNER. *Ueber menschl. Pankreassekret* (Z. p. C., 1904, XL, 465). — GLEY et CAMUS. *Sur la sécrétion pancréatique des chiens à jeun* (B. B., 1901, 195). — POZERSKI. *Sur le calcium du suc pancréatique* (B. B., 1908, I, 505). — SCHUMM. *Ueber menschl. Pankreassecret* (Z. p. C., 1902, XXXVI, 292). — DE ZILWA. *On the composition of the pancreatic juice* (J. P., 1904, XXXI, 230).

#### Amylase.

BIERRY, GIAJA et HENRI. *Inactivité amylolytique du suc pancréatique dialysé* (B. B., 1906, I, 479). — BIERRY [et GIAJA. *Sur le suc pancréatique dialysé* (B. B., 1907, I, 432). — BIERRY. *Sur l'amylase du suc pancréatique de sécrétine* (B. B., 1907, I, 434). — BOUCHARDAT et SANDRAS (C. R., 1845, 111). — COHNHEIM. *Zur Kenntniss der zuckerbildenden Fermente* (A. A. P., 1865, XXVIII, 251). — DANILEWSKI. *Ueber specifisch wirkende Körper des natürlichen und künstlichen Pankreatischen Saftes* (A. A. P., 1862, XXV, 279). — FLORESCO. *Pouvoirs zymotiques comparatifs du pancréas de bœuf, chien, mouton et porc par rapport à la gélatine* (B. B., 1896, 77, 890). — HAMMARSTEN. *Lehrb. der physiol. Chemie*, 1895, 262. — GRÜTZNER. *Ueber die Einwirkung chemischer Stoffe auf die Tätigkeit des diastatischen Pankreasfermentes* (A. g. P., 1902, XCI, 195). — MERING (V.) et MUSCULUS. *Umwandlung von Stärke und Glykogens durch Diastase, Speichel, Pankreas und Leberferment* (Z. p. C., 1878, ch. II, 403. — PHILOCHE (M^{lle}). *Thèse de la Faculté des Sciences de Paris*, 1908. — CH. RICHET. *Du suc gastrique chez l'homme et les animaux* (*Thèse de la Fac. de Sciences de Paris*, 1878, 116). — SIDNEY (C.). *The influence of electrolytes on the action of the amylase* (J. P., 1903, XXX, 202). — VERNON. *The differences of action of various diastases* (J. P., 1902, XXVIII, 156).

#### Maltase.

BIERRY et TERROINE. *Le suc pancréatique de sécrétine contient-il de la maltase?* (B. B., 1905, I, 869). — — *Sur l'amylase et la maltase du suc pancréatique de sécrétine* (Ibid., 1905, II, 257). — BOURQUELOT. *Sur les propriétés physiologiques du maltose* (C. R., 1883, XCVII, 10000). — — *Maltase* (Journ. de Pharmacie, 1883, 420). — — *Recherches sur les propriétés physiol. du maltose* (Journ. d'anat. et de phys., 1886, XXII, 162 et 200). — HAMBURGER. *Vergleichende Untersuchung über die Einwirkung des Speichels des Pankreas und Darmsaftes sowie des Blutes auf die Starkehleister* (A. g. P., LX, 560).

#### Trypsine.

**Inactivité du suc pancréatique pur.** — CHEPOWALNIKOW. *Diss. Saint-Pétersbourg* (An. in MALY's. Jahrb., 1899, XXIX). — DELEZENNE et FROUIN. *La sécrétion physiologique du pancréas ne possède pas d'action digestive vis-à-vis de l'ovalbumine* (B. B., 1902, 691). — GLEY et CAMUS. *Sécrétion pancréatique active et sécrétion inactive* (B. B., 1902, 241). — — *De la sécrétion d'un suc pancréatique protéolytique sous l'influence d'injections de sécrétine* (Ibid., 1902, 649). — — *Sur la sécrétion pancréatique active* (Ibid., 1902, 895). — LINTWAREW

*Dissert. de Saint-Pétersbourg*, 1901 (An. in *Bioch. Centralbl.*, 1901, I). — PAWLOW. *Le travail des glandes digestives* (traduction française, Paris, 1901). — WALTHER. (*Cinquième congrès Internat. de Physiol.*, Turin, 1901).

**Activation du suc pancréatique α) par la kinase.** — (Beaucoup de documents sur cette question se trouvent dans les travaux de CHEPOWALNIKOFF, DELEZENNE, FROUIN, LINTWAREW, PAWLOW et WALTER, cités plus haut.) — BAYLISS et STARLING. *The proteolytic activities of the pancreatic juice* (J. P., 1903, XXX, 61). — BIERRY et HENRI. *Le lait réactif sensible du suc pancréatique* (B. B., 1902, 667). — BRETON. *Sur le rôle kinasique des microbes normaux de l'intestin, particulièrement chez l'enfant* (B. B., 1904, 35). — CAMUS et GLEY. *A propos de l'influence des macérations d'intestin sur l'action protéolytique du suc pancréatique* (B. B., 1902, 334). — — *A propos de l'action de la rate sur le pancréas* (Ibid., 1902, 800). — CAMUS. *Entérokinase et sécrétine* (B. B., 1902, 513). — — *A propos de la transformation possible de l'entérokinase en sécrétine* (Ibid., 1902, 898). — DASTRE et STASSANO. *État de la kinase et de la protrypsine dans la digestion de l'albumine* (B. B., 1903, 635). — — *Les facteurs de la digestion pancréatique, suc pancréatique, kinase et trypsine, antikinase* Arch. Intern. de Phys., 1904, I, 86). — DELEZENNE. *L'action du suc intestinal dans la digestion tryptique des matières albuminoïdes* (B. B., 1901, 1161). — — *L'entérokinase et l'action favorisante du suc intestinal sur la trypsine dans la série des vertébrés* (Ibid., 1901, 1164). — — *Sur la distribution et l'origine de l'entérokinase* (Ibid., 1902, 281). — — *Sur la présence dans les leucocytes et les ganglions lymphatiques d'une diastase favorisant la digestion tryptique des matières albuminoïdes* (Ibid., 1902, 283). — — *Les kinases leucocytaires et la digestion de la fibrine par les sucs pancréatiques inactifs* (Ibid., 1902, 590). — — *L'action favorisante de la bile sur le suc pancréatique dans la digestion de l'albumine* (Ibid., 1902, 592). — — *Sur l'action protéolytique de certains sucs pancréatiques de fistule temporaire* (B. B., 1902, 693). — — *Sur l'action protéolytique des sucs pancréatiques de pilocarpine. Passage des leucocytes dans la sécrétion pancréatique et la sécrétion urinaire sous l'influence de la pilocarpine. Action kinasique de l'urine de pilocarpine* (Ibid., 1902, 890). — — *A propos de l'action de la chaleur sur l'entérokinase* (Ibid., 1902, 431). — — *Sur les différents procédés permettant de mettre en évidence la kinase leucocytaire* (Ibid., 1902, 893). — DELEZENNE et FROUIN. *Le suc pancréatique des bovidés* (B. B., 1903, 435). — — *Sur la présence de sécrétine dans les macérations acides des ganglions mésentériques* (Ibid., 1902, 896). — — *Les kinases microbiennes. Leur action sur le pouvoir digestif du suc pancréatique vis-à-vis de l'albumine* (Ibid., 1902, 998). — — *Sur l'existence d'une kinase dans le venin des serpents* (Ibid., 1902, 1076). — — *Action du suc pancréatique et du suc intestinal sur les hématies* (Ibid., 1903, 171). — DELEZENNE et MOUTON. *Sur la présence d'une kinase dans quelques champignons* (Ibid., 1903, 27). — FROUIN. *Sécrétion et activité kinasique du suc intestinal chez les bovidés* (B. B., 1904, 806). — *Influence de l'ablation de la rate sur la digestion pancréatique des animaux agastres* (Ibid., 1902, 418). — — *La rate exerce-t-elle une action sur la transformation intrapancréatique du zymogène en trypsine?* (Ibid., 1902, 798). — GLEY. *Sur la signification de la splénectomie consécutive à l'extirpation totale de l'estomac* (B. B., 1902, 419). — HAMBURGER et HEKMA. *Sur le suc intestinal de l'homme* (Journ. de Phys. et de Pathol. génér., 1902, 805). — HEKMA. *Ueber die Umwandlung des Trypsinzymogens in Trypsin* (A. P., 1904, 343). — LARGUIER DES BANCELS. *De l'influence de la macération intestinale bouillie sur l'activité du suc pancréatique* (B. B., 1902, 360,631). — LAUNOY. *Diapédèse et sécrétion pancréatique active* (B. B., 1904, 247). — POPIELSKI. *Ueber die Grundeigenschaften des Pankreassaftes* (C. P., 1903, XVII, 65). — POZERSKI. *De l'action favorisante du suc intestinal sur l'amylase du suc pancréatique et de la salive* (B. B., 1902, 965-967). — — *Action des macérations d'organes lymphoïdes et des leucocytes sur les amylases pancréatiques et salivaires* (Ibid., 1902, 1103). — STASSANO. *Sur l'extraction de l'entérokinase par les nucléo-albumines de la muqueuse intestinale* (B. B., 1902, 623). — *Sur l'augmentation dans la muqueuse intestinale du pouvoir favorisant de la digestion tryptique par l'afflux expérimental de leucocytes et par l'hyperhémie physiologique de la digestion* (Ibid., 1902, 1101). — — *L'action in vitro des leucocytes des exsudats sur le suc pancréatique est qualitativement comparable à l'action de l'entérokinase* (Ibid., 1902, 1102). — STASSANO et SIMON. *Du rôle des cellules éosinophiles dans la sécrétion de l'entérokinase* (B. B., 1903, 501). — VERNON. *The condition of conversion of pancreatic zymogens into enzymes* (J. P., 1901, XXVII, 279). — — *The condition of action of the pan-*

*creatic secretion (Ibid.*, 1902, xxviii, 373). — WERTHEIMER. *Sur les propriétés digestives du suc pancréatique des animaux à jeun (B. B.*, 1901, 139).

β) **Par les sels.** — DELEZENNE. *Activation du suc pancréatique par les sels de calcium (B. B.*, 1905, ii, 476). — — *Sur le rôle des sels dans l'activation du suc pancréatique. Spécificité du calcium (Ibid.*, 478). — — *Action des sels de calcium sur le suc pancréatique préalablement dialysé (Ibid.*, 323). — — *Sur l'activation du suc pancréatique par les sels de calcium. Action antagoniste des sels de potassium (Ibid.*, 614). — — *Nouvelles observations sur la spécificité des sels de calcium (Ibid.*, 1907, ii, 98). — LARGUIER DES BANCELS. *Activation du suc pancréatique sous l'influence combinée des colloïdes et des électrolytes (B. B.*, 1905, ii, 130). — ZUNZ. *Contribution à l'étude de l'activation du suc pancréatique par les sels (Bull. de la Société royale des sciences médicales et naturelles de Bruxelles*, 1906, lxiv, 28; 98 et *Annales de la Société royale des sciences naturelles de Bruxelles*, 1907, xvi).

**Les produits de la digestion tryptique.** — ABDERHALDEN (E.) a résumé dans son livre *Lehrbuch der Physiologischen Chemie (Urban et Schwarzenberg*, Berlin, 1906) le point de vue moderne de la digestion tryptique. — BERNARD (CL.). *Leçons de Phys. expériment.*, 1856, i. — CORVISART. *Sur une fonction peu connue du pancréas.* Paris, 1857-1858. — FISCHER et ABDERHALDEN. Ces auteurs ont publié dans ces quinze dernières années un très grand nombre de mémoires sur *la digestion tryptique.* Presque tous ces mémoires ont paru dans le *Zeit. für phys. Chemie*, de 1895 à nos jours. — KÜHNE. *Ueber die Verdauung der Eiweissstoffe durch den Pancreassaft (A. A. P.*,1875, xxxix, 130). — — *Ueber die Peptone (Z. B.*, xxii, 450). — KÜHNE et CHITTENDEN. *Ueber die nächsten Spaltungsproducte der Eiweisskörper (Z. B.*, xix). — KUTSCHER. *Ueber das Antipepton (Z. p. C.*, xxv, 193 et xxvi,110). — — *Die Endproducten der Trypsin Verdauung* (Dans ce travail très important le lecteur trouvera la bibliographie complète de la digestion tryptique depuis l'origine de la question jusqu'à l'année 1899, *Thèse de Strasbourg*, 1899). — LAMBLING a résumé annuellement dans la *Revue générale des Sciences* les acquisitions progressives sur la digestion tryptique. — SIEGFRIED. *Ueber Antipepton (Z. P. C.*, xxxv, 164). — NEUMEISTER. *Ueber Vitellosen (Z. B.*, 1888, xxiii, 402).

**Action de la trypsine sur les diverses albumines.** — (Cette question étant connexe des *actions d'arrêt* dues aux diverses albumines, nous n'avons pu séparer la bibliographie : ce chapitre se rapporte donc aux deux phénomènes.) — BERNARD (CL.) *Leçons de Phys. expériment.*, ii, 333). — BABCOCK et RUSSEL. *Galactase, das der Milch eigenthümliche Ferment (Centralb. fur Bacteriol.*, 1900, vi, 22, 45, 79). — BIFFI. *Zur Kentniss der Spaltungsproducte des Caseins bei der Pankreasverdauung (A. A. P.*, clii, 130). — CAMUS et GLEY. *Action du sérum sanguin sur quelques ferments digestifs (B. B.*, 1897, 825 et *Arch. de Phys.*, 1897, 764). — DASTRE et STASSANO. *Existence d'une antikinase chez les parasites intestinaux (B. B.*, 1903, 130). — *Antikinase dans les macérations d'Ascaris et de Tænia (Ibid.*, 1903, 254). — — *Action de l'antikinase sur la kinase (Ibid.*, 1903, 319). — DELEZENNE et POZERSKI. *Action empêchante de l'ovalbumine crue sur la digestion tryptique de l'ovalbumine coagulée (B. B.*, 1903, 935). — — *A propos de l'action, etc. (Ibid.*, i, 1905, 360). — FERMI. *Die Gelatine als Reagens zum Nachweise der Gegenwart des Trypsins und ähnlicher Enzyme (Maly's Jb.*, 1892, 592). — *L'action des zymases protéolytiques sur la cellule vivante (A. i. B.*, 1895, 433). — FERMI et PERNOSSI. *Ueber die Enzyme vergleichende Studien (Zeits. für Hyg.*, 1894, xviii, 83). — GOMPEL et HENRI. *Étude du ralentissement que produit l'albumine d'œuf cru sur la digestion tryptique de l'albumine (B. B.*, 1905, i, 457). — — *Note complémentaire sur la prétendue action antikinasique du sérum sanguin (Ibid.*, 613). — HEDIN. *Trypsin and Antitrypsin (Biochemical Journal*, 1, 474). — *An antitryptic effet of charcoal and a comparison between the action of charcoal and that of the tryptic antibody in the serum (Ibid.*, i, 484). — DE KLUG. *Pourquoi les ferments protéolytiques ne digèrent-ils pas l'estomac et l'intestin vivant? (Arch. Intern. de Phys.*, 1907, v, 3. — REICH. *Ueber die Einwirkung von Trypsin auf Leim (Z. p. C.*, 1902, xxxiv, 112). — UMBER. *Ueber die fermentative Spaltung der Nucleoproteïde (Z. für klin. Med.*, 1901, xliii, 4-5). — ZUNZ (E.). *Contribution à l'étude des propriétés antiprotéolytiques du sérum sanguin.* Dans ce mémoire on trouvera les indications bibliographiques sur les propriétés antiprotéolytiques du sérum depuis l'origine de la question jusqu'à 1905 (*Ac. Roy. de Belgique*, 30 déc. 1905).

**Conditions d'action de la trypsine** (Voir aussi l'activation par la kinase et par les

**sels**). — BAYLISS et STARLING. *The proteolytic activities of the pancreatic juice (J. P.*, 1903, 61). — CHITTENDEM et CUMMINS. *Der Einfluss verschiedener therapeutischer und toxischer Substanzen auf die proteolytische Wirkung des Pankreassaftes (Malys Jb.*, 1885, 304). — DASTRE et STASSANO. *Les facteurs de la digestion pancréatique, suc pancréatique, kinase et trypsine, antikinase (Arch. Internat. de Phys.*, 1904, 86). — FERMI et PERNOSSI. *Ueber die Enzyme (Z. für Hygiene*, XVIII, 83). — HEIDENHAIN. *Beiträge zur Kentniss des Pankreas (A. g. P.*, x, 557). — LANGLEY. *On the destruction of the ferments in the alimentary canal (J. P.*, III, 246). — PODOLINSKI. *Beiträge zur Kentniss des pankreatischen Eiweissfermentes (Thèse de Breslau*, 1876). — ROBERTS. *On the estimation of the amylolytic and proteolytic activity of Pancreatic extracts (Proceed. Roy. Soc.*, 1884, XXXII, 145). — SALKOWSKI. *Ueber das Verhalten des Pankreasfermentes bei der Erhitzung. (A. A. P.*, LXX, 158). — VERNON. *The conditions of action of trypsin on fibrin (J. P.*, 1901, XXVI, 405). — — *The peptone splitting ferments of the pancreas and intestine (Ibid.*, 1903, XXX, 330).

**Mesure de l'activité tryptique.** — BAYLISS. *Researches on the nature of the enzyme action (J. P.*, 1907, XXXVI, 4-5). — HENRI et LARGUIER DES BANCELS (B. B.*, 1903, 563, 787). — OKER BLUM. (*Versammlung Nordisch Naturf. in Helsingfors. Anat. und Phys.*, 1902, 9). — PAWLOW. *Le travail des glandes digestives.* — VERNON (J. P.*, 1903, XXX, 330). — VOLHARD (F.). *Ueber das Alkalibindungsvermögen und die Titration des Magensaftes (Munch. med. Woch.*, 1903, 49). — LOHLEIN. *Ueber die Volhardische Methode des quantitative Pepsin und Trypsin Bestimmung durch Titration (Hofm. Beiträge*, 1906, VII, 120). — SÖREN-SEN. *Enzymstudien, Bioch. Zeits.*, VII, 1907, 45-101.

## Ferment lab.

DELEZENNE. *Formation d'un ferment lab d'un suc pancréatique soumis à l'action des sels de calcium (B. B.*, 1907, II, 98). — HALLIBURTON et BRODIE. *Action of pancreatic juice on milk (J. P.*, xx, 97).

## Lipase.

BERNARD (CL.). (*Leçons de phys. expérim.*, 1856, II). — BERTHELOT (cité *in* CL. Bernard) (A. C.*, 1861, LI, 272). — DAKIN. *The hydrolysis of optically inactive esters by means of enzyme (J. P.*, XXX, 32). — DASTRE. *Recherches sur l'utilisation des aliments gras dans l'intestin (A. de P.*, 1891, 710). — DIETZ. *Ueber eine umkehrbare Ferment reaktion im heterogenen System. Esterbildung und Esterverseifung (Z. p. C.*, 1907, LII). — EBERLE. *Physiologie der Verdauung auf naturl. und künstl. Wege (Würzbourg*, 1834). — GIZELT. *Ueber den Einfluss des Alkohols auf die Verdauungsfermente des Pankreassaftes (C. P.*, 1906, XIX, n° 21). — HANRIOT. *Sur la lipase (A. P.*, 1898, 797). — HERZOG. *Fermentreaktion und Wärmetönung (Z. P. C.*, 1903, XXXVII, 383). — KANITZ. *Ueber Pankreas steapsin und über die Reactionsgeschwindigkeit des mittels Enzyme bewirkten Fettspaltung. (Z. p. C.*, 1905, XLVI, 482). — — *Beiträge zur Titration der hoch molekularer Fettsäuren*, 1906, VI, 400. — KASTLE et LŒWENHARDT. *Concerning lipase, the fat splitting enzyme and the reversibility of its action (Americ. chem. Journal*, 1900, XXIV, 491). — KNAUTHE. *Ueber Verdauung und Stoffwechsel (A. P.*, 1898, 149). — LŒWENHARDT. *On the so called ferment of lipase (Journ. of Biolog. Chemistry*, 1907, II, 391). — LŒWENHARDT et PIERCE (*Americ. J. of Biolog. Chemistry*, 1906, II, 397). — MAGNUS. *Die Wirkung synthetischer Gallensäuren auf die pankreatische Fettspaltung (Z. p. C.*, 1906, XLVIII, 376). — MARCET (B. B.*, 1857, 151). — MAYER (P.). *Ueber die Spaltung der lipoïden Substanzen der Lipase*, etc. (*Biochem. Zeitsch.* I, 39). — NENCKI. *Ueber die Spaltung der Säurecester der Fettreihe der aromatischen Verbindungen im Organismus durch Pancreas (A. P. P.*, 1886, xx, 367). — OTTO v. FÜRTH et SCHÜTZ. *Ueber den Einfluss der Galle auf die fett und eiweissspaltenden Fermente des Pankreas (Hofm. Beiträge*, 1906, IX, 28). — POITTEVIN (C. R.*, 138). — RACHFORD. *The influence of bile on the fat splitting influence of pancreatic juice (J. P.*, 1891, XVII, 72). — SCHOURNOFF, SIMANOWSKI et SIEBER. *Verhalten des Lecithius zu fettspaltenden Fermenten (Z. p. C.*, XLIX, 50). — STASSANO et BILLON. *La lécithine n'est pas dédoublée par le suc pancréatique même kinasé.(B. B.*, 1903, 482).

## SUC INTESTINAL

**Obtention du suc.** — FROUIN (Voir **Ferments intestinaux**). — MOREAU. *Ueber die Folgen der Durschneidung der Darmnerven (Centralbl. f. die medic. Wissenschaft,* 1868, 209). — THIRY. (*Sitz. der Wien. Akad.,* 1864). — VELLA. (*Untersuch. z. Natur.' des Menschen und der Thiere,* 1888, XIII, 40).

**Caractères du suc intestinal.** — BUSCH (*A. A. P.,* 1858, XIV, 140). — ELLENBERGER et HOF-MEISTER. *Ueber den Stickstoffgehalt der Verdauungssäfte bei stickstoffreier Nahrung* (**Z.** *p. C.,* 1887, XI, 497). — FROUIN. *De l'utilité de plusieurs fistules de Thiry chez un même animal pour l'étude des conditions de la sécrétion intestinale* (B. R., 1904, I, 461). — — *Sur les variations de la sécrétion intestinale* (*Ibid.,* 1905, I, 653). — GUMILEWSKI. *Ueber Resorption im Dünndarm* (*A. g. P.,* 1886, XXXIX, 556). — HAMBURGER et HEKMA. *Sur le suc intestinal de l'homme* (*Journ. de Phys. et de Pathol. gén.,* 1902, IV, 805). — KRUGER. *Untersuchung über die fermentative Wirkung des Dünndarmsaftes* (Z. B., 1899, XXXVII, 229). — KUTSCHER. (*Mitt. a. der Grenzgeb. d. Mediz. und der Chirurg.,* 1902, IX, 393). — LEHMANN et REICHERT. *Eine Thiry-Vella'-sche Darmfistel an der Ziege* (*A. g. P.,* 1884, XXXIII, 180). — NAGANO. *Zur Kenntniss der Resorption des Zuckers im Dünndarm* (*A. g. P.,* 1902, XC, 389). — PAWLOW. *Travail des glandes digestives,* 1904, Paris. — PREGL. *Ueber Gewinnung, Eigenschaften und Wirkungen des Darmsaftes vom Schafe* (*A. g. P.,* 1895, LXI, 389).

### Ferments du suc intestinal.

**Kinase** (Voir **Activation du suc pancréatique par la kinase**).

**Amylase et maltase.** — BIERRY et FROUIN. *Rôle des éléments cellulaires dans la transformation de certains hydrates de carbone* (C. R., 1906, XCIV, 1565). — BROWN et HÉRON. *Ueber Die hydrolytischen Wirkungen des Pankreas und des Dünndarms* (Liebig's Ann., CCIV, 228). — EICHORST. *Ueber die Resorption der Albuminate im Dickdarm* (A. g. P., IV, 584). — GRÜ-NERT. *Die fermentative Wirkung des Dünndarmsaftes* (*Dissert. Dorpat.,* 1890). — GRÜTZNER. *Notiz über einige ungeformte Fermente des Saügethierorganismus* (A. g. P., XII, 285). — GUMILEWSKI. (Voir **Caract. du suc intest.**) — HAMBURGER. *Vergleichende Untersuchung über die Einwirkung des Speichels, des Pankreas und Darmsaftes sowie des Blutes auf Starkekleister* (*A. g. P.,* LX, 560). — HEMMETER. *Ueber das Vorkommen von proteolytischen Fermente im Inhalte des menschlichen Colons* (A. g. P., LXXXI, 151). — LANNOIS et LÉPINE, *Sur la manière différente dont se comportent les parties supérieures et inférieures de l'intestin grêle au point de vue de l'absorption et de la transsudation* (A. de P., 1883, 92). — LEH-MANN, LEUBE (cités par RÖHMANN). — PASCHUTIN. *Ueber Trennung der Verdauungsfermente* (A. P., 1871). — PREGL (Voir **Caract. du suc intest.**). — RÖHMANN. *Ueber Secretion und Resorption im Dünndarm* (A. g. P., XLI, 424). — TEBB. *On the transformation of maltose to dextrose* (J. P., XV, 425).

**Invertine.** — BERNARD (CL.). *Leçons sur le diabète* (Paris, 1887, 529). — BIERRY et FROUIN. (Voir **Amylase**.) — GRÜNERT. *Die fermentative Wirkung des Dünndarmsaftes* (C. P., V, 285). — HENRI. *Lois générales des diastases* (Paris, 1903). — KRÜGER. (Voir **Caract. du suc intest.**) — MERING (V.). *Einfluss von diastatischen Fermenten auf Stärke, Dextrin und Maltose* (Z. p. C., 1881, V, 185). — MIURA. *Ist der Dünndarm im Stande Rohrzucker zu invertiren?* (Z. B., XXXII, 277). — RÖHMANN. (Voir **Amylase et maltase**.) (*Verhandlungen des V. Phys. Congresses* (Turin, 1901). — O'SULLIVAN et TOMPSON. *Invertase, a contribution to the history of an enzyme or unorganised ferment* (Journ. of Chem. Soc., 1890, LVII, 926). — SYDNEY (C.). *Contribution to our knowledge of the action of the enzymes. The influence of electrolytes on the action of invertin* (J. P., XXX, 1903, 281).

**Lactase.** — BAINBRIDGE. *On the adaptation of the pancreas* (J. P., 1904, XXXI, 98). — BIERRY et GIAJA. *Sur la digestion des glucosides et du lactose* (B. B., 1906, I, 1038). — — *Digestion des glycosides et des hydrates de carbone chez les mollusques terrestres* (Ibid, 1906, II, 485). — BIERRY et G.-SALAZAR. *Recherches sur la lactase animale* (B. B., 1904). — BIERRY et SCHÄFFER (B. B., I, mai 1907). — DASTRE. *Transformations du lactose* (A. de P., 1890, 103). — MENDEL. *Ueber den sogenannten paralytischen Darmsaft* (A. g. P., 1896,

LXIII, 425). — PAUTZ et VOGEL. *Ueber die Einwirkung der Magen und Darmschleimhaut auf einige Biosen und auf Raffinose* (Z. B., 1895, XXXII, 304). — PLIMMERS. *On the alleged adaptation of the pancreas to lactose* (J. P., XXXIV, 93). — PORCHER. *De la présence du lactose dans les excréments des jeunes mammifères* (B. B., 1906, 1114). — PORTIER. *Recherches sur la lactose* (B. B., 1898, 387). — PREGL (Voir **Amylase et maltase**). — CH. RICHET. *De l'action de quelques sels métalliques sur la fermentation lactique.* (C. R., 1892, CXIV, 1494). — RÖHMANN et LAPPE. *Die Lactose des Dünndarms* (C. B., 1895, XXVIII, 2506). — RÖHMANN et NAGANO, *Ueber die Resorption und die fermentative Spaltung der Disaccharide im Dünndarm des ausgewachsenen Hundes* (A. g. P., 1903, XCV, 533). — STRAUSS. *Ueber den Einfluss der verschiedenen Zuckerarten auf die Zuckerausscheidung* (Berl. kl. Woch., 1898, n° 18). — WEINLAND. *Ueber die Lactase des Pancreas* (Z. B., 1899, XXXVIII, 607).

**Raffinase.** — BIERRY et GIAJA (C. R., CVIII, 548). — FISCHER et NIEBEL. *Ueber das Verhalten der Polysacchariden gegen enige thierische Fermente und Organe. Sitz. d. Konigl. preuss. Akad. der Wissensch. zu Berlin*, 30 janvier 1906. — PAUTZ et VOGEL (Voir **Lactase**).

**Tréhalase.** — BIERRY et FROUIN (C. R., 1906). — BOURQUELOT. *Transformation du tréhalose en glucose dans les champignons par un ferment soluble* (Bull. de la Soc. Mycol. de France, 1893, 189). — BOURQUELOT et GLEY (B. B., 1895, 515). — FISCHER et NIEBEL (Voir **Raffinase**).

**Ferments dédoublant les celluloses.** — BIEDERMANN et MORITZ. *Beiträge zur vergleichenden Physiologie der Verdauung* (A. g. P., 1898, LXXIII, 236). — BIERRY et GIAJA (B. B., 2 juin 1906). — BROWN. *On the search for a cellulose dissolving (cytohydrolytic) enzyme in the digestive tract of certain grain feeding animals* (Journ. of Chem. Soc., 1892, 352). — DUCLAUX. *Digestion des matières grasses et cellulosiques* (C. R., 1882, XCIV, 976). — GATIN GRUZEWSKA (M^me). *Action de quelques diastases animales sur certaines mannanes* (B. B., 20 mai 1905). — MAC GILLAVRY. *Sur la digestion artificielle de la cellulose* (Arch. néerland., 1876, XI, 394). — KNAUTHE. *Ueber die Verdauung und den Stoffwechsel der Fische* (Zeitsch. f. Fisch., 1897, 189). — SCHMULEWITSCH. *Ueber das Verhalten der Verdauungs Säfte zur Rohfaser der Nahrungsmittel* (Bull. Acad. de Saint-Pétersbourg, 1879, 549). — SEILLIÈRE. *Sur une diastase hydrolysant la xylane dans le tube digestif de certaines larves de coléoptères; Sur la présence de la xylanase chez différents mollusques gastéropodes* (B. B., juillet 1905, mars, juin, juillet 1906). — TAPPEINER. *Untersuchung über die Gährung der Cellulose, insbesondere über deren Lösung im Darmkanal* (Z. B., 1884, XX, 52).

**Lipase.** — BOLDIREFF. *Das fettspaltende Ferment des Darmsaftes* (C. P., 1904, XVIII, 460). — GAMGEE. *Physiol. Chemie der Verdauung* (Leipzig, 1897). — GRÜNERT (Voir **Amylose et Maltose**). — SCHIFF (M.). *Le suc intestinal des mammifères comme agent de la digestion* (A. P., 1892, 698).

**Érepsine.** — COHNHEIM. *Die Umwandlung des Eiweiss durch die Darmwand* (Z. p. C., XXXIII, 1901, 451). — *Weitere Mitteilungen über das Erepsin* (Ibid., XXXV, 1902, 134). — *Trypsin und Erepsin* (Ibid., 1902, XXXVI, 13) ((Arch. des Sc. biol. de Saint-Pétersbourg, XI° Suppl., 1904, 112). — EMBDEN et KNOPP. *Ueber das Verhalten der Albuminosen in der Darmwand* (Hofm. Beiträge, III, 1902, 120). — FALLOISE. *Origine sécrétoire du liquide obtenu par énervation d'une anse intestinale* (Arch. internat. de Phys., I, 1904, 261). — HAMBURGER et HEKMA (Voir **Caract. du suc intestinal**). — KUTSCHER et SEEMANN. *Zur Kenntniss der Verdauungsvorgänge im Dünndarm* (1902, XXXIV, 530; 1902, XXXV, 432). — LANGSTEIN. *Ueber das Vorkommen von Albumosen im Blute* (Hofm. Beitr., 1903, XXX, 373). — MATTHES. *Ueber die Herkunft der autolytischen Fermente* (A. P. P., 1904, LI, 442). — SALASKIN. *Ueber das Vorkommen des Albumosen spaltenden Ferments in reinem Darmsaft* (Z. p. C., 1902, XXXV, 419. — TOBLER. *Ueber die Eiweissverdauung im Magen* (Z. p. C., 1905, XLV, 185).

**Nucléases.** — ARAKI. *Ueber enzymatische Zersetzung der Nucleinsäure* (Z. p. C., 1903, XXXVIII, 84). — FOA (Archivio di Fisiologia, 1906). — KUTSCHER et SEEMANN (Z. p. C., 1902, XXXV, 432 (Voir **Érepsine**).

**Ferment lab.** — BAGINSKI. *Vorkommen und Verhalten einiger Fermente* (Z. p. C., 1882, VII, 209). — PLUMIER. *Sur la valeur nutritive des corps albuminoïdes et de leurs dérivés* (Acad. royale de Belgique, Sciences, n° 11, 1902, 845).

**Mucinase.** — NEPPER et RIVA. *Recherches sur les substances anticoagulantes de la bile*

*dans leurs rapports avec la colite muco-membraneuse et son traitement* (B. B., 1906, I, 141).
— — *Procédés de traitement de la bile pour en obtenir un extrait aux propriétés anti-coa-*
*gulantes* (*Ibid.*, 1906, 143). — — *Recherches sur la mucinase dans les matières fécales* (*Ibid.*,
1906, I, 361). — — *Recherches sur les propriétés anticoagulantes de la bile* (*Ibid.*, 1906, I,
303). — — ROGER. *La coagulation de la mucine* (B. B., 1905, II, 423). — ROGER et GARNIER.
*Le pouvoir coagulant du contenu intestinal*, (B. B., 1906, I, 1109).

**Arginase.** — KOSSEL et DAKIN. *Ueber die Arginase* (Z. p. C., 1904, XLI, 321). — — *Ueber*
*die Arginase* (*Ibid.*, 1904, XLII, 181). — KUTSCHER et SEEMANN (Z. p. C., 1902, XXXIV, 528)
(Voir **Érepsine**).

## MICROBES INTESTINAUX.

**Moments d'apparition dans le tube digestif. Répartition. Quantités.** — EBERLE. (*Centralb.*
*für Bacter.*, 1896, (1), 2). — ESCHERICH. *Die Darmbakterien des Sauglings* (Stuttgart,
1886). — GILBERT et DOMINICI. *Recherches sur le nombre des microbes du tube digestif* (B.
B., 1894, 117). — — *Action du régime lacté sur le microbisme du tube digestif* (*Ibid.*, 277).
— HELLESTRÖM. (*Arch. für Gynäkologie*, 1901, LXIII, 643). — KLEIN. *Die physiologische Be-*
*deutung der Darmfäulniss* (*Arch. f. Hygiene*, XLV). — LESCHZINER (*Deutsche Aerztezeitung*,
1903. 385). — ROGER. *Notions générales et exposé de recherches personnelles sur la flore*
*bactérienne de l'intestin. Alimentation et Digestion* (Paris, 1907). — SCHITTENHELM et TOL-
LENS (*Centralblatt für innere Medizin*, n° 30). — SCHMIDT et STRASBURGER (*Notions*
*d'ensemble sur la flore bactérienne de l'intestin*). *Die Fœces des Menschen*. Berlin, 1905.
— STRASBURGER. *Untersuchungen über die Bakterien in menschlichen Fœces* (*Zeit. für kli-*
*nische Medizin*, 1902, XLIV, 413). — TISSIER. *Recherches sur la flore intestinale normale et*
*pathologique du nourrisson* (Paris, 1900).

**Digestion microbienne et concurrence vitale des variétés microbiennes.** — ABDERHAL-
DEN. On trouvera un exposé général des processus chimiques de la digestion microbienne *Physiologische Chemie*. Berlin, 1906). — ALBU. *Ueber den Einfluss verschiedener*
*Ernährungsweise auf die Darmfäulniss* (*Deutsche Medic. Woch.*, 1897, 509). — BAUMANN.
*Ueber Sulfosäuren im Harn* (*Berichte der deutsch. chem. Gesellsch.*, 1876, IX, 54) (Voir dans
les numéros suivants du même périodique de très nombreux mémoires du même auteur
sur la putréfaction). — BIENSTOCK. *Ueber die Ætiologie der Eiweissfäulnis* (*Arch. für Hy-*
*giene*, XXXVI et XXXIX). — BLUMENTHAL. *Ueber die Bildung einiger Fäulnissproducte im Harn*
(*Berlin. klin. Woch.*, 1899, 843). — FLÜGGE. *Microorganismen*, 1896, I, 232. — GAUTIER
(ARM.). *Toxines microbiennes et animales* (Paris, 1896). — HAMMARSTEN (*Notions générales*
*sur la digestion microbienne*). *Lehrbuch der phys. Chemie* (Wiesbaden, 1907). — HENNEBERG
et STOHMANN. *Ueber die Cellulosegärung für die Ernährung der Thiere* (Z. B., 1885, XXI,
613). — HIRSCHLER. *Ueber den Einfluss der Kohlhydrate* (Z. p. C., 1886, X, 306). — KAYSER.
*Études sur la fermentation lactique* (*Ann. de l'Institut Pasteur*, 1894, 737). — KNIERIEM.
*Ueber die Werwertung der Cellulose im tierischen Organismus* (Z. B., 1885, XXI, 67). —
NENCKI. *Ueber die Zersetzung der Gelatine und des Eiweisses bei der Fäulniss mit Pankreas*
(Berne, 1876). — NENCKI et BOVET (*Monatsch. für Chemie*, X). — PASSINI. *Studien über*
*fäulnisserregende anaerobe Bacterien des normalen menschlichen Darmes und ihre Bedeutung*
(*Zeits. für Hygiene*, 1905, XLIX, 135). — RETTGER (*Journ. of Biol. Chemistry*, 1908, IV).
— ROVIGHI. *Ætherschwefelsäuren im Harn und die Darmfaulniss* (Z. p. C., XVI, 43). —
SLOWTZOW. *Ueber das Verhalten des Xylans im Thierkörper* (Z. p. C., 1901, XXXIV, 181). —
SEELIG. *Ueber den Einfluss des Milchzuckers auf die bacterielle Eiweisszersetzung* (A. A. P.,
1896, CXLVI, 53). — SIMNITZKI. *Einfluss der Kohlhydrate auf der Eiweissfäulniss* (Z. p. C.,
1903, XXXIX, 99). — STONE. *The digestibility of pentose carbohydrates* (Americ. Chem.
Journ., 1892, XIV, 9). — TAPPEINER. *Untersuchung über die Eiweissfäulniss im Darmkanale*
*der Pflanzenfresser* (Z. B., 1884, XX, 214). — — *Ibid.*, 1878, XXIV, 105; Z. p. C., 1886. —
TISSIER et MARTELLY. *Recherches sur la putréfaction des viandes de boucherie* (Ann. de l'Inst.
Past., 1902). — TISSIER. *Répartition des microbes dans l'intestin du nourrisson* (Ann. de
l'Inst. Past., 1905). — WEISKE, SCHULZE et FLECHSIG. *Kommt der Cellulose eiweisssparende*
*Wirkung bei der Ernährung der Herbivoren zu?* (Z. B., 1886, XXII, 373). — WINTERNITZ.
*Ueber das Verhalten der Milch und ihrer wichtigsten Bestandtheile bei der Fäulnis* (Z. p.
C., 1892, XVI, 460). — ZUNTZ (N.). *Bemerkung über die Verdauung und den Nahrwerth*

*der cellulose* (*A. g. P.*, 1891, XLIX, 477). — GERHARDT. *Ueber Darmfäulniss* (*Ergebnisse der Physiologie. Biochemie*, 1901, 107) (Revue générale très importante sur la putréfaction intestinale et 344 indications bibliographiques). — ELLINGER. *Die Chemie der Eiweissfäulniss* (*Ergebnisse der Physiologie. Biochemie*, 1907, 29) (Revue générale).

**La vie sans microbes.** — NENCKI. *Bemerkung zu einer Bemerkung Pasteur's* (*A. P. P.*, 1886, XX, 385). — NUTTAL et THIERFELDER. *Thierisches Leben ohne Bacterien im Verdauungskanal* (*Z. p. C.*, 1895, XXI, 109; 1896, XXII, 62; 1897, XXIII, 231). — PASTEUR. *C. R.*, 1885, c, 68). — PORTIER. *La vie dans la nature à l'abri des microbes* (*B. B.*, 1905, I, 607). — SCHOTTELIUS. *Bedeutung d. Darmbakterien für die Ernährung* (*Arch. f. Hygiene*, 1896, XXXIV, 210, et 1902, XVII, 48).

## RÉSORPTION.

**Résorption de l'eau et des sels.** — BAUER. *Aufsauung im Dickdarm* (*Z. B.*, 1869, V, 536): BIBERFELD. *Der Einfluss des Tannins und des Morphins auf die Resorption physiologischer Kochsalzlösungen im Dünndarm* (*A. g. P.*, 1903, c, 252). — BRÜCKE (*Sitz. der Wiener Akad.*, 1851, VI, 214). — CALLUM (M.). (*University of California Publications*, 1903-1904). — O. COHNHEIM. *Ueber Dünndarm Resorption* (*Z. B.*, 1898, XXXVI, 129). — — *Ueber die Resorption in Dünndarm und in der Bauchhöhle*, XXXVII, 1899, 443). — — *Versuche über Resorption, Verdauung und Stoffwechsel bei Echinodermen*, XXXIII, 1901, 9). — FARNSTEINER. *Ueber die Resorption von Pepton im Dünndarm und deren Beeinflüssung durch medicamente* (*Z. B.*, 1896, XXXIII, 475). — FRENZEL (*Arch. P.*, 1882, 81). — FRIEDENTHAL. *Ueber die bei der Resorption der Nahrung in Betracht kommende Kräfte* (1900, 217). — — *Ueber Resorptionsversuche nach Ausschaltung der Leber, etc.* (*A. P.*, 1902, 149). — GUMILEWSKI. *Ueber Resorption im Dünndarm* (*A. g. P.*, 1886, XXXIX, 591). — HAMBURGER. *Ueber den Einfluss des intraabdominalen Druckes auf die Resorption in der Bauchhöhle* (*A. P.*, 1896, 302). — HÉDON. *Sur la résorption intestinale des sucres* (*B. B.*, 1900, 41). — HÉDIN. *Ueber den Einfluss einer thierischen Membran auf die Diffusion verschiedener Körper* (*A. g. P.*, 1899, LXVIII, 261). — HEIDENHAIN. *Beiträge zur Histologie und Physiologie der Dünndarm Schleimhaut* (*A. g. P.*, 1888, XLIII, 67). — — *Neue Versuchen über die Aufsaugung im Dünndarm* (*Ibid.*, 1894, LVI, 579). — HÖBER. *Ueber Resorption im Dünndarm* (*A. g. P.*, 1898, LXX, 624). — *Ueber Resorption im Dünndarm* (*Ibid.*, 1899, LXXIV, 246). — KOVESI. *Beiträge zur Lehre der Resorption im Dünndarm* (*C. P.*, 1897, XI, 553). — LEUBUSCHER. (*Ienaische Zeits. für Natur. Wissensch.*, 1824, VIII, 808). — METCALF. *Ueber feste Peptonhäutchen auf einer Wasserfläche und die Ursache ihrer Enstehung* (*Z. p. C.*, 1905, LII, 1). — KENT MEYER. *Ueber die Diffusion in Gallerten* (*Hofmeister's Beiträge*, 1905, VII, 393). — NAGANO. *Zur Kenntniss der Resorption einfacher im besonderen stereoisomer Zücker im Dünndarm* (*A. g. P.*, 1902, XC, 389-404). — RAMSDEN (*Z. p. C.*, 1904, XLVII, 343). — REID. *On intestinal absorption, especially on the absorption of serum, peptone and glucose* (*Philosoph. Transact.*, 1900, CXCII, 211). — — *Transport of fluid by certain epithelia* (*J. P.*, 1901, XXVI, 436). — — *Intestinal absorption of solutions* (*Ibid.*, 1902, XXVIII, 241). — RÖHMANN. *Ueber Sekretion und Resorption im Dünndarm* (*A. g. P.*, 1887, XLI, 411). — RÖHMANN et NAGANO. *Ueber die Resorption und die fermentative Spaltung der Disaccharide im Dünndarm des ausgewachsenen Hundes* (*A. g. P.*, 1903, XCV, 533. — ROTH-SCHULZ et KÖVESI. *Contribution à l'étude de la résorption* (*Arch. intern. de Phys.*, 1904, I, 457). — SPEE. *Beobachtungen über den Bewegungsapparat und die Bewegung der Darmzotten sowie deren Bedeutung für den Chylusstrom* (*Arch. f. Anatomie*, 1885, 159). — WALLACE et CUSHNY. *On intestinal absorption and the saline cathartics* (*Améric. Journ. of Phys.*, 1898, I, 411). — — *Ueber Darmresorption und die salinischen Abführmittel* (*A. g. P.*, 1898, LXXVII, 202). — WEINLAND. *Beiträge zur Frage nach dem Verhalten des Milchzucker im Körper, besonders im Darm* (*Z. B.*, 1899, XXXVIII, 16).

**Substances solubles dans les corps gras.** — HÖBER. *Ueber Resorption im Darm* (*A. g. P.*, 1904, LXXXVI, 199). — KATZENELLENBOGEN. *Der Einfluss von Diffusibilität und der Lipoidlöslichkeit auf die Geschwindigkeit der Darmresorption* (*A. g. P.*, 1906, CXIV, 522-534). — NATHANSON (*Pringsheim' Jahrbücher*, 1904, XXXIX, 607). — OVERTON (*Pringsheim' Jahrbücher*, 1900, XXXIV, 669).

**Les graisses.** — COHNHEIM (O.). *Die Bedeutung des Dünndarms für die Verdauung*

# INTESTIN. 547

(*Bioch. Zentralbl.*, 1903, I, 169). — CONNSTEIN (W.). *Zur Lehre von der Fettresorption* (*A. P.*, 1899, 30-32). — CUNNINGHAM. *Absorption of fat after ligature of the biliary and pancreatic duct* (*J. P.*, 1898, XXIII, 209). — EXNER. *Bemerkungen zur vorstehenden Abhandlung von D<sup>r</sup> Hofbauer. Ueber die Resorption künstlich gefärbte Fette* (*A. g. P.*, 1901, LXXXIV, 628). — EWALD (A.). *Ueber Fettbildung durch die überlebende Darmschleimhaut* (*A. P.*, 1883, Suppl., 302). — FRANCK (O.). *Die Resorption der Fettsaüren der Nahrungsfette mit Umgehung des Brustgangs* (*A. P.*, 1892, 497). — — *Zur Lehre von der Fettresorption* (*Z. B.*, 1898, XXXVI, 368). — FRANCK (O.) et RITTER. *Einwirkung der überlebenden Dünndarmschleimhaut auf Seifen, Fettsaüren und Fette* (*Z. B.*, 1905, XLVII, 251). — FRIEDENTHAL. *Ueber die Resorption wasserunlöslicher Substanzen* (*A. g. P.*, 1901, LXXXVII, 467). — HENRIQUES et HANSEN. *Zur Frage der Fettresorption* (*C. P.*, 1900, XIV, 313). — HOFBAUER. *Kann Fett unverseift resorbiert werden?* (*A. g. P.*, 1900, LXXXI, 263). — — *Ueber die Resorption künstlich gefärbter Fette* (*Ibid.*, 1901, LXXXIV, 619). — — *Zur Frage der Fettresorption und s. Mechanism* (*Zeits. für kl. Med.*, 1902, XLVII, 475). — IODLBAUER. *Ueber die Beeinflussung der Resorption der Fette im Dünndarm durch Arzneimittel* (*Z. B.*, 1903, LXV, 239). — KASTLE et LÖWENHARDT (*Americ. Chem. Journ.*, 1900, XXIV, 491). — LEVIN. *Ueber den Einfluss der Galle und des Pankreassaftes auf die Fettresorption im Dünndarm* (*A. g. P.*, 1896, LXIII, 171). — MACFAYDEN, NENCKI et SIEBER. *Untersuchungen über die chemischen Vorgänge im menschlichen Dünndarm* (*A. P. P.*, 1891, XXVIII, 311). — MOORE et ROCKWOOD. *On the mode of absorption of fats* (*J. P.*, 1897, XXI, 58). — MOORE. *On the synthesis of fats accompanying absorption from the intestine* (*Proc. of Roy. Society*, 1903, LXXII, 134). — MUNK. *Zur Kenntniss der Bedeutung des Fettes und seiner Componenten für den Stoffwechsel* (*A. A. P.*, 1880, LXXX, 10). — — *Zur Lehre von der Resorption, Bildung und Ablagerung der Fette im Thierkörper* (*Ibid.*, 1884, XCV, 407). — — *Zur Frage der Fettresorption* (*C. P.*, 1900, XIII, 121, 153 et 409). — — *Ueber die Reaction des Dünndarmchymus bei Carnivoren und Omnivoren*, 1902, XVI, 33). — PFLÜGER. *Ueber die Resorption kunstlich gefärbter Fette* (*A. g. P.*, 1900, LXXXI, 375). — *Fortgesetze Untersuchungen über die Resorption der künstlich gefärbten Fette* (*Ibid.*, 1901, LXXXV, 1). — — *Ueber die Bedeutung der Seifen für die Resorption der Fette* (*Ibid.*, 1902, LXXXVIII, 431). — *Ueber die Verseifung welche durch die Galle vermittelt vird und die Bestimmung von Seifen neben Fettsaüren in Gallenmischungen* (*Ibid.*, 1902, XC, 1). — RADZIKJEWSKI. *Experimentelle Beiträge zur Fettresorption* (*A. A. P.*, 1868, XLIII, 268). — ROSENBERG. *Ueber den Einfluss des Pankreas auf die Resorption der Nahrung* (*A. g. P.*, 1898, LXX, 371). — *Zur Physiologie der Fettverdauung* (*Ibid.*, 1901, LXXXV, 152. — TAPPEINER. *Ueber die Beeinflussung der Résorption der Fette im Dünndarm durch Arzneimittel* (*Z. B.*, 1903, XLV, 223). — ZAWILSKI (*Arbeiten a. d. phys. Institut*, Leipzig, 1876, II. 149). — MUNCK et ROSENSTEIN. *Ueber Darmresorption nach Beobachtungen an einer Lymph-(Chylus)-Fistel beim Menschen* (*A. P.*, 1890, 376).

**Albumines.** — ABDERHALDEN. *Abbau und Aufbau der Eiweisskörper in tierischen Organismus* (*Z. p. C.*, XLIV, 1905, 33). — ABDERHALDEN et OPPENHEIMER. *Ueber das Vorkommen von Albumosen im Blut* (*Z. p. C.*, XLII, 1904, 156). — ABDERHALDEN et RONA. *Fütterungsversuche mit durch Pankreatin durch Pepsinsalzsäure durch Pankreatin und durch Säure hydrolysierten Casein* (*Z. p. C.*, XLII, 1904, 548). — — *Uber die Verwertung der Abbauprodukte des Caseins im tierischen Organismus* (*Ibid.*, XLIV, 1906, 198). — — *Das Verhalten de Glycyl. l. Tyrosin im Organismus des Hundes bei subcutaner Einführung* (*Ibid.*, XLVI, 1905, 176). — ABDERHALDEN et SAMUEL. *Beitrag zur Frage nach der Assimilation des Nahrungseiweiss im thierischen Organismus* (*Z. p. C.*, XLVI, 1905, 193). — ASCOLI. *Uber den Mechanismus der Albuminurie durch Eiweiss* (*Münch. medic. Woch.*, I, 1902, 398). — — *Weitere Untersuchungen üter alimentäre Albuminurie* (*Ibid.*, I, 1903, 176). — ASCOLI et VIGANO. *Zur Kenntniss der Resorption der Eiweisskörper* (*Z. P. C.*, XXXIX, 1973, 283). — BERGMANN. *Notiz über den Befund von Verbindungen im Blute die mit Naphtalinsulfochlorid reagieren* (*Hofmeister's Beiträge*, VI, 1903, 40). — BERGMANN et LANGSTEIN. *Ueber die Bedeutung der Reststickstoffe des Blutes für den Eiweissstoffwechsel* (*Hofmeister's Beiträge*, VI, 1904, 27). — CL. BERNARD. *Leçons de Phys. expérimentale* (II, 1855). — *Ibid.*, XXXIII, 1901, 9). — O. COHNHEIM. *Die Umwandlung des Eiweiss durch den Darmwand* (*Z. p. C.*, XXXIII, 1901, 451). — *Weitere Mitteilungen über Eiweissresorption* (*Ibid.*, XXXV, 1902, 397). — *Trypsin und Erepsin* (*Ibid.*, XXXVI, 1902, 13). — ELLINGER. *Ernährungsversuche mit Drüsenpepton* (*Z. B.*, XXXIII, 1896, 190). — EMBDEN et KNOOP. *Uber das Verhalten der Albumosen in der Darmwand und* *über das Vorkommen im Blute (Hofmeister's Beiträge*, III, 1902, 120). — Fano. *Das Verhalten des Peptons und des Tryptons gegen Blut und Lymphe (A. i. B.*, 1881, 277). — Friedenthal et Lewandowsky. (*Arch. für Anat. und Physiol.*, 1899, Suppl., 73). — Friedlander. *Die Resorption gelöster Eiweisstoffe im Dünndarm* (Z. B., XXXIII, 1896, 261). — Gurber et Hallauer. *Ueber Eiweissausscheidung durch die Galle* (Z. B., XLV, 1904, 372). — Hart. *Ueber die quantitative Bestimmung der Spaltungsproducte von Eiweisskörper* (Z. p. C., XXXIII, 1901, 347). — Hamburger. *Arteigenheit und Assimilation*, Wien. 1903. — Heidenhain. *Zur Histologie und Physiologie der Dünndarmschleimhaut (A. g. P.*, XLIII, Suppl., 1888). — — *Neue Versuche uber die Aufsaugung im Dünndarm* (Ibid., LVI, 1894, 579). — Henriques et Hauser. *Über Eiweiss synthese im Thierköper* (Z. p. C., XLIII, 1905, 417). — Hofmeister. *Zur Lehre vom Peptone* (Z. p. C., VI, 1881, 51). — Kauffmann. *Ueber den Ersatz von Eiweiss durch Leim (A. g. P.*, CIX, 1905, 440). — — *Ueber Arginase* (Ibid., XLII, 1904, 181). — Kossel et Kutscher. *Beiträge zur Kenntniss der Eiweisskörper* (Z. p. C., XXXI, 1900, 165). — Kutscher et Seemann. *Zur Kenntniss der Verdauungsvorgänge im Dünndarm* (Z. p. C., XXXIV, 1902, 528). — Lesser. *Ueber Stoffwechselversuche mit den Endproducten peptischer und tryptischer Eiweissverdauung* (Z. B., XLV, 1904, 497). — Lowi et Neuberg. *Ueber Cystinuric (Z. p. C.*, XLIII, 1904, 338). — Mendel et Rockwood. *On the absorption and utilisation of proteids without intervention of the alimentary digestive processes (Americ. Journ. of Phys.* (XII, 1904, 336-362). — Munck (I.). *Uber die Resorptionswege des Nahrungseiweisses* (C. P., II, 1897, 587). — — *Ueber die Schicksale der Eiweisstoffe nach Einführung in die Blutbahn (Ibid.*, 73). — Neumeister. *Ueber die Einführung der Albumosen und Peptone in den Organismus* (Z. B., XXIV, 1888, 272). — — *Zur Physiologie der Eiweissresorption und zur Lehre on den Peptonen (Ibid.*, XXVII, 1890, 309). — Nolf. *De l'absorption péritonéale de la propeptone chez le chien. (Archives de Biologie*, XX, 1903, 55). — Pick et Spiro. *Ueber gerinnungshemmende Agentien im Organismus höherer Wirbelthiere* (Z. p. C., XXXI, 1900, 235). — Reid. (*Philosoph. Transact.*, CXCII, 1990, 211). — Schlossmann. *Über die Giftwirkung des artfremden Eiweisses in der Milch auf den Organismus des Saügligs.* (Z. B., XLI, 12). — Schmidt Mulheim. (*A. P.*, 1877, 549). — *Ibid. (Beiträge zur Kenntniss des Peptons und seiner physiologischen Bedeutung*, 1880, 33). — Shore (J. P., XI, 1890, 328). — Stokvis (C. W., 1864, 596). — Szumowski. *Leim als Nährstoff* (Z. p. C., XXXVI, 1902, 198). — Tobler. *Uber die Eiweissverdauung im Magen* (Z. p. C., XLV, 1905, 185). — Underhill. *New experiments on the physiological action of the proteoses (Americ. Journ. of Phys.*, IX, 1903, 345). — Voit et Bauer. *Aufsaugung im Darm* (Z. B., V, 1869, 536). — Zuntz. *Ueber neuere Nährpräparate in physiologischer Hinsicht (Ber. der d. pharm. Ges.*, 1902, 363).

**Hydrates de carbone.** — Cl. Bernard. *Leçons sur le diabète.* — Dastre (C. R., 1882). — Dastre et Bourquelot. *De l'assimilation du maltose (C. R.*, LXVIII, 1884, 1604. — Hédon. *Sur la résorption intestinale et l'action purgative des sucres en solutions hypertoniques* (2e note) (B. B., 1900, 29 et 41). — Höber. *Uber Resorption im Dünndarm (A. g. P.*, LXIV, 1899, 246). — Mering (V.). *Uber die Abzugwege des Zuckers aus der Darmhöhle* (A. P., 1877, 379). — Miura. *Beiträge zur alimentären Glycosurie* (Z. B., XXXII, 1890, 281). — Nagano. *Zur Kenntniss der Resorption einfacher im besonderen stereoisomerer Zucker im Dünndarm (A. g. P.*, XX, 1902, 386). — Reid. *Intestinal resportion of maltose (J. P.*, XXVI, 1901, 427). — Röhmann. *Ueber Secretion und Resorption im Dünndarm (A. g. P.*, XLI, 1887, 44). — Voit. *Untersuchungen über das Verhalten verschiedener Zuckerarten im menschlichen Organismus nach subcutaner Injection (D. Arch.f. klin. Med.*, LVIII, 1897, 523). — Weinland. *Beiträge zur Frage nach dem Verhalten des Milchzuckers im Körper besonders im Darm* (Z. B., XXXVIII, 1897, 16). — Worm-Müller. *Die Ausscheidung des Zuckers im Harne des gesunden Menschen nach Genuss von Kohlehydraten (A. g. P.*, XXXIV, 1884, 186).

**Substances diverses.** — Abderhalden. *Die Resorption des Eisens, etc.* (Z. B., XXXIX, 1900, 113, 194 et 483). — Araki. *Ueber enzymatische Zersetzung der Nucleinsäure* (Z. P. C., XXXVIII, 1903, 84). — Hofmann. *Ueber Eisenresorption und Ausscheidung im menschlichen und thierischen Organismus* (A. A. P., CLI, 1896, 488). — Honigmann. *Beiträge zur Kenntniss der Aufsaugung und Ausscheidungsvorgänge im Darm (Arch. f. Verdauungskr.*, II, 1896, 296). — Kunkel. *Blutbindung am organischen Eisen (A. g. P.*, LXI, 1895, 595). — Kutscher et Lohmann. *Die Endprodukte des Pankreas und Hefeselbstverdauung (Z. p. C.*, XXXIX, 1903, 159). — Kutscher et Seemann. *Zur Kenntniss der Verdauungsvorgänge im*

*Dünndarm* (Z. *p. C.*, xxxv, 1902, 432). — QUINCKE et HOCHHAUS. *Uber Eisenresorption und Ausscheidung im Darmwande* (A. P. P., xxxvii, 1896, 159). — SACHS. *Uber die Nuclease* (Z. p. C., xlvi, 1905, 44). — STOCKMANN et GREID. *Ingestion and Excretion of iron in health* (J. P., xxi, 1897, 53). — UMBER. *Ueber die fermentative Spaltung der Nucleoproteide im Stoffwechsel* (Zeits fur kl. Med., xliv, 3-4, 1901).

BAUMERT. *Chemische Untersuch. über die Respirat. Breslau*, 1885, 24. — BERNARD (CL.). *Leçons sur les effets des subst. tox. et médic.*, 1857, 39. — BERT (P.). *Phys. comparée de la respiration.* Paris, 1870, 173. — BOYCOTT. *Observations on the gaseous metabolism of the small intestine of rabbit* (J. P., xxxii, 1905, 5-6). — CALUGARÉANU. *Die Darmatmung von Cobitis Fossilis* (A. g. P., cxviii, 1907, 1-2). — HANRIOT et CH. RICHET. (B. B., 1887, 307). — HOFMANN (K. B.). *Uber Zusammensetzung der Darmgase* (Wien. medic. Woch., 1872). — JOBERT. (Ann. des sc. nat., (2), v, 1877, nº 8). — LEYDIG. (Arch. fur Anat. Phys. u wiss. Med., 1853, 3). — TAPPEINER. (Arb. aus der pathol. Instit. zu Munchen, i, 1886, 226). — *Vergleichende Untersuchung der Darmgase* (Z. p. C., vi, 1882, 432). — — *Die Gase der Verdauungschlauches der Pflanzenfresser* (Z. B., xix, 1883, 228). — — *Untersuchungen über die Gährung der Cellulose insbesondere uber deren Lösung im Darmkanale* (Z. B., xx, 1884, 52). — ZUNTZ, LEHMANN et HAGEMANN. *Uber Haut and Darmatmung* (A. P., 1894, 354).

## GROS INTESTIN.

**Sécrétion et mouvement.** — ELLIOTT, BARCLAY-SMITH. *Antiperistaltis and other muscular activities on the colon* (J. P., xxxi, 1904, 272). — GRÖBER. *Das Schicksal der Eiweisslösenden Verdauungsfermente im Darmkanal* (Deutsch. Arch. für klin. Mediz., lxxxiii, 1905, 309). — HEILE. *Experimentelle Beobachtungen über die Resorption im Dünn und Dickdarm* (Grenzgebiete d. Med. und d. Chirurg., xiv, 1905, 474). — HEMMETER. *Uber das Vorkommen von proteolytischen und amylolytischen Fermenten im Inhalt des menschlichen Colons* (A. g. P., lxxxi, 1909, 151). — KNIERIEM. *Ueber die Verwerthung der Cellulose im thierischen Organismus* (Z. B., xxi, 1885, 67). — TAPPEINER. (Voir **Gaz de l'intestin**) (Z. für Biol., xix, 1883, 228). — (Ibid., xx, 1884, 52). — ZUNTZ et KNAUTHE. *Uber die Verdauung und den Stoffwechsel der Fische* (A. P., 1898, 149).

**Résorption.** — CANNON. *The movement of the intestine studied by means of the Röntgen-rays* (Americ. Journ. of Physiol., vi, 1902, 251). — CZERNY et LATSCHENBERGER. *Physiologische Untersuchungen über die Verdauung und Resorption im Dickdarm des Menschen* (A. P., lix, 1874, 161). — EWALD. *Uber Ernährungsklysmata* (A. P., 1889, Suppl. 160). — MC. FAYDEN, NENCKI et SIEBER (A. P. P., xxviii, 1898, 311). — FRANK et RITTER. *Die Einwirkung der überlebenden Dünndarmschleimhaut auf Seifen, Fettsäuren und Fette* (Z. B., xlvii, 1905, 251). — GRÜTZNER. *Ueber die Bewegungen des Darminhaltes* (A. g. P., lxxi, 1898, 492). — HAMBURGER. *Versuche über die Resorption von Fett und Seife im Dickdarm* (A. P., 1900, 433). — HONIGMANN, (Arch. für Verdauungskrh., ii, 1896, 296 (voir **Subs. diverses**). — LEUBE. *Ueber die Ernährung der Kranken vom Mastdarm aus* (D. Arch. f. Kl. Medic., x, 1872, 1). — MÜLER (FR.). *Ueber den normalen Koth des Fleischfressers* (Z. B., xx, 1884, 327). — RÜBNER. *Energie Verbrauch bei der Ernährung* (A. P. P., xlvii, 1902, 231). — SCHMIDT (A.). *Beobachtungen über die Zusammensetzung des Fistelkothes, etc.* (Arch. fur Verdauungskr., iv, 1898, 137). — SCHÖNBORN. (Thèse de Würzbourg, 1897).

## COORDINATION.

**Coordination des divers actes du transit intestinal.** — AMBARD et BINET. *Quantité d'amylase contenue dans le tube digestif aux différents moments de la digestion, etc.* (B. B., i, 1908, 259). — BOLDIREFF. *Ueber den Uebergang der natürlichen Mischung des Pankreas, des Darmsaftes und der Galle in den Magen* (C. P., xviii, 1904, 457). — CANNON. *The Movements of the stomach studied by means of the Rontgen rays* (Americ. Journ. of Phys., i, 1898, 359). — CARNOT et CHASSEVANT. *Modifications subies dans l'estomac et le duodénum par les solutions salines suivant leur concentration, etc.* (B. B., 1905, 173). — CARNOT et AMET. *Sur la différence d'équilibration moléculaire des solutions salines introduites dans l'intestin, sui-*

*vant leur nature chimique* (B. B., 1905, 1072). — Lœper. *Action des subst. purgatives sur la zoamylie hépatique* (B. B., 1905, 1012). — *Sur le mécanisme de l'action intestinale des solutions salines purgatives* (Ibid., 1058). — Lœper et Ficaï. *Sur l'origine pancréatique de l'amylase sanguine et sa résorption dans l'intestin* (B. B., ii, 1907, 266). — Mering (v.). *Ueber die Function des Magens* (*Therapeutische Monatshefte*, vii, 1893, 201). — Pawlow. *Travail des glandes digestives.* — Serdjukow. *Thèse de Saint-Pétersbourg.* — Schmidt Mühlheim. (A. P., 1877, 749). — Tobler. (Z. B., xlv, 1905, 485 (voir **Résorpt. des alb.**). (Voir encore de très nombreux mémoires de London, dans Z. p. C., 1905-1910).

**Coordination des activités des divers segments intestinaux dans le transit intestinal.** — Cannon. *The passage of different food stuffs from the stomach and through the small intestine* (Amer. J. of Physiol., xii, 1904, 387). — Honigmann. (Arch. f. Verdauungskr., ii, 1896, 296 (Voir **Substances diverses**). — Kutscher et Seemann (Z. p. C., xxxv, 1902, 421 (Voir **Substances diverses**). — Schmidt (Ad.) (Arch. f. Verdauungskr., iv, 1898, 137) (Voir **Gros intestin, résorption**). (Voir encore les travaux de London, Z. p. C., 1905-1910).

**Coordination de l'activité des divers ferments.** — *Suppléance des divers ferments du tube digestif. — Après suppression de l'estomac.* — Carvallo et Pachon. *De l'extirpation totale de l'estomac. Recherches sur la digestion d'un chien sans estomac* (A. de P., 1895, 349). — Kayser. *Beiträge zu den Operationen am Magen* (Czerny's Beiträge, 1878). — Deganello. *Recherches sur l'échange matériel d'une femme à laquelle on avait extirpé l'estomac* (A. i. B., xxxiii, 1900, 118). — Filippi (de). *Recherches sur les échanges organiques du chien gastro-ectomisé et du chien privé de longues portions d'intestin grêle* (A. i. B., xxi, 1894, 445). — Frouin. *Influence de l'ablation de la rate sur la digestion pancréatique chez les animaux agastres* (B. B., 1902, 418). — Hofmann. *Stoffwechseluntersuchungen nach totaler Magenresection* (Münch. medic. Woch., 3 mai 1898). — Ogata. *Ueber die Verdauung nach der Asuchaltung des Magens* (A. P., 1883, 89). — Wroblenski. *Eine chemische Notiz zur totalen Magenextirpation* (C. P., 1897, 21)). — Abelmann. *Ueber die Ausnutzung der Nahrungstoffe nach Pankreasexstirpation* (Thèse de Dorpat, 1890). — Bernard (Cl.). (Leçons de Phys. exp., ii, 1855). — Dastre. *Contribution à l'étude de la digestion des graisses* (A. de P., 1891, 186). — Dastre et Stassano. *Les facteurs de la digestion pancréatique* (Arch. inten. de Phys., 1904, 86). — Hédon. *Diabète pancréatique* (Doin, 1898) (A. de P., 1892, 623). — Lombroso (U.). *Utilisation des graisses* (plusieurs notes) (B. B., 1904 et A. P., 1908, lx, 99). — Müller (Fr.). (Deutsch. Arch. f. kl. Mediz., liii, 1899). — Rosenberg. *Uber den Einfluss des Pankreas auf die Ausnützung der Nahrung* (A. g. P., 1898, lxx, 371) (voir aussi Rosenberg. **résorption des graisses**). — Zuntz (E.) et Mayer (L.). *Expér. sur la digest. des animaux dépancréatés* (Acad. Roy. de Belg., xviii, 1903-04, 1 à 59). — Zuntz (N.). *Uber die Bedeutung des Galle und des Pankreassecrets für die Resorption der Fette* (A. P., 1896, **344**).

**Coordination des sécrétions et de l'arrivée du chyme dans l'intestin** — a) Suc pancréatique. Pour les excitants non physiologiques de la sécrétion pancréatique voir **Qualités du suc pancréatique**). — Bernard (Cl.). (Leç. de Phys. expér., ii, 1856, 226). — Bayliss et Starling. *The mecanism of pancreatic secretion* (J. P., xxviii, 1902, 335). — *Ibid. On the uniformity of the pancreatic mecanism in vertebrata* (Ibid., xxix, 1903, 174). — Becker. *Contribution à la physiologie et à la pharmacologie de la glande pancréatique* (Arch. des Sc. Biol. St-Pétersb., 1893, 433). — Colin. (Traité de phys. comparée des animaux, i, 1857, 796). — Delezenne et Pozerski. *Action de l'extrait aqueux d'intestin sur la sécrétion* (B. B., 1904, 987). — Desgrez. *De l'influence de la choline sur les sécrétions glandulaires* (B. B., 1902, 839). — Dolynzki. *Études sur l'excitabilité sécrétoire spécifique de la muqueuse du tube digestif* (Arch. des Sc. Biol. de Saint-Pétersbourg, 1895, 399). — Enriquez et Hallion. *Réflexe acide de Pawlow et sécrétine; mécanisme humoral commun* (B. B., 1903, 233). — *Réflexe acide de Pavloff et sécrétine. Nouveaux faits expérimentaux* (Ibid., 363). — Fleig. *Sécrétion pancréatique et atropine* (B. B., 1901, 759). — *Des effets antagonistes de l'atropine et de la pilocarpine sur la sécrétion pancréatique* (Ibid., 879). — *Sécrétine et acide dans la sécrétion pancréatique* (B. B., 1903, 293). — *A propos de l'importance relative du mécanisme humoral et du mécanisme réflexe sur la sécrétion pancréatique.* Voir encore plusieurs autres notes du même auteur dans le même tome de la Soc. de Biol., 462). — —*Mode d'action chimique des savons alcalins sur la sécrétion pancréatique* (B. B., 1903, 1201). — *Mécanisme de l'action de la supocrinine sur la sécrétion pancréatique* (*Ibid.*, 1213). — — *Intervention d'un processus humoral dans l'action des savons alcalins, etc. (Journ. de Phys. et de pathol. génér.*, 1904). — Fürst (O. V.) et Sachs. *Zur Kenntniss der Secretine* (A. g. P., cxxiv, 1908, 427). — Gottlieb. *Beiträge zur Physiologie und Pharmacologie der Pancreassecretion* (A. P. P., xxxiii, 1894). — Heidenhain. (*In Hermann's Handb.*, v, 1883, 183). — Pawlow. *Travail des glandes digestives,* — Popielski. (*Gazette de Botkin*, 1900). — Simon. *Sur quelques effets des injections de sécrétine* (A. P., 1907, janvier). — Ssawitsch. (*Sitzungsb. der Ges. der rüss. Arzte*, 1903). — Wertheimer et Lepage. *Sur les fonctions réflexes des ganglions abdominaux du sympathique dans l'innervation sécrétoire du pancréas* (A. P., 1901, 335 et 363).

*Bile.* — Voir article **Bile** pour les indications bibliographiques. — Henri et Portier. *Action de la sécrétine sur la sécrétion de la bile* (B. B., 1902, 1620). — Falloise. *Le travail des glandes et la formation de la lymphe. Contribution à l'étude de la sécrétion* (Bull. Ac. Royale de Belgique, Sciences, 1902, 945).

*Suc intestinal.* — Bayliss et Starling. — Budge. — Enriquez et Hallion. (Voir **Suc pancréatique**). — Falloise. *Le travail des glandes et la formation de la lymphe. Contribution à l'étude de la sécrétion* (Bull. Ac. Roy. de Belg., 1902). — Frouin. *Action directe et locale des acides, des savons, de l'éther, du chloral introduits dans une anse intestinale, etc.* (B. B., i, 1904, 461). — — *Sécrétion et activité kinasique du suc intestinal chez les bovidés* (B. B., i, 1904, 806; 1905, 702). — Henri et Portier. (Voir **Bile**). — Lamansky. (*Zeits. für rat. Med.*, 1866). — Moreau. (Voir **Suc intestinal**) (*C. R.*, 1863). — Pawlow. *Travail des glandes digestives.*

**Adaptation des sécrétions** : a) *chez l'animal.* — Frouin (B. B., 1905, 1025). — Pawlow. *Le travail des glandes digestives.*

b) *Chez l'homme.* — Ellinger et Cohn. *Beiträge zür Kenntniss der Pänkreassekretion beim Menschen* (Z. p. C., xlv, 1905, 28). — Glæssner et Popper. *Zur Physiologie und Pathologie des Pankreasfistelssekretes* (D. Arch. für klin. Mediz., 15 sept. 1908). — Schumm (Voir **composit. du suc pancréatique**) (Z. p. C., xxxvi, 1902, 292). — Wohlgemuth. *Untersuchungen über den Pankreassaft des Menschen* (Biochemische Zeitschrift, iv, 1907, 271).

**Toxicité du contenu intestinal et rôle protecteur de l'intestin.** — La bibliographie de cette question étant considérable, nous ne donnerons ici que les mémoires essentiels et ceux qui contiennent une bibliographie étendue. — Asleben (M.). *Ueber die Giftigkeit des normalen Darmextracts* (Hofmeisters Beiträge, vi, 1905, 503). — Bouchard, *Les auto-intoxications (Essai de pathologie générale) (Revue de Médec.*, 1887). — Charrin. *Les défenses naturelles de l'organisme,* Paris, 1908. — Cybulski et Tarchanoff. *A propos des poisons normaux de l'intestin* (Arch. Intern. de Physiol's v, 1907, fasc. 3). — Falloise. *Les poisons normaux de l'intestin chez l'homme et les moyens de défense contre ces poisons* (Arch. intern. de Phys., v, 1907, fasc. 2). — Le Play. *Les Poisons de l'intestin* (Bibliographie complète sur les questions médicales afférentes à la toxicité du contenu intestinal (Thèse de Paris, 1906). — Metchnikoff. *Exposé de conceptions surtout théoriques sur le rôle de la toxicité du contenu intestinal dans les maladies* (Études sur la nature humaine, Masson, 1903). — Roger (M.). *Exposé général de la question de la toxicité du contenu intestinal d'après les mémoires antérieurs et les recherches personnelles de l'auteur* (Alimentation et digestion, Paris, 1907). — — (Nombreuses communications du même auteur avec ses collaborateurs) (B. B., 1905 à 1908).

**Alimentation parentérique.** — Voir aussi **Résorption intestinale** : *hydrates de carbone et albumines.*

*Albumines.* Cramer. *On the assimilation of proteide introduced parenterally* (Z. B., 1908, 146). — Forster (Z. B., 1876). — Friedmann et Isaac. *Uber Eiweissimmunität und Eiweisstoffwechsel* (Zeitsch. f. exp. Pathol. und Therapie, i, 1905, 512). — Lommel (A. P.P., lviii, 1907, 50). — Hamburger (Fr.). *Zur Frage der Immunisierung gegen Eiweiss* (Wiener klin. Wochensch., 1902, 1188). — Michaelis et Oppenheimer. *Ueber Immunität gegen Eiweisskörper* (Beiträge z. ch. Phys. und Pathol., iv, 1903, 263). — Mendel et Rockwood. *On the absorption and utilization of proteids without intervention of the alimentary digestive processes* (Americ. Journ. of Physiol., xii, 1905, 336).

*Graisses.* — HENDERSON et CROFUTT. *Observations on the fate of oil injected subcuta-*
*neously* (Americ. Journ. of Physiol., XIV, 1905, 193-202). — LEUBE. *Die subcutane Fetter-*
*nahrung* (*Thèse de Wurzburg*, 1897.

**Péristaltisme et sécrétion intestinale (Purgatifs).** — Nous ne pouvons donner ici
qu'une faible partie de la bibliographie de cette question. Nous renvoyons le lecteur aux
traités de pharmacologie (voir aussi *Thèse de* BRISSEMORET), pour l'action des très nombreuses drogues purgatives dont l'action sur le péristaltisme et la sécrétion intestinale
n'a pas été étudiée physiologiquement, quoique dûment constatée, et pour cette raison
couramment employée en thérapeutique. Nous ne citerons ici que les travaux où le
mécanisme d'action du purgatif a été l'objet d'une étude systématique (sels). — AUER.
*The effect of subcutaneous and intravenous injections of some saline purgatives upon intes-*
*tinal peristaltis and purgation* (Americ. Journ. of Phys., XVII, 1906, 15). — HAY. (Littérature
jusqu'à 1882.) (*Journ. of Anat. and Physiol.*, 1881, 593 et 1882, 435). — MAC CALLUM. *On*
*the local application of solutions of saline purgatives to the peritoneal surfaces of the intes-*
*tine* (Americ. Journ. of Phys., 1903, 102 ; 1904, 263). — MELTZER et AUER. *Physiological and*
*pharmacological study on magnesium salts* (Americ. Journ. of Physiol., XIV, 1905, 366). —
— *Physiological and pharmacological studies on magnesium salts, etc.* (Americ. Journ. of
Physiol., XV, 1906, 387).

**Méthodes pour explorer les fonctions digestives.** — Ces méthodes, qui concernent
exclusivement l'homme et qui ont été étudiées uniquement par des médecins, n'ont
pas encore actuellement une précision suffisante pour trouver place dans un article de
physiologie.

Voici trois indications bibliographiques qui pourront servir au lecteur à retrouver les
travaux parus sur ce sujet. — LÉPINE. Revue générale critique et complète avec toutes
les indications bibliographiques fondamentales, donnant de la question une idée théorique nette. (*Semaine médicale*, 1908, 157.) — SCHMIDT et STRASSBURGER. Traité complet de
la séméiologie des fèces. (*Die Faeces des Menschen*, Berlin, 1905). — GAULTIER. *Traité de*
*coprologie clinique*, Paris, 1907.

**Innervation vaso-motrice.** — DASTRE et MORAT. *Système nerveux vaso-moteur* (A. de P.,
1884). — HALLION et FRANCK (FR.). *Recherches expérimentales exécutées à l'aide d'un nouvel*
*appareil volumétrique sur l'innervation vasomotrice de l'intestin* (A. de P., 1896, 478 et 493).
— WERTHEIMER. *Sur quelques faits relatifs entre la circulation superficielle et la circula-*
*tion viscérale* (A. de P., 1891, 547).

**Innervation sécrétoire.** — BERNARD (CL.). *Leçons sur les liquides de l'organisme*, II, 341.
— FALLOISE. *Origine sécrétoire du liquide obtenu par énervation d'une anse intestinale*
(Arch. intern. de Phys., 1904, 261. — LANDOIS. *Physiologie*, 4° édit., 340. — MOREAU. *Ueber*
*die Folgen der Durchschneidung der Darmnerven* (Centralbl. f. die medic. Wissenschaft,
1868, 209). — WERTHEIMER. *Expériences sur le suc intestinal et le suc pancréatique* (Écho méd.
du Nord, 1902). — WERTHEIMER et LEPAGE. *Sur les fonctions réflexes des ganglions abdomi-*
*naux, etc.* (A. de P., mai 1901, 335 et 363).

## ANATOMIE ET HISTOLOGIE COMPARÉES.

BEGUIN. *L'intestin pendant le jeûne et l'intestin pendant la digestion* (Arch. Anat. microsc., VI, 1903-04). — BEZZOLA. *Contributo alla conoscenza dell' assorbimento intestinale*
(Bollett. d. Soc. Med. chir. di Pavia, I, 1904). — CHAPEAUX. *Recherches sur la digestion des*
*Cœlentérés* (Arch. Zool. exp., 1893). — CLAUS. (*Traité de Zoologie*). — CORTI (A.). *Sui mecca-*
*nismi funzionali della mucosa intestinale assorbente di mammifero* (Atti del Congresso dei
Naturalisti Italiani, Milano, 1906). — CUÉNOT. *Études physiologiques sur les Crustacés Déca-*
*podes* (Arch. Zool. exp., I, 1894 et A. B., XIII, 1895). — — *Fonctions absorbantes et excré-*
*trices du foie des céphalopodes* (Arch. Zool. expér., VII, 1907). — DRAGO. *Cambiamenti di*
*forma et di struttura del' epitelio-intestinale durante l'assortimento dei grassi* (Ricerche fatte
nel Lab. di Anat. Norm. d. R. Univ. di Roma, VIII, 1900). — — *Relazione fra le recenti*
*ricerche istologische e fisiologische sull' apparato digerente e l'assorbimento intestinale* (Rass.
internaz. Med. mod., Catania, 1900. — EWALD. *Ueber Fettbildung durch die überlebende*
*Darmschleimhaut.* (Arch. f. Anat. und Phys., 1883). — FRENZEL. *Ueber den Darmkanal der*

*Crustaceen (Arch. für mikr. Anat.,* 1885). — KOLOSSOW. *Zur Anatomie und Physiologie der Drusenepithelzellen. (Anat. Anz.* XXI). — KREHL. *Ein Beitrag zur Fettresorption (Arch. f. Anat. u. physiol. Anat., Abt.,* 1890). — GRUENBAGEN. *Ueber Fettresorption und Darmepitel (Arch. f. mikr. Anat.,* XXIX, 1887. — GUIEYSSE. *Étude des organes digestifs chez les Crustacés (Arch. Anat. microsc.,* IX, 1907). — HEIDENHAIN (R.). *Beiträge zur Histologie und Physiologie der Dünndarmschleimhaut (A. g. P.,* 1888). — HENNEGUY. *Leçons sur la cellule.* — — *Les insectes.* — DE LUCA. *Ricerche sopra le modificazioni dell' epitelio dei villi intestinali nel periodo d'assorbimento e nel periodo di digiuno (Bullett. della R. Acc. Med. di Roma, Anno* XXXI, 1904). — MESNIL. *Digestion intracellulaire et diastases des actinies (Ann. Inst. Pasteur,* 1901). — METSCHNIKOFF. *Ueber die Verdauungsorgane einiger Süsswasserturbellarien (Zool. Anz.,* 1878). — — *Ueber die intracellulare Verdauung bei den Cœlenteraten (Zool. Anz.,* 1880). — — *Zur Lehre über die intracellulare Verdauung niederer Thiere (Zool. Anz.,* 1882). — MINGAZZINI. *Cambiamenti morfologici dell' epitelio intestinale durante l'assorbimento della sostanze alimentari (Ricerche d. R. Acc. dei Lincei. Classe di sc. fis. mat. e nat.,* IX, 1900). — — *Cambiamenti morfologici dell epitelio intestinale durante l'assorbimento delle sostanze alimentari (Ricerche fatte nel Lab. di Anat. Norm. d. R. Univ. di Roma,* V-VIII, 1900). — — *La secrezione interna nell' assorbimento intestinale (Ibid.,* VIII, 1900). — MONTI (R.). *La funzioni di secrezione e di assorbimento intestinale studiate negli animali ibernanti (Mem. R. Istit. Lomb.,* 1903. — — *Nuovo contributo alla studio dell' assorbimento intestinale (Rendic. del Istit. Lomb. di sc. e lett.,* XL, 1907). — NICOLAS. *Recherches sur l'épithélium de l'intestin grêle (Journ. intern. d'Anat. et de Phys.,* VIII, 1891). — OPPEL. *Lehrbuch der vergleichenden mikroskopischen Anatomie der Wirbeltiere. II Teil. Iena,* 1897. — — *Verdauungs-Apparat (Ergebnisse der Anat. und Entwick.,* VIII, 1898; IX, 1899; XII, 1902). — PANETH. *Ueber die secernierenden Zellen des Dünndarm-Epithels (Arch. f. mikrosk. Anat.,* XXXI, 1888). — PRENANT, BOUIN et MAILLART. *Traité d'histologie.* — PUGLIESE. *Cambiamenti morfologici dell'epitelio ghiandole digestive e dei villi intestinali dei primi giorni della rialimentazione (Bull. Sc. Med. Bologna.* LXXVI, 1905). — RANVIER. *Des chylifères du Rat et de l'absorption intestinale* (C. R., CXVIII, 1894). — RENAULT. *Histologie pratique.* — REUTER. *Zur Frage der Darmresorption (Anat. Anz.,* XIX, 1901). — — *Ein Beitrag zur Frage der Darmresorption (Anat. Hefte,* XXI, 1901. — TESTUT. *Traité d'Anatomie.* — VERNONI. *Intorno al fondamento istologico di alcune funzioni dell vil. intestinale (Arch. di Anat. e di Embr.,* VII, Firenze, 1908). — WIEDERSHEIM (R.). *(Vergleichende Anatomie der Wirbeltiere. Jena,* 1996). — WILL. *Vorläufige Mitteilung über Fettresorption* (A. g. P., XX, 1879).

## PHYSIOLOGIE COMPARÉE.

**1º Variation de forme de l'intestin dans la série animale.** — *Traités classiques de* MILNE EDWARDS, COLIN, E. PERRIER, WIEDERSHEIM, etc. — BABACK. *Uber die morphogenetische Reaktion des Darmkanals der Froschlarve auf Muskelprotein verschiedener Thierklasse (Beiträge z. chem. Phys. und Pathol.,* VII, 1906, 323). — *Uber der Einfluss der Nahrung über die Länge des Darmkanals (Biolog. Centralbl.* 1903, 477 et 519),. — YUNG. *De la cause des variations de la longueur de l'intestin chez les larves de Rana esculenta* (C. R., CXL, 1905, 878).

**2º Variations des glandes digestives.** — CL. BERNARD. (Renseignements très nombreux et très importants avec figures sur le pancréas et ses conduits excréteurs dans la série animale.) *Leçons de physiologie expérimentale,* II, 1856. — O. V. FURTH. *Vergleichende chemische Physiologie der niederen Thiere,* 1903. — GUIEYSSE *(Arch. d'Anat. Microscop.,* IX, 1907, 3, 4, 343). — (Avec une bibliographie de l'hépato-pancréas très complète.)

**3º Variations des ferments dans la série animale.** — O. V. FURTH. *(Bibliogr. complète pour les invertébrés jusqu'en 1903). —* GIAJA. *Thèse de la Fac. des Sciences. Bibliographie très complète sur les diastases des invertébrés jusqu'en 1909.* Paris, 1909). — KNAUTHE. (A. P., 1898, 149). — PORTIER. *Recherches sur la lactose* (B. B., 1898, 387. — CH. RICHET. *De quelques faits relatifs à la digestion des poissons* (A. de P., 1882, 536). — BIERRY et GIAJA. *Nombreuses communications à la Soc. de Biol.,* 1905-1910.

4° **Digestion de la cellulose.** — Henneberg et Stohmann. *Beiträge zur Begründung einer rationnellen Fütterung der Wiederkäuer*, ii, 1864. — Hofmeister. *Ueber Resorption und Assimilation der Nahrstoffe* (A. P. P., xxv, 1888). — Knieriem. *Ueber die Verwerthung der Cellulose im thierischen Organismus* (Z. B., xxi, 1885, 67). — Lohrisch. *Der Vorgang der Cellulose und Hemicellulosen beim Menschen, etc.* (abondante littérature). (Z. *für exper. Pathol. und Therapie*, v, 3, 1909, 478). — Mallèvre. *Der Einfluss der als Gärungsproducte der Cellulose gebildeten Essigssaüre auf den Gaswechsel* (A. g. P., xlix, 1891). — Tappeiner. *Untersuchungen über die Gärung der Cellulose insbesondere über Lösung im Darmkanale* (Z. B., xxiv, 1884). — Seillière. *Sur la présence d'une diastase hydrolysante, la xylane, dans le suc gastro-intestinal de l'escargot* (B. B., 1902); *chez les Coléoptères et chez différents mollusques céphalopodes* (B. B., 1903-1910).

(Voir aussi **Digestion microbienne.**)

Les divers mémoires cités contiennent les faits fondamentaux de la digestion de la cellulose : pour leur bibliographie plus détaillée (quoiqu'un peu incomplète), nous renvoyons le lecteur au mémoire de Lohrisch.

AMBARD.

## III. — MOUVEMENTS DE L'INTESTIN ET INNERVATION MOTRICE.

**Technique.** — L'étude des mouvements de l'intestin présente des difficultés spéciales. Le seul fait d'ouvrir l'abdomen et de mettre à nu l'intestin le place, dans une situation anti-physiologique. Non seulement le contact de l'air tend à le refroidir et à le dessécher, mais encore il y provoque une congestion plus ou moins intense, toutes conditions éminemment défavorables à l'étude des réactions motrices normales. C'est pour obvier à ces inconvénients que, dès 1846, Ed. Weber s'efforçait d'examiner l'intestin à travers le péritoine intact. Mais ce procédé, d'une application difficile, ne rencontra que peu de partisans.

Il n'y a guère qu'une trentaine d'années que l'on s'avisa de plonger l'intestin, dont on voulait étudier les mouvements, dans un milieu liquide maintenu à une température constante. Sanders-Ezn et Von Braam-Houckgeest, qui, les premiers, employèrent ce procédé, immergeaient jusqu'au cou l'animal en expérience (lapin) dans une baignoire contenant une quarantaine de litres d'eau salée à 6 pour 1 000, chauffée à 38°. Puis ils incisaient largement l'abdomen, de telle sorte que l'intestin, flottant dans le bain, se présentait de lui-même à l'examen, tout en restant protégé contre le contact de l'air. Mis à l'abri, dans ces conditions, de toute excitation anormale, il conserve une immobilité presque complète. Rien de plus simple, dès lors, que de déterminer une à une les principales causes susceptibles de provoquer ses mouvements. C'est ce que fit Braam-Houckgeest dans un travail sur lequel nous aurons à revenir.

La plupart des auteurs qui ont abordé le sujet, après lui, ont suivi le même procédé, sinon d'une façon absolue, c'est-à-dire en plongeant l'animal tout entier dans le bain salé, du moins d'une façon relative, c'est-à-dire en immergeant la portion d'intestin sur laquelle ils expérimentaient. Mais, même dans ces conditions, l'observation directe ne peut donner qu'une vue d'ensemble. Elle ne permet, à aucun degré, l'analyse précise des mouvements intestinaux. Seule, la méthode graphique, comme pour tout ce qui concerne le fonctionnement mécanique des organes, est en mesure de nous renseigner d'une façon satisfaisante. On conçoit, en effet, qu'une ampoule introduite dans l'intestin et communiquant, par l'intermédiaire d'une seconde ampoule, avec un appareil inscripteur, nous fasse apprécier, mieux que l'inspection directe, le rythme, la vitesse, l'ampleur des contractions. Son emploi permet même, dans une certaine mesure, de se passer du procédé du bain salé, puisque le segment intestinal exploré peut rester en place sous la paroi abdominale refermée.

Cette manière de faire a été employée exclusivement par certains auteurs. Nous estimons cependant qu'elle est encore insuffisante. La paroi intestinale, en effet, est composée de deux couches musculaires, l'une circulaire, l'autre longitudinale, dont chacune se contracte pour son compte et d'une façon indépendante. Comme l'a dit

ENGELMANN, il est fréquent que l'une soit au repos pendant que l'autre est le siège de mouvements péristaltiques. Cette indépendance réciproque nous est d'ailleurs expliquée par l'anatomie ; les deux couches étant séparées par du tissu conjonctif, dans lequel sont logés les vaisseaux sanguins et lymphatiques, plus le plexus d'AUERBACH. Or l'ampoule introduite dans l'intestin ne traduit, généralement, que les mouvements de la couche circulaire. Les renseignements qu'elle fournit sont donc incomplets. Si, dans certains cas, les contractions de la couche longitudinale viennent l'influencer à leur tour, cette influence surajoutée introduira une grave cause d'erreur dans les graphiques, puisque les mouvements de chaque couche, souvent inverses, peuvent se contrarier ou s'annihiler. Il est donc indispensable, pour avoir des tracés exacts, d'enregistrer les mouvements de chaque couche musculaire en particulier.

Peu d'auteurs cependant s'y sont efforcés. Voici le procédé que, pour notre part, nous avons employé dans ce but, COURTADE et moi. Une anse intestinale, de 10 centimètres de long environ, est séparée du reste de l'intestin par une double section, pratiquée à ses deux extrémités entre deux ligatures et prolongée de chaque côté jusqu'à la racine du mésentère. L'anse ainsi libérée n'est plus reliée à l'animal que par un pédicule vasculo-nerveux, formé des vaisseaux et nerfs mésentériques, et qui lui conserve sa vitalité normale. Grâce à la longueur de ce pédicule, il est facile, sans lui faire subir aucune traction, d'immerger le segment d'intestin dans un bain salé, maintenu à la température de 37°. Pour enregistrer les mouvements de la couche longitudinale, on attache une extrémité du segment à un point fixe, tandis que l'autre est mise en rapport avec un levier qui transmet à un tambour les différentes impulsions qu'il en reçoit. Une ampoule introduite dans l'intérieur de l'anse intestinale, près de son extrémité fixe, transmet, de son côté, à un appareil approprié les contractions ou les relâchements de la couche circulaire. Dans ces conditions, nous avons pu nous assurer que chaque couche ne communique ses mouvements qu'à l'appareil qui lui est destiné, les contractions de la couche circulaire agissant exclusivement sur l'ampoule, les contractions de la couche longitudinale agissant exclusivement sur le levier. On arrive donc par ce moyen à une connaissance exacte du rôle dévolu à chacune d'elles dans le fonctionnement moteur de l'intestin.

Ce n'est pas à dire que ce procédé puisse être employé d'une façon exclusive. Excellent pour analyser le mécanisme des mouvements intestinaux, il ne saurait convenir à l'étude des effets d'ensemble provoqués par ces mouvements : péristaltisme ou antipéristaltisme, progression des aliments dans le tube digestif, etc. A ce point de vue, nul procédé n'est préférable à l'emploi des rayons RÖNTGEN. On sait quel parti on a tiré, dans ces dernières années, de la radioscopie appliquée à l'examen des viscères. Bien que le plus grand nombre des résultats ainsi obtenus concernent surtout la pathologie, la physiologie en a cependant largement bénéficié. Il convient de signaler, en ce qui regarde l'intestin, les expériences de BOAS, de GRÜTZNER, les travaux importants de CANNON et ceux, plus récents, de SICARD et INFROID. Nous aurons à revenir sur les faits observés par ces divers auteurs ; mais nous voulions, dès à présent, marquer la place qui revient au procédé qu'ils ont employé dans l'étude des mouvements de l'intestin.

**Différents types de mouvements intestinaux.** — Quel que soit l'animal examiné, chien, lapin, grenouille, on constate que les mouvements de l'intestin sont rythmés. L'inspection directe suffit souvent pour le démontrer ; mais la méthode graphique en témoigne toujours nettement. RANVIER, qui a fait une étude détaillée de ces mouvements, chez la grenouille, les compare aux mouvements cardiaques, avec leurs trois temps : systole, diastole et pause. Plus réguliers chez l'animal à jeun, leur rapidité varie avec les conditions qui les provoquent. Bien qu'ils puissent naître en un point quelconque du tube digestif, ils débutent le plus souvent dans la région pylorique et tendent à se propager de haut en bas sur toute la longueur de l'intestin, d'où le nom de mouvements péristaltiques, sous lequel on les décrit. Ce sont de beaucoup les plus importants et les plus caractéristiques. A côté d'eux, on en a distingué deux autres variétés qui en dérivent plus ou moins : les mouvements pendulaires et les mouvements d'enroulement.

1° **Mouvements péristaltiques.** — On désigne ainsi l'ensemble des mouvements intestinaux qui font progresser les matières alimentaires de haut en bas. La plupart des auteurs admettent que les mouvements péristaltiques sont essentiellement constitués par la contraction des parois intestinales au-dessus de l'aliment et leur relâchement au-dessous. Le contact du bol alimentaire mettrait donc en même temps en jeu deux influences nerveuses opposées, se poursuivant sur toute la longueur de l'intestin : l'une positive ou constrictrice, l'autre négative ou dilatatrice.

Ces mouvements de contraction et de relâchement sont réels. Encore faut-il se rendre compte qu'ils siègent non seulement sur la couche circulaire, mais aussi sur la couche longitudinale, et examiner comment ils se combinent pour faire progresser le contenu de l'intestin.

Lorsqu'on cherche, par le procédé que nous avons indiqué plus haut, à inscrire séparément les mouvements de chaque couche musculaire, on voit que ceux-ci, bien que simultanés, sont de sens inverse. A une contraction de la couche circulaire répond un relâchement de la couche longitudinale, et *vice versâ*. Cette opposition apparaît encore plus nette lorsque les mouvements normaux sont exagérés par l'excitation du pneumogastrique. Elle constitue, à notre avis, l'élément principal du mécanisme musculaire auquel on a donné le nom de péristaltisme, et qui est toujours le même, quelle que soit la partie du tube digestif que l'on considère. Qu'un bol alimentaire se présente, par exemple à l'entrée du pharynx, celui-ci contracte d'abord ses fibres longitudinales, d'où élévation et raccourcissement du conduit qui porte, pour ainsi dire, son extrémité inférieure au-devant de l'aliment ; les fibres circulaires, jusque-là relâchées, s'en saisissent alors par une contraction secondaire et le poussent vers l'œsophage, tandis que le relâchement concomitant des fibres longitudinales accélère le mouvement de descente.

Il en est exactement de même pour la région pylorique de l'estomac, comme nous l'avons constaté, COURTADE et moi. Les mouvements qui président à l'évacuation du contenu stomacal dans l'intestin débutent par la contraction des fibres longitudinales de la région, pendant que se relâchent les fibres circulaires de l'anneau pylorique ; puis celles-ci se contractent à leur tour, d'un mouvement énergique et réitéré, qui coïncide avec le relâchement secondaire des fibres longitudinales et achève l'expulsion. C'est encore ce même mécanisme qui se reproduit dans chacun des segments de l'intestin grêle, pour faire passer de l'un à l'autre les matières alimentaires et, avec les atermoiements nécessaires à la digestion, les conduire de proche en proche jusque dans le gros intestin. Enfin la défécation s'exécute suivant le même mode, c'est-à-dire par la contraction primitive des fibres longitudinales du rectum, suivie par la contraction secondaire de ses fibres circulaires.

Comme on le voit, les mouvements péristaltiques ne sont pas limités à l'intestin grêle. Le commencement et la fin du tube digestif en sont également le siège, au même titre d'ailleurs que tous les conduits viscéraux dont ces mouvements constituent le mode de contraction commun. Sans doute, ils sont moins apparents et peut être moins fréquents dans le côlon et le rectum que dans le duodénum et le jéjuno-iléon. Beaucoup de contractions de l'intestin grêle ne dépassent pas la valvule iléo-cæcale, comme l'ont vu ENGELMANN et BRAAM-HOUCKGEEST. Mais elles ne s'y arrêtent pas forcément, et plusieurs auteurs ont pu les suivre jusqu'à la partie inférieure du gros intestin.

Il faut néanmoins savoir que, dans les conditions physiologiques, les mouvements péristaltiques ne parcourent pas d'une seule traite tout l'intestin. Non seulement ils procèdent par étapes distinctes, séparés par des arrêts plus ou moins prolongés, mais ils peuvent même, d'après certains auteurs, revenir vers leur point de départ, c'est-à-dire prendre une direction rétrograde et, de péristaltiques, devenir antipéristaltiques.

Cette opinion n'a rien d'inadmissible, *a priori*, lorsqu'on se rappelle que, chez les ruminants, la partie supérieure du tube digestif est normalement le siège de contractions qui ramènent de l'estomac dans la cavité buccale les aliments déjà déglutis. Mais un tel mécanisme, d'ailleurs spécial à certaines classes d'animaux, existe-t-il dans l'intestin proprement dit ? Les recherches d'ENGELMANN semblent en avoir démontré la réalité, au moins dans certaines conditions. Cet auteur a en effet constaté que, chez un animal récemment tué, l'excitation mécanique de l'intestin grêle y détermine une double contraction, péristaltique et antipéristaltique, qui le parcourt dans les deux sens, d'une part jusqu'à la valvule iléo-cœcale, d'autre part jusqu'au pylore. Pareilles constatations ont été faites par RANVIER, qui, excitant directement l'intestin à l'aide de courants interrompus, chez un animal sacrifié par la section du bulbe, a vu des contractions se propager au-dessus et au-dessous du point excité.

Ces recherches — et c'est là un point fort intéressant — nous montrent que le mécanisme qui préside aux mouvements péristaltiques est réversible. Toutefois, les résultats auxquels elles aboutissent, observés après la mort de l'animal, n'impliquent pas nécessairement que les mouvements antipéristaltiques existent à l'état normal, chez l'animal vivant. Les expériences de BRAAM-HOUCKGEEST ont d'ailleurs montré que, lorsque l'intestin est plongé dans l'eau salée tiède, c'est-à-dire placé dans des conditions de milieu qui se rapprochent de la normale, les excitations locales sont impuissantes à y faire naître des mouvements antipéristaltiques.

La question a été reprise par NOTHNAGEL, et les conclusions auxquelles il est parvenu ne diffèrent pas sensiblement de celles de BRAAM-HOUCKGEEST. D'après lui, l'excitation mécanique de l'intestin plongé dans l'eau salée ne produit qu'une constriction annulaire localisée. Mais il faut distinguer entre l'état normal et l'état pathologique. Dans certains cas d'obstruction intestinale, de péritonite, etc., NOTHNAGEL admet la possibilité des mouvements antipéristaltiques. Ses expériences lui ont en outre démontré que, même chez l'animal sain, certaines excitations anormales peuvent avoir un effet analogue. C'est ainsi que le contact d'un sel de soude sur la face externe de l'intestin provoque une contraction qui se propage en *amont* du point excité, sur une longueur de plusieurs centimètres. De même, l'eau glacée injectée en petite quantité, les solutions salines concentrées, introduites dans le rectum ou dans l'intestin grêle, peuvent y déterminer quelques mouvements antipéristaltiques, poussant le liquide de bas en haut. Mais ce sont là des excitations spéciales qui n'interviennent évidemment pas dans le mécanisme normal des mouvements intestinaux.

La plupart des auteurs se sont ralliés à cette manière de voir, à l'appui de laquelle on peut invoquer, en outre, les expériences récentes de SABBATANI et FASOLA. Le procédé employé par ces auteurs, et sur lequel nous ne pouvons insister (renversement d'une portion de l'intestin grêle, anses parallèles à direction inverse, fistules ascendantes ou descendantes) consiste essentiellement à interposer, sur le trajet du contenu intestinal, un segment d'intestin renversé de bout en bout, de telle sorte que, pour le traverser, les matières alimentaires doivent le parcourir en sens inverse de la normale.

Or, une observation prolongée pendant plusieurs semaines, chez les animaux qui ont survécu à l'opération, montre que ce segment constitue un obstacle infranchissable pour toute matière non liquéfiée : il ne s'adapte donc pas à sa nouvelle direction, c'est-à-dire ne présente pas de mouvements antipéristaltiques.

Dans cette question du reflux du contenu intestinal, il faut, on le voit, distinguer les substances solides des substances liquides, puisque celles-ci, contrairement à celles-là, peuvent parcourir un segment d'intestin en sens inverse de la normale. Quelque temps avant le travail de SABBATANI et FASOLA, GRÜTZNER avait soutenu que même de fines particules solides, en suspension dans une certaine quantité d'eau salée, peuvent remonter du rectum dans l'intestin grêle. Cette opinion, combattue par un grand nombre d'auteurs, trouve une confirmation dans les travaux de CANNON. A l'aide des rayons RÖNTGEN, cet auteur a pu constater que si, comme on l'admet généralement, l'intestin grêle ne semble pas présenter de mouvements antipéristaltiques, il n'en est pas de même pour le gros intestin. D'après lui, en effet, l'antipéristaltisme du côlon est un mode de contraction qu'on peut qualifier de normal, tellement on l'observe fréquemment. Cet antipéristaltisme est encore stimulé par des injections d'eau chaude pratiquées dans le rectum. C'est ainsi que toute substance liquide ou semi-liquide, ainsi introduite chez l'animal vivant, est poussée vers le cæcum par les mouvements anti-péristaltiques du côlon et peut même pénétrer dans la partie inférieure de l'iléon, malgré la valvule iléo-cæcale.

2° **Mouvements pendulaires**. — A côté des mouvements péristaltiques proprement dits, certains auteurs ont décrit des mouvements pendulaires, sous l'influence desquels un segment d'intestin, sur une longueur de quelques centimètres, se balance alternativement de droite et de gauche, sans modification appréciable dans son calibre. Ces mouvements sont dus à la contraction des fibres longitudinales seules et ne donnent lieu à aucun progression des matières intestinales.

**3° Mouvements d'enroulement.** — Lorsque les mouvements péristaltiques sont très impétueux, les anses intestinales semblent s'enrouler et se tordre sur elles-mêmes ; ces mouvements, dits d'enroulement, confinent à l'état pathologique. Ils se produisent, d'après NOTHNAGEL, lorsque l'intestin distendu par les gaz contient peu de matières solides. Ce sont eux qui donnent lieu au gargouillement intestinal.

**Causes provocatrices des mouvements intestinaux.** — 1° **Agents mécaniques.** — Nous venons de voir que les agents mécaniques sont capables de provoquer des mouvements antipéristaltiques, d'une façon à vrai dire exceptionnelle. En est-il de même des mouvements péristaltiques ? Cela dépend du lieu de l'excitation. En effet, lorsque l'agent mécanique agit directement sur la face interne de la paroi intestinale, à la façon du bol alimentaire, la réaction motrice se traduit le plus souvent par des mouvements péristaltiques plus ou moins nets. Tel est l'effet produit par l'introduction, dans l'intérieur du tube intestinal, d'une certaine quantité d'eau salée (RANVIER), ou d'une boule de coton vaselinée (BAYLISS et STARLING). Lorsque l'agent mécanique agit, au contraire, sur la face externe de l'intestin, il n'y provoque d'ordinaire qu'une contraction localisée, intéressant seulement les fibres circulaires, quelquefois aussi les fibres longitudinales (BRAAM-HOUCKGEEST). Ainsi agissent les contacts extérieurs : pincements, constrictions, etc.

Dans certaines conditions cependant, ces contacts extérieurs eux-mêmes sont capables de provoquer des mouvements péristaltiques, par exemple après section du bulbe. Ceux-ci apparaîtraient alors, d'après STEINACH, à la suite de simples attouchements avec un tube de verre ou un pinceau humide, excitations qui ne produisent, chez l'animal normal, qu'une constriction purement locale. La chose est-elle due, comme le pense cet auteur, à la suppression d'une action d'arrêt exercée par la moelle allongée sur les ganglions intestinaux ? C'est une hypothèse que nous aurons à discuter en étudiant l'action des centres nerveux sur les mouvements de l'intestin.

**2° Agents physiques.** — On sait, depuis longtemps, que la *température* a une grande influence sur la contraction des muscles lisses. Aussi a-t-on donné à ceux-ci le nom de muscles *thermo-systaltiques*, par opposition avec les muscles striés qui, indifférents en apparence à cette cause d'excitation, ont reçu le nom de muscles *athermo-systaltiques*. On comprend par conséquent l'importance qu'il y a, pour interroger les réactions de l'intestin, à le placer dans un milieu à température convenable. En effet, HORWATH a constaté que, plongé dans un liquide dont la température est inférieure à 19°, l'intestin est non seulement immobile, mais encore absolument inexcitable par l'électricité. Entre 19° et 40°, au contraire, les mouvements péristaltiques s'accélèrent proportionnellement à la température.

Étudiant, de plus près, l'action comparée du froid et de la chaleur sur les mouvements de l'intestin, RANVIER est arrivé à des résultats fort intéressants. Ils montrent que si le froid arrête, comme on l'a dit, les mouvements rythmés de l'intestin, ce dernier n'est pourtant pas inerte, à proprement parler, car il s'immobilise en état de contraction tonique, ainsi qu'en témoignent nettement les procédés inscripteurs. Inversement, la chaleur réveille les mouvements rythmés, qui prennent une ampleur croissante à mesure que diminue la contraction tonique. On doit donc conclure que, tandis que la chaleur augmente la contractilité de l'intestin, le froid en augmente la tonicité, ces deux propriétés de la fibre musculaire apparaissant, par suite, comme réciproquement antagonistes.

D'après HÉDON et FLEIG, la température minimum à laquelle l'intestin peut se mouvoir est de 15°, lorsque le refroidissement est progressif. Mais, si on l'expose brusquement à cette température, aussitôt après sa séparation de l'animal, l'intestin reste comme immobilisé. Réchauffé progressivement, il se ranime vers 21° ou 23° et manifeste son activité par une forte contraction péristaltique ; puis les mouvements rythmiques continuent, en s'affaiblissant, lorsque la température s'élève davantage, pour s'accentuer de nouveau vers 35°. Les mêmes auteurs on vu que l'intestin, refroidi à 0° immédiatement après qu'on l'a retiré du corps de l'animal, peut être maintenu à cette température pendant trois jours au moins, sans perdre sa vitalité, ainsi que le montre la réapparition de ses contractions, lorsqu'on le réchauffe après cette longue période

A vrai dire, Hédon et Fleig se servaient, pour ces expériences, d'un liquide spécial dont nous aurons, au paragraphe suivant, à examiner l'influence sur la contractilité intestinale.

Il convient aussi de rappeler les recherches de Bokai, sur les mouvements de l'intestin étudiés chez des animaux rendus hyperthermiques, soit par injections de substances putrides, soit par un séjour de quelques heures dans la caisse chauffée de Cl. Bernard. Les résultats obtenus ont varié avec le degré de l'hyperthermie. Bokai a vu en effet que, lorsque la température centrale atteint environ 41°, l'intestin reste immobile et difficilement excitable ; par contre, lorsque la température dépasse 42°, l'intestin présente des mouvements péristaltiques très énergiques, lesquels s'accentuent encore sous l'influence d'excitations diverses. Il en a conclu que les splanchniques, nerfs inhibiteurs de l'intestin, sont excités lorsque l'hyperthermie est modérée et paralysés lorsqu'elle est excessive.

L'influence de l'*électricité*, employée comme agent d'excitation du muscle intestinal, a donné lieu à de nombreux travaux. D'après Legros et Oximus, les courants induits, lorsqu'ils ont une certaine intensité, abolissent les contractions péristaltiques, tandis que des courants faibles les stimulent. Les courants continus, au contraire, augmentent la contraction, s'ils sont dirigés dans le sens du mouvement ; mais ils la diminuent, s'ils sont dirigés en sens inverse. Horwath a noté, lui aussi, que de forts courants induits, agissant sur l'intestin pendant les contractions péristaltiques, les arrêtent par une contraction locale. Celle-ci est souvent assez énergique pour faire équilibre à une colonne d'eau de quarante centimètres de haut.

Ranvier est arrivé à des résultats analogues. Il a montré que, dans ce cas, l'excitation électrique agit comme le froid, c'est-à-dire suspend la contractilité de l'intestin en exagérant sa tonicité. Entre les deux électrodes se produit une plaque exsangue et dure : c'est le tétanos de la fibre musculaire. Mais celui-ci n'est que passager et, bientôt, du point contracté partent des ondes péristaltiques qui se propagent au-dessus et au-dessous de lui avec une intensité décroissante.

Cette dernière constatation est en opposition avec les observations d'Horwath et de Braam-Houckgeest. Ces deux auteurs, en effet, s'accordent à conclure qu'un courant électrique, appliqué directement sur l'intestin, ne produit jamais qu'une contraction locale. Les expériences de Schullbach viennent, au contraire, confirmer celles de Ranvier. Elles montrent, de plus, que le courant galvanique est encore plus apte que le courant faradique à provoquer le péristaltisme intestinal, du moins lorsque le courant est assez fort, et surtout au niveau du pôle positif. Le fait a été vérifié par Biedermann et Limchowitz et, plus récemment, par Bayliss et Starling. Cependant, pour Laquerrière et Delherm, le courant continu ne produirait qu'une contracture progressive de l'intestin, tandis que le courant faradique pourrait, s'il n'est pas trop intense, donner lieu à des mouvements péristaltiques.

3° **Agents chimiques.** — Les agents chimiques peuvent agir sur l'intestin, soit par contact direct, lorsqu'on les dépose sur une des faces de la paroi intestinale, soit par l'intermédiaire de la circulation, lorsqu'on les injecte dans le sang. Nous n'envisagerons, pour le moment, que l'effet du contact direct, remettant la seconde partie de cette étude après celle de la circulation intestinale.

Nothnagel, l'un des premiers, a abordé expérimentalement la question à ce point de vue, en analysant comparativement l'action des sels de potasse et des sels de soude. Déposés sur la paroi externe de l'intestin, les uns et les autres produisent une contraction tonique dont les caractères diffèrent suivant le sel employé. Sous l'influence des sels de potasse, la contraction, assez énergique pour effacer complètement pendant plusieurs minutes la lumière du tube intestinal, reste strictement localisée au point excité. Sous l'influence des sels de soude, au contraire, la contraction, qui ne dure que quelques secondes, se propage de bas en haut sur une longueur de plusieurs centimètres. Cette propagation en amont du point excité est tellement constante, dit Nothnagel, qu'elle pourrait servir, en admettant qu'elle existe aussi chez l'homme, à faire reconnaître au chirurgien la direction de l'anse intestinale sur laquelle il opère. Quoi qu'il en soit, le fait qu'elle se produit régulièrement chez l'animal a été confirmé par nombre de physiologistes.

Parmi les autres excitants chimiques, les sels d'ammoniaque agiraient seuls comme les sels de soude. Par contre, les sels de magnésie et de calcium, l'alun officinal, le sulfate de cuivre, le nitrate d'argent, l'acétate de plomb déterminent une simple constriction locale, comme les sels de potasse, mais à un degré beaucoup moindre.

Plus récemment, POHL a publié des expériences qui, outre qu'elles confirment à nouveau les résultats de NOTHNAGEL, nous apportent des renseignements sur l'action d'un certain nombre de poisons non étudiés par ce dernier. Voici les résultats auxquels il est arrivé : l'éther, le chloroforme, l'atropine, la morphine, la cocaïne, le nitrite d'amyle, la codéine affaiblissent ou arrêtent les mouvements péristaltiques; l'alcool, l'aconitine, la muscarine, la nicotine, la physostigmine, la vératrine agissent au contraire comme les sels de soude, c'est-à-dire provoquent ou augmentent les mouvements péristaltiques; l'iode, le sulfate de chaux, le camphre, la caféine, la digitaline, la spartéine agissent comme les sels de potasse, c'est-à-dire ne produisent que des contractions locales.

Enfin, HÉDON et FLEIG ont montré l'importance du bicarbonate de soude et du chlorure de calcium comme excitants des contractions péristaltiques. En plongeant un fragment d'intestin grêle de lapin dans une solution de LOCKE, modifiée et complétée de la façon suivante : chlorure de sodium 6 grammes, chlorure de potassium 0 gr., 3, chlorure de calcium 0 gr., 1, sulfate de magnésie 0 gr., 3, phosphate de soude 0 gr., 5, bicarbonate de soude 1 gr., 5, glucose 1 gramme, oxygène à saturation, le tout pour 1 000 grammes d'eau à la température de 37°, ils ont vu les mouvements péristaltiques persister de 9 à 12 heures. Au contraire, dans ce même liquide dépourvu de bicarbonate de soude et de chlorure de calcium, ou seulement de ce dernier sel, les mouvements ne tardent pas à disparaître, et l'intestin devient complètement inerte. Mais il suffit d'ajouter au liquide le sel qui manquait pour voir reparaître les mouvements intestinaux, même après plusieurs heures d'immobilité.

4° **Agents physiologiques.** — A l'état normal, l'intestin n'entre guère en mouvement que pendant la digestion, sous l'influence des aliments. Ceux-ci sont ses véritables excitants physiologiques, comme le sang est l'excitant physiologique du cœur. Admise depuis de longues années, cette notion a été bien mise en évidence par BRAAM-HOUCK-GEEST. En effet, cet auteur a vu nettement que, plongé dans le bain salé, c'est-à-dire soustrait à toute excitation extérieure, l'intestin d'un animal à jeun depuis vingt-quatre heures ne présente aucun mouvement. A son tour, JACOBJ a montré que, lorsque le jeûne est prolongé pendant deux ou trois jours, les excitations extérieures elles-mêmes, qu'elles agissent directement ou par l'intermédiaire du système nerveux, sont impuissantes à provoquer l'apparition des mouvements péristaltiques. Par contre, lorsqu'il ne s'est écoulé que trois ou quatre heures depuis le dernier repas, les mouvements de l'intestin plongé dans le bain salé peuvent être intenses (BRAAM-HOUCKGEEST). Cet intervalle de quelques heures entre l'ingestion des aliments et le début des mouvements intestinaux, admis par la plupart des auteurs, correspond à la période de chymification stomacale, pendant laquelle l'intestin reste plus ou moins immobile. SCHIFF a soutenu, en outre, que les contractions de ce dernier ne sont pas la conséquence immédiate de l'arrivée des matières alimentaires dans le duodénum, mais sont dues à l'intervention d'un facteur secondaire, à savoir l'hyperémie provoquée par le contact du chyme avec la muqueuse intestinale. Nous verrons plus loin ce qu'il faut penser de cette manière de voir.

La bile, dont l'excrétion est également provoquée par le déversement du chyme dans l'intestin, a-t-elle une influence sur les mouvements péristaltiques? SCHIFF a autrefois résolu la question par la négative. Depuis, FUBINI et LUZZATI, d'une part, BOKAI, d'autre, ont affirmé qu'une injection de bile dans l'intestin accélère notablement ses contractions. Mais ECKHARD conteste le bien fondé de leurs observations. D'après lui, la bile n'a pas d'influence excitante spéciale, et si, injectée en grande quantité dans l'intestin, elle peut en exagérer les contractions normales, il s'agit là d'une excitation purement mécanique, laquelle serait aussi bien réalisée par tout autre agent.

L'influence de la bile mise à part, l'excitation exercée sur l'intestin par les matières alimentaires n'est pas seulement d'ordre mécanique, elle est encore d'ordre chimique. On sait, en effet, que les fermentations digestives donnent normalement naissance à un grand nombre d'acides : lactique, butyrique, acétique, qui prennent naissance dans l'intestin grêle; propionique, caprique, caprilique, valérique, etc., qu'on rencontre, en

plus des précédents, dans le gros intestin. Or tous ces acides, injectés expérimentalement dans une anse intestinale, y déterminent des contractions plus ou moins intenses,
comme l'a vu Bokai. Ils prennent donc une part importante à la production des mouvements péristaltiques normaux. A plus forte raison, lorsqu'ils sont en proportion excessive, interviennent-ils dans les mouvements exagérés qui caractérisent certains états
pathologiques de l'intestin (coliques, diarrhées); d'autant qu'à leur action motrice
s'ajoute pour certains d'entre eux, tels les acides lactique, acétique et succinique, une
action vaso-dilatatrice manifeste. Il en est de même du scatol, lequel existe toujours
dans les matières fécales, à côté du phénol et de l'indol, et qui excite énergiquement les
contractions de l'intestin. Bokai a constaté, d'ailleurs, que le simple extrait aqueux de
matières fécales, injecté dans l'intestin, y provoque des mouvements péristaltiques prolongés pendant plusieurs minutes.

Enfin, l'intestin contient un certain nombre de gaz, produits des fermentations et
putréfactions intestinales : hydrogène, acide sulfhydrique, gaz des marais et, surtout,
acide carbonique. Si nous en exceptons le premier, ces divers gaz ont, sur l'intestin, la
même action excitante que les acides gras et aromatiques. L'acide carbonique, en particulier, joue un rôle prépondérant dans les mouvements intestinaux, comme nous le
verrons en étudiant l'influence de la circulation.

**Vitesse avec laquelle cheminent les aliments.** — D'après la plupart des auteurs,
la traversée totale de l'intestin dure environ vingt-quatre heures, ou même davantage
(Maurel); mais la vitesse varie avec la région intestinale considérée. Assez rapide dans
l'intestin grêle, où elle peut atteindre de soixante centimètres (Fubini) à un mètre (Sicard
et Infroid) à l'heure, elle se ralentit dans le gros intestin. C'est ainsi que, d'après les récentes
recherches de Sicard et Infroid, à l'aide de la radioscopie, la traversée de l'intestin
grêle s'effectue en huit heures, tandis que celle du gros intestin dure à peu près seize
heures, dont six sont prises par un arrêt prolongé au niveau de la région cœcale. Il convient cependant de faire remarquer que ces différentes recherches n'ont pu être faites
qu'avec des substances inattaquables par les sucs digestifs et que la vitesse des aliments
proprement dits doit varier pour chacun d'eux selon qu'ils sont plus ou moins rapidement digérés.

**Influence de la circulation.** — 1° **Troubles circulatoires.** — Une des principales causes des mouvements anormaux que présente l'intestin mis à nu est due aux troubles
circulatoires auxquels il est soumis dans ces conditions. La plupart des physiologistes
s'accordent sur ce point. Schiff a vu, l'un des premiers, que la compression de l'aorte
détermine, à brève échéance, des contractions intestinales. Krause, Nasse, Mayer et van
Basch, etc., ont fait de semblables constatations. Salvioli est arrivé aux mêmes résultats
en opérant sur des fragments d'intestin isolés, dans lesquels il entretenait ou supprimait tour à tour une circulation artificielle. Brown-Séquard, Legros et Onimus, Bokai ont
également déterminé des contractions dans une anse intestinale en liant les rameaux
artériels qui s'y rendent. Dans nos expériences personnelles, nous avons eu souvent
l'occasion de vérifier l'exactitude de ces faits. C'est ainsi que, sur une anse intestinale
isolée par le procédé que nous avons indiqué plus haut, nous avons toujours observé la
production de mouvements anormaux lorsque le pédicule vasculaire, reliant cette anse
aux gros troncs mésentériques, était soumis à des tractions exagérées. Bref, toute modification apportée dans le régime circulatoire normal de l'intestin provoque, de la part de
cet organe, des réactions motrices anormales.

S'ensuit-il qu'il faille admettre, comme conclusion des faits précédents, que les contractions provoquées dans l'intestin par l'arrêt total ou partiel de sa circulation soient
le fait de l'*anémie* qui en est la conséquence? Telle n'est pas l'opinion de tous les auteurs.
D'après Braam-Houckgeest — et cette manière de voir est généralement admise aujour-
d'hui — l'anémie est, au contraire, une cause d'arrêt des mouvements intestinaux. En
effet, lorsqu'on comprime l'aorte ou les artères mésentériques, on voit que l'intestin,
immergé dans la solution saline, ne présente aucun mouvement péristaltique pendant les
premières minutes. Les contractions dites anémiques n'apparaissent qu'au bout d'un
certain temps, lorsque le sang stagnant commence à devenir veineux.

On sait d'autre part que, chez les animaux qui meurent asphyxiés, l'intestin présente
des mouvements énergiques. Cette influence motrice de l'*asphyxie* a été confirmée pa

tous les expérimentateurs. En l'examinant de plus près, BRAAM-HOUCKGEEST a constaté que, pendant les deux ou trois premières minutes qui suivent le début de l'asphyxie, c'est-à-dire l'arrêt respiratoire, l'intestin demeure complètement immobile. Or, pendant cette première phase, ses artères se rétractent peu à peu, si bien qu'il semble devenir exsangue. Le fait, vérifié depuis à maintes reprises, en particulier par DASTRE et MORAT, est dû à l'excitation du centre vaso-moteur par le sang asphyxique. Il montre, avec évidence, que l'anémie de l'intestin ne s'accompagne d'aucun mouvement péristaltique. Dans une seconde phase, au contraire, l'asphyxie prolongée ne tardant pas à paralyser le centre vaso-moteur, les vaisseaux intestinaux, cédant à la poussée du sang, prennent une teinte cyanotique, et c'est alors que les mouvements péristaltiques apparaissent, d'abord dans l'intestin grêle, puis dans le gros intestin. Ils annoncent la mort imminente de l'animal et persistent même un certain temps après.

L'influence excitante de l'asphyxie paraît donc liée, en dernière analyse, à la présence de l'acide carbonique dans le sang. On sait, d'ailleurs, que le rôle excito-moteur du sang noir a été, depuis longtemps, mis en évidence par BROWN-SÉQUARD. En mélangeant de l'acide carbonique au sang artificiellement injecté dans les vaisseaux mésentériques, SALVIOLI, au cours des expériences que nous avons mentionnées, a pu provoquer des contractions plus ou moins intenses dans le segment d'intestin ainsi irrigué. Enfin BOKAI a constaté les mêmes effets en introduisant directement de l'acide carbonique à l'intérieur de l'intestin.

D'après ces mêmes auteurs, le sang rouge, c'est-à-dire le sang oxygéné, a une influence diamétralement inverse. SALVIOLI, en pratiquant une circulation artificielle de sang artériel dans l'intestin, y a fait cesser immédiatement toute contraction. De même BOKAI, après avoir excité les mouvements péristaltiques par l'asphyxie, les arrêtait en quelques secondes par une injection intra-intestinale d'oxygène. Avant eux, BRAAM-HOUCKGEEST, en faisant respirer de l'oxygène pur à ses animaux d'expérience, voyait tous les vaisseaux intestinaux, y compris les veines, prendre une teinte rouge vif, sans provoquer aucune contraction de l'intestin. On doit donc admettre que l'*hyperémie* ou, en d'autres termes, la vaso-dilatation artérielle n'exerce par elle-même aucune influence excitante sur les mouvements péristaltiques. Si elle les accompagne presque toujours, c'est seulement comme témoin de l'activité fonctionnelle de l'organe, de même qu'elle se produit dans une glande en travail, sans être, pour cela, la cause efficiente de la sécrétion. Mais il faut distinguer, bien entendu, entre l'hyperémie intestinale proprement dite et la stase sanguine qui vient parfois la compliquer, cette dernière s'accompagnant forcément d'une évacuation insuffisante de l'acide carbonique dont l'influence excitante nous est connue.

2° **Substances toxiques en circulation dans le sang.** — A côté de l'action des éléments normaux du sang, il convient d'étudier celle des éléments anormaux qu'il peut contenir. D'une façon générale, toute substance en dissolution injectée dans le sang est susceptible de provoquer des mouvements péristaltiques. Témoin l'expulsion des matières fécales qui succède presque toujours à une injection de curare ou de morphine, faite chez le chien qu'on veut immobiliser ou anesthésier. Mais il s'agit là d'une réaction banale de l'intestin qui ne préjuge en rien de l'action spécifique exercée sur lui par la substance injectée. Ou plutôt, il s'agit d'un effet primitif, souvent transitoire, auquel peut succéder un effet secondaire inverse et de longue durée. Aussi est-il souvent très difficile de déterminer exactement la véritable action de certaines substances.

Ces réserves faites, on peut diviser les poisons intestinaux en deux groupes, selon que leur effet principal est d'exciter ou, au contraire, d'arrêter les mouvements péristaltiques. La pilocarpine, d'une part, et l'atropine, de l'autre, en représentent respectivement les types les plus différenciés. Injectée dans les veines, à dose moyenne (1 centigramme environ pour 10 kilogrammes d'animal), la pilocarpine provoque un péristaltisme intestinal très accentué, lequel peut persister pendant plusieurs heures. A dose un peu moindre, l'atropine agit d'une façon absolument inverse, c'est-à-dire arrête toutes les contractions intestinales, spontanées ou provoquées. Ces deux substances ont donc des effets très nets et qui permettent de les opposer sans hésitation l'une à l'autre. A des degrés divers, on peut placer dans le même groupe que la pilocarpine : l'ésérine, la muscarine et peut-être aussi la nicotine ; dans le même groupe que l'atropine, mais très loin d'elle quant à la rapidité et à l'efficacité de leur action : le chloroforme, le chloral, l'éther, la morphine. L'action de cette dernière substance a, d'ailleurs, été le sujet de nombreuses discussions entre physiologistes. D'après NOTHNAGEL, une petite dose de morphine, en injection intra-veineuse, suspend les mouvements péristaltiques, tandis qu'une dose plus forte les fait reparaître. Il explique ce fait, d'apparence paradoxale, en admettant que les nerfs inhibiteurs de l'intestin sont excités dans le premier cas, paralysés dans le second, opinion que SALVIOLI, puis PAL et BERGRÜN ont confirmée dans une certaine mesure. Par contre, cette manière de voir n'est pas partagée par JACOBJ. Plus récemment enfin, VAMOSSY n'a pu constater, en injectant une forte dose de morphine, le retour des mouvements péristaltiques abolis par une première injection.

**Influence du système nerveux.** — 1° **Plexus ganglionnaires périphériques.** — Alors même qu'il est complètement séparé du corps, l'intestin continue à présenter des mouvements rythmiques pendant un certain temps. Cette propriété, qu'il partage avec la plupart des organes viscéraux de même structure, est-elle due aux nombreux ganglions nerveux disséminés sur toute sa longueur et formant un plexus ininterrompu (plexus d'AUERBACH) entre ses deux tuniques musculaires? On sait à quelles discussions a donné lieu la persistance des mouvements du cœur dans les mêmes conditions. Après l'avoir attribuée d'abord à l'action des ganglions intra-cardiaques, on est arrivé, à la suite des recherches entreprises dans ces trente dernières années, à en faire une propriété purement musculaire. Bien que la disposition anatomique du plexus d'AUERBACH ne permette pas de soustraire à l'influence nerveuse, comme on a pu le faire pour le muscle cardiaque, tout ou partie des muscles intestinaux, on est autorisé, par analogie, à appliquer à l'intestin les données acquises pour le cœur.

Il convient, d'ailleurs, de rappeler à ce propos les recherches bien connues d'ENGELMANN. Dans une première série d'expériences, cet auteur avait constaté qu'un segment isolé de l'uretère, excité mécaniquement, présente des mouvements péristaltiques absolument semblables à ceux de l'organe intact, bien que ses parois soient dépourvues de tout ganglion ou filet nerveux. Il fut donc conduit à admettre que le péristaltisme se produit normalement sans l'intermédiaire du système nerveux, c'est-à-dire est fonction du muscle lui-même. Étendant cette théorie à l'intestin, dans un travail ultérieur, il invoqua surtout en sa faveur l'existence des mouvements antipéristaltiques dont il démontra la réalité et qui, communs à l'uretère et au tube intestinal, lui semblaient compléter le rapprochement entre ces deux organes. Il admit, en résumé, que les contractions du second sont indépendantes du système nerveux, comme les contractions du premier.

Sans vouloir diminuer l'intérêt des faits mis en lumière dans cette dernière série de recherches, il est permis de dire qu'ils n'ajoutent aucune preuve directe aux raisons d'analogie qui conduisent à attribuer à la fibre musculaire de l'intestin les mêmes propriétés qu'aux fibres musculaires du cœur et de l'uretère. Or on sait que la pointe du cœur isolée demeure immobile, en l'absence d'une excitation, physique ou mécanique, apte à provoquer ses contractions, tout comme le segment d'uretère séparé du reste de l'organe. Dans les mêmes conditions au contraire, c'est-à-dire sans cause apparente, l'intestin détaché du corps continue à battre pendant un certain temps, de même que la base du cœur. Pourquoi, sinon parce qu'il conserve, comme celle-ci, dans l'épaisseur de ses parois, des cellules ganglionnaires qui lui donnent l'incitation motrice créée *in situ* (RANVIER)? On peut donc dire avec FRANÇOIS-FRANCK que, si les ganglions ne sont pas les organes producteurs du mouvement rythmique, ils en sont les organes d'entretien et de régulation. En d'autres termes, le mouvement rythmique est une propriété musculaire, mais sa mise en fonction est l'œuvre des plexus ganglionnaires.

Au reste, il faut distinguer le rythme proprement dit du péristaltisme, puisque l'un n'est que la succession de plusieurs contractions séparées par des intervalles plus ou moins rapprochés, tandis que l'autre est la propagation de haut en bas d'une même contraction. D'après plusieurs auteurs contemporains, le premier serait seul une propriété musculaire, le second devant être considéré au contraire comme un mouvement réflexe ganglionnaire.

Pour terminer cette discussion, nous devons mentionner l'influence des mêmes ganglions sur le tonus intestinal, lequel est un mode de la contraction proprement dite. Si l'intestin séparé de toute connexion avec le système nerveux conserve néanmoins sa tonicité, c'est au plexus d'Auerbach qu'il le doit. La différence très nette qui existe, à ce point de vue, entre l'appareil digestif, muni de ganglions intra-pariétaux, et l'appareil artériel, qui en est dépourvu, suffit à montrer l'importance des plexus périphériques.

2° **Nerfs bulbo-médullaires.** — Le plexus d'Auerbach n'est que le dernier des relais ganglionnaires échelonnés le long des nerfs que le bulbe et la moelle envoient à l'intestin. On sait que ces nerfs issus, pour la plupart, du pneumogastrique et du grand splanchnique, confondent en grande partie leur trajet, jusque-là séparé, au niveau du plexus solaire, véritable centre nerveux abdominal des viscères sous-diaphragmatiques. Sauf quelques rameaux du pneumogastrique qui conservent leur indépendance, c'est de là que partent presque tous les nerfs destinés à l'intestin grêle et à la partie supérieure du gros intestin. La partie inférieure de ce dernier a une innervation spéciale, constituée, d'une part, par les nerfs érecteurs de Eckhard, venus des deux premières racines sacrées, et, d'autre part, par les différents nerfs sympathiques issus du ganglion mésentérique inférieur et dont les deux principaux (nerfs hypogastriques de Krause) s'unissent aux deux nerfs érecteurs pour former le plexus hypogastrique.

D'une façon générale, on admet que le pneumogastrique a une influence excito-motrice, c'est-à-dire provoque ou exagère les mouvements péristaltiques de l'intestin, tandis que le grand sympathique a une influence inhibitrice, c'est-à-dire diminue ou arrête ces mouvements. Les deux nerfs sont donc fonctionnellement antagonistes. Cette opinion, qui s'est affirmée peu à peu comme le résultat d'une longue série de recherches, correspond certainement à la réalité. Si certains faits plus récents ont permis de mieux pénétrer le rôle respectif de chaque nerf dans le fonctionnement intestinal, ils ne changent pas, dans son ensemble, la conception générale qu'on s'en est faite depuis une trentaine d'années.

a) *Pneumogastrique.* — L'influence motrice du pneumogastrique, déjà signalée par Brachet, puis par Stilling, a été surtout mise en lumière par Ed. Weber. Les premières recherches de cet auteur, faites sur la tanche, dont l'intestin a des parois musculaires striées, lui avaient montré que ce viscère se contracte, sous l'influence du vague, aussi énergiquement que les muscles du squelette sous l'influence de leurs nerfs moteurs. Il rechercha dès lors le même phéomène chez les animaux à sang chaud et constata que, chez le chien, l'excitation du pneumogastrique au cou provoque non seulement les mouvements de l'estomac, mais encore exagère ceux de l'intestin. Ces résultats furent bientôt confirmés par Budge et, plus tard, par Wolff, Spiegelberg, etc.

Toutefois la notion qu'ils apportaient ne fut admise sans conteste que longtemps après. C'est ainsi que, sans en nier absolument le bien fondé, Bérard ne l'accepte qu'avec réserve. Pour Cl. Bernard, qui, d'ailleurs, traite incidemment la question, l'action motrice du vague sur le tube digestif est limitée à l'œsophage et à l'estomac. Il en est de même pour Vulpian qui, tout en constatant l'apparition des mouvements intestinaux par l'excitation du pneumogastrique cervical, les attribue aux troubles circulatoires consécutifs à l'arrêt du cœur. Entre temps, les recherches entreprises par Nasse, en Allemagne, par Legros et Onimus, en France, aboutissaient également à des résultats négatifs. Enfin Mayer et von Basch, cherchant à expliquer ces divergences, admirent que l'influence du pneumogastrique sur l'intestin se manifeste surtout lorsque l'animal en état d'asphyxie, parce que, dans ces conditions, les nerfs périphériques sont plus excitables.

Tel était l'état de la question, lorsque Braam-Houckgeest, de concert avec Sanders, en aborda l'étude à l'aide du procédé du bain salé. Il vit que l'excitation du pneumogastrique est efficace, c'est-à-dire provoque les contractions de l'intestin, à la condition de sectionner au préalable les deux nerfs splanchniques; les résultats pouvant varier, dans le cas contraire, à cause de l'action antagoniste de ces derniers. Il admit, en outre, que les mouvements péristaltiques ainsi provoqués débutent toujours par l'estomac et ne se propagent à l'intestin que secondairement. Ainsi, tout en reconnaissant nettement l'influence intestino-motrice du pneumogastrique, il y apportait cependant certaines restrictions qui semblaient concilier, en les expliquant, les résultats divergents des auteurs précédents.

On voit, en somme, que l'action motrice du pneumogastrique sur l'intestin a été tour à tour affirmée et niée, sans pouvoir être établie formellement jusqu'à ces trente dernières années. En fait, les auteurs contemporains qui en ont reconnu et confirmé la réalité, admettent qu'il y a souvent quelque difficulté à la constater. Sans parler de l'exposition de l'intestin à l'air, que le procédé de Braam-Houckgeest permet d'éviter, l'état de l'animal sur lequel on opère paraît jouer un certain rôle. C'est ainsi que, chez le lapin à jeun, Jacobj n'a pu provoquer aucune contraction intestinale par l'excitation du pneumogastrique. Il en est souvent de même, lorsque l'animal est profondément curarisé, fait que nous avons maintes fois observé pour notre part et qui est à rapprocher de l'inexcitabilité du pneumogastrique cardiaque dans les mêmes conditions. Toutefois, cette inexcitabilité n'est que relative et peut céder à l'emploi d'un courant intense. La section préalable du bulbe paraît, au contraire, favoriser l'action motrice du pneumogastrique, soit qu'elle supprime une action toni-inhibitrice exercée par la moelle allongée (Steinach), soit qu'elle inhibe temporairement l'influence de la moelle proprement dite et, par suite, celle des splanchniques. Braam-Houckgeest, — et le fait a été confirmé par Jacobj, — avait admis, en effet, que la section de ces nerfs permet au pneumogastrique de manifester librement son action motrice.

En outre, des travaux plus récents nous ont appris que l'influence du pneumogastrique est plus complexe que ne le soupçonnaient les anciens auteurs. Elle se traduit non seulement par des contractions, mais encore, et aussi souvent, par un relâchement de l'intestin. Ces deux effets inverses, signalés par Morat d'une part, par Bechterew et Mislawski d'autre part, ne sauraient être nettement appréciés sans l'emploi de la méthode graphique. Encore conçoit-on que, dans certains cas, lorsqu'ils se contrarient réciproquement, ils puissent échapper à l'observateur qui, faute de moyens d'analyse suffisants, conclura à l'inefficacité de l'excitation nerveuse. Il ne faut pas oublier, en effet, que les deux couches musculaires de la paroi intestinale se meuvent indépendamment l'une de l'autre. Le plus souvent, sinon toujours, l'une se relâche pendant que l'autre se contracte : d'où la nécessité absolue d'enregistrer séparément les mouvements de chacune d'elles, si l'on veut avoir une notion exacte de l'influence motrice que le pneumogastrique exerce sur l'intestin.

Les premiers essais de ce genre ont été faits simultanément par Ehrmann pour l'intestin grêle et par Fellner pour le gros intestin. Sur un segment intestinal isolé et ouvert de bout en bout par une section médiane, Ehrmann constata, en excitant le pneumogastrique, un raccourcissement du diamètre transversal, suivi d'un allongement du diamètre longitudinal. Il en conclut que le pneumogastrique a une influence inverse sur chacune des couches musculaires de la paroi intestinale, excito-motrice pour la circulaire, inhibitrice pour la longitudinale.

Cette manière de voir, appuyée par van Basch, contestée théoriquement par Exner, comme nous le verrons plus loin, n'a été, à notre connaissance, l'objet d'aucun contrôle expérimental jusqu'en 1898, époque à laquelle nous avons repris la question, Courtade et moi. En interrogeant séparément, par le procédé indiqué au début de cet article, les réactions provoquées dans chacune des couches musculaires de la paroi intestinale par l'excitation du pneumogastrique, nous avons observé les faits suivants : la couche longitudinale réagit la première par une contraction énergique, mais peu durable, à laquelle succède un relâchement prolongé. La couche circulaire, d'abord immobile, se contracte alors d'une façon brusque et réitérée, contraction qui coïncide avec le relâchement de la couche longitudinale et dure aussi longtemps que lui. C'est, en somme, le mécanisme même des mouvements péristaltiques qui se trouve mis en jeu. Mais, grâce à l'excitation du pneumogastrique, il se manifeste avec un grossissement anormal qui permet de l'analyser plus complètement. Le tracé fig. 94 (p. 566) montre, d'ailleurs, plus nettement que toute description, l'ensemble des phénomènes moteurs provoqués dans ces conditions.

Outre l'alternance de la contraction qui apparaît successivement dans la couche longitudinale d'abord, dans la couche circulaire ensuite, il faut noter la forme particulière qu'elle revêt dans cette dernière. Il s'agit, en effet, comme on le voit sur la figure, d'une sorte de tétanos incomplet, lequel se traduit sur les tracés par une brusque élévation, suivie d'une descente plus lente, laquelle est entrecoupée d'une série d'oscillations successives. Pendant ce temps, la couche longitudinale subit un relâchement assez accentué, si bien que le segment d'intestin considéré s'allonge notablement, comme dans un mouvement de reptation.

Les effets intestino-moteurs provoqués par l'excitation du pneumogastrique sont donc plus complexes que ne l'avait admis EHRMANN. Si la contraction de la couche circulaire et le relâchement de la couche longitudinale constituent l'effet le plus durable de l'excitation nerveuse, ils ne constituent pas son effet unique. Avant de se relâcher, la couche longitudinale se contracte. Le fait est manifeste et reproduit pour l'intestin ce que, dans d'autres recherches, nous avons observé pour l'estomac en excitant le même nerf. Il a sans doute échappé à EHRMANN pour deux raisons : d'abord parce que la contraction de la couche longitudinale est relativement brève, si on la compare à celle de la couche circulaire ; ensuite parce qu'elle ne se produit à coup sûr que sous l'influence d'une excitation suffisamment intense.

Quant à un relâchement concomitant de la couche circulaire, précédant la contrac-

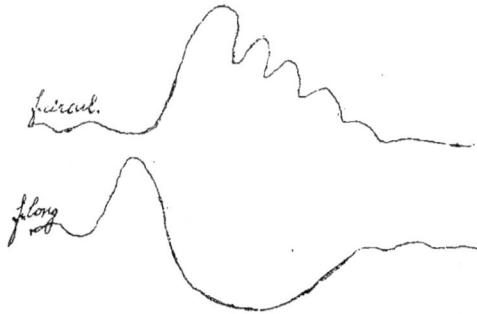

FIG. 91. — *Excitation du pneumogastrique.*

tion de celle-ci, nous ne l'avons pas observé aussi nettement sur l'intestin que sur la région pylorique de l'estomac. Mais il est légitime de penser que l'action du pneumogastrique doit être, au degré près, identique ici et là. D'ailleurs BAYLISS et STARLING, au cours de recherches postérieures aux nôtres, ont directement constaté le phénomène en question.

En résumé, nous concluons que l'excitation du pneumogastrique fait contracter et relâcher alternativement la couche circulaire comme la couche longitudinale, de telle sorte que *la contraction de l'une correspond toujours au relâchement de l'autre.* L'ensemble de ces mouvements constitue précisément ce qu'on a appelé le péristaltisme intestinal. Quel que soit le mécanisme intime de ce dernier, sa mise en jeu se trouve donc dépendre essentiellement du pneumogastrique.

*b) Nerf érecteur sacré.* — Pour la partie inférieure du gros intestin, le pneumogastrique cède, on le sait, ses fonctions motrices au nerf érecteur sacré. C'est ce dernier qui préside aux mouvements péristaltiques du côlon descendant et aux mouvements expulsifs du rectum (défécation). Les mouvements expulsifs ne diffèrent, d'ailleurs, des mouvements péristaltiques proprement dits que par leur intensité plus grande. Mais leur mécanisme est analogue. Ici et là, en effet, la contraction apparaît d'abord dans les fibres longitudinales, ensuite dans les fibres circulaires. Cependant, d'après nos expériences, elle est surtout marquée au niveau des fibres longitudinales, où elle constitue non seulement l'effet primitif, mais encore l'effet dominant de l'excitation du nerf érecteur. La contraction des fibres circulaires ne peut néanmoins être mise en doute ; mais elle se produit toujours après celle des fibres longitudinales, et non pas en même temps, comme l'ont admis LANGLEY et ANDERSON. En un mot, l'action motrice du nerf érecteur sacré sur le rectum est absolument comparable à celle du pneumogastrique sur l'intestin grêle.

Dès lors, il est permis de se demander si le premier de ces nerfs, à côté de *son* influence excito-motrice bien démontrée, ne possède pas lui aussi une influence inhibitrice, analogue à celle que le pneumogastrique exerce sur l'intestin grêle. Les expériences déjà mentionnées de FELLNER répondent à cette question par l'affirmative. D'après cet auteur, en effet, l'excitation du nerf érecteur sacré provoquerait, en même temps que la contraction des fibres longitudinales, le relâchement des fibres circulaires du rectum. Bien que la dilatation du sphincter qui se produit dans ces conditions soit probablement due, pour une part, à la contraction des fibres longitudinales agissant excentriquement sur lui, nous inclinons à admettre, dans une certaine mesure, la réalité de l'action inhibitrice invoquée par FELLNER. Le relâchement des fibres sphinctériennes du rectum déterminé par le nerf érecteur sacré est un phénomène comparable au relâchement des fibres circulaires du cardia et du pylore, lequel est provoqué par le pneumogastrique. Il a pour résultat évident de favoriser l'expulsion des matières

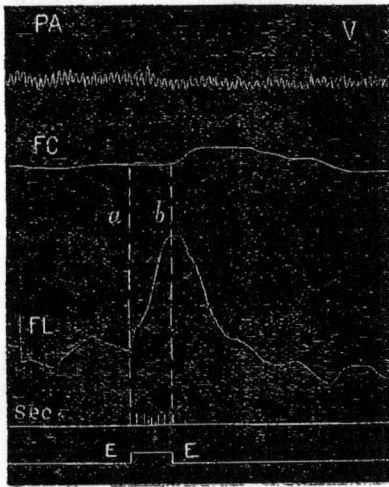

Fig. 95. — *Excitation (E E) du bout périphérique du nerf sacré.*
La contraction des fibres circulaires (F. C.) se produit toujours après celle des fibres longitudinales (F. L.) et non pas en même temps.

fécales, et c'est tout au moins une induction logique d'admettre que, nerf moteur du gros intestin, le nerf érecteur sacré préside à tous les mouvements (contractions et relâchements) nécessaires au fonctionnement mécanique de cette partie du tube digestif, comme le pneumogastrique préside à tous les mouvements nécessaires au fonctionnement mécanique de l'estomac et de l'intestin grêle.

c) *Grand sympathique.* — La notion de l'influence inhibitrice du grand sympathique date des travaux de PFLÜGER. Jusque-là, les auteurs le considéraient comme un nerf moteur, jouant vis-à-vis de l'intestin un rôle analogue à celui que nous attribuons aujourd'hui au pneumogastrique. C'était l'opinion de J. MÜLLER, adoptée par WEBER, LONGET, VOLKMANN, VALENTIN, etc. LUDWIG, il est vrai, avait entrevu dès 1853 la fonction d'arrêt du sympathique intestinal. Mais, quelques années plus tard, il concluait avec HAFTER que, tout en n'étant pas pour l'intestin des nerfs moteurs proprement dits, les splanchniques ne sont cependant pas des nerfs inhibiteurs, comme le pneumogastrique pour le cœur, puisque les mouvements péristaltiques n'augmentent pas après leur section.

C'est PFLÜGER qui, de 1855 à 1857, a établi par une série de travaux le véritable rôle du sympathique intestinal. D'une part, en excitant la moelle entre la cinquième et la dixième vertèbre dorsale, il constate l'arrêt des mouvements péristaltiques ; d'autre part, il voit que cet effet est aboli lorsqu'il sectionne les splanchniques, et reparaît, au contraire, lorsqu'il excite directement ces mêmes nerfs. Poursuivant ses recherches, il montre qu'il y a non seulement arrêt des mouvements, mais encore relâchement des parois intestinales, et que ce double effet se produit sur toute la longueur de l'intestin grêle et la partie supérieure du gros intestin. Il conclut donc que les auteurs qui ont considéré le splanchnique comme un nerf moteur se sont trompés, les uns faute d'appareils électriques assez perfectionnés (appareils d'induction), les autres en excitant par des courants dérivés le nerf pneumogastrique, seul nerf moteur de l'intestin.

Cependant ces conclusions ne furent pas acceptées sans discussions. Sans en contester précisément le bien fondé, comme Biffi fut à peu près seul à le faire, d'aucuns les trouvèrent trop absolues et cherchèrent à les concilier avec l'opinion antérieure qui attribuait au splanchnique un rôle moteur. Tels Ludwig et Kupffer qui, ayant vu chez un animal récemment tué l'excitation du splanchnique provoquer des mouvements intestinaux, admirent que, suivant les circonstances, ce nerf peut être tantôt moteur et tantôt modérateur. C'est ce que Nasse tenta d'expliquer en disant que le splanchnique contient deux ordres de fibres; les unes, paralysantes, qui prédominent pendant la vie; les autres, excito-motrices, qui prédominent après la mort.

D'autres cherchèrent à interpréter les faits observés par Pflüger. Schiff, qui n'admettait pas l'existence des nerfs inhibiteurs, ne voulut voir, dans l'arrêt de l'intestin par excitation du splanchnique, qu'un effet dû à l'épuisement de ce nerf. Brown-Séquard attribua ce même phénomène à une influence vaso-motrice et conclut que l'excitation du splanchnique arrête les mouvements de l'intestin parce qu'elle y suspend momentanément la circulation. S. Mayer et van Basch se rallièrent à cette opinion, subordonnant, eux aussi, l'action d'arrêt du splanchnique à son action vaso-constrictrice. Enfin Braam-Houckgeest, qui avait d'abord partagé cette manière de voir, ne tarda pas à l'abandonner et, constatant que les deux effets peuvent se produire indépendamment l'un de l'autre, il admit que l'arrêt de l'intestin est bien dû à une action inhibitrice exercée par le splanchnique.

A l'heure actuelle, on peut dire que l'opinion de Pflüger a eu finalement raison de toutes les objections et qu'elle est définitivement acquise à la science. S'ensuit-il qu'elle en représente le dernier mot, quant au rôle intestino-moteur du splanchnique? Nous ne le croyons pas. L'influence exercée par ce nerf sur les mouvements de l'intestin, de même que celle du pneumogastrique, ne peut en effet être appréciée dans tous ses détails que si on l'étudie sur chaque couche musculaire en particulier. C'est ce qu'ont tenté de faire, nous l'avons déjà dit, Fellner pour le gros intestin et Ehrmann pour l'intestin grêle.

Dans ses expériences, Fellner a constaté que l'excitation des filets nerveux (nerfs hypogastriques) qui vont du ganglion mésentérique inférieur au plexus hypogastrique détermine un mouvement inverse dans chacune des couches musculaires du rectum: mouvement de contraction pour les fibres circulaires, mouvement de relâchement pour les fibres longitudinales. Ces faits, immédiatement acceptés par van Basch, furent invoqués par lui à l'appui de sa théorie sur l'innervation croisée de l'intestin. Ils tendent, en effet, à conférer au grand sympathique, dans l'innervation du rectum, une action diamétralement opposée à celle du nerf érecteur sacré qui, d'après les mêmes auteurs, provoque la contraction des fibres longitudinales et le relâchement des fibres circulaires. Chacun des deux nerfs aurait donc une fonction équivalente, mais inverse, sur chacune des couches musculaires. Nous dirons plus loin ce que nous pensons de cette théorie. Elle fut d'ailleurs vivement combattue par Exner. S'appuyant sur ce fait que tout muscle qui se contracte s'élargit, en même temps qu'il se raccourcit, il conclut que la contraction des fibres circulaires doit nécessairement déterminer l'allongement du rectum, de même que la contraction des fibres longitudinales doit déterminer sa dilatation. L'effet inverse produit sur chaque couche musculaire par l'excitation du nerf érecteur sacré ou du sympathique n'implique donc nullement, d'après lui, qu'il y ait innervation croisée, puisque le relâchement apparent d'une des deux couches n'est que la conséquence mécanique de la contraction de l'autre.

Cette critique, purement théorique du reste, ne s'appliquait, on le voit, qu'à l'action inhibitrice de chaque nerf.

L'action excito-motrice du sympathique, observée par Fellner, n'était pas sérieusement contestée. Néanmoins les restrictions qu'elle paraissait apporter à la découverte de PFLÜGER furent peut-être la cause du peu de crédit qu'elle rencontra pendant plusieurs années, auprès de la plupart des physiologistes. C'est ainsi que LANGLEY et ANDERSON ont pu naguère soutenir que l'action du sympathique est la même sur les deux couches, dont elle provoquerait toujours le relâchement, aussi bien pour la couche circulaire que pour la longitudinale. D'après eux, par conséquent, le grand sympathique est exclusivement inhibiteur, comme l'a dit PFLÜGER : plus récemment, BAYLISS et STARLING ont défendu la même opinion.

Depuis quelques années déjà, nous avons étudié, COURTADE et moi, à l'aide du procédé décrit plus haut, l'action motrice du grand sympathique sur les divers organes abdominaux. Or, non seulement nous avons pu vérifier toute l'exactitude des résultats obtenus par FELLNER, mais nous avons constaté, en outre, que le grand sympathique

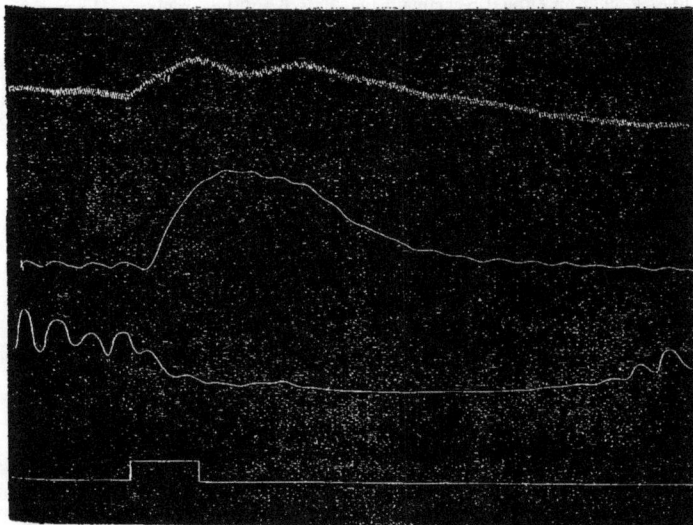

FIG. 96. — *Excitation du bout périphérique du grand splanchnique.* Cette contraction de la couche circulaire est très différente de celle que provoque le pneumogastrique. Celle-ci est brusque, rapide et réitérée. (Voir fig. 94, p. 566.) Celle du grand splanchnique au contraire est progressive, lente et toujours unique.

exerce la même action sur l'intestin grêle que sur le rectum. L'excitation du grand splanchnique nous a toujours donné, en effet, les résultats suivants : arrêt des mouvements péristaltiques, relâchement de la couche longitudinale, contraction tonique de la couche circulaire. Mais cette contraction de la couche circulaire est très différente de celle que provoque le pneumogastrique. Celle-ci est brusque, rapide et réitérée; celle-là, au contraire, est progressive, lente et toujours unique. Elle correspond, en somme, à une simple augmentation de la tonicité musculaire : d'où le nom de *contraction tonique* par lequel nous la désignons. C'est avec ce même caractère qu'on la retrouve, toujours identique, sur le cardia et le pylore lorsqu'on excite les splanchniques, sur le rectum et la vessie lorsqu'on excite les nerfs hypogastriques. Elle témoigne donc d'une action d'ordre général, propre au grand sympathique.

Comment, dès lors, puisque cette contraction est si constante et si caractéristique, expliquer les divergences d'opinion qui se sont produites à son sujet? EHRMANN, tout le premier, dans des recherches menées parallèlement à celles de FELLNER, ne semble pas l'avoir observée. Tout au contraire, il attribue au splanchnique une action diamétralement opposée à celle du nerf hypogastrique, admettant que son excitation provoque, au

niveau de l'intestin grêle, le relâchement de la couche circulaire et la contraction de la
couche longitudinale. Mais cette action inverse, qui a lieu de surprendre *a priori*,
s'explique par des conditions expérimentales défectueuses, comme nous avons pu nous
en convaincre. Les tractions auxquelles est exposé le pédicule du segment intestinal
peuvent, en effet, troubler profondément la circulation de ce segment. Dans ce cas,
la couche circulaire présente des contractions d'une intensité anormale, tandis que
la couche longitudinale se relâche au maximum. Ces phénomènes sont dus à l'excitation
du pneumogastrique par le sang asphyxique, dont l'influence motrice nous est connue.
On comprend, par suite, qu'une excitation pratiquée sur le splanchnique les atténue ou
les supprime momentanément, c'est-à-dire produise l'arrêt plus ou moins marqué des
contractions de la couche circulaire et la rétraction concomitante de la couche longitudinale. Il y a là, en somme, une action analogue à celle qu'ont décrite autrefois Ludwig
et Kupfer, chez un animal récemment tué. Mais il suffit de replacer le segment intestinal dans des conditions physiologiques, au point de vue de sa circulation, pour voir

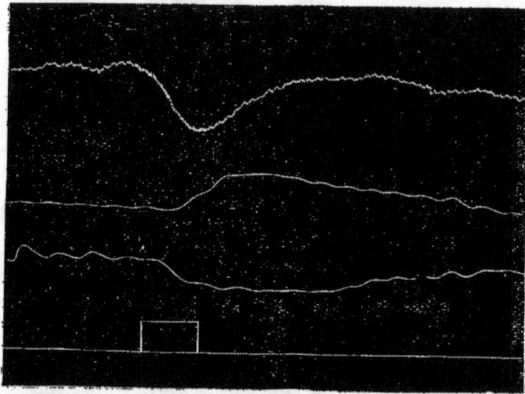

Fig. 97. — *Excitation du bout central du grand splanchnique.* La contraction se produit tout aussi bien après
l'excitation centrifuge de ce nerf (bout périphérique), qu'après son excitation centripète (bout central).

reparaître les effets ordinaires de l'excitation du splanchnique, tels que nous les avons
décrits. Le relâchement de la couche circulaire et la contraction de la couche longitudinale, lorsqu'on excite le grand sympathique, sont donc des effets anormaux liés à des
conditions anormales. C'est une conclusion qui ressort également des récentes
recherches de Pal, lequel attribue au splanchnique la propriété d'augmenter ou de
diminuer la tonicité de la couche circulaire, *suivant les circonstances.*

Quant à l'opinion des auteurs anglais, qui admettent le relâchement constant de la
couche circulaire comme de la couche longitudinale, après excitation du grand sympathique, nous rappellerons que Langley et Anderson, ses principaux défenseurs, n'ont pas
eu recours à la méthode graphique. Ils se sont contentés de l'examen direct, ce qui est
un moyen insuffisant pour discerner la réaction motrice de chaque couche musculaire
en particulier. Bayliss et Starling, qui défendent la même manière de voir, ont employé, il est vrai, les procédés inscripteurs habituels. Mais les tracés qu'ils ont publiés
semblent indiquer qu'ils n'ont pas réellement dissocié les mouvements respectifs de
chaque couche (*Journal of Physiology*, 1899, xxiv, 99-143). Ils reconnaissent d'ailleurs
que le splanchnique n'est pas absolument dénué d'action motrice; puisque, d'après eux,
son excitation provoque souvent, en même temps que l'inhibition des mouvements
rythmiques, la contraction tonique de l'intestin. Il y a donc là un résultat très analogue
à celui que nous avons obtenu (moins la dissociation de ce qui appartient à l'une ou
à l'autre couche musculaire).

Toutefois Bayliss et Starling concluent qu'il s'agit, non d'un effet moteur proprement dit, mais d'un effet « pseudo-moteur » qu'ils attribuent à l'action vaso-motrice du splanchnique. C'est une interprétation qui rappelle celle qu'on a voulu opposer autrefois à la découverte de Pflüger. En réalité, pas plus que l'inhibition des mouvements péristaltiques, la contraction de la couche circulaire ne dépend des modifications provoquées dans la circulation intestinale par l'excitation du splanchnique. Comme nous l'avons montré dès 1897, elle se produit, en effet, tout aussi bien après l'excitation centrifuge de ce nerf (bout périphérique) qu'après son excitation centripète (bout central), bien que l'effet vaso-moteur soit généralement inverse dans les deux cas. Il n'y a donc aucune relation entre l'un et l'autre phénomène. Leur indépendance a d'ailleurs été reconnue tout récemment, en Angleterre même, par Bunch. De ces différents faits, il résulte que la contraction tonique provoquée par l'excitation du splanchnique est bien un effet moteur direct, c'est-à-dire indépendant de toute action vaso-motrice.

Si les résultats de nos expériences nous conduisent à assigner aux splanchniques un rôle identique à celui que Fellner a attribué aux nerfs hypogastriques, est-ce à dire que nous acceptions la théorie de l'innervation croisée qui s'appuie sur les travaux de cet auteur? En aucune façon. Tout d'abord, il n'y a pas d'opposition symétrique à établir, au point de vue des effets moteurs produits sur chacune des couches de l'intestin, entre l'action du pneumogastrique et de l'érecteur sacré, d'une part, et l'action du sympathique, de l'autre. Comme nous l'avons déjà dit, la première est beaucoup plus complexe que ne l'ont admis la plupart des auteurs. C'est ainsi que la contraction brusque de la couche longitudinale, qui est le premier effet de l'excitation du pneumogastrique, est bientôt suivie du relâchement prolongé de cette même couche. Or, si l'effet primitif est inverse de celui que provoque l'excitation du sympathique, l'effet secondaire est de même sens; et finalement, quel que soit le nerf excité, il y a inhibition de la couche longitudinale. Une constatation de même ordre peut être faite sur la couche circulaire, laquelle se contracte, bien que d'une façon différente, sous l'influence du sympathique comme sous l'influence du pneumogastrique. Ces influences, quant aux mouvements qu'elles impriment à chaque couche en particulier, ne sont donc pas symétriquement inverses, comme le suppose la théorie de l'innervation croisée.

En outre, ce n'est pas dans le sens de la réaction motrice produite dans chaque couche musculaire qu'il faut chercher une différence d'action entre les deux nerfs; c'est dans les caractères que présente cette réaction motrice. Énergique, presque brusque, et souvent réitérée, quand elle est provoquée par le pneumogastrique, elle est lente, progressive, et toujours unique, quand elle est provoquée par le sympathique. Ces différences si nettes correspondent au rôle spécial de chacun des deux nerfs. Entre eux, il n'y a pas équivalence fonctionnelle, ainsi que le prétend van Basch; il y a, au contraire, antagonisme fonctionnel. La mise en jeu du péristaltisme appartient exclusivement au pneumogastrique, agissant par l'intermédiaire du plexus intra-pariétal. Sous son influence, en effet, apparaissent, dans les deux couches, les mouvements combinés de contraction et de relâchement, capables de faire cheminer les aliments le long du tube digestif. Le grand sympathique, au contraire, n'intervient pas dans ce mécanisme, sinon pour en suspendre l'activité. Sous son influence, les mouvements péristaltiques s'arrêtent dans les deux couches musculaires : d'où stagnation du contenu intestinal, bloqué dans le segment où il se trouve, d'une part par le défaut d'impulsion dû au relâchement de la couche longitudinale, d'autre part par la constriction prolongée (tonique) des fibres circulaires et des anneaux sphinctériens qu'elles constituent.

En résumé, tandis que les réactions motrices provoquées par le pneumogastrique tendent à favoriser la progression des aliments, les réactions motrices provoquées par le sympathique aboutissent au résultat inverse. Le véritable antagonisme des deux nerfs apparaît donc avec évidence : il porte, non sur le sens des réactions motrices de chaque couche en particulier, mais sur la forme de la contraction et les effets qui en résultent au point de vue fonctionnel. Ainsi nos connaissances actuelles s'adaptent aux faits découverts par Pflüger et permettent de conclure que, si le pneumogastrique est le nerf excitateur, le grand sympathique est le nerf inhibiteur de la *fonction mécanique* de l'intestin.

## INTESTIN.

3º **Centres nerveux.** — Les régions de l'axe bulbo-médullaire qui correspondent aux origines des nerfs intestinaux exercent la même influence que ces derniers sur les mouvements péristaltiques. On leur a donné le nom de *centres*, et elles le méritent dans une certaine mesure, puisque c'est par leur intermédiaire que les nerfs sensitifs, venus des divers points du tube digestif, sont mis en rapport avec les nerfs moteurs qui leur correspondent.

Mais il convient de rappeler qu'il existe, dans le système nerveux périphérique, des cellules ganglionnaires qui jouent un rôle analogue. Témoin la persistance des mouvements de l'intestin séparé du corps, lorsqu'on le place dans des conditions favorables. Le réflexe sensitivo-moteur peut donc s'opérer, au moins pendant un certain temps, dans les parois intestinales elles-mêmes (plexus d'AUERBACH). Il s'exerce aussi, en dehors de ces parois, dans les ganglions échelonnés le long du sympathique entre la moelle et

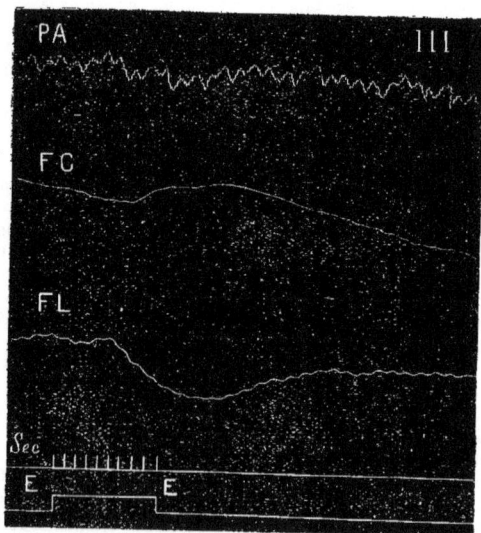

Fig. 98. — *Fonction réflexe du ganglion mésentérique inférieur.* La section préalable de tous les filets qui le mettent en rapport avec la moelle ne change rien à la réaction motrice de l'intestin.

l'intestin. C'est ainsi que, comme nous l'avons indiqué, COURTADE et moi, l'excitation centripète de l'un des nerfs hypogastriques sectionné provoque, dans le rectum, les mêmes réactions motrices que l'excitation du nerf intact, à savoir le relâchement des fibres longitudinales et la contraction tonique des fibres circulaires. Dans ce cas le centre réflexe est représenté par le ganglion mésentérique inférieur, car la section préalable de tous les filets qui le mettent en rapport avec la moelle ne change rien à la réaction motrice de l'intestin.

Néanmoins, ce pouvoir réflexe des ganglions sympathiques ne constitue qu'un relais intercalé sur le circuit sensitivo-moteur, dont le centre principal est situé dans l'axe bulbo-spinal. En ce qui concerne le rectum, on a désigné, depuis longtemps, sous le nom de centre ano-spinal un segment de la moelle lombaire qui semble présider aux mouvements de défécation. Son rôle a été discuté dans un précédent article (voir **Défécation**), et nous n'y reviendrons pas. Mais nous devons signaler ce qu'il a de forcément complexe, puisque la région médullaire ainsi désignée correspond, sans parler de l'innervation du sphincter externe, à l'origine des nerfs hypogastriques et des nerfs érecteurs sacrés dont on connaît l'action différente sur les mouvements du rectum.

La moelle dorsale, au contraire, ne commande aux mouvements de l'intestin grêle que par l'intermédiaire du grand splanchnique, depuis la sixième vertèbre dorsale jusqu'à la première lombaire. Sur toute cette étendue, l'excitation de la moelle provoque l'inhibition des mouvements péristaltiques, comme PFLÜGER l'a constaté le premier et, après lui, nombre de physiologistes qui ont décrit des centres d'arrêt dans toute cette région.

Certains auteurs ont vu apparaître des contractions intestinales en excitant les diverses parties du mésocéphale : cervelet et pédoncules (VALENTIN), corps restiforme (BUDGE), bulbe et protubérance (SCHIFF). Le voisinage des noyaux bulbaires du pneumogastrique, auxquels ces excitations peuvent se transmettre, explique la fréquence des effets intestino-moteurs obtenus dans ces conditions.

On a attribué, de même, à certaines régions du cerveau une influence motrice sur les mouvements de l'intestin. La couche optique, en particulier, déjà mentionnée à ce point de vue par BUDGE et par VALENTIN, a été considérée par J. OTT et WOOD-FIELD comme un centre d'arrêt pour les mouvements péristaltiques. En l'excitant directement avec de fines électrodes, ces auteurs ont constaté, en effet, la suppression de toute contraction intestinale. Après eux, BECHTEREW d'abord, puis BECHTEREW et MISLAWSKI ont repris la question et sont arrivés aux conclusions suivantes : l'effet intestino-inhibiteur n'est produit que par l'excitation de la région externe de la couche optique ; il est localisé à l'intestin grêle, et, sous l'influence de la même excitation, le gros intestin présente, au contraire, des contractions qui peuvent aboutir à la défécation ; enfin, l'excitation de la partie postérieure de la couche optique produit parfois l'apparition des mouvements péristaltiques.

D'après les mêmes auteurs, il y aurait, dans l'écorce cérébrale elle-même, des centres qui agissent comme ceux de la couche optique et par leur intermédiaire. Indiqués par BOCHEFONTAINE, puis par PAL et BERGRÜNN, ces centres seraient situés dans la région du girus sygmoïde, et leur excitation arrêterait les mouvements de l'intestin. C'est dans la même région que BECHTEREW et MISLAWSKI localisent l'action intestino-motrice de l'écorce cérébrale. Mais ils admettent que cette action est double et peut s'exercer soit en provoquant, soit en supprimant le péristaltisme. L'excitation des mêmes circonvolutions déterminerait aussi des contractions dans le gros intestin (BECHTEREW et MISLAWSKI, SHERRINGTON, DUCCESCHI, etc.).

Sans mettre en doute le bien fondé des résultats obtenus par ces divers auteurs, nous ferons remarquer que, dans la localisation des centres intestino-moteurs, comme dans celles des centres thermiques, il faut se méfier des effets réflexes provoqués par l'excitation de l'écorce cérébrale.

J. F. GUYON[1].

**Bibliographie.** — AUER (J.) et MELTZER (S.-J.). Peristalsis of the rabbit's cæcum (Amer. J. P., XVIII, 1907, XIV-XV). — — The action of ergot upon the stomach and the intestines (Amer. J. P., XVII, 1906, 143-166) ; — — Peristaltic rush (Amer. J. P., XX, 1907, 259-281). — BASCH (S.) Die Hemmung der Darmbewegungen durch den Nervus splanchinus (Sitz. d. k. Ak. Wien, 1874, LXVIII, 7-29) ; — Ueber die Innervation des Darmes (Wien. med. Bl., 1884, VII, 331). — BAUMSTARK (R.) et COHNHEIM (O.). Zur Physiologie der Darmbewegungen und der Darmverdauung (Z. p. C., LXV, 1910, 483-488). — BAYLISS (W.-M.) et STARLING (E. H.). The movements and innervation of the small intestine (J. P., XXVI, 1901, 125-138). — BECHTEREW (W.) et MISLAWSKI (N.). Ueber centrale und periphere Darminnervation (A. P., Suppl., 1889, 243-262). — BERNHEIM (A.). Ueber Darmbewegungen (Wien. med. Bl., XXIV, 1901, 275-278). — BETZ (F.). Ueber die peristaltischen Bewegungen des Darmes und Hodensacks (Z. f. exp. Med., 1851, 329-334). — BIFFI (S.). Ricerche esperimentali sul sistema nervoso arrestatore del tenue intestino (Ann. univ. di med., 1857, CLXI, 478-499). — BOAS (J.). Ueber peristaltische Magen und Darmunruhe (Congr. f. inn. Med., Wiesbaden 1897, XV, 479-486). — BOESE et HEYROVSKY. Experimentelle Untersuchungen über normale und pathologische Darmbewegung (Zentr. Chir., XXXVI, 1909, 60-61 et Arch. klin. Chir., XC, 1909, 587-597). — BOKAI (A.). Experimentelle Beiträge zur Kenntniss der Darmbewegungen (A. P. P., 1887, XXIII, 209-414, et XXIV, 153). — BONNIER (P.). Les centres bulbaires

1. On sait qu'une fin prématurée a enlevé notre éminent collaborateur à la science. Cet article avait été composé par lui très peu de temps avant sa mort. (CH. R.)

*de la diaphylaxie intestinale* (B. B., 1909, 1406-1407). — v. BRAKEL (G.). *Ueber die peristaltische Bewegung, insbesondere des Darms* (A. g. P., 1871, IV, 33-50). — BRAUNE (W.). *Messungen über die Kraft der peristaltischen Bewegungen des Dickdarms and der Bauchpresse* (C. W., 1865, III, 913). — BUDGE (J.). *Influence of the nervous centers on the intestines* (Lancet, 1847, II, 73). — BUNCH (J.-L.). *On the origin, course and cell connections of the small intestine* (J. P., XXII, 1898, 357-380); — — *The vaso-motor influence of the small intestine* (J. P., XXII, 1898, 58); — — *On the vaso-motor nerves of the small intestine* (J. P., XXIV. 1899, 72-98). — CANNON (W.-B.). *The movements of the intestines studied by means of the Röntgen rays* (J. med. Res., III, 1902, 72-75); — — *An explanation of the motor activities of the alimentary canals in terms of the mesenteric reflex* (Med. Rec., New-York, LXXIV, 1908, 940); — — *Demonstration of the movement of the intestines* (Arch. int. de P., II, 1905, 58. — — *Auscultation of the rhythmic sounds produced by the stomach and intestines* (Amer. J. P., XIV, 1905, 339-353); — — *Observ. on the alimentary canal after splanchnic and vagus section* (Amer. J. P., XIII, 1905, 22; — — *Some observat. on the neuro-muscular mechanism of the alimentary Canal* (Amer. J. P., XXI, 1908,[20). — CASH (J.-T.). *Contribution to the study of intestinal rest and movement* (Proc. Roy. Soc. London, 1886, XLII, 212-234). — COURTADE (D.) et GUYON (J.-F.). *Innervation motrice du gros intestin* (B. B., 1897, 745-747); — — *Influence motrice du grand sympathique sur l'intestin grêle* (A. d. P., 1897, 422-433. — — *Influence motrice du grand sympathique et du nerf érecteur sacré sur le gros intestin* (A. d. P., 1897, 880-890); — — *Influence motrice du pneumogastrique sur l'intestin grêle* (B. B., 1899, 25-27). — ENGELMANN (T.-W.). *Zur Theorie der Peristaltik* (Arch. f. mikr. Anat., 1878, XV, 255-258). — EXNER (S.). *Zur Mechanik der peristaltischen Bewegungen* (A. g. P., 1884, XXXIV, 310-130). — FARINI (A.) et BERTI (A.). *Sur l'antipéristaltisme intestinal* (A. i. B., LII, 1909, 427-435). — FASOLA (G.). *Sulla peristaltica intestinale* (Sperimentale, LVI, 1902, 33-52). — FUBINI (S.). *Einfluss der Furcht auf die Darmbewegung* (Unters. z. Naturl. d. M. und d. T., 1891, XIV, 527) — GAGLIO (G.). *Fisiologia e farmacologia dell' azione inibitrice del medullo spinale sui movimenti peristaltici dell'intestino* (Cong. med. intern. Rome, 1894, III, 48-5). — GRÜTZNER (P.). *Ueber die Bewegungen des Darminhaltes* (A. g. P., LXXI, 1898, 422-523). — HALBAN (J.). *Zur Frage der zystoskopischen Beobachtung von Darmbewegungen* (Wien. klin. Woch., XV, 1902. 1364). — HALLION (L.) et FRANCOIS-FRANCK (C.-A.). *Rech. exp. exécutées à l'aide d'un nouvel appareil volumétrique sur l'innervation vaso-motrice de l'intestin* (A. d. P., 1896, 478-492; 493-508). — HENDERSON (Y.). *A method for the direct observation of normal peristaltis in the stomach and intestines* (Proc. Soc. exper. Biol., New-York, VI, 1909, 67-68). — HESS (J.). *Versuche über die peristaltische Bewegung und über die Wirkung der Abführmittel* (D. Arch. f. klin. Med., 1886, XL, 93-116). — HOLZ (G.). *Beiträge zur Pathologie der Darmbewegungen* (Mitt. Grenzgeb. med. Chir., XX, 1909, 257-318). — HOLZKNECHT (G.). *Die normale Peristaltik des Kolon* (Münch. med. Woch., LVI, 1909, 2401-2403). — HORVATH (A.). *Zur Physiologie der Darmbewegungen* (C. W., 1873, XI, 597, 612, 626, 643, 660); — JACOBI (J.-C.). *Beiträge zu physiologischen und pharmakologischen Kenntniss der Darmbewegungen, mit besonderer Berücksichtigung der Beziehung der Nebennieren zu denselben* (A. P. P., XXIX, 1891, 171-211). — KAPSAMMER (G.) et PAL (J.). *Ueber die Bahnen der motorischen Innervation der Blase und des Rectum* (Wien. klin. Woch., 1897, 519-520). — KRAUSE. *Untersuchungen über einige Ursachen der peristaltischen Bewegungen des Darmkanals* (Stud. d. physiol. Inst. zu Breslau, 1863, II, 31-46). — KRIMER (W.). *Untersuchungen und Beobachtungen über die Bewegung des Darmkanals im gesunden und kranken Zustande* (Arch. f. med. Erfahrungen, 1821, I, 228-285). — KUPPFFER (C.) et LUDWIG (C.). *Die Beziehung der Nervi vagi und splanchnici zur Darmbewegung* (Z. f. rat. Med., 1858, II, 357-360). — LANGLEY (J.-N.) et ANDERSON (H.-K.). *On the innervation of the lower portion of the intestine* (J. P., XVIII, 1895, 67-105). — LANGLEY (J. N.) et MAGNUS (R.). *Movements of intestines before and after degenerative section of mesenteric nerves* (J. P., XXXIII, 1905, 34-51). — LAQUERRIÈRE et DELHERM. *Excitation voltaïque de l'intestin grêle. Réactions au niveau des électrodes* (B. B., 1902, LIV, 150-152). — *Forme particulière de la contraction de l'intestin grêle du chien au pôle négatif* (B. B., LIV, 1902, 626-627). — LATZKO (W.). *Ueber die Beobachtung von Darmbewegungen im zystoskopischen Bilde* (Wien. klin. Woch., XV, 1902, 1364). — LEGROS et ONIMUS. *Rech. exp. sur les mouvements de l'intestin* (J. de l'Anat. et de la Physiol., 1869, VI, 37, 163). — LESSHAFT (P.). *Ueber die Bedeutung der Bauchpresse für die Erhaltung der Bauchein-*

*geweide in ihrer Lage* (*An. Anzeiger*, 1888, III, 823-838). — LOEWY. *Zur Physiologie der Darmbewegungen* (*Med. Klinik*, IV, 1908, 1085-1086). — LÜDERITZ (C.). *Zur elektrischen Reizung des Darmes* (A. A. P., CXIX, 1890, 168-174). — *Ueber die Wirkung des constanten Stromes auf die Darmmusculatur* (A. g. P., 1890, XLVIII, 1-16). — MAGNUS (R.). *Versuche am überlebenden Dünndarm von Säugehieren. Ursprungsweise und Angriffspunkt einiger Gifte am Katzendarm* (A. g. P., CVIII, 1905, 1-71). — MAGNUS (R.). *Demonstration der Darmbewegung* (*Arch. int. de P.*, II, 1905, 123). — MARSHALL (G. G). *An experimental study of the movements produced in the stomach and bowels by electricity* (*Med. Rec. New-York*, LXVII, 1905, 13-14). — MAYER (S.) et v. BASCH (S.). *Untersuchungen über Darmbewegungen* (A. g. P., 1869, II, 391-400). — MELTZER (S. J.). *An experimental study of direct and indirect · faradization of the digestive canal in dogs, cats and rabbits* (*New-York med. Journ.*, LXI, 1896, 746-750). — MORAT (J. P.). *Sur quelques particularités de l'innervation motrice de l'estomac et de l'intestin* (A. d. P., V, 1893, 142-153). — MÜLLER (R.). *Ueber die Nervenversorgung des Magendarmkanals beim Frosch durch Nervennetze* (A. g. P., CXXIII, 1908, 387-405). — NASSE (O.). *Zur Physiologie der Darmbewegung* (C. W., 1865, III, 785-787). — NOTHNAGEL (H.). *Experimentelle Untersuchungen, insbesondere unter pathologischen Verhältnissen* (Z. f. klin. Med., 1883, IV, 532-557). — OTT (I.) et SCOTT (J. C.). *The action of bile and some of its constituents upon intestinal peristalsis and the circulation* (*Proc. Soc. exp. Biol. med.*, VI, 1908, 13-18). — OTT (J.). *The peristaltic action of the intestine; action of certain agents upon it; new function of the spleen* (Med. Bull., XIX, 1897, 376-381). — PAL (J.). *Ueber die Hemmungsnerven des Darmes* (*Wien. klin. Woch.*, VI, 1893, 919). — — *Ueber die Innervation des Colon descendens und des Rectum* (Wien. klin. Woch., X, 1897, n° 2). — — *Ueber Darminnervation* (*Wien. klin. Woch.*, 1895, 521). — — *Zur Kenntniss der tonischen Innervation des Dünndarmes* (*Wien. klin. Woch.*, 1899, XII, 639). — — *Ueber den motorischen Einfluss des Splanchnicus auf den Dünndarm* (*Arch. f. Verdauungs Krankheiten*, 1899, V, 303-316). — PETRONE (L. M.). *Movimenti intestinali sotto il punto di visto fisio-patologico : studio sperimentale* (*Riv. clin. di Bologna*, 1883, III, 700-707). — PFLÜGER (E.). *Ueber das Hemmungsnervensystem für die peristaltischen Bewegungen der Gedärme* (8°. Berlin, 1857). — PFUNGEN (R. v). *Ueber den Einfluss der Reizung des corticalen Darmcentrums auf den Dünndarm und den Sphincter ileo-caecalis des Hundes* (A. g. P., CXIV, 1906, 386-418). — POHL (I.). *Ueber Darmbewegungen und ihre Berenflussung durch Gifte* (A. P. P., XXXIX, 1894, 104). — REACH (F.). *Ueber rückläufige Fortbewegung von Darminhalt* (Prag. med. Woch., XXVII, 1902, 549-550). — REICHERT (C. B.). *Ueber die angeblichen Nervenanastomosen im Stratum nerveum s. vasculosum der Darmschleimhaut* (A. f. A. u. w. Med., 1859, 530-536). — ROGER (H.). *Note sur les mouvements intestinaux à l'état normal* (B. B., LIX, 1905, 311-313). — — *Les mouvements de l'intestin dans l'occlusion expérimentale* (B. B., LIX, 1905, 348-350). — ROSSBACH (M. J.). *Beiträge zur Lehre von den Bewegungen des Magens, Pylorus und Duodenums* (D. Arch. f. klin. Med., 1889, XLVI, 296-322; 323-328). — SABBATANI (L.) et FASOLA (G.). *Sulla funzione motoria dell' intestino* (Bull. d. Soc. fr. i. cult. d. Sc. med. in Cagliari, 1902, 35-46 et A. i. B., XXXIV, 1900, 186-212). — SCHULTZ (P.). *Ueber die angebliche refractäre Periode der Darmmusculatur der Warmblüter* (A. P., Suppl.. 1905, 23-32). — SCHÜPBACH (A.). *Ueber den Einfluss der Galle auf die Bewegung des Dünndarmes* (Z. B., XLI, 1908, 1-41). — SCHWARZENBERG (C.). *Die peristaltische Bewegung des Dünndarmes* (Z. f. rat. Med., 1849, VII, 311-331). — SIMON (I.). *Ricerche sperimentale sulla peristaltica intestinale* (Sperimentale, LVII, 1903, 74-122). — SPIEGELBERG (O.). *Zur Darmbewegung* (Z. f. rat. Med., 1858, II, 44-47). — STARLING (E. H.) et BAYLISS (W.). *Innervation of the intestines* (J. P., XXIII, 1898, IX-XI). — STEINACH (E.). *Ueber die viscero-motorischen Functionen der Hinterwurzeln und über die tonische Hemmungswirkung der Medulla oblongata auf den Darm den Frosches* (A. g. P., LXXI, 1898, 523-555). — TRUELLE (R.). *Action des différents courants électriques sur la fibre lisse de l'intestin.* (*Th. in.*, Paris, 1904). — VAMOSSY (Z.). *Zur Wirkung der Opiumalkaloïde auf die Darmbewegungen* (D. med. Woch., XXIII, 1897, 457). — WOLFF (W.). *Die Bewegungen des Duodenum, nebst Bemerkungen über einzelne Bewegungsformen des Dünndarms überhaupt.* (Diss. in., Giessen 1902). — WOOD (H. C.). *Ueber die Bewegung des Schleiendarmes* (Verh. d. Schweiz. nat. Ges., 1898, LXXXI, 120). — YANASE (J.). *Beiträge zur Physiologie der peristaltischen Bewegungen des embryonalen Darmes. Beobachtung an menschlichen Föten* (A. g. P., CXIX, 1907, 451-464).

**INULASE**. — Ferment qui hydrate l'inuline. V. Inuline.

**INULINE**. — ($C^{12} H^{20} O^{10}$). L'inuline est une substance voisine des hydrates de carbone, qui se trouve dans nombre de plantes (*Inula Helenium, Helianthus tuberosus, Georgina purpurea, Cyanara scolismus*, etc.) Toutes ces inulines ne sont pas identiques, et l'inuline de dahlia paraît différente de l'inuline d'aulnée.

Pour préparer l'inuline on épuise les racines d'aulnée par l'eau bouillante. La décoction est précipitée par l'alcool, et le précipité, repris par l'eau et décoloré par le charbon animal, est de nouveau précipité par l'alcool. C'est de l'inuline pure.

L'inuline peut être chauffée à 180° sans se décomposer; elle est peu soluble dans l'eau froide, très soluble dans l'eau chaude, insoluble dans l'eau, l'alcool, et l'éther. Elle réduit à chaud, en présence de $AzH^3$, les sels de plomb et de cuivre. Elle se dissout dans l'oxyde de cuivre ammoniacal.

Son pouvoir rotatoire est $\alpha E = -39°5$. Sa chaleur de combustion (pour $C^6 H^{10} O^5$) = 678 cal. 6. Les inulines des divers végétaux ont des pouvoirs rotatoires différents.

Une des réactions caractéristiques de l'inuline, c'est de donner avec un excès d'eau de baryte un précipité barytique insoluble. Elle fournit de nombreux dérivés acétiques (tri, tétra et hexacétiques).

Son poids moléculaire, déterminé par la cryoscopie, serait de $(C^6 H^{10} O^5)^3(H^2O)$. (TANRET.)

Chauffée avec de l'eau, l'inuline fournit des produits analogues aux dextrines. L'hydrolyse complète donne du lévulose et seulement 1/12 de glycose.

L'inuline ne fermente pas, alcooliquement. Mais sous l'influence de divers microbes, en particulier de l'*Aspergillus niger* (BOURQUELOT), elle peut donner du glycose : de sorte que, si l'on associe l'*Aspergillus niger* et la levure dans une solution d'inuline, on obtient finalement une fermentation alcoolique.

Une zymase existe cependant, qui peut hydrolyser l'inuline; c'est l'inulase, découverte par GREEN (*Ann. of botany*, 1, 1888) dans les plantes qui contiennent de l'inuline. CHITTENDEN, d'abord, puis RICHAUD, d'une part, et BIERRY et PORTIER ont établi que, si l'inuline peut être digérée par les animaux, c'est grâce au suc gastrique acide. Une solution HCl à 1 p. 1 000 saccharifie en 24 heures, à 36°, 86 p. 100 de l'inuline en solution, tandis que l'inuline injectée dans le sang se retrouve dans l'urine intégralement. Les sucs digestifs non acides ne transforment pas l'inuline, ce qui prouve que l'inulase est différente de l'amylase et de la maltase.

De même l'injection intra-péritonéale d'inuline n'est pas suivie d'assimilation, et l'inuline se retrouve presque totalement dans l'urine (MENDEL et MISCHALL). De même aussi après injection sous-cutanée (WEINLAND).

D'après NAKASEKO, des lapins à jeun ayant reçu de l'inuline dans l'estomac ont quelquefois (3 fois sur 7 expériences) une quantité de glycogène supérieure à celle qu'ils auraient dû avoir s'ils avaient été soumis à un jeûne simple, ce qui prouve que l'inuline peut être assimilée; il n'y a aucune contradiction entre cette expérience, et celle de RICHAUD, et BIERRY et PORTIER ; car le lévulose résultant de l'action du suc gastrique sur l'inuline peut donner du glycogène. Pourtant RICHAUD a vu que le foie des animaux soumis depuis un mois à un régime exclusivement inulacé donne un glycose dextrogyre.

BIERRY et PORTIER. *Rech. sur la digestion de l'inuline* (B. B., 1900, 126.) — BOURQUELOT. *Inuline et fermentation alcoolique indirecte de l'inuline.* (*Ibid.*, 1894, 481-483). — CHITTENDEN, *The behavior of inulin in the gastro-intestinal tract.* (*Proc. Am. physiol. Soc.*, 1898. XVII) — DANIEL, *Sur la présence de l'inuline dans les capitules d'un certain nombre de composées* (B. B., 1889, 182-184). — GIACOSA et SOAVE. *Sulla inulina della Cyanara scolismus et sul suo assorbimento* (G. d. r. Accad. med. di Torino, 1891, XXXIX, 376-396. et A. i. B., 1892, XVII, 256-274).— LEFRANC. *De l'inuline et de ses modifications* (Rec. de mém. de médec. milit., 1870, XXV, 410-441) — RICHAUD. *Sur quelques points relatifs à l'histoire physiologique de l'inuline chez les animaux* (B. B., 1900, 416).—NAKASEKO. *Glykogen formation after inulin feeding* (Amer. J. P., 1900, 243). — A. DEAN. *On inulin* (Amer. chem. Journ.; 1904, XXXII, n° 1). — TEYXEIRA. *Ist das Inulin eine Substanz die von Diabeteskranken als Nährmittel ausgenützt werden kann?* (Boll. chim. farm., XLIII, 1904, 605). — CHITTENDEN. *The behavior of inulin in the gastro-intestinal tract.* (Am. J. P., II, 1897, XVII). — LAF. B. MENDEL et Mitchell. *The utilization of various carbohydrates* (Ibid., xiv, 1905, 245) — Miura. *Wird durch Zufuhr von Inulin beim Pflanzenfresser Glycogenbildung in der Leber gesteigert?* (Z. B., xxxii, 1895, 255-265.). — Weinland. *Ueber das Auftreten von Invertin in Blut.* (Z. B., 1905, xlvii, 284.)

**INVERTINE.** — L'invertine (ou sucrase) est une zymase qui a la propriété de dédoubler, après hydratation, une molécule de saccharose en deux molécules : dextrose ou d. glycose et lévulose, ou d. fructose.

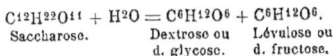

$$C^{12}H^{22}O^{11} + H^2O = C^6H^{12}O^6 + C^6H^{12}O^6.$$

| Saccharose. | Dextrose ou | Lévulose ou |
|---|---|---|
| | d. glycose. | d. fructose. |

Dubrunfaut a observé le premier que le saccharose, avant de se transformer en alcool, était interverti. Le ferment soluble, entrevu par Döbereiner et Mitscherlich, a été découvert par Berthelot, en 1860, qui précipitait dans de l'eau de levure cette zymase par l'alcool, et, reprenant le précipité par l'eau, obtenait l'hydratation du saccharose, au moyen de ce corps (azoté).

Il est prouvé maintenant que toutes les fermentations alcooliques commencent par interversion du saccharose, même quand dans le liquide de levure on ne trouve pas d'invertine. Par exemple, le *Monilia candida* ne laisse pas exsuder son invertine ; mais, quand on broie convenablement les cellules, on obtient un liquide qui contient de l'invertine ; de sorte que la présence d'invertine dans toute fermentation alcoolique est un phénomène général, soit que l'invertine passe dans le liquide, soit qu'elle reste fixée dans le protoplasma cellulaire de la levure.

La présence de l'invertine dans les organismes animaux a été découverte d'abord par Claude Bernard dans le liquide intestinal (Voy. **Intestin**).

Depuis lors, on a constaté la présence de ce ferment dans des organismes végétaux et animaux.

L'*Aspergillus niger*, le *Penicillium glaucum*, le *Mucor racemosus*, le *Sclerotinia sclerotiorum* en produisent ; mais non le *Saccharomyces apiculatus*, le S. *membranae faciens*, le *Mucor mucedo*. La plupart des levures en fournissent. On en trouve dans les feuilles et les fleurs du *Robinia pseudoacacia* (van Tieghem), dans le pollen de quelques plantes, dans l'embryon de l'orge germé (Kjeldahl). Les cellules de la betterave n'en contiennent pas, quoiqu'elles soient gorgées de saccharose. Si, en effet, elles en contenaient, ce saccharose aurait disparu.

Quelques auteurs ont prétendu que jamais l'invertine n'est sécrétée par les organismes animaux. Duclaux croit que l'invertine qu'on constate dans les sucs digestifs n'est pas normale, mais d'origine parasitaire. Mais cette opinion n'est guère vraisemblable.

D'après Biedermann et Moritz (cités par Dastre, art. **Foie**, vi, 804), le suc hépato-intestinal des *Helix* contiendrait de l'invertine. Mais Bourquelot n'a pas pu la constater chez les poulpes.

D'après Axenfeld, l'intestin (antérieur) des abeilles contient une invertine très active, de même aussi l'intestin de *Musca carnaria* et de *Cicada communis*. Chez divers insectes, il y a encore de l'invertine dans l'intestin, mais beaucoup moins. Dans le miel, le même auteur a vu un ferment amylolytique et un ferment inversif, assez actif pour qu'en cinq minutes il y ait inversion.

Les sucs digestifs de l'homme et des mammifères transforment-ils le saccharose en glycose? La question semble à peu près résolue.

En effet, il n'est pas douteux que, si l'on met un fragment d'intestin en contact avec une solution de saccharose, il se produit une rapide inversion, même quand l'intestin a été bien lavé, de sorte qu'on ne peut invoquer la présence des microrganismes, trop peu abondants, assurément, pour produire cette rapide inversion. Mais il est possible que la muqueuse se soit imprégnée de l'invertine sécrétée par les cellules des organismes inférieurs lors des ingestions intestinales précédentes.

Toutefois, la non-spécificité de la muqueuse intestinale pour production d'invertine n'est guère vraisemblable, quoi qu'en dise Duclaux. En effet, que l'on compare l'action d'un fragment de muscle, de pancréas et d'intestin, au point de vue de leur action inversive, on verra que ni le muscle, ni le pancréas n'agissent, tandis que l'intestin a énergiquement hydrolysé le saccharose.

Fischer et Niebel n'ont pas pu constater traces d'invertine dans le sang des chevaux, veaux, moutons, rats, poules, oies et grenouilles. De même, comme l'ont montré Claude Bernard, puis Voit, l'injection sous-cutanée de saccharose fait passer le saccharose dans le sang et, de là, dans l'urine, sans qu'à aucun moment il ne se produise d'inter-version. Johannson, Billström et Heijl ont aussi, par d'autres constatations (mesure du $CO^2$ dégagé), établi que le sucre introduit par injection sous-cutanée ou intra-veineuse dans l'organisme ne pouvait être considéré comme un aliment, et n'était pas assimilable.

E. Weinland a fait, à ce sujet, une observation curieuse, qui mériterait d'être reprise. Après avoir constaté que, chez des chiens nouveau-nés, l'intestin contient une notable quantité d'invertine, il injecte du saccharose sous la peau tous les jours pendant quinze jours; une partie de ce sucre disparaît, et le sang, quand on le recueille au quinzième jour, contient de l'invertine. Si, au contraire, on prend le sérum d'un chien de même âge, mais qui n'a pas subi les injections quotidiennes sous-cutanées de sucre, on constate que son sérum ne possède pas de propriétés inversives. Par conséquent, une propriété chimique nouvelle a été donnée au sang par une alimentation spéciale, et par un mode spécial d'alimentation. Est-ce par une réaction nerveuse sur la constitution chimique du sang?

Miura, dans un excellent travail où toute la bibliographie des travaux antérieurs est indiquée, fournit des preuves convaincantes pour établir que la muqueuse intestinale peut inverser les sucres. En effet, dans l'intestin des enfants mort-nés, il y a de l'invertine. Il y en a aussi dans l'intestin des nouveau-nés, qui ne contient pour ainsi dire pas de bactéries. D'ailleurs, la muqueuse stomacale n'ayant pas cette action inversive (non plus que le pancréas et la bile), la fonction de l'intestin, à cet égard, semble être spécifique.

L'opinion de Duclaux, Hoppe-Seyler, Landois que le ferment inversif est un produit des microbes intestinaux, n'est donc pas admissible (voy. **Intestin**).

La salive pure de cheval recueillie aseptiquement ne contient pas d'invertine (H. Duclaux, cité par Duclaux, *Traité de microbiologie*, II, 1899, 500). Cependant, si, au lieu d'employer de la salive pure, on garde quelque temps dans la bouche un fragment de saccharose, il est facile de voir qu'il y a un commencement d'inversion (Ch. Richet). Le fait a été contesté par Bourquelot, et il est probable qu'il y a des variations individuelles. Il est prouvé, comme chacun peut le constater, que le fait de mâcher du sucre de canne et de le garder quelques minutes dans la bouche entraîne l'hydratation d'une certaine quantité de saccharose; mais cela ne prouve nullement que la salive contienne normalement de l'invertine.

Stoklasa et Simallk (cités par Portier) ont dit que les tissus des mammifères contenaient une zymase capable de faire fermenter le saccharose, ce qui suppose la présence de l'invertine transformant le saccharose en glycose. Mais Portier n'a pas pu réussir à obtenir d'invertine en prenant les sucs de presse de divers organes (pancréas, poumon et foie de chien et de bœuf).

En réalité, l'invertine est un ferment relativement rare dans les organismes animaux, ce qui s'explique assez bien, puisque les aliments végétaux contenant du saccharose sont relativement rares (betteraves, canne à sucre).

**Préparation de l'invertine.** — Pour préparer l'invertine, il faut s'adresser aux organismes qui en produisent des quantités abondantes, c'est-à-dire la levure de bière et l'*Aspergillus niger*. La levure, broyée et desséchée (congelée), est épuisée par l'eau, et le filtrat est précipité par l'alcool. Duclaux remplace le liquide de culture de l'*Aspergillus niger* arrivé au terme de son développement par de l'eau distillée contenant un peu de saccharose. Au bout de quarante-huit heures, le liquide, très pur, ne contient presque plus que de l'invertine. Pour le conserver, on l'additionne de quelques gouttes d'essence de moutarde. Fernbach cultive l'*Aspergillus* en liquide Raulin stérilisé dans des fioles ayant une tubulure latérale. Quand la plante est en pleine fructification, on décante le liquide par l'effilure, et on le remplace par de l'eau distillée, qui se charge d'invertine. Ce liquide contient toujours un peu d'oxalique provenant de l'*Aspergillus*.

D'après BOURQUELOT (*Sur l'emploi des enzymes. Journ. de pharm. et de chimie*, 1907, xxv, 16 et 378), il ne faut employer que la levure fraîche, non desséchée à l'air; car il se produit alors, par l'exposition à l'air, des fermentations microbiennes qui introduisent d'autres diastases difficiles à séparer de l'invertine.

FERNBACH a constaté que la levure, en milieu aérobie ou anaérobie, fournit à peu près la même quantité d'invertine.

La composition chimique de l'invertine est incertaine. Voici les chiffres donnés par BARTH et DONATH (cités par DUCLAUX) :

|  | 1 | 2 |
|---|---|---|
| Carbone | 43,90 | 40,50 |
| Hydrogène | 8,40 | 6,90 |
| Azote | 6,00 | 9,30 |
| Soufre | 0,63 | |
| Oxygène | 41,47 | |

Dans une autre analyse, MAYER n'a trouvé que 4-3 d'azote p. 100.

D'après MAYER, le phosphore fait partie intégrante de la molécule.

KOLLE a donné des analyses détaillées de diverses invertines : il a trouvé en cendres, p. 100 : 6,18; 3,96; 10,68.

| Carbone. | Hydrogène. | Azote. |
|---|---|---|
| 44,73 | 6,91 | |
| 43,15 | 7,34 | |
| 43,65 | 7,22 | |
| 44,09 | 7,22 | 8,16 |
| 44,43 | 7,00 | 8,67 |
| 43,90 | 6,45 | 8,32 |

Enfin SALKOWSKI a appelé l'attention sur les gommes qui, dans la préparation habituelle de l'invertine, se trouvent mêlées à elle, parfois dans la proportion énorme de 65 p. 100.

**Conditions d'action de l'invertine.** — Les influences qui modifient l'action de l'invertine sur le saccharose ont été étudiées par beaucoup d'auteurs, en particulier par FERNBACH, SULLIVAN et THOMPSON, et V. HENRY (voir **Ferments**). Nous résumerons ici ce qui se rapporte spécialement à l'invertine.

La quantité de sucre, pourvu qu'elle atteigne un certain niveau, est indifférente (DUCLAUX). Des solutions contenant une même quantité d'invertine et des quantités croissantes de sucre, 10, 20 et 40 p. 100, donneront la même quantité de sucre interverti.

La température optimum de l'action de l'invertine, déterminée par KJELDAHL, est voisine de 52°5. Soit 100 la quantité de sucre interverti à 52°5, on a les chiffres suivants qui permettent de tracer la courbe de l'influence thermique.

| Degrés. | |
|---|---|
| 0 | 10 |
| 18 | 29 |
| 30 | 50 |
| 40 | 74 |
| 45 | 90 |
| 48 | 97 |
| 50 | 99 |
| 52,5 | 100 |
| 55 | 99 |
| 60 | 74 |
| 65 | 11 |
| 70 | 0 |

Nous n'entrerons pas d'ailleurs dans les discussions théoriques, communes à l'invertine et à d'autres zymases, pour les variations de cette courbe selon l'influence des quantités de diastase et de sucre, la durée de l'action et l'influence thermique (voir **Ferments**, et Duclaux, *Traité de microbiologie*, ii, 1899).

Dans un milieu rigoureusement neutre l'action de l'invertine n'est pas maximale. En ajoutant de petites quantités d'acide, trop faibles pour agir par elles-mêmes sur l'inversion du sucre, on voit que l'action de l'invertine est activée. Au delà elle est ralentie.

Fernbach a constaté l'influence ralentissante de l'alcali, même à dose très faible.

| Proportion de Na OH en (milligr. par litre.) | Sucre interverti en centigrammes. |
|---|---|
| 0 | 35,1 |
| 3,3 | 31,8 |
| 6,6 | 25,4 |
| 9,9 | 17,6 |
| 13,0 | 12,1 |
| 16,0 | 7,1 |
| 19 | 5,3 |
| 23 | 3,9 |

Le même auteur a comparé les divers acides au point de vue de leur action sur l'inversion par l'invertine : naturellement il a éliminé la fonction invertissante de l'acide lui-même.

Il a trouvé ainsi que pour chaque acide il y a un maximum d'action, de sorte que la quantité de sucre interverti est à peu près la même alors, quel que soit l'acide employé, à la condition qu'on mette suivant la nature de cet acide des quantités différentes. Ces quantités seront, en milligrammes par litre :

| Acides sulfurique | 50 |
|---|---|
| — oxalique | 66 |
| — tartrique | 1 000 |
| — succinique | 2 000 |
| — lactique | 5 000 |
| — acétique | 10 000 |

O'Sullivan et Tomson ont vu ensuite que ce chiffre d'acide maximum se déplace avec la température, et qu'il croît quand la température baisse, ainsi qu'on pouvait le prévoir *a priori*.

Il est bien entendu d'ailleurs que la vitesse d'inversion du sucre varie avec la nature des levures; et que les préparations d'invertine ne peuvent jamais être considérées comme identiques. Suivant leur provenance, et le mode de préparation, elles diffèrent dans une très large mesure.

Nous n'avons pas à étudier ici les modifications du saccharose produites par l'inversion (Voir Saccharose et Sucres). D'une manière générale l'invertine agit dans le même sens que les acides.

**Emploi de l'invertine.** — Bourquelot a recommandé l'emploi de l'invertine pour déceler la présence de sucre de canne dans les tissus, notamment dans les tissus végétaux. Le produit de la réaction (glucose et lévulose) étant caractérisé par son pouvoir réducteur et par son action sur la lumière polarisée, il suffit et il est nécessaire que l'invertine ne soit pas accompagnée d'autres enzymes pouvant agir sur d'autres principes que le sucre de canne. A cet effet, on prend de la levure séchée en présence de l'alcool, et précipitée par l'alcool. Le produit sec se dissout instantanément dans l'eau (1 gr. par 100 c.c.). Il peut être regardé comme une solution d'invertine pure.

On fait alors l'extrait alcoolique du fragment végétal qu'on veut examiner, et on chasse l'alcool en présence d'un peu de carbonate calcique pour éviter l'hydrolyse du saccharose par les acides. Le résidu dissous dans l'eau est examiné au polarimètre avant et après l'action de l'invertine.

BOURQUELOT a trouvé ainsi que sur quarante-quatre espèces de plantes qu'il a examinées, toujours il y avait à la fois du sucre de canne et de l'invertine. Il en conclut que le sucre de canne est un principe nécessaire aux échanges nutritifs dans les plantes à chlorophylle, et, comme il n'est pas directement assimilable, que l'invertine est nécessaire à l'assimilation de cet hydrate de carbone.

**Bibliographie.** — FERNBACH. *Sur l'invertine ou sucrase de la levure.* (*Ann. de l'Inst. Pasteur*, 1890, IV, 641-673). — KÖLLE. *Weiteres über das Invertin.* (*Z. p. C.*, 1900, XXIX, 429-436). — OSBORNE. *Beitr. z. Kenntniss des Invertins* (*Ibid.*, 1899, XXVIII, 390-425). — OSHIMA, *Ueber Hefegummi und Invertin.* (*Ibid.*, 1902, XXXVI, 42-48). — ROUSSY. *Résistance de la propriété diastasique de l'invertine à l'action destructive de la chaleur* (*B. B.*, 1895, 400-402). — SALKOWSKI. *Ueber das Invertin der Hefe.* (*Z. p. C.*, 1900, XXXI, 305-328). — AXENFELD. *Invertin im Honig und in Insektendärm.* (*Z. B.*, 1904, XVII, 268-269). — V. HENRI. *Sur la loi de l'action de l'invertine.* (*B. B.*, 1903, 1215). — HAFNER. *Einige Beiträge zur Kenntniss des Invertins der Hefe.* (*Z. p. C.*, 1904, XLII, 1). — PORTIER. *Absence d'invertine et de lactase dans les sucs de presse de différents organes des mammifères.* (*B. B.*, 1904, 205). — WEINLAND. *Ueber das Auftreten von Invertin im Blut.* (*Z. B.*, 1905, XVLII, 279). — FERNBACH. *Sur le dosage de la sucrase.* (*Ann. de l'Institut Pasteur*, 1889, III, 473, 531, et 1890, IV, 1-24). — MIURA. *Ist der Dumdarm im Stande, Rohrzucker zu invertiren?* (*Z. B.*, 1895, XIV, 266-280). — BROWN et HÉRON. *Ueber die hydrolytischen Wirkungen des Pankreas und des Dünndarmes.* (*Lieb. Annalen*, 1880, CCIV, 228).

**IODE.** — L'iode est un métalloïde découvert accidentellement par COURTOIS en 1812, puis étudié par GAY-LUSSAC en 1813 (*Ann. de chim.*, XCI). H. DAVY s'en est occupé à la même époque (*Journ. of Sc.*, I, 234) et a décelé sa présence dans un certain nombre de plantes marines. Depuis, les recherches d'un grand nombre de savants ont démontré que l'iode était un corps fort répandu dans la nature comme le chlore et le brome, qu'il accompagne généralement. On ne le trouve jamais en masse, et il est d'ordinaire disséminé en combinaison avec le potassium, le sodium, le magnésium, dans les minéraux et les eaux, sous forme de dérivés organiques complexes chez les végétaux et les animaux.

C'est seulement dans ces dernières années, à la suite de nombreux travaux d'ARMAND GAUTIER et de P. BOURCET sur le rôle physiologique de l'iode, que l'attention a été attirée sur la dissémination et l'importance de ce corps dans la nature.

**État naturel.** — I. **L'Iode dans les minéraux.** — J. CHATIN (*C. R. Acad. des Sciences*, XXXI, 1850, 280), dans un mémoire important, a signalé la présence de petites quantités d'iode dans presque toutes les couches géologiques de notre planète. D'après lui, les terrains ignés sont plus iodurés en moyenne et plus uniformément que les terrains sédimentaires. La craie verte et les éolithes ferrugineuses sont cependant très iodurées, bien plus encore que les terrains ignés. Les terrains de l'époque houillère auraient d'après leur teneur en iode une place intermédiaire entre les terrains ignés et la craie verte ou les géolithes ferrugineuses. Par contre, les terrains calcaires ou magnésiens sont très peu iodés, de même que les marnes irisées qui accompagnent cependant souvent les gisements de sel gemme.

Il montre également, dans ce mémoire, que les chlorures ne varient pas proportionnellement aux iodures et qu'il semble exister un rapport géologique constant entre le fer et l'iode, une roche ferrugineuse et même une eau ferrugineuse contenant presque invariablement de l'iode. Il avait également signalé la concentration de l'iode par les végétaux aquatiques et avait montré que l'anthracite, moins riche en iode que la houille, indiquait que des végétaux terrestres étaient venus se mêler aux cryptogames des houillères; il se basait sur le fait de la forte teneur en iode du graphite pour affirmer sa provenance d'origine organique et aquatique, ce corps représentant, d'après lui, une formation très ancienne.

Ces faits ont été confirmés par d'autres expérimentateurs, et en particulier par AR. GAUTIER, qui a démontré que l'iode existe normalement dans tous les terrains, même les plus anciens; il en a retrouvé d'une façon constante dans les granits.

Les minéraux iodés sont relativement peu nombreux. On a signalé surtout la présence de l'iode dans des minerais de cuivre, de plomb, d'argent, soit à l'état d'iodures, soit à l'état de combinaisons complexes. Au point de vue minéralogique, on ne peut guère citer que la *tocornalite* et l'*iodargyre*, iodures d'argent amorphe et cristallisé (Chili) et la *schwartzembergite*; oxychloro-iodure de plomb (Bolivie), et MARSH et LIVERDSIDGE ont trouvé de l'iodure cuivreux à Broken Hill (Nouvelle-Galles du Sud), et OSCHENIUS l'a décelé dans des cuprites et des malachites d'Australie (environ 1 p. 100). La présence de l'iode a été signalée également dans des minerais de zinc et dans des dolomies.

Il existe en plus forte proportion dans les azotates de soude bruts du Chili : d'après JAQUELAIN ils renfermeraient 1,75 p. 100 d'iode. Enfin THIERCELIN, en 1875, a signalé sa présence dans les phosphates du Lot qui en renferment 500 grammes par tonne.

RICCIARDI a dans ces dernières années (*J. Chem. Soc.*, LXII, 643, 1887) montré que les laves du Vésuve donnent des efflorescences salines iodées.

L'iode libre n'a été signalé que dans l'eau de Woodhall Spa (comté de Lincoln) par WANKLYN (*Chem. News*, LIV, 300, 1886).

II. **L'iode dans l'eau de mer.** — L'iode existe d'une façon certaine dans l'eau de mer, mais cependant sa présence avait tour à tour été affirmée et niée. MARCHAND avait donné le chiffre de 9 milligrammes d'iode par litre (*C. R. Ac. Sc.*, XXXIV, 53) et BOUSSINGAULT avait déclaré qu'il lui avait été impossible d'en trouver (*Ann. de Phys. et Chim.*, XXX, 94). Il n'a été bien mis en évidence qu'à la suite des travaux récents. AR. GAUTIER (*C. R. Ac. Sc.*, CXXVIII, 1069, 1899) ne put, tout d'abord, sur 5 litres d'eau, retrouver l'iode en opérant avec la potasse à froid; au contraire en opérant par fusion potassique il obtint toujours une certaine quantité d'iode. L'iode entre donc dans la constitution de l'eau de mer en quantité pondérable; mais, au lieu d'y exister à l'état d'iodures, il s'y trouve à l'état de composés organiques ou organisés iodés dans lesquels il est masqué.

En moyenne, l'eau de mer renferme $2^{mgr},40$ d'iode organique, en partie à l'état dissous (environ $1^{mgr},87$), en partie à l'état insoluble (environ $0^{mgr},52$) restant sur un filtre de porcelaine. Cet iode insoluble est fixé dans des êtres microscopiques, zooglées, algues, spongiaires, diatomées, etc., qui vivent à la surface de la mer et jusqu'à une certaine profondeur et qui constituent le *plankton* de la haute mer.

La teneur en iode de l'eau de mer diminue avec la profondeur: on constate en même temps que l'iode organique et organisé disparaît, tandis qu'apparaît l'iode minéral trouvé partout en quantité sensiblement constante (A. GAUTIER, *C. R. Ac. Sc.*, CXXIX, 9, 1899). La matière organique iodée soluble provient des algues et des autres organismes iodés qui vivent et meurent dans l'eau de mer.

A un certain moment de leur existence ils cèdent, comme l'a établi ALLARY (*Bull. Soc. Chim.*, XXXV, 12, 1881), une partie de leur iode à l'eau ambiante. On sait également depuis longtemps que les jeunes feuilles des algues contiennent deux à trois fois plus d'iode que les feuilles âgées. Il semble donc bien, comme le dit BOURCET (*L'iode normal de l'organisme*, Paris, 1900) qu'une partie de la matière iodée de l'algue puisse en certains cas repasser en dissolution dans l'eau de mer, pour être soumise plus tard à une nouvelle assimilation par les êtres nouveaux en état de croissance. Au contraire, si ces êtres meurent et se putréfient, la substance organique est détruite et l'iode minéral apparaît.

III. **L'iode dans les eaux de pluie, de fleuves, de sources.** — La pluie précipitant avec elle les poussières contenues dans l'atmosphère fournit des eaux qui contiennent de l'iode en très petite quantité.

Le fait avait été signalé par CHATIN qui avait retrouvé, suivant les localités, de 1/30 à 1/500 milligramme d'iode par litre d'eau. MARCHAND (de Fécamp), puis BUSSY et enfin BARRAL contrôlèrent et confirmèrent le fait.

Les cours d'eau étant formés des eaux telluriques issues, soit de sources, soit de pluies, doivent évidemment contenir de l'iode, puisque, d'une part, les eaux de pluie renferment ce métalloïde et que, d'autre part, les terrains et les roches à travers lesquels les sources naissent et s'écoulent contiennent tous de l'iode.

CHATIN a déterminé la présence de l'iode dans 352 eaux de rivières ou de sources.

Ar. Gautier, reprenant ces travaux et ceux de Marchand, est arrivé à des résultats confirmatifs. En particulier, il a dosé dans l'eau de la Seine à Juvisy, $0^{mgr},005$ d'iode par litre, dont la moitié reste soluble; dans l'eau de la Marne, à Joinville, $0^{mgr},0031$ dont les deux tiers d'iode soluble.

Certaines sources minéralisées renferment des quantités plus importantes d'iode. En France, nous possédons les eaux minérales de *Bondonneau*, $0^{gr},008$ NaI par litre, *Challes*, $0^{gr},0123$, *Chaudesaigues*, $0^{gr},018$, *Marlioz*, $0^{gr},0015$, *Uriage*, $0^{gr},00025$, *Allevard*, $0^{gr},00025$. *Salies de Béarn* (eaux mères de Bayaa, $0^{gr},0188$). Duboin vient de signaler la présence de l'iode à l'état organique dans les eaux de *Royat* (*C. R. Ac.. Sc.*, cxxviii, 1469, 1899).

A l'étranger, il faut citer les eaux de *Heilbronn* $0^{gr},0286$, de *Kissingen* $0^{gr},0009$, de *Kreutznach* $0^{gr},0009$, de *Saxon* $0^{gr},0110$, de *Saragota* $0^{gr},003$.

**IV. L'iode dans l'atmosphère.** — La présence de l'iode dans l'atmosphère avait déjà été constatée par Chatin. Il en avait trouvé à Paris 1/80 à 1/300 de milligramme par 10 000 litres d'air. Un peu plus tard, Marchand, Bussy, Barral avaient été très affirmatifs sur cette présence, mais d'autres auteurs, comme Cloez, De Luca, Mène, Nadler, niaient le fait. Ils n'avaient trouvé d'iode ni dans l'air, ni dans l'eau de pluie.

Ar. Gautier reprit systématiquement cette recherche et put reconnaître après une série d'expériences délicates, variées, prolongées, que l'air recueilli en divers lieux (ville, bois, montagne, mer) et séparé sur place des matières qu'il contient en suspension ne permet pas de constater la présence d'une quantité sensible de gaz iodés. Les poussières qu'il renferme ne contiennent pas d'iode sous forme soluble (iodures, iodates). Par contre, on peut toujours y déceler une petite quantité d'iode organique insoluble fourni par des schizophytes, des algues, des spores microscopiques iodées. Cette trace d'iode est à Paris de l'ordre du millième de milligramme par mètre cube d'air. Au bord de la mer elle est 12 à 13 fois plus considérable, et son origine marine a été nettement mise en évidence par l'analyse des poussières de l'air à différentes altitudes et dans différentes régions. (*C. R. Ac. Sc.*, cxxviii, 643, 1899.)

**V. L'iode dans les végétaux.** — L'iode a été décelé en proportion plus ou moins grande dans les végétaux marins, les végétaux d'eau douce et les végétaux terrestres. Cette étude, ébauchée par Chatin et quelques autres expérimentateurs, a été reprise systématiquement par P. Bourcet. Son travail, *L'iode normal de l'organisme*, renferme une série de tableaux particulièrement intéressants à consulter, et auxquels nous ferons de nombreux emprunts.

A. *Plantes marines.* — Sarphati, le premier, signala dans les plantes marines la présence du chlore, du brome et de l'iode, et il dosa l'iode dans les cendres d'un grand nombre de végétaux. L'extraction de ce métalloïde s'opérant dans un certain nombre de pays en partant des cendres de plantes marines, celles-ci furent rapidement étudiées au point de vue de leur teneur en iode, et on sait actuellement que parmi les plus riches se rangent les *Fucus digitatus*, $1^{gr},35$ par kilogramme de plante fraîche; *F. saccatus*, $1^{gr},24$; *F. cartilagineus*. $1^{gr},42$; *F. filium*, $0^{gr},89$; *Laminaria digitata*, $0^{gr},61$; *Ulva umbilicalis*, $0^{gr},59$. Des espèces voisines sont beaucoup moins riches; par exemple, les *Fucus bulbosus* ne donnent guère qu'un millième d'iode, celles du *Fucus nodosus* ne titrent guère plus de 2 millièmes, et le *Fucus vesiculosus*, qui accompagne toujours le précédent, et se trouve en abondance sur les rochers de nos côtes, est encore moins riche.

Quoi qu'il en soit, on peut dire que toutes les plantes marines renferment de l'iode en quantité variable suivant leur électivité particulière. Elles en contiennent le maximum à la période de croissance; elles le perdent peu à peu lorsqu'elles dépérissent, et n'en contiennent plus que des traces lorsqu'elles sont putréfiées.

B. *Plantes aquatiques d'eaux douces.* — Muller, le premier, signala la présence de l'iode dans le cresson de fontaine (*Arch. de Pharm.*, (2), xxxv, 40); puis, en 1850, Chatin publia un ensemble de recherches qui lui permit de généraliser le fait.

De ses travaux, de ceux de Macadam, de Straub, de Bourcet, il ressort que ce métalloïde existe, en règle générale, dans toutes les plantes d'eaux douces. Parmi elles, celles qui vivent en eau courante sont plus riches en iode que celles qui vivent en eau stagnante.

La proportion d'iode qu'elles contiennent est en rapport à la fois avec leur nature et avec leur habitat. L'iode des eaux douces est absorbé par les végétaux qui y croissent en quantité telle que, dans certains cas, en aval d'une cressonnière par exemple, l'iode peut disparaître complètement, alors qu'on peut le déceler nettement en amont.

Ar. Gautier a également constaté la présence de l'iode dans les algues d'eaux douces, les champignons, les lichens.

Par contre, Ar. Gautier et Bourcet ont indiqué que les bactériacées, et en particulier le bacille de la septicémie et celui du tétanos, ne renferment pas traces d'iode (*C. R. Ac. Sc.*, cxxvii, 189, 1899). Il semblerait que la vie des microorganismes soit incompatible avec la présence de l'iode.

C. *Plantes terrestres.* — Chatin et Bourcet ont reconnu que les plantes terrestres renferment de l'iode en plus ou moins grande quantité. Ici, le fait n'est pas général et, dans un certain nombre de cas, il fut impossible à ce dernier auteur de déceler des traces d'iode. Il fait remarquer que les arbres contiennent toujours moins d'iode que les herbacées ou les arbrisseaux.

Les végétaux renferment une quantité d'iode variable suivant l'irrigation et la nature du terrain; mais, suivant leur espèce, ils semblent jouir d'une affinité spéciale pour l'iode, comme, du reste, pour d'autre métalloïdes ou métaux, et les différentes espèces végétales enlèvent au sol sur lequel on les cultive des quantités très différentes de l'iode qui peut s'y trouver.

C'est ainsi que Bourcet a montré que les Liliacées et les Chénopodées accumulent beaucoup plus d'iode que les Solanées ou les Ombellifères. Il a également constaté que, dans un même genre végétal, l'absorption de ce métalloïde varie avec chaque variété.

Il semble que cette localisation de l'iode dans les tissus du végétal soit en relation étroite avec sa spécificité, et que, pour être identique à elle-même, une espèce végétale absorbe une quantité d'iode différente de celle de l'espèce immédiatement voisine (*C. R. Ac. Sc.*, cxxvii, 193, 1899).

Les résultats analytiques obtenus par Bourcet avec les différentes matières alimentaires d'origine végétale montrent que presque toutes renferment de l'iode en quantité variable. Les fruits des arbres et les matières fortement amylacées ne contiennent pas ou contiennent extrêmement peu d'iode.

Les espèces qui fournissent à l'alimentation des racines, des pivots, des tubercules non amylacés, ou encore leurs feuilles ou leurs tiges herbacées, sont plus riches. Ainsi, les fruits : châtaignes, oranges, prunes, pommes, poires, et les matières amylacées : pommes de terre, topinambours, fèves, haricots, contiennent très peu d'iode. Les fruits d'arbustes et d'arbrisseaux en contiennent déjà plus.

Les teneurs élevées en iode se trouvent dans les asperges, $0^{mgr},24$ par kilogramme de plante fraîche; les carottes, $0^{mgr},134$; les côtes de bette, $0^{mgr},38$; l'ail, $0^{mgr},94$; le navet, $0^{mgr},24$; le poireau, $0^{mgr},17$; l'oignon, $0^{mgr},028$.

Les raisins et, par conséquent les vins, possèdent une teneur variable en iode qui est en relation directe avec la teneur en iode du terrain sur lequel la vigne a poussé. Les vins du Mâconnais et du Beaujolais sont les plus riches; ceux de Champagne ne contiennent pas trace d'iode.

Nous ne connaissons pas la forme sous laquelle se trouve l'iode dans les végétaux, non plus que le rôle qu'il y joue. Si une petite quantité de ce métalloïde se trouve à l'état soluble dans la cellule végétale, sous forme d'iodures alcalins par exemple, la majeure partie est certainement à l'état de combinaison organique nucléines iodées faisant partie intégrante de la cellule, ne pouvant y être décelée que par sa destruction.

VI. **L'iode dans les tissus animaux.** — Depuis quelques années, il a été établi que l'iode existait à l'état normal dans les organes d'un grand nombre d'espèces animales. Bourcet, en particulier, a montré que les poissons, crustacés, batraciens, etc., qui vivent dans les eaux douces ou marines, contiennent de l'iode en quantité variable suivant l'espèce et le milieu, mais qu'ils en contiennent tous.

Les herbivores qui se nourrissent de végétaux terrestres, tous plus ou moins fortement iodés, contiennent de l'iode dans leurs différents tissus. Bourcet opérant sur des lapins a déterminé pour les divers organes les quantités moyennes d'iode.

| | | | milligr. | |
|---|---|---|---|---|
| 200 grammes. | Sang . . . . . . . . . . . . . . | | 0,005 | d'iode par kilogr. — |
| 60 | — | Muscle cardiaque . . . . . . . | 0,005 | — |
| 700 | — | Gros intestin et contenu. . . . . | 0,017 | — |
| 300 | — | Intestin grêle et contenu. . . . | 0,03 | — |
| 175 | — | Vessie et contenu. . . . . . . . | 0,00 | — |
| 500 | — | Estomac et contenu. . . . . . . | 0,04 | — |
| 400 | — | Foie et vésicule biliaire . . . . . | 0,71 | — |
| 82 | — | Reins. . . . . . . . . . . . . | 0,027 | — |
| 400 | — | Graisse. . . . . . . . . . . | 0,00 | — |
| 50 | — | Poils . . . . . . . . . . . . | 0,90 | — |
| 500 | — | Muscles. . . . . . . . . . . | 0,025 | — |
| 40 | — | Poumons . . . . . . . . . . | 0,03 | — |
| 52 | — | Appareil génital. . . . . . . . | 0,03 | — |
| 30 | — | Cerveau. . . . . . . . . . . | 0,00 | — |
| 10 | — | Pancréas . . . . . . . . . . | 0,00 | — |
| 200 | — | Peau (sans poils) . . . . . . . | 0,12 | — |
| 17 | — | Globes oculaires. . . . . . . . | 0,00 | — |
| 3 716 grammes. | | | 1,939 | |

La viande de boucherie ne contient que très peu d'iode. Celle qui en renferme le plus est la viande de porc, puis viennent ensuite, par ordre décroissant, celles de mouton, de bœuf, de cheval, de veau et d'âne. La charcuterie est d'autant moins riche en iode qu'elle contient plus de graisse, dans laquelle on ne décèle, à l'état normal, que des traces infimes d'iode.

Bourcet a également pu constater que les tissus des carnivores et des omnivores renferment des quantités d'iode assez comparables à celles des herbivores, mais cependant légèrement différentes. Le chien paraît être moins riche en iode que le lapin, et en particulier le sang et le foie contiennent beaucoup moins d'iode.

Les oiseaux, et en particulier le gibier d'eau, sont riches en iode, et leurs œufs constituent un aliment iodé dont Bourcet a mis la valeur en évidence. Les œufs de canard et d'oie sont plus iodés que ceux de dinde ou de poule. Leur teneur en iode est variable suivant l'époque de l'année à laquelle ils sont pondus; ils possèdent leur maximum en été. Certains œufs de poule n'en contiennent pas. Leur teneur en iode varie de $0^{mgr},6$ à $0^{mgr},017$ pour un œuf moyen de 45 grammes.

Le lait renferme également de l'iode, comme l'ont démontré Chatin, Lohmeyer et Nadler. D'après Bourcet, abstraction faite du sol avec lequel elle varie, la teneur en iode du lait par kilogramme est à peu près la même que celle des poils de l'animal auquel il appartient.

Ces divers résultats expérimentaux montrent que nous absorbons par jour, par notre alimentation, en moyenne un tiers de milligramme d'iode. Cet iode se localise dans nos tissus d'une façon très analogue à celle de l'arsenic. Il se fixe de préférence sur certains organes, et en particulier sur le corps thyroïde, où Baumann avait depuis longtemps signalé sa présence; le sang, comme l'ont montré Bourcet et Gley, en contient également une certaine proportion. Dans ce liquide, il se trouve en combinaison albuminoïdique uniquement dans le plasma, probablement à l'état d'iode nucléinique, comme dans le corps thyroïde. La peau, les poils, les ongles contiennent une assez forte proportion d'iode, $1^{mgr},21$ par kilogramme pour ces derniers; c'est presque uniquement par ces organes, et par le sang menstruel chez les femmes, que se fait l'élimination normale de l'iode; on voit qu'elle se rapproche beaucoup de celle de l'arsenic, étudiée par Ar. Gautier.

On a beaucoup insisté, dans ces dernières années, sur la teneur en iode du corps thyroïde, qui constitue sans aucun doute le principal organe d'accumulation de l'iode dans l'organisme. Chez le nouveau-né normal, l'iode existe toujours dans la glande thyroïde. Chez l'enfant issu de mère tarée ou malade, on n'en rencontre pas traces (Bourcet).

BAUMANN a fixé à 4 milligrammes la teneur en iode des glandes thyroïdes, mais les différents auteurs : OSWALD, BLUM, MONERY, etc. (voir *Zeitschrift f. phys. Chem.*, 1899, XXI-XXIII) ont montré qu'il existait des variations considérables de la teneur en iode des glandes thyroïdes et parathyroïdes des différents individus suivant l'âge, le sexe, l'alimentation, etc.

Dans l'organisme animal, l'iode est fixé à l'état de combinaisons albuminoïdiques complexes encore mal connues. L'une d'entre elles a été plus étudiée, c'est la thyréo-iodoglobuline, qui se rencontre dans le corps thyroïde. Elle renferme environ 1,66 p. 100 d'iode, et traitée par l'acide sulfurique, à l'ébullition, elle donne naissance à l'*iodothyrine* de BAUMANN, renfermant de 9,30 à 14,29 p. 100 d'iode, suivant les cas. Ce n'est pas un corps défini, mais un produit d'hydrolyse (*Voir, pour plus de détails,* **Thyroïde**).

HARNACK et HUNDESHAGEN ont étudié une albumine iodée qui se trouve dans le tissu des éponges, et à laquelle ils ont donné le nom d'*iodospongine* (*Zeitschrift f. physiol. Chem.*, XXIV, 412, 1898). DRECHSEL (*Zeitschrift. f. Biol.*, XXXIII, 90, 1896), du squelette de polypiers (*Gorgonia Cavolinii*), a également isolé, sous le nom de *gorgonine*, une albumine iodée qui, par hydrolyse, donne de l'*acide iodogorgonique.* H. L. WHEELER et G.-S. JAMESON rapprochent ce dernier corps de la *diodotyrosine*, qu'ils ont obtenue synthétiquement, et qui possède toutes les propriétés de cet acide (*Ann. Chem. Journ.*, XXXIII-365, 1905).

Quoiqu'il soit infiniment probable que dans les tissus l'iode soit engagé à côté de l'arsenic dans la constitution de certains nucléo-protéides, cette question demande de nouvelles recherches.

**Propriétés physiques et chimiques.** — L'iode est un corps solide, gris noirâtre, doué de l'éclat métallique; il se présente d'ordinaire sous forme de paillettes cristallines, opaques, faciles à pulvériser. Sa densité est de 4,933 (LADENBURG) à 4°. L'iode fond à la température de 114° (RAMSAY et YOUNG). La tension de vapeur de l'iode liquide à son point de fusion est de 90 millimètres (RICHTER, *D. chem. Ges.*, 1057-1398, 1886). Il émet à la température ordinaire des vapeurs violettes très sensibles et dont l'odeur rappelle celle du chlore. Les vapeurs de l'iode en se condensant sur un corps froid donnent de petits cristaux très brillants qui se déplacent lentement, par suite des variations de température, d'un point à l'autre du vase dans lequel l'iode est renfermé.

L'iode n'est pas hygroscopique, il se dissout dans 6582 parties d'eau à 6°3 et dans 3750 p. à 15° (PITZE). Cette solution s'altère peu à peu à la lumière et fournit de l'acide iodhydrique. Cette solubilité de l'iode dans l'eau augmente lorsqu'elle tient simultanément en solution certains corps solubles, acides ou sels. Il y a souvent lieu de remarquer, en même temps, la formation d'une combinaison entre l'iode et le corps soluble. On sait, par exemple, que les iodures alcalins permettent de dissoudre dans l'eau une quantité considérable d'iode par suite de la formation de polyiodures. Pour JAKOWKIN et DAWSON, il y aurait avec l'iodure de potassium formation d'un triiodure se dissociant suivant les mêmes lois que les sels ordinaires. Dans certains cas, on envisage même la formation d'un polyiodure (*Journ. Chem. Soc.*, LXXXI, 524, 1902).

L'alcool dissout l'iode en prenant une coloration brun foncé (teinture d'iode); si l'on additionne cette solution alcoolique d'une forte quantité d'eau, l'iode se précipite en partie sous forme d'un précipité brun. L'iode est également très soluble dans l'éther, l'essence de pétrole, le chloroforme, l'acétone, le sulfure de carbone. Suivant les dissolvants, il donne tantôt une solution brune ou une solution violet pourpre. L'étude de la solubilité de l'iode à différentes températures montre que pour les solutions d'iode avec l'acétone, le chloroforme, le sulfure de carbone, il ne s'agit pas d'un simple phénomène physique, mais qu'il se forme en réalité une combinaison chimique.

Les huiles grasses, l'huile d'olive, l'huile de ricin dissolvent également de fortes proportions d'iode; dans ce cas encore il y a réaction chimique et non simple solubilisation.

On ne connaît pas de modifications allotropiques proprement dites de l'iode; cependant, les travaux des différents expérimentateurs qui ont étudié les diverses solutions iodées et les variations de leur spectre d'absorption sont concordants pour faire admettre des condensations moléculaires de l'iode qui sont, du reste, en rapport avec la variation du poids moléculaire constatée dans ces diverses circonstances. On admet pour l'iode les molécules I², I³ et I⁴ se traduisant non seulement par des propriétés physiques, mais même, comme l'ont montré A. GAUTIER et CHARPY, par des propriétés chimiques différentes.

L'iode possède toutes les propriétés chimiques du chlore et du brome, mais avec une intensité moindre. Son affinité pour l'oxygène est supérieure à celle de ces deux éléments; pour l'hydrogène, au contraire son affinité est plus faible et la formation d'HI est endothermique (40 cal). C'est un agent oxydant faible en présence de l'eau, mais il ne possède pas de pouvoir décolorant.

Il se combine avec les métalloïdes de sa série et fournit le pentafluorure d'iode IFl⁵, le protochlorure d'iode ICl et le trichlorure d'iode ICl³, seul stable et seul utilisé comme antiseptique; le bromure d'iode IBr.

Avec l'ammoniaque, il donne de l'iodure d'azote, poudre noire détonant au choc et de l'iodhydrate d'ammoniaque.

Parmi les combinaisons qu'il fournit avec l'oxygène, il faut surtout citer l'acide iodique IO³H qui se prépare par action de l'iode sur le chlorate de potasse en présence d'acide nitrique à chaud. Ce corps est surtout intéressant en raison de la propriété qu'il possède d'abandonner son oxygène à un grand nombre de corps réducteurs en laissant déposer de l'iode.

Mélangé au soufre, à haute température, l'iode donne naissance à un iodure de soufre S²I² seul employé en médecine.

Réagissant sur les oxydes des métaux alcalins ou alcalins terreux, l'iode donne naissance à des iodures et à des iodates; ces derniers se décomposent facilement par calcination, donnant naissance aux iodures correspondants. On obtient également des iodures par action de l'iode sur les métaux lourds.

**Composés organiques de l'iode.** — L'iode fournit avec les différents composés organiques des combinaisons moléculaires nombreuses soit par addition, soit par substitution. Ces divers corps peuvent être classés de la façon suivante d'après leur constitution chimique.

I. *Ethers iodhydriques à fonction simple dérivant de l'alcool.* — Parmi eux on doit ranger les iodures alcooliques du type de l'iodure d'éthyle, les graisses iodées, l'iodoforme, le diiodoforme.

II. *Éthers iodhydriques dérivant des phénols.* — Ce groupe est fort nombreux et doit être divisé en corps à fonction simple : type iodocrésol (traumatol) et corps à fonctions complexes; parmi ces derniers nous avons à considérer :

A. Corps à fonction acide : type acide diiodosalicylique.

B. Corps à fonction amine : type iododiphénylamine, tétraiodopyrrol, iodantipyrine.

C. Corps à fonction lactone : type tétraiodophénolphtaléine.

D. Corps à fonction sulfone; type diiodothymolsulfonique.

E. Corps à fonctions phénol, éther, cétone ; type catéchine iodée, tannins iodés.

Les corps de ce groupe, quoique fort employés en médecine, sont encore peu connus; ils peuvent être comparés aux acides iodogalliques ou pour la catéchine à une combinaison moléculaire de corps contenant un résidu $\overset{-C-}{\underset{O}{||}}$ assez stables pour ne pas être décomposés par l'action de la lumière et de l'air, mais cependant assez labiles pour pouvoir être dédoublés assez facilement dans l'économie.

F. Corps à fonctions amine, acide, phénol. Parmi les corps de ce groupe, il faut citer l'iodotyrosine qui se forme pendant le traitement des albuminoïdes par l'iode et dont l'étude physiologique n'est pas faite. L'iodothyrine pourrait également à la rigueur être rangée parmi les corps de ce groupe.

III. *Éthers hypoiodeux des phénols :* types aristols.

Au point de vue pharmacodynamique, tous ces corps iodés organiques peuvent se diviser en deux grands groupes. Les uns sont susceptibles de se dédoubler plus ou moins facilement dans l'économie et peuvent posséder, par suite de la mise en liberté de l'iode, l'action pharmacodynamique des iodiques en général; c'est le cas de la plupart d'entre eux. Les autres ne se dédoublent que partiellement et agissent par leur molécule tout entière en produisant des effets thérapeutiques et toxiques totalement différents de ceux des iodiques vrais. Le type des corps de cette catégorie est l'iodoforme. La plupart de ces différents corps sont doués de propriétés antiseptiques remarquables et ne sont du reste employés que comme antiseptiques externes, car ils donnent d'ordinaire naissance par dédoublement, soit à des corps irritants, soit à des substances modifiant ou entravant l'action de l'iode mis en liberté; seules les graisses et huiles iodées, et les substances iodotanniques sont susceptibles d'être utilisées par voie gastrique.

L'iode est également susceptible de se combiner à l'amidon pour donner naissance à ce que l'on a appelé l'iodure d'amidon. D'après Bondonneau (Bull. Soc. Chim., XXVIII, 432, 1877), ce corps serait un composé défini répondant à la formule ($C^{12} H^{20} O^{10} I^5$). D'après les auteurs modernes, cette formule devrait être modifiée et l'iodure d'amidon pur renfermant d'après Tohl (Chem. Zeit., XV, 1523) 18,5 p. 100 d'iode a pour formule $C^{24} H^{40} O^{20} I^7$ d'après Seyfert et Rouvier. La formation d'iodure d'amidon a été utilisée pour déceler la présence d'iode en petite quantité, la coloration bleue du produit étant fort intense et caractéristique. Il ne faut pas oublier que la sensibilité de la réaction dépend de la température et que cette coloration bleue disparaît par la chaleur, la présence des borates empêche également partiellement la production de cette coloration qui est, au contraire, accrue par la présence de sulfates de magnésie ou de potassium (Membcke, Chem. Zeit., XVII, 157, 1894). La coloration bleue de l'empois d'amidon disparaît en présence d'acide iodique ou de nitrate d'argent, mais dans ce dernier cas l'acide chlorhydrique la fait réapparaître.

Chauffé en tube scellé à 100° avec de l'eau, l'iodure d'amidon se décompose en donnant naissance à du glucose et à de l'acide iodhydrique.

L'iode ne peut être enlevé à l'amidon par les solutions d'iodure de potassium, de benzine, de sulfure de carbone, mais bien par l'alcool.

**Action de l'iode sur les matières protéiques.** — L'iode se combine avec une extrême facilité à tous les corps protéiques, et son extrême diffusion dans les tissus végétaux et animaux permet de supposer que la variété des protéides iodés naturels doit être très considérable; cependant fort peu d'entre eux nous sont connus et, lorsque nous voulons faire agir, in vitro, l'iode sur ces matières, nous obtenons des produits instables qui se dédoublent rapidement et nous ne constatons, en définitive, la fixation de l'iode que sur les produits ultimes de leur désagrégation.

**I. Action de l'iode sur les albumines.** — Lorsqu'on met une solution iodoiodurée au contact d'une solution d'albumine d'œufs, par exemple, on constate qu'il se produit une absorption d'iode par cette molécule complexe : la coloration brune du mélange disparaît en partie, progressivement, l'iode n'est plus décelé par les réactifs ordinaires. En même temps, on constate des modifications des propriétés physico-chimiques de l'albumine : son point de coagulation s'abaisse, mais sa déviation polarimétrique ne change pas; elle se coagule au bout de quelque temps et présente une réaction acide. Elle se coagule plus rapidement par dialyse. Précipitée, après dialyse, elle se présente sous forme d'une poudre brun clair, friable, non hygroscopique, insoluble dans l'eau, soluble dans les alcalis, précipitée de ses solutions par les acides mais se redissolvant dans un excès. Elle donne les réactions xanthoprotéiques et du biuret, mais elle ne fournit plus les réactions de Millon et d'Adamkiewicz. Ce corps ne cède plus son iode par action de l'acide azotique seul; mais, par fusion avec l'azotate de potasse, une forte quantité d'iode peut être mise en liberté.

D'après Hofmeister (Zeitsch. f. physiol. Chemie, XXIV, 159, 1897), il se fixerait deux molécules d'iode pour une molécule de soufre contenue dans la molécule de l'albumine. Cet auteur a obtenu avec de l'albumine d'œuf une fixation de 9 p. 100 d'iode. Kurzajeff avec le sérum a fixé 12 p. 100 d'iode.

Il s'est produit pendant cette réaction une véritable décomposition de la molécule et il n'existe plus qu'un mélange de divers produits de dédoublement comme l'indique nettement la perte des réactions de Millon et d'Adamkiewicz. Schultz a également démontré que dans ce mélange le soufre a été partiellement oxydé, sans que pour cela la teneur en oxygène ait été modifiée.

**II. Action de l'iode sur les albumines et les peptones.** — Les différents expérimentateurs, n'ayant pu obtenir en partant des albumines iodées que des mélanges de corps incristallisables contenant de l'iode en proportion variable, ont essayé d'ioder les corps plus simples contenus dans les peptones. OSWALD (*Beitrage Z. chem. Physiol. u. Path.* III, 391-416, 514-521, 1903) étudia l'action de l'iode sur les protalbumoses et hétéroalbumoses isolées de la peptone de WITTE par la méthode de PICK. Il obtint par action d'une solution iodurée en réaction légèrement alcaline des iodalbumoses qui, dialysées, puis précipitées par une solution d'acide acétique dilué, se présentent après filtration et lavage à l'alcool sous forme d'une poudre jaunâtre qui contient une quantité variable d'iode, 10,23-14,68 p. 100, suivant le corps employé. L'iode y est fortement combiné et n'est mis en liberté ni par l'ébullition à l'eau, ni par l'action combinée du nitrate de soude et de l'acide sulfurique ; il faut opérer une fusion potassique pour le mettre en évidence.

Traitant comme les albumoses les peptones brutes précipitées par le sulfate d'ammoniaque et dialysées, OSWALD obtint également une combinaison iodée soluble dans les alcalis, précipitable par les acides dilués, renfermant après dialyse 20,34 p. 100 d'iode combiné et ne donnant plus la réaction du biuret. Cette formation d'iodopeptone s'obtient plus difficilement que celle d'iodalbumose et sa précipitation se fait fort mal, on n'en peut retirer aucun composé cristallisable. Sous l'influence de l'iode, la molécule des peptones est encore plus rapidement décomposée que celle des albumoses. Les produits de décomposition sont plus nombreux, et c'est à cela qu'OSWALD attribue la précipitation incomplète des composés iodés par les liqueurs acides.

GILBERT et GALBRUN (*Congrès internat. de Méd.*, 1900) ont prétendu avoir obtenu par action de l'iode sur la peptone en solution aqueuse, au bain-marie, une combinaison iodée définie renfermant 16,5 p. 100 d'iode. L'iode ainsi fixé serait séparé par l'acide azotique et par le perchlorure de fer acide, mais non par les acides minéraux forts.

Étant donnés les travaux d'OSWALD et de SCHMIDT et ce que nous savons de la constitution chimique des peptones, il nous est impossible d'admettre ces affirmations. Ces auteurs ont, en effet, montré que, pour obtenir des produits à peu près constants, il faut opérer en solution iodo-iodurée, à basse température et en présence de bicarbonate de soude pour fixer l'acide iodhydrique au fur et à mesure de sa production. En opérant avec de l'iode et à chaud, GALBRUN pousse jusqu'à ses dernières limites l'action oxydante de l'iode sur la molécule albuminoïde. Aussi se forme-t-il dans cette opération une grande proportion d'iodure et d'iodate d'ammonium. En tout cas, ce produit complexe ne peut être comparé avec la peptone iodée d'OSWALD qui renferme 20,34 p. 100 d'iode et ne contient pas de produits ammoniacaux.

**III. Action de l'iode sur la caséine et la gélatine.** — OSWALD, poursuivant ses études sur les composés albuminoïdes iodés, a également étudié les iodocaséines et iodogélatines en employant la même méthode. Il a obtenu avec la caséine une poudre blanc jaunâtre, insoluble dans l'eau et les acides, soluble dans les alcalis et l'alcool bouillant, renfermant 11,43-13,45 p. 100 d'iode. La teneur en iode n'est pas constante, elle est voisine de celle des iodoprotalbumoses obtenues par digestion pepsique : la caséine, du reste, d'après les recherches d'ALEXANDER, fournit par digestion presque uniquement cette sorte d'albumose.

Antérieurement à ces recherches, divers auteurs s'étaient occupés de la question. LIEBREICH (*Ber. d. chem. Gesell.*, 1877, 1824 ; *Centralbl. f. med. Wissen.*, 1877, 274) avait préparé une iodocaséine contenant 8 à 9 p. 100 d'iode. VAUBEL et BLUM (*Centralbl. f. med. Wissensch.*, 1873, 386 ; *Munch. med. Wochensch.*, 1898, 167) en avaient décrit une qui ne titrait que 5,7, 7 p. 100 d'iode. LÉPINOIS (*Journal de Chimie et Pharm.*, 1896, 203), au contraire, avait fixé jusqu'à 20 p. 100 d'iode, mais cette teneur était inconstante. Ces différents résultats proviennent de ce que les auteurs ont opéré avec des produits différents et surtout avec des méthodes différentes, et l'on sait maintenant d'une façon certaine que la température à laquelle se fait la réaction et le temps de présence des divers éléments jouent un rôle capital pour la formation de ces divers produits iodés.

La gélatine iodée ne fut étudiée que par OSWALD et par SCHWARZ, mais leurs résultats ne peuvent être comparés : ce dernier opérait avec de l'acide iodhydrique et obtenait ainsi, d'emblée, des produits avancés de désintégration de la molécule qui lui permettaient de fixer une forte quantité d'iode, tandis qu'OSWALD obtint une iodoglutine ne renfermant que 1,34, 2 p. 100 d'iode.

**IV. Mécanisme de l'action de l'iode sur les matières albuminoïdes.** — Cette étude, qui présente une grande importance pour la pharmacodynamie pour permettre d'interpréter l'action de l'iode et des iodiques sur la nutrition, a été tout d'abord tentée par Binz, mais elle a été surtout élucidée par les travaux de C. H. L. Schmidt, qui s'est attaché à cette question pendant quatre années consécutives (*Zeitsch. f. physiol. Chemie*, xxxiv, 194-206, 1901 ; xxxv, 386-375, 1902 ; xxxvi, 343-390, 1903 ; xxxvii, 350-353, 1904).

D'après lui, l'iode mis en présence des matières albuminoïdes donne presque immédiatement naissance à de l'acide iodhydrique. C'est cette mise en liberté d'acide qui est la cause de l'acidification de la solution albumineuse et qui provoque rapidement sa coagulation. Cet acide se conduit alors comme un agent à la fois d'oxydation, de réduction et de dédoublement, soit par simple soustraction d'hydrogène, soit par action de l'eau oxygénée mise en liberté. Cette eau oxygénée provient de la polymérisation de deux hydroxyles d'après l'équation $2I + 2H^2O = 2HI + H^2O^2$ et agit suivant l'équation $2H^2O^2 = 2H^2O + O^2$. Cet acide iodhydrique s'attaque surtout à la portion aromatique de la molécule albuminoïde et son action se continue tant qu'il n'est pas éliminé.

Il se produit parallèlement des réactions contraires, qui permettent l'utilisation de l'iode jusqu'à ce que ce corps soit définitivement fixé à l'état stable sur les produits de désintégration de la molécule albuminoïde. Ces réactions peuvent s'exprimer théoriquement par les schémas suivants :

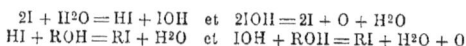

$$2I + H^2O = HI + IOH \quad \text{et} \quad 2IOH = 2I + O + H^2O$$
$$HI + ROH = RI + H^2O \quad \text{et} \quad IOH + ROH = RI + H^2O + O$$

C'est-à-dire que, constamment, l'iode à l'état de liberté tend à décomposer l'eau et que les produits de ces décompositions réagissent à leur tour les uns sur les autres pour régénérer l'iode. Tous ces phénomènes s'accompagnent d'un changement continuel dans les conditions d'équilibre des milieux, et cela jusqu'à ce que tout l'iode ait été utilisé pour l'obtention de combinaisons stables, soit par addition, soit par substitution. C'est pour éviter l'action ultérieure de cet acide iodhydrique sur ces combinaisons d'addition ou de substitution formées d'emblée par l'iode que l'on est obligé d'opérer en milieu alcalin, de manière à former des iodures alcalins au fur et à mesure de la production d'acide iodhydrique libre ; on a alors, par exemple :

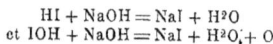

$$HI + NaOH = NaI + H^2O$$
$$\text{et} \quad IOH + NaOH = NaI + H^2O + O$$

Mais on voit également se produire, comme l'a démontré Binz :

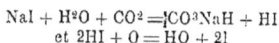

$$NaI + H^2O + CO^2 = CO^3NaH + HI$$
$$\text{et} \quad 2HI + O = HO + 2I$$

de même, on peut avoir

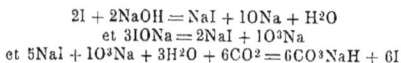

$$2I + 2NaOH = NaI + IONa + H^2O$$
$$\text{et} \quad 3IONa = 2NaI + IO^3Na$$
$$\text{et} \quad 5NaI + IO^3Na + 3H^2O + 6CO^2 = 6CO^3NaH + 6I$$

Étant données ces diverses réactions, il y a lieu, lorsqu'on étudie ces albumines iodées, de faire état des conditions de temps et de température qui peuvent favoriser plus ou moins l'une ou l'autre de ces réactions et conduire à la production de dérivés plus ou moins simples.

Schmidt, étudiant les produits ultimes de l'action de l'iode sur les albumines, a pu y reconnaître qualitativement et même quantitativement les corps suivants : acide iodhydrique, iodoforme, acide carbonique, acide acétique, iodure d'ammonium, iodate d'ammoniaque, para-iodopyrocatéchine, alanine.

Si le dédoublement a été poussé moins loin, on peut retrouver du phénol et du paracrésol, produits de la réduction et du dédoublement de la tyrosine, de l'acide benzoïque, du glycocolle, de l'acide hippurique, produit de dédoublement de la phénylalanine.

Il a également pu constater que l'azote aminé de la molécule se détachait sous forme d'iodure d'ammonium ou d'iodate avec une facilité d'autant plus grande que la solution d'iode est plus concentrée et que la température est plus élevée. Même lorsqu'on opère à froid, en présence de bicarbonates alcalins, on constate que l'action de l'iode s'exerce d'une façon fort intense et que la molécule tout entière subit des modifications profondes étudiées surtout par Hofmeister et Oswald. Ce dernier auteur, s'appuyant sur l'étude des iodalbumoses et des iodopeptones, a poussé l'analyse plus loin et a recherché sur quelles parties de la molécule l'iode s'était fixé (Beitr. zur Chem. Physiol. u. Path., III, 391-416, 514-521, 1903). Il reconnut que, s'il est exact que l'iode se fixe surtout sur le noyau aromatique de l'albumine et en particulier sur la tyrosine, il n'en est pas moins vrai que ce noyau n'est pas le seul fixateur d'iode et que dans les hétéroalbumoses qui ne contiennent que très peu de tyrosine, c'est sur le groupement phénylalanine que se fixe surtout ce métalloïde. Mossé et Carl Neuberg (Zeitsch. f. physiol. Chemie, XXXVII, 427, 1903) ont pu confirmer expérimentalement la vérité de cette hypothèse. En ce qui concerne la fonction de l'iode sur la tyrosine, Oswald put la préparer lui-même, et, plus récemment encore, H. L. Wheeler et G. S. Jameson (Am. Chem. Journ., XXXIII, 365, 1905) en traitant par de l'iode en excès et à la température ordinaire une solution de tyrosine dans deux molécules de soude ou de potasse ont obtenu une diiodotyrosine où la chaîne carboxylée est en 1 ; OH en 4 ; et les deux atomes d'iode en 3 et en 5 ; et qui posséderait toutes les propriétés de l'acide gorgonique retiré par Drechsel du Gorgonia Cavolinii.

**Action physiologique de l'iode.** — **I. Action locale.** — L'iode ou sa vapeur mis en contact avec les muqueuses donne naissance à des phénomènes irritants et à de l'inflammation. Dans la bouche, il détermine une saveur piquante et chaude et peut donner lieu à des effets caustiques. Les vapeurs d'iode répandues dans l'air, puis inhalées par les voies respiratoires, provoquent des picotements, de l'âcreté et excitent la toux. On peut voir se produire de la bronchite et même des hémoptysies chez les sujets prédisposés. Les conjonctives et la muqueuse nasale réagissent de même vis-à-vis des vapeurs irritantes d'iode.

Introduit dans les voies digestives, l'iode produit une saveur âcre et brûlante et provoque la salivation ; arrivé dans l'estomac, il donne naissance à une sensation de chaleur à l'épigastre et excite l'activité de l'estomac. Des doses excessives déterminent des douleurs épigastriques intenses et de la diarrhée ; la phlogose gastro-intestinale peut aller jusqu'à l'escharification et provoquer la mort.

Appliqué sur la peau sous forme de teinture d'iode, l'iode la colore en jaune, qui tire à l'acajou après des badigeonnages répétés. Si l'application a été suffisante, on éprouve une sensation de chaleur, puis, des picotements et même, sur des peaux fines, on peut constater de l'inflammation. Cette action irritante est toute superficielle. Au bout de quelques jours, l'épiderme se détache en fines écailles jaunes et tombe lentement. Parfois, il peut survenir des phlyctènes : placé sur la peau à l'état solide, l'iode peut déterminer la production d'une eschare superficielle. Schde, après un badigeonnage avec de la teinture d'iode sur la peau d'un lapin, a constaté, au bout de quelques heures, la présence de nombreux leucocytes dans le tissu cellulaire sous-cutané, dans le chorion, dans les interstices musculaires et même sous le périoste sous-jacent. Au bout d'une semaine, les leucocytes se montrent en pleine régression, sont remplacés par de fins globules graisseux et les éléments cellulaires avoisinants prennent part à la dégénérescence.

L'action locale exercée par l'iode se complique toujours d'une action générale, parce qu'en raison de sa volatilité et de sa diffusibilité, une certaine portion de ce métalloïde pénètre dans l'organisme et détermine alors son action diffusée. Cette absorption est facilitée, en outre, par les modifications que l'iode fait éprouver à l'épiderme ainsi que par la combinaison qu'il contracte avec les albuminoïdes et qui le fait pénétrer sous cette forme dans la circulation.

Quand on applique de l'iode sur la peau, une partie passe à l'état de vapeurs et peut être inhalée et absorbée par les muqueuses respiratoires ; une autre partie est absorbée par la peau elle-même à l'état de vapeurs ; enfin une certaine quantité peut être absorbée à l'état de combinaison albuminoïdique ou à l'état d'iodure formé par l'attaque des albuminoïdes.

Mis en contact du pus des surfaces ulcéreuses, l'iode coagule les matières albuminoïdes en s'unissant à elles en un composé albuminoïde.

**II. Action antiseptique de l'iode.** — Le pouvoir antiseptique de l'iode participe à la
fois de son action locale et de son action diffusée. Ce pouvoir antiseptique est fort élevé
et l'iode constitue un antiseptique précieux, autant par son action stérilisante proprement dite que par son action antitoxinique sur les produits d'élaboration cellulaire et
par l'influence qu'il exerce sur la vitalité et l'activité des leucocytes.

L'iode métallique, maintenu en solution aqueuse par addition d'iodure de potassium, possède un pouvoir antiseptique très considérable. Une dose de 25 centigrammes
d'iode ajoutée à un litre de bouillon suffit pour le rendre imputrescible. Les recherches
de TARNIER et VIGNAL ont montré qu'une dose de 90 centigrammes d'iode par litre de
bouillon était suffisante pour empêcher la prolifération du streptocoque et du staphy-
locoque, mais qu'il fallait atteindre une dose de 1 gr. 20 par litre pour tuer une culture
de streptocoque âgée de 24 heures.

A la dose de 3 grammes par litre, le pouvoir antiseptique de l'iode est comparable
à celui du sublimé et l'on obtient la destruction du streptocoque en l'espace de huit
minutes dans du bouillon, celle du vibrion septique en vingt minutes sur des tissus
imprégnés d'une solution albumineuse, puis séchés à basse température dans un exsic-
cateur.

Les diastases sont également fort influencées par ce métalloïde, et leurs propriétés
sont considérablement amoindries, sinon totalement abolies par contact avec des solutions variant de 1 p. 1 000 à 1 p. 2400. Cette action est avantageuse lorsqu'il s'agit de produits élaborés par des bactéries pathogènes, mais elle est souvent fâcheuse lorsqu'il
s'agit des diastases normales de l'organisme. Aussi les troubles gastro-intestinaux
succèdent-ils souvent à son emploi.

DAVAINE fut l'un des premiers à attirer l'attention sur le rôle antiseptique de l'iode
tant au point de vue de l'action locale que de l'action diffusée. Dans ses recherches sur
la pustule maligne, il a montré que, en présence de solutions très étendues d'iode
(1 p. 2'000), les bactéridies charbonneuses perdaient leur virulence au bout d'une demi-
heure. Les expérimentations cliniques de A. RICHET (C. R. Ac. Sc., 1883) ont confirmé ces
faits et montré que les injections locales de solutions iodées sont susceptibles d'enrayer
complètement l'infection lorsque les spores et les bactéridies ne se sont pas encore
diffusées dans le sang, et que, si l'administration de l'iode à l'intérieur n'est pas, comme
l'a montré COLLIN, toujours susceptible d'arrêter le développement de la maladie, elle
agit néanmoins en diminuant la toxicité des produits toxiques fabriqués par les bactéries.

L'atténuation de la toxicité des bouillons de culture et des sérums par l'iode est un
fait à l'heure actuelle bien connu et l'on s'est servi de cette propriété pour obtenir
l'atténuation des bouillons de culture des bacilles du tétanos ou de la diphtérie.

**III. Action générale de l'iode en nature.** — Administré à l'intérieur, à doses médicamenteuses et en solution fortement étendue, l'iode, soit à l'état de teinture d'iode, soit
à l'état de solution iodo-iodurée, agit d'une façon très analogue à celle des iodures;
mais, si ces médicaments sont injectés directement dans les tissus ou les cavités de
l'organisme, il exerce un certain nombre d'effets généraux distincts de ceux auxquels
donnent lieu les iodures de potassium ou de sodium employés de la même manière.

L'inhalation de vapeurs iodées détermine rapidement de la céphalée, des bourdonne-
ments d'oreilles, des vertiges, des éblouissements, de l'engourdissement transitoire.
Chez les ouvriers qui manient habituellement l'iode, on voit fréquemment survenir une
intoxication chronique caractérisée surtout par des troubles de nutrition déterminant
rapidement de l'amaigrissement et la cachexie.

Les expériences de BÖHM sur des chiens ont montré que ces animaux supportaient
sans éprouver de troubles notables l'injection intra-veineuse de 0 gr. 02 à 0 gr. 03 d'iode
libre par kilogramme, mais, à partir de cette dose, ils présentaient des accidents
toxiques semblables à ceux que détermine l'injection d'une dose toxique d'iodure de
sodium, avec cependant cette différence qu'on voit, avec des fortes doses, se produire de
la coagulation du sang et une transformation de l'oxyhémoglobine en hématine.
Lorsque les doses ne sont pas exagérées, les accidents ne commencent à se manifester
que quatre ou cinq heures après l'injection; on constate surtout de la faiblesse géné-

ralisée, des troubles respiratoires et, au bout de douze à vingt-quatre heures, la mort survient par paralysie généralisée précédée de convulsions asphyxiques. D'après NOTHNAGEL et ROSSBACH, les troubles respiratoires rappellent ceux qui surviennent dans l'empoisonnement par les acides dilués.

Dans les intoxications par l'iode, on constate également une congestion beaucoup plus intense des poumons et la production d'hémorragies. LORTAT-JACOB a fortement insisté sur ces faits qui, d'après lui, différencient nettement l'action de l'iode de celle des iodures. NOTHNAGEL avait déjà noté chez les animaux intoxiqués la production d'exsudats pleurétiques sanguinolents.

Les reins sont également fort touchés; l'urine est d'ordinaire colorée en rouge par des globules sanguins, et à l'autopsie on trouve les *tubuli contorti* remplis de globules sanguins en état de dégénérescence plus ou moins profonde.

Chez l'homme, l'administration à l'intérieur de teinture d'iode à doses élevées provoque tout d'abord une sensation de constriction et de brûlure à la bouche et à la gorge, puis bientôt des vomissements avec douleur stomacale lancinante. Si l'estomac contient des aliments amylacés, les matières sont colorées en bleu sombre.

Le pouls devient rapidement petit et accéléré; le malade est pâle, déprimé, fortement dyspnéique, il présente des selles diarrhéiques et sanguinolentes, puis tombe dans le collapsus et meurt d'ordinaire entre douze et trente heures.

Lorsqu'on injecte de la teinture d'iode ou une solution iodo-iodurée dans les cavités naturelles, on voit se produire des phénomènes assez analogues, et on peut constater la présence de l'iode dans les matières vomies par suite de l'élimination de ce métalloïde par la muqueuse stomacale. Même dans les cas d'intoxication peu graves, à la suite de badigeonnages iodés sur la peau, le rein est assez fortement touché; il existe presque toujours de la dysurie et de l'albuminurie plus ou moins intense, surtout chez les enfants.

D'après LEWIN et POUCHET (*Toxicologie*, p. 142), on admet comme doses léthales pour l'iode 3 à 4 grammes, pour la teinture d'iode 21 à 30 grammes.

LEWIN (*Die Nebenwirkungen der Arzneimittel, Berlin, 1893*, 342) a signalé, à la suite de l'emploi de petites doses d'iode longtemps continuées, la production d'une cachexie iodique qui se manifeste par une coloration livide de la peau, de l'amaigrissement, de la fonte de la graisse et quelquefois même par de l'atrophie des organes glandulaires, des troubles digestifs, des palpitations, de la faiblesse générale pouvant aller jusqu'à la paralysie des extrémités.

J. CHEVALIER.

## IODOFORME.

**IODOFORME.** — L'iodoforme $CHI^3$, découvert en 1820 par SERULLAS, fut surtout étudié par DUMAS et BOUCHARDAT qui en préconisèrent l'emploi en médecine (*J. de Pharm.*, (2), XXIII, 1; (3), IV, 18). Ce corps prend naissance dans un grand nombre de circonstances : on le prépare en faisant réagir l'iode en présence d'un alcali ou d'un carbonate alcalin sur de l'alcool méthylique, de l'alcool éthylique, de l'éther. On l'obtient encore en faisant réagir l'iode en présence des mêmes agents sur les matières albuminoïdes.

Il se présente sous forme de tables horizontales ou de paillettes nacrées, d'un beau jaune de soufre, douces au toucher, et possédant une odeur forte safranée caractéristique. Sa densité est très voisine de 2. Il est insoluble dans l'eau à laquelle il communique cependant son odeur et sa saveur, soluble à froid dans 80 parties d'alcool à 90°, dans 12 parties d'alcool bouillant et dans 6 parties d'éther. Il est également soluble dans 14 parties de chloroforme, dans la benzine, le sulfure de carbone, la glycérine, les matières grasses et les huiles essentielles.

Il fond à 128° en donnant un liquide brun et se volatilise sans laisser de résidu solide. Pendant cette opération, il se décompose partiellement en donnant de l'acide iodhydrique et iodique. La solution alcoolique de potasse à l'ébullition le transforme en formiate alcalin.

Lorsqu'il est solide, il est à peu près inaltéré par l'action de la lumière, mais, lorsqu'il est en solution, celle-ci sous l'influence des rayons solaires ne tarde pas à se colorer en rouge violet intense, avec mise en liberté d'iode. D'après HUMBERT, l'iodoforme serait le composé sodique le plus sensible à la lumière (*J. de Pharm. et Chim.*, (3), XXIX, 352).

Ses solutions dans les matières grasses sont également rapidement décomposées.

**Pouvoir antiseptique.** — RIGHINI (*Iodoformognosie*, 1863) reconnut son pouvoir désinfectant et ses propriétés thérapeutiques relatives à la résolution des engorgements ganglionnaires, au traitement de la tuberculose. Son action désinfectante et analgésique locale sur les plaies, l'accélération de la cicatrisation qu'il détermine, son influence modificatrice sur les plaies ulcéreuses et atoniques furent surtout mises en évidence par les travaux de MORETIN (*Arch. de Méd.*, 1836), de DEMARQUAY, de HUMBERT, de LALLIER, de BESNIER. L'École de Vienne confirma ces divers travaux, et la publication des observations de MOLESCHOTT (*Wien. med. Woch.*, 1878, 24, 26), celles de MOSETIG-MOORHFOF (*Wien. med. Woch.*, 1880-1881, *Wien. med. Presse*, 1890-1891), celles de MICKULICZ (*Wien. med. Woch.*, 1881) amena une vulgarisation rapide et exagérée de l'emploi de l'iodoforme dans le pansement des plaies, et le fit utiliser en quantités telles que de nombreux et graves accidents d'intoxication ne tardèrent pas à se montrer, jetant le discrédit sur son emploi.

En même temps, les recherches des bactériologistes infirmaient le pouvoir antiseptique remarquable que l'on avait accordé un peu empiriquement à cette substance; HEYN et ROVSING (*Fortsch. der Medizin*, 1887) ont pu constater que de la poudre d'iodoforme mélangée à une culture pure de *Staphylococcus pyogenes aureus* n'empêchait pas de nouveaux ensemencements de donner des résultats positifs même après un mois, et qu'un tampon de gaze iodoformée laissé vingt-quatre heures dans le vagin préalablement désinfecté d'une femme saine était pénétré de microbes vivants jusqu'au centre. Ces constatations suscitèrent un grand nombre de recherches de contrôle. NEISSER (*Virchow's Archiv*, 1867, *Nov.*) put démontrer que la plupart des bactéries pathogènes ne sont pas tuées, mais seulement affaiblies, par l'iodoforme; seule, la spirille du choléra asiatique est tuée par un contact intime avec ce corps; quant à la bactéridie charbonneuse, sa multiplication est simplement retardée, et ce retard est d'autant plus prononcé que la proportion d'iodoforme employé est plus considérable. Les *Staphylococcus pyog. aureus* et *albus* (NEISSER, LUBBERT, SAENGER, KUNZ), le *Streptococcus* de l'érysipèle (KRONECKER) et d'autres espèces pathogènes inoculées seules ou mélangées à de l'iodoforme, même en quantité considérable, donnent le même résultat. Cependant la vitalité des colonies est modifiée, et c'est ainsi que le *Staphylococcus aureus* ne produit plus de matières colorantes en présence d'iodoforme.

Les résultats cliniques obtenus à la suite de l'emploi de l'iodoforme par BERNATZIK, par GOUGUENHEIM (*Bull. gén. de Thérap.*, CIV, 435) sur les processus tuberculeux divers avaient fait penser qu'il exerçait une action spéciale soit sur le bacille tuberculeux, soit sur sa toxine et KUSNER et FRAENKEL (*Bull. gén. de Thérap.*, CVII, 334) déclarent que l'iodoforme est un antituberculeux. Les expériences de BAUMGARTEN, de ROVSING, de TROJA et TANYL ont montré que l'iodoforme en poudre était incapable de détruire ce bacille et des tubercules pulmonaires frais et broyés avec 5 fois leur volume d'iodoforme ont fourni par inoculation aux animaux des résultats positifs avec évolution ultérieure normale. De même VENTURI et GAMALEIA (*Arch. de Méd. Expér.*, 1871, 799) ont constaté que l'iodoforme ne possède pas d'action constante sur les toxines de la tuberculose. Par contre, l'iodoforme peut modifier la virulence des bacilles qui déterminent une maladie expérimentale atténuée. De plus, dissous dans l'huile d'olive, il tue le bacille en 3 jours, grâce à sa décomposition partielle avec mise en liberté d'iode.

Le pouvoir antiseptique de l'iodoforme sur les microbes de la putréfaction peut être plus important; c'est ainsi qu'il est susceptible d'arrêter la putréfaction pendant trois jours, mais cela provient surtout de ce qu'en présence des albumoïdes, il se décompose partiellement.

En résumé, il est exact que les propriétés antiseptiques de l'iodoforme *in vitro* soient très faibles, mais on ne saurait nier les résultats pratiques satisfaisants qu'il a donnés et donne encore, à l'heure actuelle, lorsqu'il est utilisé convenablement. Pour expliquer cette différence d'action, il faut admettre que dans l'organisme l'iodoforme se trouve dans des conditions telles que sa décomposition ou sa combinaison avec certains principes immédiats des cellules puissent s'effectuer, et ce fait est prouvé par l'état sous lequel il s'élimine. Binz a montré que sous l'influence combinée des corps gras, de la chaleur, de l'eau, des alcalis faibles, il se dédoublait, tout au moins partiellement. De Ruyter (*Langenbeck's Archiv*, xxxvi, 984, 1887) a mis en évidence l'action analogue exercée par les bactéries elles-mêmes et sur les combinaisons qu'il est susceptible de contracter avec les ptomaïnes et les toxines qu'elles sécrètent. C'est pour ces raisons que Friedlander l'appelle un antiseptique indirect.

Ses propriétés physico-chimiques jouent également un rôle pour l'obtention de ces résultats thérapeutiques; sa forme pulvérulente, sa tendance à l'absorption et à la fixation des liquides, ses propriétés coagulantes font de l'iodoforme un agent dessic-cateur et protecteur qui met les surfaces des plaies totalement à l'abri de l'air. C'est ainsi un agent excellent pour empêcher l'infection, mais totalement insuffisant pour la faire disparaître.

**Action locale.** — Localement, l'iodoforme n'exerce aucune action irritante ni sur la peau, ni sur les muqueuses, ni sur les ulcérations cutanées; cependant, chez quelques individus, le contact prolongé de l'iodoforme peut déterminer de l'érythème et même des éruptions eczématiformes (Le Dantec, Fifield, Goodell). Le collodion saturé d'iodoforme déterminerait sur la peau un effet analogue à celui de la teinture d'iode. Appliqué sur la plaie, il détermine parfois une sensation douloureuse passagère, à laquelle fait bientôt suite une anesthésie durable (Moresin). Mis en contact direct avec un muscle, il diminue, puis abolit, si la quantité est suffisante, la contractilité électro-musculaire (Rummo, *Arch. de Physiol.*, 1883, 295). Il peut être absorbé par l'estomac, l'intestin, le péritoine en quantité assez considérable sans provoquer d'irritation ou d'hyperhémie (Nothnagel). Cependant, Dujardin-Beaumetz le considérait comme un irritant de l'estomac.

**Absorption. Localisation. Élimination.** — L'iodoforme est absorbé faiblement par la peau saine, très facilement par la peau dénudée de son épiderme et par les muqueuses. Cette absorption est surtout active par la surface des plaies, surtout de celles qui contiennent une certaine quantité de graisse dans laquelle l'iodoforme se dissout. Dans la circulation et sous l'influence des alcalis, il se transforme partiellement en iodure et en iodate, mais la majeure partie passe à l'état de combinaisons organiques encore mal connues et c'est sous cet état qu'il exerce son action toxique si différente de celle des autres composés iodés. C'est sous cette forme qu'il se localise, comme l'a montré Harnack (*Berl. klin. Woch.*, 297, 1882. 723; 1883), dans le système nerveux central, le foie et les reins.

Dans un cas d'intoxication, cet auteur a pu doser $0^{gr},0203$ d'iode pour 100 dans le cervelet et $0^{gr},045$ p. 100 dans le cerveau, mais il ne put en retrouver dans le foie, tandis que chez un chien il put doser $0^{gr},072$ d'iode pour 100 parties de foie et $0^{gr},025$ pour 100 parties de cerveau.

Pour A. Hogyes, et pour Binz, l'iodoforme se combinerait aux albuminoïdes pour former une albumine iodée, mais outre que le fait n'est nullement prouvé, il est en contradiction, comme le fait remarquer Pouchet, avec les phénomènes toxiques fort différents de ceux des iodures qui donnent naissance à ces composés; dans tous les cas il ne reste pas à l'état d'iodoforme libre, qui n'a jamais pu être décelé ni dans le sang, ni dans l'urine. Cependant, une petite quantité s'élimine en nature par les voies respira-toires : le fait a été signalé par Righini, puis vérifié sur des chiens par Rummo.

L'iodoforme s'élimine rapidement par toutes les sécrétions; on peut déceler l'iode dans l'urine, la salive, le mucus bronchique et nasal, la bile, le lait, les matières fécales.

C'est par l'urine que s'élimine la majeure partie de l'iodoforme. Lorsque ce médicament est toléré par l'organisme, on le retrouve dans ce liquide à l'état d'iodure de sodium, quelquefois à l'état d'iodate : mais, lorsque des accidents toxiques se décla-rent, une faible partie s'élimine seulement sous cette forme et le restant ne peut être décelé qu'après destruction de la matière organique de l'urine dans laquelle il est dissimulé.

Dans le cas du malade de Schwarz, étudié par Harnack, un cinquième de l'iode éliminé se trouvait à l'état d'iodure, le reste était en combinaison organique; et il put retrouver dans l'urine du malade une quantité d'iode correspondant à 0,69 d'iodure de potassium par litre.

Lorsqu'on veut pratiquer cette recherche, il faut d'abord faire l'extraction de l'iode des iodures décomposés par le nitrite de soude et l'acide sulfurique, puis évaporer l'urine et détruire la combinaison organique par la potasse en suivant la méthode indiquée par Bourcet (voir **Iode**).

**Action générale, toxicité.** — La toxicité de l'iodoforme est variable suivant les espèces animales et le mode d'administration. D'après Rummo, la dose d'iodoforme moyenne mortelle pour les grenouilles de taille ordinaire est de $0^{gr},02$. Pour les cobayes il faut, pour amener la mort dans un espace de deux à trois jours, administrer $1^{gr},50$ à 2 grammes d'iodoforme soit en ingestion stomacale, soit en injection intrapéritonéale. Chez les lapins, la mort survient au bout de deux à trois jours après administration de $1^{gr},25$ à $1^{gr},45$ d'iodoforme par kilogramme. Pour obtenir la mort d'un chien au bout de deux à trois jours il faut lui administrer par voie stomacale ou par voie d'injection intrapéritonéale $0^{gr},40$ d'iodoforme par kilogramme de poids.

Chez la grenouille, environ une demi-heure après l'injection du médicament, on constate de la paresse musculaire, l'animal est moins agile, saute avec difficulté et nage lentement, mais il peut encore passer du décubitus dorsal à la station normale. Cet affaiblissement s'établit progressivement, les sauts sont plus difficiles, les membres postérieurs ne sont plus ramenés à l'attitude normale avec la même vivacité, puis la marche devient analogue à celle d'un crapaud. Un peu plus tard, l'animal devient plus torpide, il ne saute ni ne nage ; si on le met sur le dos. il ne fait que des efforts insuffisants pour changer sa position ; mais, si on l'excite électriquement, il exécute encore des mouvements spontanés. Enfin, l'animal devient tout à fait inerte ou peut à peine exécuter quelques faibles contractions spontanées. La sensibilité diminue, mais moins que la motilité. Même dans la période d'inertie complète, on peut voir se produire des mouvements réflexes assez limités lorsqu'on fait subir à l'animal une excitation suffisante ; les mouvements du cœur sont, à cette période, considérablement ralentis, mais n'ont pas perdu de leur énergie. La motricité et l'excitabilité musculaire ne sont que peu altérées. Quelque temps après l'apparition de la paralysie motrice et de la parésie de la sensibilité on voit apparaître d'abord dans le membre où l'on a pratiqué l'injection, puis progressivement dans le corps tout entier de la contracture. Il arrive un moment où l'animal est immobile, rigide, les membres postérieurs en extension forcée, les membres antérieurs rigides, serrés contre le tronc, les muscles de l'abdomen et de la poitrine contracturés. Ordinairement on observe de l'opisthotonos et de l'orthostothonos. Dans les muscles qui se trouvent en contraction tonique on peut observer des trémulations fibrillaires ou des contractures isolées se présentant irrégulièrement. L'excitabilité réflexe est alors augmentée. Cette rigidité musculaire se montre même après section de la moelle cervicale et l'animal meurt en état de rigidité complète ; le cœur est arrêté en diastole.

Chez les mammifères, l'iodoforme injecté sous la peau s'absorbe mal et ne détermine que de l'anesthésie locale. Il faut, pour obtenir des accidents toxiques, l'injecter dans l'estomac ou dans le péritoine, ou encore faire subir à l'animal des inhalations prolongées au moyen d'un dispositif approprié. Dans ces conditions, comme l'a établi Rummo, on voit se produire un ensemble de phénomènes que l'on peut diviser en trois périodes.

Dans la première, l'animal présente de la faiblesse générale avec anesthésie générale peu marquée, la marche est ébrieuse, les réflexes cutanés et tendineux sont diminués, les pupilles rétrécies. Il fuit la lumière et le bruit, va se coucher dans un coin sombre et se met à dormir. Sous l'influence d'une excitation il se réveille et essaye de marcher, mais ses membres fléchissent souvent, il tourne dans un cercle étroit, tantôt d'un côté, tantôt de l'autre, se heurte aux obstacles, puis il s'arrête, s'assied, enfin il se couche.

La seconde période de l'intoxication est caractérisée par de la paralysie spasmodique. Les membres antérieurs de l'animal sont contracturés, de sorte que leurs mouvements de flexion deviennent impossibles. L'animal s'appuie sur les griffes de ces membres au moindre effort qu'il fait pour marcher, et en même temps il croise ses pattes l'une sur l'autre. Les membres postérieurs sont étalés en dehors, de manière à élargir la base de sustentation. Il présente des tremblements à la suite des mouvements intentionnels, de l'exagération des réflexes tendineux, de la trépidation spontanée et provoquée. La sensibilité générale est peu modifiée, l'intelligence est conservée, la pupille un peu dilatée; Plus tard, l'animal est dans l'impossibilité de se tenir debout sur ses quatre membres; ses membres antérieurs peuvent encore le supporter, mais ses membres postérieurs sont toujours affaissés.

Le phénomène qui caractérise le début de la troisième période consiste dans des cris répétés, puis presque aussitôt se manifestent des contractions tétaniformes, intenses, générales, avec opisthotonos. L'excitabilité réflexe est augmentée et toutes les excitations augmentent l'intensité des contractions tétaniques. Elles ne disparaissent pas par la chloroformisation, mais diminuent simplement d'intensité; la section transversale de la moelle cervicale après l'établissement de la respiration artificielle ne les influence pas. Au milieu des contractions toniques, à longs intervalles, se manifestent des contractions cloniques des membres antérieurs. Pendant cette période, l'animal présente de la tendance à la rotation autour de son axe antéro-postérieur et de la tendance à culbuter, la respiration est difficile, les pupilles sont dilatées. La mort survient dans un accès convulsif violent et ne peut être évitée par la respiration artificielle.

A l'autopsie des animaux dont l'intoxication a évolué en deux ou trois jours, on constate un certain nombre de lésions intéressantes.

A l'ouverture, le corps dégage une forte odeur d'iodoforme. Le cœur est en systole, presque vide, présentant parfois des ecchymoses sous-endocardiques. La fibre musculaire est granuleuse et le tissu conjonctif est envahi par des granulations graisseuses. Les poumons sont asphyxiques, ils montrent de l'inflammation des bronches, de l'œdème et de l'hypertension, quelquefois de la broncho-pneumonie diffuse [et des infarctus, surtout à la base.

Les muqueuses gastro-intestinales sont peu modifiées, légèrement hyperémiées, l'intestin est d'ordinaire rempli de mucus. Le foie est jaune, chagriné; à l'examen microscopique il montre des dégénérescences graisseuses. Toutes les cellules du lobule hépatique présentent des granulations graisseuses, mais les cellules périphériques en contiennent beaucoup plus que les cellules du centre de l'îlot.

Les reins sont fortement congestionnés et présentent [de la glomérulo-néphrite.

La pie-mère cérébrale, la substance grise du cerveau, de la moelle et du bulbe sont fortement hyperémiées. On constate au microscope des altérations de la substance grise de la moelle et surtout des grandes cellules ganglionnaires multipolaires des cornes antérieures.

**Action sur le système nerveux.** — Comme le montrent les accidents toxiques déterminés par l'iodoforme, cette substance possède une action élective sur le système nerveux. Il agit surtout sur les centres nerveux et secondairement sur les troncs des nerfs et sur les muscles. Dans une première période, il exerce une influence dépressive sur les éléments anatomiques des centres nerveux sans agir sur les nerfs périphériques ni sur les muscles. Il produit d'abord la diminution, et, peu après, l'abolition complète de la motilité volontaire, surtout chez les animaux à sang froid; en même temps, il détermine de l'anesthésie plus ou moins complète et de la diminution des réflexes avec narcose. Enfin, il produit l'affaiblissement de l'excitabilité des nerfs et de la contractilité musculaire.

Dans une seconde période il exagère, comme un excitant physique, l'excitabilité des centres nerveux et produit la contracture et les convulsions toniques (RUMMO).

Chez l'homme, dans les cas légers d'intoxication on peut constater de la céphalalgie persistante, de l'affaiblissement de la mémoire, une humeur changeante, de la tristesse, de l'inquiétude, de l'insomnie.

Dans les cas graves, à ces phénomènes s'ajoutent du délire, quelquefois furieux, des hallucinations, de la loquacité, parfois des mouvements convulsifs; cette excitation cède d'ordinaire à la morphine.

Chez les enfants, ces phénomènes se rapprochent des symptômes de la méningo-encéphalite.

Ces accidents ont été bien étudiés par H. SCHWERIN (*Dissert. Berlin*, 1902) et par G. DENCKS (*Dissert. Königsberg*, 1903).

**Action sur la circulation.** — Chez les grenouilles, parmi les troubles cardiaques produits par l'iodoforme, le plus intéressant à noter est la diminution du nombre des contractions ventriculaires qui aboutit à l'arrêt en diastole. Les injections d'iodoforme augmentent à un certain moment l'énergie des systoles des ventricules et celles-ci sont toujours régulières et amples ; très rarement on note des irrégularités passagères avec de fortes doses.

Les modifications cardiaques surviennent avant tout autre symptôme fonctionnel. Lorsque la diminution du nombre des contractions cardiaques est assez avancée, la systole ventriculaire s'allonge et le tracé rappelle celui de la vératrine.

L'atropine ne modifie pas le ralentissement du cœur produit par l'iodoforme. Le cœur ralenti séparé de l'animal se remet à battre avec une fréquence plus considérable sans cependant atteindre la normale. Après section du bulbe, on n'observe plus de troubles cardiaques ; l'action de l'iodoforme s'exerce donc principalement sur le centre du pneumogastrique, l'influence sur la fibre musculaire cardiaque et les ganglions intrinsèques du cœur est tout à fait secondaire.

Chez les mammifères, avec des doses faibles, on observe un ralentissement des battements cardiaques avec une légère augmentation de la tension sanguine sans diminution de l'énergie et sans irrégularité des contractions ventriculaires.

Avec des doses plus fortes, à cette période succède de l'accélération des battements cardiaques et des irrégularités coïncidant avec l'augmentation de fréquence et l'irrégularité des mouvements respiratoires et l'établissement des convulsions.

Tous ces phénomènes ne se montrent pas après section du pneumogastrique. La respiration s'arrête toujours avant le cœur.

Chez l'homme, dans les cas d'intoxication le pouls et l'activité cardiaque se sont montrés ordinairement affaiblis : pouls petit et très fréquent (150-180 pulsations). Schede a observé de véritables accès de parésie cardiaque dans une intoxication à évolution lente. L'augmentation de fréquence du pouls est l'un des premiers signes qui puissent faire soupçonner chez l'homme l'intoxication iodoformique. Les troubles circulatoires s'accompagnent toujours de dyspnée.

Hoffmann a constaté la diminution des globules rouges chez les lapins soumis à l'usage de l'iodoforme. Chez les syphilitiques traités par ce médicament, on a, au contraire, constaté une augmentation du nombre des hématies.

Les globules blancs sont tués par l'iodoforme aussi bien *in vivo* qu'*in vitro* (Nothnagel).

**Action sur le système digestif.** — L'action exercée par l'iodoforme sur le système digestif est faible et il faut atteindre des doses fortes pour voir se produire des troubles marqués. Chez le chien, ce n'est qu'avec des doses de 4 à 5 grammes que l'on voit apparaître les vomissements, le dégoût des aliments, les selles diarrhéiques et dysentériques. L'iodoforme, au début de son action surtout, augmente les diverses sécrétions salivaire, gastro-intestinale, biliaire.

La plupart des malades ne sont que peu impressionnés par l'odeur et le goût extrêmement désagréables de l'iodoforme ; un grand nombre s'y habituent même rapidement ; pour un petit nombre cependant, ce médicament est si désagréable qu'il détermine une anorexie persistante et même des vomissements. Dans les cas d'intoxication, l'anorexie est la règle, et souvent même on voit apparaître du catarrhe gastrique.

La sécrétion urinaire n'est pas modifiée sensiblement par des doses modérées d'iodoforme. Des doses fortes, au contraire, provoquent une diminution de la quantité d'urine éliminée, et on voit apparaître bientôt de l'albuminurie et même de l'hématurie. Dès que l'albumine apparaît dans l'urine, on voit disparaître l'élimination de l'iodoforme à l'état d'iodure (Rummo), ou du moins celui-ci diminue considérablement et est remplacé par un dérivé iodé organique encore mal connu.

**Intoxication.** — L'iodoforme a provoqué à la suite de son emploi, soit à l'intérieur, soit à l'extérieur, un grand nombre d'intoxications. L'intensité de l'action toxique de l'iodoforme est très variable suivant les sujets : les enfants sont peu sujets à cette intoxication ; au contraire, les vieillards, les hépatiques, les rénaux y sont particulièrement prédisposés. L'empoisonnement peut survenir sur-le-champ ou dans l'espace de quelques jours ; il persiste souvent pendant des semaines et se termine par la mort dans un grand nombre de cas. G. Decks a montré que, sur 108 cas qu'il a pu relever, il y en eut 13 légers, 44 graves et 48 mortels. En ce qui concerne les doses, on ne peut

rien fournir de précis. OBERLANDER cite un cas de mort en 7 jours, après absorption de
5 grammes d'iodoforme. LEWIN rapporte un cas de guérison après ingestion de
8 grammes.

Les symptômes de l'intoxication iodoformique sont à peu près semblables dans les
différentes formes, mais ils se présentent avec une acuité bien différente.

LEWIN et POUCHET (*Traité de Toxicologie*, 388) distinguent une forme bénigne et une
forme grave.

**Forme bénigne.** — Les manifestations toxiques consistent en un léger malaise, des
nausées, de la céphalalgie, quelquefois des vomissements, la sensation d'une saveur
et d'une odeur particulières fort désagréables, se produisant notamment lors du contact
d'un métal (signe de l'argent de PONCET) avec la muqueuse de la bouche. Ce signe n'est
nullement caractéristique de l'intoxication et il se produit chez des individus qui ont
absorbé des doses très faibles d'iodoforme. On constate souvent de l'anorexie. L'em-
barras gastrique est d'ordinaire assez constant, avec langue saburrale, répulsion pour
les aliments, mais sans élévation de température.

Ces phénomènes s'accompagnent souvent d'une excitation intense, avec mobilité
extrême, insomnie presque complète et délire nocturne. Pendant le jour, au contraire,
les malades présentent un état particulier d'apathie et de mélancolie que l'on a vu
aboutir à la lypémanie. Chez les alcooliques, on voit se produire du délire, chez les
aliénés des accidents méningitiques chroniques. Les malades sont en proie le plus
souvent à de la tristesse et à de l'inquiétude. Le pouls est faible, fréquent (110-120).

Il existe une dissociation nette de la température et du pouls.

Sous l'influence des pansements iodoformés, on voit se produire des éruptions
variant de la simple irritation à l'exanthème aigu généralisé, qui est accompagné de
phénomènes généraux. Ces éruptions sont polymorphes et douloureuses. Le plus souvent, ce sont des érythèmes papuleux montrant comme l'eczéma des vésicules externes,
parfois des éruptions confluentes rappelant la rougeole ou la scarlatine. Ces éruptions
surviennent presque toujours chez des sujets présentant une prédisposition ou ayant
présenté des affections cutanées antérieures. Il est nécessaire, pour qu'elles se produisent, qu'il y ait une lésion cutanée quelconque (plaie, compression, irritation prolongées). Ces éruptions peuvent être polymorphes chez le même individu. Tous les
symptômes de l'intoxication disparaissent rapidement par suppression du pansement
ou des causes d'absorption d'iodoforme. L'apparition, la marche, la succession de ces
accidents présentent une extrême irrégularité.

**Forme grave.** — Elle est caractérisée par les mêmes symptômes présentant seulement un caractère plus aigu. L'anorexie est presque complète et le simple contact
des aliments avec l'estomac détermine le vomissement; le patient se plaint de brûlure
gastrique. La dénutrition est rapide, elle s'accompagne d'amaigrissement.

Le caractère particulier de cette intoxication grave est déterminé par les troubles
nerveux qui éclatent pendant la nuit. Ils consistent en hallucinations et en alternatives
de coma et de délire maniaque et même furieux : le sujet se croit persécuté ou en
butte à un danger imminent. Pendant la journée, le malade est abattu, prostré, son
intelligence altérée, il est en proie à la tristesse, à des crises de larmes, à la crainte
de la mort.

Les périodes d'excitation et de dépression peuvent se succéder pendant des jours et
des semaines, puis, on voit apparaître une modification brusque vers la guérison, ou,
au contraire, les accidents s'aggravent. Le pouls est petit, dépressible, accéléré. Lorsqu'il devient ondulant et rapide au point de ne pas pouvoir être compté, c'est un signe
d'une extrême gravité. Il existe en même temps de la dyspnée. On note souvent de
l'élévation de température (39-40°).

Il existe de la néphrite avec oligurie, albuminurie et hématurie parfois. Dans
les cas mortels, on voit le collapsus s'exagérer : la respiration prend le type de CHEYNE-
STOKES et la mort survient par syncope cardio-pulmonaire.

Les lésions anatomiques sont les mêmes que celles que nous avons signalées à
propos des animaux et consistent surtout en une dégénérescence graisseuse du cœur,
du foie et des reins.

J. CHEVALIER.

### IODOGORGONIQUE (acide). — Drechsel a appelé iodogorgonique
un acide qu'il a pu extraire du squelette axial de *Gorgonia Cavolinii*. Ce corps répond
à la formule de l'acide amidiodobutyrique ($C^4H^6{}_2NIO^2$). Mais Drechsel suppose que c'est
le produit d'altération d'une iodo-albumine par la baryte; il a extrait cet acide de la
*gorgonine*, matière azotée que Krukenberg avait appelée *cornéine* et qui contient 8 p. 100
d'iode. Les parties molles de la gorgonine ne contiennent pas d'iode (Drechsel. *Beitr.
zur Chemie einiger Seethiere. Z. B.*, 1896, XXXIII, 90-103).

### IODOSPONGINE. — E. Harnack a appelé *iodospongine* une substance iodée
qu'il a extraite de l'éponge commerciale. On traite l'éponge par un contact prolongé
avec de l'acide sulfurique à 40 p. 100. Le résidu insoluble est dissous dans de la soude
diluée, puis précipité par l'acide sulfurique. Le précipité, lavé et desséché, est de l'iodospongine.

Sa composition moyenne a été la suivante :

|  |  |
|---|---|
| Iode. | 8.20 |
| Carbone. | 45.01 |
| Hydrogène. | 5.95 |
| Azote. | 9.62 |
| Soufre. | 6.29 |
| Oxygène. | 24.93 |

ce qui donnerait une formule brute
$C^{56}H^{87}Az^{10}S^3O^{23}$

(Harnack. *Ueber das Iodospongin, die iodhaltige eiweissartige Substanz aus dem Bades-
chwamm* (Z. p. C., XXIV, 1898, 412-424).

### IODOTHYRINE. — Composé albuminoïde iodé qu'on a extrait du corps
thyroïde (v. **Thyroïde**).

### IODURES. — Les iodures se préparent par action de l'iode sur les alcalis ou
les carbonates solubles; lorsque les bases sont insolubles on fait agir directement l'iode
sur le métal. Un grand nombre d'entre eux sont utilisés en thérapeutique; ils agissent
à la fois par l'iode et par le métal par suite du dédoublement qu'ils subissent dans
l'organisme; un certain nombre d'entre eux, comme l'iodure de fer, les iodures de mercure, l'iodure de plomb, doivent être considérés surtout comme des ferrugineux, des
mercuriaux et, lors de leur administration, l'action de l'iode est pour ainsi dire masquée
par celle du métal; aussi ne nous occuperons-nous pas d'eux, et étudierons-nous seulement ceux qui agissent réellement comme iodiques, quoique, comme nous aurons
l'occasion de le faire remarquer, l'influence du radical métallique est toujours importante à considérer et confère à l'iodure une caractéristique spéciale et une activité
particulière. Les plus utilisées sont l'iodure de potassium, l'iodure de sodium, l'iodure
d'ammonium, l'iodure de strontium et l'iodure de rubidium.

**Iodure de potassium** KI. — Obtenu par l'action de l'iode sur la potasse caustique,
ce corps se présente sous forme de cubes ou de trémies incolores, inaltérables à l'air
sec, transparents si le sel est pur, légèrement blancs et opaques lorsqu'ils renferment
du carbonate de potasse. Sa saveur est salée, piquante et désagréable.

Il fond au rouge sombre et se volatilise au rouge vif. Il est très soluble dans l'eau :
100 p. d'eau dissolvent 128 p. de sel à 0°; 142 p. à + 18°, et 224 p. à l'ébullition de la
liqueur saturée + 117°. Il se dissout également à froid dans 18 parties d'alcool à 90°,
dans 6 parties d'alcool bouillant et dans 2 p. et demie de glycérine.

Il doit être conservé à l'abri de la lumière et de l'humidité. Robineau et Rollin
ont montré que l'oxygène de l'air l'altérait en présence de l'eau et que la lumière favorisant cette attaque, il se produit de l'iodate. La solution aqueuse d'iodure de potassium dissout l'iode en se colorant fortement; il paraît se former une combinaison
moléculaire instable répondant à la formule $KI^3$ (Stellingfler et Johnson).

L'iodure de potassium doit être exempt d'iodate et donner 1 gr. 414 d'iodure d'argent
par gramme pour pouvoir être considéré comme officinal.

**Iodure de sodium** NaI. — Préparé comme l'iodure de potassium, ce corps cristallise en cubes à la température de 40° ; à froid, il se dépose en longs prismes clinorhombiques qui sont constitués par un hydrate NaI + $H^2O$, fondent à une douce chaleur, s'effleurissent à l'air sec, mais tombent en déliquium au contact de l'air humide. L'iodure anhydre est seul officinal ; il doit renfermer 84,5 p. 100 d'iode.

Anhydre ou hydraté, l'iodure de sodium s'altère rapidement au contact de l'air. Il est très soluble dans l'eau : 100 p. d'eau dissolvent 173 p. de sel anhydre. Il se dissout également dans l'alcool.

**Iodure d'ammonium** AzH⁴I. — Obtenu par précipitation de l'iodure ferreux par le carbonate d'ammoniaque, ce sel se présente sous forme de cubes anhydres et blancs, déliquescents, très altérables à l'air, de saveur salée et un peu amère, désagréable, très solubles dans l'eau et dans l'alcool renfermant 87 p. 100 d'iode.

**Iodure de strontium** SrI². — Ce sel cristallise en tables hexagonales renfermant SrI² + $6H^2O$. Il est instable et facilement déliquescent. Il est peu utilisé en raison de sa préparation difficile. Il ne doit pas renfermer de baryte dont les composés solubles sont toxiques.

**Iodure de rubidium** RbI. — Ce sel se présente sous forme de cubes brillants, de saveur fortement salée et faiblement amère, légèrement déliquescents, solubles dans l'eau : 100 p. d'eau dissolvent 152 p. d'iodure. Son emploi a été préconisé par Hugo Erdmann (*Pharmaceut. Zeitung*, 1893, 353-359). Ch. Richet, longtemps auparavant (*C. R. Ac. Sc.* ci, 669, 1885), avait montré que le rubidium, assez analogue au potassium au point de vue de son action physiologique, était un peu moins toxique que ce dernier et qu'au point de vue thérapeutique il était susceptible de remplacer avantageusement le potassium.

Malgré les résultats thérapeutiques satisfaisants, l'emploi de ce sel ne s'est pas généralisé et l'iodure de potassium est toujours le plus employé, de préférence à l'iodure de sodium et à l'iodure d'ammonium qui ne se dédoublent qu'imparfaitement dans l'économie et sont plus rapidement éliminés.

**Absorption. Élimination.** — Les divers iodures, et l'iodure de potassium en particulier, peuvent être absorbés par toutes les muqueuses. Ces sels se caractérisent, en effet, par une extrême diffusibilité.

L'iodure de potassium, appliqué sur la peau, n'est pas absorbé, ou son absorption est négligeable, cependant une petite portion d'iode peut être mise au contact des sécrétions acides de la peau et grâce à la présence des bactéries banales qui sont susceptibles, comme l'a montré Stokvis (*Leçons de Pharmacothérapie*, iii, 189, 1905) de favoriser la décomposition des iodures en milieu acide. Dechambre, Rabuteau et Warlam avaient déjà constaté la décomposition partielle des pommades à l'iodure de potassium, mais leur absorption est totalement insuffisante et il faut s'en tenir à l'opinion de Righini (*Bull. gén. de Thérap.*, iii, 149, 1846), qui considérait les pommades iodurées simples comme dénuées de toute action.

L'absorption se fait facilement par la voie pulmonaire et Ménière (*Th. Paris*, 1873) a montré qu'après quelques inspirations profondes devant un pulvérisateur contenant une solution d'iodure de potassium, à 1 p. 100, il a pu déceler l'iode dans l'urine au bout de trois à cinq minutes.

Les muqueuses digestives absorbent particulièrement bien les iodures, ainsi que le démontre la rapidité de leur élimination lorsqu'ils ont été ingérés par cette voie. Après administration par la bouche la majeure partie est absorbée dans l'estomac ; une petite portion, comme le voulaient Küss et Larger (*Th. Strasbourg*, 1870), est également résorbée par l'intestin grêle. Les expériences de Demarquay avaient déjà montré que l'absorption par cette voie était rapide ; mais que, l'iodure exerçant une action irritante sur la muqueuse, ce médicament ne pouvait être administré sous forme pilulaire.

Pour éviter l'intolérance gastrique qui se produit parfois chez certains sujets, Ménière (*Thèse, Paris*, 1873) avait préconisé l'emploi des iodures par la voie rectale, et il avait constaté expérimentalement que cette absorption s'effectuait aussi rapidement, sinon plus, par cette voie que par la voie gastrique.

Lemansky et Main (*Bull. Soc. Thérap.*, 1893. 310) et Briquet (*Le traitement ioduré*, Paris,

1897) ont confirmé ces résultats, et on peut dire qu'en moyenne, après administration de l'iode par le tube digestif, l'iode se montre dans la salive au bout de quatre à huit minutes et dans l'urine au bout de quatre à dix minutes.

Cette absorption se fait en nature. D'après KAMMERER et PUTZEIS (*Virchow's Arch.*, LX, 521) les acides du suc gastrique ne sont pas capables de modifier la nature de l'iodure de potassium; l'acide chlorhydrique concentré n'a lui-même presque aucune influence sur ce sel. D'après d'autres auteurs, l'acide chlorhydrique donnerait naissance à un iodhydrate et à un composé albumineux iodé. En tous cas, il n'y a jamais d'iode mis en liberté. PELIKAN, NOTHNAGEL et ROSSBACH l'ont constaté chez les animaux pour l'iodure de potassium. KÜLZ (*Zeitsch. f. Biol.*, XXIII, 460, 1887) avait admis la formation d'acide iodhydrique dans l'estomac après absorption de fortes doses d'iodure de sodium; mais DRECHSEL (*Zeitsch. f. Biol.*, XXV, 396, 1888), continuant ces expériences, conclut à l'insuffisance des preuves données à l'appui de cette décomposition possible des iodures dans l'estomac.

Introduits dans la circulation générale, les iodures, quelle que soit leur concentration, ne précipitent pas l'albumine et le globule rouge du sang est doué vis-à-vis d'eux d'imperméabilité (GRINJS, *A. g. P.*, LXIII, 86).

La plupart des expérimentateurs, HENRIJEAN et CORIN, POUCHET, CHEVALIER et TSCHAYAN, qui se sont occupés récemment de l'action physiologique des iodures, admettent, après KAMMERER et BINZ, que ces corps sont dédoublés en partie dans l'économie et qu'ils déterminent leur action pharmacodynamique en grande partie grâce à cette mise en liberté temporaire de leur iode, qui se fixe exclusivement sur les leucocytes et les albumines de néoformation. En dehors des faits pharmacodynamiques dont elle permet l'interprétation rationnelle, cette décomposition repose sur quelques données chimiques. STRUVI avait montré qu'une solution très diluée d'iodure de potassium se décompose sous l'influence d'eau oxygénée, mais seulement en présence d'acide carbonique. KAMMERER et BINZ ont pensé que le même phénomène se passait dans l'organisme vivant où l'oxygène, en présence de la cellule vivante, était susceptible de jouer le rôle de l'eau oxygénée (*Virchow's Archiv*, XXXXVI, LXII, 124).

BINZ exprime tout d'abord cette réaction par la formule suivante :

$$2KI + CO^2 + O = K^2CO^3 + 2I$$

mais KAMMERER (*Virchow's Arch.*, LIX, 459) fait remarquer que si cette réaction était exacte, l'iode réagirait sur le carbonate pour former un iodate et BINZ modifie son interprétation de la façon suivante :

$$2KI + 2CO^2 + H^2O + O = 2KHCO^3 + 2I$$

le bicarbonate étant inerte vis-à-vis de l'iode.

Voulant fournir une preuve expérimentale de ce pouvoir de dédoublement de la cellule vivante, il montre que le suc de protoplasma vivant d'un végétal mis au contact d'une solution diluée d'iodure de potassium, en présence d'acide carbonique sous pression, détermine la mise en liberté d'une partie de l'iode, et que, si l'on emploie dans les mêmes conditions le suc d'un protoplasma tué auparavant, il n'y a aucune décomposition. GAGLIO a cependant montré que cette expérience était sujette à caution, que la chlorophylle seule était capable de dédoubler l'iodure, et que le protoplasme vivant est incapable de libérer l'iode de l'iodure de potassium (*Jahresbericht. f. Thierchemie*, 1887, 93). BINZ a essayé d'écarter cette objection en prétendant qu'on ne peut opérer avec du protoplasma enfermé dans les membranes cellulaires, mais que certains champignons, et en particulier le *Mycoderma aceti*, sont susceptibles de dédoubler l'iodure; il est vrai que dans ce dernier cas la présence des divers composés acides peut favoriser cette réaction.

Les expériences sur l'élimination des divers constituants des iodures ont une importance beaucoup plus considérable.

On sait que, par exemple, à la suite de l'administration de l'iodure de fer, de l'iodure de calcium, de l'iodure d'ammonium, l'élimination du radical électro-positif combiné à l'iode se fait par d'autres émonctoires et dans des conditions différentes de celles de ce métalloïde.

Les expériences de KLETZINSKY et BILL (*Amer. Journ. of Sciences*, XII, 87; *Journ. Chem.*

Soc., i, 731) sur la différence du temps que mettent à s'éliminer les deux éléments composants de l'iodure et du bromure de potassium, ont montré que chez l'homme, à la suite de l'absorption de 1 ou 2 grammes d'iodure de potassium, on voit augmenter, pendant les premières vingt-quatre heures, le chiffre des sels de potassium éliminés par l'urine dans des proportions telles que tout l'excédent de potassium introduit avec l'iodure semble être éliminé, tandis que, durant le même temps, il n'y a guère que 60 p. 100 de l'iode introduit qui ait été éliminé par cette voie. Pour Stokvis (Leçons de Pharmacothérapie, iii, 188), ces recherches ne sont pas concluantes, car, dit-il, tous les sels facilement diffusibles qui s'éliminent par le rein entraînent d'autres sels alcalins; or, comme nous ne connaissons aucun signe certain auquel on pourrait reconnaître dans l'urine le potassium qui dérive de l'iodure de potassium ingéré dans l'estomac, on ne peut mettre le surplus des sels de potassium éliminés exclusivement sur le compte de l'iodure.

Issersohn (Diss. Berlin, 1873) a étudié l'élimination des constituants de l'iodure de lithium; cette base étant étrangère à l'organisme, il était facile de dissocier le phénomène, et il montre que cet iodure, en raison de son élimination, est dédoublé dans l'économie. L'iode et le lithium furent retrouvés ensemble pendant vingt-quatre heures, puis le lithium seul pendant quarante heures. Ces recherches furent reprises par Monnikendam (Diss. Amsterdam, 1886), qui put constater que l'élimination du métal précède le commencement et persiste après la fin de l'élimination de l'iode.

Quoique ces diverses expériences ne soient pas à l'abri de toute critique, il paraît cependant certain que les iodures sont décomposés et que l'iode se localise à l'état dissimulé dans certains tissus.

C'est grâce à cette dissimulation que Rosembach et Pohl avaient prétendu que l'iode ne se rencontre jamais parmi les exsudats inflammatoires séreux ou purulents de la plèvre et du péritoine, ni dans les articulations normales ou enflammées (Berl. klin. Woch., 1890, 813) : mais Luchl, puis Weintrand (Berl. klin. Woch., 1871, 321) ont montré que ce métalloïde est mis nettement en évidence, si l'on prend soin de détruire les matières organiques par une fusion potassique.

Verhoogen (Th. Bruxelles, 1893) a recherché comment se répartissait l'iode à la suite des injections d'iodure de sodium; il fournit le tableau suivant :

| | I | II | III | IV |
|---|---|---|---|---|
| Poids du chien | 10 kg. | 9 kg. | 4kg,900 | 5 kg. |
| Injection de 2gr NaI par kg., soit | 20 gr. | 20 gr. | 8 gr. | 10 gr. |
| On tue l'animal après | 2 heures 1/2 | 2 heures. | Immédiat. | 2 heures. |
| Foie        %en iodure. | 0gr,726 | 0gr,185 | 0gr,188 | 0gr,086 |
| Rein        — | 0gr,167 | 0gr,261 | 0gr,034 | 0gr,195 |
| Sang        — | 0gr,177 | 0gr,221 | 0gr,353 | 0gr,134 |
| Rate        — | 0gr,080 | 0gr,209 | 0gr,010 | 0gr,026 |
| Moelle osseuse | 0gr,054 | » | 0gr,003 | » |
| Muscle       — | 0gr,041 | 0gr,064 | 0gr,012 | 0gr,032 |
| Urine de la vessie — | 0gr,937 | 0gr,939 | 0gr,162 | 3gr,472 |

et il conclut de ses expériences que l'iodure de sodium traverse rapidement l'organisme pour s'éliminer par l'urine, sans se localiser.

D'après Buchheim et Heubel (Arch. f. experim. Path. u Pharm., iii, 104, 1875), ce sont les reins, les glandes salivaires et les poumons qui localisent les quantités les plus considérables d'iodure de potassium. Le foie, la rate, les glandes lymphatiques et les muscles n'en contiennent que peu ; le pancréas en renferme des traces, le cerveau n'en renferme pas. Santesson a contrôlé ces recherches (Diss. Dorpat., 1866) et il a observé que les glandes salivaires isolées n'ont pas la même affinité pour l'iodure que lorsqu'elles font partie de l'organisme vivant, et qu'après section des nerfs elles en renferment moins que lorsque les nerfs sont intacts.

Depuis qu'on a attiré l'attention sur la localisation de l'iode dans la glande thyroïde, on a pu remarquer que sa teneur en iode augmentait à la suite de l'absorption des iodures. BAUMANN, puis MONERY (*Thèse de Lyon*, 1903), ont insisté sur ce fait.

BINZ fait remarquer que les divers tissus ne sont pas capables d'enlever l'iode aux iodures, que le cerveau, en particulier, ne peut le faire, mais que les tumeurs gommeuses de cet organe le peuvent très bien ; c'est ce qui expliquerait les différences que présente l'intensité de l'action de l'iode vis-à-vis des différents organes.

Les conditions réelles de cette décomposition des iodures dans l'économie nous sont donc encore inconnues, et il semble qu'elle s'effectue avec une intensité très variable suivant les individus et que c'est cette aptitude particulière à la mise en liberté de l'iode qui constitue l'idiosyncrasie de l'individu pour l'iode. L'état de santé ou de maladie influence également d'une manière sensible ce phénomène, et SCHULZE, BUCHRACH, SWEIFEL ont pu constater un retard plus ou moins considérable de l'élimination de l'iode dans les maladies fébriles. La nature des albuminoïdes avec lesquels ils se trouvent en contact influe beaucoup sur cette mise en liberté ; et l'action de l'iode libre sur ces corps leur communique une labilité plus considérable, se traduisant par une fonte des tissus pathologiques ou par l'élimination des albuminates de plomb et de mercure (NELSENS, POUCHET, ANNUSCHAT).

Quoi qu'il en soit, cette utilisation de l'iode est toujours faible à la suite de l'administration des iodures, et la majeure partie du produit s'élimine plus ou moins rapidement par l'urine et les autres émonctoires sans s'être localisé dans les divers organes et sans avoir pu, par conséquent, exercer son action pharmacodynamique réelle, en réalisant simplement l'action d'un médicament salin. C'est en raison de ce fait qu'on est obligé de faire ingérer aux malades une grande quantité d'iodure pour qu'en réalité, une faible portion seulement soit absorbée réellement et localisée par les tissus.

L'élimination des iodures se fait d'ordinaire rapidement par l'urine, mais elle est influencée par un certain nombre de facteurs divers, comme l'activité rénale, l'état du rein, l'état des fonctions intestinales, la forme sous laquelle le composé iodique a été administré et la dose employée.

Chez le même chien, à la suite de l'injection hypodermique de 20 centigrammes d'iodure de potassium en solutions dans divers liquides, ISSERSOHN a constaté :

| NATURE DE LA SOLUTION. | DURÉE DE L'ÉLIMINATION. | QUANTITÉ ÉLIMINÉE. |
|---|---|---|
| Dissous dans l'eau. | 72 heures. | 1/4 |
| Dissous dans le sérum sanguin. | 6 jours. | 1/3 |
| Dissous dans une solution albumineuse. | 6 — | 1/3 |
| Dissous dans l'eau : après néphrite par l'acide chromique. | 4 — | La presque totalité. |

DEBOGORY MOKRIEWITCH (*Presse médicale*, 1896, 44) a fait d'intéressantes recherches relatives à l'influence des différents aliments et du jeûne sur l'élimination d'iodure de potassium par le rein. Il trouve que l'élimination est retardée par le jeûne, tandis qu'elle est accélérée par le régime carné par rapport à l'élimination pendant le régime végétal, et cela aussi bien chez l'homme que chez le chien.

Chez l'homme, 30 centigrammes de KI sont éliminés en 34 heures avec le régime carné, et en 51 heures avec le régime végétarien.

Chez le chien, 15 centigrammes sont éliminés en 46 heures avec le régime carné, en 62 heures avec le régime végétarien et en 85 heures pendant le jeûne.

La durée de l'élimination de l'iodure de potassium varie beaucoup avec les doses employées, mais les différents auteurs donnent des chiffres très différents. WILANDER a constaté l'élimination totale de 0$^{gr}$,05 de KI en 24 heures; celle de 0$^{gr}$,50, en 36-50 heures.

L'élimination de 1 gramme se fait en 24 heures pour GEISSLER, en 24-48 heures pour MICHEL DE CALVI et ROUX, en 3 jours pour RABUTEAU.

L'élimination de 6 grammes s'effectue également en 3 jours (Roux); celle de 10 grammes, en 10 jours (Rabuteau, De Molènes).

Lafay lui-même (*Thèse Paris*, 1893) ne conclut pas et indique cette élimination de l'iodure par l'urine comme très variable suivant les conditions expérimentales, non seulement en ce qui concerne la durée de l'élimination, mais la quantité éliminée par cette voie, quantité qui peut varier de 35 à 90 p. 100 de la quantité absorbée.

Lorsque le rein est sain, ce pourcentage est fort élevé, mais dans les cas de néphrite il s'abaisse d'autant plus que le rein est plus fortement touché.

Ce même auteur a reconnu que, lorsque la quantité d'iodure de potassium ingérée était faible et la proportion de chlorure de sodium éliminée par l'urine normale, il y avait échange complet, tout l'iode s'éliminant à l'état d'iodure de sodium, le potassium à l'état de chlorure. Quand la quantité d'iodure absorbée est moyenne et voisine de la dose de chlorure de sodium, le partage est limité, et il s'élimine d'autant plus d'iodure à l'état de sel de potassium que ce sel se trouve lui-même en proportion plus élevée et *vice versa*.

Si l'iodure de potassium est administré à haute dose (15, 20, 30 grammes par jour), il s'élimine presque tout entier sans décomposition, et la proportion correspondant au chlorure de sodium est seule transformée, cette quantité étant essentiellement variable suivant les individus.

En ce qui concerne les autres iodures, on peut dire, d'après les recherches de Gubler, de Carat, d'Issersohn, que les iodures de sodium et d'ammonium s'éliminent plus rapidement que ceux de potassium, de strontium, de rubidium. L'iodure de lithium paraît s'éliminer plus lentement que les autres.

Les iodures s'éliminent également par la salive, ils y font rapidement leur apparition et on peut, d'ordinaire, les y retrouver au bout de 4 à 8 minutes après l'absorption; quelle que soit la voie d'introduction, cette élimination se prolonge et dure plus longtemps que l'élimination urinaire. De même, on retrouve les iodures dans le suc gastrique. Quinke a décelé l'iode dans ce liquide après absorption rectale d'iodure et Binz admet son élimination par la muqueuse intestinale, quelle que soit sa voie d'absorption (*Arch. f. exper. Path. u. Pharm.*, VIII, 319, 1878; XIII, 13, 1881).

Prévost et Binet (*Rev. méd. de la Suisse Romande*, 1888) ont constaté sa présence dans la bile trente minutes après l'ingestion, mais cette élimination se termine bien avant celle qui s'effectue par l'urine.

Le mucus nasal et la sueur contiennent toujours de petites quantités d'iodure (Binet, *Th. Paris*, 1884).

L'élimination des iodures s'effectue également par les larmes; Righini le premier a constaté ce fait et cette élimination rend impossible l'emploi de certaines pommades ou collyres secs sur l'œil (calomel).

Enfin, les iodures passent à travers le placenta et peuvent se retrouver dans les urines des nouveau-nés; on l'a décelé dans le mucus utérin. Ils s'éliminent par le lait. Cette élimination est toujours peu considérable. Fehling (*France Médicale*, 1894) n'a pu la constater qu'au bout de vingt-quatre heures.

Le Breton et Péligot, donnant 10 grammes d'iodure à des vaches, ont trouvé que la teneur du lait en iodure était très variable et qu'elle ne dépassait pas 25 centigrammes par litre.

**Action locale sur la peau et les muqueuses.** — L'iodure de potassium appliqué sur la peau saine et propre ne donne lieu à aucune irritation et n'est pas absorbé. Employé en injections hypodermiques, il détermine seulement une forte sensation de cuisson (Gilles de la Tourette, *Progrès Médical*, 1883, 35).

Si l'on administre à un homme sain, pendant des semaines et des mois, des doses moyennes d'iodure de potassium, on n'observe, en dehors du goût salé et de la soif, aucun trouble de la muqueuse des voies digestives. Lorsque ces troubles se manifestent, c'est que l'iodure de potassium contenait de l'iode libre ou des iodates. Buchheim admet que l'on peut faire usage d'iodure pendant des années, sans éprouver aucun trouble du côté des voies digestives. Il n'en est pas de même de la conjonctive, des muqueuses nasale, buccale, pharyngienne et bronchique et l'emploi plus ou moins prolongé de l'iodure de potassium provoque sur ces muqueuses l'apparition de phénomènes inflammatoires qui sont sous la dépendance de l'élimination iodurée par ces différentes voies.

**Toxicité.** — L'iodure de potassium ingéré est fort peu toxique et on cite des cas où l'on a pu faire absorber jusqu'à 20 et 30 grammes d'iodure de potassium sans provoquer le moindre inconvénient. Par contre, on a vu se produire des accidents d'intolérance avec des doses beaucoup moindres; aussi faut-il toujours tâter la susceptibilité du malade, en employant au début des doses faibles.

Les animaux supportent très facilement l'ingestion stomacale de doses relativement élevées d'iodure de potassium. On peut observer des accidents à la suite de l'ingestion de 3 grammes par kilog. Chez le lapin, on obtient la mort avec des doses variant de 1 gr. 50 à 3 gr. 80 par kilog.

Par voie d'injection intra-veineuse, la mort se produit chez le chien par œdème du poumon en 10 ou 12 heures, à la suite de l'injection de 0 gr. 25 par kilog. en solution isotonique (POUCHET); avec des doses plus fortes, la mort survient beaucoup plus rapidement et est due en partie à l'action toxique du potassium sur le cœur.

L'iodure de sodium est beaucoup mieux toléré et la mort ne se produit guère qu'avec des doses de 1 gramme par kilo, administrée par voie veineuse (CHEVALIER, TSCHAYAN, *Thèse, Paris* 1906).

Les autres iodures, comme l'ont fait remarquer HENRIJEAN et CORIN (*Arch. Internat. de Pharm. et Thérap.*, II, 468, 1896), possèdent une toxicité surtout en rapport avec l'action physiologique du métal avec lequel l'iode est combiné.

**Action des iodures sur la circulation.** — L'étude de cette question a fait l'objet de nombreux travaux et a suscité de grandes discussions. ROSE (*Arch. f. pathol. Anat.*, XXXV, 12) admettait une suractivité du cœur et la production d'un spasme vasculaire généralisé sous l'influence de l'iode; mais il s'agit, bien plutôt, comme le fait remarquer BŒHM, de phénomènes réflexes dus à l'action de l'iode libre dans la solution utilisée par cet expérimentateur.

BOGOLEPOFF (*Arbeiten aus d. pharmaceuti Lab. zu Moskau*, 1876, 125) admettait, d'après des observations microscopiques, que l'iodure de potassium provoquait la dilatation des vaisseaux périphériques par la chute de pression sanguine et le ralentissement du pouls. Il n'a pas constaté de paralysie cardiaque.

SOKOLOWSKY a constaté que des doses modérées d'iodure de potassium injectées chez le chien, tantôt accéléraient le cœur et faisaient baisser la tension sanguine, tantôt, au contraire, ralentissaient le pouls sans provoquer d'abaissement de la tension. Avec des doses fortes, il a observé de la vaso-dilatation périphérique et de la paralysie du cœur, sans modifications notables des appareils modérateurs.

BŒHM (*Arch. f. exp. Path. u. Pharm.*, V, 329) n'a observé aucune modification circulatoire chez les chiens auxquels il a injecté de l'iodure de sodium, et pour lui, les iodures n'auraient aucune action vasculaire.

HUCHARD et ELOY (*Gaz. hebdom.*, 1889, 770) ont constaté que des doses physiologiques d'iodures alcalins abaissent considérablement la tension sanguine au bout de 15 à 30 minutes. Pour eux, ces médicaments dilatent les vaisseaux et augmentent la vitesse du courant sanguin.

G. SÉE et LAPICQUE (*C. R. Ac. Méd.*, 8 oct. 1888. — *Sem. Méd.*, 1889, 381) admettent également que les iodures déterminent une vaso-dilatation qui peut durer plusieurs heures et qui est précédée d'une phase pendant laquelle la pression se trouve au contraire au-dessus de la normale (phase du potassium). Pour eux, la chute de la tension sanguine est indépendante d'une action sur le cœur. La force du cœur pourrait, au contraire, être accrue, à cause, d'une part, de la diminution des résistances périphériques et, d'autre part, de l'irrigation plus complète du myocarde. (G. SÉE., *Thérap. Physiol. du cœur*, II, 94.)

LAPICQUE (*C. R. Soc. Biol.*, 1892, 78) a modifié cette interprétation à la suite de nouvelles expériences. L'abaissement de la tension sanguine ne serait pas due à une paralysie des vaso-moteurs, car ils réagissent normalement lorsqu'on asphyxie l'animal. De même, l'accélération du pouls ne serait pas due à une diminution de toxicité du pneumogastrique, car ce nerf réagit d'une façon normale et conserve son excitabilité jusqu'à la fin de l'intoxication. L'abaissement de la tension sanguine serait surtout d'origine cardiaque, l'impulsion systolique est, en effet, renforcée par des doses faibles et affaiblie par des doses-élevées. L'iode exercerait donc sur le cœur une action tonique, puis déprimante, indépendante de toute action médullaire.

LABORDE (*C. R. Ac. Méd.* 1890, 4 mars) confirme les observations de G. SÉE et de LAPICQUE, en ce qui concerne l'iodure de potassium et n'attribue à l'iodure de sodium qu'une action insignifiante ou même nulle sur la pression.

PRÉVOST et BINET (*Revue médicale de la Suisse Romande*, 1890, 509) ont étudié, dans une série d'expériences fort bien conduites, l'action de l'eau iodée, des solutions iodo-iodurées et des solutions d'iodures sur l'appareil circulatoire. Ils ont constaté que l'eau iodée et les solutions iodo-iodurées, employées à faibles doses, ne modifiaient pas sensiblement la pression sanguine, tandis que l'iodure de potassium, injecté à petites doses dans les veines, déterminait une augmentation de pression et à doses fortes provoquait une dépression qui pouvait amener rapidement la mort de l'animal. Si les accidents ne sont pas très prononcés, la pression peut regagner son niveau normal, pour s'abaisser à nouveau dans la suite progressivement. L'ingestion ne modifie pas sensiblement la pression.

L'injection intra-veineuse de solutions d'iodure de sodium est beaucoup moins dangereuse que celle d'iodure de potassium, mais elle agit de la même manière si les doses sont plus élevées. Après une phase d'augmentation plus ou moins prononcée de la tension, on observe une phase d'abaissement progressif au milieu de laquelle peuvent survenir les accidents toxiques. Dans une de leurs expériences, le traitement ioduré prolongé a déterminé un abaissement durable de la tension, mais le fait est inconstant.

HENRIJEAN et COHIX, dans leur important mémoire sur l'*Action physiologique et thérapeutique des iodures* (*Archives internationales de Pharmacodynamie et Thérapie*, II, 535-539, 1896), ont étudié l'action des divers iodures sur l'appareil circulatoire et attirent l'attention sur ce fait que ces différents composés agissent sur la circulation, à la fois par leur élément iode et par leur élément métal, les effets de l'un pouvant être masqués par l'action de l'autre. Lorsque le radical métallique est peu actif, l'action de l'iode seule apparaît ; et dans l'immense majorité des cas, comme l'ont montré divers auteurs précédemment cités, elle se traduit par un abaissement de la tension sanguine.

Si quelques auteurs, comme BOEHM, PRÉVOST et BINET, n'ont pas constaté cette baisse de pression, cela tient soit à l'emploi de doses trop faibles, soit à ce que les expériences n'ont pas été prolongées assez longtemps.

Tous les auteurs qui jusqu'ici avaient constaté cette baisse de pression l'avaient attribuée soit à une vaso-dilatation, soit à une faiblesse cardiaque. La vaso-dilatation n'a jamais pu être prouvée scientifiquement et les auteurs ont pu, au contraire, mettre en évidence une vaso-constriction.

De même, ils montrent le maintien intégral de l'énergie cardiaque sous l'influence de l'iodure de sodium. Pour eux, l'abaissement de la tension sanguine provient uniquement d'une diminution de la masse totale du sang, qui est prouvée par une augmentation du nombre des hématies. Le relèvement ultérieur de la pression est dû à des phénomènes de vaso-constriction et à la rentrée du sérum sanguin par les lymphatiques, cette rentrée s'accompagnant parfois d'une légère hydrémie.

BARBERA (*A. g. P.*, LXVIII, 434) et DE CYON (*A. g. P.*, LXX, 175) ont particulièrement étudié l'action de l'iodure de sodium sur le système nerveux cardiaque et ont mis en évidence l'action dépressive exercée par ce médicament sur les appareils modérateurs du cœur et, en particulier, sur le pneumogastrique, qui n'est plus excité que difficilement par les courants induits intermittents il y a une action excitante simultanée sur le système nerveux sympathique du cœur et des vaisseaux, à laquelle il faut attribuer les spasmes vasculaires qui produisent la vaso-constriction. DE CYON a également montré que l'iodure de potassium possédait une action antagoniste de celle de la muscarine sur les appareils nerveux cardiaques.

BARBERA a mis en évidence une action du même genre entre l'iodure de sodium et le phosphate de soude.

Il est intéressant de signaler que ces auteurs ont pu constater que l'*iodothyrine* de BAUMANN possédait une action cardiaque précisément inverse de celle des iodures.

POUCHET, dans son livre *L'iode et les iodiques* (Paris, Doin, 1906), donne le résultat d'un certain nombre d'expériences faites dans son laboratoire qui permettent de relier

et de coordonner ces différentes études en apparence contradictoires par suite de la
diversité des modes opératoires employés, des doses fortes et des solutions trop concentrées, d'ordinaire utilisées, et du peu de durée des observations. Comme il le dit lui-
même (*C. R. Ac. Méd.*, 26 déc. 1905), il faut considérer d'une façon très distincte, d'une
part, les résultats thérapeutiques, d'autre part les résultats physiologiques ou plutôt
pharmacodynamiques obtenus avec les diverses préparations iodées.

L'iode et les iodures administrés à doses thérapeutiques à des individus sains ne
modifient pas sensiblement leur tension sanguine. Au contraire, dans divers états
pathologiques ils provoquent un abaissement de la tension sanguine et des modifications importantes du rythme cardiaque, mais seulement dans des cas bien déterminés,
et, à ces doses médicamenteuses, l'action exercée par l'iode et les iodures est surtout
le résultat des modifications que cet agent thérapeutique exerce sur le système lymphatique et sur le sang dont il diminue la viscosité, provoquant ainsi une amélioration
de la circulation capillaire périphérique.

Dans tous les autres cas où l'iode et les iodures agissent comme hypotenseurs, c'est
à la suite d'un commencement d'action toxique et en produisant une action dépressive
s'exerçant directement sur le cœur lui-même et déterminant une action perturbatrice
sur les vaso-moteurs centraux.

D'accord avec De Cyon, Barbera, Laudenbach, il pense que l'iode est réellement un
agent hypertenseur à doses thérapeutiques; et, à doses fortes ou toxiques, un hypoten-
seur par suite de son action dépressive sur le cœur.

Lorsqu'on étudie l'action de l'iode chez les animaux, on constate des phénomènes
différents suivant que l'on emploie l'iode à l'état libre ou en solution dans l'iodure de
sodium, l'iodure de potassium, ou les combinaisons organiques d'iode.

Avec les solutions iodo-iodurées employées à doses faibles, on observe une légère
accélération des contractions cardiaques accompagnée d'une faible augmentation de
l'énergie, sans changement de pression sanguine. Si les doses sont fortes et deviennent
toxiques, on voit alors se produire de l'accélération plus considérable des contractions
cardiaques qui diminuent d'énergie, et en même temps la tension sanguine s'abaisse;
un peu plus tard on voit apparaître des troubles vaso-moteurs, caractérisés par l'apparition de longues et lentes oscillations de la pression coïncidant avec des alternances
d'accélération et de ralentissement des contractions myocardiques dont l'énergie subit
également des oscillations.

A une période plus avancée de l'intoxication, ces divers phénomènes s'exagèrent,
puis l'accélération s'accroît, la pression sanguine tombe de plus en plus, et à la période
prémortelle on voit se produire de l'arythmie avec ralentissement cardiaque.

L'action dépressive toxique de l'iode sur le cœur est nettement mise en évidence
sur les animaux à sang froid. Les premiers phénomènes sont dus à l'action irritante
inévitable de la substance sur le myocarde et les accélérateurs du cœur, puis, lorsqu'ils
se sont atténués, on voit survenir une période où l'iode agit comme tonique et pendant
laquelle le cœur bat normalement avec une légère augmentation d'énergie. Avec des
doses faibles, cette action se maintient longtemps, puis tout rentre dans l'ordre.

Si les doses sont fortes et toniques, cette période est courte, et on assiste bientôt à
des phénomènes de dépression cardiaque profonde : la contraction myocardique s'effectue de plus en plus difficilement et le cœur meurt bientôt en systole, complètement
inexcitable.

Avec l'iodure de potassium les choses se passent un peu différemment en raison de
la présence du potassium dans la molécule.

Chez les animaux à sang froid, on voit d'abord se produire une phase de dépression
circulatoire due à l'irritation causée par cet agent sur le cœur tout entier; puis, plus
tard, au contraire, une phase de renforcement des contractions cardiaques dont l'énergie
devient de beaucoup supérieure à la normale, tandis que le rythme en est légèrement
accéléré. Cette phase est due à l'action combinée de l'iode et du potassium qui agissent
tous deux comme stimulants. Mais à partir de cet instant l'action du potassium devient
prédominante et on retrouve nettement les mêmes phénomènes que ceux provoqués par
le chlorure de potassium. L'énergie des contractions persiste, mais on voit se manifester
de l'arythmie : la fréquence des battements diminue, puis l'énergie elle-même décroît

progressivement et finalement le cœur s'arrête, contracturé, inexcitable. Pendant toute cette période l'action de l'iode s'exerce, mais elle est masquée par celle du potassium, plus énergiquement toxique.

Chez les animaux à sang chaud, la scène est encore plus complexe : le rôle du potassium est prépondérant pendant la première période, l'action de l'iode est prédominante ultérieurement.

Dès le début, on constate une accélération passagère et une diminution de l'énergie cardiaque, avec augmentation légère de la tension sanguine, phénomènes dus à une action irritante de la solution ; puis on voit se produire rapidement une chute progressive de la tension sanguine avec ralentissement des contractions cardiaques qui deviennent plus énergiques. A cette période, également passagère, fait suite une réascension de la pression, le rythme et l'énergie cardiaque restant sensiblement constants, puis surviennent des périodes alternées de ralentissement et d'accélération.

Jusqu'ici l'influence du potassium est prédominante, mais bientôt l'action toxique de l'iode se fait sentir et l'on voit survenir un abaissement lent et progressif de la pression : les pulsations s'accélèrent, mais diminuent d'énergie.

Un peu plus tard, l'accélération va en s'accentuant et l'énergie diminue encore, de même que la pression sanguine ; on voit alors se manifester les lentes oscillations que nous avons signalées avec l'iodure de sodium, et la fin de l'intoxication se termine d'une façon identique.

Pour voir apparaître cette succession de phénomènes il faut employer des solutions d'iodure de potassium fortement diluées et isotoniques : sinon on voit se produire brutalement la mort comme avec le chlorure de potassium, ainsi que l'ont constaté HENRIJEAN et CORIN.

POUCHET synthétise ainsi l'action pharmacodynamique de l'iode administré à doses toxiques.

*Pression artérielle et rythme.* — Immédiatement légère accélération, puis, la pression restant constante, on observe du ralentissement avec augmentation de l'énergie cardiaque. Ensuite, la pression ne variant pas sensiblement, on note une diminution d'énergie, le nombre de pulsations restant d'abord à peu près invariable. Un peu plus tard surviennent de l'accélération, une diminution encore plus accentuée d'énergie et une baisse assez considérable de la pression. Au cours de cette période on voit des oscillations de troisième ordre signalant la perturbation des vaso-moteurs.

*Tension artérielle périphérique.* — La pression monte d'abord légèrement, puis redevient normale pour remonter ensuite un peu ; elle finit enfin par baisser parallèlement à la tension centrale en subissant les mêmes variations.

*Tension veineuse.* — La tension veineuse subit une augmentation lente et progressive jusqu'au moment où l'on constate une diminution d'énergie et l'accélération des contractions cardiaques : alors elle baisse progressivement.

**Mécanisme de l'action des iodures sur la circulation.** — A la suite de l'injection de doses faibles et répétées, on constate un abaissement plus ou moins prononcé et prolongé des tensions artérielles centrale, périphérique et veineuse avec une légère accélération des contractions cardiaques sans diminution d'énergie. Cette énergie des contractions cardiaques reste invariable même au moment où se montre le minimum de pression ; par suite, cette baisse de pression, lorsqu'elle se produit, n'est pas la conséquence d'une diminution d'énergie du myocarde et d'autre part, à cet instant, on voit se produire une vaso-constriction périphérique, mise nettement en évidence par HENRIJEAN et CORIN. En conséquence, ni une action dépressive sur le cœur, ni une action paralysante sur les vaso-moteurs ne peuvent être indiquées pour expliquer cette chute de la pression sanguine, et elle ne peut se produire que grâce à la diminution du volume du sang vérifiée expérimentalement par ces mêmes auteurs.

Sous l'influence des iodures, il se produit des modifications considérables dans la viscosité du sérum sanguin qui transsude dans le tissu cellulaire et les espaces périlymphatiques et détermine une diminution considérable du volume du sang, se traduisant objectivement par une augmentation du nombre des hématies par millimètre cube, s'observant même avec une chute de pression insignifiante et faible. Dans l'une de leurs expériences HENRIJEAN et CORIN ont trouvé à l'état normal 6 250 000 hématies, puis, trois heures après l'injection d'iodure, 9 400 000 hématies, et, vingt-quatre heures après, 4 125 000 hématies; par conséquent, dans une première période, il y a eu diminution du volume du sérum sanguin, puis, dans la seconde, augmentation qui, d'après nos recherches, est passagère et contre-balancée assez rapidement par l'augmentation de l'élimination urinaire qui s'établit alors.

Si les actions nerveuses exercées par l'iode et les iodures sont faibles et difficiles à mettre en évidence, les modifications subies par le sérum sanguin sont des plus nettes et en dehors de l'action lymphagogue provoquent les variations de volume du sérum sanguin : il faut également faire intervenir la diminution de viscosité de ce liquide, constatée en particulier par OSWALD MÜLLER et RYOTICHI INADA (D. med. Woch., XXX, 1731, 1904. Wien. klin. Woch., 1905, 905).

Cette diminution de la viscosité du sang favorise considérablement la transsudation du sérum, le passage et l'accumulation du liquide dans les cavités séreuses, et facilite dans certains cas la production d'œdème du tissu cellulaire sous-cutané et même d'œdème pulmonaire. Les résultats expérimentaux contradictoires signalés par les différents auteurs qui constatent, les uns une augmentation de pression, les autres une diminution, s'expliquent facilement par la prédominance soit de la vaso-constriction, soit de la diminution du volume du sang. Avec les différents iodures, suivant la proportion plus ou moins considérable d'iode mise en liberté par dédoublement, et leur diffusibilité, les modifications du volume du sang pourront être plus ou moins accentuées et l'abaissement de la tension sanguine sera proportionnel à la diminution de ce volume.

C'est à cette période de transsudation, soit par suite de la mise en liberté d'une forte proportion d'iode, soit par suite de l'action irritante exercée sur les parois vasculaires par une solution saline trop concentrée, qu'on verra se produire des accidents tels que les hémoptysies, le purpura, les exsudats pleurétiques sanguinolents, qui ont été parfois signalés comme des phénomènes d'iodisme et sur lesquels LORTAT JACOB a insisté.

Avec l'iode en nature, le résultat est toujours le même : on observe un abaissement lent et continu de la tension sanguine et une accélération cardiaque sous l'influence de doses modérées, plutôt faibles ; cette chute dure de une à deux heures au plus, la pression artérielle passe par un minimum, puis remonte et, au bout de quelques heures, atteint et même dépasse légèrement la valeur de la tension normale.

Ce relèvement de la tension sanguine est le résultat non seulement de la vaso-constriction, mais surtout de la rentrée du sérum dans les vaisseaux sanguins.

L'action de l'iode et des iodiques sur le système nerveux cardiaque est encore obscure sur bien des points : DE CYON, BARBARA, POUCHET et CHEVALIER ont montré qu'elle pouvait se schématiser en une action excitante s'exerçant sur le sympathique et spécialement sur les vaso-moteurs, tandis que les vaso-dilatateurs et les nerfs modérateurs du cœur montraient, au contraire, une diminution plus ou moins accentuée de leur excitabilité.

La diminution d'excitabilité des dépresseurs et des pneumogastriques, très nette à la suite de l'emploi de doses toxiques, ne se fait que peu sentir avec des doses modérées. Ce phénomène, comme du reste l'exagération d'excitabilité des nerfs du système sympathique, sont bien plus d'origine périphérique que d'origine centrale.

**Action lymphagogue et lymphoïde.** — Certains auteurs et en particulier STOKVIS (Leçons de Pharmacothérapie, III, 196, Haarlem, 1905) prétendent que « l'iode des iodures n'exerce pas comme tel plus d'influence sur l'action physiologique du sel que le chlore du sel marin » et que les modifications circulatoires obtenues expérimentalement par HENRIJEAN et CORIN sont uniquement déterminées par l'action saline des iodures et peuvent être en tous points comparées à celles obtenues par BRASOL à la suite d'injections intra-veineuses de sucre (Archiv für Physiologie, 1884, 212) et par d'autres sous l'influence d'injections de sel marin. Cette manière de voir est un peu exagérée et, s'il est vrai que l'anhydrémie et l'hydrémie alternées qui se montrent sous l'influence des iodures constituent un syndrome commun se produisant dans ces divers cas, il n'en est pas moins vrai qu'il se présente avec une intensité tout à fait particulière avec les iodures et que l'iode des iodures constitue un agent lymphagogue de premier ordre, agissant non seulement en augmentant le volume de la lymphe, mais en exerçant également une action excitante sur le tissu lymphoïde dans lequel il a tendance à se fixer presque exclusivement, comme l'ont montré d'abord R. Heinz (*Berlin. klin. Woch.*, 1890, 1186), puis, Lortat Jacob (*Thèse Paris*, 1902) qui a repris ultérieurement les mêmes expériences.

Cette hyperactivité du tissu lymphoïde déterminée par l'iode se manifeste surtout par une hyperleucocytose mononucléaire persistante et caractéristique qui la différencie nettement des réactions polynucléaires que déterminent d'autres substances telles que les sérums, les saponines, les acides nucléiniques.

Dans un certain nombre de cas, Lortat Jacob a vu se produire une surproduction de cellules lymphatiques allant jusqu'à encombrer les tissus et à donner aux ganglions un aspect de nappe réticulée diffuse. Avec des doses faibles d'iodures, et pendant un temps très court, on observe une simple stimulation. Avec des doses fortes ou trop prolongées, on peut voir survenir de la sclérose plus ou moins prononcée, manifeste surtout dans la rate et le système ganglionnaire. Dans tous les cas, l'activité du tissu lymphoïde des ganglions et de la rate est conservée : on note souvent de la congestion, de la réaction plus ou moins accusée des cellules fixes du réticulum et l'absence des cellules éosinophiles. L'iode peut donc être considéré, ainsi que le fait remarquer Pouchet, comme un médicament spécifique du tissu lymphoïde (*L'iode et les iodiques*, 63, Paris, 1906). Ces différents phénomènes se manifestent avec tous les iodiques, mais avec des modalités différentes suivant leur constitution chimique. Les iodures déterminent dans les intoxications aiguës une véritable éosinophilie ganglionnaire et splénique ; l'iode libre fait, au contraire, disparaître les éosinophiles du tissu lymphoïde.

Du côté des séreuses, que l'on considère comme une dépendance du système lymphatique, les iodures déterminent une desquamation épithéliale intense.

Les leucocytes paraissent chargés de la répartition de l'iode dans l'organisme, et Heinz avait attiré l'attention sur la diapédèse et l'augmentation de l'activité fonctionnelle des globules blancs sous l'influence des iodures. Lortat Jacob a étudié de plus près cette leucocytose et a montré que l'iode constituait en définitive un efficace agent de mononucléose, ce qui permet d'expliquer son action antitoxique.

L'action lymphagogue déterminée par les iodures est toujours beaucoup plus prononcée que celle obtenue avec l'iode, les composés organiques à iode dissimulé et les iodotannins, et cette différence tient surtout à ce fait que les iodures sont des composés salins beaucoup plus facilement diffusibles, et que, comme l'ont montré les expériences déjà anciennes d'Heidenhain et de De Vries, les composés les plus diffusibles sont également ceux qui excitent le plus la transsudation du sérum à travers les parois des capillaires.

On sait également que pour les sels, dans une même série de métaux et pour une concentration déterminée, les sels les plus lymphagogues sont ceux qui possèdent le poids moléculaire le moins élevé. Ces différentes notions permettent d'expliquer pourquoi les iodures déterminent plus facilement des phénomènes d'iodisme que les autres composés iodés.

Les travaux de Moussu (*Recherches sur l'origine de la lymphe*, Paris, 1901) et d'Ascher sur la lymphe ont montré que son écoulement était en rapport très étroit avec l'activité physiologique des tissus et que cette lymphe était élaborée en beaucoup plus grande quantité par les tissus en activité qui en puisent les éléments dans le sang.

Les tissus vivent non pas dans le sang, mais dans le plasma qui les enveloppe après avoir traversé les capillaires par transsudation ou exosmose. L'atmosphère plasmatique qui baigne les tissus est interposée entre deux réseaux capillaires et se renouvelle continuellement sous la poussée des forces osmotiques qui l'enlèvent aux capillaires sanguins et la font pénétrer dans les capillaires lymphatiques. L'iode et les iodiques augmentent la tension osmotique du plasma cellulaire qui se charge d'une plus grande quantité de matériaux de désassimilation, par suite de l'augmentation des échanges qu'ils déterminent, et c'est l'une des raisons pour lesquelles ce sont de puissants lymphagogues.

Les modifications circulatoires qu'ils provoquent et, en particulier, les variations de pression sanguine, qui ont été mises en évidence par Pouchet et Chevalier, viennent encore aider cette action lymphagogue, car l'écoulement du plasma sanguin hors des capillaires ne dépend pas seulement de l'activité des tissus, mais des modifications circulatoires liées aux processus de nutrition, et il semble bien que ces modifications circulatoires se traduisent surtout par des variations incessantes de vitesse et de pression dans les vaisseaux périphériques.

On a voulu attribuer aux iodiques une action particulière s'exerçant sur les parois des capillaires, cette action n'est rien moins que prouvée, et une telle hypothèse est, du reste, inutile pour permettre d'expliquer les divers phénomènes observés.

L'action stimulante des processus de désassimilation provoquée par l'iode suffit pour tout expliquer, et, en ce qui concerne l'action propre des iodures dont les effets lymphagogues sont encore plus intenses, leur diffusibilité plus considérable, leur poids moléculaire plus élevé, leur dédoublement permettant la mise en liberté d'une certaine quantité d'iode constituent un ensemble de phénomènes largement suffisants pour écarter toute autre hypothèse.

**Action sur la respiration.** — Étant donnée l'importance des modifications circulatoires déterminées par les iodures, celles-ci retentissent forcément sur la respiration. Sous l'influence de l'activité plus considérable de la circulation, il y a une amélioration des fonctions du poumon : d'autre part la déplétion sanguine pendant la période de transsudation détermine de l'hypersécrétion bronchique provoquant la liquéfaction des exsudats visqueux, leur plus facile expulsion et la pénétration plus facile de l'air dans les alvéoles pulmonaires. Ces diverses causes réunies améliorent la circulation pulmonaire, diminuent les stases veineuses, facilitent les échanges gazeux. L'établissement de la leucocytose et la résorption ultérieure du sérum extravasé dans les espaces périlymphatiques contribuent également à la résorption des exsudats et à l'atténuation des toxines bactériennes.

On a également voulu invoquer pour interpréter l'action énergique des iodures une action s'exerçant sur le système nerveux central. SOULIER (*Traité de Thérapeutique*, I, 466, Paris, 1901) admet que l'iode s'éliminant par la muqueuse pulmonaire excite les extrémités du vague et détermine une action impulsive sur le centre respiratoire. LABORDE (*C. R. Ac. Méd.*, 4 mars 1890) admet que les effets pulmonaires des iodures sont dus à leur action sur le système nerveux central et, en particulier, sur la portion bulbo-myélitique de ce système. Aucun fait ne peut permettre d'accepter cette manière de voir basée sur l'action produite par l'iodoforme qui agit d'une façon totalement différente de celle des iodures.

Des doses élevées déterminent rapidement de la congestion pulmonaire intense avec tendances aux hémorragies et apparition d'une forte proportion de leucocytes éosinophiles. L'iode en nature est moins congestionnant que les iodures, et parmi eux c'est l'iodure de potassium qui présente le maximum d'action. Les doses toxiques chez les animaux produisent de l'œdème du poumon.

HENRIJEAN et CORIN ont étudié l'action des iodures sur les échanges respiratoires et ils ont constaté une augmentation considérable du quotient respiratoire qui dépasse parfois l'unité.

**Action sur l'appareil digestif.** — Quel que soit leur mode d'administration, en raison de leur élimination par la muqueuse gastrique, les iodures peuvent déterminer des troubles des fonctions digestives. Il peut tout d'abord se produire des phénomènes d'irritation gastro-intestinale, mais on constate, même avec des solutions diluées, de la perte de l'appétit et des troubles de la digestion proprement dite qui sont dus à l'action dépressive, et même parfois inhibitrice, exercée par ces substances sur les ferments pepsique et pancréatique. HENRIJEAN et CORIN (*loc. cit.*, p. 397) ont montré que l'iodure de sodium en solution à 2,63 p. 100 entravait la digestion pepsique et que la digestion pancréatique était retardée seulement avec des solutions à 3,96 p. 100.

**Action sur les sécrétions.** — Les iodiques déterminent l'hypersécrétion de la plupart des glandes et, en particulier, celle des glandes salivaires, buccales, pharyngiennes, nasales et lacrymales; cette hypersécrétion exagérée est l'un des symptômes les plus caractéristiques de l'iodisme. Elle est liée intimement à l'élimination de l'iode par ces différentes sécrétions. La sueur n'est que peu ou pas augmentée, mais l'iode s'élimine également par cette voie. La sécrétion gastrique est exagérée avec production d'hyperchlorhydrie (HAYEM, *Leçons de Thérapeutique*, 4ᵉ sér., 240-663, 1893).

En ce qui concerne la bile, PRÉVOST et BINET (*Rev. Méd. de la Suisse Romande*, 1888) ont montré que les iodures diminuaient cette sécrétion ; RUTHERFORD les regardait comme indifférents.

RABUTEAU (*Traité de Pharmacologie*, 237) a signalé une augmentation du sperme déterminée par l'emploi des iodures et une exagération de la sécrétion des glandes utérovaginales.

Le même auteur considérait les iodures comme entravant la sécrétion lactée et susceptible même de déterminer son arrêt.

En ce qui concerne la sécrétion urinaire, les avis sont très partagés ; quelques auteurs, comme BASSFEUND, prétendent que les iodures diminuent la quantité d'urine excrétée ; pour d'autres, comme RABUTEAU, PELIKAN, ARNETH, l'effet est nul, du moins pour les doses faibles ; mais la majorité de ceux qui se sont occupés de cette question admettent que les iodures sont diurétiques. (GUBLER, RICORD, BRADLEY, G. ANFUSO, *Riforma Medica*, 1891, 22. — A. HAIG, *Med. Chir. Transact.*, LXXVI, 113. — WOLKOFF et STANIZKI, *Wratch*, 1893, 128.)

**Action sur le système nerveux.** — L'action exercée par les iodiques sur le système nerveux paraît être en rapports très étroits avec les modifications circulatoires, et les troubles convulsifs et paralytiques, signalés par quelques observateurs comme BENEDICKT et K. SOKOLOWSKI, se sont produits uniquement chez les animaux avec de fortes doses d'iodure de potassium : ces accidents sont dus uniquement au potassium.

On a signalé, à la suite de l'emploi de doses toxiques de composés iodiques, une céphalalgie violente, des douleurs contusives, de la prostration, des vertiges, de la titubation, de l'agitation, de l'insomnie, de l'affaiblissement de la mémoire, de l'hébétude. Certaines manifestations se produisant fort souvent avec des doses élevées d'iodures, telles que : tremblements généralisés ou localisés, convulsions toniques ou cloniques, atténuation de la réflectivité, paraissent devoir être attribuées, d'après POUCHET, à une action spéciale exercée sur les éléments anatomiques du tissu nerveux. BINZ avait déjà pu noter la coagulation du protoplasme de cellules ganglionnaires fraîches en présence de solutions d'iodures alcalins.

Mais, à côté de ces phénomènes, les hémiplégies et les paralysies alternes qui ont été constatées à la suite d'intoxication par l'iodure de potassium doivent être attribuées à une apoplexie séreuse résultant de la transsudation du sérum sanguin. Les accidents désignés sous le nom d'ivresse iodique peuvent également facilement s'interpréter par des modifications de la circulation cérébrale et bulbaire.

**Action sur la nutrition.** — Pendant longtemps, les expérimentateurs et les thérapeutes n'ont point été d'accord sur cette action. RABUTEAU signale, à la suite de l'emploi de l'iodure, une diminution de l'urée et de la quantité d'urine excrétée et BINZ, HERMANN, CORRADI ont successivement admis ce résultat. Au contraire, SAMOILOW (*Trav. du labor. du Pʳ Anrep.*, 1876, 27-33) conclut de ses recherches que l'iodure, pris à petites doses, diminue l'excrétion de l'urine et l'augmente à doses plus considérables. Après lui, DARIER (*Th. Paris*, 1883), SMIRNOW, DUCHÈNE ont pu constater une augmentation de l'élimination urinaire sous l'influence de doses moyennes d'iodures.

Les divergences d'appréciation de l'action des iodures sur la nutrition proviennent surtout de ce fait que les différents auteurs ne se sont pas placés dans des conditions identiques, et qu'ils n'ont pas, d'ordinaire, envisagé le problème en entier, mais qu'ils se sont contentés de rechercher la variation d'un élément particulier. De plus, ils n'ont pas tenu compte de l'action propre due à l'élément combiné à l'iode, et, comme l'ont montré HENRIJEAN et CORIN, l'action de l'élément électro-positif peut être prédominante et masquer ou faire varier en sens inverse l'action propre de l'iode.

On sait maintenant d'une façon certaine que l'iode agit d'une façon intense sur la nutrition en lui imprimant une suractivité remarquable. On constate une augmentation des échanges et des processus de désassimilation. Étant donné l'activité des iodures vis-à-vis des albuminoïdes, il faut nécessairement, pour expliquer cette action, que l'iode soit mis en liberté et qu'il se fixe sur les albuminoïdes de l'économie pour donner naissance à des albumines iodées douées d'une labilité plus considérable que les albumines normales. Cette combinaison de l'iode s'effectue de préférence avec certaines albumines, en particulier, avec celles du tissu lymphoïde et aussi avec celles des tissus pathologiques ou de néoformation. Nous ne reviendrons pas sur ce que nous avons dit de l'action de l'iode sur la molécule albuminoïde, de nombreux travaux ont montré que, par suite des processus d'oxydation et de réduction qu'il met en œuvre, toute molécule albuminoïdique iodée est vouée à une destruction rapide par suite même de la fixation de l'iode. C'est cette albumine iodée circulante qui, d'après Pouchet, dissémine l'iode dans tout l'organisme et y joue le rôle d'élément étranger, excitant d'abord une abondante leucocytose, puis ultérieurement, une leucolyse qui joue également un rôle important dans les processus de désassimilation. La décomposition des albumines iodées s'accompagne d'une mise en liberté d'iode capable de constituer à nouveau une combinaison avec une nouvelle molécule d'albumine et la proportion d'azote éliminé par l'urine est toujours de beaucoup supérieure à celle de l'iode capable de provoquer par sa combinaison la désintégration de l'albumine représentée par ce chiffre d'azote.

Les recherches d'Henrijean et Corin sont à peu près les seules sur lesquelles nous pouvons nous baser pour apprécier les détails de l'action des iodures sur la nutrition.

Ils ont montré que l'azote total urinaire augmentait toujours, mais que les chiffres de l'élimination de l'urée ne s'accroissaient pas proportionnellement, et que, dans certains cas, ils étaient même légèrement diminués par rapport à la normale.

Dans la plupart des cas, l'acide phosphorique éliminé augmente dans le même sens que l'azote total. La constance du rapport entre ces deux éléments dans l'élimination urinaire permet de penser que la désassimilation porte sur des tissus ne différant pas de ceux qui sont intéressés normalement et qu'il ne s'agit là que d'une simple exagération de la désassimilation normale.

On constate également une augmentation considérable de l'élimination des chlorures, cette quantité peut être double ou même triple de celle éliminée normalement, ce qui concorde absolument avec l'action lymphagogue des iodures suivie de diurèse appauvrissant le sang en eau et en sels solubles.

L'iodure de lithium possède, en raison de la présence du lithium, une action légèrement différente, et avec lui, on ne voit pas se produire une augmentation de l'élimination de l'azote et des phosphates, mais seulement une augmentation des chlorures (Henrijean et Corin).

La dissociation rapide des albuminoïdes et spécialement des albumines pathologiques ou de néoformation sous l'influence des iodiques se traduit donc par une désassimilation incomplète avec élimination du groupement azoté de cette molécule et localisation partielle du groupement gras provenant également de cette décomposition. Ce fait explique facilement les dégénérescences graisseuses constatées chez les animaux soumis pendant un certain temps à l'action des iodiques.

Cette influence désassimilatrice de l'iode ne s'exerce pas seulement sur les albuminoïdes constitutifs des tissus, mais aussi sur leurs produits de dédoublement incomplets et sur les toxines autogènes ou hétérogènes de l'économie qu'il oxyde et détruit. Cette destruction chimique vient suppléer et aider à l'action des leucocytes macrophages dont il stimule la genèse et l'activité. C'est ainsi que, comme le fait remarquer Lortat Jacob, les iodiques, par leurs réactions sur les séreuses, sur le sang, sur les organes lymphoïdes, par leur excitation sur les processus de désassimilation, constituent de précieux agents d'immunisation et de défense de l'organisme dans les infections.

Cette désassimilation des albuminoïdes et la combustion incomplète de leur noyau gras est prouvée par l'étude des échanges respiratoires sous l'influence des iodiques. Henrijean et Corin ont constaté une augmentation persistante du quotient respiratoire, qui, même chez l'animal à l'état de jeûne, devenait supérieur à celui de l'animal en pleine digestion. Après un certain temps ce chiffre revient à la normale et peut même tomber au-dessous.

Chez les animaux soumis à un jeûne prolongé, le quotient respiratoire atteint après la suppression des iodures une valeur inférieure à celle relevée chez le même animal dans les mêmes conditions lorsqu'on ne lui a pas administré d'iodure. Cette chute du quotient respiratoire indique que l'animal, après avoir utilisé les hydrates de carbone de son alimentation, consomme ensuite les albuminoïdes en même temps que l'intensité des combustions va en diminuant (POUCHET).

La modification des échanges respiratoires ne retentit pas sur la production de la chaleur, parce que la formation endothermique de la graisse, puis sa combustion ultérieure, expliquent la compensation qui s'établit au point de vue de la production de chaleur.

En résumé, à la suite de sa combinaison avec la molécule albuminoïde, l'iode favorise sa désassimilation : elle se dissocie en un groupement azoté qui s'élimine par l'urine et en un groupement gras qui se brûle ultérieurement, augmentant au début le quotient respiratoire, puis, le ramenant ultérieurement à la normale ou légèrement au-dessous.

J. CHEVALIER.

**ION.** — Les conceptions anciennes sur le mode d'action des sels en biologie ont été profondément rénovées depuis une vingtaine d'années. Les acquisitions de la chimie physique ont modifié nos idées sur l'état des substances salines dans les solutions et ont eu fatalement leur répercussion en physiologie. Aussi longtemps que l'on a cru que les sels se dissolvaient exclusivement *à l'état de molécules*, on a tout naturellement admis qu'ils agissaient comme tels sur les protoplasmas. A l'heure actuelle, conformément à la conception émise par ARRHENIUS en 1887, on admet que les sels en solution se dissocient, tout au moins partiellement, en leurs radicaux constituants et que ceux-ci sont *libres* dans le solvant. Dès lors, il est permis de penser que ces radicaux dissociés ou *ions* interviennent pour une part propre dans l'action biologique exercée par les sels. Deux problèmes se posent pour le biologiste, qui intéressent particulièrement la physiologie et la pharmacodynamie générales. Le premier consiste à déterminer s'il intervient réellement des *actions d'ions* dans les actions qualitatives cellulaires exercées par les électrolytes, qu'il s'agisse d'action physiologique ou d'action toxique. Le deuxième, plus important encore, consiste à déterminer si la valeur quantitative de la réaction n'est pas justement *commandée essentiellement par une action d'ion*.

Ce sont là les problèmes qui seront examinés dans cet article. On y exposera, et surtout on s'efforcera de démontrer, *l'intervention des ions en biologie*.

Il va de soi que nous ne ferons ici aucune étude spéciale de l'action qualitative respective d'ions divers sur les diverses fonctions. Cette étude spéciale trouve dans ce dictionnaire sa place naturelle à l'article concernant chaque élément susceptible d'agir à l'état d'ion (calcium, potassium, sodium, etc.). Le rappel des données physiques sera de même réduit à l'exposé des faits fondamentaux qui relient la théorie physique des ions aux conceptions biologiques actuelles sur les réactions cellulaires vis-à-vis des électrolytes.

## DÉFINITION DES IONS. — LEUR RÔLE EN PHYSIQUE ET EN CHIMIE.

En 1805, GROTTHUS avait émis l'opinion que les molécules d'un sel en solution sont formées d'atomes liés entre eux, les uns chargés positivement et les autres négativement. Le passage du courant libérerait à l'anode les atomes porteurs d'électricité négative et à la cathode ceux qui sont chargés d'électricité positive.

FARADAY (1835) a distingué les corps dont les solutions conduisent l'électricité ou *électrolytes* et ceux dont les solutions ne conduisent pas l'électricité ou *non-électrolytes*. Les *acides*, les *bases*, les *sels*, résultant de la combinaison de ces acides et de ces bases, sont des électrolytes. Beaucoup de substances organiques — ainsi le sucre, l'urée — sont des non-électrolytes. Le passage du courant à travers un électrolyte s'accompagne de la libération, aux électrodes, de chacun des radicaux constituants de la molécule de l'électrolyte, c'est-à-dire des *ions* de FARADAY. A l'anode va l'*anion*, à la cathode va le *cathion*. Dans le cas des sels métalliques, les métaux sont les cathions ; les acides, les anions. Une relation définie relie le passage de l'électricité et la décomposition chimique : la libération d'un ion-gramme d'un corps monovalent exige toujours une même quantité d'électricité, soit environ 96,580 coulombs. La libération d'un ion-gramme d'un corps polyvalent exige cette quantité d'électricité, multipliée par la valence du corps.

GROTTHUS et FARADAY admettaient que les radicaux de sels dissous sont, avant le passage du courant, liés entre eux dans les molécules. CLAUSIUS, en 1857, a critiqué cette opinion : si une pareille liaison entre les atomes était réelle, la dissociation de la molécule en atomes chargés électriquement exigerait un certain travail et, par conséquent, il existerait pour un sel déterminé une limite inférieure d'intensité du courant au-dessous de laquelle l'électrolyse ne serait plus possible. Or, BUFF a montré qu'il y avait toujours électrolyse, quelque faible que fût le courant. CLAUSIUS s'appuie sur ce fait pour affirmer que les atomes sont *libres avant tout passage de courant :* celui-ci ne fait que les orienter vers tel ou tel pôle.

Cette opinion a été reprise et développée par ARRHENIUS qui, le premier, en a compris la véritable portée et a montré combien la théorie de la dissociation des électrolytes dissous pouvait être féconde pour l'interprétation de phénomènes physico-chimiques, difficiles à comprendre sans elle.

Les études des physiciens avaient fait connaître une série d'anomalies apparentes relatives à la pression osmotique, à la cryoscopie, à l'ébullioscopie. Pour les corps organiques non salins, tels que le sucre et l'urée, il est remarquable de constater, par exemple, que la pression osmotique de leurs solutions est rigoureusement proportionnelle à la concentration moléculaire, exprimée en molécules-grammes, de chacune d'elles. Pour les électrolytes il n'en est plus ainsi. Le calcul de la pression osmotique conformément à la loi de proportionnalité donne toujours un chiffre inférieur à celui trouvé par l'expérience. ARRHENIUS montra que, pour interpréter clairement le phénomène, il suffit d'admettre que la solution d'électrolyte, soit de NaCl, par exemple, n'est pas constituée exclusivement par des molécules complètes, intactes, mais bien, dans le cas considéré, à la fois de molécules NaCl et de molécules dissociées en leurs ions Na et Cl. Les ions, libres de se mouvoir dans le liquide, exercent dès lors, au même titre que les molécules complètes, des actions propres physiques, chimiques, fonction de leur masse, de leur charge électrique, de leur nature spécifique. Ainsi la théorie d'ARRHENIUS a permis, dans le domaine physique, de comprendre et de classer une série de phénomènes jusque-là chaotiques, en même temps qu'elle devenait l'inspiratrice de méthodes nouvelles d'études et ouvrait un champ de recherches assez vaste pour constituer une science autonome, une science *per se*, comme disait CLAUDE BERNARD de la physiologie [1].

La chimie de son côté a largement bénéficié de la théorie des ions. L'hypothèse de la dissociation électrolytique a donné l'explication de la « force » énigmatique des acides; l'expérience a montré que les acides minéraux, acides forts, avaient une constante de dissociation élevée, tandis que les acides organiques, acides faibles, avaient une constante de dissociation beaucoup moindre. Les réactions courantes de l'analyse minérale se sont éclairées à la lumière de la conception d'ARRHENIUS. Les réactions de précipitation sont devenues de claires réactions d'ions. Si NaCl est précipité par AgNO³, et non l'hypochlorite ni le chlorate de Na, pas plus que le chloroforme ni le chloral, c'est que, de ces corps divers, les deux derniers ne sont pas ionisés et l'hypochlorite et le chlorate contiennent des ions différents de l'ion Cl : la réaction de précipitation est donc bien une réaction de l'ion chlore. La nature des métaux « dissimulés » s'est trouvée aussi, du même coup, expliquée : c'est que ces métaux n'entrent pas alors dans la constitution du corps à titre d'ion métallique, mais font partie d'un ion complexe, doué de réactions propres. La théorie des ions a montré encore que le processus, par lequel se fait en chimie le déplacement d'un acide faible par un acide fort, ne tient pas à une affinité particulière entre l'acide fort et le métal, mais bien à la faible dissociation électrolytique de l'acide du sel. L'étude générale des phénomènes de neutralisation, des indicateurs, des solubilités, des vitesses de réaction, a enfin révélé constamment des faits, conséquences naturelles de la théorie de l'ionisation.

## RÔLE DES IONS EN BIOLOGIE.

En présence du bénéfice immédiat et considérable que la physique et la chimie générales ont donc tiré de la théorie de l'ionisation, il serait vraiment superflu de

---

1. « *Physiologia non posthac ancilla medicinæ, sed scientia per se* » (CL. BERNARD).

rechercher des raisons particulières à l'influence exercée par cette même théorie dans les études des phénomènes biologiques, puisque aussi bien ceux-ci ne font que traduire les réactions physiques et chimiques qui se passent dans les êtres vivants. L.-C. MAILLARD a très judicieusement écrit : « Pour qui connaît le grand rôle, chez les êtres vivants, des matières minérales d'abord, puis des acides organiques et des bases organiques si nombreuses qui résultent des mutations de la vie, il est évident *a priori* que les réactions d'ions doivent être importantes dans ce domaine. »

Les sels, les bases et les acides ne sont, d'ailleurs, pas les seuls constituants chimiques de l'économie susceptibles de s'ioniser. Les études de BREDIG et celles de WINKELBLECH, confirmées et développées par WALKER et TH. PAUL, ont montré que certaines xanthines et les amino-acides peuvent subir la dissociation électrolytique. Ces corps sont des électrolytes amphotères qui, dissous dans l'eau, s'ionisent et donnent des hydrogénions et des hydroxylions. En outre, certains de ces électrolytes (caféine) forment avec les acides et les bases des sels qui se dissocient. GAMGEE (1902), HARDY (1905), WOOD et HARDY (1909), PAULI et HANDOWSKY (1909) ont obtenu avec des albumines mises en présence d'acides et de sels des composés nouveaux qui subissent la dissociation électrolytique. Ces résultats tendent donc à élargir encore considérablement le rôle des ions dans les phénomènes de la vie.

Aussi bien de nombreux travaux ont-ils été publiés sur cette question. Mais ce que l'on peut dire du plus grand nombre d'entre eux, c'est qu'ils ne constituent pas des preuves démonstratives directes que l'on a bien affaire à des actions d'ions. Par un *abus fâcheux du langage* beaucoup d'expérimentateurs emploient le mot ion pour désigner le radical d'un sel, *sans avoir préalablement établi que ce radical agit à l'état isolé*, après dissociation de la molécule primitive. De tels travaux peuvent prouver, à la vérité, l'influence physiologique ou toxicologique des constituants métalliques de divers sels, au même titre que les travaux anciens et, d'ailleurs, fondamentaux de S. RINGER : la théorie des ions interprète leurs résultats, mais ceux-ci ne démontrent pas celle-là. Or, toute la question est justement et seulement, ici, de démontrer l'intervention effective des ions en biologie.

Notre point de vue restant essentiellement démonstratif, nous ne nous arrêterons pas davantage aux recherches où les auteurs prétendent introduire, *par électrolyse* des sels à l'état d'ions au sein des plasmas et des tissus de l'organisme animal. Qu'il y ait là une méthode thérapeutique douée d'une valeur propre, c'est un point de vue particulier qui n'est pas en jeu ici. Ce qu'il importe de déterminer, c'est le degré de certitude qu'une telle méthode fournit sur la réalité et la grandeur des actions d'ions. Or il est clair que les résultats observés se prêtent, quand il s'agit d'actions à distance sur un organe profond, à une interprétation complexe. Cette *complexité d'interprétation* résulte du fait que l'expérimentateur ignore complètement si les ions introduits sont restés réellement libres ou si, au contraire, ils sont entrés, après pénétration intra-organique, soit partiellement, soit totalement, dans de nouveaux groupements moléculaires. Ce n'est donc qu'*arbitrairement* que la réaction observée peut être rapportée, *dans ce cas*, à une action d'ion libre.

Parmi les travaux vraiment probants, au point de vue qui nous occupe, il convient de citer tout d'abord ceux dont les résultats, encore que les auteurs ne les aient pas interprétés à la lumière de la théorie d'ARRHENIUS, n'en sont pas moins une bonne démonstration en faveur de l'intervention des ions en biologie.

NASSE, en 1869, a étudié l'action nocive pour le muscle de solutions équimoléculaires de divers acides. Ceux-ci peuvent se ranger comme il suit, par ordre de toxicité décroissante : acides *azotique, sulfurique, chlorhydrique, oxalique, acétique, vinique, phosphorique, arsénieux, arsénique, borique*. Si l'on consulte les tables de dissociation électrolytique, on voit que les acides les plus toxiques sont aussi les plus dissociés. Il existe donc un rapport direct entre l'intensité de l'action pharmacodynamique et le nombre des hydrogénions libres.

PFEFFER, dans ses recherches sur les tactismes, a démontré que tous les sels de l'acide malique attirent les anthérozoïdes des mousses, tandis que les éthers maliques sont dépourvus de la même action. Ces faits sont clairs, au point de vue de la dissociation électrolytique : les sels, qui la subissent, révèlent les propriétés de l'ion malique :

les éthers, qui ne s'ionisent pas, ne présentent pas, en conséquence, l'action propre à cet ion. Cette interprétation, qui explique les résultats obtenus, n'était toutefois pas alors dans l'esprit de l'auteur (W. Pfeffer, *Pflanzenphysiologie*, I-II, W. Engelmann, 1897-1904).

Dreser, au contraire, en 1893, rapporta nettement à l'ion Hg l'action de divers composés mercuriques sur la levure de bière, sur des grenouilles et des poissons. Pour la levure de bière les phénomènes sont particulièrement nets : le cyanure et le sulfocyanure mercuriques, la mercurisuccinimide, empêchent la fermentation du sucre à des doses correspondant à 1 p. 1 000 de $HgCl^2$. Le mercurithiosulfate de K, en revanche, ne l'entrave pas à des doses égales ou supérieures : le résultat est en rapport direct avec la concentration des ions Hg, bien moindre dans ce dernier cas.

Plus tard, Kahlenberg et True cherchèrent, de leur côté, une relation entre les ions des corps et leur pouvoir toxique sur des organismes végétaux. Ils déterminèrent les doses d'acides, de bases, de sels métalliques qui étaient toxiques, en solutions très diluées, pour les plantules du *Lupinus albus*. Les résultats montrèrent que la dilution limite, compatible avec la vie de la plantule, était la même pour les divers acides forts. La dilution étant très étendue (1 molécule-gramme dans 6 400 litres), la dissociation était vraisemblablement totale, et les solutions renfermant, dès lors, un nombre d'ions H en proportions équivalentes, il était naturel de rapporter à cet ion leur même valeur toxique. La dose toxique était aussi la même pour tous les sels de cuivre, à des dilutions extrêmement étendues et dont la dissociation pouvait être considérée comme totale : là encore l'action toxique était donc une action de l'ion Cu. Ces expériences prouvent toutefois seulement la toxicité des ions, mais non davantage. Heald a fait des expériences de même ordre que Kahlenberg et True : elles ont porté sur *Pisum sativum*, *Zea maïs*, *Cucurbita pepo*, et ont donné des résultats absolument superposables à ceux des précédents expérimentateurs. Des expériences de même type ont été encore réalisées par Stevens et Clark.

Les recherches poursuivies par Paul et Krönig, en 1896 et 1897, apportèrent des données réellement nouvelles sur la part prépondérante que prenaient les ions libres, *comparativement aux mêmes atomes des molécules non dissociées*, dans la détermination et la grandeur d'une action toxique chimique.

Dans leurs recherches, Krönig et Paul se proposèrent pour but de déterminer l'action sur diverses bactéries (*B. anthracis, Streptococcus pyogenes aureus*) de solutions antiseptiques de concentration rigoureusement connue, et dans des milieux de composition parfaitement déterminée. Ces conditions sont, on le comprend, extrêmement importantes à connaître, en raison de l'influence qu'elles exercent sur les phénomènes d'ionisation. Krönig et Paul ont étudié les sels des métaux lourds, une série d'acides, des alcalis, divers agents d'oxydation, le phénol, la formaldéhyde. Ils ont nettement montré que la puissance antiseptique était fonction du degré d'ionisation, croissait et décroissait avec celui-ci. Pour les sels mercuriques, en particulier, l'action antiseptique dépend de la concentration des ions Hg, et bien peu, ou pas du tout, des molécules non dissociées. Des sels, qui ont très sensiblement la même constante de dissociation, tels que $HgCl^2$ et $HgBr^2$, ont le même pouvoir antiseptique pour une même concentration moléculaire. Le cyanure de mercure, beaucoup moins dissocié, a une puissance antiseptique moins forte. L'addition de NaCl à une solution de $HgCl^2$, en établissant, par l'apport d'un même ion Cl et conformément à la loi des masses, un nouvel équilibre physique entre ions et molécules, fait rétrocéder la dissociation du chlorure mercurique, c'est-à-dire baisser la concentration des ions Hg et, du même coup, le pouvoir antiseptique initial de la solution de $HgCl^2$. C'est par un mécanisme analogue de rétrocession secondaire des ions Hg que l'addition de HCl à une solution de $HgCl^2$ diminue, comme l'on sait, la puissance antiseptique de celle-ci, que renforce, au contraire, l'adjonction d'un acide organique faible, tel que l'acide tartrique. Les résultats des recherches de Paul et Krönig ont donc démontré d'une façon nette le rôle prépondérant qui revient aux ions dans l'action toxique exercée par les antiseptiques chimiques vis-à-vis des bactéries.

Peu après la publication des travaux de Krönig et Paul, J. Lœb faisait paraître ses premières recherches sur les actions d'ions. Elles étaient relatives à diverses actions physiques ou toxiques intéressant le muscle isolé de grenouille. Elles ont montré que les solutions des acides forts HCl, HNO³, H²SO⁴, assez fortement dissociées pour renfermer le même nombre d'ions H, produisent la même augmentation d'eau du muscle. De même, des solutions de bases LiOH, NaOH, KOH, ¹/₂ Sr(OH)², ¹/₂ Ba(OH)² ont la même grandeur d'influence, à égalité d'oxhydriles ionisés OH. D'autre part, l'étude des variations d'excitabilité du muscle, sous l'influence d'une immersion de durée déterminée dans des solutions diverses de sels alcalins et alcalino-terreux, établit que la toxicité des diverses solutions salines est en rapport avec la vitesse de migration des ions, tout comme dépendent de ce même facteur leur conductibilité électrique et leur vitesse de diffusion.

Depuis lors, J. Lœb a poursuivi, seul ou avec ses élèves, la remarquable série de recherches universellement connues, qui trouvent une interprétation si satisfaisante du point de vue de la théorie de la dissociation électrolytique. Ces recherches ont marqué l'importance du rôle des ions métalliques dans la nutrition et le maintien de l'excitabilité des cellules animales ou végétales, la nécessité de mettre en présence, pour constituer un milieu nutritif, un mélange de cathions monovalents et de cathions polyvalents, l'existence d'un équilibre à réaliser entre les ions de valence diverse et à fonctions antagonistes, tous phénomènes qui constituent, suivant l'expression même de J. Lœb, les bases fondamentales de la « dynamique de la vie ».

Vers la même époque à laquelle J. Lœb publiait ses premiers travaux sur les actions d'ions, L. Maillard avait déjà commencé une série de recherches extrêmement précises sur l'intervention des ions dans les phénomènes biologiques. Grâce à la longue durée de ses expériences Maillard fut le premier, en particulier, à éliminer toute influence propre de la pression osmotique dans les résultats observés. D'autre part, c'est à la balance qu'il a demandé la mesure rigoureuse des variations de son réactif d'étude.

Le problème que s'est proposé Maillard a consisté à élever un pied de *Penicillium glaucum* dans chacun des ballons d'une série contenant tous un milieu nutritif très simple, sans influence propre sur les phénomènes d'ionisation, et auquel on ajoutait des proportions variables de SO⁴Cu, soit pur, soit additionné d'un sel à même anion, Na²SO⁴. L'addition de Na²SO⁴ faisait régresser la dissociation de SO⁴Cu, et constituait ainsi un moyen de diminuer la quantité des ions Cu libres, sans pour cela toucher à la quantité brute de SO⁴Cu introduit. L'expérience était poursuivie des semaines et des mois; au bout de ce temps, les cultures étaient pesées. Les résultats furent extrêmement nets : le poids de récolte fourni par chaque pied du champignon se trouva inversement proportionnel à la quantité de Cu ionisé de la solution, quelle que fût d'ailleurs la quantité du cuivre total. C'est donc à l'ion Cu que l'on doit rapporter la toxicité du sulfate de cuivre pour le *Penicillium glaucum*.

L'influence directe des ions métalliques et surtout leur prépondérance dans la toxicité des sels était donc définitivement démontrée, en dehors de toute intervention des phénomènes osmotiques.

Les résultats obtenus par les expérimentateurs précédents ont poussé les physiologistes à vérifier l'intervention des ions dans les réactions présentées par les animaux supérieurs. Richards (1898) s'est posé la question de savoir si la sensation gustative produite par les acides mis en contact avec la langue est d'autant plus intense que l'acide est plus dissocié. Cet expérimentateur a trouvé qu'il en est bien ainsi pour des solutions équimoléculaires d'acides *tartrique*, *citrique* et *acétique*. Mais d'autres acides donnent des résultats qui ne cadrent pas avec les faits précédents. Kahlenberg, au cours de recherches analogues. est arrivé aux mêmes conclusions que Richards.

On peut dire que c'est Sabbatani qui le premier a fourni, dans un ensemble important de travaux, des preuves très démonstratives de l'intervention des ions chez les animaux supérieurs et chez les mammifères en particulier. Sabbatani a montré que le Ca à l'état d'ion est indispensable pour la coagulation du sang chez le chien. En effet, différentes causes susceptibles de diminuer le degré d'ionisation des sels de ce métal peuvent produire l'incoagulabilité. C'est ainsi que les sels de Ca, à de très grandes concentrations, rendent le sang incoagulable : en effet, dans les solutions très concentrées de ces sels, leur dissociation rétrocède et le Ca n'est plus dans le sang à l'état d'ion. Certains faits observés après addition au sang de sulfate et de bicarbonate de sodium plaident également en faveur de la nécessité du Ca ion dans la coagulation. On sait, d'une part, que si l'on ajoute à du sang oxalaté un peu de sulfate ou de bicarbonate de sodium, la coagulation se produit. D'autre part, si à du sang ordinaire on ajoute une très grande quantité de sulfate ou de bicarbonate de sodium, la coagulation n'est plus possible. Ces faits, en apparence paradoxaux, peuvent s'expliquer grâce aux notions actuellement acquises sur la dissociation électrolytique. Dans un litre de sang normal, on a, comme concentration du Ca en gramme équivalent, des valeurs oscillant entre 0,002 59 et 0,004 34. Or, la concentration du Ca dans un litre de solution saturée de sulfate de calcium ou de bicarbonate de sodium est de :

Bicarbonate. . . . . . . .   0,01760<br>
Sulfate. . . . . . . . .   0,03000

C'est grâce à cette solubilité faible, mais suffisante, du sulfate et du bicarbonate de Ca que le sulfate et le bicarbonate de soude, *en petite quantité*, font coaguler le sang oxalaté. Mais, si l'on ajoute une grande quantité de ces sels au sang oxalaté, il n'y a pas coagulation du sang. Dans ces conditions, en effet, le sulfate ou le bicarbonate de calcium formés se trouvent dans une solution contenant un sel à même radical ($SO^4$ et $CO^3$) que le sel de calcium. Cette addition fait rétrocéder l'ionisation de Ca, et le sang ne se coagule pas. Le calcium est donc nécessaire à l'état d'ion pour produire la coagulation du sang.

Dans une autre série de recherches SABBATANI a déterminé, chez le lapin, le chien et la grenouille, la dose minima mortelle de nitrate d'argent, de sulfate de cuivre et de sublimé. Il a noté que, s'il injectait en même temps que cette dose minima mortelle du thiosulfate de sodium, les accidents caractéristiques de l'argent, du cuivre et du mercure n'apparaissent pas. Or, on sait que le thiosulfate de sodium empêche l'ionisation du nitrate d'argent, du sulfate de cuivre et du sublimé. Donc, dans les conditions ordinaires, la toxicité de ces substances est due principalement au fait qu'elles se trouvent à l'état d'ion.

BIAL (1902) a étudié l'action toxique des acides sur la levure de bière dans ses relations avec la dissociation électrolytique de ces acides. Cette toxicité est très fortement diminuée par addition (à la solution de l'acide) d'un sel neutre à même anion que l'acide lui-même. Ce fait est mis nettement en lumière par le tableau suivant :

| Substances contenues dans la solution. | Poids de levure récolté dans un temps déterminé.<br>gr. |
|---|---|
| HCOOH 0,01 $n$ . . . . . . . . . . . . . . . . | 4 |
| HCOOH 0,01 $n$ + HCOONa 0,3 $n$ . . . . . . . . | 57 |
| $CH^3COOH$ 0,025 $n$. . . . . . . . . . . . . . | 12 |
| $CH^3COOH$ 0,025 $n$ + $CH^3COONa$ 0.025 $n$ . . . . | 45 |

L'addition d'un sel neutre à même anion fait rétrocéder la dissociation électrolytique des acides : ceux-ci agissent donc sur la levure de bière à l'état ionisé.

C. H. NEILSON et O. H. BROWN (1905) ont étudié l'influence des ions sur les processus catalytiques. On sait que la mousse de platine et l'extrait de rein décomposent l'eau oxygénée. La libération d'oxygène sous l'influence de ces agents est considérablement diminuée si on ajoute du sublimé dans le milieu de réaction. Cet effet empêchant du sublimé est très amoindri si on met dans l'eau oxygénée, en même temps que l'extrait rénal et le chlorure mercurique, un sel contenant l'ion Cl. Or on sait que, dans ces conditions, la dissociation du sublimé rétrocède ; ce sel a donc un effet empêchant plus considérable à l'état d'ion qu'à l'état de molécule.

De ces recherches relatives à l'action des ions sur les processus catalytiques, il convient de rapprocher celles de SœRENSEN (1909) sur l'invertine, la catalase et la pepsine. Cet expérimentateur a constaté que les divers acides influencent ces ferments, non proportionnellement à l'acidité de titration, mais en raison directe de la concentration des ions H.

V. PACHON et H. BUSQUET (1907) ont abordé l'étude du rôle des ions en biologie d'une manière tout à fait différente de leurs devanciers, et dans des conditions particulièrement correctes et démonstratives. En effet, pour prouver une action d'ion, divers desiderata doivent retenir l'attention des expérimentateurs. En dehors des conditions d'équilibre osmotique qui doivent exister entre la solution d'étude et le réactif vivant destiné à en traduire l'influence, il y a deux conditions essentiellement importantes à réaliser pour la bonne conduite d'une démonstration réellement probante d'action d'ion.

Tout d'abord l'ion d'étude influençant doit avoir un sens d'action très nettement défini.

D'autre part, l'organe influencé doit pouvoir traduire l'impression reçue en dehors de toute perturbation étrangère. C'est dire que, dans le cas de l'expérimentation animale, il doit être placé dans des conditions telles qu'il soit à l'abri de toute influence *organique* ou *extérieure* pouvant modifier secondairement, par mécanisme réflexe ou direct, son fonctionnement. L'organe doit donc être isolé. Aussi bien les organes en survie se prêtent-ils particulièrement — et même se prêtent-ils seuls — à des études d'action d'ion, ou du moins, à des *mesures quantitatives* d'action d'ion ou de toute substance chimique : l'organisme entier de l'animal vivant ne saurait convenir à la rigueur obligée de déterminations de cet ordre. La multiplicité des relations organiques fonctionnelles et l'existence de mécanismes réactionnels compensateurs, d'une part, la difficulté ou même l'impossibilité de localiser les effets de la substance d'épreuve, d'autre part, sont autant de causes qui, en créant tout un jeu de réactions secondaires, s'enchevêtrant et s'influençant réciproquement les unes les autres, empêchent toute détermination exacte de la *grandeur d'influence directe d'une substance définie sur le fonctionnement d'un organe déterminé.* L'organe isolé se prête seul, en définitive, à la solution d'un tel problème.

Après avoir ainsi fixé l'électivité de la méthode de l'organe en survie comme *méthode de mesure quantitative d'une réaction biologique à un agent déterminé*, PACHON et BUSQUET ont choisi, d'une part, comme ion d'étude influençant le cathion K, en raison de la constance et de la netteté de son action dépressive sur le cœur. Ils ont choisi, d'autre part, comme organe d'étude à influencer le cœur isolé du lapin, en raison des conditions actuellement bien acquises qui rendent l'expérimentateur assez complètement maître de la régularité du fonctionnement de cet organe hors de l'organisme.

Le cœur isolé de lapin est entretenu en survie, grâce au procédé classique d'irrigation coronaire de LANGENDORFF, par la circulation de liquide de RINGER, additionné de glucose et saturé d'oxygène, suivant l'indication complémentaire de LOCKE. Le dispositif expérimental approprié, essentiellement composé d'un système conjugué de ballons contenant les liquides en circulation sous pression d'oxygène et maintenus dans un thermostat à 40°, permet de faire circuler alternativement à travers le cœur soit la solution physiologique de RINGER-LOCKE[1], soit cette même solution additionnée d'un sel déterminé de potassium. Un manomètre et un thermomètre, disposés convenablement, donnent la pression (0m,03 à 0m,04 Hg) et la température (35°-38°) du liquide de circulation *à l'entrée dans le cœur*. Celui-ci est relié à un myographe à poids de MAREY.

Les sels de potassium, dont PACHON et BUSQUET ont étudié comparativement la grandeur d'action toxique cardiaque, sont les suivants : *chlorure, bromure, iodure, nitrate, chlorate, ferro-cyanure, formiate, acétate, lactate.* Ils ont tous été administrés à même concentration moléculaire. Le tableau ci-dessous donne les poids de chaque sel respectivement contenus dans un litre de solution de RINGER-LOCKE. Les diverses solutions *équimoléculaires* correspondent à 1 gramme de KCl par litre, soit au titre 1/74,5 normal.

### Tableau des sels de K expérimentés.

| Formule. | Poids moléculaire. gr. | Poids dissous correspondant à 0gr,52 K. gr. | Formule. | Poids moléculaire. gr. | Poids dissous correspondant à 0gr,52 K. gr. |
|---|---|---|---|---|---|
| KCl | 74,5 | 1 | $K^4Fe(CN)^6$, 3 aq. | 422 | 1,40 |
| KBr | 119 | 1,58 | HCOOK | 84 | 1,12 |
| KI | 166 | 2,21 | $CH^3$—COOK | 98 | 1,30 |
| $KNO^3$ | 101 | 1,34 | $CH^3$—CHOH—COOK | 128 | 1,70 |
| $KClO^3$ | 122 | 1,62 | | | |

[1]. La formule utilisée dans les expériences a été la suivante : NaCl, 9 grammes; KCl, $CaCl^2$, $NaHCO^3$, de chaque 0gr,20; glucose, 1 gramme; $H^2O$, q. s. pour un litre.

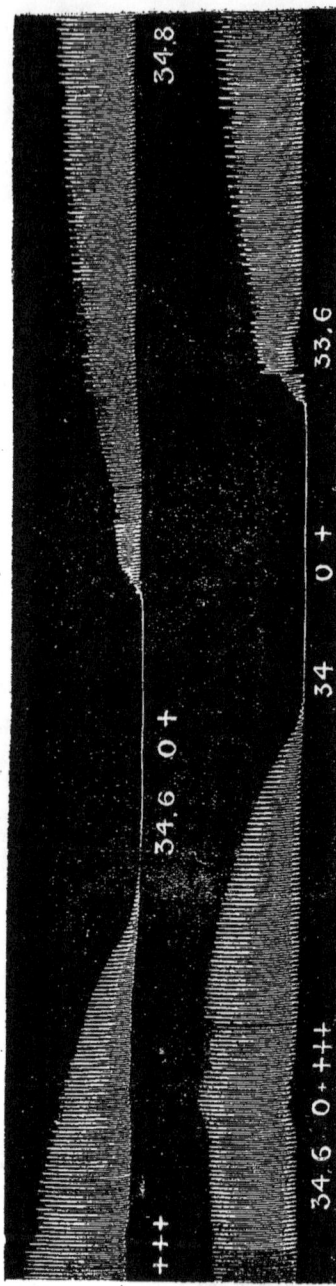

Fig. 99. — Cœur isolé de lapin : en + Solut. Ringer-Locke, en +++ Solut. Ringer-Locke additionnée de *Bromure de K* à 1,58 p. 1000 (Pachon-Busquet).

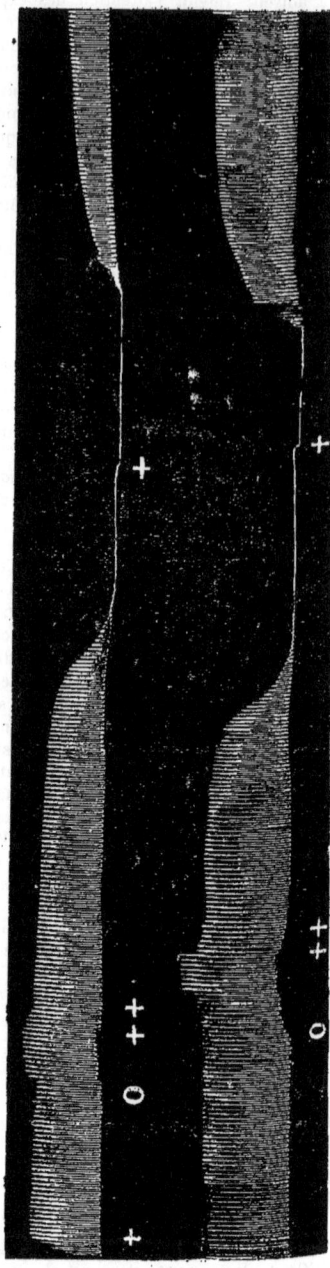

Fig. 100. — Cœur isolé de lapin : en + Solut. Ringer-Locke, en ++ Solut. Ringer-Locke additionnée de *Chlorure de K* à 1 p. 1000 (Pachon-Busquet).

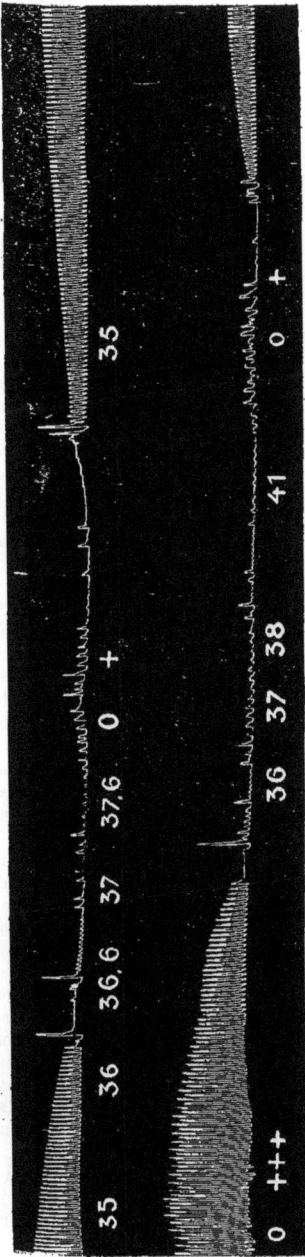

Fig. 101. — Cœur isolé de lapin : en + Solut. Ringer-Locke, en +++ Solut. Ringer-Locke additionnée de *Chlorate de K* à 1,62 p. 1000 (Pachon-Busquet).

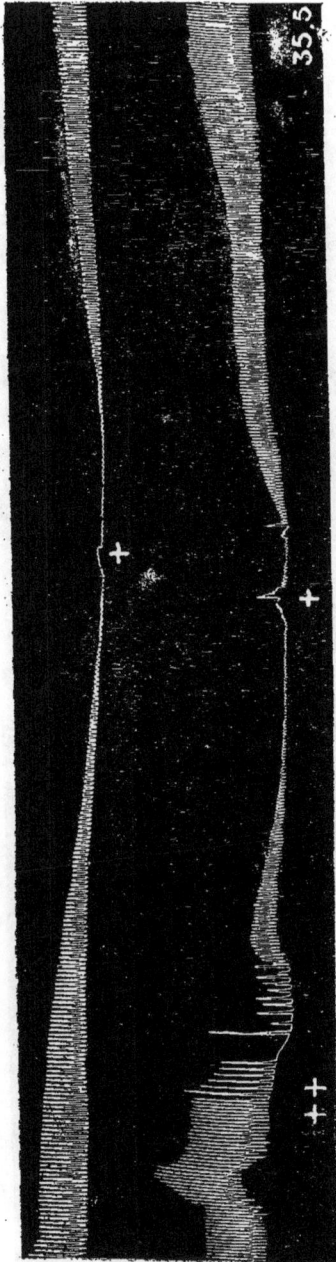

Fig. 102. — Cœur isolé de lapin : en + Solut. Ringer-Locke, en +++ Solut. Ringer-Locke additionnée de *Ferrocyanure de K* à 1,40 p. 1000 (Pachon-Busquet).

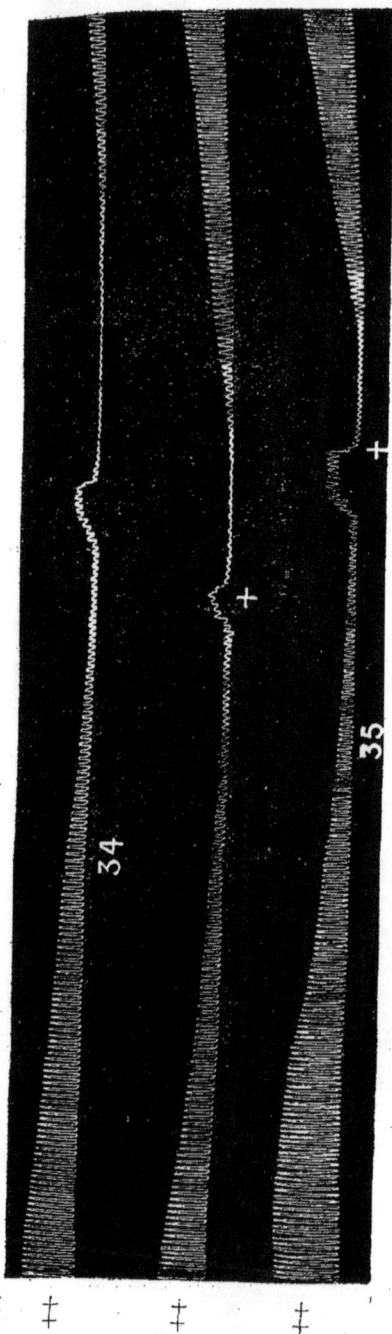

Fig. 103. — Cœur isolé de lapin : en + Solut. Ringer-Locke, en ++ Solut. Ringer-Locke additionnée d'Acétate de K à 1,80 p. 1000 (Pachon-Busquet).

**Résultats**. — L'expérience montre que ces divers sels de potassium, en solution au même titre $\frac{1}{74,5}$ normal, ne présentent pas une grandeur équivalente d'effet toxique sur le cœur isolé du lapin.

Les uns exercent une action d'arrêt total : les ventricules arrêtés d'abord, avant les oreillettes, sont relâchés, leurs cavités très distendues, et les battements rythmiques ne reprennent que si, après avoir suspendu l'arrivée du liquide toxique, on fait circuler de nouveau à travers le cœur la solution physiologique de Ringer-Locke. C'est ainsi que se comportent le *chlorure*, le *nitrate*, l'*iodure* et le *bromure*, constituant donc le groupe le plus toxique.

D'autres sels, au contraire, tels que le *ferrocyanure* et le *chlorate*, produisent un ralentissement du rythme cardiaque et une diminution surtout très notable de la force des contractions du cœur, mais ne parviennent pas à déterminer l'arrêt complet des battements.

D'autres enfin, comme le *formiate*, l'*acétate*, le *lactate*, produisent un ralentissement inappréciable du rythme et seulement une diminution de la force des contractions, dans des proportions moindres que les précédents.

En présence de tels résultats, démontrés par des graphiques très explicites que nous donnons, si on les examine au point de vue de la dissociation électrolytique, on ne peut pas ne pas être frappé du rapport étroit entre la grandeur d'action toxique cardiaque et celle du coefficient de dissociation des sels expérimentés. Aux sels à acides minéraux, dont le coefficient de dissociation est le plus élevé (KCl, KNO³, KI, KBr), correspond le maximum d'action toxique pour le cœur. Aux sels dont le coefficient de dissociation est moindre [KClO³, K⁴Fe (CN)⁶] correspond une action déjà atténuée. Enfin, aux sels à acide organique, dont le coefficient de dissociation est encore moins élevé (formiate, acétate, lactate), correspond l'action dépressive cardiaque la plus faible, par rapport aux sels précédents.

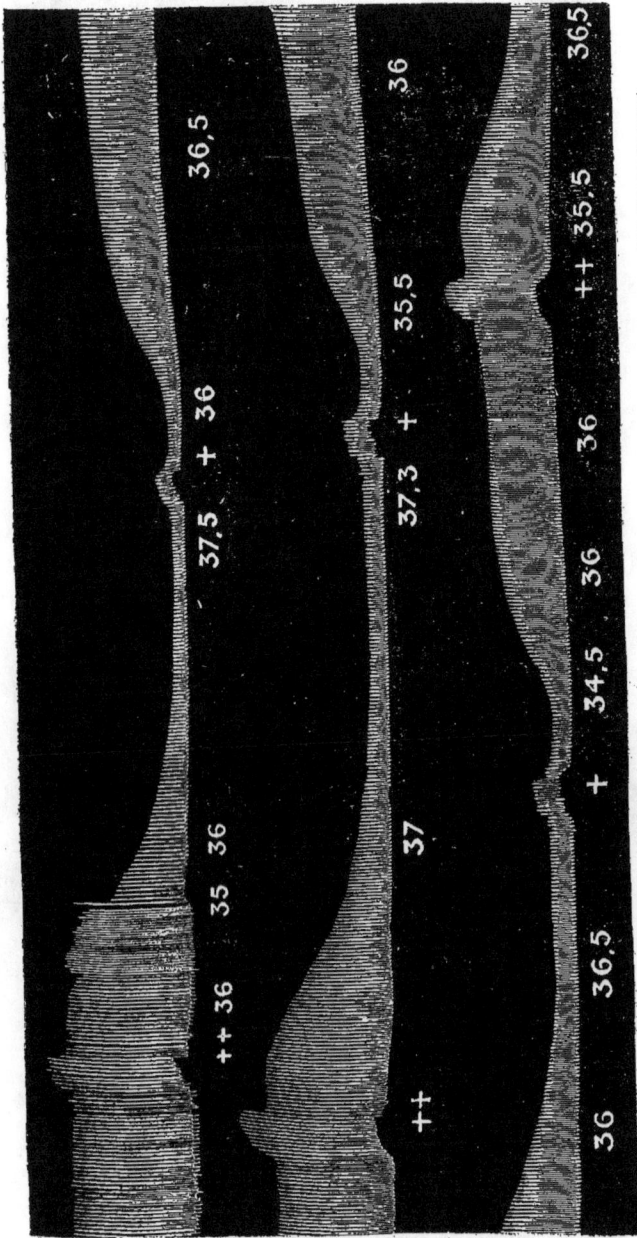

Fig. 104 — Cœur isolé de lapin : en + Solut. Ringer-Locke, en ++ Solut. Ringer-Locke additionnée de *Lactate de K* à 1,70 p. 1000 (Pachon-Busquet).

Fig. 105. — Cœur isolé de lapin : en + Solut. RINGER-LOCKE en ⊥ + Solut. RINGER-LOCKE additionnée de Formiate de K à 1,12 p. 1000 (PACHON-BUSQUET)

Toutefois il y a lieu d'examiner si, dans la détermination définitive du résultat observé, n'intervient pas, pour une part propre, l'anion du sel potassique. Aussi bien PACHON et BUSQUET ont-ils étudié, à ce point de vue, les divers sels de Na de même anion que les sels de K expérimentés. Il importait, en particulier, de rechercher si, dans le cas des sels les plus toxiques (KCl, KI, KBr, KNO³), l'anion ne possédait pas une action propre s'ajoutant à celle du K, et si, dans le cas des sels de toxicité moindre (2ᵉ et 3ᵉ groupes), l'anion ne masquait pas, grâce à une action de sens inverse, les effets dépresseurs et diastoliques du cathion K.

PACHON et BUSQUET ont donc répété les expériences faites avec les divers sels de K, en substituant à ceux-ci, dans chaque cas particulier, les doses équimoléculaires du sel correspondant de Na.

Dans ces conditions, ils ont pu constater, d'une part, que les chlorure, iodure, bromure, nitrate de Na, au titre $\frac{1}{74,5}$ normal dans le liquide de RINGER-LOCKE, ne manifestent pas d'action dépressive vis-à-vis du cœur. D'autre part, les chlorate, ferrocyanure, formiate, acétate et lactate de Na, au titre $\frac{1}{74,5}$ normal en solution de RINGER-LOCKE, non seulement ne produisent pas d'effet renforçant, comme cela a été démontré déjà pour le formiate par C. FLEIG, mais encore sont susceptibles, comme le lactate, ainsi que l'a indiqué BACKMAN, de produire, au contraire, un effet dépresseur.

Dès lors, dans les résultats, tout rôle propre de l'anion, aux concentrations moléculaires expérimentées, doit être mis hors de cause pour expliquer l'échelle de toxicité cardiaque des divers sels de potassium. PACHON et BUSQUET peuvent légitimement conclure. En résumé, l'étude d'une série de sels de potassium, dans lesquels le cation K exerce seul ou d'une façon prépondérante une action définie sur le cœur, montre que la grandeur de l'action toxique dépressive est variable pour les divers sels administrés à même concentration moléculaire. Ces sels se groupent suivant une échelle de toxicité, qui est en rapport étroit avec celle de leur dissociation électrolytique. Toute influence propre de l'anion, aux concentrations moléculaires expérimentées, doit être mise hors de cause. Il apparaît donc bien que c'est la teneur des solutions en potassium ionisé qui règle l'intensité de la réaction biologique, indépendamment de la teneur brute des solutions en potassium. En définitive, c'est la démonstration directe, sur un organe complet en fonctionnement physiologique, des rapports qui relient l'intensité des réactions biologiques à la grandeur des phénomènes d'ionisation.

L'intervention des ions dans le fonctionnement du cœur isolé, démontrée par PACHON et BUSQUET, a été confirmée par les recherches ultérieures de CAMIS sur la caféine et la théobromine. Cet expérimentateur a fait circuler alternativement dans le cœur isolé, d'une part, du liquide de RINGER-LOCKE et, d'autre part, du liquide de RINGER-LOCKE additionné de caféine ou de théobromine. On sait que ces substances sont des électrolytes dissociables. CAMIS a constaté que leur action toxique cardiaque est tout à fait parallèle à leur degré d'ionisation.

De points très divers de l'horizon biologique sont donc venues des preuves indubitables de l'intervention des ions chez les êtres vivants. Au plus haut degré cette notion intéresse la physiologie générale, puisque les liquides qui circulent au contact des éléments anatomiques contiennent de nombreux électrolytes, dont l'action sur les cellules est directement fonction de leur dissociation. Il est également d'une importance capitale, au point de vue de la pharmacodynamie et de la thérapeutique, de savoir que l'influence exercée par les agents médicamenteux est considérablement modifiée, suivant les conditions de dissociation électrolytique dans lesquelles se trouvent leurs éléments au sein d'une solution ou d'un mélange donné. Enfin la toxicologie peut tirer de la théorie d'ARRHENIUS des suggestions tout à fait inattendues relatives à l'antidotisme. On connaissait depuis longtemps des contrepoisons agissant par suite d'un antagonisme chimique ou physiologique vis-à-vis du toxique; il est permis, à l'heure actuelle, d'admettre l'existence d'antidotes qui agissent en faisant régresser l'ionisation du poison absorbé, ou en immobilisant l'ion libéré.

**Bibliographie.** — Arrhenius. *Ueber die Dissociation der in Wasser gelösten Stoffe* (*Zeit. f. phys. Chem.*, I, 1887, 631-648); *Ueber den Gefrierspunkt verdünnter wässeriger Lösungen* (*Zeit. f. phys. Chem.*, II, 1888, 491-505). — Bial. *Ueber die antiseptische Funktion des H-ions verdünnter Saüren* (*Zeit. f. phys. Chem.*, XL, 1902). — Bredig. *Ueber amphotere Elektrolyte und innere Salze* (*Zeitschr. f. Elektroch.*, VI, 1899-1900, 33). — Camis (M.). *Sur le rapport entre l'action cardiaque et la dissociation électrolytique de la caféine et la théobromine* (*Arch. ital. de Biol.*, LII, fasc. 3, 469). — Clark (J.-F.). *Electrolytic dissociation and toxic effect* (*Journ. of physical Chemistry*, III, 1899, 263). — Dreser. *Zur Pharmakologie des Quecksilbers* (*Arch. f. experim. Path. u. Pharm.*, XXXII, 1893, 456). — Gamgee. *Proceedings of the Royal Society*, LXX, 1902, 78. — Heald (F.-D.). *On the toxic effects of dilute solutions of acids and salts upon plants* (*The botanical Gazette*, XXII, 1896, 125). — Hardy (*Journal of physiology*, XXXIII, 1906, 251). — Kahlenberg (L.). *The relation of the taste of acid salts to their degree of dissociation* (*Journal of physical Chemistry*, IV, 1900, 33-37). — Kahlenberg (L.) et True (R.-H.). *On the toxic action of dissolved salts and their electrolytic dissociation* (*The botanical Gazette*, XXII, 1896, 81). — Loeb (J.). *Physiologische Untersuchungen über Ionenwirkungen* (*Pflüger's Archiv*, LXIX, 1898, 1-27 et LXXII, 457-476); *La dynamique des phénomènes de la vie*, trad. p. H. Daudin et G. Schœffer, 1 vol. Paris, Alcan, 1908. — Maillard (L.). *De l'intervention des ions dans les phénomènes biologiques. Recherches sur la toxicité du sulfate de cuivre pour le Penicillium glaucum* (*Journal de physiol. et de path. gén*, I, 1899, 651 et 673; *C. rend. Soc. Biol.*, L, 1898, 1210; *Bull. Soc. chim.*, XXI, 1899, 16; *Rev. gén. des Sc.*, X, 1899, 768). — Nasse (Otto). *Beiträge zur Physiologie der kontraktilen Substanz* (*Pflüger's Archiv*, II, 1869, 97). — Neilson (C.-H.) et Brown (O.-H.). *Further proof of ion action in physiological processes* (*American Journal of physiology*, XII, 1905, 374-386). — Pachon (V.) et Busquet (H.). *Contribution à l'étude de la mesure quantitative des actions d'ions sur les organes vivants et isolés. Grandeur comparée de l'action toxique exercée sur le cœur par des solutions équimoléculaires de divers sels de potassium* (*Journal de physiologie et de pathologie générale*, XI, 1909, 243-258). — *Communication préliminaire à l'Académie des sciences* (*C. R.*, 13 mai 1907). — Paul (Th.). *Untersuchungen über Theobromin und Koffein und ihre Salzbildung* (*Arch. f. Pharmacie*, CCXXXIX, 1900, 48-90). — Paul (Th.) et Krönig (B.). *Ueber das Verhalten der Bakterien zu chemischen Reagentien* (*Zeitschr. f. physikal. Chem.*, XXI, 1896, 414). — Krönig (B.) et Paul (Th.). *Die chemischen Grundlagen der Lehre von der Giftwirkung und Desinfektion* (*Zeitschr. f. Hygiene u. Infektionskrankh.*, XXV, 1897, 1). — Pauli-Handovsky (*Biochem. Zeitsch.*, XVIII, 1909, 340). — Richards (T.-W.). *The relation of the taste of acids to their degree of dissociation* (*American Chemical Journal*, XX, 1898, 121; *Journal of physical Chemistry*, IV, 1900, 207). — Sabbatani (L). *Calcium et citrate tri-sodique dans la coagulation du sang, de la lymphe et du lait* (*Atti della R. Accademia delle Scienze di Torino*, XXXVI, 18 nov. 1900. *Arch. ital. de Biol.*, XXXVI, 1901, 397). — *Fonction biologique du calcium*, 1re partie. *Action antagoniste entre le citrate tri-sodique et le calcium* (*Memorie della R. Accademia delle Sc. di Torino*, série II, LI, 267-305; *Arch. ital. de Biol.*, XXXVI, 1901, 416); — *Fonction biologique du calcium*, IIe partie. *Le calcium dans la coagulation du sang* (*Memorie della R. Accademia delle Sc. di Torino*, série II, LII, 15 juin 1902. *Arch. ital. de Biol.*, XXXIX, 1903, 333). — *Fonction biologique du calcium*, IIIe partie. *Action comparée des réactifs décalcifiants* (*Accademia Reale delle Scienze di Torino*, 1903-1904, 439-530. *Arch. ital. de Biol.*, XLIV, 1905, 361). — *La dissociation électrolytique et la toxicologie de l'argent, du cuivre et du mercure* (*Archivio di Psichiatria*, XXV, 1904 (4 planches). *Arch. ital. de Biol.*, XLIV, 1905, 215). — Soerensen (S. P. L.). *Enzymstudien (II); ueber die Messung und die Bedeutung der Wasserstoffionenkoncentration bei enzymatischen Prozessen* (*Biochem. Zeitschr.*, XXI, 1909, 131-200 et 201-304). — Stevens (F.-L). *The effect of aqueous solutions upon germination of fungers spores* (*The botanical Gazette*, XXVI, 1898, 377). — Walker. *Theorie der amphoteren Electrolyten* (*Zeitsch. f. physikal. Chemie*, XLIX, 1904, 82-94). — Winkelblech (*Zeitsch. f. physikal. Chemie.*, XXXVI, 1901, 516). — Wood et Hardy. *Electrolytes and colloids. The physical state of glutin* (*Proc. of the Royal Soc.*, (XXXI), 1909, 38-43).

V. PACHON ET H. BUSQUET.

**IPÉCA.** — (Voy. Émétine, v., 440-443).

**IPOHINE.** — Substance mal déterminée, extraite par HARTWICA et GEIGER de poisons de flèches (*Arch. Pharm.*, 1901, 497). Elle est associée à l'antiarine, la strychnine et la brueine. Son action serait analogue à celle de la digitoxine.

L'Ipog qui sert de poison de flèches aux Dayas de Bornéo (*Strychnos Wallichiana, Strychnos tieute, Strychnos Maingayi*) contient surtout de la strychnine.

**IPOMÉINE.** — ($C^{78}H^{132}O^{30}$). Glycoside extrait de *Ipomœa pandurata*. Avec les acides il donne de l'acide ipoméique ($C^{34}H^{62}O^{18}$). Une ébullition prolongée donne de l'acide valérianique. Il aurait des propriétés purgatives, moins que la convolvuline, plus que la Jalapine (POUCHET, *Précis de pharmacologie*, 1907-772).

**IRIDINE.** — Glycoside de la racine d'iris de Florence ($C^{24}H^{26}O^{13}$). Elle se dédouble en glycose et irigénine ($C^{18}H^{18}O^{8}$).

**IRIGÉNINE.** — Résultant de l'hydrolyse de l'iridine. En hydrolysant l'irigénidine, on obtient de l'acide iridique et de l'irétol.

**IRIS.** — En avant du corps ciliaire, la tunique moyenne de l'œil quitte le contact avec la tunique oculaire externe, et en est séparée par la chambre antérieure. A cette partie de la tunique moyenne on donne le nom d'« iris ». L'iris est donc une membrane qui flott au sein des liquides intra-oculaires. Périphériquement attachée au corps ciliaire par son « bord ciliaire », la membrane est percée d'une ouverture centrale, ronde (chez l'homme), la « pupille » ou prunelle, entourée par le « bord pupillaire » de l'iris.

Les rôles physiologiques de l'iris peuvent être rangés sous les trois chefs suivants :

1° C'est une membrane pigmentée, plus ou moins opaque, et à ce titre elle contribue à constituer le globe oculaire en chambre claire du physicien, la lumière ayant accès vers l'intérieur de l'œil à travers la pupille ;

2° L'iris est une membrane qui se distend et se contracte, modifiant incessamment le calibre de la pupille, selon qu'il y a intérêt à ce que la lumière pénètre dans l'œil en quantité plus ou moins grande (adaptation), et selon que les images rétiniennes des objets extérieurs doivent être plus ou moins nettes (rôle dioptrique) ;

3° Par sa face antérieure, l'iris joue un rôle absorbant important vis-à-vis de l'humeur aqueuse.

Nous rangerons les matériaux sous les rubriques suivantes :

1° Quelques détails anatomiques ;

2° Couleur de l'iris ;

3° La pupille, sa forme, sa grandeur. Pupillométrie ;

4° Le réflexe rétino-pupillaire ;

5° Le nerf oculo-moteur commun est le nerf sphinctéro-moteur. Tonus du muscle sphincter de la pupille. Nature du ganglion ciliaire. Origine mésencéphalique des fibres nerveuses pupillo-constrictrices ;

6° Voies optiques réflexes ;

7° Centre réflexe sphinctéro-moteur. Réaction pupillaire hémianopique ;

8° Réaction pupillaire associée à la convergence ;

9° Fibres nerveuses pupillo-dilatatrices. Tonus du ganglion cervical supérieur. Centre cilio-spinal, son tonus. Pupillo-dilatation paradoxale ;

10° Le nerf trijumeau et la pupille ;

11° Le réflexe pupillo-dilatateur dit douloureux ;

12° Effets pupillaires de l'excitation du cerveau : *a*) excitation artificielle ; *b*) activité psychique ;

13° Mécanismes iridiens des mouvements pupillaires. Muscle sphincter. Muscle dilatateur de la pupille. Rôle de l'élasticité iridienne dans la dilatation pupillaire. Rôle des vaisseaux iridiens dans les mouvements pupillaires. Tassements et chevauchements des tissus de l'iris lors des dilatations pupillaires. Théories mixtes de la dilatation pupillaire. Théorie de GRUENHAGEN. Théorie de Fr. FRANCK. Théorie d'ANGELUCCI ;

14° La pupille dans le sommeil ;

15° La pupille dans l'agonie;

16° La pupille dans l'asphyxie;

17° La pupille dans la narcose;

18° Mydriatiques et myotiques. Atropine. Cocaïne. Esérine. Pilocarpine.

19° Rôle absorbant de l'iris.

**1° Quelques détails anatomiques.** — L'épaisseur de l'iris varie dans des limites très larges, selon le degré de contraction ou d'étalement de la membrane. Le bord pupillaire repose sur le cristallin, qui le repousse un peu en avant, au-devant de l'insertion ciliaire. L'iris glisse donc sur le cristallin lors des variations incessantes du diamètre pupillaire. Entre le bord iridien et le cristallin, il y a une fente virtuelle pour le passage de l'humeur aqueuse hors de la chambre postérieure dans la chambre antérieure. Au devant de l'iris il y a la chambre antérieure; derrière elle la chambre postérieure, remplies toutes les deux d'humeur aqueuse. L'iris plonge donc continuellement dans l'humeur aqueuse.

Anatomiquement, l'iris est composé de deux parties très distinctes, différant aussi par leur origine embryogénique : l'une de provenance épiblastique, ectodermique, ou encore rétinienne, et l'autre d'origine mésoblastique.

La partie épiblastique ou rétinienne de l'iris est donnée par une double couche de cellules épithéliales pigmentées, qui en tapissent la face postérieure, passant l'une dans l'autre contre le bord pupillaire. On donne quelquefois le nom d' « uvée » iridienne à cette double couche épithéliale pigmentée. Ces deux couches représentent le segment antérieur de la vésicule optique secondaire. La couche superficielle, postérieure, est composée de grosses cellules polyédriques. Les cellules de l'assise profonde, en couche continue chez l'embryon, sont plus ou moins clairsemées chez l'adulte. Cette dernière couche donne naissance au muscle sphincter de la pupille et aux fibres de la couche de Bruch, c'est-à-dire du dilatateur de la pupille de certains auteurs.

La partie mésoblastique de l'iris constitue la majeure partie de ce qu'on appelle le corps ou stroma de la membrane. Ce stroma (de même que la choroïde) est en réalité une expansion de l'arachnoïde du cerveau. Il est composé de vaisseaux nombreux, puis d'une gangue cellulo-fibreuse reliant les vaisseaux, et dont la constitution varie beaucoup d'une espèce animale à l'autre. C'est un assemblage de cellules réticulées, pigmentées, à prolongements plus ou moins transformés en fibrilles. Ce tissu est très lâche. Si l'on en excepte les deux limitantes (où le tissu est plus condensé), il constitue avec les vaisseaux une éponge vasculaire très lâche. Suivant le plan médian de l'iris, ce tissu est même tellement raréfié chez l'homme qu'on est en droit de parler d'une fente interstitielle (incomplète) qui divise l'iris en deux feuillets, un antérieur et un postérieur. On pourrait considérer aussi les vaisseaux iridiens comme suspendus à peu près librement dans une fente centrale plus ou moins parfaite, délimitée par les deux limitantes. La face antérieure de l'iris est tapissée par un endothélium. Elle porte (chez l'homme) vers le bord ciliaire et vers le bord pupillaire des ouvertures ou stomates qui livrent accès à l'humeur aqueuse vers la fente interstitielle, aux fins de résorption.

Vers le bord pupillaire et jusque tout contre ce bord, les plans postérieurs de l'iris renferment un muscle indiscutable, à fibres contractiles lisses (chez les mammifères), disposées circulairement autour de la pupille. Ce « muscle sphincter de la pupille » a chez l'homme une étendue (radiaire) de 0mm40 à 0mm80, selon l'état de contraction de la pupille. Il est moins large quand la pupille est dilatée. L'épaisseur du muscle est de 0mm10 environ. Chez les carnassiers notamment, le muscle sphincter est notablement plus développé (que chez l'homme); il occupe jusqu'au tiers de toute l'étendue iridienne. Il est très développé chez la loutre et le castor, mais chez les herbivores et les rongeurs il n'atteint pas le développement qu'il a chez l'homme. — Chez les oiseaux et les reptiles, ses éléments contractiles sont striés.

Il résulte des recherches de Nussbaum ainsi que de celles de v. Szili, que nous avons pu confirmer, que le muscle sphincter dérive, embryogéniquement, de la rétine iridienne, c'est-à-dire de l'ectoderme, à peu près comme les fibres musculaires (lisses) des glandes sudoripares. Dès le quatrième mois lunaire, le feuillet antérieur de la rétine iridienne produit contre le bord pupillaire et en avant une évagination, dont les cellules se transforment en fibres musculaires lisses.

Un point toujours très discuté est celui des fibres musculaires lisses disposées radiairement dans l'iris, et dont l'action serait de dilater la pupille, alors que le sphincter la resserre. Ce serait un « muscle dilatateur de la pupille ». L'existence d'un tel dilatateur paraissait à certains auteurs nécessaire pour expliquer divers faits physiologiques, tandis que d'autres physiologistes croyaient pouvoir se passer d'un muscle dilatateur. Le combat pour ou contre l'existence d'un dilatateur date de loin. HENLE, le premier, crut pouvoir prendre comme tel une couche postérieure de l'iris, décrite par BRUCH, et qui se distingue du stroma iridien par une striation radiaire très manifeste. La membrane ou couche de BRUCH est immédiatement sous-jacente à la rétine iridienne. — En fait d'auteurs plus anciens, partisans d'un muscle dilatateur, citons MERKEL, et en fait d'adversaires du dilatateur, GRUENHAGEN, BOÉ, MICHEL, FUCHS, etc.

Le combat continuait, avec des fortunes diverses, lorsque GRYNFELLT (élève de VIALLETON) vint renforcer notablement l'opinion favorable à l'existence d'un dilatateur, en démontrant qu'embryogéniquement la membrane de BRUCH dérive du feuillet antérieur de la rétine iridienne. Cette provenance avait été, à la vérité, pressentie par RETZIUS ; mais GRYNFELLT-VIALLETON ont le mérite d'avoir démontré la réalité de la chose. Depuis lors, GRYNFELLT-VIALLETON ont été confirmés par divers auteurs (HEERFORD V. SZILI, LEVINSOHN, etc.), et l'origine rétinienne, c'est-à-dire épiblastique, des fibres de la membrane de BRUCH ne fait plus de doute. On ne discute plus que sur des points de détails, sur le plus ou moins d'indépendance des fibres de la membrane de BRUCH entre elles, sur le plus ou moins d'indépendance chez l'adulte, des fibres de la couche de BRUCH vis-à-vis de leur sol d'origine, c'est-à-dire vis-à-vis des cellules de la couche antérieure de la rétine iridienne, sur la continuité ou la non-continuité de cette couche elle-même, etc.

Le grand intérêt de cette filiation de la couche de BRUCH réside en ce fait que le muscle sphincter de pupille, dont la nature contractile est indiscutable, dérive, lui aussi, de la rétine iridienne. Dès lors la nature contractile des fibres de la membrane de BRUCH est très probable, attendu surtout que depuis longtemps on a relevé une analogie d'apparence entre les fibres de la membrane de BRUCH et les fibres contractiles lisses. En fait, tous les auteurs qui ont démontré que la membrane de BRUCH dérive de la rétine iridienne en admettant aussi la nature musculaire.

Bien que les voix contestant la nature musculaire de la couche de BRUCH soient, depuis GRYNFELLT-VIALLETON, devenues quelque peu hésitantes, elles ne sont pas devenues muettes (p. ex. GRUENHAGEN, ANGELUCCI). FRUGIUELE notamment conteste que les éléments de la membrane de BRUCH présentent les réactions micro-chimiques des fibres musculaires lisses.

Mais la question de la contractilité de la couche de BRUCH ne peut être pleinement discutée à fond que lorsque nous aurons pris connaissance de plusieurs autres faits, d'ordres divers.

GRYNFELLT voit dans la membrane de BRUCH une membrane contractile composée d'éléments imparfaitement distincts. Chez les divers mammifères, le muscle dilatateur et le muscle sphincter seraient, d'après lui, développés sensiblement l'un en raison de l'autre. Chez le phoque et la loutre par exemple, animaux à muscle sphincter très développé, le dilatateur serait aussi très épais. Chez l'homme, l'épaisseur du dilatateur est de 1-2 μ ; chez les primates, elle est de 2-3 μ ; chez le chien, de 13 μ ; chez le renard, de 20 μ ; chez les rongeurs, de 1-8 μ ; chez les cheirophères de 1 μ.

Une question importante est celle de l'élasticité de l'iris, et des fibres élastiques y contenues, attendu que certaines théories sur le mécanisme des mouvements de l'iris ont recours à cette élasticité. — Il résulte des recherches de KIRIBUCHI que l'iris est extrêmement pauvre en éléments élastiques. Plus exactement, le tissu propre, la couche de BRUCH et les vaisseaux en seraient totalement dépourvus. Seul le muscle sphincter renfermerait quelques rares et minces fibres élastiques.

Souvent on invoque aussi la contractilité des vaisseaux de l'iris comme facteur producteur de mouvements iridiens. Le fait est que les vaisseaux iridiens sont par extraordinaire totalement dépourvus d'éléments contractiles. Cela est bien établi pour l'homme, les Primates et les Carnassiers. Il y en aurait quelques traces chez le cheval (MUENK). — Au contraire, les vaisseaux de la choroïde, les rameaux perforants des artères ciliaires antérieures, les artères ciliaires longues, et le grand cercle artériel de l'iris, c'est-à-dire les artères afférentes de l'iris, sont munies de tuniques musculaires bien développées.

**2° Couleur de l'iris et apparences de sa face antérieure.** — La teinte globale d'un iris, telle qu'elle apparaît à l'œil nu, et à une certaine distance (1 mètre), varie considérablement d'un individu à l'autre. Il y en a de sombres, de clairs. Les sombres peuvent être très foncés, ou d'un brun plus clair. Les clairs sont plus ou moins grisâtres, mais toujours teintés à des degrés variables de jaune, de vert, de bleu. Ces différences de teinte sont au développement plus ou moins prononcé du pigment, surtout de celui du stroma. En lui-même, ce pigment semblerait toutefois en faire varier la teinte depuis le noir jusqu'au gris. D'où viennent donc les teintes jaunâtres, verdâtres et bleuâtres? Pour la plus large part, ce sont des couleurs d'interférence. Cependant le mécanisme intime de leur production n'est pas tout à fait élucidé.

Les iris bleus sont ceux dont le stroma renferme peu ou pas de pigment. La couleur bleue naît, en effet, chaque fois que nous regardons un fond obscur (ici le pigment rétinien) à travers un milieu translucide (ici le stroma iridien). Par exemple, si nous regardons des montagnes obscures à travers une épaisse couche d'air, celle-ci est teintée de bleu. La couleur bleue des veines de la peau semble être du même ordre de phénomènes ; en partie cependant, elle serait une couleur de contraste.

Les iris de tous les enfants nouveau-nés sont bleuâtres. Leur couleur fonce ensuite et devient de plus en plus sombre, grise, noirâtre, par suite du développement progressif du pigment dans le stroma iridien. Nul ou à peu près à la naissance, ce pigment commence à apparaître au neuvième mois de la grossesse, et se développe ensuite pendant les deux et trois premières années de la vie extra-utérine. Quant à la rétine iridienne, elle est pigmentée dès la naissance.

Chez le vieillard, la teinte de l'iris repasse au grisâtre, probablement parce que le stroma iridien se tasse, devient plus dense.

Chez les albinos, le pigment ne se développe ni dans le stroma, ni dans l'épithélium postérieur de l'iris — pas plus d'ailleurs que dans le reste de l'œil, dans la choroïde, par exemple. Leur iris paraît rougeâtre, et la pupille en rouge intense, non en noir.

Voici l'explication de ces apparences de la pupille. Dans un œil pigmenté, la lumière ne pénètre en quantité dans l'œil qu'à travers la pupille. Et, d'après la loi des foyers conjugués (voir **Dioptrique** et **Ophtalmoscopie**), cette lumière retourne à travers la pupille à la source lumineuse. Un œil observateur placé à côté de la lumière n'est donc pas touché par les rayons qui émergent de l'œil : la pupille observée lui paraît noire. Dans un œil non pigmenté, la lumière pénètre de tous côtés, à travers l'iris, la lérotique et la choroïde. Il en résulte qu'au jour cette rétine est éclairée dans toute son étendue, et que des rayons émergeants se dirigent, au sortir de la pupille, dans toutes les directions, notamment vers l'œil observateur, auquel la pupille observée paraît rouge.

Quant à la couleur rougeâtre de l'iris des albinos, elle est due à l'absence totale de pigment dans l'iris, qui laisse donc passer des rayons renvoyés par le fond de l'œil sur sa face postérieure. Et toutes ces lumières renvoyées sont rouges, parce qu'elles ont passé à travers les nappes sanguines de la choroïde et de l'iris.

En général, la quantité de pigment iridien est d'autant plus grande que le corps de l'individu est plus pigmenté dans son ensemble. Les iris sont noirs chez les nègres et chez les Européens bruns, à cheveux noirs. Les races blondes ont des iris clairs. Toutefois, on rencontre pas mal d'iris bleus chez les Afghans (bruns et à cheveux noirs). En Europe aussi, on peut trouver exceptionnellement des iris clairs, bleus, chez des bruns et *vice versa*. Ces anomalies semblent dénoter des croisements entre races blonde et brune. Il semble en être de même des « yeux vairons », l'un étant clair, l'autre sombre.

En regardant un iris de près, sa couleur n'apparaît plus uniforme, mais on y distingue des détails multiples, notamment une zone interne, pupillaire, large de 1 à 2 millimètres, relativement plus sombre dans les iris clairs, et relativement plus claire dans les iris sombres. On y distingue, surtout à la loupe, une foule de détails extrêmement variables d'un individu à l'autre, à tel point que BERTILLON a songé à s'en servir pour identifier les individus. Il y a des reliefs multiples et des enfoncements, des espèces de niches. Dans la zone externe, ciliaire, on voit généralement une ou deux saillies circulaires, qui se prononcent pendant la dilatation de la pupille. Certains des enfon‑ cements de la zone pupillaire sont de véritables stomates conduisant dans la fente interstitielle de l'iris.

Au microscope cornéen, on voit une série de côtes ou cordons grisâtres, parallèles, radiaires, passant d'une zone dans l'autre, et dont la plupart renferment des vaissseaux radiaires situés dans le feuillet antérieur de l'iris. — Dans la zone ciliaire surtout, on aperçoit chez pas mal de sujets des taches tranchant en noir sur le fond plus clair. Ces *nævi* semblent tenir à une accumulation locale plus dense du pigment du stroma. Ils peuvent rappeler plus ou moins des formes d'objets divers, de caractères d'impres‑ sion, qui souvent ont frappé l'imagination du public.

Au bord pupillaire, il y a chez l'homme un liséré brun noir. C'est la rétine iri‑ dienne qui se réfléchit un peu sur la face antérieure de la membrane. — Chez certains animaux (cheval, etc.), ce liséré se développe en des formations plus volumineuses, en des verrues proéminentes à la face antérieure de l'iris.

Le parenchyme de l'iris des *Oiseaux* renferme des gouttes graisseuses rouges, jaunes ou violettes, qui contribuent à donner à la membrane sa couleur, le plus souvent éclatante. Elle semble du reste d'autant plus claire que le milieu où l'oiseau vit est plus lumineux. Quant à la couleur elle-même, celle des oiseaux chanteurs est brune, celle de Rapaces est jaune, et celle des perroquets et des oiseaux aquatiques rouge.

Les iris des *Poissons* sont généralement d'un blanc plus ou moins argenté, couleur due à la présence de cristaux de guanine dans une espèce de « tapis » cellulaire. D'avant en arrière on y trouve une couche endothéliale, puis une couche fibrillaire, plus profon‑ dément les cellules remplies de guanine (l'argentine), et enfin le tissu propre de l'iris renfermant des cellules étoilées pigmentées et contractiles, de véritables chromatophores dont les contractions modifient la couleur iridienne sous l'influence de l'éclairage ambiant, tout comme la peau des poissons change de couleur dans les mêmes cir‑ constances.

3° **La pupille, sa grandeur et les variations de cette grandeur. Pupillomé‑ trie.** — Pour certaines constatations, il suffit d'observer à l'œil nu pour apprécier la grandeur de la pupille et les variations de cette grandeur. Mais dans beaucoup de circonstances, ce moyen est insuffisant. L'œil en effet est lui-même d'une mobilité très grande et il entraîne la pupille; de plus, souvent le bord pupillaire de l'iris ne tranche guère sur la pupille. Or, le diamètre pupillaire varie incessamment à l'état de veille, et ce sont ces variations, souvent rapides et peu excursives, qu'il s'agit de noter. Pour la mensuration prompte et exacte de la pupille, on a *inventé* de nombreux « pupillo‑ mètres », instruments qui servent à déterminer la « grandeur apparente » de la pupille, vue à travers le ménisque positif constitué par la cornée et l'humeur aqueuse. Cette grandeur apparente étant connue, on calcule au besoin la grandeur réelle (voir **Dioptrique**, p. 107).

Des pupillomètres assez rudimentaires font comparer la pupille avec des ouvertures circulaires de grandeurs diverses percées dans un écran (FOLLIN), ou servent à viser sur la pupille au-dessus d'une règle graduée, ou à travers un disque en verre portant une graduation (LAURENCE, GALEZOWSKI).

Des instruments plus sérieux sont ceux de COCCIUS, de DOYER, de LANDOLT, etc., dont toutefois aucun ne répond à tous les *desiderata*. On trouvera chez LANDOLT des détails sur les divers pupillomètres. Celui de cet auteur est encore un des meilleurs. Il se sert de deux prismes identiques superposés, l'arête de l'un correspondant à la base de l'autre. La pupille, regardée à travers les deux prismes, paraît double. Pour une certaine distance des prismes à l'œil, les deux images se touchent. A l'aide de l'angle des prismes et de la distance des prismes à l'œil, lorsque les doubles images se touchent, on calcule la grandeur réelle de la pupille. L'avantage de cet instrument est que les mensurations ne sont pas influencées par les mouvements de l'œil.

La méthode photographique a été inaugurée par BELARMINOW avec grand succès pour l'étude expérimentale de ces phénomènes sur l'animal (voir plus loin).

Pour certaines observations, par exemple, celles des variations pupillaires dépendant de la respiration ou des pulsations cardiaques, on se sert avec avantage de la méthode endoscopique. A travers un mince trou piqué dans un écran opaque et placé dans le foyer antérieur de l'œil (à 13 mm. environ au-devant de la cornée), on regarde sur une surface uniformément éclairée, par exemple, le ciel. On voit un cercle clair, l'image diffuse de la pupille. Ce cercle s'élargit si l'on couvre le second œil; il se rétrécit si l'on découvre le second œil (réflexe lumineux, voir plus loin). On y peut voir des variations pupillaires synchrones avec la respiration, et même avec les pulsations cardiaques.

La pupille n'est pas toujours percée au centre de l'iris; il n'est pas rare de la voir un peu excentrique, le plus souvent vers le nez.

Les deux pupilles sont généralement égales — à l'état physiologique naturellement — : il y a « isocorie ». L' « anisocorie » n'est pas cependant très rare. Dans ce cas, le plus souvent les yeux diffèrent également sous d'autres rapports, sous celui de la réfraction.

La grandeur de la pupille peut varier entre des limites très larges, depuis un millimètre, et moins, de diamètre, jusqu'à égaler presque l'étendue cornéenne. Une pupille resserrée est dite « miotique », en « miose »; la pupille dilatée est dite en « mydriase ». De plus, à l'état de veille, cette grandeur varie presque constamment, par le fait de toutes sortes d'influences incessamment variables, et dont les unes tendent à la resserrer (par une dilatation de l'iris), les autres à la dilater (par un resserrement de l'iris). A un moment donné, son diamètre est l'expression d'un équilibre très instable entre ces deux sortes d'influences. Il suffit du renforcement ou de l'affaiblissement d'un quelconque de ces facteurs pour faire varier le diamètre pupillaire.

Pour réaliser un équilibre pupillaire un peu stable, il faut donc maintenir constantes les influences en question. Il faut notamment éviter toute activité cérébrale, toute excitation nerveuse quelconque, toute variation de l'éclairage; de plus, il faut que l'éclairage ait été maintenu constant depuis un certain temps. Dans ces conditions, le diamètre pupillaire est toujours le même chez le même individu, l'éclairage ambiant pouvant d'ailleurs varier entre certaines limites assez larges.

A un éclairage moyen, la pupille a toujours la même grandeur chez le même individu. Or, dans des conditions identiques, rien n'est plus variable que la grandeur pupillaire considérée chez divers individus. Ces différences sont réglées notamment par l'âge.

La pupille du nouveau-né est très petite, presque punctiforme, même dans l'obscurité. Après quelques mois, le diamètre pupillaire augmente, et cela progressivement avec l'âge. Vers trois-à-quatre ans, il atteint un maximum. Dès l'adolescence, il diminue de nouveau progressivement avec l'âge. Chez le vieillard, l'ouverture pupillaire est redevenue très petite, surtout chez les hypermétropes, à tel point qu'elle joue le rôle de trou sténopéïque (voir **Dioptrique**, p. 108), et permet quelquefois la lecture sans l'aide de verres convexes, malgré l'hypermétropie.

Chez l'enfant, les influences pupillo-dilatatrices n'agissent guère; les cérébrales n'agissent même pas du tout. Le rétrécissement chez le vieillard semble tenir en majeure partie à la perte de l'élasticité de l'iris, en vertu de laquelle les influences dilatatrices produisent un moindre effet.

De ce qui précède, il ne faudrait pas cependant inférer que la pupille a la même grandeur chez tous les individus du même âge. Comme nous allons le voir, cette grandeur dépend de trop d'éléments variables d'un individu à l'autre, pour qu'il en soit ainsi.

C'est la zone pupillaire de l'iris qui varie le plus en étendue radiaire, lors des variations pupillaires. La portion ciliaire varie moins; les saillies circulaires de sa face antérieure se prononcent lors de la dilatation.

On se fait difficilement une idée du chevauchement des tissus et de leur tassement en cas de dilatation maximale de la pupille. Nous y reviendrons plus loin. Ces mouvements sont rendus possibles, mécaniquement, grâce à la suspension libre de l'iris dans les espaces aquifères intra-oculaires, qui jouent ici le rôle d'espaces séreux, à peu près comme l'espace pleural vis-à-vis du poumon. Les mouvements d'expansion et de retrait de l'iris ressemblent du reste beaucoup à ceux du poumon.

Lorsque la pupille n'est pas fort dilatée, le bord pupillaire de l'iris et une zone avoisinante plus ou moins grande de la face iridienne postérieure glissent sur le cristallin. Ce dernier pousse même un peu le bord pupillaire en avant, et tend la membrane à la manière d'une tente. L'iris est ainsi soutenu, tendu plus ou moins, et la pupille un peu dilatée. Après extraction du cristallin, cette tension cesse, et l'iris peut trembloter lors des mouvements de l'œil ; la pupille est alors plus resserrée ; de plus ses divers mouvements sont moins excursifs. Lorsque la pupille est fort dilatée, le bord pupillaire a quitté le contact avec le cristallin ; de là l'utilité de l'atropine dans les inflammations de l'iris : la mydriase empêche la formation d'adhérences entre l'iris et le cristallin, adhérences qui peuvent avoir des conséquences graves.

*La pupille chez les divers animaux.* — Chez les divers vertébrés, sauf de rares exceptions, la pupille est ronde à l'état de dilatation (à l'obscurité), et dans la plupart des espèces elle reste telle à l'état de resserrement, à la lumière. Dans certaines espèces, elle prend toutefois, lors du resserrement, la forme d'un ovale ou d'une fente. Cette fente est horizontale chez les herbivores, la marmotte, la baleine, le kangourou, les raies, les requins et beaucoup de serpents. Elle est verticale chez le chat et beaucoup de carnassiers, le crocodile, quelques serpents, le geeko. Chez la grenouille et la salamandre, la pupille miotique est plus ou moins rhombique ; celle du dauphin est cordée. Chez l'*Anableps*, un poisson, la pupille est séparée en deux par un pont cornéen horizontal et opaque. Chez d'autres poissons, la pupille dépasse temporalement les limites du cristallin, de sorte que de la lumière pénètre dans l'œil sans passer par le cristallin.

Les mouvements pupillaires sont plus ou moins énergiques selon les espèces animales. Très prononcés chez les Singes et les Carnassiers, ils le sont peu chez les Herbivores, les Solipèdes, les Rongeurs. En général, ils le sont d'autant plus que le muscle sphincter de la pupille est plus développé. Chez les Oiseaux et les Reptiles, dont les fibres contractiles iridiennes (circulaires et radiées) sont striées, les réactions pupillaires sont excursives et rapides. Chez les Batraciens et les Poissons Téléostéens, elles sont peu prononcées, alors qu'elles sont bien énergiques chez les Raies et les Requins.

A la clarté, les pupilles des Raies, des Requins et des Crocodiles, ainsi que celles de certains serpents (vipère, boa) et du geeko, sont resserrées en fentes linéaires tellement étroites qu'on peut se demander si elles laissent passer de la lumière (Th. Beer). Ce sont là des animaux à mœurs nocturnes, qui reposent le jour et chassent de préférence la nuit, alors que la pupille est largement dilatée. Il en est du reste plus ou moins de même des hiboux et même du chat (animal nocturne également), ainsi que des Céphalopodes (Th. Beer). Chez tous ces animaux, la pupille se resserre du reste fortement (plus que chez l'homme) sous l'influence d'une très faible lumière. La lumière d'une allumette suffit pour contracter en fente minime la pupille du requin dilatée dans l'obscurité.

**4° Le réflexe lumineux ou réflexe rétino-pupillaire.** — La pupille se resserre momentanément si l'éclairage de l'œil vient à augmenter passagèrement ; elle se dilate pour quelque temps si l'éclairage vient à diminuer passagèrement ; puis elle revient à son diamètre primitif.

Si l'augmentation ou la diminution de l'éclairage est durable, la variation pupillaire est encore passagère, aussi longtemps que l'éclairage se maintient entre certaines limites. Ce n'est que lorsque les variations durables de l'éclairage sont excessives, que la pupille reste modifiée d'une manière permanente, et cela d'autant plus que l'éclairage a varié davantage. Dans l'obscurité, la pupille de l'homme éveillé est fort dilatée ; elle reste resserrée dans un éclairage excessif.

Les limites de cet « éclairage moyen », sont respectivement 100 et 1100 bougies (Schirmer), c'est-à-dire assez larges. Une variation de l'éclairage venant à se produire, le mouvement pupillaire commence environ une demi-seconde plus tard, puis il s'exécute, mais le resserrement plus rapidement que la dilatation. La constriction n'exige que trois dixièmes de seconde, tandis que la dilatation demande une demi-seconde. Dans les limites de l'éclairage moyen, ces durées sont entre elles environ comme 2 : 3, tout au plus comme 1 : 2.

On procède avec avantage à ces déterminations en fermant un œil, tandis qu'on couvre et qu'on découvre alternativement l'autre. On peut aussi y procéder par la voie entoptique.

Tout autres sont les temps exigés pour que la pupille revienne à son diamètre normal, lors des variations *durables* de l' « éclairage moyen ». Qu'on vienne, par exemple, à augmenter l'éclairage (entre 100 et 1100 bougies), les deux pupilles se resserrent, puis mettent cinq minutes environ (Schirmer) pour reprendre leur diamètre initial. Qu'on vienne au contraire à diminuer l'éclairage, les pupilles dilatées mettent 20 à 25 minutes pour revenir à leur diamètre initial. Ici, c'est donc le resserrement qui demande plus de temps que la dilatation.

On remarquera de plus que lorsque, par suite d'une variation de l'éclairage, la pupille exécute un mouvement rapide, elle dépasse toujours le but, ou plutôt elle exécute autour de son nouvel équilibre une série de petites *oscillations* qui vont diminuant en excursion, et auxquelles on donne le nom de *hippus*.

Les mouvements pupillaires qui s'exécutent en dedans des limites de l'éclairage moyen réalisent une espèce d'adaptation de l'œil à des éclairages variables; ils tendent en effet à ramener l'éclairage du fond de l'œil vers l'intensité la plus favorable à la vision. Cette adaptation pupillaire doit être mise en rapport avec l'adaptation rétinienne.

On sait en quoi consiste la dernière, l'adaptation rétinienne (voir **Rétine**). Si l'on passe d'un endroit plus ou moins obscur dans un autre plus éclairé, au premier abord on voit fort mal; l'acuité visuelle remonte ensuite. De même si l'on passe d'un endroit clair dans un obscur. Dans l'un et l'autre cas, un mécanisme rétinien adapte la rétine au nouvel éclairage. En cas d'augmentation de l'éclairage, la sensibilité aux différences d'éclairage diminue, tandis qu'elle augmente en cas de diminution de l'éclairage. Cette adaptation est réellement indépendante du diamètre pupillaire.

Mais l'adaptation rétinienne est fort lente à se produire; elle y met 15 à 25 minutes, c'est-à-dire précisément le temps qu'il faut à la pupille pour revenir à sa grandeur initiale. Avant que l'adaptation rétinienne ne se soit produite, les mouvements pupillaires ont rapidement, dans une certaine mesure, remédié passagèrement aux inconvénients visuels résultant de la non-adaptation de la rétine à l'éclairage ambiant. Cette adaptation pupillaire se produit brusquement, en une fraction de seconde, contre 15 à 25 minutes exigées par l'adaptation rétinienne. Une fois la dernière obtenue, l'autre, la provisoire (et moins exacte, la pupillaire), n'a plus de raison d'être : la pupille revient à son diamètre initial.

De ce qui précède, il résulte donc ce fait curieux que, selon l'état momentané de l'adaptation rétinienne, **un même éclairage peut soit dilater, soit resserrer la pupille :** soit un œil adapté pour un éclairage de 400 bougies; sa pupille se resserre pour 500 bougies; si au contraire, l'œil (c'est-à-dire la rétine) est adapté pour 600 bougies, sa pupille se dilate pour 500 bougies.

*Le resserrement pupillaire sous l'influence de la lumière est un acte réflexe*, au moins chez les vertébrés supérieurs. Les éléments de ce réflexe sont assez bien connus. La voie nerveuse centripète en est le nerf optique, le centre réflexe est le noyau d'origine du nerf oculo-moteur commun, la voie centrifuge est nerf oculo-moteur commun, et le muscle en cause est le sphincter de la pupille. Le réflexe continue à se produire chez l'animal privé des hémisphères cérébraux.

*Le réflexe* rétino-pupillaire est *bilatéral*. — Chez l'homme, l'éclairement d'un œil resserre les deux pupilles. Si donc on veut mettre le réflexe en évidence, il faut commencer par couvrir les deux yeux : en découvrant ensuite l'un, on voit sa pupille (dilatée préalablement dans l'obscurité) se resserrer. Pour observer le resserrement réflexe, on peut aussi mettre l'examiné dans une faible obscurité, puis éclairer fortement un œil : à l'aide d'un ophtalmoscope, ou d'une lentille convexe, on concentre brusquement sur un œil la lumière d'une lampe placée à côté du sujet examiné. — Pour l'étude de certaines de ces questions, l'observation entoptique de la pupille a rendu des services.

On distingue donc le réflexe pupillaire *direct* et *l'indirect* : le premier est produit par l'éclairement de l'œil dont la pupille se contracte, le second par l'éclairement de l'autre œil. La section d'un nerf optique supprime dans cet œil le réflexe direct, et laisse persister l'indirect. La section d'un nerf oculo-moteur les supprime tous les deux dans l'œil correspondant.

La réaction pupillaire indirecte est égale à la directe. — D'après Bach toutefois, le photo-réflexe provoqué par l'éclairement d'un œil ne serait égal sur les deux yeux que si on l'examine à un éclairage instantané; si l'on éclaire plus longtemps un seul œil ou plus fortement un œil, la pupille de cet œil serait un peu plus petite que l'autre.

Sauf cette dernière réserve il y a donc généralement « isocorie », à moins que les deux yeux diffèrent sous d'autres rapports, par exemple par leur réfraction. Nous savons que l'œil myope a généralement la pupille plus grande, et que l'œil hypermétrope l'a plus petite que l'œil emmétrope.

A part ceci, on peut dire que l' « hétérocorie » dénote généralement un trouble, soit dans les nerfs moteurs de la pupille (ou dans leurs noyaux d'origine), soit dans les muscles iridiens. Elle ne peut pas résulter d'un trouble dans la voie centripète optique. — BACH toutefois, suivant ce qui est dit plus haut, prétend qu'en cas d'atrophie d'un nerf optique, la pupille de ce côté serait un peu plus dilatée que sa congénère. Nous pouvons confirmer le fait.

Signalons enfin que le miosis (bilatéral) provoqué par l'éclairement d'un œil augmente encore un peu si on découvre le second œil.

Les divers éléments rétiniens n'ont pas un égal pouvoir pupillo-constricteur. Pour être bien efficace, la lumière doit tomber sur le centre rétinien, sur la *fovea* ou au moins sur la *macula lutea*. Sur la périphérie rétinienne, ce pouvoir diminue rapidement et semble faire totalement défaut à l'extrême périphérie.

En ce qui regarde le pouvoir pupillo-moteur des différentes lumières, il est le plus fort pour les rayons jaunes.

*La photo-réaction pupillaire chez les animaux.* — Chez tous les animaux, avons-nous dit, on constate le photo-réflexe pupillaire. Chez tous aussi existe la photo-réaction pupillaire directe. Il n'en est pas ainsi du photo-réflexe indirect : le réflexe n'est bilatéral que chez les animaux à entre-croisement incomplet des fibres des nerfs optiques, tels les singes, les carnassiers. Le lapin fait toutefois exception à cette règle : bien que l'entre-croisement soit partiel chez lui, la photo-réaction pupillaire indirecte fait défaut. Chez les oiseaux, les reptiles, les poissons et les batraciens, animaux à entre-croisement complet des nerfs optiques, le réflexe n'est pas bilatéral, il n'est que direct.

D'après certains auteurs, la photo-réaction pupillaire des oiseaux pourrait consister soit en un resserrement, soit en une dilatation pupillaire. Une lumière apparaissant dans la partie nasale du champ visuel resserrerait la pupille (du même côté), dans la partie temporale : elle dilaterait la pupille.

La photo-réaction pupillaire est donc un réflexe. On n'en constate plus de trace sur l'œil énucléé. Cela n'est toutefois vrai que chez les vertébrés supérieurs (mammifères et oiseaux). Chez certains poissons, l'anguille, le *Lophius*, etc., ainsi que chez les batraciens, et, paraît-il, chez certains reptiles, la réaction de la pupille à la lumière est réflexe, comme chez l'homme, et mi-partie un effet local, produit par une action que la lumière exerce sur l'iris (BROWN-SÉQUARD, H. MUELLER, STEINACH, NEPVEU). — L'œil excisé de l'anguille étant placé en pleine lumière, sa pupille se resserre; dans la partie qui est à l'obscurité elle se dilate si elle a été préalablement resserrée par l'exposition à la lumière. — Des traces du phénomène se produisent même sur l'iris excisé.

Et comme la membrane ne renferme pas, dit-on, de cellules nerveuses, on admet qu'il s'agit là d'une action exercée par la lumière sur les éléments contractiles eux-mêmes. — L'éclairage localisé en un point de l'iris, à l'aide d'une lentille par exemple, n'est toutefois actif que s'il tombe sur le bord pupillaire de l'iris (STEINACH), qui renferme le sphincter. Il survient d'abord une contraction locale, à l'endroit éclairé, et qui s'étend ensuite sur tout le pourtour de l'iris.

Dans l'iris doué de cette réaction lumineuse locale, les fibres musculaires du sphincter renferment dans leur substance contractile des granulations pigmentaires noires. STEINACH suppose que ce serait en agissant sur ces grains noirs que la lumière exciterait la substance contractile.

Il y a lieu de rappeler à ce propos que d'après des expériences de D'ARSONVAL, la lumière constitue dans certaines circonstances un excitant pour les muscles.

G. MARENGHI prétendit récemment que chez le lapin auquel on a coupé le nerf optique, le réflexe rétino-pupillaire (direct) serait conservé dans une certaine mesure. Il suppose un rapport nerveux direct entre la rétine et l'iris. SCHREIBER estime que les variations de la pupille observées réellement dans les conditions indiquées par MARENGHI sont un réflexe oto-iridien, dû à ce qu'on soulève et soutient l'animal par les oreilles.

Précisons maintenant un peu mieux les trois parties intervenant dans le réflexe rétino-sphinctérien, à savoir le nerf- moteur, la voie centripète et le centre réflexe.

5° **Le nerf oculo-moteur commun est le nerf sphinctéro-moteur.** — Il résulte des recherches de tous les auteurs, non seulement que le nerf III est le nerf moteur du muscle sphincter de la pupille, mais encore que c'est le seul nerf sphinctéro-moteur. Ces voies motrices passent toutes par le ganglion ciliaire ou ophtalmique, puis gagnent l'intérieur de l'œil par des nerfs ciliaires courts.

A première vue, rien ne paraît plus simple que la recherche du nerf animant un muscle : sa section doit paralyser le muscle (en l'espèce, dilater la pupille), et l'excitation de son bout périphérique doit contracter le muscle (c'est-à-dire ici resserrer la pupille).

La démonstration des propositions précédentes s'est toutefois heurtée sur le terrain iridien à de nombreuses difficultés, qui n'ont été vaincues que récemment. Voici comment.

Pour un nerf moteur ordinaire, la voie nerveuse motrice périphérique est constituée par un seul axone, étendu depuis le noyau d'origine cérébro-spinal du nerf jusqu'au muscle. Mais les voies sphinctéro-motrices, analogues en cela à toutes les voies motrices sympathiques, ne sont pas aussi simples. Les voies motrices sympathiques naissent toutes dans la substance grise de la moelle, mais, dans leur trajet elles sont interrompues par des cellules nerveuses, c'est-à-dire que ces voies motrices sont composées de deux (ou de trois) neurones superposés, articulés entre eux. Les voies motrices sympathiques sont interrompues dans les ganglions sympathiques. De même toutes les voies sphinctéro-motrices sont interrompues dans le ganglion ciliaire. Elles sont composées chacune de deux neurones moteurs, l'un plus central, étendu depuis le noyau (mésencéphalique) de l'oculo-moteur jusque dans le ganglion ciliaire, l'autre périphérique, étendu depuis ce ganglion jusqu'au muscle. Les cellules du premier neurone sont certaines cellules du noyau d'origine du nerf III, les cellules du second neurone sont celles du ganglion ciliaire. Les deux s'articulent ensemble, à la manière habituelle, dans le ganglion ophtalmique.

Souvenons-nous maintenant que les cellules nerveuses cessent leurs fonctions, sous l'influence d'un arrêt de la circulation par exemple, bien avant les fibres nerveuses, et nous comprendrons les résultats pupillaires extraordinaires, contradictoires même, obtenus par les auteurs qui ont expérimenté sur le nerf III.

La section du nerf III dans le crâne, outre qu'elle paralyse tous les muscles striés innervés par ce muscle, dilate la pupille, souvent après un resserrement initial (traumatique?) survenant à l'instant de la section. La pupille est maintenant immobile ou à peu près; le réflexe lumineux est totalement supprimé. Il en est de même, chez l'homme, de la pupillo-constriction synergique avec la convergence, en cas de paralysie du nerf III. Enfin, les réflexes pupillo-dilatateurs (périphériques et cérébraux) sont abolis. — Les mêmes effets résultent de l'extirpation (et de la paralysie nicotinique du ganglion ciliaire, ainsi que de la section des nerfs ciliaires courts. Seulement la dilatation est alors plus forte que dans le cas de paralysie ou de section du tronc du nerf III. Le ganglion ciliaire exerce-t-il donc un certain tonus automatique sur le sphincter ?

Les effets pupillaires de l'excitation électrique du bout périphérique du nerf III ont donné lieu à beaucoup de discussions. HERBERT MAYO (1823) le premier a obtenu un resserrement de la pupille par l'excitation du tronc du nerf. Mais ni CL. BERNARD, ni LONGET n'obtinrent des résultats identiques. Aux mains de CL. BERNARD, l'excitation du tronc ne donna pas d'effet pupillaire, tandis que celle des nerfs ciliaires courts produisit une constriction pupillaire énergique. D'autres auteurs (BALLIT et CONSIGLIO, ANGELUCCI) trouvèrent l'excitation du nerf inefficace, ou à peu près, si elle est portée dans l'espace interpédonculaire ; mais ils obtinrent une forte constriction de la pupille en excitant le nerf dans le sinus caverneux. ANGELUCCI soupçonna que dans ce dernier cas, l'excitation aurait en réalité porté sur les nerfs ciliaires courts.

LANGENDORFF enfin montra qu'une excitation intracranienne de l'oculo-moteur commun, sur l'animal bien vivant, fait contracter tous les muscles innervés par le nerf, y compris le sphincter de la pupille. Mais, très tôt après la mort, la même excitation, tout en contractant les muscles striés innervés par le nerf, est sans effet sur les muscles intra-oculaires, lisses, le muscle ciliaire et le constricteur de la pupille. Dans ces dernières circonstances (mort par hémorragie, par exemple), l'excitation des nerfs courts contracte encore fortement la pupille. — Ces résultats obtenus par LANGEN-DORFF semblent le mieux résumer les choses. Elles sont conformes à tout ce que nous savons de la morphologie des voies sphinctéro-motrices. Chez l'homme aussi, la paralysie complète du nerf III, par un processus siégeant sur son trajet extra-cérébral, dilate fortement la pupille, et en produit l'immobilité.

Les résultats si variables de l'excitation du nerf III s'expliquent en ce que le ganglion ophtalmique, comme d'ailleurs tous les ganglions, cesse ses fonctions très tôt après l'arrêt de la circulation, longtemps avant les fibres nerveuses. Enfin, l'empoisonnement du seul ganglion ciliaire par la nicotine (LANGLEY et DICKINSON, LANGLEY et ANDERSOHN, LANGENDORFF, MARINA), ou encore l'injection de nicotine dans l'orbite, aux environs du ganglion (HIRSCHBERG, MARINA), chez les mammifères supérieurs, a les mêmes effets pupillaires que la section du nerf oculo-moteur commun.

Ce faisceau de faits démontre que les voies sphinctéro-motrices se comportent absolument comme n'importe quelle voie motrice du grand sympathique.

Toutes les voies motrices sphinctériennes sont donc interrompues dans le ganglion ophtalmique. Au delà du ganglion, elles suivent la voie des nerfs ciliaires courts, qui au nombre de cinq ou six abordent l'œil par son pôle postérieur, autour du nerf optique. D'après FR. FRANCK, il se pourrait que l'un ou l'autre de ces nerfs n'en renfermât pas. Il résulte aussi des recherches de CL. BERNARD, confirmées par d'autres auteurs, que chaque nerf ciliaire innerve seulement un segment du sphincter, celui situé de son côté, absolument comme les nerfs ciliaires sensibles innervent chacun un segment correspondant (de la cornée notamment).

*Nature du ganglion ophtalmique ou ciliaire.* — Nous avons à rendre compte de diverses expériences qui ont abouti à la conclusion que les voies sphinctéro-motrices présentent toutes une interruption cellulaire dans le ganglion ophtalmique. En second lieu se pose la question de savoir si toutes les cellules du ganglion appartiennent à des neurones sphinctéro-moteurs, si peut-être quelques-unes ne sont pas intercalées sur le trajet des fibres sensibles. Cela nous mène à la question de savoir si le ganglion doit être envisagé tout ou partie comme un ganglion sympathique, ou bien comme l'homologue d'un ganglion intervertébral, p. ex. du ganglion de GASSER.

*a)* D'abord, toutes les voies sphinctéro-motrices passent par le ganglion, car son extirpation produit les mêmes phénomènes pupillaires que la section du nerf III (ou de tous les nerfs ciliaires courts).

*b)* Les voies sphinctéro-motrices du tronc nerveux sont toutes interrompues dans le ganglion : cela résulte des expériences d'APOLANT, confirmées par MARINA et LODATO. APOLANT trouva que la dégénérescence descendante des fibres du tronc, consécutive à la section du nerf III dans l'espace interpédonculaire, se propage jusqu'au ganglion, mais ne dépasse pas cette limite, ne s'étend pas dans les nerfs ciliaires courts. Les axones sphinctéro-moteurs, issus du noyau de l'oculo-moteur, ne dépassent donc pas le ganglion. Inversement, l'éviscération de l'œil ou la section des nerfs ciliaires (MARINA, BACH) n'est suivie de dégénérescence rétrograde que jusqu'au ganglion.

Nous avons dit que l'injection de nicotine dans l'orbite, ou son application directe sur le ganglion, produit passagèrement les mêmes effets pupillaires que l'ablation du ganglion ou la section du tronc du nerf III. Or, d'après les recherches de LANGLEY et de ses élèves, la nicotine n'entame pas le fonctionnement des fibres nerveuses, mais elle abolit celui des cellules nerveuses. Après empoisonnement du ganglion ciliaire, l'excitation du tronc du nerf III ne resserre plus la pupille, tandis que l'excitation des nerfs ciliaires a encore cet effet.

Ces deux ordres d'expériences prouvent l'un et l'autre que toutes les voies sphinctéro-motrices sont interrompues dans le ganglion.

*c)* Certaines cellules du ganglion n'appartiennent-elles pas à des fibres sensibles, qui rejoindraient le ganglion par sa longue racine? — De telles fibres pénètrent certainement dans le ganglion; mais, au dire de MICHEL notamment, elles le traverseraient sans être interrompues par des cellules.

Cependant, BERNHEIMER, après avoir cautérisé chez le singe les plans antérieurs de la cornée, sans perforer la membrane, trouva un certain nombre de cellules du ganglion en chromolyse. Il conclut donc que certaines cellules au moins du ganglion ciliaire seraient du type intervertébral. A cela BACH répond que cette expérience ne prouve rien. D'abord, la cautérisation de la cornée est suivie de graves altérations iridiennes (inflammation de l'iris), qui pourraient intéresser les fibres nerveuses motrices. En second lieu, un certain nombre de cellules du ganglion le plus normal présentent toujours l'apparence chromolytique. Après cette même cautérisation de la cornée (chez le lapin et le chat) BACH n'a pas trouvé de différence entre le ganglion correspondant et le ganglion normal.

Soit dit en passant, la seconde de ces remarques de BACH tend à enlever aussi toute force démonstrative à l'expérience d'ANGELUCCI, qui a trouvé de la chromolyse dans une petite partie des cellules du ganglion ciliaire, soit après section du trijumeau, soit après enlèvement du ganglion de GASSER, soit enfin après extirpation du ganglion sympathique cervical supérieur.

Ce qui précède ébranle fortement l'opinion de ceux qui, avec SCHWALBE, voient dans le ganglion ophtalmique l'homologue d'un ganglion intervertébral. Les ganglions intervertébraux sont en effet affectés à des nerfs sensibles, et leurs cellules sont unipolaires ou bipolaires. Or les cellules du ganglion ciliaire ne sont ni uni- ni bipolaires. Elles sont multipolaires (RETZIUS, D'ERCHIA, MICHEL), analogues à celles des ganglions du grand sympathique.

MICHEL a au surplus étudié, par la méthode de GOLGI, les arborisations terminales des fibres du nerf III autour des cellules du ganglion.

Le ganglion ophtalmique serait donc sympathique, et exclusivement moteur, affecté aux voies sphinctéro-motrices. — Il est d'autant plus développé dans la série que le jeu pupillaire est plus intense. Chez les carnassiers, surtout le chat, il est très développé. Il est certain aussi que la plupart des fibres sensibles de l'œil passent à côté du ganglion, par les nerfs ciliaires longs.

Tel paraît être le cas chez l'homme, le singe et le chat. Cependant la question ne semble pas définitivement résolue pour tous les vertébrés, ni même pour les mammifères inférieurs. D'après HOLTZMANN, les cellules du ganglion ciliaire du lapin, des oiseaux, de la grenouille et des poissons osseux seraient toutes du type sympathique. Chez le chien, on trouverait les deux types. Enfin, il faudrait surtout avoir égard aux ganglions ciliaires accessoires qui (d'après ANTONELLI, D'ERCHIA, GALLEMAERTS, HOLTZMANN) sont, en nombre variable, intercalés sur le trajet des nerfs ciliaires de tous les mammifères (y compris l'homme), en grand nombre chez le lapin; il faudrait voir de quel type sont leurs cellules.

Spécialement en ce qui regarde l'oiseau, l'excitation du nerf III produit du myosis encore en cas d'empoisonnement par la nicotine. C'est la preuve que les cellules du ganglion ciliaire y sont toutes du type intervertébral (ANGELUCCI).

Signalons aussi ce fait que l'atropine ne dilate la pupille que chez les animaux dont le ganglion ciliaire est du type sympathique.

HOLTZMANN a démontré que embryogéniquement un ganglion supravertébral primitif se scinde en deux, le rameau postérieur (ganglion intervertébral) et le rameau antérieur, viscéral (ganglion sympathique). Qu'en ce qui regarde le ganglion ciliaire, cette subdivision n'aurait pas lieu, et que tantôt l'une, tantôt l'autre partie prédominerait.

*Point d'origine mésencéphalique des fibres nerveuses sphinctéro-motrices, pupillo-constrictrices.* — Tout nous porte donc à admettre que les voies sphinctéro-motrices sont renfermées dans le nerf III dès son origine interpédonculaire. Dès lors se pose la question de l'origine cellulaire de ces fibres. — L'anatomie pure est impuissante à la résoudre, par la raison que les fibres en question ne se distinguent en rien des autres, dans le tronc du nerf. Les méthodes indirectes, d'ordre physiologique notamment, ont cependant servi à démontrer que ces fibres prennent leur origine dans la partie antérieure du noyau d'origine du nerf III, celle qui arrive jusque dans le plancher du troisième ventricule; on a même déterminé avec quelque rigueur la partie de la tête de ce noyau qui constitue cette origine.

Rappelons d'abord que le noyau du nerf III est une colonne cellulaire bien distincte, étendue longitudinalement sous l'aqueduc de SYLVIUS (chez l'homme au-devant), au niveau des tubercules quadrijumeaux antérieurs, et un peu jusque dans le troisième ventricule. Les deux colonnes (la droite et la gauche) se touchent sur la ligne médiane par leurs extrémités distales; leurs extrémités proximales divergent un peu. C'est là le double « noyau principal » de l'*oculo-moteur* commun. Dans ces derniers temps, on a décrit dans son voisinage plus ou moins immédiat des amas cellulaires qu'on a tenté d'attribuer au système du nerf III. *a*) A l'endroit où les deux noyaux principaux commencent à diverger, PERLIA a décrit sur la ligne médiane un noyau médian, à grandes cellules analogues à celles des deux noyaux principaux, et plus ou moins confondu avec ces deux derniers : c'est le noyau de PERLIA, qui certainement donne naissance à des fibres radiculaires du nerf III. *b*) En avant, dans l'espace compris entre les deux noyaux principaux et les débordant en avant, il y a de chaque côté le noyau d'EDINGER-WESTPHAL, à petites cellules. Il se confirme de plus en plus que c'est là l'origine des fibres sphinctéro-motrices (ainsi que des fibres innervant le muscle ciliaire). D'aucuns (LEVINSOHN) subdivisent même en deux ce noyau d'EDINGER-WESTPHAL, et voient dans le segment antérieur seul l'origine des fibres sphinctéro-motrices. *c*) Au-dessus de l'extrémité antérieure du noyau principal, il y a le noyau de DARKSCHEWITSCH, double également, et à petites cellules. On s'accorde aujourd'hui à lui refuser toute connexion avec le nerf III (V. BECHTEREW, KŒLLIKER, BERNHEIMER, BACH, etc.).

On sait aussi depuis longtemps que les cellules de l'extrémité distale du noyau du nerf III donnent naissance aux fibres du nerf pathétique. Il était donc naturel de se demander s'il n'y a pas dans le noyau une localisation anatomique des divers muscles innervés par le nerf III, en ce sens qu'un segment bien déterminé du noyau serait afférent à un seul muscle. Les observations cliniques semblaient exiger une telle localisation, car souvent des paralysies de muscles oculaires isolés (innervés par le nerf III) semblaient dues à des processus « nucléaires ». Spécialement les paralysies isolées des muscles oculaires intrinsèques, ainsi que les paralysies isolées des muscles extrinsèques de l'œil s'observent assez souvent, et passent pour être nucléaires. On ne se figure en effet guère qu'un processus pathologique intéressant le tronc du nerf puisse paralyser uniquement, soit les muscles intrinsèques, soit les muscles extrinsèques. Ajoutons que, dans les cas en question, on pouvait exclure un siège périphérique, intra-orbitaire, du processus pathologique.

Les recherches physiologiques de HENSEN et VŒLKERS ont été le point de départ de tout un mouvement et ont posé la question des localisations musculaires dans le noyau du nerf III. Après avoir enlevé les tubercules quadrijumeaux (chez le chien), ils excitent la région du noyau du nerf III, et obtiennent des contractions dans les divers muscles oculaires. Les effets pupillaires (et les contractions du m. ciliaire) s'obtiennent surtout en excitant la tête du noyau, dans le plancher du troisième ventricule. De plus, on sait que les fibres du nerf III se détachent du noyau sur une étendue assez longue, puis convergent en éventail, ces diverses fibres n'étant pas encore réunies en tronc au sortir de la substance cérébrale, dans l'espace interpédonculaire. Or, les deux auteurs trouvèrent que les filets antérieurs étaient plus spécialement affectés aux muscles intrinsèques de l'œil. Ainsi s'expliquait donc plus ou moins que la paralysie des seuls muscles intrinsèques de l'œil pourrait être nucléaire.

Les conclusions de HENSEN et VŒLKERS furent confirmées par la plupart des auteurs (ANGELUCCI, BERNHEIMER, LEVINSOHN, etc.) qui les suivirent dans cette voie expérimentale. BERNHEIMER réussit à faire la contre-épreuve de ces expériences en détruisant (chez le singe) le seul noyau d'EDINGER-WESTPHAL; le résultat fut la dilatation et l'immobilité de la pupille homonyme.

BERNHEIMER essaya de déterminer encore par une autre voie l'origine cellulaire plus exacte des fibres sphinctéro-motrices, mais ici ses résultats furent moins concluants. Il excisa (chez le singe) tous les muscles extrinsèques de l'œil, puis constata au NISSL une dégénérescence cellulaire dans les deux noyaux principaux, et non pas dans le noyau d'EDINGER-WESTPHAL, ni dans le noyau de PERLIA. D'autre part, après exentération de l'œil, seuls étaient dégénérés ces deux derniers noyaux. BERNHEIMER est donc d'avis que les fibres motrices intra-oculaires proviendraient et du noyau antérieur, à petites cellules — les fibres sphinctériennes — et du noyau de PERLIA — les fibres du muscle ciliaire. — Selon toutes les apparences, BERNHEIMER se trompe en ce qui regarde le noyau de PERLIA. Quant aux dégénérescences consécutives à l'exentération de l'œil, il y a lieu de relever que la dégénérescence ascendante des fibres motrices intra-oculaires devrait être arrêtée par le ganglion ciliaire. En fait, MARINA, BACH, VAN BIERVLIET, etc., n'ont pas rencontré de chromolyse dans le noyau du nerf III (des mammifères) à la suite de l'exentération du contenu de l'œil.

Rappelons ici que dans un cas d'ophtalmoplégie externe, c'est-à-dire de paralysie de tous les muscles extrinsèques de l'œil, à l'exclusion des muscles intra-oculaires, WEST-PHAL trouva intact le seul noyau à petites cellules qui porte aujourd'hui son nom; il l'attribua donc aux muscles intérieurs de l'œil. Des observations analogues furent publiées par d'autres auteurs. — On fit observer à ce propos que la tête du noyau d'origine du nerf III est nourrie par une autre artère cérébrale que le corps du noyau, ce qui expliquerait la possibilité d'une lésion dégénérative d'un seul des deux territoires.

Ajoutons encore que, dans le tronc du nerf III, les fibres sphinctéro-motrices sont toutes directes, sortent du noyau du même côté — contrairement à ce qui existe pour les racines plus distales du nerf III, qui renferment chacune des fibres directes et des fibres croisées venues du noyau du côté opposé. L'anatomie pure fait déjà voir que, de fibres issues de la tête du noyau, aucune n'est croisée.

Chez l'oiseau, dont les fibres musculaires iridiennes sont striées, BACH a constaté, après exentération du contenu de l'œil, de la chromolyse dans le noyau principal, et nullement dans ce qu'il considère comme l'analogue du noyau d'EDINGER-WESTPHAL des mammifères supérieurs : ce noyau n'y serait donc pas afférent aux muscles intra-oculaires. Chez les oiseaux (voir plus haut), les voies nerveuses pupillo-constrictrices ne paraissent pas interrompues par le ganglion ciliaire; l'exentération du contenu de l'œil pourrait donc retentir sur les origines mésocéphaliques de ces fibres. Mais d'autre part déjà chez les mammifères, on constate d'une espèce à l'autre de très grandes différences dans la constitution du noyau d'origine du nerf III. De sorte que c'est un procédé fort douteux que d'identifier les détails anatomiques de ce noyau chez l'oiseau avec ceux de l'homme, alors que cette identification est déjà très douteuse entre mammifères.

**6° Voies optiques réflexes.** — Le nerf optique est la voie centripète du photo-réflexe sur la pupille. Chez l'homme, l'atrophie des deux nerfs optiques dilate la pupille et supprime ce réflexe. Chez les animaux, la section des deux nerfs optiques dilate les deux pupilles et les immobilise. Le degré de la dilatation dans ces circonstances est à peu près celui dû à la paralysie complète de l'oculo-moteur commun.

L'effet pupillaire de la section (ou de la paralysie) d'un seul nerf optique diffère selon l'espèce animale. Chez les poissons, les batraciens, les reptiles, les oiseaux et les mammifères inférieurs, y compris le lapin, la section d'un seul nerf optique dilate et immobilise (quant au photo-réflexe) la pupille du même côté, et laisse intacte la grandeur de la pupille et la réaction sur l'œil opposé (par éclairement de cet œil). Chez les mammifères supérieurs, — le chien, le chat, le singe, — y compris l'homme, la paralysie ou la section d'un seul nerf optique ne dilate aucune pupille et laisse le photo-réflexe pupillaire intact, quel que soit l'œil qu'on éclaire.

On rencontre quelques voix discordantes avec ce qui précède quant à la grandeur de la pupille après section d'un nerf optique chez les mammifères supérieurs. Chez le chien et le chat, la pupille du côté du nerf optique coupé se dilaterait légèrement. Cela semblerait indiquer que le photo-réflexe direct serait plus fort que le photo-réflexe croisé. Mais on a fait observer que, lors de la section du nerf optique dans l'orbite, on intéresse fatalement les nerfs ciliaires courts, moteurs du m. sphincter, et par là on diminue le tonus exercé toujours sur le sphincter par le centre sphinctéro-moteur mésocéphalique. Cependant, certains auteurs prétendent que fréquemment, en cas d'atrophie complète d'un seul nerf optique chez l'homme, la pupille homonyme se dilaterait légèrement (BACH). Il faudrait en conclure que, tout en étant bilatéral, le photo-réflexe pupillaire direct serait un peu plus fort que le photo-réflexe croisé.

Des expériences à signaler ici sont celles qu'a exécutées BERNHEIMER sur des singes. Après section du chiasma optique sur la ligne médiane, tout comme après section (chez le singe) d'une bandelette optique, B. vit persister, normaux, les photo-réflexes pupillaires. La conclusion s'impose : il y a décussation des voies réflexes dans le chiasma, mais cette décussation est partielle, tout comme celle des voies optiques visuelles. La voie réflexe croisée, aussi bien que la directe, influence les deux nerfs sphinctéro-moteurs. Et, à moins de faire l'hypothèse absolument gratuite, et d'ailleurs invraisemblable, d'un second entre-croisement partiel de ces voies, qui s'opérerait plus haut, dans la substance du mésocéphale, il faut admettre, ou bien que les deux centres pupillo-constricteurs (le droit et le gauche) sont reliés fonctionnellement, ou bien que chaque moitié du centre est reliée aux deux nerfs sphinctéro-moteurs radiculaires. On sait que la plupart des filets du nerf oculo-moteur renferment des fibres provenant des deux noyaux. Mais il ne semble pas en être ainsi des fibres pupillo-motrices qui, toutes, paraissent être directes. D'après les anatomistes, les filets nerveux issus de la tête du noyau ne renferment pas de fibres croisées.

On pourrait, à la vérité, songer à une troisième possibilité, à la bifurcation (réelle) des fibres optiques dans le chiasma notamment. Si l'une des deux bifurcations d'une fibre réflexe se rendait dans la bandelette droite, et l'autre dans la bandelette gauche, cela expliquerait que le réflexe est bilatéral. Mais cette hypothèse ne saurait être invoquée, attendu que, chez les mammifères supérieurs, y compris l'homme, l'interruption d'une bandelette optique n'abolit ni le réflexe direct, ni l'indirect.

Des observations et des expériences qui précèdent, il résulte donc que chez le chien, le chat, le singe et l'homme, les voies optiques réflexes subissent dans le chiasma une décussation partielle, tout comme les voies optiques visuelles. Chez le lapin, au contraire, les mammifères inférieurs, les oiseaux, les reptiles, les batraciens et les poissons, ces voies passent toutes dans le chiasma sur la ligne médiane, leur décussation y est complète. On sait du reste qu'on n'en pas douter, rien que par l'anatomie, que, chez les oiseaux, les reptiles, les poissons et les batraciens, le nerf optique passe dans le chiasma tout à fait à la ligne médiane. Il est connu aussi que chez les mammifères inférieurs, sauf le lapin, la décussation des nerfs optiques est complète dans le chiasma. Chez le lapin donc, il y a dans le chiasma décussation partielle des fibres visuelles — avec énorme prédominance du faisceau croisé — et décussation complète des voies optiques réflexes.

Indiquons ici que, suivant une opinion autrefois très répandue, les voies optiques visuelles seraient en même temps réflexes, qu'elles passeraient tout ou partie par les tubercules quadrijumeaux, où elles provoqueraient le réflexe lumineux, puis elles se rendraient dans l'écorce cérébrale par les bras conjonctivaux (antérieurs). Aujourd'hui, on pourrait invoquer les collatérales nombreuses qu'émettent dans les tubercules quadrijumeaux antérieurs les fibres qui pénètrent jusqu'ici. Ces voies seraient donc réflexes et visuelles à la fois. Cela cadrerait même avec ce que nous savons des voies dites sensibles dans la moelle épinière.

Cependant, on tend aujourd'hui à admettre que, chez l'homme, les voies optiques qui gagnent la région des tubercules quadrijumeaux antérieurs sont purement réflexes depuis leur origine rétinienne, et nullement visuelles. Suivant A. Key et Retzius, puis Gudden, le nerf optique renfermerait deux espèces de fibres : les unes grosses, les autres fines ; et, d'après Gudden, les grosses serviraient aux réflexes. Son opinion manque toutefois de base solide. Schirmer va plus loin. Il prétend — sans raison suffisante — que les fibres optiques réflexes naîtraient dans la rétine, non pas des cônes et des bâtonnets, mais des cellules dites anacrines des couches rétiniennes.

La nature partiellement ascendante des fibres du bras conjonctival antérieur devient du reste de plus en plus douteuse. Suivant Pavlow et van Gehuchten, ces fibres, en tant qu'elles sont en rapport avec l'écorce cérébrale, conduiraient toutes, au moins chez le lapin, de l'écorce vers les tubercules. Les voies optiques qui se rendent dans les tubercules ne pourraient donc pas être visuelles.

Reste encore la vieille assertion d'après laquelle l'enlèvement ou la destruction des tubercules quadrijumeaux antérieurs chez le lapin, ou des lobes optiques chez les oiseaux, rendrait aveugle l'œil du côté opposé. A cela, nous répondrons que, certainement chez l'oiseau, et peut-être aussi chez le lapin, la région des tubercules quadrijumeaux est le centre de photo-réflexes nombreux sur le corps, sur les muscles de la vie de relation, mais que dans ce genre de question, il n'est pas permis de conclure de l'oiseau ou du lapin à l'homme, ni à d'autres mammifères supérieurs (voir aussi un peu plus loin).

Différents auteurs ont réellement poursuivi des fibres du nerf optique qui se détachent des autres radiations optiques au niveau du corps genouillé externe, puis se rendent soit dans la substance grise des tubercules quadrijumeaux antérieurs, soit aux environs du noyau du nerf III, soit même plus bas. Ces fibres toutefois ne servent probablement pas aux réflexes pupillaires lumineux. TOPOLANSKI en effet obtint des mouvements combinés des deux yeux et des pupilles en excitant électriquement le nerf optique depuis l'œil. Il obtint le même effet en excitant la bandelette optique, ou bien la profondeur du bras conjonctival antérieur, jusqu'à sa rencontre avec le congénère sur la ligne médiane.

C'est à BERNHEIMER, encore une fois, que revient le mérite d'avoir poursuivi, par des recherches variées, ces voies optiques réflexes à partir de la bandelette jusque dans le mésocéphale. Il le fit en premier lieu moyennant des études embryologiques chez l'homme. A un certain stade du développement (à la naissance), les voies optiques réflexes sont seules myélinisées; on peut donc les poursuivre dans le mésocéphale, grâce à leur myéline. En second lieu, B. énucléa un œil chez le singe, puis il poursuivit au Marchi les fibres réflexes. Il put se convaincre ainsi que les voies optiques réflexes sont différentes des voies optiques visuelles. Que les premières se détachent des secondes un peu avant le corps genouillé externe, passent à côté et un peu sous le corps genouillé interne, se dirigent ensuite en dedans, puis en bas et, par un trajet assez compliqué, arrivent jusque contre le noyau de l'oculo-moteur commun. Il constata dans ce genre de recherches aussi que chez les mammifères supérieurs, chaque nerf optique envoie des fibres réflexes aux deux moitiés du mésencéphale.

**7° Centre réflexe sphinctéro-moteur ou rétino-pupillaire.** — Où donc s'opère la transmission de l'influx nerveux centripète (dans le nerf optique) aux voies centrifuges sphinctéro-motrices ? Il est certain que la région des tubercules quadrijumeaux joue le rôle de centre pour le réflexe lumineux. Au dire d'une foule d'auteurs, l'extirpation des hémisphères cérébraux, ou encore la section de la moelle allongée en arrière des tubercules quadrijumeaux, même si elle passe par les tubercules postérieurs d'après BECHTEREW, laisse persister le réflexe rétino-pupillaire.

Il faudrait donc admettre que la partie ainsi délimitée du mésocéphale, c'est-à-dire le niveau des tubercules quadrijumeaux antérieurs, renferme un centre pour le réflexe rétino-pupillaire, ou, comme on dit généralement, pour le réflexe pupillo-constricteur, bien que ce dernier terme le cède en précision au premier.

De nombreux travaux d'ordres divers se sont attaqués à la question. — Signalons d'abord que, touchant l'emplacement de ce centre réflexe, BACH a récemment fait entendre une voix discordante. Il a en premier lieu prétendu qu'un centre pour la pupillo-constriction se trouverait dans l'extrémité supérieure de la moelle cervicale, ensuite que dans la partie distale du calamus scriptorius se trouverait un centre arrestateur de la pupillo-constriction. Les développements et les expériences de BACH se heurtent à de nombreuses objections et ne peuvent prévaloir contre les faits démontrant que le véritable centre pour le réflexe sphinctéro-moteur se trouve au niveau des tubercules quadrijumeaux antérieurs. Or, au niveau de ces tubercules nous avons le noyau de l'oculo-moteur commun, dont la partie antérieure émet les fibres sphinctéromotrices, la voie motrice du réflexe rétino-pupillaire. D'autre part, comme nous venons de le voir, les voies optiques réflexes, centripètes, ont été poursuivies jusque dans le voisinage immédiat, sinon dans le noyau en question. Ce noyau, ou plutôt sa partie qui émet les fibres pupillo-constrictrices, se signale donc à l'attention comme centre du réflexe rétino-pupillaire.

En opposition avec cette conception se trouve une opinion autrefois très répandue basée sur les expériences de FLOURENS, BUDGE, etc., et d'après laquelle les tubercules quadrijumeaux eux-mêmes renfermeraient un centre réflexe pupillo-constricteur, soit que ce soit là le seul centre de ce genre, soit qu'il soit d'un ordre supérieur, ayant sous sa dépendance le centre constitué par le noyau du nerf III.

D'après cette conception, les tubercules quadrijumeaux antérieurs renfermeraient aussi un centre pupillo-dilatateur.

Cette opinion fut basée primitivement sur des expériences (FLOURENS, etc.) d'extirpation des tubercules, à la suite desquelles on avait observé la dilatation et l'immobilité des pupilles. Elle fut ensuite corroborée par des expériences pratiquées chez des mammifères, et consistant en des excitations électriques des tubercules.

KNOLL est un des premiers qui ait observé des mouvements pupillaires, toujours bilatéraux, par l'excitation électrique des tubercules quadrijumeaux.

Mais déjà cet auteur vit le réflexe lumineux persister après destruction de la seule substance grise des tubercules.

Viennent ensuite les recherches d'ADAMUK, aux mains duquel l'excitation de la partie postérieure des tubercules antérieurs donna une constriction, et l'excitation de la partie antérieure des mêmes éminences une dilatation, toujours des deux pupilles.

SCHIFF obtint une dilatation (des deux pupilles) en excitant la partie postérieure des tubercules antérieurs, ou encore les tubercules postérieurs. FERRIER et BRAUNSTEIN signalent une mydriase bilatérale à la suite de l'excitation des tubercules postérieurs aussi bien que des antérieurs. ANGELUCCI prétend n'avoir obtenu d'effet pupillaire qu'en agissant sur les tubercules antérieurs : leur partie postérieure dilaterait, et leur partie antérieure resserrerait la pupille.

La plupart de ces auteurs virent du reste survenir en même temps des mouvements combinés des deux yeux, surtout lorsque l'excitation portait sur des parties plus distales de cette région.

Les mêmes effets bilatéraux ont été obtenus par certains auteurs (HENSEN et VOELKERS, ANGELUCCI, etc.) lorsque après extirpation des tubercules ils excitaient électriquement les parties sous-jacentes, qui comprennent notamment le noyau d'origine du nerf III. Et alors les effets pupillaires, consistant toujours en une constriction, étaient surtout prononcés lorsque l'excitation portait sur la tête du noyau de l'oculo-moteur. BERNHEIMER porta encore plus directement l'excitation sur le noyau du nerf III. Après enlèvement des tubercules, il sectionna le mésocéphale suivant le plan médian, puis il porta les électrodes aux différents endroits de la surface de section. Le résultat de l'excitation fut une pupillo-constriction du seul côté homonyme au noyau excité, mais seulement lorsque l'excitation portait sur la tête du noyau.

Surtout dès les expériences de HENSEN et VOELKERS, pratiquées sur des chats et des chiens, surgit le soupçon et même la conviction que les effets pupillo-constricteurs de l'excitation électrique des tubercules quadrijumeaux seraient dus en réalité à ce que l'excitation aurait porté soit sur le noyau, soit même sur les fibres radiculaires du nerf III. Cela devient à peu près évident si on se souvient d'autre part que d'après KNOLL, RENZI, TOPOLANSKI, GUDDEN, BERNHEIMER, LEVINSOHN, etc., la destruction expérimentale des tubercules antérieurs ne supprime pas le réflexe rétino-pupillaire — contrairement à ce qu'avaient trouvé FLOURENS et BUDGE —, et que ce même réflexe n'était pas supprimé chez l'homme dans un cas de cécité avec destruction des tubercules antérieurs (BECHTEREW). Si à ce faisceau de faits on ajoute ce que nous avons dit plus haut de l'origine des fibres sphinctéro-motrices, et surtout de l'effet pupillo-paralytique de la destruction du noyau d'EDINGER-WESTPHAL, on ne peut guère se soustraire à la conviction que le centre mésocéphalique pupillo-constricteur nous est donné dans le noyau d'origine du nerf III, plus exactement dans le segment antérieur, à petites cellules, dit aussi noyau d'EDINGER-WESTPHAL. Il semblerait même (d'après LEVINSOHN) que ce serait la partie antérieure de ce noyau à petites cellules, plus ou moins séparée (anatomiquement) de la partie postérieure, qui jouerait ce rôle physiologique, en même temps que le rôle anatomique de noyau d'origine des fibres sphinctéro-motrices.

Pour ce qui est des dilatations pupillaires bilatérales qu'a provoquées l'excitation électrique de la partie postérieure des tubercules antérieurs, et qui prouveraient l'existence en ces lieux d'un centre pupillo-dilatateur, il semble qu'il s'agisse là aussi d'une diffusion du courant électrique dans la profondeur. Les auteurs en question n'ont pas même pris la précaution de couper le grand sympathique dans leurs expériences.

A la vérité, plusieurs anatomistes (MEYNERT, KOELLIKER, VAN GEHUCHTEN, MAHAIM, etc.) décrivent des fibres du nerf optique pénétrant jusque dans les tubercules quadrijumeaux antérieurs. VAN GEHUCHTEN relève, d'autre part, que les axones des cellules des tubercules descendent (après entre-croisement) dans le faisceau longitudinal postérieur.

Mais ces fibres servent probablement à d'autres buts qu'aux réflexes pupillaires. D'ailleurs, une foule d'auteurs, et en dernier lieu BERNHEIMER, comme nous venons de le voir, ont poursuivi, chez les mammifères supérieurs, jusque contre la tête du noyau du nerf III, des fibres du nerf optique différentes des voies visuelles, corticales, et qui ne passent pas par les tubercules quadrijumeaux.

On ne saurait du reste être trop prudent dans l'extension aux vertébrés supérieurs et à l'homme des faits de ce genre établis chez les animaux inférieurs. Il se peut très bien que, conformément à ce qu'a dit FLOURENS, l'extirpation des tubercules quadrijumeaux chez les oiseaux dilate et immobilise les pupilles. Nous avons déjà dit que chez ces animaux, les tubercules quadrijumeaux (ou leur niveau) sont le siège d'un centre pour des photo-réflexes nombreux sur les muscles de la vie de relation, et qu'un oiseau auquel on a enlevé les hémisphères cérébraux se gère visuellement à peu près comme un animal normal, aussi longtemps qu'on laisse intacte la région des tubercules quadrijumeaux. Il faut se souvenir aussi que, chez l'oiseau et le lapin, l'expérimentation physiologique n'a pas encore mis en évidence un centre cortico-visuel comparable à celui des mammifères, et qu'un tel centre n'existe certainement pas chez les vertébrés inférieurs, dont certains (les poissons, par ex.) sont dépourvus d'écorce cérébrale. Surtout lorsqu'on parle de sensations visuelles, il n'est pas permis de conclure du lapin ou de l'oiseau à l'homme. Quoi d'étonnant dès lors que, sous le rapport du réflexe pupillaire aussi, il y ait des différences sensibles dans la série des vertébrés?

C'est le moment de dire un mot de la *réaction pupillaire hémianopique* des cliniciens. Nous avons vu que l'extirpation des hémisphères cérébraux ne supprime pas le réflexe rétino-pupillaire; *a fortiori* en est-il de même pour les lésions de certaines parties du cerveau, par exemple, du centre psycho-visuel. Par contre, une lésion des conducteurs optiques, soit dans le nerf, soit dans la bandelette, peut troubler ce réflexe; elle le trouble réellement le plus souvent. Une cécité partielle ou totale de siège hémisphérique laissera le réflexe lumineux intact, à l'opposé des cécités partielles et totales dues à une lésion basale, du nerf, du chiasma ou de la bandelette optique. La cécité corticale (par exemple dans l'urémie) laisse donc le réflexe pupillaire intact. La destruction d'une bandelette ou d'un seul centre cortico-visuel produit de l'hémianopie (les deux moitiés homonymes des deux champs étant aveugles). Une lumière placée dans la partie aveugle du champ visuel n'est pas aperçue, elle ne provoque pas non plus le réflexe pupillaire si la cause en est une lésion d'une bandelette, tandis qu'elle provoque ce réflexe si le siège de la lésion est hémisphérique.

**Tonus du centre pupillo-constricteur.** — La section du nerf optique ayant toujours pour effet de dilater la pupille du même côté, si l'autre œil est obscurci, nous devons admettre que les fibres optiques réflexes entretiennent toujours un certain degré d'innervation tonique dans le centre réflexe sphinctéro-moteur. L'existence de ce tonus du centre pupillo-constricteur ressort d'ailleurs aussi d'observations multiples, signalées plus loin.

Au point de vue de l'analyse des faits physiologiques, il importe de ne pas confondre ce tonus nerveux avec le tonus du muscle sphincter. Ce dernier, le tonus musculaire, est le plus souvent l'expression du tonus nerveux, mais il ne semble pas qu'il y ait entre les deux un parallélisme complet. C'est ainsi qu'en cas d'excitation artificielle du « bout céphalique » du grand sympathique au cou, ou en cas d'instillation d'atropine dans l'œil (dilatation maximale de la pupille), le tonus musculaire semble anéanti, alors que le tonus nerveux n'a probablement pas varié.

A un moment donné, le tonus nerveux est la résultante de plusieurs influences; les unes l'augmentant, les autres la diminuant. Les fibres optiques réflexes l'augmentent, le produisent si on veut, tandis que l'excitation d'un nerf sensible quelconque, ainsi que l'activité cérébrale, le diminuent. Ces influences opposées, agissant toutes sur le centre pupillo-constricteur, en modifient incessamment le tonus, à l'état de veille, et modifient le diamètre pupillaire, les unes en le diminuant, les autres en l'agrandissant, toujours par l'entremise du nerf oculo-moteur commun. Nous verrons que les modifications habituelles, normales, de la pupille, les dilatations aussi bien que les constrictions, s'obtiennent tout ou partie, non pas par l'intermédiaire des fibres pupillo-dilatatrices du grand sympathique, mais par les fibres sphinctéro-motrices du nerf III. En ce sens, ce dernier est donc aussi un nerf pupillo-dilatateur important, celui qui agit le plus souvent lors des pupillo-dilatations les plus normales, et qui très souvent ont été mises à l'actif des fibres pupillo-dilatatrices du nerf grand sympathique, soit même, mais bien à tort, à l'actif de fibres pupillo-dilatatrices centrifuges dans le nerf III lui-même.

On a pensé aussi à un tonus nerveux pupillo-constricteur exercé par le ganglion ciliaire. Rien de définitif n'est encore venu confirmer cette idée. Fr. Franck enfin admet que le ganglion ciliaire jouerait le rôle de centre réflexe pour la pupillo-dilatation.

8° Réaction pupillaire associée à la convergence. — La pupille se resserre chaque fois que nous regardons de près, elle se dilate si nous regardons de loin. La signification physiologique ou l'utilité de ces mouvements pupillaires semble être d'augmenter la netteté des images rétiniennes, netteté dont le besoin se fait sentir surtout dans la vision de près.

Ces mouvements pupillaires sont le fait du sphincter de la pupille, qui se contracte dans la constriction pupillaire et se relâche dans la pupillo-dilatation. Les influences pupillo-dilatatrices proprement dites n'y sont pour rien. La preuve en est qu'en cas de paralysie complète de l'oculo-moteur commun (chez l'homme), cette réaction pupillaire associée à la convergence, ou, comme on dit aussi, « consensuelle », fait complètement défaut. Il n'en reste plus de trace.

Lorsque nous portons le regard d'un point à un autre plus rapproché, nous convergeons ou nous augmentons la convergence, nous accommodons et nous resserrons les deux pupilles. Le plus souvent on se figure que l'accommodation et la pupillo-constriction sont associées à la convergence; ce dernier mouvement, le fait de muscles striés, serait plus volontaire que les deux autres, dus à des muscles lisses. Cependant, on sait que l'accommodation est dans une certaine mesure indépendante de la convergence.

On s'est posé la question de savoir si cette pupillo-constriction est associée à la convergence, ou bien à l'accommodation, ou encore aux deux à la fois. — E. H. Weber ainsi que Drouin avaient soutenu que la réaction pupillaire en cause était liée à la convergence et non à l'accommodation. — Donders, à la suite d'expériences sur l'homme, conclut que la convergence et l'accommodation influent toutes les deux sur la pupille.

Il est facile de démontrer que la convergence a cet effet. Pendant qu'on continue à fixer le même point, on met devant un œil un prisme à base temporale, ce qui augmente la convergence sans modifier l'accommodation. Or, dans ces circonstances, les deux pupilles se resserrent.

Il est plus difficile de faire varier l'accommodation, au moins dans une mesure suffisante, sans faire varier la convergence. Donders crut avoir démontré que l'accommodation influe sur la pupille en faisant regarder le même point, d'abord aux yeux nus, puis munis de verres sphériques, qui ne changent pas la convergence, mais modifient l'accommodation. Avec des verres négatifs — qui augmentent l'accommodation — il vit les pupilles se resserrer; avec des verres positifs, qui suppléent à l'accommodation, il vit les pupilles se dilater. Cependant ces dernières expériences ne semblent pas bien concluantes, notamment parce que les variations de l'accommodation, et partant celles de la pupille, sont peu prononcées dans ces circonstances. L'opinion de Donders fut cependant confirmée par la plupart des auteurs.

Survinrent alors les expériences de Marina sur l'animal. Chez des chiens, il détacha de l'œil les tendons des muscles droit externe et droit interne, puis il intervertit leurs insertions scléroticales. Ou encore il intervertit de même le droit interne avec le grand oblique (qui tourne l'œil en dehors et en bas). Au dire de Marina, les animaux opérés apprirent bientôt à diriger normalement les yeux, et la convergence aurait été accompagnée d'une pupillo-constriction, bien que maintenant elle fût le fait du droit externe ou du grand oblique. L'innervation de la pupillo-constriction dans la vision de près serait donc indépendante de l'innervation du droit interne dans la convergence.

Il y a beaucoup à redire aux expériences de Marina. D'abord l'assertion de l'auteur, disant que les mouvements oculaires seraient redevenus normaux semble en contradiction avec l'observation clinique journalière faite chez l'homme. En second lieu, comme nous allons le dire, en dehors du singe, il est douteux que les animaux resserrent la pupille (et convergent toujours) dans la vision de près.

VERVOORT a récemment repris les expériences de DONDERS, en les modifiant, et il en tire la conclusion que l'accommodation et la pupillo-réaction synergiques à la convergence seraient, ainsi que E. H. WEBER l'a dit, absolument indépendantes l'une de l'autre, et que la pupillo-réaction (comme d'ailleurs l'accommodation) ne dépendrait que de la convergence.

Certains auteurs remarquent que l'accommodation et la pupillo-constriction dépendent de muscles lisses; donc, disent-ils, ces deux mouvements sont involontaires, tandis que la convergence, due à des muscles striés, serait volontaire. Dès lors, il serait naturel de considérer la pupillo-constriction (comme l'accommodation) liée, associée à la convergence. — Nous avons montré ailleurs que cette affirmation doit être reçue *cum grano salis*. Nous avons relevé la nature réflexe de la convergence, et nous avons fait voir qu'elle n'est pas plus consciente que la pupillo-constriction, et qu'enfin chez le vieillard borgne depuis la naissance et privé de toute accommodation, on peut se demander tout aussi bien si la convergence n'est pas liée à la pupillo-constriction.

Il est probable que l'association de ces trois mouvements de la vision de près repose sur un mécanisme congénital, mais que dans des circonstances extraordinaires cette association permet un petit relâchement dans les liens physiologiques, sans que cependant cette indépendance soit absolue. Le fait désigné sous le nom d'accommodation relative, prouve qu'il en est ainsi au moins pour l'accommodation.

La réaction pupillaire consensuelle de la pupille existe-t-elle aussi chez les animaux? Une expérience démonstrative à cet égard est malaisée. Cependant le singe paraît en être pourvu. Chez le lapin au contraire, animal qui ne converge pas, la pupille semble ne pas bouger dans la vision de près (STEINACH). Le chien dispose d'une certaine vision binoculaire, mais sa pupille paraît se dilater dans la vision de près. C'est que probablement chez le chien et le lapin, l'acuité visuelle, c'est-à-dire la netteté des images rétiniennes semble ne jouer dans la vision de près qu'un rôle très accessoire (NUEL). — Chez les vertébrés encore plus inférieurs, la convergence véritable paraît faire défaut.

Somme toute, les résultats d'expériences touchant ces questions ne peuvent guère être appliqués à l'homme et *vice versa*.

A ce propos, il convient de dire un mot du *symptôme pupillaire de* ROBERTSON. Dans certaines maladies du système nerveux central — de la moelle épinière — la réaction pupillaire à la lumière et le pupillo-réflexe douloureux sont supprimés, tandis que la réaction associée à la convergence existe encore. La pupille reste le plus souvent un peu dilatée et immobile lors des variations de l'éclairage. Le noyau d'origine des fibres sphinctéro-motrices, ces fibres elles-mêmes et le muscle semblent intacts. L'innervation de la convergence (ou celle de la vision de près) retentit normalement sur le noyau mésocéphalique sphinctéro-moteur, tandis que les voies centripètes pour le réflexe rétino-pupillaire n'ont plus cet effet.

Citons ici la *pupillo-constriction* qui survient *lors de toute constriction énergique des muscles orbiculaires* des paupières, même lorsqu'on empêche mécaniquement les paupières de se fermer. Cette pupillo-constriction est-elle liée à l'innervation de l'orbiculaire, ou plutôt à la convergence qui se produit dans les mêmes circonstances?

**9° Fibres nerveuses pupillo-dilatatrices.** — Sous le nom de fibres nerveuses pupillo-dilatatrices, on comprend des *fibres périphériques, centrifuges, dont l'état d'activité dilate la pupille*. Cette définition exclut notamment les nerfs centripètes dont l'état d'activité dilate la pupille par l'effet d'une action réflexe. Nous en excluons aussi les fibres nerveuses centrales, également centrifuges à certains égards (centripètes à d'autres), et dont l'état d'activité dilate la pupille en exerçant une inhibition sur le centre pupillo-constricteur mésocéphalique (réflexes cérébraux pupillo-dilatateurs).

Comme point de départ de la question des fibres pupillo-dilatatrices, il y a l'observation de POURFOUR DU PETIT (1727) qui, après avoir sectionné le tronc sympathique (et le nerf vague) au cou, vit la pupille du même côté se resserrer. En réalité (VALENTIN), la section produit d'abord du même côté une dilatation de la pupille, suivie bientôt (après une minute) d'un resserrement permanent, qui toutefois diminue après des jours. SERAFINO BIFFI, puis CL. BERNARD complétèrent l'expérience de DU PETIT, en excitant le bout périphérique (supérieur) du nerf coupé : le résultat de la tétanisation est une dilatation *maximale* de la pupille du même côté, plus forte que celle qui résulte de la simple section de l'oculo-moteur commun ; chez le chat, elle laisse visible, à côté du limbe conjonctival, à peine un millimètre de l'iris, alors qu'après section du 3e nerf l'iris reste visible dans la largeur d'au moins deux millimètres.

Comment interpréter ces résultats ? La section d'un nerf moteur provoque ordinairement la paralysie du muscle qu'il innerve, et l'excitation du bout périphérique du nerf coupé provoque la contraction de ce même muscle. D'après cela, la conclusion s'impose que le grand sympathique cervical renferme des fibres dont la paralysie resserre la pupille, et dont l'état d'activité la dilate ; ce sont donc des fibres pupillo-dilatatrices.

Budge poursuivit à rebours les fibres en question, à l'aide de l'expérimentation, afin de découvrir leur provenance. Il trouva que la section de certains rameaux communicants et leur excitation ont sur la pupille les mêmes effets que les expériences signalées sur le grand sympathique. Il conclut ainsi que chez le lapin les fibres pupillo-dilatatrices quittent la moelle épinière par les racines antérieures des septième et huitième paires cervicales, et des deux premières paires dorsales. Elles gagnent ensuite le grand sympathique par les rameaux communicants correspondants.

On ne tarda pas à faire observer que ces expériences s'expliquaient à la rigueur par les actions vaso-motrices résultant de la section et de l'excitation du grand sympathique au cou.

Cl. Bernard alors montra que ces fibres pupillo-dilatatrices, tout en étant mélangées dans le tronc du nerf sympathique aux fibres vaso-motrices pour la tête (pour l'oreille notamment), ne sont pas cependant partout mélangées avec elles. Il a été confirmé en cela par François Franck, Angelucci et d'autres. Il résulte de toutes ces recherches que déjà au sortir de la moelle, les fibres pupillo-dilatatrices ne suivent pas exactement les mêmes voies que les nerfs vaso-moteurs pour la tête. Telles paires dorsales (les premières) renferment des fibres pupillo-dilatatrices et pas de fibres vaso-constrictrices (Cl. Bernard). Elles convergent ensuite vers le premier ganglion thoracique, d'où elles remontent dans le grand sympathique cervical, qui renferme également les fibres vaso-constrictrices pour la tête.

Les fibres pupillo-dilatatrices sortent de la moelle par des voies un peu différentes selon les espèces animales, peut-être même selon les individus. D'après Fr. Franck, celles du chien sortent par les quatre dernières paires cervicales et les deux ou trois premières dorsales. D'après Braunstein, celles du chat sortent par les deux dernières cervicales et les deux premières dorsales. Chez l'homme, d'après Mme Déjerine, le rameau communicant de la première paire dorsale en renferme certainement. Oppenheim a confirmé le fait, en ajoutant que la deuxième paire dorsale n'en renferme pas, et que la huitième cervicale en renferme. On ne sait rien des autres paires cervicales.

Dans l'anneau de Vieussens (chez le chat et le chien) les fibres pupillo-dilatatrices passent par l'anse antérieure, alors que l'anse postérieure renferme les fibres vaso-motrices pour la tête. Les fibres papillo-dilatatrices convergent ensuite vers le premier ganglion cervical inférieur, d'où elles remontent dans le grand sympathique cervical, de concert avec les fibres vaso-constrictrices pour la tête, et mélangées avec elles. On discute un peu sur leur trajet au-dessus du ganglion supérieur. Ce qui est certain, c'est que (chez l'homme et les mammifères supérieurs) toutes pénètrent dans le crâne, et rejoignent le trijumeau dans le ganglion de Gasser. Il ne semble pas que ce soit par les rameaux sympathiques qui enlacent la carotide interne (filets vaso-moteurs). Cl. Bernard, Fr. Franck, Angelucci et Braunstein décrivent un filet émergeant du ganglion supérieur qui reste indépendant des filets carotidiens et qui renferme au moins beaucoup de fibres pupillo-dilatatrices, peu ou pas de fibres vaso-motrices. Il pénètre dans le crâne et rejoint le ganglion de Gasser.

Fr. Franck croyait avoir découvert une action pupillo-dilatatrice au nerf qui accompagne l'artère vertébrale. Le fait a été contesté.

Au delà du ganglion de Gasser, toutes les fibres pupillo-dilatatrices suivent la voie de l'ophtalmique, et, plus loin, celle des nerfs ciliaires longs, qui les conduisent à l'œil sans qu'ils passent par le ganglion ophtalmique. Après section du nerf ophtalmique ou des nerfs ciliaires longs, l'excitation du grand sympathique ne dilate plus la pupille. L'extirpation du ganglion ophtalmique n'annule pas l'effet pupillo-dilatateur de l'excitation du nerf grand sympathique. Enfin, l'excitation des nerfs ciliaires longs (bouts périphériques) produit une dilatation pupillaire, et cela, d'après GREGOROW, sans effet vaso-constricteur. Le nerf trijumeau d'autre part ne renferme pas à son origine de fibres de ce genre (voir plus loin). Enfin, d'après BRAUNSTEIN (contre FR. FRANCK), les nerfs ciliaires longs innerveraient chacun seulement un secteur de l'iris, celui qui lui correspond topographiquement.

Chez la grenouille aussi, les fibres pupillo-dilatatrices quittent la moelle par les racines antérieures. La chose est discutée pour l'oiseau, dont le grand sympathique, d'après certains auteurs (ZEGLINSKI, JEGOROW), ne renfermerait pas de fibres pupillo-dilatatrices. Chez l'oiseau, l'excitation du grand sympathique agit sur les vaisseaux de la tête, mais pas sur la pupille. Celle-ci se dilaterait par l'excitation d'une certaine branche ciliaire du nerf trijumeau. VULPIAN et GRUENHAGEN au contraire virent que chez les oiseaux l'excitation du grand sympathique dilate la pupille.

Les voies nerveuses pupillo-dilatatrices paraissent donc bien être distinctes des voies vaso-constrictrices. Dans le même sens parle le fait que l'effet pupillaire de l'excitation du grand sympathique persiste encore une ou deux minutes après que l'animal a été tué par hémorrhagie. On a aussi invoqué, pour prouver cette indépendance, le défaut de synchronisme entre la dilatation pupillaire et l'augmentation de la pression sanguine qui résultent toutes les deux, en qualité de réflexes, de l'excitation d'un nerf sensible (ARLT, FR. FRANCK). Mais cette expérience ne prouverait rien en l'espèce s'il se confirmait que, comme le soutient BRAUNSTEIN (voir plus loin), cette dilatation pupillaire n'est nullement le fait des fibres pupillo-dilatatrices du grand sympathique, mais d'une inhibition exercée sur le noyau d'origine des fibres pupillo-constrictrices.

Toutes les voies pupillo-dilatatrices présentent une interruption cellulaire dans les ganglions sympathiques; elles sont composées d'au moins deux neurones superposés. L'empoisonnement par la nicotine resserre la pupille et supprime tout effet pupillaire de l'excitation du grand sympathique (LANGLEY, ANDERSON, DICKSON). L'application du poison sur le seul ganglion cervical supérieur a le même effet; c'est là que toutes ces voies sont interrompues. Et comme, en cas d'empoisonnement général (comme d'ailleurs en cas d'empoisonnement local), l'excitation des rameaux émergeant du ganglion supérieur dilate encore la pupille, on doit conclure qu'au-dessus du ganglion les voies en question ne présentent pas de seconde interruption cellulaire; les axones des cellules du ganglion supérieur s'étendent jusqu'à la destination périphérique de ces voies.

**Tonus du ganglion cervical supérieur.** — On admet généralement que le ganglion cervical supérieur entretient toujours un certain degré d'excitation tonique des fibres pupillo-dilatatrices. Ce ganglion ne serait donc pas un simple lieu de passage pour les voies pupillo-dilatatrices, mais l'intercalation des cellules aurait encore une signification physiologique. Cette opinion se base sur le fait bien connu que la section du tronc sympathique a un effet myotique moindre que l'extirpation du ganglion cervical supérieur ou son empoisonnement par la nicotine. Après section du tronc, l'extirpation du ganglion supérieur resserre encore un peu la pupille. On sait qu'il en est de même des fibres vaso-constrictrices pour la tête; le ganglion supérieur exerce également sur elles un certain tonus.

Le fait qu'après la section du grand sympathique l'extirpation du ganglion supérieur resserre encore davantage la pupille, SCHIFF l'avait expliqué par l'hypothèse de fibres pupillo-dilatatrices rejoignant le grand sympathique en sortant de la moelle par les premières paires cervicales. L'hypothèse de SCHIFF est controuvée.

*Centre cilio-spinal.* — BUDGE a créé la notion d'un centre réflexe cilio-spinal, c'est-à-dire d'une partie de la substance grise dans laquelle toutes sortes d'innervations se réfléchiraient sur les fibres pupillo-dilatatrices. Chez des lapins, après avoir dénudé la moelle à l'union des portions cervicale et dorsale, il sectionnait doublement la moelle, au-dessus de la sixième cervicale et en dessous de la quatrième dorsale, puis, faisant passer à travers le tronçon de moelle ainsi isolé un courant galvanique, il observait une dilatation des deux pupilles, pourvu que les deux nerfs sympathiques fussent intacts. Venait-il à couper l'un de ces deux nerfs, alors la pupille ne se dilatait que du côté où le grand sympathique était intact. L'excitation des segments médullaires situés en aval et en amont des sections n'avait pas d'effet pupillaire. D'autre part, il extirpait des portions des cordons latéraux de la moelle : il ne se produisait une pupillo-dilatation que si l'excitation portait entre la sixième vertèbre cervicale et la quatrième dorsale.

Aujourd'hui, ces expériences ne semblent guère concluantes pour établir l'existence d'un centre réflexe pour la pupillo-dilatation. Elles prouvent tout au plus que des voies nerveuses pupillo-dilatatrices descendent par des cordons latéraux et sortent de la moelle entre les deux limites indiquées. Ensuite, il n'est pas du tout prouvé que l'effet pupillaire observé ne soit pas le résultat d'une action vaso-motrice. D'ailleurs, ce qui prouve combien peu les idées sur le centre cilio-spinal sont peu nettes, c'est que Budge lui-même a parlé d'un second centre pupillo-dilatateur, situé plus haut dans l'axe cérébro-spinal, et que divers auteurs (Schiff, Balogh, Oehl) en reculent la limite supérieure plus haut, voire même jusque dans les hémisphères cérébraux.

C'est, selon toutes les apparences, grâce à l'autorité de Cl. Bernard que l'idée d'un centre cilio-spinal est si tenace. Cet auteur démontra clairement pour la première fois que l'excitation de n'importe quel nerf sensible provoque une dilatation des deux pupilles, pourvu, dit-il, que le grand sympathique et les paires rachidiennes qui portent les fibres pupillo-dilatatrices soient intacts; venait-il à couper un nerf sympathique, il supprimait du coup de ce côté le réflexe pupillaire. Nous verrons que l'effet pupillaire de l'excitation d'un nerf sensible est bien réel. Ce qui est erroné, c'est que ce réflexe soit supprimé par la section du grand sympathique. Or ce dernier point seul impliquerait l'existence du centre de Budge.

Les opposants nombreux du centre de Budge font valoir notamment que la section de la moelle très haut, même contre les tubercules quadrijumeaux, supprime le réflexe pupillaire provoqué par l'excitation du nerf sciatique notamment, que ce réflexe disparaît après section du nerf oculo-moteur commun et persiste après section du nerf grand sympathique au cou, qu'il est donc produit (au moins en majeure partie) par une inhibition exercée sur le nerf oculo-moteur et nullement par une excitation des fibres pupillo-dilatatrices du grand sympathique. Les choses se passeraient donc, d'après ces auteurs comme si les diverses voies sensibles, productrices du réflexe pupillo-dilatateur, allaient agir sur un centre pupillo-dilatateur situé dans le mésencéphale. Et comme la voie centrifuge du réflexe est le nerf oculo-moteur, il est naturel d'admettre que ce centre est précisément le centre pupillo-constricteur, le noyau d'origine du nerf pupillo-constricteur, dont l'activité tonique est modérée, diminuée par l'excitation des nerfs sensibles.

En l'état actuel de la science, ces hypothèses et ces discussions n'ont plus la même valeur qu'autrefois. Elles partent en effet toutes plus ou moins d'une observation inexacte quant au mécanisme des réflexes pupillo-dilatateurs. Sur le même fondement erroné reposent la plupart, sinon toutes les assertions relatives à des fibres nerveuses pupillo-dilatatrices quittant la substance cérébrale par des nerfs cérébraux, par le nerf trijumeau notamment (voir plus loin), et provenant ou non du centre cilio-spinal.

Et cependant, puisqu'il y a des fibres pupillo-dilatatrices sortant de la moelle à l'union des régions cervicale et dorsale, il semble qu'il doive y avoir un centre cilio-spinal, en principe, pour des raisons théoriques, pour autant que toute innervation centrifuge suppose un tel centre. En leur qualité de fibres centrifuges, elles doivent prendre naissance de cellules des cornes antérieures, situées pas trop loin du niveau de la sortie des fibres, et ces cellules doivent constituer ici une espèce de centre pupillo-dilatateur spinal, d'ordre inférieur si on veut. — Par la méthode de Gudden, Hoeben a étudié la disparition des cellules dans la moelle après section du grand sympathique. Celles de la corne antérieure situées contre le sillon médian avaient disparu dans la région dite « cilio-spinale ». Il semble qu'en partie au moins ces cellules donnent naissance aux fibres vaso-constrictrices.

Nous admettons volontiers que, chez des vertébrés inférieurs, ce centre cilio-spinal puisse jouir d'une certaine indépendance fonctionnelle. Mais il est plus que probable que chez l'homme cette indépendance n'existe plus, pas plus d'ailleurs que pour aucun centre réflexe spinal.

GUILLEBEAU et LUCHSINGER se sont donné beaucoup de peine, mais vainement, pour mettre en évidence, chez des mammifères, au moins une certaine indépendance du centre cilio-spinal. Ils ont observé une trace minime du réflexe pupillo-dilatateur chez des lapins et des chats empoisonnés par la strychnine, et auxquels ils avaient sectionné la moelle au haut du cou.

**Tonus du centre cilio-spinal.** — La section du grand sympathique resserre toujours la pupille. Celle-ci est donc toujours plus dilatée que cela serait le cas sans l'action du grand sympathique cervical. En second lieu, la section simultanée des nerfs grand sympathique cervical et oculo-moteur commun dilate la pupille moins que la section du seul nerf III. Les partisans du centre cilio-spinal admettent donc souvent un tonus des fibres pupillo-dilatatrices du grand sympathique, qui proviendrait du centre de BUDGE. — L'on ne sait pas dans quelle mesure ces effets de la section du grand sympathique cervical sont l'effet de la section des fibres vaso-motrices.

**Dilatation pupillaire paradoxale.** — L'extirpation du ganglion cervical a donc un effet pupillo-constricteur immédiat plus prononcé que la simple section du tronc sympathique. A un autre point de vue cependant, à celui de la *durée* du resserrement pupillaire, l'extirpation du ganglion paraît moins efficace que la section du grand sympathique. En cas de section du sympathique, le resserrement pupillaire diminue dans la suite, après des jours, mais cette pupille reste toujours plus petite que celle du côté où le grand sympathique est intact. Au contraire (chez le chat, le lapin), en cas d'extirpation du ganglion supérieur, la pupille, après s'être resserrée, se dilate après un ou deux jours, et cette dilatation augmente ensuite jusqu'à égaler et même à surpasser celle du côté opposé. Cette dilatation pupillaire « paradoxale » doit s'expliquer (LANGENDORFF) de la manière suivante. En cas de section du tronc sympathique, la dégénérescence secondaire des fibres pupillo-dilatatrices s'arrête au ganglion supérieur, où toutes sont interrompues. En cas d'enlèvement du ganglion, toutes les fibres dégénèrent jusqu'à la périphérie. Et c'est cette dégénérescence qui constitue une cause d'excitation, ainsi que du reste cela se passe après la section d'autres nerfs moteurs.

Sous le même nom de « dilatation paradoxale de la pupille », MISLAWSKI décrit le phénomène suivant. Chez un animal (chat) narcotisé et curarisé, il coupe le nerf III et le grand sympathique, puis il instille de l'ésérine dans le sac conjonctival (pour resserrer la pupille). Si alors il excite le bout central du nerf sciatique, il voit la pupille se dilater. MISLAWSKI invoque ici la veinosité du sang, qui exciterait les fibres musculaires pupillo-dilatatrices. LEWANDONSKY et ANDERSON y voient également un effet de la veinosité du sang.

Enfin, à la suite de la tétanisation d'un grand sympathique, on peut voir la pupille du côté opposé se resserrer (DOGIEL). Il s'agit là d'un réflexe lumineux (bilatéral), provoqué par la dilatation pupillaire directe, du côté du nerf tétanisé.

**10° Le nerf trijumeau et la pupille.** — La branche ophtalmique du nerf trijumeau renferme donc les fibres pupillo-dilatatrices qui lui viennent du grand sympathique. Ces fibres rejoignent le nerf trijumeau au niveau du ganglion de GASSER. De longues discussions, qui durent encore, se sont élevées autour du point de savoir si le nerf trijumeau renferme oui ou non des fibres pupillo-dilatatrices dès son origine, dès sa sortie de la substance cérébrale.

La preuve convaincante que le nerf trijumeau ne renferme pas de fibres pupillo-dilatatrices (ni de fibres pupillo-constrictrices) dès son origine paraît ressortir de l'expérience suivante (ANGELUCCI, après d'autres auteurs). Après section, chez le chien, et du nerf III et du grand sympathique du même côté, la pupille correspondante est, comme nous l'avons dit, moyennement dilatée. De plus elle est absolument immobile ; elle ne varie plus sous l'influence de la lumière, ni à la suite d'excitations sensibles (du nerf sciatique par exemple), même si préalablement on l'a resserrée par l'ésérine et si l'on a empoisonné l'animal par la strychnine. L'asphyxie elle-même ne modifie plus cette pupille.

Toutefois cette preuve n'est pas suffisante, car après section du nerf III, la pupille ne réagit plus non plus à la lumière ni à des excitations sensibles, et néanmoins le grand sympathique renferme des fibres dont l'activité dilate la pupille. Pour résoudre la question, il faut voir si la section du nerf entre le ganglion de GASSER et sa sortie de la substance cérébrale, puis l'excitation du bout périphérique, n'influencent pas la pupille.

Déjà MAGENDIE (1824) reconnut que la section du trijumeau dans le crâne resserre moyennement la pupille de ce côté. BUDGE, VALENTIN et CL. BERNARD obtinrent le même résultat. Ils observèrent de plus que le resserrement est passager, alors que celui obtenu par la section de la branche ophtalmique (renfermant les fibres dilatatrices venues du grand sympathique), est permanent. BRAUNSTEIN, plus récemment, observe qu'au moment de la section du trijumeau (toujours en deçà du ganglion de GASSER), il se produit une dilatation initiale très passagère des deux pupilles, puis — seulement sur la pupille du côté opéré — le resserrement (plus durable) dont parlent les auteurs précédents.

Ce resserrement pupillaire se développe graduellement, puis diminue de même et a disparu en majeure partie au bout de vingt-quatre heures. Passé ce temps surviennent généralement les altérations dites « trophiques » de la cornée, et les phénomènes se compliquent. Retenons que le myosis dure infiniment plus longtemps que le réflexe lumineux.

Enfin la section du trijumeau ne modifie en rien les effets de la section et de l'excitation des nerfs III et du grand sympathique. Elle ne supprime aucun réflexe pupillaire.

Quant à l'excitation électrique du bout périphérique, il est difficile de la localiser sur le seul segment situé en deçà du ganglion de GASSER. Modérée, elle ne produit aucun effet pupillaire. Plus forte, elle dilate la pupille, mais cet effet est, selon toutes les apparences, dû à des courants dérivés sur les fibres pupillo-dilatatrices venues du grand sympathique.

Le résultat pupillaire des excitations du bout périphérique parle donc contre l'existence de fibres dilatatrices ou constrictrices dans la racine du nerf trijumeau. Pour ce qui est du resserrement pupillaire d'intensité moyenne, et persistant pendant vingt-quatre heures et plus, il a exercé la sagacité des auteurs, sans que cependant on soit arrivé à une explication absolument satisfaisante.

J. MÜLLER et DE GRAEFE voulurent y voir une excitation *réflexe* des fibres sphinctéro-motrices. A l'appui de cette manière de voir, on pourrait alléguer ce fait d'observation journalière que les irritations de la cornée ou de la conjonctive (membranes innervées par le trijumeau) provoquent une constriction pupillaire. On est même allé jusqu'à prétendre que l'excitation des fibres sensibles du trijumeau provoquerait un réflexe pupillo-constricteur, alors que l'excitation de tous les autres nerfs provoque un réflexe pupillo-dilatateur. Mais CL. BERNARD a obtenu encore l'effet pupillo-constricteur de la section du trijumeau après section du nerf oculo-moteur commun.

STELLWAG VON CARION, observant encore (tout comme CL. BERNARD), l'effet pupillo-constricteur d'une excitation de la cornée après section du nerf oculo-moteur commun, en a même inféré que l'excitation des fibres du trijumeau pourrait se réfléchir sur les fibres sphinctéro-motrices à l'intérieur de l'œil, par l'intermédiaire de cellules nerveuses intra-oculaires, qui ainsi joueraient le rôle de centre réflexe pupillo-constricteur intra-oculaire. — Cette interprétation de faits d'ailleurs bien constatés est aujourd'hui encore admise par certains auteurs.

L'effet pupillo-constricteur de l'excitation de la cornée ou des branches terminales du nerf trijumeau est réellement réflexe, mais, selon toutes les apparences, il est dû à une vaso-dilatation réflexe dans l'iris, comparable à la rougeur qui se produit dans un organe quelconque à la suite d'excitations (mécaniques).

Enfin, l'effet primaire, réflexe et très passager, de l'excitation du trijumeau est, lui aussi, une pupillo-dilatation. CL. BERNARD a vu que l'excitation des filets terminaux du trijumeau produit d'abord une dilatation passagère de la pupille, puis seulement un resserrement. La dilatation initiale est certainement un réflexe pupillaire douloureux ordinaire (dû à une inhibition exercée sur l'oculo-moteur, tandis que le resserrement secondaire est dû à une action réflexe vaso-dilatatrice iridienne, analogue à celle que produirait une excitation de la cornée. De même aussi l'effet pupillo-dilatateur, initial et très passager, de la section du trijumeau, signalé par BRAUNSTEIN, est un réflexe douloureux ordinaire, de même que la dilatation pupillaire obtenue par Fr. Franck par l'excitation du bout central d'un nerf ciliaire long.

Mais nous sommes ici en plein dans la question des réflexes pupillaires douloureux, qui n'ont rien à voir directement avec les nerfs constricteurs et dilatateurs de la pupille, et dont nous parlerons plus loin. Il a fallu cependant en parler, parce que les auteurs (Budge, Balogh, Vulpian, Guttmann, Fr. Franck, etc.) qui admettent des fibres pupillo-dilatatrices dans le nerf trijumeau (que d'aucuns font même provenir du centre cilio-spinal) le font généralement sur la foi d'expériences de ce genre, qui, nous l'avons déjà dit, ne prouvent rien. Par exemple, après extirpation du ganglion cervical supérieur, ils voient persister la dilatation pupillaire réflexe, et, après avoir éliminé les autres nerfs crâniens comme porteurs de fibres pupillo-dilatatrices, ils concluent que le nerf trijumeau doit en renfermer à son origine. Ils ignorent que ces réflexes sont dus à une inhibition exercée sur les fibres nerveuses pupillo-constrictrices.

Des expériences encore un peu énigmatiques sont celles d'Eckhardt et Gruenhagen, faites sur le lapin. Ils excitent le côté latéral de la moelle allongée depuis la sortie du nerf trijumeau jusqu'à l'origine de la moelle cervicale, c'est-à-dire ils excitent la racine descendante du nerf trijumeau, et ils produisent ainsi un resserrement pupillaire du même côté. L'effet se produit encore après section du grand sympathique et si la pupille est dilatée au maximum par l'atropine. Les mêmes excitations ne produisent pas le même effet chez le chien. Eckhardt et Gruenhagen en concluent que, chez le lapin, le nerf trijumeau renferme dès son origine des fibres pupillo-constrictrices. Spalitza et Consiglio sont du même avis.

Signalons enfin pour mémoire que, sans raison suffisante, Oehl et Guttmann font naître des fibres pupillo-dilatatrices dans le ganglion de Gasser.

La conclusion s'impose : chez les mammifères supérieurs au moins, le nerf trijumeau ne renferme à son origine ni fibres dilatatrices ni fibres constrictrices de la pupille. Reste cependant à expliquer la constriction pupillaire modérée de vingt-quatre heures et plus après section du tronc du nerf trijumeau. On invoque ici, avec Schiff, la suppression des réflexes pupillo-dilatateurs que le nerf trijumeau entretiendrait normalement toujours un peu. Il est à remarquer que, d'après Budge et Cl. Bernard, l'effet se produirait encore après section du nerf III. On pourrait songer aussi à des fibres vaso-dilatatrices contenues dans l'origine du trijumeau, et qui seraient coupées avec lui.

**11° Le réflexe pupillo-dilatateur dit douloureux ; son mécanisme nerveux.** — L'excitation électrique, mécanique, etc. d'un nerf sensible quelconque, le nerf optique excepté, a pour effet de dilater les deux pupilles. Il s'agit d'une action réflexe — bilatérale également — sur la pupille, appelée souvent « réflexe pupillaire douloureux », bien que l'excitation du nerf sensible n'ait pas besoin d'être douloureuse pour agir sur la pupille.

Le plus étudié de ces réflexes est celui qui est dû à l'excitation du nerf sciatique. On sectionne ce nerf, puis on en excite le bout central. A chaque excitation, les deux pupilles se dilatent. Un simple attouchement tactile de la peau, absolument indolore, y suffit. L'excitation des organes viscéraux a le même effet. L'effet est tellement constant qu'il peut servir d' « esthésiomètre » (Schiff), c'est-à-dire de moyen pour juger si, chez un animal curarisé ou anesthésié, le système nerveux fonctionne encore ou non. Ce moyen est plus facile à observer que l'augmentation de la pression sanguine qui se produit le plus souvent, mais pas toujours, dans les mêmes circonstances.

Le même effet pupillo-dilatateur est obtenu par l'excitation de n'importe quel nerf centripète, y compris les filets du grand sympathique, les cordons postérieurs de la moelle et les nerfs des organes des sens, notamment du nerf acoustique.

Le nerf optique seul fait exception. Seulement on n'est pas sûr que l'effet pupillaire d'une excitation du nerf acoustique n'est pas due à une activité cérébrale. Chez un animal curarisé, la voix de son maître, par exemple, dilate les deux pupilles. Mais, chez le même animal, la vue de son maître, ou d'un fouet menaçant, dilate également les pupilles. Or, le réflexe pupillaire d'une excitation du nerf optique est une constriction. La dilatation pupillaire obtenue dans les circonstances indiquées par la vue d'un objet est le résultat d'une excitation compliquée, dite psychique, de l'écorce cérébrale. Nous consacrerons un paragraphe à part aux effets pupillaires de l'activité cérébrale.

Surgit alors la question importante du mécanisme nerveux des réflexes pupillo-dilatateurs provoqués par l'excitation des nerfs sensibles. Il s'agirait de poursuivre l'influx nerveux le long des nerfs centripètes, à travers les centres nerveux, puis, le cas échéant, à travers les fibres centrifuges, pupillo-dilatatrices.

Pour ce qui est des nerfs centripètes provocateurs de ces réflexes, nous savons quel est le nerf excité dans un cas donné. Souvent on s'adresse au nerf sciatique. Quant aux voies centrifuges, l'idée initiale fut qu'elles passaient par les fibres pupillo-dilatatrices du grand sympathique. Vulpian a le premier vu que la section du grand sympathique au cou ne supprime pas le réflexe pupillo-dilatateur. Il en conclut même — erronément — à l'existence de fibres pupillo-dilatatrices, sortant de la substance cérébrale avec le nerf trijumeau.

Le fait est que la pupillo-dilatation réflexe résulte exclusivement d'une frénation exercée sur les fibres pupillo-constrictrices du nerf oculo-moteur commun. Elle est complètement supprimée après section du nerf III, et persiste après section du seul grand sympathique.

Les auteurs ne manquent toutefois pas qui prétendent qu'après section du nerf III, il persiste une trace de la dilatation réflexe. Aussi importait-il d'employer ici des mensurations pupillaires très exactes. C'est ce que fit Bellarminoff, et à sa suite Braunstein, en introduisant la photographie dans ce genre de recherches.

Toutefois, avant de rendre compte de leurs recherches, signalons les conclusions remarquables auxquelles Bechterew était arrivé avant eux, par une évaluation plus grossière des phénomènes.

Bechterew fait d'abord observer que généralement la dilatation pupillaire réflexe est modérée, chez l'homme aussi bien que chez l'animal, à moins que chez ce dernier l'excitation soit très forte, auquel cas elle est accompagnée d'une forte élévation de la pression sanguine. Elle ne se produit franchement qu'à un éclairage assez fort, à effet fortement constricteur de la pupille. Pendant que la pupille est ainsi contractée, la dilatation réflexe est très sensible. Une excitation douloureuse, d'après B., ne saurait produire une dilatation plus forte que celle que présente l'œil à l'obscurité. Après section d'un nerf optique, une excitation douloureuse ne dilate plus la pupille de l'œil dont le nerf optique est coupé, et cela, bien que la dilatation ne soit pas maximale (comme celle après une forte atropinisation, ou par tétanisation du sympathique cervical). De tout cela, il résulterait que l'excitation douloureuse ne produit qu'une influence d'arrêt sur le réflexe lumineux. Bechterew y voit donc la preuve que les excitations douloureuses n'agissent pas sur la pupille en excitant les fibres pupillo-dilatatrices du grand sympathique, mais en modérant le tonus du sphincter de la pupille.

Cette dernière conclusion est absolument confirmée par les recherches de Bellarminoff et de Braunstein.

Jusqu'à Bellarminoff, la mensuration des phénomènes en question était insuffisante. L'œil nu et les nombreux pupillomètres servaient, dans une certaine mesure, à mesurer les dimensions de la pupille. La détermination de temps en dedans lesquels se produisent et évoluent les phénomènes ne pouvait être que rudimentaire. Bellarminoff imagina une disposition expérimentale qui permet d'enregistrer par la photographie, et de la manière la plus exacte, la grandeur de la pupille, la durée des variations pupillaires, ainsi qu'un phénomène concomitant quelconque, tel que le temps, la pression sanguine.

Il braque un objectif photographique sur l'iris, de préférence celui du chat, dont l'iris est clair. Dans ces conditions, l'iris produit sur une pellicule sensible une impression photographique qui tranche sur celle de la pupille, noire. Il emploie un rouleau de papier sensible qui se déroule pendant l'expérience. La pupille donne dans le négatif une bande claire, sur laquelle on lit les variations du diamètre pupillaire, avec le temps. C'est la méthode graphique idéale.

Bellarminoff, et à sa suite Braunstein, distinguent de cette manière d'abord le type de la dilatation pupillaire « directe », par excitation du grand sympathique, et le type de la dilatation « réflexe », par excitation du nerf sciatique. Les deux diffèrent sensiblement.

La figure 106 représente, d'après BRAUNSTEIN, le type de la dilatation directe (chez le chat curarisé). En *a* est la pupille resserrée par suite de la section du sympathique. De *m* en *n*, tétanisation du sympathique pendant deux secondes. Après une période latente de 0,41 secondes, la pupille commence à se dilater. Le maximum de la dilatation arrive après 1,8 secondes. Après cessation de l'excitation, la pupille, dilatée au maximum, se resserre d'abord plus vite, puis plus lentement et graduellement. La durée totale représentée est de 20 secondes, après lesquelles la pupille n'est pas encore revenue à son diamètre primitif.

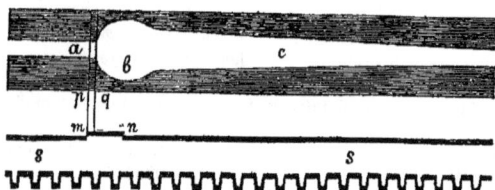

FIG. 106.— Dilatation directe de la pupille de chat curarisé, par excitation (tétanisation) du nerf sympathique préalablement sectionné (BRAUN-STEIN).

La figure 107 représente la dilatation du type réflexe, par excitation du nerf sciatique. En *a*, pupille après section du nerf sciatique. De *m* en *n*, pendant 2 secondes et demie, tétanisation du nerf sciatique. Après une période latente qui n'est guère plus longue que celle du type direct, la pupille se dilate, mais de façon à réaliser deux maximums de la dilatation. Le second maximum n'arrive qu'après sept secondes. Elle diminue ensuite graduellement et lentement.

Pour atteindre son maximum, la dilatation réflexe met donc un temps notablement plus long que la dilatation par excitation du grand sympathique.

Bien que les deux auteurs ne le disent pas, on ne peut se défendre de l'idée que le phénomène de la dilatation réflexe soit complexe, le premier maximum étant dû à une cause, le second à une autre.

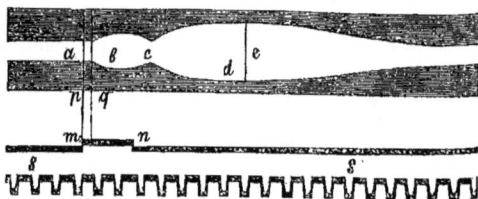

FIG. 107. — Dilatation pupillaire du type réflexe, par excitation du nerf sciatique.

La figure 108 donne en *b* et *c* les pupillo-dilatations, chacune après l'application au nerf sciatique d'une seule secousse induite. La dilatation est moindre que dans le cas précédent; elle commence après une période latente de 0,4 sec.

La figure 109 représente la dilatation réflexe, due à l'excitation du nerf sciatique, mais après section du grand sympathique cervical du côté de l'iris photographié. La période latente est sensiblement plus allongée que dans l'excitation directe; la dilatation rapide, initiale,

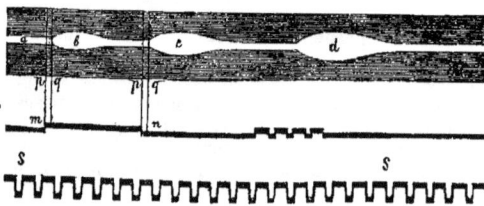

FIG. 108. — Dilatations pupillaires par l'application, au nerf sciatique, de secousses électriques isolées.

de la figure 107 (sans section du sympathique) fait défaut, ainsi que le retrait qui suit la cessation de l'excitation. Le maximum de la dilatation obtenue est moindre que lorsque le grand sympathique est intact.

Après extirpation du ganglion cervical supérieur la dilatation réflexe du côté de l'extirpation présente (BRAUNSTEIN) une période latente encore plus allongée; la dilatation est moindre que dans le cas de section du tronc sympathique, mais elle conserve les caractères de la dilatation réflexe. Le type de la dilatation n'est pas altéré si en même temps le tronc du nerf trijumeau est coupé (en arrière de son ganglion).

Dans l'expérience de la figure 110, type d'une dilatation réflexe (chez le chat) par tétanisation du nerf sciatique, Braunstein a en même temps enregistré la pression sanguine (courbe *h*). Cette pression commence à monter longtemps après que la pupille est déjà fort dilatée. Le maximum de la pression sanguine coïncide assez sensiblement avec le maximum de la dilatation pupillaire. Braunstein estime toutefois que le second maximum survient un peu plus tôt, au temps *c*, une petite fraction de seconde.

Fig. 109.— Dilatation réflexe de la pupille, par tétanisation du nerf sciatique le nerf sympathique ayant été préalablement sectionné.

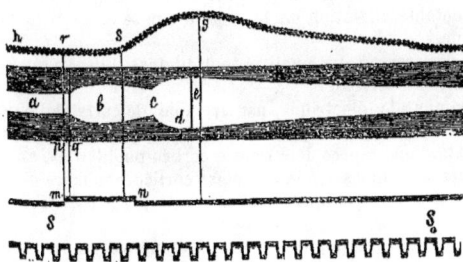

Après section du grand sympathique, l'augmentation réflexe de la pression sanguine commence exactement avec la dilatation pupillaire (Bellarminoff).

Dans un photogramme (fig. 111) reproduisant la dilatation réflexe de la pupille chez un chien curarisé, à la suite d'un frottement doux de la patte antérieure, la pression sanguine n'a pas varié; la pupille s'est dilatée, la forme de la dilatation se rapprochant, par sa durée notamment, du type direct.

Enfin, après section du nerf III et forte tétanisation du nerf sciatique, les photogrammes ne présentèrent pas trace de dilatation pupillaire.

Fig. 110.— Dilatation pupillaire réflexe, par tétanisation du nerf sciatique avec graphique simultané de la pression sanguine. En *h*, graphique de la pression sanguine.

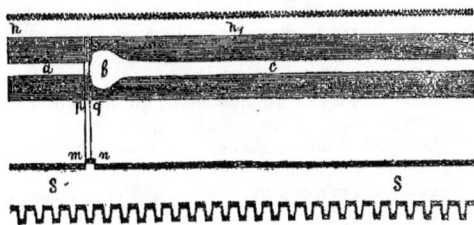

D'après les résultats de ses expériences, tels qu'ils sont consignés dans ses photogrammes, Braunstein en déduit que la dilatation pupillaire réflexe (douloureuse) se produit par l'intermédiaire du seul nerf III, par le moyen d'une inhibition exercée sur l'origine de ce nerf. Le grand sympathique n'interviendrait qu'en modifiant la forme de la pupillo-dilatation. Braunstein admet que le nerf grand sympathique exerce normalement sur l'iris un tonus pupillo-dilatateur, en vertu duquel la dilatation réflexe surviendrait un peu plus vite et serait plus forte si le grand sympathique est coupé. C'est là la seule influence que Braunstein accorde au grand sympathique sur la pupillo-dilatation réflexe, douloureuse.

Fig. 111. — Dilatation réflexe de la pupille (d'un chien curarisé), par frottement d'une patte.

Les modalités des divers photogrammes obtenus par Bellarminoff et Braunstein sont loin d'être expliquées dans tous leurs détails. Bellarminoff, voyant qu'en cas de section du grand sympathique la dilatation pupillaire réflexe (douloureuse) se développe parallèlement avec l'augmentation de la pression sanguine, admet que dans ces conditions la diastole pupillaire

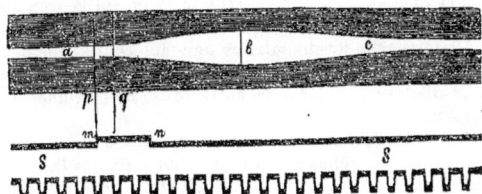

réflexe dépendrait des actions vaso-motrices. Sous cette forme absolue, l'opinion de BELLARMINOFF ne saurait être maintenue, attendu que cette diastole résulte d'une diminution du tonus du centre sphinctéro-moteur.

Pour ce qui est du tonus pupillo-dilatateur entretenu, d'après BRAUNSTEIN, par le grand sympathique, il se pourrait que ce ne fût là rien autre chose que le tonus vaso-moteur que le grand sympathique exerce sur les vaisseaux intra-oculaires, et qui est une des forces pupillo-dilatatrices agissant continuellement (voir pl. loin). En vertu de la suppression de ce tonus vaso-constricteur dans les vaisseaux afférents de l'iris, toute pupillo-dilatation due à une autre cause doit évoluer plus lentement et être moins excursive.

Ainsi s'expliquerait peut-être aussi qu'en cas d'intégrité du grand sympathique la pupillo-dilatation réflexe paraît être double (fig. 107).

12° **Effets pupillaires de l'excitation cérébrale, soit artificielle, soit naturelle, psychique.** — L'activité cérébrale, psychique, notamment l'attention, la frayeur, la joie, etc., dilate les deux pupilles. Un geste menaçant, l'appel du nom de l'animal en expérience, etc., ont cet effet. Il y a des personnes qui peuvent contracter en quelque sorte à volonté leurs pupilles. Elles n'obtiennent toutefois cet effet qu'en contractant en même temps les muscles droits internes, c'est-à-dire en convergeant.

Pendant *le sommeil naturel* (et artificiel), les pupilles sont très resserrées, à cause, dit-on, de la suppression de l'activité cérébrale. Au moment du réveil, spontané ou non, il se produit toujours une notable dilatation de la pupille : mise en activité de l'appareil cortical pupillo-dilatateur.

Dans les affections irritatives du cerveau, les pupilles sont dilatées. Elles se rétrécissent fortement dans les paralysies du cerveau.

D'autre part, l'excitation expérimentale (électrique, par exemple) de certains territoires de l'écorce cérébrale dilate les deux pupilles, chez l'homme aussi bien que chez l'animal. Nous verrons qu'il s'agit là d'une espèce de « réflexe cortico-pupillaire », analogue au réflexe douloureux. On tend à supposer que ce réflexe cortico-pupillaire et la pupillo-dilatation résultant des activités psychiques sont produits par l'activité des éléments corticaux.

Si maintenant on se rappelle les réflexes pupillaires dits douloureux, on constate qu'en somme la pupille se dilate sous l'influence de l'activité de n'importe quelle partie du système nerveux, à l'exception du nerf optique et des parties qui président à la convergence. On comprend dès lors que la pupille soit souvent un excellent réactif pour juger de l'intégrité fonctionnelle de n'importe quelle partie du système nerveux, et que SCHIFF en ait pu proposer les mouvements comme un « esthésiomètre » universel.

Insistons un peu sur ces actions pupillo-dilatatrices cérébrales, surtout au point de vue de leur mécanisme nerveux.

**Influence pupillo-dilatatrice des excitations artificielles de l'écorce cérébrale.** — D'après les observations d'une foule d'auteurs (SCHIFF et FOA, BOCHEFONTAINE, FR. FRANCK, GRÜNHAGEN, MISLAWSKI, BRAUNSTEIN, ANGELUCCI, KOTSCHANOWSKI, FERRIER, etc.), l'excitation électrique de l'écorce cérébrale produit une dilatation bilatérale de la pupille.

C'est surtout l'excitation de l'écorce dite « psycho-motrice », ou encore celle de l'écorce affectée à la sensibilité tactile qui produit ces effets. C'est chez l'homme et le singe l'excitation des circonvolutions centrales (surtout de l'antérieure), chez le chien, celle de la circonvolution sigmoïde, mais aussi celle de l'écorce occipitale (centre cortico-visuel) qui a cet effet. — Dans des conditions mal définies (courants plus forts, excitation de l'écorce occipitale ?) l'effet est au contraire une constriction des deux pupilles.

La forme de la pupillo-dilatation ainsi obtenue, par tétanisation de l'écorce ne ressemble pas à celle de la pupillo-dilatation réflexe, elle a beaucoup d'analogie avec la pupillo-dilatation directe, par excitation du grand sympathique.

Notons dès maintenant que l'excitation de ces mêmes territoires corticaux donne lieu également à des effets vaso-constricteurs qui augmentent très sensiblement la pression sanguine générale.

Ces effets pupillaires sont bien dus à l'excitation de l'écorce, et non à celle de parties plus profondes, de la base du cerveau par exemple, car on les obtient à l'aide de courants (induits) tellement faibles qu'ils ne produisent plus cet effet après enlève-ment, puis réapplication de l'écorce. Fr. Franck distingue du reste entre les effets pupil-laires produits par une faible excitation de l'écorce, obtenus sans convulsions et sans augmentation de la pression sanguine générale, et ceux produits par une plus forte excitation, donnant lieu en même temps à des phénomènes épileptiques et à une aug-mentation de la pression sanguine. Nous entendons parler ici uniquement des premiers.

Après enlèvement de l'écorce, on obtient des effets pupillaires analogues en excitant les parties sous-jacentes, plus profondes; probablement on excite ainsi des fibres qui partent de l'écorce. Certains auteurs ont cependant observé ces effets en localisant l'excitation le plus possible dans les masses grises du corps opto-strié, surtout dans la tête du noyau caudé.

Pour ce qui est des voies périphériques corticofuges par lesquelles se produit cet effet, il semble y avoir analogie complète entre cet effet cortical et le réflexe douloureux, c'est-à-dire que la voie centrifuge en serait le nerf III. Suivant Ferrier, Bochefontaine, Grunhagen, Hensen et Voelkers, Knoll, Bessau, Mislawski, Braunstein, Angelucci, Parsons, etc., l'effet se produirait encore après section du grand sympathique au cou, et disparaîtrait par la section du nerf III. Il faudrait donc admettre que la tétanisation de l'écorce aux endroits signalés exerce une frénation sur le centre pupillo-constricteur mésocéphalique. En effet, l'effet persiste après section de la moelle cervicale et même après section de la moelle allongée en arrière des tubercules quadrijumeaux.

Au concert précédent se mêlent toutefois quelques voix un peu discordantes. D'après Katschanowski, la transmission se ferait exclusivement par les fibres pupillo-dilatatrices du grand sympathique, et, d'après Fr. Franck, la section du nerf III accélé-rerait même l'effet. Ces observations restent provisoirement énigmatiques.

Naturellement, la section du grand sympathique au cou diminue l'effet pupillo-dilatateur de la tétanisation de l'écorce, à cause du rétrécissement pupillaire que cette section produit également. La congestion de l'iris qui en résulte doit à elle seule pro-duire cet effet.

L'extirpation de l'écorce cérébrale dite tactile, tout comme l'extirpation d'un hémi-sphère (de mammifère) produit du myosis sur le côté mutilé, ainsi que de la congestion et de l'hyperthermie de la face du même côté (Brown-Séquard, Braunstein). C'est ce qui explique qu'en cas d'extirpation de l'écorce dite tactile, Schiff et Foa ont vu que le réflexe douloureux pupillo-dilatateur était diminué, ce qui les avait portés à admettre un centre pupillo-dilatateur situé dans le cerveau.

Chez l'animal nouveau-né, l'effet pupillaire en question, par tétanisation de l'écorce, ne se produit pas.

Nous avons dit plus haut que, dans des circonstances mal définies, la tétanisation de l'écorce resserre les deux pupilles. D'après Levinska, cet effet serait obtenu sur les ter-ritoires corticaux qui, tel l'écorce occipitale, provoquent la convergence. Ce serait peut-être la pupillo-constriction associée à la convergence.

D'après Angelucci, chez les oiseaux, la tétanisation de l'écorce cérébrale produirait toujours un resserrement de la pupille du côté opposé. De plus l'effet ne serait pas sup-primé dans l'empoisonnement par la nicotine.

**Influence pupillo-dilatatrice de l'activité cérébrale normale, dite psychique.** — Des excitations cérébrales visuelles ou acoustiques (vision du poing menaçant, audition du nom de l'animal, etc.) provoquent, chez le chien ou le chat curarisé, une pupillo-dilata-tion bilatérale. D'après Braunstein, elle est du même type que celle qui est due à la tétanisation de l'écorce cérébrale. Elle n'est accompagnée d'aucune variation de la pres-sion sanguine. Elle est supprimée dans l'œil dont le nerf oculo-moteur commun a été coupé, même depuis une année; elle persiste après section du nerf grand sympathique. Enfin, d'après Braunstein, elle disparaît quand on a enlevé les régions de l'écorce dont la tétanisation dilate les pupilles.

Braunstein conclut donc que cette diastole pupillaire est le résultat du même mé-canisme nerveux que la pupillo-dilatation due à la tétanisation de l'écorce. Elle différerait de la dilatation réflexe, douloureuse, qui, elle, n'est pas supprimée par l'extirpation de l'écorce. Elle serait le résultat du fonctionnement même de l'écorce, d'une activité dite psychique.

Sur le même mécanisme cortical paraît reposer la pupillo-dilatation qui se produit lors d'une activité psychique quelconque, telle que l'attention, la frayeur (voir pl. loin). Chez l'homme, la paralysie du nerf oculo-moteur commun la supprime.

**Réflexe cérébral de Haab.** — Signalons ici une curieuse observation de Haab, qui toutefois serait peut-être mieux rattachée au réflexe pupillaire. Supposons les yeux regardant dans un espace obscur ; les pupilles sont donc dilatées. On place dans la périphérie du champ visuel un corps assez large et moyennement éclairé, une feuille de papier blanc. Chaque fois que, sans que le regard change, l'attention se porte sur la feuille de papier, les pupilles se contractent ; elles se dilatent si l'attention quitte l'objet.

Le *resserrement pupillaire pendant le sommeil* (sur lequel nous reviendrons plus loin), ainsi que la forte pupillo-dilatation au moment du réveil réel ou au moment du demi-réveil, par suite d'une excitation quelconque, sont expliqués de la manière suivante. Pendant le sommeil, il y a suppression, ou au moins forte diminution de l'activité de tous les appareils provoquant normalement la dilatation pupillaire : écorce cérébrale et nerfs périphériques. Lors du réveil, et l'écorce cérébrale, et les nerfs périphériques sensibles reprennent leur activité. — Pendant le sommeil, le réflexe lumineux (pupillo-constricteur) se produit, mais naturellement diminué, en raison de la petitesse de la pupille.

*Dans les maladies cérébrales*, la dilatation pupillaire bilatérale est regardée comme un symptôme d'excitation des hémisphères, de l'écorce, tandis que le resserrement, et surtout l'abolition du réflexe douloureux, est un signe fâcheux de paralysie du cerveau.

Lors de la chloroformisation, les pupilles sont dilatées dans la période dite d'excitation ; elles sont resserrées plus ou moins dans la période de relâchement, de narcose véritable. Une grande étroitesse des pupilles, et surtout l'abolition du réflexe douloureux, doit faire craindre quelque syncope chloroformique.

Si la mort survient réellement, quelle qu'en soit d'ailleurs la cause, les pupilles se dilatent fortement — probablement par anémie et constriction des vaisseaux iridiens (arrêt des pulsations du cœur et vaso-constriction universelle) ; puis, après quelque temps, elles se resserrent définitivement, par suite probablement de l'écoulement (*post mortem*) de l'humeur aqueuse hors de l'œil.

**13° Mécanismes iridiens des mouvements pupillaires.** — Nous avons, dans ce qui précède, appris à connaître les conditions extra-iridiennes qui font varier la pupille, autrement dit les mécanismes nerveux de ces mouvements ; nous avons parlé d'influences nerveuses pupillo-constrictrices et pupillo-dilatatrices, et nous avons déterminé les voies nerveuses périphériques centrifuges par lesquelles ces innervations gagnent l'iris, au sortir de l'axe cérébro-spinal. Il nous reste à déterminer les facteurs iridiens (musculaires, mécaniques) qui resserrent et dilatent la pupille, sous l'influence notamment des facteurs nerveux signalés dans ce qui précède.

Il résulte de toutes les recherches qu'à un moment donné la pupille se trouve en une espèce d'équilibre instable, résultant de multiples influences dont les unes, « systoliques », tendent à la resserrer, et les autres « diastoliques », tendent à la dilater. Un renforcement d'une influence systolique resserre la pupille, un affaiblissement d'une influence systolique dilate la pupille. Un renforcement d'une influence diastolique dilate la pupille, sa diminution resserre la pupille.

En fait d'influences systoliques, il y a : *a*) le muscle sphincter qui, en se contractant, resserre la pupille, *b*) la pression sanguine générale, en tant qu'elle se propage au sang de l'iris.

Les influences diastoliques sont : *a*) le muscle dilatateur de la pupille, *b*) les actions vaso-constrictrices intra-oculaires, *c*) la pression intra-oculaire, *d*) l'élasticité du tissu iridien.

Pour ce qui est du muscle sphincter, son intervention est mise hors de doute dans la plupart des circonstances où le diamètre pupillaire varie. Les effets pupillaires de ses contractions et de ses relâchements se comprennent parfaitement. La paralysie de son nerf moteur, du nerf III, chez l'homme, ou sa section, chez l'animal, dilate la pupille (mais pas tout à fait au maximum). A ce propos, il faut se rappeler qu'un muscle contracté préalablement ne s'allonge pas activement lors de la cessation de sa contraction ;

les expériences de GRUENHAGEN, tendant à démontrer un allongement actif du sphincter, ne sont pas convaincantes.

**Muscle dilatateur de la pupille.** — Depuis longtemps on a essayé d'expliquer les dilatations pupillaires par l'hypothèse d'un muscle dont les contractions auraient pour effet de dilater la pupille; notamment à la suite des recherches de PETIT, ARNOLD, VALENTIN et BIFFI, qui démontrèrent l'influence pupillo-constrictrice de la section du grand sympathique cervical et l'influence pupillo-dilatatrice de l'excitation du bout supérieur du nerf coupé. Ces effets ne semblaient pouvoir s'expliquer que par l'hypothèse d'un muscle pupillo-dilatateur, à fibres disposées radiairement dans l'iris.

Le problème des dilatations pupillaires se posa avec plus d'instance encore lorsque CL. BERNARD (et à sa suite, FR. FRANCK) eut démontré que les voies pupillo-dilatatrices du grand sympathique suivent des voies un peu différentes de celles des voies vaso-constrictrices destinées à certaines parties de la tête. Dès maintenant, on supposait souvent, mais à tort, que des pupillo-dilatations très diverses résultaient de l'activité de ces « fibres pupillo-dilatatrices » du grand sympathique.

Faisons observer tout de suite que l'existence de fibres pupillo-dilatatrices dans le grand sympathique n'implique pas fatalement celle d'un muscle dilatateur de la pupille. A notre connaissance, CL. BERNARD notamment ne s'est jamais expliqué catégoriquement sur ce point.

Cependant l'hypothèse d'une simple influence d'arrêt, exercée sur le muscle sphincter par le grand sympathique, n'expliquerait pas que la tétanisation de ce nerf dilate la pupille plus fortement que la paralysie du nerf III.

Les pathologistes surtout n'ont cessé d'être partisans d'un muscle dilatateur : certains effets mécaniques de la dilatation pupillaire sous l'influence de l'atropine ne leur semblaient pas explicables par un simple relâchement du muscle sphincter.

Entre temps, des fibres musculaires, disposées radiairement dans l'iris, furent décrites par KOELLIKER, TODD et BOWMANN, VALENTIN et d'autres. Mais aux assertions d'anatomistes affirmant l'existence d'un tel muscle s'opposaient les nombreuses assertions d'anatomistes niant un tel muscle. De plus, les anatomistes partisans du muscle dilatateur ne s'accordaient pas sur l'emplacement des fibres contractiles dans l'iris. On peut circonscrire le débat entre anatomistes, et écarter toutes les assertions (KOELLIKER, BUDGE, DOGIEL, etc.), controuvées aujourd'hui, d'un tel muscle situé dans le stroma lui-même de l'iris, avec ou sans rapports avec les vaisseaux. MUENCK toutefois, tout récemment, attribue aux cellules étoilées du stroma iridien une contractilité, en vertu de laquelle la pupille se dilaterait.

Les discussions actuelles tournent autour de la nature de la couche iridienne dite de BRUCH, couche striée radiairement et située immédiatement au-devant de l'épithélium pigmenté de l'iris. C'est cette même membrane de BRUCH qui, d'après nos expériences, se comporte à l'égard de la pénétration d'encre de Chine (voir plus loin) d'une manière tout autre que le stroma de l'iris.

Il est incontestable que la membrane de BRUCH possède une striation radiaire régulière. On y rencontre aussi quelques noyaux plus ou moins allongés radiairement, surtout à sa face postérieure. Ce qui est certain aussi, c'est que les fibres constitutives de la membrane de BRUCH ne présentent pas les réactions du tissu élastique (ni d'ailleurs celles du tissu musculaire lisse).

De très longues discussions se sont élevées entre anatomistes pour savoir si (conformément à la manière de voir de HENLE, MERKEL, IWANOFF, ROUGET, JULER, GABRIELIDÈS, VIALLETON, GRYNFELT, VON SZILLY, etc., etc.) la couche de HENLE est une couche musculaire, ou bien si (comme le disent GRUENHAGEN, ANGELUCCI, SCHWALBE, FUCHS, BOÉ, KOGANEÏ, TESTUT, RETTERER, DEBIERRE, BERGER, etc.) les fibres en question n'ont pas la signification d'éléments contractiles.

Un argument très sérieux en faveur de la nature contractile de la membrane de BRUCH a été apporté récemment par VIALLETON et GRYNFELT, confirmé par la plupart des auteurs récents. Ces auteurs démontrèrent que la membrane de BRUCH dérive, embryologiquement parlant, du feuillet antérieur de la rétine iridienne, qui d'autre part donne également naissance à un muscle bien authentique, au sphincter de la pupille (NUSSBAUM, V. SZILLI).

Comme argument anatomique en faveur de l'existence d'un muscle dilatateur de la pupille, chez les mammifères, on fait valoir aussi que l'iris des oiseaux (et celui des reptiles) renferme des fibres musculaires disposées radiairement, et caractérisées absolument comme telles en ce qu'elles sont striées. Certaines de ces fibres occupent même l'emplacement (sous-épithélial) de la membrane de Bruch chez les mammifères (Gabrielidès).

On a d'autre part cherché à établir l'existence d'un muscle pupillo-dilatateur en expérimentant plus ou moins directement sur l'iris. E.-H. Weber obtint une contraction de la pupille, en excitant électriquement le centre de la cornée, et une dilatation en appliquant les électrodes sur le bord scléral de la cornée. Koelliker excisa la zone pupillaire de l'iris, c'est-à-dire le muscle sphincter, et alors l'excitation électrique de l'iris donna une dilatation de cette pupille artificielle, dépourvue de muscle sphincter. D'après Heese, cette pupille artificielle (chez le chat) se dilaterait encore sous l'influence de la tétanisation du grand sympathique, même chez l'animal tué par hémorragie.

Langley et Anderson ont dernièrement repris l'expérience de E.-H. Weber, chez le chat vivant. Une excitation électrique (tétanisation) circonscrite, portée sur la sclérotique à un ou deux millimètres du bord scléro-cornéen, attire la pupille de ce côté, la dilate partiellement, et plisse, fronce la surface antérieure de l'iris autour du point excité, les plis étant perpendiculaires au rayon iridien dans lequel est portée l'excitation. Ces déformations semblent aux deux auteurs ne pouvoir s'expliquer ni par la rétraction élastique de l'iris, ni par une contraction des vaisseaux iridiens.

L'anatomie pure, jointe à l'embryogénie, apporte donc des arguments en faveur de la contractilité radiaire de la membrane de Bruch. Cependant ces arguments ne sont pas absolument dirimants. Quant aux preuves plutôt physiologiques de cette contractilité, elles impressionnent certainement par leur nombre; mais aucune n'est absolument convaincante; les faits en question, d'autres encore, ont été expliqués plus ou moins, comme nous le verrons, par l'élasticité du tissu iridien et des vaisseaux, jointe au relâchement du muscle sphincter. Voyons donc les effets iridiens de ces deux facteurs, puis nous reprendrons la question du muscle dilatateur.

**Rôle de l'élasticité iridienne dans la dilatation pupillaire.** — La dilatation pupillaire (non maximale) consécutive à la paralysie ou à la section du nerf III est donc expliquée par certains auteurs comme un effet du tonus d'un muscle pupillo-dilatateur. Les auteurs (déjà Hall, en 1849) qui n'admettent pas de muscle dilatateur supposent que l'élasticité propre au tissu iridien tend à retirer toute la membrane vers son insertion périphérique, à produire une assez forte mydriase. Ils admettent que le muscle sphincter resserrerait la pupille, à l'encontre de l'équilibre élastique de l'iris; ce muscle développerait ainsi dans la membrane une tension qui, si elle n'était contrariée ni par la contraction du muscle sphincter, ni par la pression du sang dans les artères iridiennes, suffirait pour retirer vers la périphérie les tissus, même à plisser les vaisseaux. Cette tension élastique ne demanderait donc que le relâchement du muscle sphincter pour dilater la pupille. Une action vaso-motrice exercée par le grand sympathique serait toutefois capable d'augmenter encore un peu la dilatation pupillaire, qu'elle rendrait maximale. Et, pour expliquer que la seule tétanisation du grand sympathique au cou dilate la pupille au maximum, ils admettent que cette tétanisation, en même temps qu'elle a un effet vaso-constricteur sur les vaisseaux, exercerait une action frénatrice, paralysante, sur le muscle sphincter.

Gruenhagen, le défenseur principal de la théorie dite de l'élasticité iridienne, s'est donné beaucoup de peine pour démontrer, sans y être parvenu toutefois, que cette force, retirant l'iris vers son insertion périphérique, est notable. — Langley et Anderson toutefois croient pouvoir nier que l'iris dilaté (quand la pupille est resserrée) radiairement développe dans ce sens une tension élastique bien sensible. Ils excisent un secteur de l'iris et le distendent radiairement; après cessation de la distension, le secteur ne se rétracte absolument pas. — Muenck lui aussi énumère une foule de faits tendant à démontrer que, abandonné à ses propres forces mécaniques, l'iris (y compris les vaisseaux) exsangue est une membrane absolument flasque, et que le myosis pupillaire, non la mydriase serait plutôt l'expression des seules forces élastiques de l'iris.

Pour d'aucuns, la mydriase atropinique (voir plus loin), qui peut être maximale, supposerait une large intervention de l'élasticité iridienne. Cet alcaloïde en effet n'a pas d'action bien manifeste sur le calibre des vaisseaux; il se borne, selon les apparences, à paralyser le muscle sphincter. Il est vrai que d'autres auteurs expliquent cette mydriase maximale en admettant que l'atropine, tout en paralysant le muscle sphincter, exciterait le muscle dilatateur. Cette hypothèse est bien improbable, car elle attribue à l'atropine des actions opposées sur des éléments anatomiques de même nature.

**Rôle des vaisseaux iridiens dans les mouvements pupillaires.** — Sur le cadavre une injection artificielle de sang dans les vaisseaux resserre la pupille (ROUGET). D'autre part, il est certain que sur le vivant la réplétion des vaisseaux sanguins iridiens distend la membrane et resserre la pupille, et qu'une diminution de la réplétion des vaisseaux iridiens dilate la pupille. Il importe de ne pas oublier que l'une et l'autre variation vasculaire peuvent être obtenues par deux mécanismes différents. Ce sont : a) des variations de la pression sanguine dans les vaisseaux iridiens, et b) des actions vaso-motrices dans les vaisseaux afférents à l'iris, les vaisseaux iridiens étant dépourvus de fibres musculaires.

Une augmentation de la pression du sang dans tout l'arbre artériel ou seulement dans les vaisseaux de la tête resserre les pupilles; une diminution de la même pression dilate la pupille. On a obtenu cet effet pupillo-constricteur sur l'animal fraîchement tué par hémorragie, en injectant un liquide dans l'artère carotide. Chez l'animal ou l'homme avec la tête penchée en bas, la pupille se resserre elle se dilate dans la position inverse. Ces variations du diamètre pupillaire deviennent même très prononcées chez le lapin auquel on a sectionné le grand sympathique cervical, opération qui élimine les innervations vaso-motrices qui tendraient à maintenir constant le calibre des vaisseaux iridiens.

Les petites variations du diamètre pupillaire synchrones avec la respiration et avec le pouls, qu'on peut observer entoptiquement, sont des exemples de variations pupillaires dues aux variations respiratoires de la pression du liquide sanguin. Le resserrement pupillaire après ponction cornéenne est dû à la suppression (à la surface iridienne, c'est-à-dire à la surface des vaisseaux iridiens) d'une pression de 25 millim. de mercure qui contre-balançait plus ou moins l'effet pupillo-constricteur de la pression sanguine. Après suppression de la tension oculaire, le sang se précipite dans les vaisseaux, les distend et resserre la pupille.

Certains auteurs croient pouvoir éliminer l'influence des actions vaso-motrices sur le diamètre pupillaire en remarquant que les vaisseaux iridiens sont dépourvus de fibres musculaires. Or, les artères afférentes à l'iris sont parfaitement munies d'une tunique musculaire. Il en est ainsi notamment du grand cercle artériel de l'iris, chez l'homme et les animaux. Dès lors, étant donné la tension intra-oculaire (de 25 millim. mercure) qui pèse sur la face externe des vaisseaux iridiens, les actions vaso-motrices bornées à ces vaisseaux afférents doivent avoir sur les vaisseaux iridiens, en principe, et peut-être au même degré, les mêmes effets que des actions vaso-motrices dans les vaisseaux iridiens eux-mêmes.

Lorsque la pupille est dilatée, les vaisseaux iridiens sont pliés (voir plus loin), même très fortement. Alors toute augmentation de la pression sanguine dans les vaisseaux ainsi incurvés doit tendre à les redresser, et par là à distendre l'iris.

Les petites oscillations pupillaires synchrones avec la respiration et avec les systoles cardiaques semblent relever de ce mécanisme.

Il ne faudrait cependant pas s'exagérer l'influence qu'exercent sur la pupille les variations vaso-motrices intra-oculaires et les variations de la pression sanguine générale. En fait, bien peu d'auteurs conçoivent la possibilité d'expliquer les variations un peu étendues de la pupille par les seules actions vaso-motrices; la plupart ont recours en même temps, pour expliquer les fortes pupillo-dilatations, soit à l'activité d'un muscle dilatateur, soit au moins au relâchement du tonus sphinctérien et à l'élasticité du stroma iridien.

La mydriase quasi maximale due aux instillations de cocaïne est généralement envisagée comme résultant en partie d'une vaso-constriction des vaisseaux afférents à l'iris. Généralement on admet aussi qu'une vaso-constriction des vaisseaux afférents à l'iris contribue à produire la pupillo-dilatation maximale en cas de tétanisation du grand sympathique.

*Tassements et chevauchements des tissus de l'iris lors des dilatations pupillaires.* — Il est temps de constater *de visu* les conséquences mécaniques intra-iridiennes du resserrement et des dilatations pupillaires; ainsi pourrons-nous avoir quelques données sur les forces en cause.

La figure 112 montre en A un iris de chat dis·

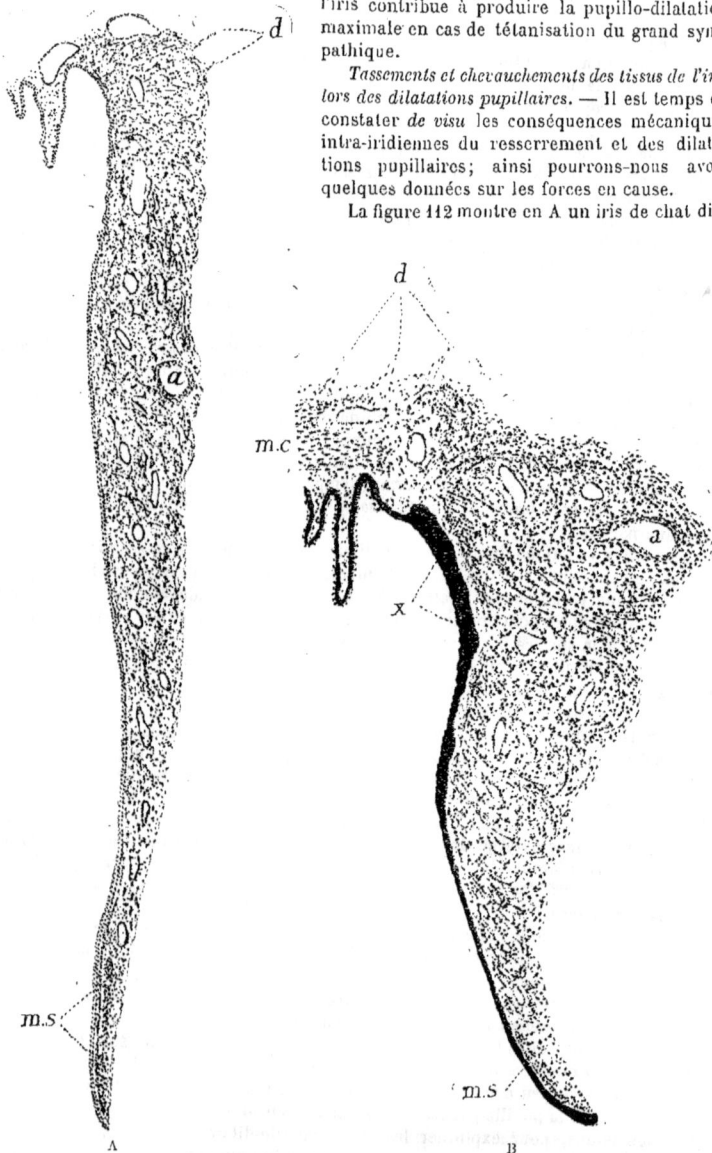

FIG. 112.
Aspects divers de la coupe transversale de l'iris de chat, selon que la pupille est dilatée ou resserrée.
A, Iris en cas de pupille resserrée; B, Iris en cas de pupille dilatée.

tendu, en cas de pupille resserrée; en B est un tel iris retiré vers la périphérie, en cas de pupille dilatée, mais pas au maximum. Dans l'iris contracté, les tissus sont plissés, il y a des côtes saillantes en avant. Les vaisseaux sont pliés de même, avec des concavités ouvertes en arrière.

Les cellules de la rétine iridienne se tassent de même ; leur hauteur augmente ; la rangée antérieure devient plus apparente.

De tout le stroma iridien, la seule couche de BRUCH ne se plisse pas.

D'après cela, ce serait dans la couche de BRUCH que siège la force pupillo-dilatatrice (élastique ou contractile), car c'est certainement à sa rétraction que sont dus les chevauchements, les plissements et les tasse-

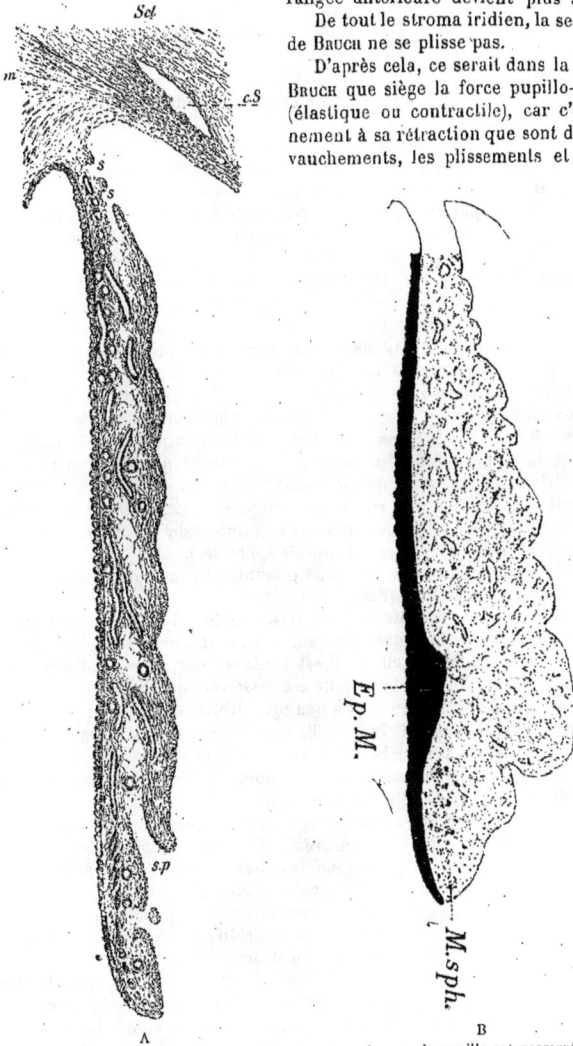

FIG. 113. — Iris humain. Aspects de sa coupe transversale, selon que la pupille est resserrée ou dilatée. A, Iris en cas de resserrement pupillaire ; B, Iris en cas de dilatation pupillaire.

ments dans les autres plans iridiens. A examiner la direction dominante de la fibrillation iridienne, la contraction s'exercerait surtout vers une zone située à l'union du quart externe, ciliaire, avec les trois quarts pupillaires de la membrane.

Ne quittons pas ces figures sans remarquer qu'à son extrémité antérieure le muscle ciliaire (du chat) se bifurque, et que la lamelle interne se dirige en droite ligne vers la lamelle postérieure de l'iris. Ne se pourrait-il pas que dans leurs expériences, où LANGLEY et ANDERSON appliquent le courant induit en somme au niveau du muscle ciliaire, ils fissent contracter ce dernier, dont la lamelle interne retirerait vers elle la lamelle iridienne postérieure, ce qui contribuerait à plisser la surface iridienne antérieure de la manière signalée plus haut?

L'observation précédente s'impose également à propos de l'expérience de KOELLIKER, signalée plus haut, celle de l'iris (de chat) privé de son sphincter, et où une excitation du centre cornéen dilate cette pupille artificielle.

La figure 113 présente deux iris humains, l'un (A) dilaté (pupille resserrée), l'autre (B) resserré (pupille dilatée).

Les changements ne sont pas aussi excessifs que dans l'iris de chat, mais ils sont de même nature, c'est-à-dire qu'ils tendent à faire placer dans la couche de BRUCH la force pupillo-dilatatrice. La loupe binoculaire fait voir sur le vivant que les côtes saillantes circulaires à la périphérie de la face antérieure se prononcent davantage lorsque la pupille se dilate, et s'effacent plus ou moins lorsqu'elle se resserre.

D'après ce qui précède, ce serait dans la couche de BRUCH que siège la force pupillo-dilatatrice; c'est à sa contraction que seraient dus les tassements, les chevauchements et les plissements des couches autres que la couche de BRUCH. Ces tassements parlent même sérieusement en faveur de la contractilité de la couche de BRUCH, puisqu'elle est dépourvue de fibres élastiques capables de produire une telle rétraction. Cependant, les préparations de ce genre ne suffisent pas à elles seules pour prouver péremptoirement que la couche en question est réellement contractile.

*Objections aux théories expliquant la pupillo-dilatation soit par la seule élasticité de l'iris, soit par les seules actions vaso-motrices.* — Ce qui parle contre la nature purement élastique de la force pupillo-dilatatrice, c'est d'abord que des expériences directes, faites sur l'iris isolé, prouvent que la membrane prend et conserve toutes les formes qu'on lui octroie; ensuite, des recherches récentes (KIRIBUCHI) ont fait constater l'absence absolue d'éléments élastiques dans la membrane de BRUCH, comme du reste dans tout le tissu iridien (à l'exception du muscle sphincter).

Cependant, la membrane de BRUCH ne présente pas non plus franchement les réactions du tissu musculaire lisse (FRUGUIELE).

Il est d'autre part certain que la seule élasticité des vaisseaux iridiens ne saurait les plier, comme cela est indiqué dans les figures 112 et 113, ni tasser les tissus comme cela est indiqué dans les mêmes figures. Il est facile de voir au microscope cornéen chez l'homme à iris bleus, lorsque la pupille est resserrée, que les vaisseaux de la lamelle iridienne antérieure sont radiaires et à peu près droits, et que, si la pupille est dilatée, ils s'infléchissent latéralement. En fait, ils s'infléchissent aussi d'avant en arrière.

MUENCK fait observer que, si la force pupillo-dilatante siégeait uniquement dans la couche de BRUCH, on ne comprendrait pas pourquoi l'uvée iridienne reste visible au bord pupillaire lorsque la pupille est dilatée. Du bord pupillaire, on voit généralement un liséré brun, dû à l' « ectropion de l'uvée » en cet endroit. Or, dit MUENCK, si la membrane de BRUCH était la seule force qui retire l'iris vers la périphérie, cet « ectropion de l'uvée » devrait disparaître ou être moins apparent lorsque la pupille est dilatée. Or, en fait, le liséré brun est aussi visible, voire même plus visible que si la pupille est dilatée. L'auteur en infère qu'il doit y avoir une force dilatante, non seulement dans la couche de BRUCH, mais aussi dans les plans iridiens antérieurs. Il admet donc une certaine contractilité des cellules étoilées du stroma iridien.

*Théories mixtes de la dilatation pupillaire.* — Il n'y a plus guère d'auteur qui, à l'exemple de HALL (1849), expliquerait les dilatations pupillaires (comme mécanisme iridien) par la seule élasticité de l'iris, jointe au relâchement du muscle sphincter. Tous invoquent plus ou moins les actions vaso-motrices. Les partisans du muscle pupillo-dilatateur sont plus exclusifs. Pour eux, le tonus de ce muscle suffirait pour expliquer les phénomènes sans le secours de l'élasticité iridienne.

D'un autre côté, il n'y a plus guère d'auteur qui, à l'exemple de SALKOWSKI, remplace dans le mécanisme iridien l'élasticité de cette membrane aussi bien que l'action du muscle dilatateur par les effets de la seule constriction des vaisseaux iridiens. Tous, du moment qu'ils sont adversaires du muscle dilatateur, invoquent en même temps que les actions vaso-motrices, l'élasticité iridienne à côté du relâchement du muscle sphincter.

*Théorie de Gruenhagen.* — La théorie de GRUENHAGEN renferme les affirmations suivantes :

1° Le jeu habituel, normal, de la pupille est obtenu presque exclusivement par la contraction et le relâchement d'un seul muscle, du sphincter de la pupille. La force qui dilate la pupille, le muscle sphincter étant relâché, consiste (dans le jeu naturel des fonctions) pour la plus large part dans la tension élastique de la portion ciliaire de l'iris, mise en action continuellement par le tonus du muscle sphincter. Pour une part, au moins dans les conditions particulières, la dilatation est obtenue par la contraction tonique des parois vasculaires de l'iris ;

2° La dilatation pupillaire consécutive à la tétanisation du grand sympathique cervical est due : *a*) à une action d'inhibition exercée par cette tétanisation sur le muscle sphincter de la pupille ; *b*) à l'élasticité du tissu iridien ; et *c*) à une contraction énergique des vaisseaux de l'iris ;

3° En tant que, lors des dilatations pupillaires, le grand sympathique développe une force dilatatrice active (non élastique simplement), elle est le fait des muscles vasculaires ;

4° La section du nerf oculo-moteur commun fait cesser le tonus sphinctérien, et c'est l'élasticité iridienne seule qui dilate alors la pupille. Le surcroît de dilatation qu'on peut obtenir en tétanisant le grand sympathique, est le fait de la contraction vasculaire ;

5° La contraction radiaire d'un segment de l'iris de lapin qu'on provoque par la faradisation directe, est due aux vaisseaux. Il en serait de même (d'après GRUENHAGEN) des plissements de la surface iridienne antérieure de l'iris du chat vivant obtenus par LANGLEY et ANDERSON, en tétanisant la région scléro-cornéenne, — un point sur lequel nous ne saurions partager l'opinion de GRUENHAGEN.

Un physiologiste qui a plaidé énergiquement contre l'existence d'un muscle dilatateur de l'iris est GASKELL. Il rappelle que les fibres musculaires longitudinales de l'intestin, dilatatrices du tube intestinal, ont pour nerf moteur le grand sympathique, et pour nerf d'inhibition, le nerf pneumogastrique, tandis que les fibres circulaires, constrictrices du tube intestinal, ont pour nerf moteur le nerf pneumogastrique, et pour nerf inhibiteur, le grand sympathique. De même aussi, le nerf oculo-moteur commun serait le nerf moteur du muscle sphincter, tandis que le grand sympathique en serait le nerf d'arrêt. La dilatation pupillaire habituelle serait obtenue par l'inhibition exercée sur le muscle sphincter par le grand sympathique, jointe à l'élasticité iridienne ; les contractions vasculaires n'y seraient pour rien.

*Théorie de Fr. Franck.* — FR. FRANCK est l'auteur qui s'est le plus évertué à accumuler les faits tendant à démontrer que l'effet pupillo-dilatateur de la tétanisation du grand sympathique est indépendant de l'action vaso-constrictrice du même nerf, et néanmoins il n'est pas partisan d'un muscle pupillo-dilatateur.

D'après lui aussi, les fibres pupillo-dilatatrices exerceraient une frénation sur l'appareil pupillo-constricteur. Cet auteur a confirmé et complété les expériences de CL. BERNARD qui démontrent que les fibres pupillo-dilatatrices du grand sympathique sont indépendantes des fibres vaso-constrictrices de la tête. Il a vu l'excitation du grand sympathique dilater la pupille chez l'animal à peu près exsangue par hémorragie. Enfin il trouve que certains filets terminaux du sympathique dilatent la pupille sans resserrer les vaisseaux oculaires, et que l'excitation d'autres de ces filets resserre les vaisseaux oculaires sans dilater la pupille.

*Théorie d'Angelucci.* — ANGELUCCI confirme les faits avancés par FR. FRANCK et professe, quant à la dilatation pupillaire, une opinion analogue à celle de cet auteur. La couche de BRUCH, dit-il, est bien une couche *sui generis*, mais il est douteux que, malgré son aspect myoïde, ce soit une force musculaire en absolue antithèse avec le muscle constricteur. Il pense que la mydriase se fait plutôt grâce à l'élasticité propre des tissus iridiens, dès que le constricteur de la pupille relâche son activité. Le grand sympathique exercerait néanmoins toujours une influence pupillo-dilatatrice distincte de toute action vaso-motrice. Mais cette action serait tonique et n'interviendrait pas particulièrement dans les pupillo-dilatations réflexes, c'est-à-dire dans les dilatations pupillaires habituelles.

*Théorie de Ch. Lafon.* — A la dernière heure, une nouvelle théorie vient d'être émise par Ch. Lafon. Il est adversaire d'un muscle dilatateur et n'admet qu'une seule force contractile iridienne, le sphincter. Pour ce qui est de l'innervation de ce muscle, il fait revivre une idée émise déjà par Van Gehuchten (abandonnée depuis par son auteur) et d'après laquelle le ganglion ciliaire serait le vrai et unique centre moteur pour l'iris, sur lequel le nerf III agirait pour l'exciter, et le grand sympathique pour le modérer. Lafon admet donc que les fibres pupillo-dilatatrices du grand sympathique passeraient par le ganglion ciliaire, ce qui est contraire à ce qui est dit plus haut. Il admet aussi que le réflexe pupillo-dilatateur douloureux passerait par le nerf grand sympathique.

Braunstein a montré très clairement que les pupillo-dilatations normales résultent d'une inhibition exercée sur le nerf sphinctéro-moteur. Néanmoins il admet que le grand sympathique exerce continuellement un tonus pupillo-dilatateur, indépendant des actions vaso-motrices.

L'accord est donc loin d'être réalisé parmi les physiologistes, en ce qui regarde soit le mécanisme iridien de la pupillo-dilatation, soit surtout le muscle dilatateur de la pupille. Il y a toujours et malgré tout des partisans et des opposants de ce muscle. Il est à remarquer que les partisans du muscle dilatateur sont presque tous récents et, de plus, que leurs recherches sont surtout de nature anatomo-embryologique et portent sur l'histogénèse de la couche iridienne de Bruch. En principe, des recherches de ce genre sont cependant insuffisantes pour établir définitivement la nature contractile d'une formation anatomique; il faut, à cet effet, le concours de l'expérimentation physiologique.

Quant aux opposants du muscle pupillo-dilatateur, on voudra bien remarquer qu'ils se basent surtout sur des expériences physiologiques, et de préférence sur l'ensemble des faits physiologiques. Ils relèvent des faits qui ne semblent pas s'accorder avec l'hypothèse d'un muscle pupillo-dilatateur. A la vérité, bon nombre de ces travaux datent d'un peu loin, et leurs auteurs n'ont plus pris la parole en la question depuis les travaux récents sur l'histogénèse de la couche de Bruch, travaux si confirmatifs de l'existence d'un muscle dilatateur de la pupille. Il ne faudrait pas cependant conclure de ce silence que tous se soient transformés en partisans du muscle dilatateur. Gruenhagen notamment a déclaré récemment que, pour être résolue, la question demande encore des recherches ultérieures. Angelucci lui aussi a maintenu son premier point de vue.

Une considération de nature à faire hésiter quelque peu les partisans du muscle pupillo-dilatateur est la suivante. Il résulte des travaux signalés dans ce qui précède, notamment de ceux de Braunstein, que les fibres contractiles pupillo-dilatatrices ne semblent pas intervenir dans les mouvements pupillaires habituels, physiologiques, c'est-à-dire ni dans la dilatation pupillaire due à une diminution de l'éclairage, ni dans la dilatation accompagnant le regard au loin, ni dans la dilatation réflexe, dite douloureuse, ni enfin dans les dilatations dues à l'activité cérébrale. Elles n'interviennent pas davantage dans les petites variations pupillaires synchrones avec la respiration et avec les pulsations cardiaques. De sorte que nous aurions là un muscle qui dans le jeu régulier des fonctions n'agirait jamais, et qui en quelque sorte n'existerait que pour rendre possibles certaines expériences physiologiques, de laboratoire. Ce serait en quelque sorte un luxe sans utilité aucune !

Il est vrai que Schiff, Angelucci et Braunstein parlent d'une espèce de tonus pupillo-dilatateur exercé continuellement par le grand sympathique cervical par le moyen des fibres de la couche de Bruch. Mais leurs idées à cet égard ne semblent pas très nettes. Le sympathique cervical, dit Angelucci, représente l'équilibre (iridien) plutôt que le facteur d'une fonction qui peut s'exercer indépendamment de celui-ci. Braunstein est encore moins explicite au sujet du tonus pupillo-dilatateur exercé par le grand sympathique, moyennant des fibres pupillo-dilatatrices.

S'il n'y avait pas les expériences de Fr. Franck démontrant que l'influence pupillo-dilatatrice du grand sympathique est indépendante de l'action vaso-motrice pour la tête, nous admettrions comme certain que ce tonus pupillo-dilatateur n'est rien autre chose que le tonus vaso-constricteur, exercé réellement par le grand sympathique, et dont un effet indiscutable est de maintenir la pupille plus ou moins dilatée. Supprimez cette action vaso-constrictrice (par exemple par inhalations de nitrite d'amyle) et les pupilles se resserrent. Dans une question aussi fondamentale, l'on ne saurait user d'une trop sévère critique. Ne se pourrait-il pas que les fibres pupillo-dilatatrices du grand sympathique fussent en réalité des fibres vaso-motrices pour l'intérieur de l'œil? Dans les expériences telles que celles de Fr. Franck, on juge des pupillo-constrictions de la tête en inspectant le tégument externe et la conjonctive oculaire. Ne se pourrait-il pas que les nerfs vaso-constricteurs pour l'iris, organe qui dérive de l'arachnoïde cérébral, suivraient dans le grand sympathique cervical un trajet un peu différent de celui des vaso-moteurs pour le tégument de la tête? La question est accessible à l'expérimentation physiologique.

14° **La pupille dans le sommeil.** — Nous avons vu que la pupille est resserrée pendant le sommeil et se dilate au moment du réveil. En aucune circonstance physiologique on n'observe une étroitesse aussi prononcée de la pupille que pendant le sommeil, à moins que le muscle sphincter ne soit fortement contracté (et exception faite pour le nouveau-né). Or, pendant le sommeil, en l'absence de toute excitation du nerf optique, on doit se figurer l'appareil nervoso-musculaire sphinctérien en repos.

Théoriquement, la pupille devrait même être dilatée pendant le sommeil, parce que (a) les yeux sont portés en divergence (et en haut), (b) parce que la lumière n'agit plus sur la rétine. Inversement (a) l'absence d'excitation aux nerfs centripètes, et (b), la diminution de l'activité cérébrale tendent à resserrer la pupille. Lorsque les deux sortes d'influences et de plus le tonus vasculaire sont supprimés par la section de nerfs sympathique et oculo-moteur commun, la pupille est très sensiblement dilatée.

Peut-on supposer (avec Plotkes, Venneman et Ch. Lafon) que pendant le sommeil il y ait une contraction tonique du muscle sphincter? Il est vrai que d'autres sphincters (le vésical, l'anal par exemple), sinon tous, semblent contractés pendant le sommeil. Il y a cependant à remarquer que l'utilité d'un tonus de ces sphincters se comprend, puisqu'il doit s'opposer à l'écoulement du contenu d'un organe viscéral. Et rien de pareil n'existe pour la pupille, dont le resserrement n'entrave pas du tout l'écoulement de l'humeur aqueuse à travers la pupille.

Pour J. Mueller, le myosis pendant le sommeil résulterait d'une contraction du muscle sphincter, synergique avec la convergence des yeux. — En fait, pendant le sommeil, les yeux sont tournés en haut, mais en divergence (Braunstein).

De tous temps, les partisans d'un muscle pupillo-dilatateur ont supposé que pendant le sommeil ce muscle serait relâché par le fait de la suppression de l'activité cérébrale.

D'autre part on a pensé à un relâchement des vaisseaux iridiens. L'une et l'autre hypothèse fait intervenir le grand sympathique cervical dans la production du myosis dans le sommeil. Bouchard notamment suppose que des substances « somnigères », formées dans le sang, paralysent les nerfs vaso-constricteurs de l'iris, par une action centrale. Cette hypothèse est acceptée, avec certaines variantes, par Berger et Lœwy.

Or les deux hypothèses, celle de la paralysie de fibres nerveuses pupillo-dilatatrices aussi bien que celle de la paralysie vaso-motrice, sont réfutées par les deux faits suivants : a) En cas de paralysie complète du nerf oculo-moteur commun, chez l'homme, la mydriase paralytique persiste dans le sommeil; b) la mydriase atropinique (due au relâchement du muscle sphincter, voyez plus bas) ne diminue pas pendant le sommeil.

Pour d'aucuns (Langley, etc.), le myosis du dormeur serait une conséquence hydrostatique de la congestion du cerveau qui existerait dans le sommeil. Mais la congestion du cerveau qui existerait pendant le sommeil n'est rien moins que prouvée; et d'ailleurs, les congestions des vaisseaux de la tête de l'ordre de celle dont il pourrait être question ici ne produisent qu'un myosis très modéré.

Raelmann et Witkowski mettent le myosis pendant le sommeil sur le compte de la suppression, ou au moins de la diminution des influences pupillo-dilatatrices réflexes (douloureuses et cérébrales). Au moment du réveil, ces influences, les cérébrales surtout, entreraient brusquement en action, d'où mydriase très rapide. Il est vrai que les deux auteurs supposent que ces influences agissent en activant les fibres pupillo-dilatatrices du sympathique cervical. Aujourd'hui ils n'hésiteraient probablement pas à admettre qu'elles exercent une inhibition sur le centre sphinctéro-moteur.

Tout bien considéré, nous penchons vers l'explication de Raelmann et Witkowski. Nous inclinons cependant à admettre en même temps un certain degré de tonus du muscle sphincter, entretenu par le noyau sphinctéro-moteur. Nous pensons aussi qu'il faudrait répéter les observations sur l'état de la pupille pendant le sommeil, en cas de paralysie (chez l'homme) du nerf III, pour voir si dans ces cas il ne se produit pas un certain relâchement des vaisseaux iridiens pendant le sommeil, relâchement qui se traduirait par un certain rétrécissement de la pupille.

15° **La pupille dans l'agonie.** — Aux approches de la mort, pendant l'agonie, les pupilles sont contractées. Au moment même de la mort elles se dilatent, pour ensuite se contracter lentement, sur le cadavre. L'explication du myosis de l'agonie semble être analogue à celle du myosis dans le sommeil : suppression ou forte diminution des influences pupillo-dilatatrices réflexes et cérébrales, jointe à un certain degré de tonus du muscle sphincter. La dilatation au moment de la mort semble être due en grande partie à la constriction des vaisseaux iridiens, et au retrait du sang hors de ces vaisseaux, sous l'influence de la pression intra-oculaire qui persiste un petit temps après la mort. La constriction pupillaire après la mort semble due à l'hypotonie intra-oculaire résultant de l'écoulement de l'humeur aqueuse hors de l'œil, écoulement qui continue encore après la mort et diminue la pression hydrostatique à la surface externe des vaisseaux iridiens.

16° **La pupille dans l'asphyxie.** — Dans l'asphyxie expérimentale commençante, réparable, la pupille se dilate assez fortement. La mydriase asphyxique continue à se produire en cas de section du grand sympathique cervical aussi bien qu'à la suite de la section du nerf oculo-moteur commun (Vulpian, Braunstein, etc.). La section des deux nerfs la supprime tout à fait. La dilatation pupillaire asphyxique est donc un processus compliqué. Elle résulte d'une part d'une influence de frénation, exercée sur le noyau de l'oculo-moteur commun, et d'autre part d'une mise en activité des éléments nerveux pupillo-dilatateurs du grand sympathique, notamment des fibres nerveuses vaso-constrictrices de l'iris. En réalité l'asphyxie produit une forte excitation de tout le centre vaso-constricteur de la moelle allongée (vaso-constriction généralisée). Les partisans du muscle pupillo-dilatateur parlent d'une excitation du centre cilio-spinal, produisant la contraction de ce muscle. D'après Grunhagen et Cohn, chez le lapin atropinisé, la ligature des artères cérébrales (convulsions) dilate la pupille, mais seulement si le grand sympathique est intact.

Notons que la mydriase asphyxique est, avec celle qui résulte de la tétanisation du grand sympathique, la seule que nous puissions mettre à l'actif du sympathique cervical. L'une et l'autre constitue un phénomène absolument anormal, car l'asphyxie est un processus de mort, non de vie (Morat, voir **Asphyxie**, p. 729). D'autre part, quoi de plus anormal que la tétanisation du nerf sympathique.

17° **La pupille dans la narcose.** — Nous n'envisagerons à ce point de vue que la plus étudiée des narcoses, la chloroformique (voir **Chloroforme**). Dans la première phase de la narcose chloroformique, phase dite d'excitation, la pupille est plus ou moins dilatée; puis il s'établit un myosis très prononcé; la pupille devient punctiforme. Pendant ce myosis le réflexe pupillo-dilatateur par excitation d'un nerf sensible persiste. On relève (Budin, Coyne, etc.) la signification omineuse de la suppression des réflexes pupillaires dans la narcose; cela dénote la paralysie du mésocéphale et un danger de mort imminente. Schiff va même jusqu'à prétendre que tout resserrement pupillaire est un signe de danger. Cette opinion est excessive.

Quant au mécanisme intime de ces phénomènes pupillaires, la mydriase de la période d'excitation pourrait être attribuée à une excitation cérébrale (voir **Anesthésie**, p. 516), à effet pupillo-dilatateur. Quant au resserrement dans la période d'anesthésie véritable, il semble être du même ordre que le myosis dans le sommeil naturel, c'est-à-dire dû à la suppression des influences pupillo-dilatatrices réflexes et cérébrales, jointe à un certain degré de tonus du sphincter.

18° **Mydriatiques et myotiques.** — Certaines substances, appliquées localement sur l'œil, de préférence en solution sur l'œil (l'introduction directe dans l'œil compliquant les choses) diffusant à l'intérieur à travers la cornée, vont agir sur l'iris et dilatent la pupille. Ce sont des substances « mydriatiques », produisant la « mydriase ». Le prototype en est l'atropine. L'homatropine et la cocaïne agissent de même, mais moins énergiquement; leur effet est moins durable. D'autres substances produisent dans les mêmes circonstances un resserrement pupillaire : ce sont des substances « myotiques », produisant « le myosis » ou « la myose ». L'ésérine et la pilocarpine sont deux myotiques efficaces. L'ésérine est un peu plus active, mais en clinique on la délaisse pour la pilocarpine, parce que son emploi prolongé irrite la conjonctive.

Les mydriatiques et les myotiques passent donc par diffusion à travers la cornée, dans l'humeur aqueuse, et vont directement agir sur l'iris.

L'action physiologique de ces substances est expliquée dans des articles spéciaux. Nous les envisageons ici seulement au point de vue des mécanismes des dilatations et des rétrécissements pupillaires; nous en faisons en quelque sorte une pierre de touche des diverses conceptions sur ces mécanismes.

L'*atropine* (voir **Atropine**) produit son action mydriatique en paralysant le muscle sphincter de la pupille. En effet l'atropine n'augmente plus la mydriase obtenue par la section du nerf oculo-moteur commun, et *vice versa* la section du nerf oculo-moteur n'augmente pas la mydriase atropinique (Angelucci).

On rencontre l'assertion (Ruete, cité par Donders) que chez l'homme, en cas de paralysie du nerf oculo-moteur commun, avec dilatation pupillaire, l'atropine augmenterait encore un peu la mydriase. En présence des résultats concordants obtenus expérimentalement chez le lapin, le chien, le chat, le singe (Angelucci, etc.), il faudrait croire que dans ces observations cliniques la paralysie était incomplète. Donders en avait conclu que l'atropine excite aussi les forces pupillo-dilatatrices (le muscle dilatateur).

Dans tous les cas l'atropine ne produit pas la mydriase en resserrant les vaisseaux iridiens, car l'effet se produit encore sur l'œil énucléé (les vaisseaux iridiens étant vides de sang). D'autre part, la cocaïne augmente la mydriase atropinique non maximale. Or la cocaïne semble produire la mydriase uniquement par son action vasoconstrictrice locale.

De tout cela il faut conclure que l'atropine paralyse le muscle sphincter, tout comme la section du nerf III, ou l'injection de nicotine dans l'orbite.

Néanmoins, l'atropine dilate la pupille au maximum, sensiblement plus que ne le fait la paralysie ou la section du muscle sphincter. Elle semble donc faire plus que paralyser le muscle sphincter. Mais quoi? Il y a là un point insuffisamment expliqué.

Le point d'attaque du poison n'est pas en dehors de l'œil (puisqu'il produit encore son effet sur l'œil énucléé). Il ne s'attaque pas non plus au muscle sphincter lui-même, mais aux extrémités périphériques, musculaires, des fibres nerveuses sphinctéromotrices. En effet, si l'atropinisation n'est pas excessive, un courant induit, appliqué au centre cornéen, resserre encore la pupille. Dans les mêmes circonstances (atropinisation modérée) l'ésérine resserre encore la pupille, ce qui, semble-t-il, ne pourrait se produire si le muscle lui-même était paralysé. — Ajoutons toutefois que l'atropine fait cesser le myosis ésérinique, ce qui semble parler contre l'hypothèse d'après laquelle l'atropine agirait sur les extrémités nerveuses, tandis que l'ésérine agirait sur le muscle lui-même. C'est là un point obscur. L'atropine paraîtrait d'ailleurs agir aussi sur le muscle, si son action est très forte. Car en cas d'atropinisation excessive, l'ésérine ne resserre plus la pupille.

Donders, croyant que l'atropine augmente encore la mydriase due à la paralysie complète du nerf III, suppose que le point d'attaque du poison serait donné dans les cellules nerveuses intercalées dans l'œil sur le trajet des nerfs ciliaires. Or, nous avons vu que l'atropine agit sur l'iris lui-même, qui ne renferme pas de telles cellules.

On comprend dès lors que, dans un œil atropinisé, la faradisation du nerf oculomoteur commun ne diminue plus la mydriase bien que le muscle sphincter lui-même ne soit pas paralysé; on comprend qu'après section du nerf III l'atropine n'augmente pas la mydriase.

Suivant Angelucci, dans un œil atropinisé, tout comme en cas de paralysie oculomotrice, la tétanisation du grand sympathique n'augmenterait plus la mydriase. Cela est contesté, notamment par LITTAUER, et en effet ces deux catégories d'influences pupillo-dilatatrices ne s'adressent pas à un seul et même élément iridien pupillo-dilatateur.

Dans l'œil atropinisé, le réflexe lumineux fait défaut. Toutefois il persiste un peu lorsque l'atropinisation n'est pas maximale, ou lorsqu'elle est en voie de disparaître. — Dans les mêmes circonstances la réaction pupillaire synergique avec la convergence fait défaut également. — Enfin la mydriase atropinique persiste dans le sommeil.

L'atropine ne dilate pas la pupille des oiseaux, des poissons, ni celle de la grenouille. Nous avons dit que HOLTZMANN soutient que l'atropine n'a pas d'effet pupillo-dilatateur chez les animaux dont le ganglion ciliaire est de nature intervertébral. C'est là un rapprochement intéressant, mais non une explication véritable, bien entendu.

La *cocaïne* (voir **Cocaïne**) dilate la pupille, même très fortement, à peu près au degré maximal, en même temps qu'elle insensibilise l'iris. La mydriase cocaïnique est certainement due à un autre mécanisme que la mydriase atropinique; elle résulte de la constriction des vaisseaux iridiens. En général la cocaïne resserre toutes les petites artères, et d'ailleurs cela est confirmé par les faits suivants. La mydriase cocaïnique augmente sensiblement par l'atropine; et la mydriase atropinique non maximale augmente par la cocaïne. En cas de paralysie du nerf oculo-moteur commun chez l'homme, la cocaïne, à l'opposé de l'atropine, augmente encore la mydriase. La forte mydriase cocaïnique maximale n'augmente plus par la tétanisation du grand sympathique; elle augmente encore si elle n'est pas maximale (ANGELUCCI).

La mydriase cocaïnique ne se produit plus sur l'œil énucléé (à iris exsangue),

L'ésérine aussi bien que l'atropine agit très bien sur un œil cocaïnisé, et cela se comprend, puisque la cocaïne s'adresse à un autre élément iridien que l'atropine (et que l'ésérine). Enfin les réflexes pupillaires, tant les lumineux que les douloureux, persistent dans l'œil cocaïnisé; ils ne semblent pas même diminués lorsque la mydriase n'est pas maximale. Nouvelle preuve que l'appareil nervoso-musculaire sphinctéro-moteur n'est pas atteint par la cocaïne.

Le fait que la cocaïne peut dilater la pupille à peu près au maximum est pour beaucoup d'auteurs un argument parlant fortement contre l'existence du muscle pupillo-dilatateur.

L'*ésérine* (voir **Physostigmine**) produit son effet myotique en faisant contracter le muscle sphincter. Elle est donc antagoniste de l'atropine. Son action se produisant encore sur l'œil excisé (dont les vaisseaux iridiens sont exsangues), elle ne résulte pas d'une action vaso-motrice.

Après section du nerf oculo-moteur commun, ou injection de nicotine dans l'orbite (ANGELUCCI), l'ésérine fait contracter encore la pupille, bien que plus difficilement et plus lentement qu'à l'état normal. C'est qu'elle ne trouve plus le muscle sphincter en contraction tonique. — Dans un œil ésériné, la section du nerf oculo-moteur ne dilate pas la pupille, ou seulement très peu, en tant que la contraction dépend du tonus sphinctérien. — Après section du grand sympathique cervical, l'ésérine augmente encore le resserrement pupillaire. C'est que la section du grand sympathique met en activité un autre mécanisme iridien que l'ésérine.

De ce que l'ésérine resserre encore la pupille atropinisée (à muscle sphincter paralysé), on peut conclure qu'elle porte son action sur le muscle lui-même, alors que l'atropine ne paralyse que les extrémités des fibres nerveuses sphinctéro-motrices. De même aussi l'ésérine contracte la pupille en cas de section du nerf III.

Certains auteurs admettent à tort que l'ésérine paralyserait le muscle dilatateur, en même temps qu'elle excite le muscle sphincter. Si le muscle existait, ce serait néanmoins là une supposition invraisemblable et gratuite, que rien ne nécessite. Elle a été imaginée pour expliquer que l'ésérine resserre la pupille dilatée déjà par la section du nerf III : l'ésérine, ne pouvant plus faire contracter le sphincter paralysé, devrait resserrer la pupille en paralysant l'une ou l'autre force pupillo-dilatatrice (muscle sphincter ou vaisseaux iridiens). La fausseté du raisonnement est évidente.

Une mydriase atropinique non excessive cède pour quelques heures à l'ésérine. Inversement, le myosis de l'ésérine cède à l'atropine. Cela parle quelque peu contre l'hypothèse d'après laquelle l'atropine paralyserait les extrémités nerveuses, tandis qui l'ésérine exciterait le muscle lui-même.

*La pilocarpine* enfin paraît agir sur la pupille à la manière de l'ésérine.

## RÔLE ABSORBANT DE L'IRIS.

Il résulte de nos travaux, exécutés de concert avec F. Benoit, que, chez l'homme surtout, l'iris est par excellence un organe éliminateur de l'humeur aqueuse hors de la chambre antérieure, et que ce rôle est des plus importants. Nos devanciers admettent à peu près sans exception que seul le canal de Schlemm serait une voie d'élimination de l'humeur aqueuse. D'après nos expériences, le quart, peut-être le tiers, en sort de l'œil par la voie de l'iris. Ce liquide aborde la membrane par sa face antérieure; il pénètre ensuite dans les fentes interstitielles de l'iris, puis est repris par les vaisseaux iridiens [1]. Pour comprendre ce rôle éliminateur de l'iris, il faut se rappeler le système des fentes interstitielles de l'iris humain, et les ouvertures de ces fentes à la face iridienne antérieure. Le plan mitoyen de l'iris est occupé par une fente ou un système de fentes interstitielles traversées par les vaisseaux iridiens, qui s'accumulent particulièrement en cet endroit. Les vaisseaux sont suspendus dans la fente, entourés d'une mince couche de tissu fibrillaire. Des fibres du stroma discrètes traversent l'espace de la fente et relient les vaisseaux au stroma plus dense.

En deux endroits ces fentes interstitielles communiquent avec la chambre antérieure, à la périphérie (s) et vers le bord pupillaire.

Ce système des fentes interstitielles de l'iris et des stomates à la face antérieure, décrit par Fuchs, est plus ou moins développé selon les individus.

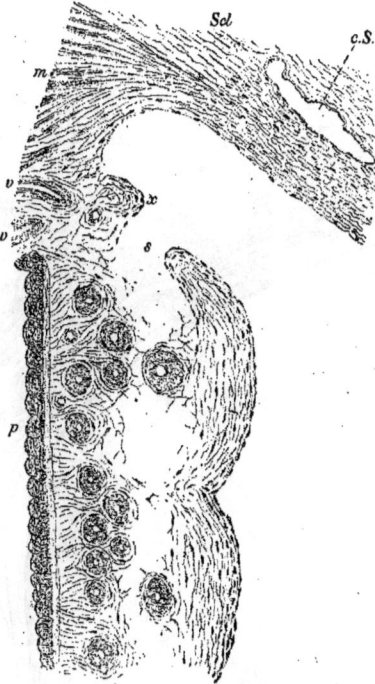

Fig. 114. — Ouverture (ou stomate) par laquelle, chez l'homme, la fente interstitielle de l'iris communique avec la chambre antérieure. *Scl*, sclérotique; *c, S.*, canal de Schlemm; *s*, ouverture dans la périphérie de l'iris.

Fuchs inclinait à y voir un système éliminant la lymphe de l'iris dans la chambre antérieure.

La figure 115 représente l'iris (humain) injecté d'encre de Chine de la manière suivante. Deux à trois heures avant l'énucléation (d'un œil sain, mais devant être enlevé pour cause de néoplasie autour de lui), nous injectâmes dans le *vitreum*, contre le pôle postérieur du cristallin, une goutte d'encre de Chine (stérilisée par la chaleur, puis filtrée). L'encre diffuse lentement en avant, à travers la pupille, dans la chambre antérieure, d'où elle tend à être véhiculée hors de l'œil par l'humeur aqueuse. Celle-ci passant à travers les fentes interstitielles plus facilement que les grains d'encre, on peut prévoir qu'aux endroits de cette élimination du liquide l'encre sera retenue comme par un filtre, et que des amas et des traînées noires signaleront dans les tissus les voies d'élimination de l'humeur aqueuse.

1. Une autre partie de l'humeur aqueuse est reprise par les vaisseaux du corps ciliaire, et une troisième par le canal de Schlemm. (Voir Œil.)

Pour ce qui regarde l'iris humain, l'encre se dépose à sa surface antérieure en une couche mince, et, de plus, elle y pénètre par la face antérieure par deux traînées denses en deux endroits : à l'extrême périphérie *a* et vers le bord pupillaire *b*, par les stomates siués en ces deux endroits. A partir d'ici, elle remplit dans toute l'étendue de l'iris la fente interstitielle décrite plus haut, et imprègne la lame de tissu située en arrière de cette fente, en respectant toutefois absolument la mince lame de tissu située sous l'épithélium postérieur, c'est-à-dire la membrane de Brucu. Partout en ces endroits l'encre s'accumule surtout autour des vaisseaux (veineux).

Notre conclusion est que l'humeur aqueuse s'insinue par les voies indiquées,

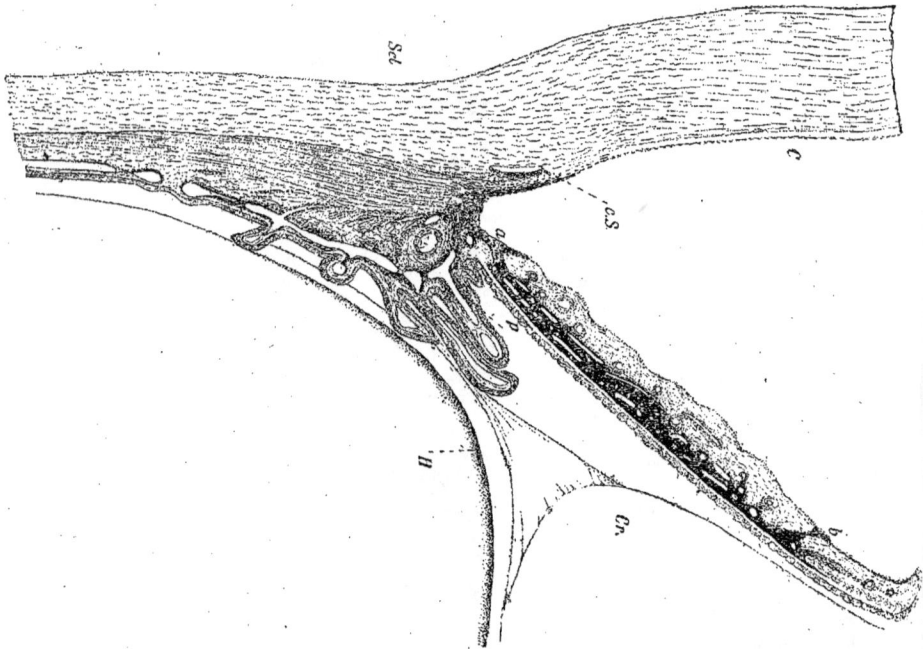

Fig. 115. — Coupe à travers un œil humain auquel on avait injecté une goutte d'encre de Chine derrière le cristallin une heure avant l'énucléation. — *Scl.*, sclérotique ; *C*, cornée ; *cS*, canal de Schlemm ; *Cr*, cristallin ; *H*, membrane hyaloïde ; *a* et *b*, deux stomates de la surface antérieure de l'iris.

jusque dans les vaisseaux iridiens, surtout dans ceux (capillaires) qui sont situés contre la face postérieure de l'iris. Elle passe à travers une espèce de long filtre, qui retient les grains d'encre. La paroi vasculaire est un dernier filtre à passer, particulièrement dense, et qui retient la presque totalité des grains plus fins qui ont pénétré jusqu'ici. Il résulte aussi de nos recherches que des grains d'encre très fins sont charriés jusque dans la lumière vasculaire, où le courant sanguin les emporte.

L'iris joue un rôle absorbant analogue chez le chien, le chat, le lapin et la poule (Nuel et Benoit), et probablement chez tous les vertébrés supérieurs. Il y a cependant sous ce rapport des différences à signaler. Chez le chien, les choses se passent en somme comme chez l'homme. Chez le chat, le rôle absorbant est réservé presque exclusivement à la périphérie iridienne, qui à cet effet est parsemée de stomates à l'instar d'une écumoire. Chez le lapin, le rôle absorbant de l'iris est moindre, mais il n'en est pas moins réel ; Nuel et Cornil ont trouvé dans la zone pupillaire un petit nombre de stomates. L'iris de la poule (fig. 116) absorbe très sensiblement par sa face antérieure. Les vaisseaux absorbants sont accumulés contre cette surface, alors que chez les mammifères, ces vaisseaux sont situés plus profondément.

(Pour les voies d'élimination de l'humeur aqueuse autres que celles de l'iris, voir l'article Œil.)

La pénétration de l'humeur aqueuse dans l'iris et dans les vaisseaux iridiens a lieu par une espèce de filtration; la *vis a tergo* de cette filtration est la tension oculaire, de 25 mm. de mercure, c'est-à-dire certainement supérieure à celle qui est dans les veines.

La progression de l'humeur aqueuse dans l'iris semble être favorisée par les contractions du muscle sphincter de la pupille. Il faut se rappeler ici la fente interstitielle de l'iris (fig. 113, p. 665 et fig. 114, p. 673) qui partage la membrane en deux lamelles, une antérieure et une postérieure. Le muscle sphincter est situé dans la dernière, contre le bord pupillaire. S'il se contracte, il fait plus ou moins bâiller la fente lymphatique interstitielle. S'il se relâche, surtout si la pupille est dilatée, la fente interstitielle est plus ou moins obstruée. C'est par ce mécanisme qu'on peut expliquer comme quoi, dans les yeux prédisposés au glaucome (c'est-à-dire à devenir durs), les instillations d'atropine provoquent un accès de glaucome, parce qu'elles entravent l'élimination de l'humeur aqueuse, tandis que les instillations d'ésérine (myotique) combattent le glaucome, parce qu'elles favorisent cette élimination.

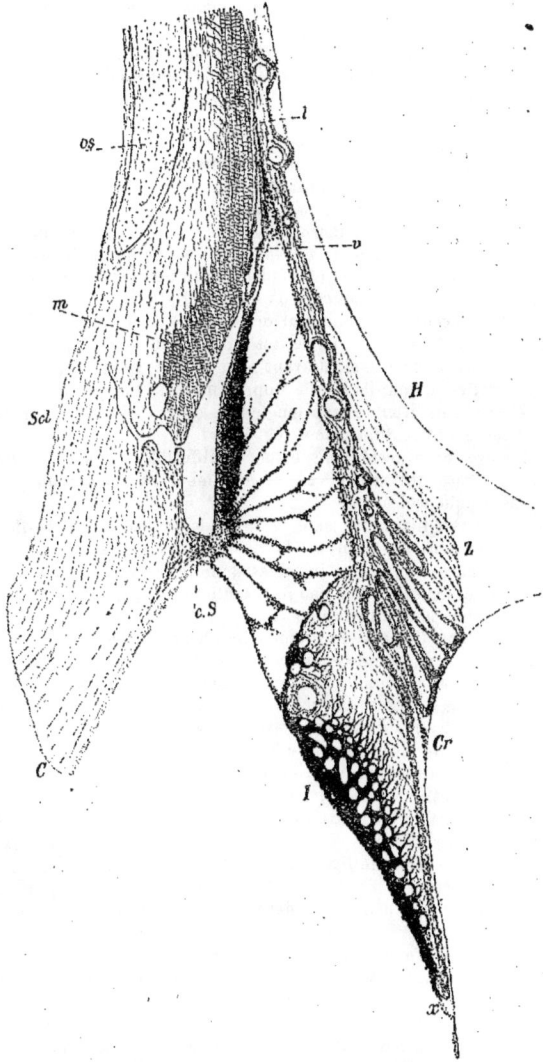

FIG. 116. — Œil de pigeon auquel on avait injecté derrière le cristallin une goutte d'encre de Chine une heure avant l'énucléation. — *Scl*, sclérotique; *C.* cornée; *I*, iris; *Cr*, cristallin; *c. S.*, canal de SCHLEMM.

La face postérieure de l'iris ne révèle pas trace d'absorption pour l'humeur aqueuse.

Chez aucun de nos animaux en expérience, l'encre ne montrait la moindre tendance à se déposer à la face postérieure de l'iris.

La fonction résorbante de l'iris a été à peu près complètement méconnue par nos devanciers. Le seul qui l'ait franchement reconnue est NICATI. Mais ses expériences consistaient à injecter chez l'animal du ferro-cyanure de potassium et à le déceler ensuite chimiquement. Elles ne convainquirent guère, principalement parce que le ferro-cyanure est une substance diffusible; son emploi pour ce genre d'expériences est passible du reproche général que nous allons formuler contre les expériences faites à l'aide de substances diffusibles.

Divers auteurs (LEBER, etc.) ont injecté dans la chambre antérieure, tant sur le vivant que sur le cadavre, des substances soit diffusibles, soit non diffusibles. Cette manière de procéder est suffisante pour montrer l'élimination par le canal de SCHLEMM; elle est impuissante pour déceler l'élimination par l'iris. En procédant ainsi, on inonde la chambre antérieure de masses colorées au sein desquelles il est difficile de se retrouver; on change du tout au tout les conditions hydrostatiques qui existent aux deux surfaces de l'iris, et probablement on entrave l'élimination par cette membrane. Au lieu que par notre procédé d'expérimentation on réduit à un minimum les troubles apportés à l'écoulement normal des liquides et on fournit aux courants liquides à peu près normaux peu à peu de petites quantités de substance colorée.

Certains auteurs avaient avant nous injecté, sur le vivant, de l'encre de Chine dans le corps vitré. En ont-ils injecté trop, de manière à augmenter la pression intra-oculaire? Ou bien ont-ils attendu trop longtemps après l'injection pour examiner l'œil, auquel cas l'encre infiltre diffusément tout l'iris?

D'autres ont injecté des substances diffusibles dans le *vitreum*. Or elles diffusent un peu au hasard des rencontres, et nullement dans les seules voies d'élimination de l'humeur aqueuse.

On a aussi incorporé dans le sang des substances diffusibles qu'on allait ensuite rechercher dans l'œil, soit sur le vivant, soit après énucléation. La remarque relative aux substances diffusibles injectées dans le *vitreum* trouve son application ici. Elle enlève à ces expériences à peu près toute force démonstrative au point de vue des voies d'élimination de l'humeur aqueuse.

Nous rencontrons ici en premier lieu les expériences d'ULRICH, qui injectait sous la peau du ferro-cyanure de potassium et qui le décelait ensuite chimiquement comme bleu de Prusse. ULRICH déduit de ses expériences que l'humeur aqueuse, sécrétée par le corps ciliaire, passe à travers la racine de l'iris, puis arrive dans la chambre antérieure. — Or on ne voit jamais à travers la racine de l'iris des substances non diffusibles injectées (sur le vivant) derrière l'iris.

Viennent ensuite les expériences remarquables d'EHRLICH à l'aide de la fluorescéine. Si au lapin on injecte dans les espaces lymphatiques, sous la peau, ou dans les veines, de la fluorescéine (par exemple, 3 à 5 centimètres cubes d'une solution aqueuse à 20 p. 100), on voit, après dix à vingt minutes, apparaître dans la chambre antérieure, derrière la cornée, une ligne verdâtre verticale et bien délimitée. La ligne augmente, diminue, disparaît, s'élargit, se rétrécit. En haut et en bas, elle peut atteindre l'angle cornéo-iridien, se diviser en deux. Cela diminue, puis disparaît au bout de deux heures.

EHRLICH fut d'avis que la direction (verticale) de la ligne observée par lui serait liée à des points déterminés de la chambre antérieure, et que cette ligne était l'expression d'un courant sécrétoire normal, issu de la surface antérieure de l'iris. Mais bientôt on reconnut que la ligne est toujours verticale, quelle que soit l'orientation qu'on donne à l'œil; elle apparaît aussi si l'on injecte directement des traces de fluorescéine dans la chambre antérieure. Elle n'est donc pas liée à des points spéciaux de la chambre antérieure ou de l'iris, mais sa direction dépend de la pesanteur.

TH. LEBER fit observer qu'en général les expériences d'injection de substances diffusibles — et la fluorescéine en est une — ne sauraient rien prouver quant à l'endroit de la sécrétion ou de l'absorption de l'humeur aqueuse. Injectées dans le courant sanguin, elles pénètrent dans les liquides intra-oculaires partout où ceux-ci confinent aux parois vasculaires. Ce serait donc par diffusion que la fluorescéine pénètre dans l'humeur aqueuse, mais cela ne prouverait nullement que normalement l'humeur aqueuse est sécrétée par la surface antérieure de l'iris.

Reste toujours à expliquer la forme de la ligne d'EHRLICH. Étant donné qu'elle est toujours verticale, on se figurait que l'humeur aqueuse qui renferme de la fluorescéine, descendrait parce qu'elle est plus lourde.

L'explication est défectueuse à plus d'un point de vue. Pourquoi la ligne descend-elle contre la face postérieure de la cornée? Quelquefois même, comme NICATI l'a montré, la ligne est négative, c'est-à-dire que les parties latérales sont colorées.

L. TÜRCK vient de montrer que l'apparence de la ligne d'EHRLICH est due à cette cir-constance que la cornée et les plans antérieurs de l'humeur aqueuse sont moins chauds (même de 4°) que les couches profondes de l'humeur aqueuse. Il en résulte des différences de densité qui provoquent normalement dans l'humeur aqueuse un courant comme celui de la ligne d'EHRLICH : le liquide froid descend derrière le diamètre vertical de la cornée, et puis remonte latéralement et au-devant de l'iris. La présence de la fluorescéine rend le courant visible. TÜRCK reproduisit identiquement la ligne en appliquant contre une glace verticale un verre de montre rempli de liquide, et en chauffant un peu la plaque.

ABELSDORFF (G.) (Arch. de Knapp, LII, 3). — ADAMÜK (Centralbl. f. d. med. Wissensch., 1870, 65). — ALBRAND (Arch. de Knapp, 1903, LI). — ANGELUCCI. Muscle dilatateur (Arch. f. mikr. Anat., 1881, XIX, 157; Encyclopédie Française d'ophtalm., II, 67). — APOLANT (Arch. f. mikr. Anat., 1896, XLVII, 655). — ASAYAMA (J.) (Arch. f. Ophthalm., 1900, LI, 98). — BACH (L.) et MEYER (H.). Centre pupillaire médullaire (Arch. f. Ophthalm., 1898, LV; 1903, LVI, 297). — BACH (L.). Grandeur de la pupille (Arch. f. Ophthalm., 1904, LVII, 219). — — Origine mésocéphal. des fibres n. sphinctéro-motrices, chez l'oiseau (Arch. f. Ophthalm., XLIX, 266). — BALOGH (Moleschott's Untersuch., 1861, VIII). — BEER (Th.). Yeux des reptiles (A. g. P., 1898, LXIX). — BELLARMINOFF (A. g. P., XXXVII, 122). — BECHTEREW (V.) (Arch. f. Anat. u. Entwicklungesch., 1897, 307; Neurol. Centralbl., 1894, XIII, 802). — BERGER (E.) et LŒWY (R.) Journ. de l'Anat. et de la Physiol., 1898, XXXIV, 365). — BERNHEIMER (Arch. f. Ophthalm., 1857, XLIV, 481). Origine méso-céphal. des fibres pupillo-constr.; nature des gangl. cil.; ibid., 1899, XLVII, 1, Voies réflexes centripètes; Ibid., 1899, XLVIII, 2; Ibid., 1901, LII, 302, Centre spinctérien mésocéphal. — BERNARD (CL.) (Journ. de la Physiol, 1862, V). — BOCHEFONTAINE (Arch. de Physiol. norm. et path., 1876, 140). — BRAUNSTEIN. Zur Lehre v. d. Innerv. der Pupillenbewegung; Wiesbaden, 1894. — BOE (Arch. d'Ophthalm., V, 1886, 311). — BROWN-SÉQUARD. Réaction lumineuse de la pupille de l'anguille (Journ. de la Physiol., 1847, II, 281). — — Effet pupill. de l'extirp. de l'écorce cérébr. (Arch. physiol. norm. et path., 1875). — BUDGE. Die Irisbewegung. Braunschweig, 1855. — BUDGE et WALLER (C. R., 1851, oct). — CHAUVEAU. Mécanisme des mouvements de l'iris (Journ. de la Physiol., 1861). — — Dimensions de la pupille (ibid., 1888). — D'ARSONVAL (B. B., 1891). — DARKSCHEWITSCH (Neurol. Centralbl., 1885-1886; Arch. f. Anat. u. Physiol., partie anat., 1889). — DEBIERRE (B. B., 1887, V, nº 15). — DEBOUZY. Considérations sur les mouvements de l'iris. Paris, A. Delahaye, 1877. — DÉJERINE (Mme) (Revue de Médecine, 1896). — DOGIEL (A. g, P., LXII, 494). — DONDERS. Anomalies of Accom. and Refraction, etc. Londres, 1854. — (Nederl. Arch. voor Genesk., 1865, II, 109). Lien entre l'accom. et la pupillo-constr. — ECKHARD (Centralbl. f. Physiol., 1892). — EDINGER (Arch. f. Psychiatrie, XVI, 1886). — EHRLICH (Deutsche mediz. Wochenschr., 1882, nº 25). — FR. FRANCK (C. R., 1878, LXXXVII, 175). Trajet des fibres pupillo-dilatatr. — — (Gaz. des Hôpit., 1878, 748). Temps latent de la pupillo-dilatation. — — (Trav. Laborat. Marey, 1880, 1). Centre cilio-spin., tonus du gangl. symp. supér. — — Leç. sur les fonctions motr. du cerveau, 1887, 211. Effets pupill. de l'excit. du cerveau. — FORSMARK (E.). Zur Kentniss d. Irismuskulatur d. Menschen. Iena, 1904. — FUCHS (E.) (Arch. f. Ophthalm., 1885, XXXI, 69). — GALLEMAERTS. Ganglions ciliaires accessoires (Bull. Acad. roy. Médecine de Belgique, 1809). — GABRIÉLIDÈS (Arch. d'Ophthalm., 1894, XV, 190). — GASKELL (Journ. of Physiol., X, 165). — GRAEFE (DE) (Arch. f. Ophthalm., III, 435). — GRUNERT (Arch. de Knapp, 1888, XXXVII, 334-335). — GRÜNHAGEN (Arch. f. pathol. Anat., 1864, 485), puis dans une série de travaux, notamment dans l'Arch. f. mikr.

*Anat.* 1873, 286 et 726. Un résumé de ses idées se trouve *A. g. P.*, 1892, LIII, 348. — GRYNFELT (VIALLETON). Th. de Montpellier, 1899. — GUDDEN (V.). *Gesammelte Abhandl.*, Wiesbaden, 199. — HAAB, *Correspondenzbl. d. Schweizer. Aerzte*, 1886, 153. — HAMBURGER. *Centralbl. f. prakt. Augenheilk.*, 1898 et *Klin. Monatsbl. f. Augenheilk.*, 1900, XXXVIII, 801. — HEERFORDT. *Anatom. Hefte*, 46, 489 (cité par V. SZILY). — HEESE (*A. g. P.*, LII, 535). — HEDDAEUS. *Réaction pupillaire hémianopique* (*Wiener mediz. Zeitung*, 1894, nᵒˢ 31 et 32). — HENLE. *Handb. der systemat. Anat.*, 1866, II, 634. — HENSCHEN (*Klin. u. anatom. Beitr. zur Pathol. des Gehirns*, 1894. Upsala, III, 1ʳᵉ partie). — HENSEN et VOELKERS (*Arch. f. Ophthalm.*, 1878, XXIV, fasc. 1). — HOLZMANN. *Morphol. Arbeiten*, VI. — JORISSENNE (*C. R. Soc. Biol.*, 1888). — JULER. *Comp. rend. du 8ᵉ Congrès internat. d'Ophthalm.*, à Edimbourg, 1894, 67. — IWANOW. *Stricker's Handb. d. Gewebelehre*, 1871, 1044-1048. — KATSCHANOWSKI. *Mediz. Iahrbücher*, 1885, 425. — KIRIBUCHI (*Arch. f. Augenheilk.*, XXXVIII, 1899). — KNOLL. *Dissert. Giessen*, 1869 (*Centrabl. f. d. med. Wissensch.*, 1872, 265). — KOELLIKER. *Muscle dilatateur* (*Zeitschr. f. wissenschaftl. Zool.*, 1849, I, 54). — KOGANEI (*Arch. f. mikr. Anat.* 1885, XXV, 39). — LAFON (CH.) (*Arch. d'Ophthalm.*, 1909, 428). — LANDOLT. «*Pupillométrie*» (*Wecker et Landolt,* *Traité complet d'ophtalmologie*, 1880, X, f. 2, 942). — LANGENDORFF. *Gangl. cil.* (*A. g. P.*, LVI), et *Dilatation pupillaire paradoxale* (*Klin. Monatsbl. f. Augenheilk.*, 1900, XXXVIII, 823). — LANGLEY et DICKINSON. (*Proceed. Roy. Soc.*, 1889 et 1890). — LANGLEY et ANDERSON (*Journ. of Physiol.*, 1894, XII). — LEBER (TH.). *Circulation des liquides intra-ocul.* (*Arch. f. Ophthalm.*, 1871; *Ibid.*, 1893, XLI, 4). — LEVINSOHN (G.). *Réflexes pupillaires* (*A. g. P.*, 1904, LIX, 191). — — (*Arch. Ophthalm.*, 1906, LXII, 547). *M. dilatateur.* — LONGET (F.-A.). *Anat. et Physiol. du syst. nerveux, etc.*, II, 1842. — LANGLET. *Étude critique sur quelques faits de la physiologie du sommeil* (*Thèse de Paris*, 1872). — MAHAIM. *Arch. f. Psychiatrie*, XXV, 375. — MARENGHI (G.). *C. R. 5ᵉ Congrès physiol. internat.* Turin, 1901 (*Arch. ital. Biol.*, XXXVII). — MARINA. (*Deutsche Zeitschr. f. Nervenkrankh.*, 1899, XXIV, 274). — MASSAUT. *Arch. f. Psychiatrie*, XXVIII, 432. — MAUNOIR, cité par Drouin : *La pupille*, Paris, 1876. — MAYO (HERBERT) (*Journ. de Physiol. expérim.* Paris, 1823, III, 349). — MENDEL. (*Deutsche mediz. Wochenschrift*, 1889, nᵒ 47). — MERKEL. *Zeitschr. f. rat. Medizin*, 1888, XXXI. — MEYNERT. *Stricker's Handb. d. Gewebelehre*, 1871. — MICHEL. (*Arch. f. Ophthalm.*, 1884, XXVII). — MISLAWSKY. B. B., 1887, 214 et *Journ. of physiol.*, 1903, XXIX, nᵒ 1 (*pupillo-dilatation par excitation corticale*). — — *Arch. internat. de physiol.*, 1905, III, f. 152 (*pupillo-dilatation paradoxale*).— MONAKOW (V.). *Arch. f. Psychiatrie*, 1892, XXIV, 258 et XXVII. — MOSSO. *Sui movimenti idraul. dell' Iride.* Turin, 1875; (*Giorn. dell. academ. di med. di Torino*, 1877). — MÜNCK (*Arch. f. Ophthalm.*, 1906, LXIV, 2, 339). — NICATI (*Arch. d'Ophthalm.*, 1890-1891, X, 482 et XI, 24). — NUEL et CORNIL. (*Arch. d'Ophthalm.*, 1900). — NUEL (J.-P.) et BENOIT (FR.) (*Arch. d'Ophthalm.*, 1901). — NUSSBAUM (*Graefe et Saemisch. Handb. d. gesammte Augenheilk.*, 2ᵉ édit. 1900, fasc. 15, 35). — PARSONS (*Journ. of physiol.*, 1901, XXVI, 366 et London, *Ophtalm. Hosp. Rep.*, XVI, 1). — PAVLOW (*Journ. de Neurologie*, 1899). — PERLIA (*Arch. f. Ophthalm.*, XXXV, 287). — PLATEAU. *L'Institut*, 1838, nᵒ 103, 139. — POURFOUR DU PETIT. *Mém. Acad. sc.*, 1727. — RETTERER. B. B., 1887, V, nᵒ 3, 13. — RETZIUS, *Biolog. Untersuch*, 1893, V, f. 7 (m. dilatateur). — — *Anatom. Anzeiger*, 1894 (gangl. cil.). — ROUGET (*Gaz. méd.*, 1856, 562; et B. B., 1857). — SALKOWSKI. (Henle u. *Pfeiffer's Zeitschr.* XXIX, 167). — SAPPEY. *Gaz. méd.*, 1855, 564. — SCHIFF. *Lez. di Fisiol. sperim.*, Florence, 1873, 2ᵉ édit. — SCHIFF et FOA. *La pupille considérée comme esthésiomètre.* Trad. de l'italien par R. Guichard, 1875. — SCHIRMER. *Arch. f. Ophthalm.* (adaptation de la pupille, 1894, XL, f. 3, 8). — SCHWALBE. *Ienaische Zeitschr.*, 1879, XIII, et *Anatomie der Sinnesorgane*, 1887, 205-209. — SPALITTA et CONSIGLIO. *Arch. ital. de Biologie*, 1893, XX, 26. — STEINACH (*A. g. P.*, 1890, XLVII, 289). — STILLING. *Untersuch. über d. Bau der opt. Centralorgane*, 1882, 73. — SZILY A. v. (*Arch. f. Ophthalm.*, 1906, LXIV, 141. — TOPOLANSKI. *Arch. f. Ophthalm.*, 1898, XLVII, 452. — TÜRK (S.). *Arch. f. Ophthalm.*, 1906, LXIV, 481 (*courants liquides dans la chambre antér.*). — ULRICH. *Arch. f. Ophthalm.*, 1880, XXVI, f. 3. (circul. des liquides intra-ocul.). — VAN BIERVLIET. *La Cellule*, 1899. — VAN GEHUCHTEN. *Le syst. nerv. de l'homme*, 1ʳᵉ édit., 1891. — VENNEMAN. *Bull. Acad. roy. Méd. de Belgique*, 1905. — VERVOORT. *Arch. f. Ophthalm.*, 1900, XLIX, 348. — VIALLETON. *Arch. d'anat. microsc.*, 1897, I, 379, 381 et 382. — VULPIAN. (*Arch. de Physiol.*, 1874, VI, 177. *C. R.*, 1878, 10 juillet). — WEBER (E.-H.). *De motu iridis*, 1851. — WESTPHAL (*Arch. f. Psychiatrie*, XVIII, et *Neurol. Centralblatt*). — ZEGLINSKI. (*A. P.*, 1885, 1).

E. NUEL.

## IRRADIATION. — V. Rétine.

## IRONE. — ($C^{13}H^{26}O$) Principe odorant de l'iris, distillant à 144°. Chauffée avec l'acide iodhydrique, elle donne de l'*irène* ($C^{13}H^{18}$), bouillant à 113°.

## IRRITABILITÉ. — Historique. — L'histoire de l'irritabilité nous montre le sort d'une doctrine qui, conçue d'abord sous une forme naïve, puis entraînée par de nouvelles recherches dans une voie fausse, est revenue ensuite, après de longues luttes, à sa signification primitive; et, finalement, dans sa forme la plus générale, arrive à n'être plus qu'une expression qui se comprend par sa définition même.

Il y a deux siècles et demi que la notion de l'irritabilité a été introduite dans la physiologie par le médecin philosophe GLISSON; et alors, comprise d'une manière tantôt plus étroite, tantôt plus vaste, tantôt plus spéciale, tantôt plus générale, elle a donné lieu à des erreurs qui ont duré pendant un siècle jusqu'à ce qu'enfin, de nos jours, laborieusement, après de durs combats, elle a été ramenée à une formule claire, qui constitue le premier pas vers une analyse plus profonde des faits fondamentaux qui la constituent.

L'antiquité savait déjà que beaucoup d'êtres vivants peuvent, par des excitations extérieures, être à chaque instant mis en activité. GLISSON (1597-1677) reconnut le premier dans ce fait une propriété générale de tout être animal, et désigna cette propriété sous le nom d'irritabilité (1). D'après lui, la vie consiste dans l'irritabilité. La conception de GLISSON était, malgré ses distinctions et définitions raffinées et artificielles, assez claire et profonde, mais bientôt le vitalisme introduisit une erreur dans cette notion de l'irritabilité. BORDEU et BARTHEZ remplacèrent la vieille conception claire de l'irritabilité en partie par l'idée d'une irritabilité générale, en partie par l'idée de la force vitale. BARTHEZ considérait comme la cause générale de la vie une force vitale à laquelle il reconnaissait, pour se manifester au dehors, des forces sensitives et des forces motrices. Ainsi déjà étaient différenciés le concept de la sensibilité et celui de la motilité. Même BARTHEZ séparait déjà la sensibilité en consciente et inconsciente. BORDEU rattacha la sensibilité générale à la propriété générale de toute substance vivante, en comprenant exactement sous ce terme ce que GLISSON avait appelé l'irritabilité, mais cependant sans priver chaque élément vivant de sa sensibilité propre, distincte de la sensibilité générale.

Alors la confusion devint complète. Irritabilité, sensibilité, contractilité, force vitale, étaient des mots fatidiques à l'aide desquels les différents auteurs, avec plus ou moins de succès, cherchaient à se comprendre les uns les autres. Presque exclusivement c'est à la physiologie des muscles et des nerfs que chacun s'appliqua surtout pour édifier sa doctrine, ce qui devait conduire à un incurable exclusivisme.

Au milieu de cette lutte où dominait cette conception erronée, HALLER, malgré ses efforts passionnés pour être impartial et clair, n'a pas pu cependant dégager la notion de l'irritabilité de la confusion où elle était plongée. Même par ses propres recherches il s'est perdu en de multiples contradictions. Il distingue la sensibilité de la contractilité (2) : *Sola fibra muscularis contrahitur vi viva : sentit solus nervus et quæ acceperunt, animales partes*. Il n'y a que le muscle qui possède l'irritabilité, sans que cependant son irritabilité soit identique à sa contractilité : *A vi irritabili, musculo propria, vim contractilem fibræ animali communem separare*.

En effet, dit-il : *volendi porro eam vim quidem perpetuo vivam adesse et sæpe nullo certe qui nobis notus sit, stimulo externo indigam in motum erumpere a stimulo tamen quoties quievit facillime revocari*. Et il continue en disant : *in eo motu distinxi stimulum qui possit parvus esse et motum ab eo stimulo natum qui possit esse maximus*. Il prouva ainsi qu'il est nécessaire de séparer complètement la contractilité et l'irritabilité.

Mais en Angleterre on était porté à maintenir la conception primitive de GLISSON sur l'irritabilité; ainsi JOHN BROWN admet pour les nerfs et les muscles une même incitabilité (3), et il déclare que cette incitabilité, c'est-à-dire la propriété de réagir aux excitations extérieures, est une propriété générale de toute la nature vivante, propriété caractéristique qui sépare les organismes vivants des êtres privés de vie. Déjà aussi Brown avait bien reconnu l'effet paralysant des excitations trop fortes; et, cherchant dans cette voie, il avait trouvé un certain nombre de faits importants; mais il a été trop loin dans la généralisation de ces lois de l'irritabilité, en admettant que toutes les excitations ont d'abord une action stimulante, et que les excitations paralysantes ne sont que secondaires, toujours consécutives à une excitation primitive de très courte durée.

J. Müller a fait un pas important dans l'histoire de l'irritabilité, en indiquant avec précision un fait que déjà Bonneu avait remarqué, et qu'il avait exprimé par le mot sensibilité propre ou particulière. C'est ce que J. Müller appelle l'énergie spécifique (4) de la substance vivante. Chaque objet vivant, chaque muscle, chaque glande, chaque organe sensoriel possède son énergie spécifique, c'est-à-dire qu'il réagit à sa manière, très différemment, selon sa nature, aux excitations les plus diverses; par conséquent, la qualité de la réponse est tout à fait indépendante de la qualité de l'excitation. Peu importe que le muscle soit excité par le galvanisme, par des agents chimiques, par des irritants mécaniques, par des stimulations internes qui lui viennent des autres organes; peu importe, en un mot, la nature de l'irritant qui le touche, il réagira toujours par un mouvement; le mouvement est donc à la fois l'affection et l'énergie du muscle. De même, peu importe l'excitant qui agit sur l'œil, qu'il soit contusionné, lacéré, comprimé, électrisé; qu'il reçoive des excitations sympathiques venant des autres organes, en un mot, quelles que soient les diverses causes extérieures, le nerf optique ne répondra jamais à toutes ces excitations fortes ou faibles qu'en provoquant une sensation lumineuse. Il en est de même de toutes les réactions organiques. Ce mode de réaction aux excitants extérieurs est la propriété caractéristique de toute substance vivante.

Ainsi, après un long détour, revenant à la conception primitive de Glisson, on considérait l'irritabilité comme une propriété générale de toute substance vivante, et on ne voyait plus dans la contractilité et la sensibilité que des modalités spécifiques de l'irritabilité répondant à l'énergie spécifique des muscles, des nerfs, des organes des sens.

Un progrès notable a été fait dans la théorie de l'irritabilité par la découverte de la structure cellulaire des organismes; puisque l'on avait trouvé dans la cellule l'unité vivante fondamentale, naturellement l'irritabilité devait être aussi la propriété générale de la cellule. On sait que Virchow a introduit cette notion féconde dans la pathologie. Virchow, en considérant l'irritabilité comme la base des modifications vitales de la cellule, a cherché la cause des maladies dans les réactions de la cellule aux excitants (5). Il distingua des modalités différentes dans la réponse de la cellule aux excitants. L'excitant pour la cellule peut être un changement de sa fonction spécifique, un changement de son activité nutritive, un changement aussi dans son activité formatrice. Aussi Virchow a-t-il admis une excitabilité fonctionnelle, une excitabilité nutritive, et une excitabilité formative, triple distinction qui a joué jusqu'à présent un plus grand rôle dans la pathologie que dans la physiologie.

Une nouvelle série d'expériences importantes sur l'irritabilité est due à Cl. Bernard. Le grand physiologiste français a attribué l'irritabilité au protoplasma, et il a réussi à prouver expérimentalement que, de même que le protoplasma est le substratum général et spécial de la vie, de même l'irritabilité est une propriété spéciale et générale de la vie. Il a montré que, par certaines substances, l'éther, l'alcool, le chloroforme, chez tous les êtres vivants, plantes, animaux ou êtres monocellulaires, les processus vitaux étaient arrêtés, mais qu'ils pouvaient reparaître après qu'on les avait soustraits à l'action de ces substances. Toutes les manifestations de la vie et toutes irritabilités sont suspendues par la narcose, due, comme Cl. Bernard l'a supposé, à la semi-coagulation du protoplasma (6).

Le concept de l'irritabilité s'est donc, dans le cours du siècle précédent, de plus en plus éclairci et précisé, et les physiologistes ont, par conséquent, la tâche d'analyser jusque dans leurs plus petits détails les mécanismes par lesquels sont excitées les substances vivantes; mais on n'y arrivera qu'en faisant des recherches, de plus en plus pénétrantes, sur les processus normaux de la substance vivante et sur l'action des excitants qui viennent à la frapper.

L'Excitant. — De tout temps, les physiologistes ont employé l'excitation comme le procédé méthodique pour connaître les processus vitaux, et de plus en plus, au fur et à mesure du développement de la physiologie, cette étude a été considérée comme de plus en plus indispensable et fructueuse. Aussi la nécessité est-elle devenue toujours plus grande de donner au terme *excitant* une signification plus précise. D'après l'usage quotidien, on ne se représentait, en général, l'excitant que d'après un nombre limité d'expériences et surtout d'après les stimulants extérieurs employés pour exciter les nerfs et les organes des sens, les muscles et les glandes. Mais le domaine de l'expérimentation s'est agrandi; on a fait de la physiologie comparée, de sorte que les vieilles définitions de l'excitant (lesquelles n'avaient jamais d'ailleurs été bien précisées par une définition) sont devenues aujourd'hui trop étroites, et que nous avons besoin, non seulement de limiter la notion de l'excitant, mais encore de l'étendre de manière qu'il comprenne l'ensemble de toutes les irritations. Aussi le concept de l'irritant n'est-il à définir que dans son rapport avec le concept de la vie.

Comme tous les phénomènes de ce monde, le phénomène de la vie est déterminé par une série de facteurs, et, comme pour tous les phénomènes compliqués, le phénomène vital, très compliqué, est constitué par un très grand nombre de facteurs. Si l'on pouvait déterminer, complètement et exactement pour un organisme donné, ces facteurs extérieurs et intérieurs dont dépendent les conditions de la vie et qui tiennent sous leurs dépendances les phénomènes vitaux, alors on aurait éclairé la nature certaine du processus vital, et l'explication serait absolument scientifique, car la fonction vitale est, comme toute fonction, identique à la somme des conditions dont elle dépend. Il est, en effet, évident que chaque modification des conditions de la vie doit entraîner une modification de la fonction vitale. Or les excitants doivent être considérés comme des modifications dans les conditions vitales d'un organisme. *Si donc on veut comprendre l'excitation dans sa forme la plus générale, il faut nécessairement définir l'excitant comme étant un changement dans les conditions de la vie* (7). On pourra modifier cette définition comme on voudra; le sens restera le même, dès que l'on pourra appliquer la conception de l'irritabilité à tous les cas particuliers qui peuvent se présenter.

A vrai dire, on avait depuis longtemps compris cet étroit rapport entre l'excitation et les conditions vitales, sans cependant s'être expliqué clairement à ce sujet. Ainsi J. MÜLLER avait décrit les conditions extérieures de la vie comme des excitants intégraux.

On s'est trompé lorsqu'on a confondu ces excitants vitaux avec les autres excitants qui n'entrent pas essentiellement dans la composition des corps organiques et n'augmentent point leur force. Un excitant mécanique, qui modifie l'état de notre peau sensible, provoque une pression et, par conséquent, un phénomène physiologique, une sensation, mais il ne renforce pas nos forces organiques. Au contraire, les excitants nécessaires à la vie concourent à la formation de la matière organique.

On voit là déjà un effort vers plus de clarté : on a reconnu les relations étroites de l'excitant avec les conditions de la vie, et, d'autre part, on a senti la nécessité de les séparer l'une de l'autre, mais la séparation n'a pas été faite au point même où elle le devait être logiquement. De fait, on tomberait toujours dans des difficultés et des contradictions en voulant séparer ces deux idées, l'excitant et la condition vitale, si on les considérait comme des facteurs absolument distincts. On ne peut séparer d'une manière irréprochable la nature de l'excitant et celle d'une condition vitale que si l'on admet que le même facteur peut, dans certains cas, être une condition vitale, et, dans d'autres cas, un excitant. Tous les organismes qui peuvent vivre dans des conditions vitales différentes montrent cela clairement. Par exemple, des organismes facultativement anaérobies vivent sans oxygène, et alors chaque apport d'oxygène agit sur la vie anaérobie comme un excitant. Les bactéries du choléra, par exemple, ont une forte chimiotaxie positive pour l'oxygène. Si de tels organismes vivent en présence constamment de l'oxygène, alors l'oxygène devient pour eux non plus un irritant mais une condition vitale. L'expérience prouve que le même facteur, l'oxygène, n'agit comme excitant que relativement à un certain état de la substance vitale, lorsqu'elle vit anaérobiquement, mais que, lorsque cette substance vitale est en vie aérobie, elle agit comme une condition vitale. Inversement, la privation d'oxygène agit sur la vie aérobie comme excitant, alors que dans la vie anaérobie c'est une condition d'existence. Aussi, pour savoir si tel ou tel facteur doit être considéré comme un excitant, faut-il faire entrer en ligne de compte tel ou tel état donné de l'organisme. S'il est une des conditions nécessaires pour le maintien de la vie dans cet organisme, c'est une condition vitale de l'organisme : si, au contraire, il modifie l'état de cet organisme, il constitue un irritant de cet organisme.

Il est évident que l'état d'un organisme ne peut se modifier que si, dans les conditions extérieures ou intérieures de son existence, il se produit quelque changement : car, quand on parle de l'état actuel d'un organisme, c'est une expression qu'on emploie pour indiquer le système total des diverses conditions auxquelles est soumise son existence. En d'autres termes, *tout changement dans les conditions vitales d'un organisme est un irritant de cet organisme.*

Il résulte de cette définition que les conditions de la vie ne peuvent être considérées comme étant des excitants *en soi.* Elles ne deviennent des excitants que relativement à tel ou tel état de l'organisme. Aussi bien, quand on tient compte de cette relation, est-on amené à considérer parfois des irritants comme des conditions vitales, tantôt quand ils se prolongent pendant longtemps (adaptation à des changements persistants des conditions extérieures), tantôt quand ils sont fréquemment répétés (actions dites trophiques des excitations fonctionnelles). Mais, dans les deux cas, l'irritant est une condition vitale pour un autre état de la substance vivante lorsqu'il agit en tant qu'irritant. Il devient une condition vitale pour le nouvel état dans lequel il a mis l'organisme vivant. Mais c'est toujours d'après sa relation avec l'état actuel que nous pouvons savoir s'il s'agit d'une condition vitale ou d'un irritant.

Quoique ces données, au point de vue des principes théoriques, soient tout à fait claires, on doit reconnaître cependant qu'elles sont fort compliquées. D'abord, cette complication tient à ce que le nombre des facteurs qui déterminent les conditions de la vie est considérable, et même plus considérable qu'on ne peut le voir tout d'abord. A côté des conditions vitales *générales,* absolument nécessaires à tous les organismes vivants, il y a des conditions vitales *spéciales,* qui règlent la vie de chaque organisme différencié des autres.

Il y a aussi à la fois des conditions vitales *extérieures,* c'est-à-dire le milieu ambiant dans lequel est placé un organisme ; et des conditions vitales *intérieures* qu'il n'est pas facile d'étudier et que, cependant, il ne faut nullement négliger pour aucun organisme.

Ce qui rend la complication encore plus grande, c'est que ces conditions vitales intérieures ne sont pas stables, mais qu'elles changent constamment. On comprend alors que, même si aucun changement ne survient dans les conditions extérieures auxquelles est soumis un organisme, c'est-à-dire si tout est identique dans le milieu ambiant, il peut très bien se faire que l'état de l'organisme ne reste pas identique. Chaque état actuel est conditionné par un état précédent, depuis la période ovulaire jusqu'à la mort de l'être. C'est ce changement perpétuel qui constitue le développement. On peut donc dire que ces conditions vitales internes sont des conditions de croissance, et appeler excitants de croissance les conditions qui déterminent les changements évolutifs de l'être. A ces processus successifs, tantôt lents, tantôt rapides, qui font de l'organisme un être vraiment protéiforme, viennent se superposer les excitants dus aux variations dans les conditions extérieures. Il s'ensuit que la même irritation extérieure peut provoquer des réactions très différentes sur le même être, quand il est dans un état différent de son évolution. Même lorsque ces changements évolutifs sont tellement lents que nous pouvons, pratiquement, les négliger quand l'observation porte sur un espace de temps très court, il ne faut pas cependant commettre l'erreur de la négliger complètement. Ils sont là, et toute analyse un peu profonde des excitations doit compter avec eux. L'étude des irritations et de tous les processus vitaux n'est jamais, au point de vue de cette mutation évolutive perpétuelle, que relative.

Puisque chaque modification dans la complexité des excitations internes ou externes agit comme un irritant, il est évident que chaque organisme dépend du conflit de ces multiples excitations. Il est donc très important, pour les bien comprendre et étudier, de les grouper d'une manière méthodique.

Une première division toute simple consiste à les grouper d'après les changements chimiques qu'ils déterminent dans l'être. On aura donc des excitants *chimiques* (c'est-à-dire qui modifient la constitution chimique des organismes et la proportion de leurs éléments chimiques), *osmotiques* (changements de la pression osmotique), *thermiques* (changements de la température), *mécaniques* (changements dans la pression mécanique), *photiques* (changements dans toutes les radiations lumineuses), *électriques* (changements dans les conditions électriques). Les excitations tant internes qu'externes peuvent, d'ailleurs, toutes rentrer dans cette classification. On peut aussi pousser la division plus loin, ou inversement la condenser, si cela est nécessaire ; car elle est, dans une certaine mesure, arbitraire. Enfin, on peut faire rentrer dans la classification tous les facteurs qui modifient les conditions vitales des êtres, par exemple les poisons qui sont des agents absolument étrangers aux organismes.

Outre les différences dans la *qualité* de l'excitant, il faut considérer aussi, comme ayant une aussi grande importance, d'autres modalités de l'irritant: l'intensité, la durée, la forme et la fréquence.

A. L'*intensité* de l'irritant est représentée par l'ensemble des changements qu'il produit dans l'organisme irrité. C'est la modification de l'organisme qui mesure l'intensité de l'irritation. Si l'intensité est au-dessous de certaines limites, l'irritation sera sans effet appréciable, et on n'observera aucune réaction. Ce n'est qu'à partir d'une certaine intensité de l'irritant (*seuil de l'excitation*) qu'on pourra constater l'effet de l'irritation, effet qui ira, en général, en croissant avec l'intensité de l'irritant jusqu'à atteindre un certain maximum. Toutes les intensités de l'irritant qui seront au-dessous de ce maximum seront dites *sous-maximales*; toutes celles qui dépassent le maximum sont sus-maximales. Ces différences doivent être établies si l'on veut bien comprendre certaines irritations, et les interférences entre les diverses irritations. Si des irritations dont l'intensité est au-dessous du seuil ne provoquent pas de réaction extérieure appréciable, il ne faudra pas en conclure qu'elles soient sans effet. Par des méthodes analytiques plus sensibles, et surtout par l'étude des interférences, on peut voir que des irritants faibles (au-dessous du seuil de l'irritation) exercent encore une action sur la substance vivante. Dans certains cas (muscle cardiaque, animaux strychnisés), il semble que telle intensité de l'excitation, qui est efficace, puisse toujours provoquer une réaction maximale, sans que l'intensité de la réaction s'accroisse à mesure que croît l'intensité du stimulant. Alors le seuil de l'excitation et le maximum se confondent. Au-dessous du seuil, il n'y a rien : au-dessus du seuil c'est toujours la réaction maximale. On a exprimé ce phénomène en disant que c'est *tout ou rien*. Mais on peut se demander si cette loi de *tout ou rien* se réalise jamais strictement.

B. La *durée* de l'excitation est mesurée par la durée du changement produit dans les conditions vitales. Les conséquences d'une irritation peuvent être très différentes selon la durée de l'irritation. Des irritations brèves, instantanées, n'ont en général, quand leur intensité ne dépasse pas beaucoup celle des excitations physiologiques moyennes, qu'une action plus ou moins passagère. Si l'excitation dure longtemps, deux cas peuvent se présenter. Ou bien l'organisme s'adapte à l'irritant, et l'irritant devient une condition vitale nouvelle pour l'organisme (et cela ne s'observe guère que dans le cas d'excitations de faible intensité); ou bien l'état de l'organisme est modifié par l'effet de l'irritant qui prolonge son action. Tel est le cas des processus de dégénération dus à des excitations prolongées, et qui finalement aboutissent à la mort. Presque toutes les maladies chroniques sont dans ce cas; car la maladie, c'est la vie avec des conditions vitales différentes.

C. La *forme* de l'excitation est aussi très importante. Elle est déterminée par la durée des variations d'intensité. Il faut surtout tenir compte, si l'on représente les variations d'intensité par une courbe, de l'ascension et de la descente de la courbe. Ce sont ces variations qui représentent les excitations les plus fortes (ouverture et fermeture du courant constant). Les effets de l'excitation sont moindres quand l'intensité d'un excitant se prolonge sans se modifier. Cependant il ne faut pas négliger les effets d'une pareille excitation. L'effet plus fort au début ou à la fin d'une excitation est essentiellement déterminé par l'ascension ou la descente rapides de la courbe des intensités. Si la variation est très lente, autrement dit si l'intensité varie très lentement, il se peut que l'effet apparent soit nul, et qu'on paraîtra rester au-dessous du seuil de l'excitation.

D. L'effet d'une excitation est déterminé aussi par la *fréquence* de l'excitation. Si l'excitation est unique, elle peut produire des effets tout à fait différents de ce qu'elle produira si elle est répétée. Et les effets seront tout à fait différents selon la rapidité avec laquelle vont se succéder les excitations uniques. Cette considération est de spéciale importance dans l'histoire des excitations rythmiques, comme par exemple de celles que dégage le système nerveux, ou de celles que nous produisons artificiellement avec des courants faradiques ou des rayons lumineux intermittents. Si l'on excite par des courants isolés, séparés par un intervalle suffisant pour que l'effet de chaque excitation isolée ait totalement disparu lorsque survient la seconde, l'effet de chaque excitation isolée est le même (tonus des muscles sphinctériens; rythme du cœur). Si au contraire des excitations isolées se succèdent rapidement, alors il se produit des phénomènes d'interférence, et on observe des effets tantôt plus marqués (tétanos); tantôt diminués, tantôt faisant complètement défaut (fatigue, inhibition).

**Effets immédiats ou primaires de l'excitation.** — Les faits de l'irritabilité propre à la substance vivante ainsi que les effets de cette irritabilité ne peuvent arriver à notre compréhension que d'après la connaissance que nous avons des processus mêmes de la vie, car l'excitation et l'excitabilité sont déterminées par l'état même de la matière vivante. Il est donc tout d'abord nécessaire d'indiquer, ne fût-ce que brièvement, quelle est la nature de la vie, d'après les connaissances actuelles. Il faut donc envisager les processus chimiques de la matière vivante. Car c'est par l'analyse chimique que nous pénétrons le plus profondément dans la matière même de la vie et que nous faisons les différenciations les plus délicates; naturellement on devra se rappeler que tout phénomène chimique de la matière marche parallèlement avec un phénomène dynamique et un fait morphologique.

Ce qui aujourd'hui caractérise la substance vivante, c'est le *Stoffwechsel* (l'échange matériel) c'est-à-dire ce fait que la substance vivante subit des transformations chimiques perpétuelles, pendant que d'une part des aliments sont changés en matières vivantes et que d'autre part la matière vivante est décomposée en substance plus simple. Par ses matières albuminoïdes la substance vivante peut donner toute une série de combinaisons chimiques extraordinairement compliquées. Chez les plantes cette synthèse des albuminoïdes se fait aux dépens d'éléments nutritifs simples par une longue série de transformations chimiques, dont le point de départ est une matière inorganique de constitution simple. Chez l'animal la synthèse se fait plus rapidement aux dépens de matériaux organiques. Les combinaisons complexes de la matière vivante se désagrègent de nouveau en donnant des produits simples que rejette l'organisme comme étant les produits de l'échange matériel. Les nombreux et divers éléments de tout cet échange matériel sont très étroitement liés les uns aux autres, et ils se pénètrent réciproquement comme les engrenages dans un appareil d'horlogerie. Comme jusqu'à présent on ne peut les connaître exactement pour aucun organisme, nous pouvons les diviser en groupes distincts, et avec HERING indiquer tous les processus constructifs de la substance vivante comme étant des processus d'assimilation (anabolisme), tandis que la somme des processus de destruction sera appelée désassimilation (catabolisme).

Si nous ne tenons pas compte des changements lents que produit le développement dans les êtres, nous pouvons dire, si nous ne les étudions que pendant un temps limité, que les deux phases de l'échange matériel pour toute substance qui vit sont en équilibre l'une avec l'autre, et que le rapport de l'assimilation à la désassimilation est égal à l'unité : c'est ce qu'on appelle l'équilibre de l'échange matériel. Cet équilibre des échanges (*Stoffwechsel Gleichgewicht*) est, comme tout phénomène chimique d'équilibre, déterminé par la loi des masses, de sorte qu'après qu'il a été écarté de sa position primitive il y revient de lui-même après quelque temps; ainsi par exemple, quand la masse des éléments nutritifs est accrue ou diminuée, c'est l'assimilation qui croît ou diminue, et alors la phase des assimilations s'élève ou s'abaisse dans la même mesure qu'exige le nouvel équilibre matériel. Réciproquement, si la phase de désassimilation s'élève ou s'abaisse, alors l'assimilation monte ou décroît dans la même projection. C'est ce que HERING a appelé l'équilibre automatique des échanges moléculaires (8), lequel ne représente qu'un cas particulier, mais un cas très compliqué, de l'équilibre chimique des corps.

Pour rendre compréhensible cet échange moléculaire, HERMANN (9), PFLÜGER (10), VERWORN (11) et d'autres auteurs ont fait cette hypothèse qu'au point central de tout cet échange chimique se trouve une substance albuminoïde (*Eiweissverbindung*), très complexe et extraordinairement labile : le *biogène* (VERWORN), qui se décompose de lui-même perpétuellement et se régénère sans cesse de nouveau comme une catalase ou un enzyme. La masse même du biogène dépend de la loi des masses, elle croît et décroît avec l'alimentation et conditionne la régulation automatique de l'échange matériel.

Alors, dans l'hypothèse du biogène, les deux phases de l'échange matériel pour la substance vivante peuvent être représentées d'une matière simple et schématique comme étant une combinaison chimique, unique et complexe, qui se refait et se défait, tous les processus chimiques de la vie n'étant que la destruction ou la reconstruction de cet hypothétique biogène.

Dans les organismes aérobies l'oxygène joue un rôle essentiel au point de vue des échanges chimiques : la destruction de la substance vivante dépend au plus haut degré de l'apport d'oxygène. La diminution ou l'absence d'oxygène diminuent l'intensité des échanges, dirigent l'évolution chimique de la matière vivante dans d'autres directions que les directions normales et finalement l'amènent à la mort.

Sur ce rôle de l'oxygène les opinions des divers auteurs ne concordent pas.

D'après PFLÜGER, VERWORN et d'autres, l'oxygène pénètre, comme élément chimique, dans la molécule du biogène et caractérise sa constitution chimique si bien qu'il donne au biogène sa très grande labilité et lui permet alors de donner de l'acide carbonique et de l'eau aux dépens de ses éléments hydrocarbonés dépourvus d'azote.

D'après VOIT (12), DETMER (13) et d'autres, la molécule du biogène se détruit d'abord, puis ses produits de destruction s'oxydent jusqu'à ce qu'ils arrivent à leur dernier terme d'acide carbonique et d'eau. Que la molécule du biogène puisse sans oxygène se désagréger aussi et donner des produits plus complexes de destruction comme l'acide lactique ; que, plus tard ces produits de destruction puissent être à leur tour oxydés et donner de l'acide carbonique et de l'eau, cela n'est pas douteux. Mais on peut se demander si, dans les conditions normales, quand l'oxygène est en quantité suffisante, la molécule du biogène en présence de l'oxygène donne d'abord des produits complexes de destruction, ou, sans passer par ces phases, donne immédiatement avec l'oxygène de l'acide carbonique et de l'eau.

Quoi qu'il en soit, dans l'une ou l'autre hypothèse, *l'irritabilité de la matière vivante pour tous les organismes aérobies dépend à un haut degré de la consommation d'oxygène.*

L'effet général de tous les irritants doit toujours être étudié dans ses relations avec l'échange matériel. Il consiste toujours en ceci que l'échange chimique propre à chaque matière vivante se trouve aussitôt modifié par l'excitant. Ce changement peut être de deux sortes, selon que l'excitant va altérer l'échange chimique normal dans sa rapidité ou sa qualité.

Les changements de la rapidité des échanges sont dus à des excitations qui ne provoquent qu'une irritation peu prolongée dans les organes. Ce sont les excitations diverses qui, en déterminant des narcoses isolées et passagères des cellules, provoquent une réponse dans les organes secondaires (contractions musculaires, sécrétions glandulaires, productions de lumière et d'électricité). A ce groupe appartiennent toutes les excitations que nous pouvons provoquer expérimentalement par des excitations passagères artificielles. Les changements de rapidité dans les échanges peuvent consister soit en une accélération des phénomènes chimiques — et alors c'est une excitation ; — soit en un ralentissement de ces mêmes phénomènes — et alors nous disons que c'est une paralysie. — Dans les deux cas, les irritants ne font que modifier dans le sens positif ou dans le sens négatif la rapidité du chimisme normal. D'ailleurs, le plus souvent il ne s'agit pas d'un changement de tout le chimisme cellulaire, simultanément dans ses parties excitées ou paralysées par l'excitation. L'effet primaire de l'excitation n'agit tout d'abord que sur certaines parties de la concaténation chimique, et c'est seulement à la suite de cette altération que secondairement sont atteints les autres anneaux de la chaîne. Ainsi par exemple les irritants qui provoquent une contraction musculaire n'ont d'effet primaire que sur la phase de désassimilation, et c'est seulement comme effet secondaire qu'ils augmentent les processus d'assimilation jusqu'à ce que l'équilibre des échanges se soit du nouveau rétabli quand l'irritant a cessé d'agir. Comme les divers membres de cette chaîne des échanges se pénètrent étroitement les uns des autres, il peut se faire que les plus diverses excitations puissent provoquer, pour l'ensemble des phénomènes chimiques de l'échange, excitation ou paralysie, et même produire l'arrêt complet, exactement comme la marche d'un appareil d'horlogerie peut être accélérée, ou ralentie, ou même complètement arrêtée, en touchant les différentes roues et les différents engrenages.

De même il est clair que les excitants les plus divers peuvent provoquer des effets presque tout à fait identiques, parce qu'en agissant d'une manière passagère c'est toujours le même spécial élément de la chaîne chimique dont ils ont accéléré ou ralenti le processus.

C'est en cela que consiste la loi que J. Müller a appelée la *loi de l'énergie spécifique*. Les excitants les plus divers, portant sur une même et seule substance vivante, ne peuvent jamais provoquer qu'un accroissement ou une diminution de sa fonction spécifique : pour les muscles, c'est le mouvement; pour les glandes, la sécrétion; pour les organes des sens et le système nerveux central, une sensibilité spécifique.

Réciproquement le même et unique irritant, agissant sur des matières vivantes différentes, va provoquer des effets très différents dépendant chacun de la nature spécifique de la substance irritée.

Cette énergie spécifique est une propriété générale de toute matière vivante, seulement l'action des irritants n'est pas toujours une excitation de sa propriété spécifique, comme l'a admis J. Müller, mais peut aussi en être la paralysie. D'ailleurs, si cette énergie spécifique est bien une propriété commune à toute matière vivante, on ne peut pas dire qu'elle en soit la caractéristique exclusive, car on la retrouve également dans la matière inorganique et privée de vie. Ainsi dans tout système, qui comme chez les êtres vivants contient une énergie potentielle enfermée dans un système labile (matières explosives, ressorts tendus), par des chocs de genres très différents, la fonction spécifique de ces appareils peut être soudainement dégagée.

Une goutte de nitro-glycérine fait explosion toujours en donnant les mêmes composés chimiques et en produisant toujours les mêmes effets : qu'elle ait explosé par des irritations mécaniques, électriques ou thermiques. De même, dans les systèmes organiques où il y a une série de changements chimiques qui se succèdent régulièrement, la rapidité de ces phénomènes chimiques peut être augmentée ou diminuée par les actions les plus différentes. L'action de la mousse de platine sur l'eau oxygénée peut être paralysée par le sublimé, par le sulfure d'ammonium et par beaucoup d'autres substances tout aussi bien que les phénomènes vitaux d'un organisme par l'éther, l'alcool et le chloroforme. On trouve des analogies nombreuses dans les systèmes non vivants et les systèmes vivants par cette action des irritants qui paralysent ou excitent le décours des phénomènes chimiques. Il n'y a donc pas là un phénomène caractéristique de la vie. L'irritabilité de la matière vivante n'est qu'un cas particulier de cette loi très générale que les actions les plus diverses peuvent altérer la vitesse d'un procès chimique dans le sens positif ou dans le sens négatif.

Les autres effets des excitations sont les changements qualitatifs dans les échanges normaux. Sous l'influence de l'excitant, l'échange spécifique d'un organisme vivant change à ce point qu'il se produit certaines actions chimiques et certaines substances qui étaient auparavant étrangères à l'être vivant. A ce groupe de faits appartiennent les excitations du développement et surtout les processus pathologiques cellulaires qui, sous l'influence d'excitation prolongée, aboutissent à des dégénérescences graisseuses, mucoïdes, amyloïdes et calcaires. Il est très vraisemblable que ces changements qualitatifs que développent les excitations sont les conséquences d'un changement d'intensité dans les échanges de certaines chaînes chimiques. Par exemple certaines substances étrangères à la vie normale de la cellule se forment et s'amassent dans la cellule parce que l'oxygène est en quantité insuffisante pour brûler certaines combinaisons complexes et en faire de l'acide carbonique et de l'eau. Naturellement le mécanisme de ces actions, par suite de nos connaissances insuffisantes sur l'échange chimique intra-cellulaire normal, ne nous est pas connu encore d'une manière satisfaisante. Mais, si l'hypothèse indiquée plus haut était exacte et pouvait s'appliquer à tous les cas divers, le schéma général de l'effet des excitations deviendrait d'une extrême simplicité. L'effet primitif de chaque excitation serait uniquement d'accélérer ou de ralentir la vitesse des processus chimiques cellulaires, soit pour leur ensemble, soit pour une partie secondaire. Tout autre effet serait la conséquence de cet effet primitif.

*L'irritabilité de la substance vivante serait donc essentiellement la propriété de répondre aux excitations par une accélération ou un ralentissement de ses échanges chimiques spécifiques et dans certaines conditions par un changement qualitatif dans ces processus chimiques eux-mêmes.*

**Effets médiats ou secondaires.** — Quoique assurément la plupart des changements qualitatifs que des excitations prolongées provoquent dans le chimisme normal de la cellule soient des conséquences secondaires d'un changement de rapidité dans les processus chimiques, cependant, en réalité, le nombre des effets secondaires de l'excitation est encore bien plus considérable. En effet, chaque excitation, même brève, après avoir provoqué une réaction primaire, est suivie d'une réaction secondaire, laquelle, si l'excitant n'a pas été trop fort et n'a pas provoqué de lésion durable, permet à l'organisme de revenir rapidement à l'état primitif, mais joue un grand rôle par suite de différents processus importants.

Limitons-nous étroitement aux expériences que nous possédons sur la question : à savoir aux actions excitantes et aux actions paralysantes.

La plupart des excitants ont pour effet primaire des phénomènes de désassimilation. Comme excitants dont l'effet primaire est un phénomène d'assimilation, nous ne connaissons guère jusqu'à présent que les faits d'alimentation plus active.

D'autre part, pour les excitations paralysantes, on connaît celles qui agissent sur l'assimilation comme sur la désassimilation.

Les effets secondaires des excitations de désassimilation ont une grande importance dans la vie des organismes. Si un excitant a produit une excitation de désassimilation, l'état de la cellule ainsi excitée sera, pour un temps très court et pour un intervalle de temps déterminé, différent ; de sorte que l'effet d'une seconde excitation ne sera pas identique à celui de la première. La réparation automatique de l'état chimique cellulaire nécessaire pour que le trouble déterminé par un excitant qui a amené la désassimilation soit dissipé et que l'équilibre chimique soit rétabli, exige naturellement un certain temps. Avant que la cellule soit complètement revenue à son état normal, la somme des substances capables de désassimilation a diminué, par suite de la destruction d'une partie de ces substances par l'excitant.

Alors une seconde excitation qui se produira pendant ce moment très court n'aura pas le même effet que la première. Cet effet secondaire de l'excitation apparaît avec la plus grande netteté dans ce qu'on appelle la *période réfractaire*.

Marey (14) le premier a pu l'observer sur le cœur. Immédiatement après chaque systole, qu'elle soit due à l'impulsion physiologique normale ou à une excitation artificielle, le cœur ne répond plus aux excitations.

A. Broca et Ch. Richet (15) ont montré ensuite qu'il y a une période réfractaire analogue dans les centres nerveux du cerveau chez le chien. Ils ont vu que, chez des chiens narcotisés, pendant un temps qui est de 1/10 de seconde, après chaque excitation la partie du cerveau qui avait été excitée est devenue inexcitable. Zwaardemaker (16) a observé une même période réfractaire pour le réflexe de l'occlusion des paupières chez l'homme et pour le réflexe de la déglutition chez le chat. De fait il est tout à fait vraisemblable qu'en se mettant dans de bonnes conditions on pourrait trouver une même période réfractaire pour les autres nombreux appareils vivants.

Il est très important pour la théorie de cette période réfractaire de savoir que sa durée dépend de la consommation d'oxygène. Verworn (17) a pu montrer, en étudiant les centres médullaires de la grenouille, que l'on peut prolonger autant qu'on veut, par la privation d'oxygène, la durée de cette période jusqu'au point d'arriver presque à l'inexcitabilité complète et qu'on peut, en rendant de l'oxygène, la ramener à quelques fractions de seconde.

Pour le nerf, dont la période réfractaire dans les conditions normales, est extrêmement courte, puisqu'on l'a évaluée de 1 à 5/1000 de seconde, Frœhlich (18) a pu, par la privation d'oxygène, la prolonger jusqu'à 1/10 de seconde.

Ces expériences montrent donc que la période réfractaire est un effet secondaire de l'excitation, qui peut dans une certaine mesure être annihilée par l'apport d'oxygène.

Après la période réfractaire la substance vivante est devenue irritable de nouveau. En d'autres termes les changements provoqués par l'excitation dans la cellule vivante sont pendant la période réfractaire réparés par l'oxygène.

C'est par l'oxygène que pendant la période réfractaire se fait la *restitutio ad integrum*. C'est là une donnée de grande importance, car elle nous montre que la période réfractaire est une sorte de phénomène de fatigue, et peut être comparée aux autres processus de fatigue.

Dans la *restitutio ad integrum*, il est encore un point très important à étudier; c'est la durée de cette réparation même.

Au début les processus de réparation sont très rapides; mais plus tard, et surtout à la fin, ils sont très lents, de sorte qu'un premier degré de réparation est très rapidement obtenu, mais que la réparation complète est relativement très lente. Autrement dit, le retour à l'excitabilité normale après la période réfractaire est tel que des excitations fortes et moyennes redeviennent très rapidement efficaces (si même elle n'étaient pas toujours restées efficaces), tandis que des excitations faibles ne redeviendront efficaces qu'assez longtemps après ces mêmes excitations premières.

Aussi est-il nécessaire d'introduire, dans le concept de la période réfractaire, sa relation avec l'intensité de l'excitant. Il faut donc distinguer une période réfractaire *relative* et une période réfractaire *absolue*.

La période réfractaire sera dite absolue dans le cas où des excitants même d'intensité maximale sont inefficaces. Dans la période réfractaire relative on voit les excitants faibles inefficaces, alors que les excitants forts sont efficaces. Pour la vie physiologique des organismes cette période réfractaire relative joue un rôle important; elle explique comment beaucoup d'organismes peuvent être fatigués par des excitations faibles limites, tandis qu'ils se fatiguent plus difficilement pour des excitations fortes. C'est là un fait paradoxal à première vue, mais que l'on comprendra bien si l'on se rend compte du temps nécessaire à la réparation après une excitation de désassimilation. Langendorff et Winterstein (19) n'ont pas connu cette condition de la période réfractaire relative, ce qui les a conduits à de fausses conclusions.

Les processus de fatigue ont été surtout étudiés sur les muscles, sur les centres nerveux, et récemment sur les fibres nerveuses. On les observe quand des excitations répétées provoquent des phénomènes de désassimilation, si bien qu'entre deux excitations il n'y a plus assez de temps pour que la cellule se répare, c'est-à-dire pour qu'elle produise les substances nécessaires au maintien de son équilibre primitif. Jotéyko (20) a montré pour le muscle, Verworn (21), pour les centres nerveux, Baeyer (22), Frœhlich (23), Fillié (24) et Thœrer (25) pour les fibres nerveuses, que ce qui conditionne la réparation c'est l'oxygène : la diminution d'excitabilité qui caractérise la fatigue et qui finalement aboutit à la paralysie complète ne peut être complètement supprimée que par l'apport d'oxygène. Toute fatigue indique une déficience relative d'oxygène. La période réfractaire est une forme de la fatigue, mais d'une fatigue qui disparaît très vite quand il y a de l'oxygène. Par la présence de l'oxygène la réparation est immédiate, de sorte que l'excitabilité revient tout de suite à son niveau initial. Chaque phénomène de fatigue ne se prolonge que jusqu'à ce que la perte d'oxygène consommé par l'excitation précédente ait été compensée, et jusqu'à ce que l'équilibre ait été atteint.

Il résulte évidemment de cela que les processus de réparation consécutifs à une excitation de désassimilation dépendent essentiellement, quant à leur durée, de la quantité d'oxygène qui est à leur disposition. Moins il y a d'oxygène, et plus le besoin d'oxygène est grand, plus alors la réparation prend de temps. Ce phénomène apparaît avec la plus grande netteté quand on regarde la courbe de l'irritabilité. L'examen de la portion descendante montre que les processus de restitution deviennent insuffisants. La portion descendante de la courbe de l'irritabilité se ralentit encore à mesure qu'augmente la fatigue. On peut déjà voir trace d'un phénomène analogue après l'effet d'une première excitation; mais le phénomène apparaît plus nettement après chaque excitation suivante.

Comme Fröhlich (26) l'a montré, ce ralentissement des processus de réparation explique un fait qui au premier abord est paradoxal, c'est-à-dire que dans certains états de fatigue il y a en apparence une augmentation dans l'activité de la contraction musculaire. Cela peut être vu nettement sur le muscle. Si les excitations se suivent avec une vitesse suffisante pour qu'après chaque excitation isolée le muscle n'ait pas le temps de se réparer intégralement, alors, après chacune de ces excitations, le faible résidu du trouble produit dans l'équilibre musculaire va en augmentant, et chaque excitation consécutive se produit toujours à un niveau de plus en plus haut. Il s'ensuit donc que les contractions du muscle deviennent, jusqu'à une certaine limite, de plus en plus élevées, c'est-à-dire que l'excitabilité paraît augmenter. La courbe du muscle dite en escalier montre distinctement cette apparente augmentation de l'irritabilité. Mais en réalité il ne s'agit pas là d'une augmentation de l'excitabilité ou de la contractilité du muscle; c'est au contraire un phénomène de fatigue dû essentiellement à une élévation de la courbe de l'excitation et en particulier à un ralentissement dans la réparation par l'oxygène.

Quant aux processus qui diminuent le travail musculaire à mesure que la fatigue augmente, et quant au rôle chimique que joue l'oxygène dans la réparation de l'irritabilité, les vues des divers auteurs sont naturellement très divergentes. D'après Pelüger (10) et Verworn (11) le degré d'irritabilité de la substance vivante est dû à l'oxygène, car par l'oxygène la chaîne des hydrocarbonés non azotés de la molécule du biogène peut alors se détruire en donnant de l'acide carbonique et de l'eau. Cette action chimique se produit même dans l'état de repos de la cellule et augmente par le fait des excitations; mais, s'il y a défaut d'oxygène, comme c'est le cas quand un organisme est privé d'oxygène par l'asphyxie ou lorsque la ration d'oxygène est devenue insuffisante par suite des excitations répétées (fatigue), alors cette partie de l'échange moléculaire que Verworn a appelé l'échange fonctionnel ou échange dû à une impulsion externe (*Betriebstoffwechsel*) — échange fonctionnel que l'on peut jusqu'à un certain point opposer à l'échange cytoplastique dû à la structure même de la cellule (*Baustoffwechsel*) — subit un changement qualitatif. Les molécules du biogène, par suite de cette déficience d'oxygène ne peuvent plus se décomposer en acide carbonique et en eau, mais donnent des produits carbonés plus complexes et en particulier de l'acide lactique.

Si cette conception est exacte, le fait que l'inexcitabilité va alors en croissant avec la fatigue dépend de ce que la molécule du biogène ne peut plus s'oxyder, même si l'oxygène lui est apporté et que par conséquent elle se détruit plus lentement et plus difficilement. D'autre part, il s'accumule des produits complexes de déchets des échanges, comme l'acide lactique et ces autres substances que Ranke (27), Mosso (28) et d'autres auteurs ont appelées *produits de fatigue*, lesquels ont un effet paralysant. De fait il peut arriver, comme Verworn et Lipschütz (29) l'ont montré pour les centres nerveux, et Fillié (24) pour les fibres nerveuses, qu'avec des liquides indifférents, absolument privés d'oxygène, on peut ramener jusqu'à un certain point l'irritabilité, encore qu'on ne puisse pas la rétablir complètement et que ce soit toujours pour peu de temps. Cette réparation ne peut donc être due qu'à l'entraînement par le lavage des substances de fatigue ou des produits asphyxiques. Mais, comme nous l'avons déjà dit, il ne peut y avoir de réparation *complète* de l'excitabilité que par l'apport d'oxygène.

Selon cette conception, d'un côté l'oxygène, en brûlant les substances de l'asphyxie et de la fatigue, empêche les effets paralysants de ces substances et, d'autre part, la pénétration de l'oxygène dans la cellule vivante lui rend la possibilité de s'oxyder en acide carbonique et en eau, oxydation qui se produit soit spontanément, soit après l'action d'un excitant beaucoup plus facilement et avec un plus grand dégagement d'énergie que la non-oxydation de la molécule avec formation de produits complexes.

Ces vues sur le rôle de l'oxygène ne sont pas conformes aux idées que Voit (12) depuis longtemps avait déduites de ses études sur la nutrition, Detmer (13), de ses études sur la physiologie botanique, conceptions auxquelles s'est rallié récemment Winterstein (30). D'après Voit, les combinaisons albuminoïdes labiles de la substance vivante se dédoublent sans oxydation en divers fragments, et ces produits de dédoublement sont ensuite, par l'oxygène, oxydés en acide carbonique et eau. D'après cette hypothèse, les phénomènes d'asphyxie et de fatigue seraient dus à l'accumulation de ces produits organiques qui sont paralysants. L'excitabilité reviendrait avec le retour de l'oxygène qui, en oxydant ces substances, dissipe leurs effets paralysants.

Ainsi, d'après Voit, le processus chimique cellulaire est essentiellement le même; qu'il y ait ou qu'il n'y ait pas d'oxygène, mais par le défaut d'oxygène les produits de cette destruction chimique s'accumulent dans la cellule sans pouvoir par l'oxydation disparaître sous la forme d'acide carbonique et eau. Il s'ensuivrait que l'irritabilité ne dépend que de la quantité de ces produits de la destruction cellulaire. S'il y en a peu, comme dans l'état de repos, alors l'irritabilité est grande; s'il y en a beaucoup, comme dans l'asphyxie et la fatigue, alors l'irritabilité est faible. Quoiqu'on puisse pour l'une ou l'autre hypothèse apporter des arguments très divers, on n'a pas pu encore donner de preuves dirimantes à l'appui de l'une ou de l'autre.

Un autre effet particulier des excitations de désassimilation, c'est la conduction des excitations locales. Quelle que soit la forme de telle ou telle substance vivante l'excitation qui a porté sur un point s'étend plus ou moins loin au delà de ce point. Aussi l'excitation primaire déterminée par un irritant extérieur devient-elle une excitation secondaire pour les parties voisines pour jouer à son tour le rôle d'un excitant. Cette excitation secondaire de la partie voisine agit encore elle-même comme un excitant pour la cellule qui lui est contiguë et ainsi de suite. D'ailleurs les différentes formes de substances vivantes se comportent d'une manière très différente au point de vue de la conduction de l'excitation. Pour presque toutes les formes de la substance vivante on voit que l'intensité de l'excitation va en décroissant à partir du point même de l'excitation (décrément), jusqu'à ce que finalement toute excitation ait disparu. Ainsi se comportent, par exemple, comme l'a montré Verworn (31), les pseudopodes des amibes nus. La loi de décrément de l'excitation est très différente dans les différentes formes cellulaires; chez les unes l'excitation s'éteint très près du point excité, chez d'autres à grande distance. L'extension de l'excitation dépend jusqu'à un certain degré de l'intensité qu'a eue l'excitation primitive. Des excitants forts s'étendent plus loin que des excitants faibles.

A l'inverse de ces formes où il y a un décrément de l'excitation, sont les formes où l'excitation ne décroît pas. Ce sont celles qui sont spécialement chargées de conduire les excitations dans le corps des animaux, c'est-à-dire les fibres nerveuses. Les fibres nerveuses ne présentent pas de décrément; mais au contraire conduisent les excitations sans que celles-ci perdent leur intensité dans tout le trajet parcouru à travers le tronc nerveux. La vitesse de la conduction, très variable suivant les différentes formes vivantes, est maximale dans la fibre nerveuse. On admet, depuis les recherches de Helmholtz, qu'elle est de 29 mètres par seconde dans les nerfs de la grenouille. Dans les nerfs des homéothermes et spécialement de l'homme les chiffres oscillent entre 25 mètres (Schelske) et 225 mètres (Kohlrausch) par seconde.

Les dernières recherches très précises de Piper (32) qui, expérimentant avec le galvanomètre à corde, a pris comme indice la variation électrique du nerf, nous donnent pour la vitesse de conduction dans le nerf médian de l'homme environ 120 mètres par seconde.

D'après les derniers travaux d'Engelmann, de Nicolaï et de Piper, la vitesse de conduction dans les nerfs est indépendante de l'intensité de l'excitation.

Quant à la question si souvent débattue du mécanisme même de cette conduction, elle n'a pas encore malheureusement de clarté suffisante. On peut regarder toutefois comme certain que le processus de la conduction des excitations est essentiellement le même pour toutes les formes de la matière vivante et que les différences ne reposent que sur certains caractères spécifiques des différentes cellules vivantes. Il faut surtout se rapporter aux fibres nerveuses dans lesquelles l'excitation se propage sans qu'il y ait de décrément de l'onde d'excitation. Le principe général de la conduction, c'est probablement l'hypothèse de Pflüger (10), d'après laquelle la destruction d'une molécule labile provoque la destruction de la molécule voisine, comme c'est le cas pour les matières explosives ou pour une traînée de poudre, mais on ne peut dire si la transmission de l'excitation d'un segment à un autre est due à la chaleur, comme c'est le cas pour les matières explosives. Quand on songe à la grande quantité d'eau que contiennent les cellules vivantes et aux proportions relativement faibles des parties excitables, c'est-à-dire de la molécule biogène, cette hypothèse d'une transmission par la chaleur paraît bien douteuse, et même faut-il peut-être la repousser complètement. D'ailleurs, au lieu de la chaleur, il y a l'électricité, laquelle depuis longtemps, sous la forme de courant d'action, accompagne la conduction dans les nerfs, et c'est peut-être cette électricité qu'il faut admettre comme étant le principe immédiat de la conduction des excitations.

Dans la théorie de HERMANN (33) et BORUTTAU (34), il est admis que de petits courants électriques locaux provoquent dans le segment consécutif, par le choc électrique, un courant semblable, ce qui paraît remarquablement expliquer la conduction nerveuse. A la vérité, même avec cette hypothèse, bien des points restent encore à élucider. En tous cas il est un fait certain, fait récemment mis en pleine lumière par FRÖHLICH et que l'on ne pourra jamais trop opposer aux anciennes hypothèses, c'est qu'il n'y a jamais conduction sans irritabilité. Les expériences de WERIGO (35), DE DENDRINOS (36) et FRÖHLICH (37) ont montré que dans les nerfs la conduction dépend de l'irritabilité. Mais toutes les causes qui diminuent l'excitabilité locale au-dessous d'une certaine limite amènent aussi un décrément de l'onde d'excitation. Le décrément devient d'autant plus grand que l'irritabilité a été plus diminuée, de sorte que l'onde d'excitation, si l'on considère un segment de suffisante longueur, s'est complètement éteinte dans ce segment.

Tout aussi intéressants sont les effets secondaires des excitations paralysantes. Presque toutes les formes chroniques des maladies sont les conséquences secondaires de phénomènes paralytiques survenus dans la chaîne moléculaire des cellules. Il s'agit là de données ayant une grande importance pratique, mais malheureusement on a fait seulement les premiers pas dans leur étude. Toutefois cette étude a été déjà commencée, ce qui nous permet quelques considérations importantes. Par suite de l'étroite dépendance dans laquelle se trouvent mutuellement les éléments isolés de la chaîne moléculaire des cellules, il est clair que tout ralentissement ou tout arrêt dans un des processus partiels de l'échange moléculaire va entraîner un changement dans l'échange moléculaire tout entier, et il est clair aussi que, selon la nature de l'excitant, les excitations paralysantes primaires vont porter sur des points très différents de la chaîne moléculaire. Il s'ensuit, si l'excitation dure quelque temps et dépasse une certaine intensité, qu'il se produit une altération inguérissable des mêmes parties de la matière vivante, altération qui finalement entraîne la mort cellulaire. De même que, dans un rouage d'horlogerie, l'arrêt prolongé d'une des nombreuses roues qui s'engrènent mutuellement va arrêter, par suite de l'étroite dépendance de toutes les parties, le mécanisme tout entier, de même, dans le mécanisme chimique, beaucoup plus compliqué, de la matière vivante, l'arrêt d'une partie entraînera celui de toutes les autres. Par exemple, si l'on modifie la vitesse de la réaction d'un des anneaux de la chaîne en abaissant fortement la température, alors on coagulera certaines substances colloïdes qui sont en dissolution ; de même, si l'on enlève l'eau ou l'oxygène ou tout autre aliment de la cellule, il y aura une paralysie secondaire plus ou moins rapide de tout l'échange moléculaire : tout au moins prendra-t-il alors une direction funeste qui conduira la cellule à la mort.

On a étudié à ce point de vue avec plus de détail encore, sans que les explications soient bien satisfaisantes, le mécanisme de la paralysie par privation d'oxygène. Si dans les organismes aérobies les processus d'oxydation sont arrêtés par la privation d'oxygène, on n'a cependant agi que sur une partie de tout l'échange moléculaire, et cependant on a provoqué des effets secondaires graves qui pervertissent l'échange moléculaire tout entier. Il se produit alors des substances dues à des combustions, incomplètes comme l'acide lactique, l'acétone, d'autres produits de la série grasse, et finalement diverses substances azotées qui résultent de la destruction protoplasmique. L'échange moléculaire prend alors des directions anormales qui vont toujours en s'exagérant, jusqu'à ce que toute la substance vivante ait été détruite, l'état stationnaire n'étant atteint que lorsque la cellule est morte. Donc, en enlevant de l'oxygène à un organisme aérobie, on ne peut pas le mettre dans un état d'équilibre nouveau ni le maintenir à volonté dans l'état anaérobie, comme pour certains organismes que la soustraction d'eau maintient en état de vie latente et laisse longtemps capables de revenir à la vie quand on leur rend de l'eau. Cela n'est pas possible, parce que, par l'enlèvement d'oxygène, les relations entre les divers éléments chimiques de la cellule continuent à se modifier, et on sait qu'il y a une étroite relation entre l'échange moléculaire et les proportions des éléments chimiques qui composent la matière vivante. Alors s'accumulent les produits asphyxiques, c'est-à-dire les produits de combustion incomplète, identiques pendant les premiers stades de l'asphyxie avec les produits de la fatigue, et ils paralysent les phénomènes chimiques dont ils sont eux-mêmes les produits, de sorte que la destruction de la cellule est continue, et prend d'autres formes jusqu'à ce qu'enfin la substance vivante soit morte.

Le *développement* est à certains égards analogue au processus morbide, car il semble être la conséquence d'une paralysie portant sur un des anneaux de la chaîne moléculaire. Cette paralysie doit survenir très souvent et se produire sous l'influence des conditions extérieures les plus diverses, car l'intégrité de la vie cellulaire chez les organismes aérobies est liée si étroitement à une consommation d'oxygène suffisante que les multiples causes qui peuvent l'influencer, c'est-à-dire la diminuer, réussissent à troubler mortellement tout l'échange moléculaire. Nous avons vu que la fatigue et la période réfractaire, laquelle est un cas spécial de la fatigue, sont l'effet d'une relative déficience en oxygène. WINTERSTEIN (38) a montré aussi que la paralysie par la chaleur est la conséquence secondaire d'oxydations insuffisantes. De même la narcose, comme il ressort des expériences de WINTERSTEIN (39) sur les centres nerveux, de FRÖHLICH (40) et HEATON (41) sur les nerfs périphériques, dépend de l'arrêt de tous les processus d'oxydation.

Les changements que les anesthésiques, éther, alcool, chloroforme, produisent dans la substance vivante et dont naturellement nous ne connaissons pas la nature, provoquent deux actions importantes : l'une, c'est qu'il ne peut plus y avoir d'absorption d'oxygène, même quand l'oxygène est fourni en quantité considérable ; l'autre, c'est un affaiblissement de la conductibilité, affaiblissement d'autant plus intense que l'anesthésie est plus profonde, par conséquent la phase de désassimilation n'est pas influencée par la narcose primitivement, mais secondairement, et la variation de son décours dépend de la diminution des processus d'oxydation, de sorte que finalement il se produit un effet analogue à l'asphyxie comme après la privation d'oxygène ; et il y a paralysie de la conductibilité qui empêche l'extension de l'excitation. L'excitabilité même ne semble pas primitivement atteinte par les narcotiques, comme l'ont montré les expériences de HEATON sur les nerfs ; si nous avons coutume de dire que l'excitabilité est suspendue pendant l'anesthésie, c'est surtout parce qu'il y a un fort décrément dans la conductibilité après une excitation. L'excitation que provoque un excitant dans un tissu anesthésié reste limitée dans le voisinage très proche de la région excitée. Ainsi l'anesthésie est déterminée par ces trois éléments essentiels : suspension des processus d'oxydation, continuation des processus de désassimilation et arrêt de la conduction (42). On peut donc espérer que nous serons bientôt en état de caractériser avec plus de précision la nature des changements que les anesthésiques produisent dans la substance vivante.

Comme effet secondaire des excitations nous avons encore la *régulation automatique* des échanges, signalée précédemment, qui se produit après toute modification passagère de l'équilibre moléculaire. L'effet primitif d'un excitant est de troubler l'équilibre chimique de la cellule : la réparation de ce trouble après que l'excitant a cessé est l'effet non immédiat, mais secondaire, de l'excitation. Or cette réparation spontanée qui survient après toute modification modérée et passagère de l'équilibre chimique de la cellule, réparation qui peut être comparée à la réparation après la fatigue ou à la convalescence après une maladie, joue un rôle fondamental dans le maintien de la vie des organismes. Elle repose sur les relations quantitatives des substances chimiques cellulaires, et par conséquent, ainsi que nous l'avons déjà remarqué, elle n'est qu'un cas particulier de l'équilibre chimique. Pourtant, si on la compare à un système chimique en équilibre, comme par exemple acide acétique et alcool pour la formation des éthers acétiques, le cas de l'équilibre chimique cellulaire, d'ailleurs beaucoup plus compliqué, est assez différent, d'abord parce qu'il y a toute une longue chaîne de processus chimiques qui s'engrènent les uns les autres sans être dans l'ensemble réversibles, mais n'ayant que certains anneaux de la chaîne qui soient réversibles, et ensuite parce que les produits de la réaction sont continuellement enlevés au fur et à mesure de leur production et que de nouvelles quantités de substances réagissantes sont continuellement apportées. Mais, comme nous ne connaissons les différents anneaux de la chaîne des échanges que d'une manière très approximative pour tout organisme vivant, quel qu'il soit, alors naturellement le mécanisme intime de cette régulation automatique nous reste complètement fermé. Du moins pouvons-nous dire que, lorsque dans un des segments de cette longue chaîne avec processus chimiques s'engrenant les uns les autres il y a une phase d'assimilation, c'est qu'il se passe un processus chimique réversible dépendant d'un système d'équilibre chimique; et cela nous fait comprendre le principe d'après lequel se produit la régulation automatique des échanges.

Enfin il y a un dernier groupe d'effets secondaires qui n'a encore été observé que pour les agglomérations cellulaires et pour lesquelles il faudrait savoir par des expériences nouvelles si on ne l'observerait pas sur des cellules isolées, à savoir que *l'accroissement de la substance vivante est déterminé par les excitations fonctionnelles*. Le fait que la masse de substance vivante pour un tissu ou un organe dépend de sa réponse fonctionnelle est connu depuis longtemps pour les muscles, les centres nerveux, les glandes, etc. Un muscle qui des centres reçoit fréquemment des excitations de désassimilation, c'est-à-dire qui subit des excitations provoquant son activité, augmente dans une certaine mesure. Un muscle qui ne reçoit pas ces excitations de désassimilation, comme par exemple après une lésion de son nerf moteur, montre une atrophie d'inactivité. L'hypertrophie par le travail, et l'atrophie par l'inactivité sont des vérités banales de la pathologie. Cette hypertrophie par activité, c'est-à-dire l'augmentation de la masse du protoplasma pour les cellules nerveuses, répond, d'après VERWORN (43), à tous les phénomènes de mémoire.

Mais on peut se demander quel rapport doit exister entre des excitations fonctionnelles fréquentes et l'augmentation de la quantité des éléments soumis à cette excitation fonctionnelle. En d'autres termes, comment une excitation de désassimilation fréquemment répétée peut-elle avoir pour conséquence une augmentation de la quantité de masse vivante? On ne peut guère adopter d'autre explication mécanique que celle-ci : après chaque excitation de désassimilation, la régulation automatique de l'équilibre est une phase d'assimilation qui dépasse quelque peu la désassimilation précédente, de sorte qu'il se forme plus de substance vivante qu'il n'en avait été détruit dans la phase de désassimilation. Si cela se reproduit souvent, l'augmentation sera appréciable, et les nouvelles excitations ramèneront un nouvel état d'équilibre, dans lequel la quantité de substance vivante sera chaque fois un peu plus grande. Il y a donc une étroite relation entre l'échange fonctionnel, c'est-à-dire l'échange portant sur les éléments qui répondent à l'excitation fonctionnelle, éléments que nous savons être presque exclusivement des substances non azotées, et l'échange cytoplastique, c'est-à-dire la destruction et la reconstruction des groupes azotés de la matière vivante. Il y a une étroite dépendance entre les relations pondérales des éléments chimiques de la substance vivante et les quantités de matières alimentaires apportées à ces substances. Il faut donc admettre avec VERWORN que cette relation entre l'échange fonctionnel et l'échange cytoplastique dépend de l'augmentation de l'aliment qui suit chaque excitation de désassimilation.

De fait, on sait depuis longtemps que des organes auxquels on demande un travail fort ont une circulation sanguine plus active. On ne peut donc pas douter qu'il s'agit là d'un mécanisme régulateur, encore que nous ne puissions naturellement avoir que des présomptions sur sa nature; mais il est établi que, dans toute agglomération cellulaire, chaque excitation de désassimilation a pour conséquence une augmentation de la quantité des aliments apportés au tissu excité, ce qui modifie les relations pondérales et les effets chimiques, et c'est assez pour nous rendre compréhensibles ces effets secondaires de l'excitation, que nous appelons hypertrophie de travail et atrophie d'inactivité.

**Interférences des excitations.** — Comme les tissus vivants peuvent être soumis à l'action d'excitants divers, on comprend que les effets de deux excitations peuvent interférer ensemble. De plus, les organismes subissent aussi bien des excitations extérieures que des excitations intérieures, provoquées par l'excitation d'autres parties de l'organisme, par exemple celle des nerfs sur les autres organes. Par suite de la sélection naturelle, dans les organismes plus développés, ces excitations ont pris une grande prépondérance. On comprend donc qu'il y a des effets d'interférence, qui, par la sélection et dans l'intérêt de l'organisme, sont dirigés dans des directions déterminées ; et il est alors évident que certaines interférences, comme les processus de sommation, les excitations toniques ou inhibitoires, appartiennent aux plus importants phénomènes de la vie. On peut regarder l'histoire des interférences des excitations comme un des domaines les plus importants de toute la physiologie. Mais son étude méthodique n'est que de date toute récente, quoiqu'on trouve des documents à cet égard dans toute l'histoire de la physiologie. Naturellement, l'analyse des interférences des excitations n'est possible que lorsque d'abord l'analyse des excitations isolées a pu être approfondie. Heureusement, depuis quelques années, la physiologie générale a fait, sur ce point, des progrès notables, de sorte que nous sommes aujourd'hui en état de pénétrer le mécanisme des interférences des excitations beaucoup plus qu'il y a dix ans.

D'abord, il est clair que deux excitations ne peuvent interférer entre elles que si la seconde excitation saisit l'organisme pendant le temps qui s'écoule depuis le moment où la première excitation a agi jusqu'au moment où cette première excitation a cessé complètement toute action. Il ne peut naturellement pas y avoir d'interférence en dehors de cet intervalle de temps ; par conséquent, les deux excitations n'ont pas besoin d'être simultanées ; par conséquent, il y a des excitations qui peuvent interférer entre elles lorsqu'elles se suivent, pourvu qu'elles aient en commun un temps pendant lequel elles agiront sur l'organisme. Pour l'analyse de toute interférence entre les excitations, il faut tenir compte d'un certain nombre de facteurs, sans lesquels on ne pourrait les comprendre ; d'abord, il faut connaître la nature des excitations au point de vue de leur intensité, de leurs formes et de leur durée. Il faut savoir comment chacune de ces excitations interférentes agit isolément, et, par conséquent, déterminer ses effets primaires aussi bien que ses effets secondaires, jusqu'à ce qu'ils aient complètement disparu. Enfin, il faut savoir dans quelle phase de l'action d'un excitant agit l'autre excitant. Par là, il est évident que des recherches fructueuses ne peuvent être faites que sur des systèmes organiques bien connus, et avec des méthodes appropriées. Nous résumerons brièvement ce qui a été fait jusqu'à présent dans l'étude générale de ces lois sur l'interférence.

Ce qu'on connaît le mieux, ce sont les effets d'interférence provoqués par deux excitations de désassimilation.

Pour ces études, on a surtout pris le muscle, avec ou sans son nerf, et les organes nerveux centraux, en adoptant l'électricité comme source d'excitation. Je rappellerai seulement les anciennes expériences sur la sommation et l'inhibition des excitations, par HELMHOLTZ, SCHIFF, HEIDENHAIN, KRONECKER et STIRLING, CH. RICHET, von KRIES, WEDENSKY, EXNER et beaucoup d'autres, mais surtout les travaux plus récents de A. BROCA et CH. RICHET, VERWORN, SHERRINGTON, HOFFMANN, ZWAARDEMAKER et LANZ, FRÖHLICH, STEINACH et d'autres. Tous ces auteurs ont apporté de nombreuses contributions à cette étude, quoique cependant les interprétations et les hypothèses consécutives à ces expériences soient notablement divergentes.

Quand deux excitations de désassimilation provoquent des effets qui interfèrent, deux modes d'interférence sont possibles, selon que l'excitation seconde tombe à telle ou telle phase de la réaction à l'excitation première. Or, dans le cours de la réaction consécutive à une excitation de désassimilation, nous pouvons distinguer deux phases : la première, c'est la destruction chimique, ou désassimilation proprement dite ; la seconde, c'est la phase réfractaire, qu'il y ait une période réfractaire absolue ou relative. La période réfractaire, c'est le moment pendant lequel se produit la *restitutio ad integrum*, moment pendant lequel il y a retour à l'excitabilité normale, d'abord rapidement, puis lentement. Si la deuxième excitation frappe le système organique exactement en même temps que la première excitation, il y a alors *sommation* des effets. Le résultat est donc le même que s'il y avait une seule excitation forte.

Comme les deux excitations réunies ne forment qu'un excitant unique, on comprend tout de suite que cette sommation ne peut s'exercer que lorsque les deux excitants ne sont pas maxima.

Des excitants qui sont au-dessous du seuil de l'excitation peuvent aussi additionner leurs effets, de sorte qu'alors leur effet apparent se produit.

Si la seconde excitation frappe le système vivant pendant la période réfractaire qui suit la première excitation, le résultat dépendra du rapport entre l'excitabilité à ce moment et l'intensité de l'excitant. Si, au moment où agit la seconde excitation, l'excitabilité du système est trop faible pour que la deuxième excitation ne soit pas, en réalité, au-dessus du seuil des excitations, alors cette seconde excitation reste sans effet, et il se produit, au contraire, un phénomène d'inhibition. Cette analyse nous donne la clef des phénomènes d'inhibition qui sont si longtemps restés mystérieux, phénomènes qui jouent un rôle fondamental dans toute la vie du système nerveux. Déjà, depuis longtemps, SCHIFF (44) avait considéré les processus d'inhibition comme dus à un épuisement passager, puis, après discussion approfondie de son hypothèse, il l'avait finalement tout à fait rejetée (45); mais VERWORN est revenu à l'idée d'après laquelle les processus d'inhibition s'expliquent par l'existence d'une phase réfractaire. L'hypothèse de GASKELL (46), HERING (47) et MELZER (48), qui voient dans l'inhibition une excitation d'assimilation, présente, comme l'a montré VERWORN (49), la plus grande difficulté ; car, en dehors des cas de suralimentation, il n'est point d'excitant, et spécialement d'excitant de courte durée, capable de provoquer primitivement dans les tissus vivants la phase d'assimilation. Des recherches faites sur la phase réfractaire absolue, et la phase relative, recherches faites après asphyxie sur la moelle des grenouilles strychnisées, ont conduit ensuite VERWORN à ne voir dans les processus d'inhibition qu'une forme de la phase réfractaire. Par conséquent, il ne peut être question d'excitations d'assimilation, mais d'une paralysie de nature désassimilatoire. Sur la grenouille strychnisée, la nature des processus d'inhibition est particulièrement facile à reconnaître, parce que, quand l'animal est partiellement privé d'oxygène, on observe une phase réfractaire *absolue*. Tous les phénomènes sont alors amplifiés. Si l'on prend une grenouille strychnisée mise par l'asphyxie dans un état tel que la phase réfractaire, après chaque décharge nerveuse de la moelle, s'est beaucoup allongée, et qu'on excite cette grenouille par des excitants séparés par un intervalle plus petit que la durée de la phase réfractaire, on voit que la seconde excitation demeure sans effet (50).

Il en est ainsi pour une série d'excitations rythmiques qui se succèdent à des intervalles convenables. Pendant toute la durée de l'excitation rythmique, la moelle, comme FRIEDEMANN (51) l'a montré, reste inexcitable de cette manière. C'est là le paradigme le plus simple des processus d'inhibition. Ce que nous appelons ici la phase réfractaire absolue, c'est, comme l'a montré FRÖHLICH (52) pour l'inhibition des centres nerveux, qui ne sont pas rendus hyperexcitables par la strychnine, l'expression d'une relative phase réfractaire.

Les procédés d'inhibition du système nerveux dans l'organisme normal dépendent peut-être seulement du degré de leur fatigabilité vis-à-vis des excitants faibles. Comme l'excitabilité complète pour les excitations limites ne se répare que relativement tard pendant le cours de la phase réfractaire, alors toute excitation limite qui frappe la cellule vivante avant que se soit terminée la phase réfractaire doit être inefficace. Les impulsions excitatoires partant du système nerveux central, d'un côté, et, d'autre côté, des séries d'excitations isolées représentent des excitations assez faibles. Si dans une cellule ganglionnaire il y a interférence de deux semblables séries d'excitations faibles isolées, alors la fréquence de ces excitations isolées augmente, et il se peut qu'une de ces excitations isolées tombe pendant la période réfractaire qui suit l'excitation précédente. En analysant quelques types de ces actions inhibitoires, FRÖHLICH a pu prouver que les expériences réalisent ce principe.

Tout autre est l'action de l'interférence, quand, après une première excitation, l'excitabilité de la substance vivante se trouve être à ce moment de la période réfractaire où tombe l'excitation seconde, telle que la seconde excitation a dépassé le seuil de l'excitation. Dans ce cas il se produit un état qui a reçu antérieurement des noms différents (*Bahnung*, chemin tracé ; (EXNER), *Förderung*, favorisation), mais qu'il vaut mieux appeler, avec FRÖHLICH (53), un apparent accroissement de l'excitabilité. Cet apparent accroissement fait alors qu'une série d'excitations isolées, égales entre elles, donne l'apparence d'une série d'excitations de plus en plus fortes. Il faut rattacher à ce phénomène le phénomène dit de l'escalier qu'on observe dans les contractions musculaires rythmiques. On remarque la disposition pour un apparent accroissement de l'excitabilité chez des centres nerveux refroidis qui répondent par des excitations toniques centrifuges, si l'on applique des excitations rythmiques centripétales, et on remarque aussi ce fait chez le nerf qui, au début de la narcose, de l'asphyxie, de la fatigue, répond aux excitations tétaniques par des réponses plus fortes.

Comme l'ont montré BORUTTAU (54), FRÖHLICH (55), REINEKE (56) et THÖRNER (57), ce renforcement apparent de chaque excitation après une excitation antécédente prolonge la durée de chaque excitation : donc l'excitabilité n'est pas augmentée, mais diminuée. L'apparent accroissement de l'excitabilité dépend réellement d'un ralentissement paralytique de tous les processus de réparation. Après chaque excitation — dans le cas d'une série d'excitations successives, — les processus de réparation se ralentissent par le fait de la fatigue, et alors l'excitation frappe la substance vivante alors qu'elle est dans un état de plus en plus grand d'excitation résiduelle. De sorte que le point de départ de la réponse se fait à un niveau de plus en plus élevé, ce qui donne à la réponse l'apparence d'être de plus en plus forte. Ce sont là des conditions de plus en plus favorables à la sommation des excitations isolées et par conséquent à la production d'une *excitation tonique*.

L'excitation tonique représente comme une excitation prolongée unique, résultant de la sommation d'excitations isolées qui se succèdent rapidement. Il est clair que les conditions pour la sommation, et par conséquent pour l'excitation tonique, sont d'autant plus favorables que l'effet des excitations isolées est plus prolongé. A ce point de vue, les diverses formes de substances vivantes se comportent de manières très diverses. Un nerf, dans les conditions physiologiques normales, n'a presque pas de sommation, parce que le décours complet de son excitation est extrêmement court, sa période réfractaire après des excitations fortes étant de 0,004 à 0,005 de seconde. Les centres nerveux, au contraire, donnent facilement la sommation, parce que, pour eux, le décours d'une excitation est beaucoup plus long que dans le nerf. Les muscles lisses avec leur réaction lente donnent très facilement la sommation, et ils ont une forte tendance à répondre par des contractions toniques. Mais même les substances vivantes qui réagissent vite et qui se réparent vite, qui par conséquent, comme le nerf, n'ont pas de sommation à l'état normal, peuvent donner des sommations quand leur état physiologique est modifié par ses influences qui ralentissent le décours d'excitation. C'est le cas du froid, de l'asphyxie, de la fatigue, de la narcose. Aussi, sous ces influences, le nerf donne-t-il, comme on l'a déjà vu, un courant d'action plus fort après une excitation tétanique que le nerf normal. Pour la genèse du tétanos musculaire, outre le changement d'élasticité que provoquent les excitations successives, il y a encore un autre point à considérer. FRÖHLICH a montré que les ondes de contraction se suivent parfois si rapidement que l'onde précédente n'a pas pu parcourir toute l'étendue du muscle depuis son point de départ jusqu'à son arrivée, au moment où se produit l'excitation seconde. On observe alors une superposition de deux ou de plusieurs ondes de contraction selon la longueur du muscle et selon le point du muscle excité. Mais c'est là une condition extérieure pour ainsi dire, qui n'a rien à faire avec la tension que provoque une excitation isolée, tension qui dépend de l'apparent accroissement de l'excitabilité. On observerait encore la superposition des excitations, même s'il n'y avait pas de tension résiduelle dans le décours des excitations isolées. Plus on étudie cet apparent accroissement d'excitabilité, plus on constate qu'il est répandu dans la nature. Il sera donc nécessaire d'analyser minutieusement tous les cas d'excitabilité accrue pour savoir si cet accroissement d'excitabilité n'est pas apparent, au lieu d'être réel.

Il s'agit d'un accroissement réel d'excitabilité dans les cas où une excitation est représentée par une augmentation de température, tandis que l'autre excitation est l'excitant électrique. De fait, l'excitabilité, pour l'excitant électrique, est augmentée par l'échauffement du système vivant, et l'excitant provoque une réponse plus forte que lorsque la température est plus basse.

Contrairement à l'interférence des excitants de stimulation, les interférences de deux excitations d'inhibition, ou de deux excitations, dont l'une est stimulante et l'autre inhibante, n'ont pas encore été étudiées d'une manière méthodique. Nous savons seulement qu'en général, par les excitations inhibitoires, l'excitabilité est diminuée pour les excitations de stimulation. Tel est le cas du défaut d'oxygène, qui paralyse. Tel est aussi le cas de la narcose. Mais le mécanisme est alors très différent suivant les anneaux de la chaîne des échanges qui ont été atteints par l'agent paralysateur. Nous avons vu par exemple que, dans l'anesthésie, l'action inhibitoire n'agit pas primitivement sur la phase désassimilatoire des échanges. Il est plus probable, sans qu'on puisse le prouver, que l'action paralysante dans la narcose se produit pendant la période de repos des échanges, car pendant la narcose les tissus sont encore excitables par des excitations de désassimilation. Dans la narcose la conduction de l'excitation subit un si fort décrément qu'on ne peut plus déceler aucune réponse extérieure. C'est en cela que consiste l'apparente inexcitabilité des cellules anesthésiées.

Pour l'analyse plus complète de l'interférence se produisant entre des excitations inhibitoires, ou entre une excitation de stimulation et une excitation inhibitoire, il faudrait avant tout pénétrer l'action de chacune de ces excitations isolées sur la chaîne de ces échanges, et c'est alors seulement qu'on pourrait déterminer les conditions de ces interférences, mais il n'est pas douteux que les relations sont alors beaucoup plus compliquées que dans le cas relativement simple où il y a interférence de deux excitations qui provoquent toutes deux une désassimilation et agissent dans le même sens sur les mêmes anneaux de la chaîne des échanges.

**Le degré d'irritabilité et ses conditions.** — Depuis longtemps la physiologie étudie l'irritabilité en supposant tacitement que c'est un processus simple et unique. Alors le degré d'irritabilité est mesuré par la grandeur du résultat dû à une excitation. Mais bientôt une analyse plus profonde nous montre que la grandeur des effets consécutifs à une excitation est le résultat de beaucoup de processus très divers. Donc, dans l'intérêt d'une connaissance plus exacte de la physiologie générale des excitations, il faut serrer de plus près la notion de l'excitabilité et nettement différencier les éléments qui la composent. Ce ne sera possible complètement que dans l'avenir, mais il est nécessaire dès maintenant de donner le commencement de cette étude.

Quand nous jugeons du degré d'irritabilité d'un système vivant, d'après la grandeur du changement que produit en lui une excitation de désassimilation, le seul critérium que nous puissions en avoir, c'est la grandeur des échanges moléculaires ou la grandeur des mutations d'énergie : mouvement, chaleur, électricité : nous n'avons pas d'autre indication. Mais il est clair que cette grandeur des résultats de l'excitation est déterminée par l'ensemble des processus de désassimilation, en d'autres termes par la quantité des éléments chimiques capables de désassimilation et se désassimilant sous l'influence de l'excitation impulsive.

On peut alors se représenter le phénomène sous une forme schématique, en disant que l'effet primitif de l'excitation désassimilatoire, c'est la destruction de molécules très fragiles, molécules *biogènes* de VERWORN. L'hypothèse reste la même, quelle que soit la nature de cette excitation de désassimilation.

Par conséquent, dans un système vivant, le nombre des molécules qu'une excitation décompose dépend de deux variables : d'une part le degré de fragilité des molécules capables de se détruire, d'autre part l'extension de cette destruction primaire produite par l'excitant, autrement dit la conduction des processus de destruction. Or ces deux facteurs sont soumis l'un et l'autre à une série de conditions diverses.

Le *degré de fragilité* de la molécule du biogène dépend en première ligne de sa constitution chimique. Il faut admettre que la constitution chimique des combinaisons très compliquées de la substance vivante doit être extrêmement différente dans les différentes cellules, quoique nous n'ayons aucune preuve décisive pour faire cette supposition. Et cependant il est extrêmement vraisemblable que les différences d'excitabilité que témoignent dans les conditions physiologiques les différentes formes de la matière sont déterminées au moins en partie par une constitution chimique très différente. Pour la même forme de substances vivantes le degré de fragilité de la molécule biogène est soumis à de grandes variations d'après la température. On connaît les lois d'après lesquelles la destructibilité cellulaire augmente par l'élévation, diminue par l'abaissement de la température extérieure. Par conséquent l'irritabilité de ce système vivant doit, dans de certaines limites, augmenter quand la température s'élève, diminuer quand la température descend, comme l'expérience le prouve. En outre, il semble que certaines substances chimiques déterminées, peut-être parce qu'elles se rapprochent de la molécule du biogène, peut-être parce qu'en entourant certaines chaînes latérales de la molécule biogène elle modifie sa fragilité. Il s'agit là de mainte action toxique augmentant l'excitabilité comme par exemple la strychnine vis-à-vis des cellules nerveuses des cornes postérieures de la moelle épinière. Ce sont encore là des points bien obscurs : et d'ailleurs il y a sans doute encore d'autres facteurs pour influencer le degré de fragilité de la molécule biogène. N'oublions pas que nous sommes à peine en état d'en faire une différenciation plus méthodique.

La *conduction de la destruction moléculaire*, c'est-à-dire l'extension secondaire de l'excitation à partir du point excité, quand l'état de fragilité de la molécule est identique, est essentiellement une fonction de l'état des substances contenues dans l'organisme vivant. Évidemment les différentes formes des organismes vivants se comportent à cet égard d'une manière très différente. Cependant, pour le même organisme, les rapports quantitatifs des substances y contenues peuvent notablement varier, et expérimentalement être modifiées; en outre les conditions peuvent être aussi très différentes pour changer la propagation d'une excitation localisée.

La *quantité d'eau* contenue dans les cellules joue un grand rôle pour déterminer son irritabilité : cette quantité d'eau est réglée dans l'état physiologique par les actions osmotiques des substances dissoutes dans la cellule. Mais ces actions peuvent être modifiées par tout changement dans la pression osmotique du milieu où est plongée la cellule. De là résulte ce fait général que, dans de certaines limites, la conduction de l'excitation diminue quand augmente la quantité d'eau, alors qu'elle augmente quand la quantité d'eau diminue. Dans le premier cas (augmentation d'eau), le décrément de l'excitation qui se propage à toute la cellule est si considérable que les excitations les plus fortes ne paraissent plus pouvoir provoquer de réponses perceptibles. Dans l'autre cas (diminution d'eau), on observe de notables augmentations d'excitabilité. Les muscles et le système nerveux central nous donnent des exemples très nets de ces deux phénomènes.

D'autres substances peuvent agir aussi comme l'augmentation de l'eau, et alors il n'est pas possible de savoir quelle est la part relative de l'action *mécanique* due aux changements dans les proportions des constituants cellulaires et de l'action *chimique* due aux affinités chimiques des substances ambiantes pour les produits cellulaires. Nous savons que, s'il s'accumule des produits de fatigue ou d'asphyxie, dus à des oxydations incomplètes, la conduction de l'excitation subit un si fort décrément qu'aucune réponse à l'excitation n'est plus perceptible. La physiologie générale du système nerveux nous en donne de très bons exemples. Nous savons aussi que, dans l'anesthésie, si l'excitation ne provoque plus de réponse perceptible, c'est parce que la conduction de l'excitation a très fortement diminué, grâce à la pénétration de l'anesthésique dans la cellule. Cependant la fragilité de la molécule n'a pas disparu dans l'anesthésie, puisqu'on peut alors faire croître les échanges de désassimilation par des excitations plus fortes. Là encore la conduction de l'excitation est fonction des proportions de l'anesthésique dans l'organisme vivant; car l'anesthésie devient plus ou moins profonde selon que l'organisme contient plus ou moins de la substance anesthésique, ce qui dépend de la pression partielle que cette substance exerce sur les cellules. De la même manière, la propagation de l'excitation va dépendre des proportions de beaucoup d'autres substances, les unes contenues normalement dans l'organisme, les autres, comme les poisons et d'autres substances chimiques, introduites expérimentalement.

Les exemples que nous venons de donner montrent suffisamment que tout changement, si faible qu'il soit, dans les proportions quantitatives des substances contenues dans la cellule vivante va influencer la distribution de l'excitation dans le corps de cette cellule, et par conséquent déterminer son degré d'excitabilité. Toute excitation qui trouble l'équilibre physiologique des substances chimiques intra-cellulaires va par conséquent modifier son excitabilité à l'excitation suivante. Le fait d'une période réfractaire relative ou absolue, ainsi que le fait de la fatigue, prouvent cela très nettement. C'est seulement après que l'équilibre entre les proportions normales de substances vivantes s'est rétabli par l'automatisme chimico-cellulaire qui a ramené l'état physiologique, c'est seulement alors que la cellule revient à son excitabilité primitive.

Ainsi le degré d'irritabilité — ou l'excitabilité — d'un système vivant, est fonction de deux grands facteurs : d'une part, le degré de fragilité de la molécule capable de destruction; d'autre part, les proportions pondérales des matières contenues dans ce système. Tout changement dans l'un ou l'autre de ces facteurs modifie aussi l'excitabilité.

Quant à leur différenciation, l'expérience suivante, portant sur des matières minérales, nous en donne sous une forme très simple une comparaison. Si, pour avoir une substance capable de se décomposer, nous prenons de l'iodure d'azote, nous voyons qu'une parcelle de ce corps, lorsqu'il est desséché, se décompose spontanément, décomposition qui répond à la phase de désassimilation des échanges. D'autre part nous verrons une énorme fragilité de cette molécule et une extraordinaire aptitude à avoir une excitation qui se prolonge sans décrément dans tout le système à partir du point excité. La fragilité de la molécule d'iodure d'azote varie avec la température comme varie la fragilité de la substance vivante. La propagation de l'excitation dans la molécule d'iodure d'azote peut être complètement suspendue par l'introduction d'autres substances, de même que chez les êtres vivants la conduction de l'excitation peut être paralysée par la déshydratation, les narcotiques, les produits de fatigue. Il suffit de changer les proportions de substances en mouillant l'iodure d'azote avec de l'eau, de l'alcool, de l'éther ou un liquide quelconque, pour suspendre complètement son excitabilité; et alors il ne répond plus aux excitants. Dans ces conditions on voit facilement quelles minimes quantités d'eau sont suffisantes pour déterminer une inexcitabilité complète. Il ne faut qu'une trace d'humidité sur cet iodure d'azote pour le rendre absolument incapable d'exploser, et cependant la destructibilité de la molécule d'iodure d'azote n'est pas modifiée, puisqu'il peut se décomposer encore, même quand il est conservé dans l'eau, et sa décomposition va plus loin que la destruction de la substance vivante dans l'anesthésie.

Ainsi cet exemple nous fournit de nombreuses analogies avec l'excitabilité de la substance vivante. Comme toutes les excitations agissent sur les cellules vivantes en modifiant soit le degré de labilité de la molécule destructible (excitations thermiques et chimiques), soit les relations pondérales des constituants cellulaires (la plupart des excitations), on comprend que l'effet primaire de tout excitant doit être une stimulation ou une paralysie du processus vital normal. Par conséquent tous les excitants agissent en ralentissant ou en accélérant le processus normal de la vie.

**MAX VERWORN.**

**Bibliographie. — 1.** Franciscus Glisson. *Tractatus de ventriculo et intestinis,* Amstelodami, mdclxxvii ; — *Tractatus de natura substantiae energetica seu vita naturæ ejusque tribus facultatibus, I perceptiva, II appetitiva, III motiva,* London, 1672. — **2.** Haller. *Elementa physiologiæ corporis humani,* iv, Lausanne, 1766. — **3.** John Brown. *Elementa medicinæ,* London, 1778. — **4.** Johannes Müller. *Handbuch der Physiologie des Menschen,* (III Aufl. Coblenz, 1838); — *Über die phantastishen Geistserscheinungen,* Coblenz, 1826. — **5.** Rudolph Virchow. *Die cellular Pathologie,* Berlin, 1858. — **6.** Claude Bernard. *Leçons sur les phénomènes de la vie communs aux animaux et aux végétaux,* Paris, 1878. — **7.** Max Verworn. *Allgemeine Physiologie,* 5e édit., Iéna, 1909. — **8.** Ewald Hering. *Zur Theorie der Vorgänge in der lebendigen Substanz, Lotos,* ix, 1888. — **9.** L. Hermann. *Untersuchungen über den Stoffwechsel der Muskeln, ausgehend dem Gaswechsel derselben,* Berlin, 1867. — **10.** Pflüger. *Über die physiologische Verbrennung in dem lebendigen Organismus* (*Arch. f. d. gesammte Physiologie,* x, 1875. — **11.** Max Verworn. *Die Biogenhypothese.*

*Eine kritisch-experimentelle Studie über die Vorgänge in der lebendigen Substanz,* Iéna, 1903. — **12.** C. van Voit. *Physiologie der allgemeinen Stoffwechsels und der Ernährung* (Hermann's *Handbuch der Physiologie,* vi, 1881). — **13.** Detmer. *Der Eiweisszerfall in der Pflanze bei Abwesenheit des freien Sauerstoffs* (Ber. d. *Deutschen botan. Gesellsch.,* x, 1892). — **14.** Marey. *Des mouvements que produit le cœur lorsqu'il est soumis à des excitations artificielles* (Compt. rend. de l'Acad. des Sciences, lxxxii, Paris, 1891). — **15.** A. Broca et Ch. Richet. *Période réfractaire dans les centres nerveux* (Compt. rend. de l'Acad., 1897); — Ch. Richet. *La vibration nerveuse* (Revue scientifique, déc. 1899). — **16.** Zwaardemaker et Lans. *Über ein Stadium relativen Unerregbarkeit als Ursache des intermittierenden Charakters des Lidreflexes* (Zentralblatt für Physiol., xiii, 1899); — Zwaardemaker. *Sur une phase réfractaire du réflexe de déglutition* (Arch. internat. de Physiol., 1904). — **17.** Max Verworn. *Ermüdung, Erschöpfung und Erholung der nervösen Centra der Rückenmarks* (Arch. f. Anat. u. Physiol., Physiol. Abth., Suppl. 1900); — — *Die Biogenhypothese. Eine kritisch experimentelle Studie über die Vorgänge in der lebendigen Substanz,* Iéna, 1903. — **18.** Fr.-W. Fröhlich. *Die Ermüdung des markhaltigen Nerven* (Zeitschr. f. allgem. Physiologie, iii, 1904). — **19.** Langendorff et Winterstein. *Beiträge zur Reflexlehre. Aus dem Nachlass von* O. Langendorff *herausgegeben von* H. Winterstein (A. g. P., cxxvii, 1909). — **20.** Joteyko. *La fatigue et la respiration élémentaire du muscle,* Paris, 1896. — **21.** Max Verworn. *Ermüdung, Erschöpfung und Erholung der nervösen Centra des Rückenmarks* (Arch. f. Anat. u. Physiol., Physiol. Abth., Suppl. 1900); — *Die Biogenhypothese,* Iéna, 1903. — **22.** H. van Baeger. *Das Sauerstoffbedürfniss der Nerven* (Zeitschr. f. allgem. Physiol., ii, 1903). — **23.** Fr.-W. Fröhlich. *Das Sauerstoffbedürfniss der Nerven* (Zeitschr. f. allgem. Physiol., iii, 1904). — **24.** Fillié. *Studien über die Erstickung und Erholung der Nerven in Flüssigkeiten* (Zeitschr. f. allgem. Physiol., viii, 1908). — **25.** Thörner. *Die Ermüdung des markhaltigen Nerven* (Zeitschr. f. allgem. Physiol., viii, 1908); — *Weitere Untersuchungen über die Ermüdung des markhaltigen Nerven : Die Ermüdung in Luft und die scheinbare Erregbarkeitssteigerung* (Zeitschr. f. allgem. Physiologie, x, 1910); — *Weitere Untersuchungen, etc. : Die Ermüdung und die Erholung unter Ausschluss von Sauerstoff. Ibid.,* 1910). — **26.** Fr.-W. Fröhlich. *Über die scheinbare Steigerung der Leistungsfähigkeit des quergestreiften Muskels im Beginn der Ermüdung; Muskeltreppe, etc.* (Zeitschr. f. allgem. Physiologie, v, 1905). — **27.** Ranke. *Untersuchungen über die chemischen Bedingungen der Ermüdung des Muskels* (Arch. f. Anat. u. Physiol., 1863 et 1864). — **28.** Mosso. *Die Ermüdung* (Deutsche Originalausgabe, Leipzig, 1892). — **29.** Alexander Lipschutz. *Ermüdung und Erholung des Rückenmarks* (Zeitschr. f. allgem. Physiologie, viii, 1908); — Voit. L. c. — Detmer. L. c. — **30.** H. Winterstein. *Über den Mechanismus der Gewebsathmung* (Zeitschr. f. allgem. Physiologie, vi, 1907). — **31.** Max Werworn. *Psychophysiologische Protistenstudien. Experimentelle Untersuchungen,* Iéna, 1889); — *Zell physiologische Studien am rothen Meer* (Sitzungsber. d. königl. Preuss. Akad. d. Wissensch. zu Berlin, xlvi, 1896). — **32.** Piper. *Über die Leitungsgeschwindigkeit in den markhaltigen menschlichen Nerven* (A. g. P., cxxiv, 1908). — *Weitere Mittheilungen über die Geschwindigkeit der Erregungsleitung im markhaltigen menschlichen Nerven, Ibid.,* cxxvii, 1909. — Pflüger. L. c. — **33.** L. Hermann. *Handbuch der Physiologie,* ii, 1, 193, Leipzig, 1879; — *Untersuchungen zur Lehre von der electrischen Nerven und Muskelreizung. IV. Über wellenartig ablaufende galvanische Vorgänge am Kernleiter* (A. g. P., xxxv, 1883). — **34.** Boruttau. *Neue Untersuchungen über die am Nerven unter der Wirkung erregender Einflüsse auftretenden electrischen Erscheinungen* (A. g. P., lviii, 1894); — *Ibid.,* lix, 1895; lxiii, 1896; — *Die Theorie der Nervenleitung, Ibid.,* lxxvi, 1899; lxxxi, 1900; lxxxiv, 1901; xc, 1902; cv, 1904. — **35.** Werigo. *Zur Frage über die Beziehung zwischen Erregbarkeit und Leitungsfähigkeit des Nerven* (A. g. P., lxxvi, 1899). — **36.** Dendrinos. *Über das Leitungsvermögen des motorischen Froschnerven in der Aethernarkose* (A. g. P., lxxxviii, 1902). — **37.** Fr.-W. Fröhlich. *Erregbarkeit und Leitfähigkeit des Nerven* (Zeitschr. f. allgem. Physiologie, iii, 1903). — **38.** Winterstein. *Über die Wirkung der Wärme auf dem Biotonus der Nervencentren* (Zeitschr. f. allgem. Physiologie, i, 1902; — *Wärmelähmung und Narkose, Ibid.,* v, 1905. — **39.** Winterstein. *Zur Kenntniss der Narkose* (Zeitschr. f. allgem. Physiol., i, 1902). — **40.** Fr.-W. Fröhlich. *Zur Kenntniss der Narkose des Nerven* (Zeitschr. f. allgem. Physiologie, iii, 1903); — Fröhlich et Tait. *Zur Kenntniss der Erstickung und Narkose der Warmbluternerven* (Zeitschr. f. allgem. Physiologie, iv, 1904). — **41.** Trevor

B. Heatan. *Zur Kenntniss der Narkose* (*Zeitschr. f. allgem. Physiologie*, x, 1909). — **42.** Max Verworn. *Über Narkose* (*Deutsche med. Wochenschrift*, 1909). — **43.** Max Verworn. *Die cellularphysiologische Grundlage des Gedächtnisses* (*Zeitsch. f. allgem. Physiol.*, vi, 1907). — **44.** M. Schiff. *Lehrbuch der Physiologie des Menschen*, Lahr, 1858. — **45.** M. Schiff. *Altes und Neues über Herznerven* (*Moleschott's Untersuchungen*, xi, 1873). — **46.** Gaskell. *On the structure, distribution and formation of the nerves which innervate the visceral and vascular system* (*Journ. of Physiology*, vii, 1885); — *On the innervation of the heart, with especial reference to the heart of the tortoise*, Ibid., iv, 1884. — **47.** E. Hering. *Zur Theorie der Vorgänge in der lebendigen Substanz* (*Lotos*, ix, Prag, 1888). — **48.** Meltzer. *Inhibition* (*New-York Med. Journal*, 1899). — **49.** Max Verworn. *Die Vorgänge in den Elementen des Nervensystems* (*Sammelreferat von XV intern. med. Kongress zu Lissabon*, avril 1906, et *Zeitschr. f. allgem. Physiologie*, vi, 1907). — **50.** Max Verworn. *Zur Kenntniss der physiologischen Wirkungen des Strychnins* (*Arch. f. Anat. u. Physiol.*, *physiolog. Abth.*, 1900). — *Ermüdung, Erschöpfung und Erholung der nervösen Centra des Rückenmarks* (*Ibid.*, Suppl., 1900). — **51.** Tiedemann. *Untersuchungen über das absolute Refractärstadium und die Hemmungsvorgänge im Rückenmark des Strychninfrosches* (*Zeitschr. f. allgem. Physiol.*, x, 1910). — **52.** Fr.-W. Fröhlich. *Die Analyse der an der Krebsschere auftretenden Hemmungen* (*Zeitschr. f. allgem. Physiologie*, vii, 1907); — *Der Mechanismus der nervösen Hemmungsvorgänge* (*Mediz.-naturw. Archiv*, ¡i, 1907); — *Beiträge zur Analyse der Reflexfunction des Rückenmarks mit besonderer Berücksichtigung von Tonus, Bahnung und Hemmung* (*Zeitschr. f. allgem. Physiologie*, ix, 1909). — **53.** Fr.-W. Fröhlich. *Das Princip der scheinbaren Erregbarkeitssteigerung* (*Zeitschr. f. allgem. Physiol.*, ix, 1909). — **54.** Boruttau. *Die Actionsströme und die Theorie der Nervenleitung* (A. g. P., lxxxiv, 1901); — Boruttau et Fröhlich. *Electropathologische Untersuchungen über die Veränderung der Erregungswelle durch Schädigung des Nerven*, (*Ibid.*, cv, 1904). — **55.** Fr.-W. Fröhlich. *Über die scheinbare Steigerung der Leistungsfähigkeit des quergestreiften Muskels im Beginn der Ermüdung* (*Muskeltreppe*), *der Kohlensäurewirkung, und der Wirkung anderer Narkotica* (*Æther, Alkohol*) (*Zeitschr. f. allgem. Physiol.*, v, 1905). — **56.** Fr. Reinecke. *Über die Entartungsreaction und eine Reihe mit ihr verwandtbar Reactionen* (*Zeitschr. f. allgem. Physiol.*, viii, 1908). — **57.** Thorner. *Die Ermüdung des markhaltigen Nerven* (*Zeitschr. f. allgem. Physiol.*, viii, 1908). — *Weitere Untersuchungen über die Ermüdung des markhaltigen Nerven : Die Ermüdung in Luft und die scheinbare Erregbarkeitssteigerung* (*Ibid.*, x, 1910); — *Weitere Untersuchungen über die Ermüdung des markhaltigen Nerven : Die Ermüdung und die Erholung unter Ausschluss von Sauerstoff* (*Ibid.* x, 1910).

**IRONE.** — ($C^{13}H^{26}O$). Principe odorant de l'iris, distillant à 144°. Chauffée avec l'*acide iodhydrique*, elle donne de l'*irène* ($C^{13}H^{18}$), bouillant 113°.

**ISANIQUE (acide).** — ($C^{14}H^{200}O^2$) Substance que Hébert a extraite des graines oléagineuses d'*ungueko* (Congo).

**ISATINE.** — ($C^5H^5AzO^2$). Produit de l'oxydation (par l'acide nitrique ou l'acide chromique) de l'indigotine : $C^8H^5A^{20}+O=C^8H^5AzO^2$. C'est une substance cristallisable de couleur rouge jaunâtre. Chauffée avec la potasse, elle donne de l'acide isatique ($C^8H^7AzO^3$).

**ISOALSTONINE.** — ($C^{14}H^{22}O$). Substance extraite du suc laiteux de l'*Alstonia costulata*, analogue à la gutta percha (Bornéo). Par la potasse elle donne de l'alstol ($C^{24}H^{38}O$). L'isoalstonine est soluble à chaud dans l'alcool, tandis que l'alstonine est insoluble.

**ISODULCITE.** — V. Rhamnose.

**ISODYNAMIE.** — V. Aliments.

**ISOPYROINE.** — ($C^{28}H^{46}AzO^9$) Alcaloïde extrait de l'*Isopyrum thalictroides*.

**ISOTONIE. — I.** Aperçu sur l'isotonie. **— II.** Introduction de la doctrine de l'isotonie dans les sciences médicales par l'étude des globules rouges. Échelle chromatique. Résistance globulaire. **-- III.** Les règles de l'isotonie, expliquées par la théorie de la pression osmotique (Van't Hoff) et de la dissociation électrolytique (Arrhenius). **— IV.** Faculté des hématies de supporter beaucoup d'eau; importance de cette faculté pour la vie. La solution saline « physiologique ». **— V.** Autres observations sur la solution saline « physiologique ». a) *Le volume des globules rouges et d'autres cellules* ; b) *Confirmation de la théorie mentionnée par la méthode de l'abaissement du point de congélation, cryoscopie;* c) *Méthodes pour évaluer la pression osmotique de très petites quantités de liquide;* d) *La solution saline physiologique à la lumière des observations faites sur la perméabilité.* Une solution saline isotonique au milieu propre d'une cellule n'est pas encore la solution « physiologique » c'est-à-dire indifférente. **— VI. Tendance dans la série animale à garder la pression osmotique constante. Développement phylogénétique de cette propriété. — VII. Importance de la pression osmotique ou de l'isotonie dans la vie normale et pathologique. Quelques exemples.** a) *Force motrice de la pression osmotique. Formation de la lymphe;* b) *Résorption dans les cavités séreuses et non séreuses. Douleur et anesthésie locale;* c) *Règles diététiques en cas de troubles gastriques;* d) *Diagnostic et traitement des troubles circulatoires. Diagnostic de l'insuffisance des reins. Indication de la néphrectomie.* **— VII. Bibliographie.**

Pour bien savoir ce qu'on entend par le mot d'isotonie, il faut remonter à 1882, lorsque le botaniste HUGO DE VRIES l'introduisit dans la science.

C'était alors déjà un fait connu que toutes les substances solubles dans l'eau possèdent la propriété de l'attirer; par conséquent cela devait s'appliquer aux substances contenues dans la cellule végétale. Mais on ne connaissait guère la force avec laquelle cette attraction se produit. C'est le grand mérite de HUGO DE VRIES d'avoir indiqué une méthode exacte de la mesurer, méthode pouvant également servir à l'évaluation de la force attractive d'un grand nombre d'autres substances, qui ne se trouvent pas dans le suc cellulaire.

### I. — APERÇU SUR L'ISOTONIE.

La cellule végétale se compose d'un corps cellulaire et d'une membrane. Admettons que la couche externe du corps cellulaire (le protoplaste) soit perméable à l'eau, mais imperméable aux sels. La membrane est supposée être perméable à tous les deux.

Qu'est-ce qui arrivera, si l'on place la cellule dans l'eau? Alors le corps cellulaire, ou plutôt son suc, l'attirera: la cellule se gonflera.

Mais si au contraire on place la cellule dans une solution saline concentrée, le corps cellulaire perdra de l'eau jusqu'à ce que la force hydrophile du contenu cellulaire se soit mise parfaitement en équilibre avec celle de la solution saline ambiante.

La perte d'eau est cause que le protoplasme, en se rétractant, se détache de la membrane cellulaire, phénomène qu'on appelle *plasmolyse.*

Il va sans dire que la plasmolyse sera d'autant plus prononcée que la solution saline ambiante sera plus concentrée.

Si l'on cherche maintenant, pour la même cellule et pour des substances différentes, les concentrations qui produisent un commencement de plasmolyse, on voit qu'entre ces concentrations il existe des rapports très simples.

*D'abord on constate que les concentrations des substances appartenant au même groupe chimique sont proportionnelles aux poids moléculaires.*

Supposons, par exemple, que, pour une espèce quelconque de cellules, la solution de NaCl, provoquant un commencement de plasmolyse, soit de 0,50 p. 100, on trouvera pour le $KAzO_3$ une valeur de 1,01 p. 100, pour le KBr une valeur de 1,19 p. 100 et pour le NaI une valeur de 1,5 p. 100. On remarque que NaCl, $KAzO_3$ et KBr et NaI, tous sels alcalins d'acides monobasiques, appartiennent au même groupe chimique et que leurs poids moléculaires sont de 58,5, 101, 119 et 150.

Un autre groupe de combinaisons chimiques est celui qui contient un radical acide bivalent, tel, par exemple, $K_2SO_4$ et $Na_2SO_4$. C'est également ici que les concentrations, provoquant un commencement de plasmolyse, sont proportionnelles aux poids moléculaires des substances.

Prenons enfin un tout autre groupe de substances; celui des sucres, comme sac-charose, lactose, glucose. Ici encore les concentrations qui opèrent un commencement de plasmolyse sont proportionnelles aux poids moléculaires. Si, par exemple, chez une espèce quelconque de cellules, une solution de sucre de canne de 6,84 p. 100 provoque un commencement de plasmolyse, une solution de glucose de 3,60 p. 100 produira le même phénomène. En effet, les poids moléculaires de saccharose et de glucose sont de 342 et 180; par conséquent c'est le même rapport. En général on peut exprimer le résultat ainsi : *Chaque molécule du même groupe attire l'eau avec la même force.*

Hugo de Vries, à qui nous devons ces faits importants, a appelé les solutions, qui dans la même cellule provoquent un commencement de plasmolyse, [*isotoniques*] (de ἴσος et de τόνος), parce qu'elles produisent dans les cellules une tension égale.

Donc une solution de saccharose de 6,84 p. 100 est isotonique avec une solution de glucose de 3,60 p. 100; une solution de NaCl 0,585 p. 100 avec une solution de KNO₃. de 1,01 p. 100 et avec une solution de KBr de 1,19 p. 100, etc., ou autrement dit : une molécule de saccharose attire l'eau avec la même force qu'une molécule de glucose; une molécule de NaCl possède la même force attractive pour l'eau qu'une molécule de KNO₃, KBr, NaI, etc.

Maintenant la question est de savoir quel rapport il existe entre la force hydrophile de deux molécules de groupes différents? Est-ce qu'une molécule de saccharose a la même puissance attractive pour l'eau qu'une molécule de KNO₃?

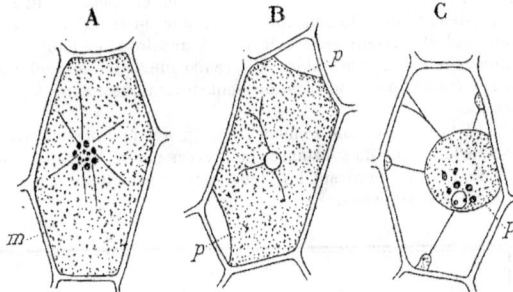

Fig. 117. — A, *Cellules normales* m, membrane; B, *Commencement de plasmolyse*; en p le protoplaste s'est détaché de la membrane; C, *Plasmolyse considérable.*

L'expérience nous apprend qu'il n'en est pas ainsi. Cependant de Vries trouva des rapports très simples.

Si l'on prend 3 pour la force hydrophile d'une molécule KNO₃, celle de la molécule de saccharose est de 2, celle de la molécule K₂SO₄ de 4; et celle d'une molécule de citrate de potasse est de 5. Ces nombres 2, 3, 4 et 5 sont appelés par l'auteur *Coefficients isotoniques.*

D'après de Vries, ils expriment le rapport des forces avec lesquelles la molécule d'une substance attire l'eau.

On comprendra qu'ils nous offrent un moyen simple de calculer la concentration d'une solution de sel, isotonique à une concentration connue d'une autre substance.

En voici un exemple : On veut savoir quelle est la concentration d'une solution de glucose, isotonique à une solution de NaCl de 0,9 p. 100.

Le coefficient isotonique du NaCl est de 3; celui du glucose, de 2. Donc 2 molécules de NaCl (poids moléculaire 58,5) sont isotoniques à 3 molécules de glucose (poids moléculaire 180). Par conséquent une solution de 2 × 58,5 grammes de NaCl par litre est isotonique à une solution de 3 × 180 grammes par litre. Donc la concentration cherchée de la solution de glucose $= \dfrac{0.9}{2 \times 58.5} \times 3 \times 180 = 5{,}15$ p. 100.

## II. — INTRODUCTION DE LA DOCTRINE DE L'ISOTONIE DANS LES SCIENCES MÉDICALES PAR L'ÉTUDE DES GLOBULES ROUGES. ÉCHELLE CHROMATIQUE. RÉSISTANCE GLOBULAIRE

Après la publication de ce remarquable travail de de Vries, il me sembla intéressant d'examiner si les règles de l'isotonie se manifesteraient aussi dans la cellule animale. Dans ce but on commença par l'étude des globules rouges du sang (1883).

Voici l'expérience fondamentale qui servit de point de départ à toutes ces recherches : expérience grâce à laquelle la chimie physique a fait son entrée dans le monde médical :

Dans neuf éprouvettes, on verse 20 centimètres cubes d'une solution de $KNO_3$ de 1.08 p. 100, 1.06 p. 100, 1.04 p. 100, 1.02 p, 100, 1 p. 100, 0,98 p. 100, 0.96 p. 100 et 0.94 p. 100; puis on ajoute cinq gouttes de sang de bœuf défibriné et on laisse reposer. Au bout de quelque temps on constate que dans les premières éprouvettes les globules rouges se sont déposés au fond et n'ont communiqué au liquide aucune teinte, contrairement à ce qui s'est passé dans les autres éprouvettes, où l'on observe que le liquide au-dessus des globules déposés est devenu rouge et cela d'autant plus que la solution est plus faible. Dans la solution de $KAzO_3$ de 1.02 p. 100 les corpuscules gardent leur matière colorante, tandis qu'ils en perdent une quantité minime dans une solution de 1 p. 100.

Si, d'autre part, on cherche non seulement pour le nitre, mais encore pour d'autres sels, deux limites de concentration, l'une où les globules rouges ou hématies tombent au fond et laissent encore le liquide incolore; et l'autre où le liquide restant montre une couleur rouge, alors on remarque que les solutions moyennes entre ces deux limites de concentration sont isotoniques, dans le sens que DE VRIES donne à ce mot.

Le tableau suivant donne un aperçu de quelques expériences faites à cet effet. On ne parle ici que de substances employées par DE VRIES dans ses recherches.

Comme le montrent les deux dernières colonnes, les nombres s'accordent d'une manière satisfaisante.

| SUBSTANCES. | DOSE À LAQUELLE les globules rouges se précipitent dans un liquide incolore. | DOSE À LAQUELLE les globules rouges commencent à donner une teinte un peu rouge. | MOYENNE. | SOLUTIONS QUI, D'APRÈS les recherches de DE VRIES, sont isotoniques avec une solution de nitre de 1,01 p. 100. |
|---|---|---|---|---|
| | p. 100. | p. 100. | p. 100. | p. 100. |
| Nitrate de potasse ($KNO_3$) . . . | 1,01 | 1,00 | 1,01 | 0,01 |
| Chlorure de sodium (NaCl) . . . | 0,6 | 0,58 | 0,59 | 0,585 |
| Sulfate de potasse ($K_2SO_4$) . . . | 1,16 | 1,06 | 1,11 | 1,305 |
| Sucre de canne ($C_{12}H_{22}O_{11}$) . . | 6,29 | 5,63 | 5,96 | 5,13 |
| Acétate de potasse ($CH_3COOK$) . | 1,072 | 1,003 | 1,03 | 0,98 |
| Oxalate de potasse $\left(\begin{smallmatrix}COOK\\|\\COOK\end{smallmatrix}\right)$ . . | 1,27 | 1,18 | 1,225 | 1,245 |
| Sulfate de magnésie ($MgSO_4$) . . | 1,84 | 1,72 | 1,78 | 1,80 |
| Chlorure de calcium fondu ($CaCl^2$) . | 0,853 | 0,974 | 0,823 | 0,832 |

Ajoutons encore ici un tableau, donnant un aperçu des résultats obtenus avec des sels, que DE VRIES n'a pas compris dans ses recherches. Dans la dernière partie de ce tableau sont calculées les concentrations de sels isotoniques avec une solution $HAzO_3$ de 1.01 p. 100.

On verra que les chiffres obtenus avec les hématies s'accordent exactement avec les nombres qui d'après les règles de DE VRIES, ont été calculés comme isotoniques avec une solution de $HAzO_3$ de 1,01 p. 100.

| SUBSTANCES. | DOSE A LAQUELLE les globules rouges se précipitent dans un liquide incolore. | DOSE A LAQUELLE les globules rouges commencent à donner une certaine teinte. | MOYENNE. | CALCULÉ COMME isotonique avec une solution de KAzO₃ de 1,01 p. 100. |
|---|---|---|---|---|
| | p. 100. | p. 100. | p. 100. | p. 100. |
| Iodure de potassium (KI) . . . . | 1,71 | 1,57 | 1,64 | 1,66 |
| Iodure de sodium (NaI) . . . . | 1,54 | 1,47 | 1,54 | 1,50 |
| Bromure de potassium (KBr) . . | 1,22 | 1,13 | 1,17 | 1,19 |
| Bromure de sodium (NaBr) . . . | 1,06 | 0,98 | 1,02 | 1,03 |
| Chlorure de magnésium (MgCl₂. Za₂) . . . . . . . . . . . . | 1,58 | 1,57 | 1,575 | 1,522 |
| Chlorure de baryum (BaCl₂.Za₂). | 1,87 | 1,75 | 1,81 | 1,83 |

Ces données établies pour le sang de bœuf, on les trouva également exactes pour le sang d'homme, de cheval, d'oiseau, de poisson et de grenouille. Toutefois les chiffres absolus différaient. On trouva, par exemple, dans une série d'expériences relatives au poulet, en moyenne un commencement de dégagement de substance colorante dans une solution de NaCl de 0.45 p. 100 et pour la grenouille dans une solution de NaCl de 0.21 p. 100. Nous disons « en moyenne »; car, pour une même espèce animale, la concentration à laquelle les globules rouges commencent à dégager de la matière colorante n'est pas toujours identique. Néanmoins les écarts d'un individu à un autre ne sont pas très grands.

Avant de finir ce paragraphe, qu'il soit permis de faire deux remarques.

*D'abord nous voulons faire ressortir l'importance de ce fait, que les poids moléculaires, dont la conception repose tout entière sur des hypothèses d'ordre chimique et physique, se laissent déterminer par deux méthodes biologiques différentes. C'est là une des meilleures preuves que nous marchons dans la bonne voie.*

La deuxième remarque se rapporte à une application de « l'échelle chromatique », pour l'évaluation de la *résistance* des globules rouges en divers états physiologiques et pathologiques.

Tous les agents capables de détruire les globules rouges peuvent être utilisés pour mesurer leur résistance. On n'a en effet qu'à établir, pour les divers cas, à quel degré un agent peut être appliqué sans qu'il fasse perdre aux corpuscules leur matière colorante : on évalue ainsi la résistance de ces derniers. Beaucoup d'agents ont été essayés (congélation, pression, décharges électriques, etc.), mais aucun de ces agents n'a trouvé jusqu'ici une application aussi fréquente que les solutions salines diluées. En effet, non seulement il résulte de l'expérimentation que les globules sanguins se montrent très sensibles vis-à-vis de ces solutions, mais on sait que les différences de concentration de solutions salines jouent un rôle important dans l'organisme animal.

Le premier qui ait signalé l'usage des solutions salines diluées est JOHANN DUNCAN (1867). Cet auteur observa que dans la chlorose les globules sanguins perdent de la matière colorante dans une solution saline où les corpuscules du sang de l'homme normal la gardent encore. Mais c'est à MALASSEZ qu'on doit des recherches systématiques dans cette voie. En 1872, cherchant avec POTAIN à trouver un bon liquide de dilution pour la numération des globules rouges, il remarqua qu'il existe des différences entre la rapidité avec laquelle les globules d'origine diverse, provenant par exemple de l'homme normal et de l'homme malade, se détruisent dans une seule et même solution diluée. Plus la destruction des globules sanguins est rapide, plus on peut considérer leur résistance comme faible. La méthode consistait à faire des numérations successives et à intervalles de temps déterminés d'un mélange de sang et de solution saline très diluée et à titre constant. La série des chiffres obtenus par les numérations successives permet d'établir un tracé, qui, en donnant la courbe de destruction des globules, indique leur résistance.[1] Après MALASSEZ, ce fut CHANEL, qui, travaillant sous la direction de LÉPINE, en 1880, pratiqua des évaluations de résistance, également par le procédé de numération, mais exécutées d'une autre manière.

Les deux méthodes ont peu attiré l'attention du public médical jusqu'en 1895 ; on les trouve rarement citées, même dans la littérature française, et tout aussi rarement appliquées. Nous ne pouvons guère citer ici que les noms de HAYEM et de RENAUT

Sous ce rapport, la méthode de LANDOIS n'a pas joui d'une vogue plus grande. Cet auteur a proposé de diluer une petite quantité de sang avec une solution de chlorure de sodium à 0.3 p. 100 et d'examiner au microscope combien d'eau il faut ajouter pour obtenir la destruction de toutes les hématies.

Un accueil plus favorable fut réservé à notre méthode de l'échelle chromatique, que nous avions employée avec succès depuis 1883 pour étudier les lois de l'isotonie dans l'organisme animal, et qui plus tard fut utilisée par VON LIMBECK d'abord (1890), puis par une série d'autres observateurs, pour évaluer la résistance des globules rouges du sang de l'homme malade. Elle consiste à chercher la solution saline la plus diluée, dans laquelle tous les globules sanguins, même les plus vulnérables, conservent encore leur matière colorante.

On a fait une série d'évaluations d'après ladite méthode, grâce à l'exécution facile du procédé, grâce à l'exactitude avec laquelle on peut établir des différences minimes, et surtout grâce aux faits remarquables que la méthode dite des globules rouges a mis au jour relativement à la grande importance de la pression osmotique dans l'organisme animal.

Nous ne discuterons pas les résultats obtenus par ce procédé, ni leur valeur pour la clinique ; nous ne donnerons pas non plus une analyse des facteurs qui jouent un rôle dans la soi-disant résistance des hématies vis-à-vis des solutions salines ; ce n'est pas ici le lieu. Qu'il nous soit permis de renvoyer pour cela à notre article dans le journal de *Physiologie normale et pathologique*, 1900, p. 889. Seulement nous voulons attirer l'attention sur quelques améliorations d'ordre technique, surtout parce que la méthode s'emploie encore pour plusieurs autres raisons qui se rattachent plus étroitement à notre sujet.

Nous employons, maintenant, à la place des tubes à réaction, des tubes en entonnoir dont le goulet capillaire est fermé en bas et exactement calibré en 100 parties volumétriques égales. La partie calibrée a environ une longueur de 48 millimètres et a un contenu exact de 0,04 centimètres cubes. La partie en entonnoir a à sa partie supérieure un diamètre de 19 millimètres et un contenu de + 3 centimètres cubes.

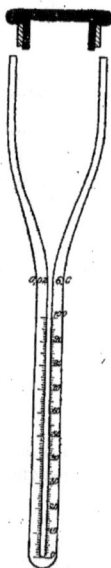

FIG. 118.
Hématimètre.

Elle peut être fermée au moyen d'un couvercle en ébonite, muni d'un anneau de caoutchouc. Ce couvercle permet d'agiter et de mélanger intimement le liquide avec le sang. De cette façon on empêche l'évaporation, de sorte que la solution saline garde sa concentration (1905). La longueur totale du tube (y compris la partie en entonnoir) est de + 93 millimètres (fig. 118).

Tous les tubes possèdent les mêmes dimensions ; seulement les longueurs de la partie calibrée montrent une petite différence entre elles. En exigeant que le contenu volumétrique du goulet gradué soit toujours exactement de 0,04 centimètres cubes, une raison d'ordre technique oblige de permettre une petite marge dans la longueur. On met dans la partie évasée en entonnoir 0,06 centimètres cubes de sang, qu'on mesure au moyen d'une pipette capillaire graduée, puis on ajoute 2 centimètres d'une solution de NaCl, dont la concentration diminue progressivement. Après avoir fermé le tube par le petit couvercle en ébonite, mélangé intimement le sang avec la solution saline, et abandonné les tubes à eux-mêmes durant une demi-heure, on les centrifuge. Déjà au bout de cinq minutes, même en cas de faible rapidité du centrifugeur (1 000 tours par minute), les globules ont été déposés et les parties en entonnoir ne renferment qu'un liquide transparent, dépourvu de globules. Si l'on place ces tubes dans une étagère contre un fond blanc et qu'on les regarde à la lumière incidente, on peut exactement observer dans quel tube commence la sortie de matière colorante, et dans quel tube cette sortie ne s'est pas encore opérée.

On peut réunir dans une caissette tous les ustensiles nécessaires à cet effet; elle renferme douze tubes en entonnoir, deux pipettes capillaires, une étagère avec fond blanc pour les tubes capillaires et un dispositif qu'on peut mettre en avant, et qui permet d'y déposer de petits tubes à réaction. La figure 3 montre cette seconde étagère disposée pour l'expérience. On y voit filtrer du sang défibriné, opération ayant pour but d'écarter la fibrine. Après qu'on s'en est servi, on peut rabattre l'étagère. Dans un petit tiroir, il y a de la place pour les différents ustensiles.

La figure 119 *a* montre la caissette fermée; et la figure 119 *b*, ouverte.

La manière d'expérimenter, que nous venons de décrire, présente plusieurs avantages :

1° Elle exige peu de temps; en effet, on n'a pas à attendre, comme lorsqu'on se sert des tubes à réaction ordinaires, que les globules sanguins soient descendus spontané-

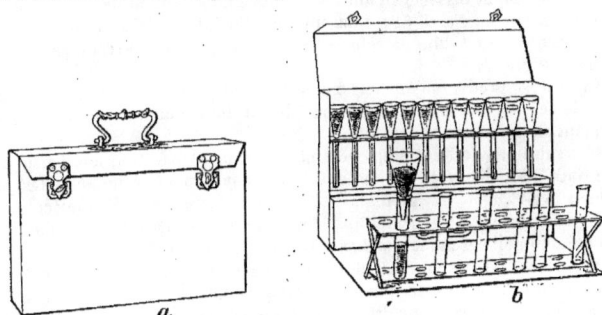

FIG. 119. — Dispositif pour la mesure de l'isotonie.

ment de + 1 centimètre, ce qui prend en général environ 2 heures, mais on peut activer considérablement le dépôt par l'appareil centrifuge;

2° La quantité de sang est minime, et on peut la restreindre encore en enlevant le liquide incolore de la partie évasée et en remplaçant celui-ci par une solution plus faible jusqu'à ce qu'une teinte rougeâtre devienne apparente ;

3° On peut toujours employer un ou plusieurs des tubes pour la détermination d'autres valeurs (voir ci-dessous).

4° — Et ce point présente une importance capitale — si tous les expérimentateurs veulent employer des tubes ayant la forme et les dimensions décrites et prendre les mêmes volumes de solution saline et de sang que ceux que nous venons d'établir, on obtiendra des résultats qui pourront être comparés mieux qu'on n'a pu le faire jusqu'ici. En effet, si l'on emploie toujours les mêmes tubes, l'épaisseur de la couche liquide sera toujours la même ; ce qui est un facteur très important dans la détermination de la sortie de matière colorante. Et quant au rapport entre le volume du sang et celui de la solution saline, il est facile de comprendre qu'une teinte rouge deviendra d'autant plus apparente, qu'il existe un plus grand nombre de corpuscules de la résistance minimum, c'est-à-dire plus de sang dans le mélange. La proportion de sang n'est donc pas indifférente pour la fixation de la limite. La dilution proposée est de 0,05 cc. de sang sur 2 centimètres cubes de solution saline, c'est-à-dire de 1 sur 40. L'expérience a prouvé que cette dilution n'est ni trop faible, ni trop forte. C'est à cette dilution qu'on a fait adapter les dimensions des tubes (1900).

## III. — LES RÈGLES DE L'ISOTONIE EXPLIQUÉES PAR LA THÉORIE DE LA PRESSION OSMOTIQUE (VAN'T HOFF) ET DE LA DISSOCIATION ÉLECTROLYTIQUE (ARRHENIUS).

On se rappelle que les recherches sur la plasmolyse (1882) avaient amené à cette conclusion que 3 molécules de sucre de canne ont la même attraction pour l'eau que 2 molécules de NaCl (à proprement parler DE VRIES ne trouvait pas le chiffre 2, mais 1,88; cependant il choisit le chiffre 2 pour avoir un chiffre arrondi). Mais pour quelle raison une molécule de NaCl possédait une plus grande force attractive sur l'eau qu'une molécule de sucre de canne, voilà ce qui restait une énigme. Il fut réservé aux théories de VAN T'HOFF-ARRHENIUS (1887) de la résoudre.

D'après VAN T'HOFF toutes les molécules, de quelque nature qu'elles soient, ont la même force attractive sur l'eau.

Mais on remarquera immédiatement que cela ne concorde pas avec la réalité; car je viens de dire que 3 molécules de sucre de canne correspondent à 2 molécules de NaCl. En effet cette théorie de VAN T'HOFF avait besoin d'une extension, et cette extension, nous la devons à ARRHENIUS.

D'après ce savant suédois, dans chaque solution *saline* aqueuse le sel est entièrement ou partiellement dissocié en ions. Ainsi dans une solution de chlorure de sodium, le NaCl est dissocié en Na et Cl'; dans une solution de sulfate de potasse, $K_2SO_4$ est dissocié en 2 K· et $SO_4$". Plus la solution est diluée, plus le pourcentage des molécules dissociées sera grand.

Or, VAN T'HOFF prouva qu'un ion exerce la même force attractive sur l'eau qu'une molécule de sel non dissocié, de sorte que la dilution d'une solution saline renforce relativement sa puissance hydrophile.

Dans les solutions de NaCl employées par DE VRIES et par moi, une partie des molécules de NaCl était dissociée en Na· et Cl'. Par conséquent le nombre des particules hydrophiles avait augmenté, et augmenté à un tel degré que 1,88 molécules de NaCl donnaient naissance à 3 particules (molécules non dissociées + ions) que nous avons proposé de nommer ensemble : *molions*. D'après la théorie d'ARRHENIUS les substances qui ne conduisent pas le courant électrique, ne se dissocient pas en se trouvant en solution aqueuse. A cette catégorie de substances appartiennent les sucres. En dissolvant donc 3 molécules de sucre de canne, il ne se produira aucune augmentation de particules. Ainsi on pourra comprendre que 1,88 molécules de NaCl peuvent représenter la même force attractive pour l'eau que 3 molécules de saccharose : une partie du NaCl subissant une dissociation électrolytique en Na· et Cl', le saccharose ne se dissocie pas.

Mais, dira-t-on, comment savoir que dans le cas présent 1,88 molécules de NaCl se sont changées en 3 molions, ou, autrement dit, que 1 molécule de NaCl s'est changée en 1,6 molions? La réponse est que les méthodes purement physico-chimiques l'ont démontré.

Relevons d'abord *la méthode de la conductibilité électrique*.

D'après la conception d'ARRHENIUS, aucune substance non dissociée ne conduit le courant électrique. Ce sont exclusivement les ions, qui possèdent cette propriété. Donc, une solution de sucre de canne ne conduit pas le courant électrique, une solution de NaCl par contre le conduit, non au moyen des molécules de NaCl, mais grâce à ses ions libres, Na· et Cl'. Par conséquent la valeur de la conductibilité sera une mesure pour la concentration des ions libres, c'est-à-dire, pour la dissociation électrolytique. Ce n'est pas la place ici de décrire la technique de la méthode. Relevons seulement qu'on emploie celle de KOHLRAUSCH, méthode simple et très exacte (Voir, pour la description, avec exemples; HAMBURGER, *Osmotischer Druck und Jonenlehre*, 1, 1902).

En pratiquant cette méthode, on a trouvé, en effet, que dans la solution de NaCl, employée par DE VRIES, une partie des molécules de NaCl se dissocie à un degré tel que de *n* molécules prennent naissance 1,6 *n* molions. On remarque donc que la dissociation est partielle. Car, si toutes les *n* molécules de NaCl s'étaient dissociées, on aurait obtenu 2 *n* particules. Une telle dissociation ne se produit que quand la solution est *extrêmement* diluée.

Une confirmation toute semblable et aussi très nette a été apportée par une autre méthode physico-chimique, savoir celle de *l'abaissement du point de congélation*. C'est un fait depuis longtemps connu que la température de congélation d'une solution aqueuse est plus basse que celle de l'eau. La substance dissoute exerce une influence inhibitrice sur la congélation de l'eau : comme on sait, dans une solution aqueuse, généralement ce n'est que l'eau qui gèle; néanmoins on parle du point de congélation « de la solution ». La cause de cette influence doit se trouver dans ce fait que les particules salines, *grâce à l'attraction qu'elles exercent sur les particules d'eau*, ont pour rôle d'empêcher les dernières de se juxtaposer et par conséquent de revêtir l'état solide.

D'après la conception de VAN'T HOFF, toutes les molécules non dissociées et tous les ions, de n'importe quelle nature, possèdent une force attractive pour l'eau parfaitement égale; par conséquent leur force inhibitrice sur la congélation ne différera pas non plus. Plus grand est donc le nombre des molions dissous, plus difficile sera la congélation et plus la température doit être basse pour amener cette dernière.

Il en résulte que la détermination de l'abaissement du point de congélation doit offrir un moyen simple pour évaluer la quantité des molions dans un certain volume d'une solution.

En pratiquant cette méthode, on trouve en effet que pour préparer la solution saline d'un ordre de concentration que DE VRIES a employé, on n'a qu'à dissoudre *n* molécules de NaCl pour obtenir un liquide qui contient 1,6 *n* molions; ce liquide amène le même abaissement du point de congélation qu'une solution de saccharose, contenant dans le même volume 1,6 *n* molécules de cette substance.

On voit que les coefficients isotoniques se laissent interpréter d'une façon toute naturelle par la théorie de VAN'T HOFF-ARRHENIUS.

C'était un hasard heureux que les concentrations nécessaires pour les corpuscules rouges des animaux au sang chaud, fussent du même ordre que celles employées pour la plasmolyse des cellules végétales. Sans cela on n'aurait pas retrouvé les coefficients isotoniques chez les hématies avec une exactitude si frappante. Car en admettant qu'ils se basent sur la dissociation électrolytique et qu'ils en sont même l'expression, nous comprendrons qu'ils ne peuvent représenter des valeurs fixes, comme DE VRIES se le figurait; ils varient avec la concentration.

Mais, lorsque DE VRIES publia ses recherches sur la plasmolyse (1882) et HAMBURGER les siennes sur l'échelle chromatique des corpuscules rouges (1883), la théorie de VAN'T HOFF-ARRHENIUS n'avait pas encore été énoncée. Celle-ci date de 1887.

*Toutefois, on lit quelquefois que les recherches mentionnées de* DE VRIES *et de* HAMBURGER *sont un fruit de la dite théorie.* Il n'en est pas ainsi. Il serait plutôt vrai de dire que ces recherches ont contribué beaucoup à sa fondation.

On peut ajouter qu'avant 1892 on cherchera en vain l'exposé de cette théorie dans la littérature médicale; en effet, on verra qu'entre 1883 et 1892, une quantité considérable d'études physico-chimiques sur le sang, la lymphe, la résorption ont été faites sans son secours. Cependant, personne ne voudra prétendre que la théorie de VAN'T HOFF-ARRHENIUS n'ait pas été de haute importance pour les sciences médicales; non seulement elle a beaucoup contribué à intéresser le monde médical à la chimie physique, mais aussi elle-même a rendu des services d'une grande portée, et assurément elle en rendra encore bien d'autres.

Avant de finir ce paragraphe, il nous reste encore à nous justifier de nous être étendu sur les coefficients isotoniques, quoiqu'ils aient été résolus dans la théorie de VAN'T HOFF-ARRHENIUS. D'abord ils gardent un intérêt historique et encore un intérêt purement expérimental; puis ils offrent un moyen simple de calculer la concentration d'une solution isotonique avec une solution connue d'une autre substance. Il est vrai que le calcul ne garantit pas des résultats très exacts; mais, d'autre part, il est très simple et on peut l'exécuter sans disposer de tableaux, comme pour le calcul au moyen de l'abaissement du point de congélation ou au moyen de la conductibilité électrique. D'ailleurs ces tableaux sont encore loin d'être complets, et même il y a des substances sur lesquelles il n'existe pas de données du tout. Nous faisons usage des coefficients isotoniques encore très souvent.

Peut-être est-il utile d'en donner un exemple. Soit la question : quelle est la concentration d'une solution de $Na_2SO_4$ isotonique avec une solution de $KNO_3$ de 1,4 p. 100?

Le poids moléculaire de $KNO_3$ est de 101; celui de $Na_2SO_4$ de 142. Or, si une molécule de $KNO_3$ était isotonique avec une molécule de $Na_2SO_4$, une solution de $KNO_3$, 1,4 p. 100, correspondrait à une solution de $Na_2SO_4$ de $\frac{142}{101} \times 1,4$ p. 100 = 1,97 p. 100.

Cependant le $Na_2SO_4$ possède le coefficient isotonique 4 et $KNO_3$ le coefficient 3. Par conséquent, la solution de $Na_2SO_4$ isotonique avec une solution de $KNO_3$ de 1,4 p. 100 est de $1,97 \times 3/4 = 1,48$ p. 100.

Comme nous avons dit, la méthode ne réclame pas une grande exactitude, mais pour bien des cas elle suffit.

Ajoutons enfin un petit tableau des coefficients isotoniques :

Pour les composés organiques sans métal (p. ex. saccharose), 2.

Pour les sels alcalins monoatomiques (p. ex. NaCl), 3.

Pour les sels alcalins biatomiques (p. ex. K2SO4), 4.

Pour les sels alcalins triatomiques (p. ex. Na3BoO3), 5.

Pour les sels alcalins-terreux monoacides (p. ex. MgCl2), 4.

Pour les sels alcalins-terreux biacides (p. ex. MgSO4), 2.

Pour mieux retenir ces chiffres, on n'a qu'à se rappeler que le coefficient isotonique d'un sel est égal à la somme des coefficients partiels des parties constituantes.

Les coefficients partiels sont :

Pour chaque radical acide, 2.

Pour chaque atome d'un métal alcalin, 1.

Pour chaque atome d'un métal alcalino-terreux, 2.

La règle s'applique aussi aux sels acides.

Ainsi on calcule pour l'oxalate acide de potasse $\dfrac{COOK}{COOH}$ $1 + 2 = 3$.

Mais jusqu'ici nous n'avons pas encore parlé de ce qu'on entend par le terme de *pression osmotique*.

Soit un vase cylindrique renfermant une solution de sucre de canne de 1 p. 100. Au-dessus du liquide est disposé un piston, consistant en une membrane semi-perméable, c'est-à-dire en une membrane qui laisse passer l'eau, et non pas le sucre. Au-dessus de ce piston membraneux, versons de l'eau distillée.

Qu'arrivera-t-il ?

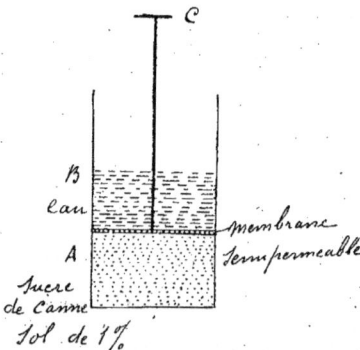

Fig. 120. — Théorie de la pression osmotique.

D'après la conception de Van't Hoff, il existe une analogie parfaite entre les corps dissous et les corps gazeux. C'est un fait connu que les molécules gazeuses ont une grande tendance à s'écarter les unes des autres. Qu'on s'imagine un moment qu'au lieu d'une solution de sucre il se trouve en A un gaz. Par la tendance des molécules gazeuses à s'écarter les unes des autres, elles exercent une pression contre les parois et aussi contre le piston. Le piston s'élèvera avec une force qui peut être évaluée en plaçant des poids sur C.

D'après la loi d'Avogadro, la pression du gaz sur le piston dépendra seulement de la quantité de molécules gazeuses dans l'unité de volume ; elle est absolument indépendante de la nature du gaz.

D'après Van't Hoff, les particules dissoutes ont également tendance à s'écarter les unes des autres et dans le cas présent elles exerceront également une pression contre les parois et contre le piston qui s'élèvera. Cette élévation est due au fait que des molécules aqueuses traversent le piston semi-perméable de B vers A ; par contre, la membrane semi-perméable du piston oppose une barrière infranchissable au sucre.

Or Van't Hoff a appelé la pression qu'exercent les particules dissoutes, *la pression osmotique*.

Tout comme pour les gaz, la valeur de cette pression est exactement proportionnelle au nombre des molécules dans un volume donné et est indépendante de leur nature.

D'après cette loi, un certain nombre de molécules de NaCl, dissoutes dans un litre d'eau, devrait exercer la même pression osmotique que le même nombre de molécules de sucre dans un litre d'eau.

L'expérience apprend cependant qu'il n'en est pas ainsi. En effet, la pression osmotique de la solution de NaCl se montre plus élevée que cette loi ne le fait supposer. Ce grand désaccord disparut par la théorie d'ARRHENIUS, d'après laquelle la solution aqueuse de NaCl est totalement ou partiellement dissociée en ions.

Et VAN'T HOFF parvint à établir que dans la pression osmotique la part de chaque ion est exactement équivalente à celle d'une molécule non dissociée.

Jusqu'ici nous avons attribué la turgescence de la cellule végétale ou animale dans l'eau à l'attraction qu'exerce le contenu de la cellule sur l'eau. En appliquant cette interprétation à notre expérience ci-dessus, nous dirons: le sucre de canne a attiré l'eau de B; donc le volume de A a augmenté.

Mais la théorie de VAN'T HOFF envisage ce processus d'une autre manière : la pression des molécules de sucre contre le piston semi-perméable élève celui-ci. Pour compenser le vide ainsi produit, des molécules aqueuses de B doivent traverser la membrane semi-perméable et se rendre en A.

De même la pression des particules (molécules + ions) contre la couche externe du protoplasme fait gonfler la cellule.

Néanmoins on emploie encore souvent, au lieu de l'expression *pression osmotique*, l'expression fautive : *force attractive* sur l'eau ou *force hydrophile*, probablement parce qu'ainsi la représentation des phénomènes semble plus commode. Du reste, l'ancienne dénomination ne comporte pas de difficultés, et la mesure de la force qui fait gonfler la cellule est tout à fait la même dans les deux cas.

## IV. — FACULTÉ DES HÉMATIES DE SUPPORTER BEAUCOUP D'EAU; IMPORTANCE DE CETTE FACULTÉ POUR LA VIE. LA SOLUTION SALINE « PHYSIOLOGIQUE ».

Nous venons de constater que pour chaque sel il existe une solution limite, dans laquelle les globules rouges ne perdent pas leur matière colorante. On pourrait croire qu'ils s'y maintiennent tout à fait à l'état normal.

Un examen approfondi montre qu'il n'en est pas ainsi : les globules s'y gonflent, mais non pas au point de permettre à l'hémoglobine de sortir.

L'examen microscopique des hématies de la grenouille a été le point de départ de la démonstration de ce fait important. En les examinant dans les solutions de NaCl de différentes concentrations, on ne les trouva inaltérées que dans une solution à 0,6 p. 100; dans les solutions plus fortes ou plus faibles, elles subirent des altérations. Mais la solution-limite, dans laquelle elles commencèrent à perdre de la matière colorante, est une solution de NaCl à 0,21 p. 100, tandis que dans une solution à 0,22 p. 100, les corpuscules gardèrent leur hémoglobine. Alors nous avons énoncé l'hypothèse que la solution de NaCl à 0,6 p. 100 doit être isotonique avec le sérum.

Si cette déduction fut exacte, on pouvait donc supposer que le sérum de grenouille devait être étendu de la même quantité d'eau que la solution de NaCl de 0,6 p. 100 pour produire le dégagement de la matière colorante des globules rouges. Car, pour obtenir la solution de NaCl 0,21 p. 100, il faut étendre une solution de 0,6 p. 100 avec environ 200 p. 100 d'eau.

En effet, lorsqu'on étend le *sérum* de grenouille avec cette quantité d'eau (200 p. 100) on obtient un liquide qui possède également le pouvoir de produire un commencement de perte de matière colorante.

Ce fait comporte une triple signification :

1° D'abord il conduit à cette conclusion remarquable qu'*on peut étendre le sérum avec beaucoup d'eau, avant qu'il ne se dégage de la matière colorante*. Et cela n'est pas seulement le cas pour le sang de grenouille, mais aussi pour le sang de l'homme, de cheval, de bœuf, d'oiseau, de poisson, etc. On peut, par exemple, diluer le sang de l'homme et du bœuf de 60 p. 100 à 90 p. 100, le sérum d'oiseau de 130 p. 100 à

200 p. 100, le sérum de poisson de 100 à 145 p. 100 d'eau, avant qu'ils ne soient capables d'enlever à leurs propres globules sanguins un peu de substance colorante.

On ne peut dénier à ce fait une importance capitale; quand on songe que, dans la vie normale, la teneur en eau du liquide sanguin est soumise à des variations très marquées, survenant souvent d'une façon brusque. On n'a qu'à se rappeler les amples masses d'eau qui se mélangent à la masse sanguine. Or, si une dilution aqueuse relativement excessive du plasma devait provoquer la sortie d'hémoglobine, c'en serait vite fait de la vie humaine, car autant l'hémoglobine est utile et nécessaire à l'existence pendant qu'elle est renfermée dans les globules, autant elle est nuisible et dangereuse dès qu'elle se trouve à l'état libre dans le plasma sanguin. Les reins s'altèrent; il se produit de l'ictère de par le fait que l'hémoglobine libérée exagère la sécrétion biliaire du foie et qu'il s'opère une résorption de bile. Les globules dépourvus de leur hémoglobine adhèrent en masse les uns aux autres, et amènent l'obstruction des capillaires avec toutes ses conséquences.

2º *Les observations mentionnées nous ont conduit à l'élaboration d'une méthode d'évaluation de la puissance attractive du sérum et d'autres liquides organiques et inorganiques, sur l'eau* (1884).

Voici cette méthode, exposée en quelques mots :

On désire par exemple évaluer la force attractive sur l'eau du sérum de sang de cheval :

Six tubes à réaction contiennent 5 centimètres cubes de sérum en question; on y ajoute, au moyen d'une burette graduée, successivement 3,1 — 3,0 — 2,9 — 2,8 — 2,7 — 2,6 centimètres cubes d'eau. A chaque mélange on ajoute 3 gouttes de sang défibriné, et l'on agite.

On verse ensuite dans 6 autres tubes à réaction successivement 8 centimètres cubes de solution de NaCl à 0,62; 0,61; 0,60; 0,59 ; 0,58; 0,57 p. 100 ; on ajoute à chacune de ces solutions 3 gouttes de sang défibriné et on agite.

Après quelques heures, ou, en se servant de l'appareil centrifuge, après quelques minutes d'attente, on voit que le dépôt des globules rouges s'est opéré dans tous les tubes à réaction. Le liquide qui surnage est libre de toute matière colorante dans trois tubes à réaction, notamment dans ceux auxquels on a ajouté à 5 centimètres cubes de sérum 2,6, 2,7, et 2,8 centimètres cubes d'eau. Le liquide est au contraire rougeâtre dans le tube où on a versé 2,9 centimètres cubes d'eau, et devient dans les tubes suivants d'autant plus rouge que l'eau ajoutée l'a été en quantité plus forte.

Si l'on examine parallèlement les tubes renfermant les solutions salines, on trouve que dans la solution 0,59 p. 100 il n'y a pas sortie d'hémoglobine, mais bien dans celle de 0,58 p. 100. Le mélange 5 centimètres cubes sérum $+ \dfrac{2,9 + 2,8}{2}$ centimètres cubes

d'eau est isotonique à une solution de NaCl $\dfrac{5 + 2,85}{5} \times 0,585 = 0,92$ p. 100

Nous reviendrons encore sur cette méthode.

Les résultats mentionnés confirment l'opinion que le milieu naturel des globules rouges de la grenouille, c'est-à-dire le plasma, ou, ce qui revient au même, le sérum, est isotonique avec une solution de NaCl de 0,6 p. 100.

Naguère on désignait cette dernière solution sous le nom général de *solution physiologique*, en la considérant comme totalement indifférente non seulement vis-à-vis des globules et des tissus de la grenouille, mais encore vis-à-vis de ceux de tous les autres animaux quels qu'ils soient.

On comprend maintenant que l'indifférence d'une telle solution à 0,6 p. 100 n'existe que pour les globules et les tissus de la *grenouille*. Les corpuscules du cheval, du bœuf, de l'homme et d'autres mammifères au contraire y subissent un gonflement sensible ; mais la solution fait défaut dans une solution de ± 0,9 p. 100, solution qui est, en effet, isotonique avec leur sérum sanguin.

La solution de NaCl 0,6 p. 100 n'est isotonique qu'avec le sérum sanguin de la grenouille.

*L'erreur de considérer cette solution de 0,6 p. 100 comme favorable à la vitalité des cellules des mammifères* dérive probablement de l'habitude que l'on a de choisir la grenouille pour l'expérimentation physiologique. Certes, nous le répétons, pour la grenouille c'est une solution appropriée; mais non pour les Mammifères.

Ajoutons que nous avons appelé *hyperisotoniques* (ou hypertoniques) les solutions salines dont le pouvoir d'attraction sur l'eau est supérieur à celui du sérum à examiner et *hypisotoniques* (ou hypotoniques), celles dont le pouvoir osmotique est moindre que celui du même sérum (1884).

## V. — AUTRES OBSERVATIONS SUR LA SOLUTION SALINE PHYSIOLOGIQUE.

La théorie, exposée dans le paragraphe précédent, sur la solution saline dite physiologique a été confirmée par des expériences faites dans deux sens différents : par la détermination du volume des globules rouges et par la détermination du point de congélation du sérum.

*a.* **Le volume des globules rouges et d'autres cellules.** — Les considérations qu'on vient de lire sur la solution saline physiologique, avaient, dans les années 1893-1895, provoqué une discussion. Les frères Bleibtreu avaient indiqué une méthode quantitative pour l'évaluation du volume des éléments corpusculaires dans le sang et, pour cette méthode, ils se servaient d'une solution saline de 0,6 p. 100, en la supposant entièrement indifférente vis-à-vis des globules du sang du cheval, du bœuf et du porc. Contrairement à cette opinion, j'appelai l'attention sur les considérations dont il a été question, et, de plus, par des déterminations directes de volume, je démontrai que les globules sanguins de ces animaux, dans une solution saline de 0,6 p. 100, n'ont pas le même volume que dans leur propre sérum. A cet effet je mélangeai des quantités égales de sang avec leur propre sérum, ensuite avec une solution saline hypisotonique et hyperisotonique, et encore avec du sérum qui avait été étendu avec de l'eau. Et je constatai qu'après avoir centrifugé, le volume du dépôt était le plus grand là où on avait employé des solutions hypisotoniques et le plus petit là où on s'était servi de solutions hyperisotoniques. Ces faits ressortent clairement de la série d'expériences que voici :

| | Sang de cheval. | Volume du dépôt corpusculaire dans 40 cc. de sang. |
|---|---|---|
| cc. | cc. | cc. |
| 1 | ,40 de sang + 40 de sérum. . . . . . . . . . | 13,5 |
| 2 | — + 40 de NaCl à 0,6 p. 100 . . . . . | 15 |
| 3 | — + 30 de sérum + 10 cc. d'eau. . . . | 14,1 |
| 4 | — + 40 de NaCl à 1 p. 100. . . . . . | 13,1 |

Dans une solution saline de 0,6 p. 100 le volume était donc plus grand que dans le sérum, mais une solution de NaCl de 1 p. 100 provoqua le rétrécissement des globules.

La réponse de Bleibtreu (1893) m'amena à faire de nouvelles déterminations dans ce sens, en me servant de solutions hypisotoniques et hyperisotoniques de NaCl, NaI, KNO₃ et de sucre de canne. Elles donnèrent toutes des résultats concordants.

Je veux encore alléguer à l'appui une série d'expériences qui montre d'une façon directe que dans une solution de NaCl de 0,9 p. 100 le volume des globules est égal à celui qu'ils ont dans du sérum normal. Les expériences ont été faites dans les tubes en entonnoir, décrits plus haut ; en outre le volume du liquide était considérable relativement à celui des globules; de sorte qu'on peut dire que les éléments corpusculaires se trouvaient réellement dans ces liquides et non dans un mélange de solution saline et d'une quantité forte de sérum.

| | 0cc,06 de sang de cheval. | Volume du dépôt corpusculaire. |
|---|---|---|
| cc. | | cc. |
| | 3 de sérum . . . . . . . . . . . . . . . . | 36 |
| | 3 de NaCl à 0,9 p. 100. . . . . . . . . . . | 36 |
| | 3 de NaCl à 0,6 p. 100. . . . . . . . . . . | 41,5 |
| | 3 de sérum + 0cc,6 d'eau (20 p. 100) . . . . . | 39,25 |
| | 3 de sérum + 1cc,2 d'eau (40 p. 100) . . . . . | 42,5 |
| | 3 de sérum + 1cc,3 d'eau (50 p. 100) . . . . . | 44 |

HEDIN, en opérant sur des matières plus considérables, a confirmé les résultats de mes déterminations (1895), de même GRYNS, C. EYKMAN et KOEPPE (1895 et 1897) (Voir P. NOLF, dans son article Hématies, VIII, 266).

Ajoutons encore que pour plusieurs autres cellules isolées (globules blancs, 1898; cellules épithéliales, 1899; spermatozoïdes, 1898, cellules des glandes lymphatiques, 1902) nous avons trouvé que dans des solutions hypertoniques elles se rétrécissent et que dans des solutions hypotoniques elles se gonflent; que les résultats, pour des morceaux de foie et de rein et même pour le rein tout entier, étaient les mêmes que pour les cellules isolées de ces organes (1901).

Plus tard J. DEMOOR a effectué, pour différents organes (le foie, le cerveau, le poumon etc.) des déterminations de volume très nombreuses et très exactes en suivant la méthode pléthysmographique, et il est arrivé à des résultats identiques (1904-1907).

*b*. **Confirmation de la théorie mentionnée par la méthode de l'abaissement du point de congélation. Cryoscopie.** — C'est un fait déjà connu depuis longtemps (BLAGDEN, RAOULT) que la température de congélation d'une solution aqueuse est plus basse que celle de l'eau pure. La substance dissoute exerce une influence inhibitrice sur la congélation de l'eau (évidemment dans une solution aqueuse l'eau se congèle, néanmoins on dit : « Congélation de la solution »). La cause de cette influence inhibitrice doit être cherchée dans ce fait que les particules dissoutes, grâce à l'attraction qu'elles exercent sur les particules d'eau, ont pour rôle d'empêcher ces dernières de se juxtaposer, et par conséquent de revêtir l'état solide.

Or, d'après la théorie de VAN T'HOFF, les molécules non dissoutes et les ions de toute nature exercent sur l'eau une force attractive parfaitement égale. Par conséquent leur force inhibitrice sur la congélation ne différera pas non plus. La force inhibitrice totale (de toutes les molécules et de tous les ions ensemble) sera donc proportionnelle au nombre de ces particules. Par conséquent plus le nombre de ces particules que nous avons proposé de nommer *molions*, est grand, plus la congélation sera difficile et plus la température devra être basse pour produire le phénomène. Il en résulte que la détermination de l'abaissement du point de congélation doit offrir un moyen simple pour évaluer la quantité des molions dans un certain volume de solution; pour évaluer, en d'autres termes, la force hydrophile de cette solution.

C'était DRESER qui en 1892 fit la première application de la méthode dans le domaine de la physiologie, en déterminant la force hydrophile de l'urine au moyen de l'abaissement du point de congélation. La méthode des corpuscules sanguins ne lui paraissait pas applicable. A la fin de son travail, il propose de pratiquer plus généralement la méthode de congélation, surtout parce qu'elle est applicable dans tous les cas.

Cependant DRESER oublia d'examiner si cette méthode, pour les différentes espèces de liquides animaux, par exemple pour les liquides *albumineux* ou *séreux*, produirait de bons résultats. Est-ce que les résultats obtenus par la méthode cryoscopique s'accorderaient avec ceux qu'on trouve par la méthode des corpuscules rouges ou par celle des cellules végétales? Jusqu'à quel point s'étendrait l'exactitude de sa méthode?

En effet, nous pouvions constater que la détermination du pouvoir hydrophile (tension osmotique) des liquides séreux (sérum, exsudat, lait, etc.) donnait des résultats très satisfaisants et qu'il existait une concordance très nette entre les chiffres obtenus par les deux méthodes (1894). Voici un exemple :

Il s'agit de déterminer la solution de NaCl isotonique avec un sérum sanguin de cheval.

1° Par la méthode des corpuscules rouges; par la méthode cryoscopique.

*Ad. 1*. — Les corpuscules sanguins employés commencèrent à montrer un dégagement de matière colorante dans une solution de NaCl de 0.65 p. 100. — 5 centimètres cubes du sérum durent être étendus de 2,6 centimètres cubes d'eau, afin d'opérer un dégagement de matière colorante au même degré. Le pouvoir hydrophile du sérum primitif, non dilué, s'accorde donc avec celui d'une *solution de NaCl* de $\dfrac{2.6 + 5}{5} \times 0.65 = 0.988$ p. 100.

*Ad. 2*. — L'abaissement du point de congélation fut établi par trois expériences avec la même portion de liquide.

Les abaissements montèrent à 0.591°, 0.601° et 0.596°. Moyenne 0.596°.

Ce nombre s'accorde avec *une solution de NaCl* $\frac{0.596}{0.606} \times 1$ p. 180 = 0.983 p. 100.

On voit que les deux nombres 0.983 et 0.988 s'accordent parfaitement.

*Ce résultat prouvait de nouveau que les conclusions de nos recherches sur l'isotonie des globules rouges avaient été exactes.*

Qu'il nous soit permis, à propos de ces considérations, de faire *quelques remarques sur la méthode cryoscopique*, méthode qu'on emploie actuellement dans la grande majorité des cas où l'on a à déterminer la force hydrophile ou tension osmotique d'un liquide quelconque.

D'abord une question de *nomenclature*.

Par exemple, on a déterminé le point de congélation d'une urine, et on a trouvé pour l'abaissement Δ = dépression, — 2,14.

Maintenant, il s'agit de calculer la concentration en molions : quelle en est la valeur?

Or, nous savons que toute molécule et tout ion, quelle que soit la nature de la substance dissoute, abaissent toujours le point de congélation du dissolvant de la même quantité.

On a établi qu'une solution de sucre de canne, renfermant une molécule-gramme par litre (c'est-à-dire, une molécule exprimée en grammes), effectue une dépression constante de —1°,85. Par conséquent, toute autre molécule ou ion produira la même dépression. Comme l'urine avait une Δ = — 2°,14, elle contiendra $\frac{2,14}{1,85}$ = 1,15 molions (molécules + ions par litre).

Autrefois on avait l'habitude d'exprimer les résultats de la façon suivante : la concentration moléculaire de l'urine est de 1,15. J'ai proposé de ne plus parler ici de concentration moléculaire, mais bien de *concentration osmotique*. Cette proposition a reçu un accueil favorable. En effet le calcul ne donne pas seulement la quantité de *molécules* présentes dans le liquide, mais aussi le nombre des *ions* y compris. Il vaut mieux réserver l'expression de *concentration moléculaire* à la quantité de molécules-grammes qu'on dissout ; par exemple : on dissout cinq molécules-grammes de NaCl par litre. Alors la *concentration moléculaire* de NaCl est de cinq. Mais dans la dissolution le nombre des particules augmente par la dissociation d'un certain nombre de molécules. Ce qu'on obtient alors, nous voulons l'appeler *concentration osmotique*, parce que cette valeur représente la mesure des propriétés osmotiques, auxquelles les ions participent aussi bien que molécules non dissociées.

Parfois il est utile d'exprimer le Δ encore d'une autre façon: il s'agit, par exemple, de chercher la solution de NaCl ayant la même dépression que le liquide en question. Alors on calcule de la manière suivante : une solution de NaCl à 1 p. 100 a une dépression de — 0,589°, par conséquent une dépression de 2,14 correspond à une solution de NaCl de 2,14 : 0,589 = 3,58 p. 100. Cependant ce calcul n'est pas parfaitement correct ; il implique deux fautes. D'abord le nombre 0,589 a été obtenu par la méthode cryoscopique de précision (RAOULT, NERNST et ABEGG), méthode qu'on ne peut employer pour les évaluations de liquides organiques, parce qu'on ne dispose pas de quantités considérables. Les méthodes qui s'imposent pour les liquides physiologiques et pathologiques produisent d'autres valeurs, balançant entre — 0,588 et — 0,613°. Il y a plusieurs facteurs qui y jouent un rôle : la construction de l'appareil, la température du milieu réfrigérant, la manière d'agiter le liquide à examiner. C'est pour cela que j'ai proposé de déterminer pour chaque série d'expériences, la dépression d'une solution de NaCl de 1 p. 100 et d'opérer d'une manière tout à fait semblable en évaluant la dépression des liquides à examiner.

La deuxième faute qu'on commet en pratiquant le calcul mentionné consiste en ce qu'on suppose qu'il y a une proportionnalité entre la concentration osmotique du liquide et la dépression de la solution de NaCl de 1 p. 100; en d'autres termes, si la dépression de cette solution est de 0,589, on n'a pas le droit de dire qu'une solution de NaCl de 2 p. 100 indiquera un abaissement de 2 × 0,589°. En effet la dépression sera plus petite, parce que, dans une solution plus concentrée, la dissociation électrolytique est moins prononcée que dans une solution plus faible. Donc, en réalité, dans notre exemple, la valeur de 3,58 est trop petite.

On comprend que cette manière de calculer produira seulement un résultat correct, si la dépression du liquide ne diffère que peu de la dépression de la solution de NaCl de 1 p. 100. S'il y a une grande différence comme dans l'exemple mentionné, il vaut mieux rechercher directement dans un tableau, quelle solution de NaCl s'accorde avec l'abaissement trouvé. Et, si l'on ne dispose pas d'un tel tableau, on peut calculer cette concentration de NaCl, au moyen des coefficients de dissociation (Voyez *Osmotischer Druck und Jonenlehre*, I, 128).

**Quelques remarques sur la technique de la cryoscopie.** — Je ne décrirai pas tous les appareils qu'on a préconisés pour la détermination du point de congélation. Grâce à la forme très simple que BECKMANN a su donner à son appareil (1888), celui-ci trouve depuis longtemps une application presque générale.

L'appareil de BECKMANN comprend une éprouvette cryoscopique S, munie d'une tubulure latérale B. On fixe dans le grand tube, au moyen d'un bouchon, un thermomètre donnant le centième de degré et un agitateur consistant en un anneau de platine (fig. 5).

L'éprouvette cryoscopique étant ainsi montée, on la fixe au moyen d'un bouchon dans une éprouvette plus large M, qui forme simplement autour d'elle un matelas d'air destiné à ralentir et à modérer l'action du milieu réfrigérant.

Le liquide réfrigérant est alors versé dans le vase extérieur L, enveloppé de feutre. S'il s'agit d'opérer sur une solution aqueuse physiologique ou pathologique, on emploie un mélange de glace et de solution concentrée de sel marin en proportions convenables pour obtenir un froid qui oscille autour de − 2°,5.

On agite constamment le liquide à examiner : on observe attentivement le thermogène et on voit le mercure baisser, baisser lentement : lorsque la température de congélation est atteinte, le liquide ne se congèle pas, mais reste en surfusion, et la colonne de mercure descend encore. Mais, à un moment donné, la congélation se produit et immédiatement, brusquement la colonne de mercure remonte : on note le maximum de cette ascension : c'est la température de congélation cherchée.

Je viens de dire qu'on doit agiter constamment. Précaution importante si l'on veut avoir des résultats exacts. J'ai donc construit un dispositif qui permet *d'agiter mécaniquement;* il consiste en un moteur à air chaud (appareil peu coûteux), et un excentrique. C'est là une première amélioration; grâce à cette modification, l'opérateur ne se fatigue pas et peut abandonner un instant l'appareil, si la température de congélation tarde à s'établir. (Fig. 121.)

La *deuxième amélioration* a pour but d'empêcher le mélange de l'air de l'éprouvette cryoscopique avec l'air de la chambre, par les mouvements de l'agitateur. On voit qu'un tube de caoutchouc très mince réunit la tige mobile de l'agitateur et le tube de verre dans lequel l'agitateur se meut. Autour de la tige et dans le tube de caoutchouc se trouve une spirale de cuivre qui par sa tension fait descendre l'agitateur. C'est le moteur qui le lève périodiquement. Mais, comme le tube de caoutchouc est fermé aux deux bouts, il ne permettra pas à l'air d'entrer ou de sortir. Cette disposition présente encore l'avantage que la perte de gaz, dissous dans le liquide à examiner, se réduit à un minimum. Cette perte de gaz pourrait entraîner des fautes graves, s'il s'agit d'acide carbonique, comme par exemple dans l'examen des eaux minérales.

Grâce à ces deux améliorations, la méthode a gagné considérablement en exactitude.

On a apporté à l'appareil de BECKMANN plusieurs modifications. Ainsi H. FRIEDENTHAL a proposé (1899) de réduire les dimensions du réservoir qui reçoit le liquide à examiner, de manière qu'une quantité de 6 centimètres cubes suffise déjà. En outre il a supprimé le matelas d'air et ainsi il établit un contact direct du liquide à examiner le mélange réfrigérant, ce qui présente l'avantage d'accélérer beaucoup le refroidissement. Le mélange ne se compose pas de neige ou de glace et de sel de cuisine mais de nitrate d'ammonium, sel qui, par l'addition d'eau, produit un refroidissement. Ce refroidissement n'est pas plus grand qu'il ne faut pour congeler le liquide à examiner. D'après COHN cependant, l'usage de l'appareil de FRIEDENTHAL présente des inconvénients. Un autre appareil, plus compliqué, plus coûteux aussi, mais donnant des résultats beaucoup plus exacts est celui de DEKHUYZEN (1908). Cet auteur s'est surtout attaché à ce que la température du mélange réfrigérant soit constante. Il y parvient en plaçant le vase de verre qui contient ce mélange, dans un autre vase de verre de même forme. Entre les deux réservoirs il reste alors un espace rempli d'air. Le mélange réfrigérant se compose d'une solution de sel marin pur et de petits morceaux de glace. En second lieu la couche d'air, qui, dans l'appareil de Beckmann, enveloppe le liquide à examiner a été remplacée par un espace vide d'air (d'après Dewar).

c. **Méthode pour évaluer la pression osmotique de très petites quantités de liquide.** — La méthode cryoscopique n'est pas tout à fait sans inconvénients.

Elle exige 6 à 10 centimètres cubes de liquide au moins; c'est une quantité que l'on n'a pas toujours à sa disposition. Dernièrement, j'éprouvai cette difficulté en devant établir, pour l'usage ophtalmologique, les concentrations les plus appropriées à la thérapeutique des yeux. Il me semblait que comme telles devaient être considérées des solutions isotoniques avec le liquide naturel, c'est-à-dire avec le liquide lacrymal.

Mais jusqu'ici la pression osmotique de ce liquide n'avait été évaluée que par voie indirecte, par Massart. Sa méthode consistait à déterminer la concentration de la

Fig. 121. — Appareil cryoscopique.

solution qui, instillée dans le sac conjonctival, ne provoquât pas de douleur. Pour le NaCl, il trouva ainsi une solution de 1,4 p. 100; les concentrations plus fortes et plus faibles étant douloureuses. Massart admettait donc que la solution salée de 1,4 p. 100 devait être isotonique avec le liquide lacrymal. D'une mensuration cryoscopique de larmes il ne pouvait être question; en effet, il n'est pas possible de recueillir 6 à 10 centimètres cubes de larmes. Or je suis parvenu à créer une méthode d'évaluation de la pression osmotique, utilisable aussi pour d'autres liquides, comme pour le liquide céphalo-rachidien, la lymphe etc., méthode qui n'exige que 5 centimètres cubés; à la rigueur même 2,5 centimètres cubes suffisent.

La méthode repose sur le principe suivant, déjà mentionné; le volume des corpuscules rouges dépend de la pression osmotique de la solution ambiante; *deux solutions qui déterminent le même volume des corpuscules sanguins d'une même quantité de sang, sont isotoniques.* Ce principe a été utilisé de la manière suivante. On met le liquide en question, soit 1/2 centimètre cube, dans un tube en entonnoir, dont le goulot capillaire est fermé en bas et exactement calibré en 100 parties volumétriques égales. La partie calibrée a un contenu exact de 0,02 ou 0,04 centimètres cubes. D'autres tubes, de forme et de dimensions identiques, contiennent également 1/2 centimètre cube d'une solution de NaCl à 0,8, 0,9, 1, 1,2, 1,3, 1,4, 1,5, 1,6 p. 100. Dans tous les tubes on verse 0,04 centimètres cubes de sang défibriné. Après une demi-heure d'attente, le contenu des corpuscules est en équilibre osmotique avec le liquide ambiant : les tubes sont placés dans un appareil centrifuge et soumis à la force centrifuge jusqu'à ce que les dépôts ne changent plus de volume. Or il est évident que la pression osmotique du liquide à examiner sera égale à celle de la solution de sel marin, dans laquelle le volume du dépôt globulaire ne variera pas.

Par exemple : dans le tube où se trouve le liquide à examiner, le dépôt globulaire est de 71; la solution de NaCl, dans laquelle le dépôt globulaire est également de 71, possède une concentration de 1,2 p. 100. Le liquide à examiner sera donc isotonique avec une solution de NaCl à 1,2 p. 100.

Je ne parlerai pas des finesses d'exécution et des chiffres de nature à démontrer l'exactitude de la méthode. Le liquide lacrymal s'est montré isotonique avec une solution de NaCl de 1,4 p. 100, et la solution d'acide borique, isotonique avec la dernière, est de 2,5 p. 100.

Il est très intéressant de constater que c'est là précisément la concentration d'acide borique employée empiriquement depuis longtemps avec succès pour le lavage des yeux. C'est un heureux hasard; car la solution de 2,5 p. 100 est une solution saturée à la température ordinaire, puisqu'on ne peut dissoudre une plus grande quantité de substance.

Inutile de dire que la méthode n'est pas applicable à des liquides hémolytiques, comme par exemple à la bile.

*d*) **La solution saline physiologique au point de vue de la perméabilité.** — *Une solution saline, isotonique au milieu propre d'une cellule, n'est pas encore une solution physiologique, c'est-à-dire indifférente.* Comme nous l'avons vu plus haut, on peut trouver une concentration de NaCl où les corpuscules sanguins gardent le même volume que dans leur propre sérum. Pour les cellules sanguines des mammifères cette concentration oscille autour de 0,9 p. 100. On serait donc porté à qualifier cette solution de « solution physiologique ». Seulement, en poursuivant les expériences, on constate que cette solution est loin d'être indifférente. Elle laisse intact, il est vrai, le volume des cellules sanguines, mais elle fait subir des altérations à leur forme et à leur composition chimique.

Pour ce qui est de la *forme*, on voit que les disques biconcaves deviennent des globules, ce qui, le volume restant constant, en diminue le diamètre. En vain, on cherchera une solution saline qui ne provoque pas cette altération de la forme. Même la lymphe, que l'addition d'une faible quantité d'eau a rendue isotonique au liquide sanguin, change les disques en globules (Hamburger, 1895). Le tableau suivant le fera voir.

*Corpuscules rouges du sang de cheval.*

| | Diamètre moyen. |
|---|---|
| Dans leur propre sérum. . . . . . . . . . . . . . | 6,4 μ |
| Dans NaCl à 2 p. 100. . . . . . . . . . . . . . . | 5,1 |
| — 1,5 p. 100. . . . . . . . . . . . . . | 5,4 |
| — 0,92 p. 100. . . . . . . . . . . . | 5,7 |
| — 0,7 p. 100. . . . . . . . . . . . . | 6,1 |
| Dans leur propre sérum . . . . . . . . . . . . | 7,3 μ |
| Dans 10 cc. de sérum + 0cc,5 d'eau . . . . . . . | 7,2 |
| — + 1 cc. d'eau . . . . . . . . | 7 |
| — + 2 cc. d'eau . . . . . . . . | 5,44 |
| — + 6 cc. d'eau . . . . . . . . | 5,41 |
| Dans la lymphe d'un vaisseau lymphatique du cou. | 5,6 |

Ce n'est pas seulement la forme, mais c'est encore la *composition chimique* de la cellule sanguine qui, sous l'influence d'une solution de NaCl isotonique au sérum, subit des altérations. Ainsi j'ai trouvé que, sous l'action d'une solution de NaCl de 0,9 p. 100, le chlore pénètre dans les corpuscules sanguins et qu'il en sort sous l'action d'une solution isotonique de $NaNO_3$, (1890). Cela se constate surtout quand les corpuscules contiennent beaucoup d'acide carbonique (1891).

Koeppe a présenté une explication très plausible de ce phénomène.

Il se figure que, lorsque des corpuscules sanguins séjournent dans une solution de NaCl, il se produit un échange d'ions. Ainsi des ions-Cl pénétreront dans les corpuscules à condition qu'une quantité équivalente de $CO_3$ en sorte. Et, en effet, on constate que, lorsqu'on met des corpuscules chargés de $CO_2$ dans une solution de NaCl, celle-ci est rendue alcaline par $Na_2 CO_3$. Quand les corpuscules contiennent peu de $CO_2$, l'échange avec les ions-Cl est plus restreint.

De même, quand les corpuscules sont introduits dans une solution de $Na NO_3$, des ions-$NO_3$ y pénétreront, tandis que des ions-$CO_3$ et des ions-$PO_4$ en sortiront.

Il n'y a pas longtemps encore on était d'avis que les cellules sanguines n'étaient perméables qu'aux anions, et non aux *kations*, tels que K, Na, Ca, Mg. Cette opinion se fondait sur les expériences de GÜRBER (1895). Ce savant fit passer $CO_2$ à travers une suspension de globules sanguins contenus dans une solution de NaCl, et alors il vit, il est vrai, passer du chlore dans les globules, mais leur teneur en K et la teneur en Na du milieu ambiant, selon lui, ne changea pas. C'est ce que lui apprirent les déterminations quantitatives de ces métaux.

Cette conclusion a été acceptée sans plus, et d'autant plus volontiers que l'expérience nous apprend que dans des conditions normales, le K se trouve principalement dans les corpuscules, le Na dans le sérum, et cela étant, pourquoi l'échange ne se produirait-il pas quand les corpuscules sont perméables? En outre, on admettait encore tacitement que les cellules sanguines sont également imperméables à Ca et à Mg.

Cependant des expériences sur l'influence de Ca sur la phagocytose m'avaient appris que celle-ci est considérablement renforcée en ajoutant au sérum de très faibles quantités, par exemple, de 0,005 p. 100 de Ca $Cl_2$ (HAMBURGER et HEKMA, 1907). La *Chimiotaxie aussi* augmentait dans une forte proportion en ajoutant un peu de $CaCl_2$ à un extrait de bactéries mis dans une solution de NaCl (HAMBURGER, 1908). De plus, on savait déjà que l'action hémolytique exercée par les solutions salines très diluées sur les corpuscules rouges est mitigée par l'addition de très faibles quantités de Ca. Ainsi, je fus amené d'abord à examiner rigoureusement et par voie directe, si les globules rouges sont perméables à Ca. Et, en effet, j'ai pu fournir la preuve décisive que les corpuscules sont perméables à Ca et qu'ils le sont même dans deux sens : il peut y avoir entrée et sortie de Ca. A cette occasion, j'ai pu constater encore que, contrairement à l'opinion générale, les globules rouges normaux contiennent du Ca. Nous avons trouvé que cette opinion erronée était due à des fautes commises dans les évaluations quantitatives du Ca. (HAMBURGER, 1908). Ajoutons qu'au moyen d'analyses quantitatives on a également réussi à montrer la perméabilité des globules rouges à Mg, K et Na (HAMBURGER et BUBANOVIC).

En ce qui concerne K et Na, on se demande pourquoi les déterminations de GÜRBER ont conduit ce savant à un résultat opposé. D'abord on doit prendre en considération que la méthode d'évaluation quantitative de ces deux métaux est loin d'être exacte, de sorte qu'il faut prendre de grandes quantités de sang : c'est ce que GÜRBER a négligé. En outre, en faisant passer de l'acide carbonique par la suspension de corpuscules sanguins dans une solution de NaCl, il n'a pas tenu compte des changements du volume de sa solution. A vrai dire, le fait qu'après l'action de $CO_2$, il ne trouva pas altérée la concentration du Na nous porterait précisément à conclure qu'il y a eu passage de Na. Toute réflexion faite, je suis persuadé que les corpuscules, dans une solution de NaCl de 0,9 p. 100 subissent encore des altérations par rapport à leurs kations, phénomène que nous avons déjà établi de différentes manières en qui regarde le Ca.

*Une solution saline physiologique dans le sens strict du terme, c'est-à-dire une solution saline à tous égards indifférente vis-à-vis des corpuscules sanguins n'existe donc pas.* Ce qui en approche le plus, c'est une solution qui, isotonique au sérum, contient encore, outre NaCl, les autres sels qui se trouvent dans le sérum et qui les contient en quantité suffisante pour faire équilibre avec les globules sanguins. Cette opinion concorde avec ce que LOEB et d'autres, dans ces derniers temps, nous ont appris sur l'influence qu'exercent des traces de différents sels sur la vie.

Parmi le grand nombre d'exemples nous n'en citerons que quelques-uns.

Si l'on porte des œufs de *Fundulus* — petit poisson marin — éclos dans l'eau de mer, dans une solution de NaCl, isotonique à ce milieu naturel, les alevins meurent. Cependant, je le répète, la solution de NaCl est isotonique avec l'eau de mer. Mais si l'on ajoute à cette solution de NaCl pure un peu de $MgCl_2$, les animaux restent vivants pendant quelque temps. Si l'on ajoute $CaCl_2$, ils vivent beaucoup plus long-temps, et si l'on ajoute encore un peu de KCl, ils résistent complètement au nouveau milieu. Pour expliquer ces faits remarquables, il faut savoir que les cellules animales contiennent une catégorie de substances, nommées par PAULI et LOEB *ions-protéides*; ce sont des combinaisons chimiques de protéides (albumine) et d'un ion métallique.

Il en existe de différentes sortes; on y trouve des protéides de Na, K, Ca, Mg, etc.

Or, qu'arrivera-t-il quand une cellule, contenant de telles protéides, est mise en contact avec une solution de NaCl pure? Il se produira alors un échange entre le K du protéide et le Na du sel marin. Du potassium passera dans la solution de sel marin et en échange une quantité équivalente de sodium passera dans la cellule. Le même échange se produira avec le Ca et le Mg de la cellule, de sorte qu'au bout de l'expérience la solution de NaCl ambiante contiendra du chlorure de potassium, de calcium et de magnésium. Mais en même temps la cellule subira une modification dans sa composition chimique; en effet une partie des protéides de K, de Ca et de Mg se transformera en protéides de Na; le contenu subira une sorte de désintégration. Si, au contraire, on ajoute à la solution de NaCl, K, Ca et Mg dans des concentrations correspondantes aux K, Ca et Mg protéides, contenues dans les cellules, il n'y a plus de raison pour que le le K, Ca et le Mg en sortent. Il y a équilibre.

Encore un autre exemple. Celui-ci se rapporte aux organes à fibres musculaires lisses, tels que l'*intestin grêle*, l'*uretère*, l'*œsophage*, l'*utérus*.

La plupart des expériences relatives à ce sujet ont été faites sur l'intestin grêle; mais les résultats sont les mêmes avec les autres organes ici mentionnés.

Quand on extirpe l'intestin grêle d'un animal qu'on vient de tuer et qu'on plonge cet intestin dans une solution de NaCl à 0,9 p. 100 pure, on constate des mouvements péristaltiques; mais ceux-ci ne tardent pas à cesser tout de suite. En ajoutant un peu de sels de Ca et de K, les contractions se manifestent de nouveau et persistent pendant des heures. MAGNUS et HÉDON (1903-1905) ont enregistré ces mouvements, et ont obtenu des tracés si réguliers et si beaux, qu'on croirait avoir affaire à un organe *in situ*, dans des conditions parfaitement physiologiques. En effet, ce procédé permet d'étudier d'une manière très simple l'influence de toutes sortes de médicaments sur les mouve-ments intestinaux. On n'a qu'à ajouter à la solution saline le médicament en question et à enregistrer les contractions, tant des fibres circulaires que des fibres longitu-dinales.

Je viens de dire que les autres organes à fibres musculaires lisses montrent les mêmes phénomènes. D'une lapine grosse, on extirpe l'utérus, on le plonge dans une solution de NaCl, contenant un peu de KCl, $CaCl_2$ et $MgCl_2$; des contractions se pro-duisent, et les petits animaux naissent.

Cependant la quantité des sels ajoutés au sel marin n'est pas chose indifférente; mes explications sur la désintégration des ions-protéides l'établissent clairement. En effet, les sels doivent être ajoutés au soi-disant « sérum artificiel » en quantité telle qu'elle maintienne en équilibre les ions-protéides, la quantité relative de ces dernières n'étant nullement équivalente dans les différentes cellules.

HÉDON, par exemple, constata que l'intestin plongé dans une solution dont la teneur en $CaCl_2$ s'élève au-dessus de 0,1 p. 100, ne montre aucune contraction, mais reste fortement raccourci et définitivement immobile. La même solution au contraire, conte-nant, au lieu de 0,1 p. 100 de $CaCl_2$, la *moitié* de cette quantité, se montre un liquide très favorable aux mouvements intestinaux.

D'autre part, la quantité d'un sel qui convient à un organe, ne convient pas à un autre. En d'autres termes, la composition du milieu le plus favorable au maintien de l'irritabilité n'est pas la même pour les divers organes contractiles. Par exemple, le bicarbonate de soude est inhibiteur pour l'uretère, à la dose où il est excitateur pour l'intestin.

Un autre exemple, montrant l'*insuffisance* de la *solution de NaCl pure* et le rôle des ions ou des ions-protéides dans la vie, est le *fonctionnement du cœur*.

Un cœur de tortue cesse de battre quand on le plonge dans une solution de NaCl pure; mais, si l'on ajoute à cette solution un peu de KCl et de $CaCl_2$, il se remet à fonctionner (J. Loeb, Langendorff et Hueck, Howell). Ces études sur le cœur de tortue ont provoqué des recherches confirmatives sur le cœur des mammifères, et notamment les expériences remarquables de Kuljabko. Ce savant russe est parvenu à faire revivre le cœur d'individus morts depuis 24 heures et plus, en faisant passer par le système coronaire une solution de NaCl additionnée d'une petite quantité de CaCl₂, de KCl et de Na HCO₃. Sans cette addition l'expérience ne réussit pas.

C'est un mérite de Ringer d'avoir fixé le rôle de chaque ion dans le fonctionnement du cœur. D'après ses recherches, la chaux est d'une grande importance pour la systole, tandis que la potasse favorise la diastole.

En effet, le Ca-ion renforce la systole. Langendorff et Hueck démontrèrent clairement ce fait sur l'animal vivant (1903). Ils injectèrent dans le courant circulatoire une quantité de solution de CaCl₂, capable d'augmenter de 0,05 p. 100 la teneur du plasma sanguin si le sel injecté y restait entièrement. Après l'injection, ils constatèrent un renforcement considérable des contractions et une élévation très prononcée de la pression sanguine. A juste titre, ils recommandent aux praticiens de ne plus injecter des solutions de NaCl pur en cas de faiblesse cardiaque par suite de perte de sang; mais d'y ajouter toujours un peu de CaCl₂ et de KCl. Pour l'homme, il est recommandable d'injecter la solution suivante (pour un litre), en grammes :

$$
\begin{array}{ll}
\text{NaCl} & 8 \\
\text{NaHCO}_3 & 0,2 \\
\text{CaCl}_2 & 0,24 \\
\text{KCl} & 0,42
\end{array}
$$

On voit clairement qu'*une solution de NaCl à 0,9 p. 100*, tout en laissant inaltéré le *volume* des cellules, *n'est pas une solution indifférente*. Elle détruit la composition chimique des cellules, car elle exerce une influence désintégrante sur des substances des plus importantes, c'est-à-dire sur leurs ions-protéides. Aussi Loeb peut-il avec raison parler de la « toxicité d'une solution de NaCl pure ».

Nous devons ajouter que le danger d'une telle solution n'est pas de même degré pour la vitalité de toutes les cellules. Par exemple, nous avons vu que les phagocytes montrent une phagocytose presque aussi grande dans le NaCl à 0,9 p. 100, que dans leur sérum. *Tout dépend ici de la perméabilité et des conditions dans lesquelles cette perméabilité peut se manifester.* De ces conditions, nous avons traité ailleurs. (*Arch. int. de Physiol.*, 1910.)

## VI. — TENDANCE DANS LA SÉRIE ANIMALE A GARDER LA PRESSION OSMOTIQUE CONSTANTE. DÉVELOPPEMENT PHYLOGÉNÉTIQUE DE CETTE PROPRIÉTÉ.

L'individu tend à garder constante la pression osmotique des cellules constituantes de son organisme. C'est là un fait primordial. Quelles que soient les conditions dans lesquelles on met, par exemple, les globules rouges, qu'on les place dans des solutions salines faibles ou fortes, les substances constituantes de leur contenu ne modifient que très peu leur force hydrophile (Hamburger, 1889).

On pourrait croire que ce fait doit être attribué à une imperméabilité aux matières dissoutes de la couche extérieure de ces cellules. Mais l'expérience prouve qu'il n'en est rien; au contraire, la perméabilité est assez considérable, et la possibilité d'échanges nutritifs l'exige. La vérité est qu'il se produit un échange entre les matières constituantes des globules et celles du milieu où ils se trouvent et que cet échange de substances se produit dans des rapports presque isotoniques. Les globules rouges perdent de leur contenu, mais ils prennent parallèlement au milieu ambiant une quantité isotonique d'autres substances. Cependant il s'agit d'expériences *in vitro*. Un point important donc, est de savoir si les hématies *en circulation* se comportent d'une façon identique.

A cet effet, nous devons déterminer comment les globules se comportent lorsque le plasma sanguin est chargé de liquides hyper- ou hypo-isotoniques. Mais comment réaliser ces conditions? On pourrait injecter dans le courant circulatoire, des solutions hyperisotoniques ou hypoisotoniques. Mais les expériences de Dastre et Loye ont clairement démontré la rapidité avec laquelle les substances étrangères ou surabondantes sont éliminées du courant sanguin (1889). Il s'agit donc d'abord de savoir jusqu'à quel point on pourrait, par l'injection intraveineuse, réaliser de pareilles modifications du milieu.

Nous avons injecté à un cheval 7 litres d'une solution de $Na_2 SO_4$. Cette solution serait capable de doubler le pouvoir osmotique du plasma, si les vaisseaux constituaient un système absolument imperméable aux sels et à l'eau. Mais qu'arrive-t-il? Déjà durant l'injection, nous vîmes le cheval éliminer une grande quantité d'urine; puis il se fit une évacuation d'une grande quantité de fèces liquides; les glandes salivaires et lacrymales sécrétèrent une quantité considérable de liquide, et dans toutes les sécrétions on retrouva une forte proportion de $Na_2 SO_4$.

Puis, en examinant à diverses reprises le sérum sanguin, afin de savoir si le $Na_2 SO_4$ le rendait encore hyperisotonique, nous pûmes constater que déjà quelques minutes après l'injection le phénomène d'anisotonie avait déjà cessé d'exister. Pourquoi? Était-ce parce que le sang avait repris sa constitution primitive? Non, car, lorsque le pouvoir osmotique du sérum était déjà revenu au taux normal, le sérum n'avait nullement encore récupéré sa composition primitive et renfermait encore une grande quantité de $Na_2 SO_4$, que la méthode d'évaluation de la force hydrophile aurait pu déceler avec grande certitude. Y avait-il donc une diminution d'autres substances? Certes, le sel marin, par exemple, se trouvait dans le sérum à un taux de concentration plus faible qu'auparavant. Il se produit donc un équilibre, dont le seul but est de garder constante la pression osmotique du sérum. Plus tard, quand la pression osmotique a depuis longtemps récupéré sa valeur normale, la constitution chimique primitive se rétablit,

Le même phénomène s'observe après l'injection de solutions diluées hypoisotoniques, par exemple, d'une solution de $Na_2 SO_4$ à 1/2 p. 100. *On voit ici, une fois de plus, la restitution du pouvoir osmotique primitif, avant que la composition normale ne soit récupérée.* En cas d'anhydrémie produite artificiellement, c'est encore le même phénomène qui se présente.

Nous injectâmes, par exemple, hypodermiquement à un cheval des solutions de pilocarpine et d'éserine, ce qui provoqua une active sécrétion salivaire; environ 10 litres de salive furent recueillis à l'heure. Il est évident qu'à la suite de cette sécrétion exagérée la densité du sang devait augmenter, de même que le pouvoir osmotique. Mais ce phénomène n'eut qu'une durée fugace : la pression osmotique revint aussitôt à son taux normal. A ce moment toutefois, le sérum était loin d'avoir déjà retrouvé sa composition primitive.

Enfin on constate encore le même fait quand, par des saignées considérables (chez le cheval on peut aller jusqu'à des soustractions de 12 à 19 litres de sang), on provoque de l'hydrémie : ici, encore une fois, malgré l'importante variation de composition du sérum, le pouvoir osmotique revient presque immédiatement à sa valeur normale. Il résulte de ce fait *que le système vasculaire possède la propriété de maintenir constante la pression osmotique du plasma*, malgré les sensibles variations constitutives du sang (1890).

Malgré les modifications de la composition chimique du plasma sanguin provoquées par la pléthore hydrémique, l'anhydrémie et l'hydrémie, *la force hydrophile du contenu des hématies reste constante* (1890).

Cependant toutes les espèces animales ne présentent pas cette invariabilité marquée de la pression osmotique des humeurs. Chez certains poissons, notamment les poissons cartilagineux (sélaciens), la pression osmotique s'harmonise avec celle du milieu et change avec celui-ci. Ainsi Bottazzi a constaté que le sérum des Sélaciens, habitant le golfe de Naples, a une dépression de $\Delta - 2,30^0$; c'est-à-dire la dépression de l'eau de mer.

Mais il en est autrement du sérum des Téléostéens du golfe de Naples. Dans cette espèce, déjà plus élevée et plus développée que les Sélaciens, la pression osmotique atteint environ la moitié de celle de l'eau de mer. Ici, une certaine indépendance se fait déjà jour.

A ce point de vue M. DEKHUYZEN d'Utrecht, lors de son expédition scientifique sur le Zuiderzée (1905), a fait des expériences très intéressantes. En étudiant la pression osmotique de l'eau de mer et de divers poissons qui l'habitent, il a constaté que plusieurs poissons appartenant à la classe des *Téléostéens*, s'enfuient des endroits où règne une tension osmotique qui ne leur convient pas. Or, l'eau du Zuiderzée, comme M. DEKHUYZEN l'a établi, est soumise au même endroit à des oscillations considérables de pression osmotique; c'est surtout le cas pour la région des embouchures de rivières. Il a trouvé que ces changements sont parfois très brusques; il parle de « tempêtes osmotiques ». Il en résulte que la répartition du monde des poissons peut avoir un tout autre aspect aujourd'hui que demain. Inutile de relever son importance pratique pour les pêcheries, importance qui s'attache aux courants et à toutes autres influences, déterminant la pression osmotique momentanée d'une région.

Des vertébrés plus élevés encore que les téléostéens, qui, tout en habitant la mer dans les conditions normales, ont néanmoins le pouvoir de respirer par des poumons, possèdent une pression osmotique encore plus indépendante du milieu extérieur. La tension osmotique de ces animaux est presque identique à celle des vertébrés [exclusivement terrestres.

Enfin la pression osmotique du plasma sanguin des mammifères, tels que l'homme, est absolument indépendante de leur milieu ambiant.

*Apparemment la propriété de garder la pression osmotique constante et indépendante du milieu extérieur s'est développée dans le règne animal par voie phylogénétique.*

LÉON FREDERICQ, à qui nous devons des recherches très intéressantes sur ce point, a exprimé ainsi cette loi :

« A mesure que l'organisme se perfectionne, le milieu intérieur s'isole de plus en plus du milieu extérieur, les surfaces d'échange (branchie, intestin) devenant de moins en moins perméables (1904). »

(Voir sur ce sujet aussi les travaux de QUINTON, RODIER.)

## VII. — IMPORTANCE DE LA PRESSION OSMOTIQUE OU DE L'ISOTONIE DANS LA VIE NORMALE ET PATHOLOGIQUE. QUELQUES EXEMPLES.

a) **Force motrice de la pression osmotique. Formation de la lymphe.** — Partout où les molécules albuminoïdes se décomposent en molécules de structure plus simple, il se produit une augmentation du nombre des molécules; et cette augmentation provoquera un courant d'eau vers l'endroit de la décomposition. C'est ainsi que les tissus attireront de l'eau à travers les capillaires sanguins (ROTH). Il n'y a pas de doute que nous avons affaire ici à un des facteurs de la formation de la lymphe. Et il ne faut pas croire que la force dont il s'agit ici est une quantité négligeable. Quand deux liquides séparés par une membrane ont une dépression ne différant guère que d'un *millième de degré*, cette différence provoque le passage de l'eau d'un côté à l'autre avec une force correspondant à un *décimètre d'eau*, et cette force égalise à peu près la pression sanguine dans les capillaires, c'est-à-dire, la pression par laquelle le sang se meut dans les capillaires.

En effet, à quelle solution de NaCl correspond ce millième de degré de dépression? Une solution de NaCl à 1 p. 100 provoque un abaissement de 0,6° ; par conséquent un millième de degré correspond à peu près à une solution de NaCl de $\frac{0,001}{0,6} \times 1$ p. 100

= 0,017 p. 100. Donc, quand dans l'organisme deux liquides voisins ont seulement une différence de teneur en NaCl d'à peine 0,002 p. 100, la tendance vers l'équilibre osmotique ou autrement dit vers l'isotonie représentera une force motrice encore plus grande que celle de la pression sanguine dans les capillaires.

Or, grâce à l'assimilation et à la désassimilation, il se produit sans cesse et partout des différences de concentration; on n'exagère donc nullement en disant que la *pres-*

*sion osmotique, ou la tendance vers l'isotonie présente une force motrice des plus importantes et des plus efficaces dans l'économie animale.*

*b)* **Résorption dans les cavités séreuses et non séreuses. Douleur et anesthésie locale.** — Quand on injecte dans les cavités abdominale, pleurale ou péricardique une solution saline concentrée, le liquide injecté attire bientôt hors des vaisseaux sanguins une certaine quantité d'eau, qui rend la solution injectée isotonique avec le sérum. Si, au contraire, on injecte une solution faible hypoisotonique, celle-ci cédera de l'eau au courant sanguin jusqu'à ce qu'elle soit en équilibre osmotique avec le sérum. Ainsi dans les deux cas on constate une tendance vers l'équilibre osmotique, et, tandis que cet équilibre s'établit, il se produit une résorption du liquide (HAMBURGER, 1891). La même tendance se manifeste après l'injection de liquides anisotoniques dans les tissus sous-cutanés et sous-muqueux. Ici encore ces liquides finissent par devenir isotoniques avec le sérum sanguin.

Or on a observé que, tant que le liquide est hyper- ou hypoisotonique, l'individu accuse de la douleur; celle-ci disparaît quand l'équilibre osmotique est rétabli, en d'autres termes, quand le liquide injecté est devenu à peu près isotonique avec le sérum sanguin.

Il n'est pas douteux qu'en cas d'hyperisotonie la douleur doit être attribuée à une perte d'eau des éléments nerveux; en cas d'hypoisotonie la douleur se produit par la turgescence de ces éléments.

RITTER explique ainsi la douleur des inflammations aiguës. Auparavant on admettait que la douleur était due exclusivement à la pression mécanique des exsudats sur les nerfs. RITTER pense que l'état hyperisotonique du sérum de l'exsudat est encore une cause de douleur. En effet, il a évalué l'abaissement du point de congélation d'un grand nombre de produits d'inflammation aiguë, et il a trouvé des valeurs presque toujours beaucoup plus élevées que celles du sérum sanguin. Dans tous ces cas les patients accusaient une douleur très vive. Dans les abcès froids chroniques au contraire, où la douleur faisait défaut, on trouva l'abaissement du point de congélation identique à celui du sérum sanguin.

Les observations de BRAUN et de HEINTZ sur l'anesthésie locale sont en parfaite concordance avec les recherches de RITTER.

BRAUN et HEINTZ injectèrent dans la peau, c'est-à-dire dans le derme, des solutions salines de diverses concentrations. Une solution de NaCl, à 0,9 p. 100, ne provoqua pas de douleur; des solutions plus fortes ou plus faibles furent douloureuses. Ils expérimentèrent surtout avec les solutions faibles. Celles-ci causèrent des douleurs très vives, mais passagères, bientôt suivies d'un état anesthésique. A vrai dire, ce fait avait déjà été constaté par SCHLEICH et utilisé par lui pour ses injections bien connues. Comme on sait, il prescrit une solution de NaCl à 0,2 p. 100, solution considérablement hypoisotonique. C'est que pour prévenir là douleur de l'injection qu'il ajoute de la cocaïne.

Or BRAUN a proposé de prendre, au lieu d'une solution de NaCl de 0,2 p. 100, une solution de 0,9 p. 100, qui ne provoque ni la douleur, ni l'anesthésie, et de confier l'anesthésie exclusivement à la cocaïne.

Cette proposition comporte deux grands avantages : d'abord l'injection d'une solution contenant seulement 0,2 p. 100 NaCl provoque souvent des œdèmes, qui, après la résorption de la cocaïne, causent une douleur prolongée. En second lieu, il est rationnel d'éviter autant que possible des substances pernicieuses aux tissus. En passant, je fais remarquer qu'à ce point de vue on comprend qu'une solution de NaCl même à 0,6 p. 100, injectée dans des tissus hyperesthésiques, soit douloureuse.

Il vaut mieux suivre la prescription de BRAUN en dissolvant la cocaïne dans une solution de NaCl à 0,9 p. 100. La cocaïne elle-même a une force hydrophile minime et par conséquent négligeable.

*c)* **Règles diététiques en cas de troubles gastriques.** — La pression osmotique n'est pas sans importance dans la diététique en cas de troubles gastriques. STRAUSS a combattu quelques symptômes d'*hyperacidité* par l'administration de sucre de canne en solution très concentrée. Ce moyen, depuis longtemps, lui a rendu de grands services. La manière dont se comporte une telle solution dans l'estomac est facile à comprendre. La paroi stomacale n'est que peu perméable au sucre, très perméable au contraire à l'eau. La solution concentrée, soit de 15 p. 100, étant hyperisotonique vis-à-vis du plasma sanguin, en attirera de l'eau ; par conséquent le suc gastrique se dilue, et par cette dilution il perd son hyperacidité.

Une autre application à la pathologie de l'estomac est celle-ci. Il est rationnel d'éviter que dans l'*insuffisance de la motilité de l'estomac*, l'organe ne soit chargé d'un contenu surabondant. Par conséquent, il faut proscrire la nourriture et les boissons hyperisotoniques ; car la force hydrophile de celles-ci étant plus élevée que celle du sérum sanguin, elles attireront de l'eau, et la masse ingérée augmentera de volume.

C'est ainsi qu'on doit éviter les boissons alcooliques. Par exemple, le vin Rauenthaler a une dépression de — 5°, le vin de Bordeaux de — 4° ; la bière d'exportation (Schultheiss), de — 2°. Donc, 1/4 litre de vin de Bordeaux attirera environ deux litres d'eau ; car ce n'est qu'après cette dilution que le liquide est devenu isotonique avec le sérum sanguin ; en d'autres termes, l'équilibre osmotique entre le contenu de l'estomac et le sérum sanguin de sa paroi ne s'établit qu'après une pareille dilution.

Le lait a une dépression concordant sensiblement avec celle du sérum sanguin.

A ce point de vue, le médecin a intérêt à connaître les dépressions approximatives des boissons.

Le vin attire l'eau ; chacun le sait par expérience. Après une libation un peu copieuse de ce liquide, on a soif.

*d)* **Diagnostic et traitement de troubles circulatoires. Diagnostic de l'insuffisance des reins. Indication de la néphrectomie.** — D'abord je ferai quelques remarques sur le diagnostic et le traitement des troubles circulatoires.

De par l'alimentation, la quantité des molécules de notre corps s'accroît, non seulement de toutes les particules ingérées comme telles, mais en réalité d'un nombre beaucoup plus considérable, puisque beaucoup de molécules subissent une décomposition. Or cette augmentation amènerait un notable accroissement de la pression osmotique du sang, si les reins n'éliminaient pas les particules superflues. En effet, les reins exercent une influence prépondérante dans la régulation de la pression osmotique. Ce fait est prouvé d'une façon irréfutable par l'absence de toute régulation, après ligature des artères rénales ou extirpation des deux reins. En ces cas, la pression osmotique du sérum sanguin augmente considérablement (Hamburger, 1895). Il est évident que le même phénomène devra se produire, quand les reins deviennent insuffisants par suite d'altérations morbides.

Mais l'insuffisance rénale n'est pas la seule cause d'élévation de la pression osmotique du sérum sanguin. Alex. von Korányi constata cette même élévation dans les troubles circulatoires des cardiaques avec défaut de compensation. Ici la teneur considérable en acide carbonique est seule en jeu. Or von Korányi a donné une méthode pour diagnostiquer ces deux causes de l'augmentation (1897).

Dans ce but le savant hongrois a utilisé nos recherches (1891) et celles de von Limbeck (1895) sur l'influence de l'acide carbonique sur le sang. Nous avons trouvé qu'en mélangeant ce gaz avec le sang, il se produit une modification dans la distribution des substances constitutives des globules et du sérum. Le sérum cède de l'eau et du chlore aux corpuscules. Donc ces derniers se gonflent et s'enrichissent en chlore ; par contre ils s'appauvrissent en alcali, dont ils cèdent une partie au sérum.

Puis la pression osmotique augmente.

Et enfin, chose très importante, tous ces changements sont réversibles. En effet, en traitant par l'oxygène le sang préalablement mélangé avec l'acide carbonique, l'état primitif se rétablit, et le sang récupère sa composition antérieure. Comme je l'ai dit, von Korányi a utilisé ces recherches pour distinguer l'augmentation de la pression osmotique due à des troubles circulatoires, d'avec celle que cause l'insuffisance rénale. Il lui a suffi de soustraire au patient un peu de sang, de soumettre ce sang à un courant d'oxygène et de noter le point de congélation. Si, après le passage de l'oxygène, la dépression revient à sa valeur normale, on peut dire que la *cyanose* est la cause de son augmentation. Si au contraire le passage d'oxygène n'a aucune influence, il existe une *insuffisance des reins.*

Si la dépression n'est que partiellement modifiée, nous avons une combinaison des deux troubles, c'est-à-dire à la fois un enrichissement du sang en $CO_2$ et une insuffisance rénale.

En second lieu, von Korányi a utilisé nos recherches dans un *but thérapeutique*. Si la dépression du sérum sanguin d'un cardiaque est augmentée, l'auteur hongrois fait respirer de l'oxygène, et il a constaté qu'il s'opère dans le courant circulatoire le phénomène qu'on observe *in vitro*. Le sang recouvre sa composition normale. En effet, le plasma (sérum) récupère l'eau, que sous l'influence de l'acide carbonique il avait cédé aux corpuscules; cette dilution entraîne une diminution de viscosité; la circulation s'améliore. Cette amélioration de la circulation se fait sentir dans deux sens; d'abord le sang dans le système coronaire accomplit mieux sa fonction nutritive que lorsque le courant sanguin est ralenti par la grande viscosité du plasma; le cœur bat avec plus d'activité. En second lieu, l'amélioration de la circulation se manifeste dans la fonction des *reins*; la diurèse devient plus abondante, ce qui est encore favorisé par l'enrichissement du sérum en NaCl.

Et que voit-on à la suite de l'amélioration de l'activité cardiaque et rénale? Une disparition des œdèmes.

Von Korányi a constaté que l'influence favorable des inhalations d'oxygène persiste encore longtemps après.

*On voit ainsi que d'un côté l'évaluation de la pression osmotique du sérum sanguin donne le diagnostic différentiel entre le cyanose et l'insuffisance rénale ; on voit d'autre part qu'elle a fourni une thérapeutique rationnelle des troubles circulatoires d'origine cardiaque.*

La détermination de la pression osmotique du sérum sanguin présente encore un autre intérêt. On l'a utilisée pour établir les *indications de l'extirpation rénale*.

Depuis longtemps on sait que l'absence ou la maladie d'un rein peut être compensée par l'autre rein, celui-ci étant normal. Von Korányi, Richter et Roth ont irréfutablement démontré (1899) une pareille compensation de la fonction régulatrice de la pression osmotique. Ces auteurs virent que, chez les lapins dont un des reins est extirpé, la dépression du sérum sanguin reste inaltérée, mais qu'elle s'élève bientôt, lorsque le rein sain, resté dans le corps, a subi une lésion importante. Si par conséquent la dépression du sérum sanguin dépasse la valeur normale, les *deux* reins doivent être malades, et, d'après Kümmel, à qui nous devons les premières recherches sur ce point important, on fera bien de s'abstenir d'une extirpation, à moins qu'il n'existe une raison majeure.

Si au contraire la dépression du sang est normale (et cette valeur chez l'homme d'après Kümmel est de 0,55°-0,57°), on est autorisé à retrancher le rein malade.

L'examen comparatif de l'*urine* de chaque rein nous permet d'établir nettement la valeur fonctionnelle de chacun d'eux. Or on peut recueillir l'urine séparément, soit en cathétérisant les deux uretères, soit en appliquant le diviseur de Luys.

Kümmel a publié tant de résultats si bien documentés qu'il semble presque téméraire de mettre en doute, par des remarques ou par des objections, l'exactitude de sa thèse. Cependant on se demande comment il est possible que cet auteur trouve toujours 0,55-0,57° comme point de congélation du sang de l'homme normal; car la pression osmotique aux diverses heures du jour est soumise à d'assez grandes oscillations et peut sans doute dépasser ces limites.

D'ailleurs ce fait ne peut nous étonner. En effet, l'ingestion de nourriture détermine une augmentation de la pression osmotique du sérum. Celle-ci reste plus élevée encore quelques heures après le repas. Au premier abord, ce fait semble être en contradiction avec tout ce que nous avons dit de la rapidité avec laquelle la tension osmotique revient à son taux normal. Mais il ne faut pas oublier que la résorption des aliments ne se produit pas tout d'un coup. La plupart des matières ingérées doivent subir un changement préalable au contact des sécrétions glandulaires, avant leur résorption. Ensuite, après absorption de ces substances par le courant circulatoire, elles se décomposent au sein des tissus en nombre de sous-produits qui présentent ensemble une pression osmotique plus grande que les substances alimentaires dont elles dérivent. Ainsi se produit un transport régulier de molécules vers le sang, s'effectuant encore bien longtemps après le repas. Si l'on considère les multiples variations de la composition de notre nourriture, on comprend facilement que l'heure à laquelle on prélève le sang ne peut être indifférente. Cependant il est possible de créer des circonstances réduisant ces oscillations à un minimum.

Schoute a fait sous ma direction des recherches dans cette voie (1903). En premier lieu on prescrit une diète composée d'œufs et de lait, et on permet à la personne en observation d'en consommer la quantité qui lui est nécessaire. C'est un régime qui a l'avantage de ne pas produire de très grandes oscillations dans la dépression du sang. En second lieu, et c'est la chose principale, on prélève le sang le matin, à jeun, donc à un moment où on a le droit de supposer que la pression osmotique, altérée par la nourriture de la veille, s'est rétablie à son taux normal. En expérimentant de cette manière on trouve une dépression oscillant entre 0,56° et 0,58°. Mais, si l'on néglige ces précautions, les oscillations sont beaucoup plus grandes. Évidemment l'examen de la fonction rénale des malades exige les mêmes précautions. Or, chose remarquable, les publications de Kümmel ne font nulle part mention d'une précaution quelconque, en ce qui concerne le temps où il prélève le sang.

Je pourrais ajouter à ces exemples plusieurs autres. C'est ainsi que je pourrais mentionner le rôle prépondérant *de la force hydrophile des matières albuminoïdes du plasma sanguin des vaisseaux péritonéaux et pleuraux, dans la résorption des matières salines dans les cavités séreuses* (Starling). Je pourrais citer l'influence de la pression osmotique dans la *genèse de l'hydropisie* et l'usage qu'on a fait de la détermination du point de congélation du sérum sanguin, pour établir *la mort par submersion* (Carrara), etc. Mais je ne veux plus étendre cet article. On n'exagère pas en disant que la doctrine de l'isotonie, éclaircie par la théorie de la pression osmotique et celle des ions, a déjà rendu de grands services dans le domaine de la physiologie et de la pathologie, et sans doute en rendra encore plusieurs autres.

(Voir pour les détails : Hamburger. *Osmotischer Druck und Ionenlehre in den medicinischen Wissenschaften.* — *Lehrbuch physikalisch-Chemischer Methoden*, Wiesbaden, J.-F. Bergmann, 3 volumes (1902-1904). — *Physikalische Chemie und Medizin.*, Ein Handbuch, herausgegeben von A. von Korányi und P. F. Richter, Leipzig, G. Thieme, 1907-1908.

H. J. HAMBURGER.

**Bibliographie.** — Alexandrow et Sabenejew. *Ueber das Moleculargewicht des Eieralbumins (Zeitschr. f. physik. Chemie*, ix, 1892, 88). — Arrhenius. *Ueber die Dissociation der in Wasser gelösten Stoffe (Zeitschr. f. physik. Chemie*, i, 1887, 631). — Beckmann. *Methode der Moleculargewichtsbéstimmung durch Gefrierpunktserniedrigung (Zeitschr. f. physik. Chemie*, ii, 1888, 638). — M. et L. Bleibtreu. *Eine Methode zur Bestimmung des Volums der körperlichen Elemente im Blut.* (A. g. P., li, 1892, 151). — M. Bleibtreu. *Wiederlegung der Einwände des Herrn H. J. Hamburger gegen das Prinzip der von L. Bleibtreu und mir begründeten Methode der Blutkörperchenvolumbestimmung* (A. g. P., lv, 1893, 402). — Bottazzi. *La pression osmotique du sang des animaux marins* (Recherches cryoscopiques. (Note préventive, A. i. B., xxviii, 1897, 61). — Bottazzi et Ducceschi, *Résistance des érythrocytes, alcalinité du plasma et pression osmotique du sang dans les différentes classes des vertébrés* (A. i. B. xxvi, 1896, 161). — Bottazzi et Fano. *Sur la pression osmotique du sérum, du sang et de la lymphe en différentes conditions de l'organisme* (A. i. B., xxvi, 1896, 45). — Bousquet, *Recherches cryoscopiques sur le sérum sanguin* (Paris : E. Bernard et Co, 1899). — H. Braun. *Experimentelle Untersuchungen und Erfahrungen über Infiltrationsanästhesie* (Arch. f. klin. Chirurgie, lvii, 1898, (2), 370). — Burgarsky et Tangl, *Physikalisch-Chemische Untersuchungen über die molecularen Concentrationsverhältnisse des Blutserums*, (A. g. P., lxxii, 1898, 531). — Carrara. *La cryoscopie du sang dans la diagnose médico-légale de la mort par submersion* (A. i. B. xxxv, 1901, 349). — Castellino et Maragliano. *Über die langsame Necrobiose der rothen Blutkörperchen, sowohl im normalen wie auch im pathologischen Zustande und ihrem semiologischen klinischen Werth (Zeitschr. f. klin. Medicin*, 1892, 415). — Chanel. *Sur la résistance des hématies* (Thèse de Lyon, 1880). — Clausius, *Über die Electricitätsleitung in Electrolyten* (Poggend. Annal., ci, 1857, 338). — Th. Cohn. *Über die Methodik der klinischen Kryoskopie* (Festschrift f. Max Jaffe). — W. Cohnstein. *Über die Theorie der Lymphbildung* (A. g. P., lxiii, 1896, 587). — Dastre et Loye. *Nouvelles recherches sur l'injection de l'eau salée dans les vaisseaux* (A. P., 1889, 253). — Dastre. *Osmose, Tonométrie, Cryoscopie*, Paris, 1901, Masson). — Derhuyzen.

*Ein Kryoskop (Biochem., Zeitschr.*, XI, 1908, 336). — J. DEMOOR. *Les variations de la pression osmotique des cellules hépatiques (Bulletin de l'Acad. Roy. de Méd. de Belgique, séance du 26 nov. 1904);* — *Rôle de la pression osmotique dans les fonctions du foie, des poumons et des reins (Bull. de l'Acad. roy. de Belgique,* 12 Déc. 1906, 847 *et Arch. internat. de Physiol.,* IV, 1906, 340); — *Rôle de la pression osmotique dans les phénomènes de la vie animale (Mémoires de l'Acad. Roy. de Belgique,* II, 1907). — DRESEL. *Über Diurese und ihre Beeinflussung durch pharmakologische Mittel* (A. P. P. XXIX, 1892, 303). — DUCCESCHI et BOTTAZZI. *Résistance des érythrocytes, alcalinité du plasma et pression osmotique du sang dans les différentes classes des vertébrés* (A. i. B., XXVI, 1896, 161). — DUNCAN. *Beiträge zur Pathologie und Therapie der Chlorose (Sitzungsber. d. Wien. acad. d. Wissenschaften,* 4 avril 1867). — C. EYKMAN. *Die Bleibtreu'sche Methode zur Bestimmung des Volums der körperliche Elemente im Blut.* (A. g. P., LX, 1895, 340); — *Blutuntersuchungen in den Tropen* (A. A. P. CXLIII, 1896, 448); — *Über die Permeabilität der rothen Blutkörperchen* (A. g. P., LXVIII, 1897, 58). — FANO et BOTTAZZI. *Sur la pression osmotique du sérum, du sang et de la lymphe en différentes conditions de l'organisme* (A. i. B., XXVI, 1896, 45). — LÉON FREDERICO. *Rapports sur son mémoire couronné concernant l'influence du système nerveux sur la régulation de la température chez les animaux à sang chaud (Bulletin de l'Acad. Royale de Belgique* 1882); — *Zusammensetzung der Salze des Blutes und der Gewebe der Seethiere (Livre jubilaire Soc. méd. de Gand,* 1884, 9); — *Influence du milieu ambiant sur la composition du sang des animaux aquatiques (Arch. d. Zoologie expérimentale. Notes et Revue,* 2e *Série,* III, 1885, 34); — *Cryoscopie des solides de l'organisme (Bulletin de l'Acad. Roy. de Méd. de Belgique,* 1902); — *Sur la concentration moléculaire du sang et des tissus chez les animaux aquatiques (Arch. de Biol.,* XX, 1904, 709). — FRIEDENTHAL. *Ueber eine neue Methode zur Bestimmung der Wirksamkeit von Fermentlösungen* (C. P., XIII, 1899, n° 19); — *Über die Genauigkeit von Messungen des Gefrierpunktserniedrigung bei Anwendung kleiner Flüssigkeitsmengen* (C. P. XIV, 1900, n° 7). — GRYNS. *Omtrent den invloed van verschillende stoffen ap het volumen der roode bloedlichaampjes (Versl. k. Ak. v. W. te Amsterdam* 24 Feb. 1894, 138). — A. GURBER. *Über den Einfluss der Kohlensäure auf die Vertheilung von Basen und Säuren zwischen Serum und Blutkörperchen (Sitz. ber. d. med. physik., Gesellsch. zu Wurzburg,* 25 Febr. 1895, 28-32). — HAAKE et SPIRO. *Über die diuretische Wirksamkeit im Blute isotonischer Salzlösungen (Hofmeisters Beitr. z. Chem. Physiol. u. Pathologie,* II, 1902, 149). — H.-J. HAMBURGER. *De invloed van scheikundige verbindingen op bloedlichaampjes in verband met haar moleculair gewichten (Proc. verb. k. Ak. v. W.,* 1883, 29 Déc.); — *De veranderingen van roode bloedlichaampjes in Zout-en suikeroplosisngen (Proc. verb. k. Ak. v. W.,* 1884, 27 Déc., 307-311); — *Über den Einfluss chemischer Verbindungen auf Blutkörperchen in Zusammenhang mit ihrer Moleculargewichten* (A. P., 1886, 446); — *Hoeweel water kan men by bloed voegen zonder dat haemoglobine Nittreedt (Onderz. 1886, (3),* X, 33-35); — *Über die durch Salze und Rohrzuckerlösungen bewirkten Veränderungen der Blutkörperchen* (A. P., 1887, 31); — *Die Permeabilität der rothen Blutkörperchen im Zusammenhang mit den isotonischen Coëfficienten* (Z. B. XXVI, 414); — *Die isotonischen und die rothen Blutkörperchen* (Z. p. C., VI, 1890, 319-333); — *Ueber die Reglung der Blutbestandtheile bei hydrämischer Plethora, Hydrämie und Anhydrämie* (Z. B., XXVII, 1890, 259-308 *et Versl. K. Ak. v. W.,* (3) VII, 1890, 364-420); — *Über den Einfluss des respiratorischen Gaswechsels auf die Permeabilität der Blutkörperchen* (Z. B., XVIII, 1890, 405-416); — *Over den invloed der ademhaling op de permeabiliteit der bloedlichaampjes* (Z. B., XXVIII, 1891, 405); — *Over den invloed van Zuur en Alkali op gedefibrineerd bloed* (A. Db., 1892, 513); — *Die physiol. Kochsalzlösung und die Volumbestimmung der körperlichen Elemente im Blute* (C. P., 1892, 17 Juin); — *Untersuchungen über die Lymphbildung, insbesondere bei Muskelarbeit* (Z. B., XXX, 1893, 143-178); — *Vergleichende Untersuchungen von arteriellem und venösem Blute und über den bedeutenden Einfluss der Art des Defibrinirens auf die Resultate von Blutanalysen* (A. P., Suppl., 1893, 157, 332-339); — *Über den Einfluss von Säure und Alkali auf die Permeabilität der lebendigen Blutkörperchen, nebst einer Bemerkung über die Lebensfähigkeit des defibrinirten Blutes* (A. P., Suppl., 1893, 153); — *Die Volumsbestimmung der körperlichen Elemente in Blute und die physiologische Kochsalzlösung. Antwort an Herrn Max Bleibtreu* C. P., 1894, 27 Jan.); — *Sur la détermination de la tension osmotique de liquides albumineux au moyen de l'abaissement du point de congélation (Rec. chim. Pays-Bas,* XIII, 67-79 *et*

CP., 1894, 24 Febr.); — *La pression osmotique dans les sciences médicales* (A. A. P., cxl, 1895, 503-523); — *Ueber die Formveränderungen der rothen Blutkörperchen in Salzlösungen, Lymph und verdünunten Blutserum* (A. A. P., cxli, 1895, 230-238); — *Über die Reglung der osmotischen Spannkraft von Flüssigkeiten in Bauch-und Pericardialhöhle. Ein Beitrag zur Kenntniss der Resorption* (Verh. K. Ak. v. W.. 1895, iv, n° 6, 96 et A. P., 1895, 281-364, et La Belgique médicale, 1895, ii, n° 31); — *Die osmotische Spannkraft des Blutserums in verschiedenen Stadien der Verblutung* (C. P., 1895, 15 Juin); — *Über Resorption aus der Peritonealhöhle. Bemerkungen zur dem Aufsatze des Herrn Dr Cohnstein* (C. P. 1895, 2 nov.); — *La détermination du point de congélation du lait, comme moyen de découvrir et d'évaluer la dilution par l'eau* (Rec. chim., Pays-Bas, xiv, 1896, 349 et N. F. voor Pharmacie en Tosciocologie, 7, et Zeitschr. f. Fleisch u. Milchhygiene, vi, 167); — *Ein neues Verfahren zur Bestimmung der osmotischen Spannkraft des Blutserums* (C. P. 1897. 26 juin); — *Einfluss des respiratörischen Gaswechsels auf das Volum und die Form der rothen Blutkörperchen* (Z. B. xxxv, 1897, 252); — *Über den Einfluss geringer Quantitäten Säure und Alkali auf das Volum der rothen und weissen Blutkörperchen* (Verslag K. Ak. v. W., 1897, 27 Febr. et A. P., 1898, 31-46); — *Über den Einfluss von Salzlösungen auf das Volum thierischer Zellen. Erste Mittheilung.* (Weisse Blutkörperchen, rothe Blutkörperchen, Spermatozoa (A. P., 1898, 317-341); — *Über den Einfluss von Salzlösungen auf das Volum thierischer Zelle. Zugleich ein Versuch zur quantitativen Bestimmung deren Gerüstsubstanz,* 2te *Mittheilung,* (Darm, Trachea, Harnblasen-und Œsophagusepitel (A. P., Suppl., 1899, 431-476, et Versl. K. Ak. v. W., 25 maart 1899, et *The influence of salt solutions on the volume of animal cells, et* N. T. v. Gen., (2), 1231-1247); — *Eine Methode zur Trennung und quantitativen Bestimmung des diffusibilen und nicht diffusibilen Alkali in serösen Flussigkeiten* (Verh. K. Ak. v. W., Decl. vi, n° 1, 34 et A. P., 1898, 1-30); — *Über das Verhalten des Blasenepithels gegenüber Harnstoff* (A. P., 1898, 9-22); — *Sur la résistance des globules rouges, Analyse des phénomènes et proposition pour mettre de l'unité dans les évaluations* (J. P., 1900, (2) nov. n° 6); — *Untersuchung des Harns mittels combinirter Anwendung von Gefrierpunkt-und Blutkörperchenmethode* (Centralbl. f. inn. Med., n° 12, 1900, et N. F. v. Gen., 1900, (1), 838-850). — Hamburger et M. H. J. v. d. Schroef. *Die Permeabilität von Leucocyten und Lymphdrüsenzellen für die Anionen von Natriumsalzen* (A. P., Suppl., 1902, 121). — Hamburger. *Osmotischer Druck und Ionenlehre in den medizinischen Wissenschaften, zugleich Lehrbuch physik. Chemischer Methoden* (Physikalisch-chemische Grundlagen und Methoden. Die Beziehungen zur Physiologie und Pathologie des Blutes). Wiesbaden : J. F. Bergmann, 1902, 539). — Hamburger et v. Lier. *Die Durchlässigkeit von rothen Blutkörperchen für die Anionen von Natriumsalzen* (A. P., 1902, 492-532). — Hamburger. *Die Concentrationsangabe von Lösungen* (Zeitschr. f. physik. Chemie, 1904, xlvii, 495-497); — *Eine Methode zur Bestimmung des osmotischen Druckes sehr geringer Flüssigkeitsmengen* (Biochem. Zeitschr., 1906, i, 239-281). — Hamburger et Hekma. *Over phagocytose; et Quantitative researches on phagocytosis. A Contribution to the biology of phagocytes* (Proceedings of the Roy. Soc., 1907, 29 juin); — *Quantitative Studien uber Phagocytose* (Biochem. Zeitschr., 1907, iii, vii, 88-115; 102-116); — *Quantitative Studien über Phagocytose. Zur Biologie des Phagocyten,* (iii) (Bioch. Z., 1908, (ix), 375-306). — Hamburger. *On the permeability of red bloodcorpuscles to calcium* (Proceed. of the Roy. Soc., 1908, 31 october). — *Über den Durchtritt von Ca-Jonen durch die Blutkörperchen und dessen Bedingungen* (Z. f. ph. Chemie, lxix, 1909, 663, 25 Jahre). — *Osmotischer Druck in den medicinischen Wissenschaften* (Janus, Arch. intern. pour l'Histoire de la Médecine, xv, 1910, 787). — Hamburger et Bubanovic. *La perméabilité physiologique des globules rouges, spécialement vis-à-vis des Cations* (Arch. intern. de Physiol., x, 1910, 1). — Hedin. *Untersuchungen mit dem Hämatokrit* (Skand. A. f. Phys., 1892, 360); — *Über die Brauchbarkeit der Centrifugalkraft für quantitative Blutuntersuchungen* (A. g. P. lx, 1895, 360); — *Über die Einwirkung einiger Wasserlösungen auf das Volumen der rothen Blutkörperchen* (Skand. Archiv. f. Physiol. v, 1895, 207 et 238); — *Über die Bestimmung isosmotischer Konzentration durch Centrifugiren von Blutmischungen* (Zeitschr. f. physik. Chemie, xvii, 1895, 164); — *Über die Permeabilität der rothen Blutkörperchen* (A. g. P., lxviii, 1897, 229); — *Versuche über das Vermögen der Salze einiger Stickstoffbasen, in die Blutkörperchen einzudringen* (A.g. P., lxx, 1898, 523); — Hédon et Fleig. *Sur l'entretien de l'irritabilité de certains organes séparés du corps par immersion dans un liquide nutritif artificiel* (B. B., 1903, 1105 et C. R.,

CXXXVII, 217). —Hédon. Action des sérums artificiels et du sérum sanguin sur le fonctionnement des organes isolés des mammifères (Arch. internat. de Physiol., 1905, 95-126). — R. Heidenhain. Neue Versuche über die Aufsaugung des Dünndarms (A. g. P., LVI. 1894, 579). — P. Heinze. Experimentelle Untersuchungen über Infiltrationsanasthesie (A. P., CLIII, 1898, 466). — Hirshmann. Über die Reizung motorischer Nerven durch Lösungen von Neutralsalzen (A. g. P., IL, 1891, 301). — Van't Hoff. Die Rolle des osmotischen Druckes in der Analogie zwischen Lösungen und Gasen (Zeitschr. f. physik. Chemie, I, 1807, 481). — Holborn und Kohlrausch. Das Leitvermögen der Electrolyte (Leipzig : Teubner, 1898). — Howell. On the relation of the blood to the automaticity and sequence of the heart beat (Americ. Journ. of Physiol., II, 1898, 47). — Howell. An analysis of the influence of the sodium, potassium and calcium salts of the blood on the automatic contractions of heart-muscle (Americ. Journ. of Physiol., VI, 4, 1901-1902, 181). — Huek et Langendorf. Die Wirkung des Calciums auf das Herz. (A. g. P., XCVI, 1903, 473). — Kohlrausch et Holborn. Das Leitvermögen der Electrolyte, (Leipzig : Teubner, 1898). — F. Kohlrausch. Das Gesetz von den unabhängigen Wanderungen der Ionen (Wiedem. Ann., VI, 1879, 1 et 167); — Das electrische Leitungsvermögen der wässerigen Lösungen von den Hydraten und Salzen der leichten Metalle, sowie von Kupfervitriol, Zinkvitriol und Silbersalpeter (Wiedemann's Ann., VI, 1879, 145). — Koeppe, Über den Quellungsgrad der rothen Blutscheiben durch aquimoleculare Salzlösungen und über den osmotischen Druck des Blutplasmas (A. P., 1895, 154); — Bemerkungen zu Hedin's Abhandlung ; Über die Bestimmung isosmotischer Konzentration durch Zentrifugieren von Blutmischungen (Zeitschr. f. Phys. Chemie, XVII, 1895, 552); — Über Osmose und den osmotischen Druck des Blutplasmas (D. med. Wochenschr., 1895, 545); — Der osmotische Druck als Ursache des Stoffaustausches zwischen rothen Blutkörperchen und Salzlösungen (A. g. P., LXVII, 1897, 1 89); — Physiologische Kochsalzlösung, Isotonie, Osmotischer Druck (A. g. P., LXV, 1897. 492); — Die Volumänderungen rother Blutscheiben in Salzlösungen (Archiv f. Anat. u. Physiol., 1899, 504); — Die Berechnung der Gerustsubstanz rother Blutkörperchen nach H. J. Hamburger (Archiv f. Anat. u.) Physiol., 1900, 308). — A. v. Korányi. Physiologisch und klinische Untersuchungen über den osmotischen Druck thierischer Flüssigkeiten (Zeitschr. f. klin. Med., XXXIII, 1897, 1, et XXXIV, 1898, 1).—H. Kümmel. Die Feststellung der Funktionsfähigkeit der Nieren vor operativen Eingriffen (D. Arch. f. klin. Chirurgie, XLI, 1900, 690); — Die Grenzen erfolgreicher Nieren exstirpation und die Diagnose der Nephritis nach kryoskopischen Erfahrungen (Deutsch. Arch. f. klin. Chirurgie, LXVII, 1902, 487). — J. J. Kunst. Beiträge zur Kenntniss der Farbenzerstreuung und des osmotischen Drucks einiger brechenden Medien des Auges (Inaug. Dissert. Freiburg im Br. Leiden, 1895). — Langendorff et Hueck. Die Wirkung des Calciums auf das Herz (A. G. P., XCVI, 1903, 473). — V. Limbeck. Klinische Beobachtungen über die Resistenz der rothen Blutkörperchen und die Isotonieverhältnisse des Blutserums bei Krankheiten (Prag. med. Wochenschr., 1890, nos 28 et 29); — Über den Einfluss des respiratorischen Gaswechsels auf die rothen Blutkörperchen (A. P. P. XXXV, 1895, 309); — Grundniss der klinischen Pathologie des Blutes (2 Aufl., 1896, 165). — J. Loeb. Über die Entstehung der Activitäts hypertrophie der Muskeln (A. g. P. LVI, 1894, 270) — Physiologische Untersuchungen über Ionenwirkungen. 1° Mitheilung. Versuche am Muskel (A. g. P., LXIX. 1898, 1) : (2 Mittheilung, A. g. P., LXXI, 1898, 457) ; — Uber die Aehnlichkeit der Flüssigkeitsresorption in Muskeln und in Seifen (A. g. P., LXXV, 1899, 303); —On the nature of the process of fertilization and the unfertilized egg of the sea urchin (Americ. Journ. of Physiol., III, (3), 1899, 135) ; — Further experiments on artificial parthenogenesis and the nature of the process of fertilization (Americ. Journ. of Physiolog., IV, 1900, 434) ; — Über den Einfluss der Werthigkeit und möglicher weise der elektrischen Ladung von Ionen auf ihre antitoxische Wirkung (A. g. P., LXXXVIII, 1901, 68); — Experiments on artificial parthenogenesis in Annelids (Chaetopterus) and the nature of the process of fertilization (Americ. Journ. of Physiol., IV, 1901, 423); — Studies on the physiological effects of the valency and possibly the electrical charges of ions. I. The toxic and antitoxic effects of ions as a function of their valency and possibly of their electrical charge (Americ. Journ. of Physiol., VI, 1902, 441). — Loeper. Mécanisme régulateur de la composition du sang (Paris, G. Steinheil, 1903). — Loye et Dastre. Nouvelles recherches sur l'injection de l'eau salée dans les vaisseaux (A. P., 1889, 253). — R. Magnus. Vergleichung der diuretischen Wirksamkeit isotonischer Lösungen (A. P. P., XLIV, 1900, 396. — Malassez. Les *premières recherches sur la résistance des globules rouges du sang* (*Mémoires de la Soc. de Biol.*, 1873. 134 *et Comptes rendus de la Soc. de Biol.*, 1895, 2); — *Sur les solutions salées dites physiologiques* (*C. R. Soc. Biol.*, III, 1896, 504). — E. MARAGLIANO et CASTELLINO. *Über die langsame Nekrobiose der rothen Blutkörperchen, sowohl in normalem wie auch in pathologischem Zustande, und ihren semiologischen und klinischen Werth* (*Zeitschr. f. klin. Med.*, 1892, 415). — MASSART. *Sensibilité et adaptation des organismes à la concentration des solutions salines* (*Archiv. de Biol.*, IX, 1889, 515). — MORGAN. *The action of salt solutions on the unfertilized and fertilized eggs of Arbacia and of other animals* (*Arch. für die Entwicklungsmechanik*, VIII, 1899, 448). — A. MOSSO. *Über verschiedene Resistenz der Blutkörperchen bei verschiedenen Fischarten* (*62 Versamml. deutscher Naturf. und Aerzte in Heidelberg*, 21 sept. 1899 et *Biol. Centralbl.*, X, 1890, 570); — OVERTON. *Osmotische Eigenschaften der Zellen in ihrer Bedeutung für die Toxikologie und Pharmakologie* (*Zeitschr. f. physik. Chemie*, XXII, 1897, 189). — ORLOW. *Einige Versuche über die Resorption in der Bauchhöhle* (*A. g. P.*, LXIX, 1895, 170). — PFEIFFER et SOMMER. *Über die Resorption wässeriger Salzlösungen aus dem menschlichen Magen unter physiologischen und pathologischen Verhältnissen* (*A. P. P.*, XLIII, 1900, 93). — QUINTON. *Hypothèse de l'eau de mer, milieu vital des organismes élevés* (*Compt. rend. Soc. Biol.*, 30 oct. 1897, 935); — *Communication osmotique chez l'invertébré marin normal entre le milieu intérieur de l'animal et le milieu extérieur* (*C. R.*, 26 nov. et 3 déc., 1900, 905). — RAOULT. *Sur la tension de vapeur et sur le point de congélation des solutions salines* (*C. R.*, LXXXVII, 1878, 167); — *Sur le point de congélation des liqueurs alcooliques* (*C. R.*, XC, 1880, 865); — *Loi de congélation des solutions aqueuses des matières organiques* (*C. R.*, XCIV, 1882, 1517); — *Recherches sur le partage des acides et des bases en dissolution par la méthode de congélation des dissolutions* (*C. R.*, XCVI, 1883, 560); — *Bestimmung des Gefrierpunktes wässeriger Lösungen von grosser Verdünnung, Anwendung auf den Rohrzucker* (*Zeitschr. f. phys. Chemie*, IX, 1892, 343); — *Über Präzisionskryoskopie sowie einige Anwendungen derselben auf wässerige Lösungen* (Übersetz. R. Luther) (*Zeitschr. f. physik. Chemie*, XXVII, 1898, 617); — RICHTER et ROTH. *Experimentelle Beiträge zur Frage der Nieren insufficienz* (*Berl. klin. Wochenschr.*, 1899, 657-683). — SIDNEY RINGER. *Action of lime-, potassium- and sodium salts on skeletal muscles* (*Journ. Physiol.*, VII, 20, 1887). — RITTER. *Die natürlichen schmerzlindernden Mittel des Organismus* (*Arch. f. klin. Chirurgie* (LXVIII, 1902, 429); — F. RODIER. — *Observations et expériences comparatives sur l'eau de mer, le sang et les liquides internes des animaux marins* (*Travaux du laborat. de la Société scientif. et station zoologique d'Arcachon*, III, 1899, 103); — *Sur la pression osmotique du sang et des liquides internes chez les poissons sélaciens* (*C. R.*, LXXXI, 1900, 10 déc., 1008); — ROTH. *Über die Permeabilität der Capillärwand und deren Bedeutung für den Austausch zwischen Blut und Gewebsflüsigkeit* (*Archiv f. (Anat. u.) Physiologie*, 1899, 416). — ROTH et RICHTER. *Experimentelle Beiträge zur Frage der Niereninsufficienz* (*Berl. klin. Wochenschr.*, 1899, 657-683). — ROTH et STRAUSS. *Untersuchungen über den Mechanismus der Resorption und Secretion in menschlichen Magen* (*Zeitschr. f. klin. Med.*, XXXVII, 1899, 144). — SABENEJEW et ALEXANDROW. *Über das Moleculargewicht des Eieralbumins* (*Zeitschr. f. physik. Chemie*, IX, 1892, 88). — D. SCHOUTE. *Het physischchemisch onderzoek von menschelyk bloed in de Kliniek* (*Diss. Groningen*, 1903). — SOMMER et PFEIFFER, *Über die Resorption wässerigen Salzlösungen aus dem menschlichen Magen unter physiolog. und patholog. Verhältnisse* (*A. P. P.* XLIII, 1900, 93). — SPIRO et HAAKE. *Über die diuretische Wirksamkeit dem Blute isotonischer Salzlösungen* (*Hofmeister's Beiträge zur Chem. Physiol. und Path.*, II, 1902, 149). — STARLING et TUBBY. *On absorption from and secretion into the serous cavities* (*J. P.*, XVI, 1894, 140). — STARLING. *The influence of mechanichal factors on lymph production* (*J. P.* XVI, 1894, 224); — *On the mode of action of lymphagogues* (*J. P.*, XVII, 1894, 30); — *Arris and Gale lectures on Dropsy* (*The Lancet*, 9, 16 et 23 may 1896); — *On the absorption of fluids from the connective tissue spaces* (*J. P.*, XIX, 1896, 312); — *The production and absorption of lymph* (*Textbook of Physiol.*, 1898, I, 235); — *The globular functions of the kidney* (*J. P.*, XXIV, 1899, 317). — STRAUSS et ROTH. *Untersuchungen über den Mechanismus der Resorption und Secretion im menschlichen Magen* (*Zeitschr. f. klin. Med.*, XXXVII, 1899, 144). — STRAUSS. *Zur Funktion des Magens* (*Verhandl. d. XVIII. Congr. f. inn. Med.*, 1900, 556). — TAMMANN. *Thätigkeit der Niere im Lichte der Theorie des osmotischen Drucks* (*Zeitschr. f. physik. Chemie*, XX, 1896, 180). — TANGL et BURGAKSKI. *Physikalisch-Chemische*

*Untersuchungen über die molecularen Concentrationsverhältnisse des Blutes (A. g. P.,* LXXII, 1898, 531). — URCELAY. *De la résistance des globules rouges (Diss. in. Paris, 1395).* — VAQUEZ. *Des méthodes propres à évaluer la résistance des globules rouges (B. B., 1898, 159);* — *Des méthodes propres à apprécier l'état des fonctions rénales (La Presse méd., 1900, n° 14, 64).* — HUGO DE VRIES. *Analyse der Turgor (Proc. Verb. d. k. Ak. v. W. te Amsterdam, 27 oct. 1882);* — *Methoden zur Analyse der Turgorkraft (Pringsheimer Jahrb. f. wissensch. Botanik,* XIV, *1884, 427);* — *Osmotische Versuche mit lebenden Membranen (Zeitschr. f. physik. Chemie,* II, *1888, 145);* — WILLERDING. *Hamburger's Blutkörperchenmethode in ihren Beziehungen zu den Gesetzen des osmotischen Drucks (Diss. Giessen, 1897).* — WINTER. *De la concentration moléculaire des liquides de l'organisme (Arch. de Physiol., 1896, 114).*

## ISOTONIQUE (Contraction). — V. Muscles.

## IVAINE. — Substance très amère, extraite de l'*Achillea moschata* ($C^{24}H^{42}O^3$).

# J

**JABORANDINE**. — ($C^{10}H^{12}Az^2O^3$) Produit d'oxydation de la pilocarpine. V. **Pilocarpine**.

**JABORINE**. — ($C^{11}H^{16}AzO^2$) Substance mal définie, extraite du jaborandi, en même temps que la pilocarpine. V. **Pilocarpine**.

**JACARANDINE**. — Matière tinctoriale jaune voisine de la lutéoline, qu'on extrait de l'ébène vert (*Excalcaria glandulosa* et *Jacaranda ovalifolia*). ($C^{28}H^{24}O^{10}$). On la trouve associée à l'excalcarine ($C^{13}H^{12}O^5$).

**JALAPINE**. — Substance extraite de la résine de jalap (*Exogonium Jalapa ou Ipomaea orizabensis*). C'est un glycoside, homologue de la convolvuline, qui répond à la formule $C^{34}H^{56}O^{16}$. On peut l'extraire aussi de la scammonée (*Convolvulus scammonia*). Elle est peu soluble dans l'eau, mais soluble dans l'alcool et dans l'éther; elle se dissout sans s'altérer dans l'acide acétique. Sous l'action des acides étendus bouillants, elle donne du glycose et du jalapinol ($C^{32}H^{62}O^7$). Elle est identique au corps qu'on appelait scammonine. On obtient, en traitant le jalapine par les bases, de l'acide jalapique ou scammonique ($C^{68}H^{118}O^5$), et, en traitant le jalapinol par ces mêmes bases, de l'acide jalapinolique ($C^{16}H^{30}O^3$). Les propriétés drastiques, purgatives, irritantes du jalap et de la scammonée sont dues à la convolvuline, laquelle a été d'ailleurs beaucoup plus étudiée, plutôt qu'à la jalapine elle-même.

**JAMBOSINE**. — ($C^{10}H^{15}NO^3$) Alcaloïde extrait par GÉRARD (1884) de l'écorce du *Myrtus jambosa*.

**JAPACONITINE**. — ($C^{34}H^{49}NO^{11}$) Extraite par PAUL et KINGZETT (1877) de l'Aconit du Japon. Propriétés physiologiques presque identiques à celles de l'aconitine. On peut extraire aussi de cette plante un autre alcaloïde très voisin, la japaconine ($C^{28}H^{41}NO^{10}$). (DUNSTON, W. R. *Contribution to our knowledge of the aconite alkaloids. On japaconitine and the alkaloïds of Japanese aconite. J. Chem. Soc.*, 1900, LXXVII, 45-65.)

**JASMONE**. — ($C^{11}H^{16}O$). Un des principes odorants de l'essence de jasmin (3 p. 100). C'est un corps qui bout à 257°.

**JASMAL**. — C'est le principe odorant de l'essence de jasmin. On le considère comme l'éther méthylénique du phénylglycol (bouillant à 101°) ($C^9H^{10}O^2$).

**JATRORRHIZINE**. — ($C^{30}H^{19}NO^5$). (FEIST, 1907, *Arch. der Pharm.*, CCXLV, 586.) Alcaloïde incomplètement isolé des racines de *Jatrorrhiza palmata*).

**JÉCORINE**. — Corps sulfuré et phosphoré encore mal défini, que DRECHSEL a retiré du foie de cheval (V. **Lécithines**). (DRECHSEL, *J. f. prakt. Chem.*, 1886, XXXIII, 423.)

**JEQUIRITY**. — Graines de l'*Abius precatorius*. On en a extrait l'abrine, dont les propriétés sont voisines de la ricine. (V. **Ricine**.)

**JERVINE.** — (C²⁶H³⁷NO³) Alcaloïde extrait par SIMON en 1837 du *Veratrum album*. Cristaux fondant à 238°. Peu toxique. (V. **Vératrine**.)

**JOHANSSON (J.-E.),** professeur de physiologie à Stockholm.
**A. Physiologie.** — 1884. — *Undensökning of färgsinnet i blinda fläckens närmaste omgifning (La perception des couleurs autour de la papille du nerf optique) (Uppsala äkarförenings förhandlingar*, XIX, 1-3).

1885. — *Ueber das Verhalten des Serumalbumins zu Säuren und Neutralsalzen (Z. P. C.,* IX, 310-318).

1889-1890. — En collaboration avec R. TIGERSTEDT : *Zur Kenntniss der Wirkung des Nerv. vagus auf das Herz. (Hygiea Festband.)* — *Ueber die gegenseitigen Beziehungen des Herzens und der Gefässe (S. A. P.* [1], I, 331-402; II, 409-437).

1890. — *Studier öfver inflytandet på blodtrycket af retning af ryggmärgen och af nerv. splanchnieus med induktionsslag af olika frekvens och intensitet (L'influence de l'irritation des vasomoteurs sur la pression artérielle, la fréquence et l'intensité de l'irritation variées) (Svenska Vetenskapsaakdemiens Handlingar*, XVI, IV, n° 4, 1-78).

1891. — *Die Reizung der Vasomotoren nach der Lähmung der cerebrospinalen Herznerven (A. P.,* 103-156).

1892. — *Die Ringbänder der Nervenfaser (A. P.,* 44-52).

1893. — *Ueber die Einwirkung der Muskeltätigkeit auf die Atmung und die Herztätigkeit (S. A. P.,* V, 20-66). — *Exstirpation af pankreas (L'extirpation du pancréas) (Hygiea,* 1-16).

1896. — *Om innervrats betydelse för kroppens jämvikt (L'influence du labyrinthe sur l'équilibre du corps) (Hygiea,* 190-221). — *Ueber den Einfluss der Temperatur in der Umgebung auf die Kohlensäureabgabe des menschlichen Körpers (S. A. P.,* VII, 123-177). — En collaboration avec TIGERSTEDT, SODNÉN et LANDERGREN : *Beiträge zur Kenntniss des Stoffwechsels beim hungernden Menschen (S. A. P.,* VII, 29-96).

1897. — *Ueber das Verhalten der Kohlensäureabgabe und der Körpertemperatur bei möglichst vollständiger Ausschliessung der Muskeltätigkeit (Nord. med. Arkiv*, n° 22, 1-14). — *Einige Beobachtungen über den Einfluss, welchen die Körperbeschaffenheit der Mutter auf diejenige des reifen Kindes ausübt (S. A. P.,* VII, 341-379).

1898. — *Ueber die Tagesschwankungen des Stoffwechsels und der Körpertemperatur in nüchternem Zustande und vollständigen Muskelruhe (S. A. P.,* VIII, 85-142). — *Ein neues stativ für operative Tierversuche (S. A. P.,* VIII, 143-146).

1901. — *Untersuchungen über die Kohlensäureabgabe bei Muskeltätigkeit (S. A. P.,* XI, 273-307).

1902-1903. — En collaboration avec G. KORAEN: *Untersuchungen über die Kohlensäureabgabe bei statischer und negativer Muskeltätigkeit (S. A. P.,* XIII, 229-250). — *Wie wird die Kohlensäureabgabe bei Muskelarbeit von der Nahrungs-zufuhr beeinflusst? (S. A. P.,* XIII, 251-268). — *Die Einwirkung verschiedener Variabeln auf die Kohlensäureabgabe bei positiver Muskeltätigkeit (S. A. P.,* XIV, 60-81).

1904. — *Die chemische Wärmeregulation bei Menschen (S. A. P.,* XVI, 88-93). — *Die Kohlensäureabgabe bei Zufuhr verschiedener Zuckerarten (S. A. P.,* XVI, 263-272). — *Magnus Gustaf Blix. Minnesord. (Hygiea.)*

1906. — En collaboration avec HELLGREN: *Eiweissumsatz bei Zufuhr von Kohlehydraten. Festschrift für* OLOF HAMMARSTEN.

1908. — *Untersuchungen über den Kohlehydratstoffwechsel (S. A. P.,* XXI, 1-34).

1909. — *Chemie der Atmung*, in *Lehrbuch der Physiologie des Menschen von* N. ZUNTZ *und* A. LŒWY.

1910. — *Methodik des Energiestoffwechsels. Handbuch der biochemischen Arbeitsmethoden. herausgegeben von* E. ABDERHALDEN. — *Fysiologiska institutionen. Karolinska mediko-kirurgiska institutets historia.*

**B. Statistique médicale. Sociologie.** — 1901-1909. — *Bidrag till Sveriges officiella statistik. K. Hälso- och sjukvården, I Medicinalstyrelsens underdåniga berättelse (Rapport officiel de l'Administration médicale de Suède).*

1901-1910. — *Bidrag till Sveriges officiella statistik. G. Fångvården. Fångvårdssty-*

---

1. *Skandinavisches Archiv für Physiologie.*

*relsens underdåniga berättelse,* V *Hälsovården (Rapport officiel de l'Administration péniten-
tiaire,* V. *État sanitaire).*

1907. — *Redogörelse för undersökningar angående behofvet af vårdanstalter för lung-
sotspatienter i riket. Lungsotskommitténs, Betnkände* I. — *Enquêtes sur l'étendue de la
phtisie en Suède, effectuées à l'intimation du Comité royal (Bulletin de la Ligue nationale
suédoise contre la tuberculose,* 52-73).

1908. — *Brottsligheten bland prostituerade kvinnor i Stockholm (Fréquence des crimi-
nelles parmi les femmes prostituées) (Social Tidschrift,* 172-177). — *Lungsotsdödligheten i
Sverige (Mortalité par la phtisie) (Lungsotskommitténs Betänkande II).* — *The frequency
of tuberculosis of the lungs in different parts of Stockholm in the year 1906, compared with
the populations density and economical position. The Struggle against tuberculosis in
Sweden,* 195-200). — *Sammanställning af dödsorsaker (Causes des décès) (Hygiea,* 525-
585) (en collaboration avec O. MEDIN).

1910. — *Särskildt yttrande. Reglementerings-kommitténs Betänkande,* I, 525-585. — *Sta-
tistisk utreding angående reglementeringen i Stockholm,* 1859-1905 *(Recherches statistiques
sur la réglementation)(Regl.* Komm. III, 1-183). — *Reglementeringssystemets brister och olä-
genheter samt dess utvecklingsmöjligheter (Les défauts et les inconvénients du système de la
réglementation) (Regl.* Komm, III, 184-204). — *Samhällets reaktion mot prostitutionen (La
réaction de la société contre la prostitution) (Regl.* Komm, III, 204-238). — *Undersökning
rörande frekvensen af smittosamma könssjukdomar i riket (Enquête sur l'étendue des maladies vénériennes en Suède,* 1905) *(Regl.* Komm, III, 2, 1-45). — *De smittosamma könssjuk
domarnas utbredning i Sverige,* 1822-1906 *(Les maladies vénériennes en Suède,* 1822-1906)
*(Regl.* Komm, III, 3, 1-39.

1912. — *Die Sterblichkeit im Säuglingsalter in Schweden. Handbuch der Säuglingspür-
torge, herausgegeben von Julius Springer.*

# K

**KAIRINE.** — 109. (V. Quinoléine.)

**KAMALA.** — Substance employée comme ténifuge. On l'extrait d'une euphorbiacée du genre *Echinus*.

**KINOÏNE.** — ($C^{14}H^{12}O^6$). Substance extraite du Kino (suc du *Pterocarpus marsupium*, de la côte de Malabar). Traité par HCl, le Kino donne une partie insoluble rouge (rouge de Kino) et une partie soluble, incolore, qui est la Kinoïne. Chauffée à 120°, la Kinoïne donne du rouge de Kino ($C^{28}H^{22}O^{11}$).

**KOSÉINE.** — PAVESI et VÉE (1858) ont extrait des fleurs du kousso (*Hagenia abyssinica*) une substance cristallisable, dont l'étude a été reprise par LEICHSENRING, 1893 (*Arch. der Pharm.*, CCXXXII, 50). Elle paraît peu active. KOUDAKOFF et SHETZ ont pu extraire le principe actif qu'ils ont nommé *Koussine* ($C^{22}H^{30}O^7$). D'après LEICHSENRING, on pourrait isoler encore d'autres principes, non actifs, c'est-à-dire non vermifuges, la *protokoséine* et la *koussidine* ($C^{29}H^{38}O^9$ et $C^{34}H^{46}O^{11}$). Mais ce sont des produits peu déterminés, et d'ailleurs peu actifs (V. LOBECH, *Arch. der Pharm.*, 1901, CCXXXIX, 672). — DACCOMO et MALAGNINI, *Alcune notizie intorno alla Kosino* (Oròsi, 1896, XX, 361-371). — FELTZ (L.). *Des principes actifs contenus dans les fleurs du kousso* (*Bull. des Sc. pharmacol.*, 1901, III, 93-102).

**KOSSEL (A.),** professeur de physiologie à l'Université de Heidelberg.

### Abréviations.

C = *Berichte der deutschen chemischen Gesellschaft*;
Z = *Zeitschrift für physiologische Chemie.*
A = *Archiv für Anatomie und Physiologie. Physiologische Abtheilung.*
*Zeitsch. für physiologische Chemie.*
de I à XX = 1877-1895;
de XX à XL = 1895-1903;
de XL à LX = 1903-1909.

*Die Gewebe des menschlichen Körpers und ihre mikroskopische Untersuchung von Behrens, Kossel und Schiefferdecker. Braunschweig, 1891; — Leitfaden für medicinisch-chemische Curse.* Berlin, 6 Edit.
*Zur Kenntniss der Arsenwirkungen* (A. P. C., 1875); — *Ein Beitrag zur Kenntniss der Peptone* (A. g. P., XIII, 309); — *Ueber die Peptone und ihr Verhältniss zu den Eiweisskörpern.* (Ibid., XXI, 279); — *Ueber die chemischen Wirkungen der Diffusion* (Z., II, 158); — *Ueber die chemische Zusammensetzung der Peptone* (Z. III); — *Chemische Wirkungen der Diffusion* (Z., II); — *Ueber das Nuclein der Hefe* (Z., III, 284 et IV, 291); — *Ueber das Verhalten von Phenoläthern im Thierkörper* (Z., IV, 297); — *Ueber die Herkunft des Hypo-*

*xanthins in den Organen* (Z., v, 152); — *Ueber die Verbreitung des Hypoxanthins im Thier-und Pflanzenreich*(Z., v, 267); — *Ueber die Nucleine und ihre Spaltungsproducte*, Strassburg, 1881); — *Ueber Xanthin und Hypoxanthin* (Z., vi, 422); — *Zur Chemie des Zellkerns* (Z, vii, 7); — *Zur Chemie der gepaarten Schwefelsäuren* (Z., vii, 292); — *Ueber Guanin* (Z., viii, 404); — *Ueber eine peptonartigen Bestandtheil des Zellkerns* (Z., viii, 311); — *Beiträge zur Chemie des Zellkerns* (Z., x, 248); — *Ueber Adenin* (Z., x, 250); — *Ueber Adenin II* (Z , xii, 241); — *Ueber Theophyllin* (Z., xiii, 298); — *Neue Methode zur Verseifung von Fett-säureestern* (avec OBERMULLER, Z., xiv, 539); — *Ueber die Chorda dorsalis* (Z. xv, 331), — *Ueber Adenin und Hypoxanthin* (avec G. BRUNIIS) (Z., xvi, 1); — *Ueber die Verseifung von Estern durch Natriumalkoholat* (avec KRUGER) (Z, xvi, 321); — *Ueber einige Bestandtheile des Nervenmarcks* (avec FREITAG), (Z., xvii, 431); — *Selbstthätige Blutgaspumpe* (Z., xvii, 644), (avec RYPS); — *Zur Erinnerung an Hoppe-Seyler* (avec BAUMANN) (Z., xxi, 1); — *Ueber die basischen Stoffe des Zellkerns* (Z., xxii, 176); — *Ueber die Bildung von Thymin aus Fischsperma* (Z., xxii, 188); — *Darstellung und Spaltungsproducte der Nucleinsäure* (avec NEUMANN) (C. xxvii, 2215); — *Ueber die chemische Zusammensetzung der Zelle* (A., 1891, 181-186); — *Ueber die Nucleinsäure* (A., 1893, 157-164); — *Ueber das Dulcin* (A., 1893, 389-390); — *Weitere Beiträge zur Kenntniss der Nucleinsäure* (A., 1894, 194-200); — *Beiträge zur Physiologie der Kohlehydrate* (A., 1894, 536-538); — *Ueber Nucleinsäure und Thyminsäure* (avec NEUMANN) (Z., xxii, 74); — *Zur Erinnerung an E.* ¡BAUMANN (Z., xxiii, 1); — *Ueber die Constitution der einfachsten Eiweisskörper* (Z., xxv, 165); — *Ueber die Bildung von Arginin aus Elastin* (Z., xxv, 531) (avec KUTSCHER); — *Zur Kenntniss der Trypsinwirkung* (avec MATTHEWS), (Z., xxv, 190); — *Ueber die Darstellung und den Nach-weiss des Lysins* (Z., xxvi, 586); — *Weitere Mittheilungen über die Protamine* (Z, xxvi, 588); — *Ueber das Thymin* (avec STEUDEL), (Z, xxix, 303); — *Bemerkungen zu Bang's Arbeit über das Nucleohiston* (Z., xxx, 520); — *Beiträge zur Kenntniss der Eiweisskörper* (avec KUTSCHER), (Z., xxxi, 165); — *Beschreibung einiger Apparate* (Z., xxxiii, 1); — *Ueber einen basischen Bestandtheil thierischer Zellen* (avec STEUDEL), (Z., xxxvii, 177); — *Ueber das Vorkommen des Uracils im Thierkörper* (avec STEUDEL), (Z., xxxvii, 245); — *Ueber das Cytosin* (avec STEU-DEL), (Z., xxxvii, 377); — *Weitere Untersuchungen über das Cytosin* (avec STEUDEL), xxxviii, 49); — *Zur Analyse der Hexonbasen* (avec PATTEN), (Z., xxxviii, 37); — *Zur Kennt-niss des Salmins* (Z., xl, 311); — *Beitrag zum System der einfachsten Eiweisskörper* (avec DAKIN) (Z., xl, 565); — *Ueber die Arginase* (avec DAKIN) (Z., 321); — *Ueber Salmin und Clupein* (avec DAKIN) (Z., xli, 407); — *Weitere Untersuchungen über fermentative Harnstoff-bildung* (avec DAKIN) (Z., xlii, 181); — *Weitere Beiträge zum System der einfachsten Eiweiss-körper* (avec DAKIN) (Z., xliv, 342); — *Einige Bemerkungen über die Bildung der Pro-tamine im Thierkörper* (Z., xliv, 347); — *Ueber Protamine und Histone* (avec PRINGLE) (Z., xlix, 301); — *Ueber Clupeon* (avec WEISS) (Z., lix, 261); — *Ueber die Wirkung von Alkalien auf Proteinstoffe* (avec WEISS) (Z., lix, 492 et lx, 311); — *Ueber das Agmatin* (Z., lxvi, 257); — *Synthese des Agmatins unter den Spaltungsproducten der Proteinstoffe* (avec WEISS) (Z., lxviii, 160); — *Ueber die Einwirkung von Alkalien auf Proteinstoffe* (avec WEISS) (Z., lxviii, 165); — *Zur Chemie der Protamine* (Z., lxix, 138); — *Die Probleme der Biochemie* (Rectoratsrede, Heidelberg, 1908); — *Ueber die chemische Beschaffenheit des Zell-kerns* (Nobel-Vortrag gehalten in Stockholm am 12 December 1910, Münch. med. Woch., 1911); — *Ueber den gegenwärtigen Stand der Eiweisschemie* (C., xxxiv, 3214); — *Sur les protamines et la constitution des matières albuminoïdes* (Bull. de la Société chimique de Paris: conférence faite devant la Société chimique dans sa réunion annuelle le 30 mai 1903, xxix).

## KRONECKER (Hugo), professeur de physiologie à Berne.

**Bibliographie.** — *De ratione quà musculorum defatigatio ex labore eorum pendeat* (Diss., Berlin, 1863). — *Ueber die Gesetze der Muskelermüdung* (Ber. d. Berl. Akad., 1870); — *Ueber die Ermüdung und Erholung der quergestreiften Muskeln* (Arb. a. d. phys. Anstalt zu Leipzig, 1871). — *Ueber die Form des minimalen Tetanus* (Mon. Ber. d. Berl. Akad., 1877). — *Ueber die Genesis der Tetanus* (A. P., 1878) (avec W. STIRLING); — *Ueber die sogenannte Anfangszuckung* (A. P., 1878) (avec W. STIRLING); — *Effets du travail de certains groupes musculaires sur d'autres groupes qui ne font aucun travail* (C. R., 1900, cxxxi, 492-493) (avec CUTTER); — *Historische Daten ueber die Theorie der Muskelkontraktion*

738                         KRONECKER.

*(Festsch. f.* Rosenthal, Leipzig, 1906, 197-206); — *Comparaison entre la sensibilité du nerf et celle du téléphone (B. B.,* 1900, 38-39); — *On the propagation of inhibitory excitation in the medulla oblongata (Proceed. of the* Roy. Soc., 1881-1882) (avec MELTZER); — *De l'excitabilité du ventricule pendant l'inhibition (Arch. intern. de Physiol.,* 1904, II, 211-222); — *La conduction de l'inhibition à travers le cœur du chien* (avec F. SPALITTA)](*Arch. intern. de Physiol.,* 1904, II, 223-228); — *The propagation of impulses in the Rabbit's heart (Report Brit. Assoc. f. Adv. Sc.,* 1899, London, 1900, 895); — *Ueber die Summation elektrischer Hautreize* (avec W. STIRLING) *(Ber. d. K. Sachs. Ges. d. Wiss.,* 1874); — *Bemerkung über die Begriffe Summation im Reizen und Steigerung der Erregbarkeit im Anschluss an die Mittheilung v. Prof. v. Basch: über die Erholung der Erregbarkeit des Herzens durch wiederholte elektrische Reize (Ber. d. K. sachs. Ges. d. Wiss.,* 1880); — *Ueber die Ermüdung tetanisirter quergestreifter Muskeln (Berl. physiol. Ges., A. P.,* 1880, 438). — *Die willkürliche Muskelaktion (A. P.,* 1878, avec STANLEY HALL); — *Das charakterische Merkmal der Herzmuskelbewegung (Jubelland f.* CARL LUDWIG, 1874). — *Die Unfähigkeit der Froschherzspitze elektrische Reize zu summiren (Berl. physiol. Ges.,* 1879); — *Das Coordinationscentrum der Herzkammerbewegung (Berl. Ak. der Wiss.,* 1884, et *D. med. Woch.,* |1884, avec F. SCHMEY); — *Ueber Störungen der Coordination des Herzkammersschlages* (1897, 1-76). — *Ueber Störungen der Coordination des Herzens (Corr. Bl. f. schweiz. Aerzte,* 1898, XXVIII, 299-303); — *Ueber die Aenderungen der Leistungsfähigkeit und ['der Erregbarkeit des ermüdenden Froschherzens (A. P.,* 1883, 266) (avec TH. MAYS); — *Sur le rétablissement des pulsations du cœur en fibrillation (C. R.,* CXLII, 1907, 997-999); — *La cause des battements du cœur (C. R.,* 1907, CXLV, 693); — *Trémulations fibrillaires du cœur de chien (B. B.,* 1891, 257-258); — *L'extension des états fonctionnels de l'oreillette au ventricule se fait-elle par voie musculaire ou par voie nerveuse? (C. R.,* 1905, CXL, 529-531); — *Ueber die Vorgänge beim Schlucken (Berl. physiol. Ges.) (A. P.,* 1880, 446-447) (avec S. MELTZER); — *Ueber den Schluckact und die Rolle der Cardia bei demselben* (avec S. MELTZER) *(A. P.,* 1881, 465-466); — *Ueber den Schluckmechanismus und dessen nervöse Hemmungen (Monatsb. d. Berl. Acad.,* 1881)100-106, (avec S. MELTZER); — *Der Schluckmechanismus, seine Erregung und seine Hemmung* (avec S. MELTZER) *(A. P.,* 1883, Suppl., 338-362) (V. aussi Wien. med. Woch., 1884, XXXIV, 715; 748; 779, 315); — *Innervation de l'œsophage* (avec F. LUSCHKER) *(A. i. B.,* XXVI, 1896, 308-310, et *Atti. d. R. Acc. dei Lincei,* 1896); — *Die Schluckbewegung (Veröff. d. Ges. f. Heilk. in* Berlin, 1885, 1-56); — Art. Déglutition du *Dict. de Physiologie;* — *Discussion über Schluckgeräusche gegen Ewald (Berl. med. Ges.,* 1883); — *Einfluss der künstlichen Athmung auf den Blutdruck im Aortensystem (Corr. Bl. f. schweiz. Aerzte,* XVIII, 1888, 7 fév.); — *Ueber den Einfluss der Uebung auf den Stoffwechsel* (avec M. GRUBER) *(Corr. Bl. f. schweiz. Aerzte,* XVIII, 1888, 7 août); — *Altes und Neues ueber das Athmungscentrum (D. med. Woch.,* 1887, nos 36 et 37); — *Ueber den Einfluss der Bauchfüllung auf Athmung und Kreislauf (Corr. Bl. f. schweiz. Aerzte,* 1888, XVIII, 7 août); — *Ueber die Auslösung der Athembewegungen (Berl. physiol. ges., A. P.,* 1880, 441-446) (avec MARCKWALD); — *Ueber die Bewegungen des Uterus (A. P.,* 1883, 263); — *Die Bergkrankheit* (1 vol. 8° Berlin et Vienne, 1903); — *Thermische Untersuchungen (Berl. physiol. Ges.,* 1878) (avec CHRISTIANI); — *Ein neues Verfahren, die maximale Innentemperatur von Thieren zu messen (Berl. physiol. Ges.,* 1878) (avec M. MEYER); — *Ueber die Bildung von Serumalbuminen im Darmkanal (Z. B.,* 1888) (avec POPOFF); — *Kritisches und Experimentelles über lebensrettende Infusionen von Kochsalzlösung bei Hunden (Corr. Bl. f. schweiz. Aerzte,* 1886, XVI, 447; 480, 400); — *Ueber die'den Geweben das Körpers gunstigen Flüssigkeiten (D. med. Woch.,* 1882); — *Kochsalzwasser Infusion (D. med. Woch.,* 1884); — — *Ueber den Tonus des Pfortadersystems (Ber. d. nat. forsch. Ges.,* Heidelberg, 1889); — *Comment agissent des irritations de la peau sur la formation des globules rouges du sang? (A. i. B.,* XXVII, fasc. 3) (avec MARTI); — *Einige Bemerkungen über die Nebenwirkungen des Antifebrins (Therap. Monatshefte,* 1888, II, 426-428); — *Chloroform oder Aether-Narkose (Corr. Bl. f. schweiz. Aerzte,* 1890, XX, 710-717); — *Ueber die Leistungen von Hürthle's Tonographen (C. P.,* 1901, XV, 401-405); — *Ueber graphische Methoden in der Physiologie. Ein telegraphischer Kymometer (Zeitsch. f. Instrumentenkunde,* 1, 26-33, 1880); — *Ein Elektromyographion (Z. B.,* 1886, V, 285-290); — *Zum Geburtstage Albrecht von Hallers (D. med. Woch.,* 1908, XXXIX, 1813-1815); — *Ein eigenartiger deutscher Naturforsher : zum Andenken an Willy Kühne (Deutsche Revue,* 1907, 99-112).

**KÜHNE (Willie)** (1837-1900), célèbre par d'excellents travaux de physiologie et de chimie physiologique, longtemps professeur à Heidelberg.

### Abréviations

A — *Reichert's Archiv für Anatomie und Physiologie.*
A. A. P. — *Virchow's Archiv für pathologische Anatomie und Physiologie.*
H. — *Verhandlungen der natur historischen medicinische Vereins zu Heidelberg.*

*Ueber künstlich erzeugten Diabetes bei Froschen* (Göttingen Nachrichter, 1896, 217-319); — *Ueber eine neue Zuckerprobe* (Henle und Pfeiffer Zeitschr., 1857, VIII, 139-140); — *Zur Metamorphose der Bernsteinsäure* (A. A. P., 1857, XII, 396-401); — *Beiträge zur Lehre von Icterus* (A, A. P., 1858, XIV, 310-356); — *Ueber die chemische Reizung der Muskeln und Nerven* (Berl. Monatsber., 1859, 186-190); — *Ueber die selbständige Reizbarkeit der Muskelfasern* (Berl. Monatsber., 1859, 226-229); — *Die Endigungweise der Nerven in den Muskeln und das doppelsinnige Leitungvermögen der motorischen Nervenfaser* (Berl. Monatsber., 1859, 395-402); — *Ueber die gerinnbare Substanz der Muskeln* (Berl. Monatsber., 1859, 493-497); — *Ueber die Bildung der Hippursäure aus Benzœsäure bei fleischfressenden Thieren* (avec W. HALLWACHS) (A. A. P., 1857, 386-296); — *Sur l'irritation chimique des nerfs et des muscles* (C. R., 1859, XLVIII, 406-409 et 476-678; Mém. Soc. Biol., 1859, 81-82); — *Ueber directe und indirecte Muskelreizung mittelst chemischer Agentien* (A., 1859, 213-253); *Ueber Muskelzuckungen ohne Betheiligung der Nerven* (A., 1859, 314-333); — *Ueber sogenannte idiomusculare Contraction* (A., 1859, 418-420); — *Untersuchungen über Bewegungen und Veränderungen der contractilen Substanz* (A. 1854, 564-641; 748-835); — *Rech. sur les propriétés physiologiques des muscles* (Ann. des sc. nat., (Zool.), XIV, 1860, 113-116); — *Ueber die Wirkungen des Americanischen Pfeilgiftes* (A., 1860, 477-519); — *Notiz zur Geschichte der künstlichen Diabetes* (A., 1860, 261-262); — *Ueber die chemische Reizung der Muskeln und Nerven und ihre Bedeutung für die Irritabilitätsfrage* (A., 1860, 315-354); — *Note sur un nouvel organe du système nerveux* (C. R., 1861, LII, 316-317); — *Eine lebende Nematode in einer lebenden Muskelfaser beobachtet* (A. A. P., 1863, XXVII, 222-224); — *Ueber die Endigung der Nerven in den Muskeln* (A. A. P., 1863, XXVII) 508-533); — *Die Muskelspindeln. Ein Beitrag zur Lehre von der Entwickelung der Muskeln und Nervenfasern* (A. A. P., 1863, XXVIII, 528-538); — *Bemerkungen betreffend den Aufsatz des Herrn Metchnikoff über den Stiel der Vorticellen* (A., 1863, 406-411); — *Sur la terminaison des nerfs moteurs dans les muscles de quelques animaux supérieurs et de l'homme* (C. R., 1864, LVIII, 1025 1027); — *Der Zusammenhang von Nerv und Muskelfaser* (A. A. P.. 1864, XXIX, 433-449); — *Ueber die Endigung der Nerven in den Nervenhügeln der Muskeln* (A. A. P., 1864, XXX, 187-220); — *Sur les plaques nerveuses des fibres motrices* (C. R., 1865, LXI, 650-652); — *Ueber das Vorkommen zuckerbildender Subztanzen in pathologischen Neubildungen* (A. A. P., 1865, XXXII, 536-542); — *Ueber den Farbstoff der Muskeln* (A, A. P., 1865, 79-94); — *Ein einfaches Verfahren die Reaction hämoglobinhaltiger Flüssigkeiten zu prüfen* (A. A. P., 1865, XXXIII 95-96); — *Zur Erkennung des Kohlenoxyds im Blute* (A. A. P.. 1865, XXXIV, 244-245); — *Zur Lehre von den Endplatten der Nervenhügel* (A. A. P., 1865, XXXIV, 412-422); — *Das Vorkommen und die Ausscheidung des Hämoglobins aus dem Blute* (A. A. P., 1865, XXXIV, 423-46); — *Ueber. den Einfluss der Gase auf die Flimmerbewegung* (Arch. mikr. Anat., 1866, II, 372-377); — *Zur Chemie der amyloiden Gewebsentartung* (A. A. P., 1865, XXXIII, 66-76) (avec RUDNEFF); — *Ueber Ozon im Blute* (A. A. P., 1865, XXXIII, 96-110) (avec G. SCHOLZ); — *Ueber die Verdauung der Eiweissstoffe durch den Pankreassaft* (A. A. P., 1867, XXXIX, 130-172); — *Ueber Indol aus Eiweiss* (Berl. chem. Ges., 1875, 206-210); — *Die Verdauung als histologische Methode* (Heidelb. nat. med. Verh., 1877, 1, 451-456) (avec A. EWALD); — *Ueber das Verhalten verschiedener organisirter und ungeformter Fermente* (Heidelb. nat. med. Verh., 1877. 194-198); — *Ueber das Sekret des Pankreas* (Heidelb. nat. med. Verh., 1877, 233-235); — *Weitere Mittheilungen über Verdauungsenzyme und die Verdauung der Albumine* (Heidelb. nat. med. Verh., 1877, 236-242); — *Ueber die Absonderung des Pankreas* (Heidelb. nat. med. Verh.. 1877, 445-450) (avec A. SH. LEA); — *Ueber einen neuen Bestandtheil des Nervensystems* (Heidelb. nat. med. Verh., 1877, 457-464) (avec A. EWALD); — *Zur Photochemie der Netzhaut* (Heidelb. nat. med. Verh., 1877, 484-

492 et *Annales de Chimie*, 1877, XI, 111-122) ; — *Photographie de la rétine ou optographie* (*Ann. de chimie*, XI, 1877, 122-127); — *Sur le rouge de la rétine* (*Ann. de chimie*, XI, 1877, 127-130); — *On the stable colours of the retina* (J. P., I, 1878, 109-130) (avec W. AYRES) ; — *Addition to this article* (J. P.. I. 1878, 189-192); — *Ueber die Verbreitung einiger Enzyme im Thierkörper* (Heidelb. nat. med. Verh., 1880. 1-6); — *Ueber das Verhalten des Muskels zum Nerven* (Heidelb. nat. med. Verh., 1880, 227-246); — *Zur Physiologie des Sehepithels* (J. P., 1880, III, 88-92) (avec H. SEWALL); — *Ueber Hemialbumose im Harn* (Z. B., XIX, 209-227) ; — *Ueber die nächsten Spaltungsproducte der Eiweisskörper* (Z. B., 1883, XIX, 159-208) (avec R. CHITTENDEN); — *Die Verbindungen der Nervenscheiden mit dem Sarkolemm* (Z. B., 1883, XIX. 501-534); — *Ueber motorische Nervenendingung* (1886, 97-110; 212-214); — *Ueber elektrische Vorgänge im Sehorgan* (1886, 1-9) (avec J. STEINER); — *Die motorische Nervenendingung, besonders nach Beobachtungen an Muskelquerschnitten von D. med. B. van Syckel aus New York* (1886, 223-231); — *Ueber das Neurokeratin* (Z. B., 1890, XXVI, 291-323) (avec R. CHITTENDEN); — *On the origin and the causation of vital movement* (Proceed. of the Roy. Soc., 1888, XLIV, 427-448); — *Secundäre Erregung vom Muskel zum Muskel* (Z. B., 1888, XXIV, 383-422 et 1889, XXVI, 203-226); — *Myosin und Myosinosen* (Z. B.. 1888, XXV, 358-367) (avec R. CHITTENDEN) ; — *Kieselsähre als Nährboden für Organismen* (Z. B., 1890, IX, 172-179 ; — *Erfahrungen ueber Albumosen und Peptone* (Z. B., 1892, XXIX, 1-40); — *Untersuchungen über die Proteine des Tuberculins* (Z. B., 1893, XXX, 221-253) ; — *Zur Darstellung des Sehpurpurs* (Z. B., 1895, XXXII, 21-28) ; — *Ueber die Bedeutung des Sauerstoffs für die vitale Bewegung* (Z. B., 1897, XXV, 43-67 et 1898, XXXVI, 425-522).

*Myologische Untersuchungen* (Leipzig, 1810); — *Untersuchungen über das Protoplasma und die Contractilität* (VII, 158 pp., Leipzig, 1864); — *Lehrbuch der physiologischen Chemie* (Leipzig, ENGELMANN, 1866-1868, 1re édit.)) — *Untersuchungen des physiologischen Institut der Universität Heidelberg* (1, I, 1877); — *On the photochemistry of the retina and on visual purple* (trad. par M. FOSTER, 1878, VIII, 104 p., London, *Macmillan*); — *Ueber Ethik und Naturwissenschaft in der Medizin* (12°, Braunschweig, Meyer, 1899); — *Die deutsche Medizin, in Theorie und Praxis* (8°, 103 pp., Braunschweig, Appelhaus, 1900).

# L

**LAB** (Ferment lab). — Zymase contenue dans le suc gastrique, coagulant la caséine (voy. **Estomac**).

**LABURNINE.** — Substance très toxique extraite des graines et gousses de *Cytisus Laburnum*. De ces mêmes graines on extrait aussi la *cytisine*, qui cristallise (azotate, chloroplatinate, auroplatinate).

**LACCAIQUE (Acide).** Matière colorante rouge extraite du lac-dye. ($C^{16}H^{12}O^8$).

**LACCASE.** — Ferment oxydant contenu dans l'arbre à laque (V. **Oxydases**).

**LACRYMAL** (*Appareil*).

L'étude de la physiologie de l'appareil lacrymal comprend :
1° La physiologie des glandes lacrymales.
2° La physiologie des voies lacrymales d'excrétion.

## PHYSIOLOGIE DES GLANDES LACRYMALES. — SÉCRÉTION LACRYMALE

Le liquide lacrymal ou les larmes sont le produit de sécrétion non seulement des glandes lacrymales proprement dites, mais encore des autres glandes des culs-de-sac conjonctivaux.

Le produit de sécrétion des larmes est un produit mixte, absolument comme la salive qui est un produit non seulement des glandes salivaires proprement dites, parotides, sous-maxillaire, sublinguales, mais encore des nombreuses petites glandes disséminées sur toute la superficie de la muqueuse linguale et buccale.

On a pu observer isolément le produit de sécrétion des glandes lacrymales principales dans les cas assez rares de fistule de ces glandes. Mais il est impossible de séparer le produit sécrété par les nombreuses glandules conjonctivales, car il est très peu abondant.

Dans tous les cas, il est démontré que l'ablation des glandes lacrymales proprement dites, glande palpébrale et glande orbitaire, ne tarit pas la sécrétion lacrymale et n'empêche pas la lubréfaction de l'œil.

Cette étude physiologique comprendra les divisions suivantes :
1° Physiologie comparée de la sécrétion lacrymale;
2° Disposition des organes sécréteurs des larmes chez l'homme;
Apparition de la sécrétion lacrymale chez le nouveau-né;
Histo-physiologie.
3° Le produit de sécrétion des larmes, leur constitution et leur rôle physiologique.
4° Physiologie de l'innervation des glandes lacrymales.
5° Les excitants de la sécrétion lacrymale et les actions inhibitrices.

**Physiologie comparée de la sécrétion lacrymale.** — L'appareil lacrymal est destiné à élaborer et à éliminer un liquide salin à la surface de l'œil. Son rôle est absolument indispensable chez un très grand nombre de vertébrés. Ce liquide salin, ou larmes, est en effet destiné :

1° A empêcher la dessiccation de la surface du globe et à maintenir la transparence de la cornée ;

2° A favoriser le glissement des voiles palpébraux qui, intimement appliqués à la surface de l'œil, ne peuvent se mouvoir convenablement sans l'interposition d'un liquide lubrifiant.

On peut ajouter un troisième rôle : celui de traduire les émotions par des pleurs. Mais cette étude est à peine ébauchée chez les animaux et n'est possible que chez certaines espèces. Le rôle des larmes nous permet de concevoir que le développement de l'appareil lacrymal est absolument subordonné au genre de vie de l'animal et au développement des paupières.

Chez les animaux à vie aquatique et en particulier chez les poissons, l'œil n'a pas à craindre la dessiccation comme celui des vertébrés aériens ; aussi ne trouve-t-on chez ces animaux ni paupières ni appareil lacrymal.

Les replis cutanés observés chez certaines espèces, *Orthagoriscus mola* (CUVIER) Squales, etc., ne sont que des ébauches de paupières n'ayant aucune valeur physiologique.

Chez les Amphibiens, les Anoures ne posséderaient en général aucun vestige d'appareil ni aucune fonction de ce genre ; les Urodèles possèdent le long de la paupière inférieure un organe glandulaire très petit dont le rôle paraît extrêmement restreint.

Cet organe est plus développé chez les Serpents et se spécialise en s'atrophiant à la partie moyenne et en s'hypertrophiant au niveau des angles de l'œil. Ainsi divisé en deux portions, il forme deux glandes distinctes : l'interne est la glande de HARDER et l'externe est la glande lacrymale. La glande de HARDER paraît liée à la troisième paupière, qui devient la membrane clignotante, et joue un rôle important chez les Oiseaux. Chez les Reptiles, le rôle de la glande lacrymale et de la glande de HARDER est difficile à interpréter. Les Serpents et les Ascalabotes possèdent au devant de l'œil une membrane transparente qui représente les deux paupières exactement soudées.

Les Trigonocéphales et les Crotales qui sont les plus redoutables par leur venin possèdent des glandes orbitaires très développées. Chez la Vipère à fer de lance, les Serpents à sonnettes, ces glandes sont plus volumineuses que le globe oculaire. Elles se confondent avec les glandes salivaires, extrêmement développées, chargées d'élaborer le venin.

« La glande lacrymale des Serpents est du moins aussi volumineuse que le globe de l'œil, et souvent elle se prolonge beaucoup en arrière de l'orbite sous le muscle temporal antérieur. Chez la Couleuvre, elle est fort grande (CLOQUET), mais elle est en général moins développée chez les Serpents venimeux (DUVERNEY, *Ann. des Sc. Nat.*, 1832, XXVI, id., XXX). Chez la Tortue franche, elle est très grande et son canal évacuateur est simple (A. ALBERS, *Mém. de l'Acad. de Munich*, 1809, I) ». (Note de MILNE-EDWARDS, *Anat. et Physiol. comp.*, XII, 119.)

Chez certains Serpents, les paupières soudées entre elles forment un sac clos, ouvert seulement au niveau du canal lacrymal.

Chez d'autres, l'œil est soudé à la membrane palpébrale, qui desquame à chaque mue de l'animal ; il n'a nullement besoin d'être humecté.

Les Tortues marines (Chéloniens) ont des glandes lacrymales qui offrent « un développement monstrueux » (WIDERSHEIM) qui est peu en harmonie avec l'habitat et le genre de vie de ces animaux.

La glande de HARDER atteint son maximum de développement chez les Oiseaux, où elle recouvre presque toute la face antérieure de l'œil.

Chez les Mammifères, elle tend à s'atrophier ; mais en revanche la glande lacrymale est très développée.

Chez ces derniers la glande de HARDER n'est développée que chez ceux qui possèdent une membrane clignotante. (Lapin, Chien, etc.)

La glande lacrymale de certaines espèces occupant la portion supéro-externe de l'orbite s'étend parfois très loin en arrière et en dehors et se confond avec la glande parotide. Il est souvent difficile de les séparer lorsque l'on intervient au point de vue expérimental sur ces glandes.

Tous les Mammifères possèdent en général une fonction lacrymale très développée Mais néanmoins ceux d'entre eux qui mènent une vie aquatique, les Mammifères marins, ont cette fonction très atrophiée. Chez les Cétacés l'appareil lacrymal n'existe pas, il n'y a que quelques glandes conjonctivales, et la glande de HARDER. « Les glandes lacrymales ne manquent pas complètement dans cet ordre de Mammifères aquatiques, ainsi qu'on le supposait jadis, mais elles sont peu développées et contenues en entier sous l'épaisseur des paupières. Chez les Marsouins et les Dauphins; elles y forment un anneau complet (RAAP, *Die Cetacœen*) et elles présentent une disposition analogue chez le Narval (STANNIUS ET SIEBOLD. *Man. d'Anat. comp.*, II, 439). (Note de MILNE-EDWARDS, *Anat. et Physiol. comp.*, XII, 117.) Chez le Phoque, la glande lacrymale est très atrophiée. Il en est de même chez l'Hippopotame et chez la Loutre vulgaire.

Chez le chien, le chat, et les animaux les plus habituellement utilisés dans les laboratoires, les glandes lacrymales sont bien différenciées, et il est facile de les atteindre dans la portion supéro-externe de l'orbite, soit par la voie trans-palpébrale, soit par la voie conjonctivale.

Elles fournissent sous l'influence des divers excitants une abondante sécrétion.

**Disposition des organes sécréteurs des larmes chez l'homme.** — Les glandes de l'homme peuvent être réparties en plusieurs groupes :

1° Les glandes lacrymales proprement dites : glande lacrymale orbitaire, glande lacrymale palpébrale.

2° Les glandes du fornix ou acino-tarsales : glandes de KRAUSE, glandes acineuses des culs-de-sac, groupe palpébral supérieur et inférieur, glandes de WOLFRING, glandes de CIACCIO, glandes acino-tarsales.

3° Le groupe des cryptes glanduleux; glandes de HENLE, *glandulæ-mucosæ* de KRAUSE, glandules sous-conjonctivales de SAPPEY, cryptes *glanduleux* de HENLE (DUBREUILH). Glandes de MANZ. Cryptes glanduleux de MANZ (DUBREUILH).

Les schémas ci-contre (fig. 123 et 124) faits d'après la thèse de DUBREUILH donneront une idée de la situation et de l'importance respective des divers groupes glandulaires.

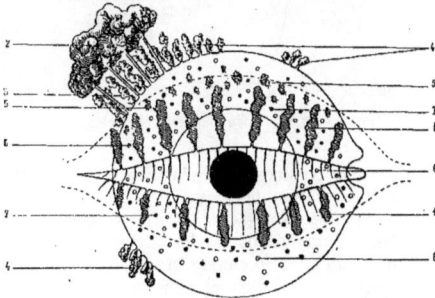

Fig. 122.

1, glandes de Meibomius; 2, glande lacrymale orbitaire; 3, glande lacrymale palpébrale; 4, glandes du fornix; 5, glandes acino-tarsales; 6 et 7, cryptes glanduleux.

Le dernier groupe des cryptes *glanduleux* est contesté en tant que glande. Mais, comme le fait remarquer DUBREUILH, où commence la glande? où finit l'invagination épithéliale?

Au point de vue physiologique, la question ne doit pas être discutée, attendu que les cellules de l'épithélium conjonctival sont des cellules sécrétoires. La cellule muqueuse, qui est si répandue au niveau de l'épithélium conjonctival, n'est-elle pas une glande unicellulaire? A plus forte raison si un groupe de cellules s'est invaginé pour former une crypte glandulaire. Tous ces éléments sécrétoires contribuent à former ce que nous avons appelé le liquide lacrymal mixte.

On doit donc considérer ces formations comme faisant partie de l'appareil glandulaire lacrymal.

Nous devons ajouter que les glandes des paupières elles-mêmes, glandes de MEIBO-
MIUS, glandes de ZEISS, glandes de MOLL, ajoutent peu ou prou de leur sécrétion
propre au liquide lacrymal proprement dit. Mais leur sécrétion se mélange difficilement à celle des glandes conjonctivales.

Il n'en est pas de même de certaines glandules de la caroncule. La glande acino-
tubuleuse de la caroncule a la même structure que celles de KRAUSE et de WOLFRING.

**Apparition de la sécrétion lacrymale chez le nouveau-né.** — On sait depuis
fort longtemps que les nouveau-nés ne peuvent éliminer des larmes. Les cris de douleur que poussent les enfants en naissant ne sont pas des pleurs. Cette notion est même
très ancienne, puisque ARISTOTE, au dire de FRERICHS (in WAGNER'S *Handbuch*), aurait déjà
affirmé que les nouveau-nés ne pleurent pas avant le quarantième jour.

Au moment de la naissance, il y a bien une sécrétion conjonctivale chargée de

FIG. 123.

Coupe schématique des glandes lacrymales.

lubrifier l'œil et d'empêcher la dessiccation de la cornée. Mais cette sécrétion ne se
mélange pas avec la véritable sécrétion des pleurs.

On a essayé de donner des raisons de cette absence de larmes au début de la vie.
On a dit que les cris de l'enfant empêchent que les larmes ne soient sécrétées et éliminées. La meilleure raison est qu'au moment de la naissance l'appareil sécréteur des
larmes et l'appareil éliminateur, c'est-à-dire les voies lacrymales, sont incomplètement
développés.

La glande fœtale au point de vue microscopique présente des canaux peu ramifiés
et des tubuli sans lumière. A la naissance, la consistance de la glande est analogue à
celle du tissu graisseux de l'orbite, KIRSCHTEIN et AXENFELD sont d'avis qu'à ce moment
la glande n'est pas encore prête à fonctionner. Les cellules ont une structure spéciale
et ne renferment pas de matériaux de sécrétion.

KIRSCHTEIN a voulu préciser le fait et savoir exactement à quel moment apparaissait
une sécrétion liquide chez l'enfant nouveau-né. Il a eu recours à trois méthodes différentes :

1° Interrogatoire des mères. Méthode indécise et qui lui a donné peu de résultats.

2° Il a eu recours à l'irritation de la conjonctive sur une série d'enfants. Le résultat
est plus certain. La sécrétion est abondante.

3° Il a irrité aussi la muqueuse nasale au moyen de diverses substances et de sternutatoires, par le chatouillement de la caroncule avec un bout de papier. La sécrétion est aussi énergique.

| Age des enfants. | Nombre | Méth. I. | Méth. II. | Méth. III. |
|---|---|---|---|---|
| 1 à 10 jours. . . . . . . . | 46 | 0 | 0 | 0 |
| 11 à 20 — . . . . . . . . | 32 | 0 | 0 | 7 |
| 21 à 30 — . . . . . . . . | 37 | 1 | 0 | 13 |
| 1 mois à 1 mois 1/2 . . . . | 41 | 14 | 4 | 3 |
| 1 mois 1/2 à 2 mois. . . . | 53 | 38 | 17 | 53 |
| 2 à 3 mois. . . . . . . . . | 44 | 42 | 31 | 44 |

On voit que dans la majorité des cas l'apparition des larmes a lieu au bout de 1 mois et demi et peut aller jusqu'à deux mois.

Parmi des enfants plus âgés, de 3 mois à 5 mois et demi, Kirschtein en a trouvé qui ne pleuraient pas.

L'indication donnée jadis par Aristote se trouve donc entièrement confirmée. Il ne s'agit là que de la sécrétion réflexe, A quel moment apparaît la sécrétion psychique? C'est un point délicat à trancher d'une manière absolue. L'enfant ne commence guère à pleurer pour traduire ses émotions avant le 5e ou 6e mois.

**Histo-physiologie.** — Les glandes lacrymales appartiennent au groupe des glandes acino-tubuleuses. L'acinus comprend une membrane vitrée doublée immédiatement par des cellules en panier de Boll et sous-jacente aux cellules sécrétantes.

C'est grâce aux travaux de Fr. Boll, Reichel, Altmann, Nicolas, Solger, Zimmermann, Kolossow, Noll et Puglisi-Allegra, Garnier et Bouin, que l'histologie fine a pu être étudiée.

Langley (1879) est le premier qui se soit occupé des modifications de la glande lacrymale pendant son activité. Après lui Reichel (1880), Nicolas (1892), Garnier (1897) s'en sont occupés. Les travaux sur ce sujet se sont multipliés dans la suite (Noll, Kolossow, Puglisi-Allegra et Woronow, de 1900 à 1904).

Dans un récent travail, admirablement documenté et très bien rédigé, Georges Dubreuilh a exposé l'état actuel de la question (*Th. de Lyon*, 1907).

A l'état frais, la glande lacrymale renferme trois sortes de cellules (Noll) :

1° des cellules granuleuses à grains très réfringents ;

2° des cellules à grains peu réfringents ;

3° des cellules obscures.

Après fixation, il existe deux types de cellules avec de nombreux intermédiaires :

1° des cellules claires ;

2° des cellules sombres.

La cellule comprend un protoplasma et un noyau. Les travaux récents lui ont attribué une structure complexe dans le détail de laquelle nous ne pouvons entrer. Nous ne donnerons qu'un très bref aperçu de cette question qui intéresse l'histo-physiologie.

Le protoplasma comprend une zone mate filamenteuse, l'ergastoplasme situé à la base de la cellule. Les grains ont été bien étudiés par Nicolas (1892). Les grains de ségrégation sont fuchsinophiles. Mais il existe d'autres granulations différentes d'aspect qui ont également de l'affinité pour la fuchsine. Nicolas a bien montré les relations des grains avec les vacuoles de sécrétion. Cette transformation est commune à toutes les glandes et en particulier aux glandes salivaires. Les vacuoles sont moins abondantes dans la lacrymale que dans la parotide.

Garnier et Bouin (1897) y ont décrit en outre des vacuoles à sécrétion lipoïde.

Zimmermann divise la cellule en trois zones :

1° Zone basale finement striée. Ergastoplasme.

2° Zone moyenne où se trouve le noyau.

3° Zone supérieure présentant deux corpuscules, le diplosome, situé au sein d'une sphère de protoplasma et radié (centrosphère).

Ce rapide aperçu était nécessaire pour comprendre l'histo-physiologie que nous avons surtout en vue de résumer ici.

Les expérimentateurs ont examiné les glandes, soit après l'excitation électrique du nerf lacrymal, soit après injection de pilocarpine.

*a*) Excitation électrique du nerf lacrymal. Noll et Puglisi-Allegra arrivent au même résultat. Par l'excitation rapide il y a disparition d'un grand nombre de cellules claires. Par l'excitation prolongée il y a disparition de presque toutes les cellules granuleuses et claires, élargissement de l'acinus, apparition à la base de la cellule d'une striation lamellaire du protoplasma.

*b*) Injection de pilocarpine. Phénomènes analogues. Des coupes faites de quart d'heure en quart d'heure après l'injection montrent la marche que suit l'épuisement de la cellule, qui va plus loin qu'après l'excitation électrique. Apparition de vacuoles larges. Lumière de l'acinus très agrandie.

*c*) Excitations d'origine nasale et conjonctivale. Dans ce cas, on a un mélange de cellules sombres et claires. L'épuisement ne va jamais aussi loin qu'avec la pilocarpine et l'excitation électrique.

Après ces résultats, il est facile d'établir le cycle sécrétoire.

1° Le cycle sécrétoire commence par la phase que Renaut a appelée la phase de « mise en charge de la cellule glandulaire ». Elle se caractérise histologiquement par la variation de chromaticité du noyau (Regaud), par l'affinité chromatique du protoplasma péri-nucléaire, par la striation de l'ergastoplasme, l'apparition de vacuoles et de grains. Il se fait une maturation des grains (grains de ségrégation).

2° A cette première phase fait suite la phase de repos de Garnier. Les filaments ergastoplasmiques disparaissent. Les grains sont mûrs et plus clairs : ils sont prêts à être expulsés.

3° C'est ensuite que vient la phase d'excrétion exo-cellulaire. Les cellules en panier de Boll entrent en jeu, exprimant le protoplasme comme une éponge. On admet que les grains se dissolvent dans le liquide des vacuoles et que ce liquide passe par osmose à travers l'exoplasme cellulaire.

Le cycle sécrétoire tel que nous venons de le formuler est très simplifié. En réalité, comme le fait remarquer Georges Dubreuilh, les phénomènes sont plus compliqués. Il existe un cycle nucléaire et un cycle protoplasmique. Non seulement les acini, mais les cellules d'un même acinus sont à des stades sécrétoires très voisins. Il s'établit entre les diverses cellules d'un même acinus une véritable loi d'alternance.

La cellule glandulaire jouit d'une action de choix sur les matériaux destinés à constituer sa mise en charge. Dubreuilh résume ainsi les divers actes de la cellule glandulaire : 1° acte d'intussusception élective consistant dans l'absorption du plasma imbibitif riche en matériaux de sécrétion ; 2° acte de ségrégation consistant dans le choix de ces matériaux ; 3° acte de maturation dû à l'action du protoplasma ; 4° enfin, acte d'excrétion.

**Le produit de sécrétion : les larmes. Leur constitution et leur rôle physiologique.** — Le liquide recueilli directement dans les culs-de-sac conjonctivaux est, avons-nous dit, un liquide mixte, absolument comme la salive buccale. Il comprend tous les divers produits de sécrétion des glandes et glandules lacrymales, mais encore le produit de sécrétion des cellules de la muqueuse conjonctivale.

Nous possédons plusieurs analyses du liquide lacrymal. La première a été faite par Frerichs.

Cette première analyse a été faite sur un œil sain, après excitation électrique de la conjonctive.

La deuxième analyse provient d'un œil atteint d'ophtalmie chronique.

| Résultats. | Analyse I. | Analyse II. |
|---|---|---|
| Eau. . . . . . . . . . . . . . . . | 99,06 | 98,70 |
| Parties solides . . . . . . . . . . . . . | 0,94 | 1,30 |
| Les parties solides comprennent : | | |
| Débris épithéliaux . . . . . . . . . . . | 0,14 | 0,32 |
| Albumine. . . . . . . . . . . . . . | 0,08 | 0,10 |
| Chlorure de sodium, phosphates alcalins, phosphates terreux, graisses et matières extractives . . . . . . . . . . . . . | 0,72 | 0,88 |

On a pu réaliser l'analyse du liquide lacrymal sécrété par la glande proprement dite. Dans des cas de fistule cutanée de la glande, le liquide, étant sécrété en dehors du sac conjonctival, à la surface des téguments, peut être recueilli à part. Mais ces cas sont exceptionnels.

D'autres analyses sont dues à LERCH et à MAGAARD. (*Archiv f. Ophth.*, t. II, a. 2, p. 137; — A. A. P., 1882.)

| Analyses. | de LERCH. | de MAGAARD. |
|---|---|---|
| Eau . . . . . . . . . . . . . . . . . . | 982,0 | 981,2 |
| Albuminoïdes, traces de mucine et graisses. | 5,0 | 14,6 |
| Chlorure de sodium. . . . . . . . . . . . | 13,0 } | 4,2 |
| Autres sels minéraux. . . . . . . . . . | 0,2 } | |

La composition chimique doit varier suivant les sujets dans certaines limites qu'il est difficile d'apprécier. De même, chez un même sujet, les substances sécrétées doivent varier, suivant l'état de la glande, l'âge, etc. Nous n'avons aucune donnée bien certaine sur ce point.

Les glandes lacrymales peuvent éliminer, comme les autre glandes, des substances médicamenteuses, telles que l'iodur e de potassium.

Les larmes sont toujours alcalines. Il est facile de s'en rendre compte en humectant dans le sac conjonctival une bandelette de papier rouge de tournesol. Est-il vrai que, sous l'influence des maladies diathésiques, phtisie, rhumatisme, et à la suite des fièvres graves, les larmes, d'alcalines, peuvent devenir acides? Le fait est douteux. Nous avons examiné par le tournesol un très grand nombre de sujets; jamais nous n'avons obtenu de réaction acide par ce procédé.

Nous trouvons rapporté dans le Traité d'ophtalmologie de DE WECKER et LANDOLT, p. 1022 : « On y signale (dans les larmes) dans quelques formes intenses d'ictère une coloration jaunâtre si foncée que le linge en est taché (WELLER), et dans quelques formes de scorbut, la coloration rougeâtre (LANZONI, ROSAS, HASNER) peut être due tout simplement à l'extravasation d'une petite quantité de sang dans le sac conjonctival, provenant de petites excoriations de la muqueuse (HASNER). Ce sont là des faits mal observés.

Que faut-il penser des *larmes de sang* ? La glande lacrymale peut-elle sécréter, sous l'influence de certaines causes inconnues, un liquide hémorragique? Le fait est mal prouvé. Le plus souvent, les larmes de sang sont dues à une hémorragie conjonctivale, à une rupture vasculaire de la conjonctive des culs-de-sac ou des paupières. On sait combien la moindre trace de sang colore facilement le liquide lacrymal.

En résumé, le produit sécrété par la glande lacrymale est un liquide absolument clair comme de l'eau de roche. Il a une saveur saline due à la présence de NaCl. Les larmes peuvent être considérées comme une solution salée se rapprochant plus ou moins de la solution dite physiologique.

La quantité sécrétée est naturellement très variable suivant les causes d'excitation. Mais, à l'état physiologique, la quantité suffisante pour lubrifier le sac conjonctival et le globe oculaire a été évaluée par MAGAARD à 6 gr. 4 par vingt-quatre heures, et pour les deux yeux, soit 3 gr. 2 pour chaque glande. Nous ne possédons à ce sujet que des données incertaines. La quantité de liquide sécrété varie avec la susceptibilité de chaque sujet. Certains présentent de l'épiphora par hypersécrétion d'origine réflexe. Mais, en général, le larmoiement chronique dépend, le plus souvent, d'une gêne ou de l'obstruction des voies lacrymales. Ces deux termes : larmoiement, épiphora (du grec ἐπι, sur φέρω, je coule) devraient avoir un sens différent. Larmoiement devrait s'entendre de l'hypersécrétion fonctionnelle, et épiphora devrait signifier épanchement des larmes en dehors des voies naturelles par obstruction lacrymale.

Les expériences de MAGAARD relatives à l'évaluation de la quantité de larmes sécrétées portaient sur des sujets atteints d'ectropion total des paupières. Il ne s'agissait donc pas de sujets normaux, et il est probable que l'irritation de la conjonctive éversée entretenait déjà un larmoiement hypersécrétoire.

AHLSTROEM recueille avec une canule le liquide d'une fistule lacrymale. Il trouve un chiffre voisin de celui de MAGAARD. D'autres auteurs, BOCH, VAN GENDEREN STORT ont fait également des recherches analogues. Mais toutes ces recherches ne sont pas à l'abri des mêmes critiques faites aux premiers résultats de MAGAARD.

« En s'adressant à des sujets qui avaient subi l'extirpation du sac lacrymal et chez lesquels on ne constatait aucune irritation oculaire, Schirmer constata que, chez des personnes gardant la chambre et s'abstenant de tout mouvement pouvant provoquer un afflux de larmes (bâillement, etc.), il fallait attendre une heure à deux heures et demie pour voir se former une larme assez grosse pour s'écouler au dehors. Comme, pendant le sommeil, la sécrétion se tarit, on peut compter au maximum sur une production de 0 gr. 40 de larmes pendant les seize heures de veille, et ce chiffre paraît souvent devoir être réduit de moitié. En tenant compte de l'évaporation, des expériences comparatives ont permis à l'auteur de fixer la production réelle des larmes au chiffre de 1/2 à 3/4 de gramme, à l'abri, bien entendu, de toute excitation venue du dehors. » (Kalt in *Traité de Lagrange et Valude*.) (Schirmer. *Studien zur Physiol. u. Pathol. der Thranenabsonderung. Arch. de Græfe*, 51, 3, 1903.)

**Mesure de la capacité sécrétoire de la glande lacrymale.** — Rien n'est plus variable, avons-nous dit, que la quantité de larmes émises, suivant les sujets et surtout les causes d'excitation sécrétoire.

L'anatomie nous montre d'ailleurs une assez grande variation dans les dimensions et le volume des glandes.

Mais on peut avoir des données suffisamment comparables entre elles en faisant sécréter la glande jusqu'à épuisement. Plusieurs procédés ont été employés :

*Procédé de.* Koster : Il place dans les culs-de-sac conjonctivaux l'extrémité d'une bandelette de papier buvard de 10 à 20 centimètres de long. La conjonctive est excitée localement de même que la pituitaire à l'aide d'un pinceau. Il trouve que, chez certains individus, la bandelette s'imbibe sur une longueur de 8 à 9 centimètres, tandis que chez d'autres cette longueur atteint 1ᵐ,50 à 2 mètres.

De plus, la quantité varie chez un même individu d'un jour à l'autre. En outre, les glandes des sujets atteints de paralysie faciale complète donnaient des quantités de liquide supérieures à celles de glandes d'individus sains à sécrétion de faible degré.

Koster affirme que chez un même individu le pouvoir sécréteur est sensiblement le même des deux côtés.

*Procédé et expériences de* Schirmer : Schirmer utilise des bandelettes de 1/2 centimètre de large sur 3 centimètres 5 de long. Durée d'une expérience, 5 minutes. Une glande normale doit imbiber 1 centimètre 5 au minimum.

Schirmer trouve au contraire des différences notables d'un œil à l'autre. Chez les jeunes sujets, la sécrétion est plus abondante que chez les vieillards. On apprécie ainsi une diminution de sécrétion dans le cas de paralysie faciale. Mais dans le cas d'hypersécrétion pathologique la méthode est infidèle.

**Rôle du système nerveux.** — Le rôle du système nerveux dans la sécrétion lacrymale a été très longtemps obscur. On voyait là un problème de physiologie complexe, et les expérimentateurs se contentaient d'hypothèses.

Aujourd'hui nous possédons un ensemble de faits bien liés, et, de l'examen de toutes les expériences tentées et ayant subi l'épreuve du contrôle, on peut tirer quelques conclusions fermes.

Il ne s'agit pas simplement de savoir si l'on doit rattacher la sécrétion des larmes soit exclusivement au trijumeau, soit encore au facial, soit au sympathique. En adoptant une théorie exclusive, on se heurte, à l'heure actuelle, à des faits contradictoires.

La sécrétion lacrymale est complexe ; les excitants en sont très divers. Il est naturel de supposer que son innervation sera nécessairement compliquée.

La difficulté est de bien dissocier, au point de vue expérimental, tous ces phénomènes nerveux.

Au point de vue fonctionnel une première division s'impose : elle est fournie par la différence qu'il y a entre la sécrétion normale, minima, destinée à la simple lubréfaction de l'œil, et la sécrétion anormale, maxima, psychique, qui constitue les pleurs.

Il y a nécessairement des variétés nombreuses de *larmoiements* et de *pleurs* qui possèdent des arcs nerveux réflexes ou conscients assez variés. Les faits, en apparence contraires, signalés par les expérimentateurs vont nous servir à établir précisément la variété de ces voies nerveuses.

Pour une analyse claire des phénomènes, nous grouperons les observations sous trois paragraphes en suivant l'ordre historique :

I. Action et rôle du trijumeau.

II. Action et rôle du facial.

III. Action et rôle du sympathique.

**I. Action et rôle du trijumeau.** — Nous allons succinctement passer en revue la série des faits sur laquelle on se base pour expliquer cette action :

1° L'anatomie nous montre tout d'abord que le nerf lacrymal vient de l'ophtalmique de WILLIS.

2° *Expériences de* MAGENDIE : Excitation du nerf lacrymal. « Chez l'homme même il piqua plusieurs fois le nerf lacrymal et obtint une effusion telle de liquide qu'il croyait avoir ouvert le robinet des larmes » (1839).

3° *Autre expérience de* MAGENDIE : Section intra-cranienne du trijumeau. Kératite neuro-paralytique, attribuée à la suppression des larmes. On sait que cette interprétation n'est pas la seule. La kératite est peut-être consécutive à l'insensibilité de la cornée (section des nerfs sensitifs) ou encore à la section des nerfs trophiques.

4° *Expériences de* CLAUDE BERNARD :

*a)* Section intra-cranienne du trijumeau. Il observe des troubles de la cornée, note de la sécheresse de l'œil et finalement s'établit la kératite neuro-paralytique.

*b)* Après arrachement du ganglion sympathique supérieur, section du trijumeau. Pas de troubles oculaires; l'œil reste humide deux jours après.

*c)* Autre section de la V$^e$ paire. L'œil reste humide. CL. BERNARD s'exprime ainsi : « Après la section, l'œil paraît sécréter moins. »

*d)* Autre expérience sur le lapin : l'œil est terne et sec.

5° *Expérience de* CZERMAK (1860) : Il décapite un animal et, excitant le trijumeau, aussitôt après il obtenait une exagération de sécrétion des larmes.

6° *Expérience de* HERZENSTEIN : Excitation du lacrymal et du sous-cutané malaire. Exagération de la sécrétion.

Section du nerf lacrymal. Écoulement qu'il considère comme paralytique.

7° WOLFERZ : Excitation du trijumeau chez le Chat, sécrétion abondante, excitation du sous-cutané malaire. Même résultat.

8° DEMTCHENKO : Excitation du temporo-malaire, pas d'action sur la sécrétion. Après ligature de la carotide, l'irritation amène une sécrétion moins abondante.

9° TÉPLIACHINE : 1$^{re}$ expérience. — Excitation du lacrymal, sécrétion exagérée.

2$^e$ expérience. — Section du lacrymal. L'œil est encore plus humide (sécrétion paralytique).

3$^e$ expérience. — Excitation du sous-cutané malaire; sécrétion augmentée, mais moins que par l'excitation du lacrymal.

4$^e$ expérience. — Excitation intra-cranienne du trijumeau, exagération de la sécrétion; mais il est nécessaire d'avoir une excitation forte.

10° Les observations faites chez l'homme à l'occasion des interventions opératoires sur le ganglion de GASSER (Gasserectomie) ne donnent pas de résultats bien probants au point de vue lacrymal. Les cas où il est survenu des troubles sécrétoires sont relativement peu nombreux, peut-être parce que toutes les observations de sécheresse de l'œil et surtout de kératite neuro-paralytique n'ont pas été publiées. Dans ce cas, le ganglion a dû être enlevé en totalité ou bien les débris qui en restaient ont dû dégénérer complètement. Les chirurgiens ont reproduit chez l'homme l'expérience de MAGENDIE signalée plus haut.

Mais le plus souvent les gasserectomies sont restées partielles. On sait, en effet, que la partie la plus inaccessible du ganglion est son extrémité, ou sa corne interne qui se trouve logée dans la paroi même du sinus caverneux. C'est précisément cette corne interne qui donne naissance à l'ophtalmique de WILLIS. Il est probable que, dans les faits cliniques où l'on n'a noté aucun trouble sécrétoire, l'intégrité parfaite de l'œil ainsi que parfois même le retour tardif de la sensibilité conjonctivale, se rapportent à des extirpations incomplètes.

**II. Action et rôle du facial.** — En 1893, GOLDZIEHER, de Buda-Pesth, soutint le premier le rôle prépondérant du nerf facial dans l'innervation des glandes lacrymales

A l'appui de son opinion, il cite un certain nombre d'observations de paralysie faciale suivie d'abolition des pleurs.

En 1894, JENDRASSIK cite des cas analogues.

En 1895, TRIBONDEAU essaie une étude expérimentale (*Journal de Médecine de Bordeaux*, 3 novembre 1895).

La section du facial extra-cranien n'a aucune action sur la sécrétion lacrymale. L'œil est au contraire plus humide par cause réflexe, irritation due au lagophtalmos paralytique, ou bien par suite de l'éversion paralytique des points lacrymaux; paralysie de l'orbiculaire des paupières et de ses faisceaux lacrymaux antérieur et postérieur (muscle de DUVERNEY).

TRIBONDEAU a dû pour cela agir sur le facial intra-cranien.

Ayant essayé tour à tour sans succès le procédé de JOLYET (section au névrotome à travers l'occipital), le procédé de CL. BERNARD (section du facial par la caisse du tympan), il a adopté une technique perfectionnée qui réalise avec plus de succès le but poursuivi dans le procédé de CL. BERNARD. Il consiste dans la possibilité d'atteindre avec moins de danger le facial jusque dans le conduit auditif interne à travers la fenêtre ronde. Aussi appelle-t-il son manuel opératoire : *procédé de la fenêtre ronde*.

LAFFAY a repris cette étude, avec TRIBONDEAU d'abord, et a exposé ensuite, dans sa thèse inaugurale, les résultats de ses expériences (*Th. de Bordeaux*, 1896).

Cet intéressant travail renferme tout au long la technique expérimentale de l'auteur. LAFFAY a encore amélioré le procédé de TRIBONDEAU et a fait lui-même de nouvelles expériences. Il a opéré chez le chien et le lapin.

*Expériences de* LAFFAY. — Trois expériences sur le chien.

Voici le résumé de l'expérience III : Chien chloralosé. Section du facial intra-cranien. Le lendemain véritable ophtalmie purulente; quinze jours après suppression de la sécrétion lacrymale du côté opéré. Injection de pilocarpine : du côté droit non opéré, sécrétion abondante; du côté opéré, état normal : Excitation du bout périphérique du lacrymal : pas de sécrétion. Excitation du sous-cutané malaire : pas de sécrétion, tandis que l'œil droit sécrète abondamment.

Expériences sur le lapin. Le facial est arraché dans sa partie intra-rocheuse. Le ganglion géniculé est souvent arraché en même temps. Suppression de la sécrétion du côté opéré. Injection de pilocarpine : sécrétion lactescente faible. Excitation du lacrymal, pas de sécrétion.

LAFFAY rapporte en outre les expériences suivantes :

Expériences de VULPIAN et JOURNIAC (*Académie des Sciences*, 1879). Faradisation de la caisse du tympan : sécrétion abondante d'abord lacrymale, puis lactescente (chez le lapin).

Chez deux autres lapins, après arrachement du facial intra-pétreux, sécrétion laiteuse faible.

LAFFAY a observé encore le fait suivant. Sur un chien ayant subi la section intra-cranienne du facial depuis trois semaines, la faradisation de la caisse détermine une sécrétion abondante.

Expériences de VULPIAN sur les origines bulbaires du facial : au niveau même du plancher du 4e ventricule, à travers l'espace occipito-atloïdien, VULPIAN dilacère la région occupée par le noyau du facial. La paralysie faciale est complète. Il observe une sécrétion conjonctivale purulente.

Deux autres faits montrent : le premier, une sécrétion muco-purulente; le second, un commencement de lésion cornéenne.

Il s'agirait de savoir quel est le trajet exact des filets sécrétoires qui arrivent ainsi au facial. Il y a là un point à éclaircir. Les nerfs sécrétoires appartenant au facial ne peuvent atteindre la glande lacrymale que par l'intermédiaire du lacrymal. Ils sont obligés d'emprunter la voie nerveuse d'une branche du trijumeau. Il est très probable qu'ils abordent le trijumeau au niveau du ganglion sphéno-palatin. Mais aucune expérience physiologique n'a permis jusqu'ici de déterminer le rôle que joue ce ganglion. Les travaux de CL. BERNARD, ceux de PRÉVOST et JOLYET, 1868, ne fournissent aucune donnée bien nette à ce sujet. CAMPOS a tenté de vérifier le rôle que pouvait jouer le grand nerf pétreux superficiel et il a constaté qu'après sa section la sécrétion n'était pas supprimée. Au sujet des filets provenant du facial, nous en sommes donc réduits à des hypothèses.

**III. Action et rôle du sympathique.** — Le rôle du sympathique a été étudié depuis longtemps, et il n'est pas douteux qu'il ne soit extrêmement important dans la sécrétion des larmes. La difficulté est de dissocier l'action des filets sympathiques plus spécialement chargés de la vaso-motricité et de ceux qui jouissent de propriétés purement sécrétoires. C'est pour cela que l'étude de la circulation de la glande lacrymale est absolument inséparable de celle de son innervation. Énumérons les faits expérimentaux :

1° *Expérience de* Pourfour du Petit. — C'est l'expérience classique de la section du cordon cervical du grand sympathique. Myosis, hypotonie du globe oculaire. Rétrécissement de la fente palpébrale. Projection de la troisième paupière. Effets sécrétoires sur la conjonctive et sur les glandes de l'orbite.

2° *Expérience de* Cl. Bernard. — « Lapin. Ablation du ganglion cervical supérieur. Deux jours après, section du facial dans sa portion intra-pétreuse. Mort 7 jours après la première intervention. On remarqua, dans les derniers jours de la vie du lapin, que l'œil du côté où le ganglion cervical supérieur avait été enlevé, était humide et larmoyant. On avait également observé qu'il y avait un écoulement sur la narine du même côté. »

Cette expérience serait en faveur de fibres fréno-sécrétoires dans le cordon sympathique.

3° Wolferz. — Excitation du sympathique cervical. Exagération de sécrétion, même après section du lacrymal.

4° Demtchenko. — Excitation du sympathique cervical. Exagération de la sécrétion lacrymale et de la sécrétion conjonctivale (après l'extirpation de la glande). Excitation du sympathique d'un côté : sécrétion d'un liquide épais, visqueux et filant. Excitation du lacrymal : liquide clair et limpide.

5° Reich. — Cet auteur a fait 13 expériences pour critiquer les résultats de celle de Czermak, puis 11 expériences pour montrer que l'excitation faible du trijumeau ne donne rien. Il faut des excitations fortes et dans ce cas le courant a pu diffuser sur d'autres nerfs.

Autre expérience de Reich : Après section intra-cranienne du trijumeau, il obtient une sécrétion réflexe des larmes en excitant la muqueuse des fosses nasales.

Les expériences de Reich tendent à démontrer non seulement que le trijumeau n'a aucune action sécrétoire directe, mais même encore n'est pas indispensable dans la conduction des excitations centripètes nécessaires à la sécrétion.

Il conclut à l'action prépondérante du sympathique.

6° Tépliachine formule la même opinion.

7° *Expérience d'*Arloing. — 1re expérience : chèvre et bœuf. Section du sympathique cervical.

Hyperémie et hypersécrétion de l'œil. L'hypersécrétion dure de 20 à 40 jours.

Conclusion : Existence de fibres *fréno-sécrétoires sympathiques*.

2e expérience : Section du sympathique gauche depuis 40 jours.

Section du sympathique droit.

Injection de pilocarpine : hypersécrétion plus abondante du côté droit.

Conclusion : Existence de fibres *excito-sécrétoires sympathiques*. Arloing a démontré l'existence de ces fibres chez certains autres animaux et a de plus reconnu que la prédominance des unes sur les autres variait suivant les espèces.

8° *Expériences de* Laffay *et* Verger. — 1re expérience : Lapin. Section du sympathique droit et excitation : hypersécrétion lacrymale.

Conclusion : Prédominance de fibres excito-sécrétoires.

2e Expérience : Section du sympathique droit : hyperémie et larmoiement du côté correspondant. Quinze jours après, injection de pilocarpine : hypersécrétion plus abondante du côté sain.

3e Expérience : Facial arraché. Quinze jours après arrachement du sympathique du même côté, l'œil reste encore lubrifié et humide. Huit jours après, injection de pilocarpine, hypersécrétion très augmentée du côté sain. Du côté lésé, liquide blanchâtre lactescent.

4ᵉ Expérience : Lapin. Facial gauche extirpé depuis trois semaines. Excitation du sympathique droit : hypersécrétion. Excitation du sympathique gauche : rien. Arrachement des bouts supérieurs des sympathiques : mort trois jours après.

Avant la mort de l'animal, on a pu voir, du côté droit, l'excitation de la muqueuse nasale et oculaire provoquer une sécrétion abondante ; du côté gauche, par les mêmes excitations, on obtient une sécrétion visqueuse et épaisse. Dans le dernier jour, la cornée est louche et altérée, l'œil est terne et sec.

Tous les faits que nous avons énumérés jusqu'ici sont relatifs aux voies nerveuses périphériques, et l'on peut conclure que le trajet des fibres sécrétoires est multiple. Il peut très bien se faire qu'il varie suivant les espèces. Ne voyons-nous pas, d'ailleurs, au point de vue anatomique, la disposition des rameaux du trijumeau varier sensiblement d'une espèce à l'autre ? C'est ce qui explique probablement que les résultats obtenus chez un animal ne puissent être appliqués à un autre.

Dans le cas de la lubréfaction normale de l'œil, il est probable que les fibres d'origine sympathique entrent surtout en jeu. Mais, dans le cas de sécrétion abondante d'origine réflexe, le trijumeau intervient de même que le facial et il est difficile de savoir à laquelle de ces deux paires nerveuses revient le rôle le plus important.

Il semble que dans la sécrétion d'origine psychique le facial, qui joue un rôle dans les mouvements de la physionomie, doive être considéré comme le nerf sécréteur principal. Mais, même dans ce cas, il est difficile d'éliminer l'action du grand sympathique et celle du trijumeau.

Le problème est encore plus délicat si l'on essaie de déterminer le trajet des voies nerveuses centrales. Nous allons essayer cependant de pénétrer dans le mécanisme intime de la sécrétion lacrymale et de savoir où se localisent exactement, non seulement les centres réflexes du névraxe, mais aussi les centres psychiques.

C'est grâce aux observations cliniques que l'on a pu émettre quelques opinions à ce sujet. On sait que les malades atteints d'affections paralytiques surtout de nature spasmodique, de contractures, ont des crises de larmes répétées ou bien des crises de rire.

Il y a dans le bulbe une série de noyaux moteurs qui président au mécanisme de la mimique. Ces noyaux sont en connexion avec l'écorce cérébrale, de même qu'avec la colonne grise de la moelle dont ils sont la continuation. Ce sont les cellules de ces divers noyaux qui entrent en jeu, en plus ou moins grand nombre, suivant la nature de l'excitation psychique ou réflexe. Cette colonne grise, centre réflexe de la sécrétion lacrymale, s'étend depuis l'*eminentia teres* jusqu'au niveau de la cinquième vertèbre cervicale (ECKHARD) et correspond au centre réflexe de la contraction de l'orbiculaire (EXNER).

Cette assimilation de l'acte sécrétoire à un acte moteur a fait songer à des voies de connexion d'origine centrale et à l'existence de centres corticaux sécrétoires. Ces centres corticaux exerceraient une action modératrice ou frénatrice. C'est l'opinion de BECHTEREW. Dans les lésions de l'écorce ou du centre ovale accompagnées de pleurer ou de rire spasmodique, les fibres appartenant au faisceau géniculé et par suite au facial sont toujours intéressées.

Pour BECHTEREW, l'influence de la couche optique sur la sécrétion lacrymale est démontrée par l'expérimentation. Dans les crises de larmes des malades atteints de lésions nerveuses, il y a ou bien interruption de la voie nerveuse, qui transmet les actions d'arrêt de l'écorce, ou bien lésion irritative des centres contenus dans la couche optique.

BRISSAUD semble attribuer au faisceau psychique la conduction des influences corticales sur le pleurer et le rire.

« La destruction des fibres du segment antérieur de la capsule interne donne une paralysie de la mimique spontanée, unilatérale si la lésion est unilatérale, et bilatérale si elle est bilatérale.

« Si cette lésion bilatérale ou médiane intéresse le faisceau moteur volontaire de la face, faisceau géniculé, en respectant les conducteurs psycho-réflexes, on se trouve en présence du syndrome pseudo-bulbaire, dans lequel le masque immobile peut être encore provoqué par la stimulation psychique au spasme irrésistible du rire ou du pleurer. Le rire et le pleurer spasmodique s'expliquent précisément par l'interruption des conducteurs qui relient les centres corticaux aux noyaux bulbaires de la face, la physionomie n'est plus soumise à la volonté, et pourtant elle reste en rapport avec les centres de coordination de la couche optique, mis en action par un réflexe cortical. Ce sont les fibres inférieures du faisceau d'ARNOLD ou racine antérieure de la couche optique qui conduisent les incitations de l'écorce frontale aux centres de coordination de la couche optique. »

LAFFAY se demande aussi si la fonction lacrymale ne dépendrait pas du centre de l'oculo-facial qui se distribue à l'orbiculaire des paupières.

Depuis les travaux de MARINESCO, on a remanié la disposition des noyaux que le facial possède dans le bulbe. Ces noyaux sont distincts pour le facial supérieur et pour le facial inférieur et correspondraient à des zones corticales distinctes.

Le premier, affecté aux muscles orbiculaire, frontal, sourcilier, n'est pas autre chose que l'oculo-facial. Le second, associé aux muscles de la lèvre et du menton, n'est autre que le labio-facial. Ils ont chacun des fibres sécrétoires différentes, le facial supérieur destiné aux glandes lacrymales, le facial inférieur aux glandes salivaires.

« Attribuer à l'oculo-facial et au labio-facial des fibres sécrétoires différentes, dit LAFFAY, est une simple hypothèse, mais elle concorderait bien avec le rôle qu'on accorde au facial supérieur, qui détient l'expression des sentiments les plus élevés de l'âme, les plus intellectuels et les plus humains, tandis que la traduction des passions basses est reléguée dans le domaine du facial inférieur.

« Je pense que les pleurs ont leur beauté quand ils s'associent à la contraction des muscles supérieurs; ils sont disgracieux quand ils s'associent à la contraction des muscles inférieurs; et GRATIOLET nous montre de même l'amour instinctif et animal mettant en jeu les muscles innervés par le labio-facial, tandis que l'amour humain, l'amour intellectuel, se révèle dans les yeux et la partie supérieure du visage, où l'âme semble directement se refléter elle-même. »

**Excitants de la sécrétion lacrymale.** — La sécrétion lacrymale a lieu sous l'influence d'excitations très variées. Suivant le mode d'excitation, l'effusion de larmes est plus ou moins abondante. On peut ramener à trois variétés les modes de sécrétion d'après les voies nerveuses réflexes ou psychiques mises en jeu :

1° Le mode que nous appellerons simple ou normal et qui est destiné à entretenir la lubréfaction normale de la conjonctive, l'humidité habituelle de la cornée et de l'œil;

2° Le mode réactionnel, que nous qualifierons de défense, et qui consiste dans l'effusion de plus ou moins de larmes sous l'influence d'une cause mécanique, chimique, pathologique, etc., extérieure à l'œil et agissant sur les origines réelles des filets sensitifs;

3° Un troisième mode, également réactionnel, mais où la psychicité intervient. Le point de départ peut être sensoriel; mais la conscience y joue un rôle important. L'activité des centres supérieurs cérébraux est mise en jeu.

On voit que dans ces différents modes les voies nerveuses intéressées sont de plus en plus complexes et de plus en plus élevées.

*Mode simple ou normal.* — L'écoulement physiologique des larmes dans les conditions ordinaires se fait d'une manière extrêmement lente. Nous avons vu qu'il fallait considérer les chiffres de MAGAARD comme très supérieurs à la réalité. Ce sont les terminaisons sensibles de la conjonctive qui rendent compte aux centres réflexes de l'état de siccité ou de lubréfaction de la conjonctive et de la cornée. L'écoulement des larmes est continu, et il est important de noter que cet écoulement est intimement lié à un acte musculaire, c'est-à-dire à la contraction espacée des paupières qui constitue le clignement [1]. Il ne faudrait pas croire cependant, comme le pensait DARWIN, que le clignement, ou plutôt le cillement, soit la cause indispensable de l'acte sécrétoire. L'acte sécrétoire et l'acte musculaire sont deux phénomènes intimement liés; mais il

---

1. Autrefois, au XVIIIe siècle, on employait le terme de cillement pour indiquer ces mouvements rapides et intermittents des paupières. Le terme de clignement était réservé à la contracture de l'orbiculaire, à l'acte de cligner. Il est fâcheux que l'on ait renoncé au mot *cillement*. Nous allons essayer de le remettre en usage.

est difficile de dire que l'un est provoqué par l'autre et réciproquement. Une même irritation produit ces deux actes réflexes. A chaque clignement ou plutôt cillement, une nouvelle quantité de larmes se trouve sécrétée et répandue à la surface du globe oculaire. Cette lame liquide adhérente par la tension superficielle s'évapore : un nouveau clignement survient et amène une nouvelle nappe liquide. Le nombre et la fréquence des cillements est en rapport avec la quantité de larmes sécrétées. Le liquide se trouve d'abord dans les culs-de-sac conjonctivaux. A chaque battement, il est répandu sur toute la surface de la conjonctive et de l'œil. Dans un air parfaitement pur et immobile, sans le moindre vent qui l'agite, d'une température ni trop chaude ni trop froide, les battements des paupières sont réduits au minimum. La sécrétion lacrymale est parallèlement très réduite, et la vitesse d'évaporation du liquide répandu à la surface du globe dépend uniquement de l'état hygrométrique de l'air et de la tension de vapeur d'eau de l'atmosphère. Pendant le sommeil, la sécrétion est à peu près nulle. Les paupières restant closes, il n'y a pas le moindre cillement et par suite le moindre appel sécrétoire. Dans ce cas, il est certain que les voies lacrymales n'interviennent pas pour éliminer le trop-plein des larmes. Mais, dès qu'une des causes multiples d'irritation de la conjonctive intervient, les cillements deviennent plus nombreux et l'on peut concevoir tous les intermédiaires entre ce mode d'équilibre sécrétoire que nous avons qualifié de normal et le mode réactionnel de défense.

Dans ce premier mode nous avons vu que certains auteurs faisaient intervenir simplement le sympathique céphalique comme seul nerf sécrétoire mis en jeu. Mais la plupart s'accordent à reconnaître que le trijumeau doit aussi entrer en action.

*Mode réactionnel de défense.* — Ici les excitations sont plus fortes. C'est toujours par voie réflexe que s'accomplit ce mode sécrétoire. Les excitants sont très divers et très variés. Ce sont : soit des excitants mécaniques — poussières, corps étrangers, particules de charbon, frottement des paupières, vent froid, etc. — ou bien des excitants chimiques — ammoniaque, formol, acides, fumée, etc. Il faudrait passer en revue toutes les causes susceptibles de déterminer du larmoiement. Ces excitants, de plus, peuvent agir soit sur l'œil, soit sur les parties voisines.

Sur la conjonctive, on doit signaler surtout les inflammations aiguës et chroniques, les corps étrangers, l'ectropion sénile, etc.;

Sur les paupières, la blépharite, les corps étrangers, le trichiasis, etc.;

Sur la cornée, les ulcérations traumatiques, les corps étrangers, les inflammations aiguës ou chroniques, l'ophtalmie lymphatique, etc.

L'iris et le corps ciliaire peuvent être également le point de départ du réflexe sécrétoire dans le cas d'iritis aiguë ou chronique ou d'irido-cyclite.

La fatigue oculaire, les troubles de l'accommodation, l'asthénopie accommodative, les vices de réfraction, l'astigmie, sont aussi la cause de ce larmoiement.

Une vive lumière qui éblouit la rétine et le nerf optique donne lieu à des pleurs.

En dehors de l'œil d'autres régions peuvent être le point de départ du réflexe sécrétoire. C'est ainsi qu'au niveau des fosses nasales, les odeurs irritantes, les inflammations, telles que le coryza, s'accompagnent toujours de larmoiement. Ce sont là des territoires desservis au point de vue sensitif par le trijumeau. Les irritations du naso-pharynx sont dans le même cas.

Mais le point de départ du réflexe peut être plus éloigné. Dans la toux coqueluchoïde, dans les quintes de toux, dans la pénétration de liquide ou de corps étranger dans le larynx ou la trachée, dans le vomissement, on observe toujours une effusion plus ou moins abondante de larmes.

Dans ce cas, on a voulu faire jouer un rôle à l'afflux de sang plus considérable au niveau de la glande ou au niveau des centres des réflexes sécrétoires. Mais il peut très bien se faire que d'autres nerfs sensitifs puissent être le point de départ et la voie de transmission centripète du réflexe sécrétoire, comme par exemple dans le réflexe œsophago-salivaire.

Dans le bâillement convulsif, on observe également une effusion de larmes. Il s'agit aussi d'un réflexe, avec point de départ dans les terminaisons sensibles intra-musculaires, qui s'accompagne de phénomènes vasomoteurs et sécrétoires.

*Troisième mode sécrétoire : sécrétion d'origine psychique.* Ici nous devons entrer dans le domaine moins exploré de la psychologie et montrer le rôle important que jouent les émotions dans la sécrétion des larmes.

Mais comment expliquer que les images ou les véritables concepts élaborés par nos centres nerveux conscients réagissent sous le mode sécrétoire?

Existe-t-il d'abord des centres sécrétoires cérébraux, des centres psycho-sécrétoires? Dans ce cas, la question se pose de savoir si la sécrétion des larmes peut obéir à la volonté. On sait, en effet, que certains sujets peuvent répandre des larmes à leur gré. C'est du moins ce que tend à faire croire tout ce que l'on a rapporté sur les pleureuses de l'antiquité et des pays où cette profession est encore exercée. « A la Nouvelle-Zélande, raconte un voyageur, les femmes répandent des larmes à volonté, elles se réunissent pour gémir sur leurs morts et se font gloire de pleurer à l'envi de la manière la plus attendrissante, et l'on sait aussi que dans certains pays, comme la Corse, il est une classe de femmes qui font métier de pleureuses et doivent à l'exercice de ce ministère une grande vénération (LAFFAY). »

Les pleurs jouent un rôle très divers dans la traduction des émotions de l'âme. DARWIN a bien analysé ce rôle dans son ouvrage : « *L'expression des émotions chez l'homme et chez les animaux.* »

« Si je voulais remonter dans la série des êtres, écrit LAFFAY, si je voulais interroger les animaux les plus infimes et les plantes mêmes, je pourrais trouver l'origine de la naissance de ce langage spontané qu'on appelle la physionomie ; je pourrais suivre l'évolution des moyens employés par les différentes races d'animaux morts et vivants pour exprimer leurs réactions émotionnelles ; je pourrais saisir dans la lutte pour l'existence, cette grande loi qui régit tous les êtres organisés, le principe de ces mouvements physiognomoniques, qui ne furent d'abord que des mouvements d'attaque et de défense ; je pourrais citer certaines espèces qui expulsent des flots de larmes pour se protéger contre leurs assaillants ; je pourrais indiquer comment le fourmilier se sert de son liquide lacrymal pour inonder et saisir les petits animaux qui font sa proie ; je pourrais rechercher, à l'origine des peuples, l'influence que jouèrent les larmes dans la genèse du sentiment de la pitié, et voir par suite comment, dans les tribus barbares et adonnées à la guerre, ces mêmes larmes devinrent un instrument de salut, comme on dit aujourd'hui encore que le cerf aux abois demande en pleurant sa grâce au chasseur qui le poursuit, et puis, pendant de longues suites d'années et avec des variations infinies, je pourrais montrer comment s'est effacé peu à peu le caractère primitif des pleurs qui, tout en restant utiles, sont passés de l'ordre des phénomènes purement instinctifs et animaux au rang des phénomènes psychiques. »

En somme, on voit que dans ce mode sécrétoire psychique il y a toujours association de tout un jeu plus ou moins compliqué de phénomènes musculaires. Alors que, dans notre premier mode sécrétoire envisagé, ce jeu est réduit à sa plus simple expression, puisqu'il s'agit de simples cillements plus ou moins espacés, ici l'on observe tout le jeu si varié de la physionomie.

« Un mouvement de l'âme, a dit BRISSAUD, ne peut se traduire que par un acte d'innervation centrifuge. »

DUCHENNE DE BOULOGNE prétendait qu'on ne pouvait jamais voir couler les larmes de tristesse sans que le muscle petit zygomatique entrât en contraction. Aussi appelait-il ce muscle « le muscle du pleurer ». Il se contracte dans les larmes douces, celles de l'attendrissement, celles des spectateurs émus au théâtre par exemple.

Dans les pleurnichements des enfants, il y a adjonction de l'élévateur de la lèvre supérieure et de l'aile du nez.

Lorsque les larmes sont douloureuses, on voit se contracter le sourcilier muscle de la souffrance.

Les larmes de joie s'accompagnent aussi d'un jeu particulier de la physionomie.

Le plaisir ou la joie très vive, comme la douleur, donnent aux yeux un plus vif éclat en les baignant de larmes.

« L'expression naturelle et universelle de la joie, a dit DARWIN, est le rire, et chez toutes les races humaines le fou rire excite la sécrétion lacrymale plus énergiquement que toute autre cause, la souffrance exceptée. »

Tous les sentiments tendres, le bonheur, la joie, la tendresse, de même que la sympathie et la pitié, amènent l'effusion des larmes. Chose remarquable, comme le dit DARWIN, la sympathie pour la souffrance ou le bonheur de ceux que nous chérissons tendrement provoque des pleurs, alors que nos yeux restent secs lorsque la douleur ou la joie personnellement nous concernent.

Il est intéressant de remarquer combien, suivant les âges et suivant les sexes, ces excitants psychiques déterminent des réactions sécrétoires variables et combien varient parallèlement la mimique et le jeu de la physionomie.

Dès les premiers jours de la naissance, les larmes ne sont pas encore sécrétées; l'enfant pousse des cris, mais ne pleure pas. Ce n'est que quelques mois après que les pleurs accompagnent le jeu de la physionomie.

A partir de ce moment, l'enfant pleure toujours abondamment. Dans la souffrance vive, il y a des contractions musculaires énergiques. L'orbiculaire se ferme violemment, le front se plisse, la face devient rouge et vultueuse. Les cris sont souvent suspendus un instant pour éclater aussitôt avec une violence et une intensité inouïes. Les larmes coulent alors en abondance. On sait combien certains enfants pleurent avec facilité. Pendant la première enfance, non seulement ils pleurent à la moindre douleur ou même à la moindre contrariété, mais encore ils pleurnichent sous le moindre prétexte. A ce moment-là de la vie, il n'y a pas grande différence entre les deux sexes. Plus tard les pleurnichements disparaissent, le garçon pleure moins souvent que la jeune fille.

Chez l'adulte il en est de même. Mais, quel que soit le sexe, les grandes douleurs souvent, loin de solliciter les larmes, se caractérisent par une sorte d'abattement général et une expression du visage qui a inspiré les artistes de tous les temps lorsqu'ils ont voulu traduire dans leurs œuvres une profonde douleur. Les grandes douleurs sont muettes, et il semble que dans ce cas les centres d'inhibition de la sécrétion lacrymale, centres fréno-sécrétoires, soient plus particulièrement mis en action. A l'opposé de ce qui a lieu chez l'enfant, le visage pâlit, il y a vaso-constriction en même temps que ralentissement du cœur et du pouls. La respiration s'arrête et devient également très lente. On devine là l'action prédominante du sympathique qui agit surtout par ses fibres vaso-constrictives et fréno-sécrétoires.

**Bibliographie.** — **Glandes lacrymales.** — AXENFELD. *Bermerkungen zur Physiol. u. Histol. der Thränendruse* (Ber. u. Versamml. d. opht. Gesellsch., Heidelberg, 1898, *Congrès de Heidelberg*, 1898; *Ophth. Klin., Stuttg.*, II, 293, 1898); — *Ueber die feinere Histol. der Thränendruse besonders über das Vorkommen von Fett in den Epithelien* (Ber. ü. d. Versamml. d. Ophth. Gesellsch., 1900, Wiesbaden, 1901, XXVIII, 160-169, 2 pl.; *Arch. f. Augenheilk.*, XXXVIII, 216, 1898). — BACH. *Congrès de médecine*, Nuremberg, 1893. — BECHTEREW et MISLAWSKY. *On innervation and cerebral centres of lacrymation* (Med. Obozz., Mosk., 1891, XXXV, 1170-1175; *Neurol. Centralbl.*, X, 481). — BERGERON. (*Comptes rendus de l'Acad. des Sciences*, LXX, 88). — BERLIN. *Zur Path. u. Anat. der Thränendr.* (Ber. u. d. Versamml. d. ophth. Gesellsch., Rostock, XI, 2-12, 1878). — BOCK (E.-E.). *Zur Kenntniss der gesunden und kranken Thränendrüse.* In-8, Wien, 1896. — CAMPOS. *La sécrétion lacrymale après la section du grand pétreux superficiel* (B. B., 608-610, 1897); — *Recherches expérim. et clin. sur les nerfs sécrét. des larmes* (Archiv. d'Ophth., 1897). — ARLOING. *Effet de la section du cordon vago-sympathique sur les fonctions de la glande lacrymale et des glandes des paupières* (Arch. de Physiol., 1890-1891). — DEMTSCHENKO. *Mechanism provedeniga slyoz v nosovuyu polost Raboty v phyziol. lab. imp Varshow. Univ.*, II, 104-173-187 et A. g. P., 1874). — DUBREUILH (GEORGES). *Structure des glandes lacrymales* (Th. de Lyon, 1904). — FRERICHS. *Thränensecretion* (Wagner's Handwörterbuch. d. Physiol., 617). — GOLDZIEHER. *Uber die Beziehungen des Facialis zur Thränensecretion* (Centralbl. f. prakt. Augen., XIX, 129-133, 1895); *Beitr. z. Physiol. d. Thränendrüse* (Arch. f. Augenh., XXVIII). — GOURFEIN. *Archives d'Ophth.*, XIX, 362 et 440. — HERZENSTEIN. *Zur Physiol. d. Thränen secret., Arch. f. Anat.*, 1867); — *Beitr. z. Physiol. u. Therap. d. Thranenorg.*, Berlin, 1868. — JOLYET et LAFONT. *Recherches sur les vaso-dilatateurs contenus dans la Ve paire et l'origine différente des nerfs sécréteurs et vaso-dilatateurs* (C. R., 1879-1880). — KRAUSE. *Handbuch der Anatom.*, 1842; *Mém. sur l'anat. et sur la physiol. de la conjonc.* (Journ. de BROWN-SÉQUARD, V, 296, 1862). — KIRCHSTEIN (F.). *Ueber die Thränendrüse des*

*Neugeboren u. die Unterschiede derselben von der des Erwachsenen.* In-12, Berlin, 1894. — LONGET. *Traité de Physiol.*, II, 103, 1860; — *Anat. et physiol. du système nerveux*, II, 164, 1842. — LAFFAY, *Rech. sur les glandes lacrymales et leur innervation (Thèse de Bordeaux, 1897).* — MAGENDIE. *Précis de physiol.*, I, 59; II, 464, 1833. — MAGENDIE et DEMOULINS. *Anat. et physiol. du système nerveux des vertébrés.* — MAGAARD. A. A. P., LXXXIX, 1882. — NOLL (A.). *Morphol. Veränder. der Thränend. bei der Secretion. Zugleich ein Beitr. zur Granula. Lehre Habilitationschrift.* In-8, Frankf.-a.-M., 1901. — RAVA. *Annali di Ottalmol.*, II, 116. — TEPLIACHINE. *Recherches sur les nerfs sécrétoires de la glande lacrymale (Arch. d'ophth., XIV, 401-413, 1894).* — TERSON. *Les glandes lacrymales (Thèse de Paris, 1893).* — SCHIRMER. *Studien zur Physiol. u. Pathol. der Thränenabsonderung und Thränenabfuhr (Arch. f. Opht., 197-291, 1903).* — VULPIAN et JOURNIAC. C. R., 1879. — VULPIAN. *Leçons sur les vaso-moteurs.* — WOLFERZ. *Experim. Untersuch. über die Innervations wege der Thränensecretion (Thèse de Dorpat, 1871).* — WORONOW. *Zur Micro-physiol. der Thränendrüse (Ophtal. Klin., VII, 196, 1903).*

## MÉCANISME DE L'ÉCOULEMENT DES LARMES.

Le mécanisme de l'écoulement des larmes comprend :

1º L'écoulement des larmes dans le sac conjonctival.

2º La pénétration des larmes et leur écoulement dans les voies lacrymales.

**I. Écoulement des larmes dans le sac conjonctival.** — La répartition du liquide lacrymal à la surface du globe oculaire se fait grâce à deux catégories de phénomènes qui concourent au même but : les premiers, purement passifs, d'ordre physique et les autres, actifs, d'ordre physiologique.

Les premiers sont dus aux actions capillaires qui répartissent les liquides entre deux lames parallèles. On sait en effet que lorsque deux lamelles de verre sont juxtaposées l'une au-dessus de l'autre, il suffit de placer une goutte de liquide au contact des bords pour le voir aussitôt s'étaler entre les deux lames. C'est ce qui a lieu couramment en technique histologique lorsque l'on essaie de faire pénétrer une goutte de colorant entre lame et lamelle. La conjonctive palpébrale et la conjonctive bulbaire qui se continue avec la face antérieure de la cornée réalisent ce dispositif. On conçoit donc aisément qu'une goutte de liquide lacrymal sécrétée au niveau des culs-de-sac conjonctivaux s'insinue par capillarité dans tout le sac conjonctival lorsque les paupières sont fermées. Le contact des deux paupières et de l'œil est suffisamment intime pour que le liquide passe de dessous la paupière supérieure sous la paupière inférieure. Il n'existe pas de petite gouttière ou de rigole entre les deux lèvres postérieures des bords palpébraux. Certains auteurs ont voulu faire jouer un rôle à cette petite gouttière, tout à fait problématique, dans la conduction des larmes vers les points lacrymaux.

En réalité, les deux paupières sont parfaitement adhérentes grâce aux produits de sécrétion des nombreuses glandes des rebords palpébraux.

Ces produits de sécrétion des glandes de MEIBOMIUS, des glandes de MOLL, des glandes de ZEISS, ont une autre propriété : ils empêchent les larmes de franchir le rebord de la paupière, dans une certaine limite bien entendu, car, lorsque les larmes viennent à être sécrétées en trop grande abondance elles tombent facilement sur la joue. Mais les substances graisseuses qui enduisent le rebord palpébral empêchent ce rebord d'être mouillé. La goutte de liquide prête à franchir la barrière des cils se trouve ainsi retenue par la seule force capillaire que dégage sa tension superficielle.

C'est dans ces conditions que les larmes peuvent être aspirées par les points lacrymaux. Lorsque cette force capillaire est dépassée par l'afflux trop considérable de liquide, les points lacrymaux sont insuffisants à absorber dans le même temps le liquide sécrété, et alors les larmes s'écoulent sur la joue.

La deuxième catégorie des phénomènes qui contribuent à la répartition des larmes dans le sac conjonctival est constituée par les mouvements des paupières. Le cillement ou clignement qui accompagne la sécrétion, au point qu'il semble lui être indispensable, a pour effet d'amener à chaque battement une petite quantité de liquide à la surface de la cornée. Exposé à l'air, l'œil ne tarderait pas à devenir sec, si le cillement ne venait pas par intermittence l'humecter.

Certains auteurs ont voulu faire jouer un rôle plus important à la contraction de l'orbiculaire et par conséquent au cillement. C'est ainsi que Giraud-Teulon a essayé d'expliquer par le mode de contraction des fibres musculaires la progression du liquide vers le grand angle de l'œil, c'est-à-dire vers la caroncule lacrymale.

Autrefois J.-L. Petit, après avoir imaginé sa théorie géniale du siphon lacrymal, pensait que les larmes s'accumulaient, pendant que les yeux étaient fermés, au-dessous des paupières qui, en se contractant, les chassaient dans les canalicules, c'est-à-dire dans la petite branche du siphon.

Si l'on observe attentivement les contractions des paupières, on voit que les fibres musculaires plissent la peau très mince de cette région perpendiculairement à leur direction. Les plis cutanés sont attirés vers l'angle interne de l'œil. C'est surtout au niveau de la paupière inférieure que l'on observe nettement ces mouvements superficiels. Mais, si l'on regarde seulement les bords des paupières et la ligne d'implantation des cils, on voit que les déplacements sont à peine accusés. Ce n'est que dans la partie interne du rebord palpébral que l'on remarque un léger transport en totalité de la paupière en dedans, et encore il est nécessaire d'avoir des contractions très fortes de l'orbiculaire.

Si l'on considère, d'autre part, que l'orbiculaire est avant tout un muscle peaucier, qu'il agit surtout sur les téguments, on comprendra que sa contraction n'agira que faiblement sur la conjonctive dont il est séparé de toute l'épaisseur des tarses.

Son action principale se borne à abaisser et à clore les paupières. Par ce seul fait, d'ailleurs, il contribue à répartir les larmes sur toute la superficie de l'œil. Mais sa contraction contribue peu à attirer les larmes vers le lac lacrymal, surtout dans la contraction faible et par conséquent dans le cillement.

Dans la contraction forte, il agit comme un sphincter, mais comme un sphincter asymétrique ayant un point fixe au niveau du ligament palpébral interne. C'est ce qui explique que, dans cette contraction forte, tous les téguments paraissent attirés vers l'angle interne. Mais cette attraction retentit très faiblement sur le tarse inférieur et sur la conjonctive correspondante et encore plus faiblement sur le tarse et la conjonctive supérieurs.

**II. Pénétration des larmes et leur écoulement dans les voies lacrymales.** — La pénétration des larmes dans les canalicules lacrymaux et leur écoulement dans les voies lacrymales constituent la physiologie du segment évacuateur de l'appareil lacrymal. Avant d'en envisager le mécanisme intime chez l'homme, nous croyons devoir jeter un coup d'œil sur la physiologie comparée de ces voies évacuatrices des larmes.

**Physiologie comparée.** — Les voies lacrymales suivent un développement parallèle à celui des glandes lacrymales. Elles font défaut d'une manière à peu près complète chez les vertébrés aquatiques. On conçoit leur parfaite inutilité chez les Poissons et chez les Batraciens.

Chez les Serpents, où elles existent parfaitement développées, on comprendra facilement le mécanisme de la circulation du liquide lacrymal en remarquant que, par suite de l'accolement intime des deux paupières, le sac conjonctival est un sac clos de toutes parts, sauf au niveau de l'orifice du conduit lacrymo-nasal. Les larmes s'accumulent derrière la membrane transparente, formée par l'accolement des deux paupières, et ne peuvent s'échapper, sous l'influence de la poussée du liquide, que par l'orifice lacrymal.

Chez les Oiseaux, il existe des voies lacrymales également très développées. Aussi ne comprenons-nous pas la phrase de R. Perrier : « L'appareil lacrymal manque chez les Oiseaux... » La surface du globe n'est pas balayée chez ces derniers par les paupières, mais par la membrane clignotante. L'orifice du conduit lacrymal, souvent très large et parfois double, se trouve situé en avant de l'insertion de cette troisième paupière.

La membrane clignotante s'étale de dedans en dehors et, par conséquent, refoule le liquide vers l'angle externe ou postérieur de l'œil. On ne peut dire qu'elle joue un rôle essentiel dans la pénétration du liquide lacrymal dans les voies lacrymales. Elle remplirait plutôt un rôle opposé. Mais on doit remarquer qu'en étalant le liquide à la surface du globe, elle en attire une nappe très mince en se repliant vers l'angle interne. Cette nappe très mince reste adhérente à la surface de la cornée qu'elle lubrifie. Il faut qu'une plus grande quantité de liquide soit sécrétée pour que la face antérieure de la membrane clignotante soit mouillée et que le liquide atteigne l'orifice supérieur du conduit lacrymal.

Chez les Mammifères, la disposition des voies lacrymales est à peu près analogue à celle de l'homme. Chez la plupart, il existe deux points lacrymaux et deux canalicules. Quelquefois le point lacrymal est double. Ce fait a été même observé chez l'homme à titre d'anomalie. Chez quelques espèces, il n'existe qu'un seul point lacrymal, parfois très allongé en forme de fente (Lapin).

Les Mammifères qui possèdent une membrane clignotante ont des voies lacrymales qui fonctionnent comme chez les Oiseaux. La troisième paupière sert surtout à l'étalement du liquide à la surface du globe. Le liquide n'est amené au contact des points lacrymaux que par la tension superficielle de la goutte de liquide qui ne peut franchir le rebord palpébral enduit de matière graisseuse. Avant d'avoir dépassé les limites de cette force moléculaire et vaincu cette adhérence capillaire, le liquide a déjà pénétré dans les canalicules, et, s'il n'est pas sécrété en trop grande abondance, il s'échappe en totalité par les voies lacrymales.

#### Théories sur la pénétration et sur l'écoulement des larmes dans les voies lacrymales.

Le mécanisme de la pénétration et de l'écoulement des larmes a été extrêmement discuté. La plupart des opinions émises à ce sujet par les différents auteurs qui s'en sont occupés, par leur caractère exclusif, ne pouvaient répondre à la totalité des objections qui leur étaient faites. Nous n'aurons pas la témérité de prétendre qu'à l'heure actuelle le problème est complètement résolu. Néanmoins, en passant en revue toute la série des faits bien observés et ceux que nous avons pu nous-même mettre en lumière, il nous paraît possible d'exposer maintenant un mécanisme de l'évacuation des larmes très satisfaisant. Mais auparavant nous allons énumérer les diverses théories émises en signalant, au passage, les points qui paraissent définitivement acquis. Pour plus de clarté, nous diviserons en deux catégories les théories des différents auteurs : les unes que nous qualifierons de *théories physiques ou mécaniques*, les autres que nous dénommerons *théories physiologiques proprement dites*.

#### Théories mécaniques et physiques.

1° *Théories basées sur la pesanteur.* — Si l'on verse une goutte d'eau en avant de la membrane clignotante chez un poulet, un faisan ou un dindon, on voit la goutte d'eau disparaître si l'on maintient le bec de l'animal dirigé en bas.

Pour l'homme, la simple pesanteur est insuffisante à expliquer le remplissage des canalicules, au moins celui du canalicule supérieur. A la rigueur, lorsque le niveau de la goutte de liquide lacrymal, retenue par les rebords palpébraux, dépasse celui de l'orifice des canalicules dans le sac, le canalicule inférieur se remplit; mais le fait ne se présente qu'exceptionnellement. Cela dépend en grande partie de la position donnée à la tête.

La pesanteur n'agit vraiment que lorsque le liquide a pénétré dans le sac. En un mot, elle peut expliquer l'écoulement des larmes, mais elle ne peut que rarement expliquer leur pénétration dans les canalicules.

2° *Théorie du siphon de J.-L. Petit.* — J.-L. Petit a publié quatre mémoires dans les comptes rendus de l'Académie des Sciences de 1734 à 1744. Leur lecture est des plus intéressantes.

« Toutes ces parties (les voies lacrymales) font une même continuité de canal qui, par sa figure et son image, mérite le nom de *Siphon*, et je le nommerai dorénavant le *Siphon lacrymal*. Deux choses sont essentielles à ce siphon, pour qu'il pompe les larmes : la première qu'il soit plein de fluide, et la seconde que la branche qui trempe dans le fluide soit plus haute que celle qui le dépose... »

« ... J'ajoute que comme il y a une liqueur muceuse, qui mouille toujours la membrane du nés, il y a lieu de croire que l'adhésion des larmes avec ce mucus doit encore favoriser leur écoulement...

« Dans la première partie de ce mémoire j'ai regardé l'action des paupières comme une des causes qui obligent les larmes à couler dans les points lacrymaux ; si l'on pouvait douter de cette vérité, on en trouverait une preuve bien sensible dans la rétention des larmes. En effet, on ne peut pas nier que dans cette maladie les larmes n'entrent dans le sac lacrymal ; et l'on ne peut pas dire qu'elles y entrent par le mécanisme du siphon lacrymal, puisque ce siphon est bouché : mais comme l'action des paupières est, dans ce cas, l'unique cause capable de déterminer les larmes à entrer dans les conduits lacrymaux, il en faut nécessairement conclure que l'action des paupières est réellement une des causes qui poussent les larmes par les points lacrymaux et dans le sac lacrymal. »

J.-L. PETIT admet que les larmes, accumulées dans les culs-de-sac conjonctivaux, sont refoulées par la contraction de l'orbiculaire dans les canalicules lacrymaux.

3° *Théories basées sur la capillarité.* — Si nous construisons l'appareil schématique suivant, soit : en L une lamelle de verre à contours rodés et placée dans un plan bien horizontal ; en T un petit tube de verre à extrémité effilée et coudée de manière à représenter par cette portion très courte les canalicules lacrymaux. L'autre portion, beaucoup plus longue et plus large, représente le conduit lacrymo-nasal (fig. 124).

On a là un appareil lacrymal artificiel. La lame de verre représente la surface conjonctivale ; et si nous la plaçons horizontalement, c'est afin de permettre au liquide d'y être maintenu par adhérence capillaire et grâce à la tension superficielle. On peut disposer, si l'on veut, au-dessus de cette lame, une autre lame plus petite qui représentera les paupières glissant à la surface de la conjonctive bulbaire.

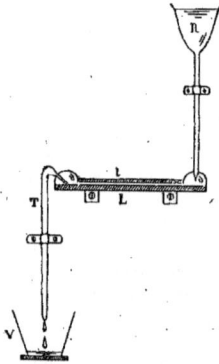

FIG. 124.
Schéma de l'appareil lacrymal.

Si maintenant nous laissons tomber sur la lame L, goutte à goutte, un liquide provenant d'un petit réservoir R qui représente la glande lacrymale, on voit le liquide s'étaler à la surface de la lame L, s'insinuer par capillarité entre la lame L et la deuxième lame l' plus petite, contourner cette dernière en suivant ses bords, et enfin arriver au niveau de l'extrémité du petit tube recourbé, qui représente les voies lacrymales. A ce moment la portion effilée se remplit et l'eau se met à couler dans la portion descendante et longue du petit tube. On a, dans ce dispositif expérimental, réalisé tout le mécanisme de l'écoulement des larmes depuis le moment où elles sont émises par la glande lacrymale, jusqu'au point où elles sont expulsées dans les fosses nasales.

Le petit tube de verre fonctionne comme un petit siphon, mais comme un siphon capillaire dont l'amorçage a lieu d'une façon spontanée. Le liquide s'écoule dans la longue branche en vertu de la loi d'écoulement des liquides dans les tubes capillaires, c'est-à-dire que la pesanteur le fait progresser plus rapidement. On sait en effet, que, lorsque l'on filtre un liquide dans un entonnoir terminé inférieurement par un tube capillaire, la filtration est accélérée.

On objectera que les voies lacrymales normales ne sont pas constituées par un tube rigide, tel que le verre. De plus, elles sont enduites d'une couche de mucus. Mais cela ne peut changer en rien le point essentiel du phénomène. Assurément il ne faudrait pas exagérer ces actions capillaires et prétendre que cette couche de mucus parfaitement continue, depuis la conjonctive jusqu'aux fosses nasales en passant par les voies lacrymales, attire le liquide lacrymal par le seul effet de la tension superficielle. C'est l'opinion soutenue par GAD qui est partisan exclusif de ces actions capillaires. D'après lui, la nappe muqueuse humide, qui lubrifie les voies lacrymales, se continue, non seulement avec celle du naso-pharynx, mais même avec celle de tout le tube digestif, de la bouche jusqu'à l'anus. Cette vaste membrane muqueuse contribue à attirer les larmes vers les voies naturelles par la seule force des actions moléculaires.

Assurément le dispositif expérimental que nous avons signalé ne reproduit pas exactement ce qui se passe en réalité. Les phénomènes sont beaucoup plus complexes. Un certain nombre de facteurs peuvent le modifier sensiblement. On sait très bien que la nature des parois du tube capillaire, le degré de viscosité du liquide, sa constante capillaire, même la température, interviennent pour faire varier dans certaines limites la vitesse de pénétration et d'écoulement des larmes dans les voies lacrymales, si variables de forme et de calibre, du sujet vivant. Mais tous ces facteurs ne peuvent influer en aucune manière sur le déterminisme et sur le principe même du phénomène fondamental.

En somme, les théories physiques pures nous permettent de constater une série de faits bien démontrés. Les lois de la capillarité et des actions moléculaires peuvent faire réaliser de toute pièce un appareil aspirateur et évacuateur des larmes fonctionnant automatiquement. Il s'agira de savoir dans quelle mesure ces données de la physique s'appliquent à la réalité, et si elles sont les seules à jouer le rôle le plus important.

### Théories physiologiques.

1° *Action aspiratrice des mouvements respiratoires.* — Cette théorie a été développée par Hounauld, Weber et Rava. Est-ce l'inspiration ou bien l'expiration qui agit le mieux? Nous avons fait l'expérience suivante. En introduisant un embout, relié par un tube de caoutchouc avec un manomètre, dans une narine qu'il obture complètement, alors que l'autre narine reste libre, on remarque que, dans la respiration ordinaire, la pression varie peu dans la fosse nasale obturée, à peine de quelques millimètres de mercure; dans l'inspiration, il en est de même que dans l'expiration. Ces variations de pression se communiquent néanmoins aux voies lacrymales par l'orifice inférieur du canal nasal. Nous avons démontré que cet orifice était le plus souvent perméable à l'air. Mais il est des cas assez fréquents où les voies lacrymales ont subi un certain degré de distension, sous l'influence d'une augmentation exagérée de pression dans le cavum : nous avons même décrit, sous le terme d'insuffisance valvulaire du conduit lacrymo-nasal, cet état caractérisé par la distension pneumatique du sac lacrymal, lorsque cette distension est suffisamment accusée pour être nettement visible. Mais, pour provoquer la distension pneumatique du sac ou bien son évacuation, il faut de fortes aspirations ou bien de fortes expirations, les narines étant fermées. De cette façon, on détermine dans le cavum des variations de pression négative ou positive relativement considérables.

On voit même parfois, dans les fortes expirations, l'air s'échapper en très fines bulles par les points lacrymaux. Voilà pourquoi il ne faut pas s'étonner des faits, signalés depuis longtemps par Morgagni et par Bianchi avant lui, de personnes qui pouvaient faire ressortir la fumée du tabac par les yeux, c'est-à-dire par les points lacrymaux.

Mais tous ces faits que nous signalons ne peuvent s'observer que dans des conditions exceptionnelles. On ne voit pas les sujets, présentant de la distension pneumatique du sac lacrymal, avoir des alternatives de contraction et de distension de cette cavité, dans les mouvements ordinaires de la respiration. Il faut les rechercher le plus souvent avec attention, en serrant les narines du sujet, de manière à les fermer complètement, et en le priant de renifler. Dans tous les cas, chez ces individus, l'air séjourne dans les voies lacrymales. Mais, loin d'être une cause d'aspiration pour les larmes, il est plutôt une cause de gêne à leur écoulement. Nous avons, en effet, souvent remarqué que ces sujets qui présentent de l'insuffisance valvulaire et, par conséquent, une béance inaccoutumée du conduit lacrymo-nasal, avaient plus souvent du larmoiement, lorsqu'une cause quelconque augmentait leur sécrétion lacrymale.

Il faut donc conclure que le rôle des mouvements respiratoires dans la physiologie des voies lacrymales est plutôt négatif.

Quant à imaginer que le mouvement de l'air dans les fosses nasales, agit sur l'extrémité inférieure du conduit lacrymo-nasal, comme le jet d'un vaporisateur sur l'extrémité du tube aspirateur, il s'agit là d'une pure hypothèse.

2° *Théories basées sur l'action secondaire du muscle orbiculaire des paupières sur le sac lacrymal.* — Les auteurs qui admettent le rôle actif du muscle orbiculaire sur les variations de volume du sac lacrymal sont, à l'heure actuelle, les plus nombreux. Pour eux, le sac lacrymal possède une anatomie et une physiologie distinctes.

Les fibres musculaires de l'orbiculaire en rapport avec le sac se divisent en deux catégories. Nous les avons étudiées nous-même et fait étudier récemment par LEPAGE dans sa thèse (Bordeaux, 1908). La première de ces catégories est située en avant du sac et la seconde en arrière. Nous les avons dénommées faisceaux lacrymaux de l'orbiculaire. Il existe des faisceaux lacrymaux antérieurs et des faisceaux lacrymaux postérieurs. Ces derniers sont connus sous le nom de muscle de DUVERNEY et de HORNER, bien que le mérite de les avoir décrits pour la première fois revienne en entier à DUVERNEY. On a voulu isoler ces faisceaux et les décrire comme des muscles distincts (muscle lacrymal antérieur et muscle lacrymal postérieur). Des recherches poursuivies, il résulte que rarement les faisceaux sont en rapport avec le sac. La question est jugée pour les faisceaux lacrymaux postérieurs d'une façon définitive. Pour les faisceaux lacrymaux antérieurs, il faut une distension assez grande du sac pour que ce dernier entre en contact avec eux. Le plus souvent, ils sont également éloignés des parois du sac. Maintenant ils sont traversés par les canalicules, mais ne prennent aucune insertion sur eux. De plus, les canalicules étant situés en plein tarse, il est inadmissible que ces faisceaux puissent agir sur leurs parois rigides pour les raccourcir et par suite attirer en dehors la paroi externe du sac. Néanmoins, il y a des faits bien constatés où des changements de volume du sac ont été notés. Mais on va voir combien ce rôle est diversement interprété.

A) Pour ARLT, MOLL et WEBER, le sac se contracte avec l'orbiculaire. ARLT introduisait dans les canalicules lacrymaux et les fistules lacrymales de petits tubes rigides, et il voyait le liquide, contenu dans ces petits tubes, refoulé au dehors sous l'influence de la contraction de l'orbiculaire. On a objecté que ces tubes rigides immobilisaient les tissus et faussaient les résultats des expériences.

. On a cité alors à l'appui de cette théorie l'observation des fistules lacrymales. Là goutte de larmes, située au niveau même de l'orifice de la fistule, est chassée au dehors quand l'orbiculaire se contracte. Mais d'autres observateurs ont signalé exactement le contraire.

B). En effet, BOURGEOT SAINT-HILAIRE, se basant sur quelques dissections, avait décrit un véritable muscle dilatateur du sac lacrymal. Après lui, MALGAIGNE, HYRTL, ROSER et A. SCHMID ont observé que la contraction de l'orbiculaire dilate le sac lacrymal. Le relâchement de l'orbiculaire s'accompagnerait d'une diminution de volume du sac. L'observation de certains cas de fistule est venue à l'appui de cette opinion. La gouttelette de liquide paraissait nettement aspirée pendant la contraction. En 1892, SCIMEMI a fait quelques expériences sur ce sujet. Dans son travail, il critique les expériences et la théorie capillaire de GAD. Il admet toutefois l'amorçage du siphon capillaire, pourvu que la différence entre les deux extrémités du tube soit au moins de 5 millimètres et que l'extrémité aspiratrice, dans le cas de notre expérience par exemple, soit au niveau du liquide à évacuer.

SCIMEMI a vu la capacité du sac augmenter de 2 millimètres cubes à chaque clignement. Elle pouvait atteindre 10 millimètres cubes et même 30 millimètres cubes dans les contractions fortes. En attirant la paupière supérieure en haut et en dehors, on agrandit encore davantage la cavité du sac. Nous avons essayé de reproduire les expériences de SCIMEMI. Nous avons opéré sur des sacs normaux et sur des sacs ectasiés, les uns atteints de dacryocystite catarrhale, les autres présentant de la distension pneumatique ; nous avouons n'avoir jamais vu varier spontanément le niveau du liquide de notre manomètre.

C) Entre les deux groupes de théories précédentes, dont les principes essentiels sont diamétralement opposés, il y a place pour une troisième que l'on pourrait qualifier de théorie mixte. Elle consiste à attribuer au sac lacrymal un rôle actif, non seulement dans sa dilatation, mais encore dans sa contraction : c'est-à-dire que parmi les faisceaux lacrymaux de l'orbiculaire il y aurait des faisceaux dilatateurs et des faisceaux constricteurs. Cette opinion a été soutenue par HENKE. Elle se trouve exposée comme la plus évidente dans le *Traité d'Ophtalmologie* de DE WECKER et LANDOLT (IV, 1046).

La contraction de l'orbiculaire dilate le sac par l'action du muscle lacrymal antérieur, muscle dilatateur. Le sac est ensuite vidé de son contenu par l'action propre isolée du muscle lacrymal postérieur, muscle constricteur. Les canalicules sont en même temps comprimés par les faisceaux musculaires, de sorte que le contenu du sac ne peut refluer vers le lac lacrymal.

Dans cette opinion, le sac lacrymal est considéré comme un organe essentiellement actif remplissant le rôle de pompe aspirante et foulante.

Si ingénieuse que soit la théorie, il est difficile d'admettre cependant que tous les autres faisceaux de l'orbiculaire se relâchent, alors que seuls les faisceaux lacrymaux postérieurs du muscle de DUVERNEY se contractent. De plus, ce rôle de sphincter que l'on voudrait faire jouer aux faisceaux lacrymaux postérieurs en rapport avec les canalicules n'est nullement démontré. Les faisceaux musculaires sont, comme nous l'avons signalé plus haut toujours éloignés de la paroi des canalicules qui cheminent dans l'extrémité des tarses. Il est difficile de leur attribuer une action quelconque sur le calibre des canalicules.

Pour résumer les faits essentiels mis en lumière par les partisans de ces diverses théories musculaires, nous dirons que, pour le moment, le plus grand nombre des auteurs admet une action dilatatrice du sac de la part de l'orbiculaire. Mais cette action dilatatrice existe-t-elle dans tous les cas, chez tous les sujets? N'est-elle pas plutôt un fait accessoire et exceptionnel?

Il est un fait qui pourrait attirer l'attention. Quand on place la pulpe du doigt sur l'angle interne de l'œil, au niveau du ligament palpébral interne, dès que l'on contracte fortement l'orbiculaire, il semble que le doigt soit légèrement soulevé. Mais on peut expliquer ce phénomène de la façon suivante. Dans la contraction forte de l'orbiculaire, la peau se plisse vers l'angle interne de l'œil. Il s'agit d'un soulèvement de la peau en un repli simplement cutané. L'orbiculaire agit comme muscle peaucier et l'avancement du ligament n'est qu'une apparence.

Toutefois, bien que nous ne l'ayons jamais observé nous-même, nous verrons comment, dans des cas exceptionnels, ces mouvements de l'orbiculaire peuvent agir sur la paroi externe du sac.

**Mécanisme de la pénétration des larmes et de leur écoulement dans les voies lacrymales.** — L'anatomie des voies lacrymales montre que la disposition du sac et du canal nasal varie dans des proportions assez grandes suivant les sujets, surtout au point de vue calibre. Nous avons montré nous-même, par l'étude de coupes méthodiques, que l'on pouvait, au point de vue fonctionnel, considérer deux types de voies lacrymales :

1° Un type que nous qualifierons de classique parce qu'il existe un segment supérieur dilaté qui peut être considéré comme un sac lacrymal. Mais nous ferons remarquer que ce type-là est beaucoup moins fréquent que le suivant;

2° Un type normal présentant un conduit plus ou moins régulier, mais à calibre uniforme, sans distension supérieure, figurant un sac lacrymal.

Un deuxième point anatomique important est le suivant. Sur une coupe horizontale passant par l'angle interne de l'œil, le sac lacrymal ou le segment cystique du conduit est réduit à une fente souvent linéaire. Ce segment cystique du conduit est donc orienté de la façon suivante : un bord antérieur, une face externe, une face interne et un bord postérieur. Il n'y a pas de face antérieure ni de face postérieure du sac lacrymal à l'état de vacuité. Lorsqu'il se remplit, il prend une forme d'abord elliptique, puis cylindrique. C'est alors qu'à la rigueur on peut lui considérer une face antérieure.

La disposition normale est celle que nous représentons sur la figure 125 : en L, les faisceaux du muscle lacrymal antérieur; en C, la fente du segment cystique du conduit; en L', les faisceaux lacrymaux postérieurs.

La figure suivante (fig. 126) représente une autre coupe, lorsque la fente cystique est

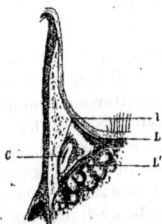

FIG. 125. — Coupes des voies lacrymales passant au niveau de l'angle interne de l'œil.

L, faisceaux lacrymaux antérieurs; L', faisceaux lacrymaux postérieurs; l, ligament palpébral interne; C, coupe du sac.

plus allongée. Les mêmes lettres désignent les faisceaux lacrymaux. On comparera ces deux figures demi-schématiques.

Dans la disposition normale, les faisceaux musculaires forment un triangle à sinus tourné vers le sac lacrymal. Mais on remarquera que la fente cystique, par ses deux extrémités, est éloignée de tout faisceau musculaire; en *l* se trouve le ligament palpébral interne qui est également éloigné de l'extrémité de cette fente. Il n'y a pas de sinus, ou recessus de ARLT suffisamment développé.

Dans la disposition à fente cystique allongée, ce qui correspond à un sac lacrymal distendu, il faut un allongement relativement considérable pour que le sac lacrymal entre en rapport avec les faisceaux lacrymaux antérieurs. Dans ce cas, le recessus de ARLT est développé et l'on conçoit que la contraction de ces faisceaux agisse sur l'extrémité antérieure de la fente cystique.

Mais, quel que soit le mode de disposition anatomique des voies lacrymales, le liquide pénètre dans les canalicules en suivant les lois de la physique pure. La pénétration et l'écoulement se fait d'après le principe du *siphon capillaire à amorçage automatique*. Il suffit de se rapporter à l'expérience que nous avons indiquée plus haut à propos des théories capillaires.

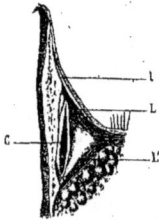

FIG. 126. — Coupes des voies lacrymales. — Mêmes lettres qu'à la fig. 125.

Les larmes peuvent pénétrer en l'absence de cillement. Comme elles ne peuvent pas être sécrétées sans mouvement des paupières, on a objecté que des sacs ectasiés, vidés la veille de leur contenu, étaient trouvés dans le même état le lendemain matin. On peut répondre, en effet, que ces sacs restent vides parce que la sécrétion lacrymale disparaît pendant le sommeil et que les larmes ne peuvent être sécrétées en l'absence de tout cillement.

**Actions adjuvantes et accessoires de la pénétration et de l'écoulement des larmes dans les voies lacrymales.** — La dilatation du sac lacrymal sous l'influence des contractions de l'orbiculaire est une de ces causes adjuvantes. Nous avons vu que les faisceaux lacrymaux pouvaient, en se contractant, attirer, dans certains cas, en dehors l'extrémité antérieure de la fente cystique. Mais ce phénomène ne peut avoir lieu que chez les sujets qui possèdent des canaux lacrymaux développés. Or ces faisceaux peuvent manquer (MACALISTER). Il faut une autre condition : il faut que la fente cystique soit assez allongée pour entrer en rapport intime avec eux. Cette disposition peut seule expliquer les faits signalés par tous les observateurs qui admettent la dilatation active du sac (BOURGEOT SAINT-HILAIRE, MALGAIGNE, HYRLT, ROSER, A. SCHMID et HENKE).

On ne peut concevoir une action quelconque du muscle de DUVERNEY, c'est-à-dire des faisceaux lacrymaux postérieurs, sur le sac. Quelles que soient les dimensions de la fente cystique, ces faisceaux musculaires sont toujours trop éloignés de son bord postérieur.

Une autre cause antagoniste est fournie par l'écartement des paupières. En effet, il suffit d'abaisser la paupière inférieure ou d'élever la paupière supérieure pour voir la fente cystique s'entre-bâiller et le sac lacrymal se dilater. Ce phénomène s'observe très nettement sur le cadavre. En est-il de même sur le vivant? Nous sommes tenté de l'admettre d'une façon assez catégorique. L'action antagoniste du releveur des paupières, et par conséquent l'écartement des paupières, attire beaucoup plus fortement en dehors la paroi extérieure du sac que ne peut le faire la contraction de l'orbiculaire. Dans tous les cas, il est des faits, depuis longtemps signalés par ARLT, MOLL et WEBER, qui tendent à faire adopter cette manière de voir.

Mais toutes ces actions musculaires contradictoires, ne pouvant se justifier que par des dispositions anatomiques particulières, doivent céder le pas au mécanisme essentiel dont le principe est, comme nous l'avons déjà signalé plus haut, celui du *siphon capillaire à amorçage spontané.*

**Obstacles à l'aspiration et à l'écoulement des larmes dans les voies lacrymales.** — Sans sortir du domaine physiologique, il nous faut signaler les causes diverses qui peuvent gêner le fonctionnement de l'appareil lacrymal.

1º *Rôle des valvules.*. — Nous avons étudié la disposition des replis valvulaires, si variables et si discutés, que les anatomistes ont signalés sur le trajet des canalicules et du conduit lacrymo-nasal.

Le schéma ci-contre (fig. 127) donnera une idée de la multiplicité de ces replis.

Qu'ils réduisent le calibre du conduit dans des proportions variables et qu'ils soient des points où les causes d'obstruction complète se localiseront de préférence, cela n'est pas douteux. Mais qu'ils jouent un rôle physiologique quelconque, rien n'est plus contestable.

Nous n'envisagerons que le plus important de tous, celui qui se trouve au niveau de l'orifice inférieur et que nous avons appelé valvule de BIANCHI (valvule de HASNER ou de CRUVEILHIER). On sait le rôle qu'on a fait jouer à ce repli dans l'oblitération complète du canal nasal. En s'appliquant exactement sur la paroi muqueuse du méat inférieur, il empêcherait totalement l'air de refluer du cavum des fosses nasales vers les voies lacrymales. Nous avons examiné un grand nombre de sujets présentant des orifices inférieurs du canal nasal très variés comme forme et comme diamètre. Nous avons appliqué sur ces orifices de petits tubes-ventouses en verre (T), comme l'indique la figure 128, dans lesquels nous faisions varier la pression de l'air. Le nombre des orifices où ce repli était très nettement insuffisant était de beaucoup plus élevé que celui des orifices où le repli a été trouvé suffisant. Dans une note publiée à la Société de Biologie (juin 1909), nous indiquions une proportion de 66 cas d'insuffisance à 22 cas d'orifices suffisants. Cette proportion est encore bien plus élevée... Dans certains cas où l'orifice, étant à peine visible, paraissait devoir s'obstruer facilement, et où le repli semblait devoir jouer plus facilement son rôle de soupape, nous avons observé une insuffisance complète.

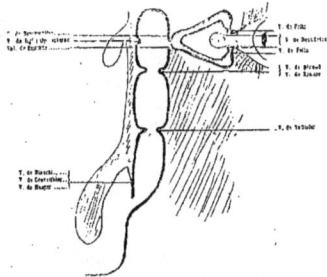

FIG. 127. — Schéma de l'écoulement des larmes par le canal lacrymal.

Nous comprenons donc que certains anatomistes aient depuis longtemps considéré ces replis valvulaires comme déchus de l'importance physiologique que certains avaient voulu leur attribuer et que d'autres aient qualifié de « prétendues valvules », comme NICOLAS, ces modifications irrégulières et inconstantes de la muqueuse du conduit lacrymo-nasal.

Mais si nous avons démontré nous-même que l'insuffisance valvulaire était la règle au point de vue physiologique, il en résulte que l'air pourrait séjourner dans le conduit lacrymal, et, cette fois, constituer une véritable gêne, sinon un obstacle absolu à l'écoulement des larmes. On sait, en effet, que la présence de l'air dans les tubes capillaires, lorsque cet air est divisé en bulles séparées par des intervalles de liquide, oppose à l'écoulement une résistance considérable. Il n'y a donc rien d'étonnant à ce que, dans les cas où l'air rentre facilement dans des voies lacrymales, ayant même un calibre dilaté, on observe du larmoiement comme s'il y avait une obstruction complète du canal nasal.

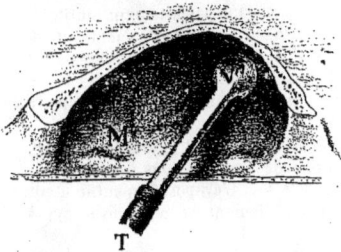

FIG. 128. — Aspiration par un tube T, à l'orifice terminal lacrymal.

Nous avons déjà signalé des sujets, atteints d'insuffisance valvulaire accusée avec distension pneumatique du sac, qui, précisément, se plaignaient de larmoyer plus facilement de l'œil où se trouvait cette insuffisance valvulaire.

Nous n'avons pas à signaler ici les autres causes de gêne du fonctionnement de l'appareil lacrymal. Il nous faudrait passer en revue tout le chapitre de pathologie oculaire relatif aux imperforations des canalicules et du conduit, à l'absence congénitale des points lacrymaux et surtout à la pathogénie des dacryocystites.

Nous nous bornerons, en terminant cet article, à donner quelques observations relatives à la physiologie de l'écoulement des larmes lorsqu'on a détruit ou altéré les divers segments de l'appareil lacrymal.

Lorsqu'on a fendu, à l'aide du couteau de WEBER, les canalicules sur toute leur longueur, il semble que les fonctions des canalicules soient définitivement altérées. Certains auteurs ont, en effet, accusé ces dacryotomies d'être une cause de larmoiement incoercible. Mais on remarquera que, malgré les dacryotomies, le sac lacrymal se remplit de larmes. Le mécanisme fondamental de l'amorçage spontané du siphon capillaire ne peut en rien être altéré. En effet, les canalicules sont remplacés par une fente capillaire qui jouit des mêmes propriétés.

Dans ces derniers temps, les oculistes ont pratiqué fréquemment la destruction complète du sac et du canal nasal. Dans ces conditions, l'appareil lacrymal est détruit au point de vue fonctionnel.

Il semble que les sujets où l'on a pratiqué cette opération soient condamnés à un larmoiement incurable par obstruction. Or, chose curieuse, il est loin d'en être ainsi. On peut classer ces sujets en trois catégories.

Une première catégorie comprend tous ceux qui, après leur intervention, ne voient pas leur larmoiement diminuer. C'est le plus petit nombre. Le fait est même exceptionnel, au bout d'un certain temps, après l'opération.

Une deuxième catégorie comprend des sujets qui ne larmoient que sous l'influence d'une cause d'irritation de la conjonctive. Ces sujets avaient, à côté de leur larmoiement par cause d'obstruction, un larmoiement de cause hypersécrétoire entretenu par la lésion lacrymale qui a nécessité la destruction de l'appareil lacrymal.

Enfin il est des sujets qui semblent revenus à l'état normal et qui ne se plaignent nullement du moindre larmoiement. On a voulu expliquer ces faits en prétendant que, lorsqu'on extirpe le sac et tout l'appareil évacuateur des larmes, il y a retentissement du côté de l'appareil sécréteur. Les glandes lacrymales s'atrophieraient. Il se produirait ce que l'on observe lorsqu'on ligature le conduit excréteur des glandes : il y a atrophie du parenchyme glandulaire; mais ces expériences ont besoin d'être confirmées.

Dans tous les cas il faudrait conclure de cette dernière catégorie de faits, assez bien constatés, que l'appareil évacuateur des larmes est un organe parfaitement inutile. Il ne faut pas aller jusque-là et vouloir généraliser des faits particuliers. De même que la fonction lacrymale est extrêmement variable suivant les sujets et que la puissance sécrétoire de la glande offre un facteur individuel très important, de même le fonctionnement de l'appareil évacuateur des larmes est subordonné à certains facteurs individuels.

D'ailleurs nous pensons que ce fonctionnement est intermittent. Dans le premier mode sécrétoire, qui est celui de la lubréfaction normale de l'œil, nous pensons qu'il ne rentre pas de larmes dans les canalicules et dans le sac. L'évaporation suffit à éliminer le liquide ou plutôt à provoquer un nouveau cillement et un nouvel appel sécrétoire.

Dans les deux autres modes sécrétoires, l'appareil lacrymal entre en fonction, mais il suffit à sa tâche lorsque la sécrétion ne dépasse pas certaines limites et qu'elle ne rencontre à son niveau aucun obstacle. Dans le larmoiement psychique ou dans celui de cause externe trop vive, il n'y a qu'une très faible partie des larmes qui s'évacue par la voie naturelle.

Or cette voie naturelle est sujette à des variations de perméabilité, non seulement suivant les individus, mais encore suivant l'état de la muqueuse chez un même individu. La perméabilité est un facteur éminemment variable que l'on a essayé d'évaluer.

2° *Mesure de la perméabilité des voies lacrymales.* — La perméabilité lacrymale subit certaines variations physiologiques sur lesquelles on n'est pas absolument fixé encore aujourd'hui.

Le canal nasal est entouré d'une gaine vasculaire extrêmement riche en vaisseaux, ce qui l'a fait comparer à un tissu érectile. Les variations de pression sanguine, le degré de congestion et de turgescence de ces vaisseaux produit nécessairement une diminution de calibre du conduit. Comme par ailleurs ce calibre est plus, ou moins modifié par la présence des bourrelets ou des replis valvulaires, il peut très bien se produire des atrésies passagères sous cette influence.

En second lieu, cette muqueuse est enduite de mucus qui peut s'accumuler en un point rétréci et constituer un obstacle plus ou moins durable. Et nous n'envisageons pas toutes les causes inflammatoires passagères qui peuvent se propager par continuité, de muqueuse à muqueuse, des fosses nasales aux voies lacrymales.

L'insuffisance valvulaire physiologique elle-même, en favorisant la pénétration de l'air dans le conduit, modifie également la perméabilité. Il y a donc des variations individuelles très nombreuses et, chez un même individu, il y a des variations suivant l'état de la muqueuse. Ces nombreuses causes de variabilité rendent très délicats les procédés employés pour estimer le degré de la perméabilité lacrymale.

Nous nous bornerons à indiquer les quatre méthodes principales mises en usage.

1° *Procédé de la seringue d'*ANEL *ou de* DESMARRES. — En injectant un liquide par les canalicules on peut simplement constater si les voies sont obstruées. Mais, dans ces conditions, on agit avec une forte pression. Le liquide peut soulever un repli qui obture complètement le conduit et fait trouver une obstruction qui, en réalité, n'existe pas.

D'autre part on peut forcer un léger obstacle muqueux peu résistant et l'on trouve une perméabilité normale, alors qu'à l'état physiologique le canal est fonctionnellement obstrué.

2° *Procédé d'*ANTONELLI. — Le mieux est de se placer dans des conditions physiologiques. ANTONELLI a utilisé une solution de fluorescéine et a mesuré le temps que le liquide mettait à passer dans les fosses nasales. On peut utiliser un liquide coloré quelconque, une solution de bleu de méthylène par exemple.

3° *Procédé de* SCHIRMER. — SCHIRMER a employé une solution de salicylate de soude à 1 à 2 p. 100. Des tampons imbibés d'une solution de perchlorure de fer à 1 p. 100 étaient introduits dans le nez et indiquaient l'instant où la solution de salicylate pénétrait dans les fosses nasales.

4° *Procédé de* KALT. — Ce dernier emploie une solution de salicylate mais rendue physiologique. On instille une à deux gouttes dans l'œil. L'œil est anesthésié. De plus, le sujet est couché pour cette épreuve. Bref, il se place dans des conditions expérimentales plus précises.

Néanmoins il faut avouer que ces résultats restent très variables et difficiles à apprécier. Nous avons bien des fois essayé ces divers procédés. S'ils ne nous ont pas donné des résultats facilement comparables, ils nous ont montré tout au moins que le degré de perméabilité lacrymale était extrêmement variable suivant les sujets et suivant les jours et le moment où on leur faisait subir cette épreuve.

**Bibliographie.** — **Physiologie des voies lacrymales.** — CHAFFARD. *Contribution à l'étude des voies lacrymales*, Paris, 1889. — FOLTZ. *Anatomie et Physiologie des conduits lacrymaux*, in-8, Lyon, 1860. — GAD. *Beitræge z. Kenntniss der Bewegung der Thränenflussigkeit. Feistschrift an Prof.* FICK, 1899. — GIRAUD-TEULON. *Du mécanisme de l'excrétion des larmes.* (Ann. d'Ocul., LXII, 224, 1869; LXIX). — JANIN. *Mém. sur les voies lacrymales* (in *Mém. et Observ. sur l'œil*, 151). — GOULD. *The fonction of the lacrymal puncta* (Med. News, IX, 717, 1892). — KREHBIEL. *Die Musculatur der Thränenwege u. d. Augenlider mit speciellen Berücksichtigung der Thränenleitung.* In-8, Stuttgart, 1878). — CHEMOLOSOFF. *Prokhosdenige vozdukha cherez slyoniye kanaltsi pri nadivanirno noson* (Med. pribar. Kmorsk, sbornika, Saint-Péterbourg, I, 210-213, 1898). — SABATIER. *Recherches physiol. sur l'appareil lacrym.* (Montpellier médical, IV, 533-545, 1860). — SCHIRMER. *Ueber den Feuchtigkeitshaushall im Bindehautsack.* (Deutsche med. Wochenschr., Leipz. u. Berl., XXIX, 1903). — SCHMIDT. *Ueber die Absorption der Thränenflüsssigkeiten durch Dilatation des Thranensackes* (Thèse de Marbourg, 1856). — SCIMEMI. *Sulla conduttura delle lagrime* (Annali di Ottalmologia, XXI, 222, 1892; Congreso oftalmol. di Palermo, aprile 1892; Arch. f. Physiol., 1892). — TSCHERNO-SCHWARTZ. *De l'arrêt de la sécrétion lacrymale et des modi-*

*fications des glandes lacrymales à la suite de l'extirpation du sac* (en russe) (*Nagel's Jahresbericht*, 1898).

E. AUBARET.

LACTASE. — Ferment soluble possédant la propriété de dédoubler, par hydrolyse, le sucre de lait ou lactose en glucose-d et en galactose :

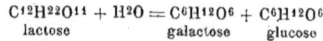

$$C^{12}H^{22}O^{11} + H^2O = C^6H^{12}O^6 + C^6H^{12}O^6$$
$$\text{lactose} \qquad \text{galactose} \quad \text{glucose}$$

*Découverte et individualité de la lactase.* — L'existence de ce ferment chez les êtres vivants est restée longtemps incertaine. Dès 1889 (1), BOURQUELOT et TROISIER avaient essayé de s'assurer de son intervention dans la digestion du sucre de lait, et, par conséquent, de sa présence dans l'organisme. Ils avaient soumis un glycosurique à un régime composé exclusivement de lait additionné de sucre de lait. Ils pensaient que, si le sucre de lait était dédoublé par un ferment soluble, on retrouverait les deux produits du dédoublement, galactose et glucose, dans l'urine, le glycosurique ne devant pas assimiler ces derniers sucres.

L'urine renfermait bien de fortes proportions de glucose, mais elle ne contenait pas de galactose. On pouvait admettre, sans doute, ce qui s'accordait avec l'hypothèse de l'intervention d'une lactase, que le sucre de lait avait été dédoublé, et que le malade avait assimilé le galactose, le glucose étant rejeté par les reins; mais d'autres hypothèses étaient également soutenables, en sorte que l'expérience n'avait pas résolu la question.

Celle que publia, quelques mois après, BEYERINCK (2), n'était guère plus démonstrative. Cet auteur constata que certaines bactéries lumineuses, incapables de se développer dans un milieu où la matière hydrocarbonée est constituée uniquement par du lactose, s'y développaient, au contraire, facilement, en même temps qu'augmentait leur luminosité, lorsqu'on ensemençait le milieu avec le *Saccharomyces Kephir* ou avec le *S. Tyrocola*, levures qui possèdent la propriété de provoquer la fermentation alcoolique du sucre de lait. C'était là, selon lui, la preuve de la production, par ces *Saccharomyces*, d'un ferment soluble dédoublant le sucre de lait en glucose et galactose, sucres en présence desquels — le fait avait été établi d'autre part — les bactéries lumineuses peuvent s'accroître rapidement.

Étant donnée la complexité des conditions de l'expérience, il n'eût pas été superflu de s'assurer tout au moins que le liquide dans lequel on avait fait fermenter le sucre de lait à l'aide de l'une ou l'autre des deux levures pouvait exercer une action hydrolysante sur ce sucre de lait. C'est ce que n'a pas fait BEYERINCK. Il a pourtant séparé ce liquide, il l'a additionné d'alcool, et il a obtenu ainsi un précipité dont il a essayé l'action, non sur le sucre de lait, mais sur un milieu lumineux renfermant du *sucre de canne*. Il a, d'ailleurs, trouvé que ce précipité favorisait l'accroissement des bactéries lumineuses, avec augmentation de leur luminosité. Et il en a conclu, un peu hâtivement, que la lactase, dont était, pensait-il, constitué le précipité, possédait, comme l'invertine, la propriété d'hydrolyser le sucre de canne.

La nécessité d'un dédoublement du lactose par un ferment soluble, avant toute assimilation, n'en était pas moins admise, en général, comme on admettait celle du dédoublement des autres hexobioses : saccharose, maltose, tréhalose; mais tandis qu'on connaissait l'enzyme hydrolysant de ces trois derniers sucres (3), celui du sucre de lait restait inconnu.

C'est ÉMILE FISCHER qui, le premier, a apporté la preuve définitive que le lactose pouvait être hydrolysé par un ferment soluble. Il obtint cette hydrolyse en 1894, en ajoutant à une solution du sucre de lait, soit de l'émulsine des amandes douces (4), soit une macération de grains de képhir, soit une macération d'une levure de lactose préalablement desséchée à l'air (5).

Le produit retiré des amandes, connu sous le nom d'émulsine, étant, à cette époque, considéré comme un ferment unique, FISCHER devait être conduit à rapprocher chimiquement le lactose des glucosides, amygdaline, salicine, coniférine, etc., que l'on savait être hydrolysés par ce ferment. C'est ce qu'il fit en effet, au moins dans ses premières publications sur ce sujet, paraissant admettre que tous ces composés sont hydrolysés par un seul et même ferment.

Quelque temps après, et en résumant les travaux de Fischer (6), Bourquelot faisait connaître le résultat d'une expérience personnelle tendant à démontrer, au contraire, que l'action du produit des amandes sur le sucre de lait devait être rapportée non pas à l'émulsine proprement dite en tant que ferment de l'amygdaline, mais à un enzyme particulier, une lactase accompagnant l'émulsine.

Un échantillon d'émulsine des amandes douces, préparé par lui et conservé depuis longtemps dans son laboratoire, agissait énergiquement sur l'amygdaline, alors qu'il était incapable de dédoubler le lactose.

La même année, en collaboration avec Hérissey (7), il montrait que l'émulsine de l'*Aspergillus niger* et celle du *Polyporus sulfurcus* Fr., très actives sur l'amygdaline, sont sans action sur le sucre de lait.

Enfin, en 1903, ces deux derniers auteurs, étendant leurs recherches à des végétaux variés, établissaient définitivement l'existence d'une lactase comme ferment spécifique du sucre de lait (8). Ils montraient que l'on peut rencontrer la lactase accompagnant l'émulsine (amandes amères, amandes de pêcher, amandes d'abricotier, semences de poirier), l'émulsine sans lactase (feuilles de laurier-cerise), et la lactase sans émulsine (grains de képhir).

On doit donc admettre que tout liquide tiré des animaux ou des végétaux, qui possède la propriété d'hydrolyser le sucre de lait, renferme de la lactase, quand bien même il agirait sur d'autres composés.

**Présence de lactase chez les animaux et les végétaux.** — *Animaux.* La lactase a été trouvée par Pantz et Vogel (9) dans la macération de l'intestin d'un enfant nouveau-né, et par Röhrmann et Lappe (10), dans l'intestin de jeunes chiens, de chiens adultes et de veaux nourris de lait, l'intestin du bœuf n'en contenant pas.

Portier (11), et ensuite Bierry et Gio-Salazar (12) ont confirmé ces faits et constaté, en outre, le premier, que l'intestin grêle des vieux chiens, des porcs adultes et des oiseaux n'en renferme point; et les seconds, que la lactase existe chez le fœtus bien avant la naissance. La lactase a été trouvée aussi dans les fèces par Rud. Orban dans les excréments des enfants allaités (13), et par Ch. Porcher dans les excréments des veaux et des chevreaux (14).

Ainsi se trouve expliquée la digestion du sucre de lait chez les animaux qui s'en nourrissent. Ajoutons que la lactase n'existant pas habituellement chez certaines espèces peut y apparaître à la suite d'une alimentation appropriée. Portier et Bierry (15) ont, en effet, établi que si l'on nourrit des canards avec un mélange de son et de lactose, on trouve déjà, après vingt-cinq jours de ce régime, de la lactase dans leur intestin.

La lactase existe chez des animaux qui ne se nourrissent jamais de lait. Bierry et Giaja (16) l'ont rencontrée dans l'appareil digestif de divers gastéropodes appartenant aux genres *Helix*, *Limax*, *Lymnæa*, *Planorbis*, et même dans celui d'un mollusque marin, l'aplysie.

*Végétaux.* — Brachin (17) a fait sur l'existence de la lactase dans les végétaux un long et intéressant travail, s'assurant, par trois méthodes différentes, de l'action de ce ferment sur le sucre de lait.

Les tableaux suivants résument les recherches de cet auteur sur ce sujet, ainsi que celles de Bourquelot et Hérissey, dont il a été question plus haut.

**1° Végétaux dans lesquels la lactase a été trouvée accompagnée d'émulsine.**

| | |
|---|---|
| Amandes d'Abricotier. | *Prunus Armeniaca* L. |
| — de l'Amandier. | *Amygdalus communis* L. (var. *dulcis* et *amara*). |
| — du Cerisier. | *Cerasus Lusitanica* Lois. |
| — du Cerisier cultivé. | *Cerasus vulgaris* Mill. |
| — du Pêcher. | *Amygdalus Persica* L. |
| — du Prunellier. | *Prunus spinosa* L. |
| — du Prunier reine-Claude. | *Prunus insititia* L. (var.). |

| | |
|---|---|
| Semences d'Amelanchier. | *Amelanchier vulgaris* Mœnch. |
| — d'Aubépine. | *Cratægus oxyacantha* L. |
| — du Cognassier. | *Cydonia vulgaris* Pers. |
| — de l'Oranger. | *Citrus aurantium* L. |
| — du Néflier du Japon. | *Eryobotrya japonica* Lindl. |
| — du Poirier cultivé. | *Pyrus communis* L. (var.). |
| — du Pommier. | *Malus communis* Link (var.). |
| — du Sorbier à larges feuilles. | *Sorbus latifolia* Pers. |
| Feuilles fraîches d'Aucuba du Japon. | *Aucuba Japonica* L. |

### 2° Végétaux dans lesquels la lactase est accompagnée d'émulsine et de myrosine.

| | |
|---|---|
| Semences de moutarde blanche. | *Sinapis alba* L. |
| — — noire. | *Brassica nigra* Koch. |
| Feuilles fraîches de raifort. | *Cochlearia Armoracia* L. |

### 3° Végétaux dans lesquels la lactase a été trouvée sans émulsine.

Grains de képhir.

### 4° Végétaux dans lesquels l'émulsine a été trouvée sans lactase.

| | |
|---|---|
| Semences de Fusain d'Europe. | *Evonymus Europæus* L. |
| — de Cotonéaster commun. | *Cotoneaster vulgaris*. Lindl. |
| Feuilles de Laurier-Cerise. | *Cerasus Laurocerasus.* |
| *Aspergillus niger.* | |
| *Polyporus sulfureus.* | |

**Propriétés de la lactase.** — Les propriétés de la lactase ont été étudiées par Brachin, qui s'est adressé pour cela au produit retiré des amandes de l'abricotier, que Bourquelot et Hérissey avaient trouvé très actifs sur le sucre de lait.

La lactase, qui, d'ailleurs, existe dans ce produit mélangée à d'autres enzymes et à des matières étrangères est détruite, en solution aqueuse, entre 75° et 80°. Sa plus grande activité se manifeste à 35°-38°.

Le fluorure de sodium, qui a été cependant employé comme antiseptique dans les recherches de lactase par plusieurs auteurs, paralyse ce ferment. A la dose de 2 p. 100, il diminue déjà de moitié son action.

A cette même dose de 2 p. 100, le phénol paralyse presque complètement la lactase. Le thymol est également paralysant, mais à un moindre degré.

L'action de la lactase, comme celle de tous les ferments solubles, même oxydants, est arrêtée par de très faibles doses d'acide sulfurique. Il a suffi, dans les expériences de Brachin, d'ajouter 0$^{gr}$,10 de cet acide par litre, pour produire un arrêt presque complet.

L'acide oxalique produit le même effet, à la dose de 0$^{gr}$,20 par litre.

Les acides organiques sont moins actifs. Ainsi il faut, par litre, 2$^{gr}$,40 d'acide acétique et 7$^{gr}$,50 d'acide tartrique pour arrêter l'action du ferment.

La chaux, à la dose de 0$^{gr}$,120 (CaO) par litre, supprime toute action fermentaire de la lactase.

**Rôle physiologique de la lactase.** — Il est de toute évidence que la lactase est le ferment auquel il faut rapporter, chez les animaux, la première phase de l'assimilation du sucre de lait, c'est-à-dire sa digestion. Sa présence dans le tube digestif des nouveau-nés et des animaux qui se nourrissent de lait en est une preuve manifeste. Mais il est à supposer que son rôle est plus étendu, autrement on ne s'expliquerait pas sa présence si fréquente dans les organes des végétaux.

J'incline à penser que la lactase doit être, à cet égard, comparée à l'invertine. On sait aujourd'hui que ce dernier enzyme, connu surtout pour son action hydrolysante sur le saccharose, possède aussi la propriété de commencer, pour ainsi dire, la désagrégation de la plupart des autres hydrates de carbone dérivés du lévulose : gentianose, raffinose, stachyose, verbascose, et cela en séparant d'un ensemble plus ou moins complexe de molécules sucrées le lévulose lui-même. L'invertine intervient donc constamment dans l'utilisation, par le végétal, d'hydrates de carbone variés.

Il est vraisemblable que la lactase qui, dans le sucre de lait, sépare le galactose du glucose, peut aussi le « décrocher » d'hydrates de carbone plus condensés, et dans lesquels ces deux sucres se rencontrent unis comme ils le sont dans le lactose. Le galactose existe précisément dans des hydrates de carbone très répandus dans le règne végétal : pectines, gommes, etc. La lactase concourrait ainsi à l'accomplissement des phénomènes d'assimilation végétale au même titre que l'invertine, et sa présence chez des animaux qui se nourrissent de végétaux se trouverait expliquée.

**Bibliographie.** — **1.** Bourquelot et Troisier. *Recherches sur l'assimilation du sucre de lait* (Comptes rendus Soc. Biol., séance du 23 février 1889, 142). — **2.** W. Beyerinck. *Die Lactase, ein neues Enzyme* (Centralbl. für Bakteriol. u. Parasitenkunde, vi, 44, 8 juillet 1889). — **3.** Em. Bourquelot. *Maltose et tréhalose ; étude chimico-physiologique* (Conférence faite au Laboratoire de M. Friedel en 1893), Paris. — **4.** Em. Fischer. *Einfluss der Configuration auf die Wirkung der Enzyme* (Ber. d. d. chem. Gesellsch., XXVII, 2985, 1894); — **5.** *Einfluss der Configuration auf die Wirkung der Enzyme* (Ber. d. d. chem. Gesellsch., XXVII, 3479, 1894). — **6.** Em. Bourquelot. *Travaux de M. Em. Fischer sur les ferments solubles* (Journ. de Pharm. et de Chim. [6], II, 380, 1895). — **7.** Em. Bourquelot et H. Hérissey. *Sur les propriétés de l'émulsine des champignons* (Journ. de Pharm. et de Chim., [6], II, 435, 1895); — **8.** *Sur la lactase* (Journ. de Pharm. et de Chim., [6], XVIII, 151. 1903). — **9.** Pantz et Vogel. *Ueber die Einwirkung der Magen und Darmschleimhaut auf einige Biosen und auf Rafinose* (Zeitschr. f. Biol., XXXII, 304, 1895). — **10.** Rœhrmann et Lappe. *Ueber die Lactase des Dünndarms* (Ber. d. d. Chem. Ges., XXVIII, 2506, 1895). — **11.** P. Portier. *Recherches sur la lactase* (C. R. Soc. Biologie, L, 385, 1898). — **12.** H. Bierry et Gmo. Salazar. *Recherche sur la lactase animale* (C. R. Soc. Biol., 1904, II, 181). — **13.** Rud.-Orban. *Ueber das Vorkommen der Laktase in Dünndarm und in der Saüglings-fáces* (Prag. med. Wochenschrift, n° 33, 34 et 35, 1899, d'après Ch. Porcher). — **14.** Ch. Porcher. *De la présence de la lactase dans les excréments des jeunes mammifères* (C. R. Soc. Biol., 1906, 1, 1114). — **15.** P. Portier et Ch. Bierry. *Recherches sur l'influence de l'alimentation sur les sécrétions diastasiques* (C. R. Soc. Biol., LIII, 810, 1901). — **16.** Ch. Bierry et Giaja. *Sur la digestion des glucosides et du lactose* (C. R. Soc. Biol., 1906, I, 1039); — *Digestion des glucosides et des hydrates de carbone chez les Mollusques terrestres* (C. R. Soc. Biol., 1906, II, 485). — **17.** A. Brachin. *Recherches sur la lactase* (Thèse de doctorat universitaire, Pharmacie, Paris, 1904); — *Étude critique des méthodes de recherche de la lactase* (Journ. de Pharm. et de Chim., [6], XX, 195, 1904); — *Recherches sur la lactase* (Journ. de Pharm. et Chim., [6], XX, 300, 1904).

EM. BOURQUELOT.

## LACTIQUES (Acides) et LACTATES.

— Les acides lactiques sont des *acides oxypropioniques*, c'est-à-dire des acides-alcools en $C^3$. Or les acides-alcools en $C^3$ ne peuvent avoir que deux formules :

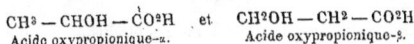

$$CH^3 — CHOH — CO^2H \quad \text{et} \quad CH^2OH — CH^2 — CO^2H$$
Acide oxypropionique-α.       Acide oxypropionique-β.

La première formule est celle d'un acide-alcool secondaire, la seconde celle d'un acide-alcool primaire.

**Acide oxypropionique-β.** — L'acide *oxypropionique-β* n'existe que sous une seule forme; on l'appelle encore *acide lactique-β, acide éthylénelactique, acide éthylénolactique, β-propanoloïque*; mais il est plus couramment désigné sous le nom d'*acide hydracrylique*; il est, en effet, bien démontré à l'heure actuelle que l'acide éthylénelactique et l'acide hydracrylique, d'abord envisagés comme deux composés différents, constituent en réalité un seul et même corps.

La préparation de l'acide hydracrylique est purement synthétique. Elle s'effectue en faisant réagir l'oxyde d'argent sur l'acide β-iodopropionique, ou encore en traitant le chloroéthanol, $CH^2Cl — CH^2OH$, par le cyanure de potassium et en hydratant le nitrile obtenu. On pourrait aussi l'extraire du suc musculaire, comme l'a fait Wislicenus : on précipite l'extrait de viande par l'alcool fort; les solutions alcooliques sont distillées et le résidu est repris par l'eau; les liqueurs aqueuses, acidulées par l'acide sulfurique, sont agitées avec de l'éther qui en extrait les acides organiques. On évapore l'éther, on dissout l'extrait obtenu dans l'eau et on fait bouillir la solution avec un peu de carbonate de plomb; on filtre la solution et on la traite par l'hydrogène sulfuré; on chauffe dans une capsule, pour chasser l'excès d'hydrogène sulfuré, puis on neutralise à chaud par le carbonate de zinc. En évaporant rapidement et ajoutant de l'alcool à 90°, il se sépare du paralactate de zinc (lactate-d de zinc) et il reste dissous dans l'alcool une faible quantité d'un sel soluble, difficilement cristallisable; c'est l'éthylènelactate de zinc de WISLICENUS. L'hydrogène sulfuré met en liberté l'acide de ce sel.

L'acide hydracrylique est un liquide sirupeux, dédoublable au-dessus de 100° en eau et acide acrylique :

$$CH^2OH - CH^2 - CO^2H = H^2O + CH^2 = CH - CO^2H$$

Il donne des sels, parmi lesquels les mieux étudiés sont ceux de sodium, de calcium, de zinc, ainsi que le sel double de calcium et de zinc.

Par une réaction tout à fait comparable à celle qui vient d'être mentionnée pour l'acide hydracrylique libre, les hydracrylates alcalins et alcalino-terreux se changent en acrylates, par perte d'eau, quand on les chauffe au-dessus de leurs points de fusion.

**Acide oxypropionique-α.** — Le nom d'acide lactique est réservé d'une façon plus spéciale à l'*acide oxypropionique-α*, $CH^3 - CH OH - CO^2H$, qui possède un atome de carbone asymétrique et qui, par suite, peut se présenter sous trois états, que distingue leur action sur la lumière polarisée : l'*acide lactique inactif* par compensation, l'*acide lactique droit*, l'*acide lactique gauche*.

Le plus anciennement connu de ces acides est l'acide lactique inactif, ou *acide lactique racémique*, provenant de la fermentation lactique du sucre de lait.

**Acide lactique inactif.** — [Synonymes : *Acide lactique, acide lactique ordinaire, acide lactique de fermentation, acide éthylidènelactique, acide éthylidénolactique, acide lactique. (d + l), acide lactique racémique, acide racémolactique, acide α-oxypropionique, propanoloïque-2.* (Les deux dernières désignations appliquées dans un sens spécifique devraient bien plutôt être exclusivement utilisées dans un sens générique, comprenant à la fois les trois acides lactiques racémiques, droit et gauche).] C'est cet acide que désigne le terme d'*acide lactique* employé sans spécification particulière.

Il a été découvert, en 1780, par SCHEELE dans le lait aigri, et reconnu comme un acide particulier par BERZÉLIUS. La composition en a été fixée, en 1832, par MITSCHERLICH et LIEBIG. Il a été étudié surtout par WURTZ et WISLICENUS; sa synthèse a été réalisée par STRECKER. LEWKOWITSCH l'a dédoublé en ses composants actifs en 1883.

*Formation.* — Il prend naissance dans un grand nombre de réactions. C'est ainsi qu'il peut être obtenu :

*a)* Dans l'oxydation du glycol isopropylénique (WURTZ):

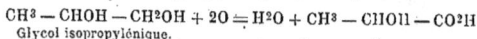
$$CH^3 - CHOH - CH^2OH + 2O = H^2O + CH^3 - CHOH - CO^2H$$
Glycol isopropylénique.

*b)* En chauffant l'acide chloropropionique-α ou l'acide bromopropionique-α avec les alcalis (FRIEDEL et MACHUCA):

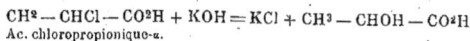
$$CH^2 - CHCl - CO^2H + KOH = KCl + CH^3 - CHOH - CO^2H$$
Ac. chloropropionique-α.

*c)* En hydrogénant l'acide-acétone correspondant au glycol isopropylénique, c'est-à-dire l'acide pyruvique (WISLICENUS):

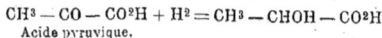
$$CH^3 - CO - CO^2H + H^2 = CH^3 - CHOH - CO^2H$$
Acide pyruvique.

*d)* En combinant l'acétaldéhyde avec l'acide cyanhydrique, ce qui donne le nitrile lactique et en hydratant ensuite ce dernier (GAUTIER et SIMPSON):

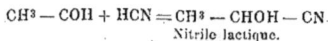
$$CH^3 - COH + HCN = CH^3 - CHOH - CN.$$
Nitrile lactique.

et

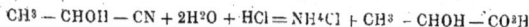
$$CH^3 - CHOH - CN + 2H^2O + HCl = NH^4Cl + CH^3 - CHOH - CO^2H$$

*e*) Dans l'action de l'acide azoteux sur l'alanine ou acide aminopropionique-α :

$$CH^3 — CH(NH^2) — CO^2H + NO^2H = N^2 + H^2O + CH^3 — CHOH — CO^2H$$
Alanine.

*f*) Dans la décomposition par la chaleur de l'acide isomalique (Brunner) :

$$CH^3 — COH = (CO^2H)^2 = CH^3 — CHOH — CO^2H + CO^2$$
Acide isomalique

*g*) Dans l'action de l'eau à 200° sur la dichloracétone asymétrique (Linnemann et Zotta) :

$$CH^3 — CO — CHCl^2 + 2H^2O = 2HCl + CH^3 — CHOH — CO^2H$$
Dichloracétone.

*h*) Dans l'action de la lessive de potasse bouillante sur l'acide glycérique (Debus) :

$$2CH^2OH — CHOH — CO^2H + H^2O = CH^3 — CHOH — CO^2H + H — CO^2H + CO^2H — CO^2H + 2H^2$$
Acide glycérique.     Ac. formique.     Ac. oxalique.

*i*) Dans l'action de la potasse fondante sur la glycérine (Herter) ;

*j*) Dans l'action des alcalis caustiques et chauds sur le glucose (Hoppe-Seyler), sur le sucre de canne (Herrmann et Tollens), sur le lactose (Nencki et Sieber), sur le lévulose (Sorokin), sur l'arabinose ou le xylose (Katsuyama).

L'acide lactique, libre ou salifié, existe à l'état naturel dans un grand nombre de produits animaux ou végétaux ; dans beaucoup de cas, il provient vraisemblablement d'une fermentation de matières sucrées sous l'influence des ferments lactiques. Il a été signalé, en dehors du lait aigri et des fromages provenant de ce dernier, dans la choucroute, dans le vin, dans le suc gastrique, dans l'urine des épileptiques, dans les produits d'autolyse du foie, dans les muscles des invertébrés, dans le miel, dans l'opium, dans le tamarin, dans la petite centaurée, etc., etc.

*Préparation.* — 1° On peut préparer l'acide lactique en chauffant, pendant 3 heures, à 50°, 500 grammes de sucre de canne avec 250 centimètres cubes d'eau et 10 centimètres cubes d'acide sulfurique dilué (3 parties d'acide pour 4 parties d'eau) ; le sucre est ainsi interverti. Après refroidissement, on ajoute par petites portions, pour éviter un échauffement notable, 400 centimètres cubes de lessive de soude (lessive des savonniers, 1 partie ; eau, 1 partie). On chauffe ensuite à 60°-70° jusqu'à ce que la solution cesse de réduire la liqueur de Fehling ; on refroidit, on neutralise par l'acide sulfurique, on précipite le sulfate de soude par l'alcool ; on sature à chaud par du carbonate de zinc, on filtre bouillant et on sépare après un long refroidissement le lactate de zinc cristallisé ; ce dernier, décomposé par l'hydrogène sulfaté, fournit l'acide lactique.

2° L'acide lactique se prépare communément par fermentation.

*a*) On met en présence du glucose, de l'eau, du carbonate de calcium pulvérisé et du vieux fromage ; ce dernier ensemence la masse en ferment lactique. On maintient le tout à une température de 35° à 42° en agitant fréquemment. Le glucose se dédouble en donnant 2 molécules d'acide lactique :

$$C^6H^{12}O^6 = 2CH^3 — CHOH — CO^2H$$

L'acide lactique produit réagit sur le carbonate de calcium pour donner du lactate de calcium de telle sorte que le milieu reste sensiblement neutre, ce qui permet à la fermentation lactique de se continuer dans des conditions favorables. Au bout de quelques jours, la liqueur se prend en masse par suite de la cristallisation du lactate de calcium ; sans attendre plus longtemps, — afin d'éviter l'établissement de la fermentation butyrique et la transformation du lactate de calcium en butyrate de calcium, — on exprime le sel et on le purifie par plusieurs recristallisations dans l'eau bouillante. On met l'acide lactique en liberté par l'acide oxalique employé en quantité théoriquement calculée, ou encore par l'acide sulfurique ; dans ce cas, on peut précipiter par l'alcool la faible quantité de sulfate de chaux restée en solution. La solution est ensuite concentrée après filtration. Pour obtenir un produit plus pur, on peut le saturer par le carbonate de zinc à l'ébullition et faire cristalliser le lactate de zinc ; ce dernier est ensuite décomposé par l'hydrogène sulfuré.

*b*) Dans l'industrie, on obtient aussi l'acide lactique par fermentation des produits de la saccharification diastasique du malt. Le moût, convenablement préparé et stérilisé par ébullition, est ensemencé vers 45° avec du ferment lactique pur, après avoir été additionné de carbonate de calcium destiné à maintenir sa neutralité ; après cinq à six jours à 45°, on précipite au moyen d'une matière tannante les matières albuminoïdes contenues dans la liqueur ; on filtre et on concentre, pour faire cristalliser le lactate de calcium, dont on peut retirer l'acide lactique, comme cela vient d'être indiqué.

On a aussi indiqué, comme moyen de purification de l'acide lactique, le passage par le lactate d'aniline (Blumenthal et Chain).

D'après Gadamer, l'acide lactique du commerce serait fréquemment mélangé d'acide lactique droit ; on peut constater en effet qu'il n'est pas toujours complètement inactif sur la lumière polarisée.

*Propriétés.* — Obtenu par concentration de sa solution aqueuse, l'acide lactique se présente sous forme sirupeuse.

Abandonné à lui-même, à la température ordinaire, alors même qu'il retient encore un peu d'eau, il se change peu à peu en *anhydride lactique* ou *acide lactyllactique* (synonymes : *acide dilactique, lactate de lactyle*), corps résultant de l'éthérification d'une molécule d'acide lactique fonctionnant comme alcool par une autre molécule d'acide lactique fonctionnant comme acide :

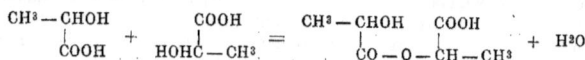

$$\begin{array}{ccc} \text{CH}^3\text{—CHOH} & & \text{COOH} \\ | & + & | \\ \text{COOH} & & \text{HOHC—CH}^3 \end{array} = \begin{array}{cc} \text{CH}^3\text{—CHOH} & \text{COOH} \\ | & | \\ \text{CO—O—CH—CH}^3 \end{array} + \text{H}^2\text{O}$$

Cette transformation est surtout active quand on le place dans une atmosphère maintenue sèche.

C'est sous la forme sirupeuse, contenant quelques centièmes d'eau, que se présente le plus souvent l'acide lactique ; il en est ainsi de *l'acide lactique officinal* (Codex 1908), destiné aux usages thérapeutiques ; il est incolore, inodore, de saveur fortement acide, de densité 1,24 à 15°.

Si l'acide lactique, soigneusement desséché, est soumis à la distillation dans le vide, on obtient un produit qui cristallise au bout de quelque temps. L'acide lactique pur, ainsi obtenu, constitue de gros cristaux durs fusibles à 18°, distillant à 119°, sous la pression de 12 millimètres (Krafft et Dyes) ; il est très hygroscopique et très déliquescent ; aussi, reste-t-il le plus souvent à l'état de liquide surfondu, très sirupeux, de densité 1,2485 à 15°. Il est miscible à l'eau et à l'alcool et soluble dans l'éther. Il est sans action sur la lumière polarisée.

Oxydé par l'acide chromique, l'acide lactique donne de *l'acide acétique*, de l'eau et de *l'oxyde de carbone*.

L'oxydation par le bioxyde de manganèse et l'acide sulfurique donne de *l'aldéhyde acétique*, CH²—CHO, de l'eau et de l'anhydride carbonique.

L'acide nitrique fournit de *l'acide oxalique* et le permanganate de potassium conduit à *l'acide pyruvique*, CH³—CO—CO²H, acide-acétone correspondant.

Inversement, l'hydrogénation à chaud par l'acide iodhydrique concentré donne lieu à la formation d'*acide propionique*, CH³—CH²—CO²H.

Avec l'iode et les alcalis, on obtient de l'iodoforme CHI³ et de l'acide formique, H—CO²H.

En dehors de l'*acide lactyllactique* signalé précédemment, l'acide lactique peut donner naissance, sous l'influence de la chaleur ou dans des conditions variées, à d'autres *anhydrides* qui sont :

Le *r-lactide* ou *dilactide* ou *lactide* :

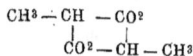

$$\begin{array}{cc} \text{CH}^3\text{—CH —CO}^2 \\ | \qquad | \\ \text{CO}^2\text{—CH—CH}^3 \end{array}$$

dont la formule cyclique indique bien le mode de formation résultant de l'éthérification réciproque de deux molécules lactiques, produisant deux fonctions d'éther-sel;

L'*acide r-lactyl-lactyl-lactique*, résultan de l'éthérification réciproque de trois molécules d'acide lactique :

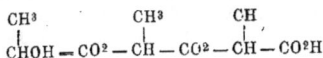

$$\overset{\displaystyle CH^3}{|} \qquad \overset{\displaystyle CH^3}{|} \qquad \overset{\displaystyle CH}{|}$$
$$CHOH - CO^2 - CH - CO^2 - CH - CO^2H$$

L'*acide r-dilactique* ou *r-dilactylique* :

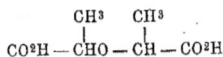

$$\overset{\displaystyle CH^3}{|} \quad \overset{\displaystyle CH^3}{|}$$
$$CO^2H - CHO - CH - CO^2H$$

engendré par les fonctions alcooliques de deux molécules d'acide lactique.

L'acide lactique peut donner naissance à des dérivés de substitution tels que l'*acide trichlorolactique-βββ*, $CCl^3 - CHOH - CO^2H$, et l'*acide tribromolactique-βββ*, $CBr^3 - CHOH - CO^2H$. Ces acides lactiques trihalogénés, chauffés à 150° avec du chloral, se condensent pour former des corps désignés sous le nom de *chloralides* ou de *bromalides* :

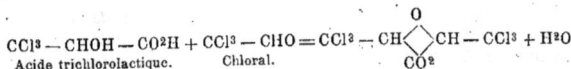

$$CCl^3 - CHOH - CO^2H + CCl^3 - CHO = CCl^3 - CH\underset{\displaystyle CO^2}{\overset{\displaystyle O}{<}>}CH - CCl^3 + H^2O$$
Acide trichlorolactique.      Chloral.

*Éthers.* — L'acide lactique peut donner des éthers par sa fonction alcoolique et par sa fonction acide.

Les éthers oxydes formés par la fonction alcoolique sont relativement stables; il en est ainsi de l'acide méthyllactique, $CH^3 - CH\,(O.CH^3) - CO^2H$ ou *acide méthoxypropionique-α*, de l'*acide éthyllactique*, $CH^3 - CH\,(O.C^2H^5) - CO^2H$ ou *acide éthoxypropionique-α*.

Comme éthers-sels formés aux dépens de la fonction alcoolique, on peut citer l'*acide nitrolactique*, $CH^3 - CH\,(NO^3) - CO^2H$, et l'*acide acétyllactique*, $CH^2 - CH\,(C^2H^3O^2) - CO^2H$ ou *acide acétoxypropionique-α*.

Les éthers de l'acide lactique fonctionnant comme acide sont rapidement décomposés par l'eau; tels sont le *lactate de méthyle*, $CH^3 - CHOH - CO^2CH^3$, et le *lactate d'éthyle*, $CH^3 - CHOH - CO^2C^2H^5$.

*Sels.* — Les sels métalliques neutres de l'acide lactique inactif, de formule générale $CH^3 - CHOH - CO^2M$, sont presque tous solubles dans l'eau; ils peuvent être préparés soit par saturation de l'acide lactique au moyen des carbonates, soit par double décomposition entre les sulfates métalliques solubles et le lactate de calcium.

Le *lactate de sodium*, $CH^3 - CHOH - CO^2Na$, est amorphe et déliquescent.

Le *lactate de calcium*, $(CH^3 - CHOH - CO^2)^2Ca + 5\,H^2O$, est le sel qui se produit au cours de la préparation de l'acide lactique par fermentation. Il cristallise en aiguilles se disposant en sphéro-cristaux. Il est soluble dans 9,5 parties d'eau froide, très soluble dans l'eau bouillante et insoluble dans l'alcool froid.

Le lactate de calcium est susceptible de subir de nombreuses fermentations, en particulier la *fermentation butyrique;* de là, la nécessité de ne pas abandonner trop longtemps à lui-même le mélange utilisé au cours de la préparation de l'acide lactique, sous peine de voir le lactate de chaux, attaqué à son tour, être l'objet de la fermentation butyrique; en dehors d'une grande quantité d'acide butyrique, celle-ci produit aussi de l'acide propionique, de l'acide valérianique normal et de l'alcool éthylique (Fitz). Sous l'influence d'un ferment particulier, dit *ferment propionique*, le lactate de calcium se détruit en donnant du propionate, du valérianate normal et de l'acétate.

Le *lactate de zinc*, $(CH^3 - CHOH - CO^2)^2Zn + 3H^2O$, se présente sous forme de cristaux prismatiques à base rectangle; il est soluble dans 53 parties d'eau à 15° et dans 6 p. d'eau bouillante, presque insoluble dans l'alcool.

Le *lactate de zinc et d'ammonium*,

$$(CH^3 - CHOH - CO^2)^2Zn + CH^3 - CHOH - CO^2NH^4 + 3H^2O$$

est très soluble dans l'eau; il a pu être séparé par cristallisation en deux sels différents, correspondant respectivement à l'acide lactique droit et à l'acide lactique gauche. Les méthodes propres au dédoublement de l'acide lactique inactif en ces deux acides, seront d'ailleurs signalées plus loin à l'occasion de l'étude de ces derniers.

Le *lactate de cuivre*, $(CH^3 - CHOH - CO^2)^2Cu + 2H^2O$, forme des prismes rhomboïdaux obliques, bleus, efflorescents; il est soluble dans 6 p. d'eau froide et dans 2,2 p. d'eau bouillante.

Le *lactate ferreux* $(CH^3 - CHOH - CO^2)^2Fe + 3H^2O$, se prépare par double décomposition entre le lactate de calcium et le sulfate ferreux; la liqueur résultant du mélange de ces deux sels est additionnée d'un peu d'alcool pour précipiter la petite quantité de sulfate de chaux resté dissous, filtrée et convenablement concentrée. Il cristallise en aiguilles jaune verdâtre, solubles dans 48 p. d'eau à 15° et dans 12 p. d'eau bouillante. Il est assez souvent utilisé en thérapeutique.

Les *lactates mercureux* et *mercurique*,

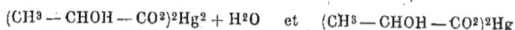

$$(CH^3 - CHOH - CO^2)^2Hg^2 + H^2O \quad \text{et} \quad (CH^3 - CHOH - CO^2)^2Hg$$

s'obtiennent en traitant les oxydes correspondants par l'acide lactique exempt d'anhydride (Guerbet, 1902).

**Acide lactique droit.** — [Synonymes : *Acide sarcolactique, acide paralactique, acide lactique-d, acide lactique musculaire.*] Isolé, en 1808, du suc des muscles par Berzélius, qui l'identifiait avec l'acide lactique de fermentation, il a été nettement différencié de ce dernier par Liebig (1847), qui l'a nommé *acide sarcolactique*, pour rappeler son origine.

Il a été reconnu actif sur la lumière polarisée par Wislicenus en 1869 et obtenu en 1883 par Lewkowitsch dans le dédoublement de l'acide lactique inactif.

En dehors des muscles, on l'a retrouvé dans le sang de l'homme et des animaux (Gaglio,1886). On l'a vu dans la bile de porc (Strecker), dans l'urine, à la suite de l'empoisonnement par le phosphore ou après une marche forcée (Colasanti et Moscatelli).

*Formation.* — a) Si l'on cultive le *Penicillium glaucum* sur une solution nutritive contenant du lactate d'ammoniaque inactif (ou racémolactate d'ammoniaque), on constate que ce sel est dédoublé en *lactate droit* et lactate gauche; celui-ci est détruit le premier, de sorte qu'à un moment donné il ne reste dans la liqueur que du lactate droit (Lewkowitsch, 1883).

b) Par cristallisation fractionnée du racémolactate de zinc et d'ammoniaque, on peut obtenir le *lactate droit de zinc et d'ammoniaque*, ce sel étant un peu moins soluble que le lactate gauche correspondant (Purdie, 1892).

c) Le *lactate droit de strychnine* s'obtient d'une façon analogue par cristallisation fractionnée de racémolactate de strychnine (Purdie et Walker, 1892).

d) De même, le dédoublement, par cristallisation fractionnée, du racémolactate de quinine permet d'obtenir le *lactate droit de quinine* à cause de sa solubilité différente de celle du lactate gauche (Jungfleisch, 1904).

e) On a vu antérieurement que l'acide lactique de fermentation n'est pas toujours complètement inactif sur la lumière polarisée : il peut renfermer de l'acide lactique droit en quantité prédominante par rapport à l'acide gauche. D'après Maly, la fermentation lactique de la dextrine, du saccharose, du glucose et du lactose, opérée en présence de muqueuse de l'estomac, fournirait un grand excès d'acide lactique droit sur l'acide lactique gauche. Il se fait de l'acide lactique droit dans la fermentation du glucose par le *Micrococcus acidi lactici* (Nencki et Sieber, 1889) et dans celle du saccharose par le *Bacterium coli commune* (Péré, 1898).

*Préparation.* — L'acide lactique droit ou sarcolactique peut être retiré de l'extrait de viande, purifié par transformation en sarcolactate de zinc, et régénéré de ce sel par traitement par l'hydrogène sulfuré.

On l'obtient beaucoup plus pur par décomposition du lactate droit de quinine, au moyen d'un excès d'hydrate de baryte; la quinine est enlevée par des agitations avec l'alcool amylique; dans la liqueur privée d'alcaloïde, on précipite exactement le baryte au moyen d'acide sulfurique dilué et on filtre; l'acide lactique contenu dans la solution est ensuite transformé en sel de zinc qu'on purifie par cristallisation (JUNGFLEISCH).

*Propriétés.* — Il se présente généralement sous forme d'un liquide sirupeux, dont les propriétés (à part le pouvoir rotatoire) et les réactions sont tout à fait comparables à celles de l'acide lactique inactif; il a d'ailleurs été obtenu à l'état cristallisé par JUNG- FLEISCH et GODCHOT (1905), en aiguilles prismatiques d'un aspect nettement différent de celui des cristaux d'acide lactique inactif; il fond alors vers 25-26°. Le pouvoir rotatoire diminue quand la dilution de la solution augmente. Il est de $\alpha_D = +3°,82$ à 15°, pour une solution contenant 10 gr., 458 dans 100$^{cm3}$. Maintenu dans une atmosphère sèche à l'état sirupeux, il donne, comme l'acide lactique inactif, un *acide lactyllactique*, mais ce dernier composé est lui-même actif sur la lumière polarisée qu'il dévie à gauche.

Le *dilactide*, qu'on obtient par chauffage au-dessus de 150°, est identique à celui de l'acide ordinaire; par hydratation, on peut reproduire ce dernier acide, de telle sorte que se trouve ainsi réalisée la transformation de l'acide lactique droit en acide lactique inactif sous l'action de la chaleur.

*Sels.* — Les sels de l'acide lactique droit (comme d'ailleurs les éthers-oxydes et les éthers-sels) possèdent un pouvoir rotatoire opposé à celui de l'acide générateur; ils sont donc lévogyres; ils sont en général plus solubles dans l'eau que ceux de l'acide lactique ordinaire, sauf toutefois le sel de calcium qui est, au contraire, moins soluble.

Le *lactate-d de calcium*, $(CH^3 — CHOH — CO^2)^2Ca + 4H^2O$, se dissout dans 12,4 p. d'eau froide; il est soluble dans l'alcool chaud.

Le *lactate-d de zinc*, $(CH^3 — CHOH — CO^2)^2Zn + 2H^2O$, cristallise en prismes courts et brillants. C'est un sel qui permet de caractériser *l'acide lactique-d*; il contient, en effet, une molécule d'eau de cristallisation de moins que celui de l'acide lactique inactif. Son pouvoir rotatoire augmente fortement quand s'accroît la dilution de la solution aqueuse; il est de $\alpha_D = -13°,35$ pour une solution, contenant $0^{gr},512$ de sel sec de 100 centimètres cubes.

Le *lactate-d de zinc et d'ammonium*,

$$(CH^3 — CHOH — CO^2)^2Zn + CH^3 — CHOH — CO^2NH^4 + 3H^2O$$

est un peu moins soluble dans l'eau que le lactate-l.

**Acide lactique gauche** (Synonyme. *Acide lactique-l*).

*a*) Il a été obtenu tout d'abord par SCHARDINGER en 1883 des produits de fermentation, par le *Bacillus acidi lævolactici*, à 36°, des solutions de sucre de canne, de glucose, de sucre de lait ou de glycérine.

*b*) L'action du *Bacterium coli commune* sur le sucre de lait, la mannite, la dulcite ou la glycérine donne lieu à la formation d'acide lactique-l (PÉRÉ). Il en est de même dans la fermentation du sucre de canne par le bacille du choléra (GOSIO) ou dans la fermen- tation butyrique du lactate de calcium inactif, le lactate droit étant détruit plus rapi- dement que le lactate gauche.

*c*) L'acide lactique-l a été obtenu à l'état pur par JUNGFLEISCH et GODCHOT (1906) en partant du *lactate-l de quinine*, passant par le lactate-l de zinc et décomposant ce der- nier sel par l'hydrogène sulfuré, dans des conditions un peu spéciales, analogues d'ail- leurs à celles observées pour la décomposition du lactate-d de zinc.

*Propriétés.* — L'acide lactique-l préparé tout à fait pur par ce dernier procédé forme des cristaux analogues à ceux de l'acide lactique-d. Ils sont très hygroscopiques; ils fondent à 26°-27°. Ils possèdent un pouvoir rotatoire lévogyre, d'autant plus faible que la dilution des solutions augmente; ce fait correspond à ce qui se passe avec l'acide lactique-d; en effet, pour l'acide lactique-l et pour l'acide lactique-d, en opérant dans les mêmes conditions de température et de concentration, on trouve pour $\alpha_D$ des valeurs sensiblement égales et de signes contraires.

D'après JUNGFLEISCH, l'acide lactique-d et l'acide lactique-l ne seraient pas tout à fait identiques, ne se conduisant pas d'une manière semblable dans certaines réactions; c'est ainsi que, sous l'influence des alcalis, l'acide lactique-l se montre beaucoup plus facilement transformable que l'acide lactique-d en acide lactique inactif (acide lac- tique $d + l$).

*Sels.* — Les solutions aqueuses des sels de l'acide lactique-l sont *dextrogyres*. Mentionnons : le *lactate-l de lithium*, $CH^3 — CHOH — CO^2Li + \frac{1}{2} H^2O$; le *lactate-l de calcium* $(CH^3 — CHOH — CO^2)^2Ca + 4,5\ H^2O$; le *lactate-l de zinc*,

$$(CH^3 — CHOH — CO^2)^2Zn + 2H^2O$$

le *lactate-l de zinc et d'ammonium*,

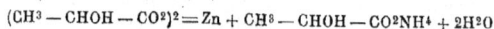

$$(CH^3 — CHOH — CO^2)^2 = Zn + CH^3 — CHOH — CO^2NH^4 + 2H^2O$$

le *lactate-l d'argent*, $CH^3 — CHOH — CO^2\ Ag + \frac{1}{2} H^2O$.

**Recherche et caractérisation de l'acide lactique.** — L'acide lactique, sous ses diverses formes, inactive, droite et gauche, peut être décelé par le réactif d'Uffelmann. Ce réactif dont la formule est :

| | |
|---|---|
| Perchlorure de fer officinal . . . . . . . . | II gouttes |
| Solution aqueuse du phénol à 4 p. 1000 . . . | 100 cmc. |

a naturellement une coloration violet améthyste; il devient jaune franc quand on l'additionne de traces d'acide lactique libre. Ce réactif peut d'ailleurs être remplacé par celui de Berg,

| | |
|---|---|
| Perchlorure de fer officinal . . . . . | II gouttes |
| Acide chlorhydrique. . . . . . . . . | II — |
| Eau distillée . . . . . . . . . . . | 100 cmc. |

qui est sensiblement incolore et qui passe au jaune sous l'influence de l'acide lactique.

Ces réactifs permettent de retrouver l'acide lactique en présence d'acides chlorhydrique, acétique ou butyrique; aussi les emploie-t-on fréquemment pour la recherche de l'acide chlorhydrique dans le suc gastrique; il faut toutefois se rappeler qu'ils caractérisent non seulement l'acide lactique, mais *les acides-alcools* en général; leur emploi n'est donc justifié qu'en l'absence certaine de tout acide-alcool autre que l'acide lactique.

Pour déceler avec sûreté l'acide lactique et en reconnaître la variété, inactive ou droite ou gauche, il faut préparer un *dérivé caractéristique* de l'acide lactique. Dans ce but, c'est généralement au sel de zinc qu'on a coutume de s'adresser.

Les méthodes utilisées subissent quelques variantes suivant les auteurs; elles consistent essentiellement à mettre l'acide lactique en liberté au moyen d'un acide minéral ou de l'acide oxalique, à extraire l'acide lactique au moyen de l'éther, à faire le lactate de baryum par saturation au moyen de l'eau de baryte et à transformer ce dernier en lactate de zinc; à cet effet, on peut opérer soit par double décomposition au moyen du sulfate de zinc, soit par saturation par le carbonate de zinc, en milieu aqueux bouillant, après extraction par l'éther de l'acide lactique mis en liberté du lactate de baryum au moyen de l'acide phosphorique. Les liqueurs aqueuses ●ontenant le lactate de zinc laissent cristalliser ce sel par refroidissement après concentration convenable.

Le sel obtenu est examiné au point de vue de sa solubilité, de sa teneur en eau, de sa teneur en zinc (dosé à l'état d'oxyde de zinc) et de son action sur la lumière polarisée. En se reportant aux caractères propres à chacun des divers lactates de zinc, on pourra ainsi caractériser comme inactif, droit ou gauche, l'acide lactique qui a fourni le sel analysé.

Cependant il ne faut pas oublier que de nombreuses précautions doivent être prises pour éviter qu'au cours de l'extraction de l'acide lactique il ne se produise une isomérisation plus ou moins complète de l'acide et aussi des déshydratations aboutissant à la formation d'acide lactyllactique; ces faits ne doivent pas être perdus de vue au cours de la détermination des acides lactiques résultant de nombreuses fermentations microbiennes.

L'acide lactique, en solution aqueuse ne contenant pas d'autres acides peut être titré par voie acidimétrique; mais si l'on part d'une solution concentrée, il faut se rappeler qu'une telle solution contient généralement de l'acide lactyllactique dont l'acidité est moitié moindre que celle de l'acide lactique dont il dérive; aussi, est-il bon de procéder au titrage en faisant bouillir pendant environ 15 minutes un poids connu de la solution à doser avec une quantité mesurée de solution alcaline titrée prise en excès. L'acide lactyllactique est ainsi hydrolysé; après refroidissement on titre l'excès d'alcali ajouté : par différence, on a la quantité d'alcali correspondant à l'acide lactique total contenu dans la prise d'essai.

**Bibliographie.** — Il a semblé inutile d'indiquer ici la longue liste bibliographique des recherches se rapportant à l'acide lactique sous ses diverses formes. Beaucoup de ces travaux n'ont d'ailleurs pour le physiologiste qu'un intérêt tout à fait éloigné. Le lecteur trouvera dans les ouvrages suivants l'indication des mémoires qu'il lui paraîtrait utile de consulter directement : BEILSTEIN, *Handbuch der organischen Chemie*, 3e édit., I, 552-560, 1893; *Ergänzungsband*, I, 221-224, 1901. — MOREL, *Précis de technique chimique*, 252-256, Paris, 1909. — WÜRTZ. *Dictionnaire de chimie*, 2, 175-188, 1873; 1er supplément, 2, 973; 2e supplément, 178-186, 1907.

H. HÉRISSEY.

# LACTIQUE (Fermentation).

—On désigne sous le nom de *fermentation lactique* la transformation, sous l'influence de microrganismes, de certains composés organiques se rattachant plus spécialement mais non exclusivement au groupe des sucres, en un acide de formule $C^3H^6O^3$; dans le cas présent, cette formule doit être considérée comme exprimant indifféremment l'une des trois formes de l'acide lactique, inactive, droite ou gauche (voir **Lactiques (Acides)**.

La fermentation lactique se produit dans une foule de circonstances et au cours d'un grand nombre d'opérations industrielles, telles que celles qui sont du ressort de la laiterie, de la distillerie, de la préparation de la choucroute. La fermentation lactique se développe notamment dans le lait qu'on abandonne à lui-même; plus ou moins rapidement, suivant la température ambiante, le lait devient acide et se coagule sous l'influence de l'acide ainsi produit.

L'acide lactique a précisément été découvert par SCHEELE (110) dans le lait aigri, en 1780. Il fut reconnu définitivement, en 1830, comme un acide particulier par BERZÉLIUS (10), qui le différencia nettement de l'acide acétique, avec lequel on l'avait parfois confondu. En 1813, BRACONNOT (16) l'avait rencontré dans la liqueur provenant de la fermentation du riz abandonné sous l'eau, à une douce chaleur, du jus de betterave conservé dans les mêmes conditions, de haricots et de pois bouillis dans l'eau, puis abandonnés jusqu'à ce qu'ils soient devenus aigres, dans l'eau sure provenant du levain des boulangers; il le considérait d'ailleurs comme un acide spécial, auquel il avait donné le nom d'*acide nancéique*.

BOUTRON et FRÉMY (14), PELOUZE et GÉLIS (89) ont fixé les conditions matérielles les plus favorables à l'obtention de l'acide lactique au moyen de la fermentation. D'après leurs recherches, cette fermentation exige, pour se produire, la présence de matières albuminoïdes en voie de décomposition, et elle ne peut continuer que si l'on empêche le degré d'acidité de la liqueur de dépasser certaines limites. Les premiers saturaient de temps en temps le liquide avec du bicarbonate de sodium, procédé qui a l'inconvénient de forcer l'observateur à une continuelle surveillance; les seconds conseillaient d'ajouter immédiatement du carbonate de calcium, qui, à cause de son insolubilité dans l'eau, peut être employé en une seule fois au début de l'opération; sa présence, même en grand excès, ne nuit en rien aux résultats, car il ne prend part à la réaction qu'au fur et à mesure du besoin.

Vers la même époque, d'autres chimistes, parmi lesquels il faut citer GOBLEY (42) et BENSCH (6) se sont encore occupés de la fabrication pratique de l'acide lactique ou du lactate de calcium au moyen de la fermentation lactique : si l'on veut préparer de l'acide lactique à l'aide du lait, on abandonne quelque temps ce lait à lui-même, à une douce température, et lorsqu'il devient acide, on l'additionne de carbonate de calcium. Après un temps suffisant, on arrive ainsi à obtenir la transformation de la totalité du lait en acide lactique, lequel passe à l'état de sel de calcium. Au lieu de lait, on peut se servir d'une solution sucrée additionnée d'une matière albuminoïde quelconque : gluten, fibrine, albumine, membranes animales, etc.

Les circonstances dans lesquelles se produit la fermentation lactique comptèrent pendant longtemps parmi les meilleurs arguments en faveur de la théorie de LIEBIG sur la fermentation. Mais, en 1857, PASTEUR (88) découvrit que la fermentation lactique avait pour cause un microrganisme particulier, qu'il désigna tout d'abord sous le nom de *levure lactique*, par analogie avec la levure alcoolique.

« Si, dit PASTEUR, l'on examine avec attention une fermentation lactique ordinaire, il y a des cas où l'on peut reconnaître au-dessus du dépôt de la craie et de la matière azotée des taches d'une substance grise formant quelquefois zone à la surface du dépôt. Cette matière se trouve d'autres fois collée aux parois supérieures du vase, où elle a été emportée par le mouvement gazeux. Son examen au microscope ne permet guère, lorsqu'on n'est pas prévenu, de la distinguer du caséum, du gluten désagrégés, etc.; de telle sorte que rien n'indique que ce soit une matière spéciale, ni qu'elle ait pris naissance pendant la fermentation. Son poids apparent est toujours très faible, comparé à celui de la matière azotée primitivement nécessaire à l'accomplissement du phéno- mène. Enfin très souvent elle est tellement mélangée à la masse de caséum et de craie, qu'il n'y aurait pas lieu de croire à son existence. C'est elle, néanmoins, qui joue le principal rôle. Je vais tout d'abord indiquer le moyen de l'isoler, de la préparer à l'état de pureté.

« J'extrais de la levure de bière sa partie soluble, en la maintenant quelque temps à la température de l'eau bouillante avec quinze ou vingt fois son poids d'eau. La liqueur, solution complexe de matière albuminoïde et minérale, est filtrée avec soin. On y fait dissoudre environ 50 à 100 grammes de sucre par litre, on ajoute de la craie et l'on sème une trace de cette matière grise dont j'ai parlé tout à l'heure, extraite d'une bonne fermentation lactique ordinaire; puis on porte à l'étuve à 30 ou 35°. Il est bon, également, de faire passer un courant d'acide carbonique pour chasser l'air du flacon, auquel on adapte un tube courbé plongeant dans l'eau. Dès le lendemain, une fermentation vive et régulière se manifeste. Ce liquide, très limpide à l'origine, se trouble, la craie disparaît peu à peu, en même temps qu'un dépôt s'effectue et augmente continûment et progressivement au fur et à mesure de la dissolution de la craie. Le gaz qui se dégage est de l'acide carbonique pur ou un mélange en proportions variables d'acide carbonique et d'hydrogène. Lorsque la craie a disparu, si l'on évapore le liquide, du jour au lendemain il fournit une cristallisation abondante de lactate de chaux, et l'eau mère contient des quantités variables de butyrate de cette base. Si les propor- tions de craie et de sucre sont convenables, le lactate cristallise en masse volumi- neuse au sein même du liquide pendant le cours de l'opération. Quelquefois la liqueur prend une viscosité très grande. En un mot, on a sous les yeux une fermentation lactique des mieux caractérisées, avec tous les accidents et toute la complication habituelle de ce phénomène, bien connu des chimistes dans ses manifestations exté- rieures.

« On peut remplacer, dans cette expérience, la décoction de levure par celle de toute matière plastique azotée fraîche ou altérée selon les cas. Ce liquide limpide, tenant en dissolution une matière azotée, n'est qu'un aliment; et, à ce titre, son origine importe peu, parce que sa nature se prête au développement du corps organisé qui se produit et se dépose successivement.

« Prise en masse, la *levure lactique* ressemble tout à fait à de la levure ordinaire égouttée ou pressée. Elle est un peu visqueuse, de couleur grise. Au microscope, elle est formée de petits globules ou d'articles très courts, isolés ou en amas, constituant des flocons irréguliers ressemblant à ceux de certains précipités amorphes. Les glo- bules, beaucoup plus petits que ceux de la levure de bière, sont agités vivement, lors- qu'ils sont isolés, du mouvement brownien ».

Antérieurement à PASTEUR, en 1847, BLONDEAU (11) avait expressément indiqué que les différentes espèces de fermentations, et en particulier la fermentation lactique, « sont dues à une seule et même cause, au développement d'un végétal mycodermique qui a besoin, pour croître, d'une partie des éléments de la matière organique... »; mais il avait rattaché la production de la fermentation lactique au développement du *Penicillium glaucum*.

Pasteur considérait le ferment lactique comme une espèce unique; à l'heure actuelle, la fermentation lactique nous apparaît beaucoup plus compliquée qu'elle ne le semblait à la suite des recherches de ce savant.

On a constaté tout d'abord qu'un grand nombre d'espèces microbiennes pouvaient produire de l'acide lactique aux dépens de substances organiques très variées; en outre, on a constaté des différences dans la nature et la quantité de l'acide lactique formé, différences tenant soit au microbe lui-même, soit à la matière fermentescible, variables d'ailleurs avec les conditions de la culture, comme la température, la richesse nutritive du milieu, l'accès plus ou moins facile de l'air.

**Diversité des ferments lactiques.** — Dès 1877, Lister (63) a trouvé un certain nombre de ferments lactiques susceptibles de coaguler le lait dans des temps inégaux.

Le monde des ferments lactiques s'est peuplé encore davantage à la suite d'un travail de Hueppe (34), qui décrivit d'une façon plus précise les espèces rencontrées, et en particulier, établit le diagnostic du *Bacillus acidi lactici* (Hueppe), microrganisme très semblable, sinon identique, au ferment lactique de Pasteur (*Bacillus lacticus*), dont l'étude avait été complétée par Boutroux (15) en 1878.

A la suite de ces recherches, on a étudié un grand nombre de microrganismes rencontrés soit dans le lait, la crème, le fromage, soit dans les intestins des mammifères, susceptibles de fournir de l'acide lactique, et beaucoup d'auteurs ont qualifié de ferments lactiques tous les microbes donnant lieu à la production lactique, en se développant dans un bouillon sucré additionné de carbonate de calcium. A ce compte, il faudrait ranger dans le groupe des ferments lactiques un grand nombre de bactéries qu'on n'est pas dans l'habitude d'envisager à ce point de vue; tels, par exemple, le bacille diphtérique, le *Bacillus coli communis*, le bacille d'Eberth; en effet, le premier, cultivé dans les milieux glucosés, produit de l'acide lactique droit; le *Bacillus coli communis* fournit, en assez grande abondance, de l'acide lactique avec presque tous les sucres; le bacille d'Eberth en donne peu avec le glucose, et pas du tout avec le galactose.

Duclaux (28) ne pense pas qu'il faille appeler fermentation lactique tout processus dans lequel on obtient de l'acide lactique à l'aide d'un microbe, pas plus qu'on ne doit appliquer indistinctement le nom de fermentation acétique à toutes les fermentations dans lesquelles on trouve de l'acide acétique. Il faut nettement différencier les ferments lactiques vrais, ceux pour lesquels on peut considérer comme réalisée d'une façon approchée l'équation de dédoublement,

$$C^6H^{12}O^6 = 2C^3H^6O^3$$

qui donne un rendement de 100 p. 100 avec les hexoses; il existe, en effet, de ces ferments lactiques donnant des rendements de 90, 95 et même 98 p. 100. Duclaux sépare de ces ferments lactiques vrais les microbes qui ne fournissent, par voie aérobie ou anaérobie, que des rendements faibles d'acide lactique, « ne dépassant pas quelques millièmes et pouvant être considérés comme des excrétions de la vie protoplasmique, ou comme des sous-produits d'une fermentation principale ».

A la vérité, comme Duclaux le reconnaît lui-même, les limites entre ces deux catégories d'êtres sont loin d'être précises, et « lorsqu'un ferment lactique mis en présence d'un sucre donnera des rendements de 20, 40, 60 p. 100, il sera difficile de savoir dans quelle classe on peut le ranger ».

Quoi qu'il en soit, on a décrit, à l'heure actuelle, un nombre considérable de ferments lactiques dont l'individualité n'est d'ailleurs pas toujours bien assurée; il y a aujourd'hui tant de traits communs aux diverses espèces, qu'on ne sait pas, pour certaines, comment les différencier sûrement les unes des autres.

Nous n'indiquerons ici qu'un certain nombre de ferments lactiques dont on trouvera, pour quelques-uns, la description détaillée dans divers traités de bactériologie (Macé (67), Miquel et Cambier (84), etc.).

Le ferment lactique de Pasteur (*Bacillus lacticus* Pasteur), suivant la description de Boutroux, se présente, le plus ordinairement, sous forme d'un voile placé à la surface du liquide où on le cultive; voile d'une faible ténacité, souvent d'épaisseur inégale, se disloquant en lambeaux écailleux. Ce voile se montre, au microscope, constitué par des cellules ovales disposées ordinairement par groupe de deux, mais souvent aussi en chapelets de forme plus ou moins courbe, comprenant plusieurs individus. Les cellules ont une largeur variant de 1 à 3 μ; leur longueur est à peu près le double. Au début de la fermentation, on trouve de très grosses cellules sphériques, d'autres présentent en leur milieu un étranglement plus ou moins profond; d'autres enfin sont divisées par une cloison transversale. On y voit aussi des chapelets de cellules de plus en plus petites; parfois deux de ces chapelets semblent émaner d'une même cellule sphérique de grande dimension.

Au fur et à mesure que la fermentation s'avance, les formes du ferment se régularisent, toutes les cellules apparaissent bientôt sphériques et de taille égale; à la fin de la fermentation, on ne voit plus que des cellules de très petites dimensions, réunies en amas irréguliers, très serrées. Ce ferment donne très facilement des spores, ce qui n'avait pas été observé par Boutroux. Il reste coloré par la méthode de Gram. Il se développe rapidement sur les milieux sucrés rendus nutritifs par l'addition ou la présence naturelle de matières azotées; le milieu d'élection serait l'eau de levure glucosée. Le développement ne se fait qu'en présence d'oxygène. Son action sur les matières sucrées s'arrête quand l'acidité du liquide est sensiblement égale à 1 gr. 50 d'acide lactique pour 100 grammes de liquide.

Le Bacillus lactis aerogenes Escherisch a été décrit par Escherisch (34) qui l'a rencontré dans l'intestin des animaux nourris de lait, des nourrissons et aussi de l'homme adulte. Depuis, il a été retrouvé dans beaucoup d'autres milieux. Ce sont des bâtonnets courts et épais, à extrémités arrondies, mesurant de 1 μ à 2 μ de longueur, sur une largeur variant de 0,5 μ à 1 μ. Ils se présentent isolés, réunis par deux ou en petits amas. Ils sont toujours immobiles. Ils ne forment pas de spores. Ils se décolorent par la méthode de Gram. Certains auteurs (Wurtz et Leudet (126), Denys et Martin (27),), se basant surtout sur son action sur les animaux, ont voulu identifier ce bacille avec le ferment lactique de Pasteur; Grimbert et Legros, se fondant sur l'identité des fonctions biologiques, regardent le Pneumobacille de Friedlaender et le Bacillus lactis aerogenes comme appartenant à la même espèce.

Le Bacillus lactis aerogenes n'est vraisemblablement qu'un représentant des nombreux colibacilles connus; il n'est d'ailleurs pas rangé par Duclaux dans le groupe des ferments lactiques vrais; c'est, en tout cas, un agent de fermentation énergique des matières sucrées; il se forme, comme produit de transformation, de l'alcool éthylique, des acides, surtout de l'acide lactique, un peu d'acide acétique, d'acide succinique et d'acide formique; il se dégage de l'acide carbonique et de l'hydrogène (Macfadyen, Nencki et Sieber (71).

Parmi les nombreuses bactéries capables de développer la fermentation lactique, en dehors de celles déjà mentionnées, on peut citer :

Le Micrococcus acidi lactici de Kruegen (58) formé de cellules ovales de 1 μ à 1 μ, 5 de diamètre, coagulant le lait en 3 jours à la température ordinaire, en donnant un caillot de caséine homogène qui ne se redissout pas ultérieurement.

Le Micrococcus acidi lactici de Marpmann (70), se présentant sous formes de cellules volumineuses, ordinairement isolées ou réunies deux à deux. Il développe d'abord dans le lait une coloration rouge qui disparaît au fur et à mesure de la production d'acide lactique.

Le Spherococcus acidi lactici de Marpmann, formant de courtes chaînes de cellules très petites, ovales. Comme le précédent, il colore le lait en rouge, puis le coagule par suite de la production d'acide lactique.

Le Streptococcus acidi lactici de Grotenfelt (45), se présentant sous forme de longues chaînes de cellules ovales dont le diamètre varie de 0,5 à 1 μ. Il se développe bien dans les milieux habituels à la température ordinaire, au contact ou à l'abri de l'oxygène.

Le Bacillus limbatus acidi lactici de Marpmann, qui forme de fins bâtonnets, ordinairement réunis par paires, immobiles, ne donnant pas de spores. Ce bacille est entouré d'une capsule difficile à colorer; il colore le lait en rose.

Le Bacillus α (36), isolé du fromage d'Emmenthal par de Freudenreich, le strepto-

*coque* α (37), retiré par le même auteur du képhir, le streptocoque de la mammite de la vache (NOCARD et MOLLEREAU) (86), celui de la mammite gangreneuse des brebis (NOCARD) (85) doivent être comptés au nombre des ferments lactiques : ils coagulent rapidement le lait, dans lequel on peut les cultiver facilement, et ils donnent de l'acide lactique avec la plupart des matières fermentescibles.

On verra plus loin que, suivant les conditions de la culture, le même ferment peut produire des variétés diverses d'acide lactique (inactive, gauche ou droite), de telle sorte qu'il paraît actuellement bien difficile de caractériser un ferment lactique par la variété d'acide produit dans une fermentation isolée. Il est donc prudent de comprendre simplement dans le grand groupe des ferments lactiques, sans spécification déterminée, le *Micrococcus acidi paralactici* (NENCKI et SIEBER) (82 et 83) et le *Bacillus acidi laevolactici* (SCHARDINGER (109)).

Citons encore parmi les ferments lactiques : les *ferments a, b, c, d* (*Bac-Guillebeau*), *e* (*Bac. Bischleri*), *h, l, m, n, o, p, r, s,* 1, 2, et *a'* étudiés par KAYSER (55 et 56) dans des recherches sur lesquelles nous aurons à revenir; les *coccus* décrits comme ferments lactiques par LINDNER (62) et par STORCH (116); le ferment très actif isolé par POTTEVIN (92) du jus d'oignon sucré, non stérilisé; les ferments lactiques retirés de la crème par EPSTEIN (32); le bacille de TATE (117), rencontré dans les poires mûres; le *Bacillus acidi paralactici* considéré par KOSAÏ comme l'agent le plus important de la fermentation lactique du lait, identifié par cet auteur avec les bacilles de WEIGMANN, de LEICHMANN, de GUNTER et THIERFELDER (47), constamment retrouvé dans le lait en putréfaction par TISSIER et GASCHING (119); le *Streptococcus lacticus* de KRUSE (59), identifiable avec le *Streptococcus enteriditis* de HIRSCH-LIBBMANN et l'*Enterococcus* de THIERCELIN; les ferments trouvés par GORINI (43) dans le fromage de Grana; le *Streptobacillus lebenis* et le *Diplococcus lebenis* du leben, lait fermenté d'Égypte (RIST et KHOURY (103)); le *ferment bulgare* du yoghourt, décrit par COHENDY (23) et étudié au point de vue de son action sur le lait par G. BERTRAND et G. WEISWEILLER (9); la bactérie lactique rencontée par SAITO (106) au cours de la préparation de l'eau-de-vie de patates; le *Bacterium Mazun* (124) trouvé par WEIGMANN, GRUBER et HUSS dans le mazun arménien; le *Streptothrix* isolé du *dadhi*, lait fermenté de l'Inde (CHATTERJEE (21)), etc., etc.

On conçoit, d'après cette énumération d'ailleurs très abrégée, qu'une assez grande confusion doive régner dans les diagnoses de nombre d'espèces microbiennes rattachées au groupes des ferments lactiques; aussi, plusieurs auteurs se sont-ils efforcés de mettre un peu d'ordre dans ce groupe en tentant la différenciation ou la classification des divers éléments qui le composent. Sur cette question, où la clarté ne paraît pas près de régner, nous ne pouvons que renvoyer le lecteur aux travaux d'ESTEN (35), de Mc. CONKEY (24), de HARDEN (48), de LÖHNIS (64 et 65) (le mémoire de ce dernier est suivi d'une longue bibliographie), de BEIJERINCK (3), de MAKRINOFF (68).

La production d'acide lactique aux dépens des sucres peut être réalisée aussi par des champignons. D'après EIJKMANN (31 *bis*) et CHRZASZCZ (22), l'*Amylomyces Rouxii*, cultivé en milieux sucrés, donne de petites quantités d'acide lactique. SAITO (107) a démontré qu'il en était de même pour le *Rhizopus chinensis*, espèce isolée d'une levure chinoise; l'acide lactique a été extrait, à l'état de sel de zinc, d'une culture de ce champignon dans du moût de koji; il s'agissait d'acide lactique gauche.

Dans tous les cas, la proportion d'acide lactique produite par les champignons est toujours faible relativement à la quantité de matière fermentescible détruite; elle n'est en aucune façon comparable à celle qui résulte du travail des ferments lactiques vrais.

Les germes de ces derniers se rencontrent partout dans la nature; aussi le lait, qui, recueilli aseptiquement, peut être longtemps conservé sans coagulation, éprouve-t-il rapidement la fermentation lactique si on l'abandonne au contact de l'air après une traite entourée seulement des soins de propreté usuels; il est vite ensemencé par les germes rencontrés sur le pis de la vache ou dans les vases destinés à le recueillir, ou bien encore tombés de l'air ou répandus par les vêtements des personnes qui le manipule.

**Observations générales sur les conditions d'action des ferments lactiques.** — Même en s'en tenant aux ferments lactiques vrais, qui transforment en acide lactique la majeure portion des substances sucrées mises à leur disposition, il n'est pas possible, à moins de monographies longues et parfois fastidieuses, d'envisager séparément les fermentations produites par chacun de ces organismes; nous ne pouvons ici faire plus qu'indiquer des résultats généraux touchant les conditions d'action des ferments lactiques.

**Substances susceptibles de subir la fermentation lactique.** — Cette fermentation peut s'exercer aux dépens des hydrates de carbone les plus divers : hexoses comme le glucose, le lévulose, le galactose, le mannose, pentoses comme le xylose, l'arabinose, polysaccharides comme le saccharose, le maltose, le lactose, le raffinose, la dextrine, l'inuline, alcools polyatomiques comme la glycérine, l'érythrite, la dulcite, la mannite, l'inosite, des glucosides comme le méthylglucoside (Hörzog et Hörth (53 bis), etc. Les recherches de Kayser (56) ont montré que les ferments lactiques sont même aptes à faire de l'acide lactique aux dépens des peptones. Toutes les espèces ne sont d'ailleurs pas susceptibles de faire fermenter tous les corps qui viennent d'être énumérés; ainsi, 9 espèces étudiées par Herzog et Hörth ne font pas fermenter la glycérine et le dulcite, tandis que ces substances sont attaquées avec formation d'acide droit par le ferment isolé du jus d'oignon par Pottevin (92); le ferment bulgare, d'après G. Bertrand et Duchacek (7), très actif sur lactose, ne peut utiliser ni le saccharose, ni le maltose, parce qu'il ne sécrète ni sucrase, ni maltase et, par contre, le *Bacillus Leichmanni* I (Herzog et Hörth) ne fait pas fermenter le lactose, sans doute parce qu'il ne contient pas de lactase.

G. Bertrand et Veillon (8) ont étudié l'action du ferment bulgare sur les acides monobasiques dérivés des sucres réducteurs. En envisageant seulement les sucres, des recherches antérieures avaient montré que ce ferment limite son action à certaines espèces chimiques déterminées : en dehors du lactose, qui est le sucre contenu dans son milieu naturel, il ne transforme que le glucose, le galactose, le mannose et le lévulose; or, le ferment bulgare n'a pas produit d'acide lactique aux dépens des acides monobasiques, gluconique, galactonique et mannonique dérivés des glucoses; la substitution, dans les sucres réducteurs, du groupement — COOH au groupement — CHO suffit donc à rendre le reste de la molécule réfractaire à la fermentation lactique; en présence d'un mélange de lactose et de lactobionate de calcium, il y a eu entraînement du second corps par la fermentation lactique du premier; ce fait peut s'expliquer par le dédoublement préalable de l'acide lactobionique au moyen d'endolactase sécrétée par le ferment; ce dédoublement donne, en effet, une molécule d'acide gluconique infermentescible et une molécule de galactose transformable en acide lactique.

**Activité, puissance et rendement d'un ferment lactique.** — « Imaginons, dit Duclaux, que nous mettions en activité, au même moment, plusieurs fermentations identiques au point de vue des conditions extérieures, mais ensemencées avec des quantités égales de ferments lactiques différents. Si nous mesurons par un moyen quelconque » (cela peut se faire, par exemple, par la détermination de l'acidité), « la quantité d'acide lactique produite dans les premières vingt-quatre ou quarante-huit heures, ces quantités pourront évidemment être prises comme mesure de l'activité des divers ferments fonctionnant dans les mêmes conditions. »

Il faut reconnaître que la détermination de l'activité d'un ferment lactique effectuée dans ces conditions présente des difficultés expérimentales telles que les auteurs ont le plus souvent cherché à utiliser des procédés plus simples, mais assurément beaucoup moins précis : ils ont pris par exemple, comme terme de comparaison entre divers ferments, le temps mis par le lait à se coaguler sous l'influence de ces ferments, les activités respectives étant considérées comme étant en raison inverse des durées de coagulation; il est bien évident que la sécrétion éventuelle par les ferments étudiés de présure, qui vient aider l'action de l'acide lactique, ou de caséase qui vient l'empêcher, est susceptible de fausser notablement les résultats de l'expérience.

En règle générale, la fermentation lactique s'arrête lorsque la teneur de liquide fermentaire en acide lactique a atteint une limite déterminée. Cette limite peut être considérée comme mesurant la *puissance* de ferment correspondant; elle sera facilement estimée en déterminant l'acidité du milieu fermentaire, dans lequel on se sera bien gardé d'ajouter du carbonate de calcium.

Quant au *rendement*, il est exprimé par le rapport qui existe entre la quantité de produit mis en fermentation (glucose par exemple) et celle d'acide lactique formé aux dépens de ce dernier; comme nous l'avons déjà indiqué, c'est précisément sur cette notion du rendement qu'est fondée la distinction des ferments lactiques vrais au milieu du groupe innombrable des microorganismes producteurs d'acide lactique.

**Action de la chaleur sur les ferments lactiques et sur la fermentation lactique.** — Les ferments lactiques n'ont pas tous la même faculté de résistance à la chaleur; ainsi les ferments a, b, c, r, retirés de la crème par KAYSER, ne résistent pas à 5 minutes de chauffage à 60; tandis que les ferments g (B. de FREUDENREICH), s (B. de la mannite contagieuse des vaches), n (jus de choucroute), m (moût de distillerie), o (bière belge), p (bière belge) et d (B. GUILLEBEAU) du même auteur sont, au contraire, très résistants. Cette résistance dépend et de l'acidité du milieu dans lequel les ferments ont été chauffés et de l'acidité ou de l'alcalinité plus ou moins grande du lait qui sert ensuite à l'expérience du contrôle de la vitalité ou de la mort du microbe. Pour certains ferments lactiques d'ailleurs, une courte ébullition ne suffit même pas pour détruire les spores : on sait que si l'on veut sûrement stériliser du lait, il est nécessaire de le maintenir pendant environ une demi-heure à 110°.

La température optima pour la fermentation lactique varie également suivant les microbes étudiés. HUEPPE l'a fixée à 35-42° ; LIEBIG (61) à 30-35°, MAYER (76) à 30-40°, KAYSER à 30-35°. CAMBIER (18 bis) a isolé de la terre de jardin des ferments lactiques énergiques qui ne manifestent leur pouvoir ferment vis-à-vis du glucose ou de la mannite qu'à des températures relativement élevées, entre 65 et 70° : ce sont des organismes filamenteux, sporulés, immobiles, incapables de se développer visiblement sur les milieux habituels aux températures inférieures à 50°. BEIJERINCK (4) s'est basé sur la variabilité de la température optima suivant les espèces microbiennes pour classer les ferments lactiques vrais en deux groupes : les *Lactococcus* qui prospèrent bien à des températures inférieures à 30° et les *Lactobacillus* qui aiment les températures supérieures à 30°.

**Influence de la dessiccation.** — KAYSER a déposé des gouttelettes de cultures de divers ferments lactiques sur des bandes de papier stérile, contenues dans des tubes flambés. Trois lots de tubes ont été préparés; le premier lot a été placé à l'étuve à 25° ; le second lot a été conservé au frais, mais recevait l'action directe de la lumière; le troisième lot également maintenu au frais était dans une obscurité complète. Après trois mois, tous les ferments étaient encore vivants, car ils possédaient la propriété de coaguler le lait stérile.

**Influence de l'air.** — La question de l'action de l'oxygène de l'air sur les ferments lactiques a fait l'objet de nombreuses recherches dont les résultats apparaissent, dès l'abord, quelque peu contradictoires. D'après HUEPPE, la présence de l'air est nécessaire à la fermentation lactique : CH. RICHET (93) (1878) a trouvé qu'une fermentation lactique paresseuse pouvait être considérablement activée par le passage d'un courant d'oxygène, soit qu'on opère sur le lait, soit qu'on opère sur des mélanges de sucre de lait et de caséine dissoute; d'autre part, MAYER a vu que la fermentation lactique était possible en l'absence d'air. Il est indiscutable que l'oxygène de l'air agit sur la fermentation lactique, ce qui peut expliquer l'influence en apparence singulière de la forme du vase où se fait la fermentation (CH. RICHET) (94). En effet, en mettant du lait dans un flacon ordinaire d'une part, et, d'autre part, dans un tube allongé, toutes choses égales d'ailleurs, on voit que dans le tube allongé, qui n'offre qu'une minime surface à l'action de l'air, la fermentation est moins active.

CH. RICHET (97), à l'occasion de recherches sur ce sujet, a proposé diverses modifications qui doivent être apportées aux procédés classiques d'acidimétrie, pour arriver à une plus grande précision dans le dosage de l'acidité du lait en fermentation, autrement dit pour apprécier l'activité de la fermentation lactique. Voici la méthode utilisée :

Le lait doit être additionné de phénolphtaléine avant la répartition dans les flacons, pour que la quantité du réactif indicateur soit exactement la même dans chaque tube; les différents tubes qui contiennent le lait doivent être placés non directement à l'étuve, mais dans une conserve remplie d'eau, à la température de l'étuve, ce qui assure l'homogénéité parfaite de la température dans chacun des vases. Le dosage de l'acidité par une solution de potasse (6 gr. par litre) donne des résultats satisfaisants; mais on peut obtenir mieux encore en profitant des variations de teinte de la phtaléine, suivant que le liquide est acide, ou neutre, ou à peine alcalin, ou fortement alcalin. Pour cela, après la fermentation, on ajoute au lait, placé dans des tubes d'environ 24 millimètres de diamètre, la même quantité de la solution potassique; et on cherche par tâtonnement la quantité de potasse nécessaire pour donner une légère teinte rosée; on classe alors les divers échantillons fermentés suivant leur couleur, et les renseignements obtenus sont positifs.

Dans une expérience, l'acidité du lait dosé après fermentation a donné :

| Nombre d'expériences. | Diamètre du tube en millimètres. | Acidité en cmc. de KOH pour 50 cmc. de lait. Moyennes. | Rapport des surfaces. |
|---|---|---|---|
| 1 | 21,5 | 12,1 | 100 |
| 3 | 22,0 | 12,8 | 105 |
| 1 | 22,5 | 12,2 | 108 |
| 4 | 23,0 | 13,0 | 113 |
| 4 | 23,5 | 13,6 | 118 |
| 5 | 24,0 | 13,39 | 123 |

On remarque que les différences d'acidité entre les laits placés dans des flacons de diamètres différents sont à peu près du même ordre de grandeur que les proportions des surfaces.

Pour comparer sans dosage la marche de la fermentation dans ces laits, on peut adopter une notation arbitraire basée précisément sur les teintes de ces laits après addition d'une même quantité de potasse, en présence de phénolphtaléine. On prend, par exemple, sept tubes étroits (22 millimètres) et trois tubes larges (24 millimètres). Après fermentation et addition de la même quantité de potasse, on trouve :

| | Tubes de 24 millim. | Tubes de 22 millim. |
|---|---|---|
| Blancs. | 2 | 1 |
| Légèrement colorés | 1 | 4 |
| Très roses. | 0 | 2 |

Si on donne aux blancs le coefficient 3, aux légèrement colorés le coefficient 2, aux très roses le coefficient 1, on aura, pour les trois tubes de 24 millimètres :

$$2 \times 3 + 1 \times 2 = 8, \text{ soit comme moyenne } \frac{8}{3} = 2,7$$

et, pour les tubes de 22 millimètres :

$$1 \times 3 + 4 \times 2 + 2 \times 1 = 13, \text{ soit comme moyenne } \frac{13}{7} = 1,9$$

D'après CH. RICHET, quand il s'agit d'acides organiques, cette méthode d'appréciation de la variété des teintes de la phtaléine, virant sous l'influence des alcalis, donne, dans l'ensemble, des résultats d'une extrême délicatesse, plus précis que le dosage même; c'est en utilisant ce procédé ou des procédés analogues que cet auteur, comme on le verra plus loin, a pu constater que l'action de certaines substances chimiques s'exerce à des doses prodigieusement faibles sur la fermentation lactique.

KAYSER (56) avait montré en 1894, relativement à l'influence de la culture en surface et en profondeur, que la nature du ferment mis en jeu est susceptible de faire varier considérablement les résultats obtenus dans ces différents modes de culture. Il avait constaté néanmoins, d'une part, que la culture en surface donne surtout lieu à de l'acide volatil (acide acétique); d'autre part, que l'acidité fixe peut être très élevée dans les cultures en profondeur et atteindre 85, 90 et 95 pour 100 de sucre disparu, tandis qu'elle est, en général, beaucoup plus faible dans la culture en surface. En 1904, KAYSER a repris avec son *ferment l* l'étude de l'influence de l'air sur la fermentation lactique; il a opéré, d'une part, dans des cultures en vases plats, d'autre part, dans le vide. Voici quelques-uns des résultats obtenus, dans lesquels sont envisagés les produits qui se forment à côté de l'acide lactique, sous l'influence du ferment :

### A. — Cultures faites dans le vide.

|  | Lactose. | Glucose. | Saccharose. | Lévulose. |
|---|---|---|---|---|
| Acide carbonique. . . . . | 9,052 | 29,500 | 17,84 | 13,98 |
| Alcool . . . . . . . . . | 5,555 | 25,250 | 7,88 | 7,60 |
| Acide lactique . . . . . | 72,962 | 37,800 | 29,60 | 23,24 |
| Acide volatil. . . . . . | 4,032 | 8,040 | 9,04 | 14,66 |
| Mannite . . . . . . . . | » | » | 24,80 | 34,41 |

### B. — Cultures faites en présence de l'air.

|  | Lactose. | Glucose. | Saccharose. | Lévulose. |
|---|---|---|---|---|
| Alcool . . . . . . . . . | 5,820 | 20,400 | 8,19 | 3,258 |
| Acide lactique . . . . . | 73,128 | 41,000 | 50,31 | 50,970 |
| Acide volatil . . . . . . | 6,129 | 27,000 | 12,76 | 7,604 |
| Mannite . . . . . . . . | » | » | 6,14 | 17,549 |

Les chiffres indiquent les quantités de produit formé pour 100 parties de sucre initial.

Ces résultats montrent que si la fermentation lactique, pour certains ferments au moins, peut s'effectuer en dehors de l'air, il en résulte néanmoins des différences profondes dans la marche et dans les produits de la fermentation, suivant la présence ou l'absence de cet élément.

**Influence de la matière azotée.** — Dans ses premières recherches sur la fermentation lactique, Ch. Richet (1878) avait vu que, du fait du traitement d'un lait par le suc gastrique acide, la limite d'acidité atteinte par la fermentation lactique devenait dans un tel lait sensiblement plus élevée ; en un mot, la puissance du ferment était augmentée. Kayser a trouvé, d'accord avec cette observation et celle d'autres auteurs, que l'aliment azoté le plus assimilable et le plus actif pour les ferments lactiques était la matière albuminoïde peptonisée (il a utilisé la peptone Chapoteaut et aussi la solution de blanc d'œuf peptonisée). L'addition de peptone augmente toujours le titre en acide du milieu de culture, que le ferment soit inerte ou vigoureux. On constate même parfois que le titre en acidité monte au-dessus du chiffre qui correspond au dédoublement pur et simple de tout le sucre fermentescible contenu dans la liqueur ; c'est qu'alors, comme des expériences directes l'ont montré, le ferment a pu produire de l'acide lactique aux dépens de la peptone elle-même.

Les recherches de Kayser, qui a longuement étudié l'influence de l'alimentation azotée sur la fermentation lactique et sur la composition du ferment lactique lui-même, ont encore abouti, sur ce sujet, aux conclusions suivantes :

Les ferments lactiques préfèrent la peptone à toutes les autres matières azotées. L'acidité fixe augmente proportionnellement, jusqu'à une certaine limite, avec la richesse du milieu en peptone ; les différences sont d'autant plus sensibles que le ferment est plus exigeant. L'acidité volatile ne dépend que peu de la richesse du milieu en matière azotée. Le rapport entre la quantité en poids du ferment et la quantité de sucre disparu peut être très élevé ; ainsi, 1 gramme de *ferment l* a donné, dans une expérience, 275gr,5 d'acide lactique. Le même poids de ferment transforme en acide plus de sucre par la culture en profondeur que par la culture en surface ; voici, par exemple, les résultats obtenus avec le *ferment n*, après une fermentation de deux mois et demi :

|  | Sucre disparu. | Acide fixe produit. |
|---|---|---|
| Surface . . . . . . . | 16,4 | 13,2 |
| Profondeur. . . . . | 20,9 | 19,7 |

Les ferments lactiques peuvent atteindre une forte teneur en azote (15 p. 100), de façon à ressembler à de la matière albuminoïde pure ; la richesse en azote des ferments lactiques est précisément proportionnelle à la richesse en azote du milieu. Le ferment cultivé en profondeur est moins riche en azote que s'il est cultivé en surface, toutes choses égales d'ailleurs. Le ferment cesse de se multiplier à partir d'un certain moment ;

sa richesse en azote augmente avec la durée de la fermentation. Ainsi, dans une opération effectuée avec le *ferment m*, il a été trouvé :

| | Après 3 jours. | Après 12 jours. | Après 45 jours. |
|---|---|---|---|
| Poids du ferment (pour 1 000 cm³) . . . | 0gr,342 | 0gr,303 | 0gr,322 |
| Azote (pour 100 de ferment) . . . . . | 9,1 | 10,8 | 11,83 |

Un certain nombre d'auteurs, Marshall (72-75) en particulier, ont constaté que l'association de certaines espèces microbiennes au ferment lactique est susceptible d'activer considérablement l'activité de ce dernier ; c'est vraisemblablement à une action peptonisante spéciale de ces bactéries sur certains éléments du milieu de culture qu'il faut rapporter cette action favorisante.

Les ferments lactiques sont donc heureusement influencés par la présence de peptone ; on peut se demander toutefois si ces ferments eux-mêmes ne sont pas susceptibles de sécréter des diastases capables d'opérer la dissolution des matières albuminoïdes et la transformation de celles-ci en peptone, de manière à pouvoir ensuite utiliser cette dernière au cours de son développement.

De Freudenreich (36-39) a conclu de ses recherches que les ferments lactiques sont, en effet, doués du pouvoir d'attaquer la caséine et de la transformer en substances albuminoïdes solubles et en amides ; à ce point de vue, soit seul, soit avec Thöni, il accorde aux ferments lactiques un rôle important dans le processus de la maturation des fromages, surtout des fromages cuits.

Tous les ferments lactiques, sans exception, ne sont d'ailleurs pas susceptibles de peptoniser la caséine et Gorini (43), étudiant la flore du fromage de Grana, classe précisément les espèces prédominantes rencontrées dans ce dernier en ferments lactiques proprement dits, c'est-à-dire ferments du lactose, capables d'acidifier le lait sans peptoniser la caséine et en ferments du lactose et de la caséine, qu'il appelle acidoprésamigènes peptonifiants, capables d'acidifier et de peptoniser le lait.

**Produits formés au cours de la fermentation lactique.** — Il est bien évident que l'on ne doit envisager à ce point de vue que les produits susceptibles de se produire au cours d'une fermation lactique microbiologiquement pure ; ainsi, la présence d'acide butyrique signalée par les anciens auteurs doit être évidemment rattachée à un processus différent, celui de la fermentation butyrique, dont les germes ont été apportés par contamination ou par une semence impure.

**Formation de divers acides lactiques.** — Pendant longtemps, on a cru que l'acide provenant des fermentations était toujours l'acide lactique inactif.

Schardinger signala le premier la formation d'acide lactique gauche dans une fermentation lactique. Nencki et Sieber, qui avaient trouvé que leur *Micrococcus acidi paralactici* ne donnait que de l'acide droit, avaient pensé que cette propriété devait caractériser leur ferment.

On n'a pas tardé à s'apercevoir que l'acide formé ne peut servir de caractère de différenciation, contrairement à ce que pensaient ces derniers auteurs. Péré (90), à propos de recherches sur le *Bacterium coli commune*, — qui n'est pas à proprement parler un ferment lactique vrai, mais qui cependant produit aux dépens des sucres de l'acide lactique (d'autant plus abondamment que l'accès de l'air est plus facile), — a vu que la liqueur fermentaire obtenue en partant du glucose *d* dévie à droite le plan de la lumière polarisée, mais que, dans les mêmes conditions de fermentation, le lévulose conduit à une solution lactique inactive. Ce résultat montre donc que, toutes autres influences étant d'ailleurs écartées, la propriété de fournir un acide lactique de rotation déterminée est en même temps fonction du microbe et de la matière fermentescible.

Péré (91) a démontré ensuite qu'un même microbe peut faire des acides lactiques opposés par leur pouvoir rotatoire, ou même consommer le glucose sans donner de l'acide lactique, et cela suivant la qualité et la quantité de l'azote nutritif qu'on lui offre. Il a opéré sur 4 microorganismes (bacille typhique, coli-bacille *l*, coli-bacille *d*, microbe ɒ) possédant tous le caractère commun de donner de l'acide lactique gauche, par l'attaque du glucose *d* en présence des sels ammoniacaux ; en substituant, dans les liquides nutritifs, de la peptone aux sels ammoniacaux, il a vu que le bacille typhique et le coli-bacille *l* continuaient toujours à donner de l'acide lactique lévogyre, tandis que le coli-bacille *d* et le microbe *v* donnaient alors de l'acide lactique dextrogyre.

Les recherches de KAYSER qui ont porté sur 14 ferments différents ont été absolument confirmatives de celles de PÉRÉ; elles ont abouti à cette conclusion qu'avec le même sucre les acides lactiques produits par le même microbe peuvent être différents dans des milieux différents. On peut cependant remarquer que les ferments de la crème, peu actifs pour la plupart, donnent de préférence de l'acide droit dans tous les milieux; les ferments de la distillerie, plus puissants, donnent de préférence des acides inactifs dans les milieux usuels au saccharose et au maltose; mais ils peuvent donner aussi des acides droits; le *ferment n*, en particulier, a paru très variable, il a donné aussi facilement de l'acide inactif que de l'acide droit.

Comme les diverses recherches qui précèdent ont été faites sur des ferments à rendement en général peu élevé, on pourrait peut-être penser que les ferments producteurs d'acide lactique commencent tous par donner aux dépens du sucre de l'acide inactif; les uns, capables de détruire cet acide, brûleraient, avec des vitesses variables, selon les conditions de la culture, l'un des deux isomères et aboutiraient ainsi à des résidus actifs; les autres, hors d'état de consommer l'acide lactique, laisseraient intact celui qu'ils ont une fois formé. POTTEVIN (92) a montré qu'une telle façon de concevoir les choses serait tout à fait erronée; il résulte en effet de ses recherches qu'un ferment lactique peut, tout en conservant ses qualités de ferment lactique vrai, donner naissance à un acide actif, celui-ci représentant plus de 80 pour 100 du sucre détruit; la nature de l'acide formé n'est sous la dépendance directe ni de la fonction chimique, ni de la constitution de l'hydrate de carbone dont il dérive.

Comme le dit DUCLAUX, tous les cas donc possibles, ce qui signifie que nous n'en savons pas la loi. Cela n'est pas surprenant, parce que nous voyons que trois influences au moins se superposent pour commander la nature de l'acide lactique produit: le ferment, la matière alimentaire hydrocarbonée, la matière alimentaire azotée.

**Autres produits formés au cours de la fermentation lactique.** — Les divers produits qui sont susceptibles d'apparaître à côté de l'acide lactique sont assez nombreux; on a signalé l'hydrogène, l'anhydride carbonique, l'acide formique, l'acide acétique, l'acide succinique, l'alcool éthylique, la mannite, l'acétone, etc.

Le plus important et le plus constant de ces produits, celui qui se rencontre dans toutes les fermentations lactiques sans exception, et parfois en assez grande proportion, est l'acide acétique. Cet acide acétique, dans beaucoup de cas, peut d'ailleurs être considéré comme un produit secondaire de la fermentation lactique :

$$CH^3, CHOH, COOH + O^2 = CH^3 . COOH + H^2O + CO^2$$

Cette équation explique en même temps la formation d'anhydride carbonique.

**Mécanisme de la formation d'acide lactique aux dépens des hydrates de carbone. Diastase lactique.** — On a indiqué précédemment que la formation d'acide lactique avait été observée à partir d'un grand nombre de principes immédiats, appartenant non seulement au groupe des hydrates de carbone, mais même à celui des matières albuminoïdes. Les réactions qui aboutissent à la formation d'acide lactique sont donc très complexes à partir de certains de ces principes et les faits observés jusqu'ici sont trop peu précis pour qu'on puisse essayer de les formuler. Il nous faut seulement envisager les hydrates de carbone les plus simples en $C^6$ ou multiples de $C^6$.

BOURQUELOT (12) a trouvé que le saccharose subissait la fermentation lactique sans dédoublement préalable visible; il en est de même dans beaucoup de cas du sucre de lait et du maltose qui paraissent transformés directement en acide lactique; cependant, le *bacille bulgare* (G. BERTRAND et G. WEISWEILLER) dédouble visiblement le lactose en glucose et galactose avant de le transformer en acide. Il peut se faire d'ailleurs qu'il y ait, pour tous les polysaccharides, dédoublement préalable, mais que celui-ci suffise seulement à la consommation par le ferment, de telle sorte qu'on n'en voie point apparaître les produits au cours de la fermentation.

Lorsqu'on considère la production d'acide lactique aux dépens des sucres en C⁶, une équation très simple peut l'exprimer :

$$C^6H^{12}O^6 = 2C^3H^6O^3$$

Aussi l'hypothèse d'une *diastase lactique* dédoublante avait-elle été depuis longtemps envisagée par un certain nombre de savants (HOPPE-SEYLER, 1859; BILLROTH, 1877). KAYSER, qui avait soumis cette hypothèse au contrôle de l'expérience, avait été amené à conclure de ses recherches qu'une telle diastase ne semblait pas exister.

En réalité, une telle diastase existe, d'après les recherches d'Ed. BUCHNER et J. MEISENHEIMER (1903) et celles de HERZOG (1903). BUCHNER et MEISENHEIMER (17) ont centrifugé des cultures de *Bacillus Delbrücki* (LEICHMANN). Le dépôt a été traité ensuite par l'acétone, puis par l'éther, desséché dans le vide et enfin broyé avec du sable et très peu d'eau. En ajoutant la masse ainsi obtenue à une solution de saccharose additionnée de craie et de toluène, il s'est formé de l'acide lactique qui a été caractérisé à l'état de sel de zinc. A vrai dire, les quantités d'acide lactique ainsi produites étaient faibles, mais elles résultaient exclusivement de l'action des produits de sécrétion du ferment, car les essais de culture faits avec les produits broyés n'ont donné aucun résultat.

HERZOG (53) agite avec de la terre d'infusoires des cultures pures de *B. acidi lactici*, de façon à obtenir une masse facile à essorer qui est pressée et triturée ensuite avec de l'alcool méthylique fortement refroidi; après quelques minutes de contact, le liquide est décanté et la masse, lavée plusieurs fois avec de l'éther, est essorée et séchée. On obtient ainsi une matière blanche, pulvérulente, inodore, capable de transformer la lactose en acide lactique.

STOKLASA (114 et 115) a annoncé en 1905 qu'il avait pu isoler une diastase lactique de certains végétaux supérieurs, en précipitant par l'alcool et l'éther le suc de divers organes.

La formation d'acide lactique dans l'organisme animal, en particulier dans les muscles, doit être vraisemblablement rattachée à un processus enzymotique de même ordre.

**Mécanisme de la formation de quelques sous-produits de la fermentation lactique.** — L'acide acétique, comme on l'a déjà vu, peut être produit aux dépens de l'acide lactique lui-même, primitivement formé. Il peut également résulter de l'action sur le sucre de la diastase acétique, dont l'existence a été démontrée, comme celle de la diastase lactique, par BUCHNER et MEISENHEIMER. Enfin il peut provenir de l'oxydation de l'alcool, qui se forme dans certaines fermentations lactiques et dont la production est sans doute liée à la sécrétion, par le ferment, de la zymase alcoolique.

Pour la formation de la mannite trouvée en forte proportion dans certaines fermentations lactiques, on pourrait admettre l'équation proposée par GAYON et DUBOURG (40) dans leurs recherches sur le ferment mannitique :

$$13 C^6H^{12}O^6 + 6 H^2O = 12 C^6H^{14}O^6 + 6 CO^2$$

ou encore l'une de celles proposées par MAZÉ et PERRIER (78).

La formation d'acide propionique peut s'expliquer par décomposition directe du sucre :

$$7 C^6H^{12}O^6 = 12 C^3H^6O^2 + 6 CO^2 + 6 H^2O$$

L'acide formique pourrait provenir d'une décomposition de l'acide lactique d'après l'équation.

$$2 C^3H^6O^3 = C^3H^6O^2 + C^2H^4O^2 + CH^2O^2$$

ou de l'oxydation de l'acide lactique :

$$C^3H^6O^3 + O = C^2H^4O^2 + CH^2O^2$$

**Marche de la fermentation lactique.** — DUCLAUX a exposé au point de vue théorique comment on peut concevoir la marche d'une fermentation lactique; il s'est efforcé de dégager quelques idées générales de la masse énorme des expériences accumulées à ce sujet; nous les résumerons dans les lignes suivantes :

Ensemençons un ferment lactique vrai dans un liquide sucré, en nous assujettissant aux deux conditions suivantes : d'abord la dose de sucre ne dépasse pas un niveau tel que le ferment ne puisse la faire entièrement disparaître; en second lieu, le ferment est sans action sur l'acide lactique formé. Dans ces conditions, nous constatons qu'à partir du moment où la multiplication du ferment, très active surtout pendant les premières heures, est terminée, la courbe de l'action devient tout à fait régulière ; si on prend pour abscisses les temps et pour ordonnées les quantités d'acide lactique formé, elle aura la forme générale d'une logarithmique; le rendement en acide lactique ne sera pas de 100 p. 100; il y aura une perte due aux matériaux absorbés par la cellule pour sa construction ou sa nutrition ; mais cette perte ne sera jamais très grande; les rendements pourront être voisins de 95 p. 100. La courbe obtenue représentera l'activité du ferment.

L'expérience précédente ne nous donnera, par contre, aucune idée de la *puissance* du ferment; pour étudier celle-ci, il faudra répéter l'expérience en faisant dissoudre dans le liquide une quantité de sucre telle que le ferment lactique ne puisse la transformer tout entière. La limite d'acidité, qui mesure la puissance du ferment, sera atteinte après un temps plus ou moins long, variable suivant les microbes considérés ; mais, pour le même microbe, la puissance pourra d'ailleurs varier suivant la nature du sucre, celle de la matière albuminoïde présente, la température, etc., etc. Si l'on peut dire, d'une manière tout à fait générale, que la fermentation lactique, dans les milieux minéraux, cesse lorsque la proportion d'acide lactique produit atteint environ 0,80 p. 100, on constate cependant que, dans le lait, à 40°, cette quantité peut atteindre 1,60 p. 100 et même 4 p. 100 dans du lait dont la caséine a été préalablement peptonisée par du suc gastrique (Ch. Richet). Si on ajoute du carbonate de calcium, on pourra faire facilement fermenter des solutions sucrées dont la teneur atteindra même 100 grammes par litre, l'acide lactique étant saturé au fur et à mesure de sa production.

Avec certains ferments lactiques ou dans certaines conditions de fermentation, l'acide lactique produit peut être utilisé par le ferment qui l'a formé; il joue alors le rôle d'un produit transitoire et la courbe qui mesure l'activité d'un ferment pourra, dans ce cas, comme l'a montré Kayser, présenter toutes les formes possibles. Ainsi le *ferment g* de cet auteur se comporte dans le jus d'oignon comme un ferment lactique vrai; il n'utilise pas l'acide lactique formé et sa puissance est assez élevée. Dans le lait peptonisé, étendu de son volume d'eau et contenant environ 2 p. 100 de lactose, il n'élève pas l'acidité au-dessus de 0,3 p. 100 et son activité est devenue très faible.

Quelques exemples de fermentations lactiques trouveront utilement place ici; ils représenteront bien au lecteur, sous une forme concrète, l'allure de la fermentation lactique. Nous emprunterons ces exemples aux recherches de Pottevin, poursuivies avec un ferment isolé du jus d'oignon.

**Exemple d'une fermentation avec le *lactose*.** — Le lactose utilisé avait été obtenu pur par des cristallisations successives dans l'eau; il possédait un pouvoir rotatoire de + 55°,1 à 20°.

Des ballons contenant chacun :

|  | gr. |
|---|---|
| Eau | 200 |
| Peptone | 2 |
| Lactose | 8,86 |
| Carbonate de chaux | 12 |

sont ensemencés et mis à 35°. Au bout de vingt-quatre heures, ils sont le siège d'un dégagement actif d'acide carbonique; en prélevant de temps à autre un ballon, on obtient :

| Durée de la fermentation. | Sucre consommé. | Acide fixe. | Acide volatil (acide formique). |
|---|---|---|---|
| 3 jours | 4,66 | 4,4 | 0,10 |
| 5 — | 6,52 | 6,2 | 0,14 |
| 12 — | 8,86 | 8,5 | 0,16 |

Le contenu de trois ballons pris au 12ᵉ jour a été mélangé, l'acide fixe extrait à l'éther. On a obtenu :

| | |
|---|---|
| Sucre consommé. . . . . | 26,58 |
| Acide fixe . . . . . . . . | 26,00 |
| Acide volatil . . . . . . | 0,5 |

L'acide lactique est de l'acide *inactif;* il représente 97,7 p. 100 du sucre détruit. L'acide volatil de la culture, qui était de l'acide acétique lorsque le ferment se développait dans la peptone seule, devient de l'acide formique lorsqu'il se produit aux dépens du sucre.

Expérience avec le *saccharose.* — Le saccharose mis à fermenter en présence de 1 p. 100 de peptone se comporte comme le lactose.

10ᵍʳ,1 ont donné après 15 jours :

| | |
|---|---|
| Sucre détruit . . . . . . | 10,1 |
| Acide lactique. . . . . . | 9,8 |
| Acide volatil . . . . . . | 0,12 |

L'acide est *inactif.*

Expérience avec le *maltose.* — L'auteur a employé du maltose industriel purifié par cristallisation dans l'alcool, de pouvoir rotatoire $\alpha_D = +140°$.

Quatre ballons ont reçu chacun 200 centimètres cubes d'une solution sucrée contenant 11ᵍʳ,40 de maltose, du carbonate de chaux et en outre :

| Ballons. | Peptone. |
|---|---|
| | gr. |
| I. . . . . . . . | 2 |
| II. . . . . . . . | 1 |
| III. . . . . . . . | 0,80 |
| IV. . . . . . . | 0,60 |

Dans les ballons I et II, la fermentation, très rapide au début, a paru terminée vers le dixième jour. Les quatre ballons repris au bout d'un mois ont donné :

| Ballons. | Sucre consommé. | Acide fixe. | Acide volatil. |
|---|---|---|---|
| I. . . . . . . | 11,4 | 10,8 | 0,14 |
| II. . . . . . . | 11,4 | 10,6 | 0,16 |
| III. . . . . . . | 9,6 | 9,2 | » |
| IV. . . . . . . | 3,4 | 3,0 | 0,11 |

Le contenu des ballons I et II mélangé a donné de l'acide *inactif;* le ballon IV a donné de l'acide *droit.*

On voit nettement dans cette expérience que le ferment qui donne en présence d'une certaine dose de peptone de l'acide inactif, donne, avec une dose à peine plus faible, de l'acide droit. Comme, d'autre part, le poids d'acide obtenu représente 88 p. 100 du poids du sucre consommé, il faut bien admettre qu'il ne s'est pas formé d'abord un acide inactif dont la partie gauche aurait été utilisée par le ferment, mais bien que le corps actif est formé directement aux dépens du maltose.

**Action de divers agents physiques et chimiques sur la fermentation. lactique.** — L'action de la température a été envisagée précédemment; nous avons constaté, en particulier, que l'optimum de la fermentation lactique était susceptible de varier suivant les ferments considérés.

P. Lassablière et Ch. Richet (100 et 60) ont vu que la lumière diffuse du jour n'influence pas la fermentation lactique du lait.

Il en est tout autrement des rayons *phosphorescents;* les mêmes auteurs ont étudié à ce point de vue l'action du sulfure de calcium phosphorescent sur la fermentation lactique. Cette influence est d'ailleurs relativement faible, et, si l'on emploie un ferment lactique très actif, l'influence que celui-ci subit de la part du sulfure de calcium peut passer inaperçue ou même se produire dans un sens différent de celui qu'on observe avec un ferment de faible activité. Plusieurs séries d'expériences faites sur du lait non stérilisé ont montré, en effet : 1° que le sulfure de calcium, au début, active la fermentation du lait normal ; 2° que, plus tard, il ralentit cette fermentation. Des expériences conduites sur du lait ensemencé par un ferment lactique pur ont établi d'autre part que, suivant les conditions de l'expérimentation, on pouvait observer soit une accélération, soit un ralentissement de la fermentation. Quoi qu'il en soit, la moyenne des cas exposés indique que le sulfure de calcium phosphorescent exerce une action sur la fermentation lactique. Des recherches spéciales ont démontré que l'atténuation du ferment par la chaleur le rend plus sensible à cette action et retarde la fermentation lactique.

Comme tous les microorganismes, les ferments lactiques sont détruits par les rayons *ultra-violets*. Cette destruction pouvant même se faire dans le lait, V. HENRI et STODEL (52) ont indiqué l'emploi des radiations ultra-violettes comme moyen d'obtenir la stérilisation complète de ce liquide, sans élévation notable de la température.

D'après SIGMUND (111), l'*ozone*, à moins d'être introduit à des doses assez considérables, ne fait que retarder, sans l'empêcher, la coagulation du lait ; il ne saurait donc être conseillé comme un moyen de conservation de celui-ci.

**Action des antiseptiques et de divers sels métalliques sur la fermentation lactique.** — De nombreux auteurs ont étudié l'action des antiseptiques sur la fermentation lactique, en se plaçant au point de vue exclusif de la conservation du lait, de sa non-coagulation pendant un temps plus ou moins long ; la question ainsi envisagée, éminemment intéressante du côté pratique, a beaucoup moins d'importance au point de vue théorique ; elle sort d'ailleurs du cadre proprement dit de la fermentation lactique ; c'est avant tout une question d'hygiène alimentaire ; nous ne la traiterons donc pas ici. Il faut reconnaître d'ailleurs qu'elle a beaucoup perdu de son intérêt en ces derniers temps, les moyens purement physiques étant devenus à peu près exclusivement les seuls procédés utilisés pour la stérilisation et la conservation du lait destiné à l'alimentation.

L'étude théorique de l'action de différents antiseptiques sur le ferment lactique a été l'objet de recherches de H. MEYER (79). Cet auteur s'est servi comme liquide renfermant la bactérie lactique d'un petit-lait provenant de lait spontanément coagulé entre 18 et 25°. Ce petit-lait était d'abord soumis pendant plusieurs heures à l'action de quantités connues d'antiseptique, puis ajouté à du lait préalablement stérilisé par la chaleur. Dans ces conditions, lorsque l'addition du petit-lait n'était pas suivie au bout d'un temps convenable de la coagulation du lait, c'est que la bactérie avait été tuée par la dose d'antiseptique employée. Les résultats de ses expériences sont résumés dans le tableau ci-dessous ; elles donnent seulement des indications sur la résistance aux antiseptiques du ferment lactique vivant dans le petit-lait. Les chiffres représentent le rapport de la substance antiseptique (en poids pour les solides, en volume pour les liquides) au petit-lait en volume, qui empêche toute coagulation ultérieure du lait stérilisé :

| | |
|---|---|
| Bichlorure de mercure | 1 pour 3000 |
| Iode | 1 — 1000 |
| Acide cyanhydrique | 1 — 853 |
| Essence d'eucalyptus | 1 — 400 |
| Brome | 1 — 348 |
| Essence de moutarde | 1 — 250 |
| Acide salicylique | 1 — 200 |
| Acide sulfureux | 1 — 186 |
| Acide benzoïque | 1 — 125 |
| Chlorure de calcium | 1 — 55 |
| Créosote | 1 — 50 |
| Thymol | 1 — 50 |
| Phénol | 1 — 20 |
| Borate de sodium | 1 — 20 |
| Benzoate de sodium | 1 — 10 |

Avec l'alcool, la glycérine et le chloroforme, il a fallu employer des proportions de substance supérieures à celle du petit-lait pour empêcher toute action ultérieure du ferment. A propos du chloroforme, Ch. Richet (96 bis) a montré d'autre part que l'addition au lait d'un volume de chloroforme ou de benzène n'empêche pas la formation de l'acide lactique; elle la retarde seulement dans une certaine mesure. Si on prend un mélange de 5 volumes de benzène et de 1 volume de chloroforme, on obtient un liquide dont la densité est voisine de celle du lait, qui s'émulsionne facilement avec ce dernier et empêche alors presque complètement la fermentation lactique.

L'action des sels métalliques et des antiseptiques a été l'objet de la part de Ch. Richet de recherches méthodiques très étendues; l'activité de la fermentation lactique pouvant être mesurée au moyen de procédés analytiques relativement simples (titrage de l'acidité), on comprend que cette fermentation ait été choisie de préférence à d'autres par cet auteur, que ses recherches sur ce sujet ont conduit à des conclusions d'un puissant intérêt biologique.

Ch. Richet (95) dans un travail sur l'action physiologique des métaux alcalins avait fait les observations suivantes :

« Il est à remarquer que les doses de 10 grammes et de 15 grammes de sel par litre, au lieu de ralentir la formation d'acide lactique, l'accélèrent dans une proportion assez notable.

« Le chlorure de lithium lui-même, qui est cependant doué de propriétés toxiques si puissantes vis-à-vis du ferment lactique, est capable à de très petites doses de stimuler la fermentation. »

En 1892 (96), le même auteur étudiant l'influence de divers sels métalliques sur la fermentation lactique a pu établir les faits suivants :

I. — Certains sels métalliques, même à très faible dose, ralentissent le développement du ferment; par exemple, le sulfate de cuivre et le bichlorure de mercure à la dose de $0^{gr},001$ par litre.

II. — Il y a une autre dose empêchante qui est tout à fait différente de la dose ralentissante. Ces deux doses sont dans un rapport variable pour chaque substance métallique. Soit 100 la dose empêchante, la dose ralentissante est de 1 pour le bichlorure de mercure, 10 pour le sulfate de zinc et 15 pour le chlorure de magnésium.

III. — A dose plus faible que la dose ralentissante, les métaux exercent tous (même les plus toxiques) une action accélératrice. Ainsi le sulfate de cuivre et le bichlorure de mercure sont accélérateurs à la dose de $0^{gr},0005$ par litre; le perchlorure d'or et le perchlorure de platine à la dose de $0^{gr},005$; le chlorure ferrique à la dose de $0^{gr},5$ et le chlorure de magnésium à la dose de 20 grammes.

Il y a donc pour chaque poison : 1° une dose *indifférente* beaucoup plus faible que celle que l'on admet en général, et qui, pour les sels de mercure et de cuivre, est inférieure à $0^{gr},00025$ par litre; 2° une dose *accélératrice;* 3° une dose *ralentissante;* 4° une dose *empêchante.*

IV. — L'effet toxique du poison porte moins sur l'activité chimique propre du ferment que sur sa pullulation; car, en présence d'une grande quantité de germes, la dose ralentissante est beaucoup plus forte que si l'ensemencement a eu lieu en présence d'une trace de semence.

Ch. Richet a montré en même temps qu'une *loi biologique* semble se surajouter à la loi chimique de toxicité des métaux. Ainsi certains métaux, qui sont chimiquement très semblables, sont de toxicité très différente suivant qu'ils sont rares ou communs. Les métaux rares, auxquels le ferment n'est pas accoutumé, paraissent plus toxiques que les métaux communs. Un exemple très frappant est celui du zinc et du cadmium qui sont chimiquement très proches l'un de l'autre; le sulfate de zinc à la dose de 1 gramme n'empêche pas le développement que le sulfate de cadmium arrête définitivement à la la dose de $0^{gr},15$. Il faut $0^{gr},50$ de sulfate de zinc pour obtenir le même ralentissement que donne $0^{gr},0075$ de sulfate de cadmium. De même, la molécule d'un sel ferrique ou d'un sel manganique est cent fois moins toxique que la molécule d'un sel de cobalt ou de nickel.

Ch. Richet (99) a longuement poursuivi sur la fermentation lactique l'étude de la loi biologique de la toxicité des corps simples. Il a été ainsi amené à considérer qu'il existait en quelque sorte quatre familles de métaux au point de vue de leur diffusion dans la nature : des métaux très répandus, K, Na, Ca, Mg; des métaux modérément répandus, Fe, Mn; des métaux assez rares, Zn, Pb; des métaux rares, Cu; or, les toxicités moyennes de ces divers métaux, prises naturellement dans des conditions expérimentales identiques et exprimées en dix-millièmes de molécule-gramme par litre sont voisines de 2500 pour les métaux très communs, de 300 pour les métaux modérément répandus, de 100 pour les métaux assez rares, de 25 pour les métaux rares.

CH. MITCHELL et CH. RICHET (80) ont montré que le ferment lactique était susceptible de s'accoutumer aux poisons; sa vitalité d'abord fortement atténuée par le poison se relève rapidement pour atteindre celle d'un organisme placé dans des conditions normales.

CH. RICHET et CHASSEVANT (20) ont déterminé pour un certain nombre de métaux (pris à l'état de sel) la *dose antigénétique* et la *dose antibiotique* par rapport à la fermentation lactique; ils appellent dose antigénétique la proportion de métal capable d'empêcher la fermentation lactique de s'établir dans des milieux qui contiennent de nombreux ferments; quant à la dose antibiotique, c'est celle qui peut arrêter la fermentation dans des milieux contenant de nombreux ferments en pleine activité.

Les expériences étaient faites sur un petit-lait neutralisé et stérilisé, additionné de son volume d'eau et ensemencé au moment voulu (dose antigénétique) et sur du petit-lait en pleine fermentation lactique depuis vingt-quatre heures, neutralisé au moment de l'expérience (dose antibiotique).

Voici le résumé des résultats obtenus; les valeurs indiquées se rapportant à 1 000 centimètres cubes :

| | Dose antigénétique | | Dose antibiotique | | Valeur de la dose antibiotique en faisant dose antigénétique = 1. |
|---|---|---|---|---|---|
| | en grammes. | en molécules. | en grammes. | en molécules. | |
| Magnésium . . . . . | 12 | 0,5 | 36 | 1,5 | 3 |
| Lithium . . . . . . . | 3,5 | 0,25 | 7 | 0,5 | 2 |
| Calcium . . . . . . | 12 | 0,15 | 32 | 0,4 | 2,5 |
| Strontium . . . . . . | 21,87 | 0,125 | 43,75 | 0,25 | 2 |
| Baryum . . . . . . . | 34,3 | 0,125 | 68,6 | 0,25 | 2 |
| Aluminium . . . . . | 1,43 | 0,026 | 2,05 | 0,037 | 1,4 |
| Manganèse . . . . . | 0,704 | 0,0064 | 0,939 | 0,0085 | 1,3 |
| Fer . . . . . . . . | 0,448 | 0,004 | 0,56 | 0,005 | 1,2 |
| Plomb . . . . . . . | 1,35 | 0,0036 | 2,5 | 0,0064 | 1,7 |
| Zinc . . . . . . . . | 0,33 | 0,0025 | 0,456 | 0,0035 | 1,4 |
| Cuivre . . . . . . . | 0,189 | 0,0015 | 0,189 | 0,0015 | 1 |
| Cadmium . . . . . . | 0,19 | 0,000848 | 0,477 | 0,0021 | 2,5 |
| Platine . . . . . . | 0,0987 | 0,00025 | 0,290 | 0,00073 | 3 |
| Mercure . . . . . . | 0,0738 | 0,000184 | 0,0738 | 0,000184 | 1 |
| Nickel . . . . . . . | 0,0148 | 0,000134 | 0,0237 | 0,00021 | 1,6 |
| Or . . . . . . . . | 0,03144 | 0,00008 | 0,0648 | 0,000165 | 2 |
| Cobalt . . . . . . . | 0,0074 | 0,000062 | 0,0074 | 0,000062 | 1 |

Dans des recherches très étendues, basées sur un nombre considérable d'expériences permettant de prendre des moyennes homogènes et utilisant des méthodes de dosage de l'acidité du genre de celles décrites à propos de l'action de l'air sur la fermentation lactique (gamme des teintes de virage de la phtaléine), CH. RICHET (98) a pu démontrer l'influence indéniable de doses très faibles de substances diverses sur la fermentation lactique. Après avoir vu que des quantités d'émanation de radium certainement très inférieures à un millième de milligramme par litre étaient très actives sur la fermentation lactique, il a pensé que de très faibles doses d'autres substances auraient peut-être aussi un effet sensible.

En fait, le formol agit encore sur la marche de la fermentation lactique à la dose invraisemblable d'un millième de milligramme pour 1 000 litres.

La fermentation lactique du lait est modifiée par simple addition de 20 gouttes d'eau ordinaire (à 0gr,1825 de sel par litre) pour 1 000 centimètres cubes.

Avec le baryum, on constate une accélération légère de la fermentation lactique à la dose de $0^{gr},000001$ par litre.

En appelant φ la dose par litre de $0^{gr},1$ de sel métallique (ou $10^{-1}$), on peut mettre dans des liqueurs lactées (lait pur dilué de trois fois son volume d'eau) des doses de $φ^2$, ou $φ^3$, ou $φ^4$, etc., répondant à des doses de $0^{gr},01$, $0^{gr},001$, $0^{gr},0001$ par litre, etc. On constate une influence très nette des sels ou substances étudiés (sels d'argent, de cobalt, de manganèse, de nickel, de platine, de vanadium, etc.,) à la dose de $φ^9$, soit 1 milligramme dans 1000 mètres cubes; il a pu même être établi avec des mélanges de sels que la dose de $φ^{14}$ (mol.) répondant à peu près à $φ^{11}$ en poids pour la totalité des sels est encore capable d'exercer une certaine influence.

Voici quelques conclusions générales des recherches de Ch. Richet relatives à cette action de doses minuscules sur la fermentation lactique :

1. Pour des doses fortes ($φ^2$, $φ^3$, $φ^4$), il se produit un ralentissement (R) de la fermentation; c'est là le phénomène connu de l'action ralentissante des sels de platine, argent, mercure, etc.

2. Pour des doses moyennes ($φ^5$, $φ^6$), il se fait une accélération (A) du processus fermentaire. Ce fait est devenu classique; tout antiseptique à faible dose accélère la fermentation.

3. Une dose encore plus faible détermine d'une façon constante un ralentissement secondaire (R').

4. Si la dose est extraordinairement faible ($φ^8$, $φ^9$), il se fait une accélération secondaire (A').

Il s'agit là de lois générales s'appliquant aux divers métaux étudiés, sauf toutefois au thallium qui se comporte un peu différemment aux doses caractéristiques de l'accélération secondaire ($φ^9$). Voici par exemple les résultats obtenus avec le chlorure de vanadium.

| | Acidité. | |
|---|---|---|
| Témoin . . . | 100 | |
| φ . . . . . . | 83 | |
| $φ^2$ . . . . . | 96,2 | R |
| $φ^3$ . . . . . | 99,4 | |
| $φ^4$ . . . . . | 100 | A |
| $φ^5$ . . . . . | 103,6 | |
| $φ^6$ . . . . . | 101,4 | R' |
| $φ^7$ . . . . . | 102,4 | |
| $φ^8$ . . . . . | 104,4 | A' |
| $φ^9$ . . . . . | 103,5 | |
| $φ^{11}$ . . . . . | 100,7 | |

Il semble qu'il y ait deux actions successives de l'antiseptique, une première action chimique, toxique, caractérisée par le ralentissement et l'accélération primaires; une seconde action électrique (ou autre) caractérisée par le ralentissement et l'accélération secondaires, et se produisant au moment où l'atome se dissocierait en forces électriques puissantes (?).

On peut se demander d'ailleurs si ces actions secondaires ne sont pas encore des actions chimiques agissant non plus tant sur le phénomène chimique proprement dit de la transformation diastasique du lactose en acide lactique que sur le phénomène biologique de la croissance du ferment.

On entrevoit, d'après ce qui précède, toute l'importance physiologique des faits trouvés par Ch. Richet, relatifs à l'influence des doses minuscules sur la fermentation lactique.

La facilité relative avec laquelle on peut mesurer l'activité de la fermentation lactique a été utilisée aussi par M. Trillat (120) dans des recherches concernant l'influence exercée sur les microbes par les fermentations putrides. Les ferments lactiques exposés pendant quelques heures aux gaz dégagés de 10 centimètres cubes de bouillon en putréfaction étaient ensuite ensemencés dans du lait écrémé, stérilisé et étendu au tiers. Les ferments lactiques ainsi traités ont poussé beaucoup plus vite que les témoins exposés à l'air normal; l'ambiance des atmosphères putrides essayées (neutres, sans trace appréciable d'ammoniaque) a donc été très favorable aux ferments lactiques; par contre, si on prolonge trop longtemps l'exposition aux atmosphères précédentes, on constate une action antiseptique.

**Quelques applications spéciales des ferments lactiques.** — En dehors du rôle considérable joué par les ferments lactiques dans les industries se rattachant à la brasserie, à la laiterie, à la distillerie, etc., nous devons mentionner, sans y insister d'ailleurs, certains modes d'utilisation basés sur la concurrence vitale, qu'ils sont capables d'exercer avec succès vis-à-vis d'autres microorganismes inutiles ou nuisibles. Dans beaucoup de cas, ils agissent surtout en créant un milieu acide défavorable à la croissance de nombreuses bactéries, celle de la putréfaction en particulier. Ainsi, CROLBOIS (23) a préconisé l'ensemencement des silos de fourrages verts ou de pulpes industrielles au moyen de ferments lactiques de manière à protéger définitivement ces produits contre l'invasion des microbes nuisibles.

C'est dans le but de lutter contre les microbes dangereux contenus dans l'intestin que les ferments lactiques sont utilisés en thérapeutique sous des formes très diverses (laits caillés, bouillons de cultures, poudres, comprimés, etc.). Nous n'avons pas à traiter cette question qui est du ressort purement médical; nous signalerons seulement la difficulté d'obtenir des préparations thérapeutiques stables et durables, c'est-à-dire contenant toujours des bacilles vivants et suffisamment actifs.

**Bibliographie.** — Les travaux cités sont rangés dans l'ordre alphabétique des noms d'auteurs. Les numéros correspondent aux renvois contenus dans le corps de l'article. Nous avons indiqué dans cette bibliographie un certain nombre de mémoires qui, bien que non cités expressément dans ce dernier, peuvent cependant présenter quelque intérêt au point de vue de la fermentation et des ferments lactiques.

1. BARTHEL. *Contribution à la connaissance de la répartition des ferments lactiques en dehors du lait* (Revue générale du lait, n°s 10, 11, 12, 1906). — 2. BEIJERINCK. *Over melkrunrgloting in melk* (Koninklyke Acad. v. Wetenschappen, avril 1907); — 3. *Fermentation lactique dans le lait* (Arch. Néerland. Sc. exactes et natur., (2), XIII, 356-378, 1908 ; — 4. — *Sur les ferments lactiques de l'industrie* (Arch. Néerland. Sc. exactes et natur., (2), VI, 212-243, 1901). — 5. G. BELONOWSKI. *Ueber die Produkte des Bacterium coli commune in Symbiose mit Milchsäure-bacillen und unter einigen anderen Bedingungen.* (Biochem. Ztschr., VI, 251-271, 1907). — 6. A. BENSCH. *Ueber die Darstellung der Milchsäure und Buttersäure* (Ann. der Chem. u. Pharm., LXI, 174-178, 1847. Voir une modification du procédé de BENSCH, d'après LAUTEMANN; id., CXIII, 242-244, 1860). — 7. G. BERTRAND et F. DUCHACEK. *Action du ferment bulgare sur les principaux sucres* (Ann. Inst. Pasteur, XXIII, 402-414, 1909. — 8. G. BERTRAND et R. VEILLON. *Action du ferment bulgare sur les acides monobasiques dérivés des sucres réducteurs* (C. R. Ac. des Sciences, CLII, 330-332, 1911). — 9. G. BERTRAND et G. WEISWEILLER. *Action du ferment bulgare sur le lait* (Ann. Inst. Pasteur, XX, 977-991, 1906). — 10. J. J. BERZÉLIUS. *Ueber die Milchsäure* (Ann. der Phys. u. Chemie, XIX, 26-34, 1830). — 11. C. BLONDEAU. *Des fermentations* (Journ. de Pharm. et de Chim., (3), XII, 244-261, 336-343, 1847). — 12. EM. BOURQUELOT. *Les fermentations*, Paris, 1889, 1893. — 13. F.-N.-J. BOCKHOUT et OTT DE VRIES. *Ueber eine Gelatine verflüssigende Milchsäurebakterie* (Centralb. f. Bakter., II Abt., XII, 587-590, 1904). — 14. BOUTRON et FRÉMY. *Recherches sur la fermentation lactique* (Ann. de Chim., et de Phys., (2), LXXIII, 271, 1840. — 15. L. BOUTROUX. *Sur la fermentation lactique* (C. R. Ac. des Sciences, LXXXVI, 605-608, 1878). — 16. H. BRACONNOT. *Sur un acide particulier qui se développe dans les matières acescentes* (Ann. de Chimie. 1, LXXVI, 84-100, 1813). — 17. ED. BUCHNER et. J. MEISENHEIMER. *Enzyme bei Spaltpilzgährungen* (Ber. d. d. chem. Ges., XXXVI, 634-638, 1903). — 18. BUTJAGIN. *Vorläufige Mitteilung über Sauerkrautgährung* (Centralb. f. Bakter, II Abt., XI, 540-550, 1904). — 18 bis. R. CAMBIER. *Résistance des microorganismes à la chaleur. Nouvelle fermentation lactique* (Revue de physique et de chimie, I, 224, 1897). — 19. S. CANNATA et M. MITRA. *Einfluss einiger Milchfermente auf Vitalität und Virulenz verschiedener pathogener Mikroorganismen* (Centralb. f. Bakter., I, Orig., LVIII, 160-168, 1911). — A. CHASSEVANT. *Action des sels métalliques sur la fermentation lactique* (Thèse doct. méd., Paris, 1897; Trav. du lab. de CH. RICHET, VI, 264-297, 1898). — 21. G. C. CHATTERJEE. *A new lactic acid producing Streptothrix, found in the fermented milk of India* (Centralb. f. Bakter., I, Orig., LIII, 103-112, 1910). — 22. T. CHRZASZCZ. *Die « Chinesische Hefe »*, etc. (Centralb. f. Bakter., II Abt., VII, 326-338, 1901).

— **22.** M. Cohendy. *Description d'un ferment lactique puissant capable de s'acclimater dans l'intestin de l'homme (C. R. Soc. Biol.,* LX, 558-560, 1906. Voir aussi d'autres mémoires publiés dans le même recueil en février et mars 1906). — **24.** Alfred Mc Conkey. *Lactose fermenting Bacterie in faeces (Journ. of Hyg.,* v, 333-379, 1901); *Further observations on the differenciation of lactose-fermenting bacilli, with special reference to those of intestinal origin (Journ. of Hyg.,* IX, 86, 1909). — **25.** J. Crolbois. [*Conservation et augmentation de digestibilité des pulpes de distillerie et de sucrerie en fosse, ainsi que des fourrages verts ensilés par une fermentation rationnelle par ensemencement (C. R. Ac. des Sciences,* CXLIX, 411-412, 1909. Voir aussi *Revue scientifique,* L, 53-54, 1912). — **26.** P. Darbois. *Résistance du Micrococcus melitensis pendant la fermentation lactique dans le laitage (C. R. Soc. Biol.,* LXX, 102, 1911). — **27.** Denys et Martin. *Sur les rapports du Pneumobacille de Friedlaender, du ferment lactique et de quelques autres organismes avec le Bacillus lactis aerogenes (La Cellule,* IX, 261-293, 1893). — **28.** E. Duclaux. *Traité de Microbiologie,* IV, 415, 1902. L'article sur la *Fermentation lactique,* id., 311-373, est à consulter entièrement. — **29.** M. Dugceli. *Bakteriologische Untersuchungen über das armenische Mazun (Centralb., f. Bakter.,* II Abt., xv, 577-600, 1905). — **30.** J. Effront. *Action du ferment bulgare sur les substances protéiques et amidées (C. R. Ac. des Sciences,* CLI, 1007-1009, 1910); — **31.** *Sur le ferment bulgare (C. R. Ac. des Sciences,* CLII, 463-465, 1911). — **31 bis.** C. Eijkmann. *Mikrobiologisches über die Arrakfabrikation in Batavia (Centralb. f. Bakter,* XVI, 97-103, 1894). — **32.** Epstein. *Untersuchungen über Milchsäuregährung (Arch. f. Hygiene,* XXVIII, 1890). — **34.** Escherisch. *Die Darmbacterien des Säuglings und ihre Beziehung zur Physiologie der Verdauung (Fortsch. der Med.,* 1885); et *Beiträge zur Kenntniss der Darmbacterien (Münch. med. Wochsrf.* 43, 1886). — **35.** Esten. *Ferments lactiques (Compte rendu sommaire de la VIIᵉ réunion annuelle de la Société des bactériologistes américains* (d'après *Bull. Inst. Pasteur,* IV, 245, 1906). — **36.** Ed. de Freudenreich, *Des agents microbiens de la maturation du fromage (Ann. de Micrographie,* IX, 185-193, 1897); — **37.** *Les agents microbiens de la maturation du fromage d'Emmenthal (Ann. de Micrographie,* IX, 385-409, 1897). — **38.** Ed. v. Freudenreich et J. Thöni. *Ueber die in der normalen Milch vorkommenden und Bakterien ihre Beziehungen zu dem Käsereifungsprozesse (Centralb. f. Bakter,* II, Abt., x, 305-311, 340-349, 1903); — **39.** *Ueber die Wirkung verschiedener Milchsäurefermente auf die Käsereifung (Centralb. f. Bakt.,* II Abt., xiv, 34-43, 1905). — **40.** U. Gayon et E. Dubourg. *Nouvelles recherches sur le ferment mannitique (Ann. Inst. Pasteur,* xv, 527-569, 1901). — **41.** A. Ginzberg. *Die chemischen Vorgänge bei der Kumys und Kefirgährung : I. Untersuchungen über Steppenkumys (Biochem. Ztschr.,* XXXI, 1-24, 1910. II. *Ueber künstliche Kumys und über Kefir;* id., 25-38, 1912). — **42.** Gobley. *Sur le lactate de chaux (Journ. de Pharm. et de Chim.,* (3), vi, 54-62, 1844). — **43.** C. Gorini. *Sulla flora bacterica dei formagi di Grana (Rendi conti d. R. Acad. d. Lincei,* xiv, 396-398, 1905). — **44.** G. Grixoni. *Nuovo latte fermentato, facile a preparasi nei servigi ospedalieri, il Gioddu (Ann. di Med. navale,* anno xi, II, 3, 1905). — **45.** Grotenfelt. *Fortschritte der Medicin,* VII, 124. — **46.** M. Guerbet. *Notes sur la fermentation du yoghourt (C. R. Soc. Biol.,* LX, 495-497, 1905). — **47.** Gunter et Thierfelder *(Arch. f. Hyg.,* xxv, 164, 1895). — **48.** A. Harden. *The chemical action on glucose of the lactose fermenting organism of faeces (Journ. of Hyg.,* IV, 488-493, 1905). — **49.** Harrison. *The distribution of lactic acid bacteria in curd and cheese of the Cheddar type (Rev. génér. du lait,* nᵒ 18, 409-415, 1906). — **50.** G. Hastings et W. Hammer. *The occurrence and distribution of the B. Bulgaricus of Yogurt (Centralb. f. Bakter.,* II Abt., xxv, 1418, 1909). — **51.** P.-G. Heinemann. *Pouvoir pathogène du Streptococcus lacticus* (d'après *Bull. Inst. Pasteur,* v, 146, 1907). — **52.** V. Henri et G. Stodel. *Stérilisation du lait par les rayons ultra-violets (C. R. Ac. des Sciences,* 582-583, 1909). — **53.** R. O. Herzog. *Ueber Milchsäuregährung (Ztschr. physiol. Chem,* XXXVII, 381-382, 1903). — **53 bis.** R. O. Herzog et T. Hörth. *Zur Stereochemie der Milchsäuregährung (Ztschr. physiol. Chem.,* LX, 131-151, 1909). — **54.** F. Hueppe. *Untersuchungen über die Zersetzung der Milch durch Microorganismen (Mitteilungen aus d. K. Reichsgesundheitsamt,* II, 309, 1884). — **55.** E. Kayser. *Études sur la fermentation lactique (Ann. Inst. Pasteur,* VIII, 737-785, 1894). — **56.** *Contribution à l'étude de la fermentation lactique (Ann. Inst. agron.,* (2), III, 241-276, 1904) (*Ann. Brasserie et Distillerie,* VIII, 5-7, 1905). — **57.** G. Koestler. *Der Einfluss des Luftsauerstoffes auf die Gährtätigkeit typischer Milchsäurebakterien (Centralbl. f. Bakter.,* II Abt., xix, 40-49, 128-148, 236-255, 394-419, 1907.

LACTIQUE (Fermentation). 799

L'article contient une assez longue bibliographie). — 58. Krueger. *Bakteriologisch-che-mische Untersuchung käsiger Butter* (*Centralbl. f. Bakter.*, vii, 464, 1910). — 59. Kruse. *Das Verhältnis der Milchsäurebakterien zum Streptococcus lanceolatus (Pneumoniecoccus, Ente-rococcus u. s. w.* (*Centralb. f. Bakter.*, I Abt., xxxiv, 737, 739, 1903). — 60. P. Lassablière et Ch. Richet. *Action du sulfure de calcium phosphorescent sur la fermentation lactique* (*Trav. du lab. de Ch. Richet*, vi, 19-73, 1909). — 61. J. Liebig. *Ueber die Ursachen des raschen Gerinnens der Milch bei Gewitter und die Mittel dasselbe zu verhindern* (Dissertation, Heidelberg, 1891). — 62. P. Lindner. *Ueber ein neues, in Malzmaische vorkommendes Milch-säure bildendes Ferment* (*Wochenschrift für Brauerei*, n° 23, 1887). — 63. Lister. *On the lactic fermentation and its bearing on pathology* (*Trans. of the pathological Society of Lon-don*, xix, 1878). — 64. F. Löhnis. *Versuch einer Gruppierung der Milchsäurebakterien* (*Cen-tralb. f. Bakter.*, II Abt., xviii, 97-149, 1907). — 65. *Zur Kenntniss der in Milch und Mol-kereiproduktus vorkommenden Bakterien* (*Centralb. f. Bakter.*, II Abt., xxix, 331-340, 1911). — 66. A. Luerssen et M. Kuhn. *Yoghurt, die bulgarische Sauermilch* (*Centralb. f. Bakter.*, II Abt., xx, 234-248, 1908). — 67. E. Macé. *Traité pratique de bactériologie*, 5° éd. 1904, et 6° éd., 1912). — 68. S. Makrinoff. *Zur Frage der Nomenklatur des sogenann-ten Bacillus Bulgaricus* (*Centralb. f. Bakter.*, II Abt., xxvi, 374-388, 1910). — 69. L. Margail-lan. *Sur la séparation du saccharose et du lactose par le ferment bulgare* (C. R. Ac. des Sciences, cl, 43, 1910). — 70. Marpmann. (*Centralb. f. allg. Gesundheitspflege*, ii, 22; id., II, 121). — 71. Macfadyen, Nencki et Sieber. *Untersuchungen über die chemischen Vorgänge im menschlichen Dünndarm* (*Arch. f. exp. Path.*, xxviii, 1891). — 72. Ch.-E. Marshall. *Pre-liminary Note on the Associative Action of Bacteria in the Souring of Milk* (*Centralb. f. Bakter*, II Abt., xi, 739-744, 1904). — 73. *Additional Work upon the Associative Action of Bacteria in the Souring of Milk* (*Centralb. f. Bakter.*, II Abt., xii, 593-597, 1904); — 74. *Extended Studies of the Associative Action of Bacteria in the Souring of Milk* (*Centralb. f. Bakter.*, II Abt., xv, 400-419, 1905). — 75. Ch.-E. Marshall et Rell Farrand. *Bacterial association in the souring of milk* (*Centralb. f. Bakter.*, II Abt., xxi, 1-3, 1908). — 76. A. Mayer. *Stu-dien über die Milchsäuregährung* (*Ztschr. f. Spiritus industrie*, 1891). — 77. Mazé. *Technique fromagère. Théorie et pratique* (*Ann. Inst. Pasteur*, xxiv, 395-428, 435-466, 543-562, 1910). — 78. P. Mazé et A. Perrier. *Sur la production de la mannite par les ferments de la maladie des vins* (*Ann. Inst. Pasteur*, xvii, 587-598, 1903). — 79. H. Meyer. *Ueber das Milchsäureferment und sein Verhalten gegen Antiseptica*, Dorpat, 1880). — 80. Ch. Mit-chell et Ch. Richet. *De l'accoutumance des ferments aux milieux toxiques* (C. R. Soc. Biol., 637-639, lii, 1900). — 81. P. Miquel et R. Cambier. *Traité de bactériologie pure et appli-quée à la médecine et à l'hygiène*, 1902). — 82. M. Nencki. *Die isomeren Milchsäuren als Erkennungsmittel einzelner Spaltpilzarten* (*Centralb. f. Bakter.*, ix, 304-307, 1891). — 83. M. Nencki et N. Sieber. *Ueber die Bildung der Paramilchsäure durch Gährung des Zuckers* (*Monatsch. f. Chemie*, x, 532-450, 1889). — 84. C. Nicolle et E. Ducloux. *Recherches expéri-mentales sur la conservation du lait* (*Revue d'hygiène et de police sanitaire*, xxvi, n° 2, 1904). — 85. E. Nocard. *Note sur la mammite gangreneuse des brebis laitières* (*Ann. Inst. Pasteur*, i, 417-429, 1887). — 86. Nocard et Mollereau. *Sur une mammite contagieuse des vaches lai-tières* (*Ann. Inst. Pasteur*, i, 109-127, 1887). — 87. R. Oehler. *Ueber Yoghurtkontrolle* (*Centralb. f. Bakter.*, xxx, 7-12, 1911). — 88. L. Pasteur. *Mémoire sur la fermentation appe-lée lactique* (C. R. Ac. des Sciences, vl, 913, 1857; *Ann. de Chim. et de Phys.*, (3), lii, 404, 418, 1858). — 89. Pelouze et Gélis. *Mémoire sur l'acide butyrique* (*Ann. de Chim. et de Phys.*, (3), x, 434-456, 1844). — 90. Péré. *Contribution à la biologie du Bacterium coli com-mune et du Bacille typhique* (*Ann. Inst. Pasteur*, vi, 512-537, 1892); — 91. *Sur la formation des acides lactiques isomériques par l'action des microbes sur les substances hydrocarbonées* (*Ann. Inst. Pasteur*, vi, 737-750, 1912). — 92. H. Pottevin. *Contribution à l'étude de la fermentation lactique* (*Ann. Inst. Pasteur*, xii, 49-62, 1896). — 92 bis. O. Rahn. *Die Empfind-lichkeit der Fäulniss-und Milchsäure-bakterien gegen Gifte* (*Centralb. f. Bakter.*, II Abt., xiv, 21-25, 1905). — 93. Ch. Richet. *De la fermentation lactique du sucre de lait* (C. R. Ac. des Sciences, lxxxvi, 550-552, 1878); — 94. *De quelques conditions de la fermentation lactique* (C. R. Ac. des Sciences, 750-752, lxxxviii, 1879); — 95. (Arch. int. Phys., x, 1882); — 96. *De l'action de quelques sels métalliques sur la fermentation lactique* (C. R. Ac. des Sciences, cxix, 1494-1596, 1892); — 96 bis. *Études sur la fermentation lactique. De l'action soi-disant antiseptique du chloroforme et du benzène* (C. R. Soc. Biol., lvi, 216-219, 1904);

— **97.** Études sur la fermentation lactique. Influence de la surface libre sur la marche de la fermentation (C. R. Soc. Biol., LVII, 957-960, 1903); — **98.** De l'action des métaux à faibles doses sur la fermentation lactique (C. R. Soc. Biol., LVIII, 455-456, 1906); De l'action des doses minuscules de substance sur la fermentation lactique (C. R. Soc. Biol., LVIII, 981-982, 1906); — Ueber die Wirkung schwacher Dosen auf physiologische Vorgänge und auf Gährungen im besonderen (Biochem. Zeitschr., XI, 273-280, 1908); — De l'action des doses minuscules de substance sur la fermentation lactique (Trav. du lab. de CH. RICHET, VI, 294-372, 1909. Arch. int. Phys., III, 130-152, 203-218, 264-282, 1906; IV, 18-50); — **99.** De la loi biologique qui gouverne la toxicité des corps simples (Arch. int. Phys., X, 208-224, 1910); — **100.** Études sur la fermentation lactique. II. Effets de la fluorescence sur la fermentation lactique (C. R. Soc. Biol., LVI, 219-221, 1904); — **101.** Sur une combinaison de l'acide lactique avec la caséine dans la fermentation lactique (C. R. Soc. Biol., LX, 650-651, 1906); — **102.** Des doses accélérantes des sels de magnésium dans la fermentation lactique (C. R. Soc. Biol., LIV, 1436-1438, 1902). — **103.** E. RIST et J. KHOURY. Études sur un lait fermenté comestible, le « Leben » d'Égypte (Ann. Inst. Pasteur, XVI, 65-84, 1902). — **104.** G. ROSENTHAL et P. CHAZARAIN WETZEL. Bases scientifiques de la bactériothérapie par les ferments lactiques. Essai de concurrence vitale. I. Ferments lactiques et microbes du groupe bacille d'Eberth. — bacille d'Escherich (Société de thérapeutique, 23 juin 1909). — **105.** G. ROSENTHAL. Bases scientifiques de la bactériothérapie par les ferments lactiques (suite), Bacille bulgare contre méningocoque de Weichselbaum en milieu mixte. Confirmation des lois générales. Importance prépondérante de l'acidification (C. R. Soc. Biol., LXIX, 344, 1910). II. Le lait caillé au bacille bulgare, élément de prophylaxie certaine du choléra asiatique. Concurrence vitale du bacille virgule et du bacille bulgare (Id., 398, 1910). — **106.** K. SAITO. Mikrobiologische Studien über die Zubereitung des Batatenbranntweines auf der Insel Hochijo (Japan) (Centralb. f. Bakter., II. Abt., XVIII, 30-37, 1907). — **107.** Ein Beispiel von Milchsäurebildung durch Schimmelpilze (Centralb. f. Bakter., II Abt., XXIX, 286-290, 1911). — **108.** G. SANDBERG. Ein Beitrag zur Bakteriologie der milchsäuren Gährung im Magen mit besonderer Berücksichtigung der « longen » Bacillen (Ztschr. f. klin. Med., LI, 80-94, 1903). — **109.** F. SCHARDINGER. Ueber eine neue optisch active Modification der Milchsäure durch bacterielle Spaltung des Rohrzuckers erhalten (Monatsh. f. Chem., XI, 545-559, 1890). — **110.** SCHEELE. (Sämmtliche Werke, II, 249, 1793). — **111.** W. SIGMUND. Die physiologischen Wirkungen des Ozons (Centralb. f. Bakter., II Abt., XIV, 400-415, 494-502, 627-640, 1903). — **112.** R. STANDFUSS. Ueber Yoghurt und seine prophylaktische und therapeutische Verwendung gegen die Kälberruhr (Berl. tierärztl. Wochsrft., 705, 1911). — **113.** W. STEVENSON. The distribution of the « Long lactic bacteria » Lactobacilli (Centralb. f. Bakter., XXX, 16-18, 1911). — **114.** J. STOKLASA. Ueber das Enzyme Lactolase, welches die Milchsäurebildung in der Pflanzenzelle verursacht (Ber. d. d. bot. Ges., XXII, 460-466, 1904). — **115.** J. STOKLASA, A. ERNEST et K. CHOCENSKY. Ueber die anaërobe Atmung der Samenpflanzen und über die Isolierung der Atmungsenzyme (Ber. d. d. bot. Ges., XXIV, 542-552 et XXV, 38-42, 1907). — **116.** V. STORCH. Nogle Undeesgelser over Flodens Syrning (Kjobenhavn Trykt hos Nielsen and Lydiche, 1893). — **117.** G. TATE. The Fermentation of Dextrose, Rhamnose and Mannitol by a Laevolactic Ferment (Journ. of the chem. Soc., LXIII, 1263-1284, 1893). — **118.** H. TISSIER. Traitement des infections intestinales par la méthode de transformation de la flore bactérienne de l'intestin (C. R. Soc. Biol., LX, 359, 1906). — **119.** H. TISSIER et F. GASCHING. Recherches sur la fermentation du lait (Ann. Inst. Pasteur, XVII, 540-564, 1903). — **120.** TRILLAT. Action des gaz putrides sur le ferment lactique (C. R. Ac. des Sciences, CLIV, 372-374, 1912). — **121.** UTZ. Beiträge zur Kenntniss der spontanen Gerinnung der Milch (Centralb. f. Bakter., II Abt., XI, 600-631, 733-739, 1904). — **122.** G. S. WALPOLE. The Action of Bacillus lactis aerogenes on Glucose and Mannitol, etc. (Proc. Roy. Soc., LXXXIII, 272-286, 1911). — **123.** C. WEHMER. Untersuchungen ueber Sauerkrautgährung (Centralb. f. Bakt., II Abt., XIV, 682-713, 78-800, 1905). — **124.** WEIGMANN, GRUBER et HUSS. Ueber armenisches Mazun (Centralb. f. Bakt., II Abt., XIX, 70-87, 1907). — **124.** WISSI BRENE LUXWOLDA. Wachstum einiger Milchbacterien bei verschiedenen Temperaturen (Centralb. f. Bakter., XXXI, 5-10, 1911). — **125.** A. WOLFF. Zur Kenntniss der Veränderungen in der Bakterienflora der frischen Milch während des sogenannten Inkubationstadiums (Centralb. f. Bakter., II Abt., XX, 21-25, 1908). — **126.** WURTZ et LEUDET. Recherches sur l'action pathogène du Bacille lactique (Arch. de méd. exp., 485, 1891).

H. **HÉRISSEY.**

## LACTOPHÉNINE. (V. Phénol.)

## LACTOPROTÉINE. — Matière albuminoïde du lait, se coagulant par la chaleur (V. Lait).

## LACTOSE. — Voy. Lait, Lactase, Lactique (Acide) et Sucres.

## LACTOSINE. — Dextrine contenue dans les caryophyllées. On l'extrait des racines du silène vulgaire. Elle cristallise et ne réduit par la liqueur de FEHLING ($C^{36}H^{62}O^{31}$ $H^2O$). Traitée par les acides étendus, elle donne du lactose.

## LACTUCÉRINE ($C^{26}H^{44}O^2$). — Principe cristallisable dans l'alcool qu'on extrait du lactucarium (suc de *Lactuca altissima*). En la saponifiant par la potasse, on a deux *lactucérols* α et β. $C^{36}H^{64}O^2$. La lactucérine serait l'éther acétique de ces alcools.

## LACTUCINE. — Substance cristallisable qu'on extrait du suc de laitue. Le suc de laitue contient aussi l'acide *lactucique* ($C^{80}H^{58}O^{19}$); la *lactucone*, corps cristallisable, insoluble dans l'eau, soluble dans l'alcool et l'éther ($C^{80}H^{64}O^6$); et l'acide lactucopicrique, très amer ($C^{44}H^{64}O^{20}$), toutes formules d'ailleurs peu certaines.

## LAINE. — Toison des moutons, employée en quantité considérable dans l'industrie.

La composition de la laine est celles des tissus épidermiques.

SCHÜTZENBERGER, qui en a fait une étude attentive, attribue aux laines la composition brute suivante :

$$C = 50$$
$$H = 7$$
$$N = 17,7$$
$$O = 22$$
$$S = 31$$

Ce qui la rapproche notablement des albuminoïdes.

Traitée par la baryte, elle donne de la leucine, de la tyrosine, de l'ammoniaque, du pyrrol et de l'acide acétique.

Si on la dissout dans l'acide sulfurique, on précipite par neutralisation l'acide *lanuginique*, corps sulfuré, ne répondant plus, comme la laine elle-même, à la constitution des matières albuminoïdes ($C = 41$. $Az = 10$. $O = 34$. $S = 3,35$).

Normalement il existe dans la toison des moutons une grande quantité de graisses diverses. Toute laine, avant d'être employée dans l'industrie, a besoin d'être soigneusement dégraissée. Les eaux *de suintage* ont été étudiées avec détails (V. Suint).

## LAIT. — Le lait est un liquide sécrété par les glandes mammaires vers la fin de la gestation et qui est normalement destiné à assurer la nutrition des jeunes mammifères pendant la première période de leur existence.

Composition, quantité sécrétée, durée de la lactation, varient suivant une foule de facteurs dont le plus important est évidemment l'espèce.

Néanmoins, malgré les variations quantitatives observées, les propriétés du lait sont assez générales pour permettre d'établir une étude d'ensemble. Le lait de vache étant le plus utilisé et celui sur lequel les travaux sont les plus nombreux, c'est lui que nous prendrons comme type, en indiquant au cours de ce travail les différences présentées par le lait des autres femelles laitières.

**Caractères physiques.** — Le lait est un liquide opaque, bleu mat ou blanc jaunâtre, quelquefois bleuté, d'une odeur *sui generis*, variable d'ailleurs suivant les espèces et certaines conditions. Sa saveur est légèrement sucrée. Sa densité, prise à 15°, oscille entre 1,028 et 1,034. Il présente très fréquemment la réaction amphotérique, c'est-à-dire qu'il rougit le papier bleu de tournesol et bleuit le rouge. Nous aurons d'ailleurs à revenir sur cette question de la réaction du lait frais. Abandonné à lui-même, il offre d'importantes modifications chimiques et physiques. La réaction devient franchement acide. Cette acidité est due à la présence de quantités croissantes d'acide lactique formé aux dépens de la matière sucrée du lait sous l'influence de micro-organismes; et alors les matières albuminoïdes, se trouvant dans un milieu acide, se précipitent en partie : le lait est *tourné*.

La mobilité extrême du lait au point de vue chimique rend son analyse délicate, et la première condition pour mener à bien une analyse quantitative et qualitative de ce liquide organique est de le mettre à l'abri des germes extérieurs : mais ni les antiseptiques, ni la chaleur ne peuvent être utilisés : il faut donc avoir recours à l'asepsie, c'est-à-dire obtenir un lait originairement pur de tout contage.

Le lait ainsi recueilli présente au bout d'un certain temps des modifications intéressantes. Il perd l'apparence homogène qu'il avait immédiatement après la traite et se sépare en quatre couches.

Tout au fond de l'éprouvette on aperçoit une mince couche qui tranche par sa blancheur plus mate sur la couche supérieure. C'est un dépôt pulvérulent de *phosphate tricalcique*.

Au-dessus se trouve une couche blanche plus épaisse qui paraît formée par des particules très ténues en suspension. Cette couche, siphonnée et traitée par les acides, fournit un précipité abondant, grumeleux, c'est la *caséine*.

La troisième couche est opalescente, légèrement jaunâtre; elle réduit à chaud la liqueur de FEHLING comme une solution de glucose. Elle renferme en effet un sucre particulier, le *lactose* ou *sucre de lait*. En outre, elle précipite par les acides, la chaleur, elle coagule sous l'action de la présure. Elle renferme donc de la caséine et d'autres substances albuminoïdes.

Enfin la couche superficielle est formée par la matière grasse du lait. Elle est formée de globules graisseux serrés les uns contre les autres et que leur légèreté spécifique a fait monter à la surface du lait.

Sur 1 000 parties le lait renferme en moyenne 130 parties de principes solides et 870 d'eau.

Les principes solides sont les suivants :

1° Des matières albuminoïdes, 4 p. 100; 2° des matières grasses, 2,5 p. 100; 3° du sucre de lait, 4,5 p. 100; 4° des sels minéraux, 1 p. 100. (Chlorures, phosphates alcalins et carbonates alcalins; sulfates de chaux et de magnésie, de petites quantités de fer, des traces de silice.)

Signalons enfin la présence de ferments solubles; des traces de matières extractives et en particulier d'urée.

## LES GLOBULES GRAS.

Examiné au microscope, le lait, et surtout la crème, présente un nombre considérable de globules, à contours nets et épais, entourés d'un liséré fin et brillant, et dont le diamètre, des plus variables, oscille entre 2, 10 et même 20 μ de diamètre. Le diamètre moyen est cependant assez constant sur la même espèce : il est, chez l'ânesse et la vache, de 3 à 5 μ; chez la chèvre, de 3 μ.

Une difficile question, qui aujourd'hui encore n'est pas complètement tranchée, est de savoir si ces globules, chargés de matières grasses, sont entourés ou non d'une membrane : en d'autres termes, si la matière grasse est à l'état d'émulsion ou non. Dès 1816, TREVIRANUS considérait les globules gras comme de purs globules de graisse : à la même époque WEBER admettait qu'ils étaient composés de caséum et de beurre.

En 1829, HENLE, d'après les caractères optiques des globules, les assimile à des vésicules adipeuses dont la membrane serait de nature caséeuse.

DONNÉ, en 1837, après avoir admis tout d'abord l'idée d'une capsule de nature spéciale, la rejetait ensuite pour ne plus voir dans les globules laiteux que des globules gras nus, la matière grasse n'étant qu'une simple émulsion.

D'après DONNÉ en effet, si l'on traite le lait par l'éther, on voit tous les globules disparaître.

DUMAS est conduit à admettre l'existence de la membrane en évoquant deux faits expérimentaux : 1° le lait, traité par le chlorure de sodium à saturation, laisse remonter les globules gras et ceux-ci, après des lavages répétés à l'eau salée, renferment encore des substances azotées, cet azote ne peut provenir que des membranes ; 2° l'éther pur agité avec le lait ne se charge pas de matières grasses, il faut ajouter des alcalis ou des acides. Ce sont ces derniers qui attaquent la membrane et permettent la dissolution.

DANILEWSKI et BADENHAUSEN isolent la matière azotée des globules ; c'est le *Stromei-weissstoff* des auteurs allemands.

BÉCHAMP, en traitant le lait par du sesquicarbonate d'ammoniaque, obtient une matière albuminoïde spéciale qui appartient en propre aux globules.

STÖRCK signale une membrane gélatineuse, renfermant 14 à 15 p. 100 d'azote, insoluble dans l'eau, l'alcool, l'acide acétique, qui réduit la liqueur de FEHLING et le réactif de MILLON.

Pour tous les auteurs cités, et un grand nombre d'auteurs que nous ne pouvons mentionner ici, le lait n'est pas une émulsion vraie, et l'opération du barattage consiste dans la rupture des innombrables sacs membraneux qui enveloppent la matière grasse.

La première opinion connue contre l'existence d'une membrane paraît être celle de DUBRUNFAUT, qui en 1871 considère le lait comme une émulsion. Mais il faut arriver à DUCLAUX pour trouver un exposé complet de la question. Il a démontré l'inutilité de l'hypothèse d'une membrane dans le mécanisme du barattage. Le lait, véritable émulsion, obéit aux lois de la stabilité des émulsions établies par DUCLAUX.

Même quand les globules sont arrivés au contact à la surface après avoir triomphé de la viscosité du milieu, grâce à leur densité moindre (force qui serait pour les plus gros d'un dixième de milligramme), il leur faut encore, pour se souder les uns aux autres, triompher de la résistance des lamelles de sérum ; enfin une autre cause intervient puissamment, les forces capillaires. Ce sont elles qui donnent aux globules leur forme sphérique, qui constituent autour de lui une membrane élastique, membrane constituée par la substance elle-même, sans modification ni de chimisme ni de texture, et qui ne doit son élasticité qu'aux forces auxquelles elle est soumise.

Le barattage a surtout pour effet de rompre la résistance des lamelles du sérum et d'assurer le contact des globules butyreux.

On peut donc admettre que la graisse se trouve dans le lait à l'état d'émulsion. Tous les agents physiques et chimiques qui détruisent cette émulsion n'agissent qu'en modifiant la différence de tension superficielle de la graisse et du sérum, et non en détruisant une membrane d'enveloppe dont l'existence n'a jamais été démontrée.

Restent quelques objections d'ordre optique ou chimique. Au microscope, chaque globule apparaît entouré d'un liséré brillant, mais la graisse émulsionnée avec de l'eau de Panama donne des globules avec le liséré, comme chaque fois que deux liquides de viscosité différente sont en contact.

Quant à la non-attaque de la crème par l'éther, c'est simplement une erreur d'observation. L'éther coagule la caséine, qui englobe la matière grasse et s'oppose à la sortie de la graisse, mais lentement. La dissolution se fait et l'éther se charge de matières grasses.

La membrane ne saurait être admise en tant qu'élément morphologique : il est donc probable qu'il se produit autour des globules gras, en vertu des lois d'*adsorption*, par une modification moléculaire, une véritable condensation de certains éléments du lait, par exemple des lécithines du lait, ces corps servant d'intermédiaire entre la matière grasse normale à acides volatils et la matière protéique du plasma.

La graisse du lait est constituée par un mélange de triglycérides, combinaison d'acides gras avec l'alcool glycériné qui abandonne une molécule d'eau. Jusqu'ici on n'a pas démontré dans le lait la présence d'un autre alcool : c'est sur le lait des cétacés que cette recherche devrait être faite, quoique le passage d'alcool cétylique dans le lait de chèvres nourries avec du blanc de baleine n'ait pas été vu.

Les termes les plus bas de la série grasse, acide formique, acide acétique, sont en très petite quantité dans la graisse du lait. L'acide butyrique au contraire, dont la quantité est variable suivant les saisons, forme de 1,5 à 5 p. 100 de l'acidité totale : ses triglycérides très solubles sont facilement décelables par le goût.

CHEVREUL a montré que le beurre est partiellement soluble dans l'alcool : 100 parties d'alcool bouillant d'une densité de 0,822 dissolvent 3,46 parties de beurre : or l'alcool dissout plus de butyrine que d'autres matériaux du beurre, et cette propriété peut servir à la séparer.

Ainsi donc le beurre est un mélange complexe de triglycérides, et il est possible que dans chaque globule du lait tous les acides gras soient représentés; il s'agit ici très vraisemblablement d'une solubilisation mutuelle, réciproque, variable d'ailleurs suivant leur nature : en effet, la solubilité de la tristéarine est considérablement augmentée par la présence d'autres triglycérides. (Voy. **Beurre.**)

Les éthers ainsi constitués, combinaisons du radical glycérine $C^3H^5$, alcool trivalent, avec des acides gras appartenant à la série $C^nH^{2n}O^2$, sont constitués principalement par l'oléine et la palmitine (oléine 30, palmitine 68). On trouve également des triglycérides de l'acide myristique, de l'acide stéarique, de petites quantités d'acide laurique, d'acide arachique. Brown a trouvé dans le beurre de vache jusqu'à 1 p. 100 d'acide distéarique $C^{18}H^{20}O^4$ qui proviendrait de l'oxydation de l'acide oléique. Outre l'acide butyrique il existe de l'acide caproïque, des traces d'acides caprylique et caprinique, Koefeld a trouvé des acides répondant à la formule $C^{13}H^{28}O^4$ et $C^{29}H^{34}O^3$.

La graisse contient de la lécithine, une cholestérine dont la formule serait $C^{26}H^{42}O$, ou $C^{27}H^{44}O$, ou $C^{27}H^{46}O$.

La graisse du lait ne contient aucun acide libre; dans le beurre, au contraire, si frais soit-il, il en existe toujours, et cette quantité augmente à mesure qu'il vieillit. Cette mise en liberté d'acides gras résulte d'une saponification de la matière grasse. La saponification porte beaucoup plus sur les glycérides à acides volatils que sur les glycérides à acides fixes.

Le poids spécifique du beurre à 15° oscille entre 0,9275 et 0,94.

Pour le beurre du lait de femme 0,87, pour celui de chèvre 0,86.

L'indice de réfraction à 22° est de 1,458, 1,4615 pour le lait de vache.

Le point de fusion du beurre de vache varie entre 31°1 et 34°6, pour celui de buffle 38°, pour celui de brebis 29°, pour celui de porc 28°.

La viscosité, d'après Killing, à 40° est 2,76 à 2,81 fois plus grande que celle de l'eau, à 20°.

La chaleur de combustion du beurre de vache est de 9192, d'après Strohmann.

### Analyse quantitative des acides gras.

| | |
|---|---|
| Acide butyrique | 5,45 |
| — caproïque | 2,09 |
| — caprilique | 0,49 |
| — caprinique | 0,32 |
| — laurique | 2,57 |
| — myristique | 9.89 |
| — palmitique | 38,61 |
| — stéarique | 1,83 |
| — distéarique | 1,04 |
| — oléique | 32,5 |

D'après Brown, cité par W. Raudnitz, *Ergebnisse der Physiologie*.

## LES PROTÉINES DU LAIT.

Le lait contient trois protéines :

1° Une caséine : la caséine ou plutôt le caséinogène;

2° Une globuline : la lactoglobuline;

3° Une albumine : la lactalbumine.

**Caséine.** — Cette substance protéique, qui jusqu'ici n'a été déterminée avec certitude que dans le lait, appartient au groupe des nucléo-albumines : elle se distingue des albumines avant tout par la présence du phosphore dans sa molécule et par sa façon d'être vis-à-vis du ferment-lab. La constitution de la caséine du lait de vache est la suivante (Raudnitz) :

$$C = 52,96\text{-}53,3$$
$$H = 7,05\text{-} 7,07$$
$$Az = 15,65\text{-}15,91$$
$$S = 0,75\text{-} 0,82$$
$$P = 0,84\text{-} 0,89$$
$$O = 22,65$$

Le pouvoir rotatoire est quelque peu variable; suivant Hoppe-Seyler, en solution neutre il est de $(\alpha)$ D $= - 80°$.

La caséine est une poudre blanche, peu hygroscopique, de poids spécifique $= 1,259$, très peu soluble dans l'eau pure et l'alcool, soluble dans les alcalis, les carbonates et les phosphates alcalins. Elle se dissout dans l'eau de baryte, et ses solutions peuvent être neutralisées par l'acide phosphorique sans qu'il y ait formation d'un précipité. Elle ne fond pas à la chaleur, donne toutes les réactions de l'albumine, mais est peu sensible à la réaction du sulfure de plomb. Un gramme de caséine en poudre développe 5742 calories et, d'après de récentes recherches, 5626 à 5871. On a cherché à déterminer son poids moléculaire en se basant sur son contenu en S et en P, et sur son noyau albuminoïde, et on est arrivé à un chiffre compris entre 6500 et 16000.

Les solutions de caséine ne sont pas coagulées par l'ébullition, mais se recouvrent d'une mince pellicule comme le lait. Les acides étendus la précipitent, mais le précipité est soluble dans un excès de réactif, surtout s'il s'agit de HCl.

Pour précipiter la caséine du lait étendu d'eau, il faut plus d'acide acétique que d'acide chlorhydrique; cela vient de ce que les sels formés mettent un obstacle à cette précipitation, et que le retard est plus considérable lorsqu'il s'agit d'acétates que lorsqu'il s'agit de chlorures. Les précipités ainsi produits retiennent très énergiquement les acides minéraux et ne peuvent en être débarrassés que par des lavages successifs et prolongés.

Traitée par les sels alcalins en excès, sulfate de magnésie, surtout chlorure de sodium contenant des traces de chaux, la caséine précipite de ses solutions neutres, ou encore du lait. Les sels métalliques, sulfate d'alun, de zinc, de cuivre précipitent complètement une solution neutre de caséine.

Chauffée à 100°, la caséine, d'après Laqueur et Sackur, est dédoublée en deux corps. L'un appelé par eux « caséite » est insoluble dans les alcalis dilués, l'autre, « l'isocaséine », est au contraire soluble. L'isocaséine est un acide quelque peu plus fort, à d'autres limites de précipitation, à un équivalent plus petit que la caséine.

De même, l'alcool bouillant modifierait très profondément la caséine. Ce n'est que lentement par l'ébullition avec HCl que la caséine est transformée en acidalbumine : elle est au contraire rapidement attaquée par les alcalis chauds et étendus qui lui font perdre la propriété d'être coagulée par la présure (Lundberg).

Ce qui surtout caractérise la caséine, c'est sa propriété de se coaguler par le lab, en présence d'une certaine quantité de sel de calcium. Cette coagulation se fait aussi bien en solution neutre, acide ou alcaline. Dans le lait bouilli le coagulum, au lieu d'être en une seule masse, est séparé en flocons très fins.

Plus la réaction est acide, plus l'action du ferment est rapide et capable de s'exercer à basse température.

La caséine ne coagule pas par le lab dans ses solutions privées de sels de chaux, et une dialyse prolongée du lait qui produit ce résultat empêche la coagulation de se faire.

La caséine formée par coagulation du lait retient de grandes quantités de phosphate de calcium. D'après Soxhlet et Söldner, seuls les sels de chaux solubles auraient une influence sur la coagulation, alors que le phosphate de calcium serait sans signification aucune. Le rôle des sels de chaux dissous vis-à-vis de la coagulation par le lab, n'est pas encore clairement élucidé, et les opinions sur cette question sont quelque peu diverses. Lorsqu'on fait agir sur une solution pure de caséine un ferment lab aussi bien préparé que possible, on trouve toujours après coagulation dans le filtrat une petite quantité d'une substance albuminoïde, qui a d'autres propriétés que la caséine, et un contenu en azote différent, 13,2 d'après Köster. La majeure partie de la caséine, plus de 90 p. 100 quelquefois, se sépare par la coagulation à l'état d'une substance voisine de la caséine, la paracaséine.

La paracaséine, le caséum soluble d'Arthus, est d'autant moins soluble dans l'eau que la solution d'où on l'a précipitée était plus riche en calcium : elle n'a pas au même degré que la caséine la propriété de maintenir en solution du phosphate de calcium : de plus ses solutions ne sont nullement coagulées par le ferment-lab. La caséine du lait de femme est très incomplètement précipitée par les acides et le lab. Il se forme un caillot à flocons fins, soluble dans les acides, les alcalis, la pepsine chlorhydrique. Il diffère donc du caillot dense du lait de vache, peu soluble dans ces réactifs. Ces différences ne tiennent pas à une constitution spéciale de la caséine du lait de femme, mais à une quantité variable de sels minéraux. En effet Dogiel a montré que, si l'on augmente la teneur en cendres du lait de femme, on obtient par l'acide acétique un coagulum en tout comparable à celui qu'on aurait obtenu avec le lait de vache.

D'après Biel, le lait de vache fournit à chaud en présence de sel marin un caillot contenant :

3,75 p. 100 de chaux et 3,24 d'acide phosphorique; le lait de femme au contraire ne donne que :

1,71 p. 100 de chaux et 1,38 p. 100 d'acide phosphorique.

La caséine rougit le papier bleu de tournesol à la façon de l'acide carbonique sous la pression normale de l'atmosphère, et cette réaction lui appartient en propre, et non à des traces d'acide, comme Hammarsten l'a démontré.

Elle forme avec la potasse, la soude, l'ammoniaque, la chaux, la baryte, des caséinates solubles.

D'après Béchamp, il existerait des caséinates neutres et des caséinates acides, ces derniers contenant deux fois plus de caséine que les autres, et faisant virer au rouge le papier de tournesol par un contact prolongé. Les dissolutions de caséinates alcalins, traitées par l'alcool concentré, louchissent un peu, mais ne précipitent pas.

La caséine se combine avec l'acide acétique, avec l'acide chlorhydrique, avec l'acide lactique. (Ch. Richet.) Elle est capable de fixer jusqu'à 34 p. 100 d'acide acétique. Mais ces combinaisons ne rappellent nullement les sels ordinaires. Traitée par HCl étendu, la caséine se dissout, mais il se produit un précipité. Si l'on ajoute HCl concentré, il se forme un chlorhydrate qui contient jusqu'à 9 à 12 p. 100 de HCl.

La digestion de la caséine par l'acide chloropeptique donne, d'après Salkowski, une albumose peptonée dont on peut séparer ensuite une pseudonucléine. La quantité de cette dernière, comme l'ont montré les recherches de Salkowski, de Hahn, de Maraczenski et Sebelien, est très variable, de même que son contenu en phosphore. D'après Salkowski, la quantité de pseudonucléine produite est en rapport avec la quantité de caséine et d'acide employée : par l'action de 500 d'acide chloropeptique sur 1 de caséine, il a pu obtenir une digestion complète de caséine, sans aucune production de pseudonucléine. Sous l'action de la pepsine comme de la trypsine, une partie du phosphore, croissant avec la durée de la digestion, se sépare à l'état d'acide orthophosphorique, pendant qu'une autre partie de la combinaison organique reste dans les albumoses aussi bien que dans les peptones vraies (Salkowski, Biffi, Alexander).

Après la séparation de la pseudonucléine, Salkowski, par la digestion peptique de la caséine, a isolé un acide riche en phosphore, déterminé par lui comme un acide paranucléique. Cet acide, soluble dans l'eau, insoluble dans l'alcool, rotateur à gauche, a la constitution suivante :

$$\text{P. 100.}$$
$$C = 42,51\text{-}42,96$$
$$H = 6,97\text{-}7,09$$
$$Az = 13,25\text{-}13,55$$
$$P = 4,05\text{-}4,31$$

Mais cet acide se sépare des acides nucléiques en ce qu'il donne la réaction du biuret, et faiblement la réaction xanthoprotéique.

Pour préparer la caséine, le lait de vache additionné de 4 volumes d'eau est traité par l'acide acétique, de telle sorte que le mélange en contienne 0,075 à 0,1 p. 100. La caséine précipitée est lavée plusieurs fois avec de l'eau. On la dissout dans une solution de soude de réaction neutre ou légèrement alcaline, et on précipite après avoir étendu d'eau. On triture finement le précipité, et on recommence. Le dépôt alors obtenu est lavé à l'eau et traité par l'alcool à 97°; puis lavé sur le filtre par l'alcool et l'éther. Le produit est alors trituré dans un mortier jusqu'à dessiccation. Les dernières traces d'éther sont chassées par le vide. Il ne faut employer que de faibles quantités de soude; à forte dose la soude décompose la caséine, et, d'autre part, nécessite l'emploi de fortes quantités d'acide acétique ; car l'acétate formé retarde la précipitation (HAMMARSTEN).

**Lactoglobuline.** — SEBELIEN a préparé la lactoglobuline en saturant le lait de vache par le chlorure de sodium : la caséine est aussi précipitée. Le liquide clair séparé de ce précipité donne un nouveau précipité lorsqu'on le sature de sulfate de magnésie à froid. La lactoglobuline présente les propriétés générales des globulines, et ne semble pas différer de la sérumglobuline, ainsi que le démontre l'action commune des sérums précipitants. (Pouvoir rotatoire d'après FREDERICQ — 47°6.)

La gobuline isolée par FREMANN du colostrum avait cependant un contenu en carbone notablement plus petit, 49,83 p. 100.

**Lactalbumine.** — La lactalbumine (caséine soluble de DUCLAUX, au moins partiellement) a été pour la première fois préparée à l'état pur par SEBELIEN. D'après cet auteur, sa composition est la suivante :

P. 100.

C = 52,19
H = 7,18
Az = 15,77
S = 1,73
O = 23,13

La lactalbumine possède toutes les propriétés de l'albumine et cristallise dans le même système que la sérumalbumine ou l'ovalbumine.

La lactalbumine est en très faible quantité dans le lait de vache, 0,5 p. 100, elle est abondante dans le lait de brebis et surtout dans tous les colostrum. Elle se rapproche beaucoup de la sérumalbumine, mais s'en sépare par son pouvoir rotatoire $(\alpha) = D. - 37°$.

Sa coagulation, qui dépend de sa concentration et de son contenu en sels, se fait entre 72 et 84°.

Le principe de la préparation de la lactalbumine est le même que celui de la sérumalbumine.

On sépare la caséine et la globuline par $SO^4 Mg$. Le filtrat est débarrassé des sels cristallisés et traité par l'acide acétique jusqu'à ce que le mélange en contienne 1 0/0.

Le précipité formé est filtré, exprimé, dissous dans l'eau alcalinisée jusqu'à réaction neutre. La solution est alors séparée des sels par la dialyse. On peut séparer la lactalbumine de la solution dialysée, soit en desséchant à une chaleur modérée, soit en la précipitant par l'alcool qu'on chasse ensuite rapidement.

La présence d'albumoses et de peptones dans le lait normal n'est pas prouvée.

**Opalésine** (RADUIK). — WROBLENSKI obtint, par saturation au moyen de NaCl ou sulfate de magnésie des eaux-mères provenant de la précipitation par l'acide acétique du lait dialysé de jument et de femme, des substances albuminoïdes désignées sous le terme d'opalésine.

Ces substances albuminoïdes forment des flocons glutineux ou des filaments.

Elles ne contiennent aucun groupement hydraté de C, peu de soufre et noircissent par le plomb.

L'opalésine du lait de femme, d'après WROBLENSKI, répond à la formule suivante :

C = 45,05
H = 7,31
Az = 15,07
P = 0,8
S = 4,7
O = 27,11

Ces opalésines sont peut-être des substances albuminoïdes spéciales qui sont chimiquement combinées à la caséine. Mais la caséine du lait de jument n'est pas encore parfaitement connue, et le rapport existant entre la caséine et l'opalésine est encore pour le moment problématique.

**Lécithine.** — QUÉVENNE avait trouvé que les cendres du beurre avaient une réaction acide. Bouchardat et Quévenne traitèrent l'extrait éthéré de beurre par l'alcool bouillant, et trouvèrent une graisse contenant 8 p. 100 de P, qu'avec Gobley ils déterminèrent comme lécithine.

Wrampelmayer évalue d'après l'acide phosphorique le contenu en lécithine du beurre de vache et donne comme chiffre 0,017 p. 100. D'après Solberg, le beurre de vache contiendrait de 0,1 à 0,2 p. 100 de lécithine; et le beurre de chèvre, 0,15.

D'après Burow le lait de vache contiendrait 0,049 à 0,058, le lait de chienne 0,16 à 0,18, le lait de femme 0,057 à 0,06 p. 100 de lécithine.

Les chiffres de Bordas et de Racztowski sont comparables à ceux de Burow. De là on ne peut pas conclure que la lécithine entre dans la composition de la gouttelette de graisse. Jaekle a trouvé que la graisse du lait fraîche filtrée ne contient pas de lécithine pense qu'elle existe dans le lait à l'état de lécithalbumine.

**Urée.** — L'urée se trouve en petite quantité dans le lait, 0,5 par litre; l'hypoxanthine, la créatine, l'acide oxalique, la créatinine, paraissent exister normalement, mais en très petite quantité.

## LA CASÉIFICATION DU LAIT.

Quand on additionne de présure le lait à une température voisine de 35°, on voit, après une période de temps variable avec les différents laits, le lait se prendre en une masse homogène, tremblotante. Puis le caillot ainsi formé se rétracte lentement, exprimant graduellement le liquide qui l'imbibait. On obtient ainsi :

1° Le caillot constitué par de la caséine retenant des globules gras ;

2° Le lactosérum.

Arthus a principalement insisté sur la distinction très importante entre la caséification par la présure et la précipitation du lait par les acides. Le caillot de la caséification renferme une protéine, une caséine, mais qui se distingue de la caséine et du caséinogène. La caséine et le caséinogène purs ne laissent pas de résidus minéraux par calcination; la protéine du caillot laisse toujours un résidu salin. Elle est peu soluble dans les alcalis ou les acides composés avec la caséinogène. Le pouvoir rotatoire des deux substances est très légèrement différent.

Le lactosérum contient trois substances protéiques, la lactalbumine et la lactoglobuline du lait, et une nouvelle substance, la lactosérumprotéose, qui provient du dédoublement de la caséine et qui est caractéristique du lactosérum.

L'utilité des sels de chaux est démontrée par ce fait que, dans le lait additionné d'une solution d'oxalate de potasse à 1 p. 100, la présure en milieu thermique optimum ne provoque pas la formation d'un caséum. Toutefois la présure exerce une action sur la caséine, ainsi que le montre l'expérience suivante : le lait additionné d'oxalate, mais sans présure, ne précipite ni par la chaleur, ni par le chlorure de calcium, alors que ce même lait traité par la présure donne un précipité floconneux qui est du caséum, et qui proviendrait, d'après Arthus, d'une substance caséogène ou caséum soluble préexistant dans le lait. (Voy. **Estomac, Présure.**)

Dans le lait normal ce caséum soluble se transforme en caséum insoluble sous l'action des sels de chaux ;

**Rôle de la présure.** — Suivant la très juste observation de Lambling, la caséine est la seule substance protéique dont la digestion au contact du suc gastrique commence par une coagulation.

Quel est le but de cette coagulation?

On a supposé que la première phase de la protéolyse de la caséine résidait dans cette transformation initiale, favorisant ensuite l'action de la pepsine. Mais les recherches de Zuntz et Sternberg contredisent cette manière de voir. Opérant sur du lait normal et sur du lait traité par la présure, ils constatent que la peptonisation est beaucoup plus rapide pour le lait normal que pour le lait caillé. Pour Tobler la présure exerce une action utile, mais purement mécanique. Le caillot qui se forme sous son action reste dans l'estomac sous un petit volume, alors que le lactosérum s'écoule rapidement vers l'intestin; les effets protéolysants de la pepsine peuvent ainsi s'exercer sur la presque totalité des matières protéiques contenues dans le lait sans que le séjour d'une masse volumineuse du liquide vienne surcharger ou distendre l'estomac.

Tobler s'appuie sur les observations faites sur un chien porteur d'une fistule duodénale. Si l'on donne du lait à l'animal, on voit peu de temps après l'ingestion quelques jets de lait non coagulé s'échapper du pylore, puis il n'apparaît plus que du lactosérum, de plus en plus riche en peptone, provenant de la protéolyse de la caséine coagulée. La présence du caillot dans l'estomac est fonction de la richesse du lait en beurre. C'est là un fait général, puisque depuis Cannon on sait que l'adjonction de graisses retarde le passage des protéiques de l'estomac dans l'intestin.

En opposition avec les affirmations de Tobler sur la digestion presque totale de la caséine par la pepsine gastrique, il faut citer L. Gaucher, qui soutient que 90 p. 100 de la caséine traversent l'estomac sans avoir subi une peptonisation réelle.

Les différences entre les caséines peuvent être recherchées par l'étude des produits d'hydrolyse. C'est la méthode suivie par Abderhalden et Schittenhelm (Z. p. C., XLVII, 458). La caséine obtenue est traitée par l'acide sulfurique, puis par la baryte, et on fait cristalliser.

|  | Caséine. | | |
|---|---|---|---|
|  | Lait de vache. | Lait de chèvre. | Lait de femme. |
| Tyrosine . . . . . . . . . | 4,5 | 4,95 | 4,71 |
| Leucine. . . . . . . . . . | 10,5 | 7,4 | » |
| Alanine. . . . . . . . . . | 0,9 | 1,5 | » |
| Proline . . . . . . . . . . | 3,4 | 4,62 | » |
| Phénylalanine. . . . . . . | 3,2 | 2,75 | » |
| Acide aspartique. . . . . . | 1,2 | 1,1 | » |
| Acide glutamique . . . . . | 10,7 | 11,25 | 5,90 |

On voit que la proportion de tyrosine est identique dans les trois laits et que la composition des caséines de chèvre et de vache est très voisine. On est dans la limite des erreurs possibles pour la détermination quantitative des acides aminés.

Selmi, le premier (1846), démontra que la coagulation du lait par la présure ne dépendait pas de l'acide lactique, en coagulant du lait alcalinisé par la muqueuse stomacale du veau.

D'autre part, les modifications de la caséine du lait sous l'influence de l'acide lactique, et des acides en général, et du lab-ferment, ne sont pas de même nature. La caséine est simplement précipitée par les acides : elle est caséifiée, c'est-à-dire dédoublée par le lab-ferment : la caséine, précipitée par les acides, est facilement soluble dans l'acide acétique ou la soude étendus. Le coagulum déterminé par la présure est plus compact et beaucoup moins soluble dans la soude et l'acide acétique étendus. Enfin la caséine précipitée par les acides peut être purifiée par les lavages au point de ne plus laisser de cendres à l'incinération, tandis que le produit de l'action du lab renferme toujours des cendres.

Plusieurs théories ont été émises pour expliquer la coagulation du lait.

*Théories physiques.* — La caséine qui se trouve dans le lait à l'état colloïdal passe lentement à l'état de coagulation. Duclaux a particulièrement insisté sur la lenteur relative avec laquelle on voit se former, dans le lait sur le point de se cailler, un précipité tout d'abord constitué par des granulations extrêmement fines et qui sous le microscope grossissent en se soudant les unes aux autres pour former le coagulum.

Les molécules de caséine coagulée restent tout d'abord en suspension dans le liquide, parce que « leur adhésion aux molécules du liquide les soustraient aux lois de la pesanteur », mais si, sous l'influence d'un agent comme le chlorure de calcium ou toute autre force coagulante, « l'équilibre entre la pesanteur et les forces moléculaires est troublé, et, soit que l'adhésion entre le solide et le liquide ait diminué, soit, ce qui est plus probable, que la force d'attraction entre les particules du solide ait augmenté, celui-ci se réunit en agrégats, de plus en plus volumineux, qui deviennent visibles à l'œil nu et se précipitent » (Duclaux).

Les travaux sur les forces électrolytiques et leur antagonisme possible avec les forces de cohésion et de tension superficielle, permettent de mieux concevoir la théorie proposée par Duclaux.

Les forces de cohésion et de tension superficielles ont pour effet de réunir les granules, alors que l'électrisation de contact de ces granules devient une cause interne de dislocation.

Suivant que ces forces l'emportent, on peut observer une émulsion, ou une coagulation (force de cohésion).

Appliquant cette conception au lait, on peut admettre que la coagulation du lait est provoquée par l'entrée en jeu d'une force opposée à celle qui change les granules en émulsion.

Jacques Duclaux a établi une comparaison instructive entre la coagulation du lait et la précipitation de l'oxyde de fer colloïdal par l'addition de traces de sels. En se précipitant, l'oxyde de fer absorbe, en les précipitant avec lui, les sels dissous dans l'eau, comme la caséine absorbe les phosphates.

*Théories chimiques. — Action des sels de chaux.* — Hammarsten a montré qu'une solution de caséine, débarrassée de tous sels calciques, par le traitement à l'oxalate de soude, ne se coagule pas en contact avec la présure, même en milieu thermique favorable, 40°. Il suffit d'ajouter des sels de chaux pour provoquer la coagulation.

Et le phénomène peut se manifester encore si le lait décalcifié et en contact avec la présure, puis chauffé à 100° pour tuer les ferments, est recalcifié de nouveau.

La présence simultanée de la présure active et de la chaux n'est donc pas nécessaire pour déterminer la coagulation, il suffit que la présure dans un contact antérieur ait modifié la caséine pour la sensibiliser vis-à-vis des sels de chaux.

La présure du lab aurait pour action de dédoubler la caséine soluble en une protéine soluble et une paracaséine insoluble qui en se précipitant entraîne avec elle les phosphates et autres sels calciques. Arthus et Pages ont soutenu que le coagulum était constitué par un sel calcique de caséine.

Mais cette opinion a contre elle des analyses précises de Duclaux, de Lindet, Amman, etc.

S'il y a dédoublement de la caséine et formation d'une protéine soluble : protéine du sérum d'Hammarsten, albuminose d'Arthus et Pages, le lait caillé doit être plus riche en matières protéiques solubles et plus pauvre en sels calciques.

Duclaux analyse comparativement le sérum du lait filtré sur bougie Chamberland et le petit-lait d'un lait caillé par la présure. Les deux liquides ont la même teneur en protéine soluble et en phosphate de chaux. Lindet et Amman ont même trouvé que le petit-lait était moins riche en protéines solubles que le plasma du lait normal, quand les deux échantillons étaient filtrés également sur bougie.

Une autre objection contre le dédoublement de la caséine a encore été apportée par Lindet et Amman. Une solution de caséine pure dissoute dans l'eau de chaux est exactement saturée par l'acide phosphorique, puis on le traite par la présure et on détermine le pouvoir rotatoire de la matière azotée contenue dans le sérum, — 119° est le chiffre trouvé pour le phosphocaséinate de chaux primitif.

Hammarsten, tout en soutenant la théorie du dédoublement de la caséine, reconnaissant que la quantité d'albumine formée était très petite, admettait que le lab-ferment n'agissait peut-être pas comme les ferments protéolytiques par un processus hydrolytique, mais plutôt par un processus intramoléculaire de transformation de la caséine.

Petry a poursuivi cette étude avec le caséinum d'Hammarsten et l'extrait de lab-ferment de Merck, en utilisant le toluène comme antiseptique. En déterminant la quantité d'azote dans la solution filtrée, il constate que l'albumose augmente en fonction du temps écoulé. La paracaséine n'est pas un corps stable, mais sous l'action du lab elle subit des modifications profondes, ainsi que le montrent les recherches mêmes de Petry. Un mélange de caséine et de lab mis rapidement en contact avec un sel de chaux donne un précipité instantané. Si le temps qui s'écoule entre le présurage et l'addition de chaux augmente, le précipité diminue, pour même devenir nul. Il se formerait, sous l'action du lab, de la paracaséine, de l'albumose, puis des dérivés de la caséine non précipités par le chlorure de calcium et l'ébullition, et, avec le temps, une partie ou la totalité de la paracaséine serait transformée en ces albumines.

Slorolsoff admet également que le lab possède la propriété de transformer, partiellement au moins, la caséine en albumose.

## SUCRE DE LAIT OU LACTOSE.

Sous l'action de l'eau, il est dédoublé en deux molécules : glucose et galactose. Traité par l'acide azotique dilué, il donne, outre certains autres acides organiques, de l'acide mucique. Soumis à une action plus énergique d'acides, il fournit, à côté de l'acide formique et de substances aminées, de l'acide lévulique. Le lactose ne se rencontre que dans le lait : cependant on en a trouvé dans l'urine des femmes en couches, dans le cas d'engorgement laiteux ; après ingestion d'une grande quantité de ce sucre, on l'a vu également passer dans l'urine.**]**

Le sucre de lait se présente généralement sous la forme d'une poudre cristallisée dans le système rhomboïde avec une molécule d'eau de cristallisation, qui disparaît par un chauffage lent à 100°, plus rapidement à 130 ou 140°.

Entre 170° et 180° il forme une masse brune, amorphe, le lactocaramel, $C^6H^{10}O^5$. Il se dissout dans 6 parties d'eau froide et 2,5 d'eau bouillante, mais est insoluble dans l'alcool ou l'éther. Ses solutions sont dextrogyre. ($\alpha$) D = + 52°5. Le sucre de lait se combine avec les bases ; ses combinaisons avec les alcalis sont insolubles dans l'alcool.

Il ne fermente pas sous l'action de la levure de bière : cependant sous l'action de certains schizomycètes la fermentation alcoolique se produit, et, d'après FISCHER, le sucre de lait, par un enzyme contenu dans la levure, la lactase, serait dédoublé en glucose et galactose. C'est sur cette fermentation du sucre de lait qu'est fondée la préparation de boissons alcooliques comme le kumys, du lait de jument ; le képhyr, du lait de vache.

Le lactose donne toutes les réactions du sucre de raisin (réactions de MOORE, de TROMMER, de RUBNER, etc.). Il réduit l'oxyde de mercure en solution alcaline. Par le chauffage avec la phénylhydrazine acétique, il donne en refroidissant un précipité cristallisé de phényllactosazone de formule $C^{24}H^{32}N^4O^9$. Il diffère du sucre de canne par la réaction positive qu'il donne à l'épreuve de MOORE, à l'épreuve du bismuth : de plus, chauffé avec l'acide oxalique anhydre à 100°, il ne noircit pas.

Il se sépare du sucre de raisin et du maltose par un autre degré de solubilité, une autre forme cristalloïde, mais surtout parce qu'il ne fermente pas sous l'action de la levure de bière, et que, traité par $AzO^3H$, il donne de l'acide mucique.

Pour préparer le sucre de lait, on emploie un produit de déchet de la fabrication des fromages, le petit-lait. Par la chaleur on sépare les matières albuminoïdes, et on évapore le filtrat jusqu'à consistance sirupeuse. On fait cristalliser après décoloration sur du noir animal. Par une série de cristallisations successives, on obtient un sucre pur en partant du lactose commercial.

## SUBSTANCES MINÉRALES.

Les quantités de substances minérales contenues dans 1000 parties de lait sont, d'après les analyses de SÖLDNERS :

| | |
|---|---|
| $K^2O$ . . . | 1,72 |
| $Na^2O$ . . | 0,51 |
| CaO . . . | 1,98 |
| MgO . . . | 0,20 |
| $P^2O^3$ . . . | 1,85 |
| Cl . . . . | 0,98 |

BUNGE a trouvé 0.0035 de $Fe^2O^3$.

Une partie de la chaux est fixée à la caséine ; l'autre partie est en combinaison avec l'acide phosphorique à l'état de phosphate tricalcique, qui est solubilisé, ou retenu en suspension, grâce à la caséine.

Dans le sérum du lait les bases l'emportent sur les acides minéraux. Le surplus entre en combinaison avec des acides organiques qui correspondent à une quantité d'acide citrique de 2,5 p. 1000.

Les gaz du lait sont principalement $CO^2$, un peu d'Az et des traces d'O. PFLÜGER a trouvé 10 vol. p. 100 de $CO^2$ et 0,6 vol. p. 100 d'Az à 0° et à 760 mm. de pression.

## LES ÉLÉMENTS MORPHOLOGIQUES DU LAIT.

L'examen microscopique du lait permet de différencier des éléments morphologiques différents, et les auteurs sont loin de s'entendre sur la valeur et la classification de ces divers éléments.

NALLI répartit en cinq groupes ces éléments :

1° Les *lipoglobules*, les globules gras ordinaires dépourvus de protoplasma ;

2° Les *lipocelloïdes*, les globules gras pourvus de protoplasma ;

3° Les *celloïdes*, les masses protoplasmiques indépendantes pourvues ou non de petites gouttelettes de graisse pâles et réfringentes ;

4° Les *plasmoïdes*, agrégats de globules graisseux, de taille variable, réunis par une gangue protoplasmique ;

5° Les *zonoïdes* des lamelles minces à contours irréguliers, plus ou moins chargés de graisse.

D'après NALLI l'examen microscopique du lait permettrait de tirer des conclusions sur sa valeur alimentaire. Les éléments protoplasmiques sont peu nombreux dans le lait normal, et ne sont guère représentés que par quelques lipocelloïdes de moyenne taille. L'abondance des lipocelloïdes, surtout de grande taille, indique déjà un état suspect. Enfin les éléments des trois derniers groupes sont caractéristiques d'un état pathologique.

Les leucocytes existent dans le lait normal, et BRUSSEL et HOFFMANN admettent que le chiffre de 500 000 leucocytes par centimètre cube de lait n'est pas exagéré.

Ils ont étudié les variations de ces éléments suivant :

1° Moments de la traite. Les dernières portions du lait sont trois fois plus riches en leucocytes que les portions initiales et médianes qui diffèrent peu entre elles.

2° Rut, velage, race sans influence.

3° Age, augmentation légère avec l'âge des animaux.

État du pis : toute inflammation, ou même simple induration entraîne presque toujours une augmentation du nombre des leucocytes. Les streptocoques se rencontrent fréquemment dans le lait ; RUSSEL et HOFFMANN ont trouvé dans 50 p. 100 des laits d'animaux sains des streptocoques et ne considèrent pas leur présence peu nombreuse comme susceptible de faire rejeter le lait. Il paraît bien exister une certaine relation entre le nombre des streptocoques et celui des leucocytes.

Dans tout lait renfermant plus de 500 000 leucocytes par centimètre cube les streptocoques existent, alors qu'au-dessous de ce chiffre, ils se rencontrent moins souvent ; mais cependant encore dans la proportion de 30 p. 100.

### ÉTUDE DU LAIT DE VACHE.

**Des modifications quantitatives et qualitatives du lait.** — Modifications qualitatives. — La composition du lait varie avec le moment de la traite.

BOUSSINGAULT a donné les chiffres suivants obtenus avec six prises de lait faites pendant une traite :

| | | | | | | |
|---|---|---|---|---|---|---|
| Poids spécifique | 1,033 | 1,032 | 1,032 | 1,032 | 1,031 | 1,030 |
| Matières grasses | 1,70 | 1,76 | 2,10 | 2,54 | 3,14 | 4,08 |
| Substances solides | 10,47 | 10,75 | 10,85 | 11,23 | 11,63 | 12,67 |

On voit que la proportion des graisses et des substances solides augmente jusqu'à la fin : il y a donc utilité de faire une traite à fond.

L'heure a aussi son influence bien marquée sur la composition du lait. Le lait du matin est plus pauvre en beurre, celui du milieu de la journée donne le chiffre le plus élevé. Voici les analyses correspondant à 25 analyses de lait fourni par sept vaches de race hollandaise soumises à une alimentation normale et traites à fond.

| | Beurre. | Sucre de lait. | Caséine. | Cendres. | Matières fixes. |
|---|---|---|---|---|---|
| Lait du matin | 23,00 | 52,10 | 27,20 | 6,66 | 114,40 |
| Lait de midi | 47,20 | 53,20 | 27,20 | 5,70 | 135,30 |
| Lait du soir | 36,30 | 52,24 | 29,60 | 6,53 | 126,23 |

Mais il existe des variations individuelles qui ne permettent pas de tirer des conclusions fermes : Touchard et Bonnetal observent une vache qui donne à midi 7,26 p. 100 de matières grasses, le soir 4,97; puis, le lendemain, 3,30 le matin et 5,56 à midi.

Les variations du lait sont encore très sensibles selon le trayon.

### Analyses de Lajoux (H. Villiers et Collin).

TRAYON DROIT ANTÉRIEUR.

| POUR 1 LITRE. | EXTRAIT A 95°. | BEURRE. | SUCRE DE LAIT. | MATIÈRES albuminoïdes. | SELS. |
|---|---|---|---|---|---|
| | gr. | gr. | gr. | gr. | gr. |
| Première portion de la traite . | 100,00 | 11,90 | 51,31 | 31,69 | 5,10 |
| Milieu de la traite. . . . . . . | 116,50 | 21,30 | 53,38 | 36,22 | 5,60 |
| Dernières portions . . . . . | 113,10 | 43,10 | 51,31 | 33,69 | 5,30 |
| Moyenne. . . . . | 116,53 | 25,43 | 52,00 | 33,76 | 5,33 |

TRAYON DROIT POSTÉRIEUR.

| POUR 1 LITRE. | EXTRAIT A 95°. | BEURRE. | SUCRE DE LAIT. | MATIÈRES albuminoïdes. | SELS. |
|---|---|---|---|---|---|
| | gr. | gr. | gr. | gr. | gr. |
| Première portion de la traite . | 106,80 | 12,30 | 51,10 | 37,60 | 5,80 |
| Milieu de la traite. . . . . . | 126,10 | 31,70 | 51,78 | 36,52 | 7,10 |
| Dernières portions . . . . . . | 145,00 | 54,20 | 52,47 | 31,43 | 6,80 |
| Moyenne. . . . . | 125,96 | 32,73 | 51,78 | 34,88 | 6,56 |

AU COMMENCEMENT DE LA TRAITE.

| POUR 1 LITRE. | EXTRAIT A 95°. | BEURRE. | SUCRE DE LAIT. | MATIÈRES albuminoïdes. | SELS. |
|---|---|---|---|---|---|
| | gr. | gr. | gr. | gr. | gr. |
| Pis droit antérieur . . . . . . | 102,10 | 16,80 | 42,89 | 35,61 | 6,80 |
| — postérieur. . . . . | 104,80 | 13,10 | 49,05 | 37,05 | 5,60 |
| Pis gauche antérieur . . . . . | 96,40 | 12,80 | 43,34 | 33,66 | 6,60 |
| — postérieur. . . . . | 102,50 | 7,94 | 53,38 | 35,48 | 5,70 |
| Moyenne. . . . . | 101,45 | 12,66 | 47,16 | 35,45 | 6,17 |

**Durée de la lactation.** — Pour être fixé sur le rendement annuel d'une bête, il ne faut pas seulement considérer son rendement quotidien, il faut aussi se renseigner sur la durée de sa période de lactation. Celle-ci est variable et se trouve sous la dépendance de la race et de l'individualité. Telle femelle, après avoir allaité son fruit, donne du lait pendant quatre mois à peine, puis sa sécrétion se tarit brusquement; telle autre ne s'interromprait point d'en donner d'une mise-bas à l'autre, si l'homme ne jugeait à propos de la laisser en repos quelque temps avant un nouveau vêlage. Par exemple les vaches de la Savoie, et particulièrement de la Tarentaise, proportionnellement à leur masse, sont de bonnes laitières; après la parturition, elles donnent une proportion élevée de lait, mais six mois après elles tarissent. Celles de la Normandie ne montrent point cette chute brusque et prolongent leur période de rendement.

Une nouvelle gestation se déclarant peu après l'accouchement abrège la durée de la lactation.

On a remarqué qu'une peau épaisse, avec des poils rudes et un écusson très échancré, sont des indices d'une perte rapide du lait.

En moyenne on attribue une durée de trois cents jours pour la période de lactation de la vache, deux cent quarante pour celle de la chèvre et cent trente pour la brebis. Pendant ce laps de temps, le rendement journalier en lait est loin d'être uniforme, il suit une courbe descendante. Il est au maximum pendant le mois du part, puis il va diminuant jusqu'au moment où la bête tarit ou se sèche, suivant les expressions habituelles. Après son accouchement, alors qu'elle rend le maximum, on la dit fraîche de lait ou fraîche au lait.

Si, en comparant le rendement du début à celui de la fin, on constate une diminution, on ne doit pas conclure que celle-ci est graduelle et comme insensible; elle se fait un peu par à-coups, vraisemblablement sous l'influence de mille causes extérieures qui jouent le rôle de circonstances occasionnelles. Théoriquement, on peut diviser la durée de la lactation d'une vache conservant bien son lait entre les quatre périodes suivantes :

| | | | | | |
|---|---|---|---|---|---|
| 1re période. | 30 jours à | 10 litres par jour | . . . . | 300 litres. |
| 2e — | 95 — | 8 — | . . . . | 760 — |
| 3e — | 95 — | 6 — | . . . . | 570 — |
| 4e — | 80 — | 4 — | . . . . | 320 — |
| | 300 — | | . . . . | 1 950 — |

Au point de vue commercial, il faut déduire de ces 2000 litres environ 300 litres, pris par le veau.

La composition du lait subit des modifications sensibles pendant la durée de la lactation. Vers la fin de la période, le poids de l'extrait sec augmente légèrement, ce qui est dû à l'augmentation de la caséine et de la nature grasse, et aussi un peu à la diminution du lait sécrété.

**Composition du lait après le vêlage. Race de Sommenthal.**

O. Jensen, *Annuaire agricole de la Suisse*, 1905.

| | Densité. | Extrait. | Cendres. | Lactose. | Beurre. | Caséine. |
|---|---|---|---|---|---|---|
| 1 mois après le vêlage. | 1031,8 | 12,44 | 0,69 | 5,05 | 3,70 | 2,98 |
| 2 — — | 1032,6 | 12,64 | 0,71 | 5,18 | 3,60 | 3,04 |
| 3 — — | 1032,3 | 12,48 | 0,70 | 4,99 | 3,50 | 3,01 |
| 4 — — | 1032,1 | 13,02 | 0,69 | 5,01 | 3,97 | 3,35 |
| 5 — — | 1033,0 | 13,65 | 0,70 | 5,16 | 4,25 | 3,39 |
| 6 — — | 1032,9 | 13,72 | 0,73 | 5,13 | 4,47 | 3,63 |
| 7 — — | 1033,5 | 14,37 | 0,73 | 5,02 | 4,89 | 3,84 |
| 8 — — | 1034,2 | 14,03 | 0,74 | 4,82 | 4,70 | 4,08 |
| 9 — — | 1034,1 | 14,50 | 0,74 | 4,94 | 4,62 | 4,14 |
| 19 — — | 1032,5 | 15,84 | 0,79 | 4,39 | 6,10 | 4,45 |
| 26 — — | 1032,9 | 16,09 | 0,80 | 4,80 | 6,40 | 3,71 |
| 29 — — | 1034,1 | 16,46 | 0,84 | 4,38 | 6,46 | 4,41 |

L'influence de l'âge est incontestable sur l'activité de la sécrétion lactée : toutefois les éleveurs ne s'entendent pas sur l'époque réelle où le rendement favorable cesse. Chez les vaches laitières, où les gestations se font régulièrement, on compte non par âge de la bête, mais par nombre de mises bas. C'est ainsi que Fleischmann donne le tableau suivant pris avec des vaches de la race d'Algau.

| Après la mise-bas : | | | Après la mise-bas : | | |
|---|---|---|---|---|---|
| 1re, la quantité annuelle de lait est de 1 530 litres | | | 8e, la quantité annuelle de lait est de 1 880 litres | | |
| 2e — — | 1 790 — | | 9e — — | 1 650 — | |
| 3e — — | 1 970 — | | 10e — — | 1 490 — | |
| 4e — — | 2 140 — | | 11e — — | 950 — | |
| 5e — — | 2 303 — | | 12e — — | 820 — | |
| 6e — — | 2 350 — | | 13e — — | 600 — | |
| 7e — — | 2 120 — | | 14e — — | 480 — | |

Les vaches ne commencent à porter qu'à 2 ans : on peut donc admettre que l'optimum de production est réalisé vers la huitième année pour baisser ensuite, lentement d'abord, puis brusquement vers la dixième année.

La période de la vache laitière serait donc entre 3 et 8 ans, celle de la brebis entre 2 et 6 ans, et celle de la chèvre un peu plus, 12 ans, 7 ou 8 ans.

### Rendement moyen annuel de 30 races bovines, en supposant les conditions biologiques optima pour chacune d'elles.

| Races. | Rendement annuel. | Races. | Rendement annuel. |
|---|---|---|---|
| Hollandaise | 3 400 litres | Auvergnate | 2 000 litres |
| Durham | 3 200 — | Pinzgau | 2 000 — |
| Flamande | 3 100 — | Tarentaise | 1 900 — |
| Holstein et Oldenbourg | 3 000 — | Marzthal | 1 900 — |
| Schwitz | 2 800 — | Bressane | 1 800 — |
| D'Ayr | 2 750 — | Femeline | 1 800 — |
| Cotentine | 2 700 — | Lourdaise | 1 700 — |
| Fribourgeoise | 2 400 — | Bretonne | 1 690 — |
| Montbéliarde | 2 400 — | Jutlandaise | 1 550 — |
| Simmenthal | 2 300 — | Limousine | 1 550 — |
| D'Angeln | 2 200 — | Charolaise | 1 500 — |
| D'Algau | 2 200 — | Gasconne | 1 500 — |
| Jersiaise | 2 185 — | Hongroise | 700 — |
| Norvégienne | 2 000 — | Des Steppes russes | 650 — |

Mais la quantité de lait n'est pas le seul facteur dont il faut tenir compte. Suivant qu'il s'agit de la vente du lait, du beurre ou du fromage, c'est le rendement brut ou en beurre ou en caséine qui devra entrer en ligne de compte. Le laitier recherchera les races hollandaise ou flamande qui donnent du lait en abondance, mais pauvre en beurre. Le fabricant de beurre recherchera les espèces dont le lait est le plus butyreux et qu'on appelle précisément des *beurrières* à cause de cela. Assurément, s'il était possible de tout réunir dans une même race, production maxima en lait et richesse maxima de ce lait en beurre, le choix serait tout indiqué. Il n'en est pas ainsi; dans les races dont le lait est très abondant, celui-ci n'est pas de première richesse en matériaux solides et spécialement en beurre.

En tête des races fournissant un lait butyreux se place celle de Jersey. De récentes observations ont montré que 15 litres de lait provenant de vaches de cette race suffisent à faire un kilogramme de beurre. Viennent ensuite la bretonne avec 20 à 22 litres, l'Angeln et la Hereford avec 28, celles de Schwitz avec 29, d'Algau, du Simmenthal et des Flandres avec 32, de Hollande avec 35 à 38 pour aboutir aux bêtes meusiennes qui ne donnent la même quantité de beurre qu'avec 40 à 41 litres de lait.

La race a aussi une influence sur quelques qualités du beurre, et notamment sur sa couleur. On a reconnu que, de toutes les races, la Jersiaise est celle qui fournit le beurre le plus jaune, et comme, à tort ou à raison, le beurre le plus jaune est le plus estimé commercialement, dans plusieurs régions on s'efforce d'avoir au moins une bête de Jersey dans les étables, afin que, son lait étant mêlé à celui des autres bêtes, le beurre provenant du mélange soit plus jaune qu'il ne l'eût été sans cette addition.

Le beurre étant l'élément du lait qui a la plus grande valeur commerciale, on s'explique qu'on ait fait des recherches pour classer les races d'après leur valeur *beurrière*, s'il est permis de parler ainsi. Le même travail n'a pas été fait avec autant de soin pour la teneur en caséine, et par conséquent la hiérarchisation des vaches en tant que *fromagères* n'est pas établie comme pour les *beurrières*. L'observation a appris que les races et sous-races fribourgeoise, bernoise, montbéliarde et auvergnate donnent un lait qui convient bien pour la fabrication du fromage et qui est, d'ailleurs, très utilisé pour cet objet. D'après les recherches de Marchand, la classification suivante, selon la teneur en matières protéiques, s'imposerait par ordre décroissant : races limousine, normande, comtoise, tarentaise, salers, Durham, mézenc, de Kerry, parthenaise, fribourgeoise, Schwitz, des polders, d'Ayr, d'Aubrac, flamande, hollandaise, suédoise.

**Chaleurs.** — La quantité de lait fournie par une femelle en chaleur diminue, parce qu'elle s'agite, se déplace et mange moins que d'habitude ; quant aux variations des élé-ments, elles sont très diverses d'un animal à l'autre.

Plusieurs personnes adonnées à l'industrie laitière affirment qu'à ce moment le lait est modifié aussi dans sa composition, qu'il a une odeur spéciale et qu'il s'altère plus facilement que le lait normal. Il a été avancé qu'une partie de la caséine est remplacée par une matière albuminoïde particulière. Mais des analyses précises sont indispensables pour pouvoir se prononcer en connaissance de cause sur ces modifications, qui sont plutôt soupçonnées que démontrées.

**Castration.** — La castration d'une femelle laitière fait diminuer brusquement la proportion de lactose de plus d'un cinquième, mais, peu à peu, elle remonte, et, trois à quatre mois après l'opération, elle est revenue à son taux initial (MARCHAND).

L'influence de la castration sur la prolongation de la sécrétion lactée a été discutée. D'après NICOLAS elle serait nulle. Il prit deux lots de 7 vaches, les unes indemnes, les autres castrées ; la moyenne du lait fourni par les bêtes des deux groupes pendant les dix mois suivants fut de 9$^{\text{lit}}$,4 pour les normales, de 9$^{\text{lit}}$,1 pour les castrées.

### Influence de la castration (DIEULAFOY).

|  | Extrait. | Cendres. | Lactose. | Beurre. | Caséine. |
|---|---|---|---|---|---|
| Avant la castration . . . . . | 12,35 | 0,75 | 4,17 | 3,13 | 4,30 |
| Après la castration . . . . . | 13,07 | 0,74 | 4,49 | 4,05 | 3,79 |

### Période des chaleurs (R. MONTBÉLIARDES-ROLLET).

|  | Densité. | Extrait. | Cendres. | Lactose. | Beurre. | Caséine. |
|---|---|---|---|---|---|---|
| 16 octobre . . . . . | 1032,7 | 12,97 | 0,74 | 5,30 | 3,40 | 3,53 |
| 25 — . . . . . | 1030,2 | 12,90 | 0,79 | 4,26 | 4,54 | 3,31 |
| 26 — (chaleurs). | 1032,2 | 10,30 | 0,81 | 4,29 | 1,86 | 3,34 |
| 28 — . . . . . | 1032,9 | 12,07 | 0,84 | 4,77 | 2,91 | 3,55 |
| 29 — . . . . . | 1029,1 | 16,58 | 0,78 | 4,41 | 7,41 | 3,98 |

*Influence du travail.* — Dans certaines régions, les vaches laitières sont encore utilisées comme bêtes de somme, la production du lait est sensiblement diminuée. Une vache fournissant 5 heures de travail par jour donnera 15 p. 100 de moins de lait (DORNIC), 8 p. 100 (MORGEN et SILECH), mais c'est principalement sur l'eau que porte la diminution.

### Analyses de VOLPE.

|  | Densité. | Extrait. | Cendres. | Lactose. | Beurre. | Caséine. |
|---|---|---|---|---|---|---|
| Après le travail . . . . . . . | » | 11,33 | 0,15 (?) | 4,04 | 3,83 | 3,45 |
| Après une nuit de repos . . . | » | 13,41 | 0,15 | 4,55 | 4,95 | 3,90 |

### Analyses de MORGEN.

|  |  |  |  |  |  |  |
|---|---|---|---|---|---|---|
| Repos . . . . . . . . . . . | » | 13,2 | 0,73 | 4,92 | 3,77 | 3,39 |
| Travail . . . . . . . . . . | » | 13,48 | 0,75 | 5,00 | 4,09 | 3,54 |

### Analyses de GAUTRELET.

|  |  |  |  |  |  |  |
|---|---|---|---|---|---|---|
| Avant le travail . . . . . . . | » | 12,52 | 0,75 | 4,82 | 4,02 | 2,91 |
| Après le travail . . . . . . . | » | 11,75 | 0,76 | 4,44 | 3,80 | 2,79 |

Le lait de vache au travail est plus acide que celui de la même bête au repos, il se coagulerait plus facilement.

**D. Gestation.** — Pendant la gestation, la composition du lait se modifie. Il est acquis que l'acide phosphorique et le beurre diminuent, tandis que le taux de la caséine s'élève. Il y aurait diminution du sucre de lait quand la laitière est bien nourrie et reste en bon état, tandis que la proportion resterait stationnaire si la bête s'amaigrissait. La diminution de l'acide phosphorique trouve vraisemblablement sa cause dans la soustraction d'une partie des phosphates qui sont dirigés sur le fœtus pour aider à la construction de son squelette. Celle du beurre et du lactose est moins facile à interpréter.

Les mamelles sont des organes malléables, qu'on peut modifier dans leur forme, leurs dimensions et leur fonctionnement.

La comparaison du volume de la mamelle et des rendements en lait des femelles domestiques avec leurs congénères vivant à l'état sauvage ou possédées par des populations peu avancées en civilisation et qui les exploitent mal, est convaincante. Les vaches africaines, asiatiques et celles des savanes américaines, qui ne sont ou sont mal exercées en vue de la production du lait, ont les mamelles peu développées, elles ne donnent de lait que ce qui est nécessaire pour nourrir leur veau, puis le lait tarit.

L'espèce ovine offre des exemples peut-être plus probants. Partout où la brebis n'a point été exploitée par l'homme pour la fonction laitière, elle ne fournit du lait que pour nourrir son ou ses agneaux, et rien de plus. Mais, quand l'homme a soumis la mamelle à une gymnastique appropriée, l'organe s'est transformé en un appareil capable de donner 200 litres de lait, et au delà, dans une année.

Il n'y a pas à douter que ce ne soit la traite méthodique et suivie qui a amené la jument kirghise à être une laitière exploitée en Asie à la façon de la vache et de la chèvre en Europe.

Non seulement les manœuvres méthodiques exécutées sur le pis l'ont amplifié et lui ont communiqué une suractivité remarquable, mais il y a eu multiplication des portions de glandes désignées sous le nom de *quartiers* avec développement de trayons correspondants. Il a été démontré expérimentalement que la glande mammaire, composée essentiellement de cellules épithéliales, peut se régénérer si quelques acini restent en place.

Puisque la régénération a lieu, rien d'impossible qu'une gymnastique convenable et suffisamment prolongée appliquée à l'organe sain puisse en faire proliférer les cellules. Il nous paraît même que l'évolution de la mamelle des femelles domestiques n'est pas arrêtée. Sur des races bovines très laitières, on remarque fréquemment des trayons supplémentaires donnant du lait. Ces trayons, au nombre de deux et parfois de quatre, sont placés en arrière des quatre principaux; l'amplification du pis de la vache a lieu d'avant en arrière. Dans les races ovines non utilisées pour la production laitière, les brebis n'ont que deux quartiers avec deux trayons, et ce nombre s'accroît dans les races laitières où on rencontre souvent quatre tétines.

**Influence de l'alimentation.** — Peu de questions ont donné lieu à d'aussi nombreux travaux : néanmoins les recherches méthodiques, rigoureusement scientifiques, sont plutôt rares.

L'alimentation normale de la vache laitière est celle de l'herbage, et c'est pendant son séjour au vert qu'elle donne son rendement supérieur. Si on a pu noter une diminution sensible du lait pendant les premiers jours qui suivent la mise à l'herbage, cette diminution doit être attribuée au changement de vie à la sortie de l'étable et surtout à l'agitation du début.

La nature même du sol influe sur la production du lait, et VINCEY a pu montrer une augmentation de 20 p. 100 de lait pour des vaches nourries dans les mêmes prairies, mais après irrigation intensive.

En restant dans les mêmes conditions de stabulation, on peut déterminer l'influence des régimes différents.

O. JANSEN a ainsi étudié des lots de trois à six animaux soumis pendant cinq à six semaines au régime sec, au régime vert, puis de nouveau au régime sec. Les tableaux suivants, empruntés à O. JANSEN, et à BRUNEL et GOUSSIER qui ont fait des recherches du même genre, marquent le peu d'influence exercée par ces variations de régime.

*Influence de l'alimentation.*

*Race du Simmenthal (Analyses de O. JANSEN).*

| | Densité. | Extrait. | Cendres. | Lactose. | Matière grasse. | Caséine. |
|---|---|---|---|---|---|---|
| Régime sec . . . . . . | 1031,8 | 12,56 | 0,71 | 5,09 | 3,60 | 2,95 |
| | 1032,9 | 12,47 | 0,71 | 5,24 | 3,70 | 2,98 |
| Régime vert . . . . . . | 1032,7 | 12,66 | 0,72 | 5,29 | 3,50 | 3,04 |
| | 1034,1 | 14,26 | 0,73 | 5,10 | 4,67 | 3,89 |
| Régime sec . . . . . . | 1034,6 | 14,54 | 0,73 | 4,95 | 4,90 | 4,00 |
| | 1034,5 | 14,57 | 0,73 | 4,86 | 5,00 | 4,05 |

*Analyses de* BRUNEL *et* GOUSSIER.

| | | | | | | |
|---|---|---|---|---|---|---|
| Regain. . . . . . . . . . . . | 1031,5 | » | 0,65 | 4,80 | 3,60 | 3,60 |
| Ensilage et foin, . . . . . . . | 1030,0 | » | 0,58 | 5,00 | 3,10 | 2,90 |
| Foin, betteraves, tourteau. . . . | 1032,0 | » | 0,70 | 5,10 | 3,20 | 3,10 |
| Regain, foin, betteraves, tourteau. | 1031,5 | » | 0,60 | 5,00 | 3,80 | 3,40 |

**Rôle des graisses.** — La valeur marchande du lait oscillant avec la teneur en beurre, les tentatives ponr enrichir naturellement le lait en matières grasses ont été des plus nombreuses. Quand on ignorait le pouvoir de l'organisme de faire des graisses avec des hydrates de carbone ou des protéides, on recherchait surtout l'adjonction des substances grasses. BOUSSINGAULT, dès 1843, avait cru retrouver, dans la teneur en graisse du lait, la totalité de la graisse contenue dans le foin de la ration, et il s'attacha à démontrer le rapport constant entre l'activité butyreuse et la teneur en graisse des fourrages.

L'addition des tourteaux commerciaux de coprah, de lin, de colza, d'œillette ont donné des résultats très discordants suivant les conditions expérimentales.

HENRIGUES et HANSER, ALBRECHT, KELLNER, WING, MALPEAUX et DOREZ ont obtenu des résultats très divers : souvent la teneur en graisse a été augmentée, mais, la quantité de lait ayant baissé, la production journalière était en réalité diminuée.

Le tableau suivant résume les résultats de MALPEAUX et DOREZ.

| Feuilles de betterave. | | | Racines et tourteaux. | | |
|---|---|---|---|---|---|
| Lait sécrété en 24 heures. | Matières grasses. | | Lait sécrété en 24 heures. | Matières grasses. | |
| litres. | par litre. | par 24 h. en gr. | | par litre. | par 24 heures. |
| 9 | 36,6 | 330 | 8 | 39,8 | 318 |
| 9,60 | 34,6 | 332 | 8 | 37,8 | 325 |

Les tourteaux donnent une crème difficile à baratter, et il ne faut pas dépasser 1 k. 500 de tourteaux dans la ration quotidienne.

Il faut cependant citer les expériences favorables de HOHENHEIM qui a vu les tourteaux de sésame et d'arachide augmenter la teneur en matières grasses.

**Rôle des hydrates de carbone et des substances azotées.** — Peu de documents sur cette influence. JORDNAN-JEUTNER et EULLER ont donné à une vache pendant des périodes nécessaires une ration de foin additionnée soit de farine de riz, soit de résidu d'amidonnerie (gluten de maïs). Ici encore on note une courbe inverse entre le pourcentage du beurre et sa production totale; mais on ne peut guère tirer une conclusion quelconque. Les recherches de STOHMANN, exécutées sur deux chèvres dont on faisait varier l'alimentation, ne sont pas plus démonstratives; nous n'avons pu d'ailleurs trouver les quantités totales de beurre fournies.

| | Matière grasse p. 100. | | Albumine p. 100. | | Lactose p. 100. | |
|---|---|---|---|---|---|---|
| | I. | II. | I. | II. | I. | II. |
| Foin seul . . . . . . . . | 3,29 | 2,72 | 2,08 | 2,35 | 3,98 | 3,97 |
| Foin et amidon . . . . . | 3,29 | 2,31 | 2,19 | 2,78 | 4,16 | 4,14 |
| Foin et graisse . . . . . | 3,29 | 2,78 | 2,29 | 2,77 | 3,75 | 3,67 |
| Foin et sucre . . . . . . | 3,45 | 2,17 | 2,45 | 3,04 | 3,40 | 4,04 |

Les documents sont encore moins nombreux et moins précis en ce qui concerne le rôle des matières azotées. On admettait, jusqu'à ces dernières années, que la quantité de lait et sa matière sèche étaient d'autant plus fortes que la ration était plus riche en matières protéiques. Les expériences danoises, entreprises sous le contrôle du laboratoire d'expériences agronomiques de l'École agricole et vétérinaire de Copenhague ont démontré qu'il est possible, pendant plusieurs mois, de distribuer aux vaches laitières des rations moins azotées qu'on ne le pensait généralement, et cela sans dommage pour la sécrétion lactée.

HOERER, tout en confirmant ces résultats, montre qu'un régime pauvre en matières azotées ne peut être institué pendant plusieurs années consécutives sans qu'on observe un dépérissement des animaux ; il suffit d'augmenter la richesse de la ration en protéine pour faire disparaître les troubles.

En ce qui concerne la nature des matières azotées de la ration, les recherches danoises ont montré que la vache laitière recevant une alimentation abondante, mais peu azotée, peut utiliser tout l'azote albuminoïde de la ration à édifier les matières azotées du lait, en admettant toutefois que l'azote amidé de cette ration suffise à son entetien.

**Influence des boissons et des aliments aqueux.** — L'influence des boissons n'a pas été étudiée avec une précision suffisante. GAUTRELET donne deux analyses de lait obtenu, l'un avant l'autre, après l'absorption d'un seau d'eau.

|  | Extrait. | Cendres. | Lactose. | Beurre. | Caséine. |
|---|---|---|---|---|---|
| Avant . . . . . . . . . | 13,5 | 1,11 | 5,94 | 3,75 | 2,85 |
| Après un seau d'eau. . . . | 10,3 | 0,65 | 4,62 | 2,74 | 2,31 |

CORNEVIN signale l'influence de l'eau chaude, provoquant une augmentation de 1 k. 500 par jour, mais il ne donne pas d'analyse.

L'action des aliments riches en eau, pulpes, drêches, a été beaucoup plus approfondie, et trop souvent les nourrisseurs ont cherché ainsi à mouiller le lait avant la traite.

L'effet incontestable d'une nourriture aqueuse paraît dû à une augmentation de la digestibilité des aliments divers.

Les résidus des brasseries et distilleries n'apportent pas de modifications au lait des vaches nourries au préalable avec des fourrages verts, par suite déjà riches en eau.

*Expériences de l'Institut de Proskau, sur des vaches hollandaises.*

|  | Densité. | Extrait. | Cendres. | Lactose. | Matière grasse. | Caséine. |
|---|---|---|---|---|---|---|
| Nourries au vert. . . . . . . . . | » | 11,59 | » | » | 3,23 | » |
| Nourries aux drêches de distillerie. | » | 11,56 | » | » | 3,14 | » |

*Expériences de A. LIMBACH.*

Ration contenant :

|  |  |  |  |  |
|---|---|---|---|---|
| 39 lit. de vinasses . . . . . | 12,25 lit. de lait, contenant 3,16 de matière grasse. |
| 45 — . . . . . | 12,97 — | — | 3,12 | — |
| 71,5 — . . . . . | 13,23 — | — | 3,42 | — |

MALPEAUX a obtenu des résultats semblables :

*Expériences de MALPEAUX.*

|  | Quantité journalière de lait. lit. | Matière grasse. p. 100. | Extrait sec. p. 100. | Lactose. p. 100. |
|---|---|---|---|---|
| Vache nº 1. |  |  |  |  |
| Betteraves. . . . . . | 17,6 | 3,47 | 12,17 | 5,07 |
| Pulpes . . . . . . . | 17,8 | 3,37 | 12,08 | 4,83 |
| Vache nº 5. |  |  |  |  |
| Betteraves. . . . . . | 11,3 | 3,46 | 12,62 | 5,40 |
| Pulpes . . . . . . . | 9,8 | 3,69 | 13,18 | 5,03 |

LAJOUX a obtenu les résultats suivants avec le lait de vaches nourries avec des pulpes. des drêches, des tourteaux et de la paille :

Par litre.

|  | Densité. | Extrait à 95º | Matière grasse. | Lactose anhydre. | Cendres. | Δ |
|---|---|---|---|---|---|---|
| 1 vache hollandaise. . . | 1,0303 | 119,1 | 32,1 | 49,38 | 7,50 | — 0,55 |
| 1 vache hollandaise. . . | 1,0303 | 109,6 | 25,0 | 48,78 | 7,90 | — 0,55 |
| Lait de 20 vaches. . . . | 1,0318 | 124,6 | 33,7 | 48,65 | 7,70 | — 0,55 |
| Lait de 20 vaches. . . . | 1,0268 | 130,5 | 48,6 | 42,46 | 7,60 | — 0,56 |

Les pulpes et les drêches, toujours distribuées avec d'autres aliments (foin, etc.), ne modifient pas sensiblement la composition *grossière* du lait, pas plus qu'elles n'élèvent d'une façon notable son degré d'acidité.

Cependant, lorsque l'ensilage a été mal fait ou a duré longtemps, le lait a quelquefois une saveur spéciale, désagréable (NICOLAS), et subit facilement la fermentation acide. Il ne faut pas oublier que la mamelle est un émonctoire important et que plusieurs substances passent à travers la glande mammaire sans être modifiées. C'est grâce à cette propriété que certains aliments produisent des beurres plus parfumés que d'autres.

Le lait produit par des vaches alimentées avec des pulpes avariées contient des principes encore inconnus, que l'analyse chimique ne décèle pas, provoquant des troubles digestifs chez les enfants qui le consomment (MARFAN).

**Rôle des sels.** — Il est presque impossible de modifier la teneur du lait en substances minérales; les tentatives ont surtout porté sur les phosphates. Les analyses de DUCLAUX ont montré que les laits vendus comme laits phosphatés par alimentation spéciale de la vache n'avaient pas leur richesse modifiée.

| | Lait ordinaire. moyenne. | Lait phosphaté. moyenne. |
|---|---|---|
| Phosphate de chaux. . . . . . . | 3,30 | 3,40 |
| Acide phosphorique en excès. . | 0,62 | 0,65 |
| Autres sels . . . . . . . . . . | 3,60 | 3,34 |
| Total. . . . . . . | 7,50 | 7,55 |

SCHULTE a étudié l'influence de l'addition à la ration de fer, de chaux, de phosphore, c'est à peine s'il a pu obtenir une très légère augmentation de ces corps dans le lait : les analyses minutieuses de VAUDIN démontrent également la fixité remarquable de la composition des cendres. Les écarts entre les régimes les plus divers ne dépassent pas 50 centigrammes, sur 8 grammes environ de cendres.

**Des galactagogues.** — On appelle *galactagogues* ou bien *galactogènes*, comme l'indique l'étymologie de ces noms, des agents auxquels on attribue le pouvoir de provoquer, rappeler ou augmenter la sécrétion lactée. Divers auteurs appellent ces mêmes moyens *galactopoiétiques*, ou encore *lactigènes, lactifères*.

Les moyens galactagogues sont soit des actions mécaniques, soit des substances. Mais, pour qu'une action ou une substance mérite vraiment le nom de galactagogue, il ne suffit pas qu'elle ait le pouvoir d'augmenter la sécrétion lactée. Il faut encore qu'elle ne nuise pas à la qualité du lait sécrété. Or, comme l'a fort justement remarqué FONSSAGRIVES, « l'abondance du lait et sa richesse nutritive sont deux faits qui, loin d'être corrélatifs, sont, au contraire, souvent antagonistes. Les galactogènes réels sont donc des moyens qui exagèrent la sécrétion lactée sans augmenter en rien la richesse du lait ».

Tour à tour vantés dans l'antiquité et au moyen âge, puis presque niés à notre époque, par un de ces changements subits de préférence dont la science médicale a donné plus d'un exemple, les galactogènes méritent cependant d'être étudiés.

L'action des galactogènes et des agalactiques sur la glande mammaire est encore mal élucidée. Pour ROHRIG, tous les médicaments qui élèvent la tension artérielle augmentent la sécrétion lactée, et ceux qui abaissent la première diminuent la seconde. C'est ainsi que la digitaline, la caféine auraient une action galactagogue; sous l'influence de la strychnine, la sécrétion deviendrait quinze ou seize fois plus abondante, puis retomberait au-dessous de la normale; il y aurait donc là une action directe sur les nerfs sécréteurs de la glande mammaire.

D'après d'autres auteurs, les glandes lactées étant des glandes cutanées, les substances diaphorétiques seraient galactogènes. C'est ainsi que A. ROBIN, dans ses recherches sur le jaborandi, a avancé que le jaborandi et son alcaloïde la pilocarpine ont une action stimulante sur la fonction mammaire; mais cette action est niée par STUMPF, Ch. CORNEVIN, HAMMERBACHER et MARMÉ.

Pour DOLAN, HAMMERBACHER et NEUMANN, la belladone et l'atropine diminuent beaucoup la quantité du lait, qui devient alors plus riche en principes solides.

Les moyens et les médicaments galactagogues peuvent se résumer dans le tableau suivant (Griniewitch) :

| GALACTAGOGUES. | | | |
|---|---|---|---|
| 1. *Traitement externe* | Succion et trayage. Massage. Électrisation. Applications locales. | | |
| 2. *Traitement interne* | A) Substances alimentaires. | *a)* Nourriture. *b)* Boisson. | |
| | B) Subst. médicamenteuses. | *a)* Végétales. *b)* Minérales. | |

*Succion et trayage.* — La *succion*, c'est-à-dire l'action de tirer le lait hors de la mamelle en le pompant avec les lèvres appliquées sur le mamelon, constitue l'un des moyens galactogènes les moins contestés et certainement le moins artificiel de tous.

« L'excitant le plus puissant de la mamelle, écrivent Tarnier et Chantreuil, est la succion prolongée du mamelon. On a même observé des cas où cette succion a suffi à faire naître une sécrétion abondante de lait chez des femmes qui n'avaient pas eu d'enfants depuis plusieurs années, même chez des jeunes filles.

Bouchut rapporte qu'une jeune chèvre, qui n'avait jamais été couverte, fut tétée par un agneau, et qu'au bout de quelques jours elle avait assez de lait pour qu'on pût la traire. Legroux a vu une jeune chienne, entendant crier un petit chien, s'arrêter et lui livrer ses mamelles; elle finit par avoir du lait et le nourrir. Belloc rapporte qu'une servante, ayant la garde d'un enfant nouvellement sevré, lui donna le sein pour l'empêcher de crier et ne tarda pas à avoir du lait.

Ajoutons que le *trayage*, ou action d'exercer les tractions sur les mamelles, peut être rangé avec la succion. Entre l'un et l'autre, il n'y a qu'une différence légère de mécanisme : d'une part, ce sont les lèvres qui pompent le lait, d'autre part ce sont les doigts qui l'expriment et le font jaillir.

L'excitation des glandes mammaires par le massage des mamelles est un moyen galactogène qui semble avoir été longtemps négligé. C'est surtout en Russie que le massage a été pratiqué. Mensing, Schultz citent des cas où la sécrétion lactée ne s'est établie qu'après le massage.

L'électrisation des mamelles a donné des résultats variables depuis la communication de Aubert (1856).

*Applications locales.* — Quant aux applications locales, elles ont été préconisées par Mac William et Bouchut qui attribuent à l'application de cataplasmes de mercuriale et de pimprenelle sur les mamelles une réelle efficacité (?).

*Substances médicamenteuses.* — Presque toutes les substances dites galactogènes appartiennent au règne végétal et il est impossible de citer le nom de toutes les plantes proposées. Griniewitch en cite 45 et en oublie certainement beaucoup. Parmi celles qui ont paru donner quelques résultats, il faut citer :

*Galega officinalis* (légumineuse), proposée en 1873 par Gillet Damitte, a, entre les mains de Carron de la Carrière, donné d'excellents résultats. Les recherches de Griniewitch, tant sur les femmes que sur la vache, montrent un effet galactogène réel : augmentation sensible de la quantité du lait produit, avec maintien de la teneur en beurre; augmentation de poids des nourrissons.

*Urtica urens* a donné des résultats du même ordre.

Le jaborandi, signalé par Rœhvig comme galactagogue, n'exercerait aucune action utile d'après Cornevin.

La somatose provoque une abondante sécrétion lactée (Drews, Renon), mais elle pourrait amener une glycosurie passagère.

## LES FERMENTS DU LAIT.

La question des ferments existant dans le lait au moment de sa production présente un double intérêt théorique et pratique.

Si le lait est, suivant l'expression d'un certain nombre de médecins, un liquide vivant grâce à ses ferments et qui par la stérilisation est transformé en un liquide inerte et mort, on conçoit les différences de modalités que le lait cru ou le lait stérilisé doivent présenter comme aliment.

Les ferments du lait peuvent être rangés, avec DUCLAUX, en cinq classes :

1° Les ferments hydrolysants;
2° Les ferments oxydants;
3° Les ferments coagulants;
4° Les ferments protéolytiques;
5° Les ferments mal déterminés.

**Amylase.** — L'amylase est le premier en date. BÉCHAMP, en 1883, le signalait dans le lait et donnait ses propriétés; il n'existait que dans le lait de femme et exerçait sur l'amidon une action saccharifiante aussi active que celle de la salive parotidienne.

BOUCHUT répéta l'expérience de BÉCHAMP et en conclut qu'il y a entre le lait de femme et des animaux des différences que rien ne saurait supprimer.

MORO, en 1898, LUZZATI et BIOLCHINI, en 1901, sont arrivés aux mêmes résultats.

D'après SPOLVERINI, l'amylase existerait aussi dans le lait de chienne, et plus rarement, mais quelquefois aussi dans le lait d'ânesse. Là elle serait peu active.

Elle fait toujours défaut dans le lait de vache et de chèvre. Le mode d'alimentation aurait une grande influence sur sa production. Le lait d'une chèvre alimentée avec de l'orge en germination contenait après quelques jours manifestement de l'amylase; il contenait, en outre, un ferment dédoublant le salol.

TRIBOULET et BARBELLION, en injectant 10 centimètres cubes de lait de femme dans le péritoine de la chèvre, ont noté l'apparition de l'amylase et d'un ferment dédoublant le salol.

**Lipase.** — En 1900, MARFAN et CH. GILLET montrèrent les premiers que le lait frais décomposait la monobutyrine en acide butyrique et glycérine; cette même réaction n'existait pas dans le lait cuit. D'où la conclusion que le lait contient un ferment capable de dédoubler les graisses neutres en acide gras et glycérine, et que c'est, par suite, une lipase.

Cette diastase, beaucoup moins active dans le lait de vache que dans le lait de femme, est sans action sur toutes les autres graisses. Après MARFAN, LUZZATI, BIOLCHINI et SPOLVERINI conclurent, à la suite de leurs recherches, à la présence de la monobutyrinase dans les laits de femme, de vache, de chienne, d'ânesse et de chèvre.

D'après SPOLVERINI, l'action du ferment sur la graisse du lait elle-même pourrait commencer dans la mamelle avant la traite.

Pour répondre à l'objection de DOYON et MOREL émettant l'hypothèse qu'on pouvait attribuer aux microbes la décomposition de la monobutyrine, MARFAN recueillit du lait, en s'entourant de toutes les précautions et de l'asepsie la plus rigoureuse. En faisant agir divers échantillons de ce lait sur la monobutyrine, il constata que celui qui est complètement dépourvu de microbes agit aussi activement que les autres. Cette preuve suffit à démontrer dans le lait l'existence d'une substance dédoublant la monobutyrine et se comportant comme un ferment.

**Salolase.** — En 1901, NOBÉCOURT et MERKLEN signalent le dédoublement du salol en phénol et acide salicylique sous l'influence des laits de femme, de chienne, d'ânesse, alors que les laits de vache et chèvre sont inactifs.

Une température de 100°, pendant une demi-heure, supprime ce pouvoir.

Ce ferment n'est pas spécifique du lait, on le trouve dans le sérum sanguin de l'homme, et il faut ajouter que, d'après HANRIOT, il s'agirait simplement de la lipase qui exerce son action sur tous les éthers.

**Oxydase.** — En 1881 ARNOLD signala l'action du lait sur la teinture de gaïac, mais il attribua le bleuissement à la présence de l'ozone dans le lait frais.

KOWALEWSKI, 1890, CARCANO, 1896, retrouvent cette réaction, mais c'est DUPOUY (1897) qui émet le premier l'idée de l'existence d'un ferment oxydant dans le lait.

Ce sont surtout MARFAN et CH. GILLET qui donnent à cette question une importance clinique réelle.

Si à un mélange de teinture de résine de gaïac fraîchement préparée on ajoute deux ou trois gouttes d'eau oxygénée, la teinture de gaïac prend une teinte bleue ou bleu-verdâtre qui résulte d'une oxydation.

La substance du lait de vache cru, qui oxyde l'eau gaïacolée et la rougit en présence de l'eau oxygénée, a tous les caractères des ferments solubles. Elle est en effet détruite à une température de 78° à 79°. Le lait chauffé à cette température ne donne plus de réaction, et on peut ainsi distinguer le lait de vache cru du lait de vache cuit. De plus, la substance oxydante du lait de vache ne dialyse pas. Enfin, la plupart des antiseptiques l'affaiblissent sans la détruire.

Il existe donc dans le lait de vache une diastase capable de provoquer une oxydation non en présence de l'air, mais seulement en présence de l'eau oxygénée; c'est un ferment oxydant indirect ou une anaéroxydase.

Après avoir expérimenté sur le lait de femme, Marfan et Gillet confirmèrent les faits déjà signalés par Raudnitz: que si dans le lait de vache cru la réaction est constante, elle est dans le lait de femme très légère ou même absente, au moins dans le lait vrai; car on la trouve constamment avec le colostrum.

**Lactase.** — De même qu'il existe dans le sang un ferment glycolytique, il existerait également dans le lait un ferment destructeur du lactose; alors que Spolverini, qui le découvrit, le croit identique au ferment du sang, Nobécourt et Merklen en font un ferment lactolytique différent.

La présence d'un ferment coagulant dans le lait a été signalée par Schlossmann, Moro, Hamburger (1902). Le lait de femme, non celui de vache ou de chèvre, aurait la propriété de faire prendre en masse gélatineuse le liquide de l'hydrocèle : l'ébullition serait insuffisante pour supprimer complètement cette propriété.

Par contre, Camus a observé une action anticoagulante. En injectant 5 cc. de lait de vache frais dans la saphène d'un chien, on rend le sang incoagulable, ou tout au moins peu coagulable. Ici encore l'ébullition et même le chauffage à 115° ne font pas perdre au lait ses propriétés anticoagulables.

Il y a donc lieu de se demander si cette action positive ou négative des laits sur les liquides coagulables est réellement due à la présence d'un ferment.

**Agglutination.** — Bordet, pratiquant des injections intrapéritonéales de lait de vache, vit que le sérum de ces animaux acquérait la propriété de coaguler le lait de vache : les expériences ultérieures (Uhlenluth, Wassermann, Schutz et Moro) montrèrent la spécialité de cette réaction : l'injection de lait de vache ne provoque la réaction agglutinante que pour le lait de vache, et réciproquement.

La stérilisation fait-elle perdre au lait cette faculté spécifique : Schulze l'affirme, Moro le nie.

**Protéase.** — S.-M. Babcok et H.-L. Russel démontrèrent l'existence soupçonnée par Dastre de ferments protéolytiques dans le lait. On observe pendant quelques jours un lait recueilli aseptiquement et conservé à l'abri des microbes, et l'analyse montre qu'une bonne partie de la caséine a été transformée en protéides solubles (albumine, albumose, peptones). Cette transformation tendrait à prouver que le lait renferme divers enzymes protéolytiques, dont les uns se rapprocheraient de la trypsine pancréatique et les autres de la pepsine. Une température voisine de 100° empêcherait la réaction de se produire. Vandevelde considère ce ferment comme une kinase, qui activerait l'action des sucs digestifs sur le lait cru.

Ces observations ont été confirmées par Neumann, Wender, Spolverini, alors que Salkowski n'a pas obtenu les mêmes résultats : il a pu conserver du lait pendant treize ans sans altération de la caséine. Austin n'a pu trouver également la preuve d'une protéolyse dans le lait de femme.

**Catalase.** — La décomposition de l'eau oxygénée par le lait a été étudiée d'abord par Babcok, puis par Raudnitz, Carrière et plus tard par un grand nombre d'expérimentateurs. La quantité de catalase contenue dans le lait est toujours très faible, et peut être évaluée en général à 2 000 à 50 000 fois moins que celle contenue dans le sang de l'animal correspondant.

Ainsi 50 cc. de lait de vache produisent en l'espace de 18 minutes environ 2 à 3 cc. d'O, alors que 50 cc. de sang de vache, dans les mêmes conditions, en produisent 175 000 cc.

Le lait de femme a un pouvoir catalytique 4 à 5 fois plus puissant que le lait de vache (Joller), ce qui s'explique par ce fait que le lait humain est plus riche en catalase que le lait de vache.

D'après VAN ITALLIE, la catalase du lait de femme se distingue par une plus grande stabilité à la chaleur que la catalase du lait des autres animaux. La catalase du lait de femme n'est pas détruite par une température de 60° maintenue pendant une demi-heure. Il serait intéressant de savoir si elle est sécrétée (*sezerniert*) telle quelle par les cellules de la glande, ou bien si elle est liée aux éléments cellulaires (leucocytes) du lait. La présence de catalase dans le lait pur a été attribuée aux microbes existant dans le lait (CHICK, SELIGMANN).

JENSEN a étudié le pouvoir catalytique des microbes variés qui se rencontrent dans le lait. Il a trouvé que les différentes sortes de bactéries qui composent la flore ordinaire du lait sont les plus riches en catalase, et il pense que la plus grande quantité de ferment est d'origine bactérienne, au moins lorsqu'il s'agit de lait infecté.

BABCOCK avait fait la remarque que le pouvoir catalytique du lait disparaît après quelques jours. C'est, comme l'explique JENSEN, par suite de l'augmentation de l'acide du lait effectuée par les microbes.

Dans le lait stérile, la plus grande partie de la catalase est vraisemblablement liée aux éléments cellulaires venus de la glande et passés dans le lait, notamment aux leucocytes.

BABEVEK avait justement remarqué que le culot obtenu par centrifugation du lait qui se compose principalement de leucocytes, décompose énergiquement $H^2O^2$, et que le colostrum, qui est très riche en leucocytes, possède un pouvoir catalytique 10 à 15 fois plus grand que le lait ordinaire.

JENSEN a cherché à déterminer le contenu en catalase de diverses portions de lait obtenues par traites fractionnées. C'est un fait connu que le lait à la fin de la traite contient plus de graisse et de leucocytes, et il semble maintenant qu'il contient également beaucoup plus de catalase. Cependant, d'après VON DER VELDEN, il ne doit exister aucun rapport direct entre la quantité de catalase et le nombre des leucocytes, à l'exception du cas où les cellules se trouvent en très grande quantité.

De même il n'existe aucune proportion entre le contenu en graisse et la quantité de catalase du lait, de sorte que VON DER VELDEN incline à penser que la catalase est un produit de sécrétion de la glande mammaire.

BABCOCK, et plus tard FAITCLOWITZ, ont remarqué que la crème est beaucoup plus riche en catalase que le reste du lait.

REISS montra que la catalase contenue dans la crème peut en être facilement et presque complètement extraite par l'eau. Ce fait montre que la catalase ne se trouve pas dans l'intérieur des globules gras du lait, mais qu'elle leur adhère par des conditions physiques.

#### Ferments du lait suivant l'espèce.

| | Femme. | Anesse. | Vache. | Chèvre. |
|---|---|---|---|---|
| Amylase. | + | | — | — |
| Lipase. | + | | + | + |
| F. protéolytiques. | + | | + | + |
| F. glycolytiques. | + | | + | + |
| Salolase. | + | | — | — |
| Catalase | + | | — | — |

## ORIGINE DES DIASTASES.

Les oxydases proviennent des leucocytes existant dans le lait, et c'est dans le culot du lait centrifugé qu'on les trouve en quantité. D'après SOLOCRINI, l'alimentation jouerait un rôle important, les herbivores, après un régime carné perdraient leurs ferments oxydants. Les agents figurés trouvés dans le lait ne jouent aucun rôle comme producteurs de ferments oxydants (O. JENSEN).

La réductase a une double origine, comme la catalase.

**Origine glandulaire. — Origine microbienne.** — La sécrétion d'agents réducteurs est incontestable et facile à interpréter depuis les travaux d'EHRLICH, et un fait curieux montre cette vitalité des cellules. Le pouvoir réducteur augmente à la fin de la traite, au moment où les cellules lactifères sont à leur maximum d'activité. Ces dernières portions de la traite sont aussi plus riches en globules gras, d'où cette hypothèse de JENSEN, que la réductase est absorbée par la membrane des éléments butyreux; mais une partie cependant reste dans le plasma lacté, puisque le sérum possède un pouvoir réducteur très net.

La réductase glandulaire n'agit sur le bleu de méthylène qu'en présence d'un réducteur (aldéhydique). La réductase microbienne agit directement.

## ORIGINE DU LACTOSE.

Le lactose, dissaccharide constitué par une combinaison de glucose et de galactose avec élimination d'eau, est un sucre spécifique du lait. On ne le trouve pas en effet dans les autres éléments des tissus de l'organisme animal et il n'a été signalé qu'à titre de rareté dans certains végétaux : suc de sapotillier (BOUCHARDAT), glands de chêne (BRACONNOT).

On peut retrouver du lactose dans l'urine, mais c'est uniquement au début de la lactation, quand le débit des glandes n'est pas assuré ou bien encore quand la lactation est brusquement interrompue. Dans les deux cas, il s'agit d'une résorption du lactose fabriqué par la glande.

CL. BERNARD pensait que le sucre de lait se forme dans la glande mammaire aux dépens du glucose apporté par le sang. En injectant de fortes doses dans le sang de chien ou de lapin, on retrouve le glucose dans toutes les sécrétions, à l'exception du lait, où on ne le trouve jamais que du lactose.

P. BERT (1878), partant de la conception de la glycogénie hépatique, conçut l'idée que le lactose devait être formé dans la mamelle aux dépens d'un hydrate de carbone hypothétique qu'il désignait sous le nom de lactogène. Mais les tentatives d'hydrolyser la pulpe de glandes mammaires par l'acide sulfurique ne lui donnèrent aucun résultat.

HAMMARSTEN isola de la glande mammaire une nucléoglycoprotéide, qu'il considère comme susceptible de donner par dédoublement le lactose et la caséine, mais les résultats positifs manquent.

THIERFELDER et LANDEVEHR considèrent le lactose comme le produit d'une fermentation. Le premier, en soumettant à l'autolyse des glandes mammaires dans une solution salée à la température ordinaire trouve une augmentation du pouvoir réducteur de liquide extrait, mais il n'isole pas de lactose. Le second réussit à transformer une gomme animale extraite de la glande mammaire en galactose, en la soumettant à l'action de ferments inversifs ; mais c'est du galactose, non du lactose, qu'il trouve finalement.

Le lactose étant le dissaccharide du glucose et du galactose, on peut supposer que la glande mammaire le construit par voie de synthèse, le galactose provenant de l'alimentation végétale et le glucose de l'organisme lui-même (MUNTZ). L'essai de synthèse entrepris par DEMOLE sous l'action des acides fut en partie réalisé par FISCHER et ARMSTRONG, qui, avec le ferment du képhir, obtinrent un isolactose, mais non un lactose vrai.

BASCH a continué ces recherches ; il met en contact de l'extrait glycériné de la glande avec des mélanges de galactose et de glucose sans rien obtenir, mais en traitant le même mélange avec de l'acide citrique, il obtient un sucre dont l'osazone ressemble à celui du lactose au point de vue du système cristallin, mais le point de fusion est de 6° inférieur à celui de lactosazone.

Les recherches poursuivies sur les animaux n'ont pas donné de résultats plus positifs sur l'origine du lactose.

C'est P. BERT qui eut l'idée d'étudier les échanges chez les chèvres ayant subi l'ablation des mamelles et devenues gravides. Pendant toute la durée de la grossesse, les urines ne renfermèrent aucune substance réductive; mais, aussitôt après la délivrance, la glycosurie fut manifeste : P. BERT conclut que le sucre de lait est produit par l'excrétion mammaire du sucre fabriqué en excès par l'organisme après la parturition.

Ces travaux ne furent pas confirmés par MOORE et PARKES, qui opérèrent dans les mêmes conditions. D'après eux, l'urine de chèvre réduit la liqueur de FEHLING normalement, et le pouvoir réducteur n'augmente pas avec la délivrance.

Les expériences de MARSHALL et KIRKNESS, sur les cobayes, arrivent aux mêmes conclusions : pas de glycosurie après la parturition des femelles à mamelles enlevées.

Au contraire, les recherches de Porcher concordent avec celles de P. Bert.

Porcher, qui pendant la grossesse n'a pas vu dans les urines des chèvres de substances réductrices, trouve, immédiatement après la parturition, 6 p. 100 de glucose, mais le sucre diminue rapidement, il n'est plus que de 3 p. 100 cinq heures après la délivrance et de 0,3 p. 100 le lendemain.

Le dosage du sucre dans le sang indique une hyperglycémie très nette :

Sang de la jugulaire.

| | |
|---|---|
| Avant la délivrance. . . . . . . . | 0ᵍʳ,44 |
| 4 heures après. . . . . . . . . | 2ᵍʳ,85 |
| 24 heures. . . . . . . . . . . . | 0ᵍʳ,30 |

L. Porcher conclut, comme P. Bert, que le lactose est construit par la glande mammaire aux dépens du glucose formé en excès immédiatement après la délivrance.

Une série d'observations de Porcher viennent confirmer cette hypothèse.

Chez les chèvres à mamelles enlevées, la glycosurie consécutive à la délivrance disparaît dans les deux premiers jours et on trouve alors quelquefois du lactose (recherche par les osazones). Chez les femmes accouchées on trouve également de la lactosurie, quelquefois importante, de 2 à 12 grammes de lactose (Porcher et Commandeur). Dans le premier cas, la présence du lactose s'explique par le maintien d'un fragment de glandes mammaires. Alors le glucose, transformé en lactose, ne trouvant pas de voie d'excrétion, est résorbé et apparaît dans les urines. Dans le second cas, même mécanisme : la glande, au début de ses fonctionnements, fournit plus de lactose que l'enfant ne peut en extraire avec le lait maternel), et il y a également résorption.

Les dosages du sucre faits simultanément dans les veines mammaires et jugulaires indiqueraient un déficit pour la veine mammaire avant la parturition et pendant la lactation (Kaufmann et Lagne).

Une alimentation riche en sucre entraîne chez les accouchées une lactosurie nette (von Noorden et Zulzer). Le même fait a été constaté par Porcher chez la chienne.

L'origine du lactose aux dépens du glucose de l'organisme paraît bien probable. Ajoutons que Fischer, en s'appuyant principalement sur des considérations stéréochimiques, admet la possibilité d'une transformation du maltose.

### ORIGINE DE LA CASÉINE.

Comme le lactose, la caséine est un élément spécifique du lait. Même chez le nourrisson on ne trouve plus traces de caséine.

Au début, la caséine étant considérée comme une modification des albuminoïdes ordinaires, toutes les hypothèses avaient donc pour objet d'expliquer par une action diastasique l'apparition de la caséine; mais quand Lubavin eut démontré le caractère nucléinique de la caséine, les hypothèses prirent une autre direction et on vit dans la caséine une combinaison des albuminoïdes du plasma avec une substance provenant du noyau des cellules de la glande mammaire.

Première période : *L'évolution diastasique (Die enzymatische Umwandlung)*. — En 1867, Kemmerich, ayant observé que si on laisse du lait de vache plusieurs heures à la température de 38°, la quantité d'albuminoïde diminue en même temps que celle de la caséine augmente, avait conclu à la formation de la caséine aux dépens des albuminoïdes sous l'influence d'un ferment, ou tout au moins d'un produit sécrété avec le lait, puisque la transformation se fait in vitro. Schmidt Muhlheim devait reprendre 27 ans plus tard cette étude, et montrer que la caséine, loin d'augmenter, se transforme partiellement (10 p. 100) en peptones.

Zahn (1869) puis Daehnhardt (1870) font des extraits glycérinés de mamelles de cobayes, reprennent l'extrait alcoolique par une solution faiblement alcaline d'albumine d'œuf, et laissent le tout 18 heures à l'étuve. Il se forme un précipité soluble dans la lessive de soude, que Daehnhardt désigne comme une substance identique à la caséine; mais aucune preuve sérieuse n'est donnée de cette identité.

THIERFELDER n'obtient rien par la digestion du lait; mais, en traitant de la pulpe de glande par du sérum de lapin, il trouve une augmentation dans la quantité de substances dosées comme caséine :

Macération de glande mammaire fraîche . . . . . . . 1,52 p. 100 de caséine.
    —            — 3 heures à l'étuve. . 1,69 —
    —            — et sérum . . . . . . 1,88 —

Les différences sont faibles et, de l'avis même de THIERFELDER, il ne peut être prouvé qu'il s'agisse de véritable caséine.

HILDEBRANDT, étudiant l'autolyse de la glande, constate qu'après une exposition d'un an il ne s'est pas produit de caséine. Mais, ayant constaté une autolyse exagérée, pendant la lactation, il est disposé à admettre que ces ferments autolytiques dédoublent les albuminoïdes du corps en molécules plus petites, qui, sous l'influence d'un effet synthétique, se reconstituent dans la glande sous forme de caséine spécifique. Tout le mécanisme général de l'assimilation des albuminoïdes, par leur transformation en polypeptides simples, puis leur reconstitution en albuminoïdes spécifiques, n'est-il pas actuellement considéré comme le plus probable? La formation de la caséine n'est qu'un cas particulier.

**Deuxième période** : *Les groupements protéiques (Die Paarungshypothesen).* — De la découverte par LUBAVIN du caractère nucléinique de la caséine devaient découler toutes les hypothèses sur l'étude des dérivés des noyaux cellulaires de la glande. L'acide nucléinique libéré par le travail de désassimilation ou de sécrétion devait se combiner avec une substance albuminoïde d'origine hématique pour former la caséine.

BASCH, dirigé par cette conception, essaie la synthèse de la caséine en partant de l'acide nucléinique obtenu de la glande mammaire et qu'il considère comme la molécule mère de la caséine. En traitant du sérum de bœuf par de l'acide nucléinique, il obtient une substance qui possède les propriétés chimiques et physiques de la caséine et se coagule dans les mêmes conditions. Pour BASCH, l'intervention d'un enzyme n'est nullement nécessaire pour expliquer la formation de la caséine, l'acide nucléinique libéré se combinant directement aux albuminoïdes du plasma pour donner une nucléo-albumine : la caséine.

BASCH s'appuyait, pour établir sa théorie, sur l'absence dans la substance mère, c'est-à-dire dans le noyau nucléinique, de bases xanthiques ou d'hydrates de carbone. Or LOBISCH, confirmant les travaux antérieurs de ODENIUS, de MENDEL et LEVEN, obtient par l'hydrolyse de la glande mammaire des xanthines, guanine, etc., et un pentose : ce que ne donne jamais la caséine. La substance obtenue par le procédé de BASCH est beaucoup plus riche en phosphore que la caséine.

A ces hypothèses de combinaisons de molécules protéiques se rattache l'hypothèse émise par BEHRING que la caséine est le produit de combinaisons d'une substance colloïdale soluble formée dans les cellules de la glande avec les albuminoïdes du sang.

Enfin il faut rappeler les idées d'HAMMARSTEN. Il existerait dans les cellules des glandes mammaires une nucléo-glycoprotéide qui pourrait, sous l'influence de l'activité glandulaire, se dédoubler en donnant les deux substances spécifiques du lait : le lactose et la caséine.

### ORIGINE DES GRAISSES.

VIRCHOW avait émis l'opinion que les matières grasses du lait résultaient d'une dégénérescence graisseuse du parenchyme glandulaire. Cette idée, appuyée principalement sur des observations d'anatomie pathologique, ne fut pas admise définitivement. Le problème posé fut celui-ci : La graisse provient-elle des graisses introduites dans l'organisme par l'alimentation ou des matières albuminoïdes subissant une série de dédoublement donnant des corps azotés, des hydrates de carbone et de graisses?

L'origine protéique du beurre rentre dans l'étude si controversée de l'origine de toutes les graisses de l'organisme. Pendant un demi-siècle, les écoles de Munich avec PETTENKOFER et VOIT, de Bonn avec PFLUGER, apportèrent un nombre considérable de matériaux pour ou contre cette origine.

Pour ne citer que les travaux visant exclusivement l'origine du beurre, il faut rappeler l'expérience de Voit nourrissant une chienne avec de la viande dégraissée et obtenant un lait riche en beurre. Les critiques de Pfluger ont fortement ébranlé la théorie protéogénique du beurre. A priori, il paraissait plus logique de chercher dans les aliments gras l'origine du beurre, mais ici encore le problème soulève deux questions.

Les graisses introduites dans l'organisme arrivent-elles directement dans la glande et sont-elles excrétées telles quelles avec le lait?

Les graisses, après avoir subi des modifications leur faisant perdre leurs caractères spécifiques, sont-elles reconstituées par l'activité cellulaire de la glande ou des autres tissus pour former un beurre caractéristique pour chaque espèce animale?

Toute une série de travaux plaident en faveur du rôle des graisses ingérées dans la formation du beurre. On peut citer: Rosenfeld, Henriques et Hansen, Stellwag, Baumert et Falk, Ramm, Momsen et Schumacher, Gogindse.

Citons l'expérience de Gogindse qui utilise la méthode de l'indice iodé, c'est-à-dire la quantité p. 100 exprimée en poids d'iode nécessaire pour saturer les affinités libres d'une graisse déterminée: ce nombre peut servir pour désigner la teneur en acide gras non saturé de la graisse en question.

Les chiennes de Gogindse recevaient pendant plusieurs jours de l'huile de lin dont l'indice d'iode est très élevé (18° B). Or l'indice d'iode du lait de ces animaux s'élève rapidement de 30 et passe à 80 pour se maintenir à ce taux tant que l'alimentation à l'huile de lin persiste, pour descendre lentement après la fin de l'alimentation spéciale. On doit supposer que les graisses à l'huile de lin passent dans le lait, sans doute sous forme de glycérides, mais non directement, en ce sens qu'une partie tout au moins s'accumule sous forme de réserves premières s'éliminant progressivement après la cessation de l'ingestion d'huile de lin. Les dépôts de graisse, le vingt-quatrième jour après la cessation, avaient encore un indice de 47.80, alors que le lait donnait 40,8.

En utilisant la méthode des graisses colorées par le Soudan III, Gogindse a obtenu également le passage des graisses colorées dans le lait.

La graisse passe-t-elle dans le lait à l'état de graisse neutre ou après avoir suivi un dédoublement et sous forme de glycéride? Question non encore résolue.

## COMPOSITION DES PRINCIPAUX LAITS.

### Lait de vache.

*Analyses de lait moyen de tout un troupeau.*

| PROVENANCE. | MOYENNE de 127 vaches normandes. — Analyses du laboratoire municipal de Paris. | LAIT en usage dans les hôpitaux de Paris. — Lait moyen de la clinique Tarnier. | VACHES hollandaises. Prélèvement dans la région de Reims. — Moyennes de 20 analyses de M. Lafaux. | LAIT mélangé d'un troupeau. — Analyses de Fleischmann. | MOYENNES de 300 analyses de Kœnig. | MOYENNES de Droop et Richmond, 29.707 vaches. |
|---|---|---|---|---|---|---|
| | | | | Supposé. | Supposé. | Supposé. |
| Densité à + 15°. | 1031,6 | 1031,5 | 1030,8 | 1031,0 | 1031,0 | 1031,0 |
| Extrait sec . . | 137,6 | 126,80 | 123,32 | 126,28 | 133,39 | 129,0 |
| Sels minéraux. | 6,59 | 7,18 | 7,29 | 7,73 | 7,21 | 7,57 |
| Beurre . . . . | 43,40 | 37,10 | 36,08 | 35,05 | 37,73 | 37,83 |
| Lactose anhydre . | 46,68 | 45,30 | 45,98 | 47,42 | 49,69 | 48,45 |
| Matières albuminoïdes et extractives. . | 38,93 | 37,22 | 33,97 | 36,08 | 38,76 | 35,15 |
| Eau. . . . . | 894,00 | 904,70 | 907,48 | 904,70 | 897,61 | 907,00 |

### Richesse minérale du lait de vache (1 litre)

|  | VACHE COTENTINE nourrie de carottes, trèfle et fourrage. | VACHE LOURDAISE nourrie de foin d'altitude. | VACHE NORMANDE nourrie de son, luzerne, trèfle et paille d'avoine. | VACHE NORMANDE nourrie de son, maïs et fourrage. |
|---|---|---|---|---|
|  | gr. | gr. | gr. | gr. |
| Chlore | 1,30 | 0,60 | 0,90 | 0,80 |
| $P^2 O^5$ | 1,40 | 1,50 | 2,50 | 2,30 |
| Ca O | 1,20 | 1,20 | 2, » | 1,80 |
| Mg O | 0,20 | » | » | 0,20 |
| $K^2$ O | 2,50 | » | 2, » | 2, » |
| $Na^2$ O | 0,50 | » | 0,90 | 0,60 |

### Lait d'ânesse.

*Composition du lait d'ânesse par litre.*

| DENSITÉ ET CONSTITUANTS DU LAIT. | CHIFFRES CALCULÉS d'après ceux M. A. GAUTIER (*Chim. biologique*, p. 707). | CHIFFRES CALCULÉS d'après les données de ELLENBERGER, SEELIGER et KLIMMER (*Arch. f. Thierheilkunde*, XXVII, 3 et 4). |
|---|---|---|
| Densité. . . . . . . . . . | 1 033 | Supposée : 1 032 |
| Extrait sec . . . . . . . . | 98,11 | — 94,32 |
| Sels minéraux . . . . . . | 4,64 | — 4,13 |
| Beurre. . . . . . . . . | 16,01 | — 11,86 |
| Lactose . . . . . . . . . | 59,90 | — 61,60 |
| Matières albuminoïdes et extractives . . . . . . . . . | 17,56 | — 16,73 dont 1 de nucléone et 0,20 de lécithine. |
| Eau. . . . . . . . . . . | 934,89 | — 937,68 |

| Variation minérale du lait d'ânesse par litre | De XX jours. | IVᵉ mois. | XIIᵉ mois. |
|---|---|---|---|
|  | gr. | gr. | gr. |
| Chlore . . . . . . . . | 0,2 | 0,3 | 0,2 |
| Acide phosphorique. . . | 2 | 1,2 | 0,9 |
| Chaux . . . . . . . . | 1,8 | 1,5 | 0,8 |
| Potasse . . . . . . . . | 0,6 | 0,3 | 0,5 |
| Soude . . . . . . . . | 0,5 | 0,9 | 1 |

### Lait de chèvre.

*Composition du lait de chèvre par litre.*

| DENSITÉ et CONSTITUANTS du lait. | CHÈVRE de MURCIE. | CHÈVRE SUISSE. | D'APRÈS ELLENBERGER. | D'APRÈS HUCHO. | D'APRÈS ABDERHALDEN. | D'APRÈS STEINEGGER. |
|---|---|---|---|---|---|---|
|  |  |  | Supposé. | Supposé. | Supposé. | Supposé. |
| Densité . . . . | 1 032 | 1 032,5 | 1 030 | 1 030 | 1 030 | 1 030 |
| Extrait sec. . . | 128,75 | 113,50 | 156,44 | 126,39 | » | 109,16 |
| Sels minéraux. . | 7,50 | 8 | 9,21 | 8,75 | » | 6,48 |
| Beurre . . . . | 36,50 | 26 | 66,90 | 36,14 | 30,17 | 33,47 |
| Lactose. . . . | 55,66 | 52,78 | 45,83 | 47,48 | 40,37 | 28,84 |
| Matières albuminoïdes.. | 29,09 | 28,72 | 34,50 | 31,02 | 32,34 | 40,37 |
| Eau. . . . . . | 903,25 | 917 | 873,56 | 903,61 | » | 930,84 |

| Variation minérale du lait de chèvre. | 1er jour. gr. | IIIe mois. gr. | IVe mois. gr. |
|---|---|---|---|
| Chlore | 0,9 | 1,5 | 1 |
| Acide phosphorique | 3,2 | 2 | 2,8 |
| Chaux | 2,2 | 1,9 | 2 |
| Potasse | 1,8 | 1,9 | 0,3 |
| Soude | 0,5 | 0,5 | 2 |

**Lait de bufflesse.** — En Roumanie, les bufflesses sont utilisées comme laitières. Il existe deux groupes de bufflesses :

1er groupe : vêlant après 1 an et 2-3 mois et une période de lactation de 9 à 10 mois, donnant en moyenne 1 100 à 1 200 litres par période.

2e groupe : vêlent tous les 2 ans, avec une lactation qui dure 14 à 18 mois, la quantité de lait atteint une moyenne de 1 600 litres.

La quantité maxima journalière est de 9 litres avec 4 litres de moyenne, la période de grande production dure 5 mois avec 5 litres en moyenne.

### Lait de bufflesse.

| | Maximum. | Minimum. | Moyenne. |
|---|---|---|---|
| Densité | 10,35 | 10,31 | » |
| Beurre | 15 | 5 | 7,8 |
| Albumine | 9,50 | 6,37 | 7,93 |
| Lactose | 4,6 | 3,30 | 2,94 |
| Cendres | 1,30 | 0,80 | 1,05 |
| Eau | 8,3 | 76,10 | 79,55 |

Le lait de bufflesse est plus riche en substances grasses et en albuminoïdes que le lait de vache et renferme la même quantité de lactose. Il est plus blanc et plus épais [1].

### Le lait de femme.

*Composition du lait de femme suivant l'âge de la lactation.*
(CAMERER et SÖLDNER).

| AGE DU LAIT. | EXTRAIT SEC. gr. | AZOTE TOTAL. | BEURRE. | LACTOSE ANHYDRE. | SELS MINÉRAUX. |
|---|---|---|---|---|---|
| 8 à 11 jours (Moyennes de 10 cas) | 124,95 | 2,79 | 32,06 | 63,50 | 2,88 |
| 20 à 40 jours ( — de 15 cas) | 128,66 | 2,10 | 40,31 | 67,22 | 2,26 |
| 60 à 140 jours ( — de 14 cas) | 121,55 | 1,77 | 34,12 | 70,21 | 1,95 |
| 170 jours et plus ( — de 10 cas) | 117,94 | 1,52 | 32,99 | 69,90 | 1,85 |

**Le lait de femme.** — La richesse du lait en beurre varie aux différentes heures de la journée, et, surtout, aux différentes périodes d'une même tétée ; elle croît constamment du commencement à la fin de la traite. C'est en tenant compte de ces variations que MICHEL a soumis à l'analyse un certain nombre d'échantillons de lait prélevés sur des nourrices et des mères de la Maternité de Paris ; il prélevait 20 centimètres cubes au commencement d'une tétée du matin, 20 centimètres cubes au milieu d'une tétée de midi, et 20 centimètres cubes à la fin d'une tétée du soir. L'analyse était faite sur le mélange de ces trois prises.

L'extrait sec était obtenu à 100°.

Le lactose dosé par la liqueur de FEHLING, l'azote par la méthode de KJELDAHL, le beurre par le procédé d'ADAM.

Les matières albuminoïdes étaient calculées non par différence, mais d'après la quantité d'azote contenue dans le lait, en admettant que 1 gramme d'azote correspond à 6 gr. 75 de matières protéiques ; ce dernier coefficient étant établi d'après la moyenne (14,81 p. 100) entre les chiffres que MAKRIS (14,65 p. 100) et WROBLEWSKI (14,97 p. 100) ont été indiqués pour la teneur en azote de la caséine de lait de femme.[1]

---

1. DRACONU. *Étude sur les bufflesses laitières en Roumanie, Archiva veterinare, 2-5, 1909.*

*Analyses de* MICHEL.

|                                      | Du Ve au XVe jour.<br>gr. | Du IIe au XIIe mois.<br>gr. |
| Par litre.                           | ----------------- | -------------- |
| Densité. . . . . . . . . . . . . . . . . | 1 032 | 1 032,5 |
| Eau . . . . . . . . . . . . . . . | 907,89 | 908,70 |
| Extrait sec . . . . . . . . . . . | 124,11 | 123,80 |
| Sels minéraux . . . . . . . . . . . | 2,71 | 1,90 |
| Beurre . . . . . . . . . . . . . | 30,20 | 34,68 |
| Lactose anhydre . . . . . . . . . . . | 64,09 | 69,84 |
| Azote total. . . . . . . . . . . | 2,65 | 1,83 |
| Matières protéiques (caséine et albumine). . . | 17,88 | 12,35 |
| Matières extractives indéterminées. . . . . . | 9,23 | 5,03 |

Ces tableaux, comme ceux de PATEIN et DUVAL [1], concordent pour montrer que la richesse du lait en substance azotée diminue régulièrement : la diminution est très rapide dans les quinze premiers jours, puis elle se produit plus lentement ensuite, alors que le phénomène inverse se manifeste pour le lactose.

**Richesse moyenne du lait de femme en azote d'après son âge.**

| AGE DU LAIT. | AZOTE TOTAL<br>PAR LITRE.<br>gr. | |
| --- | --- | --- |
| 5e jour . . . . . . . . . . . . . | 3,00 | Moyenne de CAMERER. |
| 8e jour à 11e jour. . . . . . . . | 2,80 | — — |
| 11e — à 15e — . . . . . . . | 2,65 | Moyenne de MICHEL. |
| 15e — à 20e — . . . . . . . | 2,37 | Moyenne calculée. |
| 20e — à 40e — . . . . . . . | 2,10 | Moyenne de CAMERER. |
| 40e — à 60e — . . . . . . . | 1,93 | Moyenne calculée. |
| 60e — à 140e — . . . . . . . | 1,77 | Moyenne de CAMERER. |
| 140e — à 170e — . . . . . . . | 1,64 | Moyenne calculée. |
| Au delà du 170e jour . . . . . . | 1,60 | — — |

La composition minérale du lait de femme a donné lieu à de nombreuses analyses.

*Richesse en sels par litre de lait* (BLAUBERG).

| | | |
| --- | --- | --- |
| $K^2$ O | = Potasse. . . . . . . . . . . . | 0,690 |
| $Na^2$ O | = Soude . . . . . . . . . . . | 0,049 |
| Ca O | = Chaux . . . . . . . . . . . | 0,394 |
| Mg O | = Magnésie. . . . . . . . . . | 0,068 |
| $Fe^2$ $O^3$ | = Oxyde de fer . . . . . . . . . | 0:020 |
| $Cl^2$ | = Chlore . . . . . . . . . . . | 0,294 |
| S $O^3$ | = Acide sulfurique. . . . . . . . | 0,143 |
| $P^2$ $O^5$ | = Acide phosphorique. . . . . . . | 0,294 |
| | Sels insolubles . . . . . . . . | 0,036 |

**Composition des cendres du lait par 100 grammes de cendres.**

| | BUNGE.<br>gr. | SOLDNER.<br>gr. | BACKAUS et<br>CRONHEIM.<br>gr. | CORNELIA DE<br>LANGE.<br>gr. |
| --- | --- | --- | --- | --- |
| $K^2$ O. . . | 32,14 | 30,1 | 33,74 | 19,9 |
| $Na^2$ O. . . | 11,75 | 13,7 | 11,91 | 29,6 |
| Ca O. . . | 15,67 | 13,5 | 17,36 | 12,9 |
| Mg O. . . | 2,99 | 1,7 | 2,13 | 2,9 |
| $Fe^2$ $O^3$ . . | 0,27 | 0,17 | 0,63 | 0,25 |
| $P^2$ $O^5$ . . | 21,42 | 12,7 | 14,79 | 17,9 |
| Cl. . . . . | 20,35 | 21,8 | 15,47 | 21,3 |

1. PATEIN et DUVAL, *Journ. de Phys. et Chimie*, 1905, 193.

**Variations de la richesse minérale du lait de femme suivant l'âge du lait.**

| CORPS DOSÉS. | FEMME ACCOUCHÉE DEPUIS 12 JOURS. | FEMME ACCOUCHÉE DEPUIS 12 MOIS. |
|---|---|---|
| | gr. | gr. |
| Chlore. . . . . . . . . . . . | 0,50 | 0,40 |
| Acide phosphorique . . . . . | 0,34 | 0,20 |
| Chaux . . . . . . . . . . | 0,23 | 0,20 |
| Magnésie. . . . . . . . . . | 0,03 | 0,02 |
| Potasse. . . . . . . . . . | 0,80 | 0,50 |
| Soude . . . . . . . . . . | 0,60 | 0,40 |

**Valeur thermogène du lait de femme.** — RUBNER a déterminé la valeur calorimétrique du lait, en mesurant directement la chaleur de combustion de l'extrait.

Des échantillons recueillis chez deux nourrices ayant deux mois d'allaitement ont fourni les résultats suivants au calorimètre (combustion totale).

| | Extrait sec. gr. | Calories par litre. | |
|---|---|---|---|
| I. . . . . . . . | 117,50 | 633 | RUBNER. |
| II . . . . . . | 128,50 | 745 | RUBNER. |
| III . . . . . . | 122,65 | 700 | GAUS. |
| IV . . . . . . | 133,14 | 766 | GAUS. . . |
| V . . . . . . | 137,30 | 768 | GAUS[1]. |

RUBNER désigne sous le terme de *reste azoté* toutes les substances qui ne sont pas les sucres, les graisses et les sels minéraux, et que l'on peut grouper sous l'expression générale de matières protéiques et extractives.

Ce reste dans les deux échantillons cités a fourni les données suivantes :

| OBSERVATIONS. | QUANTITÉ DE RESTE AZOTÉ p. 100 d'extrait sec. | AZOTE p. 100 D'EXTRAIT SEC. | AZOTE p. 100 DE RESTE AZOTÉ. | CALORIES POUR 1 GRAMME de reste azoté. |
|---|---|---|---|---|
| I. . . . . . . . | 11,44 | 1,35 | 12,12 | 6,051 |
| II. . . . . . . . | 13,77 | 1,45 | 10,07 | 5,766 |

La méthode indirecte est plus souvent employée ; elle consiste à calculer séparément la valeur calorique des trois éléments thermogènes : sucre, beurre et albuminoïdes.

Un lait de composition moyenne donnera donc :

$$\text{Beurre . . . . . . . . . . . . . . . . . . } 36 \times 9,25 = 334 \text{ calories.}$$
$$\text{Lactose anhydre. . . . . . . . . . . . } 70 \times 3,96 = 275 \quad —$$
$$\text{Matières protéiques et extractives . . . } 17 \times 4,80 = 882 \quad —$$
$$= 691 \text{ calories.}$$

On peut admettre que la valeur thermique théorique d'un litre de lait de femme oscille entre 700 et 750 calories, suivant sa richesse en matière grasse.

Mais ces chiffres doivent subir une correction, l'assimilation n'étant jamais absolue. MICHEL et PORRET admettent que la non-utilisation du lait de femme par l'enfant

$$\text{Pour le beurre . . . . . . . . . . . } 5 \text{ p. 100.}$$
$$\text{— les matières protéiques. . . . . } 6 \quad —$$
$$\text{— lactose . . . . . . . . . . . } 0$$

peut atteindre 25 calories, à retrancher des 700 calories calculées théoriquement, dans la pratique cette correction est donc inutile.

1. GAUS, *Jahrb. f. Kinderheilk.*, 1902, 151.

Pour le lait de vache, on peut établir des déductions analogues. Rubner a déterminé la chaleur de combustion de l'extrait sec du lait, de la caséine, du beurre et du reste azoté.

Il admet pour 1 gramme de beurre. . . . . 9,25 calories.
— — 1 — reste azoté. . . . 5,67 —
— — 1 — lactose. . . . . . 3,95 —

On obtient ainsi avec les laits de trois qualités commerciales les chiffres suivants :

| | LAIT de très BONNE QUALITÉ. | LAIT des HOPITAUX. | LAIT de BONNE QUALITÉ. |
|---|---|---|---|
| Extrait sec. . . . . . . . | | | |
| Cendres. . . . . . . . . . | | | |
| Beurre. . . . . . . . . | $43,40 \times 9,25 =$ | $37,10 \times 9,25 =$ | $40 \times 9,25 = 370,00$ |
| Lactose anhydre. . . . . . | $48,68 \times 3,96 =$ | $45,30 \times 3,96 =$ | $47 \times 3,96 = 186,12$ |
| Reste azoté. . . . . . . | $38,93 \times 4,8 =$ | $37,22 \times 4,8 =$ | $36 \times 4,8 = 172,8$ |
| | | | 779 |

Ainsi un litre de lait de vache de bonne qualité, contenant 130 grammes d'aliment sec, dont 40 grammes de beurre par litre, représente 730 calories (chaleur de l'urée déduite).

La non-utilisation pour le lait de vache est :

Beurre . . . . . . . . . 7,5 p. 100
Albuminoïdes . . . . . . . 6,4 —
Sucres . . . . . . . . . 0

Ce qui pour un litre de lait moyen représente un départ de 40 calories. On arrive ainsi au chiffre de 690 calories par litre de lait.

On voit que les valeurs thermogènes moyennes des laits de femme et de vache même en tenant compte du coefficient d'utilisation sont presque identiques.

Parmi les caractères différentiels du lait de femme, il faut signaler en premier lieu son faible pouvoir coagulant comparé avec le lait des femelles laitières.

Les auteurs antérieurs ont surtout attribué ce caractère à un état particulier de la caséine du lait de femme.

Ni la présure ni les acides ne donnent une caséification identique à celle qu'on obtient avec le lait de vache.

Les recherches de Kreidl et Neumann poursuivies à l'aide de l'ultramicroscope ont fait connaître un point important. Dans le lait de vache, de chèvre, etc., on découvre des corpuscules visibles seulement à l'ultramicroscope, qui furent désignés sous le terme de *lactokonie* et qui seraient des corps caséiques. Or, dans le lait de femme, les lactokonies ne se trouvent pas.

En dehors des différences quantitatives de caséine, il y aurait donc lieu de tenir compte des différences dans l'état même de cette substance.

**Précipitation par les acides.** — La précipitation par les acides est des plus difficiles à réaliser ; toutefois, en prenant certaines précautions, Bianka Binnenfeld a pu établir les conditions favorables. En traitant du lait dilué et porté à 40° par une solution d'acide lactique $\frac{n}{10}$, on obtient de beaux flocons de caséine, et le petit-lait est absolument transparent. La coagulation ne paraît être réalisée que pour une acidité déterminée, dont le degré varie avec l'acide employé (Engel).

**Précipitation par la présure.** — Le lait de femme en contact avec une solution de $p$ neutre de présure ne présente aucune modification même avec l'ultramicroscope. Il n'en est plus ainsi en milieu acide.

**Modification macroscopique.** — *In vitro*, le lait de femme se distingue des autres laits, et principalement du lait de vache, en ce qu'il ne donne pas de gros grumeaux solides, mais simplement de petits flocons à peine visibles à l'œil nu. Ces flocons, loin de tomber au fond du vase, restent en suspension ou même ont une tendance à monter, au moins dans le lait pur ; car dans le lait écrémé une partie tombe au fond.

Quant à l'action de la présure qui avait été mise en doute, elle est indiscutable. Les observations de KREIBL et NEUMANN ont nettement établi que, même en solution neutre, il se produit une modification avec le lab. Les lactokonies, jusque-là invisibles, apparaissent alors à l'ultramicroscope. Il se produit déjà des précipitations, mais le processus ne va pas plus loin et l'apparition des flocons n'a lieu qu'en milieu acide.

L'action combinée du lab et de l'acide est démontrée par ce fait que la précipitation se produit dans un mélange de lab et d'acide avec une acidité inférieure à celle nécessaire pour obtenir la coagulation en milieu simplement acidulé, et ENGEL a montré que l'optimum d'acidité de B. BINNENFELD est modifié quand on agit en présence du lab.

Enfin les flocons obtenus en présence du lab et sont moins solubles que ceux provenant d'un milieu simplement acidulé.

La coagulation se fait plus rapidement avec le lab, mais le petit-lait n'a jamais cette limpidité que l'on obtient avec l'acide utilisé à la dose optima et l'on peut admettre au moins pour le lait de femme comme une règle générale que la coagulation sera d'autant plus parfaite qu'elle se sera poursuivie plus lentement.

La réaction du lait de femme est amphotère, acide à la phénolphtaléine, alcaline au tournesol, cette différence de réaction est attribuable aux mono et diphosphates, les premiers ayant un caractère acide, les seconds basique.

### Acidité d'après Courant.

| | | | Neutralisation de 10 cc. de lait. | |
|---|---|---|---|---|
| Age de la nourrice. | Nombre des grossesses. | Date de l'allaitement. | Tournesol cm³ $^n/_{10}H_2SO_4$. | Phénolphtaléine cm³ $^n/_{10}N^2OH$. |
| 25 ans | 3 | 10 jours. | 1,25 | 0,55 |
| 30 — | 4 | 1 mois. | 0,90 | 0,25 |
| 32 — | 2 | 2 — | 1,45 | 0,20 |
| 36 — | 6 | 3 — | 1,00 | 0,35 |
| 37 — | 8 | 6 — | 1,10 | 0,35 |
| 39 — | 6 | 10 — | 1,20 | 0,20 |
| 37 — | 4 | 12 — | 1,10 | 0,30 |
| 43 — | 10 | 10 — | 0,95 | 0,45 |

**Azote total.** — L'azote total ne montre pas de grandes oscillations. Les chiffres de SCHLOSSMANN observés sur une accouchée entre le 9e et le 200e jour, indiquent une légère diminution régulière, allant de 0gr, 30 pour 100 centimètres cubes de lait à 0gr,21 le huitième mois.

**Microrganismes du lait.** — **Le nombre des bactéries du lait.** — Le lait est un excellent milieu de culture pour les microbes : c'est du reste ce que l'on pouvait concevoir *a priori*, étant donnée la composition chimique de ce liquide, sa richesse en principes azotés et sucrés. Levures et bactéries se développent avec une très grande rapidité dans le lait. MIQUEL, qui a fait la numération des microbes qui se développent dans le lait abandonné à lui-même est arrivé à des chiffres fort éloquents.

C'est ainsi que, dans deux expériences, le lait trait en octobre contenait deux heures après par centimètre cube :

| | Bactéries. | |
|---|---|---|
| | I | II |
| A l'arrivée au laboratoire. | 9 000 | 9 500 |
| 1 heure plus tard | 31 700 | 11 000 |
| 2 — | 36 250 | 13 500 |
| 3 — | 35 000 | 13 500 |
| 4 — | 40 000 | 30 000 |
| 7 — | 60 000 | 93 000 |
| 8 — | 67 000 | 230 000 |
| 9 — | 120 000 | 251 000 |
| 5 — | 5 600 000 | 63 500 000 |

Enfin, dans une expérience où le lait trait le soir avait été abandonné la nuit à différentes températures, le nombre de germes, qui avait été de 19 320 par centimètre cube après la traite, fut :

| | | à 25° | à 35° |
|---|---|---|---|
| Le lendemain . . . . · . . . à 15° | | 72 185 600 | 165 000 000 |
| Après 15 heures. . . . . . 1 000 000 | | » | 166 000 000 |
| — 18 — . . . . . . 800 000 | | | 180 000 000 |
| — 21 — . . . . . . 6 063 000 | | 200 000 000 | |

On voit combien est active, surtout pour certaines températures, la multiplication des microbes dans le lait.

Les chiffres diffèrent considérablement suivant les méthodes employées pour les déterminations. C'est ainsi que ROSENAU et MC COY donnent les chiffres ci-dessous :

| | 26-29° | 15° | 37° |
|---|---|---|---|
| Lait conservé à . . . . . . . | 26-29° | 15° | 37° |
| Après la traite . . . . . . . | 500 | » | » |
| 2 heures. . . . . . . . . | 1 300 | » | » |
| 4 — . . . . . . . . . | 700 | 900 | 11 000 |
| 6 — . . . . . . . . . | 400 | 500 | 38 000 |
| 8 — . . . . . . . . . | 7 800 | 600 | 342 000 |
| 10 — . . . . . . . . . | 29 000 | 1 200 | 50 000 000 |
| 21 — . . . . . . . . . | 340 000 000 | 80 000 | » |

SOXHLET avait signalé ce fait que la pullulation des bactéries reste souvent stationnaire pendant quelques heures au début, rétrograde même dans la phase bactéricide. BUB soutient que l'action bactéricide du lait n'est qu'une simple apparence, et elle s'expliquerait par le développement du pouvoir agglutinant, qui fait que le nombre de colonies étudié par plaques paraît plus petit.

Il a été démontré que, dans la plupart des cas, une glande mammaire normale fournit un lait exempt de bactéries.

Néanmoins la présence d'une véritable flore microbienne a été signalée dans les canaux de la glande mammaire par BARTHELS, WARD, BURRE, FREUDENREICH, LUX, etc. et les bacilles pathogènes introduits expérimentalement dans l'organisme peuvent arriver jusqu'à sa glande et être éliminés avec le lait.

Des expériences de ce genre ont été faites avec le bacille du choléra des poules, le bacille pyocyanique du rouget du porc, et ont donné des résultats absolument positifs. (CHAMBRELENT, KARLINSKI etc.)

Il est évident que les bacilles passent beaucoup plus facilement s'il y a la moindre lésion de la glande. Il semble cependant qu'il est possible que, même sans que la glande soit malade, des bactéries puissent provenir du sang et s'éliminer par les glandes.

D'une manière générale, le nombre de bactéries qu'on trouve dans la glande est excessivement petit dans les conditions normales, et les causes les plus importantes de l'infection du lait tiennent à la malpropreté de la mamelle ou du pis, aux poussières de l'air de l'étable, à la malpropreté des vases dans lesquels le lait est recueilli, aux mains et aux habits des laitiers, à la qualité du foin, et très souvent à la flore bactérienne des aliments qu'on donne à l'animal, ou même de l'herbe de la prairie où il se trouve.

Un lait recueilli aseptiquement contient surtout des micrococcus jaunes et blancs.

D'après des recherches faites par différents auteurs, un lait ainsi recueilli contient en moyenne 95 p. 100 de micrococques, dont 55 p. 100 sont sans action sur le lait; 38 p. 100 sont capables de donner naissance à des acides, et 7 p. 100 rendent le lait alcalin.

FREUDENREICH trouve, dans du lait fraîchement trait, 10 à 20 000 bactéries par centimètre cube.

CNOPF, à Munich, en a trouvé 60 à 100 000 ; au contraire, WILHEM, en recueillant du lait dans des conditions aseptiques, à Bruxelles, n'a trouvé que 8 à 10 bactéries par centimètre cube.

Lorsqu'on nettoie soigneusement le pis avec de l'eau savonneuse, et qu'on désinfecte avec de l'alcool à 60 p. 100, on peut obtenir du lait contenant au maximum de 0 à 85 microbes par centimètre cube.

L'étude de l'influence de la flore bactérienne des champs, faite par Grubler, a montré aussi l'importance considérable de ce facteur au point de vue de la richesse bactérienne du lait.

Ainsi cet auteur a montré que, lorsque les animaux étaient nourris à l'étable, on trouve en décembre 18 500 bactéries par centimètre cube ; en janvier 6 800 ; en février 13 000 ; en avril 21 000 ; en mai 13 000 ; en novembre 12 500 ; au contraire, pendant la période où les animaux étaient nourris dans les champs, 980 en mai, 590 en juin, 400 en juillet, 375 en septembre.

**Fermentation lactique.** — La transformation du lactose en acide avait été reconnue par Pelouze et Gay-Lussac en 1833, comme un phénomène d'oxydation dû à l'oxygène de l'air.

Mais ce n'est qu'en 1857 que Pasteur démontra le rôle essentiel des microbes dans toute fermentation. Il fit pour la fermentation lactique ce qu'il venait de faire pour la fermentation alcoolique. En 1875, Lister cherche à isoler par la méthode des dilutions successives le microbe causant la fermentation lactique dans le lait. Il décrit alors une espèce qu'il appelle *Bacillus lactis.* Hueppe reprit les mêmes recherches, mais en se servant d'une méthode plus précise et plus facile qui venait d'être indiquée par Koch : la méthode des isolements sur milieux solides. Il isole d'abord un bacille, le *Bacillus acidi lactici*, qui selon lui est l'agent universel de la coagulation spontanée du lait. Plus tard, par les mêmes moyens, il obtient deux autres bactéries, le *Micrococcus lactis I* et le *Micrococcus II*. La deuxième diffère de la première par son action peptonisante de la gélatine. Depuis ces recherches, le nombre des ferments lactiques, aussi bien dans le lait que dans les autres milieux sucrés, ne fait que s'accroître. En 1886, Marpmann retire d'échantillons de lait recueillis à Göttingen cinq espèces parmi lesquelles trois produisent de l'acide lactique : le *Bacterium libatum acidi lactici*, le *Micrococcus acidi lactici* qui peptonise en outre la gélatine et le *Sphærococcus acidi lactici*. Vers la même époque Flügge décrit quatre espèces : le *Bacillus I, II, III, IV*. Le bacillus I serait identique au *Bacillus butyricus* de Botkin. Les trois autres attaquent en même temps les sucres et les matières albuminoïdes. Ce sont des anaérobies. Ils donnent des acides gras et de l'acide lactique. On ne peut donc pas les considérer comme de véritables ferments lactiques. En 1888, Warrington cherche parmi les espèces connues celles qui sont susceptibles de coaguler le lait. Il décrit deux catégories. Dans un premier groupe se placent : le bacille de la diarrhée infantile, le *Bacterium termo*, le *Micrococcus uræx*, le *Micrococcus gelatinosus* qui produisent de l'acide lactique. Dans un second groupe le *Bacillus fluorescens liquefaciens* et le *vibrion de* Koch qui ne peuvent coaguler le lait que par la production de ferment lab. Grotenfeld (1889) isole deux nouvelles espèces : le *Bacillus acidi lactici II* et le *Bacterium acidi lactici*, très voisines du bacille de Hueppe et de Lister. Il décrit également un streptocoque, *Streptococcus acidi lactici* ne liquéfiant pas la gélatine mais différant cependant du *Micrococcus lactici I* de Hueppes et du *Sphærococcus* de Marpmann. Krüger parvient à retirer du petit-lait le *Micrococcus acidi lactici* qui liquéfie la gélatine.

Escherich décrivit un *Bacterium lactis aerogenes*, trouvé pour la première fois dans les selles des nourrissons, qui diffère peu du ferment lactique. Dans les milieux sucrés, sa culture donne lieu à un développement de gaz.

Waygmann, Cohn, après avoir cherché à isoler le bacille de Hueppe, décrivent une espèce nouvelle. En 1894, Leichmann attribue au *Bacterium lactis acidi* le principal rôle dans la fermentation lactique.

Quel est le véritable ferment lactique parmi tant d'espèces décrites ?

Dans la coagulation spontanée du lait, l'acide lactique recueilli est inactif (Gunter) alors que les bactéries de Leichmann, de Gunter comme *Bacillus coli* donnent un acide dextrogyre. Kosaï a poursuivi cette étude des différents acides obtenus soit dans la coagulation spontanée, soit en culture, il décrit : 1° le *Bacillus acidi paralactici* produisant uniquement de l'acide dextrogyre et qu'il identifie avec les bacilles de Weigmann, Leichmann, Gunter et Thierfelder, mais différencie de celui de Hueppe, espèce uniquement aérobie ; 2° *Bacillus acidi levolactici Hallensis* ne donnant que de l'acide gauche et qu'il distingue nettement du *Bacillus acidi levolactici* de Schardinger ; 3° le *Micrococcus paralactici liquefaciens Hallensis* diffèrent des autres espèces liquéfiantes décrites jusqu'alors par Hueppe, Kruger, Fooker, Leichmann.

Il trouve enfin que le lait coagulé spontanément donne à 20° de l'acide droit; à 37° un acide inactif. Dans le premier cas c'est le bacille paralactique qui est l'espèce prépondérante, dans le deuxième ce sont le bacille lévolactique et le coccus paralactique. Mais cette détermination de l'espèce n'aurait qu'une faible valeur, si le fait établi par Pottevin se généralisait. Ce dernier a obtenu avec un ferment donnant de l'acide inactif de l'acide droit, en modifiant simplement la teneur du liquide en peptone.

Comme tous les microrganismes les ferments lactiques voient leur activité se modifier suivant les variations du milieu ambiant et notamment ceux déterminés par leurs propres produits de fabrication. L'acide lactique entrave l'action et Duclaux a particulièrement insisté sur la distinction entre *l'activité du ferment*, c'est-à-dire la rapidité qu'il met à atteindre le niveau d'acidité qui arrête la production de l'acide lactique et paralyse la puissance du ferment, ou la grandeur du niveau d'acidité auquel il peut résister.

L'addition de peptone augmente la puissance du ferment (Ch. Richet, Kayser) et le rendement du sucre en acide s'élève avec la teneur en peptone. Marshall a montré que l'acidité du lait est beaucoup plus rapide en présence de bactéries protéolytiques.

**Fermentation alcoolique.** — Le lait n'est pas seulement attaqué par des microbes. Il subit aussi la fermentation alcoolique sous l'influence de certaines levures.

En 1888, Duclaux a montré que la presque totalité de nos levures usuelles, celles qui fabriquent nos vins et nos bières, sont incapables de faire fermenter le lactose et qu'elles n'en transforment qu'une faible partie en alcool.

Duclaux a trouvé une levure plus petite que les levures ordinaires, ne mesurant guère que $1\mu,3$ à $2\mu,5$; presque ronde. Cette levure transforme énergiquement le sucre de lait en alcool. La fermentation du sucre de lait est plus lente que celle du glucose ou du sucre de canne. La température optima est comprise entre 25° et 32°.

Adametz a signalé l'existence d'une levure qu'il a nommée *Saccharomyces lactis*, faisant fermenter le sucre de lait. Cette levure se rapproche beaucoup de la levure découverte par Duclaux, peut-être même est-elle identique.

Enfin la fermentation alcoolique du lactose est produite aussi par d'autres ferments, entre autres par l'*Actinobacter polymorphus* et par le *Tyrothrix claviformis* de Duclaux.

Le sucre de lait peut aussi subir la fermentation visqueuse, production d'un mucilage précipitable par l'alcool, sous l'influence de divers ferments l'*Actinobacter du lait visqueux* (Duclaux), et un micrococcus découvert par Schmidt.

Nous étudierons plus loin les laits fermentés utilisés en thérapeutique sous les noms divers, *Kephir, Koumys, Leben*, etc.

**Fermentation butyrique du lait.** — Quand le lactose a été transformé en acide lactique, cet acide peut, à son tour, être transformé en acide butyrique sous l'influence du *Bacillus butyricus* ou vibrion butyrique, découvert par Pasteur.

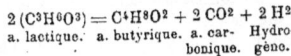

$$2(C^3H^6O^3) = C^4H^8O^2 + 2CO^2 + 2H^2$$
a. lactique.　a. butyrique.　a. car-　Hydro-
bonique.　gène.

C'est le type d'une fermentation anaérobie. Le vibrion butyrique de Pasteur est un anaérobie pur. C'est un bâtonnet mesurant 3 à $10\mu$ de longueur, $1\mu$ de large, rectiligne, ou légèrement incurvé. Ces bacilles sont isolés ou associés par deux. Ils forment assez souvent des chaînes composées de 5 ou 6 articles inégaux. Ils sont doués d'une très grande mobilité. La sporulation présente des caractères variés. Tantôt le spore se forme à une extrémité du bâtonnet qui prend alors l'aspect d'une épingle, tantôt c'est au milieu du bacille que se trouve le spore, et le microbe se renfle alors en fuseau. Cultivé dans l'amidon ou dans le sucre, ce bacille a la propriété de former en son intérieur une substance particulière, la granulose qui se colore en *bleu par l'iode*.

La fermentation butyrique, déterminée par le *B. lactopropylbutyricus* ne peut se faire que par le lactose dédoublé par les ferments lactiques.

Elle s'arrête avant la fermentation lactique, car le bacille cesse de se développer en milieu très faiblement acide (2/5 000).

**Ferments de la caséine.** — Les microbes peuvent agir sur la caséine en la caséifiant par un ferment soluble qu'ils sécrètent, une véritable présure, et en dissolvant et pepto-nifiant cette caséine par un autre ferment soluble, la caséase.

Duclaux le premier a fait une étude très intéressante de quelques microbes trans-formant la caséine du lait. Parmi ces ferments de la caséine, les uns sont aérobies, les autres anaérobies.

**Ferments aérobies.** — 1. *Tyrothrix tenuis.* — Il est formé de petits bâtonnets grêles assez régulièrement cylindriques ayant environ $0\mu,6$ de largeur et une longueur minima de $3\mu$. Ces bâtonnets sont mobiles, et s'amassent assez souvent en chaînettes. Ils se déve-loppent à la surface du lait et forment en s'enchevêtrant une pellicule plus friable qui devient un semis d'innombrables spores.

Sous l'influence du développement de ces microbes, le lait se coagule. Puis le coa-gulum se redissout peu à peu en commençant par les couches supérieures et se trans-forme en un liquide opalescent renfermant la caséine peptonifiée ; le microbe sécrète donc une présure et une caséase. Le développement continuant, le microbe attaque la caséine peptonifiée et forme de la leucine, de la tyrosine et du valérianate d'ammoniaque qui rend le lait alcalin. Le sucre de lait est toujours respecté par ce microbe.

$2°$ *Tyrothrix filiformis.* — Aérobie. Bâtonnets mobiles, de $0\mu,8$ de diamètre, for-mant souvent des chaînes. Il décolore le lait et le transforme en un liquide louche avec ou sans coagulation. Il fournit de l'acétate et du valérianate d'ammoniaque. La résistance à l'action du temps est très grande, Duclaux a vu que ses spores peuvent germer au bout de 25 ans.

$3°$ *Tyrothrix distortus.* — Bâtonnets granuleux ayant environ $0\mu,9$ d'épaisseur et 4 à $5\mu$ de long, mobiles, formant des chaînes. Sous leur influence, le lait devient un peu visqueux par suite d'un fin précipité de caséum : ce précipité augmente sans devenir cohérent, et se réunit à la partie inférieure du liquide, laissant au-dessus de lui un sérum presque incolore. La caséine se liquéfie ensuite peu à peu, le liquide se colore et devient gélatineux. A la fin de la culture, le liquide renferme de la leucine, de la tyrosine, un mélange de valérianate et d'acétate d'ammoniaque et du carbonate d'ammo-niaque.

$4°$ *Tyrothrix geniculatus.* — Ce microbe se développe en fils enchevêtrés à coudes plus ou moins brusques qui ne forment pas de pellicule superficielle. Diamètre $= 1\mu$. Ce microbe sécrète à la fois de la présure et de la caséase, mais en quantités assez faibles. Il se forme dans le lait de la leucine, de la tyrosine et un mélange de carbonate de valé-rianate et d'acétate d'ammoniaque. Le sucre de lait reste intact.

$5°$ *Tyrothrix turgidus.* — Articles courts et turgescents ; ces microbes manifestant au plus haut degré le caractère aérobie. Il se forme dans le lait un coagulum qui ne tarde pas à se dissoudre, et le lait se trouve transformé en un liquide louche et faiblement coloré en jaune. Le microbe absorbe de l'oxygène, et le transforme en un volume à peu près égal d'acide carbonique. Le lait contient du carbonate et du butyrate d'ammoniaque. Le sucre de lait reste absolument inaltéré.

$6°$ *Tyrothrix scaber.* — Bâtonnets courts de $1\mu,1$ à $1\mu,2$ d'épaisseur. Mouvements flexueux, lents et lourds. Il absorbe de l'oxygène et dégage de l'acide carbonique. Le lait est transformé lentement, pour prendre peu à peu la couleur et la transparence du petit-lait. Il est alors alcalin et à odeur faible. Il contient, outre la leucine et la tyrosine, du carbonate et du valérianate d'ammoniaque. Ce microrganisme attaque fai-blement le sucre de lait et se développe difficilement dans le lait.

$7°$ *Tyrothrix virgula.* — Ce microbe ne se développe pas dans le lait mais seulement dans le fromage, quand celui-ci a été déjà altéré par un des ferments précédents. Il se développe bien dans le bouillon Liebig. Il se présente sous la forme de bâtonnets très minces, isolés, ou formant des chapelets à un petit nombre d'articles. A l'origine ils sont très raides et n'ont pas de mouvements flexueux. Au voisinage des articulations de la chaîne, on voit se produire un renflement qui grossit pendant que le reste du bâtonnet s'amincit.

Le liquide où se développe ce microbe devient bientôt alcalin par la présence du carbonate d'ammoniaque. On y trouve aussi du butyrate d'ammoniaque.

**Ferments anaérobies de la caséine.** — $1°$ *Tyrothrix urocephalum.* — Ce ferment est à la fois aérobie et anaérobie. Il se développe dans le lait exposé à l'air sous forme

de bâtonnets cylindriques d'environ 1μ de diamètre et se mouvant avec rapidité ; les bâtonnets s'allongent en fils qui s'enchevêtrent et forment à la surface des îlots gélatineux
transparents. Si la température n'est pas trop élevée, les îlots finissent par devenir con-
fluents et envahissent peu à peu tout le liquide sans le coaguler. Quand un coagulum se
forme, il est dissous ensuite assez rapidement.

Cultivé à l'abri de l'oxygène, le microbe détermine un dégagement gazeux abondant
qui donne au lait une odeur désagréable. Le liquide prend une réaction nettement acide.
On y trouve, outre la leucine et la tyrosine, une troisième substance dont DUCLAUX
n'a pu déterminer la nature, de l'acide valérianate uni à un mélange complexe d'ammoniaque et d'ammoniaques composées. La quantité d'acide valérianique est d'autant plus
faible que la fermentation s'est produite plus à l'abri de l'air. L'odeur est alors très désagréable, alliacée et putride.

2° *Tyrothrix claviformis.* — C'est un anaérobie pur. Il se développe bien dans le lait
en lui donnant une odeur putride. Pendant le développement de ce microbe le lait se
coagule d'abord, mais au bout de 24 heures le coagulum se redissout très régulièrement
par le bas et est remplacé par un liquide à peine trouble. Du gaz se dégage, formé
d'environ 2 volumes de $CO^2$ contre un volume d'hydrogène.

3° *Tyrothrix catenula.* — C'est un microbe à polymorphisme très accusé. Il ne se
développe dans du lait exposé à l'air en grande surface que si la semence est très
abondante. On le cultive très bien à l'abri de l'air. Ce microbe se présente sous forme de
filaments de 1 μ d'épaisseur, mobiles quand ils sont isolés. Les mouvements sont
beaucoup plus lents quand les microbes sont associés en chaînes d'articles.

Le développement de ce microbe s'accompagne d'un dégagement de gaz extrêmement abondant. Ce gaz est formé d'à peu près 3 volumes d'acide carbonique pour
2 volumes d'hydrogène, dont une portion se transforme, surtout au commencement de
la fermentation, en hydrogène sulfuré. Malgré la présence de ce dernier gaz, l'odeur
du liquide ne devient jamais franchement putride.

Le lait devient d'abord légèrement acide. Il se forme un précipité finement granuleux de caséine qui tombe au fond du vase.

Mais la caséine n'est pas attaquée par le microbe ; le sucre de lait est d'abord inat-
taqué, mais finit par être transformé en partie. Ce microbe produit un abondant dégagement de gaz et de plus de l'acide butyrique. Il ne sécrète ni présure ni caséase.

DUCLAUX fait remarquer que tous ces ferments aérobies et anaérobies forment une
véritable société de secours mutuel. A la surface du lait pullulent les microbes aérobies
qui absorbent l'oxygène et sécrètent des diastases qui transforment la caséine. Dans la
profondeur se développent, surtout quand l'oxygène a été consommé par les aérobies,
les microbes anaérobies, qui, eux, sont de médiocres producteurs de diastases, mais qui
disloquent la molécule albuminoïde ou hydrocarbonée et donnent naissance à de véritables fermentations avec dégagement de produits volatils odorants.

BARTHEL a étudié les bactéries anaérobies du lait suivant les procédés de WRIGHT-
BURRI et avec l'appareil de BOTKIN au courant d'hydrogène.

Il arrive à cette conclusion que les bactéries anaérobies sont très rares dans le lait
ordinaire de Stockholm.

Dans le lait normal on ne trouve ordinairement que deux espèces strictement anaérobies *Granulobacillus saccharobutyricus immobilis liquefaciens* (SCHALLENFROH) et *Bacillus
putrificans* (BRENSTOCK). Celui-ci serait identique avec *Paraplectrum fœtidium* (de WEIG-
MANN). Pendant la saison d'été les bactéries sont plus nombreuses. Mais il n'existe pas
de relations directes entre la qualité du lait au point de vue hygiénique et la teneur en
bactéries anaérobies.

**Laits colorés. Microbes chromogènes.** — On observe parfois de curieux changements
d'aspect dans le lait, qui perd sa couleur blanche normale et devient plus ou moins
rouge, bleu, jaune. Ces modifications, dont on ne connaissait pas autrefois la cause,
sont la résultante du développement de certains microorganismes chromogènes.

*Lait jaune.* — La coloration jaune du lait est due à une bactérie découverte par
EHRENBERG qui lui a donné le nom de *Bacterium synxanthum*. Les microbes ont une
longueur de 0μ,7 à 1μ, ce sont des bâtonnets très mobiles qui diffèrent très peu du *Bacterium termo* (microrganisme saprogène très commun). Ces microrganismes produi-

sent une couleur jaune dans le lait qui devient d'abord acide et ensuite assez fortement alcalin. Sur les pommes de terre cuites, ces microbes forment de petites masses jaune citron.

La matière colorante est soluble dans l'eau, insoluble dans l'éther et l'alcool ; elle n'est pas modifiée par l'action des liquides alcalins, mais est décolorée par les acides. Elle est semblable aux couleurs d'aniline dans ses réactions ordinaires et spectroscopiques.

*Lait bleu. Bacillus cyanogenus* (FUCHS). — Ce microbe se présente sous la forme de bâtonnets mobiles de 2μ,5 à 3μ,5 de longueur. Souvent ces bâtonnets sont associés par deux et en chaînes. Cultivés sur la gélatine, ces microbes forment une couche blanche à la surface et développent dans la masse de gélatine une coloration ardoisée. Ces bacilles peuvent être cultivés dans le lait, sur les pommes de terre, l'amidon. La matière colorante formée varie suivant le milieu nutritif. Dans le lait, la coloration est bleu ardoise ; mais, quand le lait devient acide sous l'action du ferment lactique, la couleur devient d'un bleu intense.

La coloration bleue du lait a été remarquée surtout en Allemagne pendant les chaleurs.

*Lait rouge.* — Plusieurs microrganismes peuvent donner au lait une coloration rouge. C'est ainsi que R. DEMME a signalé l'existence d'une levure rouge dans le lait et le fromage. Il lui a donné le nom de *Saccharomyces ruber.* Cette levure peut donner lieu à des catarrhes intestinaux chez les enfants en bas âge.

On rencontre fréquemment aussi un microbe qui se développe en masses d'un rouge vif à la surface des milieux de culture solides. C'est le *Micrococcus prodigiosus.* Ce n'est pas en réalité un coccus mais bien un bâtonnet très court mesurant de 0μ,5 à 1 μ de long. Il forme d'abord une coloration rouge rose et ensuite des taches rouge sang. Les microrganismes eux-mêmes sont incolores. La matière colorante qu'ils élaborent ressemble à la fuchsine ; elle est insoluble dans l'eau, mais soluble dans l'alcool. En ajoutant des acides, on obtient une coloration rouge carmin et avec des solutions alcalines une coloration jaune.

Dans le lait, ce microrganisme se manifeste par des taches rouges. Quand le lait est coloré en masse, cette coloration est due au développement d'un autre microrganisme, du *Bacterium lactis erythrogenes,* découvert par HUEPPE. Ce sont des éléments de 1μ à 1μ,4 de long sur 8μ,5 de large. Ils sont immobiles. On n'a pas observé de formation nette de spores.

Sur la gélatine ils forment des colonies rondes qui deviennent jaunes et liquéfient la gélatine qui prend une teinte rose. Ensemencés par piqûres, ils développent une teinte rose dans toute la masse de la gélatine, et cette couleur devient beaucoup plus intense quand la culture a lieu dans l'obscurité. Dans le lait, ces microbes produisent une coagulation très faible de la caséine. Le sérum devient peu à peu de rouge sale rouge vif ; la caséine reste incolore. L'acidité du milieu est contraire au développement de cette bactérie. Ce microbe sécrète deux matières colorantes, une jaune et une rouge insolubles dans l'éther, le chloroforme et la benzine. Cette bactérie semble n'être pas pathogène. A côté de cette bactérie, GROTENFELT en mentionne une autre étudiée par SCHOLL dans le laboratoire d'HUEPPE, le *Bacterium mycoides roseum* qui ne colore pas la masse du lait mais forme des colonies rouges et rouges seulement quand la culture est faite à l'obscurité. La matière colorante est soluble dans l'eau d'où on peut l'extraire par la benzine.

DUCLAUX a montré que certains microbes peuvent sécréter un ferment soluble, une présure qui coagule le lait. Il en est d'autres, étudiés par le même auteur, qui ne se bornent pas à coaguler le lait, mais qui de plus redissolvent, digèrent la caséine coagulée. Cette transformation subie par la caséine est due à un ferment soluble sécrété par les microbes, à ce que DUCLAUX a nommé la *caséase.* Les premiers agents microbiens susceptibles de produire la caséase ont été décrits sous le terme de *Tyrothrix.* Les unes sont aérobies, *T. tenuis,* filiformes, distortus, etc., les autres anaérobies : *T. urocephalus, claviformis,* etc.

Le bouillon de culture de *Tyrothrix* traité par l'alcool donne un précipité renfermant du lab et de la caséase.

Si l'on ensemence du lait avec une culture de *Tyrothrix*, ou encore qu'on traite le lait par le bouillon, ou encore le précipité lavé obtenu par action de l'alcool, au bout d'un certain temps, le lait se coagule.

En effet, au bout de quelque temps, le caillot devient de plus en plus gélatineux et finit par se résoudre tout entier en un liquide opalescent.

Certains microbes sécrètent de la caséase en grand excès sur la présure. Dans ces cas, les phénomènes de dissolution priment ceux de la coagulation, et le lait se décolore en restant liquide.

La caséine est ainsi transformée en une substance non coagulable par la chaleur, par la présure ; ne précipitant plus même à chaud par les acides, ni par le ferrocyanure de potassium et l'acide acétique ; précipitable au contraire par l'alcool en excès, par le bichlorure de mercure, tous caractères qui rapprochent la substance formée des peptones. C'est pour cette raison que Duclaux l'a nommée *caséone*.

La transformation s'arrête là, quand on fait agir la diastase seule. Si l'on fait agir les microbes, ceux-ci continuent à transformer le milieu nutritif. Ils décomposent cette caséone, et donnent naissance à des produits de transformation plus avancés : leucine, tyrosine, composés ammoniacaux, acides gras, etc., etc. Les produits de transformation varient d'ailleurs aux points de vue quantitatif et qualitatif suivant l'espèce microbienne qu'on a fait agir.

Duclaux a particulièrement insisté sur l'action presque spécifique de chaque espèce de tyrothrix et la transformation jusqu'au stade des acides aminés n'est réalisée que par l'action combinée de ces différents agents. « Chacun de ces êtres prenant la caséine, à un certain point de son échelle de destruction, la fait descendre de quelques degrés ; après quoi son action s'arrête ». Le *T. tenuis* attaque la paracaséine insoluble, alors que le *T. catenula* n'agit pas directement sur cette paracaséine.

La caséase agit mal en milieu acide, et c'est surtout en milieu alcalin qu'elle atteint son maximum d'activité ; d'où l'utilité d'autres agents, moisissures et bactéries, capables de provoquer la formation d'ammoniaque et d'amener l'alcalinisation du milieu. L'antique pratique de transporter dans les étables les fromages lents à mûrir a certainement sa justification dans la présence de l'ammoniaque émanée des fumiers.

Les produits obtenus sont ceux que l'on trouve dans la digestion trypsique : la trypsine et la caséase se comportent donc d'une façon identique. Aussi O. Jensen a tenté d'introduire dans les fromages en maturation de la trypsine, espérant obtenir ainsi des effets analogues avec ceux donnés par l'action des tyrothrix. Les fromages à la trypsine renferment une quantité de protéines solubles plus forte que les fromages témoins, mais ils présentent une amertume qui n'a pas permis de poursuivre ces études au point de vue commercial.

La caséase ou les caséases sont-elles, nécessairement, d'origine microbienne, ou le lait renferme-t-il en lui-même des ferments susceptibles de liquéfier la paracaséine ?

Babcok et Russel ont isolé dans le lait, traité par le chloroforme ou l'éther pour immobiliser l'action des ferments, une galactase suivant leur dénomination impropre d'ailleurs, qui serait capable de dissoudre la caséine et de pousser même le dédoublement jusqu'à l'ammoniaque, Neumann, Wender, Spolocrini ont également isolé un ferment liquéfiant dans le lait de vache et dans le lait de chèvre.

## DIGESTIBILITÉ DU LAIT. — LAIT CRU ET LAIT CUIT.

Nous avons vu qu'on pouvait retirer de l'estomac des mammifères en lactation un ferment soluble, la présure, pexine, lab-ferment, qui fait subir au lait des transformations particulières se manifestant à l'œil nu par la coagulation. Dans les estomacs des animaux adultes, on trouve un proferment qui, sous l'influence de l'acide et du suc gastrique, se transforme en ferment actif : en présure. On croyait autrefois, et c'était l'opinion de Liebig, que la coagulation du lait dans l'estomac était due à un acide, soit l'acide chlorhydrique du suc gastrique, soit l'acide lactique qui se forme toujours par la fermentation des aliments dans l'estomac.

Selmi (1846) démontra que la coagulation du lait par la présure ne dépendait pas de l'acide lactique en coagulant du lait alcalinisé, traité par la muqueuse gastrique du veau.

Tous ces faits montrent bien que la précipitation de la caséine par des acides est très différente de ses modifications sous l'influence de la présure.

Le lait qui est ingéré dans l'estomac se trouve en présence à la fois du suc sécrété par la muqueuse gastrique et de la salive déglutie incessamment. Le lait va donc être caséifié.

D'après HAMMARSTEN, la coagulation du lait dans l'estomac se produit par le mécanisme suivant.

La présence d'une grande quantité de pepsine même en l'absence du lab favorise la coagulation sous l'influence d'un acide libre.

La formation d'acide lactique dans les liquides contenant beaucoup de lab et de pepsine est lente et nécessite plusieurs heures ; le ferment lactique ne semble donc pas intervenir dans la coagulation rapide du lait dans l'estomac. En l'absence de pepsine et de lab, les acides seuls peuvent produire la coagulation. HAMMARSTEN a observé ce fait chez de très jeunes animaux dont l'estomac ne contenait ni lab ni pepsine.

ARTHUS et PAGÈS font remarquer avec raison qu'on n'est jamais sûr de débarrasser complètement la pepsine du lab qui l'accompagne toujours. Dès lors l'action de la pepsine sur la coagulation du lait est douteuse.

Enfin, ce qui prouve bien que la digestion gastrique du lait est bien une caséification, c'est que, immédiatement après la coagulation, on peut constater la présence d'un des produits de dédoublement de la caséine de la sustance albuminoïde du petit-lait, une *albumose*.

Quand le lait est coagulé, le caséum durcit et se rétracte de plus en plus sous l'influence de l'acide. C'est là ce qui se reproduit *in vitro*. Mais, dans l'estomac, la salive intervient pour modifier le phénomène.

Au fond, les modifications que le lait subit dans l'estomac sont les mêmes que celles qu'il subit *in vitro* sous l'influence de la présure.

Au début le lait n'est pas encore coagulé, mais il coagule quand on le porte à 100°. Un peu plus tard il coagule à 80°.

Enfin un peu plus tard on le trouve coagulé dans l'estomac. De même les agents décalcifiants qui empêchent la coagulation du lait *in vitro* retardent, mais *retardent seulement*, la coagulation dans l'estomac. En effet, l'oxalate est résorbé et des sels de calcium sont fournis par le suc gastrique et la salive.

Mais la salive a une autre action sur laquelle ARTHUS et PAGÈS ont appelé l'attention.

*In vitro* la salive retarde la coagulation du lait, et ce retard se produit, que la salive ait été ou non bouillie. Cette action n'est donc pas due à un ferment; mais à l'alcalinité de la salive. Le ferment lab en effet est gêné dans son action par l'alcalinité du milieu.

De plus, la salive modifie la forme du coagulum et sa rétraction ultérieure qui est moins accentuée.

Enfin, fait important, la salive désagrège et dissout les grumeaux de caséum, et elle perd cette propriété par l'ébullition. En outre, il se développe dans cette action de la salive sur le caséum une odeur particulière, différente de l'odeur lactique et qu'on ne peut qu'appeler *odeur gastrique*. ARTHUS et PAGÈS ont vu que, si on agite avec de l'éther du lait présentant cette odeur gastrique, l'éther abandonne par l'évaporation une substance huileuse qui possède cette odeur à un très haut degré.

Quelle peut être l'action de la salive sur la digestion gastrique du lait?

La salive est alcaline : cette alcalinité combat l'action de l'acide lactique qui peut se former dans l'estomac. Or, les acides en général ont pour effet de rendre le caséum rétractile, dur, compact. La salive s'opposera donc à ces effets. Mais il ne faut pas non plus qu'il y ait une trop grande quantité de salive, car le ferment lab serait alors gêné par l'alcalinité.

En outre, la salive a pour effet de désagréger le caséum et de permettre ainsi qu'il soit attaqué plus facilement par les sucs qui doivent peptonifier la caséine.

**Digestibilité différente du lait cru et du lait cuit.** — Le lait cuit et le lait cru se comportent-ils dans le tube digestif identiquement et la chaleur ne modifie-t-elle pas dans un sens défavorable la digestibilité du lait?

Le seul procédé pour s'assurer de l'innocuité du lait est de le soumettre à une température élevée, de le stériliser. Le bacille de la tuberculose ne résiste heureusement pas à la température de 100°, il suffit donc de faire bouillir le lait suspect. Il est nécessaire toutefois, pour être certain de la stérilisation complète, que le lait reste quelques instants à cette température, c'est-à-dire qu'il ne faut pas se contenter de retirer le lait quand il monte, mais de le remettre immédiatement sur le feu après qu'il est retombé, et de prolonger l'ébullition pendant cinq à six minutes.

Dans le procédé conseillé par Soxhlet, le lait est porté plusieurs fois à une température de 65°.

Duclaux a donné des analyses de lait cru et soumis à l'ébullition ; il faut remarquer qu'une minute d'ébullition est insuffisante pour supprimer le bacille tuberculeux.

### Lait filtré sur la porcelaine.

| Composition du lait. | Lait cru. | Lait porté à l'ébullition 1 minute. |
|---|---|---|
| Sucre de lait | 5,43 | 5,47 |
| Caséine | 0,31 | 0,30 |
| Cendres | 0,49 | 0,50 |

Une série de recherches ont montré qu'en fait le lait subissait des modifications très nettes par le chauffage.

Il existe des modifications qui, au point de vue physiologique, ont leur importance. L'ébullition retarde la coagulation du lait.

Stassano et Talarico ont établi que jusqu'à 55° la chaleur accélère la coagulation. 70° serait le point neutre, le lait ainsi chauffé se coagulant comme le lait ; enfin, au-dessus de 70° l'action retardante augmente avec la température.

D'après Arthus et Pagès, ce retard dans la coagulation serait déterminé par ce fait que le lait bouilli est privé d'une partie de ces sels calciques (phosphate de chaux), ces sels se précipitant en partie par suite de l'élimination de l'acide carbonique. Il suffit d'ajouter des sels calciques ou de faire passer un courant d'acide carbonique pour diminuer ce retard de coagulation du lait bouilli.

On ne comprend pas comment, d'après les auteurs cités plus haut, la coagulation est accélérée au-dessous de 70° ; à cette température, l'acide carbonique devant être éliminé.

Les recherches de Leeds sur la digestion *in vitro* du lait cru et du lait cuit, tendent à montrer que le suc gastrique et le suc pancréatique modifient moins facilement le lait cuit, que ce dernier est par suite moins facilement digéré. Les chiffres donnés portent sur le *résidu* de cette digestion de deux laits placés dans des conditions identiques.

| | Digestion gastrique. | | Digestion pancréatique. | |
|---|---|---|---|---|
| | Lait cru. | Lait stérilisé. 1 heure à 100°. | Lait cru. | Lait stérilisé. |
| Résidu | 0,153 | 0,449 | 1,26 | 2,596 |

Stassano et Talarico par contre trouvent que la digestibilité trypsique est augmentée par la chaleur jusqu'à 100°.

Michel a comparé des laits crus, des laits stérilisés à 115° pendant une demi-heure et à 98° pendant trois quarts d'heure.

Sous l'action de la pepsine seule en milieu chlorhydrique le lait cru est plus rapidement peptonisé : cependant les chiffres donnés par Michel sont bien peu différents.

### Digestion peptique de 8 heures.

| | Peptones par litre. gr. |
|---|---|
| Lait cru | 18,73 |
| Lait stérilisé | 17,53 |

Avec la pancréatine le résultat est renversé.

### Digestion pancréatique en milieu neutre.

|  | gr. |
|---|---|
| Lait cru. . . . . . . . . | 21,76 |
| Lait stérilisé . . . . . . | 24,64 |

Bordas et Raczkowski ont étudié les variations de la teneur en lécithine dans les laits soumis à l'action de la chaleur : ils ont trouvé les résultats suivants :

|  | Lécithine | |
|---|---|---|
|  | en grammes. | diminution p. 100. |
| Lait non chauffé . . . . . . . . . . . . . . . | 0,252 | » |
| Lait chauffé pendant 30 minutes à 60° à feu nu . . . . . . . . . . | 0,216 | 14 |
| — — 30 — 80° — . . . . . . . . . . | 0,180 | 28 |
| — — 30 — 95° — . . . . . . . . . . | 0,180 | 29 |
| Lait non chauffé . . . . . . . . . . . . . . . | 0,365 | » |
| Lait chauffé pendant 30 minutes à 95° au bain-marie. . . . . . . . | 0,310 | 15 |
| Lait non chauffé . . . . . . . . . . . . . . . | 0,365 | » |
| Lait stérilisé par chauffage pendant 30 minutes à 105-110° dans un autoclave. . . . . . . . . . . . . . . . . . . . . . | 0,255 | 30 |

Les lécithines brunissent, se décomposent en abandonnant de l'acide phosphorique.

Le lactose, contrairement aux chiffres de Duclaux; mais, dans le cas de chauffage prolongé, est en partie oxydé, la diminution pouvant dépasser 2 grammes par litre (Cazeneuve et Haddon).

Les phosphates de chaux, magnésie, fer et alumine sont partie en suspension, partie en dissolution : le phosphate de chaux est précipité par la chaleur; mais, en présence du lactose et des citrates, il se redissout pendant le refroidissement (Vaudrin).

Diffloth par contre admet que le maintien à 60° pendant 30 minutes amène une précipitation de 0,30 de phosphates minéraux et une décomposition de 0,22 de lécithine. Le même chauffage, maintenu une heure, entraîne une précipitation de 0,60 des phosphates et une décomposition de 0,40 de lécithine. Les altérations observées sont proportionnelles à la durée de la chauffe, d'une part, et à l'élévation thermique d'autre part, le premier facteur étant cependant dominant.

D'après Diffloth, les différents modes de stérilisation par la chaleur font perdre au lait :

| (Bain-marie à 60° 30'). | 26 p. 100 de ses éléments phosphoriques assimilables. |
|---|---|
| Pasteurisation . . . . | 48 — — — |
| Stérilisation . . . . . | 54 — — — |

Une autre altération porte sur les citrates. Le citrate tribasique amorphe du lait cru est transformé en citrate cristallisé moins soluble et la précipitation peut entraîner une perte de 66 p. 100 (0gr,38 au lieu de 1gr,08 calculé en acide citrique).

Le taux d'utilisation du lait par l'enfant, suivant qu'il est cru ou stérilisé, a donné lieu à de très nombreuses recherches depuis les observations cliniques de Parrot.

Camerer (1882) recherche le bilan azoté sur 6,16 d'azote apporté par le lait, il ne trouve que 2gr,36 éliminé par les fèces et l'urine, et admettant que les 11 grammes d'augmentation de poids de l'enfant représentent 0gr,36 d'azote, il arrive à un déficit de 3gr,36 explique par une élimination ammoniacale pulmonaire et cutanée. Biedert arrivait aux mêmes conclusions, admettant même l'élimination sous forme d'azote.

Bendix a critiqué les expériences de Camerer et Biedert, affirmant qu'il n'y a pas déficit azoté, mais bien rétention azotée. Les recherches de Raudnitz sur de jeunes chiens, de Bendix sur des enfants de trois ans, ont été faites dans des conditions ne permettant pas de tirer des conclusions sur l'utilisation comparée des laits crus et stérilisés par le nourrisson.

LANGE, qui observe des enfants de cinq jours à six mois, conclut que l'assimilation azotée est presque identique; lui aussi croit à une élimination sous forme d'azote gazeux.

MICHEL, ULMANN, NETTER, arrivent en fait à ce résultat que, l'utilisation du lait naturel se rapprochant de 98 p. 100, l'utilisation du lait de vache stérilisé est de 93.

La différence, on le voit, est bien faible et justifie l'observation de DUCLAUX : « Qu'importe qu'il y ait 98 p. 100 du lait utilisé lorsque l'enfant le prend au sein, et 96 p. 100 lorsque l'enfant le prend au biberon en présence de l'avantage de pouvoir remplir ce second biberon quand on veut et à beaucoup moins de frais que le premier. Ces études chimiques sur la digestibilité du lait ne sont pas adéquates à la question à résoudre. »

Mais si physiologiquement la question ne paraît pas avoir une importance extrême, un organisme sain pouvant fournir facilement une augmentation de 1 p. 100 d'énergie nutritive ou assimilatrice, il n'en est plus de même cliniquement, c'est-à-dire quand il s'agit d'organismes en état morbide.

Pour différencier le lait chauffé à 80° du lait cru, il existe quatre moyens principaux :

1° Précipitation de la caséine par la coagulation spontanée, le lab ou les acides, et détermination qualitative des albuminoïdes contenues dans le filtrat;

2° Constatation de l'absence d'oxydase ;

3° Constatation de l'absence de katalase ;

4° Constatation de l'absence de réductase.

Alors que BORDAS et TOUPLAIN[1] soutiennent que les réactions colorées qui se produisent dans le lait cru sous l'influence de l'eau oxygénée sont dues à la caséine (caséinase de chaux), SARTHOU affirme qu'il existe bien une anaeroxydase soluble dans le lactosérum et une kalase insoluble.

Que si la caséine réagit sur la paraphényldiamine, elle est sans action sur le gaïacol.

La caséine du lait de vache chauffé à 110° décompose encore l'eau oxygénée, BORDAS et TOUPLAIN, ayant constaté que cette décomposition s'observe avec l'oxalate, le lactate de fer, l'argent colloïdal, concluent qu'il faut expliquer les réactions du lait par l'état colloïdal des substances contenues et non par des enzymes. Ils en donnent comme preuves que si après avoir déduit l'état colloïdal du lait par la chaleur, on le rétablit par fixation, on obtient de nouveau la décomposition de l'eau oxygénée.

*Lait cru et lait cuit.* — LANE CLAYPM a nourri 3 groupes de jeunes rats avec du pain et du lait. Le groupe A recevait pain et lait frais, le groupe B pain et lait porté à 96° et le groupe C pain et lait chauffé à 120°. L'augmentation de poids des trois groupes a été respectivement après trente-quatre jours 217, 224 et 232 p. 100. Aucune différence sensible par conséquent[2].

## LE MÉCANISME DE LA LACTATION.

L'observation courante montre que, chez les mammifères, pendant la conception, il se produit dans les glandes mammaires deux processus différents : pendant la grossesse, et dès le début de la conception, un développement considérable des glandes, une prolifération des appareils glandulaires restés jusque-là à l'état rudimentaire, et quelquefois un léger écoulement de liquide par les orifices, mais ce liquide n'est pas du lait, c'est du colostrum, chimiquement et anatomiquement différent du lait. Quand la grossesse est arrivée à terme, ou bien encore quand l'expulsion du produit a lieu, même avant le terme normal, un processus de sécrétion s'établit dans la glande, qui commence à fournir du lait.

Sous quelle influence se produisent ces deux processus, liés nécessairement l'un à l'autre, mais cependant agissant par un mécanisme différent?

---

1. BORDAS et TOUPLAIN. *Étude des réactions dues à l'état colloïdal du lait* (C. R., 1910).
2. LANE CLAYPM. *Observations on the influence of beating upon the nutrient value of milk.* (J. of. Hygiene, IX, 2, 1910).

Il est évident, *a priori*, qu'il existe un rapport étroit entre l'évolution des organes génitaux et les glandes lactées, et que ce sont les phénomènes qui se passent dans ces organes qui provoquent les changements observés.

Pendant longtemps les corrélations fonctionnelles entre divers organes éloignés ont été considérées comme le résultat de l'influence du système nerveux, et c'est uniquement après les découvertes sur les processus des glandes à sécrétions internes que l'idée d'une action à distance (*Fernwirkung*) d'ordre humoral s'est de nouveau développée en physiologie. Nous étudierons donc successivement :

1º Le rôle exercé par le système nerveux sur le développement, puis sur l'activité sécrétrice de la glande lactée ;

2º Les théories cherchant à expliquer les phénomènes observés par les actions humorales.

**Influence du système nerveux.** — Les premières recherches visèrent uniquement cette question : existe-t-il des nerfs sécréteurs pour la sécrétion lactée ?

Eckhard (1855) conclut négativement, Röhrig positivement. Eckhard opère sur la chèvre. Il résèque sur une certaine longueur les rameaux inférieur et moyen du nerf spermatique externe et attend que la plaie soit guérie. L'animal étant maintenu dans les mêmes conditions de stabulation et d'alimentation avant et après l'énervation, Eckhard constate que ni la quantité de lait sécrété ni sa densité n'ont varié. Pour Eckhard, l'action du système nerveux est donc nulle.

Tout autre est l'opinion de Röhrig (1876). Il opère sur une chèvre curarisée et introduit une sonde aspiratrice dans les canaux de la glande mammaire. Il étudie alors l'action particulière des trois branches du spermatique externe. Le rameau papillaire est le nerf érecteur du mamelon : son excitation provoque l'érection ; sa section, le relâchement ; mais, dans les deux cas, il n'y a aucune modification dans l'écoulement du lait, sauf toutefois si l'excitation porte sur le bout central qui agirait alors par voie réflexe. Après la section du rameau glandulaire, la sécrétion se ralentit pour s'accélérer avec l'excitation du bout périphérique. Des phénomènes inverses s'observeraient avec le rameau vaso-moteur : la section entraîne une vaso-dilatation passive avec augmentation de la sécrétion, alors que la vaso-constriction produite par l'excitation amène la diminution de la sécrétion. Röhrig attribue l'influence prépondérante aux nerfs vaso-moteurs et, par suite, à l'état de vascularisation de la glande. Les nerfs sécréteurs proprement dits ne joueraient qu'un rôle médiocre.

Laffont (1879) expérimente sur une chienne et se préoccupe surtout des phénomènes vaso-moteurs qu'il étudie en observant les variations de pression sanguine dans l'artère mammaire. L'excitation du nerf mammaire intact amène une légère élévation de pression et une turgescence du mamelon. L'excitation du bout périphérique, après section, amène une chute de pression, une congestion de la mamelle, et, si l'on presse sur la mamelle, on obtient un jet de lait très abondant si on le compare à ce que donnent les autres mamelles.

En fait, Laffont se range à l'opinion de Röhrig : action manifeste de la vaso-dilatation sur la sécrétion (ou peut-être sur l'excrétion du lait, ce point ne paraissant pas tranché par les expériences des observateurs cités). Mais Laffont, ayant constaté qu'après la section des nerfs mammaires le lait continue à être sécrété, suppose qu'il existe d'autres influences s'exerçant sur la sécrétion du lait.

De Sinéty (1879), qui opère sur des cobayes, arrive à la conclusion que la section des nerfs mammaires, faite avant la délivrance, n'arrête nullement l'apparition de la sécrétion lactée qui se produit normalement ensuite. L'excitation directe du nerf mammaire ne modifie pas l'écoulement du lait. De Sinéty, avec Eckhard, rejette donc toute influence nerveuse,

Les expériences de Heidenhain et Partsch (1880), poursuivies sur des chiennes, des chattes et des lapins, donnèrent des résultats très contradictoires.

Minorow enregistre ou note le nombre de gouttes sécrétées chez la chèvre et constate que la section d'un seul nerf mammaire ne modifie pas le rendement, alors que la section bilatérale amène pendant un certain temps une diminution de moitié dans la quantité de lait fourni.

Une autre expérience de Minorow est moins nette. Après la section d'un nerf mammaire, si l'on excite un nerf sensible comme le crural, on observe une diminution de la quantité du lait, mais le liquide sécrété est qualitativement plus riche.

BASCH opérait par voie indirecte; il sectionnait, chez la chienne, la lapine et la cobaye, le nerf spermatique externe en observant le poids des jeunes animaux laissés à la mamelle; aucune modification appréciable ne fut observée dans le développement des animaux nourris avec des mamelles énervées.

Le système sympathique pouvant être incriminé, REIN (1880) enlève le plexus hypogastrique et le ganglion mésentérique inférieur chez les lapines pleines, sans modifier ultérieurement la lactation. PFISTER (1901) fait l'ablation du sympathique inférieur et du nerf grand thoracique; BASCH (1904), l'extirpation du ganglion cœliaque : tous deux arrivèrent aux mêmes conclusions.

RIBBERT (1898), PFISTER (1901) essayent des greffes de glandes mammaires, soit éloignées, soit par simple réimplantation après isolement complet. Chaque fois que la greffe avait repris, la sécrétion a pu s'établir avec une nouvelle parturition.

Sur le même sujet, il faut citer les observations de GOLTZ, FREUDSBERG et EWALD qui virent leurs chiennes à moelle raccourcie devenir pleines et la sécrétion lactée s'établir normalement.

De l'ensemble de ces observations on peut évidemment déduire que l'influence du système nerveux n'est nullement indispensable pour la mise en état de fonctionner de la glande mammaire et pour la sécrétion ultérieure. Mais il ne faudrait pas en conclure à l'indépendance absolue de l'appareil lacticifère vis-à-vis du système nerveux.

Parmi les expériences d'excitation directe des branches nerveuses, il en est qui établissent l'influence, soit immédiate par des nerfs sécréteurs, soit médiate par des nerfs vaso-moteurs, des filets nerveux mammaires sur la sécrétion lactée.

Les réflexes génito-mammaires, les réflexes de succion, la saillie contractile du mamelon avec sortie du lait pendant le coït sont autant de faits qui justifient cette influence psychique qui ne saurait être niée.

La clinique abonde de faits montrant l'action inhibitrice de phénomènes psychiques sur la sécrétion lactée. Une émotion violente peut provoquer l'arrêt passager ou permanent de la sécrétion lactée. De même, la vue d'une mère allaitant son enfant provoque chez une nourrice une poussée de lait qui se traduit par une excrétion inopinée.

Suivant une observation qui vise un grand nombre de sécrétions, le système nerveux n'est pas la cause primitive du développement de la mamelle, ni de la sécrétion du lait, mais il apparaît comme un régulateur de cette sécrétion.

**Les théories humorales.** — Les théories humorales, qui cherchent à expliquer les phénomènes successifs de la lactation par l'action de substances véhiculées dans le sang, peuvent se diviser en deux groupes, savoir :

Les théories des excitants spécifiques (*Reizstofftheorie*) ou des hormones;

La théorie métabolique (*Nahrstofftheorie*) qui fait rentrer les phénomènes observés dans des lois plus générales.

a) **La théorie des excitants spécifiques.** — Sous l'influence des phénomènes d'évolution qui se passent dans la sphère génitale, il se produit une substance qui, entraînée dans le circulus, ira agir sur les éléments glandulaires de la mammaire et provoquera leur prolifération.

Cette substance excitatrice (*Reizstoff*, stimuline, substance de grossesse, *Schwangerschaftssubstanz*, substance placentaire, *Plazentarsubstanz*), hormone lactique) est encore des plus énigmatiques.

BOUCHACOURT, frappé de ce fait que beaucoup de femelles, qui mangent avidement le placenta après la délivrance, ont très rapidement la poussée de lait, poursuivit des recherches histologiques qui l'amenèrent à penser que dans le placenta se formaient des éléments figurés, les boules plasmodiales, qui exerçaient une action déterminante sur l'apparition et la sécrétion ultérieure du lait,

La théorie de la substance excitatrice que nous appellerons aujourd'hui la *théorie de l'hormone* repose sur une conception générale des excitants spécifiques. Suivant STARLING, l'hormone (ὁρμάω, j'excite) se distingue essentiellement des substances alimentaires en ce sens qu'il n'est pas assimilable et ne renferme en lui aucune source d'énergie. Son action est essentiellement une influence dynamique, peut-être, dans quelques cas, comme nous le verrons plus loin, une influence inhibitrice, s'exerçant sur la cellule vivante, mais avec une action spécifique pour certaines cellules qui sont de véritables réceptrices pour lui. Pour STARLING, l'hormone agit comme un agent thérapeutique, principalement comme un alcaloïde, ne donnant pas lieu à la formation d'anticorps.

Le problème est d'expliquer comment et pourquoi la glande mammaire, ayant subi sous l'influence de l'hormone un développement considérable, entre en sécrétion et fournit du lait au moment même de l'expulsion du fœtus, ou plus exactement quelque temps après.

Une première hypothèse a été émise : la glande mammaire, arrivée au terme de son développement, mûre pour la sécrétion, fournirait à ce moment le lait nécessaire au fœtus. Mais contre cette hypothèse de la maturité simple s'élève l'objection que la glande entre en activité sécrétoire aussitôt après l'expulsion du fœtus, même quand cette expulsion est prématurée. Et même, si le fœtus meurt dans l'utérus et séjourne quelque temps avant d'être expulsé, la sécrétion lactée apparaît avant la délivrance.

A propos de l'hormone, nous avions dit que son action pourrait être dynamogénique ou inhibitrice. C'est par une action inhibitrice que HILDEBRANDT explique l'apparition de la sécrétion lactée.

HILDEBRANDT étudie l'activité autolytique de la glande mammaire à l'état de repos et en pleine activité, et il constate que l'autolyse est d'autant plus intense que la glande est en pleine activité. Puis il examine et dose également l'autolyse du placenta.

Mélangeant enfin des parties égales de pulpes glandulaires et placentaires, il note que les produits autolytiques obtenus de ce mélange ne représentent pas la somme des deux processus autolytiques recueillis avec les pulpes séparées. HILDEBRANDT conclut que le placenta exerce une action inhibitrice sur les processus autolytiques de la glande mammaire. Identifiant alors les processus de sécrétion de la glande avec l'autolyse observée, il arrive à cette hypothèse que le placenta est le siège d'une sécrétion interne, qui, pendant la grossesse, arrête l'autolyse et ne permet pas à la sécrétion de s'établir. « Il s'échappe de l'œuf vivant une influence qui provoque le développement même de la glande, en arrêtant en même temps l'autolyse des cellules. » La grossesse, dit-il encore, provoque un effet excitateur sur les organes eux-mêmes, en même temps qu'elle arrête la mise en jeu de leur activité fonctionnelle. Quand le placenta est expulsé, la sécrétion interne inhibitrice n'exerçant plus ses effets sur la glande mammaire, l'autolyse entre en jeu et la sécrétion lactée s'établit.

L'hypothèse d'HALBAN est très voisine de celle d'HILDEBRANDT. Le placenta exerce sur la glande mammaire, comme sur l'utérus, une double action protectrice et hyperplasique. Sous cette influence, la glande augmente de volume, mais les processus d'assimilation dominent tellement, qu'elle ne peut sécréter, c'est-à-dire être le siège d'une véritable désassimilation, le colostrum étant un produit particulier. Quand la stimuline protectrice cesse d'agir par suite de l'expulsion de l'œuf, les processus d'assimilation cessent, dans la glande, de l'emporter sur ceux de désassimilation, et la sécrétion s'établit. Dans certains cas, la sécrétion lactée peut précéder de quelques jours la naissance, mais on peut admettre alors que, sous des influences diverses, pendant le travail interne qui précède l'expulsion, le placenta ne fonctionne plus normalement et n'exerce plus son action d'arrêt sur la glande lactée.

L'hormone de STARLING rentre dans le même système, l'action anabolique devant masquer ou inhiber les processus cataboliques. Mais ce n'est pas dans le placenta, c'est dans le fœtus lui-même que STARLING place le siège de la sécrétion interne.

Dans une première série de recherches faites avec LANE CLAYPON, il montre que l'ablation du système de reproduction (ovaires, trompes et utérus), faite quand l'évolution est commencée (après le 14ᵉ jour pour les lapines), n'empêche pas la sécrétion lactée de s'établir deux jours environ après l'opération. Si l'ablation a lieu avant le quatorzième jour, non seulement les glandes mammaires ne sécrètent pas, mais elles régressent jusqu'à l'atrophie.

Dans une seconde série, les mêmes auteurs injectent dans le péritoine des lapines nulli- et multipares des extraits filtrés d'ovaires, de placenta, de fœtus. Les extraits d'ovaire, de placenta n'amènent aucune modification dans les glandes, alors que les extraits de fœtus, associés ou non à ceux de placenta, amènent un gonflement des mamelles, une prolifération de tous les éléments glandulaires; et, chez les femelles multipares, on observe, à la suite des injections répétées, l'apparition de la sécrétion lactée.

La sécrétion lactée s'explique, d'après STARLING, par la cessation de l'effet stimulant anabolique de l'hormone quelque temps après l'injection. L'animal auquel on cesse de faire des injections d'extrait se trouve dans les conditions analogues à celles qui suivent l'expulsion du fœtus.

KNÖPFELMACHER, espérant pouvoir donner une démonstration de la présence de l'hormone circulant dans le sang maternel, injecta à des femelles adultes et non couvertes des quantités notables de sérum provenant de femelles de même espèce, pleines, ou venant de mettre bas, ou encore quelques jours après la délivrance, alors que la lactation s'établissait. Il ne put obtenir de sécrétion lactée chez les animaux injectés, mais l'absence de recherches histologiques ne permet pas d'affirmer l'absence de réaction dans les glandes. FOA obtient un accroissement de la glande mammaire d'une lapine vierge en injectant de l'extrait de fœtus de bœuf; FERRON injecte de l'extrait de corps jaune à une lapine ayant cessé d'allaiter et observe un retour de la sécrétion. Contre la théorie de l'hormone il faut citer les expériences de LAMBROSI et BOLAFFIO : des lapines vierges mises en comparaison avec des lapines pleines n'ont rien présenté de particulier du côté des glandes mammaires. Il faut ajouter qu'elles n'ont vécu que huit jours!

Dans les hypothèses que nous venons de citer, le siège de l'excitant spécifique, de l'hormone, se trouve dans l'œuf, qu'il s'agisse du placenta (HILDEBRANDT, HALBAN) ou du fœtus (STARLING); mais il ne faut pas oublier que les glandes mammaires peuvent présenter un développement spécial, et donner du lait en dehors de la lactation, telle la poussée laiteuse observée chez les nouveau-nés femelles et même mâles. D'autre part, la glande prend un développement particulier, soit durable au moment de la puberté, soit passager pendant la période des règles. Dans ces cas, l'hormone paraît avoir pour origine l'ovaire. Toutes les expériences de castration ovarienne et de réimplantation de l'ovaire tendent à montrer, en effet, que le gonflement de la glande disparaît après l'ablation de l'ovaire, et, au contraire, réapparaît si on a réussi la greffe (HEBAR, KEHRER, KNAUER, HALDAN).

Le tableau ci-contre (p. 850), emprunté à PFAUNDLER, résume les influences et les phénomènes observés.

Les recherches de BOUIN et ANCEL ont surtout porté sur l'influence du corps jaune. A cet effet ils ont cherché à faire apparaître expérimentalement des corps jaunes dans un organisme neuf, à l'exclusion des autres facteurs qui interviennent dans la gestation.

L'évolution constatée dans la mamelle, après la formation expérimentale de corps jaune (coït stérile ou piqûre de l'ovaire) et l'arrêt de cette évolution si on détruit les corps jaunes, conduit à considérer le corps jaune comme un organe générateur d'une hormone cinétogène, c'est-à-dire provoquant la multiplication des éléments glandulaires. Cette théorie explique enfin le travail observé dans les organes mammaires à chaque période menstruelle, travail qui s'arrête avec l'atrophie du corps jaune. Mais pour expliquer la transformation des éléments mammaires en appareils sécréteurs, il faut évoquer une seconde hormone, qui, toujours d'après BOUIN et ANCEL, proviendrait d'une glande à sécrétion interne, logée dans le muscle utérin et qu'ils ont appelée la glande myométriale.

*b*) **La théorie métabolique.** — Pour expliquer la montée du lait qui suit l'expulsion du fœtus, une première hypothèse, qui peut se rattacher à celle de la nutrition, fut émise : la suppression de la circulation utéro-placentaire provoquerait une hyperémie compensatrice dans les glandes mammaires en voie de développement exagéré, et qu entrent alors en activité. Cette théorie hématique, défendue par MOLL, FREUND et par SCHEIN (au début), soulève de grosses objections dont l'une est des plus sérieuses : l'ablation d'un fibrome utérin n'a jamais été suivie d'une sécrétion lactée.

Mais SCHEIN a abandonné cette théorie de l'effet quantitatif du liquide sanguin pour défendre l'effet qualitatif. Sous le terme de théorie de nutrition (*Nährstofftheorie*), que nous désignerons sous le terme de théorie métabolique, s'est développée une hypothèse différente de celle de l'hormone, quoiqu'on entrevoie facilement une conception éclectique entre celle-ci et celle de l'excitant spécifique.

**Phénomènes physiologiques et pathologiques des excitations trophiques ou inhibitrices provoquées par la sécrétion interne de la glande embryonnaire ou de ses dérivés non différenciés sur la glande mammaire.**

| ÉTAT. | ORIGINE et INFLUENCE. | ACTION DYNAMOGÉNIQUE. | | ACTION INHIBITRICE. | |
|---|---|---|---|---|---|
| | | Sens positif. | Sens négatif. | Sens positif. | Sens négatif. |
| Parturition. | Placenta. + Ovaire? | Croissance embryonnaire. Mastite des nouveau-nés. Hyperémie par hémorragie interstitielle. | Régression des mamelles après l'accouchement. | | Sécrétion lactée des nouveau-nés. |
| Puberté. | Ovaire. | Impulsion de puberté. Développement des bourgeons pectoraux après implantation des ovaires. | Absence des transformations de puberté chez les castrées. | | |
| Règles. | Ovaire. | Impulsion menstruelle. Hémorragie interstitielle. | Absence chez les castrées. | Altération dans la lactation au moment des règles. | Sécrétion à la fin des règles. |
| Grossesse. | Placenta. + Ovaire? | Impulsion de la grossesse. Développement des glandes mammaires. | Régression après l'accouchement. | Retard de la sécrétion de 2 à 4 j. après la délivrance. | Arrêt du lait après régression de la sécrétion placentaire ou après la naissance. |
| | Testicules. | Impulsion de la puberté sur les glandes des mâles. Gynécomastie. | | | Sécrétion des glandes mâles après altération fonctionnelle des testicules. |

La nutrition du mammifère nouveau-né, par le lait de la mère, n'est que la suite de la nutrition du fœtus en voie de développement dans l'utérus maternel. Les principes alimentaires qui, à travers la masse placentaire, allaient se fixer sur le fœtus, gagneront, celui-ci une fois expulsé, les glandes mammaires, et parviendront à l'être nouveau-né sous forme de lait.

RAUBERS émit le premier cette théorie d'une manière un peu spéciale. Les leucocytes, pendant la grossesse, passent en grand nombre de la mère au fœtus, et inversement, constituent des vecteurs des principes alimentaires; quand la circulation fœtale est interrompue, il se produit un courant intense des leucocytes vers les glandes mammaires. Ces éléments chargés de principes nutritifs traversent l'épithélium alvéolaire et se détruisent dans la glande, en contribuant à la formation du lait.

Si le rôle des leucocytes, tel que le concevait RAUBERS, n'a pas été admis, la théorie persiste encore, en considérant que le sang transporte des matériaux indispensables.

Pendant la grossesse, ces matériaux subissent l'attraction dominante vers l'embryon en voie de développement, et une faible partie de ces produits se dirige vers la glande mammaire et provoque son hyperplasie avec sécrétion du colostrum. Quand le fœtus est expulsé, la totalité des éléments nutritifs gagne la glande, et, transformés en éléments lactogènes, ils provoquent la sécrétion du lait.

Schein ne fait pas intervenir, pour expliquer l'absence de sécrétion pendant la grossesse, une action inhibitrice quelconque : si la glande ne sécrète pas, c'est uniquement parce que la quantité de matériaux dérivés de son côté est juste suffisante pour assurer son développement, et ce n'est que lorsque ces éléments arrivent en excès, qu'il y a sécrétion.

La théorie de Schein ne repose sur aucune expérience directe ; sa meilleure base consiste dans les observations de Bunge visant les rapports étroits qui existent entre les cendres du lait maternel et les cendres du fœtus, rapports qui, plus difficiles à démontrer, doivent exister pour tous les principes de constitution.

Contre elle, Halban oppose une objection facile à réfuter ; la sécrétion lactée ne se produit pas quand le fœtus est mort dans l'utérus, alors que l'apport des matériaux est suspendu par l'arrêt de la circulation fœtale ; au contraire, à la suite de l'expulsion d'une môle, on a observé une sécrétion lactée.

Les deux objections sont faibles. En ce qui concerne le premier cas, la mort du fœtus n'entraîne pas nécessairement et immédiatement l'arrêt de la circulation intra-placentaire ; cet organe continue à végéter, et, par suite, à dériver vers lui une partie des éléments nutritifs. Quant au second cas, les études sur la sécrétion de la glande après expulsion de môles sont encore trop rudimentaires pour permettre d'affirmer qu'il y a bien du lait sécrété.

Ici encore, il y a tout lieu de supposer que l'éclectisme s'approche de la vérité ; qu'il existe de véritables hormones jouant un rôle particulier sur des éléments sensibilisés devenus de véritables récepteurs, et, d'autre part, que l'activité déployée pendant la grossesse dans la région utérine se porte immédiatement après l'expulsion du centre d'attraction vers un autre centre qui n'est autre que la glande lactée.

## COLOSTRUM.

Le colostrum est le liquide sécrété par les glandes mammaires pendant les derniers mois de la gestation et les premiers jours qui suivent la parturition.

Ce liquide a un aspect opalin visqueux, de consistance assez épaisse, avec des filaments jaunâtres. L'examen microscopique décèle la présence d'éléments figurés particuliers et de globules de graisse.

Dogral distingue trois périodes dans la sécrétion colostrale :

1° Le colostrum de grossesse ;

2° Le colostrum qui précède avant l'accouchement l'établissement de la sécrétion du lait proprement dit ;

3° Le colostrum consécutif à l'arrêt de la lactation.

**Colostrum de grossesse. — Composition chimique du colostrum de grossesse. —** Au microscope, on distingue des cellules à protoplasma granuleux (corps granuleux de Donné) qui seraient, d'après Stricter et Czerny, animés de mouvements amiboïdes ou simplement de mouvements pseudopodiques, d'après Michaelis.

Chaque corpuscule du colostrum de la femme possède généralement un noyau, rarement deux, et exceptionnellement trois. Le noyau se colore par des matières colorantes basiques ; il occupe soit le centre de la cellule, soit est déjeté à la périphérie. Tantôt il est sphérique et bien conservé, d'autres fois il est déprimé sur un point de sa circonférence par des gouttelettes de graisse, et, suivant que cette dépression est plus ou moins prononcée, on peut observer les différentes formes suivantes du noyau : noyau avec légère encoche, noyau en croissant ou en demi-lune (coiffe de Czerny), ou encore, et ceci se voit rarement dans le colostrum de la grossesse, les globules de graisse envahissent le centre du noyau en même temps que la périphérie, et on ne trouve plus que des restes de la substance chromatique pour ainsi dire à cheval entre les vacuoles.

A côté de ces corpuscules granuleux existent des cellules du type nettement polynucléaire, avec un noyau replié sur lui-même, contourné, et présentant parfois tous les caractères de la division mitosique (Jolly).

Il existe donc trois types d'éléments figurés dans le colostrum :

1º Des cellules granuleuses ; 2º des cellules polynucléaires (leucocytes); 3º des cellules polynucléaires en voie de caryolyse.

**Colostrum après l'accouchement.** — Après l'accouchement, les éléments figurés se retrouvent dans le produit de sécrétion, mais leur proportion diffère.

Le premier jour, avant que l'enfant ait tété, il semble qu'une destruction des leucocytes s'est produite, car ce sont les formes en chromatolyse qui occupent parfois presque entièrement le champ du microscope. Le nombre des leucocytes polynucléaires a augmenté : durant la grossesse, il était très inférieur à celui des globules du colostrum; après l'accouchement, il lui est supérieur. Les corpuscules du colostrum ont les mêmes caractères que ceux du colostrum de la grossesse; leur protoplasma et leur noyau sont bien conservés. Mais ils changent d'aspect dès que l'enfant commence à téter; les globules de graisse remplissent de plus en plus le protoplasma, qui est réduit à un réseau très fin, dont les mailles irrégulièrement arrondies correspondent aux globules de graisse. Le noyau également est détruit, et on peut suivre cette destruction progressive que nous avons décrite dans le colostrum de la grossesse, en faisant toutefois observer que ces formes y sont exceptionnelles, et deviennent au contraire la règle, dès que l'enfant a tété.

Dès le deuxième ou troisième jour qui suivent la première tétée, les corpuscules du colostrum deviennent de moins en moins nombreux, et sont remplacés par les formes en destruction. Quant aux leucocytes, ils disparaissent déjà dès le deuxième ou le troisième jour.

L'époque de la disparition totale des corpuscules du colostrum est très individuelle; tandis que, chez quelques femmes, déjà dès les premières tétées de l'enfant, on ne voit que de rares globules, chez d'autres, ils persistent encore le dixième ou le vingtième jour, et même trois ou quatre mois après l'accouchement; mais on peut dire, d'une façon générale, que vers le cinquième ou le sixième jour leur nombre devient tout à fait négligeable.

Ce fait a été observé par Trumann, qui, appelé à se prononcer dans un cas de médecine légale, fit l'examen du colostrum et du lait chez dix-huit femmes aux différents moments de la lactation. Il en conclut que la présence des globules du colostrum ne suffit jamais pour affirmer que l'accouchement est de date récente.

**Colostrum après la lactation.** — Quand la femelle n'allaite pas, on constate, les jours suivants, des globules granuleux gigantesques. Si, par contre, l'allaitement est brusquement suspendu, on observe dans le lait une transformation régressive curieuse. Vingt-quatre heures après la suspension de l'allaitement, on voit apparaître des globules de colostrum de différents diamètres et des leucocytes à noyau polymorphe. Ensuite les leucocytes disparaissent, et, seuls, les globules de colostrum de différents diamètres persistent. L'aspect de la sécrétion correspond à son état histologique; le liquide sécrété devient plus consistant et prend une coloration jaune.

La transformation du lait en colostrum peut être plus facilement suivie chez les animaux. Ainsi chez le cobaye, 24 heures après l'interruption de l'allaitement, on voit déjà des leucocytes à noyau polymorphe, dont le protoplasma contient quelquefois une ou plusieurs gouttes de graisse; le lendemain, le nombre des leucocytes diminue, les globules de colostrum apparaissent et, désormais, constituent seuls les éléments figurés du colostrum.

**Origine des globules du colostrum.** — L'origine et la nature des globules granuleux ne sont pas encore élucidées. Pour les uns, les globules sont le produit de dégénérescences graisseuses de la glande mammaire fonctionnant comme glande holocrine (Ranvier, Kölliker); pour les autres, les cellules alvéolo-glandulaires ne tombent pas dans les canaux alvéolaires, et il y a simplement sécrétion de la graisse. La partie centro-acineuse de la cellule se détache, alors que le noyau persiste (Rauber, Partsch, Heidenhéin).

Czerny arrive aux conclusions suivantes :

« Les globules de colostrum sont des leucocytes qui pénètrent dans les espaces glandulaires dès que le lait est formé, mais n'est pas encore excrété; ils absorbent les globules de graisse non utilisés et les transportent dans les voies lymphatiques. Ce transport se fait grâce aux mouvements amiboïdes, qui ne leur manquent jamais. »

Il était conduit à ces conclusions en faisant un examen direct du colostrum des femmes qui n'allaitent pas et en faisant les expériences suivantes :

1° Il injectait du lait dans le sac lymphatique dorsal de la grenouille et examinait toutes les 24 heures l'aspect des leucocytes du sang. Il a pu observer ainsi tous les intermédiaires, depuis le leucocyte normal jusqu'à ceux qui étaient remplis de globules de graisse et qui prenaient l'aspect des globules du colostrum :

2° Czerny injectait l'encre de Chine sous la peau de la souris et retrouvait dans les globules du colostrum, à côté des globules de graisse, des particules d'encre de Chine. D'où la conclusion suivante : ces globules blancs, ayant absorbé les parcelles de la matière colorante, sont arrivés avec la circulation dans les espaces interalvéolaires de la glande mammaire; ensuite, grâce à leurs mouvements, ils ont pénétré dans la lumière des acini où ils absorbent des globules de graisse, pour s'y transformer en globules de colostrum[1]. Des expériences analogues de Lourié ont aussi établi ce pouvoir absorbant des éléments du colostrum.

Unger[2], Michaelis[3], Lourié[4], confirmèrent ces résultats, en étudiant les coupes de la glande mammaire, faites à différentes périodes de la gestation et de la lactation. Ces auteurs ont décrit dans le tissu conjonctif interalvéolaire des leucocytes, dont le nombre augmentait au fur et à mesure que la grossesse évoluait, et ces leucocytes auraient pour rôle d'absorber la graisse non excrétée et de se transformer ainsi en globules de colostrum.

Duclert[5] considère les globules du colostrum comme des cellules glandulaires, ayant subi une dégénérescence colloïde. Cette opinion est admise par Renaut.

### Composition du colostrum[6].

| Age du colostrum d'après l'accouchement. | Extrait sec. gr. | Azote total. gr. | Graisse. gr. | Lactose anhydre. gr. | Cendres. gr. |
|---|---|---|---|---|---|
| 26 à 50 heures | 166,01 | 9,60 | 42,20 | 42,30 | 4,96 |
| 56 à 64 — | 146,11 | 5,25 | 40,50 | 56,70 | 4,24 |
| 26 à 48 — | 106,81 | 3,47 | 17,20 | 58,30 | 3,72 |
| 48 à 69 — | 104,74 | 2,75 | 20,90 | 52,50 | 4,14 |
| 5 à 6 jours | 120,64 | 3,37 | 29,82 | 56,34 | 3,50 |
| 5 à 6 — | 135,19 | 2,51 | 47,05 | 60,99 | 2,47 |
| 5 jours. | 118,57 | 3,00 | 24,14 | 63,26 | 3,30 |
| Moyenne des 70 observations précédentes. | 128,30 | 4,28 | 31,68 | 55,12 | 3,76 |

Le colostrum est surtout très chargé en principes nutritifs dans le premier jour, il s'appauvrit ensuite.

Lourié, qui n'a jamais pu sur des coupes de mamelles trouver dans les cellules des canaux galactophores quelques traces de globules de colostrum, mais uniquement dans la lumière des alvéoles et des canaux, penche pour une origine leucocytaire : ces globules possèdent toutes les propriétés phagocytaires dévolues aux leucocytes, coloration des granulations, absorption des corps étrangers, etc., mais il faut ajouter qu'on ne trouve cependant pas les formes de passage qui doivent relier le lymphocyte originaire avec le globule granuleux, type du colostrum.

**Élimination des substances par le lait. — Mercure. —** Le traitement de la syphilis des nouveau-nés qui consiste à donner à la nourrice des préparations mercurielles, avait été indiqué au XVIIIe siècle par Swediaur; mais, bien que la clinique eût signalé des cas heureux, il faut arriver en 1838 pour trouver la première recherche du mercure dans le lait. Péligot donne du mercure à une ânesse, mais ne peut le retrouver

1. Czerny, Loc. cit., p. 16.
2. Unger (Zur An. u. Phys. der Milchdrüse, 1898).
3. Michaelis (Beitrag zur Kenntniss der Milchdrüse, Arch. f. mikr. An., 1897, 26.
4. Lourié, Éléments figurés du colostrum et du lait, Th. in., Paris, 1901.
5. Duclert (Étude histologique de la sécrétion lactée), Th. de Montpellier, 1893.
6. Camerer et Söldner (Zeitsch. f. Biol., X, 1883, 365).

dans le lait; H. Chevalier, O. Henry ne sont pas plus heureux. Orfila, au contraire, retrouve le mercure et signale le cas d'une famille atteinte de stomatite mercurielle pour avoir pris du lait d'une vache soumise à un traitement hydrargyrique (?). Depuis cette époque, les résultats sont tantôt positifs, tantôt négatifs. Personne, Lewald retrouvent le métal, alors que Dolan, Okahler, Fehling n'y parviennent pas.

En 1899, Ettore Somma donna le mercure en frictions à sept femmes, et rechercha par une méthode très sensible (chlorate de potasse et hydrogène sulfuré) la présence du métal dans le lait. « Il n'y a pas eu, dit-il, la moindre trace de sulfure noir. » Il essaya sur les mêmes femmes, sans plus de succès, en remplaçant les frictions par des injections sous-cutanées.

En 1900, Sigalas arriva à un résultat opposé. Il emploie le procédé de Merget, qui consiste à aciduler le lait de 2/10 de son volume d'acide nitrique, faire bouillir, puis, après filtration, y placer une tige de cuivre plate et bien décapée. Après vingt-quatre heures de séjour, la tige est mise en présence de papier au nitrate d'argent ammoniacal, sur lequel la présence du mercure se révèle en tache apparente. De ses expériences, il faut conclure que le mercure passe à partir du treizième jour, et il appela temps perdu d'élimination cet espace de treize jours. C'est à la non-connaissance de ce fait qu'il attribue l'insuccès de tant d'analyses chimiques.

Enfin, en 1906, Louise et Moutier firent à la Société de Biologie la communication des recherches qu'ils avaient faites avec le mercure phényle, recherches couronnées de succès. Ils administrèrent à la chèvre 20 milligr. de mercure phényle, dissous dans 1 cc. d'acétate d'éthyle (dose relativement considérable; 0,17 mm. 7 de mercure phényle correspond à 10 mm. de mercure). Ils donnèrent à la chèvre cette médication du 15 décembre au 15 mai. Pas d'intoxication, pas d'accidents, bien que la bête fût pleine. Ils recherchaient le mercure d'abord par le procédé de Merget (indiqué plus haut) et ensuite par le procédé électrolytique.

Ils ne retrouvèrent le mercure que dix jours après la première injection. Il augmenta ensuite peu à peu, et se maintint à 2 milligr. par litre, sans jamais dépasser ce chiffre.

Les dernières recherches expliquent les résultats contradictoires des auteurs antérieurs. Le mercure met un temps considérable à s'éliminer : ce n'est que vers le dixième jour que cette élimination commence, et elle se poursuit ensuite lentement, même après cessation du traitement.

**Élimination de l'iode et de ses composés.** — L'élimination de l'iode et des iodures a été discutée.

Whaler et H. Sterberger paraissent avoir les premiers reconnu la présence de l'iode dans le lait d'une chienne soumise au traitement ioduré. Parmi les très nombreux travaux sur cette question, nous ne pouvons citer que quelques cas spéciaux. Chevallier et O. Henry retrouvent l'iodure de potassium et indiquent que ces laits iodés prennent en chauffant une teinte jaunâtre. Harmier retrouve l'iodure de potassium, mais non la teinture d'iode. Lewald décèle le passage de l'iode, mais ne constate sa présence que dans la caséine et non dans le sérum.

Les tentatives pour obtenir un lait iodé thérapeutique donnent des résultats contradictoires, mais, en général, l'iodure de potassium est retrouvé dans le lait, à la dose de 2 gr. 50. Lewald le trouve dans le lait 4 heures après, et on constate sa présence 11 jours après la cessation du traitement.

En mars 1902 parut sur ce point spécial de l'élimination de l'iode une étude très complète et très documentée de Flamini (48).

Il se servit pour ses expériences de l'iode métallique en solution huileuse, et en injection endomusculaire.

La chèvre fut l'animal employé pour les expériences.

Au point de vue chimique, il employa le procédé suivant :

« 20 cc. étaient versés dans une capsule de platine et alcalinisés au point de donner une réaction alcalinée. Puis on faisait évaporer au bain-marie jusqu'à dessiccation parfaite. On brûlait le résidu sec, on obtenait l'incinération complète, et les cendres étaient dissoutes dans l'alcool absolu. Le résidu de cette dissolution, préalablement évaporée au bain-marie, était à son tour dissous dans l'eau distillée et filtrée, et le filtre lavé plusieurs fois. Après avoir recueilli le liquide devenu limpide dans un entonnoir à séparation, on y versait une certaine quantité de chloroforme ou de sulfure de carbone, puis quelques gouttes d'acide sulfurique au 1/10 et quelques gouttes encore d'une solution d'azotate de soude. Enfin, on agitait fortement l'entonnoir, hermétiquement clos. L'iode alors mis en liberté se trouvait absorbé par le sulfure de carbone qui, recueilli et lavé plusieurs fois dans l'eau, permettait de déterminer la quantité d'iode qu'il contenait en dissolution, au moyen d'une solution titrée d'hyposulfite de soude.

Il rechercha l'iode successivement dans le sérum et les matières albuminoïdes, et put déduire de ses résultats que, « de tout l'iode contenu dans le lait, une partie un peu supérieure à la moitié se trouve dissoute dans le sérum, et le reste demeure combiné avec les matières albuminoïdes ».

On voit en outre par ces chiffres que l'iode ne commence à s'éliminer que vers le cinquième jour (0 cm. 0013 p. 100), puis que la proportion s'élève jusqu'à 0,0105 p. 100 le quinzième jour.

La proportion d'iode dans le lait répond à la moitié de celle éliminée par l'urine. Le maximum constaté par litre a été de 12 centigr. pour une chèvre de 35 kilogr.

Un travail plus récent de 1905 (Van Ittalie) entrepris sur le lait de vache, arrive à cette conclusion qu'avec 20 gr. d'iodure donnés 4 jours de suite, on ne trouve pas trace d'iodure dans le lait.

**Brome et Bromures.** — Peu de travaux à citer.

Lonyglon retrouve les bromures dans le lait de la femme et ses recherches sont confirmées par celles de Rosenhaupt.

Les faits cliniques plaident également en faveur du passage : érythème bromique chez un enfant nourri par une mère soumise à un traitement bromuré intense et disparition de l'érythème avec l'arrêt du traitement.

**Arsenic.** — Lewald avait établi que l'arsenic apparaît dans le lait au bout de dix-sept heures, et que son élimination n'est complète qu'en soixante heures.

Spinola admit ses conclusions, et Hertwig, étudiant le lait de vaches soumises par des vétérinaires à un traitement arsenical intensif, constata que les propriétés toxiques du lait qui en sont la conséquence peuvent persister plus de trois semaines après la cessation du médicament.

V. Tedeschi, expérimentant sur l'ânesse et la soumettant à des doses croissantes du traitement arsenical (jusqu'à 15 centigrammes par jour), ne retrouva pas le médicament dans le lait.

Ewald ne l'a pas retrouvé dans le lait d'une femme qui prenait chaque jour 6 milligrammes de cette substance.

Brouardel et Pouchet, à la suite de la mort d'un enfant nourri au sein par sa mère empoisonnée par l'arsenic, ayant trouvé 5 milligrammes dans le cadavre, concluent au passage.

**Fer.** — La pauvreté du lait en fer, 1 à 5 milligrammes par litre, a déterminé de nombreuses recherches ayant pour but d'augmenter cette teneur.

Chevallier et O. Henry citaient déjà l'oxyde de fer comme l'une des substances qu'ils avaient pu retrouver dans le lait. Plus tard leur opinion fut partagée par Lewald, Rombeau, Marchand, Anselm, Roselen, Bistrôw, Tedeschi, Hosaus, tandis qu'elle était mise en doute par Marmier, Mendès de Leon, Simon.

Fehling, qui a recherché le ferrocyanure de potassium dans les urines de l'enfant au sein après l'avoir administré à la nourrice, ne l'a pas retrouvé (tandis qu'il le retrouvait aisément dans les urines de la nourrice).

Schling a, lui aussi, et dans les mêmes conditions que Fehling, recherché le ferrocyanure de potassium dans les urines de l'enfant ; il a constaté comme lui qu'il ne passait pas.

Bistrow, donnant à la chèvre 1 à 3 grammes de lactate de fer, put noter la présence de 0 gr. 01 centigramme p. 100 de fer et vit doubler ce chiffre après quelques jours. En même temps, il signalait une légère diminution dans la sécrétion lactée.

Mendès de Leon fit prendre à une nourrice une préparation ferrugineuse, mais ne put retrouver le fer dans son lait.

Tedeschi donna huit jours de suite 10 grammes d'oxyde de fer dialysé, par la bouche, à une ânesse et ne retrouva que des traces du métal dans le lait.

FRIEDREICHS administra à la chèvre 0 gr. 20 à 0 gr. 50 de phosphate de fer par jour, sans rien retrouver dans le lait.

Le dernier travail paru sur la question est celui de GIORDANI. Après avoir fait des recherches sur la quantité de citrate de fer vert que l'on pouvait injecter sans inconvénient à la chèvre, il injectait dans les muscles une solution à 10 p. 100, à doses croissantes, allant de 25 centigrammes à 125 centigrammes, et put ainsi décupler la teneur en fer (65 centigrammes).

Les dosages du fer étaient effectués par la méthode HAMBURGER.

Pour GIORDANI, le fer ainsi éliminé devait se trouver à l'état de combinaison organique avec les protéides.

**Phosphates.** — L'addition de phosphates à l'alimentation peut-elle augmenter la teneur du lait en acide phosphorique?

Les laits dits phosphatés naturels ainsi obtenus ne contiendraient aucun excès d'acide phosphorique d'après DUCLAUX et SAINT-YVES MENARD, et TEDESCHI.

Cependant SANSON arrive à un résultat positif en donnant de 10 à 30 grammes de phosphates par jour.

JOLLY, sans admettre l'efficacité des phosphates ajoutés aux aliments, croit qu'une bonne alimentation en fourrages riches en phosphates influe nettement sur la richesse phosphatique du lait. En utilisant des engrais riches en phosphates et superphosphates, on peut obtenir des laits dépassant 4 gr. 50 de phosphates, alors qu'avec une alimentation défectueuse, comme les drèches, la teneur tombe à 1 gr. 05.

**Autres composés minéraux.** — Les sels de plomb ont été retrouvés par PEREIRA, DOLAN, LEWALD, STUMPF; *ils s'éliminent en quantité infime, mais pendant un temps très long.*

Les sulfates de soude et de magnésie ont été *retrouvés* par O. HENRY, PEREIRA, DOLAN, HARMIER. TEDESCHI n'a pas retrouvé la magnésie administrée pendant vingt jours à une ânesse à la dose de 12 grammes par jour.

Le cuivre a été *recherché sans succès* par TEDESCHI et par BAUM et SELIGER. Ils opéraient sur la chèvre et donnaient des doses variables, de 0 gr. 50 centigrammes à 1 gramme par jour, de sulfate de cuivre. La sécrétion lactée n'a pas été modifiée, mais le cuivre n'a pas pu être décelé.

Le bismuth a été retrouvé par LEWALD et par CHEVALLIER et HENRY. Le zinc a été *retrouvé* par PEREIRA, DOLAN, HARMIER. D'après LEWALD, l'oxyde de zinc, quoique insoluble, *s'élimine par le lait.* 1 gramme de ce produit se retrouve dans le lait au bout de quatre à huit heures. Après soixante heures, plus de traces. L'antimoine a été *retrouvé* par LEWALD, BAUM. Il passe d'autant plus facilement qu'il a été administré une préparation plus soluble. Le borax a été *retrouvé* par HARMIER. L'azotate de potasse n'a pas été retrouvé (CHEVALLIER et HENRY, MARCHAND). Les mêmes auteurs *n'ont pas retrouvé* les sulfures de sodium et de potassium.

La proportion de chlorure de sodium a pu être augmentée dans le lait au point de lui donner une saveur salée. La dose donnée à une vache était de 200 grammes par jour (PÉLIGOT). HENRY et CHEVALLIER ont confirmé ce travail. LABOURDETTE employa le chlorure de sodium pour faciliter l'absorption des médicaments qu'il voulait faire passer dans le lait. Les auteurs ont cherché les modifications que faisait subir aux matières contenues dans le lait l'addition d'une certaine quantité de chlorures. Les travaux sont en désaccord.

Les acides minéraux semblent, aux doses normales, n'avoir *pas d'effet sur la sécrétion lactée.* « On peut donc utiliser, dit LE GENDRE, comme je l'ai fait souvent pour favoriser la digestion d'une nourrice dyspeptique, la limonade chlorhydrique à 4 grammes pour 1 000, à la dose d'un tiers de verre par repas. »

Les alcalins, bicarbonates de soude, de potasse, ont donné, d'après PÉLIGOT et d'après HENRY, un lait fortement alcalin. Leurs recherches n'ont pas été reprises. DOLAN a vu le bicarbonate de potasse donné à la mère augmenter la diurèse du nourrisson.

Le carbonate d'ammoniaque, d'après DOLAN, passe dans le lait.

**Alcool.** — Le passage de l'alcool dans le lait de la mère a une importance considérable. Les médecins signalèrent de bonne heure le danger de l'intoxication alcoolique du nourrisson; mais, si le fait était admis couramment, la démonstration n'était pas faite.

Et il faut arriver en 1881 à DOLAN pour trouver les premières recherches, à résultat négatif d'ailleurs, du passage de l'alcool.

STUMPF montra que l'alcool augmente la richesse du lait en matières grasses, ne modifie pas les quantités d'albuminoïdes ni de sucre. Il ne retrouva pas trace d'alcool dans le lait.

DECAISNE rapporta plusieurs cas personnels d'accidents survenus chez des nourrissons à la suite d'abus d'alcool. Il déclara avoir observé vingt fois le fait, en vingt et un ans de pratique.

CHARPENTIER à son tour cita des faits de convulsions infantiles survenus dans les mêmes conditions.

DE ARMOND insista sur les effets terribles que produit l'alcool, passant par cette voie, sur un système nerveux aussi fragile que celui du nouveau-né (1889).

KLINGELMANN le premier fit des expériences positives sur l'animal. Il donna à une chèvre 200 cc. d'alcool absolu et obtint une ivresse profonde. Il retrouva dans le lait une proportion d'alcool de 0 gr. 35 pour 100. Au-dessous de 200 cc., ses recherches furent négatives. Dans le lait de femme il ne put déceler l'alcool.

ROSEMANN reprit les expériences de KLINGELMANN, mais cette fois sur la vache. Il arriva aux mêmes conclusions : l'alcool ingéré à haute dose passe. Ingéré à petite dose, il ne passe pas. La proportion éliminée dans le premier cas est de 0 gr. 2 à 0 gr. 6 p. 100 de l'alcool ingéré.

NICLOUX reprit ces différentes études chimiques par un nouveau procédé de recherche, il se servit de l'appareil de GRÉHANT (séparation de l'alcool par distillation dans le vide à 50°).

Il expérimenta sur la chienne, sur la brebis, sur la femme, et démontra le passage de l'alcool dans le lait. Les quantités éliminées sont faibles, voisines de 0 c. c. 25 p. 100 d'alcool absolu. Sa conclusion fut celle-ci : « L'alcool passe, quelle que soit la quantité d'alcool ingéré, grande ou petite. »

Ce travail, auquel nous renvoyons pour plus de détails, a fait époque dans la question, et semble l'avoir jugée définitivement.

En Allemagne, la même année (1908), H. WELLER (156) constata que les vaches nourries avec les pulpes de betteraves contenant encore de l'alcool donnent du lait contenant jusqu'à 0 gr. 96 p. 100 d'alcool.

**Chloroforme.** — Le passage du chloroforme dans le lait a été établi par NICLOUX, qui a dosé comparativement le chloroforme contenu dans le sang et dans le lait pendant une anesthésie pratiquée sur la chèvre pendant 94 minutes (jusqu'à la mort de l'animal). Il trouva dans le sang des quantités croissantes de 20 milligrammes, 24 milligrammes, 26 milligrammes, 27 milligrammes et jusqu'à 37$^{mm}$,5 à la période terminale. Au même moment, pour 100 centimètres cubes de lait, il trouva les quantités suivantes de chloroforme : 6 milligrammes, 12 milligrammes, 16 milligrammes, 25 milligrammes, 36 milligrammes, 49 milligrammes, 60 milligrammes. Il explique la haute dose de chloroforme trouvée dans le lait, par l'affinité du chloroforme pour les matières grasses du lait.

Dans une seconde expérience, il chloroformisa une chèvre pendant une heure, puis, cessant l'anesthésie, il rechercha le chloroforme dans la sécrétion lactée.

Il trouva à la première prise de lait 42 milligrammes pour 109 centimètres cubes de liquide et deux heures après la fin de l'anesthésie 2 milligrammes pour 100.

On voit par ces expériences que l'administration de chloroforme aux nourrices, pour une petite intervention, par exemple, pourrait être l'occasion de troubles graves chez le nourrisson. Il faudrait vider le sein et ne recommencer l'allaitement que cinq ou six heures après la fin de l'anesthésie.

D'autre part, il est bon d'ajouter que le lait des femmes accouchées sous chloroforme ne paraît pas subir de modifications intéressant le nouveau-né.

**Chloral.** — D'après FEHLING, le chloral s'élimine par le lait. Mais, même à la dose de 2 grammes par jour, il serait sans inconvénient, si on met au moins deux heures d'intervalle entre la prise du médicament et la selle.

**Éther.** — Reproduisant les expériences qu'il avait déjà faites avec le chloroforme, NICLOUX retrouva, dans la sécrétion lactée d'une chèvre soumise à l'éthérisation, des quantités d'éther allant de 35 milligrammes à 120 milligrammes pour 100 centimètres cubes de lait (l'expérience ayant duré 90 minutes). Il continua ses prises de lait après la chloroformisation et constata qu'après sept heures on ne retrouvait plus de traces d'éther.

Un fait rapporté par Godey montre que certains accidents peuvent survenir à la suite de l'éthérisation pendant l'accouchement. Pendant trois jours un enfant refusa de prendre le sein de sa mère accouchée pendant l'anesthésie à l'éther, et eut des vomissements quand il se mit à téter. On lui donna une autre nourrice; il n'eut plus de vomissements.

**Opium et ses dangers.** — Dès 1862, Scherer signale le passage de l'opium dans le lait, Besassey confirme ce fait en relatant l'observation d'un enfant qui dormit 48 heures après absorption par la nourrice de trente gouttes de teinture d'opium.

Fubini et Cantu trouvèrent à l'examen chimique la morphine dans le lait d'une chèvre soumise à l'usage de l'opium.

Frœhner expérimenta sur la vache et ne retrouva rien dans le lait.

Pinzani, travaillant dans le laboratoire du professeur Albertoni (de Bologne), fit douze expériences dans lesquelles il faisait prendre à des nourrices des doses de morphine variant de 3 à 5 centigrammes (chlorhydrate); trente enfants prirent de ce lait sans en ressentir aucun trouble. Il ne remarqua chez eux aucun sommeil prolongé. Dans deux autres expériences, il donna trente gouttes de laudanum, pendant trois jours de suite, à des nourrices, sans obtenir aucun résultat sur l'enfant. Sur quatre analyses chimiques faites dans ces circonstances, il eut quatre insuccès.

Van Itallie, ayant administré à des vaches 8 grammes de poudre d'opium, ne retrouva rien dans le lait.

**Belladone et atropine.** — Schling a montré que le sulfate d'atropine en solution au 1/100, et donné à la mère en injections sous-cutanées à la dose de 3 à 5 milligrammes, produisait chez l'enfant de la dilatation pupillaire.

Fehling, rapportant les expériences de Preyer et les siennes propres, conclut que la dose de 1 à 5 milligrammes d'atropine donnée à la mère amène, dans tous les cas, de la dilatation pupillaire chez l'enfant, dilatation persistant jusqu'à vingt-quatre heures; mais aucun trouble n'a été observé.

Husemann et Hilger déclarent que l'on retrouve l'atropine dans toutes les sécrétions de l'organisme.

Un certain nombre d'auteurs, Lillé, Sydney, Ringer, Bing, Lauder-Brunton, Pezold, cités par Fabini et Bonnani, ont étudié le rôle inhibiteur de l'alcaloïde de la belladone, sur la sécrétion lactée. Miller, Fifield, Goolden, Harris, Blaytman, ont confirmé leurs recherches.

Fubini et Bonnami, employant la méthode de Rumms (fondée sur ce fait que de très petites doses d'atropine suffisent pour rendre le nerf vague inexcitable chez le chien), établirent le passage de l'atropine à travers la glande mammaire après quinze expériences toutes positives.

**Acide salicylique et salicylate de soude.** — Stumpf a démontré que le salicylate de soude et l'acide salicylique passaient dans le lait en petite quantité, lorsqu'on les administrait à forte dose à la nourrice. La proportion éliminée est plus considérable chez la femme que chez les herbivores.

Il reconnut, en outre, que ces composés diminuent la sécrétion lactée et la rendent plus alcaline.

Schling montra qu'on n'en trouve pas si on les recherche trop tôt après leur absorption.

Fehling, et avec lui Pauli, Horder et Herdeyens, montra qu'on les décèle plus facilement dans l'urine du nourrisson que dans le lait. Le temps perdu d'élimination serait de vingt-quatre heures.

Richter et Woodhule contredisent ces travaux. Peut-être faut-il expliquer leur insuccès par une recherche trop hâtive dans le lait, alors que le médicament n'y était pas encore apparu.

Rémy déclare avoir donné le salicylate de soude à la dose de 2 grammes par jour à une femme rhumatisante, dont l'enfant, qu'elle allaitait, augmenta normalement, et ne présenta rien de spécial.

De l'ensemble de ces travaux, il ressort nettement que le salicylate de soude passe dans le lait en petite quantité et qu'administré au-dessous de 3 grammes à la nourrice, il ne peut être dangereux pour l'enfant.

La rhubarbe et la gratiole (*Gratiola officinalis* L.), administrées à la nourrice, donnent des coliques et même purgent légèrement le nourrisson (CAZEAUX).

L'huile de ricin donne au lait une odeur et un goût spécial et lui communique des propriétés purgatives (DOLAN).

Le séné donne une odeur particulière et cause des coliques.

La nicotine absorbée par les ouvrières dans les manufactures de tabac diminue la sécrétion du lait (SARRET), provoque des coliques et des accidents nerveux chez le nourrisson (QUINQUAUD) et lui donne un teint terreux et des selles couleur vert-de-gris (DELAUNAY).

La térébenthine donnée à la nourrice communique à l'urine du nourrisson l'odeur de violette caractéristique.

**Quinine.** — Le sulfate de quinine n'a pas été retrouvé dans le lait par CHEVALLIER et HENRY; LANDERER et EWALD ont cependant constaté qu'il y passait très bien. BURDEL a donné, dans un travail sur ce sujet, les conclusions suivantes : Rien n'est plus variable et irrégulier que la transmission de la quinine par la lactation. La sécrétion lactée en sera d'autant plus chargée, et son absorption d'autant plus rapide que la quinine aura été donnée à jeun. C'est dans ces conditions principalement que la lactation peut être dangereuse pour les nouveau-nés. Au contraire, lorsque la quinine est administrée avec les aliments, sa présence dans la sécrétion du lait est moins abondante, moins rapide, et par conséquent moins toxique. A mesure que les enfants s'éloignent davantage de leur naissance, ils deviennent moins sensibles à l'influence du lait quininisé. Les accidents surviennent très rarement chez les enfants âgés de 5 à 6 mois. Lorsqu'on se trouve obligé d'administrer la quinine à des femmes nouvellement accouchées, on peut facilement éviter ces accidents, soit en administrant (si cela est possible) la quinine aux repas ou avec quelque aliment, mais surtout en ayant soin, trois heures environ après l'administration du médicament, de vider artificiellement les seins de la mère, afin que l'enfant ne puisse téter ce lait. On continuera ainsi pendant tout le temps que la mère sera obligée de prendre de la quinine. « Grâce à cette dernière pratique, dit MARFAN, on pourra prescrire couramment la quinine, comme je l'ai fait maintes fois, et éviter de se passer d'un remède excellent et quelquefois indispensable. »

**Antipyrine.** — Les recherches les plus complètes sont celles de FIEUX. Il a pu constater que l'antipyrine passe en nature dans le lait des nourrices. Donnée à dose massive : deux cachets à 1 gramme à deux heures d'intervalle, elle commence à être décélée dans le lait 5, 6, 8 heures après l'ingestion, et n'y est plus retrouvée 19 ou 23 heures après. L'antipyrine, pendant ce laps de temps, ne passe dans le lait qu'en proportion excessivement faible, très inférieure à 50 milligrammes p. 1 000. Ce n'est que dans des conditions exceptionnelles : 4 grammes administrés en 16 heures, qu'elle arrive à atteindre sensiblement cette proportion.

Elle n'influe en rien sur la qualité du lait, et en particulier sur la lactose, la caséine ou le beurre ; elle ne paraît nullement agir sur les sécrétions qui restent toujours très copieuses, si du moins la femme continue à allaiter.

L'action sur l'enfant peut être considérée comme nulle.

## ANALYSE DU LAIT.

**I. Caractères physiques.** — **Densité.** — La densité du lait oscille autour de 1 030 à 15°.

Cette densité est fonction inverse de la quantité de matières grasses, et fonction directe des autres substances.

La température influe naturellement sur la densité, et on peut admettre pratiquement que la correction à faire est de 0°1 par degré de température au-dessous de 15°, et de 0°2 au-dessus de 15°.

BOUCHARDAT et QUEVENNE ont établi des tables qui donnent les corrections exactes.

Il existe un certain nombre d'instruments dits *densimètres correcteurs* qui permettent de faire immédiatement la lecture.

Les lactodensimètres portent deux graduations : l'une, donnant la densité du lait avant l'écrémage (1 029 à 1 033) ; l'autre, celle du lait après l'écrémage (1 032 à 1 036). Toute densité de lait écrémé inférieure à 1 032 doit faire soupçonner le mouillage.

Citons le lactodensimètre de Quevenne ; le plus répandu, le thermolactimètre de Langlois, effectuant automatiquement la correction thermique.

**Odeur et saveur.** — Les propriétés organoleptiques du lait peuvent être utilisées dans l'examen du lait. Les médecins goûtent fréquemment le lait pour apprécier sa valeur, et, dans les grandes industries laitières, le personnel entraîné peut presque toujours émettre un avis sûr, d'après l'odeur et la saveur du lait.

**Opacité.** — L'opacité du lait est due aux globules gras, d'une part, et aux substances protéiques, principalement à la caséine en état de suspension colloïdale.

Donné, admettant que l'opacité est fonction de la richesse en globules gras, a construit un lactoscope permettant d'examiner le lait sous des épaisseurs différentes.

On remplit de lait la caisse du lactoscope, on la place devant une lumière constante, et, en faisant tourner le limbe mobile, on augmente l'épaisseur de la couche laiteuse jusqu'à obtenir l'opacité complète.

Une graduation donne le degré lactoscopique. L'appareil n'est plus usité ; Doyère avait proposé, pour éviter l'erreur due à la caséine, de dissoudre au préalable cette substance par l'acide acétique.

**Viscosité.** — La viscosité ou frottement intérieur du lait diminuant sa mobilité est appréciée en comparant la durée d'écoulement de volumes égaux d'eau distillée et de lait, les deux liquides étant pris à la même température et à la même pression, et le coefficient relatif de viscosité du lait (par rapport à l'eau) est le rapport des durées d'écoulement de deux volumes égaux d'eau et de lait.

Cette propriété dépend de la nature de la solution, mais surtout des éléments en suspension et des colloïdes ; elle diminue quand la température s'élève.

Pour mesurer la viscosité du lait, on peut employer le dispositif d'Ostwald, à large capillaire, ou plus simplement l'appareil de Micault. Ce dernier est, en somme, un vase de Mariotte, dont la capacité est calculée de telle façon que l'écoulement du volume d'eau distillée qu'il contient se fasse en 100 secondes à 15° ; l'écoulement du même volume de lait se fait en plus ou moins de 190 secondes.

Le chronostillatiscope de Varenne repose sur le même principe. Weiss utilise un appareil composé d'un vase dans lequel est un agitateur à palette ; celui-ci tourne sous l'influence d'un poids qui descend comme un poids d'horloge. Le temps que met le poids à descendre est fonction de la viscosité du lait.

Le coefficient de viscosité du lait de vache, par rapport à l'eau, varie de 1,85 à 2,15 (Bodgan), de 1,99 à 2,06 (Madella), de 1,60 à 2,0 (Kobler).

**Tension superficielle.** — La tension superficielle du lait a été mesurée au moyen de l'ascension dans les tubes capillaires ou par la numération des gouttes fournies par 5 centimètres cubes de liquide avec le compte-gouttes normal (fournissant, à 15°, 100 gouttes pour 5 centimètres cubes d'eau distillée). 5 centimètres cubes de lait écrémé donnent, à 15°, 137 à 139 gouttes (Mullère) ; 5 centimètres cubes de lait entier donnent, à 15°, 126 à 140 gouttes (Imbert et Ducros).

En général, la tension superficielle des solutions aqueuses de sels minéraux est plus grande que celle de l'eau pure. Au contraire, les solutions aqueuses de composés organiques ont habituellement une tension superficielle inférieure à celle de l'eau distillée ; les colloïdes et les graisses émulsionnées se comportent de même.

La tension superficielle de l'eau étant de 7 390 à 20°, le lait a donné, à la même température, des chiffres variant de 5 060 à 6 726 (Kobler).

**Résistance électrique.** — L'étude de la résistance électrique du lait, comme la cryoscopie, permet d'établir le mouillage du lait. Lesage et Dongier ont utilisé un appareil téléphonique de Kohlrausch. Sans insister sur le montage du pont de Wheatstone, il suffira d'indiquer quelques points essentiels.

Une boîte de résistance de 110 ohms est suffisante, avec deux éléments Leclanché. La cuve électrolytique sert en même temps d'agitateur.

La résistance de la cuve est $V = \rho \dfrac{l}{s}$ ; et pour la même cellule $\dfrac{l}{s}$ est constant; comme il est délicat de mesurer directement l'écartement des électrodes et leur surface, on peut facilement calculer ce rapport en faisant une détermination avec une solution saline de résistance spécifique connue; connaissant V et $\rho$, il devient facile de calculer le rapport $\left[\dfrac{l}{s}\right]$ que nous désignerons par A.

L'équation devient alors $V = \rho A$.

$$\rho = \frac{Ra}{A\,(1000 - a)}$$

Les solutions employées pour la détermination du coefficient de cuve A sont ordinairement :

1° Azotate d'ammonium pur à 80 milligrammes par litre.

Résistance spécifique à 18° = 7710,1 ohms (OSTWALD)

2° Chlorure de potassium pur $\dfrac{N}{10}$, soit à 7$^{gr}$, 456 :

Résistance spécifique à 18° . . . . . 89,28 ohms
— — à 25° . . . . . 77,57 —
(OSTWALD.)

LESAGE et DONGIER ont indiqué que, à 16°,7, la résistance spécifique du lait de vache normal varie de 235 à 265 ohms (résistance spécifique du sérum : 97 à 103 ohms).

PETERSEN donne comme chiffres extrêmes 204 à 255 ohms à 15°; le nombre le plus fréquent étant 231.

SCHNORF, dans un travail très étendu, portant sur 3 730 échantillons de lait, a trouvé que la conductibilité variait de 38,69.10$^{-4}$ à 62,99.10$^{-4}$; dans 94 p. 100 des cas, la conductibilité variait seulement de 43,10$^{-4}$ à 57,10$^{-4}$, à 25°, correspondant à des résistances de 175 à 238 ohms. Une addition de 10 p. 100 d'eau augmente la résistance de 15 à 20 ohms.

**Cryoscopie.** — La cryoscopie du lait a été utilisée par WINTER, dès 1895, pour rechercher le mouillage du lait.

Pour effectuer une détermination, le lait bien mélangé est placé, pendant une dizaine de minutes au moins, dans la glace pilée, de façon à l'amener aussi près que possible de zéro. De cette façon, la détermination est plus rapide lorsque le tube est plongé dans le mélange réfrigérant.

Il faut employer 50 centimètres cubes de lait environ pour être certain d'avoir une température constante dans tout l'échantillon. WINTER et PARMENTIER conseillent de faire une première congélation, de réchauffer ensuite dans la main l'éprouvette du lait, puis de reporter dans le mélange; la vitesse de chute de la température passe en quelques secondes d'un maximum à un minimum qu'il est difficile de saisir.

L'opération faite dans ces conditions donne la température du *début de la congélation*, la seule qui soit constante et qui ait une signification au point de vue de l'analyse.

L'addition d'une parcelle de glace ou de givre pesant au moins quelques centigrammes n'a aucune action perturbatrice notable sur la concentration de la solution, puisque celle-ci est, en proportion, beaucoup plus considérable.

Cette façon de procéder est plus exacte que celle qui consiste à laisser la surfusion cesser d'elle-même. Habituellement, la surfusion ne cesse ainsi que vers — 2°, ou même — 2°5, — 3°. Il est évident que, lorsque la cristallisation se fera dans cette solution très refroidie, elle entraînera la séparation d'une quantité notable d'eau à l'état solide, et amènera par conséquent une concentration sensible de la solution, d'où abaissement plus prononcé du point de congélation.

Un lait gelant à — 0°,54, avec une surfusion de 0°,20, se congelait à 0,56, quand on laissait la surfusion cesser d'elle-même, à — 3°; la température du mélange réfrigérant étant voisine de — 3°, et non de — 6°, comme le recommandent plusieurs auteurs.

Le nombre lu est pris comme point de congélation, sans se préoccuper, comme on le fait en cryoscopie de précision, des différentes corrections, peu importantes du reste, relatives à la pression, à la surfusion, etc.

Les nombres donnés par WINTER pour des laits entiers ont été confirmés par la grande majorité des auteurs.

$$
\begin{aligned}
\text{Lait de femme.} \ldots \quad & \Delta = -0°,55 \\
\text{Lait de vache.} \ldots \quad & \Delta = -0°,55 \\
\text{Lait de chèvre.} \ldots \quad & \Delta = -0°,57 \\
\text{Lait de brebis.} \ldots \quad & \Delta = -0°,54
\end{aligned}
$$

JAWANGELI, BERTOZZI, en Italie, trouvent pour le lait de vache $\Delta = -0°,545$ à $-0°,56$; BONNEMA, en Hollande, indique également $-0°,555$. Ce dernier auteur constate que, parfois, environ dix heures après la traite, $\Delta$ devient $-0°,53$, ce qu'il attribue à l'insolubilisation d'une petite quantité de phosphate sous l'influence de l'ammoniaque produite par certaines bactéries du lait; ensuite, le point de congélation remonte par suite de la formation lactique.

En France, PARMENTIER, JAVAL, LAJOUX, etc., ont toujours trouvé $\Delta = -0°,55$ pour des laits de mélange; alors que BORDAS, GENIN, PONSOT trouvent un chiffre inférieur $-0°,52$.

Certains laits individuels peuvent donner $\Delta = -0°,54$, même $-0°,53$, ou parfois, mais assez rarement, $0°,57$ (WINTER).

HAMBURGER admet qu'un relèvement de $0°,005$ au-dessus de $-0°,56$, adopté par lui comme normal, indique un mouillage de 1 p. 100; ainsi $0°,51$ indiquerait un mouillage de 1 p. 100.

L'addition au lait de conservateurs solubles abaisse le point de congélation, en l'éloignant de zéro. L'ébullition à l'air libre, en enlevant une certaine quantité d'eau par vaporisation, produit le même résultat. Au contraire, le chauffage du lait en vase clos ne modifie pas le point de congélation.

L'abaissement cryoscopique est influencé seulement par les matières dissoutes mais nullement par les matières en pseudo-solution ou en suspension. C'est dire que la matière grasse n'influe pas, et que la caséine en solution plus ou moins colloïdale n'a aucune action sensible; du reste, sa concentration moléculaire propre est insignifiante.

Il s'ensuit donc que le lait entier, la crème et le lait écrémé ont un point de congélation identique. Cependant on a signalé que l'écrémage complet par centrifugation augmentait le point de congélation de $0°01$ ($-0°,56$, au lieu de $-0°,55$).

**Dosage chimique. — Dosage de l'azote total.** — La méthode de KJELDAHL, plus ou moins modifiée suivant chaque auteur, est toujours utilisée pour la détermination de l'azote total.

Sans insister sur la technique classique, il suffira d'indiquer les manipulations initiales.

10 centimètres cubes de lait sont évaporés à sec dans un ballon à l'étuve; on le recouvre de 20 centimètres cubes d'acide sulfurique et l'on chauffe à ébullition jusqu'à décoloration, en présence ou non d'une goutte de mercure, etc.

Pour calculer la quantité de matières azotées correspondant au chiffre d'azote trouvé, on multiplie par un coefficient conventionnel qui varie suivant les auteurs ou les Pays: 6,557 (Suisse); 6,37 (Allemagne); 6,25 (France).

**Dosage séparé de la caséine. —** *Procédé* ORLA JENSEN. — 50 centimètres cubes de lait sont additionnés de 100 centimètres cubes d'eau distillée, et on ajoute lentement de l'acide acétique jusqu'à commencement de précipitation de la caséine; à partir de ce moment on verse encore 5 centimètres cubes du même acide et dans le liquide on fait passer pendant une demi-heure un courant d'acide carbonique.

La caséine serait seule précipitée (?). On complète à 250 centimètres cubes avec de l'eau distillée et on filtre pour séparer la caséine précipitée.

Dans une partie du filtrat, on détermine l'azote par le KJELDAHL, le chiffre $a$ de l'azote ainsi déterminé, représentant l'azote des albuminoïdes autres que la caséine, est déduit de l'azote total, $b$, déterminé sur le lait complet, $b - a$ représente l'azote de la caséine et il suffit de multiplier par le coefficient adopté.

*Dosage de l'albumine.* — 100 centimètres cubes du filtrat ci-dessus sont traités par

30 centimètres cubes d'acide sulfurique au quart et 20 centimètres cubes d'acide phosphorique au dixième. On laisse reposer douze heures, on filtre pour éliminer les substances précipitées par acide phosphorique. Sur 75 centimètres cubes du filtrat on détermine l'azote par le KJELDAHL, le chiffre obtenu $c$ représente l'azote de l'urée, des corps amidés, etc. En multipliant $c$ par 9,35 on obtient la quantité des corps amidés ou corps voisins, alors que l'azote des albumine et globuline est donné par différence $d = a - c$ : en multipliant $d$ par 634 on obtient les substances albuminoïdes.

On obtient avec des laits normaux des chiffres de ce genre (MONVOISIN) :

|  | En grammes. | P. 100. |
|---|---|---|
| Azote total . . . . . . | 4,3 à 5,8 | 100 |
| — de la caséine . . . | 3,7 à 4,3 | 77 à 81 |
| — de l'albumine . . . | 0,90 à 0,95 | 15,7 à 17,5 |
| — amidé . . . . . . . | 0,13 à 0,24 | 2,5 à 4,7 |

LINDET et AMMAN déterminent la teneur en albumine, en calculant le pouvoir rotatoire de la matière azotée du sérum obtenu par l'emprésurage.

*Dosage de la caséine précipitée par l'acide acétique.* — La précipitation a lieu soit après enlèvement préalable des corps gras par l'alcool éther (procédé ADAM), soit avant ce traitement, le précipité devant alors être débarrassé des graisses dans un digesteur contenu par de l'éther, de la benzine ou de l'éther de pétrole.

*Procédé* BORDAS *et* TOUPLAIN (*par centrifugation*). — 25 centimètres cubes d'alcool à 65° acidifié par l'acide acétique (1 centimètre cube d'acide acétique cristallisable pour 1 litre d'alcool à 65°) sont placés dans le tube en verre taré du centrifugeur.

Verser goutte à goutte 10 centimètres cubes du lait à examiner, en évitant, autant que possible, de remuer le mélange. La caséine en se précipitant entraîne le beurre avec elle. Au bout d'une demi-heure au plus la précipitation est achevée. Si l'on a affaire à un lait frais ou présentant une acidité normale, on centrifuge et on décante tout de suite le liquide alcoolique dans une fiole jaugée de 100 centimètres cubes. Le précipité de caséine et de beurre est lavé, deux fois au maximum, en le délayant dans 25 centimètres cubes d'alcool à 50°-55° environ.

On centrifuge chaque fois et on décante comme précédemment. Les liquides ainsi obtenus servent au dosage du lactose, au moyen de la liqueur de FEHLING.

L'extraction du beurre se fait sur le précipité provenant de l'opération précédente. On fait trois épuisements à l'éther en ajoutant dans le premier épuisement 10 centimètres cubes d'alcool à 96°, aux 20 centimètres cubes d'éther ordinaire employés. On centrifuge chaque fois, et l'éther est décanté dans un vase taré à l'effet d'y être évaporé; on pèse le beurre après dessiccation.

D'un autre côté, il reste dans le tube du centrifugeur une caséine en poudre fine qui se dessèche rapidement et à basse température. On la pèse dans le tube même du centrifugeur qui a été taré préalablement et on diminue le poids trouvé de la quantité de cendres que donne la caséine obtenue. Au lieu de peser les cendres de la caséine obtenue, on pourra multiplier le poids trouvé par 0,925 pour avoir la quantité réelle de caséine.

Enfin, on complète tous ces dosages en incinérant 10 centimètres cubes de lait que l'on évapore d'abord rapidement au bain-marie, et on calcine ensuite l'extrait.

**Résultats obtenus avec du lait de vache ordinaire.**

| NATURE DU LAIT et numéros des échantillons. | EXTRAIT SEC. | CENDRES. | BEURRE. | CASÉINE. | LACTOSE. | TOTAUX pour 100 c. c. DE LAIT. |
|---|---|---|---|---|---|---|
| 1 | 12,03 | 0,62 | 3,38 | 3,48 | 4,62 | 12,10 |
| 2 | 11,78 | 0,67 | 5,09 | 3,48 | 4,78 | 12,02 |
| 3 | 12,10 | 0,70 | 3,30 | 3,75 | 4,30 | 12,25 |

*Procédé* Roux (*par l'acide trichloracétique*). — Le lait après épuisement par le mélange éthéro-alcool (Adam) se traite par l'acide trichloracétique à 50 p. 100. On filtre et on pèse le filtre après lavage. Le chiffre trouvé correspond à celui que donne le calcul avec le procédé Kjeldahl : il s'agit donc d'une précipitation totale des protéiques.

*Dosage par l'aldéhyde formique* (Trillat et Sauton). — Dans un verre on verse 5 centimètres cubes de lait, 25 centimètres cubes d'eau, on fait bouillir cinq minutes, on ajoute 5 centimètres cubes de formol, nouvelle ébullition de trois minutes; puis on traite par 5 centimètres cubes d'acide acétique à 1 p. 100. On filtre et on épuise le pré cipité par l'acétone.

*Dosage par l'iodure mercuro-potassique* (Denigès). — Le lait est additionné d'iodure mercure potassique en quantité rigoureusement déterminée et le dosage des protéiques repose sur la détermination, par la méthode cyanimétrique de la quantité de mercure qui n'a pas été insolubilisée.

*Dosage par la présure* (Lindet). — Lindet s'est attaché à trouver un procédé de dosage pratique. Ce qui intéresse les fabricants de fromage, c'est le rendement en caséine obtenue par action de la présure.

Il existe un rapport entre la quantité de caséine précipitée par la présure et la densité du lacto-sérum.

En partant même du lait entier, connaissant la teneur de celui-ci en matière grasse, la densité de cette matière (0,94), on peut calculer la densité du lait supposé écrémé.

On fait cailler 500 centimètres cubes de lait, après deux heures on filtre et on prend la densité du lacto-sérum. Un abaissement de 1° de densité ou de 1 gramme par litre correspond à $3^{gr},50$ de caséine précipitée.

Un tableau donne la densité du lait écrémé suivant la teneur en beurre. Ce sont ces chiffres qui serviront de base à la détermination de la caséine.

**Dosage du lactose.** — Le dosage du lactose s'effectue soit par réduction des liqueurs cupropotassiques, soit par l'emploi du saccharimètre.

*Procédé par réduction de la liqueur de* Fehling. — La même prise d'essai peut servir pour le dosage du lactose et du beurre.

Dans un entonnoir muni d'une pince de Mohr que l'on ferme, on place un filtre, sur lequel on verse 90 centimètres cubes d'une liqueur préparée en mélangeant 1 000 centimètres cubes d'eau et 2 centimètres cubes d'acide acétique cristallisable. On fait alors couler lentement, dans ce liquide, 10 centimètres cubes de lait. La caséine se coagule en englobant toute la matière grasse. On laisse en contact quelque temps, puis on ouvre la pince de Mohr.

La liqueur filtrée contient le lactose, le filtre retient la matière grasse et la caséine.

Dans la liqueur filtrée, le lactose est dosé par réduction de la liqueur cupropotassique, titrée de telle façon que 10 centimètres cubes correspondent à $0^{gr},025$ de glucose ou à $0^{gr},0337$ de lactose séché.

La liqueur acétique est diluée de moitié. Soit $n$ le nombre de centimètres cubes nécessaires pour obtenir la décoloration de la liqueur cupropotassique, le poids du sucre de lait sera donné par la formule :

$$\text{Lactose pour 100 cc. de lait} = \frac{0,0337 \times 1000}{n} \times 2 = \frac{67\,S}{n}$$

Il est préférable de déféquer le lait avec la solution d'azotate mercurique à 40 p. 100.

On ajoute 10 p. 100 de cette solution au lait, on amène à un volume connu, on traite ensuite par une solution de soude, sans neutraliser complètement, et on filtre. Il peut rester des traces de sels de mercure, et il suffit de traiter le filtrat par 1 ou 2 grammes de poudre de zinc pour obtenir un liquide limpide donnant avec la liqueur cupropotassique un virage très net (plus de teinte bleue, pas de teinte jaunâtre).

**Détermination par le saccharimètre.** — Il faut, au préalable, déféquer le lait par le sous-acétate de plomb, l'acide trichloracétique, ou l'azotate de mercure à 40 p. 100.

*a)* Défécation par le sous-acétate de plomb. On dilue à 1 litre 100 centimètres cubes de sous-acétate de plomb officinal, en ajoutant quelques gouttes d'acide acétique jusqu'à disparition du trouble laiteux. A 20 centimètres cubes de lait on ajoute 20 centi-mètres cubes de solution plombique; on ajoute, et, après un moment, on filtre.

*b*) Défécation par l'acide trichloracétique. On ajoute 25 centimètres cubes de lait, 5 centimètres cubes d'une solution trichloracétique au 1/4, on remue, puis on porte une à deux minutes au bain-marie; on peut filtrer aussitôt, la filtration est rapide et le filtrat très clair.

*c*) Défécation par l'azotate mercurique.

On pratique l'observation saccharimétrique dans le tube de 22 centimètres cubes. Un degré saccharimétrique correspondant à 2,074 de lactose par litre, le lactose par litre est donné par la formule :

$$L = d \times 2,074$$

le résultat doit être multiplié par 2 dans le cas d'emploi du sous-acétate de plomb, augmenté de 1/5 dans le cas de l'emploi de l'acide trichloracétique et de 1/10 avec l'azotate de mercure.

**La matière grasse.** — a) *Par extraction.* — On pèse 10 grammes de lait que l'on mélange avec une substance absorbante appropriée, éponge dégraissée, sable lavé, etc. On dessèche le tout. Le résidu sec est soumis à l'extraction, au moyen d'éther absolu, dans un appareil à extraction de Soxhlet.

*b*) *Méthode aréométrique de* Soxhlet. — On mesure à l'aide d'une pipette 200 centi-mètres cubes de lait porté à 17—18°, que l'on introduit dans la bouteille à agiter avec 10 centimètres cubes de lessive de potasse (densité 1,26 à 1,27) et 60 centimètres cubes d'éther saturé d'eau; on secoue fortement pendant une à deux minutes, et on ramène à la température initiale susindiquée. Pour séparer la solution éthérée de matière grasse du restant du liquide, on se sert d'un appareil à centrifuger. La solution éthérée est ensuite transvasée, au moyen du dispositif accompagnant l'appareil (poire de caout-chouc et tubes de jonction), dans le tube du réfrigérant, et portée, si possible, à 17° 1/2. Du poids spécifique de la solution déterminée à l'aide de l'aréomètre de Soxhlet, on déduit, en faisant usage de tables, la teneur du lait en matière grasse.

*c*) *Méthode de* Schmidt *et* Bondzynsky. — On traite, dans un tube à boules spécial, 10 centimètres cubes de lait avec 10 centimètres cubes d'acide chlorhydrique fumant, en faisant bouillir le mélange jusqu'à dissolution des matières albuminoïdes précipitées. La solution, refroidie à 40° au moins, est agitée vivement dans le même appareil avec environ 30 à 35 centimètres cubes d'éther, et le tout est ensuite placé pendant un quart d'heure dans un bain-marie porté à 40°. Aussitôt que la couche éthérée s'est nettement séparée du liquide inférieur, ce qui peut être facilité par l'emploi de la force centrifuge, on lit exactement le volume de la solution éthérée, on en met 20 centimètres cubes dans un flacon d'Erlenmeyer taré, on évapore l'éther, on dessèche le résidu constitué par la matière grasse et on pèse.

*d*) *Méthode acido-butyrométrique de* Gerber. — On introduit dans le butyromètre 10 centimètres cubes d'acide sulfurique (poids spécifique 1,820 à 1,825), 1 centimètre cube d'alcool amylique et 11 centimètres cubes de lait; on bouche et on agite vivement. Le butyromètre bien fermé est placé pendant environ dix minutes dans un bain-marie à 60°-70°, puis centrifugé pendant au moins trois minutes. Après avoir laissé de nouveau le butyromètre environ cinq minutes dans le bain-marie (60°-70°), on peut lire directe-ment sur le tube gradué la richesse du lait et du beurre.

*Méthode de* Lindet. — Repose sur la solubilité de la caséine dans la résorcine.

Le lait, très légèrement alcalinisé par quelques gouttes de lessive de soude et addi-tionné d'un poids égal de résorcine, est placé dans un appareil spécial et plongé complètement dans l'eau bouillante pendant une demi-heure. (La hauteur de la couche butyreuse formée en haut ne doit pas se modifier entre deux lectures faites à dix mi-nutes d'intervalle).

La graduation de l'appareil donne par simple lecture (faite au bain-marie à 100°) le pourcentage de beurre.

*Méthode* Adam-Meillère. — L'appareil est constitué par un tube de verre présentant soit deux renflements inégaux, soit un seul renflement suivi d'un tube conique. Deux limitations sont indiquées par des traits, l'une inférieure, correspondant à 10 centimètres cubes, l'autre au-dessus du renflement supérieur, correspondant à 32 centimètres cubes.

On introduit le lait par aspiration jusqu'au trait. On ferme le robinet inférieur et par l'ouverture supérieure on ajoute ensuite dix gouttes d'ammoniaque pure, puis de liqueur d'Adam non ammoniacale jusqu'au second trait : 32 centimètres cubes ou 80 centimètres cubes.

La liqueur employée a pour formule :

> Alcool à 75°. . . . . 1 000 cent. cubes
> Éther pur . . . . . 1 100 —

L'appareil est bouché et agité vigoureusement jusqu'à disparition des grumeaux de caséine. On profite de l'excès de pression intérieure pour expulser le lait contenu dans le robinet : l'appareil étant retourné, on ouvre rapidement le robinet, et la petite colonne de lait qu'il contient est chassée.

L'appareil est ensuite laissé au repos pendant cinq à dix minutes; quand la sépara-tion de la couche graisseuse, transparente, et de la couche opaque est complète, on soutire presque complètement celle-ci en ouvrant légèrement le robinet. On ajoute 5 centimètres cubes d'éther, et on agite vigoureusement; le mélange louchit par suite de la précipitation de l'eau en solution dans l'éther; on attend quelques minutes qu'elle se sépare de la couche éthérée. On décante la couche aqueuse que l'on réunit au liquide opalescent soutiré la première fois, et il ne reste plus dans l'appareil que la solution éthérée de matière grasse.

Cette solution éthérée est versée par la partie supérieure de l'appareil dans une capsule de nickel ou de platine tarée, à fond plat. On laisse évaporer l'éther, on achève la dessiccation à l'étuve et on pèse.

**Dosage de l'extrait sec.** — L'extrait sec représente la totalité des matériaux du lait non volatils à la température du bain-marie.

Les méthodes varient avec chaque laboratoire, et les résultats obtenus sont nécessai-rement très différents.

*Suisse.* — 10 grammes de lait sont pesés dans un récipient fermé ; on évapore à sec et sans addition d'aucune substance. On dessèche à 103° jusqu'à poids constant.

*Autriche.* — Évaporation du lait additionné de sable quartzeux : on dessèche à 105°.

*Allemagne.* — Trois méthodes : 1° Méthode d'Adam; 2° Évaporation à 105°; 3° Formule de Fleischmann. Connaissant le poids spécifique D, le poids du beurre B de 100 centi-mètres cubes de lait, la formule donne l'extrait :

$$E = 1,2\ B + 2,65 \left( \frac{D-1}{D} \right)$$

*France.* — Laboratoire de Paris.

Évaporation sur 10 centimètres cubes de lait placé dans une capsule de nickel de 7 centimètres de diamètre à 95° pendant 7 heures.

**Détermination par le calcul.** — Nous avons cité plus haut la formule de Fleischmann utilisée en Allemagne. La première formule proposée a été celle de Quesneville :

$$E = 1,06\ B + 2,75\ D - 1$$

E, extrait; B, poids du beurre; D, densité.

Ces formules ne sont applicables qu'au lait de vache. Lasca a modifié la formule pour le lait de brebis :

$$E = 1,173\ B + 2,9 \left( \frac{D-1}{D} \right)$$

Tous ces calculs reposent sur ce principe hypothétique que l'excès de poids d'un litre de lait sur le poids d'un litre d'eau est égal au poids de l'extrait de ce même volume moins le poids de l'eau qu'il déplace. Il suffira de rappeler que chaque auteur utilise des données primitives différentes (Densité du beurre : 0.98 Quesneville; 0.91

Bourcart) pour comprendre les critiques sévères qui ont été soulevées contre cette méthode.

Des règles à calcul spéciales (Type Ackermann, Gobert et Born, etc.) permettent d'éviter de longs calculs.

**Extrait sec dégraissé.** — Meillère a insisté sur l'utilité de cette valeur qu'il désigne sous le terme de *constante de* Duclaux elle s'obtient soit en soustrayant de l'extrait sec total le poids du beurre, soit directement en évaporant le liquide, restant dans l'appareil d'Adam après l'extraction du beurre (Meillère).

**Les lécithines.** — *Procédé* Bordas-Raczkowski. — Stoklasa avait proposé de traiter le lait par un mélange d'alcool et d'éther, d'évaporer le liquide, de calciner le résidu en présence de carbonate et de nitrate de soude pour empêcher la volatilisation du phosphore; le résidu est repris par l'acide nitrique et on dose le phosphore suivant les méthodes ordinaires. D'après Bordas et Raczkowski, le procédé donnerait des résultats inexacts et ils conseillent la méthode suivante.

Ce procédé consiste à extraire les lécithines sans entraîner de notables proportions de la matière grasse non phosphorée, et à en séparer l'acide phosphoglycérique que l'on dose, après oxydation, à l'état d'acide phosphorique.

On verse 100 centimètres cubes de lait en agitant continuellement dans un mélange composé de :

| | |
|---|---|
| Alcool à 95°. . . . . . . . . . . | 100 cent. cubes |
| Eau distillée. . . . . . . . . . | 100 — |
| Acide acétique cristallisable . . . | X gouttes |

Le coagulum filtre facilement; on le lave à trois reprises (en fermant la douille de l'entonnoir) avec chaque fois 40 à 50 centimètres cubes d'alcool absolu chaud. Les solutions alcooliques réunies sont distillées, puis la dessiccation de leur résidu est achevée au bain-marie. Ce résidu est repris par un mélange d'alcool et d'éther à parties égales, et on filtre. Le filtrat est débarrassé de l'éther par évaporation, et le résidu traité à froid par une solution alcoolique de potasse. Après quelques heures de contact, le savon est décomposé par l'acide azotique dilué. On sépare les acides gras par filtration et le filtrat est évaporé à siccité.

Au résidu, on ajoute 10 centimètres cubes d'acide azotique concentré et pur, on porte au bain-marie bouillant et on fait tomber dans le liquide par petites quantités du permanganate de potassium pulvérisé jusqu'à coloration rouge persistante.

On dissout l'oxyde de manganèse par quelques gouttes d'une solution au dixième d'azotite de sodium et on porte à l'ébullition pour chasser les vapeurs nitreuses.

L'acide phosphorique est précipité par le nitromolybdate d'ammonium; le phosphomolybdate est dissous dans l'ammoniaque; la liqueur magnésienne détermine la formation d'un précipité de phosphate ammoniaco-magnésien, que l'on recueille sur un filtre, dessèche, calcine et pèse. Le poids de pyrophosphate de magnésium multiplié par 1,55 donne le poids d'acide phosphoglycérique contenu dans 100 centimètres cubes de lait.

**Dosage de l'acide citrique.** — *Méthode* Denigès. — L'acide citrique traité par des oxydants comme le permanganate se transforme en acide acétonedicarbonique qui en contact avec le sulfate mercurique donne un corps insoluble constitué par deux molécules d'acétonedicarbonate de mercure et d'une molécule de sulfate de mercure.

A 10 centimètres cubes de lait on ajoute 2 centimètres cubes d'une solution fraîche de métaphosphate de soude à 5 p. 100 et 3 centimètres cubes d'une solution de sulfate acide de mercure ainsi obtenue:

On filtre, et à la liqueur bouillante on ajoute quelques gouttes d'une solution de permanganate de potasse à 2 p. 100. Si la coloration persiste, on éclaircit par quelques gouttes d'eau oxygénée.

Il se produit un trouble ou un dépôt d'autant plus marqué que l'acide citrique est en excès. On compare avec des essais témoins effectués sur des solutions titrées d'acide citrique.

On peut apprécier un milligramme de différence.

**Acidité du lait.** — Le lait de vache a une réaction amphotère, et, suivant le réactif employé, on peut décrire une acidité, une alcalinité du lait.

La réaction réelle du lait dépend uniquement de la concentration de ce liquide en ions libres $\overset{+}{H}$ et $O\overset{-}{H}$.

Les laits de femme et d'ânesse correspondent à une solution de soude (NaOH) de concentration $\dfrac{N}{60\,000\,000}$ et les laits de vache et de chèvre à une solution d'acide chlorhydrique de même concentration $\dfrac{N}{60\,000\,000}$.

Van Dam a trouvé une concentration en ions H égale à une acidité 0,14 à 0,32.10⁻⁶ normale.

La méthode usuelle de détermination d'acidité par addition d'une solution alcaline jusqu'à virage d'un indicateur coloré indique seulement la quantité totale d'acide ou d'alcali contenue dans la solution; le terme de la réaction varie avec les indicateurs, aucun ne montrant la neutralité réelle.

Il est bien évident que, seuls, les principes naturellement solubles ou solubilisés auront une action sur la propriété que possède le lait d'être neutre, alcalin ou acide, vis-à-vis de certains réactifs colorés.

Les substances dissoutes dans le lait exercent une action très différente sur l'acidité. Le lactose, que le lait contient en quantités notables (45 à 50 grammes par litre), n'a aucune influence directe sur le degré d'acidité du lait : il agit indirectement en favorisant la solution du phosphate de chaux par les citrates alcalins.

Le chlorure de sodium et quelques autres constituants des cendres n'ont aucune action; il n'en est pas de même de certaines autres matières minérales, notamment des phosphates.

Les phosphates existant dans le lait de vache sont : le phosphate disodique $(PO^4HNa^2)$ et le phosphate tricalcique $(PO^4)^2Ca^3$. Le premier seul est soluble, mais le second est solubilisé facilement en présence du lactose par le citrate de sodium qui se trouve dans le lait à la dose d'environ un gramme et demi par litre.

Les matières azotées du lait sont constituées par quelques amino-acides, une petite quantité d'albumine et une proportion plus importante de caséine, dissoute ou en semisolution. A elles seules, elles représentent à peu près la moitié de l'acidité totale.

Enfin le lait venant d'être trait et non chauffé renferme encore par litre 30 à 60 centimètres cubes d'acide carbonique dissous, souvent davantage.

Les corps que nous venons de signaler se comportent différemment vis-à-vis des réactifs acides ou alcalins en présence des divers indicateurs colorés.

Les indicateurs employés dans l'étude du lait sont le méthylorange (hélianthine), le lacmoïde (matière colorante isolée du tournesol), le tournesol, et, principalement, la phénolphtaléine.

Or, pour ne prendre qu'un exemple, le phosphate monosodique $(PO^4H^2Na)$ est neutre au méthylorange, alcalin au lacmoïde et acide à la phénolphtaléine.

Actuellement, on n'emploie guère, comme indicateur, que la phénolphtaléine, en solution alcoolique à 2 p. 100. Le lait de vache se comporte, vis-à-vis de cet indicateur, comme un liquide à caractère acide, auquel il faut ajouter une certaine quantité d'alcali pour le rendre neutre.

Les différents auteurs ont employé pour exprimer l'acidité du lait des unités très différentes.

En Suisse les degrés Sohlet-Henkel correspondent au nombre de centimètres cubes d'une solution de soude $1/4\ \dfrac{N}{4}$ saturant l'acidité de 100 centimètres cubes de lait. En France les degrés Dornic répondent à dix centigrammes d'acide lactique par litre.

Il paraît plus logique de prendre comme type l'acide lactique qui se développe si facilement dans le lait, au lieu de l'acide sulfurique ou de l'anhydride phosphorique.

On utilise généralement pour les titrages des solutions alcalines $\dfrac{N}{10}$ soit 4.44 de de NaOH et 6ᵍʳ 22 de KOH, chaque centimètre cube correspondant à un centigramme d'acide lactique.

**Détermination de l'acidité des laits.** — Le lait destiné au titrage doit être le lait mélangé provenant de la traite complète; il est agité à nouveau avant chaque prise d'essai.

On mesure 10, 50 ou 100 centimètres cubes de lait que l'on place dans un verre et que l'on additionne de trois gouttes de solution alcoolique de phénolphtaléine pour 10 centimètres cubes de liquide.

SOLDNER, en 1888, a montré que l'addition d'eau au lait diminuait notablement le degré d'acidité : 100 centimètres cubes de lait entier étaient saturés par 6 centimètres cubes de soude $\frac{n}{4}$ en présence de la phénolphtaléine; il ne fallait plus que $3^{cc},5$ de lait additionné de 1 000 centimètres cubes d'eau.

Du lait entier donne $1^{gr},943$ d'acide lactique par litre; dilué avec cinq fois son volume d'eau distillée neutre, il ne donne plus que $1^{gr},447$ d'acide lactique; dilué avec 10 fois son volume d'eau distillée, le même lait indique seulement $1^{gr},257$ d'acide lactique par litre.

Il s'agit certainement de phénomènes d'hydrolyse s'effectuant à partir d'une certaine dilution, avec mise en liberté d'une plus grande proportion de principes à caractère alcalin. Ces phénomènes sont faciles à mettre en évidence : du lait entier titré est ensuite additionné d'eau distillée; lorsque la quantité ajoutée est suffisante, on voit apparaître une coloration rose très prononcée (MONVOISIN).

Le dosage doit être fait assez rapidement; car l'acide carbonique de l'air ambiant, et surtout de l'air expiré, peut fausser le résultat.

**Recherches des ferments. — Catalase.** — Le dosage toujours approximatif de la catalase peut s'exprimer soit d'après la quantité d'oxygène dégagé, soit d'après la quantité d'eau oxygénée décomposée.

Dans le lait frais, cette valeur oscille entre 0,0023 et 0,0055.

Dans une éprouvette à gaz de 20 centimètres cubes, graduée en dixièmes de centimètre cube, et d'un diamètre intérieur de 1 centimètre, on met 15 centimètres cubes de lait bien mélangé, et 5 centimètres cubes d'eau oxygénée à quatre ou cinq volumes. On place à l'étuve à 37°, et on mesure, après un nombre d'heures déterminé, deux heures et six heures, par exemple, le volume d'oxygène dégagé.

J. SARTHOU (*Journ. de pharm. et de chim.*, 1910) met 10 centimètres cubes de lait avec 10 centimètres cubes d'eau oxygénée à dix ou douze volumes, et fait la lecture après dix minutes de contact.

SARTHOU donne les chiffres suivants comme résultats normaux.

La détermination de la catalase s'effectue le plus rapidement au moyen de l'équation.

$$K = \frac{1}{t} f\left(\frac{a}{a-x}\right) \text{ (FAITLOWITZ)}$$

$t$ représente le temps.

$a$ représente le nombre de centimètres cubes d'O de $H^2O^2$ employé.

$x$ représente le nombre de centimètres cubes d'O de $H^2O^2$ décomposé.

Dans une seconde méthode, on mélange un volume connu de lait avec une quantité déterminée d'eau oxygénée. Après quelque temps de contact, on ajoute une quantité connue d'iodure de potassium, et on mesure, par un titrage à l'hyposulfite de sodium, la quantité d'iode mise en liberté par l'eau oxygénée non décomposée.

*Procédé A. BERTRAND.* — Dans une fiole à fond plat, d'une contenance de 250 à 300 centimètres cubes, on mesure 5 centimètres cubes de lait et 5 centimètres cubes d'eau oxygénée à cinq volumes; on ajoute trois gouttes d'acide chlorhydrique concentré, et on laisse en contact pendant deux heures. A ce moment, on ajoute 10 centimètres cubes d'acide chlorhydrique concentré, pour détruire la catalase, et 10 centimètres cubes d'une solution aqueuse à 10 p. 100 d'iodure de potassium. On mélange et on laisse quinze minutes au contact, ensuite on verse 100 centimètres cubes d'eau distillée et quelques gouttes d'empois d'amidon. On titre alors avec une solution décinormale d'hyposulfite de sodium, jusqu'à disparition de la coloration bleue. On obtient un nombre A de centimètres cubes.

Dans une seconde fiole semblable, on met 5 centimètres cubes de lait et 5 centimètres cubes d'eau oxygénée à cinq volumes; après deux heures, on ajoute 10 centimètres cubes d'acide chlorhydrique concentré, et 10 centimètres cubes de la solution au dixième d'iodure de potassium. Après quinze minutes de contact, on met 100 centimètres cubes d'eau distillée, et on titre avec l'hyposulfite. On obtient un nombre B de centimètres cubes.

1 centimètre cube de la solution décinormale (24$^{gr}$,8 par litre) d'hyposulfite de sodium correspond à 0$^{gr}$,0017 H$^2$O$^2$.

1 gramme d'iode mis en liberté correspond à 43$^{cc}$,8355 d'oxygène à 0°, et sous 760 millimètres.

Le chiffre de catalase, ou la quantité d'eau oxygénée décomposée en deux heures par 100 centimètres cubes de lait, est égale à (A — B) 0 0017 × 20.

| Lait conservé à 10° | | Lait conservé à 23° | |
|---|---|---|---|
| | c. c. de O. | | c. c. de O. |
| 2 heures après la traite. | 0,4 | 1 heure après la traite. | 0,7 |
| 24 — — | 1,4 | 3 — — | 1,3 |
| 48 — — | 6,3 | 5 — — | 2,8 |
| 72 — — | 40 | 8 — — | 4,1 |
| | | 18 — — | 15,7 |

**Ferment oxydant.** — Arnold (1881) indique que l'addition au lait de quelques gouttes de teinture de résine de gaïac détermine une coloration bleue, qui disparaît quand le lait a été porté à 80°.

*Procédé* Dupouy-Storch. — On compte quarante gouttes de lait (2 centimètres cubes) dans un tube stérilisé, on ajoute une goutte d'H$^2$O$^2$ du commerce, puis deux gouttes de solution de paraphénylènediamine à 2 p. 100 fraîchement préparée.

La réaction allant du bleu au rouge brique apparaît tout de suite, et s'accentue par agitation avec les laits qui renferment des ferments solubles.

*Procédé* Du Roi, Kœhler et Utz. — Dans un tube à essai, mettre : 10 centimètres cubes de lait, puis 2 p. 100 d'H$^2$O$^2$ à 1 p. 100 (ou mieux à 0,1 p. 100, d'après Utz), et un peu d'empois d'amidon très clair contenant 2 à 3 p. 100 d'iodure de potassium. Réaction bleue.

*Procédé* Arnoll. — Ajouter à 10 centimètres cubes de lait 1 centimètre cube d'eau gaiacolée à 1 p. 100 additionnée de 4 à 5 gouttes d'eau oxygénée à quatre volumes. Réaction bleue.

*Procédé* Wilkinson (à la benzidine). — Ajouter à 10 centimètres cubes de lait 2 centimètres cubes de la solution alcoolique de benzidine à 4 p. 100, deux à trois gouttes d'acide acétique, 2 centimètres cubes d'eau oxygénée à 3 p. 100. Le lait cru donne une coloration bleue.

**Réductase.** — Duclaux avait montré la propriété réductrice du lait frais par la décoloration du carmin d'indigo.

Depuis les travaux de Schardinger on emploie une solution de bleu de méthylène additionnée d'aldéhyde formique, de la formule suivante :

|  | c. c. |
|---|---|
| Solution alcoolique saturée de bleu de méthylène. | 5 |
| Solution commerciale de formol . . . . . . . . | 5 |
| Eau distillée. . . . . . . . . . . . . . . . . | 190 |

Monvoisin a recommandé l'emploi d'une solution de bleu de méthylène (chloro-zincate du commerce) dans l'alcool à 80° et la substitution de l'aldéhyde éthylique de préparation récente au formol.

Deux à trois gouttes de ce réactif colorent suffisamment 5 centimètres cubes de lait.

L'essai est maintenu au bain-marie à 40°-45°. Dans ces conditions, s'il s'agit d'un lait de vache normal et cru, par exemple, la coloration bleue disparaît complètement, sauf dans la couche superficielle en contact avec l'air, en quatre à six minutes.

Avec la solution primitive de Schardinger, la décoloration est moins complète : elle s'arrête à la teinte lilas, qu'elle atteint en dix à quinze minutes.

**Recherches des antiseptiques.** — **Carbonate et bicarbonate de soude.** — Ces sels ne sont pas des conservateurs proprement dits, ils sont destinés à retarder la coagulation du lait en neutralisant l'acide lactique. Leur présence augmente le poids des cendres dans de fortes proportions, et leur examen permet de déceler facilement la fraude.

**Borax et fluoborate de soude.** — Les cendres du lait sont traitées après refroidissement par quelques gouttes d'acide sulfurique; on ajoute un peu d'alcool méthylique. Allumant à l'aide d'une flamme bleue, on aura, au début de l'inflammation, une teinte verte dans le cas de présence de borax ou fluoborate.

**Chromate de potasse.** — Sa présence donne aux cendres une coloration jaune. On traite les cendres par un peu d'eau distillée, on filtre; quelques gouttes de ce liquide sont ajoutées à de l'acide chlorhydrique pur coloré en bleu par une trace de carmin d'indigo, on fait bouillir. La présence de chromate fait dégager du chlore qui décolore le mélange.

**Acide salicylique et salicylates.** — La caséine est précipitée par une solution de bisulfate de potassium à 10 p. 100 renfermant 10 centimètres cubes d'alcool à 99° pour 100 centimètres cubes. On filtre, le liquide est traité par l'éther dans une boule à décanter. L'éther est évaporé après séparation, le résidu repris par un peu d'eau et additionné de quelques gouttes d'une dissolution de perchlorure de fer très diluée. La présence de l'acide salicylique sera indiquée par la coloration bleue.

**Aldéhyde formique.** — *a)* On saupoudre du lait avec du diamidophénol; s'il y a du formol, il se produit au bout de quelques instants une coloration jaune; avec du lait pur il se produit une coloration saumon.

*b)* Deux tubes sont à moitié remplis de lait. Dans l'un on verse 1 centimètre cube d'une lessive de potasse étendue à 2 volumes d'eau, et on agite. Si la coloration du lait ne change pas, et alors seulement, on ajoute dans l'autre tube 2 centimètres cubes d'une solution de phloroglucine à 1 p. 100, puis 1 centimètre cube de la lessive de potasse. La présence du formol est indiquée par la teinte rose saumon que prend le lait.

J.-P. LANGLOIS.

**Bibliographie.** — La bibliographie de l'article **Lait** est tellement vaste qu'on ne peut en donner ici même un résumé.

Elle a été faite très amplement et complètement jusqu'en 1900 par H. DE ROTHSCHILD. *Bibliographia lactaria*, 1 vol. in-8 de 584 p., Doin, Paris, 1901; 1er supplément, 1901, 97 p.; 2e supplément, 1902, 103 p. Le nombre total des travaux indiqués est de 11 247. Cette bibliographie, dont il serait inutile de reproduire ici aucune partie, est disposée de la manière suivante: 1° **Lait**, avec les sous-chapitres : Généralités ; Laits de femme, de vache, de chèvre, etc.; Physiologie; Pathologie; Analyse; Bactériologie; Hygiène et Législation; Fraudes et falsifications; Diététique et thérapeutique; Koumys et Kéfir: Petit-lait; Lait stérilisé et lait condensé; Transmission de maladies; Industrie laitière. — 2° **Allaitement**, comprenant: Lactation; Allaitement en général; Allaitement naturel; Allaitement artificiel; Laits modifiés et succédanés; Nourrices; Biberon. — 3° Brevets relatifs au lait. — 4° Table alphabétique des noms d'auteurs.

Quant aux travaux publiés depuis 1900, nous ne citerons que ceux qui intéressent directement la physiologie[1].

**1° Lait en général.** — GRIMMER (W.). *Chemie und Physiologie der M.* (Berlin, Parey, 1910, 355 p.). — BOUIN et ANCEL. *Développement de la glande mammaire pendant la gestation, déterminé par le corps jaune* (B. B., 1909, 466-467). — ALMAGGIA (M.). *Allattamento e funzione tiroidea* (Arch. Fisiol., 1909, VI, 462-470). — STARLING (E.-H.). *Entwicklung der M. Drüsen durch Injektion von Fœtalextract.* (Z. P., 1907, XXI, 487). — OSTERTAG et ZUNTZ (N.). *Untersuchungen über die M. Sekretion des Schweines und die Ernährung der Ferkel* (Landwirtsch. Jahrb., 1908, XXXVII, 204-260). — FRÄNKEL (S.). *Ueber die M. einer 62 jährigen Frau* (Bioch. Zeitsch., 1909, XVIII, 34-36). — v. WENDT (G.). *Ueber den Einfluss verschiedener Salzbeigaben auf die Zusammensetzung und Menge der M.* (Skand. Arch. f. Physiol., 1908, XXI, 89-145). — THERRE (A.). *L. de chèvre en pleine période de lactation physiolo-*

---

1. Par abréviation, M. signifiera *Milch* ou *Milk*. L. signifiera Lait.

*gique* (B. B., 1909, 209-211). — CLARKE et NICHOL. *Case of prolonged lactation* (Brit. med. Journ., 1902, (1), 1143). — OHLER. *Beobachtungen über die qualitativen und quantitativen Verschiedenheiten der Kuhm. und deren Ursachen* (Münch. tierärztl. Woch., 1911, LV, 377-382).

**Analyses du lait.** — BASCH (K.). *Einige viskosische Beobachtungen an der M. der Menschen* (Wien. med. Woch., XXIV, 1911, 1592-1595). — BAUER (H.). *Untersuchungen über Oberflächenspannungs verhältnisse in der M. und über die Natur der Hüllen der M. fettkügelchen* (Bioch. Zeitschr., 1911, XXXII, 362-379). — BLOCH. *Procédé de dosage volumétrique des phosphates alcalino-terreux dans le lait* (Ann. d'hyg. et de méd. colon., 1901, IV, 267-273). — BORDAS (F.) et TOUPLAIN. *Nouvelle méthode d'analyse rapide du L.* (C. R., 1905, CXL, 1099-1100) ; — *Réactions dues à l'état colloïdal du lait cru* (Ibid., 1910, CL, 341-343) ; — *Acidité originelle du lait* (Ibid., CLII, 1274-1276). — CAVAZZANI (E.). *Reazione viscosimetrica del l.* (Arch. Fisiol., 1905, II, 513-520). — CHAPMAN (H.-G.). *The acidity of M.* (Proc. Linn. Soc. Wales, 1908, XXIII, 436-443). — GRASSI (G.). *Crioscopia del l. muliebre* (Ann. ostetr. ginec. Milano, 1906, XXVIII, 153-164). — KOBLER (B.). *Viskosität und Oberflächenspannung der M.* (A. g. P., 1908, CXXV, 1-72). — KREIDL (A.) et LENK (E.). *Kapillar und Absorptionserscheinungen an der M.* (A. g. P., 1911, CXLI, 544-558). — MUNDULA (S.). *Pression osmotique du L. déterminée avec la méthode des hématocrites* (A. i. B., 1910, LIII, 223-235). — VAN SLYKE (I.). *Conditions affecting the proportions of fat and proteins in cow's M.* (Journ. americ. chem. Soc., 1908, XXX, 1166-1186).

**Matières grasses du lait.** — ENGEL. *Fett der Frauenm.* (Z. p. C., 1905, XLIV, 353-365). — FLEISCHMANN (W.) et WARMBOLD (H.). *Zusammensetzung des Fettes der Kuhm.* (Z. B., 1907, L, 375-392). — GLIKIN (W.). *Lecithin und Eisengehalt in der Kuh und Frauenm.* (Bioch. Zeitschr., 1909, XXI, 348-354). — KOCH (W.). *Lecithingchalt der M.* (Z. p. C., 1906, XLVII, 327-330). — NERKING et HAENSEL. *Lecithingchalt der M.* (Bioch. Zeitschr., 1900, XIII, 348-353). — NJEGOVAN (V.). *Phosphatide in der M.* (Bioch. Zeitschr., 1910, XXIX, 491-493). — OERUM (H.). *Quantitative Bestimmung des M. fettes vermittelst der Fettkugeln* (Bioch. Zeitschr., 1911, XXXV, 18-29). — PLAUCHU (E.) et RENDU (R.). *Étude du beurre dans le lait de femme par la centrifugation* (Arch. méd. Enf., 1911, XIV, 582-602). — REYBER (P.). *Fettgchalt der Frauenm.* (Jahrb. Kinderheilk., 1905, LXI, 601-614).

**Matières albuminoïdes.** — ABDERHALDEN (E.) et HUNTER (A.). *Gehalt der Eiweisskörper der M. an Glykokoll* (Z. p. C., 1906, XLVII, 404-406). — ABDERHALDEN (E.) et VÖLTZ (W.). *Zusammensetzung und Natur der Hüllen der M. Kügelchen* (Z. p. C., 1909, LIX, 13-18). — ABDERHALDEN (E.) et SCHITTENHELM (A.). *Zusammensetzung des Caseins aus Frauen-Kuh- und Ziegenm.* (Z. p. C., 1906, XLVII, 458-465). — BAUER (J.) et ENGEL (ST.). *Chemische und biologische Differenzierung der drei Eiweisskörper in der Kuh- und Frauenm.* (Bioch. Zeitschr., 1901, XXXI, 46-64). — HART (E.-B.). *A volumetric methode for the estimation of Casein in cow's m.* (Journ. biol. Chem., 1909, VI, 445-451). — LANGENSTEIN et EDELSTEIN (F.). *Einheitlichkeit des Frauenm. Kaseins* (Jahr. Kinderheilk., 1910, LXXII, 1-15). — OLSON (G.). *M. proteins* (Journ. biol. Chem., 1909, V, 261-281). — SIMON (G.). *Eiweisskörper der Kuhm.* (Z. p. C., 1901, XXXIII, 466-541). — TRUNZ (A.). *Schwankungen der Eiweissstoffe der Kuhm. im Verlaufe einer Laktation* (Z. p. C., 1903, XXXIX, 390-395). — VALENTI (I.). *Contenu en nucléone du l. de femme durant l'allaitement* (A. i. B., 1909, LI, 1-11). — VANDEVELDE (A.-J.-J.). *Ueber fractionerte Fällung der M. proteine* (Bioch. Zeitschr., 1910, XXIX, 461-464). — VAN SLYKE (I.). *A simple method for the Determination of Casein in cow's M.* (New York med. Journ., 1909, XC, 542-543).

**Sels du lait.** — BAHRDT (H.) et EDELSTEIN (F.). *Kalkangebot in der Frauenm.* (Jahrb. Kinderheilk., 1910, LXXII, 16-42). — BARILLÉ (A.). *Carbonophosphates dans le L. Leur précipitation par la pasteurisation* (C. R., 1909, CXLIX, 356-358). — BORDAS et TOUPLAIN. *Dosage du phosphore dans le l.* (C. R., 1911, CLII, 899-900 et 1127-1128). — HUNAEUS. *Kalkgehalt der Frauenm.* (Bioch. Zeitschr., 1909, XXII, 442-451). — KASTLE (J.-H.). *Available Alkali in the Ash of Human and Cow's M. in its relation to infant Nutrition* (Amer. Journ. Physiol., 1908, XXII, 284-308). — LAEHS (H.) et FRIEDENTHAL (H.). *Bestimmung des Eisens auf colorimetrischen Wege* (Bioch. Zeitschr., 1911, XXXII, 130-136). — RETTGER (L.-F.). *Liberation of volatile sulphide from M. on heating* (Am. Journ. Physiol., 1902, VI, 450-457). — RONA (P.) et MICHAELIS (L.). *Zustand des Calciums in der M.* (Bioch. Zeitschr., 1909, XXI, 114-122). — SCHABAD (J.-A.). *Kalkgehalt der Frauenm. Zur Frage der ungenügenden Kalkzufuhr as*

*Ursache der Rachitis (Jahrb. Kinderheilk.*, 1911, LXXIV, 511-535). — SOLDNER. *Aschenbestandttheile des neugeborenen Menschen und der Frauenm. (Verh. d. Versamml. d. Ges. f. Kinderh. deutsch. naturf. u. Aerzte,* 1902, Wiesbaden, 1903, 154-160).

**Ferments solubles du lait.** — BACH (A.). *Ueber des Schardinger Enzym (Perhydridase) (Bioch. Zeitschr.*, 1911, XXXI, 443-449). — BENOIT (G.). *Ferments solubles du L. de femme (Th. in., Montpellier,* 1903, 93 p.). — BORDAS et TOUPLAIN. *Diastases du lait (C. R.,* 1909, CXLVIII, 1057-1059); — *Anaéroxydase et catalase du L. (Ibid.,* 1011-1012). — BURRI (R.) et SCHMID (H.). *Die Beeinflussung des Verlaufs der sog. Schardinger Reaktion durch die Kühlung der M. (Bioch. Zeitschr.,* 1911, XXXVI, 376-388). — CANNATA (S.) et MITRA (M.). *Einfluss einiger M. fermente auf Vitalität und Virulenz verschiedener pathogener Mikroorganismen (Centr. Bakt. Paras.,* 1911, LVIII, 160-168). — COPLANS (M.). *On some vital Properties of M. (Bactericidal power) (Lancet,* 1907, LXXIII, 1074-1080). — HOUGARDY (A.). *Sur l'existence d'une kinase dans le l. de vache (Arch. intern. Physiol.,* 1906, IV, 360-368). — JÄGGI (O.) et THOMANN (J.). *Zur Katalase Bestimmung der M. (Schweiz. Woch. Chem. Pharmaz., Jahrg.* XLIX, 1911, 129-137 et 145-150). — KRAUS (R.). *Ueber das Vorkommen der Immunhämagglutinine und Immunhaemolysine in der M. (Wien. Klin. Woch.,* 1901, XIV, 737-739). — KASTLE (J.-H.) et M. B. PORCH. *The peroxidase reaction of M. (Journ. biol. Chem.,* 1908, IV, 301-320). — HARDING (H.-A.) et VAN SLYKE (L.). *Chloroforme as an Aid in the study of m. Enzyms (Techn. Bull.,* n° 6, *New-York Agric. Exp. Stat. Geneva,* 1907, 41-82). — MARFAN et WEILL HALLÉ. *La peroxydase du lait de femme (B. B.,* 1910, 396-398). — MEYER (J.). *Fermente (Katalase) der M. (Arb. Gesundh. Amt. Berlin,* 1910, XXXIV, 115-121). — MONVOISIN (A.). *La réductase du lait frais (Rec. méd. vétérin.,* 1908, LXXXV, 32-41). — NICOLAS (E.). *Peroxydiastase du l. de vache et réaction de la paraphénylène diamine (Bull. Soc. chim. Paris,* 1911, IX, 266-269). — REINHARDT (R.) et SEIBOLD (E.). *Die schardingersche Reaktion gegenüber Colostralm. von Kühen (Bioch. Zeitschr.,* 1911, XXXI, 294-320). — REISS (E.). *Die Katalase der M. (Zeitschr. klin. Med.,* 1905, LVI, 1-12). — ROSENAU (M.-J.) et W. MCCOY. *The germicidal property of M. (Proc. Soc. exp. Biol.,* 1908, V, 68-69). — RULLMANN (W.). *Oxydierende Enzyme der Kuh und Frauenm. (Münch. med. Woch.,* 1905, LII, 1565-1566); — *Enzym und Streptokokkengehalt aseptisch entnommerer M. (Arch. Hyg.,* 1910, LXXIII, 81-144); — *Schardinger-Reaktion der M. (Bioch. Zeitschr.,* 1911, XXXII, 446-472). — SARTHOU (J.). *Présence dans le l. de vache d'une anaéroxydase et d'une catalase (C. R.,* 1910, CL, 119-121). — SCHERN (K.). *Schardinger Reaktion der M. (Bioch. Zeitschr.,* 1909, XVIII, 261-284). — SELIGMANN (E.). *Ueber die Reduktasen der Kuhm. (Zeitsch. Hyg. Infekt. Krankh.,* 1907, LVIII, 1-13). — SPINDLER (FR.). *Beiträge zur Kenntniss der M. catalase (Bioch. Zeitschr.,* 1911, XXX, 384-412). — TORDAY (FR.) et ARPAD. *Katalyse der Frauenm. (Jahrb. Kinderheilk.,* 1908, LXVII, 277-293). — TROMMSDORFF (R.). *Reduzierende Eigenschaften der M. und Schardinger Reaktion (Centralbl. Bakt. Paras.,* 1909, XLIX, 291-301). — TRIBOULET (H.). *Nouvelle réaction biologique du lait de femme (réaction de MORO et HAMBURGER), coagulation en masse du liquide d'hydrocèle par le l. de femme) (Bull. Soc. de pédiatrie de Paris,* 1903, V, 190-193). — VANDEVELDE (A.-J.-J.). *Une lactase dans le lait de vache (Bull. Ac. des Sc. de Belgique,* 1908, 563-577). — WOHLGEMUTH (J.) et STRICH (M.). *Untersuchungen über die Fermente der M. und über deren Herkunft (Ak. Berlin,* 1910, 520-524).

**Coagulation du L. Labferment.** — BANG. I. *Ueber den chemischen Vorgang bei der M. gerinnung durch Lab (Skand. Arch. Physiol.,* 1911, XXV, 105-144). — BIENENFELD (B.). *Das Verhalten der Frauenm. zu Lab und Säure (Bioch. Zeitschr.,* 1908, VII, 262-281). — BRÄULER (R.). *Einfluss verschiedener Labmengen und verschiedener Temperatur auf die Gerinnung der M. und auf die mikroscopische Struktur der Kasein und Fibringerinnsel (A. g. P.,* 1910, CXXXII, 519-551). — COUVREUR (E.). *L'action du lab est-elle un dédoublement? (B. B.,* 1910, LXIX, 579-580 et 1911, LXX, 23-24). — VAN DAM (W.). *Ueber die Wirkung des Labs und Paracaseinkalk (Z. p. C.,* 1909, LXI, 147-163 et 1909, LVIII, 295-330). — ENGEL. *Vergleichende Untersuchungen über das Verhalten der Frauenm. zu Säure und Lab. (Bioch. Zeitschr.,* 1908, XIII, 89-111). — FRIEDHEIM (W.). *Die Stickstoffverteilung in der Kuh- Büffel-, Ziegen, Frauen und Eselsm. bei Säure und Labfallung (Bioch. Zeitschr.,* 1909, XIX, 132-155). — FULD (E.) et WOHLGEMUTH (J.). *Ueber ein neue Methode zur Ausfällung des reinen Caseins aus der Frauenm. durch Säure und Lab, sowie über die Natur der labhemmenden Wirkung der Frauenm. (Bioch. Zeitschr.,* 1907, V, 118-142). — KREIDL (A.) et LENK (E.). *Das Verhalten steriler und gekochter M. zu Lab und Säure (Bioch. Zeitschr.,* 1911, XXXVI,

357-362). — Hedin (S.-G.). *Hemmung der Labwirkung* (Z. p. C., 1909, LXIII, 143-154). — Kreidl (A.) et Neumann (A.). *Ultramikroskopische Beobachtungen über das Verhalten der Kaseinsuspension in der frischen M. und bei der Gerinnung* (A. g. P., 1908, CXXIII, 523-539). — Laqueur (E.). *Ueber das Kasein als Säure und seine Unterschiede gegen das durch Lab veränderte Kasein (Parakasein). Theorie der Labwirkung* (Beitr. chem. Physiol. Path., 1903, VII, 273-297). — Petry (E.). *Ueber die Einwirkung des Labfermentes auf Kasein* (Ibid., 1906, VIII, 339-364). — Slowtzoff (B.). *Labgerinnung der M.* (Ibid., 1907, IX, 149-152). — Werncken (G.). *Weitere Beiträge zur Theorie der M. gerinnung durch Lab* (Z. B., 1908, LII, 47-71).

**Éléments divers du lait.** — Kreidl (A.) et Neumann (A.). *Ultra mikroskopischen Teilchen der M. (Laktokonien). Die Identifizierung der Ultrateilchen und ihre Beziehung zur Labgerinnung* (Ak. W., 1908, CXVII, 113-121). — Hewlett, R. Tauner, Sidney Villar et Cecil Revis. *Cellular elements present in M.* (Journ. Hygiene, X, 1910, 56-92). — Rettger (L.-F.). *The formation of film on heated m.* (Amer. Journ. Physiol., 1902, VII, 325-330). — Trillat (A.) et Sauton. *L'ammoniaque dans le lait* (Ann. Institut Pasteur, 1905, XIX, 494-502). — Sherman, Berg et Cohen (L.-J.). *Ammonia in m. and its development during proteolysis under the influence of strong antiseptics* (Journ. biol. Chem., 1907, III, 171-175).

**Physiologie comparée.** — Baintner (Fr.) et Irk (K.). *Büffelm.* (Bioch. Zeitschr., 1909, XVIII, 112-141). — Bergell (P.) et Langstein (L.). *Unterschiede zwischen dem Kasein der Frauen- und Kuhm.* (Jahrb. Kinderh., 1908, LXVIII, 568-576). — Bresslau (E.). *Mammapparat (der Monotremen)* (Ergebn. Anat. Entw. Gesch., 1910, XIX, 275-279). — Brückner (M.). *Eselinm. in der Diätetik des Säuglings* (Fortsch. Med., 1910, XXVIII, 903-907). — Ducceschi (V.). *Il l: dei marsupiali* (Arch. Fisiol., 1908, V, 413-424). — Scheide (A.). *Walfischm.* (Münch. med. Woch., 1908, LV, 795,796).

**Colostrum.** — Bauer (J.). *Biologie des Kolostrum* (D. med. Woch., 1909, XXXV, 1657-1659). — Berka (F.). *Menschliches Kolostrum* (A. path. An. Physiol., 1911, CCV, 59-70). — Bub (M.). *Besitzt die Kolostralm. bakterizide Eigenschaften?* (Centr. Bakt. Paras., 1910, XXVII, 321-336). — Engel (St.) et Bode (A.). *Zur Kenntniss des Kolostralfettes* (Z. p. C., 1911, LXXIV, 169-174).

**Sécrétion lactée. Galactogogues.** — Albrecht. *Wirkung des Nahrungsfettes auf die M. produktion der Kühe* (Woch. Tierheilk., 1907, LI, 641-645; 661-665). — Arnold (J.). *Fettsynthese, Fettphagocytose, Fettsekretion und Fettdegeneration für die M. und Kolostrum bildung* (Münch. med. Woch., 1903, LII, 841-843). — Aschner (B.) et Grigoriu (Chr.). *Placenta, Fœtus und Keimdrüse in ihrer Wirkung auf die M. sekretion* (Arch. Gynäk., 1911, XCIV, 766-793). — Bechterew (W.). *Einfluss der Gehirnsinde auf die Geschlechtsorgane, die Prostata und die M. drüsen* (Arch. Anat. Physiol. Phys. A., 1905, 524-537). — Beckmann (B.). *Lactagol, ein Lactagogum* (D. med. Zeit., 1903, XXIX, 465-467). — Berger. *Uebergang von Arzneimitteln in die M.* (Zweizer. Woch. Chem. Pharm., 1911, XLIX, 191-192). — Buschmann (A.). *Einfluss der Ernährung auf die M. sekretion des Rindes* (Landwir. Jahrb., 1908, XXXVII, 899-959). — Chambrelent et Chevrier. *Rech. de l'arsenic dans le lait d'une chèvre soumise à une injection intra-veineuse de Salvarsan* (B. B., 1911, LXXI, 136-138). — Chevalier (J.) et Goris. *Variations de la composition chimique du l. de femme sous l'influence de l'absorption de Morrenia brachystephana* (Bull. gén. de thér., 1900, CLVIII, 919-923). — Deval (L.). *Variat. de la composition du l. de femme pendant l'allaitement* (Bull. sc. pharm., 1903, VII, 270-278). — Cornalba (G.). *Nuovi criteri per la produzione naturale di latte adatto all' allattamento infantile* (Rend. Ist. Lomb., 1909, XLII, 531-548). — Engel (St.) et Mursch-hauser. *Einfluss des Harnstoffs auf das Blut und die M. stillender Frauen* (Z. p. C., 1911, LXXIII, 131-137). — Famulener (L.-W.). *Transmission of haemolysins from mother to offspring* (Proc. Soc. exp. Biol. med., 1911, VIII, 130-131). — Finkler. *Einfluss der Ernährung auf die M. sekretion* (Centr. allg. Gesundheitspflege, 1907, XXVI, 425-466). — Faconti (A.). *Anomalie della secrezione mammaria* (Tribuna med., Milano, 1902, V, 129-132). — Foa (C.). *Sull'origine del lattosio del l: e sui fattori che determinano l'accrescimento c la funzione della ghiandola mammaria* (Arch. Fisiol., 1908, V, 520-536). — Gellhorn (G.). *Abnormal secretion from mammary glands in non pregnant Women* (Med. Rec., 1908, LXXIII, 1094). — Gogitidse (S.). *Uebergang des Nahrungsfettes in der M.* (Z. B., 1905, XLV, 403-420 et 1906, XLVI, 475-486). — Grünbaum (D.). *M. sekretion nach Kastration* (D. med. Woch., 1907, XXXIII, 1038-1041). — Halban (J.). *Innere Sekretion von Ovarium und Placenta und ihre Bedeutung für die Function der M. drüse* (Arch. Gynäk., 1905, LXXV, 353-441). — Ham-

BURGER (FR.). *Antitoxin und Eiweiss (Münch. med. Woch.,* 1907, LIV, 256-257). — HANSEN. *Die spezifische Wirkung der Kraftfuttermittel (Verh. ges. D. nat. Ärzte,* 1911, (2), 77-85). — JOLLES (A.). *Beitr. zur Kenntniss der Frauenm.* (Z. B., 1903, XLV, 248-260). — KALABOU-KOFF (L.). *Physiologie de la sécrétion lactée (Biol. méd.,* 1909, VII, 1-21). — V. KNIERIEM (W.) et BUSCHMANN (A.). *Einfluss der Futterung mit Kokoskuchen, Trockentrebern, Weizenkleie, Leinkuchen, etc. auf die Menge und Zuzammensetzung der M. und die Zusammensetzung des Butterfettes (Landwir. Jahrb.,* 1907, XXXVI, 185-265). — LAISNEY (C.). *Augmentation de la sécrétion lactée suivant les demandes* (Th. in., Paris, 1903, 64 p.). — LEDERER (R.) et PRI-BRAM (E.). *Einfluss von Plazentaextrakten auf die M. sekretion* (C. P., 1910, XXIV, 817). — LÖNS (M.). *Ausscheidung des Iods in der M. nach Verabreichung von Iodkalium und Lipo-jodin (Berl. klin. Woch.,* 1911, XLVIII, 2064-2066). — MAYER (A.). *Ueber das Vorkommen von Gallensäuren in der Frauenm.* (Berl. klin. Woch., 1907, XLIV, 847-848). — NOEL (H.). *Observat. de sécrétion lactée chez les femelles non fécondées et chez les mâles (Écho méd. des Cévennes,* Nîmes, 1901, II, 207-213). — NOLF(P.). *Sécrétion lactée* (Bull. Ac. méd. Belg., 1911, (4), XXV, 210-223). — OTT (I.) et SCOTT (J.-C.). *Action of infundibulin upon the mammary secretion* (Proc. Soc. exp. Biol. med., 1910, VIII, 48-49); — *Galactogogue action of the thymus and corpus luteum* (Ibid., 49). — PATON (D.-N.) et CATHCART (E.-P.). *Mode of production of lactose in the mammary gland* (J. P., 1911, XLII, 179-188). — OUDIETTE (P.). *Moyens galactogènes et graines de cotonnier* (Th. in., Paris, 1906). — PORCHER (CH.). *Injections de phloridzine chez la vache laitière* (C. R., 1904, CXXXVIII, 1457-1459); — *Dosage du sucre dans le sang au moment de l'accouchement chez la chèvre sans mamelles* (Ibid., 1905, CXL, 1279-1280); — *Sur le passage possible des chromogènes indoxyliques et méthylkétoliques dans le lait chez la chèvre* (B. B., 1907, LXIII, 468-471); — *L'origine du lactose* (Arch. intern. de physiol., 1900, VIII, 356-391 et Bioch. Zeitschr., 1910, XXIII, 370-401). — RECKER (H.). *M. sekretion nach Kastration* (37 Jahresb. westphäl. Prov. ver., 1909, 1-2). — ROSSMEISL (J.). *M. kastrierter Kühe* (Bioch. Zeitschr., 1909, XVI, 164-181). — SCHÄFER (E.-A.) et MACKENZIE (K.). *Action of animal extracts on M. Secretion* (Proc. Roy. Soc. London, 1911, LXXXIV, 16-22). — SCHEIN (M.). *Theorie der M. sekretion* (Wien. med. Woch., 1907, LVII, 1713-1716, 1761-1766, 1850-1854, 1906-1908, 1962-1964, 2018-2019, 2068-2072). — SIEGMUND (A.). *Der M. mangel der Frauen heilbar durch Thyreoidin* (Zentr. Gynäk., 1910, XXXIV, 1391-1394). — STŒCKLIN et CROCHETELLE. *Présence accidentelle dans le l. de sulfo-cyanures et leur origine* (C. R., 1910, CL, 1530-1531). — TITZE (E.) et WEDEMANN. *Beitrag zur Frage ob das dem tierischen Körper einverleibte Kupfer mit der M. ausgeschieden wird.* (Arb. Gesundh. Amt, Berlin, 1911, XXXVIII, 125-138). — VIEL (V.). *Élimination des médicaments par le lait* (Th. in., Paris, 1908).

# LANGAGE (Physiologie du).

**SOMMAIRE. — Généralités.** — Différentes opérations du langage. — Définition du langage. **Les centres.** — Résumé historique de leurs localisations cérébrales. **Systèmes fondamentaux de localisations.** — I. *Systèmes polygonaux.* — L'audition verbale. — La vision verbale. — L'articulation verbale. — L'écriture. — Le centre intellectuel supérieur. II. *Les théories récentes sur la physiologie du langage.* — Le centre de BROCA ne joue aucun rôle. — Il n'existe point de centres sensoriels distincts pour les impressions verbales auditives et visuelles. — La distinction des aphasies corticales et sous-corticales est erronée. — La distinction de l'aphasie de BROCA et de l'aphasie de WERNICKE ne peut être maintenue conformément aux errements de la doctrine classique. — Le centre du langage est un centre mixte, sensori-intellectuel. — Images et centres d'images. — Mécanisme fonctionnel des centres du langage. **Les associations des centres du langage normaux.** **Centres encéphaliques du langage.** — Langage automatique. **Modificateurs du langage.** **Développement du langage.** — Les centres du langage ont-ils actuellement, chez l'homme, atteint leur développement définitif ? — Sont-ils héréditaires ? **Rôle de l'hémisphère droit dans le langage.** **Rééducation des malades atteints dans la fonction du langage.** **Conclusion.** — **Bibliographie.**

## GÉNÉRALITÉS.

Envisagée au titre de science traitant des phénomènes dynamiques propres aux êtres vivants, la physiologie devrait être, au point de vue particulier du langage, l'étude du fonctionnement normal des organes tant centraux que périphériques présidant à sa formation. Mais c'est du côté des centres nerveux et non des organes périphériques que résident tout à la fois l'intérêt et les difficultés de cette étude.

Une première conclusion se dégage de ces remarques : ignorant *a priori* l'organe cérébral du langage, ou, si l'on préfère, la localisation cérébrale du langage, on se voit forcé de faire appel à une science liée à la physiologie, mais indépendante aussi, à la pathologie humaine. Ces sciences, la physiologie et la pathologie, se trouvent ainsi étroitement alliées dans l'étude du langage et s'éclairent mutuellement. Nous nous abstiendrons, en revanche, de toute incursion dans les domaines connexes, bien que la biologie du langage puisse bénéficier quelquefois de l'étude de la phonétique ou de la linguistique au même titre que de l'anatomie pathologique nerveuse et de la psychologie.

Ainsi limitée, l'étude proposée ne laisse point d'être assez complexe, aussi n'aurons-nous nullement ici la prétention de faire œuvre définitive. Étudier sommairement les opérations cérébrales élémentaires du langage, en localiser les centres fonctionnels, préciser l'évolution contemporaine de nos idées à ce sujet, établir les points encore obscurs du problème, en un mot présenter celui-ci sous ses faces diverses, tel sera le but poursuivi.

**Différentes opérations du langage.** — Avant de nous efforcer à jeter quelque lumière sur l'échiquier complexe des localisations cérébrales, nous devons préciser les différents temps physiologiques du langage. Une distinction évidente s'impose tout d'abord, selon que l'on examine le mécanisme *sensoriel* ou le mécanisme *intellectuel* de la fonction étudiée.

Pour parler, il nous faut en effet deux choses : recueillir les données du monde extérieur dont le rappel ultérieur ou l'interprétation consécutive fourniront à notre pensée les éléments indispensables à son activité, extérioriser ensuite notre pensée, c'est-à-dire la parole intérieure, de façon à pouvoir communiquer avec nos semblables. Il existe donc une fonction de réception, une fonction de projection ou d'extériorisation, et enfin une fonction d'association assurant aux différents centres une facile communication entre eux. Si maintenant nous traduisons en langue courante les considérations précédentes, nous pourrons présenter ainsi la fonction générale du langage : l'homme reçoit tout à la fois des impressions visuelles et auditives[1] banales et des impressions spécialisées pour le langage (signes phonétiques et graphiques); il *perçoit* le sens de ces différents signes, en garde le souvenir et peut les évoquer spontanément ou non (langage intérieur): il peut enfin *parler*, c'est-à-dire traduire à son tour par des signes phonétiques, graphiques et mimiques le jeu du langage intérieur.

Cet exposé de la physiologie du langage demeurerait incomplet si nous n'insistions sur les différentes phases par lesquelles passe un phénomène sensoriel donné, ces temps successifs étant identiques quel que soit l'appareil récepteur envisagé. Il est au début de tout acte sensitif un temps sensoriel pur qui répond à l'impression simple de l'organe sensoriel périphérique. Immédiatement après survient l'ébranlement du centre cérébral élémentaire[2], ébranlement qui se traduit par un phénomène cérébral simple, par une *sensation*. Dans la sensation, l'acte intellectuel est à son minimum : il nous permet seulement de reconnaître l'existence d'une manifestation extérieure, sans la rattacher à sa cause, sans rien conclure à son sujet. Puis, chez l'homme normal, s'éta-

---

1. Nous laissons de côté l'étude du langage artificiel des sourds-muets, intéressante à coup sûr, mais qui ressort de la psychologie plutôt que de la physiologie.
2. Il est bien entendu que ces termes de centre élémentaire, centre supérieur, sont de simples figures de langage; en réalité nous ne connaissons que peu ou point la hiérarchie anatomo-physiologique des différents centres cérébraux. Nous aurons du reste l'occasion de revenir sur ce point.

blit une appréciation exacte du phénomène senti : tout d'abord ce phénomène est enregistré, *isolé* des phénomènes connexes (perception au premier degré); dans un dernier temps (perception secondaire ou vraie), il est apprécié, reconnu, nettement individualisé, pourvu de ces caractères spécifiques qui permettent par la suite de le reconnaître et de l'évoquer. Ces distinctions fondamentales sont indispensables à retenir si l'on veut ne point se perdre au milieu des fonctions cérébrales multiples concourant au langage. Un exemple fera du reste mieux saisir ces nuances : mis en face d'un jeu de cubes alphabétiques, un individu normal aura d'abord la sensation simple de corps peu volumineux, limités par des lignes nettes, portant des traits noirs sur un fond jaune ; puis il percevra que ces objets sont nettement distincts des morceaux de bois quelconques qui peuvent les entourer, crayons variés, porte-plume ou règle, et qu'ils ont une certaine forme, la forme cubique. Mais l'identification ne sera complète qu'avec la perception de l'utilité de ces cubes et la notion de leur emploi défini. Toutes ces opérations ont naturellement, chez l'individu sain, la quasi-instantanéité de la pensée elle-même; mais certains troubles du langage permettent de les dissocier, on le verra par la suite.

**Définition du langage.** — Les considérations précédentes vont nous permettre de rechercher la définition physiologique convenant le mieux au langage. Beaucoup d'auteurs, depuis Locke, se sont efforcés de la formuler. Celle de Regnaud nous paraît heureuse; on pourrait définir avec cet auteur le langage « l'art de représenter par des signes vocaux d'origine naturelle (le cri d'abord, réflexe de la sensation vive), l'état de conscience qui résulte de la perception directe ou indirecte ». Cette définition est malheureusement très incomplète et ne tient pas un compte suffisant des phénomènes de réception et d'association sur lesquels se fonde le langage. Aussi croyons-nous préférable de définir celui-ci, *un enchaînement de réflexes par quoi les sensations et les émotions se trouvent traduites par des gestes ou par des termes figurés, susceptibles de favoriser le développement de la pensée individuelle et l'échange facile et prompt des pensées d'un individu à l'autre.*

Nous ne pourrons malheureusement, dans cet article, étudier la physiologie du langage conformément aux méthodes traditionnelles de la physiologie : les mécanismes intimes en sont encore insuffisamment connus, et on ne peut exposer cette fonction avec la précision que comportent par exemple la description des sécrétions salivaire ou pancréatique. La pauvreté des documents franchement utilisables est remarquable; l'expérimentation même nous a fourni peu de chose, et ses conclusions ne sont point forcément justifiées chez l'homme au même titre que chez l'animal. Aussi, à consulter maint traité de physiologie existant, fût-il de dimensions considérables, constate-t-on bientôt que l'auteur en a été réduit, sous couleur d'exposer la physiologie du langage, à résumer ce que nous connaissons de l'aphasie et à reproduire quelques schémas dont le laborieux échafaudage cache mal la pauvreté scientifique. Si on néglige l'étude de l'aphasie, ou tombe alors dans la domaine de la psychologie pure, la physiologie du langage se confondant avec celle de la pensée, ainsi que l'admettait Max Müller.

Nous nous efforcerons cependant de mettre en valeur les données suivantes : aux diverses fonctions du langage correspond un certain nombre de centres; — ces centres sont moins nombreux et surtout infiniment moins distincts les uns des autres qu'on ne le croyait autrefois; — la fonction du langage est étroitement associée à la fonction cérébrale supérieure ou intellectuelle; — il serait particulièrement important de préciser le rôle de l'hémisphère droit dans la physiologie du langage. — Nous n'envisagerons guère dans les pages suivantes que le langage figuré, négligeant volontairement le langage émotionnel et la mimique, l'étude de ces formes de langage relevant plus de la psychologie que de la physiologie proprement dite.

## LES CENTRES DU LANGAGE.

Bien que l'histoire de la physiologie du langage se confonde avec l'histoire de nos connaissances sur l'aphasie, et que celle-ci puisse paraître à l'écart de notre sujet, nous croyons impossible de ne point esquisser ici à grands traits les vicissitudes des théories scientifiques successives. Toute une conception pathologique, et par suite physiologique, totalement différente des doctrines anciennes, s'est fait jour depuis un nombre fort restreint d'années, et on ne saurait exposer ni comprendre clairement les localisations et les conceptions nouvelles sans les références précises de l'évolution historique. Nous nous défendons ici de nous écarter de notre sujet, convaincu par ailleurs que cette méthode permet seule d'apporter quelque clarté en une question particulièrement touffue.

**Historique des localisations cérébrales du langage.** — Sans remonter jusqu'à Gesner qui semble, au xviiie siècle, avoir entrevu quelques relations entre les troubles de la parole et les altérations des lobes antérieurs du cerveau, il est juste de constater qu'antérieurement aux observations originales de Broca, une assez longue théorie de cliniciens, au xixe siècle, a jeté les premières assises de la physiologie du langage. Gall, dont l'œuvre magistrale fut publiée avec Spurzheim de 1810 à 1819, frappé de l'excellente mémoire de ses camarades d'école aux yeux « pochetés », pour employer le qualificatif expressif du peuple, avait assigné comme localisation « au sens du langage de la parole » la région sus-orbitaire des lobes frontaux. Nulle autre considération n'étayait l'hypothèse du phrénologiste badois, et cependant, « tâteur de bosses » pour les uns, « génie » pour les autres, Gall eut cette fortune singulière de susciter les recherches, de passionner les esprits pendant plus d'un demi-siècle. Remarquons du reste que, si les travaux de Gall ne firent point progresser davantage la science du langage, c'est que ce savant n'avait vu dans le langage articulé que le seul élément moral, relatif aux mots en tant que signes représentatifs des idées; il avait totalement méconnu en revanche le facteur « relatif aux mouvements au moyen desquels les mots sont exprimés, prononcés, articulés, mouvements qu'il faut former, apprendre, retenir comme les mots eux-mêmes » (Vivent). Systématique et théoricien, idéologue et moraliste bien plus que clinicien et physiologiste, Gall n'eut point l'heur d'orienter dans la voie nécessaire les recherches sur la physiologie cérébrale. Au contraire, un des plus remarquables précurseurs de la science contemporaine, Bouillaud formulait en 1825 les conclusions suivantes : « Les mouvements des organes de la parole sont régis par un centre cérébral, spécial, distinct, indépendant; le centre cérébral occupe les lobes antérieurs. » Il écrivait ailleurs encore : « Peut-être la substance grise des lobes antérieurs du cerveau est-elle l'organe de la partie intellectuelle de la parole (parole intérieure) et la substance blanche est-elle l'organe qui exécute les mouvements musculaires nécessaires à la production de la parole (parole extérieure). » Critiquées ou travesties, niées ou admises, ces conclusions fondamentales furent de 1825 à 1860 l'objet de discussions passionnées; mais nous ne saurions entrer dans le détail de ces travaux [1].

Bouillaud admettait pour le langage une localisation bilatérale, les lobes frontaux. De 1861 à 1865, Broca s'efforça de préciser le substratum anatomique du syndrome clinique qu'il avait admirablement individualisé d'emblée sous le nom d'aphémie. Les cerveaux étudiés présentaient en général des lésions multiples; mais, pour des raisons sur lesquelles nous reviendrons plus loin, Broca choisit parmi les diverses destructions du territoire cérébral rencontrées l'une d'entre elles et localisa rigoureusement au pied de la troisième frontale gauche le centre des mouvements d'articulation du langage. Il parachevait enfin son œuvre et la mettait d'accord avec les faits d'apparence contradictoire en faisant, le premier, intervenir dans les localisations hémisphériques le facteur de la gaucherie ou de la dextérité : désormais le centre du langage articulé allait être le pied de la troisième frontale, gauche chez les droitiers et droite chez les gauchers.

Les malades de Broca présentaient surtout un trouble de l'articulation du mot; la description clinique de Trousseau, les recherches d'Armand de Fleury firent pressentir, puis établirent une première distinction entre les aphémiques qui ne peuvent prononcer les mots et les aphasiques qui les peuvent prononcer, mais les emploient en des acceptions inexactes. Cette séparation, que viennent accentuer les recherches de l'école anglaise avec Bastian principalement, trouve sa consécration définitive dans les travaux de Wernicke.

Jusqu'à cet auteur (1874), on avait examiné les malades, recueilli les observations,

---

[1]. V. P. Marie. Semaine médicale (28 novembre 1906) et F. Moutier. Aphasie de Broca, thèse de Paris, 1908, chap. I.

étudié les cerveaux, mais jamais encore on n'avait cherché à pousser plus avant l'analyse des accidents morbides en s'aidant de l'étude des phénomènes normaux. En d'autres termes, et pour employer le langage physiologique, attaché au simple enregistrement des faits objectifs, les auteurs avaient envisagé surtout les troubles de l'extériorisation de la pensée, c'est-à-dire les accidents de l'articulation verbale, et, tout en les constatant, s'étaient infiniment moins préoccupés d'interpréter les troubles de l'audition et de la vue. Wernicke, se basant sur la physiologie psychologique de l'acquisition de la parole chez l'enfant, tint le rôle du langage oral pour fondamental, et distingua soigneusement des aphasiques purement ou principalement atteints dans leurs fonctions motrices, ceux chez lesquels se décèle surtout l'impossibilité d'identifier les impressions auditives verbales. Ces malades ne peuvent, d'après Wernicke, comprendre les paroles qui frappent leurs oreilles. Ils sont loquaces cependant, et le langage articulé est conservé, mais le discours est encombré de mots employés hors de propos ou même de vocables dénués de sens; le trouble primordial de l'audition pourrait donc entraîner des troubles consécutifs de la lecture et de l'écriture. Ce syndrome prit le nom d'*aphasie sensorielle*, parce qu'il se trouvait, selon Wernicke, lié étroitement à l'altération d'un centre d'images sensorielles, auditives dans l'espèce. Ce centre sensoriel servait d'autre part de régulateur au centre moteur, mais en demeurait parfaitement distinct; celui-ci siégeait au niveau du pied de la troisième frontale gauche chez le droitier, celui-là se trouvait localisé dans la première temporale : ainsi s'éclaircissaient les observations de troubles du langage avec ramollissement du territoire sylvien sans destruction de la troisième frontale.

Les points suivants se trouvaient acquis avec Wernicke, grâce à l'analyse physiologique du langage : *il existe un centre d'images sensorielles auditives dans la première temporale, un centre d'images motrices verbales dans la troisième frontale; le premier de ces centres influence et contrôle le fonctionnement du second.* Ces distinctions capitales renfermaient en germe les dissociations infinies que l'on devait ultérieurement faire subir aux différents temps du phénomène de la parole et aux divers syndromes aphasiques.

Poursuivant ou contrôlant les recherches de Wernicke, de nombreux auteurs se sont succédé que nous ne pouvons citer ici, cette étude s'efforçant de ne présenter de l'historique de l'aphasie que ce qui intéresse particulièrement la physiologie du langage. Il importe toutefois de signaler combien le schéma p. 881 de Lichtheim, qu'explique suffisamment sa légende, a contribué à précipiter la dissociation des phénomènes normaux et anormaux à laquelle nous venons de faire allusion. Kussmaul avait en effet distingué de la surdité verbale par destruction d'un centre d'images auditives, facteur essentiel de l'aphasie sensorielle de Wernicke, une cécité verbale par lésion d'un centre verbal visuel; Exner enfin avait individualisé l'agraphie par destruction du centre des images verbales graphiques. Ainsi se trouvaient dressés les uns à côté des autres ces quatre centres qu'ont popularisés l'enseignement magistral de Charcot et de nombreux dessins, parmi lesquels le schéma polygonal de Grasset a connu un succès que légitime sa simplicité lucide.

Après les premières recherches de Broca et de l'école anglaise, après les expériences des physiologistes sur l'excitabilité du cortex hémisphérique, après les localisations étroites de Wernicke et de Kussmaul, un certain flottement s'était décelé parmi les cliniciens et les anatomo-pathologistes. On trouvait trop souvent que les lésions à l'autopsie négligeaient de se conformer au schéma prévu, que plus souvent encore les destructions cérébrales étaient de telle étendue que tout essai de localisation était vain, et Ch. Richet pouvait en 1882 déclarer que « la circonvolution de Broca n'est pas au langage ce que la rétine est à la vision par exemple, ou le testicule à la spermatogénèse ». Mais nous ne saurions montrer ici combien furent nombreux et convaincus les adversaires des localisations cérébrales de 1873 à 1885. Bientôt d'ailleurs, principalement sous l'influence de l'enseignement de Charcot en France, de Wernicke et de Kussmaul en Allemagne, on crut résoudre les problèmes et triompher des faits contradictoires en multipliant les centres fonctionnels du langage, en schématisant à outrance les formes de l'aphasie. On décrivit des aphasies et des centres corticaux, des aphasies et des voies d'association transcorticales et sous-corticales en nombre suffisant pour satisfaire à l'ordonnance schématique des variétés cliniques les plus singulières. Les classifications purement psychologiques, partant simples et claires puisque *a priori*, remplacèrent l'étude physiologique du langage. On voulut trouver un centre pour les syllabes, pour les mots, pour les vocables monosyllabiques et pour les vocables polysyllabiques; les verbes, les substantifs durent s'accommoder de régions distinctes, d'une étroite circonscription; on se perdit au milieu des surdités, des cécités, des amnésies. La difficulté, ainsi que le faisait récemment remarquer Dercum, augmentant de ce fait que les termes tels que cécité verbale, surdité verbale, aphasie de conduction, aphasie transcorticale, paraphasie même impliquaient déjà des théories. Aussi Lantzenberg, dans une thèse inspirée par Brissaud, pouvait-il noter avec un certain découragement que si, pour la plupart des phénomènes, l'exposé du siège et du mécanisme d'une fonction précède toute discussion théorique au sujet de celle-ci, presque chaque observateur se voit obligé d'exposer sa théorie du langage avant de rapporter les faits venus à sa connaissance.

## SYSTÈMES FONDAMENTAUX DE LOCALISATION CÉRÉBRALE DU LANGAGE.

En dernière analyse, ces systèmes se ramènent à deux seulement. Nous distinguons d'une part la conception classique par excellence, la construction schématique de Wernicke-Lichtheim, Charcot et Grasset, avec l'adaptation clinique contemporaine qu'en présentent en termes analogues Déjerine et von Monakow; d'autre part, la conception récente que Pierre Marie a présentée en 1906 dans une série d'articles retentissants, conception que j'eus l'honneur de défendre dans ma thèse. Ces deux systèmes reposent sur deux façons totalement différentes d'envisager la fonction du langage.

Pour les anciens auteurs existent des centres d'images nettement individualisés, susceptibles de destruction isolée. Pour Pierre Marie et pour nous-même, les images n'ont pas d'existence propre et ne peuvent être que pour un temps tenues artificiellement isolées du dynamisme mental. Nous reviendrons ultérieurement sur cette conception; qu'il nous suffise de remarquer qu'elle rend inacceptable l'existence de centres fonctionnels isolés pour les différents temps de l'acte physiologique verbal, et qu'elle présuppose l'imbrication étroite du mécanisme du langage et du mécanisme de la pensée elle-même.

Nous aurions voulu, dans cette étude, procéder autrement qu'on ne l'a fait à ce jour. Partant du phénomène extérieur, audition, vision, articulation, écriture, nous aurions poursuivi ce phénomène jusqu'au centre cérébral qui le régit et pénétré ainsi la texture même des différents actes physiologiques du langage. Nous n'avons pu, malgré de nombreux essais, réaliser cette ambition; et si nous prenons la peine de mentionner un fait de cet ordre, c'est qu'il comporte un double enseignement : il nous montre que les progrès de la physiologie cérébrale ne sont pas encore assez avancés pour permettre avec quelque rigueur un exposé analytique de la fonction langage et, nous le croyons du moins, il nous permet d'apprécier à quel point la complexité, l'enchaînement des différentes opérations cérébrales s'opposent à une dissociation de leurs éléments. Nous nous efforcerons cependant de présenter avec quelque clarté l'état de nos connaissances à ce sujet.

**Systèmes polygonaux.** — Nous désignerons sous ce titre, qu'illustrent immédiatement les schémas ci-contre, les théories admettant avant tout pour le langage un assez grand nombre de centres fonctionnels distincts. Pour les auteurs classiques, c'est-à-dire pour la majorité des neurologistes et des physiologistes, nous le rappelons, l'acquisition du langage se fait grâce à des centres distincts, doués d'une activité automatique qu'influence plus tard seulement le psychisme supérieur. Amenées au cerveau par les voies sensorielles centripètes, les impressions auditives et visuelles s'emmagasinent dans des régions spécialisées du cortex cérébral; plus tard se développeront les images motrices ou d'articulation verbale, puis les images graphiques. Ainsi se trouvera parfait le quadrilatère dont les différents points nodaux et les voies d'association représenteront l'appareil central du langage.

En d'autres termes, voici, selon ce système, comment se peut exposer la physiologie du langage. L'acquisition, le développement et le perfectionnement ultime du langage sont inconcevables sans l'existence des images : celles-ci ne sont autres que les souve-

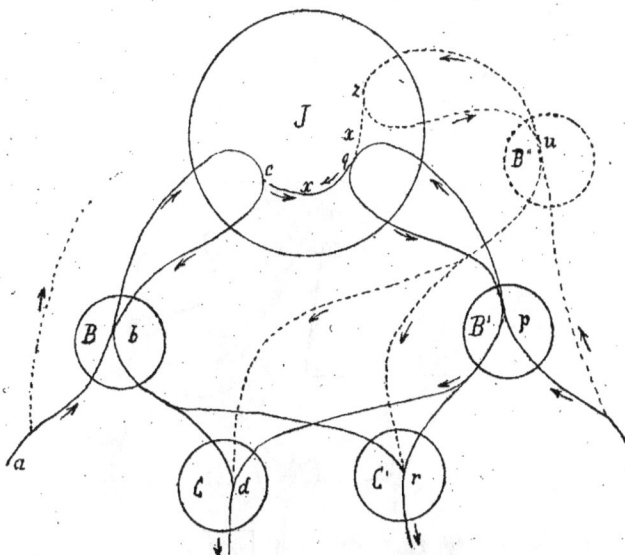

Fig. 129. — *Schéma de Kussmaul* (1876).

a, centre idéogène ; B, centre sensoriel acoustique ; B', centre sensoriel optique ; B″, centre utilisé chez les sourds-muets ; C, centre coordinateur des termes oraux ; C', centre coordinateur des mots écrits ; a, nerf acoustique ; o, nerf optique ; a b c d, trajet acoustico-moteur de la parole vocale ; o p q r, trajet optico-moteur ; a b d, voie qui sert au langage d'imitation des enfants ou des perroquets.

nirs, reconnaissables et évocables, des impressions sensorielles *verbales*, auditives pour le langage oral, visuelles pour le langage écrit, et des mouvements nécessaires à l'arti-

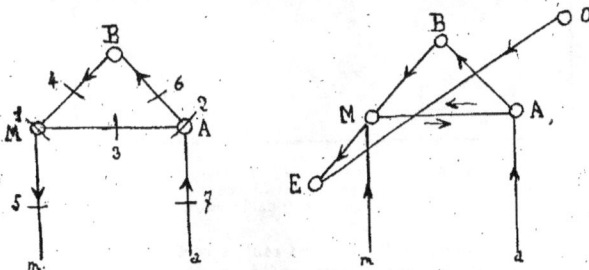

Fig. 130 et 131. — *Schéma de Lichtheim* (1884).

A, centre auditif verbal ; M, centre moteur ; B, *Begriffcenter*, centre d'élaboration intellectuelle (*part where concepts are elaborated*); O, centre des représentations visuelles ; E, centre d'innervation des organes servant à l'écriture. Dès que la voie BEAB est coupée, il y a paragraphie et paraphasie.

culation verbale pour la parole, au tracé graphique pour le langage. Ces centres sont préformés, c'est-à-dire que, dès le plus jeune âge, un territoire cérébral particulier à chacun d'eux est prêt à enregistrer et utiliser les images spécifiques. Ils sont étroitement reliés entre eux ; mais leur dépendance n'est pas conçue de même façon par les différènts auteurs. Pour les uns, et CHARCOT est de ce nombre, la lésion d'un centre distinct donne un syndrome très pur, celui de l'insuffisance de ce centre, et de ce centre seul, sans addition de troubles des centres voisins. Pour ces auteurs, il est vrai, ces centres sont anatomiquement distincts, séparés, sur la corticalité même de l'hémisphère (v. schéma de CHARCOT), par des zones indifférentes tout au moins au point de vue du langage, leurs connexions dans la profondeur demeurant assurées par de multiples voies d'association.

Pour d'autres auteurs, et les neurologistes et physiologistes modernes se rallient

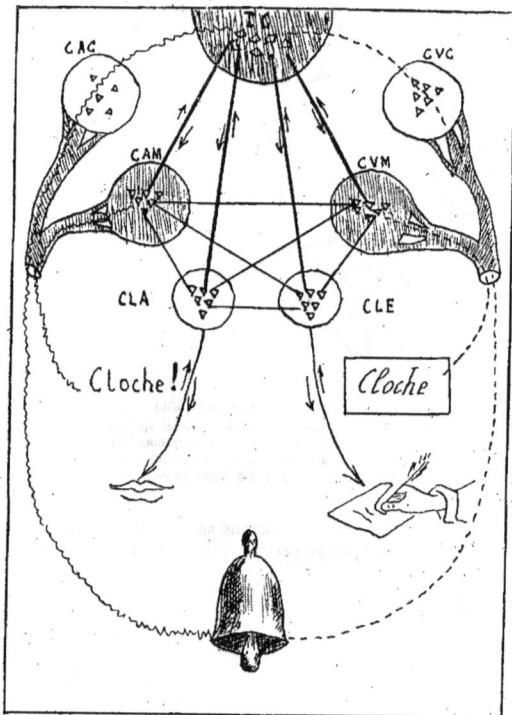

FIG. 132. — *Schéma de Charcot* (in BERNARD, 1885).
IC, centre d'idéation ; CAM, centre auditif des mots ; CLA, centre du langage articulé ; CVC, centre visuel des mots ; CLE, centre du langage écrit ; CAC, centre auditif commun.

pour la plupart à cette opinion (v. fig. 135), les centres corticaux du langage forment une bande continue faisant à peu près le tour du golfe sylvien. Les centres sont unis entre eux par un système d'association extrêmement touffu ; aussi, suivant une conception qui nous paraît mieux répondre non seulement à la complexité mais encore à l'étroite union des différentes mentalités du langage, « toute altération de la zone du langage en un point quelconque de son étendue entraîne, non pas des troubles limités à tel ou tel mode du langage, mais une altération de *tous* les modes du langage, avec prédominance de ces troubles sur le mode correspondant au centre d'images directement atteint par la lésion »[1].

1. DEJERINE, *Anatomie des centres nerveux*, II, 248 ; 1901.

Cependant, tout en reconnaissant des centres distincts, et tout en admettant le retentissement des lésions de l'un de ces centres sur la fonction des autres, aucun auteur n'admit jamais qu'une destruction d'un centre du langage pût « entraîner des altérations égales pour les divers modes du langage ». Pour certains, et cette théorie eut

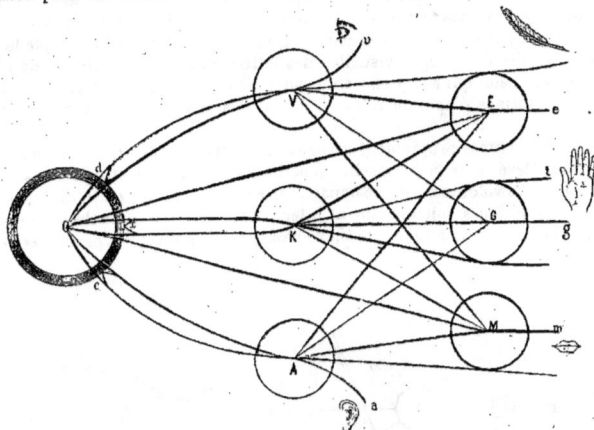

Fig. 133. — *Schéma de Ferrand* (1894).

O, centre intellectuel ; V, centre visuel ; K, centre kinesthésique ; A, centre auditif ; M, centre moteur vocal ; G, centre moteur mimique ; E, centre moteur graphique.

beaucoup de vogue au temps de CHARCOT, à cette époque où l'étude subjective de la parole intérieure suscitait une série étendue de travaux, il existait une hiérarchie des centres liée à la forme du langage intérieur. Celui-ci ne serait pas univoque en effet : les uns entendent leur pensée ; les autres, tout en l'entendant, ont conscience d'une ébauche mentale des mouvements d'articulation correspondant au verbe de la parole intérieure ; d'autres enfin lisent leur pensée ou présentent en tout cas une puissance d'évocation des images à prédominance visuelle ; ainsi se trouvent établies ces trois classes dans lesquelles vient se ranger tout individu, les *auditifs* purs, les *audimoteurs* (ce sont les plus nombreux) et les *visuels*. Il résulte de cette théorie que chez un auditif pur la destruction du centre auditif perturbera le fonctionnement des autres centres bien plus que ne l'eût fait la destruction du centre visuel ; et que, chez un audi-moteur la lésion du centre auditif déterminera une suppression fonctionnelle presque totale du centre moteur. Ainsi de suite, *mutatis mutandis*.

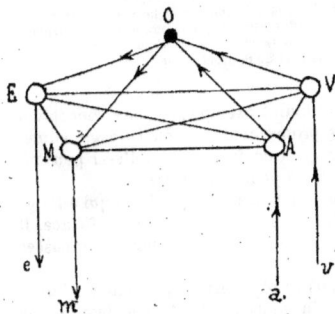

Fig. 133. — *Schéma de Grasset* (1896).

O, centre de l'idéation ; A, centre auditif ; V, centre visuel ; M, centre moteur verbal ; E, centre graphique verbal.

Plus tard, on admit non seulement une interdépendance des centres plus étroite que par le passé, mais une hiérarchie plus rigoureuse et plus systématique. Cette hiérarchie se fondait non plus sur la psycho-physiologie de la parole intérieure, mais sur la physiologie évolutive du langage, sur le mode même d'éducation et d'acquisition des images. Les images, en effet, « sont d'autant plus fixées, d'autant plus résistantes, qu'elles sont d'ordre d'acquisition plus ancienne. De par l'éducation, les images audi tives se forment les premières..... Les images motrices d'articulation se forment ensuite très rapidement; leur union avec les précédentes est intime, précoce, et l'union de ces deux images constitue la base première, toujours présente, du langage intérieur. Ce n'est que beaucoup plus tard que l'enfant apprend à rattacher aux images auditives et motrices d'articulation l'image visuelle des mots, c'est-à-dire la transcription manuscrite ou imprimée de la parole entendue et parlée. Quant à l'écriture, qui n'est que la reproduction sur le papier des images visuelles des lettres et des mots, elle est de tous les modes de langage celui qui s'apprend en dernier lieu; aussi voit-on l'agraphie exister dans toutes les formes d'aphasie relevant de lésions siégeant dans la zone du langage [1]. »

Au-dessus des centres proprement verbaux, moteurs et sensoriels, un centre intellectuel, le plus élevé dans la hiérarchie fonctionnelle, contrôle et commande. Indispensable au langage volontaire et raisonnable, il peut être détruit ou inhibé sans que le jeu des centres inférieurs soit totalement interrompu pour cela : il subsiste seulement en ce cas un langage automatique ou réflexe comme le sommeil, l'hypnose, les états de

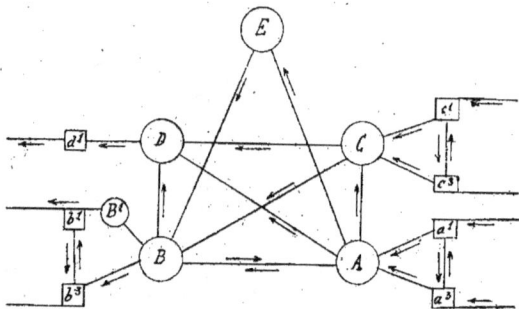

Fig. 134. — *Schéma de Elder* (1897).

$E$, centre idéo-moteur; $C$, centre visuel verbal; $A$, centre auditif verbal; $B$, centre psycho-moteur; $D$, centre graphique psycho-moteur; $c^1$, $c^3$, $a^1$, $a^3$. Voies sensorielles afférentes; $B^1$, $b^1$, Centres de l'hémisphère droit; $d^1$, $b_1$, $b^3$, Voies afférentes motrices. Remarquer de quelle façon le centre $E$ se trouve relié aux autres centres : les centres graphique et le visuel ne lui sont unis qu'indirectement.

distraction, de rêverie, d'aliénation même en offrent maint exemple. — Cette conception d'un centre psychique, indépendant des centres proprement dits du langage, admet implicitement une certaine indépendance du langage et de la pensée, celle-ci pouvant exister sans que des formes verbales soient nécessaires pour la traduire.

Ainsi se peut résumer la physiologie classique du langage, physiologie qui a longtemps trouvé dans les localisations cérébrales admises son soutien le plus efficace. Il nous reste à étudier ces localisations et à montrer quelles variations leur ont imposées les observations successives.

**Audition verbale.** — L'audition verbale est, nous le répétons, le phénomène initial par lequel l'enfant se voit instruit des rudiments du langage; il est donc légitime de commencer par l'étude de cette fonction notre analyse du langage.

Les mots sont, tout d'abord, perçus en tant que bruits confus, de murmures sans signification. La perception verbale auditive se fait à ce titre dans la sphère auditive commune, c'est-à-dire dans l'écorce des lobes temporaux de l'un et de l'autre hémisphère, tout au moins au niveau des 1 et 2 temporales. Mais, en tant que signes verbaux, les mots sont perçus principalement au niveau de la 1 temporale gauche chez les droitiers, droite chez les gauchers. Nous ne saurions insister ici sur les divergences des auteurs. Signalons seulement que la zone de WERNICKE, centre des impressions sensorielles, mixtes, comprend la partie postérieure des première et deuxième temporales

1. DEJERINE, *loc. cit.*, 248.

gauches (parfois des première, deuxième et troisième temporales), au moins la moitié postérieure du *gyrus supramarginalis*, ou lobule du pli courbe, enfin le pli courbe ou *gyrus angularis* (QUENSEL et FLECHSIG). Nous verrons plus tard quelle partie de ces territoires réclame la zone visuelle verbale. Signalons seulement que c'est au cortex du tiers postérieur de la première temporale que la majorité des auteurs, WERNICKE, KUSSMAUL, DEJERINE, localise le centre des images auditives verbales.

On a sérié davantage encore les centres auditifs : à côté du centre banal et bilatéral, fixé au tiers moyen de la première temporale ou plus récemment encore en la temporale profonde (FLECHSIG), le centre de perception des images auditives a été localisé au tiers postérieur de la première temporale. Enfin, sur la région antérieure et inférieure du *gyrus angularis* existerait un centre psychique, surtout mnésique, des images auditives (HENSCHERT) ; ce centre mnésique est, il est vrai, situé par d'autres sur le *gyrus supra-marginalis* (OTUSZEWSKI), Pour FLECHSIG, l'écorce du *gyrus angularis* (pli courbe) entier formerait les mots avec les images des lettres.

Il convient de faire remarquer, sans aller plus loin, que, pour un très grand nombre d'auteurs, on ne serait nullement en droit de distinguer deux fonctions de réception, deux centres sensoriels distincts. Les altérations de la zone de WERNICKE, telle que nous l'avons limitée plus haut, entraîneraient également un déficit verbal auditif et visuel. Quoi qu'il en soit, les auteurs se sont accordés à reconnaître des syndromes morbides distincts, selon qu'intervenait la conception d'un centre sensoriel commun ou de centres distincts. Il convient également de rappeler une fois pour toutes que, divisés en une quantité de petits centres distincts, ou répartis en deux ou trois groupes principaux (auditif, visuel, moteur) seulement, les centres sont étroitement unis entre eux[1]. C'est ainsi que si dans les lésions du centre auditif il y a des troubles de la parole spontanée, cela tient à ce que la lésion du centre auditif trouble les processus d'association nécessaires à la formation du mot.

Mais le centre auditif verbal ne joue pas seulement un rôle important dans la coordination des phénomènes du langage, il les contrôle aussi au plus haut degré. HUGHLINGS JACKSON, le premier, s'efforça d'expliquer la doctrine des aphasies dans son ensemble par un système de mécanismes frénateurs dont le jeu serait plus ou moins faussé : WERNICKE, BROADBENT et surtout PICK ont insisté sur cette conception, et ont cherché à démontrer cliniquement que les fonctions du centre moteur du langage s'accomplissent sous la direction du centre auditif. Celui-ci serait un véritable frein, et on donne à cet effet comme preuves la logorrhée et le bredouillement des malades atteints de surdité verbale.

Il convient de résumer maintenant ce que nous ont enseigné *les recherches cliniques et anatomo-pathologiques des neurologistes*. Dans l'immense majorité des cas, les lésions observées à l'autopsie intéressent d'une façon assez étendue le territoire sylvien, détruisent la corticalité cérébrale et pénètrent assez avant dans la substance blanche. On observe le plus souvent un syndrome mixte, dit *aphasie sensorielle* ou *de Wernicke*, que caractérisent les troubles suivants : sans hémiplégie, sans difficulté ni incorrection de l'articulation verbale s'observent des troubles prononcés dans l'émission verbale, logorrhée, déformation des mots et des phrases avec emploi des termes dans un sens qui n'est plus le leur (paraphasie), création de vocables néoformés dénués de sens (jargonaphasie), impossibilité d'écrire spontanément ou sous la dictée, possibilité (souvent réduite) de copier servilement un modèle en le dessinant sans le comprendre, lecture défectueuse, incomplète, parfois nulle (cécité verbale), incompréhension plus ou moins accusée du langage oral (surdité verbale).

Certains auteurs distinguent, à côté de la forme précédente ou *aphasie sensorielle corticale*, une surdité verbale pure ou *aphasie sensorielle sous-corticale* (un seul trouble, la non-compréhension du langage parlé) par lésion de la substance blanche de la première ou de la deuxième temporales, et une *aphasie sensorielle transcorticale*, dans laquelle le malade entendrait les mots, les reconnaîtrait en tant que signes de langage (perception première) ; mais ne les identifierait plus, c'est-à-dire n'en saisirait plus le

---

1. Les voies d'association des centres du langage sont courtes, moyennes ou longues (faisceau arqué ou longitudinal supérieur, faisceau longitudinal inférieur, faisceau uncinatus).

sens (perception secondaire). Ces formes, surtout théoriques, sont faciles à se représenter d'après le schéma de Sahli, construit sur les données de Lichtheim et de Wernicke [1].

**La vision verbale.** — Le schéma en est simple et superposable au schéma de l'audition verbale. Le développement considérable des voies et centres de la vision a permis pour les fonctions visuelles des localisations plus précises et beaucoup plus certaines que pour les fonctions auditives. Les impressions visuelles parviennent à la face interne du lobe occipital, notamment aux lèvres de la scissure calcarine : là se trouve le centre des perceptions visuelles primaires, non spécialisées pour le langage. La lecture et la vision générale peuvent être supprimées par une lésion bilatérale

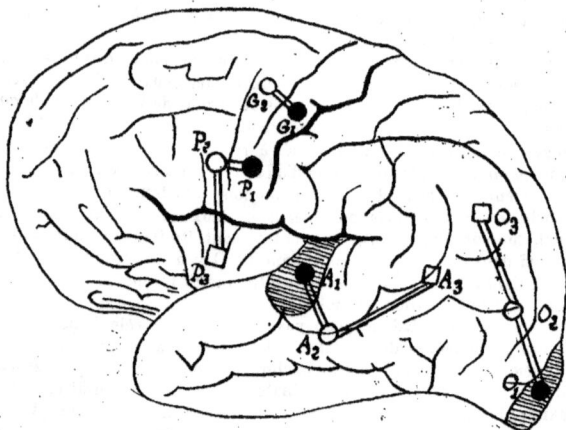

Fig. 135. — Les centres du langage (d'après Nogel et Sahli, sur les données de Lichtheim et de Wernicke) : $G_1$, centre cortical des mouvements du bras et des doigts (paralysie motrice du membre supérieur); $G_2$, centre moteur de l'écriture (agraphie de Charcot-Exner); $P_1$, centre cortical de la bouche et du larynx (paralysie motrice); $P_2$, centre de l'articulation verbale de Broca (aphasie motrice corticale); $P_3$, centre de reconnaissance des images verbales (aphasie motrice amnésique ou transcorticale); $A_1$, sphère auditive (surdité corticale); $A_2$, centre gnosique des mots (aphasie sensorielle corticale acoustique); $A_3$, centre mnémonique des images auditives (aphasie auditive amnésique ou sensorielle transcorticale); $O_1$, centre visuel (cécité corticale); $O_2$, centre de la reconnaissance des images visuelles (alexie corticale); $O_3$, centre de la compréhension optique du langage écrit (alexie amnésique ou transcorticale, cécité verbale avec agraphie).

de ce centre; il y a dans ce cas *cécité corticale*. Quand il n'existe de destruction que d'un seul côté (et la lésion, pour que le langage soit intéressé, doit siéger à gauche chez les droitiers), une lésion du lobe occipital ne détermine de trouble du langage que si elle est intense, profonde, détruisant les radiations optiques, atteignant le lobe pariétal. Dans ce cas il y a toujours, coïncidant avec la difficulté ou l'impossibilité de la lecture, une hémianopsie typique. Il s'agit alors de *cécité psychique*, c'est-à-dire que « l'individu a conservé la perception visuelle brute, mais qu'il est incapable d'en interpréter la signification » (Dejerine).

Rappelons que Charcot localisait le centre de la lecture dans le lobule pariétal supérieur avec ou sans participation du pli courbe (Grasset) [2]. Quensel le place dans la partie inféro-postérieure du *gyrus angularis*. Dejerine au contraire localise en toute l'étendue de ce même *gyrus angularis* ou pli courbe, le centre des souvenirs visuels des mots,

---

1. La théorie veut naturellement que, dans les aphasies sous-corticales, le langage intérieur soit intact; il est altéré au contraire dans les aphasies corticales banales.
2. Pour Exner, Sacha, Pick, Anton, la région pariétale jouerait un rôle dans le mécanisme optique du langage.

centre que WILBRAND place à la face externe du lobe occipital. Enfin un centre psychiquement supérieur, mnésique, se trouverait pour HENSCHEN dans la région supéropostérieure du *gyrus angularis*.

Cliniquement, on distingue une *cécité verbale avec hémianopsie*, rarement pure, le plus souvent accompagnée d'aphasie sensorielle, par lésions du lobe occipital étendues à la zone de WERNICKE, — une *cécité verbale pure avec aphasie* par lésion isolée du pli courbe (DEJERINE), — une *cécité verbale pure* (aphasie sensorielle sous-corticale) par destruction des faisceaux d'association unissant le pli courbe gauche à la zone visuelle générale, c'est-à-dire par lésions du corps calleux, du faisceau longitudinal inférieur, de la couche sagittale du lobe occipital. Des recherches récentes de QUENSEL et de MINGAZZINI représenteraient également le *gyrus temporalis transversus* comme une des zones les plus importantes du langage ; ce gyrus recevrait des fibres de projection acoustiques et donnerait naissance à des fibres d'association avec la zone visuelle verbale.

**L'articulation verbale.** — Le centre moteur de l'articulation des mots est localisé depuis BROCA au pied de la troisième frontale gauche chez les droitiers. Un certain nombre d'auteurs, de 1861 à 1906, date à laquelle la question de la spécificité du centre de BROCA s'est trouvée nettement posée par PIERRE MARIE, se sont efforcés de préciser ses limites : les uns ont voulu l'étendre en avant jusqu'au milieu, ou au tiers antérieur de la troisième frontale ; les autres l'ont voulu prolonger en arrière et ont englobé l'insula dans le centre de BROCA.

Les connexions de ce centre sont des plus importantes ; ce sont elles, plutôt que ses limites précises, qui nous intéressent au point de vue physiologique. Elles permettraient en effet, selon les doctrines classiques, la coordination des mouvements nécessaires à la traduction de la pensée en mots articulés. — Le centre de BROCA se trouve en relations au premier plan avec le pied de la frontale ascendante où se trouvent les centres corticaux des muscles du larynx, de la langue et des joues, au second plan avec les centres bulbo-protubérantiels du trijumeau, du facial, du glosso-pharyngien, du pneumogastrique, du spinal et de l'hypoglosse ; il existe en effet entre les mouvements de la déglutition, de la respiration, de la mimique, du chant, du sifflement et ceux de l'articulation verbale des connexions des plus nécessaires et des plus étroites.

La destruction du centre de BROCA détermine les accidents suivants (aphasie de BROCA), accidents plus ou moins intenses selon l'étendue et l'ancienneté des lésions. Le langage articulé se trouve plus ou moins complètement aboli, réduit fréquemment à quelques syllabes, un ou deux mots, un fragment de phrase, une suite de sons dépourvus de sens. L'audition verbale est atteinte de façon variable. L'écriture présente le plus souvent d'importantes altérations par perte de la notion des mouvements nécessaires à l'art d'écrire ou par rupture des systèmes d'association soit entre les images motrices d'articulation et les images motrices graphiques, soit entre celles-ci et le centre auditif. Puis, étant donnée la dépendance fonctionnelle étroite des centres, la simple altération des images motrices verbales peut, chez certains individus peu instruits, ayant besoin pour lire d'ânonner sur le texte en épelant les mots, entraîner une suppression non seulement de la lecture à haute voix, mais aussi de la lecture mentale.

Lorsque les voies centrifuges du centre de BROCA sont détruites, le trouble moteur existe seul ; le malade peut alors comprendre le langage écrit et parlé, écrire lui-même spontanément, sous dictée ou en copiant ; il ne peut en revanche articuler spontanément ni répéter les phrases qui lui sont dites. Cette aphasie motrice pure ou sous-corticale dépendrait d'une lésion de la substance blanche sous-jacente au pied de la troisième frontale.

Enfin le centre de BROCA, tout en se trouvant en relation étroite avec la sphère visuelle, est tout particulièrement contrôlé par le centre auditif. On sait que la lésion de ce dernier, véritable centre d'arrêt, provoque du verbiage et de l'incohérence de la parole. Pour FLECHSIG même, nous l'avons déjà mentionné, ce serait l'écorce du *gyrus angularis* qui formerait les mots avec les lettres et relierait les images syllabiques acoustiques et optiques avec les images motrices d'articulation à haute voix.

La rupture des voies d'association isolerait le centre de BROCA, permettrait avec la suppression du langage spontané la conservation du langage répété. Pour certains auteurs ce syndrome dépendrait soit de la rupture des voies d'association sensori-motrices, probablement sous l'insula, soit de la destruction d'un centre mnésique ou moteur verbal supérieur placé par ARMAND dans l'insula.

On ne peut qu'être frappé de l'importance des altérations fonctionnelles consécutives à la destruction isolée du centre de BROCA. L'altération du foyer d'images motrices verbales entraînerait en effet des troubles de la compréhension auditive et visuelle du langage, ainsi que des troubles de l'écriture. On a tenté de l'expliquer en faisant ressortir l'importance du langage parlé dans le monde moderne.

Ce centre, ainsi que le faisait observer PIERRE MARIE dans une judicieuse exposition du mécanisme classique du langage, était indispensable pour la parole, le mot ne pouvant se former que grâce aux multiples processus d'association aboutissant de toutes les autres parties de l'encéphale à ce centre. Il était indispensable pour la lecture, parce que, pour être compris, le mot lu, c'est-à-dire l'image visuelle, doit subir la transformation en images d'articulation. D'un autre côté, si, malgré la destruction du centre de BROCA, la parole pouvait être encore comprise, c'est que, toujours pour les classiques, le mot prononcé par l'interlocuteur est tout formé et peut être transmis directement par le centre auditif aux centres d'association qui en assurent la compréhension.

**L'écriture.** — EXNER, puis CHARCOT, ont localisé le centre de l'écriture au pied de la deuxième frontale gauche, à peu près vis-à-vis du centre moteur de la main au tiers moyen de la frontale ascendante. Cette localisation est actuellement tombée en une juste défaveur, et peu d'auteurs la maintiennent, si ce n'est en des traités didactiques, pour le besoin d'un exposé schématique. Non seulement en effet aucune autopsie n'a permis de fixer un centre à la fonction étudiée, mais physiologiquement il n'apparaît nullement que cette fonction puisse être distinguée des autres fonctions du langage, de la fonction motrice verbale entre autres. « L'écriture, ainsi que l'a indiqué WERNICKE, n'est autre chose que la transcription par la main, que la copie des images visuelles des lettres et des mots. On peut écrire avec une partie quelconque du corps, pourvu qu'elle soit suffisamment mobile; ceci montre, partant, qu'on peut écrire avec une partie quelconque de la corticalité motrice, et que, par conséquent, le centre de l'écriture n'est autre que le centre de la motilité générale (DEJERINE). » On a fait également remarquer que les aphasiques étaient incapables de former des mots avec des cubes alphabétiques, fait inexplicable si un centre moteur verbal était seul en cause; en réalité l'agraphie est toujours associée aux autres syndromes aphasiques. Nous croyons utile de noter encore avec FÉRÉ[1] que « la représentation mentale d'un son articulé s'accompagne de mouvements des muscles spécialement adaptés à l'articulation et que, lorsqu'on veut représenter graphiquement un son, on l'écrit d'abord avec sa langue ». Ceci est à rapprocher du fait qu'un nombre d'individus considérable ne saurait se représenter un son articulé sans éprouver immédiatement dans les muscles des mâchoires les sensations musculaires adéquates.

**Le centre intellectuel supérieur.** — Selon la conception ancienne de la physiologie du langage, les centres de réception des impressions sensorielles, les centres d'extériorisation du langage intérieur étaient des groupements inférieurs, capables d'exercer une activité tout automatique, mais soumis pour toute manifestation originale à la prépondérance du centre intellectuel supérieur, siège de l'idéation et de la volition. Ce centre, clairement apparent sur nos schémas, domine l'entre-croisement polygonal, si l'on adopte le schéma de GRASSET, et se trouve à la fois étroitement uni aux centres inférieurs et supérieur à ceux-ci, dépendant de leur activité; mais également indépendant de ses manifestations. En somme, le langage n'absorberait pas la pensée; il ne serait pour elle qu'un *instrument de relation*, utile, mais non indispensable; les centres fonctionnels seraient comparables aux ouvriers d'une usine dont le directeur ne peut rien sans les manouvriers attelés à la tâche, mais demeure néanmoins indépendant de leur activité.

L'idée s'abstrait du langage, la pensée intuitive brise le moule où l'emprisonne le verbe. On pourrait donc, remarque STOUT, penser sans langage et sans signe d'expression, dans ces cas par exemple où les rapports constitutifs d'un tout idéal peuvent apparaître immédiatement au foyer de la conscience comme des objets offerts à une attention vigoureuse et soutenue. L'attention aurait alors pour effet de rendre distinct, de donner

1. FÉRÉ, *Sensation et mouvement.* Alcan, 1900, 104.

à son objet immédiat le relief d'une image définie, précise comme le peut être une sensation — perception actuelle. — Peut-être oublie-t-on en raisonnant ainsi que la pensée intuitive, si difficile à saisir, s'aide de symboles, et que cette imagerie mentale est en somme un langage.

Quoi qu'il en soit, pour rester dans le domaine approximatif de la physiologie pure, pour les uns, comme Grasset, le centre psychique supérieur serait un centre autonome et distinct, localisé soit au niveau du cortex pariétal, soit dans le lobe frontal antérieur, soit dans les deux hémisphères, soit dans le gauche seulement. Pour d'autres auteurs, le lobe préfrontal gauche, qui assurerait seul en effet la lourde tâche de régir l'automatisme des centres inférieurs, serait non pas un centre d'idéation à proprement parler, mais seulement un centre de contrôle sur les phénomènes intellectuels (Phelps). Précisant cette conception, Niessl von Mayendorf croit que les sphères sensitives de Flechsig sont en même temps des organes centraux de la pensée, et que, loin d'avoir pour action l'évocation des représentations intellectuelles, les lobes frontaux se bornent au rôle d'organes de liaison entre les divers systèmes. Il s'agit en somme de centres physiologiques et non pas de centres au sens anatomique du mot (Sommer). Dans le lobe frontal siège le *Begriffcentrum* des Allemands, mais cette expression est un terme compréhensif désignant un ensemble de processus qu'unit le jeu de l'activité cérébrale.

Ainsi, de la conception anatomique du centre psychique supérieur à la conception nettement physiologique, dynamique, des phénomènes de la pensée, des intermédiaires nuancés se rencontrent. Alors que les anciennes théories se basaient sur la conception dualiste du mécanisme central, comprenant des rouages inférieurs et un moteur puissant qui les anime, les théories nouvelles, comme nous en rendrons compte plus loin, voient essentiellement dans le langage un phénomène intellectuel intimement lié à l'activité cérébrale envisagée dans son ensemble.

Cependant certains auteurs s'efforcent d'allier ensemble la théorie des centres multiples, anatomiquement distincts, avec les preuves, que rend plus nettes chaque jour l'observation clinique et anatomique, de l'étroite liaison fonctionnelle des aires corticales. Von Monakow admet ainsi qu'une lésion parfois fort éloignée d'un centre du langage peut empêcher le fonctionnement normal de ce centre, et explique ainsi les faits en opposition avec les localisations classiques. Il y aurait en ce cas rupture fonctionnelle des communications d'un centre avec les autres centres, inhibition de la fonction ou, pour reprendre le mot de von Monakow lui-même, *diaschisis*.

Cette évolution des théories anatomo-physiologiques nous montre que l'étude de la physiologie du langage n'est plus comme autrefois uniquement une question de centres, mais se montre de plus en plus l'étude même du fonctionnement et des propriétés de l'écorce cérébrale [Rémond (de Metz)].

**Les théories récentes sur la physiologie du langage.** — Frappé de la complexité que les théories de l'aphasie admettaient dans les phénomènes du langage et de la multiplicité des centres, hypothèses qu'une longue suite de recherches anatomo-cliniques lui paraissaient infirmer, Pierre Marie, en 1906, reprit à pied d'œuvre l'étude de l'aphasie. De grosses modifications à la doctrine classique furent apportées par cet auteur, modifications dont nous avons eu l'honneur de poursuivre l'exposé et la démonstration dans différents travaux.

Les conclusions de Pierre Marie peuvent, au point de vue physiologique, être ramenées aux points suivants : *il n'y a point de centres sensoriels verbaux distincts pour les impressions visuelles et pour les impressions auditives; — il n'est point de centres limités corticaux, — la lésion d'un centre détermine les mêmes symptômes, qu'elle soit ou plutôt qu'elle semble être uniquement corticale ou strictement sous-corticale; — la zone du langage est également à un très haut degré une zone intellectuelle.* En d'autres termes, il n'existe ni aphasie motrice pure par section des voies de projection du centre de Broca (la troisième frontale ne jouerait du reste aucun rôle dans la fonction du langage), ni surdité verbale pure par lésion du tiers postérieur de la première temporale, ni cécité verbale pure par lésion du pli courbe; — les altérations du langage dans l'aphasie de Wernicke se conforment aux lois de déficit intellectuel, et un certain nombre des troubles des aphasiques sont des désordres purement intellectuels. Dans cette théorie enfin, les centres d'images ne sont plus admis, et nous exposerons brièvement notre argumentation personnelle à ce sujet.

Les considérations suivantes ont amené PIERRE MARIE à parfaire sa doctrine; nous signalerons chemin faisant les conclusions originales touchant la constitution même du syndrome anatomo-clinique de l'aphasie auxquelles ont abouti ses recherches.

*Le centre de Broca ne joue aucun rôle dans le langage.* — Les auteurs des doctrines ayant cours sur l'aphasie (et par là même sur le langage) faisait remarquer PIERRE MARIE en 1906[1] « se sont presque uniquement appuyés sur des idées théoriques; plusieurs même ont pris pour point de départ un schéma d'un graphisme plus ou moins compliqué et en ont ensuite tiré une longue série de déductions. Les résultats de cette manière de procéder ont été ceux que l'on pouvait penser; aussi toute la doctrine actuelle de l'aphasie est-elle une doctrine essentiellement théorique et schématique, à ce point théorique et schématique qu'elle se trouve de toutes parts en contradiction avec les faits. En fait d'observation, on se livra presque uniquement à l'observation intérieure; c'est là un bien médiocre procédé, l'auto-observé se trouvant à la fois juge

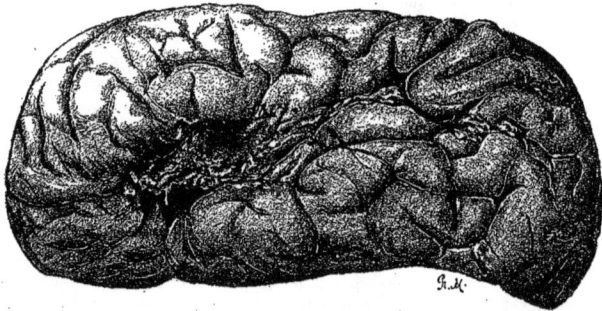

FIG. 136. — Cerveau sur lequel BROCA localisa l'aphémie au niveau de la 3ᵉ frontale (cas Leborgne). Noter le ramollissement étendu de la zone lenticulaire (insula) la zone de WERNICKE. Le centre de la dépression correspond approximativement au pied de F₃ (dessiné d'après la photographie, faite en 1906, de la pièce actuellement au Musée Dupuytren).

et partie, et « posant », pour ainsi dire, en lui-même pour lui-même. Les résultats de cette méthode ne se firent pas attendre : il ne fut plus question que d'*images du langage*, il y en eut de verbales, d'auditives, de visuelles, voire même de motrices; chaque catégorie de ces images vint se ranger dans un centre spécial et ces centres eux-mêmes se « mirent » en connexion les uns avec les autres ou avec des centres supérieurs ».

Parmi ces centres, trois particulièrement étaient étroitement localisés, le premier, le plus ancien, par BROCA au pied de la troisième frontale gauche pour les images motrices d'articulation, — le second, par WERNICKE s'inspirant des schémas de MEYNERT sur les voies auditives normales, au tiers postérieur de la première temporale, — le dernier en date, par DEJERINE, au *ggrus angularis* (pli courbe).

Nous examinerons plus loin de quelle façon peut être critiquée la conception des images verbales; nous nous en tiendrons ici aux seules données anatomo-cliniques.

La localisation de l'aphasie motrice a été particulièrement attaquée par PIERRE MARIE. Cet auteur a montré que le pied de la troisième frontale gauche avait été choisi par BROCA pour lieu de la coordination des mouvements d'articulation verbale seulement parce que ce point se trouvait être le centre d'un vaste foyer de ramollissement ancien[2].

1. *Semaine médicale*, 23 mai 1906.
2. On tenait en effet, à l'époque des recherches et publications de BROCA (1860-1870), le ramollissement du cerveau pour une lésion progressive, à marche excentrique, à peu près de durée indéfinie. Chez LEBORGNE, prototype de l'aphémie ou aphasie motrice, premier malade de

D'une minutieuse étude de tout ce qui a été publié sur l'aphasie de BROCA, il est résulté qu'il « n'existe encore dans la littérature médicale aucune observation d'aphasie de BROCA dans laquelle on ait, à l'autopsie, constaté une lésion unique, rigoureusement localisée au pied de la troisième circonvolution frontale gauche ». Une série de faits (57 cas) montre au contraire qu'il peut y avoir aphasie de BROCA avec intégrité microscopique du pied de la troisième frontale ; en revanche, dans 27 cas, la destruction du centre de BROCA n'a, chez des droitiers, déterminé aucun trouble du langage. Il existe même « à l'heure actuelle une preuve expérimentale de la non-spécificité de la troisième frontale dans la genèse des troubles aphasiques. Un chirurgien, BURCKHARDT, s'inspirant des vues théoriques les plus curieuses, a réséqué chez deux déments droitiers le pied et le cap de la troisième frontale gauche : il ne s'est à aucun moment manifesté la moindre trace d'aphasie motrice[1] ».

En revanche, PIERRE MARIE a été frappé de la constance absolue de certaines lésions n'intéressant point la troisième frontale qui se rencontrent à toute autopsie d'aphasique de BROCA. Ces lésions sont de deux ordres, les unes intéressent la région de l'insula et du noyau lenticulaire, les autres portent sur la zone de WERNICKE. Ce sont elles, et elles seules, comme nous le verrons plus loin, qui déterminent l'aphasie dite motrice ou de BROCA.

Les objections présentées à cette critique anatomique du plus classique et, au moins en apparence, du mieux établi des centres fonctionnels du langage ont été fort vives. Nous n'en retiendrons que deux. Certains auteurs admettent en effet que l'existence d'une destruction du pied de la troisième frontale gauche sans aphasie avérée du vivant du malade, implique l'existence d'une suppléance fonctionnelle à peu près immédiate, ou, ce qui revient au même, d'une rééducation rapide. On ne peut qu'objecter à cette manière de voir son caractère théorique, l'impossibilité où l'on se trouve d'en faire la preuve effective.

On a dit surtout, pour répondre aux cas de destruction du centre de BROCA classique (à gauche chez les droitiers) avec intégrité du langage, que ces individus avaient dû n'être point des droitiers, mais en réalité des « gauchers méconnus », des ambidextres au besoin. Cet argument de la gaucherie méconnue est extrêmement important : il constitue l'arme principale des partisans du centre de BROCA, il intéresse au plus haut point aussi la physiologie cérébrale et vaut que l'on prenne le temps de l'étudier de près.

En réalité, la théorie de la gaucherie cérébrale est loin d'être absolue ; les *aphasies croisées* en font foi[2].

D'autre part, « la théorie de la gaucherie cérébrale ne peut expliquer la prédominance de l'aphasie par lésions de l'hémisphère gauche. En effet, le nombre des aphasiques par lésion de l'hémisphère droit n'est nullement en rapport avec le nombre réel des gauchers. Il existe en effet un gaucher sur dix personnes[3]. Par suite, nous devrions rencontrer chez les hémiplégiques gauches un certain nombre d'aphasiques, un sur dix par exemple, puisque, nous le savons, les destructions du territoire sylvien amenant l'hémiplégie déterminent d'ordinaire une lésion concomitante de la zone du langage. Cette théorie ne se vérifie pas dans la réalité. Sur 320 hémiplégies observées de 1898

BROCA, le trouble du langage avait été le premier en date, bien des années avant la mort ; aussi ce trouble fut-il attribué à la lésion tenue pour la plus ancienne, c'est-à-dire située au centre du ramollissement, à la lésion du pied de la troisième frontale dans l'espèce. On peut, en examinant au musée DUPUYTREN les cerveaux étudiés par BROCA, vérifier aisément cette démonstration et constater en outre qu'*aucun des hémisphères conservés n'a été sectionné*. On se contentait jadis en effet d'un examen assez superficiel de la corticalité hémisphérique après ablation des méninges.

1. F. MOUTIER. L'Aphasie. *Gaz. des Hôp.*, 1908. Les passages entre guillemets, sans indication bibliographique, sont empruntés soit à cette étude, soit à notre thèse.

2. C'est-à-dire les aphasies par lésion de l'hémisphère droit chez les droitiers, gauche chez les gauchers (Cf. BYROM BRAMWELL).

3. VAN BIERVLIET (v. Index bibliographique) n'admet guère que 1 p. 100 de gauchers ; SOUQUES et LIEPMANN admettent des chiffres analogues aux nôtres. Critiquant nos recherches sur la gaucherie cérébrale, l'auteur allemand se rallie du reste à plusieurs des conclusions présentées par nous.

à 1906 dans le service de Pierre Marie à Bicêtre, 160 siégeaient à droite, 160 à gauche. Soixante fois l'aphasie de Broca coïncidait avec l'hémiplégie droite; cette aphasie, en revanche, n'a pas été observée une seule fois chez les hémiplégiques du côté gauche. Il faut bien admettre cependant que parmi ces derniers se trouvait au moins une douzaine de gauchers. Dès lors, il est bien extraordinaire que jamais l'aphasie n'ait été observée en concurrence d'une hémiplégie gauche, c'est-à-dire que l'on ne saurait admettre de parallélisme entre la gaucherie verbale et la gaucherie manuelle. Il devient impossible, par suite, d'invoquer une gaucherie cérébrale méconnue pour expliquer la destruction du centre de Broca sans aphasie corollaire ».

*Il n'existe pas de centres sensoriels distincts pour les impressions verbales auditives et visuelles.* — L'examen clinique des aphasiques montre que ces malades ne sont jamais des « sourds ». En réalité *ils ne comprennent pas* les questions posées et s'abstiennent de répondre par déficit de l'intelligence. On n'a jamais du reste constaté l'existence du syndrome « surdité verbale pure » avec la destruction isolée du centre de Wernicke-Meynert. Burckhardt, opérant sur des aliénés, a obtenu, par des résections du tiers postérieur de la première temporale, des symptômes d'aphasie sensorielle et non de la surdité verbale pure. Kalischer et Rothmann, chez le chien dressé à prendre de la viande au son déterminé d'un harmonium, constatent que la « résection unilatérale ou bilatérale du lobe temporal entier jusqu'au ventricule latéral ne fait nullement disparaître l'aptitude de l'animal à réagir au signal sonore ». Enfin un certain nombre d'observations anatomo-cliniques ont montré chez l'homme que la première temporale gauche pouvait, chez un droitier, être totalement détruite sans incompréhension du langage oral.

A l'égard du centre visuel *verbal* localisé au pli courbe, les termes de la critique formulée plus haut contre un centre des mouvements graphiques pourraient être reproduits ici. On ne comprend pas davantage l'existence d'un centre de la lecture que l'on ne comprend l'existence d'un centre de l'écriture; la lecture, tout comme l'écriture, est en effet chez la majorité des hommes d'acquisition trop récente pour qu'une fonction de cet ordre ait eu le temps de se centraliser en un point du cortex. Du reste, il n'existe point de fait de cécité verbale pure avec agraphie par lésion du pli courbe, et Niessl von Mayendorf a démontré anatomiquement qu' « une lésion corticale ou sous-corticale du pli courbe demeure sans symptômes si les faisceaux visuels du voisinage ne sont pas atteints ».

*La distinction des aphasies corticales et sous-corticales ne saurait être maintenue.* — Anatomiquement, il n'existe jamais de lésions strictement limitées au cortex ou à la substance blanche, et nulle observation probante n'a démontré l'existence de l'aphasie motrice sous-corticale ou aphasie motrice pure, ni des surdités sensorielles pures[1]. Il existe toutefois réellement un syndrome dans lequel le trouble moteur est pur, mais ce syndrome, s'il correspond cliniquement à l'aphasie motrice pure ou sous-corticale, dépend anatomiquement, non d'une lésion des systèmes de projection du pied de la troisième frontale, mais d'une lésion de la région insulo-lenticulaire.

*La distinction de l'aphasie de Broca et de l'aphasie de Wernicke ne peut être maintenue conformément aux errements de la doctrine classique.* — Cliniquement, l'aphasie de Broca diffère de l'aphasie de Wernicke par un point essentiel, le trouble de l'articulation verbale : l'aphasique de Broca est plus ou moins un muet, l'aphasique de Wernicke plus ou moins un bavard. En dehors de cette distinction fondamentale, on retrouve, chez l'un comme chez l'autre, nuancés à vrai dire d'incroyable façon, mêmes troubles de la compréhension du langage oral, de l'écriture, de la lecture, même déficit intellectuel. Il ressort de ces considérations, que nous ne pouvons développer ici, que l'aphasie de Broca, *cliniquement*, est l'aphasie de Wernicke plus quelque chose : la difficulté ou l'impossibilité d'articuler. Ce trouble moteur de l'articulation en dehors de toute paralysie, nous l'appellerons avec Pierre Marie l'anarthrie. *Cliniquement*, par suite, *l'aphasie de Broca égale l'aphasie de Wernicke + l'anarthrie.*

---

1. Celles-ci, surdité verbale pure, cécité verbale pure, bien que *sous-corticales* sur les schémas, ont de tout temps été attribuées à des lésions corticales (écorce de la première temporale, écorce du *gyrus angularis*).

*Anatomiquement,* « chaque fois que du vivant du malade on a constaté l'aphasie motrice pure ou anarthrie, on rencontre sur le cerveau une lésion de la zone lenticulaire[1]. Chaque fois que ce trouble moteur n'est pas demeuré isolé, chaque fois que le malade a présenté l'ensemble des signes caractéristiques de l'aphasie de BROCA, on observe sur l'hémisphère un double foyer : l'un siège dans la zone lenticulaire, l'autre affecte la zone de WERNICKE[2] ou intéresse les fibres qui en proviennent. » *Anatomiquement, l'aphasie de* BROCA *égale la lésion de la zone lenticulaire (anarthrie) + la lésion de la zone de* WERNICKE *(aphasie de* WERNICKE).

En résumé, il n'existe qu'un centre du langage à proprement parler. Ce centre unique occupe la zone de WERNICKE ; ce sont ses altérations qui donnent la surdité verbale et la cécité verbale, ou, pour mieux dire, les troubles de la compréhension du langage oral et du langage écrit, les troubles de l'élocution (paraphasie et jargonaphasie) et de l'écriture.

En avant, dans la zone lenticulaire, existe un centre dont il est difficile de préciser la fonction exacte, mais dont la destruction se traduit par une impossibilité d'articuler en dehors de toute paralysie; enfin, en dedans, la zone de WERNICKE est étroitement unie avec la zone visuelle, et les altérations de ces deux zones coïncident fréquemment[3].

*Le centre du langage est un centre mixte, sensori-intellectuel.* — Les recherches précédentes nous ont montré qu'aux centres étroitement localisés de jadis, les recherches contemporaines tendaient de plus en plus à substituer des aires fonctionnelles, délimitées sans doute, mais moins rigoureusement bornées que par le passé cependant. Au centre anatomique s'est ainsi substitué le centre physiologique dont les connexions avec les autres régions encéphaliques se comprennent plus souples, mais plus étroites aussi que par le passé. Enfin, et c'est là l'aboutissant de l'évolution critique que nous venons de trop brièvement résumer ici, ces rapports étroits des fonctions dans leurs localisations à la surface du cerveau se retrouvent dans le jeu même de l'activité mentale, et nous voyons combattue la conception purement sensorielle de la zone du langage.

Pour PIERRE MARIE, les termes d'aphasie motrice, d'aphasie sensorielle surtout, doivent disparaître; l'aphasique pour lui n'est ni un sourd, ni un aveugle pour le langage, mais seulement un malade incapable d'utiliser normalement les données de ses sens par suite d'un certain déficit intellectuel. Ce déficit s'applique aux choses du langage, mais il n'en demeure pas moins évident que les altérations de la fonction du langage intéressent l'interprétation intellectuelle de la perception primaire et non l'impression sensorielle élémentaire.

Nous accorderons une certaine importance à la discussion de cette théorie, invoquant dans notre critique quelques arguments déjà présentés en d'autres publications.

En ce point de l'étude de la physiologie du langage, les enseignements de la pathologie humaine nous sont plus que jamais indispensables. Grâce à eux, en effet, nous per-

---

1. La *zone lenticulaire* a pour limites antérieure et postérieure les plans frontaux passant par les sillons antérieur et postérieur de l'insula; ces limites en excluent *par définition* la troisième frontale. Elle renferme les noyaux gris, les capsules extrême, externe, interne, l'insula le cortex rolandique, une importante étendue des faisceaux d'association du cerveau. Elle se termine en arrière au niveau de l'isthme temporo-pariétal de PIERRE MARIE, pont de substance blanche resserré entre le fond du golfe sylvien en dehors et le ventricule sphénoïdal au dedans. Toute lésion en avant de cet isthme provoque l'anarthrie, en arrière détermine l'aphasie de WERNICKE. Les régions le plus souvent lésées dans l'anarthrie semblent être l'insula, la capsule externe, le noyau lenticulaire.

2. La zone de WERNICKE, rappelons-le, comprend à peu près certainement le tiers ou même la moitié postérieure des deux premières temporales, la plus grande partie *gyrus supramarginalis* et sans doute le *gyrus angularis.*

3. En dernière analyse, PIERRE MARIE reconnaît les formes suivantes d'aphasie : une aphasie intrinsèque ou aphasie de WERNICKE par lésion du centre vrai du langage, deux aphasies extrinsèques, l'anarthrie (lésion de la zone lenticulaire), l'alexie pure avec hémianopsie (par lésion des lobules lingual et fusiforme ou des radiations qui unissent la sphère visuelle avec la zone temporo-pariétale de WERNICKE). L'anarthrie et l'aphasie de WERNICKE peuvent coïncider (aphasie de BROCA), de même l'aphasie de WERNICKE et l'alexie. — L'anarthrie et l'aphasie de WERNICKE sont des syndromes traduisant l'hémorragie ou la thrombose de la cérébrale moyenne (Sylvienne); l'alexie dépend d'altérations portant sur le territoire de la cérébrale postérieure.

cevons la complexité du phénomène, le caractère artificiel de certaines distinctions, l'arbitraire des conceptions les plus ancrées dans l'entendement humain, notamment de la théorie des images verbales.

Chez l'aphasique, « le déficit intellectuel[1] peut être mis en lumière à la faveur de cette constatation d'ordre général : ce dont est incapable le malade est complexe, ce qu'il réussit est simple ; ce qu'il oublie intéresse les faits récents, ce qu'il conserve est d'acquisition ancienne... Si l'aphasique perd les substantifs, ce n'est nullement par suite de la destruction du *naming-centre*, mais simplement parce que le substantif est d'acquisition récente dans la formation évolutive du langage. » Il comprend certains mots, les plus simples, certaines phrases, les plus courtes ; s'il exécute incorrectement les actes commandés, il reproduit généralement ces actes tout aussi mal quand on les exécute devant lui, sans mot dire, ou le priant simplement de les répéter ensuite.

« L'aphasique lit un mot, une lettre, une syllabe ; il n'en peut déchiffrer plusieurs. Un mot est correctement répété ; un alexandrin ne l'est point. Quelques lettres sont bien écrites ; plusieurs ne sauraient l'être. Les premiers termes d'un modèle imprimé sont exactement transcrits ; les suivants sont copiés, dessinés. Un dessin très simple est parfois correctement reproduit, un modèle complexe déroute le malade. Une opération simple d'arithmétique est heureusement résolue ; le malade réussit l'addition, échoue dans la soustraction[2]. » Ainsi, les troubles du langage des aphasiques sont des troubles intellectuels et non des troubles sensoriels ; il convenait de noter ce point, puisque la physiologie du langage est à peu près uniquement basée sur les données de la pathologie cérébrale. On ne peut donc, si l'on se conforme aux données précédentes, distinguer à la fois un ou plusieurs centres sensoriels du langage et un centre intellectuel supérieur : il n'existe en dernière analyse qu'un centre mixte sensori-intellectuel de réception et d'élaboration[3].

*Images et centres d'images.* — Des paragraphes précédents il ressort que les centres distincts où l'on voulait parquer les images verbales n'existent point, et qu'il n'est au reste ni déficit *sensoriel* auditif, ni déficit *sensoriel* visuel chez l'aphasique.

Nous croyons que les théories physiologiques du langage peuvent aisément se passer de l'«image verbale» et que celle-ci, à proprement parler, ne possède aucune existence propre. Il est bien entendu *aujourd'hui* que personne ne songe plus à considérer l'image comme un cliché, comme un phonogramme classé, enregistré par les cellules du cerveau, et que les images immuables ont vécu. Mais telle qu'elle est, l'image, nous voulons parler de la seule image verbale afin de placer la discussion sur un terrain bien limité et facilement accessible, est-elle utile à l'explication de la fonction-langage ? est-elle seulement facilement concevable ? De fait, l'image qui explique tout ne s'explique pas elle-même (DUGAS) ; ceux qui la veulent admettre en donnent des définitions convenant au souvenir sensoriel banal, mais non au phénomène du langage, ou bien fournissent, en invoquant la répétition des actes et l'habitude acquise, des *explications* du langage qui ne sont point des définitions de l'image verbale. A dire vrai, la vogue des images date de l'époque contemporaine de CHARCOT où le jeu de l'introspection fut à la mode. Chacun se savait ou se voulait auditif, moteur, ou visuel ; le type visuel étant plus rare était fort distingué ; et l'on bâtissait sur ce qui aurait dû demeurer une fort jolie récréation psychologique des systèmes physiologiques officiels. N'alla-t-on point jusqu'à créer un centre endophasique dont rien, même point le raisonnement, ne vient justifier l'existence ?

Actuellement du reste, les images semblent avoir perdu leur vogue ; les images motrices

1. Considéré au point de vue particulier de la fonction du langage, le phénomène intellectuel sera défini l'établissement d'un rapport entre une sensation donnée et sa valeur en tant que signe de langage ; il est également la mise en œuvre de tels signes.

2. Ajoutons que chez l'aphasique « existe un déficit considérable dans le stock des choses apprises par les procédés didactiques ». (PIERRE MARIE, *Semaine médicale*, 17 octobre 1906.)

3. Une lésion d'un point quelconque de ce centre (zone de WERNICKE) déterminera un trouble *total* de la fonction du langage. Conformément à la loi générale établie par PIERRE MARIE et GUILLAIN pour tout centre nerveux, l'intensité (la quantité) seule de ce trouble varie selon l'étendue de la lésion, et non suivant sa qualité.

verbales notamment sont tombées en discrédit. On a fait observer à juste titre (Dugas, Goblot parmi les auteurs les plus récents) qu'il n'y a pas d'images motrices des mouvements nécessaires à l'articulation du mot. On parle on ne sait comment, sans image verbale « précédant la parole et la dirigeant; nous ne pensons pas notre parole avant de parler notre pensée, si penser notre parole, c'est la préimaginer, la prononcer d'avance intérieurement, la murmurer au dedans de nous »[1]. On ne peut prouver davantage, « à défaut d'images prévenantes[2], des images rétrospectives » perçues ou formées après coup.

Ainsi, quand nous parlons, nulle image verbale ne nous aide à articuler; quand nous écrivons, nulle image verbale visuelle ne nous trace de modèle à copier, nulle image kinesthésique ne nous fait sentir soudain par avance l'acte physiologique dont la résultante sera le graphisme projeté. Dans tous ces cas, il n'y a image que quand il y a déjà perception ou action; en un mot, l'image se confond étroitement avec le phéno-mène effectif, et n'en est distinguée que par le langage philosophique. Nulle part n'ap-paraît son jeu dans l'acte physiologique. C'est donc à tort que l'on a voulu traiter la physiologie du langage autrement que la physiologie d'un organe quelconque; le langage, « dans ce qu'il a de mécanique, de physiologique, ne peut pas être, n'est pas un objet de pensée consciente, pas plus que la digestion, que la circulation ou toute autre fonction organique » (Dugas). De plus en plus du reste on se rend compte de l'inutilité de la conception des images, les psychologues dissociant de moins en moins les phénomènes de la pensée[3]. Aussi la physiologie serait-elle mal venue, renonçant à se laisser guider par les données précises de la pathologie humaine, à chercher en une dissociation théorique l'explication du phénomène du langage. Elle serait également mal venue à séparer l'acte intellectuel du phénomène de perception sensorielle.

*Mécanisme fonctionnel des centres du langage.* — Il est extrêmement difficile de péné-trer la nature intime de la fonction des zones du langage. On constate que l'anarthrique (aphasique moteur pur) semble présenter une sorte d'incoordination des muscles con-courant à l'émission du mot articulé; beaucoup d'auteurs depuis Lordat[4] ont du reste défini l'aphasie motrice pure une sorte d'ataxie. Cela est-il exact? il est difficile de l'affirmer. Il est plus conforme en tout cas aux conceptions modernes, quelque théoriques et arbitraires qu'elles puissent paraître, de rapprocher le trouble de l'anar-thrique des troubles agnosiques[5].

## LES ASSOCIATIONS DES CENTRES DU LANGAGE NORMAUX.

Nous n'insisterons ici ni sur le langage mimique, ni sur ces associations fonctionnelles diverses qui réalisent en quelque sorte des langues nouvelles[6]. Nous rencontrerions en étudiant ces divers phénomènes plus d'un point curieux, mais relevant bien plus de la psychologie que de la physiologie cérébrale proprement dite.

1-2. Dugas, *J. de physiologie*, 1908.

3. Bergson, Binet, Dugas, Dupont, Hamelin, etc.

4. Lordat attribuait le désordre du langage de l'aphasique à une aberration dans les synergies des muscles concourant à l'exécution de la parole.

5. *Théoriquement* l'agnosique, sans être paralysé, tout en sachant la valeur de l'acte à réa-liser, tout en ayant l'intelligence intacte (comme l'anarthrique), *ne sait pas* exécuter l'acte de-mandé. — L'agnosie est l'absence de reconnaissance intellectuelle avec intégrité de l'identification primaire : un objet est individualisé en tant qu'objet, mais ne l'est pas en tant que tel ou tel objet. De même, on peut dire que l'aphasique reconnaît le mot en tant que mot, mais ne recon-naît plus de quel mot il s'agit. L'agnosie pure proprement dite est due à une lésion bilatérale des lobules lingual et fusiforme.

6. Chez les musiciens, les sourds-muets, les sténographes, les dactylographes, les télégra-phistes, des habitudes et des liaisons nouvelles s'établissent entre les différents centres. De très importants travaux leur ont été consacrés, tant par les neurologues étudiant les amnésies que par les psychologues s'intéressant au mécanisme du langage intérieur.

## CENTRES ENCÉPHALIQUES DU LANGAGE.

**Langage automatique.** — Nos connaissances sur les centres du langage situés en dehors des hémisphères sont assez limitées. Laissant de côté les centres bulbaires et mésocéphaliques des nerfs moteurs de l'articulation verbale, centres dont la lésion se traduit par une paralysie, signalons que le cervelet paraît exercer sur la fonction motrice du langage un certain contrôle. Ses lésions (hérédo-ataxie cérébelleuse, tumeurs, etc.) se traduisent généralement en effet, par une sorte de scansion de la parole par ailleurs lente ou pâteuse, tremblée, indistincte.

Dans le bulbe même, les centres élémentaires sont assez coordonnés pour réaliser un certain degré de langage automatique ou réflexe. De cet ordre sont les cris instinctifs du nouveau-né, les gémissements des animaux privés de protubérance et de cerveau (FÉRÉ). Dans beaucoup de cas, la mimique dans son ensemble, et notamment les mouvements du visage, les exclamations de l'homme adulte, représentent un véritable langage instinctif (A. MILNE-EDWARDS).

## MODIFICATEURS DU LANGAGE.

Comme toute fonction cérébrale, le langage est influencé par les agents toxiques. Il est accéléré, facile, brillant, puis confus et incohérent sous l'influence des stimulants nervins, notamment de l'alcool et des essences enivrantes, des anesthésiques à dose insuffisante pour produire le sommeil, de certains toxiques comme le chanvre indien et la belladone. Il est ralenti, pénible et obscur sous l'influence de la fatigue et d'un grand nombre d'intoxications aiguës ou chroniques.

Certains troubles organiques périphériques, la surdité principalement, retardent ou préviennent l'apparition du langage. L'insuffisance de développement du cerveau peut enfin empêcher sa formation.

## DÉVELOPPEMENT DU LANGAGE.

Le langage, chez l'homme, présente un développement progressif, mais lent. L'encéphale du nouveau-né est le plan d'un organe et non un organe, parfait (HUTINEL). L'enfant, avait déjà dit VIRCHOW, est un être médullaire[1]. La conscience objective, en effet, ne se révèle chez l'enfant d'une façon sensible qu'au quatrième mois (OTUSZEWSKI). La compréhension de la voix se développe dans la zone de WERNICKE: la relation des mots avec leurs représentations mentales débute au huitième mois dans les centres d'association postérieure de FLECHSIG. A onze mois débuteraient les associations verbales aboutissant à l'émission vocale raisonnée (zone lenticulaire); enfin les associations complexes se perfectionnant, le langage raisonnable, personnel, se développe à partir de vingt-quatre mois.

Histologiquement, on a pu remarquer que le développement des cellules pyramidales des régions psycho-motrices est incomplet chez le nouveau-né (PARROT et MATHIAS DUVAL) et que les fibres de connexion du cortex avec les organes centraux apparaissent tardivement, les fibres d'association intercorticale étant plus tardives encore[2].

Les recherches récentes de FLECHSIG ont montré que l'étude de la myélinisation de la substance cérébrale permettait de distinguer des zones de projection (centres sensoriels vrais et centres moteurs) et des zones d'association. Ces zones sont au nombre de trois : le grand centre d'association postérieur comprend le *précuneus*, les lobules lingual et fusiforme en partie, le lobe pariétal, la troisième temporale et la partie antérieure de la face externe du lobe occipital; — le centre d'association moyen n'est autre que l'insula de REIL; — le centre d'association antérieur comprend la moitié antérieure de la première frontale, la deuxième frontale presque en entier, ainsi que par la troisième

1. D'où probablement l'absence de réactions lors du développement de tumeurs cérébrales (BOUCHUT).
2. REYNERT et EDINGER, d'après LANGLOIS et ROMME.

frontale. Or il est extrêmement intéressant de constater que ces centres d'association ne se myélinisent qu'à partir du deuxième mois de la vie extra-utérine, que cette myélinisation est fort lente et qu'elle se complète au niveau de l'insula bien avant d'être définitive sur le lobe pariéto-temporal. Ces données embryogéniques nous font retrouver dans le développement du cerveau des aires corticales, très voisines des zones fonctionnelles que les données de la physiologie pathologique nous avaient permis de reconnaître.

**Les centres du langage ont-ils actuellement, chez l'homme, atteint leur développement définitif?** — Nous ne le pensons pas ; nous tenons pour vraisemblable que la zone du langage, zone intellectuelle par excellence, s'assimilera d'autres régions du cerveau de fonction moins spécialisée. Cette extension se fera peut-être vers le lobe pariétal, centre d'association important. Il semble en effet, d'après de récentes recherches de BIANCHI, que chez les individus particulièrement cultivés, les lésions du lobe pariétal déterminent des altérations prononcées du langage (trouble intense de la lecture et de l'écriture avec déficit intellectuel considérable).

Rétrospectivement, il serait extrêmement intéressant de rechercher ce qu'a pu être jadis la fonction du langage chez l'homme primitif. Malheureusement, les documents sont rares ; et nous ne voyons guère à signaler à ce propos que les données fournies par l'extraordinaire moulage interne qu'a su prendre BOULE, du crâne désormais célèbre de l'Homme de La Chapelle-aux-Saints. Sur ce moulage, ainsi que BOULE voulut bien nous le démontrer directement, se découvre aisément à la troisième frontale un cap de dimensions considérables; le pied semble réduit ou absent. Mais c'est plutôt de l'ensemble du cerveau, avec ses circonvolutions frustes, que naît l'impression que l'être possesseur d'un tel encéphale devait avoir un langage articulé bien rudimentaire encore (BOULE et ANTHONY).

**Les centres du langage sont-ils héréditaires ?** — Peu de travaux ont été publiés sur cette question, Pour LE DANTEC, les acquisitions fonctionnelles ne seraient pas héréditaires à proprement parler; sans éducation, un jeune Français ou un jeune Anglais ne sauraient, *a priori*, ni le français, ni l'anglais. Mais l'usage habituel d'une langue pendant une longue suite de générations pourrait amener une certaine facilité naturelle à l'égard de l'acquisition et de la prononciation de cette langue.

## RÔLE DE L'HÉMISPHÈRE DROIT DANS LE LANGAGE.

Pourquoi l'hémisphère gauche est-il prédominant en général chez l'homme? Est-ce uniquement à cause de la dextérité plus fréquente? Nous ne le pensons pas, et nous, nous sommes expliqué à ce sujet en montrant que le nombre des aphasies par lésion de l'hémisphère droit n'était nullement en rapport avec le nombre réel des gauchers. En réalité, ce qu'on trouve ainsi localisé à gauche en général, est la compréhension et l'articulation des signes ayant un caractère conventionnel (PIERRE MARIE); le langage, en tant que phénomène sensoriel ou qu'acte mécanique (émission du son), possède, comme toutes les fonctions organiques simples, une localisation bilatérale.

Le problème n'en reste pas moins entier; nous le posons ici, espérant que des recherches ultérieures nous renseigneront sur cette précellence de l'hémisphère gauche sur le droit, la gaucherie cérébrale pour le langage étant infiniment plus rare que la gaucherie manuelle ordinaire. Il serait également curieux de voir se préciser le rôle de l'hémisphère droit au point de vue du langage chez le droitier; on a vu dans certains cas (PIERRE MARIE) des lésions de la zone de WERNICKE droite chez des droitiers, déterminer un certain degré de logorrhée avec disparition de l'intonation et débit monotone. De telles constatations demanderaient à être renouvelées. Peut-être l'hémisphère droit joue-t-il chez le droitier normal une fonction de coordination et de contrôle? Il est singulier en tout cas qu'un problème aussi attrayant n'ait à ce jour suscité aucun travail important [1].

1. Pour WEBER, la localisation gauche de la zone du langage serait, chez les illettrés, moins constante, et dans les siècles passés l'individualisation des hémisphères aurait été moindre également.

### RÉÉDUCATION DES MALADES ATTEINTS DANS LA FONCTION DU LANGAGE.

Si l'on connaît mal le rôle de l'hémisphère droit chez l'homme sain, il semble que l'on soit un peu mieux renseigné sur ce qui survient après destruction des zones de WERNICKE ou de PIERRE MARIE gauches chez un droitier. Beaucoup d'auteurs admettent que la rééducation, phénomène habituel mais très limité en général, est due à l'hémisphère sain. Pour FOURNIÉ, cet hémisphère garderait le souvenir du mot et pourrait ainsi suppléer l'hémisphère malade, jusqu'à un certain point cependant, l'exécution verbale étant empêchée parce que pour celle-ci est indispensable le concours des deux hémisphères.

Il est évident que chaque hémisphère a une certaine action sur les deux moitiés du corps; LIEPMANN a montré que des foyers dans l'hémisphère gauche donnaient des troubles de la main gauche. Cet auteur prend texte de cette constatation et de ses théories sur la « phasie » et la « praxie », pour penser avec M. BERNHARDT qu'il y aurait une certaine importance prophylactique à l'égard des désordres cérébraux d'éduquer également chez l'enfant les deux moitiés du corps.

Ces vues originales peuvent s'appuyer sur des faits précis : nous savons à n'en point douter que chez les enfants les aphasies, l'aphasie typique par exemple, guérissent souvent complètement, qu'une destruction même étendue de l'hémisphère gauche peut être compensée pour le langage par l'hémisphère sain. Il semble cependant que les quelques faits cliniques enregistrés à ce jour touchant le bénéfice éventuel de l'ambidextérité pour l'individu que frappe un ictus cérébral, ne témoignent guère en faveur de l'éducation bilatérale du corps. LIEPMANN et VON MALAISÉ ont ainsi récemment observé un ambidextre chez lequel une lésion de l'hémisphère droit détermina une hémiplégie gauche avec aphasie et dyspraxie droite. Aussi les arguments actuellement présentés en faveur de la rééducation des aphasiques par suppléance de l'hémisphère opposé sans formation de centres nouveaux dans l'hémisphère détruit, offrent-ils bien peu de valeur, du moins chez l'homme adulte. Cette question de la néoformation, de la suppléance ou de la rééducation des centres fonctionnels du langage demeure entourée des plus grandes obscurités.

### CONCLUSIONS.

Deux théories anatomo-pathologiques et physiologiques du langage sont donc actuellement en présence, l'une et l'autre groupant des partisans convaincus. Les uns, localisateurs à outrance, criblent le cerveau de foyers, relient ou séparent ceux-ci selon des vues souvent schématiques, et distinguent en général avec précision le langage de l'intelligence générale, le mot de la pensée intuitive. Les autres, localisateurs encore, admettent des zones plus vastes, à fonctions parfaitement définies, mais ne séparent point du phénomène intellectuel, auquel ils le tiennent pour intimement soudé, le phénomène de perception sensorielle utilisé pour le langage. Un grand nombre de problèmes attendent du reste une solution; et l'un de ceux qui nous paraissent être les plus curieux et les moins explorés concerne les causes de la précellence de l'hémisphère gauche et la fonction à l'état normal de l'hémisphère opposé.

En terminant cette étude, il importe de relever une erreur d'interprétation singulière, qui remonte aux travaux récents sur la physiopathologie cérébrale. Prenant texte de ce que quelques localisations cérébrales étaient attaquées, certains auteurs ont vu dans telle doctrine récente l'effondrement de la théorie des localisations encéphaliques, avec toutes ses conséquences extra-scientifiques. Il convient de remarquer que, si l'on voit décroître les exagérations, où certains sont tombés (à la surface du cerveau une mosaïque bigarrée de centres), la doctrine des localisations avec toute sa portée physiologique et l'enseignement médico-chirurgical qu'elle comporte a, dans ces dernières années au contraire, acquis une importance nouvelle.

**FRANÇOIS MOUTIER.**

**Bibliographie.** — Pour tout ce qui concerne l'aphasie, voyez plus particulièrement les thèses de Moutier et de Mirallié.

**1° Généralités. — Historique. — Centres polygonaux.** — Aubertin (E.). *Considérations sur les localisations cérébrales et en particulier sur le siège de la faculté du langage articulé (Gaz. hebd. méd. et chir.*, 1863, 318, 348, 397, 455). — Bastian (Charlton). *On the various forms of loss of speech in cerebral disease (Brit. and Foreign med. chir. Review*, january 1869, 209; april, 470). — *Brain as an organ of mind (Internat. Wiss. Bibl.*, LII-LIII, 1880. Angl. fr. allem.). — *A treatise on aphasia and other speech defects*, London, 1898, Lewis ¡édit., 368 p. 31 fig. — Bateman (F.). *On the localisation of the faculty of speech (Brit. med. J.,* november 1867, 9). — *On aphasia and the localisation of the faculty of speech (Med. Tim. and Gaz.*, 8 may 1869). — *De l'aphasie ou perte de la parole dans les maladies cérébrales.* Trad. de l'angl. par M. F. Villard (extr. Gaz. hebd. méd. et chir., n°s 30, 39, 44, 46, 48. Tirage à part : Vigot, 1869, 125 p. — *On aphasia, or loss of speech, and the localisation'of the faculty of articulate language*, London, 2° éd., 1890, Churchill édit., 420 p., 2 pl. in-8 (1re éd., 1869). — Bernard (D.). *De l'aphasie (Th.*, Paris, 1885; 2° éd., 1889). — Bernheim (F.). *De l'aphasie motrice (étude anatomoclinique et physiologique) (Th.* Paris, 1900, 374 p., 63 fig.). — Bonvicini (G.). *Uber subkortikale sensorische aphasie (Jahrb. f. Psychiat. u. Neurol.*, 1905, xxvi). — Bouillaud (J.). *Recherches cliniques propres à démontrer que la perte de la parole correspond à la lésion des lobules antérieurs du cerveau et à confirmer l'opinion de M. Gall sur le siège de l'organe du langage articulé (Arch. gén. de méd.*, Paris, viii, 1825, 25-45). — Bouissou (E.). *Essai historique sur la localisation de la faculté du langage (Montpellier méd.*, 1891 (2), xvi, 254, 261). — Boyer (H. Clozel de). *Études cliniques sur les lésions corticales des hémisphères cérébraux (Th.*, Paris, 1879). — Broadbent. *On the cerebral mechanism of speech and thought (Med. chir. trans.*, London, lv, 1872, 146-194). — Brissaud (E.). *Leçons sur les maladies nerveuses*, Paris, 1895, Masson, éd., XXVe leçon. — Broca (P.). *Perte de la parole. Ramollissement chronique et destruction partielle du lobe antérieur gauche du cerveau (Bull. Soc. anthropol.*, 18 avril 1861, 1re série, ii, 235); — *Remarques sur le siège de la faculté du langage articulé, suivies d'une observation d'aphémie (Bull. Soc. anat.*, Paris, 1861, 2° série, vi, 330-357). — *Nouvelle observation d'aphémie produite par une lésion de la troisième circonvolution frontale (Bull. Soc. anat.*, Paris, 1861, 2° série, vi, 398-407). — *Localisation des fonctions cérébrales. Siège du langage articulé (Bull. Soc. anthrop.*, 1863, iv, 200-202, 208). — *Remarques sur le siège, le diagnostic et la nature de l'aphémie (Bull. Soc. anat.*, Paris, 1863, 2° série, viii, 379-385, 393-399). — *Recherches sur les fonctions cérébrales. (Exposé de titres et travaux scientifiques de P. Broca*, avril 1863). — *Recherches sur la localisation de la faculté du langage articulé. Exposé des titres et travaux scientifiques de P. Broca*, 1868).' — *Congrès de Norwich*, 1868. — *De la différence fonctionnelle des deux hémisphères cérébraux (Bull. Acad. méd.*, 1877, 508-39). — Buck (de). *L'expression de l'idée et ses troubles (Belgique médic.*, 1898). — Carrier (A.). *Étude sur la localisation dans le cerveau de la faculté du langage articulé (Th.*, Paris, 1867). — Charcot. *Leçons sur les localisations dans les maladies du cerveau, recueillies par Bourneville (Progrès méd.*, 1876). — Collins. *The genesis and dissolution of the Faculty of speech, a clinical and psychological study of Aphasia*, N.-Y., 1898. — *Aphasia. Reference handbook of the medical science*, i, 409-420, W. Wood and Co, New-York, 1900. — Darmesteter (A.). *La Vie des mots étudiée dans leurs significations.* Paris, Delagrave édit., 1re édit., 1886, 1-212. — Dax (G.). *Observations tendant à prouver la coïncidence constante des dérangements de la parole avec une lésion de l'hémisphère gauche du cerveau (C. R. hebd. des séances Acad. Sc.*, Paris, lxi, 23 mars 1863, 534). — Déjerine (J.). *Contribution à l'étude de l'aphasie motrice sous-corticale et de la localisation cérébrale des centres laryngés (Soc. biol.*, 28 février 1891, 155-162). — *Contribution à l'étude des troubles de l'écriture chez les aphasiques (Soc. biol.*, 25 juillet 1891, 97-113). — *Contribution à l'étude anatomo-pathologique et clinique des différentes variétés de cécité verbale (Mémoires·de la Soc. de Biol.*, 1892, 61). — *Anatomie des centres nerveux*, Paris, 1895, Rueff édit. — *L'aphasie sensorielle. Sa localisation et sa physiologie pathologique (Presse méd.*, juillet 1906. — *L'aphasie motrice (Presse méd.*, 1906). — Dufour. *De l'aphasie liée à la lésion du lobule de l'insula de Reil (Th.*, Nancy, 1881). — Elder (W.). *Aphasia and the cerebral speech mechanism*, London, Lewis, 1897, 259 p. — Evans (J.H.). *Are there other speech centers besides the one of Broca? (Med. J., New-York, 1889, XLIX, 150-152). — FALRET. Des troubles du langage et de la mémoire des mots dans les affections cérébrales (Arch. gén. de méd., 1864, 336, 591). — FÉRÉ (CH.). La rééducation des aphasiques (Rev. gén. clin. et thérap., 1886, 785). — Le langage réflexe (Rev. philos., 1896, I, 98); — Sensation et mouvement, Alcan, 1900, 2e éd. — FERRAND. Le langage, la parole et les aphasiques (Physiol. pathol. et psychol., avec schéma en couleurs, Paris, 1894, Rueff édit., 229 p., pl. 1, coll. Charcot-Debove. — FERRIER (D.). De la localisation des maladies cérébrales, Paris, 1880. Trad. fr. de Varigny. — Recherches expérimentales sur la physiologie et la pathologie cérébrales. Trad. Duret, Paris, éd. du Progrès méd., 1-73, 11 fig. — FISCHER. Ueber centrale Sprachstörungen, (Inaug. Diss., Berlin, 1867). — FLECHSIG (P.). Gehirn und Seele, 1896, 2e édit. — Die Localisation der geistigen Vorgänge, Leipzig, 1896. — DE FLEURY (A.). Mémoire sur la pathologie du langage articulé (Gaz. hebd., 1865, 228, 244). — Aphasie (Lettre à Trousseau) (Gaz. hebd., 5 mai 1865, 279). — Des tentatives de localisations de la parole d'un seul côté du cerveau (Actes du congrès médical de Bordeaux, 1865, 474). — FREUD (S.). Zur Auffassung der Aphasien. Brochure, Leipzig, 1891. — GALL et SPURZHEIM. Anatomie et physiologie du système nerveux en général et du cerveau en particulier, avec des observations sur la possibilité de reconnaître plusieurs dispositions intellectuelles et morales de l'homme et des animaux, par la configuration de leurs têtes, Paris, 1810-1819, 4 vol. in-fol. et 4 vol. in-4, atlas de 100 pl. — GÉRAUD. Considérations sur les phénomènes endophasiques (Th., Toulouse, 1907-1908, 128 p.). — GOLDSCHEIDER. Zur Physiologie und Pathologie des Handschreibens (Arch. f. Psych., XXIV, 1867). — GOLDSCHEIDER et MULLER. Zur Physiol. und Pathol. des Lesens (Zft f. klin. Med., Berlin, XXIII, 1893, 131-167). — GRASSET. Les centres nerveux; physiopathologie clinique, Paris, Baillière édit., 1905, 228-329. — HALE (H.). Language as a test of mental capacity (J. Anthrop. Instit., London, 1891-1892, XXI, 413-453). — HELDENBERGH. Contribution à l'étude de la fonction du langage et méthode de rééducation de la parole chez les aphasiques (Belgique méd., 1899, 3, 35). — HERVÉ (G.). La circonvolution de Broca. Étude de morpholohie cérébrale (Th., Paris, 1888, 164 p., 4 pl. in-8). — HEUSCHEN. Beiträge zur Pathologie des Gehirns, Upsala, I, 1890. — KÉRAVAL. Le langage écrit, ses origines, son développement et son mécanisme intellectuel, Paris, 1897. — KÜSSMAUL. Die Störungen der Sprache (Handbuch von Pathol. und Therapie von ZIEMSSEN's, 1876, XII, 168). — Les troubles de la parole. Trad. fr. de A. Rueff, Paris, Baillière édit., 1884. — LADAME. La question de l'aphasie motrice sous-corticale (Rev. neurol., 1902, 13). — La découverte de Broca et l'évolution de ses idées sur la localisation de l'aphasie (Rev. méd. Suisse Rom., 20 mars 1902). — LANTZENBERG (E.-I.). Contribution à l'étude de l'aphasie motrice (Th., Paris, 1897, 84 p., in-8). — LE PRIEUR (R.). Sur les aphasies sensorielles, cécité et surdité verbales pures (Th., Paris, 1902). — LÉPINE. De la localisation dans les maladies cérébrales (Th. agrég., Paris, 1875). — LEYDEN. Beiträge zur Lehre von der centralen Sprachstörungen (Berlin. klin. Woch., IV, 1867, 65, 77, 89). — LICHTHEIM. Ueber Aphasie (Deut. Arch. f. klin. Med., Leipzig. 1884-1885, 204-268). — Ueber Aphasie (Arch. f. Psych. und Nervenk., XV, 1884, 823). — Die verschiedenen Symptomenbilder der Aphasie. IX Wandersammlung der Sudwestdeutschen Neurologen und Irrenärtz in Baden-Baden am 14 und 15 Juni 1884 (Arch. f. Psychiat., 1884, XV, 822-827. Discussion : Kussmaul). — MANCINI. Le localizazzioni cerebrali, e l'aphasia in specie (Lo Sperimentale, ottobre 1880). — MARCÉ. Sur quelques observations de physiologie pathologique tendant à démontrer l'existence d'un principe coordonnateur de l'écriture et ses rapports avec le principe coordonnateur de la parole (Mém. Soc. Biol., 1856, 93). — MATHIEU (Albert). Le langage et l'aphasie (Arch. gén. méd., 1879, I, 583, 598). — MEYNERT. Der Bau der Grosshirninde und seine ortlichen Verschiedenheiten, nebst einem pathologisch-anatomischen Corollarium (Vierteljahresft. f. Psych., Leipzig, 1867-1868. I, 77; 198; II, 88). — MILLS (C.-K.) et WEISENBERG (T.-H.). The localization of the higher psychic functions with special reference to the prefrontal lobe (Journal of the American medical Ass., Chicago, 1906, XLVI, 337-341). — MINGAZZINI. Contributo alla localizzione dei centri corticali del linguaggio (Ann. di freniat., Torino, 1891-1892, III, 275-280). — Lezioni di Anatomia clinica, Torino, 1908. — MIRALLIÉ. De l'aphasie sensorielle (Th., Paris, Steinheil édit., 220 p.). — MOUTIER. L'aphasie de Broca (Th. Paris, 1908, Steinheil, édit. 774 p., 175 fig.). — MÜLLER. La science du langage. Trad. Harris et Perrot, Paris, 1876. — NAGEL (Handbuch der Physiologie des Menschen, IV, 1905). — NATHAN (J.). Sur la localisation des fonctions mentales dans les hémisphères cérébraux chez l'animal et *chez l'homme (Rev. internat. d. sc. biol.,* Paris, 1883, XI, 1-31). — NIESSL VON MAYENDORF. *Casuistiche Mittheilungen zur Pathologie des Stirnhirns (Arch. f. Psychiat.,* 1908, 1175; 1192). — NOTHNAGEL. *Traité clinique du diagnostic des maladies de l'encéphale basé sur l'étude des localisations.* Trad. franç. de P. Kéraval, Paris, Delahaye édit., 1885. — OGLE (W.). *A case of softening of the brain with aphasia (Lancet,* II, 14 december 1867, 736). — *Aphasia and agraphia (St George's Hosp. Rep.,* II, 1867, 83-121). — OTUSZEWSKI (W.). *Valeur des centres d'association de Flechsig dans le développement de l'intelligence, dans l'étude du langage, de la psychologie du langage et de l'aphasie (Neurol. Cbtt.,* 1898, 163-160, 203-210). — PASQUIER (C. du). *Un point de la physiologie du langage (Bull. Soc. d'Anthropol. de Paris,* 1891, 4e s., II, 521-531). — PHELPS. *The function of the prefrontal lobe (Am. J. med. Sc.,* 1906, CXXXI, 457-480). — PICK (A.). *De l'importance du centre auditif du langage comme organe d'arrêt du langage (Rapp. XIIIe Cgr. internat. de neurol.,* Paris, 1900). — PITRES. *Faits relatifs à l'étude des localisations cérébrales (Gaz. méd.,* 1876, 474). — *L'aphasie chez les polyglottes (Rev. méd.,* nov. 1895). — REGNAUD. *L'origine des idées éclairée par la science du langage,* Paris, Alcan édit., 1904. — RIBOT. *Les maladies de la mémoire,* Paris, Alcan édit., 1881, 1re éd. — ROSENTHAL (M.). *Beobachtungen über Störungen des Sprachvermögens sammt bezüglichen autoptischen Befunden )Allg. Wiener med. Zeit.,* 1867, 117, 125). — RÜDINGER. *Ein Beitrag zur Anatomie des Sprachcentrums,* Stutgart, 1882. — RUMMO. *Différentes formes d'aphasie (leçons de* CHARCOT*) (Gaz. degli Ospitali,* Milano, 1884). — SACHS (H.-S.). *Vortr. über Bau und Tätigkeit des Gehirns u. die Lehre von der Aphasie und Seelenblindheit,* Breslau, 1893. — *Gehirn und Sprache. Grenzfragen des Nerven und Seelenlebens,* XXXVI, 128 pp., 6 fig., Wiesbaden, Bergmann, 1905. — SANO. *De l'interdépendance fonctionnelle des centres corticaux du langage (J. de Neurol.,* 1897, 222, 242). — *Un cas d'aphasie sensorielle (J. de Neurol.* et *Ann. de la Soc. méd. chir. d'Anvers,* 1897). — SKWORTZOFF (Mlle NADINE). *De la cécité et de la surdité des mots dans l'aphasie (Th.* Paris, 1881). — SOMMER. *Ueber das Begriffcentrum (Sitzungsb. d. phys, nerv. Gesellsft zu Würzburg,* 1891, 102, 114). — STRICKER. *Studien über die Sprachvorstellungen.* Wien, 1880. — STOUT (G.-F.). *Thought and language,* Mind, 1891, XVI, 181-205. — TAINE. *De l'intelligence,* 2 vol., 1878. — TAMBURINI. *Contribuzione alla Fisiologia e Patologia del linguaggio (Riv. sperim. di freniatria e med. leg.,* 1876). — TROUSSEAU *(Clinique médicale,* 1re éd., chap. De l'aphasie). — VOISIN. *Siège et nature de la faculté du langage (Bull. Soc. anat.,* 1866, 369). — VULPIAN. *Leçons sur la physiologie générale et comparée du système nerveux, faites au Muséum d'histoire naturelle,* Paris, in-8, Baillière, 1866. — WERNICKE (C.). *Lehrbuch der Gehirnkrankheiten,* 3 vol. 1881-1883. Fischer Verf., Kassell und Berlin. — *Der aphasische Symptomenkomplex. Eine psychologische Studie auf anatomischer Basis,* Breslau, Max Cohn und Weigert, S. 72. — *Der aphasische Symptomenkomplex (Die deutsche Klinik,* 1903, VI, 487-556, Urban Schwarzenberg, Berlin u. Wien. — WHITNEY. *La vie du langage,* Paris, G. Baillière, édit., 2e éd., 1877, iu-8, 264 p. — WYLLIE. *Disorders of speech,* Edinburgh, 1894. — YVON. *De l'aphasie. Interprétation des phénomènes (Th.* Paris, 1879). — ZIEHEN. *Aphasie (*EULENBURG's *Real. Encyclopädie der gesammten Heilkunde,* 1894, in-8, 495 p., Oliver and Boyd).

**2° Théories récentes.** — BERNHEIM (de Nancy). *Doctrine de l'aphasie : conception nouvelle,* broch. 27 p., 9 fig., Paris, Doin, édit., 1907. — BURCKHARDT (G.). *Ueber Rindenexcisionen, als Beitrag zur operativen Therapie der Psychosen (X Cgr. internat. d. sc. méd.,* Berlin, 1890; Zft. f. Psychiat., XLVIII, 1891, 463-548). — DAGNAN-BOUVERET (J.). *Quelques remarques sur l'aphasie motrice sous-corticale (Anarthrie de* PIERRE MARIE*) (J. de Psychol.,* janvier-février 1911). — DERCUM (F.-X.). *A case of Aphasia, both « Motor » and «. Sensory », with Integrity of the Left Third Convolution; Lesion in the Lenticular Zone and Inferior Longitudinal Fasciculus (The Journal of Nervous and Mental Disease,* XXXIV, november 1907, 681-690, fig. 3). — *Association and reenforcement in aphasia (J. nerv. and Ment. Dis.,* Lancaster, 1909, XXXVI, 299). — *The interpretation of aphasia (The Am. J. of the Med. sc.,* nov. 1909). — FREUND. *Labyrinthtaubheit and Sprachtaubheit,* Wiesbaden, 1895. — GREGOR (A.). *Beiträge zur Psychopathologie des Gedächtnisses (Monatsft. f. Psychiat. u. Neurol.,* 1909, XXV, 218-255, 339-386). — KALISCHER (O.). *Zur Funktion des Schläfenlappens des Grosshirns. Eine neue Hörprüfungsmethode bei Hunden; zugleich ein Beitrag zur Dressen (Sitzungsb. der königl. preuss. Akad. d. Wissensft,* 7 febr. 1907). — LASALLE-ARCHAMBAULT (d'Albany). *Revision of the Aphasia Doctrine by* PIERRE MARIE *(Albany medical*

*Annals,* october 1907). — LIEPMANN (H.). *Zwei Fälle von Zerstörung der unteren linken Stirnwindung (Journ. f. Psychol. u. Neurol.,* IX, 1907, 5/6, 279-285, Fig. III). — *La soidisant surdité verbale des aphasiques (Neurol. Cbtt.,* 1908, 290-298). — *Drei Aufsätze aus dem Apraxiegebiet,* Berlin. 1908. — MARIE (Pierre). *Revision de la question de l'aphasie. La 3e circonvolution frontale gauche ne joue aucun rôle spécial dans la fonction du langage (Sem. méd.,* 23 mai 1906, 241-247, 10 fig.). — *Revision de la question de l'aphasie. Que faut-il penser des aphasies sous-corticales (aphasies pures)? (Sem. méd.,* 17 oct. 1906, 493-500, 4 fig.). — *Revision de la question de l'aphasie : l'aphasie de 1861 à 1866 ; essai de critique historique sur la genèse de la doctrine de Broca (Sem. méd.,* 28 nov. 1906, 565-571, 8 fig.). — MINGAZZINI (G.). *Revisione della questione dell'afasia : la terza circonvoluzione frontale sinistra non ha alcuna parte speciale nella funzione del linguaggio ([Policlinico estratto del],* 1906, 43 p., fig. 1). — *Lezioni di anatomia clinica dei centri nervosi,* Torino, 1906). — *Nuovi studi sulla sede dell' afasia motoria (Riv. di patol. nerv. e ment.,* 1910, XV). — MONAKOW (C. von). *Gehirnpathologie : Lokalisation der corticalen Sprachstörungen* (Encyclop. de NOTHNAGEL), IX, livre 1, 2e édit., Vienne, 1905, 801-952. — *Aphasie und Diaschisis (Neurol. Cbtt,* 16 november 1906, 1026-1038). — *Ueber den gegenwärtigen Hand der Frage nach der Lokalisation im Grosshirn. Aphasie, agnosie, apraxie (Ergebnisse der Physiologie,* VI, 1907, 334-605). — *Neue Gesichtspunkten in der Frage nach der Lokalisation im Grosshirn (Corresp. bltt. f. Schweiz. Aerzte,* 1909, XXXIX, 401-415, 1 sch.). — MOUTIER, *L'aphasie (Gaz. d. Hôp.,* 12 et 19 sept. 1908). — PFERSDORFF. *Zur Pathologie der Sprache (Zft. f. d. ges. Neurol. u. Psychiat.,* Berl. et Leipz., 1910, II, 629-673). — PICK (A.). *Uber das Sprachverständniss,* Leipzig, 1909. — RIVA (E.). *Le Afasie (Rivista sperimentale di freniatria,* XXXIII, 1907, fasc. 2/3, 710-725). — ROTHMANN (M.). *Ueber die Ergebnisse der Hörprüfung an dressierten Hunden (Arch. f. Anat. u. Physiol.,* 1908, 103-119). — SOUQUES (A.). *Deux cas d'aphasie de Broca ou d'aphasie totale sans lésion de la 3e circonvolution frontale (Bull. et Mém. Soc. méd. hôp.,* Paris, 12 juillet 1907, 792-799).

**3° Images et centres d'images.** — ADAMKIEWICZ (Alb.). *Ueber die Gedächtniskraft des Gehirnes und ihre Störung (Prag. med. Wft.,* 1910, XXXV, 185-188). — BALLET (G.). *Le langage intérieur et les formes de l'aphasie,* Paris, Alcan édit., 1888. — BERGSON. *Matière et mémoire,* Paris, Alcan édit., 1906, 4e éd. — BINET. *Sur les images (Année psychol.,* 1910). — DUGAS (L.). *Une théorie nouvelle de l'aphasie (J. de Psychol. norm. et pathol.,* sept.-oct. 1908). — EGGER (V.). *La parole intérieure,* Paris, Alcan édit., 1904. — GOBLOT (E.). *Sur les images motrices (Trib. médic.,* 1909, 343). — GRASSET (J.). *La fonction du langage et la localisation des centres psychiques dans le cerveau (Rev. de philosophie,* 1er janvier 1907, nos 1, 5-30).

JENDRASSIK (E.). *Ueber den Mechanismus und die Lokalisation der psychischen Vorgänge (Mécanisme et localisation des processus psychiques) (Neurol. Cbtt,* 1907, 194-202, 254-264). — KLEINPAUL. *Le langage sans mots (Rev. Philos.,* XXVII, 519). — MARIE (Pierre). *L'évolution du langage considérée au point de vue de l'étude de l'aphasie (Presse méd.,* 29 déc. 1897). — MILLS et MAC CONNELL (J.-W.). *The naming centre (J. of the Nerv. a. Ment. Dis.,* jan. 1895). — PAULHAN. *L'attention et les images (Rev. philos.,* 1893, I, 502). — PHILIPPE (J.). *L'image mentale (évolution et dissolution),* Paris, Alcan édit., 1903, 151 p., 11 fig.

SAINT-PAUL (G.). *Le langage intérieur et les paraphasies,* Paris, Alcan, 1904. — *Aphasie, langage intérieur et localisations (Progrès méd.,* 3 avril 1909). — *L'aphasie de Broca. Existe-t-il des centres d'images verbales? (Trib. méd.,* 1909, 245). — STANLEY (H.-M.). *Language and image (Psychol. Review,* N.-Y. et Lond., 1897, IV, 67-71). — THOMAS et ROUX. *Sur les troubles latents de la lecture mentale chez les aphasiques moteurs corticaux (Soc. biol.,* 6 juillet 1895). — *Du défaut d'évocation spontanée des images auditives verbales chez les aphasiques moteurs (Soc. Biol.,* 16 nov. 1895).

**4° Mécanisme fonctionnel.** — LIEPMANN (H.). *Apraxie,* Berlin, 1900, Karger édit. — *Ueber das Funktion des Balkens beim Handeln und die Beziehungen von Aphasie und Apraxie zur Intelligenz (Mediz. Klinik,* 1907, II, 725-729, 765-769). — MARIE (P.) et MOUTIER (Fr.). *Agnosie multiple par double lésion temporo-occipitale (Soc. méd. Hôp.,* Paris, 12 juillet 1907). — NÖDET. *Les agnosies, la cécité psychique en particulier (Th.,* Lyon, Alcan, édit., 1899).

PICK (A.). *Studien über motorischen Apraxie,* Leipzig, Deuticke édit., 1905. — ROSE (F.). *De l'apraxie (L'Encéphale,* nov. 1907). — VOUTERS (L.). *Sur l'agnosie tactile (Th.,* Paris,

Steinheil édit., 1909). — WILSON (S. A. K.). *A contribution to the study of apraxia, with a review of the literature (Brain,* Lond., 1908, XXXI, 164, 216).

**5° Langage automatique et réflexe.** — DARWIN. *The expression of the emotions in man and animals,* London, Murray. — DUPRÉ et NATHAN. *Le langage musical,* Paris, Alcan édit., 1911. — FÉRÉ (C.). *Le langage réflexe (Rev. philos.,* Paris, 1896, XLI, 39-43). — GRATIOLET. *De la physionomie et des mouvements d'expression,* Paris, 1865. — KAST. *Ueber Störungen des Gesangs und des musikalischen Gehörs bei Aphasischen. (Aertzlich. Int. Bl.,* München, 1885, 624-627).

LOWE BRYAN (W.) et NOBLE HARTER. *Studies in the physiology and psychology of the telegraphic language (The Psycholog. Rev.,* 1897, IV, 27-53). — MILNE EDWARDS (A.). *Leçons sur la physiologie et l'anatomie comparée de l'homme et des animaux,* XIV, 1881, 136ᵉ et 138ᵉ leçons. — ONIMUS. *Du langage considéré comme phénomène automatique (Bull. Soc. anthrop.,* 1873). — OPPENHEIM. *Sur l'état des mouvements d'expression musicale et de la compréhension de la musique chez les aphasiques (Charité Annal.,* 1888, 345, 383). — PIDERIT. *La mimique de la physionomie,* Alcan édit., 1888. — STRICKER. *Du langage et de la musique,* Vienne, 1880 (trad. franç., Paris, 1885).

**6° Évolution des centres.** — BIANCHI (L.). *Le syndrome pariétal (Rif. med.,* 1ᵉʳ janvier 1911). — BOULE (M.) et ANTHONY (R.). *L'encéphale de l'homme fossile de La Chapelle-aux-Saints (L'Anthropologie,* 1911, XXII, n° 2). — DARWIN. *Mémoire sur le développement de l'intelligence chez un petit enfant (Rev. scientif.* juillet 1877). — EGGER. *Développement de l'intelligence et du langage chez les enfants,* Paris, 1879). — GUTZMANN (H.). *Zur vergleichenden Psychologie der Sprachstörungen (Zeitschrift f. pädagog. Psychol.,* Berl., V, 161-178, 1903). — LANGLOIS (P.) et ROMME (R.). *Étude sur les centres psycho-moteurs chez l'enfant et les animaux nouveau-nés (Trib. méd.,* Paris, 1889, XXI, 467,515, 534).

LE DANTEC. *Les influences ancestrales,* Paris, Flammarion, édit., 1905. — NOGIER (A.). *Physiologie du langage et contribution à l'étude de l'hygiène scolaire (Th.,* Paris, 1906, Baillière édit.). — OZUN (B.). *Quelques considérations sur les causes du retard dans l'apparition et dans le développement du langage (Th.,* Paris, 1904). — PÉREZ (B.). *Les trois premières années de l'enfant,* Paris, Alcan édit. — POLLOCK. *Progrès d'un enfant dans le langage, Mind,* juillet 1878. — PREYER. *L'âme de l'enfant.* — SOLTMANN. *Experim. Studien über die Fonctionen des Grosshirns des Neugeborenes,* 1876.

**7ᵃ Rôle de l'hémisphère droit.** — BERNHARDT. *Sur la gaucherie cérébrale (Virchow's Archiv,* 1885). — FOURNIÉ (Ed.). *Quelques mots sur la fonction du langage (Acad. d. Sc.,* 3 sept. 1877 et *Gaz. d. Hôp.,* 1877, I, 818-819). — GAUPP (B.). *Ueber die Rechtshändigkeit des Menschen,* Berlin, 1909. — GRASSET (J.). *Action bilatérale de chaque hémisphère cérébral chez l'homme (Biologica,* Paris, Poinat édit., 15 sept. 1911). — GRILLS (G.-H.). *A case of one cerebral hemisphere suppling both sides of the body (Brit. Med. J.,* 1906, I, 1033). — KLIPPEL (M.). *La non-équivalence des deux hémisphères cérébraux (Presse méd.,* 29 janvier 1898, 58). — LE FORT (Math.). *Quelques considérations sur le rôle du cerveau droit dans les fonctions du langage.* Paris, 1907, 46 p., in-8. — LIEPMANN (H.). *Ueber die Wissenschaftlichen Grundlagen der sogenannten « Linkskultur » (Deut. med. Wft.,* 1911, nᵒˢ 27 et 28). — LUYS (J.) et MABILLE (H.). *Faits tendant à démontrer que le lobe droit joue un rôle dans l'expression du langage articulé (Rev. d'Hypnol.,* Paris, 1890, I, 134, 146, 1 pl. avec 4 fig.). — MINGAZZINI. *Aphasie chez les gauchers (Iconogr. de la Salpétrière,* 1910, 493). — MOLL (d'Oran). *L'homme droit et l'homme gauche au point de vue pathologique,* Broch. 1-75 p., Maloine édit., Paris, 1905. — MOUTIER (Fr.). *Aphasie de Broca (Th.,* Paris, 1908, chap. V).

PYE SMITH. *On lefthandness (Guy's Hosp. rep.,* 1870, 41). — VAN BIERVLIET. *L'homme droit et l'homme gauche (Études de psychologie,* Gand-Paris, 1901). — WEBER. *Das Schreiben als Ursache der einseitigen Lage des Sprachzentrums. [L'écriture comme cause de la situation unilatérale du centre du langage (Cbtt. f. Physiol.,* 1904, XVIII, 341-347)]. — WEIR (J.). *The organ of language and its relation to right- or left- handed persons,* Louisville, M. News, 1885, XIX, 163, 165. — WILKS, SAM. *A case of aphasia with remarks on the faculty of language and the duality of the brain (Guy's Hosp. Rep.,* 1872, vol. XVII).

## LANGLEY (J. N.), professeur de physiologie à Cambridge (Angleterre).

**Bibliographie.** — *The action of Jaborandi on the Heart* (Journ. of Anat. and Physiol., x, 53-67, 1875 et Brit. Med. Journ., Feb. 20, 1875); — *The action of Pilocarpin on the Submaxillary Gland of the Dog* (Journ. of Anat. and Physiol., xi, 173-180, 1876); — *Some Remarkson the Formation of Ferment in the Submaxillary Gland of the Rabbit* (J. P., i, 68-72, 1878 et Untersuch. a. d. physiol. Institut d. Univ. Heidelberg, i, 471, 1878); — *On the Physiology of the Salivary Secretion. Part. i. The Influence of the Chorda Tympani and Sympathetic Nerves upon the Secretion of the Sub-maxillary Gland of the Cat* (J. P., i, 96-104, 1878 et Untersuch. a. d. physiol. Institut d. Univ. Heidelberg, i, 476, 1878); — *On the Physiology of the Salivary Secretion. Part II. On the Mutual Antagonism of Atropin and Pilocarpin, having especial reference to their relations in the Sub-maxillary Gland of the Cat* (J. P., 339-369, 1878); — *A Preliminary Account of some Phenomena of the Central Nervous System of the Frog* (Proc. Camb. Philos. Soc., iii, 232-233, 1879); — *On the Structure of Serous Glands in Rest and Activity* (Proc. Roy. Soc., xxix, 377-382, 1879 et S. P., ii, 261-280, 1879); — LANGLEY et SEWALL. *On the Changes in Pepsin-forming Glands during Secretion* (Proc. Roy. Soc., xxix, 383-388, 1879 et J. P., 1879); — *On the Antagonism of Poisons* (J. P., iii, 11-21, Aug., 1880); — *On the Estimation of Ferment in Glandcells by means of Osmic Acid* (Proc. Camb. Philos. Soc., iv, 74-75, 1881); — *On the Histology and Physiology of Pepsin-forming Glands* (Phil. Trans. Roy. Soc., Part iii, 1883, 663-711 (Proc. Roy. Soc., xxxii, 20, 1881); — *On the Destruction of Ferments in the Alimentary Canal* (J. P., iii, 246-268, 1882); — *On the Histology of the Mammalian Gastric Glands, and the Relation of Pepsin to the Granules of the Chiefs Cells* (J. P., iii, 269-291, Jan. 1882); — *Preliminary Account of the Structure of the Cells of the Liver, and the Changes which take place in them under Various Conditions* (Proc. Roy. Soc., xxxiv, 20-26, 1882). — LANGLEY et EVES. *On certain Conditions which influence the Amylolytic Action of Saliva* (J. P., iv, 18-28, 1883); — *The Structure of the Dog's Brain* (J. P., iv, 284-285, 1883); — *Report on the Parts destroyed on the right side of the Brain of the Dog operated on by Prof. Goltz* (J. P., iv, 286-309, 1883;) — *On the Structure of Secretory Cells, and on the Changes which take place in them during Secretion* (Proc. Camb. Philos. Soc., v, 1883 et Internat. J. Anat. and Histol., i, 69, 1884); — *The Physiological Aspect of Mesmerism* (Proc. Roy. Institution, March, 1884, 19 pp.); — LANGLEY et SHERRINGTON. *Secondary Degeneration of Nerve Tracts following Removal of the Cortex of the Cerebrum in the Dog* (J. P., v, 49-65, 1884; — *On the Physiology of the Salivary Secretion. Part III. The Paralytic Secretion of Saliva* (vi, 71-92, 1885 et Proc. Roy. Soc., xxxviii, 212-215, 1885); — *On Variations in the Amount and Distribution of Fat in the Liver Cells of the Frog* (Proc. Roy. Soc., xxxix, 234-238, 1885); — *Recent Observations on Degeneration and on Nerve Tracts in the Spinal Cord* (Brain, ix, 92-111, 1886); — *On the Structure of Mucous Salivary Glands* (Proc. Roy. Soc., xl, 362-367, 1886). — LANGLEY et EDKINS, *Pepsinogen and Pepsin* (J. P., vii, 371-415, Nov. 1886 et Proc. Physiol. Soc., May, 1886, xv). — LANGLEY et WINEFIELD. *A Preliminary Account of some Observations on Hypnotism* (Proc. Physiol. Soc., May, 1887, xvii-xxiv (J. P., viii); — *Note on « Secretory » Fibres in the Sympathetic Nerve supplying the Parotid Gland of the Dog* (Proc. Physiol. Soc., 1888, iii-iv, J, P., ix); — *On the Physiology of the Salivary Secretion. Part IV. The Effect of Atropin upon the supposed Varieties of Secretory Nerve Fibres* (J. P., ix, 55-64, 1888). — LANGLEY et FLETCHER. *On the Secretion of Saliva, chiefly on the Secretion of Salts in it* (Phil. Trans. Roy. Soc. CLXXX, B, 109-154, 1889 et Proc. Roy. Soc., xlv, 16, 1888): — *Note on the Preservation of Mucous Granules in Secretory Cells* (Proc. Physiol. Soc., v, vi, 1889; J. P., x); — *On the Physiology of the Salivary Secretion. Part V. The Effect of stimulating the Cerebral Secretory Nerves upon the Amount of Saliva obtained by stimulating the Sympathetic Nerve* (J. P., x, 291-328, 1889); — *On the Histology of the Mucous Salivary Glands and on the behaviour of their Mucous Constituents. One Plate* (J. P., x, 433-457, 1889). — LANGLEY et DICKINSON. *On the Local Paralysis of Peripheral Ganglia, and on the Connexion of different Classes of Nerve Fibres with them* (Proc. Roy. Soc., xlvi, 423-431, 1889); — *On the Physiology of the Salivary Secretion. Part VI. Chiefly upon the Connexion of Peripheral Nerve Cells with the Nerve Fibres which run to the Sub-lingual and Sub-maxillary Glands* (J. P., xi, 123-158, 1890); — *On the Progressive Paralysis of the Different Classes of Nerve Cells in the Superior Cervical Ganglion* (Proc. Roy. Soc. XLVII, 379-390, 1890); — *The Action of Nicotin on the Fresh-water Crayfish* (Proc. Cambr. Philos.,

Soc., VII, 75-77, 1890; — Pituri and Nicotin (J. P., XI, 265-300, 1890); — The Action of Various Poisons upon Nerve Fibres and Peripheral Nerve Cells (J. P., XI, 509-527, 1890). — LANGLEY et GRUNBAUM, On the Degeneration resulting from Removal of the Cerebral Cortex and Corpora Striata in the Dog (J. P., XI, 606-628, 1890); — The Innervation of the Pelvic Viscera (Proc. Physiol. Soc., 1890, XXIII-XXVI, et J. P. XII, 1891). —LANGLEY et SHERRINGTON. On Pilo-Motor Nerves, XII, 278-291, 1891); — On the Course and Connections of the Secretory Fibres supplying the Sweat Glands of the Feet of the Cat (J. P., XII, 347-374, 1891); — Note on the Connection with Nerve-Cells of the Vaso-Motor Nerves for the Feet (J. P., XII, 375-377, 1891); — On the Origin from the Spinal Cord of the Cervical and Upper Thoracic Sympathetic Fibres, with some Observations on White and Grey Rami Communicantes (Phil. Trans. Roy. Soc., CLXXXIII, 85-124, 1892 et Proc. Roy. Soc., L, 446, 1892). — LANGLEY et ANDERSON, The Action of Nicotin on the Ciliary Ganglion and on the Endings of Third Cranial Nerve (J. P., XIII, 460-468, 1892); —LANGLEY et DICKINSON. On the Mechanism of the Movements of the Iris (J. P., XIII, 554-597, 1892 et Proc. Physiol., May 14, 1892, XVIII); — On the Larger Medullated Fibres of the Sympathetic System (J. P., XIII, 786-788, 1892); — Preliminary Account of the Arrangement of the Sympathic Nervous System, based chiefly on Observations upon Pilo-Motor Nerves (Proc. Roy. Soc., LII, 547-566, 1893); — Notes on (1) an Accessory Cervical Ganglion, and the Rami of the Superior Cervical Ganglion, (2) Vaso-Motor Fibres of Cervical Sympatic, (3) Erection of Quills in the Hedgehog (Proc. Physiol. Soc., Jan. 1893, I-IV, J. P., XIV) (4) Medullated Fibres in Grey Rami (Proc. Physiol. Soc., XII, 1893, J. P., XV); — The Arrangement of the Sympathetic Nervous System, based chiefly on Observations upon Pilo-Motor Nerves (J. P., XV. 176-234, 1893). — LANGLEY et ANDERSON. On Reflex Action from Sympathetic Ganglia (J. P., XVI, 410-440, May, 1894); —LANGLEY et DICKINSON. Notes on Degeneration resulting from Section of Nerve Roots and Injury to the Spinal Cord (Proc. Physiol. Soc., May, 1894, XII, XIII, J. P., XVI); — The Constituents of the Hypogastric Nerves (J. P., XVII, 177-191, 1894). — Further Observations on the Secretory and Vaso-Motor Fibres of the Foot of the Cat, with Notes on other Sympathetic Nerve Fibres (J. P., XVII, 296-314, 1894). — LANGLEY et ANDERSON. On the Innervation of the Pelvic and Adjoining Viscera. Part. I. The Lower Portion of the Intestine (J. P., XVIII, 77-105, 1895). — Note on Regeneration of Pre-Ganglionic Fibres of the Sympathetic (J. P., XVIII, 280-284, 1895); — A Short Account of the Sympathetic System (Pamphlet, 8 pp, Issued at the Physiological Congress, Bern, Sept. 1895). — LANGLEY et ANDERSON. The Innervation of the Pelvic and Adjoining Viscera (J. P., XIX, 1893). Part. II. The Bladder, 71-84; Part. III. The External Generative Organs, 85-121; Part. IV. The Internal Generative Organs, 122-130; Part. V. Position of the Nerve Cells on the Course of the Efferent Nerve Fibres, 131-139 (J. P., XIX, 1895); Part. VI. Histologica and Physiological Observation upon the Effects of Section of the Sacral Nerves (J. P., XIX, 372-384, 1896). — Observations on the Medullated Fibres of the Sympathetic System and chiefly on those of the Grey Rami Communicantes (J. P., XX. 55-76, 1896); — On the Nerve Cell Connection of the Splanchnic Nerve Fibres (J. P., XX, 223-246, 1896). — LANGLEY et ANDERSON. On the Innervation of the Pelvic and Adjoining Viscera. Part. VII. Anatomical Observations (J. P., XX, 372-406, 1896); — The Salivary Glands (Dec. 1896) (Text Book of Physiology, edited by E. A. Schafer, I, 475-530, 1898, Pentland, Edinburgh); — On the Union of Pre-Ganglionic and of Post-Ganglionic Visceral Nerves Fibres (J. P., XXII, 215-230, 1897); — On the Union of the Cranial Autonomic (Visceral) Fibres with the Nerv Cells of the Superior Cervical Ganglion (J. sP., XXIII, 240-270, 1898 et Proc. Royal Soc., LXII, 331-332, 1898); — The Sympathetic and other Related Systems of Nerves (Text Book of Physiology, de E. A. Schafer, II, 616-696, 1900); — On Inhibitory Fibres in the Vagus for the end of the Œsophagus and the Stomach (J. P., XXIII, 407-414, 1898). — LANGLEY et ANDERSON. Modification of Marchi's Method of Staining Degenerating Fibres (Proc. Physiol. Soc., May 1899 (J. P., XXIV, p. 31). — Connexions of the Ganglion of the Trunk of the Vagus (Proc. Physiol. Soc., May, 1899 et J. P., XXIV, XXXII); — Presidential Address to the Physiological Section of the Brit. Assoc. (On the "Involuntary" Nervous System) (Report of Brit. Assoc. for 1899, 881-892); — On connecting Fibres between Sympathetic Ganglia and on Reflexes in the Sympathetic System (Cinquantenaire de la Soc. de Biol., 1899, 220-225); — Pseudo-reflex Action in the Upper Part of the Sympathetic (Ricerche di Fisiologia e Scienze affini dedicate al Prof. Luigi Luciani, 1900, 23-26); —'On Axon-Reflexes in the Pre-Ganglionic Fibres of the Sympathetic System (J. P., XXV, 364-398, 1900; — Notes on the

*Regeneration of the Pre-Ganglionic Fibres in the Sympathetic System* (J. P., xxv, 417-426-
4600); — *Remarks on the Results of Degeneration of the Upper Thoracic White Rami Communicantes, chiefly in relation to Commissural Fibres in the Sympathetic System* (J. P., xxv,
468-478, Nov. 1900); — *On the Stimulation and Paralysis of Nerve-cells and of Nerve-
endings.* Part. I (J. P., xxvii, 224-236, 1901); — *Observations on the Physiological Action
of Extracts of the Supra-renal Bodies* (J. P., xxvii, 237-256, 1901); — *Preliminary note on
the Sympathetic System of the Bird* (Proc. Physiolol. Soc., xxxv, J. P., xxvii, 1902); — *On
the Ruffling of the Feathers of the Bird* (Prelim. Note (Proc. Physiol. Soc., J. P., xxviii,
p.xvi,1902);— *The Thoracic Vagus Ganglion of the Bird* (Proc. Physiol. Soc., p. xiv, May 10,
J. P., xxviii, 1902). — LANGLEY et ANDERSON. *Observations on the Regeneration of Nerve
Fibres* (Proc. Physiol. Soc., iii, Dec. 13, 1902. J. P., xxix, 1903). — *The Autonomic Nervous System* (Brain, xxvi, 1903, 1); — *On the Sympathetic System of Birds and on the
Muscles which move the feathers* (J. P., xxx, 221-252, 1903);— *Das Sympathische und ver-
wandte Nervöse Systeme der Wirbelthiere.* (Autonomes Nervöses System)(Ergebnisse d. Phy-
siol., ii, (2), 819-872. 1903). — LANGLEY et ANDERSON. *On the Union of the Fifth Cervical
Nerve with the Superior Cervical Ganglion* (J. P., xxx, 439-442, 1904); — *On the Effects of
Union of the central part of the Cervical Sympathetic with the peripheral part of the Chorda
Tympani* (Arch. di Fisiol., i. 505, 1904 et Proc. Roy. Soc., LXIII, 99, 1904); — *On the question of Commissural Fibres between Nerve-cells having the same function and situated in the
same Sympathetic Ganglion and on the Function of post-ganglionic Nerve plexuses* (J. P.,
xxxi, 245-260, 1904). — LANGLEY et ANDERSON. *The Union of different kinds of Nerve
Fibres* (J. P., xxxi, 355-391, 1904).—ID. *On Autogenetic Regeneration in the Nerves of the
Limbs* (J. P., xxxi, 418-428, 1904). — LANGLEY et MAGNUS. *Some observations on the Movements of the Intestine before and after degenerative section of the Mesenteric Nerves* (J. P.,
xxxiii, 34-51, Sept. 1905). — *The Autonomic Nerves. Address to the Students of Medicine
and Natural Philosophy of the University of Amsterdam,* June 6, 1905 (Nederlandsch Tijdschrift voor Geneeskunde, Oct. 14, 1905); — *Note on the Trophic Centre of the afferent
fibres accompanying the Sympathetic Nerves* (Proc. Physiol. Soc., Nov. 11, xvii, 1905 et
J. P., xxxiii); — *On the reaction of Cells and of Nerve-endings to certain poisons, chiefly as
regards the reaction of Striated Muscle to Nicotine and Curari* (J. P., xxxiii, 374-413, [1905); —
*On Nerve-endings and on Special Excitable Substances in Cells* (Proc. Roy. Soc., LXXVIII, 170-
194, 1896); — *Ueber Nervenendigungen und spezielle rezeptive Substanzen in Zellen* (Zentralb.
f. Physiol., xx, 290-291, 1906);— *In Memoriam. Sir Michael Foster,* xxxv, 233-246, 1907.—
*The Influence of Experiments on Animals on the Development of the Surgical Treatment of
disorders of the Peripheral Nerves with special reference to the Operation for Facial Paralysis in Man* (7 p. Privately printed, 1907); — *Further observations with regard to the non-
specific nature of Motor Nerve-endings and the existence of "Receptive" Radicles in Muscle*
(Arch. Intern. de Physiol., v. 125-118, 1907); — *On the Contraction of Muscle, chiefly in
relation to the presence of "Receptive" substances* (J. P., xxxvi, 347-384, 1907);— *Effect on
section of a cutaneous digital Nerve, and effect on Sensation of Growth and Sensation
of cocainising a Cutaneous Nerve of the Foot* (Proc. Physiol. Soc., xvi, xiv. jan. 1908,
J. P., xxxvi); — *Note on a reflex in the dog* (Proc. Physiol. Soc.. 1, May 1907); J. P.,
xxxv); — *On the Contraction of Muscle. chiefly in relation to the presence of "Receptive
Substance".* Part II (J. P., 165-212, 1908); — *On the Contraction of Muscle, etc.* Part III.
*The reaction of Togi Muscle to Nicotine after denervation* (J. P., xxxvii, 285-300, 1908):
— *The Effect of curari and of some other bodirs on the nicotine Contracture of trogis
Muscle* (Proc. Physiol. Soc., May 27, 1909, J. P., xxxviii); — *On degenerative changes in the
nerve flexus of arteries, et in the nerve fibres of the frogs* (J. P., xxxviii, 504-512 1909);
— *Some remarks Michailoiws account of the course taken by Sympathetic Nerve fibres*
(Zentrbl. f. Physiol., xxiii, 344, May 1909); — *On the Contraction of Muscle, etc.* Part
IV. *The effect of Curari and of some other substances on the nicotine responses of the
sartorius et gastrocnemius muscles of the Frog* (J. P., 235-295, Oct. 1909);— *The Sympathetic
innervation of the Skin of the Frog* (Proc. Physiol. Soc., July 1910, J. P., xl). — LANGLEY et
ORBELI. *The sympathetic innervation of the Frog* (Proc. Physiol. Soc., July 1910, J. P., xl).
— *Inhibition fibres for the Bladder in the Pelvic Nerve. Antagonism by curari of the nico-
tine stimulation of nerve cells* (Proc. Physiol. Soc., July 1910, xl); — *Note on the action of
Nicotine and Curari on the Receptive substance of the frog's Rectus Abdominis Muscle* (Proc.

*Therapeut. Soc.*, July 1910, J. P., XL). — LANGLEY et ORBELI. *Observations on the Sympathetic and Sacral Anatomic System of the Frog* (J. P., XLI, 450-482, Dec. 110). — *The origin and course of the vaso-motor fibres of the Frog's* (J. P., XLI, 483-498, Jan. 1911). — LANGLEY et ORBELI. *Some observations on the degeneration in the sympathetic of Sacral Anatomic nervous System of Amphibia following nerve section* (J. P., XLII, 113-124, March 1911).

## LANGLOIS (J.-P.), professeur agrégé de physiologie à la Faculté de médecine de Paris (1898).

**Chaleur animale.** — *De la calorimétrie chez les enfants malades* (C. R., 21 mars 1887). — *Contribution à l'étude de la calorimétrie chez l'homme* (Thèse de doctorat, Paris, 1887; Journ. d'Anatomie et de Physiologie, 1887). — *Calorimetrische Untersuchungen. Orig. Mittheilung.* (Centralblatt f. Physiologie, 1887). — *Variations de la thermogénèse dans la maladie pyocyanique* (A. P., 679, 1892; Congrès de Physiologie de Liège, 1892). — *Des variations de la radiation calorique consécutives aux sections de la moelle* (B. B., 28 nov. 1891). — *Radiation calorique après traumatisme de la moelle épinière* (A. de P., 343, 1894; Congrès international de Rome, 1894). — *Note sur les récents travaux de calorimétrie* (Travaux du laboratoire de Ch. Richet, I, 342, 1892). — *Art. Calorimétrie.* (Dictionnaire de Physiologie). — *Art. Fièvre* (Dict. de Physiologie). — *Fièvre* (Encyclopédie scientifique, 1 vol. in-8, Doin, 1913). — *Influence de la température interne sur les convulsions de la cocaïne* (C. R., 1888, CVI, 1616). — *De l'influence de la température interne sur les convulsions* (A. P., I, 181, 1889).

**Études sur les capsules surrénales.** — *Note sur la fonction des capsules surrénales chez la grenouille* (B. B., 292, 1891). — *La mort de la grenouille après destruction des capsules surrénales* (Ibid., 835, 1891). — *Sur les fonctions des capsules surrénales chez la grenouille* (A. P., 269, 1892). — *Fonctions des capsules surrénales chez les cobayes* (Ibid., 465, 1892). — *La fatigue chez les Addisoniens* (Ibid., 721, 1892). — *Action toxique du sang des mammifères après destruction des capsules surrénales* (B. B., 165, 1892). — *Destruction des capsules surrénales chez le cobaye* (Ibid., 388, 1892). — *Toxicité de l'extrait alcoolique du muscle de grenouilles privées de capsules surrénales* (Ibid., 490, 1892). — *Maladie d'Addison. Tracé ergographique. Diurèse* (Ibid., 623, 1892). — *Essai de greffe de capsules surrénales sur la grenouille* (Ibid., 864, 1892). — *Destruction des capsules surrénales chez le chien* (A. P., 488, 1893). — *Destruction des capsules surrénales chez le chien* (B. B., 444, 1893). — *Des gaz du sang efférent des capsules surrénales* (Ibid., 700, 1893). — *Lésion des capsules surrénales dans l'infection* (Ibid., 812, 1893). — *Action antitoxique du tissu des capsules surrénales* (Ibid., 410, 1894). — *Hypertrophie des capsules surrénales par infection expérimentale* (Ibid., 131, 1896). — *Du rôle des capsules surrénales dans la résistance à certaines infections* (Ibid., 708, 1896). — *Des altérations fonctionnelles des capsules surrénales sur la pression* (Ibid., 942, 1896). — *De l'Opothérapie dans la maladie d'Addison* (Presse médicale, 19 sept. 1896). — *Maladie d'Addison. Art. du Dictionnaire de Physiologie 1895.* — *Physiopathologie des capsules surrénales* (A. P., 1897). — *Sur l'homologie fonctionnelle des capsules surrénales des grenouilles et des mammifères* (B. B., 1897, 184). — *Sur les fonctions des capsules surrénales* (Thèse de doctorat ès sciences, Paris, Alcan, 1897). — *L'action des agents oxydants sur l'extrait des capsules surrénales* (B. B., 29 mai 1897). — *Du foie comme agent destructeur de la substance active des capsules surrénales* (Ibid., 12 juin 1897). — *Du mécanisme de destruction du principe actif des capsules surrénales* (Arch. de Physiologie, 1898). — *La sécrétion interne de la capsule surrénale* (Presse médicale, 4 déc. 1897). — *De la non-destruction du principe actif dans le sang et la lymphe* (Ibid., 1898). — *Les capsules surrénales pendant la période fœtale* (Ibid., VI, 146, 25 fév. 1899). — *Sécrétion surrénale et pression sanguine* (Ibid., 210, 3 mars 1910). — *La destruction de l'adrénaline dans l'organisme* (Ibid., 9 juillet 1904, 93). — *Échanges respiratoires pendant la période d'hypertension adrénalique.* — *Respiration pendant l'hypertension.* — *Apnée adrénalique* (Journ. de Physiologie, 1911, 960).

**Respiration.** — *Influence du chloral sur les centres nerveux respiratoires* (B. B., 779, 1888). — *Influence des anesthésiques sur la force des mouvements respiratoires* (C. R., CVIII, 1er août 1889, 681, 1er Congrès de Physiologie, Berne, sept. 1889). — *De la ventilation pulmonaire* (B. B., 304, 1889). — *Influence des pressions extérieures sur* *la ventilation pulmonaire* (*A. P.*, 1891, (5), III, 1. En collaboration avec Ch. Richet).

**Sur la circulation pulmonaire.** — *De la durée de la circulation pulmonaire* (*B. B.*, 6 mai 1911, 683). — *Adrénaline et circulation pulmonaire* (*Ibid.*). — *Digitaline et circulation pulmonaire* (*Ibid.*). — *Étude sur le pneumothorax* (*Ibid.*, 1er mars 1913). — *Sur la durée de la circulation pulmonaire.* 1er mémoire : *Adrénaline, Pneumogastrique* (*Journ. de Physiologie*, 1912, 282); 2e mémoire : *Adrénaline, Digitaline, Asphyxie* (*Ibid.*, 1912, 1113); 3e mémoire : *Anesthésiques, Pneumothorax* (*Ibid.*, 1913, 100).

**Polypnée thermique.** — *Variations de la densité du sang pendant la polypnée thermique* (*B. B.*, 5 juillet 1902, 846). — *De la déshydratation chez le crapaud et des variation. corrélatives de la densité du sang* (*Ibid.*, 6 déc. 1902, 1377). — *Sur un procédé de détermination de la densité du sang* (*Ibid.*, 6 déc. 1902, 1379). — *La polypnée thermique chez Agama. Influence de la dépression barométrique* (*Ibid.*, 28 nov. 1903, 1523). — *Sur la polypnée thermique chez les poikilothermes* (*Ibid.*, 10 déc. 1904, 559). — *La polypnée thermique des poikilothermes, des conditions nécessaires pour sa mise en jeu.* (*Volume jubilaire de* Pawlow, 1904, 172-174). — *La régulation thermique chez les poikilothermes* (*J. de Physiologie*, 1902, 249). — *De la polypnée thermique chez les animaux à sang froid* (*C. R.*, CXXXIII, 1017, 9 déc. 1901). — *La lutte contre la chaleur chez les poikilothermes* (*B. B.*, 11 janv. 1902, 2). — *A propos de la régulation thermique des reptiles* (*Ibid.*, 4 juillet 1903, 875). — *Influence de l'inanition sur la polypnée thermique* (*Ibid.*, 5 mars 1904, 401). — *Ventilation et échanges respiratoires pendant la polypnée* (*Ibid.*, 8 juillet 1905, 81). — *Polypnée thermique et pneumogastrique* (*Ibid.*, 8 juillet 1905, 83). — *Polypnée thermique à type périodique* (*Ibid.*, 22 juillet 1905, 166). — *Gaz du sang dans la polypnée* (*Ibid.*, 23 déc. 1905, 704). — *Polypnée thermique avec ventilation insuffisante* (*Ibid.*, 6 janv. 1906, 37). — *Polypnée thermique et capacité respiratoire du sang* (*Ibid.*). — *Polypnée thermique et pression artérielle* (*Ibid.*, 22 juin 1907, 1167). — *Étude sur la polypnée thermique*, 1er mémoire : *J. de Physiologie*, 1906, 236 ; 2e mémoire : 1907, 640; 3e mémoire : 1907, 948). — *Du refroidissement du sang irriguant le bulbe pendant la polypnée thermique* (*B. B.*, 20 juillet 1907, 198). — *La section physiologique du pneumogastrique pendant la polypnée* (*Ibid.*, 15 déc. 1906, 624). — *Centre polypnéique et cocaïne* (*Ibid.*, 26 déc. 1908, 715). — *Apnée et polypnée adrénalique* (*Ibid.*, 13 mars 1912, 747). — *Polypnée réflexe et centrale* (*Ibid.*, 1er mars 1913).

**Pharmacodynamie.** — *De l'injection de spartéine avant la chloroformisation* (*B. B.*, 1894). — *De l'utilité des injections d'oxyspartéine avant l'anesthésie* (*C. R.*, 29 juillet 1895). — *Contribution à l'étude des anesthésies mixtes* (*Archives de Pharmacodynamie*).

*Toxicité des isomères de la cinchonine* (*B. B.*, 829, 1888). — *Étude sur la toxicité des isomères de la cinchonine dans la série animale* (*A. P.*, 377, 1893). — *Sur l'action des poisons de la série cinchonique sur le Carcinus mœnas* (*Journ. de l'Anat. et Physiologie*, 273, 1889).

*De l'action de l'antipyrine sur les centres nerveux* (*B. B.*, mars 1895).

*Action comparée des sels de cadmium et de zinc sur la fermentation lactique* (*Ibid.*, 391, 1895). — *Toxicité comparée des sels de cadmium et de zinc sur les animaux* (*Ibid.*, 496, 1895).

*Action des sels de cadmium sur le sang* (*Ibid.*, 717, 1895). — *Recherches sur l'action comparée des sels de cadmium et de zinc* (*A. P.*, 251, 1896).

*Étude sur l'ouabaïo (poison de flèche)* (*Ibid.*, 419, 1888).

*Action physiologique du venin de la salamandre terrestre* (*C. R.*, 16 sept. 1889. En collaboration avec M. Phisalix).

*Le nickel carbonyle dans le sang* (*B. B.*, 212, 1891). — *Cacodylate de soude et capacité respiratoire du sang* (*Ibid.*, 382, 28 nov. 1900).

*Action des essences minérales sur le sang* (*Ibid.*, 21 juillet 1907, 70). — *Hyperglobulie par respiration de vapeurs d'hydrocarbures* (*Ibid.*, 14 déc. 1906, 626). — *De l'influence du refroidissement sur la polyglobulie expérimentale* (*Ibid.*, 13 juillet 1907, 104). — *Des effets sur le sang des vapeurs d'hydrocarbures* (*J. de Physiologie*, 1907, 253). — *Action des hydrocarbures sur l'organisme* (*Revue générale d'hygiène*, 1908, 154).

*Lavage du sang et anesthésie* (*B. B.*, 23 juillet 1904, 228).

*De la proportion des chlorures dans les tissus* (*J. de Physiologie et de p. gén.*, 1900, 742).

**Étude sur les conditions physiologiques du travail dans les mines.** — *De la* *résistance différente des sujets normaux ou malades dans les milieux chauds et humides* (B. B., 2 juillet 1910, 51). — *Réaction de l'organisme aux variations du milieu ambiant* (*Ibid.*, 9 juillet 1910, 75). — *Influence de la ventilation sur l'organisme* (*Ibid.*, 18 juin 1910, 1033). — *Les pertes d'eau pendant le travail suivant les variations du milieu ambiant* (*Ibid.*, 2 juillet 1910, 53). — *Du rendement suivant les variations du milieu ambiant* (*Ibid.*, 2 juillet 1910, 55). — *Du quotient évaporatoire pendant le travail* (*Ibid.*, juillet 1912, 10).

**Monographies, Ouvrages.** — *Éléments de physiologie*, avec H. DE VARIGNY, Doin, Paris, 2 éditions françaises, 1 édition espagnole. — *La Fatigue.* Traduction et adaptation de l'ouvrage du prof. Mosso, Alcan, 1894. — *Précis d'hygiène publique et privée*, Paris, Doin, 5 éditions françaises, 1 espagnole. — *Le lait.* 1 vol., Gauthier-Villars, Paris, 1893.

# TABLE DES MATIÈRES

## DU NEUVIÈME VOLUME

PARIS. — TYP. PH. RENOUARD, 19, RUE DES SAINTS-PÈRES. — 50273

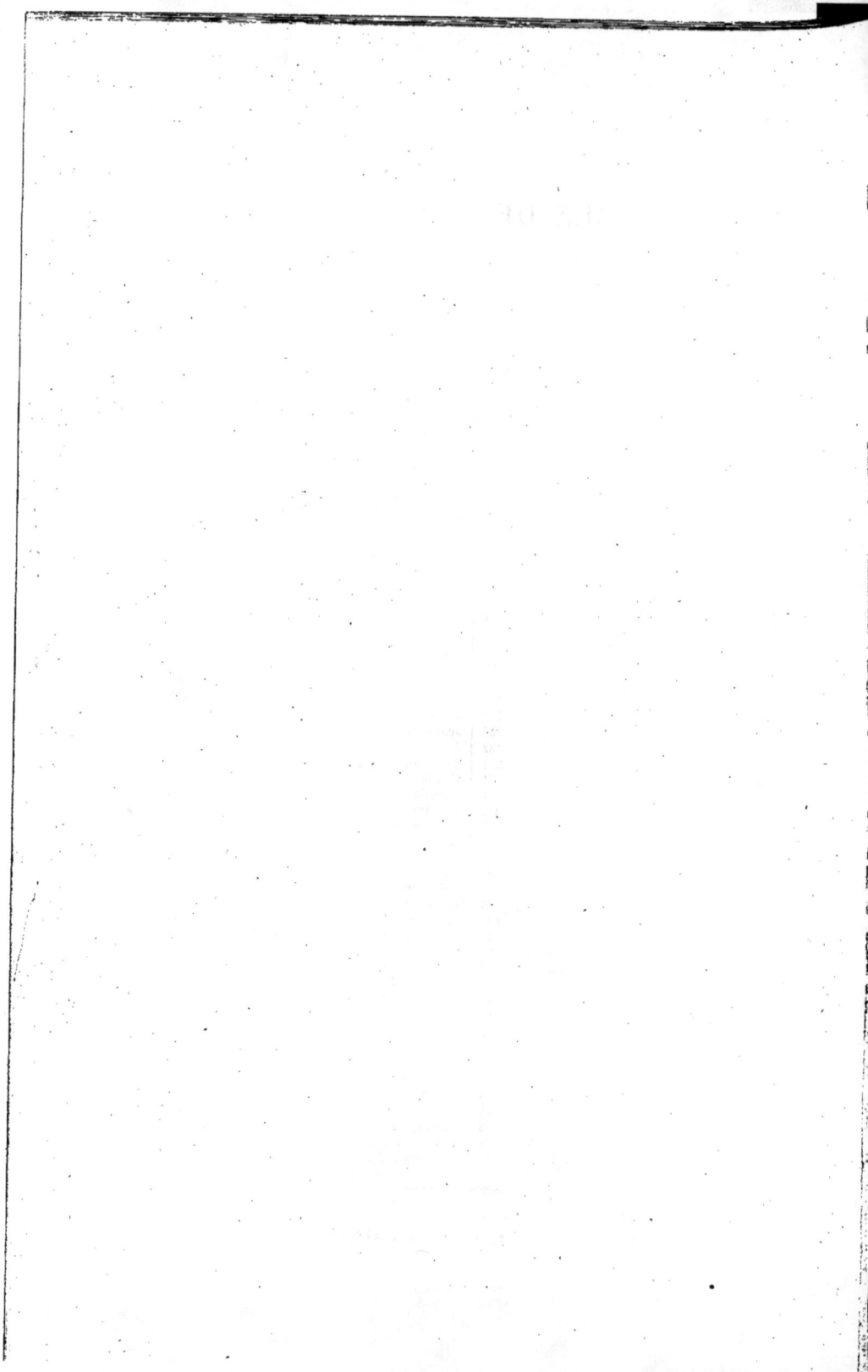

# DICTIONNAIRE

## DE

# PHYSIOLOGIE

### PAR

## CHARLES RICHET

PROFESSEUR DE PHYSIOLOGIE A LA FACULTÉ DE MÉDECINE DE PARIS

AVEC LA COLLABORATION

DE

MM. E. ABELOUS (Toulouse) — ANDRÉ (Paris). — S. ARLOING (Lyon) — ATHANASIU (Bukarest)
BARDIER (Toulouse) — BATTELLI (Genève) — R. DU BOIS-REYMOND (Berlin) — G. BONNIER (Paris)
F. BOTTAZZI (Florence) — E. BOURQUELOT (Paris) — A. BRANCA (Paris) — ANDRÉ BROCA (Paris)
J. CARVALLO (Paris) — A. CHASSEVANT (Paris) — CORIN (Liége) — CYON (Paris) — A. DASTRE (Paris)
R. DUBOIS (Lyon) — W. ENGELMANN (Berlin) — G. FANO (Florence) — X. FRANCOTTE (Liége)
L. FREDERICQ (Liége) — J. GAD (Leipzig) — J. GAUTRELET (Paris) — GELLÉ (Paris) — E. GLEY (Paris)
GOMEZ OCAÑA (Madrid) — L. GUINARD (Lyon) — J.-F. GUYON (Paris) — H. J. HAMBURGER (Groningen)
M. HANRIOT (Paris) — HÉDON (Montpellier) — P. HÉGER (Bruxelles) — F. HEIM (Paris)
P. HENRIJEAN (Liége) — J. HÉRICOURT (Paris) — F. HEYMANS (Gand) — J. IOTEYKO (Bruxelles)
P. JANET (Paris) — H. KRONECKER (Berne) — LAHOUSSE (Gand) — LAMBERT (Nancy) — E. LAMBLING (Lille)
P. LANGLOIS (Paris) — L. LAPICQUE (Paris) — LAUNOIS (Paris) — R. LÉPINE (Lyon) — CH. LIVON (Marseille)
E. MACÉ (Nancy) — GR. MANCA (Padoue) — MANOUVRIER (Paris) — MARCHAL (Paris)
M. MENDELSSOHN (Paris) — E. MEYER (Nancy) — MISLAWSKI (Kazan) — J.-P. MORAT (Lyon)
A. MOSSO (Turin) — NEVEU-LEMAIRE (Lyon) — M. NICLOUX (Paris) — P. NOLF (Liége)
J.-P. NUEL (Liége) — AUG. PERRET (Paris) — E. PFLUGER (Bonn) — A. PINARD (Paris) — F. PLATEAU (Gand)
M. POMPILIAN (Paris) — G. POUCHET (Paris) — E. RETTERER (Paris) — J. ROUX (Paris)
C. SCHEPILOFF (Genève) — P. SÉBILEAU (Paris) — J. SOURY (Paris) — W. STIRLING (Manchester)
J. TARCHANOFF (Pétersbourg) — TIGERSTEDT (Helsingfors) — TRIBOULET (Paris) — E. TROUESSART (Paris)
H. DE VARIGNY (Paris) — M. VERWORN (Bonn) — E. VIDAL (Paris)
G. WEISS (Paris) — E. WERTHEIMER (Lille)

## TROISIÈME FASCICULE DU TOME IX

AVEC GRAVURES DANS LE TEXTE

## PARIS

## LIBRAIRIE FÉLIX ALCAN

108, BOULEVARD SAINT-GERMAIN, 108

1913

27

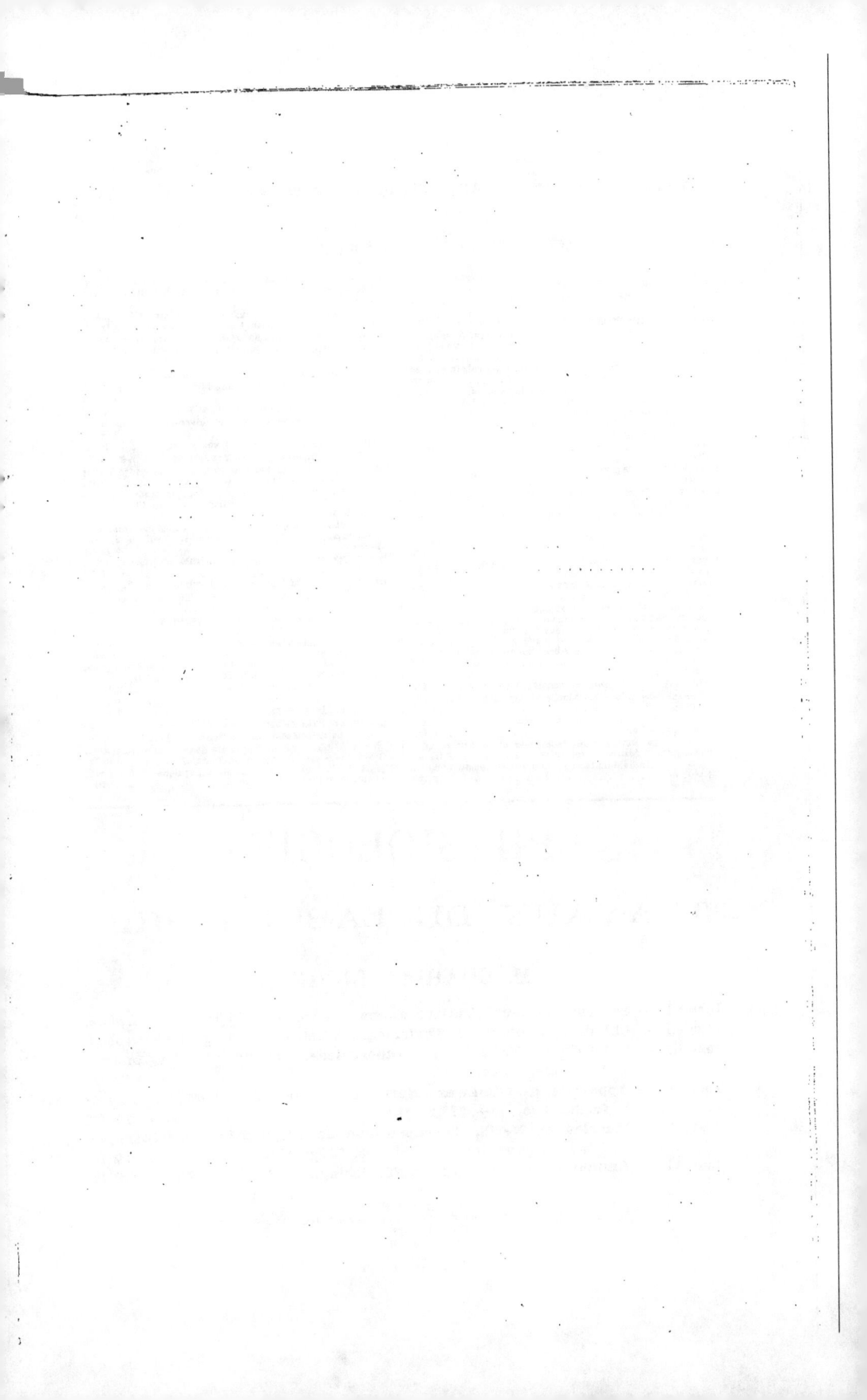

## EXTRAIT DU CATALOGUE

# PHYSIOLOGIE

# TRAVAUX DU LABORATOIRE

### DE

## M. CHARLES RICHET

TOME I. — **Système nerveux, Chaleur animale.** 1 vol. in-8, 96 fig., 1893. *Épuisé.*

TOME II. — **Chimie physiologique, Toxicologie.** 1 vol. in-8, 129 fig., 1894. *Épuisé.*

TOME III. — **Chloralose, Sérothérapie, Tuberculose. Défense de l'organisme.** 1 vol. in-8, 25 fig., 1895. . . . . . . . . . . . . . . . . . . . 12 fr.

TOME IV. — **Appareils glandulaires, Nerfs et Muscles, Sérothérapie, Chloroforme.** 1 vol. in-8, 57 fig., 1898 . . . . . . . . . . . . . . . 12 fr.

TOME V. — **Muscles et Nerfs, Thérapeutique de l'Épilepsie, Zomothérapie, Réflexes psychiques.** 1 vol. in-8, 78 fig., 1902. . . . . . . . 12 fr.

TOME VI. — **Anaphylaxie, Alimentation, Toxicologie.** 1 vol. in-8, 1909. . . 12 fr.

Paris. — Typ. PHILIPPE RENOUARD, 19, rue des Saints-Pères. — 50273.

www.ingramcontent.com/pod-product-compliance
Lightning Source LLC
Chambersburg PA
CBHW031721210326
41599CB00018B/2464